# FOREST PEDAGOGIC GUIDELINES

# 森林教育指南（修订版）

[德] 巴伐利亚州食品、农业和林业部　　　　◨ 编著

天水市林业外资项目管理办公室　　　　　　◨ 编译

中德财政合作贵州省森林可持续经营项目办公室　◨ 修订

中国林业出版社
China Forestry Publishing House

**图书在版编目（CIP）数据**

森林教育指南：修订版/德国巴伐利亚州食品与农林部编著；天水市林业外资项目管理办公室编译.—北京：中国林业出版社，2021.11

ISBN 978-7-5219-1395-8

Ⅰ.①森… Ⅱ.①德…②天… Ⅲ.①森林保护—环境教育—指南 Ⅳ.①S76-62

中国版本图书馆CIP数据核字（2021）第218431号

图字：01-2021-4139号

中国林业出版社·自然保护分社（国家公园分社）

策划、责任编辑：许 玮

电　　话：(010) 83143576

出版发行　中国林业出版社（100009　北京市西城区德内大街刘海胡同7号）
　　　　　　http://www.forestry.gov.cn/lycb.html
印　　刷　河北京平诚乾印刷有限公司
版　　次　2013年8月第1版
　　　　　2021年11月第2版
印　　次　2021年11月第1次印刷
开　　本　889mm×1196mm　1/16
印　　张　61.25
字　　数　1700千字
定　　价　300.00元

# 修订版　序1

## 走进森林　学参天地（代序）

————————————————————————————————————————

20世纪50年代，丹麦的一位专职妈妈艾拉·法拉陶每天带着两个学前子女到森林散步，偶尔也有邻居的幼童同行。他们渐渐地发现，这些每天在户外活动的孩子，与传统幼儿园的孩子相比身心更加平衡，体能较好，很少生病，而且专注力强，性情乐观。受此启发，她与邻居于1952年联合创立了世界上第一所森林幼儿园——漫步幼儿园，森林教育由此走进了大众视野。

森林教育是对森林服务功能的新发现，是对森林产品外延的再扩大，森林的生态价值和服务价值已经超越传统木材和直接的经济价值，成为大众对森林生态福祉的重要诉求。继丹麦之后，森林教育理念又被引入热爱森林、崇尚自然，并以学前教育闻名世界的德国而发扬光大。至今，德国已有超过1500所森林幼儿园。20世纪60年代以来，国际环境保护主义运动的兴起，唤醒了人们对自然、环境的高度关注，从而进一步推动了森林教育的快速发展。森林教育由欧洲走向全球，正在日本、韩国、新加坡等国蓬勃发展，美国、加拿大也在积极推广森林教育。

森林教育没有围墙，儿童回归自然，教育自然发生。在森林里，天地旷野就是课堂，大自然就是最好的老师，而教师只是森林教育的引导者和看护者。在森林里，空气、土壤、动物、昆虫、树木、花草、溪水，一切都是教育的资源。在森林里，与自然的每一次亲密接触，都能充分调动孩子们的感官，有效激发他们的情感。事实上，森林教育可发生在任何自然之中，在郊野、在高山、在海滩、在大自然的每一处，"森林"只是大自然的一个代名词，森林教育就是自然教育的一种。

自然教育是重建人与自然联结的教育，是推动人与自然和谐的教育，也是实现人的自由而全面发展的教育。近十年来，自然教育在中国蓬勃发展。从中央到地方，从政府到民间，都在积极探索满足人民美好生活向往的自然教育发展途径，从事自然教育的机构和人员迅猛增长，活动形式层出不穷，活动内容越来越丰富，自然教育显示出了强大的生命力和创造力。但是，我们的自然教育在项目设计、课程开发、教材编写、人才队伍等方面还有很多短板，很难满足当前自然教育的健康快速发展。

鉴于此，由"中德财政合作贵州省森林可持续经营项目"支持修订出版的《森林教育指南》（修订版），恰逢其时。《森林教育指南》（德文原版）由德国巴伐利亚州食品、农业和林业部组织编著，该书集合了巴伐利亚州开展森林教育的创新思想、经典案例和管理经验，从 1994 年面世到 2017 年，再版 8 次，在欧美国家广受好评，是开展自然教育的经典之作。2013 年，"中德财政合作甘肃天水生态造林项目"执行办公室将其引进国内，编译出版了《森林教育指南》，这次修订是在此基础上，进一步结合国内自然教育的开展情况进行本土化再创作，为我国自然教育发展提供了积极的借鉴。

我向自然教育机构、管理人员、从业人员以及自然教育爱好者倾情推荐这本书，期待我们能从这本书里得到有益自然教育发展的良好启示，更深层、更广泛、更健康地推动中国自然教育事业的发展，帮助亿万大众特别是青少年走进森林，走进学参天地的大课堂！

中国林学会
全国自然教育总校

# 修订版　序2

　　森林是陆地生态系统的主体，是人类生态文明的摇篮。人类从森林中走来，在长期认识自然、保护自然的漫长历程中，建立了村庄、集镇、城市、国家，以及独特的生活环境，有了今天丰富多样的人类文明。在物质财富极大丰富和发展的当今时代，人类再一次发现，追求真正幸福美好的生活依然离不开神奇的绿色森林和美丽的大自然。

　　源于德国森林教育理念的影响，在中德财政合作贵州省森林可持续经营项目的支持下，中德财政合作贵州省森林可持续经营项目办公室组织国内外专家对德国巴伐利亚州食品、农业和林业部编著、天水市林业外资项目管理办公室编译的《森林教育指南》进行修订，在忠于中文版《森林教育指南》的基础上，补充和注入贵州森林元素，让它更加适合中国南方尤其是贵州的省情和自然特征。

　　贵州省是国家生态文明试验区，是我国森林资源和生物多样性最丰富的省份之一。截至2020年年底，贵州全省森林覆盖率已达61.51%，全省有着极为复杂的森林生态系统，有200多个森林群系类型。全省有地带性常绿阔叶林，也有非地带性的喀斯特常绿落叶阔叶林；有亚高山山地暖性针叶林和临时性干旱频繁的喀斯特石上森林，也有低洼河谷形成的湿地或喀斯特漏斗森林、南部沟谷季雨林；有高原独特气候形成的杜鹃矮林、山茶林和山矾林，也有贵州当地居民长期经营形成的大面积人工杉木林、马尾松林、华山松林、柏木林和各类竹林、经济林以及次生性常绿落叶阔叶林、针阔混交林、灌木灌丛林，还有独特民族文化形成的丰富多样的各类后龙山风水林、古树群。《森林教育指南》的修订工作与贵州本土特征结合，能更好地为贵州乃至中国森林教育服务，发挥更大的科普宣传价值。

　　近年来，随着森林教育尤其是自然教育在中国的快速发展，以及贵州森林旅游、森林康养新业态的不断发展，贵州迫切需要一本森林教育工具书，让人们更深刻地去理解贵州森林及其生命万物的意义，理解生态、生产、生活之间的关系，认识到"绿水青山"的本质就是良好的森林生态系统，"金山银山"的要义就是森林对经济、社会的多种服务功能，进而让"绿水青山就是金山银山"的生态文明理念深入人心，并得到很好的实践，这也是我们修订《森林教育指南》的意义所在。

贵州省林业局局长

2021年10月

# 修订版　修订说明

《森林教育指南》一书自 2013 年 8 月编译出版发行以来，打开了我们了解德国森林体验教育的窗口，引起了读者对森林体验教育工作的极大兴趣，奠定了系统引进德国森林体验教育理论及方法的基础，该书成为从事森林体验教育工作的必备基础教材，对推动中国森林体验教育事业的快速发展起到了重要作用。

近十年来，我国在推广森林体验教育方面已经积累了一定的经验。为了满足读者对该书的需求，更好地理解该书，我们在 2015 年 4 月出版的《森林教育指南》（光盘版）基础上，对该书进行了重新修订。本次修订，保留了原有逻辑架构、语言表述，增加了译注和中国开展森林体验教育的活动方案，更新了部分数据和资料，特别是补充和完善了以贵州省为主的中国南方森林、野生动植物、气候等资料，增加了具有中国特色的森林体验教育活动，这对方便中国读者使用该书会有更多的启发和帮助。

本次修订由中德财政合作贵州省森林可持续经营项目办公室主持，在中德财政合作贵州省森林可持续经营项目的框架下，贵州省和甘肃省进行了良好的合作交流。通过项目首席技术顾问胡伯特·福斯特（Hubert Forster）先生的积极协调和推进，修订工作得到了原书作者德国巴伐利亚州食品、农业和林业部及本书编译作者甘肃省天水市林业外资项目管理办公室（原中德财政合作甘肃天水生态造林项目执行办公室）的授权。中德财政合作贵州省森林可持续经营项目办公室按德方要求实行修订工作招标，中标方北京中林联林业规划设计研究院有限公司组织相关领域的专家组成修订工作组，按照各自专业特长进行了修订分工，并对较重要的译注、补充资料、创编活动的作者进行了署名，以方便读者查正或咨询。

在此，我们对关心、支持本书修订工作的国家林业和草原局，贵州省林业局，甘肃省林业和草原局，德国巴伐利亚州食品、农业和林业部，德国复兴信贷银行（KfW），德国 GFA 咨询公司，天水市林业和草原局，天水市林业外资项目管理办公室，北京中林联林业规划设计研究院有限公司及参加修订的各位专家和工作人员表示衷心感谢！由于时间较短，本书尚有不完善之处，欢迎从事森林体验教育的同仁和社会各界读者朋友批评指正。

修订工作组

2021 年 6 月 18 日

# 修订版　修订委员会

**主 任 委 员：** 胡洪成　贵州省林业局　局长

向守都　贵州省林业局　副局长

**副主任委员：** 姚建勇　中德财政合作贵州省森林可持续经营项目办公室　副主任

罗惠宁　中德财政合作贵州省森林可持续经营项目办公室　高级工程师

樊　华　天水市林业和草原局　局长

张　涛　天水市林业外资项目管理办公室　主任

李王刚　贵州省林业基金管理站　站长

王　乾　贵阳市长坡岭国有林场　副场长

**委　　　员：** 宋维明　北京林业大学　教授　原校长

陆元昌　中国林业科学研究院　原森林经营首席专家

沃尔夫冈·格拉夫（wolfgang Graf）　德国巴伐利亚州森林管理局　森林官员

胡伯特·福斯特　中德财政合作贵州省森林可持续经营项目　首席咨询专家

**专　　　家：** 周金锋　国家林业和草原局办公室　一级调研员

高彦明　天水市林业外资项目管理办公室　高级工程师

安明态　贵州大学生物多样性与自然保护研究中心　正高级实验师

舟景丞　贵州省野生动物和森林植物管理站　研究员

沈一岚　北京林业大学生态与自然保护学院　副研究员

王清春　北京林业大学生态与自然保护学院　副教授

马新玲　天水秦州森林体验教育中心　助理工程师

高艳平　贵州省湿地和公益林保护中心　高级工程师

## 修订版　修订工作分工

策划、组织：姚建勇　中德财政合作贵州省森林可持续经营项目办公室　副主任

　　　　　　罗惠宁　中德财政合作贵州省森林可持续经营项目办公室　高级工程师

　　　　　　周　鹭　天水市林业外资项目管理办公室　翻译

　　　　　　张　艳　中德财政合作贵州省可持续经营项目办公室　高级经济师

　　　　　　高　昆　中德财政合作贵州省森林可持续经营项目办公室　工作人员

　　　　　　郭金鹏　中德财政合作贵州省森林可持续经营项目办公室　工作人员

　　　　　　胡伯特·福斯特　中德财政合作贵州省森林可持续经营项目　首席咨询专家

　　　　　　周金锋　国家林业和草原局办公室　一级调研员

　　　　　　刘婉凝　北京中林联林业规划设计研究院　副院长

　　　　　　王　颖　北京中林联林业规划设计研究院　国际发展部主任


审　　　核：姚建勇　中德财政合作贵州省森林可持续经营项目办公室　副主任

　　　　　　罗惠宁　中德财政合作贵州省森林可持续经营项目办公室　高级工程师

　　　　　　周金锋　国家林业和草原局办公室　一级调研员


修　　　订：高彦明　天水市林业外资项目管理办公室　高级工程师

　　　　　　周金锋　国家林业和草原局办公室　一级调研员

　　　　　　沃尔夫冈·格拉夫　德国巴伐利亚州森林管理局　林业官员

　　　　　　安明态　贵州大学生物多样性与自然保护研究中心　正高级实验师

　　　　　　冉景丞　贵州省野生动物和森林植物管理站　研究员

　　　　　　沈一岚　北京林业大学生态与自然保护学院　副研究员

　　　　　　王清春　北京林业大学生态与自然保护学院　副教授

　　　　　　马新玲　天水秦州森林体验教育中心　助理工程师

　　　　　　高艳平　贵州省湿地和公益林保护中心　高级工程师

# 中文版版本说明

《森林教育指南》2013 年 8 月中文版，2015 年 4 月中文光盘版。

本书经德国巴伐利亚州食品、农业和林业部的友好授权翻译

**翻译和出版经费资助**

中德财政合作甘肃天水生态造林项目执行办公室

受德国政府委托的德国复兴信贷银行（KfW）

GFA 咨询集团

FORSTLICHE BILDUNGSARBEIT

Waldpädagogischer Leitfaden nicht nur für Förster

© Bayerisches Staatsministerium für Ernährung, Landwirtschaft und Forsten 2009

FOREST PEDAGOGIC GUIDELINES

森林教育指南

ISBN 978-7-900291-00-4

9 787900 291004

甘肃省天水市
麦州森林体验教育中心
Tianshui Forest Experience Center

[德] 巴伐利亚州食品、农业和林业部 ⊙ 编著
中德财政合作甘肃天水生态造林项目执行办公室 ⊙ 编译

中 国 林 业 出 版 社

Nachhaltigkeit lernen

Weltdekade der
Vereinten Nationen
2005-2014
Bildung für
nachhaltige
Entwicklung
UNESCO

Ausgezeichnet als
offizielle Maßnahme
der Weltdekade
Nationaler Aktionsplan

本书荣获 2013 年中国林业出版社 60 周年优秀图书。

# 中文版 序

森林作为地球上可再生自然资源及陆地生态系统的主体，是人类生命的摇篮和资源宝库，在人类生存和发展的历史中起着不可替代的作用。千百年来，人们利用森林资源来实现文明进步，我们应当以史为鉴，进一步认识森林的地位与作用，坚持可持续发展和绿色发展，切实保护和改善生态环境，促进生态文明建设。起源于二十世纪八十年代的德国森林体验教育，就是通过引导人们参与森林互动体验活动，加深对森林的感悟和认识，激发人们爱林、护林、爱护环境的自觉性，让青少年在游戏中了解有关森林的科学知识，学习与大自然和谐相处，形成爱护环境和建设生态文明社会的理念。

在中德财政合作甘肃天水生态造林项目框架下，甘肃省林业厅大力支持天水市及秦州区积极引进德国先进的森林体验教育理念，建成了国内第一家森林体验教育中心，成为诠释这种理念的重要实践基地。2012 年 11 月该中心被联合国教科文组织德国委员会授予联合国十年"可持续发展教育"奖，在全国林业系统尚属首次。中心在建设过程中，德国巴伐利亚州食品、农业和林业部多次派出专家对中心的教师进行培训，并无偿授权《森林教育指南》在中国编译出版。天水市林业局及中德财政合作甘肃天水生态造林项目执行办公室积极组织相关人员进行编译，在成书出版之际，我对中德双方有关人员为此付出的辛勤努力表示衷心的感谢！对该书正式出版发行表示祝贺！

《森林教育指南》一书主要内容包括森林教育工作的基本目标、可持续发展教育、基础理论、教学方法和森林体验引导活动范例等，是一本了解、学习和掌握森林体验教育的好教材。希望中文版《森林教育指南》的出版发行，能够为人们了解和感悟森林、科学利用森林以及保护生态环境提供有益的帮助，特别是在引导青少年热爱森林、保护环境、建设生态文明，树立人与自然和谐的价值观方面发挥积极作用。

甘肃省林业厅厅长

2013 年 6 月 28 日

# 中文版　编译说明

　　德文原版《森林教育指南》是活页书，可以根据森林教育专业的发展和研究成果，加入新的活页内容，同时便于随时取出其中几页使用。书中提到的"森林教育工具箱"和德文全书"光盘"，是与本指南活动配套使用的。由于条件限制，我们没有录制中文光盘和制作工具箱，但这并不影响本书的阅读和使用。读者可以自行制作部分工具，也可登录甘肃省天水市秦州森林体验教育中心网站"http://www.tsfepc.com"询问，或通过联系本书的德文出版商订购工具箱。

　　本书第九章"附录"介绍了德文版光盘中补充性的森林教育活动，对于其中的童话故事、诗歌、散文、歌曲、中学课程并没有完全翻译，有些只译出了题目，有兴趣的读者可以根据提示自行查找阅读。

　　我们编入了一些中国的民间传说、小学和中学相关课程以及自创活动，便于启发读者根据本地情况开发我国自己的森林体验教育方法。

　　本书的大部分森林体验教育活动主要针对小学、初中和幼儿园儿童创意设计，我们曾在成年人中进行活动引导，效果也十分好，可以说是老少皆宜的森林和环境知识普及教材，也是组织学生、家庭和朋友进行森林体验活动的工具书。

　　在樊华先生的主持下，本书最初是作为师资培训资料而摘编的，在引导本地中小学生进行森林体验教育活动的过程中，引起了学校教师、家长和学生对森林体验教育的强烈反响和好评。为了满足省内外同行和教师、家长及学生的需求，先后聘请了十多名德语和英语翻译，历时一年对全书进行了翻译。

　　高彦明先生主持了全书的编译、本土化、统稿和校对，六易其稿，历时两年完成了全部初稿。编译工作得到了德国巴伐利亚州食品、农业和林业部授权。

　　胡伯特·福斯特（Hubert Forster）先生为该书的出版付出了辛勤的努力，他怀着在中国推广森林体验教育方法的高度使命感，多方组织联系，争取德国巴伐利亚州食品、农业和林业部的授权和德国复兴信贷银行（KfW）、德国 GFA 咨询集团的支持。

　　中国林业出版社的编辑对本书出版给予了极大的热情和支持，认真阅读了本书，做了详细的修改。

　　在此，我们对关心支持本书出版的国家林业局、甘肃省林业厅、甘肃省财政厅、天水市林业局、天水市教育局的领导和甘肃省天水市秦州森林体验教育中心的各位森林教育引导教师以及各位翻译、编辑和校对人员深表谢意！

由于专业水平有限，难免在编译中出现瑕疵，敬请各位读者谅解并提出宝贵意见，我们将不胜感激！

编 译 组

2013 年 6 月 28 日

## 中文版　编译工作分工

策划、组织：樊　华　中德财政合作甘肃天水生态造林项目执行办公室主任

胡伯特·福斯特（Hubert Forster）　项目首席技术顾问、林业专家

高彦明　中德财政合作甘肃天水生态造林项目执行办公室林业高级工程师


审　　核：连雪斌　甘肃省林业厅外事合作处处长

王学锋　天水市林业局局长


翻　　译：周　鹭　汪清锐　文凡绮　王桂琴　庄　妍

任小龙　卢朝霞　张伟兵　高艳平

译帆翻译公司


编译、校对：高彦明　林业高级工程师

周　鹭　项目翻译

王文妮　林业工程师

王　瑛　林业助理工程师

邢勇鸿　中学一级生物教师

王　兰　林业工程师

王忠祥　林业工程师

李　真　林业助理工程师

赵宏斌　林业助理工程师

杨仕强　林业工程师

杨　霞　林业工程师

文凡绮　项目翻译

# 德文版版本说明

《森林教育工作——森林教育指南》（非林业工作者同样适用）

## 出版者

巴伐利亚州食品、农业和林业部
路德维希大街 2 号，慕尼黑，邮编：80539
网页：www.stmelf.bayern.de
　　　www.forst.bayern.de
邮箱：info@stmelf.bayern.de

## 版本

第 7 版：全部修改和大量增加，2009 年
第 6 版：2004 年
第 5 版：2001 年
第 4 版：修改和大量增加，1998 年
第 3 版：1997 年
第 2 版：1995 年
第 1 版：1994 年

## 编辑

森林教育工作项目组
科研、创新和森林教育处

## 校对

克瑞斯塔· 可卢斯 – 诺耶芬格（Christa Klus-Neufanger），慕尼黑

## 设计理念

美卓乐门有限公司，莱比锡

## 排版

萨比纳 · 豆美（Sabine Dohme），佩内格爱娃 · 咯和（Eva Wloch），慕尼黑
马格达勒纳 · 苏踢（Magdalena Suty），慕尼黑
阿德尔哈德· 布然德（Adelheid Brand），慕尼黑

## 图片来源

瓦茨拉夫 · 哈巴（Vaclav Hraba），布拉格，绘制标题图片和封面
罗兰德· 贡特（Roland Günter），瑟斯拉贺，巴伐利亚州林业厅

爱美丽 · 哈也尼其美亚（Amelie Heinichmeyer），绘制标题图片"全球森林"
皮特 · 普可（Peter Puck）罗腾堡，制作卡通画，个人网页 www.peter-puck.de
阿尔滨 · 胡伯（Albin Huber），罗根堡
托玛斯· 邓可美亚（Thomas Dankemeyer），鲁普汀
哈阿尔德· 施比格尔（Harald Spiegel），施瓦耶福特
罗兰德· 贡特（Roland Günter），瑟斯拉贺，巴伐利亚州林业厅

## 印刷

卡司特纳股份有限公司，沃恩扎赫

## 国际标准书号

3-00-001292-3
978-3-00-001292-1

Bayerisches Staatsministerium für
Ernährung, Landwirtschaft und Forsten

BAYERISCHE
FORSTVERWALTUNG

## 《森林教育指南》第七版
## 中译本 修订版序

　　巴伐利亚州食品、农业和林业部与甘肃省在森林体验教育领域的合作于 2012 年正式生效。在此合作框架下，《森林教育工作——森林教育指南》一书已翻译成中文。我很高兴的是，此森林教育指南得到贵州省的高度赞赏，并根据贵州省的自然条件进行了修订。我们理解的"森林教育指南"是针对森林、物种多样性和森林综合效益的"环境教育"。编撰《森林教育指南》的初衷是为林务官和森林巡护人员带领儿童实施森林体验教育活动提供支持；而与此同时，此书已发展成为针对所有年龄段参与者实施环境教育的标准著作。此书由包括林学家、生物学家和其他科学家等多个学科领域的专家通力合作编撰而成，为从初学者到专业教育人士在内的众多读者和从业人员提供了灵感。

　　森林体验教育能够激起人们对森林和林业的好奇心。人们通过参与森林教育活动，会惊叹于大自然所呈现的千丝万缕的联系以及复杂的森林经营，他们将会意识到，森林对我们人类有多么重大的意义。森林体验教育使儿童和成人懂得如何应用各种感官来认识森林，进而传达具有持久影响的体验价值。在参与森林教育活动中，人们会意识到保护森林的责任，因为人们对珍爱之物会自然而然想去保护。而气候变化在持续威胁着森林的活力与健康，森林正需要人们立刻行动起来保护它。

　　祝愿所有使用该书和实施森林教育活动的人获得许多乐趣和成功。

米凯拉·卡尼博女士（Mrs.Michaela Kaniber）

巴伐利亚州食品、农业和林业部部长

## 主要编写人员（森林教育项目工作组）

安琪·宝娃
（Anja Bauer）
巴耶尔哥瑞斯小学老师

"我们不能在其他人身上创造什么，但我们可以唤醒他们所有的东西。"
富冉姿·朗德斯贝格
（FranzLandesberger）

马里尤斯·班纳
（Marius Benner）
食品、农业和林业国家干部学院讲师

"自然是一本唯一的、每一页都提供大量内容的书。"
约翰·沃尔夫冈·冯·歌德
（Johann Wolgang von Goethe）

托玛斯·邓可美亚
（Thomas Dankemeyer）
鲁坡尔丁山区森林教育中心主任

"对待别人时，要想象他们应该成为的样子，同时你要帮助他们成为能够成为的人。"
约翰·沃尔夫冈·冯·歌德
（Johann Wolfgang von  Goethe）

古特·汤布勒
（Günter Dobler）
巴伐利亚州食品、农业和林业部森林教育专员

"孩子们就像手表一样，不仅需要上发条，而且要让它自己走。"
简·保罗
（Jean  Paul）

瑞蒙德·非尔梅
（Raymund Filmer）
富特食品、农业和林业局朗根岑林区主任

"如果孩子的天性是应该保持奇迹般的活力……那么，社会需要至少一个成年人自我宣称，重新发现与孩子在一起的喜悦、兴奋和我们生活世界的美妙。"
瑞秋·卡森
（Rachel Carson）

丹尼尔·福斯特
（Daniel Forster）
本森巴赫中学教师

"你首先必须知道很多，然后才能认识到，其实你知之甚少——只有少数人懂得这个道理。"
维尔纳·海森伯格
（Werner  Heisenberg）

# 主要编写人员（森林教育项目工作组）

阿尔滨·胡伯
（Albin Huber）
贺滕贝格森林教育中心

"当我看着一片树叶时，我就为整个宇宙所倾倒。"

朱尔斯瑞·瑞楠德
（Jules Renard）

安琪·玖勒克
（Antje Julke）
沃尔斯贝格食品、农业和林业局公共关系服务处 / 森林教育

"德语木头是一个单音节的词，但它背后隐藏着一个充满童话和奇迹的世界。"

特奥多尔·胡斯
（Theodor Heuss）

斯提芬·凯尔豪乐兹
（Stephan Keiholz）
巴伐利亚州国家森林公司芳斯海姆林业企业经理

"如果你想建造一艘船只，不要击鼓召集人手去采伐木材、分配任务和安排工作，而是教授他们探索、向往浩瀚无际的大海的本领。"

昂托万·德·圣-蒂克苏伯瑞
（Antoine de Saint-Exupery）

马丁·科尔林
（Martin Körlin）
AELF库姆巴赫林区主任和林业顾问

"我们所有人都受着同样的力量驱使，唯一不同的是关键词。我们对所制定的某些方法有意见分歧，但在终极目标上意见完全一致：因为目标是一致的。"

昂托万·德·圣-蒂克苏伯瑞
（Antoine de Saint-Exupery）

卢克斯·劳可思
（Lukas Laux）
巴伐利亚州国家森林公园教育主任

"落在热石头上的一滴水可能是下雨的开始。"

从这个意义上讲，我希望《森林教育指南》及其相关工具箱像雨滴一样，森林教育像雨水一样飘落。

亚历山大·瑞戴尔巴赫
（Alexander Riedelbauch）
雷根斯贝格森林教育中心主任

"我清楚地知道，这些叶子是怎样从枝条上长出来的，如果我沉默许久，我将会知道足够多。"

胡哥·冯·霍夫曼斯塔尔
（Hugo von Hoffmannsthal）

## 主要编写人员（森林教育项目工作组）

米谢尔·斯垂科斯纳（Michael Strixner）因戈尔施塔特食品、农业和林业局主管林业主任

"教育不是填充桶，而是点火器。"

赫拉克利特（Heraklit）

罗伯特·佛格尔教授（Prof.Robert Vogl）项目组负责人，瓦耶斯特芬应用大学林业教育和传播学教授，慕尼黑工业大学的讲师

"人们已经没有时间再去学习，而是在商店购买都已准备好了的东西。"

昂托万·德·圣－蒂克苏伯瑞（Antoine de Saint-Exupery）让我们展示人们的发现和智慧是多么神奇。

参与早期版本编写的工作人员还有：

米歇拉·阿曼（Michaela Amann）

马丁·巴赫曼（Martin Bachmann）

科尼利厄斯·布哥尔（Cornelius Bugl）

汉斯－皮特·多恩（Hans-Peter Dorn）

温弗里德·德雷克斯勒（Winfried Drexler）

汉斯·嘎耶斯堡尔（Hans Gaisbauer）

罗兰德·贡特（Roland Günter）

弗兰克·玖勒克（Frank Julke）

埃尔克·毛鲁（Elke Manlu）

卡尔·海因里希·克诺尔（Karl Heinrich Knörr）

德克·施迈谢尔（Dirk Schmechel）

瓦尔婥德·瓦格纳（Waltraud Wagner）

第七章"评估"是在迈克尔·苏达教授（Prof. Dr. Michael Suda）（慕尼黑工业大学）和罗伯特·佛哥尔教授（Prof. Robert Vogl）（瓦耶斯特芬应用大学）领导的一个研究项目框架下完成的。下列的科研人员和实践工作者参与了此项工作：

亚历山大·比特纳尔（Alexander Bittner），林业政策、森林历史和自然保护研究所，哥廷根

罗兰德·贡特（Roland G nter），林业管理处，瑟斯拉贺

埃瓦尔德·霍夫曼（Ewald Hoffmann），林业政策、森林历史和自然保护研究所，哥廷根

比埃特·科勒（Beate Kohler），林业政策研究所，佛莱堡

赫伯特·鲁道夫（Herbert Rudolf），林业管理处，弗赖辛

杰拉尔德·斯咯涛施（Gerald Slotosch），林业经济和森林经理研究所，塔昂德特

项目组成员马丁·科尔林（Martin Körlin），卢卡斯·劳可斯（Lukas Laux）和德克·施迈谢尔（Dirk Schmechel）

# CONTENTS 目录

第一章　指南说明——活动概要一览……………………………………1

第二章　森林教育工作的目标………………………………………25

第三章　可持续发展教育……………………………………………37

第四章　森林教育引导的基本技巧…………………………………59

第五章　活动的顺序：开始—激发兴趣—结束……………………75

第六章　重点主题……………………………………………………123

　　第一节　森林土壤………………………………………………124

　　第二节　水………………………………………………………151

　　第三节　树木……………………………………………………190

　　第四节　可持续性利用…………………………………………244

　　第五节　森林——生命空间……………………………………285

　　第六节　森林——工作场所……………………………………344

　　第七节　森林处于危险之中……………………………………374

　　第八节　动物……………………………………………………408

　　第九节　森林与社会……………………………………………441

　　第十节　全球森林………………………………………………509

　　第十一节　创意制作……………………………………………545

第十二节　森林项目………………………………………………590

第七章　评　估……………………………………………………643

第八章　森林教育机构、文献和工具箱…………………………683

第九章　附　录……………………………………………………711

第一节　冬季………………………………………………………712

第二节　森林一日探险……………………………………………728

第三节　大型团队活动……………………………………………735

第四节　引导残疾人………………………………………………788

第五节　家庭引导…………………………………………………793

第六节　儿童生日…………………………………………………804

第七节　雨中即景…………………………………………………827

第八节　夜行森林…………………………………………………832

第九节　森林教学及体验通道……………………………………838

第十节　冥想元素…………………………………………………855

第十一节　童话故事、诗歌、箴言、歌曲………………………867

第十二节　教学计划………………………………………………881

第十三节　森林幼儿园……………………………………………894

第十四节　中国实践………………………………………………903

# 第一章 指南说明
## ——活动概要一览

道路是为给人们通行而开创的。

福冉茨·卡夫卡（Franz Kafka）

为了您更好地了解本书的内容，我们在这里列出了每个章节的所有要点。

## 第一章　指南说明——活动概要一览

这一章专为日常工作使用而设计。我们希望它能给您建议，使您能够每次有新意地安排森林教育引导活动，产生令人兴奋的效果。由一系列令人兴奋的想法和实用的建议组成的方法及途径，通过下列一览表向您展示——黑体标题您可以在相应的章、节和段落中找到。

## 第二章　森林教育工作的目标

如果人们要寻找方法、途径，关键要先知道目标，请给自己充分的时间来审查目标，也可尝试找出参与者的愿望要求或者曾向您表达过的他们所关注的事情，想一想应该怎样满足这些愿望。

## 第三章　可持续发展教育

我们希望促进参与者的能力，使他们能和其他人一起，为大家共同规划出一个美好的未来，这就是我们所理解的"可持续发展教育"。这个概念听起来非常庞大，为了挖掘隐藏其背后的"宝藏"，我们这里为森林教育工作者做了一些介绍。另外，在具体活动描述时我们对"可持续发展教育目标"进行了解释说明。

## 第四章　森林教育引导的基本技巧

怎样安排一次森林教育引导活动？哪些事项必须要注意？怎样使森林教育成为令人兴奋的并给人留下难忘印象的经历？在这章您可以找到建议和参考。

## 第五章　活动的顺序：开始—激发兴趣—结束

万事开头难。本章列出的例子可以帮助您，让您的引导从开始阶段就非常有吸引力，并能朝着既定的目标发展。

在这里您可以找到与主题相关的活动，这些活动（取决于天气状况和目标群体)能够帮助了解目标群体的倾向和期望，以便使森林访客和活动参与者更好地接受专业性的主题，并能记住它。如何利用话题间的空当，如何让思想开小差的参与者再次集中注意力以及如何轻松地转换主题，您在这章也能找到与此类问题相关的温馨提示。此外，您还将了解到，一个好的、明智的与激励练习一起使用的森林教育引导活动会带来一个新的、美好的亲身体验，对您自己也一样。为了成功地进行森林教育引导，本章还准备了各种不同的已经试用过的活动。

## 第六章　重点主题

我们为您准备了一些重点主题，并且描述了与之相关的活动、背景知识和参考文献，以便使您能新颖、直观地讲授主题内容。依据他们的个性，您也可以根据不同的参与者，从模块结构系统中选择一些，进行整合，并协调地来引导您的森林教育活动。每个章节开始的简明信息是帮助您了解每个模块相互之间有意义的衔接和过渡。

为了较好地了解内容的概况，所有重点主题都分三部分来展示。

A　简明信息

如果您想举例说明一个重点主题，开始简短的注释就能告诉您，如何开始引导、有哪些可供选择的活动以及相互之间能提供哪些有用的信息。经验表明，引导成功的关键是要很好地整合单个的要素，这里请使用我们的建议。

### B　活动

在每个活动页面上，都有一个有关活动内容、参与者人数、参与者年龄、时限、材料、准备工作以及必要的室外条件等详细信息的方框。这些信息能帮助您选择合适的活动。所有的活动标题以及在其他地方交叉引用的所有活动都用箭头"[>]"提示。

"活动内容"描述中，右面"小方框"标注的"材料"提示做活动所需要的工具。我们把各种材料放在一个木制手提箱里（德国巴伐利亚州林务局的森林教育手提箱，参见[>]第八章 森林教育机构、文献和工具箱），您可以在这个手提箱中找到活动所需材料。

接下来，您应该看到"活动流程"；"活动变化"也在这里得到介绍。此外，您将获得与活动直接相关的附加信息。

### C　背景知识

引导活动开始之前，我们建议您阅读我们编制的每个与重点主题相关的背景知识，这样您对经常反复出现的问题，就会有充分的准备。

如果您希望强化每个主题的知识，您可以在参考文献中找到建议。当然我们不能确保准备的信息的完整性。

## 第七章　评估

本章借用专门研发的活动来评估。怎样举办活动呢？我们希望所有的森林教育工作者能快乐地实施建议并取得成功。

## 第八章　森林教育机构、文献和工具箱

这里为您举例说明德国巴伐利亚州森林教育机构的建立和开展形式，以及需要进一步阅读的文献和材料。

### 自我激励

我们的教育指南需要您的积极配合。通过您的实践经验它将得到改善和进一步发展。在这里，可以找到一些空的表格做自我记录。请在那里填写批评、改善建议和您自己的想法（这些可能是您在实践中已经证明是成功的经验）。

## 第九章　附录

附录的内容包括在正文中，如[>]活动概要一览表。这里您会发现，为不同的目标群体或特别场合准备的引导安排，如家庭引导、儿童生日、森林一日探险和雨中即景。特别是对于"森林教育引导的初学者"我们建议应采用精心制作、多次尝试的指导方法。尽可能地不要忽视音乐和艺术方面。为此，我们提供广泛的与森林相关的建议，如[>]冥想元素，[>]童话故事、诗歌、箴言、歌曲。

如果您对森林教学及体验通道或森林苗圃感兴趣，在这里您可以找到构想、设计和维护这些设施的建议。

巴伐利亚州学校课程摘录部分，为课堂上讲解野外的森林提供对应的课程。

各种各样的附加材料超出了该《森林教育指南》的范围。因此，我们把它分成两部分。第一部分"简明信息"您可以用通常的做法，打印并作为《森林教育指南》的组成部分。第二部分"详细信息"，如引导实例，这些内容在目录和相互参照的条目中已做了标记。

## 活动概要一览表

| 序号 | 活动 | 内容 | 目的 | 活泼型 | 安静型 | 调研型 | 冥想型 | 创造型 | 感受型 | 知识型 | 最少 | 最佳 | 最多 | 幼儿园 | 一年级以上 | 三年级以上 | 四年级以上 | 七年级以上 | 高中以上 | 成人 | 专业小组 | 家庭 | 不需要辅助材料 | 时间（分） |
|---|---|---|---|---|---|---|---|---|---|---|---|---|---|---|---|---|---|---|---|---|---|---|---|---|
| | | | | | | | | | | | | | | | | | | | | | | | | |
| **第五章　开始** | | | | | | | | | | | | | | | | | | | | | | | | |
| 1 | 木棒—结网 | 扔木棍，自我介绍 | 相互认识 | ✓ | | | | | | | 8 | 12 | 20 | | ✓ | | ✓ | ✓ | ✓ | ✓ | ✓ | ✓ | ✓ | 20 |
| 2 | 鹰巢 | 建立聚会地点 | 建立讨论场所 | ✓ | | | | | | | 8 | 12 | 20 | | ✓ | | ✓ | ✓ | ✓ | ✓ | ✓ | ✓ | ✓ | 15 |
| 3 | 我是谁？ | 动植物猜图 | 相互认识，了解相关知识 | ✓ | | | | | | | 5 | | 20 | ✓ | ✓ | | ✓ | ✓ | ✓ | ✓ | ✓ | ✓ | | 20 |
| 4 | 我的森林珍宝 | 趣味寻找 | 惊叹于"珍宝" | ✓ | | | | | | | 5 | 10 | 20 | ✓ | ✓ | | ✓ | ✓ | ✓ | ✓ | ✓ | ✓ | ✓ | 30 |
| 5 | 原子—分子 | 参与者根据指令分成小组 | 相互移动、互相碰面、介绍自己 | ✓ | | | | | | | 10 | | | | | ✓ | ✓ | ✓ | ✓ | ✓ | ✓ | ✓ | | 10 |
| 6 | 到达过程回忆 | 回想感受 | 放松，把到达转化成更真实、更自觉的经验 | | ✓ | | ✓ | | | | 5 | | 30 | | | ✓ | ✓ | ✓ | ✓ | ✓ | ✓ | ✓ | ✓ | 5 |
| 7 | 谁和谁在一起？ | 组成小组的活动 | 训练分小组 | | ✓ | | | | | | 14 | | | | | | ✓ | ✓ | | ✓ | ✓ | ✓ | | |
| 8 | 我的森林笔记本 | 收集印象 | 训练个人记忆 | | ✓ | | | ✓ | | | | | | | | | ✓ | ✓ | | ✓ | ✓ | ✓ | | |
| **第五章　激发兴趣** | | | | | | | | | | | | | | | | | | | | | | | | |
| 1 | 声音地图 | 画出所听到的 | 提高听觉能力 | | ✓ | | | | | | 2 | | 30 | | ✓ | | ✓ | ✓ | ✓ | ✓ | ✓ | ✓ | ✓ | 15 |
| 2 | 摄影师和照相机 | 两个人：一个扮演摄影师，一个扮演照相机 | 提升感知能力 | | ✓ | | | | ✓ | | 2 | | 30 | ✓ | ✓ | | ✓ | ✓ | ✓ | ✓ | ✓ | ✓ | ✓ | 15~30 |
| 3 | 信任之旅 | 像"盲人"一样感知森林 | 建立信任，提高感官知觉 | | ✓ | | | | ✓ | | 2 | | 30 | | ✓ | | ✓ | ✓ | ✓ | ✓ | ✓ | ✓ | ✓ | >20 |
| 4 | 不同寻常的视觉 | 寻找不寻常的视觉 | 提高洞察能力 | ✓ | | | | | ✓ | | | | 30 | ✓ | ✓ | | ✓ | ✓ | ✓ | ✓ | ✓ | ✓ | ✓ | 20 |
| 5 | 迷宫中的猫和老鼠 | 抓捕游戏 | 运动 | ✓ | | | | | | | 18 | 30 | | | ✓ | ✓ | ✓ | ✓ | ✓ | ✓ | ✓ | ✓ | >10 |

（续）

| 序号 | 活动 | 内容 | 目的 | 活泼型 | 安静型 | 调研型 | 冥想型 | 创造型 | 感受型 | 知识型 | 最少 | 最佳 | 最多 | 幼儿园 | 一年级以上 | 三年级以上 | 四年级以上 | 七年级以上 | 高中以上 | 成人 | 专业小组 | 家庭 | 不需要辅助材料 | 时间（分） |
|---|---|---|---|---|---|---|---|---|---|---|---|---|---|---|---|---|---|---|---|---|---|---|---|---|
| 6 | 跳蚤—小鸟—蜘蛛 | 抓捕游戏 | 运动、锻炼反应能力 | √ |  |  |  |  |  |  | 6 | 20 | 30 |  | √ | √ | √ | √ | √ | √ | √ | √ | √ | >15 |
| 7 | 木棍游戏 | 运动游戏 | 让参与者们尽情喧闹 | √ |  |  |  |  |  |  | 8 | 15 |  | √ | √ | √ | √ | √ | √ | √ | √ | √ | √ | >10 |
| 8 | 你是我的椅子 | 快活的小组游戏 | 让参与者认识到团结的力量 | √ |  |  |  |  |  |  | 20 | 40 |  | √ | √ | √ | √ | √ | √ | √ | √ | √ | √ | 10~15 |
| 9 | 声音记忆 | 声音区分和归类 | 提升听觉能力 |  | √ |  |  |  | √ |  |  |  | 15 |  | √ | √ | √ | √ | √ | √ | √ | √ |  | 15 |
| 10 | 找错 | 寻找放错位置的自然物品 | 提升感知能力 | √ |  | √ |  |  |  |  |  |  |  |  | √ | √ | √ | √ | √ | √ | √ | √ |  | 30 |
| 11 | 森林布偶 | 利用森林布偶传递信息 | 以游戏的方式开始引导话动，并激发后续活动参与性 |  | √ |  |  |  |  |  |  |  | 15 | √ | √ | √ | √ | √ | √ | √ | √ | √ | √ |  |
| 12 | 太阳冥想 | 参与者感受皮肤上的太阳照射和它产生的热量 | 感受太阳的热源，自我放松与平静 |  | √ |  | √ |  |  |  |  |  | 30 |  | √ | √ | √ | √ | √ | √ | √ | √ | √ | 10 |

第五章　结束

| 序号 | 活动 | 内容 | 目的 | 活泼型 | 安静型 | 调研型 | 冥想型 | 创造型 | 感受型 | 知识型 | 最少 | 最佳 | 最多 | 幼儿园 | 一年级以上 | 三年级以上 | 四年级以上 | 七年级以上 | 高中以上 | 成人 | 专业小组 | 家庭 | 不需要辅助材料 | 时间（分） |
|---|---|---|---|---|---|---|---|---|---|---|---|---|---|---|---|---|---|---|---|---|---|---|---|---|
| 1 | 调色画板 | 用自然材料制作调色板 | 发现森林颜色 |  | √ |  |  | √ |  |  |  |  |  | √ | √ | √ | √ | √ | √ | √ | √ | √ |  | >20 |
| 2 | 结束快照 | 照相机和摄影师角色扮演 | 训练知觉与绘画 |  | √ |  |  |  | √ |  | 2 | 16 |  | √ | √ | √ | √ | √ | √ | √ | √ | √ |  | 25~40 |
| 3 | 我的森林明信片 | 给自己写一封森林邮件 | 学会思考和要求：在家做些什么 |  | √ |  |  | √ |  |  |  |  |  |  | √ | √ | √ | √ | √ | √ | √ | √ |  | 15 |
| 4 | 幻想之旅 | 思想上进行一次旅行 | 学会思考和充满幻想的深思熟虑 |  | √ |  | √ |  |  |  |  | 10 | 20 |  | √ | √ | √ | √ | √ | √ | √ | √ | √ | 10~20 |
| 5 | 露天工作室 | 对经历做出创造性的反应 | 让参与者回想这次经历 |  | √ |  |  | √ |  |  |  |  | 20 | √ | √ | √ | √ | √ | √ | √ | √ | √ | √ | 30~60 |

（续）

| 序号 | 活动 | 内容 | 目的 | 活泼型 | 安静型 | 调研型 | 冥想型 | 创造型 | 感受型 | 知识型 | 最少 | 最佳 | 最多 | 幼儿园 | 一年级以上 | 三年级以上 | 四年级以上 | 七年级以上 | 高中以上 | 成人 | 专业小组 | 家庭 | 不需要辅助材料 | 时间（分） |
|---|---|---|---|---|---|---|---|---|---|---|---|---|---|---|---|---|---|---|---|---|---|---|---|---|
| | | | | | | | | 类型 | | | 参与者人数（人） | | | 目标群体 | | | | | | | | | | |
| 6 | 森林图像 | 使用林地上的森林材料创作图画 | 学会在小组中创造性地使用自然材料 | | ✓ | | | ✓ | | | | | | | ✓ | ✓ | ✓ | ✓ | ✓ | ✓ | | | ✓ | 30 |
| 7 | 话语接力棒 | 用彩带装饰枯树枝 | 发现奇异的形状，并锻炼感知能力 | | ✓ | | | ✓ | | | | | 30 | ✓ | ✓ | ✓ | ✓ | ✓ | ✓ | ✓ | | ✓ | | 30 |
| 8 | 森林纪念币 | 设计穿孔的小木片 | 锻炼感知能力 | | ✓ | | | ✓ | | | | | 30 | ✓ | ✓ | ✓ | ✓ | ✓ | | ✓ | | ✓ | | 20 |
| 9 | 森林投影 | 用天然材料进行创意设计 | 锻炼创作能力 | | ✓ | | | ✓ | | | | | 30 | ✓ | ✓ | ✓ | ✓ | ✓ | ✓ | ✓ | | ✓ | | 20 |
| 10 | 树枝画框 | 用枝条设计画框 | 感知和理解天然材料的美感 | | ✓ | | | ✓ | | | | 10 | 20 | | ✓ | ✓ | ✓ | ✓ | ✓ | ✓ | | ✓ | | 45 |
| 11 | 森林首饰 | 把森林中的发现物加工成首饰 | 感知和理解天然材料的美 | | | | | ✓ | | | | 10 | 20 | ✓ | | ✓ | ✓ | ✓ | | | ✓ | ✓ | | 45 |
| 12 | 森林挂毯 | 用林中的发现物编织挂毯 | 促进团队协作能力 | ✓ | | | | ✓ | | | | | 10 | ✓ | | ✓ | ✓ | | | ✓ | ✓ | ✓ | | 45 |
| 13 | 来自森林的思考 | 链接格言与森林物品 | 激励参与者们进行反思 | | ✓ | | ✓ | | | | | | | | | | | | ✓ | ✓ | ✓ | | ✓ | 10 |
| 14 | 森林挂饰 | 在森林中找到物品并制作挂饰 | 感知和理解天然材料的美 | | ✓ | | | ✓ | | | | 10 | 20 | ✓ | ✓ | ✓ | ✓ | ✓ | | ✓ | | ✓ | | 45 |
| 15 | 我的树木 | 获得野生树木 | 传授抚育管理的思想 | | ✓ | ✓ | | | | ✓ | | | | ✓ | ✓ | ✓ | ✓ | | | ✓ | ✓ | ✓ | | 15 |
| 16 | 树皮图片 | 把树皮图片装在相框中 | 注意细节 | | ✓ | ✓ | | ✓ | | | | 20 | 30 | ✓ | ✓ | ✓ | ✓ | ✓ | ✓ | ✓ | ✓ | ✓ | | 15 |

第六章　第一节　森林土壤

| 序号 | 活动 | 内容 | 目的 | 活泼型 | 安静型 | 调研型 | 冥想型 | 创造型 | 感受型 | 知识型 | 最少 | 最佳 | 最多 | 幼儿园 | 一年级以上 | 三年级以上 | 四年级以上 | 七年级以上 | 高中以上 | 成人 | 专业小组 | 家庭 | 不需要辅助材料 | 时间（分） |
|---|---|---|---|---|---|---|---|---|---|---|---|---|---|---|---|---|---|---|---|---|---|---|---|---|
| 1 | 体验森林土壤 | 用所有的感官认识森林土壤 | 用所有的感官认识森林土壤 | | ✓ | | | | ✓ | | 3 | 10 | 30 | ✓ | ✓ | ✓ | ✓ | ✓ | ✓ | ✓ | ✓ | ✓ | ✓ | 30 |
| 2 | 赤脚毛毛虫 | 在林地上赤脚行走 | 感知森林土壤 | | ✓ | | | | ✓ | | 3 | 8 | 25 | ✓ | ✓ | ✓ | ✓ | ✓ | ✓ | ✓ | ✓ | ✓ | ✓ | 15 |

（续）

| 序号 | 活动 | 内容 | 目的 | 活泼型 | 安静型 | 调研型 | 冥想型 | 创造型 | 感受型 | 知识型 | 最少 | 最佳 | 最多 | 幼儿园 | 一年级以上 | 三年级以上 | 四年级以上 | 七年级以上 | 高中以上 | 成人 | 专业小组 | 家庭 | 不需要辅助材料 | 时间(分) |
|---|---|---|---|---|---|---|---|---|---|---|---|---|---|---|---|---|---|---|---|---|---|---|---|---|
| | | | | 类型 | | | | | | | 参与者人数(人) | | | 目标群体 | | | | | | | | | | |
| 3 | 土壤窗口 | 用树叶覆盖参与者 | 使参与者融入林地之中 | | ✓ | | ✓ | | ✓ | | 3 | 10 | 30 | ✓ | | | | | | | ✓ | ✓ | ✓ | 15 |
| 4 | 跟踪土壤动物 | 发现土壤动物世界 | 体会"土壤是有生命的" | | | ✓ | | | | ✓ | 3 | 10 | 30 | | ✓ | ✓ | ✓ | ✓ | ✓ | | ✓ | ✓ | | 60 |
| 5 | 落叶的分解 | 观察落叶不同的分解阶段 | 了解、认识落叶是如何变成腐殖质的 | | | ✓ | | ✓ | | ✓ | 3 | 10 | 30 | | ✓ | ✓ | ✓ | ✓ | ✓ | | ✓ | ✓ | | 30 |
| 6 | 土壤阶梯 | 形象化地理解腐殖质的形成 | 认识不同的腐殖质层次 | ✓ | | | | ✓ | ✓ | | 3 | 10 | 30 | | ✓ | ✓ | ✓ | ✓ | ✓ | | ✓ | ✓ | ✓ | 20 |
| 7 | 腐殖质对比 | 研究腐殖质 | 了解腐殖质形式的多样性 | | | ✓ | | | | ✓ | 3 | 10 | 30 | | ✓ | ✓ | ✓ | ✓ | ✓ | | ✓ | ✓ | | 60~120 |
| 8 | 构建树根 | 建立树木根系，认识不同的树木根系 | 了解不同的根系 | ✓ | | | | ✓ | | ✓ | 3 | 10 | 30 | | ✓ | ✓ | ✓ | ✓ | ✓ | | ✓ | ✓ | ✓ | 30 |
| 9 | 土壤酸化 | 不同树种下腐殖质酸度的测定 | 了解人类对土壤酸化的影响 | | | ✓ | | | | ✓ | 3 | 10 | 30 | | ✓ | ✓ | ✓ | ✓ | ✓ | | ✓ | ✓ | | 30~60 |
| 10 | 森林土壤是记仇的! | 土壤板结直观展示 | 了解土壤板结的原因与后果 | | | ✓ | | | | ✓ | 3 | 10 | 30 | ✓ | ✓ | ✓ | ✓ | ✓ | ✓ | | ✓ | ✓ | | 30 |
| 11 | 水土流失实验 | 水对森林土壤和裸露土壤侵蚀的对比 | 开始了解水土流失主题 | | | ✓ | | | | ✓ | 3 | 10 | 30 | | ✓ | ✓ | ✓ | ✓ | ✓ | | ✓ | ✓ | | 20 |
| 12 | 蚯蚓展示箱 | 土壤形成实验 | 了解土壤生物的重要性 | | | ✓ | | ✓ | | ✓ | 3 | 10 | 30 | | ✓ | ✓ | ✓ | ✓ | ✓ | | ✓ | ✓ | | 30 |
| 13 | 我的土壤形象 | 仔细查看森林土壤的一小块截面 | 了解土壤生物种类和形态的多样性 | | ✓ | | | | ✓ | | | | 10 | ✓ | ✓ | ✓ | ✓ | ✓ | ✓ | ✓ | ✓ | ✓ | ✓ | 10~30 |

第六章　第二节　水

| 序号 | 活动 | 内容 | 目的 | 活泼型 | 安静型 | 调研型 | 冥想型 | 创造型 | 感受型 | 知识型 | 最少 | 最佳 | 最多 | 幼儿园 | 一年级以上 | 三年级以上 | 四年级以上 | 七年级以上 | 高中以上 | 成人 | 专业小组 | 家庭 | 不需要辅助材料 | 时间(分) |
|---|---|---|---|---|---|---|---|---|---|---|---|---|---|---|---|---|---|---|---|---|---|---|---|---|
| 1 | 雨滴游戏 | 用石头发出雨滴的声音 | 让小组放松，介绍水的主题 | | ✓ | | | | ✓ | | 5 | 12 | 30 | ✓ | ✓ | ✓ | ✓ | ✓ | ✓ | | ✓ | ✓ | ✓ | 5~10 |
| 2 | 水的森林之路 | 解释森林中的水资源 | 解释术语"截留和降水量" | | | ✓ | | | | ✓ | | 10 | 20 | | ✓ | ✓ | ✓ | ✓ | ✓ | | ✓ | ✓ | ✓ | 60 |

（续）

| 序号 | 活动 | 内容 | 目的 | 类型 活泼型 | 安静型 | 调研型 | 冥想型 | 创造型 | 感受型 | 知识型 | 参与者人数（人）最少 | 最佳 | 最多 | 目标群体 幼儿园 | 一年级以上 | 三年级以上 | 四年级以上 | 七年级以上 | 高中以上 | 成人 | 专业小组 | 家庭 | 不需要辅助材料 | 时间（分） |
|---|---|---|---|---|---|---|---|---|---|---|---|---|---|---|---|---|---|---|---|---|---|---|---|---|
| 3 | 森林里的饮用水 | 森林土壤的过滤作用 | 了解森林土壤的过滤能力和蓄水能力 | ✓ | | ✓ | | | | ✓ | | 10 | 20 | | ✓ | ✓ | ✓ | ✓ | ✓ | ✓ | ✓ | | | 20 |
| 4 | 木材筏运 | 观察和比较河流的流速、漩涡和水流 | 研究木筏运动，了解水道是历史上木材运输的主要途径 | | | | | ✓ | | | 10 | 20 | 40 | | ✓ | ✓ | ✓ | ✓ | ✓ | ✓ | ✓ | ✓ | | 45 |
| 5 | 水质调查 | 调查水质 | 了解水质的特点 | ✓ | | ✓ | | | | ✓ | | | 15 | | | | ✓ | ✓ | ✓ | ✓ | ✓ | ✓ | | 60~120 |
| 6 | 苔藓的蓄水能力 | 了解苔藓植物的类型和储存水的能力 | 展示苔藓蓄水能力的重要性 | | | ✓ | | | | ✓ | | | 15 | | | | ✓ | | | | | | | 30 |
| 7 | 排水比较 | 排水比较 | 展示森林与地表径流之间的联系 | | | ✓ | | ✓ | | | 5 | | 15 | | | ✓ | | | | | | | | 30 |
| 8 | 城市、森林与河流——角色扮演 | 防止洪水的角色扮演 | 学习解决利益冲突 | ✓ | | | | | | 8 | | | 15 | | | | ✓ | | | | | | | 45 |
| 9 | 水的冥想 | 经历水的平静与神圣 | 达到内心的平静 | | ✓ | | ✓ | | | | 5 | | 30 | | | | ✓ | | | | | | | 15 |
| 10 | 水的竞技 | 水概念术语的哑剧表演 | 了解森林与水之间的关系 | ✓ | | | | ✓ | | | 10 | | 30 | | | | ✓ | | | | | | | 15 |
| 11 | 水循环——小水滴"滴答" | 用讲述和表演的方式深入讨论水循环 | 表明水循环及其对所有生物的意义 | ✓ | | | | ✓ | | | | | 30 | ✓ | ✓ | | | | | | | ✓ | | 30 |
| 12 | 词汇记忆 | 铭记森林与水的概念术语 | 集中注意力 | | ✓ | | | | | ✓ | 5 | | 15 | | | ✓ | | | | | | | | 20 |
| 13 | 各地区的水 | 讨论不同的国家人均每天的水消耗量 | 提升节约用水的意识 | | ✓ | ✓ | | | | ✓ | 10 | | 30 | | | ✓ | ✓ | ✓ | ✓ | ✓ | ✓ | ✓ | | 30 |
| 14 | 水的竞争 | 展示水资源的过度使用 | 意识到水高消耗的有限性 | ✓ | | | | | | | 6 | | 12 | | ✓ | ✓ | ✓ | ✓ | ✓ | ✓ | ✓ | ✓ | | 5~10 |

第六章　第三节　树木

| 序号 | 活动 | 内容 | 目的 | 类型 活泼型 | 安静型 | 调研型 | 冥想型 | 创造型 | 感受型 | 知识型 | 参与者人数（人）最少 | 最佳 | 最多 | 目标群体 幼儿园 | 一年级以上 | 三年级以上 | 四年级以上 | 七年级以上 | 高中以上 | 成人 | 专业小组 | 家庭 | 不需要辅助材料 | 时间（分） |
|---|---|---|---|---|---|---|---|---|---|---|---|---|---|---|---|---|---|---|---|---|---|---|---|---|
| 1 | 镜像森林 | 带着镜子在树下漫步 | 经历迷人的树冠世界 | | ✓ | | | | ✓ | | 10 | | 15 | | ✓ | ✓ | ✓ | ✓ | ✓ | ✓ | ✓ | ✓ | | 10 |

（续）

| 序号 | 活动 | 内容 | 目的 | 活泼型 | 安静型 | 调研型 | 冥想型 | 创造型 | 感受型 | 知识型 | 最少 | 最佳 | 最多 | 幼儿园 | 一年级以上 | 三年级以上 | 四年级以上 | 七年级以上 | 高中以上 | 成人 | 专业小组 | 家庭 | 不需要辅助材料 | 时间（分） |
|---|---|---|---|---|---|---|---|---|---|---|---|---|---|---|---|---|---|---|---|---|---|---|---|---|
| 2 | 山坡倒立 | 体验一棵树长在山坡上是多么的困难 | 激发了解树木生长的兴趣 | ✓ |  |  |  |  |  |  |  |  | 30 | ✓ |  |  | ✓ |  |  | ✓ |  | ✓ | ✓ | 10 |
| 3 | 树木电话 | 体验并了解木材传导声音的现象 | 了解木材是一个共振体 |  | ✓ |  |  |  | ✓ |  |  | 15 | 30 | ✓ |  |  | ✓ | ✓ | ✓ | ✓ | ✓ | ✓ | ✓ | 10 |
| 4 | 听诊树木 | 倾听树木上的昆虫和动物 | 倾听：树是活着的 |  | ✓ | ✓ |  |  | ✓ |  |  | 15 | 30 |  |  |  | ✓ | ✓ | ✓ | ✓ | ✓ | ✓ |  | 20 |
| 5 | 树木毛细管的吸腾流 | 通过实验了解树木的蒸腾流 | 展示树木的生长能力 |  | ✓ | ✓ |  |  |  | ✓ |  |  | 15 |  |  |  |  |  |  | ✓ | ✓ |  |  | 30 |
| 6 | 光合作用——小精灵 | 现场设计光合作用的运输 | 形象地说明生物过程 |  | ✓ |  |  |  |  | ✓ |  | 10 | 30 |  |  |  |  | ✓ | ✓ | ✓ | ✓ |  |  | 15 |
| 7 | 光合作用——接力赛 | 演示树木对水和同化物的运输 | 以身体力行的方式体验光合作用 | ✓ |  |  |  |  |  | ✓ | 15 |  | 30 |  |  | ✓ | ✓ | ✓ |  | ✓ | ✓ | ✓ |  | 30 |
| 8 | 探寻树木命运的痕迹 | 根据年轮分析树木的生命轨迹 | 认识树木对外部环境影响的反应是如何体现在年轮上的 |  | ✓ | ✓ |  |  |  | ✓ |  | 15 | 30 |  |  | ✓ | ✓ | ✓ | ✓ | ✓ | ✓ | ✓ |  | 30 |
| 9 | 认识树皮 | 通过感觉识别树皮并区别树皮 | 感觉树皮的多样性 |  | ✓ |  |  |  | ✓ |  |  | 10 | 15 |  | ✓ | ✓ | ✓ | ✓ | ✓ | ✓ | ✓ | ✓ |  | 30 |
| 10 | 鉴别树芽 | 区分不同的树芽结构 | 制订一种简单的识别方法 |  | ✓ | ✓ |  |  |  | ✓ |  | 15 | 30 |  |  | ✓ | ✓ | ✓ | ✓ | ✓ | ✓ |  | ✓ | 30 |
| 11 | 感受针叶树 | 用视觉和嗅觉识别针叶树 | 用所有感官了解针叶树的差异 |  | ✓ |  |  |  | ✓ | ✓ |  | 15 | 15 |  | ✓ | ✓ | ✓ | ✓ | ✓ | ✓ | ✓ | ✓ |  | 30 |
| 12 | 树木鉴定 | 为树木的科和属识别制订帮助说明 | 学习如何区分树木种类 |  | ✓ |  |  | ✓ |  | ✓ |  | 15 | 30 |  |  | ✓ | ✓ | ✓ | ✓ | ✓ | ✓ | ✓ |  | 120 |
| 13 | 树皮——刮刮卡图片 | 在纸上拓描不同结构的树皮 | 了解不同结种种类的树皮 |  | ✓ |  |  | ✓ |  |  |  | 15 | 30 |  | ✓ | ✓ | ✓ |  |  |  |  | ✓ |  | 15 |
| 14 | 树木知识 | 通过收集阔叶或针叶确定树种 | 认识不同的树种 |  | ✓ |  |  | ✓ |  | ✓ |  | 15 | 30 |  | ✓ | ✓ | ✓ | ✓ |  | ✓ | ✓ | ✓ |  | 45 |

（续）

| 序号 | 活动 | 内容 | 目的 | 活泼型 | 安静型 | 调研型 | 冥想型 | 创造型 | 感受型 | 知识型 | 最少 | 最佳 | 最多 | 幼儿园 | 一年级以上 | 三年级以上 | 四年级以上 | 七年级以上 | 高中以上 | 成人 | 专业小组 | 家庭 | 不需要辅助材料 | 时间（分） |
|---|---|---|---|---|---|---|---|---|---|---|---|---|---|---|---|---|---|---|---|---|---|---|---|---|
| | | | | | | | | | | | | | | | | 目标群体 | | | | | | | | |
| 15 | 树木简介 | 把不同树木的鉴别特征整理到一起 | 认识不同的树种 | | √ | | | √ | | √ | | 15 | 30 | | | | | √ | √ | √ | √ | | | 60 |
| 16 | 树叶记忆 | 用游戏的方式了解树叶与针叶 | 认识树叶形状，并加深树木学知识 | | √ | | | | | | | | 15 | √ | √ | √ | √ | | | √ | | √ | | 20 |
| 17 | 树种——多米诺 | 像排列多米诺牌一样排列阔叶或针叶 | 获取不同的树木知识 | | √ | | | √ | | √ | | | 30 | √ | √ | √ | √ | | | √ | | √ | | 45 |
| 18 | 树枝——拼图游戏 | 将剪断的枝条再次组合在一起 | 训练敏锐地区分树木种类 | | √ | | | | | | | | 30 | | | √ | √ | | | √ | √ | √ | | 30 |
| 19 | 我们是一棵树 | 即景塑造一棵树木 | 在娱乐中学习和了解树木的生物学结构 | √ | | | | √ | | √ | 20 | | 30 | | | √ | √ | √ | √ | √ | √ | √ | √ | 30 |
| 20 | 邂逅树木 | 蒙住眼睛触摸树木，再睁眼识别 | 建立与树木的关系 | | √ | | | | √ | | | | 30 | | | √ | √ | √ | √ | √ | √ | √ | | 30 |
| 21 | 时光飞逝，树木屹立 | 树木冥想 | 进行一次奇幻幻旅与遐想，并思考树木的生命 | | √ | | √ | | | | | | 30 | | | √ | √ | √ | √ | √ | √ | | √ | 30 |
| 22 | 树木根系 | 挖一株小树 | 认识树木根系 | | √ | √ | | | | √ | | | 30 | | √ | √ | √ | √ | √ | √ | | √ | | 40 |
| 23 | 树种曲棍球 | 互相竞争，以游戏的方式认识树种 | 认识不同的树种 | √ | | | | | | √ | 10 | | 30 | | | √ | √ | √ | √ | √ | √ | √ | | 20 |

第六章　第四节　可持续性利用

| 序号 | 活动 | 内容 | 目的 | 活泼型 | 安静型 | 调研型 | 冥想型 | 创造型 | 感受型 | 知识型 | 最少 | 最佳 | 最多 | 幼儿园 | 一年级以上 | 三年级以上 | 四年级以上 | 七年级以上 | 高中以上 | 成人 | 专业小组 | 家庭 | 不需要辅助材料 | 时间（分） |
|---|---|---|---|---|---|---|---|---|---|---|---|---|---|---|---|---|---|---|---|---|---|---|---|---|
| 1 | 树木气球 | 理解不同树木的生长 | 了解树木的生长 | | √ | | | | | √ | 15 | | 30 | | | √ | √ | √ | √ | √ | √ | √ | | 15 |
| 2 | 二氧化碳（CO2）气球 | 了解树木生长、木材收获及固碳汇 | 认识到树木生长与二氧化碳固存之间的关联 | | √ | | | | | √ | | | 30 | | | | √ | √ | √ | √ | √ | √ | | 15 |
| 3 | 帽子相叠 | 解释树木生长、木材采伐以及更新方面的课题 | 展示森林的可持续性利用 | | √ | | | √ | | | 15 | | 30 | | | √ | √ | √ | √ | √ | √ | √ | | 20 |
| 4 | 以利用代替掠夺 | 体验森林的可持续性利用 | 说明林业工作者对森林可持续性利用的影响 | | | | | | | √ | 20 | | | | | √ | √ | √ | √ | √ | √ | | | 30 |

（续）

| 序号 | 活动 | 内容 | 目的 | 活泼型 | 安静型 | 调研型 | 冥想型 | 创造型 | 感受型 | 知识型 | 最少 | 最佳 | 最多 | 幼儿园 | 一年级以上 | 三年级以上 | 四年级以上 | 七年级以上 | 高中以上 | 成人 | 专业小组 | 家庭 | 不需要辅助材料 | 时间（分） |
|---|---|---|---|---|---|---|---|---|---|---|---|---|---|---|---|---|---|---|---|---|---|---|---|---|
| 5 | 树木与木材 | 确定活立木的材积 | 学习计算木材蓄积量 | | | ✓ | | | | | | | 20 | | | | ✓ | ✓ | ✓ | ✓ | ✓ | | | 20 |
| 6 | 只收获再生木 | 估算每年森林中林木的增长量 | 形象地向参与者说明森林中木材的增长 | | | ✓ | | | | ✓ | | | 30 | | | | | ✓ | ✓ | ✓ | ✓ | ✓ | | 120 |
| 7 | 森林资源清查 | 了解不同树种的生长与应用 | 了解木材是可生长的，及其可持续利用性 | | | ✓ | | | | ✓ | | | 30 | | | | | ✓ | ✓ | ✓ | ✓ | | | 120 |
| 8 | 我的森林 | 扮演森林所有者的角色 | 体验森林所有者的责任 | | ✓ | | | | | ✓ | | | 30 | | | ✓ | ✓ | ✓ | ✓ | ✓ | ✓ | ✓ | | 60 |
| 9 | 木材是美好且环保的 | 整理出木材作为建筑材料和能源的优点 | 领会木材原料的优点 | | | | | | | ✓ | | | 30 | ✓ | ✓ | ✓ | ✓ | ✓ | ✓ | ✓ | ✓ | ✓ | | 30 |
| 10 | 木材随处可见 | 对木制产品进行分类 | 认识到木材在日常生活中随处可见 | | | | | | | ✓ | | | 30 | ✓ | ✓ | ✓ | ✓ | ✓ | ✓ | ✓ | ✓ | ✓ | | 30 |
| 11 | 森林评估 | 在现场理解、探讨可持续性 | 理解并唤醒对可持续性的兴趣 | | | ✓ | | | | ✓ | | | 30 | | | | | ✓ | ✓ | ✓ | ✓ | ✓ | | 120~180 |
| 12 | 森林遗产继承他们作为社会和他们的森林 | 通过游戏传授可持续性利用知识 | 通过游戏，获知"可持续性"原则 | ✓ | ✓ | | | | | ✓ | 6 | | 30 | | | | ✓ | ✓ | ✓ | ✓ | ✓ | ✓ | | 45 |

第六章　第五节　森林——生命空间

| 序号 | 活动 | 内容 | 目的 | 活泼型 | 安静型 | 调研型 | 冥想型 | 创造型 | 感受型 | 知识型 | 最少 | 最佳 | 最多 | 幼儿园 | 一年级以上 | 三年级以上 | 四年级以上 | 七年级以上 | 高中以上 | 成人 | 专业小组 | 家庭 | 不需要辅助材料 | 时间（分） |
|---|---|---|---|---|---|---|---|---|---|---|---|---|---|---|---|---|---|---|---|---|---|---|---|---|
| 1 | 动物谜语 | 抽象地介绍一种动物，并让其他人猜 | 认识动物类型，促进想象能力 | | ✓ | | | | | ✓ | | | 30 | ✓ | ✓ | ✓ | ✓ | ✓ | ✓ | ✓ | ✓ | ✓ | | 10 |
| 2 | 动物踪迹 | 在林中寻找动物的踪迹 | 认识动物踪迹 | | ✓ | ✓ | | | | ✓ | | 8 | 12 | ✓ | ✓ | ✓ | ✓ | ✓ | ✓ | ✓ | ✓ | ✓ | | 30 |
| 3 | 隐藏—发现 | 发现隐藏在林中的物品 | 训练眼力，提高集中注意力 | | ✓ | | | | ✓ | | | | 20 | ✓ | ✓ | ✓ | ✓ | ✓ | ✓ | ✓ | ✓ | ✓ | | 30 |
| 4 | 万物相互依赖 | 体验森林中的生物网络 | 认识到森林中的生物是相互依赖的 | | ✓ | | | | | ✓ | | 12 | 20 | ✓ | ✓ | ✓ | ✓ | ✓ | ✓ | ✓ | ✓ | ✓ | | >15 |

（续）

| 序号 | 活动 | 内容 | 目的 | 类型 活泼型 | 安静型 | 调研型 | 冥想型 | 创造型 | 感受型 | 知识型 | 参与者人数（人）最少 | 最佳 | 最多 | 目标群体 幼儿园 | 一年级以上 | 三年级以上 | 四年级以上 | 七年级以上 | 高中以上 | 成人 | 专业小组 | 家庭 | 不需要辅助材料 | 时间（分） |
|---|---|---|---|---|---|---|---|---|---|---|---|---|---|---|---|---|---|---|---|---|---|---|---|---|
| 5 | 偷袭猎物 | "猞猁"跟踪"鹿" | 模仿跟踪"猞猁"狩猎的方式 | ✓ |  |  |  |  | ✓ |  | 5 |  | 20 | ✓ | ✓ | ✓ | ✓ | ✓ | ✓ | ✓ |  | ✓ |  | 10~15 |
| 6 | 蝙蝠与夜蛾 | 学习蝙蝠狩猎技巧 | 唤醒对蝙蝠的兴趣，打破偏见 | ✓ |  |  |  |  |  | ✓ | 8 | 14 | 30 | ✓ | ✓ | ✓ | ✓ | ✓ | ✓ | ✓ |  | ✓ |  | 30 |
| 7 | 冬天里的小松鼠 | "松鼠"把食物藏起来，然后在"冬天"再找到它 | 了解松鼠的越冬策略 | ✓ |  |  |  |  |  | ✓ | 5 | 10 | 30 |  | ✓ | ✓ | ✓ | ✓ | ✓ | ✓ |  | ✓ |  | 30 |
| 8 | 鸟语欣赏 | 了解鸟类世界 | 训练听觉 |  | ✓ |  |  |  | ✓ |  |  |  | 20 |  | ✓ | ✓ | ✓ | ✓ | ✓ | ✓ | ✓ | ✓ | ✓ | 30~60 |
| 9 | 能量流——运行 | 通过用水桶运送水的接力赛来直观说明能量流失 | 直观体验能量流动及其损失 | ✓ |  |  |  |  |  | ✓ | 5 | 10 | 15 |  | ✓ | ✓ | ✓ | ✓ | ✓ | ✓ |  | ✓ |  | 30 |
| 10 | 死了的橡树还活着 | 以游戏形式展示死树的生命空间 | 了解朽木的重要性 | ✓ |  | ✓ |  |  |  | ✓ |  |  | 30 |  | ✓ | ✓ | ✓ | ✓ | ✓ | ✓ |  | ✓ |  | 20 |
| 11 | 失去生命的树木 | 调查森林中的死树 | 了解死树的意义 |  |  | ✓ |  |  |  | ✓ | 5 |  | 20 |  | ✓ | ✓ | ✓ | ✓ | ✓ | ✓ | ✓ | ✓ |  | 60 |
| 12 | 森林中生长着什么？ | 制作森林植被分布图 | 认识森林中不同的物种 |  | ✓ | ✓ |  |  |  |  |  |  | 15 |  |  |  | ✓ | ✓ | ✓ | ✓ | ✓ | ✓ |  | 60 |
| 13 | 猫头鹰和乌鸦 | 有趣的、紧张的知识测试 | 在轻松的娱乐中学习知识 | ✓ |  |  |  |  |  | ✓ | 6 | 18 | 30 |  | ✓ | ✓ | ✓ | ✓ | ✓ | ✓ |  | ✓ | ✓ | 5~15 |
| 14 | 记忆游戏 | 用简短的时间记住可见的对象并将其复原 | 锐化眼力或游戏似地训练记忆力 |  | ✓ |  |  |  |  | ✓ | 2 | 16 |  | ✓ | ✓ | ✓ | ✓ | ✓ | ✓ | ✓ |  | ✓ |  | 15 |
| 15 | 伪装、警示和蒙蔽 | 游戏似地展示动物是怎样伪装、警告和欺骗它的 | 锐化视觉感知和介绍动物身体保护色 | ✓ |  |  |  |  | ✓ |  |  |  | 15 | ✓ | ✓ | ✓ | ✓ | ✓ | ✓ | ✓ |  | ✓ |  | 15 |
| 16 | 设计并寻找想象的动物 | 发现、制作并隐藏一种伪装好的动物 | 以游戏形式了解生物是如何适应它们的栖息地生态环境变化的 | ✓ |  |  |  | ✓ |  |  | 10 |  | 20 |  | ✓ | ✓ | ✓ | ✓ | ✓ | ✓ |  | ✓ | ✓ | 30 |

| 序号 | 活动 | 内容 | 目的 | 活泼型 | 安静型 | 调研型 | 冥想型 | 创造型 | 感受型 | 知识型 | 最少 | 最佳 | 最多 | 幼儿园 | 一年级以上 | 三年级以上 | 四年级以上 | 七年级以上 | 高中以上 | 成人 | 专业小组 | 家庭 | 不需要辅助材料 | 时间（分） |
|---|---|---|---|---|---|---|---|---|---|---|---|---|---|---|---|---|---|---|---|---|---|---|---|---|
| 17 | 与森林精灵和树仙为伴 | 寻找幻想生物的"居住地"并编制相应的故事 | 激发幻想 | ✓ | | | | | | | | | | ✓ | | | | | | | | | ✓ | 15 |
| 18 | 小树，我摇动你！ | 极好地理解鸣禽类的食物——昆虫 | 传授隐藏的昆虫的多样性知识 | ✓ | | | | | | ✓ | 5 | 15 | 30 | ✓ | ✓ | | | ✓ | | ✓ | ✓ | ✓ | | 10 |
| 19 | 啄木鸟巢穴调查分布图 | 了解啄木鸟鸟洞，制订出鸟种保护计划 | 显示林业上考虑物种保护的意义 | | | ✓ | | | | ✓ | | | 30 | | | | ✓ | ✓ | | ✓ | ✓ | ✓ | | 30~60 |
| 20 | 真菌，你吃什么呢？ | 参与者通过做游戏，演示真菌是怎样获取成分的 | 展示真菌与植物的不同点 | ✓ | | | | | | ✓ | | | 30 | | | ✓ | ✓ | ✓ | | ✓ | ✓ | ✓ | | 30 |
| 21 | 我的蘑菇 | 掌握一种真菌不同的特征 | 集中分析，阐明一种真菌 | | ✓ | ✓ | | | ✓ | | | | 30 | | | | ✓ | ✓ | | ✓ | ✓ | ✓ | | 45 |
| 22 | 孢子图像 | 把真菌放在一张纸上产生孢子 | 认识或直观地说明一种真菌的繁殖机制 | | ✓ | ✓ | | ✓ | | | | | 30 | | | ✓ | ✓ | ✓ | | ✓ | ✓ | ✓ | | 30 |
| 23 | 种子和果实传播 | 认识植物种子和果实传播的类型 | 实际进行种子传播的尝试 | ✓ | | | | | | ✓ | | | 20 | | ✓ | ✓ | ✓ | ✓ | | ✓ | ✓ | ✓ | | 30 |

第六章 第六节 森林——工作场所

| 序号 | 活动 | 内容 | 目的 | 活泼型 | 安静型 | 调研型 | 冥想型 | 创造型 | 感受型 | 知识型 | 最少 | 最佳 | 最多 | 幼儿园 | 一年级以上 | 三年级以上 | 四年级以上 | 七年级以上 | 高中以上 | 成人 | 专业小组 | 家庭 | 不需要辅助材料 | 时间（分） |
|---|---|---|---|---|---|---|---|---|---|---|---|---|---|---|---|---|---|---|---|---|---|---|---|---|
| 1 | 一平方米面积的森林 | 比较幼龄和成熟林之间树木个体数量的差异 | 了解森林动态和幼龄林的差异 | ✓ | | ✓ | | | | ✓ | 3 | 10 | 30 | | ✓ | ✓ | ✓ | ✓ | | ✓ | ✓ | ✓ | | 30 |
| 2 | 采种与播种 | 橡树种子的收集与播种 | 展示由种子到老树之间的发展过程 | ✓ | | | | | | | 6 | 15 | 30 | | ✓ | ✓ | ✓ | ✓ | | ✓ | ✓ | ✓ | | 60~150 |
| 3 | 新树木需要这块土地 | 栽培乔木和灌木 | 获得植树的经历 | | | | | ✓ | | ✓ | 3 | 10 | 30 | | ✓ | ✓ | ✓ | ✓ | | ✓ | ✓ | ✓ | | 90~120 |
| 4 | 林道设计 | 在茂密的林木中开发出一条道路 | 展示森林开发林道的必要性 | | | | | ✓ | | | 6 | 15 | 30 | | | ✓ | ✓ | ✓ | | ✓ | ✓ | ✓ | | 60~120 |
| 5 | 林下丛林 | 中、幼龄阶段林木之间的竞争和密度调节 | 了解森林动态发展和认识到林业工作者可以调节林分密度 | | | | | | | ✓ | 3 | 5 | 15 | | ✓ | ✓ | ✓ | ✓ | | ✓ | ✓ | ✓ | | 60~120 |

（续）

| 序号 | 活动 | 内容 | 目的 | 类型 |||||||  参与者人数（人） ||| 目标群体 ||||||||| 不需要辅助材料 | 时间（分） |
|---|---|---|---|---|---|---|---|---|---|---|---|---|---|---|---|---|---|---|---|---|---|---|---|---|
| | | | | 活泼型 | 安静型 | 调研型 | 冥想型 | 创造型 | 感受型 | 知识型 | 最少 | 最佳 | 最多 | 幼儿园 | 一年级以上 | 三年级以上 | 四年级以上 | 七年级以上 | 高中以上 | 成人 | 专业小组 | 家庭 | | |
| 6 | 优化经营 | 在混交林中间伐 | 展示间伐的意义和目的 | ✓ | | | | | | | 3 | 7 | 15 | | | | | | ✓ | ✓ | ✓ | ✓ | | 30~60 |
| 7 | 间伐与抚育 | 了解树木的价值和营林措施 | 明确阐述森林抚育和木材利用 | | ✓ | | | | | ✓ | | | 30 | | | | ✓ | ✓ | ✓ | ✓ | ✓ | ✓ | | 20 |
| 8 | 从参天大树到木材原料 | 体验木材采伐 | 介绍木材利用 | | | | | ✓ | | ✓ | 3 | 10 | 30 | | | ✓ | ✓ | | ✓ | ✓ | ✓ | ✓ | | 90~180 |
| 9 | 围栏内外——动物咬伤数量调查 | 进行一次简单的动物咬伤调查 | 介绍和讨论狩猎的必要性 | | | ✓ | | | | | 3 | 10 | 30 | | | | | ✓ | ✓ | ✓ | ✓ | ✓ | | 30 |
| 10 | 洞穴是活动物的栖息地 | 认识洞穴和它的居住者；展示巢箱整制 | 介绍自然保护是林业工作的一部分 | | | ✓ | | | | | 3 | 10 | 30 | | ✓ | ✓ | ✓ | ✓ | ✓ | ✓ | ✓ | ✓ | | 60~120 |
| 11 | 修枝 | 目标树的选择与修枝 | 了解林业工作者的日常工作 | ✓ | | | | | | | 3 | 5 | 10 | | | | ✓ | ✓ | ✓ | ✓ | ✓ | ✓ | | 120 |
| 12 | 同样的树木，不同的材质 | 展示木材的多样性以及木材利用的可能性 | 认识木材利用与木材价值 | | | | | | | ✓ | | | 25 | | | | | ✓ | ✓ | ✓ | ✓ | ✓ | | 40 |
| 13 | 绝妙的锯材游戏 | 锯切木材 | 了解原材料木材的多样性，直接接触木材 | | | ✓ | | ✓ | | | 3 | 10 | 30 | | | ✓ | ✓ | ✓ | ✓ | ✓ | ✓ | ✓ | | 60~90 |
| 14 | 木材具有多方面的特性 | 直观地展示各种木材的各种特性 | 了解木材的各种特性 | | | | | | ✓ | | 3 | 5 | 15 | | ✓ | ✓ | ✓ | ✓ | ✓ | ✓ | ✓ | ✓ | | 30 |
| 15 | 林业咨询 | 以间伐为例，共同制定出林业咨询计划 | 让人们了解林业咨询 | | ✓ | | | | | ✓ | | | 30 | | | | ✓ | ✓ | ✓ | ✓ | ✓ | ✓ | | 60 |
| 16 | 树皮甲虫（小蠹虫） | 清理被小蠹虫危害的树木 | 了解林业工作 | ✓ | | | | | | ✓ | 3 | 10 | 30 | | | | ✓ | ✓ | ✓ | ✓ | ✓ | ✓ | | 120 |

第六章 第七节 森林处于危险之中

| 序号 | 活动 | 内容 | 目的 | 活泼型 | 安静型 | 调研型 | 冥想型 | 创造型 | 感受型 | 知识型 | 最少 | 最佳 | 最多 | 幼儿园 | 一年级以上 | 三年级以上 | 四年级以上 | 七年级以上 | 高中以上 | 成人 | 专业小组 | 家庭 | 不需要辅助材料 | 时间（分） |
|---|---|---|---|---|---|---|---|---|---|---|---|---|---|---|---|---|---|---|---|---|---|---|---|---|
| 1 | 森林危害引导计划 | 建立森林危害引导的模型 | 认识到森林危害的综合因素 | | | ✓ | | | | | | | 30 | | | | ✓ | ✓ | ✓ | ✓ | ✓ | | | 120~180 |

（续）

| 序号 | 活动 | 内容 | 目的 | 活泼型 | 安静型 | 调研型 | 冥想型 | 创造型 | 感受型 | 知识型 | 最少 | 最佳 | 最多 | 幼儿园 | 一年级以上 | 三年级以上 | 四年级以上 | 七年级以上 | 高中以上 | 成人 | 专业小组 | 家庭 | 不需要辅助材料 | 时间（分） |
|---|---|---|---|---|---|---|---|---|---|---|---|---|---|---|---|---|---|---|---|---|---|---|---|---|
| 2 | 森林中的微妙平衡 | 以游戏形式直观地表示"生态系统"概念 | 展示人类的三项对生态系统怎样影响 | | ✓ | | | | | ✓ | 10 | | 30 | | | | ✓ | ✓ | | | | ✓ | ✓ | 20 |
| 3 | 树木，你什么时候倒下？ | 把环境污染对树木的影响放在天平上 | 显示一棵树能承受多长时间的污染 | | ✓ | | | | | ✓ | 10 | | 30 | | | | ✓ | ✓ | | | | ✓ | ✓ | 15 |
| 4 | 病树症状 | 展示典型的树木病害图片 | 认识病害感染的树木 | | ✓ | | | | | ✓ | | | 30 | | | | ✓ | ✓ | ✓ | ✓ | ✓ | | | 30 |
| 5 | 极地探险 | 针对全球气候变暖进行合作的冒险游戏 | 小组成员要有团队精神和合作交流精神 | ✓ | | | | | | | 15 | | 30 | | ✓ | ✓ | ✓ | | | | | | | 20 |
| 6 | 生命之水 | 针对水资源短缺进行合作的冒险游戏 | 小组成员要有团队精神和合作交流精神 | ✓ | | | | | | | 15 | | 30 | | | | ✓ | ✓ | | | | | | 20 |
| 7 | 森林开发 | 展示由于修建道路而造成的生境破碎化 | 直观地说明道路引起生境的破碎化 | ✓ | | | | | | | 10 | 15 | 30 | | ✓ | ✓ | ✓ | | | | | ✓ | ✓ | 15~20 |
| 8 | 土地被封印 | 展示项目使用土地 | 展示土地消耗数量之大以及速度之快 | ✓ | | ✓ | | | | ✓ | 10 | | 30 | | ✓ | | ✓ | ✓ | ✓ | ✓ | | ✓ | | 20 |
| 9 | 地下水，再见！ | 地下水水位下降，树木根系无法喝到水 | 直观地说明地下水的意义 | | ✓ | ✓ | | | | ✓ | 10 | | 20 | | | | ✓ | ✓ | ✓ | ✓ | ✓ | | | 30 |
| 10 | 生病的树木，你在哪里？ | 俏皮地描述树皮甲虫中的生活方式 | 了解树皮甲虫口感染的过程 | ✓ | | | | | | | 20 | | 30 | | | ✓ | ✓ | ✓ | | | | | | 30 |

第六章　第八节　动物

| 序号 | 活动 | 内容 | 目的 | 活泼型 | 安静型 | 调研型 | 冥想型 | 创造型 | 感受型 | 知识型 | 最少 | 最佳 | 最多 | 幼儿园 | 一年级以上 | 三年级以上 | 四年级以上 | 七年级以上 | 高中以上 | 成人 | 专业小组 | 家庭 | 不需要辅助材料 | 时间（分） |
|---|---|---|---|---|---|---|---|---|---|---|---|---|---|---|---|---|---|---|---|---|---|---|---|---|
| 1 | 我在哪里？ | "猎人"要发现正在休息的"野生动物" | 训练准确地观察 | | ✓ | | | | | | 10 | | 30 | | ✓ | ✓ | ✓ | ✓ | ✓ | ✓ | | ✓ | | 45 |
| 2 | 野生动物观察 | "猎人"要发现正在匍匐行的"野生动物" | 了解如何在狩猎瞭望台上准确地观察野生动物 | | ✓ | | | | | | 10 | | 30 | | ✓ | ✓ | ✓ | ✓ | ✓ | ✓ | | ✓ | | 60 |
| 3 | 清点野生动物 | "猎人"努力清查"野生动物种群数量" | 了解清查野生动物种群数量的难度 | | ✓ | | | | | ✓ | 20 | | 30 | | | ✓ | ✓ | ✓ | ✓ | ✓ | ✓ | ✓ | | 60 |

（续）

| 序号 | 活动 | 内容 | 目的 | 活泼型 | 安静型 | 调研型 | 冥想型 | 创造型 | 感受型 | 知识型 | 最少 | 最佳 | 最多 | 幼儿园 | 一年级以上 | 三年级以上 | 四年级以上 | 七年级以上 | 高中以上 | 成人 | 专业小组 | 家庭 | 不需要辅助材料 | 时间（分） |
|---|---|---|---|---|---|---|---|---|---|---|---|---|---|---|---|---|---|---|---|---|---|---|---|---|
| | | | | 类型 | | | | | | | 参与者人数（人） | | | 目标群体 | | | | | | | | | | |
| 4 | 潜行路径 | 搜索、查找和介绍动物标本 | 促进观察能力，传授种群知识 | | √ | | | | | √ | | | 30 | √ | √ | √ | √ | √ | √ | √ | | √ | | 30 |
| 5 | 解读动物踪迹 | 搜索、查找和区分动物的脚印 | 认识和了解本地一种动物的足迹 | | √ | | | √ | | √ | | | 30 | | √ | √ | √ | √ | √ | √ | | √ | | 120 |
| 6 | 鹿与狼 | 以游戏的方式交流学习并了解狼的狩猎技术 | 理解群体狩猎方法 | √ | | | | | | √ | 20 | | 30 | | | √ | √ | √ | √ | √ | √ | √ | √ | 30 |
| 7 | 野生动物啃食危害 | 认识许多鹿或狍啃食树木 | 说明野生动物啃食程度与野生动物的种群数量有关 | √ | | | | | | √ | 20 | | 30 | | | √ | √ | √ | √ | √ | √ | √ | √ | 15 |
| 8 | 冷杉是巧克力 | 了解鹿会选择性地啃食树木 | 通过鹿啃食不同树种的比例关系，了解鹿对林分发展的影响 | | √ | | | | | √ | 10 | | 30 | | | √ | √ | √ | √ | √ | √ | √ | | 20 |
| 9 | 角色扮演——动物 | 就"当今社会的狩猎"主题进行角色扮演 | 讨论不同的狩猎观点 | | √ | | | | | | 15 | | 30 | | | √ | √ | √ | √ | √ | √ | √ | | 45 |
| 10 | 与林业工作者一同去打猎 | 陪同林业工作者进行一次实际的狩猎 | 经历实际的狩猎活动 | | √ | | | | | | | | 3 | | | √ | √ | √ | √ | √ | √ | | | 180 |

第六章 第九节 森林与社会

| 序号 | 活动 | 内容 | 目的 | 活泼型 | 安静型 | 调研型 | 冥想型 | 创造型 | 感受型 | 知识型 | 最少 | 最佳 | 最多 | 幼儿园 | 一年级以上 | 三年级以上 | 四年级以上 | 七年级以上 | 高中以上 | 成人 | 专业小组 | 家庭 | 不需要辅助材料 | 时间（分） |
|---|---|---|---|---|---|---|---|---|---|---|---|---|---|---|---|---|---|---|---|---|---|---|---|---|
| 1 | 保持平衡 | 在一个等边形三角形上做平衡游戏 | 体验可持续发展三个方面的协调与平衡 | √ | | | | | | | 3 | | 30 | | √ | √ | √ | √ | √ | √ | √ | | | 每组 5 分钟 |
| 2 | 在森林中生存 | 选择共同完成任务所需的材料 | 体验远期规划的重要性 | √ | | | | √ | √ | | | | 30 | | √ | √ | √ | √ | √ | √ | | √ | | 180 |
| 3 | 聆听森林的声音 | 反思噪音的大小与日常生活的关系 | 提高对宁静和噪音的认识 | | | | | | √ | √ | | | 30 | √ | √ | √ | √ | √ | √ | √ | √ | | | 180 |
| 4 | 森林音级测绘 | 噪声测量与绘图 | 测绘噪声并反思噪声污染的危害 | | | √ | | | | | | | 30 | | | | √ | √ | √ | √ | √ | √ | | 180 |
| 5 | 森林会议 | 从不同的角度讨论和理解对森林的不同需求 | 了解对森林的不同需求 | | | | | | | √ | 10 | | 30 | | | √ | √ | √ | √ | √ | √ | √ | | 180~240 |

（续）

| 序号 | 活动 | 内容 | 目的 | 活泼型 | 安静型 | 调研型 | 冥想型 | 创造型 | 感受型 | 知识型 | 最少 | 最佳 | 最多 | 幼儿园 | 一年级以上 | 三年级以上 | 四年级以上 | 七年级以上 | 高中以上 | 成人 | 专业小组 | 家庭 | 不需要辅助材料 | 时间（分） |
|---|---|---|---|---|---|---|---|---|---|---|---|---|---|---|---|---|---|---|---|---|---|---|---|---|
| 6 | 森林形象艺术 | 开展有关"森林"的艺术作品的创作 | 展示自己的观点，反思他人的观点 |  |  |  |  | ✓ |  |  |  |  | 30 |  | ✓ | ✓ | ✓ | ✓ | ✓ | ✓ |  | ✓ | ✓ | 180 |
| 7 | （幻想）树木——生命空间 | 幻想旅行和讨论不同生物对树木的利用要求 | 从道义上评价利用木的要求 |  |  |  | ✓ |  |  |  |  |  | 30 |  | ✓ | ✓ | ✓ | ✓ | ✓ | ✓ | ✓ | ✓ |  | 120 |
| 8 | 森林，我们社会的镜子？ | 比较森林群落方面与社会群体的不同 | 从不寻常的角度讨论社会各方面的问题 |  |  |  |  | ✓ |  | ✓ |  |  | 30 |  |  |  |  | ✓ | ✓ | ✓ | ✓ |  | 120 |
| 9 | 狐狸在超市里做什么？ | 动物的栖息地和人类的生存空间是什么样子的？ | 对空间作为一种资源和生存世界进行反思 |  |  | ✓ |  |  |  |  |  |  | 30 |  |  | ✓ | ✓ | ✓ | ✓ | ✓ | ✓ |  | 180 |
| 10 | 环境研究与环境教育 | 界定和强化环境研究与环境教育，并做出决策 | 制定出界定和强化环境教育的方案 |  |  |  |  |  |  | ✓ |  |  | 21 |  |  |  |  | ✓ | ✓ | ✓ | ✓ |  | 120 |
| 11 | 保留原野，还是开发利用？ | 对森林利用进行辩论 | 实事求是地表达自己的意见 |  |  |  |  |  |  | ✓ |  |  | 30 |  |  |  |  | ✓ | ✓ | ✓ | ✓ |  | 60 |
| 12 | 为了森林与人类，我们要主动出击 | 准备和开展宣传活动（展览会等） | 主动激励自己和他人 |  |  |  |  | ✓ |  |  |  |  | 30 |  |  |  |  | ✓ | ✓ | ✓ | ✓ |  | 180 |
| 13 | 福尔摩斯——谁是凶手？ | 找出森林树木不健康的原因 | 经过长时间研究找到利用原因——因果链 |  |  |  |  |  |  | ✓ |  |  | 30 |  |  |  |  | ✓ | ✓ | ✓ | ✓ |  | 180 |
| 14 | 气候变化中的森林 | 展示气候变化对森林经营的影响 | 提高问题意识，并制定出应对气候变化的可能的方案 | ✓ |  | ✓ |  | ✓ |  | ✓ | 11 |  | 30 |  |  |  |  | ✓ | ✓ | ✓ | ✓ |  | 180~240 |
| 15 | 森林功能的表演 | 就森林功能进行展示和戏剧表演 | 介绍林业促进森林所有功能的改善 |  |  |  |  | ✓ |  |  |  |  | 32 |  |  |  |  | ✓ | ✓ | ✓ | ✓ |  | 40 |
| 16 | 森林功能——矛盾冲突 | 森林功能的相应展示 | 展示森林功能的多样性，寻找解决方案 |  |  |  |  | ✓ |  | ✓ |  |  | 30 |  |  |  |  | ✓ | ✓ | ✓ | ✓ |  | 45 |
| 17 | 森林里的东西属于谁？ | 展示不同利益群体竭力争取森林产品 | 学会协调森林不同利益群体之间的关系 | ✓ |  |  |  |  |  |  |  |  | 30 |  |  |  | ✓ | ✓ | ✓ | ✓ | ✓ |  | 60 |
| 18 | 时间见证人 | 展示林业工作者早期的工作和生活 | 了解依赖以生存的森林的过去与现在 |  |  |  |  |  |  | ✓ |  |  | 40 |  |  |  | ✓ | ✓ | ✓ | ✓ | ✓ |  | 60 |

（续）

| 序号 | 活动 | 内容 | 目的 | 活泼型 | 安静型 | 调研型 | 冥想型 | 创造型 | 感受型 | 知识型 | 最少 | 最佳 | 最多 | 幼儿园 | 一年级以上 | 三年级以上 | 四年级以上 | 七年级以上 | 高中以上 | 成人 | 专业小组 | 家庭 | 不需要辅助材料 | 时间（分） |
|---|---|---|---|---|---|---|---|---|---|---|---|---|---|---|---|---|---|---|---|---|---|---|---|---|
| 19 | 树木之间的时间旅行 | 认识森林在时代变迁中的重要意义 | 了解树木的年龄与历史 | | | | | | | √ | | | 20 | | | | | | | √ | √ | √ | | 30 |
| 20 | 我们只有一个地球！ | 介绍"生态足迹"的主题 | 使人意识到生计的局限性 | √ | | | | | √ | | | | 30 | | | | | | √ | √ | | √ | | 30 |
| 21 | 箴言挂展 | 提醒注意主题复合相关的主题复合体 | 唤醒深思，展示新的视角 | √ | √ | | | | | | | | 30 | | | | | √ | √ | √ | | | | 50 |

第六章　第十节　全球森林

| 序号 | 活动 | 内容 | 目的 | 活泼型 | 安静型 | 调研型 | 冥想型 | 创造型 | 感受型 | 知识型 | 最少 | 最佳 | 最多 | 幼儿园 | 一年级以上 | 三年级以上 | 四年级以上 | 七年级以上 | 高中以上 | 成人 | 专业小组 | 家庭 | 不需要辅助材料 | 时间（分） |
|---|---|---|---|---|---|---|---|---|---|---|---|---|---|---|---|---|---|---|---|---|---|---|---|---|
| 1 | 我们之所以砍伐森林——因为那里都需要利用森林 | 介绍其他国家的森林经营 | 扩展"森林世界"视野 | | | | | | | √ | | | 30 | | | √ | √ | √ | √ | | | √ | | 30~45 |
| 2 | 世界上最快的资源游戏 | 介绍资源消耗和人口增长的关系 | 了解资源消耗的动态 | √ | | | | | | | | | 30 | | | √ | √ | √ | | | | √ | | 15 |
| 3 | 教育使人明白事理 | 学会合理用原始森林的开发 | 展示无节制地利用生物多样性的影响 | √ | | | | | | | | | 30 | | | √ | √ | √ | | | | √ | | 30 |
| 4 | 世界的薪炭材 | 了解发展中国家暂时性的资源短缺 | 使人意识到自然资源稀缺的问题 | √ | | | | | | | | | 30 | | | √ | √ | √ | √ | √ | | √ | | 30 |
| 5 | 用木柴煮东西 | 了解木材作为燃料和各种责任方法的效率 | 制订实际可行的实施方案 | | | √ | | | | | | | 30 | | | √ | √ | √ | √ | √ | | √ | | 30 |
| 6 | 森林火灾 | 把火与森林连接起来 | 提高森林火灾的风险意识 | | | √ | | √ | | | | | 30 | | | √ | √ | √ | | | | √ | | 30 |
| 7 | 越来越多或者越来越少 | 了解资源短缺的有限性 | 使人意识到全球森林的消失 | | | | | | | √ | | | 30 | | | √ | √ | √ | | | | √ | | 30 |
| 8 | 植被变化 | 直观地展示气候变化对植被的影响 | 了解气候变化对地球植被带的影响 | | | | | | | √ | | | 30 | | | √ | √ | √ | √ | √ | | √ | | 120 |
| 9 | 大陆的森林 | 显示人口、森林与金钱的分配 | 了解森林与金钱是全球基本的冲突 | | | | | √ | √ | √ | 20 | | 30 | | | | √ | √ | √ | √ | | √ | | 120 |

（续）

第六章　第十一节　创意制作

| 序号 | 活动 | 内容 | 目的 | 活泼型 | 安静型 | 调研型 | 冥想型 | 创造型 | 感受型 | 知识型 | 最少 | 最佳 | 最多 | 幼儿园 | 一年级以上 | 三年级以上 | 四年级以上 | 七年级以上 | 高中以上 | 成人 | 专业小组 | 家庭 | 不需要辅助材料 | 时间（分） |
|---|---|---|---|---|---|---|---|---|---|---|---|---|---|---|---|---|---|---|---|---|---|---|---|---|
| 1 | 木雕 | 在木柱上雕刻 | 体验对木材原料进行创造性的雕刻 | | | | | ✓ | | | | | 15 | | | | | ✓ | ✓ | ✓ | ✓ | | | 240~300 |
| 2 | 五月春笛及圆号 | 用天然材料制作乐器 | 用天然材料创造性地工作 | | | | | ✓ | | | | | 10 | | | | ✓ | ✓ | ✓ | ✓ | ✓ | | | 120 |
| 3 | 制作一个木制的圆顶帐篷 | 用天然材料制作成印第安圆顶帐篷 | 体验木材的多样性 | | | | | ✓ | | | | | | | | ✓ | ✓ | ✓ | ✓ | ✓ | | ✓ | | 180 |
| 4 | 树皮屋 | 复制林业工人的住所 | 体验用木材建造 | | | | | ✓ | | | | | 10 | | | | | ✓ | ✓ | ✓ | ✓ | | | 3~4 天 |
| 5 | 木制棋盘 | 用木材剩余物制成一个游戏棋盘 | 体验原木材料的利用 | ✓ | | | | ✓ | | | | | 15 | | | | | ✓ | ✓ | ✓ | ✓ | | | 60 |
| 6 | 巢箱制作 | 根据建设计划建造一个巢箱 | 介绍开发利用原材料——木材 | | | ✓ | | ✓ | | | | | 10 | | | | ✓ | ✓ | ✓ | ✓ | | ✓ | | 120 |
| 7 | 昆虫旅馆 | 用木材剩余物为昆虫建立避难所 | 介绍开发利用原材料和进行有意义的森林生物保护 | | | ✓ | | ✓ | | | | | 15 | | | | ✓ | ✓ | ✓ | ✓ | ✓ | | | 60 |
| 8 | 创花动物 | 富有想象力的利用用木材作为材料 | 传授木材原材料的多样性和可塑性知识 | | ✓ | | | ✓ | | | | | 10 | | ✓ | | | ✓ | ✓ | ✓ | | ✓ | | 180 |
| 9 | 树皮甲虫（小蠹虫） | 手工制作"嗡嗡"玩具——树皮甲虫 | 通过学习创造性的活动来了解树皮甲虫 | | | | | ✓ | | ✓ | | | 30 | | ✓ | | | ✓ | ✓ | ✓ | ✓ | ✓ | | 30 |
| 10 | 混凝木料 | 用混凝木料成型雕塑 | 学会创造性地运用鲜为人知的可塑性材料 | | | | | ✓ | ✓ | | | | 20 | | ✓ | | | ✓ | ✓ | ✓ | ✓ | ✓ | | 60~120 |
| 11 | 森林的秋色 | 艺术性展示树叶的各种颜色 | 感知和了解秋季色彩的美丽 | | | | | ✓ | | | 5 | | 15 | ✓ | ✓ | | | ✓ | ✓ | ✓ | ✓ | ✓ | | 30 |
| 12 | 树脸 | 用不干胶制作树脸的面孔 | 体验用天然材料进行创意设计 | | ✓ | | ✓ | ✓ | | | | | 25 | ✓ | ✓ | | ✓ | ✓ | ✓ | ✓ | | ✓ | | 90~120 |
| 13 | 用土质涂料进行绘画 | 用不同颜色的黏土在木板上绘画 | 体验用天然材料进行创意设计 | | ✓ | | ✓ | | | | | | 12 | ✓ | ✓ | ✓ | ✓ | ✓ | ✓ | ✓ | | ✓ | | 90 |

（续）

| 序号 | 活动 | 内容 | 目的 | 活泼型 | 安静型 | 调研型 | 冥想型 | 创造型 | 感受型 | 知识型 | 最少 | 最佳 | 最多 | 幼儿园 | 一年级以上 | 三年级以上 | 四年级以上 | 七年级以上 | 高中以上 | 成人 | 专业小组 | 家庭 | 不需要辅助材料 | 时间（分） |
|---|---|---|---|---|---|---|---|---|---|---|---|---|---|---|---|---|---|---|---|---|---|---|---|---|
| 14 | 树叶—刺猬—风铃 | 在刺猬模型上粘贴不同的树叶作为身体 | 通过用不同树种的树叶来做的刺猬作为身体 |  | ✓ |  | ✓ | ✓ |  |  |  |  | 30 |  | ✓ | ✓ | ✓ | ✓ |  |  |  | ✓ |  | 120~180 |
| 15 | 树叶艺术 | 展示在许多方面使用树叶 | 深化有关不同叶形的知识 |  | ✓ |  | ✓ | ✓ |  |  |  |  | 30 | ✓ | ✓ | ✓ | ✓ | ✓ |  | ✓ |  | ✓ |  | 120 |
| 16 | 球果湿度计 | 借助榉头测量空气湿度的变化 | 了解榉头的锁定机制 |  |  | ✓ |  | ✓ | ✓ |  |  |  | 30 |  |  |  | ✓ | ✓ | ✓ | ✓ |  | ✓ |  | 60 |
| 17 | 制作"啄木鸟"木琴 | 用木材制作"啄木鸟"木琴 | 模仿啄木鸟的声音 |  |  |  |  | ✓ | ✓ |  |  |  | 30 |  | ✓ | ✓ | ✓ | ✓ | ✓ | ✓ |  | ✓ |  | 60~90 |

第六章　第十二节　森林项目

| 序号 | 活动 | 内容 | 目的 | 活泼型 | 安静型 | 调研型 | 冥想型 | 创造型 | 感受型 | 知识型 | 最少 | 最佳 | 最多 | 幼儿园 | 一年级以上 | 三年级以上 | 四年级以上 | 七年级以上 | 高中以上 | 成人 | 专业小组 | 家庭 | 不需要辅助材料 | 时间（分） |
|---|---|---|---|---|---|---|---|---|---|---|---|---|---|---|---|---|---|---|---|---|---|---|---|---|
| 1 | 林相变迁 | 用图片记载森林的发展 | 识别和记录森林的变化 |  | ✓ | ✓ |  |  |  |  |  | 15 | 30 |  |  |  | ✓ | ✓ | ✓ | ✓ | ✓ |  |  | 120 |
| 2 | 飞行的种床 | 在森林中建立苗床，监测其发展 | 观察植物的萌芽和生长 | ✓ |  | ✓ |  |  |  | ✓ |  |  | 30 |  |  | ✓ | ✓ | ✓ | ✓ | ✓ | ✓ |  |  | 180 |
| 3 | 母树及幼苗 | 识别、调查母树和它的更新幼苗 | 识别、测量和观察母树及其更新幼苗 |  |  | ✓ |  |  |  | ✓ |  |  | 30 |  |  |  | ✓ | ✓ | ✓ | ✓ | ✓ |  |  | 180 |
| 4 | 森林发展动态 | 长期观测天然更新的林分 | 认识天然更新的动态 |  |  | ✓ |  |  |  | ✓ |  |  | 30 |  |  |  | ✓ | ✓ | ✓ | ✓ | ✓ |  |  | 120 |
| 5 | 我未来的森林 | 规划与栽植可持续森林的林分 | 介绍将来的营林措施 | ✓ |  | ✓ |  | ✓ |  | ✓ |  |  | 30 |  |  |  | ✓ | ✓ | ✓ | ✓ | ✓ | ✓ |  | 300 |
| 6 | 学校森林 | 设立一个学校的森林 | 让学生学会照料他们自己的森林 | ✓ |  | ✓ |  |  |  | ✓ |  |  | 30 |  |  |  | ✓ | ✓ | ✓ | ✓ | ✓ |  |  | 180 |
| 7 | 森林中的野生动物 | 野生动物对植被影响的长期研究 | 调查动物咬伤对所有植被的影响 |  |  | ✓ |  |  |  |  |  |  | 30 |  |  |  | ✓ | ✓ | ✓ | ✓ | ✓ |  |  | 180 |
| 8 | 植物标本 | 收集、压制和鉴定森林树叶 | 独立设计植物检索书 |  |  | ✓ |  |  |  |  |  |  | 30 |  |  | ✓ | ✓ | ✓ | ✓ | ✓ | ✓ | ✓ |  | 180 |
| 9 | 气候变化和二氧化碳 | 游戏、调查、测量、分析 | 了解树木中二氧化碳固定及个人碳足迹 | ✓ |  | ✓ |  |  |  | ✓ |  |  | 30 |  |  | ✓ | ✓ | ✓ | ✓ | ✓ | ✓ |  |  | 360 |

（续）

| 序号 | 活动 | 内容 | 目的 | 类型 活泼型 | 安静型 | 调研型 | 冥想型 | 创造型 | 感受型 | 知识型 | 参与者人数（人）最少 | 最佳 | 最多 | 目标群体 幼儿园 | 一年级以上 | 三年级以上 | 四年级以上 | 七年级以上 | 高中以上 | 成人 | 专业小组 | 家庭 | 不需要辅助材料 | 时间（分） |
|---|---|---|---|---|---|---|---|---|---|---|---|---|---|---|---|---|---|---|---|---|---|---|---|---|
| 10 | 学生公司 | 成立学生管理的森林公司 | 通过参与活动，让学生加深对森林经营的印象 | ✓ |  |  |  |  |  |  | 4 |  | 6 |  |  |  |  | ✓ | ✓ | ✓ | ✓ | ✓ |  |  |
| 11 | 森林生活1 | 定期在下午进行体验活动 | 总结自然森林中一年的变化 | ✓ |  | ✓ |  |  | ✓ |  |  | 12 | 24 |  |  |  | ✓ | ✓ | ✓ | ✓ | ✓ | ✓ | ✓ | 90 |
| 12 | 森林生活2 | 一组学生的独立项目 | 学会自我组织和执行一项任务 |  |  |  |  | ✓ |  | ✓ | 5 |  | 15 |  |  |  |  | ✓ | ✓ | ✓ | ✓ | ✓ |  |  |

第七章 评估

| 序号 | 活动 | 内容 | 目的 | 类型 活泼型 | 安静型 | 调研型 | 冥想型 | 创造型 | 感受型 | 知识型 | 参与者人数（人）最少 | 最佳 | 最多 | 目标群体 幼儿园 | 一年级以上 | 三年级以上 | 四年级以上 | 七年级以上 | 高中以上 | 成人 | 专业小组 | 家庭 | 不需要辅助材料 | 时间（分） |
|---|---|---|---|---|---|---|---|---|---|---|---|---|---|---|---|---|---|---|---|---|---|---|---|---|
| 1 | 自我反思1：我是这样做的吗？ | 引导教师自我反思 | 评估参与者的兴趣和参与程度 |  | ✓ |  |  |  |  |  |  |  |  | ✓ | ✓ | ✓ | ✓ | ✓ | ✓ | ✓ | ✓ | ✓ | ✓ | 5 |
| 2 | 自我反思2：自我评价 | 引导教师分析成功与失败 | 找到原因 |  | ✓ |  |  |  |  |  |  |  |  | ✓ | ✓ | ✓ | ✓ | ✓ | ✓ | ✓ | ✓ | ✓ | ✓ | 15 |
| 3 | 自我反思3：流程检查 | 引导教师分析活动流程 | 改善活动流程 |  | ✓ |  |  |  |  |  |  |  |  | ✓ | ✓ | ✓ | ✓ | ✓ | ✓ | ✓ | ✓ | ✓ | ✓ | 30 |
| 4 | 自我反思4：活动检查 | 引导教师分析主题目标完成情况 | 改进活动目标计划 |  | ✓ |  |  |  |  |  |  |  |  | ✓ | ✓ | ✓ | ✓ | ✓ | ✓ | ✓ | ✓ | ✓ |  | 30 |
| 5 | 第1组 无声游戏 | 哑剧表演 | 获得参与者对活动改进的建议 |  |  |  |  | ✓ |  |  |  |  |  |  | ✓ | ✓ | ✓ | ✓ | ✓ | ✓ | ✓ | ✓ | ✓ | 20 |
| 6 | 第2组 球果评价 | 投放球果 | 获得有关参与者对活动评估的信息 |  | ✓ |  |  |  |  |  |  |  |  | ✓ | ✓ | ✓ | ✓ | ✓ | ✓ | ✓ | ✓ | ✓ | ✓ | 10 |
| 7 | 第3组 概念游戏 | 填写卡片 | 获得有关参与者最感兴趣的活动的信息 |  | ✓ |  |  |  |  |  |  |  |  | ✓ | ✓ | ✓ | ✓ | ✓ | ✓ | ✓ | ✓ | ✓ | ✓ | 15 |
| 8 | 第4组 垃圾桶 | 检拾垃圾 | 增强参与者的责任心 | ✓ |  |  |  |  |  |  |  |  |  | ✓ | ✓ | ✓ | ✓ | ✓ | ✓ | ✓ | ✓ | ✓ |  | 10 |
| 9 | 第5组 麦克风 | 进行记者采访 | 让参与者自我评价 | ✓ |  |  |  |  |  |  |  |  |  |  | ✓ | ✓ | ✓ | ✓ | ✓ | ✓ | ✓ | ✓ | ✓ | 20 |
| 10 | 第6组 林中鉴宝 | 寻找遗留物品 | 判断参与者的能动性 | ✓ |  | ✓ |  |  |  |  |  |  |  | ✓ | ✓ | ✓ | ✓ | ✓ | ✓ | ✓ | ✓ | ✓ | ✓ | 45 |

（续）

| 序号 | 活动 | 内容 | 目的 | 语波型 | 安静型 | 调研型 | 冥想型 | 创造型 | 感受型 | 知识型 | 最少 | 最佳 | 最多 | 幼儿园 | 一年级以上 | 三年级以上 | 四年级以上 | 七年级以上 | 高中以上 | 成人 | 专业小组 | 家庭 | 不需要辅助材料 | 时间（分） |
|---|---|---|---|---|---|---|---|---|---|---|---|---|---|---|---|---|---|---|---|---|---|---|---|---|
| 11 | 第7组 理解应用 | 读写卡片 | 判断参与者的兴趣点 |  |  |  |  |  |  |  |  |  |  |  |  |  |  |  | ✓ | ✓ | ✓ | ✓ |  | 30 |
| 12 | 第8组 图片森林 | 画画 | 判断参与者获得了哪方面的启发 |  | ✓ |  |  | ✓ |  |  |  |  |  |  | ✓ | ✓ | ✓ | ✓ | ✓ | ✓ | ✓ | ✓ | ✓ | 5 |
| 13 | 第9组 四边形 | 填写卡片 | 获得大学生或成人对活动的建议 |  |  |  |  |  |  |  |  |  |  |  |  |  | ✓ | ✓ | ✓ | ✓ | ✓ |  | 20 |
| 14 | 负责人1：园丁 点心 | 进行电话调查 | 获得活动参与者的领导或老师对活动的建议 |  |  |  |  |  |  |  |  |  |  | ✓ | ✓ | ✓ | ✓ | ✓ | ✓ | ✓ |  |  |  | 15 |
| 15 | 负责人2：教学 方法 | 进行问卷调查 | 获得陪同教师对活动的权威建议 |  |  |  |  |  |  |  |  |  |  | ✓ |  | ✓ | ✓ | ✓ | ✓ | ✓ |  |  |  | 10 |
| 16 | 负责人3：学生 的关注度 | 填写表格 | 获得陪同教师对学生参与程度的评价 |  |  |  |  |  |  |  |  |  |  | ✓ |  | ✓ | ✓ | ✓ | ✓ |  |  |  |  | 15 |
| 17 | 负责人4：教师 的行动 | 填写表格 | 获得陪同同者对参与活动的建议 |  |  |  |  |  |  |  |  |  |  | ✓ |  | ✓ | ✓ | ✓ | ✓ | ✓ | ✓ | ✓ |  | 15 |
| 18 | 观察员1：给桐I | 第三者进行观察记录 | 获得对活动的评价和建议 |  |  |  |  |  |  |  |  |  |  | ✓ | ✓ | ✓ | ✓ | ✓ | ✓ | ✓ | ✓ | ✓ | ✓ | 30 |
| 19 | 观察员2：给桐II | 第三者进行观察记录 | 获得对各单项活动的评价和建议 |  |  |  |  |  |  |  |  |  |  | ✓ | ✓ | ✓ | ✓ | ✓ | ✓ | ✓ | ✓ | ✓ | ✓ | 40 |
| 20 | 观察员3：给桐III | 摄像、回放录像 | 获得对活动的评价和建议 |  |  |  |  |  |  |  |  |  |  | ✓ | ✓ | ✓ | ✓ | ✓ | ✓ | ✓ | ✓ | ✓ | ✓ | 60 |

# 第九章

## 第一节 冬季

| 序号 | 活动 | 内容 | 目的 | 语波型 | 安静型 | 调研型 | 冥想型 | 创造型 | 感受型 | 知识型 | 最少 | 最佳 | 最多 | 幼儿园 | 一年级以上 | 三年级以上 | 四年级以上 | 七年级以上 | 高中以上 | 成人 | 专业小组 | 家庭 | 不需要辅助材料 | 时间（分） |
|---|---|---|---|---|---|---|---|---|---|---|---|---|---|---|---|---|---|---|---|---|---|---|---|---|
| 1 | 开始于冬季 | 借助于雪花、参与者相互认识 | 学会在雪花飘飘中放开自己，并信赖其他参与者 | ✓ |  |  |  |  |  |  | 10 |  |  | ✓ | ✓ | ✓ | ✓ | ✓ | ✓ | ✓ | ✓ | ✓ | ✓ | 10 |
| 2 | 狐狸和兔子 | 为了热身，进行足迹寻找的跑步游戏 | 热身、体验兔子逃跑策略 | ✓ |  |  |  |  |  |  | 10 |  |  |  | ✓ | ✓ | ✓ | ✓ | ✓ | ✓ | ✓ | ✓ | ✓ | 20 |
| 3 | 猜脚印 | 以游戏的形式确定足迹 辨认动物的艺术 | 学会辨认动物的各种足迹 | ✓ |  |  |  |  |  |  | 4 |  |  | ✓ | ✓ | ✓ | ✓ | ✓ | ✓ | ✓ | ✓ | ✓ | ✓ | 20 |

（续）

| 序号 | 活动 | 内容 | 目的 | 类型 | | | | | | | 参与者人数（人） | | | 目标群体 | | | | | | | | | 不需要辅助材料 | 时间（分） |
|---|---|---|---|---|---|---|---|---|---|---|---|---|---|---|---|---|---|---|---|---|---|---|---|---|
| | | | | 活泼型 | 安静型 | 调研型 | 冥想型 | 创造型 | 感受型 | 知识型 | 最少 | 最佳 | 最多 | 幼儿园 | 一年级以上 | 三年级以上 | 四年级以上 | 七年级以上 | 高中以上 | 成人 | 专业小组 | 家庭 | | |
| 4 | 雪中寻找动物痕迹 | 辨认并研究森林中的足迹 | 学会识别和确定足迹及其"创作人" | | ✓ | ✓ | | | | | | | | | ✓ | ✓ | ✓ | ✓ | ✓ | ✓ | | ✓ | | 30 |
| 5 | 雪和雪是不一样的 | 冰天雪调查及雪景"拍照" | 了解雪的差异，识别雪景的变化 | | ✓ | ✓ | | ✓ | | | | | 30 | | ✓ | ✓ | ✓ | ✓ | ✓ | ✓ | | ✓ | | 30 |
| 6 | 迷你型因纽特人圆顶冰屋以及其他冰雪景观 | 展示由冰雪产生的不同的雪景结构 | 了解冰雪造型艺术 | | ✓ | | | ✓ | | | | | 30 | | ✓ | ✓ | ✓ | ✓ | ✓ | ✓ | | ✓ | | 60 |
| 7 | 冷血动物的防冻措施 | 将装满水的容器放在能保持其温度的隐藏地点 | 认识到冬季要保持冷血动物的体温 | | | ✓ | | | | | | | | | | | ✓ | ✓ | ✓ | ✓ | | | ✓ | 40 |
| 8 | 冬天的乔木和灌木 | 描述和认识冬天里的树木 | 认识冬天树木的典型特征 | | ✓ | ✓ | | | | ✓ | | | 20 | | ✓ | ✓ | ✓ | ✓ | ✓ | ✓ | | ✓ | | 60 |
| 9 | 寒冷表 | 了解常绿林和落叶林分布和认识冬天里的"寒冷承受度" | 了解冬季常绿树木的"寒冷承受度" | | | ✓ | | | ✓ | | | | | | | | | ✓ | ✓ | ✓ | ✓ | | | 30 |
| 第九章 第一节 森林一日探险 | | 体验森林一天的活动计划，了解自然 | 体验森林栖息地，激发对森林意识的行为 | ✓ | | ✓ | | | ✓ | ✓ | | | 30 | | ✓ | ✓ | ✓ | ✓ | ✓ | ✓ | | ✓ | | 300 |
| 第九章 第三节 大型团队活动 | | | | | | | | | | | | | | | | | | | | | | | | |
| 1 | "大型团队引导"示例 | 超过30人的团队引导 | 使大型团体的森林旅游成为可能 | ✓ | | | | | | | | 40 | | ✓ | ✓ | ✓ | ✓ | ✓ | ✓ | ✓ | ✓ | ✓ | | |
| 2 | 森林青少年运动会 | 上午许多班级同时开展令人兴奋的游戏活动 | 通过竞争性的游戏，唤起人们对森林的兴趣 | | ✓ | | | | | ✓ | | | 800 | | | ✓ | ✓ | | | | | | | 210 |
| 3 | 森林探险活动 | 许多班级上午同时开展启发性和令人兴奋的游戏 | 通过竞争性的游戏，唤起人们对森林的兴趣 | | | | | | | ✓ | | | 600 | | | ✓ | ✓ | | | | | | | 240 |
| 第九章 第四节 引导残疾人 | | 对残疾人士的森林引导 | 残疾人士体验森林 | ✓ | | | | | ✓ | | | | 15 | | | | | | | ✓ | ✓ | ✓ | | 120 |
| 第九章 第五节 家庭引导 | | 家庭成员一起体验森林 | 让父母与孩子共同拥有森林经历 | ✓ | | | | | ✓ | ✓ | | | 30 | | | | | | | | | ✓ | ✓ | 150 |

（续）

| 序号 | 活动 | 内容 | 目的 | 活泼型 | 安静型 | 调研型 | 冥想型 | 创造型 | 感受型 | 知识型 | 最少 | 最佳 | 最多 | 幼儿园 | 一年级以上 | 三年级以上 | 四年级以上 | 七年级以上 | 高中以上 | 成人 | 专业小组 | 家庭 | 不需要辅助材料 | 时间（分） |
|---|---|---|---|---|---|---|---|---|---|---|---|---|---|---|---|---|---|---|---|---|---|---|---|---|
| | | | | 类型 | | | | | | | 参与者人数（人） | | | 目标群体 | | | | | | | | | | |
| 1 | 寻宝——瓶子中的秘密 | 在森林中发现海盗的宝藏 | 体验（海盗）林中冒险经历，了解森林的秘密 | ✓ | | ✓ | | ✓ | | | | | 14 | ✓ | | | | | | | | ✓ | ✓ | 120 |
| 2 | 森林侦探——拜访夏洛克·福尔摩森 | 解决森林和森林本身有关的用刑事案件 | 通过有趣的自然体验揭示森林的居民和森林秘密 | ✓ | | ✓ | | | | | | | 14 | | ✓ | | | | | | | ✓ | ✓ | 120 |
| 3 | 啄木鸟生日——听！谁在敲击 | 围绕啄木鸟主题共同完成任务和活动 | 了解"啄木鸟"令人兴奋和有趣的主题信息 | ✓ | | | | | ✓ | | | | 14 | | | ✓ | ✓ | ✓ | | | | ✓ | ✓ | 150 |
| | 第九章 第六节 儿童生日 | | | | | | | | | | | | | | | | | | | | | | | |
| | 第九章 第七节 雨中即景 | 雨天的森林引导 | 了解在恶劣天气情况下的替代方案 | ✓ | ✓ | | | | | | | | | | | | | | | | | | | |
| | 第九章 第八节 夜行森林 | 夜晚的森林引导 | 在晚上体验森林 | ✓ | ✓ | | | | | ✓ | | | 15 | | | | ✓ | ✓ | | | | ✓ | ✓ | 120 |
| | 第九章 第十节 冥想元素 | | | | | | | | | | | | | | | | | | | | | | | |
| 1 | 日光的想象 | 感受太阳照在皮肤上，吸收着热量 | 感受太阳是热量的来源，感觉自己是从太阳到地球的能源线路的一部分 | | ✓ | | ✓ | | | | | | 30 | | ✓ | ✓ | ✓ | ✓ | ✓ | ✓ | ✓ | ✓ | ✓ | 10 |
| 2 | 穿越森林的想象之旅（步行） | 林中漫步冥想 | 打开自己的所有的感官知觉 | | ✓ | | ✓ | | | | | | 15 | | | ✓ | ✓ | ✓ | ✓ | ✓ | ✓ | | ✓ | 180 |
| 3 | 在"我的"森林里搜索"我的"树木 | 在"自己的"森林中找到"自己的"树 | 与自己的树木建立关系，由此意识到森林与人类的关系 | | ✓ | | ✓ | | | | | | 15 | | | ✓ | ✓ | ✓ | ✓ | ✓ | ✓ | | ✓ | 300 |

提示：
（译注：原著中涉及的森林基本上属于中纬度地区森林。贵州及周边地区①使用要结合当地森林类型特点。①亚热带地带性常绿阔叶林、山地常绿落叶阔叶林。②喀斯特非地带性常绿落叶阔叶林、③山地暖性针叶林和针叶林针阔叶混交林；④次生性常绿落叶阔叶林、灌木灌丛林、灌草丛林、经济林、竹林等。原著中的绿洲、鹿、橡树等相应动植物在贵州及周边地区皆没有分布，使用者应尽量结合当地物种，例如，马尾松、华山松、杉木、柏木、青冈、栲树、响叶杨、枫香树、光皮桦，狼、松鼠、野兔、野猪、红腹锦鸡、麻雀等，开展森林体验教育活动。——安明态）

① 本次修订由贵州省林业局主持完成，所以本书均以贵州及其周边地区为例进行说明。

# 第二章 森林教育工作的目标

没有顺风之舟，就难到达胜利的港湾。
米歇尔·德·蒙田（Michel de Montaigne）

A 工作目标
B 目标群体

## A 工作目标

您能通过森林教育工作达到怎样的目标呢?

激发惊叹

传输价值

唤起对森林的
兴趣,感受来
到森林的愉悦

将林业可持续发展
作为模式加以介绍

促进行
为改变

邀请参观森林

扩展意识
与感知

形象化地
介绍林业
工作场所

赢得森
林朋友

传授知识

促进创新
能力发展

森林教育工作的
目标是什么呢?

现实情况

　　我们的生活行为与环境行为总是被媒体、时尚趋势以及消费压力所主导。这样我们与大自然的接近就变得困难了。

唤起对森林的兴趣，感受来到森林的愉悦

我们的建议
参与者们应当

　　用所有的感官去感受森林及森林中的动物和植物；

　　享受森林的空气、森林的宁静和美丽；

　　体会集体学习、玩耍和共同活动的愉悦。

现实情况

　　我们常常只对特殊的刺激，譬如灾难消息或重大的事件做出反应，并总是觉得我们已经洞悉了一切。

激发惊叹

我们的建议
您可以

　　展现给参与者们一些不显眼的事物并唤起他们对细节的注意；

　　让他们体验，在无人为干预的情况下，事物的发生；

　　展示大自然的伟大。

**现实情况**

全球化以及许多领域的迅速变化让我们面临越来越多的挑战。这使得我们对于所掌握的解决方法是否能够继续掌控这种变化产生了怀疑。这可能会导致挫败感，并消减我们积极从事工作的热情。

促进创新能力发展

**我们的建议**

请您激发好奇心并提高创造性。让参与者们在面临错综复杂的挑战和与团队一同探索解决方法时，体会到自身所能起到的作用。

**现实情况**

知识时常是短期的，并且是在无实践关联的情况下被传授的。在大多数情况下会出现信息过多而被理解的太少的状况。

传授知识

**我们的建议**

请您结合生动的实例来传授知识；

请您形象地阐述自然的关联并解释流程；

请您指出，人们如何从一片森林面貌中读出这片森林的历史。

现实情况

　　人们对林业工作
人员的印象仍受陈旧
观念的影响。

形象化地
介绍林业
工作场所

我们的建议

　　请您介绍森林作
为林业工作场所的重
要意义；

　　请您介绍林业的
各个工作领域；

　　请您说明森林工
作对于社会的意义。

现实情况

　　短期的思考以及
行为时常决定着我们
对待明显日益短缺的
资源的态度。这种行
为方式危害着我们的
生存基础。

将林业可
持续发展
作为模式
加以介绍

我们的建议

　　请您将森林经营作为
一个可以传递的、充满了
对于资源利用的责任感的
模式加以介绍（《21 世
纪议程》）；

　　请您让参与者们了解
确保森林功能可持续性的
使命。

现实情况

过量的信息流动以及刺激泛滥使得我们对于自然日益陌生。

扩展意识与感知

我们的建议

请您让参与者们亲身体验错综复杂的自然法则；

请您强调人类行为对于生存基础的作用；

请您指出，人与自然是密不可分的。

现实情况

我们以自我为中心生存着，追求自己的利益，伦理道德、人生价值逐渐丧失其意义。与此同时，许多人们都在探索着生存的意义。

传输价值

我们的建议

参与者们具有评价并定位人类在自然中地位的可能性；

他们将认识到自然的内在价值。

现实情况

　　我们很少对自己的消费行为以及生活行为的后果进行思索，因为我们常认为这与自身无关。

促进行为改变

我们的建议

　　请您通过直接的感观唤醒人们的责任感与责任意识；

　　鼓励适应未来的"生存方式"；

　　请您强调个人模范行为的作用。

现实情况

　　街道、房屋、工业用地以及滑行道等的扩建正逐步威胁着森林的覆盖面积。

赢得森林朋友

我们的建议

　　请您唤醒人们维护森林这个生存空间的使命感。

　　请您通过组织赞助或开展学校森林项目等方式，激励人们积极参与林业工作。

**现实情况**

　　由于信息的匮乏，森林访问者们觉得自己不受欢迎，或因为某些限制而觉得自己被森林拒之门外。

邀请参观森林

**我们的建议**

　　开展老少皆宜的森林教育引导活动；

　　准备令参与者感觉舒适的设施；

　　提供清晰的信息；

　　确保对每个人的开放性。

# B　目标群体

## 森林教育工作的目标群体

森林教育工作的对象是由各种各样的群体组成的。他们之中有来自幼儿园的，也有来自老年俱乐部的。每位参与者的基础知识都不同，他们对森林的兴趣所在也不一样。森林教育活动因此要面对特殊的要求和挑战。

若总想制定出一套让所有人都满意的方案，最后的结果有可能是让所有人都不满意。我们因此建议您，事先与参与者们就他们的兴趣、期望以及行为方式进行沟通，并以此为基础制定出一套"适合目标群体的方案"。为此，我们将在下面的章节中向您介绍几种通用的范例。在此，我们要提醒大家注意普遍化的问题。

### 学龄前儿童

通常情况下，小孩子们总是很容易被激发热情的。他们也很乐意在林中逗留，因为森林能为他们提供各式各样的感官印象。他们在林中时常是喧闹而兴奋的。对于作为森林教育引导者的您来说，把他们集中到一处来听取信息可不是件容易的事情。另一方面，大脑研究的最新发现指出，许多深刻的印象是在出生后的最初几年中形成的。

在这个年龄阶段最关键的一点就是：您应当让孩子们体验到在森林和在大自然中逗留是一件愉快的事情。为此，您应当唤起他们的兴趣并教会他们如何集中注意力。一般情况下，您可以利用诸如玩耍或采集这种最简单的集体活动轻易地达到这样的目的。孩子们也应当尽可能多地利用他们的感觉器官，譬如视觉、听觉、味觉、嗅觉、触觉来感受森林。基础教育可通过感受、运动和玩耍达到。

同时，因为在近几年中出现了越来越多的森林幼儿园，人们可以在森林中收集关于这个年龄群体的许多经验和认知。有关这方面的提示请您参见[>]第九章 附录中的 "森林幼儿园"。

### 中小学生

#### 一至四年级学生

想要调动小学生的积极性一般来说不是难事，您也会从中得到很多乐趣。小学生常被看作是最理想的目标群体。他们感兴趣，有积极性，喜爱动物并对我们充满信任。针对他们，您可以选择体验型的活动，此外还可以将有着明确工作任务指示的独立工作编排入森林教育引导活动中。

即便不是针对这个年龄层，也请您尽量避免冗长的解释说明，因为这样会使孩子们的注意力急速下降。最好让孩子们自己去体验森林，譬如，通过采集、触摸物体以及集体活动来体验。

森林作为课题已被编排入小学课程中，所以许多儿童在来到森林时已经拥有对森林的基本认知，这些知识主要是理论性的。这时，森林教育工作者在与学校老师商讨后，可结合所学知识编排森林教育活动，形象化这些知识。在德国的大多数联邦州，在奥地利和瑞士的某些地方，政治家们制定了明确的目标：每位学生在他们的小学阶段至少要被邀请访问森林一次。我们的建议是，把森林访问安排在已经了解过森林这个课题的年级中。

#### 五至六年级学生

这个年龄层的学生大多是外向而开放的。他们工作效率高，并且十分好动。对于森林，他们

（仍）拥有足够的好奇和兴趣。他们拥有很强的接受能力，会为自己的发现和尝试感到欣喜，并开始逐步探索事物的内在联系。我们建议您，用带有许多运动机会的活动以及具有明确任务的活动来引导这些有着过剩的能量和过分热情的学生。能够促进相互协作和团队能力的活动也是十分适用的。这个年龄阶段的孩子们乐于接受新的事物，对他们传授知识是可行的。

## 初中生（七至九年级学生）

这个对于教学来说极富挑战性但又令人紧张的年龄群体总是有事可忙。他们需要花费心思去面对伴随青春期到来的生理和心理上的变化。这些变化会导致他们的注意力转向与森林课题无关的其他领域。他们正处于从孩童到成人的过渡阶段，但却已经希望以成人的姿态出现并被当作成人看待。但是，由于他们还尚且不能把握这个新的角色，因此时常显得消极和沉默。这个年龄层的青少年惧怕被探问，因为被探问时有可能会暴露出自己的不安全感或犯错。

这个阶段的青少年忙于探索一些中心问题的答案，譬如，"我是谁？""我为什么要来到这个世界？""哪里有我的用武之地？"或"我的未来在哪里？"，等等。此外，在人生的这个时段中，他们将要面临一些重要的人生规划问题，譬如，职业选择等。与此同时，许多青少年还对于自己没有被重视一事深感苦恼。

我们因此要面临这样的问题：我们所提供的活动究竟是否适合这个年龄段的青少年？明确的回答是：如果我们了解情况，并了解他们的需求，重视这些需求，那么这便完全是可能的。为了能满足各种不同的兴趣，您可以在安排耗费体力的活动之余，也安排一些锻炼他们的规划能力和社会能力的活动。根据我们的经验，前者比较适合男孩子，而后者比较适合女孩子。

海尔曼·海瑟（Hermann Hesse）曾说过："恰逢身处困难时期，才没什么比创造性地而不是消极和享受地沉溺于大自然中更美妙的事情。"请您用严肃的态度对待这个年龄层的青少年们。请您选择一个既能和他们所学知识联系起来，又对他们来说具有挑战性的课题。成功的关键在于：参与者能既独立又有目标地工作。例如，就活动主题的选择上来说，"可持续性利用"将会是一个能够满足上述要求的不错的课题。青少年们既可以在规划中（例如，可持续性调查），也可以在执行中体验这个具有挑战性的任务。这个任务同时也为他们打开了一扇可以一窥职业世界的窗口。

在森林教育引导活动中，您要给予他们对话、讨论、思考的自由空间，甚至是改变既定活动方案的勇气。

## 高中生（十至十二年级学生）

这个大多数情况下都具有积极性的年龄群体掌握着充足的理论知识。对于这样的参与者来说，能够将理论结合实践，并能在科研工作中测试自己的能力将会是一件很有趣的事情。因此，我们建议您组建由4~6个学生组成的"研究小组"，让他们通过计数、称重和测量的方式发现和获取知识。我们的经验是：不只是学生，老师探索所得出的理论知识是否经得起长期的观察也需要通过实践来验证，因为形势总是在发生变化，与其他生活领域相关联的讨论也会时常进行。

作为森林教育引导者的您应当做好关于上述问题的准备，并拥有制订诸如"持续观测样地""系列测量"之类的长期项目的能力。对此，建议采取简单的现场测试，您可以采用譬如确定苍头燕雀和柳莺的种群密度，绘制有限空间内啄木鸟或苗木的分布图的活动，或进行诸如[>]森林——生命空间 8 "鸟语欣赏"，[>]森林——工作场所 1 "一平方米面积的森林"之类的活动，来年还可以进行数据对比。关于这方面的特殊活动请您参见[>]第六章 重点主题中的"森林项目"。

## 成年人

作为目标群体的成年人具有很强的多面性，尤其在基本知识、以前的经验和兴趣方面。成年人对于森林教育引导活动拥有多种特定的期待。我们建议您在举办活动前先弄明白这些期待并根据它们来编排活动。邀请您的参与者们进行一次丰富心灵和思想的旅行，例如，在着手研究有关森林的课题前，先让他们用感官来体验森林中的各种现象。

成年人多数已有相对成型的观念和态度。因此我们建议您，不以观点阐述，而是以实际数据与他们进行对话，即代表自己的立场，又能严肃地看待不同的观念。请将您的成年访客（或不仅仅只是他们）看作是成年的伙伴，并为他们指明作为市民和消费者，他们应该如何为森林和林业做出积极的贡献。

### 普通森林访问者

例如，协会成员、大学生、离退休人员、度假和疗养客人即便是针对这个目标群体，体验以及收集感官印象也应占据重要地位。我们建议您，预先与这类群体就其特别的兴趣进行对话，以便有目的地进行森林教育引导活动的准备。在准备时，要注意到每位参与者预先掌握的知识有所不同。特殊的、示范性的经验请参阅第九章 附录。这些参考经验也同样适用于与其他年龄阶层的群体进行交流。

### 专业团队

例如，森林管理者、农业专业的学生和教师、自然保护团体。专业性的兴趣在这里自然占据首要地位，但参与者们在此首先要通过自己的、直接的经验获取认知和知识。可以考虑的活动有：一段间伐的具体演示，参观一片遭受严重啃噬灾害的更新林，或绘制指定区域的植物分布图等。

### 信息传播者

信息传播者传播用于制造舆论（形成观念）和用于决策的信息。我们可将信息传播者分为以下几种团队：

- 决策者，例如，政治家或管理者，他们在公共决策过程中可直接改变某事。
- 舆论引导者，例如，教师或记者，他们塑造公共舆论（观念）。
- "心理帮助者"，例如，医生和教士，他们利用他们正面的个人形象让信息得以接纳。和其他目标群体相比，对于来自这个层次的参与者们来说更重要的是，将信息单向性地从专业人士处传递给其他访客。这里我们强调的是增进彼此了解的对话形式。如果想通过伙伴将信息传递出去，就必须保障这个信息准确无误地传递给这个伙伴，必须要能注意到他的需求和态度，并能被他理解，同时让人觉得您是可信的并且是内行的。

### 老年人

并不只是因为人口统计学的数据变化才使得老年人成为越来越重要的目标群体。他们有时间去参加活动，并且时常也准备好接受新的任务。我们应当听取他们的愿望，汲取他们丰富的人生经验，认真严肃地对待他们，并给予他们机会。作为见证者，老年人知晓我们年轻的这代人所不熟悉的他们那个年代的森林及其利用。他们对于学习和传播当今的林业知识也十分感兴趣。这种双向的知识传递可通过例如[>]森林与社会 19 "树木之间的时间旅行"之类的活动来完成。

老年人不仅可以作为访客为我们带来他们的人生经验，就某些特定的基本知识而言，他们也是积极主动的"森林教育引导者"。他们十分乐于传授他们的学问和他们新学到的知识。传授的对象在活动的框架下可以是外部的访客，而在私人层面上可以是他们的孙辈。这里您可以采用[>]

森林与社会 18 "时间见证人"这样的活动。

明确的任务要求及时间规划可帮助老年人决定一个活动是不是适合他们。此外还要考虑到身体方面的局限性。在开始阶段的活动结束后，带有游戏元素的森林教育活动也会让老年人觉得有趣。不可忽视的是，老年人有很高的安全感需求，不应让他们因为不习惯的活动或不恰当的活动通告措辞而感觉受到伤害。类似青春期的青少年群体，诸如"游戏"，亦或是"森林教育学"之类的字眼都可能会引起他们的抗拒感。信息类引导活动的介绍更能引起老年人的好奇。

### 家庭

在度假或疗养时，特殊的活动节目尤其适合家庭，并会受到家庭的欢迎。在这一类的引导当中，共同的、游戏式的学习应当占据主导地位。请您不要犹豫是否应当让成年人来参与被强调是儿童游戏的活动。每一个人都会在玩耍和游戏中感受到乐趣。在这里您可以进行诸如[>]树木 1 "镜像森林"，[>]第九章 附录中的"家庭引导"之类的活动。

尤其有利的是，在活动中可以应用家庭成员的特殊能力。请您结合每位家庭成员的长处，将它们整合利用于针对某个具体对象的集体学习上去：一般情况下，儿童是富有激情且好奇的。借助于他们良好的理解和记忆能力，能很快地记住物体并重新找到它们，这对他们来说并非难事。相对于儿童而言，成年人的逻辑思维以及结构能力更加优秀，因此，他们可以轻易地找出事物的内在联系。在[>]森林——生命空间 14 "记忆游戏"，[>]树木 15 "树木简介"之类的活动中，您可以将儿童式的激情和谨慎的成年人思维结合在一起。

---

**提 示**

请您记住您传授知识的量，也就是说您说了些什么并不重要，重要的是参与者在森林教育引导活动结束后能记住的东西。这些东西大多是他们亲身体验并领悟的经验。

# 第三章 可持续发展教育

将来不能弥补你现在的过失。

阿尔布特·施瓦茨（Albert Schweitzer）

A 简明信息
B 导论
C 背景知识

# A  简明信息

"可持续发展教育"（Education for Sustainable Development, ESD）——这个听起来既简洁又复杂的概念，也许您和其他许多第一次听到这个概念的人们一样：有点不知所措。那么，就请您不要止步不前，而是迎难而上多了解一点它吧。这是非常值得的！

作为可持续发展教育的后盾，当然还是要努力促使森林教育更具有成效，更确切地说使森林教育成为接近于我们的日常行为并且可以提高参与者的能力以及自主行动的一种形式。通过可持续发展教育，您可以得到促进森林教育工作发展的动力，并且可以为了确保我们社会的未来而作出重要的贡献。

在[>]B 导论中我们想要让您对这个主题有一个初步的了解。就可持续发展教育的问题，在森林教育工作者之间，我们编制和勾画了一段有关的谈话。我们给出了一些建议，展示了一些漫画，并且解释了这一概念。对于那些出于科学任务想要对此有更多更深入了解意愿的人们来说，我们在[>]C 背景知识中提供了对于这个主题领域更加详细的信息。在"背景知识"中将会涉及可持续发展教育概念、内涵以及创造力的实现，也将涉及可持续发展的主题、范畴、内容以及可持续发展能力的实现。有一个可持续发展实现能力类型的活动"工具箱"以及一个小的链接汇编使得内容变得更加完美。可持续发展教育活动实例见本指南，尤其是在[>]第六章 重点主题中的"森林与社会"及"全球森林"中。

## "可持续发展教育导论" 概览

■ 一次关于森林教育以及可持续发展教育的谈话

　　两位女森林教育工作者和一位男森林教育工作者正在谈论可持续发展教育这个话题。谈话的内容涉及可持续发展教育可以实现什么；通过可持续发展教育，森林教育会有什么变化；人们怎么样促进可持续发展实现能力的发展；以及教育工作者之间的相互协作对可持续发展教育有多重要。谈话的各个部分会分别总结出一个结论。

■ 建议

　　在这里您会得到一些关于怎么样实施可持续发展教育方面的建议，涉及自己的部分就是要和参与者进行交流并且开展活动。此外，一位有实际经验的人还描述了他在可持续发展教育方面的经验和观点。

■ 森林教育活动和可持续发展教育有什么关系

　　在这里我们举一个例子来说明您如何按可持续发展教育的要求开展"传统的"森林教育活动。让您的灵感激发起来吧！

■ 促进可持续发展实现能力的提高

　　在这里，您可以得知我们是怎么理解可持续发展实现能力的，并且可以辨别出在活动的描述中哪些与可持续发展教育有关。我们将可持续发展实现能力划分为3个能力领域：对待事物的方法与能力（或专业及方法能力）、社会能力以及个人能力。我们会一一详细解释这些能力。

本指南中提到的许多可持续发展教育的观点及其在森林教育工作中的实施都源自于一个研究项目，该项目是由巴伐利亚州食品、农业和林业部资助的。此项目在2007、2008年将整个德国的可持续发展教育以及森林教育方面的专家聚集在两个研讨会上。[>]"森林与社会"以及[>]"全球森林"这两个重点主题的想法以及活动描述部分来源于他们的笔尖。

以下人员参加了研讨会：

- 亚历山大·彼特内（Alexander Bittner）博士（联邦环境基金会，只参加了第一场研讨会）；
- 艾贝尔哈德·保莱（Eberhard Bolay）博士（森林之家，斯图加特）；
- 莱茵哈德·布莱姆（Reinhard Brem）（森林体验中心，泰能洛荷）；
- 阿奈特·迪克曼（Annette Dieckmann）（自然与环境教育工作社，只参加了第二场研讨会）；
- 古云特·道不勒（Goetter Dobler）（巴伐利亚州联邦森林与林业经济机构，弗赖辛）；
- 阿尔宾·胡勃（Albin Huber）（森林之家，罗根堡）；
- 路卡斯·拉伍克斯（Lukas Laux）（巴伐利亚州国家森林公园）；
- 阿尔丰斯·莱腾巴赫尔（Alfons Leitenbacher）（特劳恩施泰因食品、农业和林业办公室）；
- 马克西米莲·罗依（Maximilian Loy）（巴伐利亚州环境与卫生部，只参加了第一场研讨会）；
- 阿尔米恩·路德（Armin Lude）博士（卡塞尔大学）；
- 马瑞龙·马耶尔（Marion Mayer）（吕内堡大学）；
- 乔治·施普翁（Georg Sprung）（莱茵兰—法尔茨州森林联络与营销处）；
- 罗伯特·弗格尔（Robert Vogl）教授（魏恩施蒂梵高等专业学院）。

# B 导 论

"可持续发展教育"的背后隐藏着许多我们要为森林教育挖掘的宝藏，因为可持续发展教育强调了自然资源可持续管理的重要性，在森林方面，它支持与森林有关的一个森林教育最切身的愿望。在可持续发展教育的这些想法中蕴藏了很多激励点，这些点子有利于我们教育工作质量的提高。通过我们在这个领域的努力投入，我们将积极参与到保障我们共同的、未来的这个重要社会任务中。

可持续发展是一个整体的目标，我们所有的教育投入都应该遵循这个目标进行，森林教育也一样。为了实现这个目标，人们需要一系列的实现能力，这些能力被总结为"可持续发展实现能力"。在我们的森林教育活动中我们要为可持续发展实现能力的获得创造有利的条件。

此导论应该仅仅是了解可持续发展教育的一个开端。此外，在本指南中还有两个针对可持续发展教育而设置的重点主题[>]"森林与社会"以及[>]"全球森林"，在"活动"描述中还增加了3个要点。在"可持续发展教育目标"中，您可以得知，活动中的哪些元素特别有助于可持续发展实现能力的发展。此外，在接下来的要点中，强调了在学校中进行事前准备以及事后跟踪的必要性。

现在，我们邀请您阅读以下对话，在这些对话中伊威（Evi），路特（Ruth）以及马科斯（Max）谈论了可持续发展教育以及森林教育这两个主题。为了让您更好地了解每段对话的"精髓"，我们都会在最后得出一个结论。其他重点信息由"文本框"提供。那些插入的漫画用来放松您的心情，希望它们能让您微微一笑。在接下来的"建议"中，我们收集了一些我们认为对您非常有帮助的建议，但是我们对完整性不做要求！最后我们还会更详细地阐述一下我们是怎么样理解可持续发展实现能力的。

您看，为了让您探索可持续发展教育，我们在这里为您提供了多种不同的方式，希望您能喜欢。虽然我们所挑选的方式会有一定的重复性，但是重复是学习的朋友，这不是没有道理的！

# 一次关于森林教育以及可持续发展教育的谈话

伊威（Evi），路特（Ruth）以及马科斯（Max）一直长时间从事着森林教育学工作，他们在小憩时间进行了交流。

### 话题 1：什么是可持续发展教育以及它可以实现什么？

伊威：有没有人能明确地给我解释一下，真正的可持续发展应该是怎么样的？

路特：最简单的理解就是，如果人们从可持续发展教育所追求的目标出发，它究竟涉及了什么？

马科斯：可持续发展这个名字本身已经有所表述。

路特：是的，涉及的内容是所有人共同为人类创建一个美好的未来。这里的"所有人"指的是全世界所有的人类以及子孙后代。

伊威：可持续发展教育应该能帮助实现这个目标，对吗？

路特：非常正确。通过教育调动人世间一切必要的因素，以便实现可持续发展目标。

马科斯：在这里我也想到很多实现目标所必需的条件。知识很重要，人们必须保持一个乐观的基本态度，并且也要调动积极性来改变一些事物。

伊威：是的，非常正确，人们应该乐于交流，并且要和其他人合作，因为这样可以实现更多。

路特：有些理想的价值也是非常重要的，比如，需要考虑公共福利。

马科斯：人们应该交错思考，并且也要考虑到长期的发展。

路特：还有更多的，例如，价值、态度、知识、能力以及技巧的集合被概括为"可持续发展实现能力"。可持续发展教育内容涉及的是促进这个可持续发展实现能力的发展。

马科斯：到底有没有涉及个人发展？

路特：有，但是个人被理解为集体的一部分。这里涉及的是独立积极的人们，他们能够为自己以及其他人承担责任。

伊威：等一下，我觉得还缺少点什么，谈到未来的时候，我突然想到一些主题，比如，气候变化，我们的行为对它产生了什么样的影响？

马科斯：非常正确！或者说是自然资源的利用，我们如何经济合理地使用它们？

---

**可持续发展实现能力**

格哈德·德·哈恩（Gerhard de Haan）博士，"联合国可持续发展十年教育计划2005—2014"德国委员会主席，将可持续发展实现能力定义为："能力可持续发展知识的应用以及不可持续发展问题的认识能力。这就意味着，从当代分析以及未来研究中得出关于经济、生态以及社会发展相互间关系的结论，做出相应的决定并实施，以此来实现可持续发展过程。

在"可持续发展实现能力的领域范围"中解释了在本指南中什么是"可持续发展实现能力"。

---

**可持续发展主题应该**

- 谈及一些地方乃至全球的事物；
- 具有深远的意义（未来的）；
- 需要跨学科的合作；
- 具有行动潜力；
- 谈及一些文化以及社会的事物；
- 以公共问题为主题；
- 具有参与的可能性；
- 与参与者的生活世界息息相关的；
- 在教育方面可以借助于森林这个学习地点。更多有关森林教育方面可持续发展主题的信息，请参阅[>]C 背景知识！

路特：我同意你们的观点，在可持续发展的框架下，这些主题尤为重要，并且迫切地需要进行解决处理。

伊威：我们还需要一个更加全面的观点。一部分人更喜欢从经济方面观察所有事物，另一部分人只谈论社会原因以及后果，还有一部分人则只看到生态方面的危害，这些基本上是不同的世界观，他们对彼此都互不关心。

路特：我们必须要将这种相互间的漠不关心消除。可持续发展必须要均衡地考虑到经济、生态以及社会与文化三个方面，只有这样发展才能走得更稳。

**可持续性的范畴**

经济、生态以及社会与文化应该共同均衡地被考虑到。

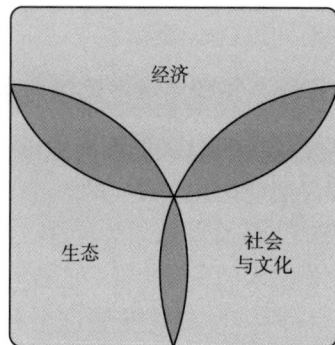

更多信息见[>]C 背景知识!

## 结 论

可持续发展教育必须开拓一些促进可持续发展实现能力提高的教育环境，因为这样可以为所有人创建一个美好的未来。特别是与未来有关的主题，迫切地需要进行处理，这时必须要将经济、生态以及社会与文化三个方面联系起来，并且要均衡地考虑到这几个方面。

经济、生态及社会这是完全不同的东西！
如何才能把它们捆绑在一起呢？

经济　　　　　生态　　　　　社会

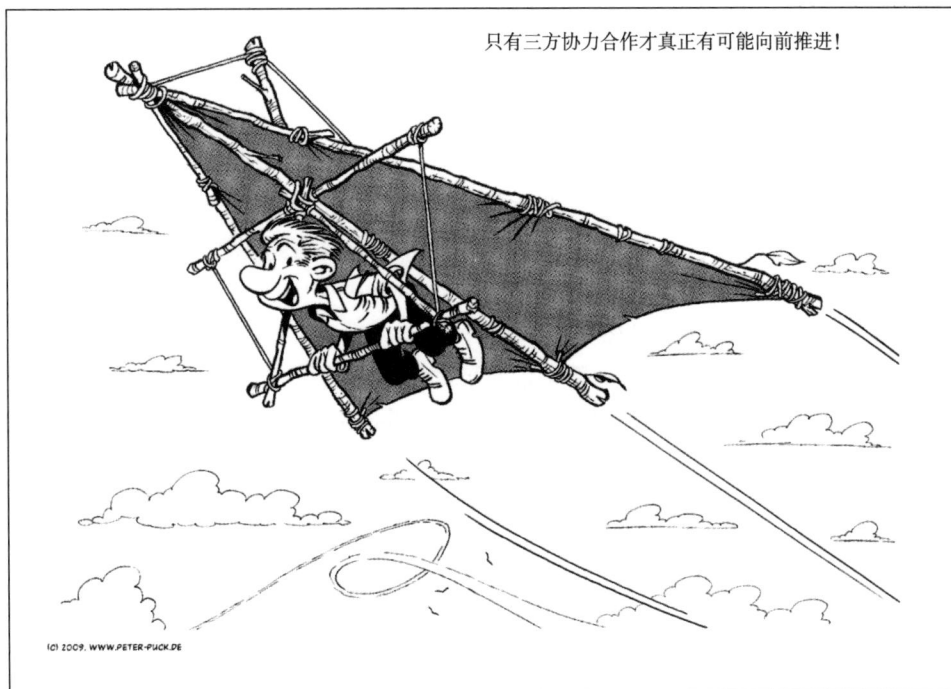

只有三方协力合作才真正有可能向前推进！

(C) 2009. WWW.PETER-PUCK.DE

## 话题2：通过可持续发展教育，森林教育会有什么变化？

马科斯：我已经从事森林教育工作很多年了。一直以来，我们都试图传授很多伊威所概括为"可持续发展实现能力"的知识。我们这不就是一直在进行可持续发展教育吗？

路特：我们无疑为此作出了重要的贡献。此外，可持续发展教育扎根于传统的环境教育绝非偶然，森林教育也属于环境教育。之前，森林以及林业经济的内容处于中心地位，并且针对参与者进行传授……

伊威：那么现在呢？

路特：现在的焦点是人类以及他们能力的发展。我们促进他们在森林方面的可持续发展实现能力的提高。就算是一个面包房或者一个汽车修理厂也可以是一个合适的学习地点。

伊威：然而，可持续发展是一种经营原则，在林业经济中它已经适用了250年。

路特：涉及可持续发展教育，为什么特别适合森林以及林业经济，我们在这里陈述一下理由。其中一个理由是可持续发展在这个领域的悠久传统，但不是采用以前的解决方法，而是像今天一样，寻求紧张的森林资源中各种不同的利益间的一个平衡。

马科斯：非常正确！首先，人们和生态有着密切的联系。其次是社会方面，比如，在森林中工作的安全性，在森林中进行运动或者休养。人们可以探讨森林所有人、林业从业人员、集运企业家以及木材购买者的处境，并且密切关注经济上的关联，木材能源的优点，气候变化中森林扮演的角色，等等，都是获得可持续发展实现能力环境的真正有利条件。

伊威：我们在森林教育方面的经验是另一个加分点。我们的活动所遵循的意义和经验经受住了考验，因此我们不允许放弃它们，而是必须将它们用于可持续发展教育。

马科斯：这不同于枯燥的传统教学。我们一直想要参与者自己变得积极主动，也必须要一直保持这样。

路特：我非常赞同。激情和自己动手做是特别重要的。

**话题3：逐步促进可持续发展实现能力的提高**

伊威：好，现在我知道我们应该将这些教育活动带往哪里。但是根据活动对象的不同，比如，幼儿园的孩子、小学生或者青少年，我们必须区别对待。

路特：你是怎么认为的？

伊威：如果是青少年，我可以组织一些比较复杂和高要求的活动。如果是小孩子，我必须要做出一些让步。请不要误解我。在这里人们也可以促进价值取向的发展或者比以前更加注意这些关联，并且以促进可持续发展实现能力的提高为努力目标……

马科斯：但是，为什么要做出调整？

伊威：如果是青少年，我可以致力于当前重要的可持续发展主题。在这里，我可以进行角色扮演的游戏，这些游戏真的非常接近现实。为了模拟实际情况，进行这些游戏时必须具备一定的知识。我认为这对于小孩子来说要求太高了。

马科斯：你说的有道理，我们必须根据参与者的年龄结构提供合适的活动。但是，你自己也说过了，即使是小孩子，人们也可以促进他们的可持续发展实现能力的提高。我们可以查明孩子与其可持续发展实现能力之间的关联，建造通往日常生活的桥梁，提高他们的社会能力，培养他们的自主性以及独立性。

路特：就算是在孩子身上，我们也可努力追求可持续发展实现能力这个目标。虽然这是更为基础的能力，但是我在这里看到了一个可持续性机会。假如几年以后，当这些小学生已经进入中等教育阶段时，他们还能再次来到我们这里，这是最理想的。

马科斯：比如想想"树木气球"这个活动，它形象地说明了树木的成长，并且随着时间的推移，树木需要越来越多的空间。一些树木可以被移除，但森林被保留下来，这样剩余的树木就有更多生长的空间，森林被合理地保护。通过这个活动，孩子们可以学习到树木生长的过程，并且明白人们可以在不危害森林的情况下对它加以利用。

伊威：具体是怎么样的呢？

路特：如果在几年以后这些小学生再次来到了我们这里，那么在活动中可持续性利用的事情就会变得更加复杂。部分森林将会被一个吊椅缆车或者高速公路替代。请您仔细观察一下地形，然后分配角色，比如，来自附近地区的滑雪道经营者、旅馆经营者以及那些害怕雪崩的人们。这必须与参与者进行协商，然后他们会分到一些卡片，用这些卡片进行工作，并且在卡片上写出不同的意见或方案。

马科斯：也许他们会得出结论，这里必须要有吊椅缆车。

路特：也许会有相兼容的方案，人们可以想一想有什么补偿措施，就像在现实生活中一样。我觉得这个活动很吸引人，因为它提供了很多机会来促进可持续发展实现能力的提高，并且它也展示了在可持续发展方面必须要考虑森林中木材的可持续性利用。

伊威：我的观点是，之前很多森林教育活动可以被视为是获得可持续发展实现能力的重要途径。现在，我们要补充相应的观点。如果我们重视可持续发展教育，在之后的活动中我们应该再次对它们进行研究，并且直接促进可持续发展教育的发展。

马科斯：作为森林教育工作者，如果对可持续发展教育活动有具体的建议，那么我会很高兴。在森林教育方面，我可以组织这些活动，这样可减轻我的研究负担。

路特：在指南中有两个重点主题："全球森林"以及"森林与社会"。在每个重点主题中都以经济、生态、社会与文化的观点为主题，也就是可持续发展的3个或者4个元素。此外，必须要注意，每个重点都要促进对待事物的方法与能力以及社会能力和个人能力的发展。

**结 论**

这些能力是逐步发展起来的，并且是相互为基础的。教育活动必须以参与者的年龄结构为导向，也就是说，参与者已经具备这些能力来参加活动。所有的可持续发展教育活动都必须以促进可持续发展实现能力的提高为目标。参与者所具备的能力越强，这些高要求的活动就越能直接地促进他们的可持续发展实现能力的提高。因此，在以可持续发展教育为导向的森林教育中，青少年成为越来越重要的目标群体。

## 话题4：质量以及联网（相互联系合作）

伊威：为了使可持续发展教育起作用，所有投身于教育领域的人们都应该以它为导向。这个准则，人们在幼儿园和学校以及在学习及工作中到处都可以碰到。

马科斯：因此，我们的教育工作也会变得更加有效，所有的事物也会非常和谐。此外，我还觉得，在可持续发展教育的框架下，校内以及校外教育工作之间的合作比以前重要了很多。

伊威：不仅是这样，即使是校外的教育工作者也应该相互联系，并且相互进行探讨，这样就会有一个很好的边缘效应，当前的竞争就会变成有效的合作。

路特：总的来说，所提供的教育质量就会更好。此外，人们也可以相互学习。最终，教育提供者在这里必须自我展示可持续发展实现能力。

伊威：预先制定的活动是非常实用的资源，我们只需对它们进行模仿就可以了。但是我觉得自己来研发一些活动，一些根据地区特殊情况或者为各个目标群体量身制定的活动，是非常令人兴奋的。可持续发展教育不仅为参与者也为活动引导者提供了很多创造的空间，这很有趣。

马科斯：我们也随着一起成长。我们和参与者一起朝着可持续发展的未来以及更高的可持续发展实现能力迈进。我很喜欢这种状态。

**结 论**

为了实现一个有效的可持续发展教育，不同的教育工作者必须齐心协力。通过相互联系、合作，可以更好地完成这个共同的任务，并且有可能达到一个最佳合作效果。交流经验有助于所提供的教育质量的提高。活动引导者和参与者一样，也在通往获得更多的可持续发展实现能力的道路上。

# 建　议
·········

## 与您自己有关的

请您把自己看成是中间人或者主持人的角色，您促成了这些对教育有利的情况。能力不是形象地用纽伦堡大漏斗灌输（"填鸭"）给某人的一种物质。参与者必须自己来发展个人的能力。您可以为他们创造这些机会。

作为森林教育工作者（森林教育引导者），在职业生活中，您不仅实现了与森林的接触，并且也实现了与森林有关的职业以及社会现实的接触。

请您注意，您的行为具有模范作用，请您自己展示一下那些应该被发展的能力，如果参与者有其他的看法，那么请您积极参与，并且表现出您的好奇心来。如此一来，您自己的可持续发展实现能力将会得到提高！

请您不要有所顾虑，去寻找网络伙伴，或者去求助那些能够对其他的观点进行说明的人。可持续发展涉及每一个人，而不仅仅只是您。这可以减轻您的负担，并且可以加强可持续发展教育。

## 与参与者有关的

请您鼓励参与者对自己有所期待，提高他们完成某项任务的自信程度（自我效能）。每一次问题的解决，每一个任务的完成都在告诉参与者，他们是有能力去做一些事情的。如果涉及未来的发展，那么这是非常重要的。对于本指南中的一些活动，人们可以理解为是通往获取可持续发展实现能力的重要步骤，但它们并没有贴着"可持续发展教育"的标签。尽管如此，在可持续发展实现能力这个目标方面，这些活动也是非常有意义的。为了能为可持续发展教育作出更为有效的贡献，您经常只需补充很少的几个观点。

请您给参与者提供尽可能多的活动及游戏空间，但是不要对他们提出过度要求。

请您不要灰心丧气，这样会导致参与者失去活力，因为问题是一定要解决的，参与者不应该带着无助的感觉离开森林。

## 与活动有关的

请您不要提供现成的解决方案，这会给能力的获得带来困难。可持续发展涉及的内容一直是开放式的商讨过程，在这里会出现不同的观点，并且要求在相互冲突的利益之间谋求一个平衡。

您应该让他们多想想各种利益之间的联系。也就是说，不要局限在一个领域内进行思考，而是要走出这个领域，这就意味着：您要以经济、生态、社会与文化方面的观点和利益之间的关系为主题。

森林教育的内容一直都是涉及脑、心以及手的。此外，对人的其他机能也起着作用。为了形成一个可持续发展未来的动力，您可以努力让参与者将知识、感觉以及行动协同作用起来。

不要忘记还要想想森林以外的东西，即使是整体的联系也不能被忽视。

请您考虑一下，可持续发展实现能力有哪些重要的组成部分，并且请您以此为导向。这可以帮助您决定您可以在哪个方向对这些主题进行扩展。"土壤"这个重点主题看起来是这样的：对于生态生产以及纯净的饮用水的循环利用来说土壤是特别重要的，因此它是一个重要的生活基础。土壤会因为环境影响、人类的活动而受到威胁，请您了解一下因果链。参与者和您自己扮演了一个什么样的角色？ 人们对其可能会产生哪些影响？谁来探讨一下其他的方面，比如，自来水厂？请您以此来对您的活动进行整理。来自本指南中的很多建议通常只有一小部分，必须进行深入探讨和补充。

请您不要将之前所有的森林教育美学都抛弃，它们和可持续发展同等重要。当然，这也包括了在森林中的一些正面的经历，以此来唤醒对森林的感情。可持续发展教育预先确定了一个框架，您可以以这个框架为导向来组织您的活动，同时，这个框架又是一个观点，为了促进可持续发展实现能力的提高，它向您展示了您还可以做哪些补充或者修改。

### 实施可持续发展教育时的经验

"对于参与者以及我来说，可持续发展教育的新鲜度以及有趣性在于，通过森林提供给我们的很多例子，让我们真正对可持续发展深信不疑。如果没有事先确定的理解和思考结果以及可能采取的行动，假如它们可以由每个人自己来进行研发，并且因此成为了参与者"自己的"作品，那么就会使人产生对可持续发展教育的兴趣或者对可持续发展教育的乐趣。即使这些活动是相同的，但是每次的森林历程都是不一样的，规定好的活动流程不再处于中心地位，重要的是活动体现的意义是什么。我要积极行动起来，作为森林教育引导者的我需要大量这方面的经验，也就是说探讨森林这个主题以及更多地和参与者交流这方面的内容。我不会穿过森林，而是将参与者领进去，让他们注意到很多东西，留给他们自由空间，用来学习和研究自己的生活和现在以及未来形态之间的关系。"

## 森林教育活动和可持续发展教育有什么关系？

不是只有重点主题[>]"森林与社会"以及[>]"全球森林"方面的活动才适用于可持续发展教育。本指南中的很多其他活动也能促进可持续发展实现能力的发展。通常情况下，您可以对"传统的"森林教育活动稍加补充，以此来加强可持续发展教育，重要的是要展示它们之间的关联，并且要与参与者的现实生活建立起联系。这里有一些例子。

### [>]树木13"树皮—刮刮卡图片"

在"树皮—刮刮卡图片"完成之后，您可以利用这个机会，让参与者找到树与纸之间的关联，例如，木材为纸提供了原材料。这样，就与自己的现实生活联系起来。最后得出结论，我们中的每个人每天都会和纸有关系。

### [>]森林——生命空间7"冬天里的小松鼠"

这个活动在孩子中很受欢迎，并且一直是一个"畅销商品"。它特别适宜做"储备"这个主题的活动前序。人们应该怎么样进行储备？他们是怎么样储备食物的？以前是怎么做的，现在又是怎么做的？为此所耗费的能源有多高？

### [>]森林——生命空间2"动物踪迹"

此活动是进入"痕迹"这个主题的一个很吸引人的前序，我们每个人都会留下痕迹。"生态足迹"警示人类对自然的消耗，这个足迹的大小随着人类生活的"奢侈程度"的大小而不同。

### [>]冬季7"冷血动物的防冻措施"

参与者应在活动的框架内寻找热量消耗尽可能少的地方。我们可以利用机会来相互探讨一下这个问题：人们可以怎么样节约热能？一种可能性是改良房屋的隔热。

### [>]森林——生命空间6 "蝙蝠与夜蛾"

蝙蝠是一种有趣的生物,它们特别适合在夜间生活。此活动提供了一个良机,用来展示自然的"发明",这里指的是回声探测器定位是怎么样被人类所利用的。仿生学致力于将生物世界的"发明"进行解码,并且创造性地应用到科技中来。在这里,每个人都能认识到自然多样性对我们有哪些重要的意义。

### [>]创意制作7 "昆虫旅馆"

手工制作能给人带来很多乐趣!帮助别的生物也是一种很好的事情。在这里,可以让我们思考一下我们和自然之间的关系。比如,当我们干涉到自然时,必须思考一下我们为自己所做的事情需承担的责任。

### [>]树木1 "镜像森林"

这个活动是非常吸引人的,因为它可以让参与者们从另外一个视角来观察这个世界。根据观察角度的不同,相同的事物展现出来的结果是完全不一样的,这也是人们相互交流后的一个重要认识。请您利用这个机会,和参与者一起来认识这一点。

### [>]水3 "森林里的饮用水"

水是一种生活物质。所有的生物都需要水,现代的人更是非常需要它。人们消耗了多少水并且用在了哪里?需要水的目的是什么?怎样做人们可以降低水的消耗?如果谁愿意,也可以谈及"虚拟水"①这个主题。

### [>]激发兴趣1 "声音地图"

在这个活动中,参与者应该对他们所听到的进行绘画:噪音是一回事,嘈杂声是另一回事。了解一下,在参与者的生活中哪里充满了宁静?哪里充满了嘈杂声?怎么样感觉到这些嘈杂声和宁静?嘈杂声是由什么引起的?这些嘈杂声是必须存在的吗?在[>]森林与社会3 "聆听森林的声音"中我们还要为4岁以上的孩子再次提及这个话题。

## 促进可持续发展实现能力的提高

在传统的教育学中,将对待事物的方法与能力、社会能力以及个人能力这些领域进行了区分。为了解释我们在本指南中是怎样理解可持续发展实现能力的,我们分别为每一个能力的领域都写上了它的注解。

行动能力可以通过为参与者设计的活动加以促进。活动的设计要以参与者获得共同而直接的进步为目标,以增进所需要的能力发展为结果,这是活动设计的关键。一种促进行动能力提高的活动设计是,把活动相关的内容按不同主题重新分解和组织,通过对分解后的不同主题活动内容开展讨论,看是否经历这样的主题活动后能让参与者做出正确的选择?或者说做不同选择后各自的优势和劣势是什么?即通过主题分解和感受讨论来实现行动能力提高的目标。这样的活动设计就是要提高参与者的社会行动能力,即通过与其他人共同活动的体验而做出正确决策的能力。

这些活动应该为参与者们尽可能多地提供参与的可能性以及创造空间,由此形成了一些对可持续发展实现能力的发展有利的框架条件。尽管如此,为了不要让参与者们受到挫折,以及为了不要让他们自主积极性动力消失,您应该注意,不要过度地要求他们。

---

① 译注:虚拟水指的是用于产品生产的水资源。

在"可持续发展教育目标"这个前提要点下，在对活动进行描述时，需要强调通过活动的哪些部分促进了哪个领域的能力的提高。这个表述应该使人注重所追求的教学目标，并且支持以促进能力提高为导向的组织活动。

此外，在这个前提要点下还标出了活动的内容涉及了哪些可持续发展的范畴：生态、经济以及社会与文化。它们分别用一个小的临摹版画来表示。

[>]森林与社会以及[>]全球森林也和可持续发展教育有着特别密切的联系，因为它们涉及的是以可持续发展教育为导向的森林教育的重要主题。

与可持续发展教育之间的联系也可通过主题、范畴以及要求的能力来建立。

## 可持续发展实现能力的领域范围

这些能力是从"拥有者"的角度来表述的，因此用的是第一人称"我"。讲解中的第一句话（比如，"我能很好地把握知识。"）是对下面要讲解内容的一个总结，它对能力领域的内容进行了概括。而接下来的句子用不同的观点对这个内容展开叙述。人们可以检验一下，那些讲解中掌握适用活动的句子越多，说明这个能力的提高越全面。为了尽可能全面地提高这个能力，反过来也可以在活动开展过程中尽可能全面地涉及这方面的内容。这样的"追求细节"不一定是一个质量指标，但是至少让参与者恍然大悟，觉得这个活动是成功的并且也是同样重要的。

## 对待事物的方法与能力

我能很好地把握知识；我知道自己缺乏哪些知识，并且有能力来弥补这些缺失的知识；我

在知识获取方法方面是经过训练的，如思考、联想、试验、研究、提问，等等；我知道要利用专业知识，但是也知道专业知识的局限性；我清楚地知道，跨学科的合作有多么珍贵，又是多么困难；我可以有远见且周全地思考；我可以直观地传授知识；我有能力将知识应用到实践中去。

## 社会能力

我可以很好地与他人交往；我是无偏见的并且是宽容的（或者认识到我的一些看法是存在偏见的）；我能很好地体谅他人；我有很好的团队精神，并且会顾及到别人的长处和弱点；我可以和其他人共同进行计划和采取行动；我可以和其他人共同寻求恰当并且公正的决定；我可以不使用武力解决冲突；我可以激发其他人的积极性，并且动员他们采取行动。

## 个人能力

我能很好地善待自己，我知道我的身体以及精神的极限和潜力；我知道我想要的是什么，并且可以为此承担责任；我要对自己的行为承担责任，并且要考虑到大自然和他人；我很自信，受到挫折不会很快气馁；我富有创造性，并且积极创建我的生活和环境；我按人道主义价值以及理想行事；我不让自己受别人摆布，并且会仔细考虑自己的态度。

## C 背景知识

2008年3月底，一项由巴伐利亚州食品、农业和林业部赞助的研究项目结束了。此研究项目设立的目标是为森林教育学研究开发辅助方法以及提供建议，这些方法和建议满足可持续发展教育的主要要求。由于两次研讨会，来自整个德国不同领域（比如，环境教育、生态教学法等研究森林教育学的领域）的专家都聚集在了弗赖辛。以下人员参加了研讨会：

亚历山大·彼特内（Alexander Bittner）博士（联邦德国环境基金会，只参加了第一场研讨会）；

艾贝尔哈德·保莱（Eberhard Bolay）博士（森林之家，斯图加特）；莱茵哈德·布莱姆（Reinhard Brem）（森林体验中心，泰能洛荷）；

阿奈特·迪克曼（Annette Dieckmann）（自然与环境教育工作社，只参加了第二场研讨会）；古云特·道不勒（Goetter Dobler）（巴伐利亚州联邦森林与林业经济教育机构，弗赖辛）；

阿尔宾·胡勃（Albin Huber）（森林之家，罗根堡）；

路卡斯·拉伍克斯（Lukas Laux）（巴伐利亚州国家森林公园）；

阿尔丰斯·莱腾巴赫尔（Alfons Leitenbacher）（特劳恩施泰因食品、农业和林业办公室）；马克西米莲·罗依（Maximilian Loy）（巴伐利亚州环境与卫生部，只参加了第一场研讨会）；阿尔米恩·路德（Armin Lude）博士（卡塞尔大学）；

马瑞龙·马耶尔（Marion Mayer）（吕内堡大学）；

乔治·施普翁（Georg Sprung）（莱茵兰—法尔茨州森林联络与营销处）；罗伯特·弗格尔（Robert Vogl）教授（魏恩施蒂梵高等专业学院）。

2007年11月举办了第一场研讨会。在这次研讨会上参与者们表述了对可持续发展教育方面的活动的基本要求，并且阐明了一些主题以及内容上的想法。在2008年1月举办的第二场研讨会上，参与者们继续讨论了森林教育学活动的研发以及将其应用到实践中所制定的战略（多布勒和福格尔，2008）。研究过程的最终结果在森林教育学初级教材《森林教育工作——森林教育指南》中有提及，并且是可以应用到实践中去的。由参与者们所阐述的活动想法或者由他们所表达的活动描述在重点主题[>]全球森林以及[>]森林与社会中被采用。如果某个活动的观点不是出自森林教育工作项目小组的成员或者观点的提出者不是森林教育工作者，那么会在每个活动描述中进行标注。接下来的篇章大部分是以此项目的研究报告为基础的。

**可持续发展实现能力**

考虑到"可持续发展教育"之前的森林教育的焦点发生了变化，接下来对实施情况做如下简要描述：之前的森林教育专注于一些特定的内容，比如，森林、林业经济、生态内部的联系，这些内容被传授给不同的目标群体。在森林中的一些正面经历超越了纯知识层面，涉及的内容具有激发情感的作用，能唤起目标群体对森林的爱护之情，概括起来说就是：为了促进对森林的积极态度，需考虑到目标群体的特性。可持续发展教育将焦点转移到了教育参与者以及他们的能力上，森林这个学习地点以及与之有关的教育活动成为了提高参与者能力的一种方法，这些能力对一个可持续的社会发展来说是必不可少的。这些能力的总和在当前可持续发展教育讨论中被称为可持续发展实现能力，在此它具有非常重要的意义。

德·哈恩（De Haan）（2008a）将可持续发展实现能力定义为："能力……可持续发展知识的应用能力以及不可持续发展问题的认识能力。这就意味着，从当代分析以及未来研究中得出关于经济、生态与社会发展相互间关系的结论，做出相应的决定并实施，以此来实现可持续发展过程。"

德·哈恩和哈伦贝尔格（De Haan und Harenberg）（1999，引用科勒和福格尔，2006）将可持续发展实现能力理解为相互宽容以及制约的一个计划，它能够被纳入可持续发展教育的各种各样的教学法，因此它是一个面向发展的计划。还有另外一个特点就是内容全面，能力概念指的就是这个特点，它和经济合作与发展组织（OECD）的能力概念（2005，第6页）相对照（德·哈恩，2008b），经济合作与发展组织的能力定义是根据功能性教学法进行的，并且被融入的内容不光只是认知层面的："能力概念也包括了道德规范、社会、情感、动机以及行为方面的元素，为了满足这些要求，这些元素在实际情况中可作为一个系统，共同实现一个有效的行动，更确切地说是一个个体支配着这些元素（或者可以通过学习得到）"（里兴，2008，第16页）。

### 可持续发展实现能力的实现

研讨会上，参与者们通过对他们的文稿进行讨论以及局部的修改，将德·哈恩（2008a）的可持续发展实现能力的计划以及它的10个子能力（见表格1子能力1到10）引用到了森林教育中。此外，为了促进参与者获得相应的子能力，补充的注解应该说明活动对参与者们提出了哪些要求，或者它应该以哪些内容为主题。

表格1是可持续发展实现能力的10个子能力的概览。接下来会对这些子能力进行逐一介绍，并且通过举例来对活动类型进行补充，它们被视为是有利于提高相应的能力的。这些子能力在起草活动时可作为导向提出，并且用来评估它们的可持续发展教育内容，它包括了起草教育目标以及教育活动实施的标准。

我们决定，在"可持续发展教育——目标"这个前提要点下，在本指南活动的描述中使用我们自己对可持续发展实现能力的表述，此实现能力按照能力领域来划分（请参阅[>]B导论"可持续发展实现能力的领域范围"）。能力领域反映了这些在社会上广泛认同的能力概念（对待事物的方法与能力、社会能力以及个人能力）。德·哈恩（2008b）所提出的这些子能力激励我们在能力领域对每个表述分别进行讲解，但是没有对它们的知识内容进行单独描述，我们想用这种方式，在条理清楚的描述中保持与传统的能力概念的亲密关系。吸收德·哈恩的内容，并且将自主的考虑应用到森林教育中，即使它没被应用到本指南中，在表格1中您也可以看到一个概览，因为它为可持续发展教育在森林教育实施方面的理论讨论作出了贡献。

**表格1 德·哈恩（2008a）的可持续发展实现能力的唯实践论**

| 传统的能力概念 | 编号 | 子能力 | 形式：活动的实施要求…… | 内容：活动以……为主题 |
|---|---|---|---|---|
| 对待事物的方法与能力 | 1 | 构建全球性的新思维以及综合知识体系 | 采取独特或者参与者感到陌生的观点（对涉及的感知或者解释反复试验，从失败中找到解决办法） | 感知世界观的恒定 |
| | 2 | 进行有先见性的思考以及行动 | 规划以及协调 | 未来的、长远的、复杂的关联体 |
| | 3 | 获得跨学科的认识并且采取行动 | 和其他人一起讨论、研究、询问、反复试验，从失败中找到解决办法 | 不同的知识、应用学科以及它们的共同作用 |

（续）

| 传统的能力概念 | 编号 | 子能力 | 形式：活动的实施要求…… | 内容：活动以……为主题 |
|---|---|---|---|---|
| 社会能力 | 4 | 能够和其他人一起进行规划并且采取行动 | 合作；承担责任 | 社会的相互作用 |
| | 5 | 能够参与决策过程 | 共同的决定（人们必须对一些事情达成一致） | 决策过程（不同决策过程的共同特性是什么？人们要怎么样进行决策？） |
| | 6 | 能够激发其他人的积极性 | 对其他人进行引导，更确切地说是动员其他人采取行动，和其他人进行辩论 | 其他人的动机（其他人应该做些什么？是什么阻止了他们做一些事情？人们可以怎么样来影响它？榜样起到了什么样的作用？） |
| 个人能力 | 7 | 能够明白自己的主题思想和他人的反馈 | 以目标、价值、态度以及习惯为主题 | 指导方针；生活方式；社会变迁（历史—未来） |
| | 8 | 能够独立进行规划并采取行动 | 有自己的抉择和个人的创造空间，敢于接受挑战 | 独立自主地进行与环境有关的行动以及规划；外界的影响 |
| | 9 | 能够体现出换位思考以及团结互助 | 显示出体察能力和对其他人的支持，以及对大自然的责任 | 社会的公正性；对大自然的责任 |
| | 10 | 能够激发自己的积极性 | 自己要有积极性 | 自己与环境有关的动机（为什么我应该做一些事情？是什么阻止我去做一些事情？我可以怎么样来影响它？） |

### 子能力1：构建全球性的新思维以及综合知识体系

为了活动能够顺利进行，不管是否涉及他们习惯的感知行为或者事物以及事实情况的解释，都要求参与者们采取独特的或者他们感到陌生的观点。在活动中可选择或者补充感知以及解释观点的责任性以及由此产生的结果作为主题。有助于创造性的活动有哑剧、幻想旅行或者角色扮演等。

### 子能力2：进行有先见性的思考以及行动

由于必须要进行规划以及协调，因此必须要求参与者有远见性。在活动中可用选择或者补充未来作为主题，更确切地说，涉及与长远的时期或者复杂的关联打交道。例如，如果—怎么样—提问和工作或者旅行有关的独立规划以及实施。

### 子能力3：获得跨学科的认识并且采取行动

此类活动要求跨学科的方式，就像在专业的研究中所应用的那样，这就意味着它们必须被研究、尝试以及查明。可选择或者补充不同的知识以及应用学科作为主题：它们有哪些特性，怎么样共同作用或者在共同作用时可能会出现哪些问题。例如，不同来源的研究或者试验的实施。

### 子能力4：能够和其他人一起进行规划并且采取行动

此类活动要求参与者要和其他人一起合作。为此，他们为通过共同努力达到的结果负一部分责任。在活动中可选择或者补充社会的相互作用作为主题。在这里涉及活动的特性以及可能出现的问题。例如，校园森林的共同经营或者共同协作的冒险游戏。

### 子能力5：能够参与决策过程

此类活动要求和别人一起做决策。这就意味着参与者必须要共同行动。在活动中可选择或者补充不同决策过程的特性作为主题，并且讨论人们怎么样可以达成一个共同的决定。例如，探讨进退两难的情况作为道德伦理考虑的出发点（孩子探讨哲学）或者让人们根据现实后果来做出抉择（比如，我们应该砍伐哪些树木？）。

### 子能力6：能够激发其他人的积极性

参与者必须指引其他人，更确切地说，动员其他人采取与环境以及未来有关的行动。由于成功的辩论需要对所说的动机进行研究，因此在这方面也做出了一些讨论。在活动中可选择或者补充别人的动机作为主题，询问他们行动的理由和阻碍是什么，以及怎么样可以影响他们的动机，还有榜样起到了什么样的作用，更确切地说，选择了哪些榜样，为什么要选择他们。例如，制作环境手册或者在活动中担任教导职务。

### 子能力7：能够明白自己的主题思想和他人的反馈

此类活动要求参与者思考一下自己与他人的目标、价值、态度和习惯。以指导方针、生活方式以及他们的社会变迁作为主题。和其他的子能力不一样的是，这里的形式和内容分界不清晰，因为它的要求在于对内容的思考和研究。例如，"孩子探讨哲学"或者"广告分析"。

### 子能力8：能够独立进行规划并采取行动

此类活动要求各个参与者必须要自己做决定或者接受挑战。因此，此类活动必须要提供个人创造空间，这个空间越大，就越能提高相应的子能力。在活动中可选择或者补充以下内容作为主题：独立行动以及规划，人们会受到哪些外部影响。例如，那些需要参与者独立承担责任的活动（在教学中学习或者虚拟实习公司中自己的职责范围）。

### 子能力9：能够体现出换位思考以及团结互助

此类活动要求参与者必须能够理解他人，并且有可能的话要支持他们。这些活动展示了对大自然的责任，同样也能提高这个子能力。在活动中可选择或者补充以下内容作为主题：社会（也可以是两代人，不同性别以及全球）的公正性或者对大自然的责任。例如，哪些以保护生物为目的的活动，如为昆虫建造巢穴，培养参与者保护大自然的责任心；或者实现参与的可能性，如为坐轮椅的人铺设森林小道。在这种情况下，除了德·哈恩（2008a）的"能够体现出换位思考以及对弱势群体团结互助"这种表述之外，还有：在这里要求所有人都要具备体察能力，要团结互助，并不仅限于弱势群体。此外，通过活动要求解释内容中的"对大自然的责任"这一说法，非人类的生物以及无生命的自然也进入了人们的视野。

### 子能力10：能够激发自己的积极性

此类活动要求有一个超出感知的行动，并且激活各种各样的认知以及意识资源。在活动中可选择或者补充以下内容作为主题：自己的动机、自己行为的理由以及阻碍是什么，怎么样才可以影响自己的动机，更确切地说，在什么情况下自己的动机会受到自己的影响。例如，在活动中会有一个交流阶段，谈论一下自己在环境方面的行动，以及动机是什么。

## 可持续性的范畴

可持续发展必须要均衡地考虑到各个不同的范畴，并且要使它们相互协调起来（请参阅[>]B导论的"可持续性的范畴"的说明图）人们通常谈及的可持续性三角形包含了生态，经济以及社会（鲍尔，2008；布吕诺，2004，第32页），如果将文化另外列举为另一个独立的元素，并且不被归入在社会内（Stoltenberg，2006，第12页），那么这就是人们所说的可持续性四角形。

对具体内容上说明的规定，比如，哪些是可持续性的，哪些是不可持续性的，是不能一劳永逸的。因此，布吕诺（Brunold）（2004，第33页）强调指出："可持续性不是一个固定不变的目标，而是一个社会的探索过程，在这个过程中，具体的可持续发展目标在不断发生变动。"此外，可持续性还涉及一个对话式的计划，它超出了专业领域，并且在非专家间进行商定。说到这儿，可持续性与社会的自我组织以及参与有关。

### 森林教育中的可持续发展主题

不是所有的主题都同样适用于可持续发展教育。这些能够提供机会用来获得与未来有关的知识以及相应的能力的主题更为迫切。德·哈恩（2002，第13页）指定了一些满足可持续发展核心主题的标准。

■ 它应该涉及重要的当地以及全球的主题。在专业知识以及政治的讨论中，对这个话题的探讨可以体现出它的重要性。它应该在全球以及当地的框架内实现可持续发展。

■ 它应该具有长远的意义。这就意味着，如果这样的评价有任何不确定性，它应当给出理由使人接受，即使在10年之后它还是具有重要意义的。

■ 它应该提供获得以及应用不同知识的机会。这就意味着，它涉及不同的专业、学科及科学领域，或者它会存在对事情不同的看法和经验。

■ 这个主题应该具备行动潜力，并且让个人和集体有行动的可能性。因此，应该对自己态度的改变、政治形态的界限、阻碍，潜力进行探讨。

结合之前的论述，我们在研究项目中对这些满足可持续发展主题的标准进行了收集。您可以在 [>]B导论的"可持续发展主题"中找到它们。

### 塑造能力的发展

从出生到年老，人们一直都在扩展自己的能力，同时也失去了一部分能力。在扩展能力时，是一直以之前所获得的能力为基础的，然后已经存在的能力融入到新的能力中去。这是一个融入、区分以及转变的过程。比如，不同的基础能力融入到较为复杂的能力中去：子能力被"筹集"起来，就产生了新的较为全面的能力，或者整体能力变得更加多样化，人们可以对不同的情况做出更多不同的反应。比如，社会能力，我们可以看到随着年龄的增长，行为技能是如何变得巧妙的。它或许可以帮助您将能力的发展想象成"建筑"，各个能力就是"建筑石材"，将它们"组装"以及"叠加"起来之后就能获得更高的能力。就算图片再怎么形象，再怎么合理，但是相对于要在现实中起作用，它太简单了。在"塑造"较为复杂的能力时，它对已经存在的"建筑石材"会有一个反作用，它们会因此而发生变化。比如，芭蕾舞演员，他们获得的舞蹈能力会改变他们的步伐。

作为可持续发展的目标，可持续发展的实现能力是一种非常全面以及复杂的能力。人们在能力发展上取得的进展越大，教育形势也就变得更有挑战性。教育措施必须要有一定的复杂性，并且要符合一定高要求的标准。人们迫切致力于与可持续发展有关的核心主题，并且将不同的可持续性范畴融入到一起，这样的教育对青少年尤为重要。因此，在这个年龄组，人们应该比以前更加加强以可持续发展教育为导向的森林教育学工作。这种教学方法的内容也具有连续性：在小学里谈论的主题可在中等教育阶段的活动中重新被提及、深入以及拓展。

当然，提供给较年幼的孩子的活动也可以促进可持续发展实现能力的获得。为了不会对孩子们造成过度要求，必须要根据他们的成长情况采取措施，这是非常重要的。在这里也应该促成孩子们关联性的思考，建立起与行动相关的以及与自己日常生活有关的思维，同时也应该提高自我积极性、独立性以及社会能力。很多已有的森林教育活动为此做出了贡献，或者通过进行一些相应的补充，可以比以前更好地被应用。

越过所有的活动，提高自我效能是特别重要的。根据班杜拉（Bandura）（1997）的研究，在大部分情况下，自我效能指人们对自己实现特定领域行为目标所需能力的信心或信念，这样他所得到的结果就会比之前的成绩好。因为如果某人相信他缺少完成某项工作的能力，那么他甚至不会去处理这个事情，或者不会付出足够的耐心和努力，这种态度更容易造成失败，预言成真就证实了之前的怀疑。与此相反，自我效能高的人敢于接受更高的挑战，能更快地从挫折中恢复过来，表现出更多的耐心，很少感到恐惧不安和沮丧。自我效能是一个与工作以及前后关系有关的量，并不是一个全球性的标准，以此来区别于自信心，更确切地说，自信心是一种共同的特性。一个具备可持续发展实现能力的人，在对于可持续发展具有重要意义的领域，拥有积极的自我效能感。他确信人们可以成功地与他人进行合作（社会自我效能），他有这个能力学会他所需要的东西（与学习有关的自我效能），没有什么困难是不可克服的，他更愿意把困难看成让人成长的挑战。就此而论，作为不同的社会化经验，性别观念在自我效能方面也很重要（迈尔和卡茨，2008）。为了能够形成所期望的自我效能，有必要获知，人们通过他们的行动是可以成功的。应该允许经常会有挫折出现，如果人们一直只有成功，突然的挫折会让人感到特别沮丧。如果人们意识到可能会存在挫折，但是它们最终都是可以被克服的，那么自我效能就提高了。对于森林教育工作者来说，这就意味着要在教育活动中在活动空间和保护空间之间找到一个平衡，并且首先要在可持续发展实现能力领域提供合适的挑战（多布勒，2008a；2008b）。

这些互为基础并且适合成长情况的活动应该是怎样的，这里有一个例子。在这个适合8岁以上孩子参加的[>]可持续性利用 1 "树木气球"活动中，气球象征着树木，树木的成长通过给气球充气形象地展示出来。为了给剩余的气球创造空间，必须要一直将通过充气而变大的气球取出。这个活动可以让人了解森林中的演替过程，并且使人明白应该怎么样进行利用才不会对森林造成伤害。这个活动介绍了一些基本的情况，当您在今后对自然资源的利用采取行动以及将其作为疑问进行讨论时，它们就变得非常重要了。如果这里只将对森林的需求，也就是木材利用作为主题，那么在之后能够直接促进可持续发展实现能力提高的活动中，就应该提及对森林的不同要求，使这些要求必须相互达成一致。

活动[>]森林与社会 5 "森林会议"这个适合14岁以上孩子参加的活动是较为复杂以及较有难度的活动的例子。会议的焦点就是一个消耗自然的措施，这个措施是为一个具体的森林物件所规划的，比如，建造滑雪道、道路或者工业用地。在这个角色扮演的活动中，参与者有着不同的身份。尽管如此，在很多方面还是超出了传统的角色扮演活动。查明相关的森林物件，并且提出也可以应用在现实中的规划手段，比如，森林经营图以及环境保护（Natura）2000管理计划。决策过程要尽可能接近现实。扮演的角色除了市长、乡镇议会党团成员以及不同的利益团体成员外还有一些专家，他们必须分别在现场或通过其他方式使自己变得内行。参与者必须练习和其他人打交道，并且学习认识基本的规划程序，即使规划的措施是假设的，具体事物方面的工作也是要接近现实的。此外还呈现出了这样的情况：活动中可能会有不同的妥协。参与者可以协商一个补偿措施，或者识别出特别重要的领域并且进行保护，不是那么敏感的领域可进行规划利用。另一方面，也表明了要将不同的要求协调一致是多么的困难，并且就算不能达成一致意见，也必须要做出决定。可持续发展实现能力以各种不同的方式被要求以及被促进。一个这样的活动的成功无疑取决于课堂中的事前准备以及事后跟踪，它强调了在可持续发展教育的框架下校内以及校外伙伴间的合作会变得越来越重要（科勒，路德和比特讷，2008）。

## 参考文献

邦杜拉A. 自我效能，控制锻炼. 恩格尔伍德，新泽西州: 普伦蒂霍尔出版社, 1997.

巴乌尔S. 可持续发展的指导方针. 见: 联邦政治教育中心(主编).www.bpb.de/publikationen/UA5H5Q,3,0,Leitbild_der_Nachhaltigen_Entwicklung.html(2008年2月11日), 2008.

布伦欧德A. 全球化学习以及地方的21世纪议程. VS社会科学出版社, 367页, 2004.

德翰 G. 可持续发展教育的核心主题.发展教育学期刊, 第一期, www.transfer21.de/daten/texte/kernthemen.pdf（2008年2月11日）, 2002.

德翰 G. 可持续发展实现权限的定义. www.transfer-21.de/index.php?page=222(2008年2月28日), 2008a.

德翰 G. 实现权限的部分权限与经济发展合作组织的权限(2005).http://transfer21.de/daten/materialien/Teilkompetenzen_OECD.pdf(2008年2月8日), 2008b.

德翰 G., 哈伦贝尔格 D. 一项可持续发展教育. 针对教育计划和科研要求的材料, 第72期, 波恩: 联邦教育与科学部, 1999.

道不勒 G. 森林教育学中的学习心理学. 透过社会认知学习理论看森林教育, LWFaktuell, 第64期, 17-19页, 2008a.

道不勒 G. 建议把森林教育学活动作为可持续发展教育的贡献, 由社会认知学习理论衍生(邦杜拉). 哈根远东大学研究生论文, 文化与社会科学学院, 2008b.

道不勒 G., 弗格尔 R. 理论结合实践: 森林教育学与可持续发展教育(BNE). 森林与木材, 第12期, 10-17页, 2008.

科勒 B., 路德A., 彼特内尔A.可持续发展教育(BNE)——森林教育学中的可持续发展教育. AFZ/森林, 第19 期, 1030－1032页, 2008.

科勒 B., 弗格尔R. 针对可持续发展的森林相关教育之目标与引导图. 未出版的结束报告(ST 171). 专业领域森林与林业, 魏恩施泰梵高等专科学校, 80页, 2006a.

美伊尔 M.,卡茨 C. 教育中的性别!——为了一项可持续发展. 可持续发展杂志, 第6期, 26页, 2008.

经济合作与发展组织(OECD). 关键能力的定义与选择. 总结, 第22页.www.oecd.org/dataoecd/36/56/35693281.pdf (2008年2月11日), 2005.

雨欣 D S. 经济合作与发展组织关键权限的参考框架——概要, 15-22页. 见: 鲍曼1., 德翰G.（主编）. 可持续发展的教育权限. 操作化, 测量, 框架条件, 发现. 社会科学威斯巴登VS出版社, 第276页, 2008.

斯托尔滕贝格 U. 以森林为主题的一种可持续发展教育, 7－20页. 见: 克莱斯F.(主编).学校——森林. 把森林作为一种学校里的可持续发展教育的资源. 国际标准书号3-89569-069-4. 吕内堡: 教育学经验版出版社, 228页, 2006.

### Literaturhinweise

Bandura, A. (1997): Self-efficacy. The exercise of control. Englewood Cliffs, NJ: Prentice Hall, 1997.

Bauer, S. (2008): Leitbild der nachhaltigen Entwicklung. Bundeszentrale für politische Bildung (Hrsg.),www.bpb. de/publikationen/UA5H5Q,3,0,Leitbild_der_Nachhaltigen_Entwicklung.html (abgerufen am 10.03.2008)

Brunold, A. (2004): Globales Lernen und Lokale Agenda 21. VS Verlag für Sozialwissenschaften, 367S.

De Haan, G. (2002): Die Kernthemen der Bildung für eine nachhaltige Entwicklung. Zeitschrift für Entwicklungspädagogik,Nr. 1, www.transfer-21.de/daten/texte/kernthemen.pdf (abgerufen am 11.02.2008)

De Haan, G. (2008a): Definition Gestaltungskompetenz. www.transfer−21.de/index.php?page=222 (abgerufen am28.02.2008)

De Haan, G. (2008b): Tabelle 2: Teilkompetenzen der Gestaltungskompetenz und Kompetenzen der OECD (2005). http://transfer−21.de/daten/materialien/Teilkompetenzen_OECD.pdf (abgerufen am 18.02.2008)

De Haan, G., Harenberg, D. (1999): Bildung f ü r eine nachhaltige Entwicklung. Materialien zur Bildungsplanung und zur Forschungsförderung. Heft 72, Bonn: Bundesministerium f ü r Bildung und Wissenschaft

Dobler, G. (2008a): Lernpsychologie in der Waldpädagogik. Waldpädagogik durch die Brille der sozial− kognitiven Lerntheorie gesehen. LWFaktuell, Nr. 64, S. 17−19

Dobler, G. (2008b): Empfehlungen f ü r die Gestaltung waldpädagogischer Aktivitäten als Beitrag zur Bildung f ü r nachhaltige Entwicklung, abgeleitet aus der Sozial−kognitiven Lerntheorie (Bandura). Magisterarbeit an der FernUniversität in Hagen, Fakultät f ü r Kultur− und Sozialwissenschaften

Dobler, G., Vogl, R. (2008): Theorie trifft Praxis: Waldpädagogik und Bildung f ü r nachhaltige Entwicklung (BNE). Forst und Holz, Nr. 12, S. 10−17

Kohler, B., Lude, A., Bittner, A. (2008): Bildung f ü r nachhaltige Entwicklung (BNE) − BNE in der Waldpädagogik. AFZ/Der Wald, Nr. 19, S. 1030−1032

Kohler, B., Vogl, R. (2006a): Ziele und Leitbilder waldbezogener Bildung f ü r nachhaltige Entwicklung. Unver− öffentlichter Abschlussbericht (ST 171). Fachbereich Wald und Forstwirtschaft, FH Weihenstephan. 80 S.

Mayer, M., Katz, C. (2008): Gender in die Bildung! − F ü r eine nachhaltige Entwicklung. Zeitschrift f ü r Nachhaltigkeit, Nr. 6, 26 S.

OECD (2005): Definition und Auswahl von Schl ü sselkompetenzen. Zusammenfassung. 22 S. www. oecd.org/ datao−ecd/36/56/35693281.pdf (abgerufen am 11.02.2008)

Rychen, D. S. (2008) : OECD Referenzrahmen f ü r Schl ü sselkompetenzen−ein Überblick. S. 15−22 In: Bormann, I., de Haan, G. (Hrsg.) (2008): Kompetenzen der Bildung f ü r nachhaltige Entwicklung. Operationalisierung, Messung, Rahmenbedingungen, Befunde. VS Verlag f ü r Sozialwissenschaften Wiesbaden, 276 S.

Stoltenberg, U. (2006): Wald als Gegenstand einer Bildung f ü r eine nachhaltige Entwicklung. S. 7 −20, In: Corleis, F. (Hrsg.): Schule−Wald. Der Wald als Ressource einer Bildung f ü r eine nachhaltige Entwicklung in der Schule. ISBN 3−89569−069−4,Verlag Edition Erlebnispädagogik, L ü neburg, 228 S.

## 工具

在这里，我们将收集到的活动类型进行了整理，它们看上去特别适合促进一个特定的能力领域的提高。在清单中有一些专业概念，您可以在互联网上找到它们的含义，比如，www.wikipedia.de。让您自己兴奋起来吧！

**可持续发展教育辅助工具**

| 对待事物的方法与能力 | 社会能力 | 个人能力 |
|---|---|---|
| 观察 | 团队工作 | 角色交换 |
| 观察 | 要求以解决难点问题开展活动（研究，讨论） | 个人体验游戏 |
| 评价以及说明 | 以参与形式为主题的活动：未来会议，民意调查，等等 | 为活动承担责任 |
| 研究 | | 带有内在动机的活动 |
| 观察发展（时间进程） | | 广告分析 |
| 研发及进行试验 | 以目标群体的特性或动机为主题的活动校外项目（学生的决策权） | 校外项目 |
| 物体塑造 | | 热身游戏 |
| 实物分析（以行动者为导向的） | 相当具体的决策：我们要砍伐树木吗？我们砍伐哪些树木？我们怎么样砍伐它？ | 传记工作（父母，我的目标……） |
| 规划及实施 | | 不合群问题 |
| 全球化学习 | | 物体塑造 |
| 构造假设 | 拼图游戏 | 国际青少年伙伴关系（一个世界） |
| 互联网以及电邮项目 | 整合游戏 | 互联网以及电子邮件项目 |
| 网络调查 | 青少年论坛 | 青少年论坛 |
| 物体的协作塑造 | 协作性的冒险游戏 | 儿童哲学 |
| 创造性的促进：创造性的写作，哑剧，马戏团演出，戏剧，理想的社会描述，等等 | 物体的协作塑造（艺术品或者手工活！） | 协作性的冒险游戏 |
| | 协作研究 | 在创造空间进行教学过程中学习 |
| 学习战略：集体研讨，小卡片提问，联想链接，思维导图，聚类，等等 | 在教授中学习 | 可持续发展的虚拟实习公司 |
| | 学习圈 | 自然保护责任心 |
| 冥想活动：幻想旅行，等等 | 可持续发展的学校公司 | 基于伙伴关系的合作 |
| 独立的工作，比如学校公司 | 图上演习 | 在过去的活动中自己行为的理由说明 |
| 不同介质的利用 | 针对问题的学习 | |
| 生态背包，生态足迹 | 角色扮演 | |
| 形态学 | 学校森林（学生的决策权） | |
| 计划游戏 | 自我—组织—学习 | |
| 产品线分析 | 站点工作 | |
| 角色扮演 | 广告促销活动 | |
| 规划以及进行旅游 | | |
| 未来工厂 | | |

## 网页链接

| | |
|---|---|
| www.bne-portal.de | www.umweltbildung.de |
| www.un.org/esa/dsd/index.shtml | www.umweltbildung.bayern.de |
| www.nachhaltigkeitsrat.de | www.umweltbundesamt.de/umweltbe-wusstsein |
| www.leitfaden-nachhaltigkeit.de | www.footprintnetwork.org |
| www.goethe.de/nachhaltigkeit | www.virtuelles-wasser.de |
| www.institutfutur.de | |

# 第四章 森林教育
## 引导的基本技巧

在你开始做一件事情之前，一定要好好咨询；
一旦决定，就要马上行动！

*萨卢斯特（Sallust）*

A 简明信息
B 基本提示

# A 简明信息

良好的引导谈不上什么魔力。其中所选择的主题本身所具有的趣味，对森林和大自然的热爱，与孩子们及成人一起工作的快乐，是良好引导的坚实基础。在此诸多因素的基础之上，您就可以组织良好的森林教育引导活动。

## 森林教育引导注意事项

要想使森林教育引导工作卓有成效，有些基本的东西值得注意。这不仅涉及您与参与者相处的态度，而且也关系到您与他们相处的方法。

- 在森林教育引导中自己的态度和行为
- 关于传播知识及其相互关系和感官印象的方法技巧：
  ◇观察
  ◇其他感官印象
  ◇娱乐性演示活动
  ◇印象的加工处理
  ◇语言
  ◇森林工作
- 如何调动小组的积极性？
  ◇在引导过程中，积极团结参与者
  ◇激励自己
  ◇注意观察小组的动态变化过程
  ◇注意小组成员之间的关系
- 引导规划：
  ◇引导目标
  ◇主题选择
  ◇路线选择
  ◇目标群体信息
  ◇引导方案
  ◇引导时序
  ◇记录和评估
- 监管义务和责任
- 实践提示：
  ◇事故的预防和急救
  ◇常见问题
  ◇狗，带还是不带？
  ◇始终保持可联系的状态？

# B　基本提示

## 在森林教育引导中自己的态度和行为

······································

作为一名森林教育引导者，在进入活动之前，介绍一下您自己对自然的体验。自然体验是一种集体体验，在这种集体活动中您担当的角色是至关重要的。只有您自己全身心投入了，才有可能调动您带领的参与者的激情。为了使每个人积极参与，踊跃参加森林教育活动，我们推荐您考虑以下基本规则。

- 如果您经常在参与者面前讲话，那么就:
  - ◇着手研究讲话过程中的插话和提问;
  - ◇如果可能的话，现场解释清楚;
  - ◇向单个参与者解释;
  - ◇重视并吸取参与者的经验;
  - ◇共同寻找标志点或标志树木。
- 讲话要有针对性，请您始终只说以下这些:
  - ◇看得到的;
  - ◇摸得到的;
  - ◇听得到的;
  - ◇闻得到的;
  - ◇尝得到的。
- 不要进行单纯的知识传授，即请您不要引进您强大的专业知识;即使有些教师喜欢这样，也不要生搬硬套教学计划中课程内容。
- 在森林教育引导中，要保持灵活性，也就是说:
  - ◇根据小组的愿望，在缺乏兴趣或时间紧张的情况下，您也可以删除日程的一部分。
  - ◇不要在所有的情况下都坚持您的既定方案，避免使用纯粹的专业概念和职业特殊用语。

  如果这些专业概念或职业特殊用语对于了解所讲内容确实是必要的话，那么您必须进行足够的解释。要注意的是，参与者对许多林业工作者所掌握的概念，如轮伐期、森林管理、培育周期等是无法理解的。
- 克服自己的不足，即:
  - ◇承认自己的知识有欠缺，没有人要求您是无所不知的。
  - ◇忠于自己的风格，不要改变您的语言和表达方法，甚至您所讲的方言土语也不会干扰任何人。重要的是"我要保持自己的风格!

# 传播知识及其相互关系和感官印象的方法技巧

## 观察

努力引导参与者去观察，通过观察，他们可以：

■　认识大自然的丰富多彩和千奇百怪的形式，并可以描述他们所看到的东西。激励他们发挥其想象力，把所观察到的东西用最完美的语言描述出来，例如，用 "柠檬树" 描述道格拉斯冷杉（*Pseudotsuga menziesii*）；用 "比萨的香料" 描述百里香；用 "雪之星" 代替银莲花（*Anemone nemorosa*）；用 "欧当归"（*Levisticum officinale*）描述欧香叶芹（*Meum athamanticum*）；（译注：例如，用 "长发少女" 描述垂柳；用 "边疆的卫士" 描述白杨树）；

■　使用形象化语言和概念，如女巫的扫帚，中国式的胡须或镜面似的树皮；

■　要求参与者寻找和描述花芽、枝叉或树叶的相同性、相似性和差异性。

## 其他感官印象

让参与者打开所有感觉器官，去全方位地尽情体会。可以通过目标活动达到这一目的，如：用眼罩蒙住眼睛，让参与者不仅仅是通过视觉，而且也通过：

■　触觉。比如，触摸针叶树树皮或树枝；

■　嗅觉。比如，闻一闻苔藓植物、蕨类植物的嫩叶或针叶树的树桩、北美黄杉的树枝；

■　味觉。比如，尝一尝欧洲越橘（*Vaccinium myrtillus*）、酢浆草（*Oxalis corniculata*）、蒜芥（*Alliaria petiolata*）、德国野韭菜（*Allium cyaneum*）；同时，请注意狐狸绦虫问题，也就是说您也许要从保险、安全的菜园带一些植物（译注：比如常见野生的韭菜（*Auium* spp.）、野生的草莓（*Fragaria* spp.）、悬钩子（*Rubus* spp.）的果实以及荆子（*Malus baccata*）、蔊菜（*Rorippa indica*）等；

■　听觉。比如，聆听鸟语婉转，水流潺潺，风声呼呼。

## 娱乐性演示活动

在一定的主题范围内，通过游戏、哑剧等娱乐性演示活动，加强参与者对主题的理解。比如：

■　用毛线团模仿编织蜘蛛网；

■　共同演示一棵树；

■　演示树干层次结构；

■　演示营养金字塔；

■　玩一个光合作用的游戏；

■　建立一个食物链。

## 印象的加工处理

重要的是：您要给参与者留出时间去思考，去处理他所获得的体验，而不是不停地迫使他们面对新的印象和冲动。为此您应该：

■　计划安静的时刻；

■　预留让参与者观察的时间；

■　允许 "精神" 闲置；

■　给参与者提供相互沟通和交流经验的机会；

■　激励参与者对所获得的体验进行总结反馈；

■　计划出林中静游的时间。

## 语言

您要知道，说话的语音语调也能够说清楚一种情形。同时，您也可以通过语音语调的变化营造一种安静、兴奋、有趣或紧张的气氛。

## 森林工作

就如运动一样，森林工作能够激发出积极的体力劳动的热情。比如，锯木或者砍树这种活动，会让参与者有一种少有的成就感。森林工作还非常有创造性，比如，幼林抚育中要求多用脑子想。

---

**提　示**

- 回顾、总结、补充或修改参与者现有的知识，要比不停地灌输新信息更重要；
- 少量而精准的信息要比强硬灌输繁琐的信息重要；
- 总结自己的收获要比解释过程更加重要；
- 给人展示一个物体要比长时间的口头描述更重要。

译注：

- 贵州本地特色文化的民族食品植物：用豆腐柴新鲜叶片可制作"神仙豆腐"；醉鱼草、密蒙花可染制"黄米饭"；乌饭树可染制"乌米饭"；清明菜可制作"清明粑"；薜荔、珍珠莲可制作"凉粉"；杨梅果制作"酸梅汤"等。
- 嗅觉器官感知的贵州芳香植物：香椿、清香木姜子、山苍子（山鸡椒）、毛叶木姜子、清香木、臭牡丹、甜酒花（紫花含笑）；
- 视觉器官感知的贵州奇特植物：天南星类植物叶柄、花序柄有似蛇斑纹，果序似包谷，故称"蛇包谷"；

鹅掌楸因叶形似马褂称"马褂木"；杜鹃类植物分布广，花开时节漫山红透，俗称"映山红"；红豆杉、南方红豆杉木材暗紫红色似血，俗称"血柏""紫柏"，且因种子具红色杯状假种皮、树形似杉而称"红豆"；青荚叶的果实长在叶片上，称"叶上果"；石仙桃、石豆兰等植物的叶片长在假鳞茎上，酷似果上长叶，称"果上叶"；罗汉松种子肉质且基部具肉质膨大种托，形似罗汉而得名；杜仲树叶及树皮、枝条等折断胶丝很长；"血水草"折断有黄红色浆液而得名；茅膏菜植物会吃虫；无患子的成熟果可当"哨子"吹。

——安明态

---

# 如何调动小组的积极性？

## 在引导过程中，积极团结参与者

- 让参与者收集并寻找森林里的实物，激励他们去"抓"取；
- 让参与者查看地图并说出"路应如何继续往前走？"
- 举行一个辨别方向的活动，在此之前做好标记点；
- 提出观察的问题，比如说"下一个啄木鸟的巢穴在哪里？""刚才过去的 100 米的地方有什么？"；
- 让参与者进行比较；

■ 让参与者在活动小组面前讲话；

■ 尽可能让参与者自己动手。

## 激励自己

您自己要积极主动，热情而有活力。首先，给参与者传递您自己在森林中的喜悦之情，例如，通过您自己：

■ 收集，寻找和挖掘；

■ 查询动植物鉴别资料；

■ 展示发现新事物的兴趣。

适得其反的是一种内在态度，比如，"其实，我没有时间"或"对我来说没有什么特别的"。要认真对待您的参与者，并让他们通过反馈来显示您对他们的重视，如："这是有趣的"或"你有什么有意思的发现吗？"或"请在这里展示一下吧"。

## 注意观察小组的动态变化过程

至关重要但对您来说可能很难的是为每个小组找到正确的思路。请您不断地去留意森林教育引导活动进展过程中的高潮和低谷，在此基础上再去对参与者的特殊兴趣和水平等做出反应。这在森林中有时是有问题的，所以我们想给您一些提示。

### 如果一个主题／一件事物是特别有趣的，那么您应该：

■ 允许小组内自行活动；

■ 允许您自己和小组分享这一刻，并且留出时间；

■ 减轻小组的时间压力，避免说出这样催促的句子："我们应当做别的事情""这就够了，但是""我们必须继续"；

■ 紧扣主题，并且扩大它；

■ 在小组未知的情况下，从日程安排中删除一些计划内容。

### 对于过度疲劳期和动力低谷、参与者烦躁不安和心不在焉时您应该：

■ 在远景处设置惊喜，或者在远处安置洞穴；

■ 在森林教育引导活动中，利用人们好奇的本能产生动力；

■ 考虑到参与者的运动欲望，有目的地实施少许运动游戏或身体活动；

■ 分配具体的任务；

■ 给参与者时间，让他们加工处理所获得的印象，通过这样的方法让小组默默回忆一路所见；

■ 让参与者自己自由行走并约好再聚的时间地点；

■ 休憩。

### 为了与参与者之间建立联系，您应该：

■ 组建工作组并分派任务；

■ 设计自我介绍的游戏，以便打破参与者之间的羞怯与拘谨；

■ 避免与参与者个人单独交谈，让所有参与者都对集体有浓厚的兴趣；

■ 注意在小组内部个别谈话，并且要专题化；

■ 小组内参与者之间达到了一定关系，他们之间就可以相互介绍有关家乡的问题了。

### 为了控制小组中的麻烦制造者和发牢骚者，您应该委派他们特殊的任务：

■ 让这些参与者准备游戏和活动；

■ 让这些参与者去探查路况，这样他们起到了童子军（探路者）的作用。

具体的对小组的激励实用技巧请参阅[>]第五章 活动的顺序：开始—激发兴趣—结束。

### 注意小组成员之间的关系

为了在森林教育引导活动中给参与者带来一个可持续的、永久的影响，有意识地在您与参与者，还有森林这三者之间建立关系是很重要的，因为只有让参与者感觉到您与森林之间有亲密的关系时，参与者才可能也和森林建立起类似的联系。

**为了使您和参与者之间建立一种积极的关系，我们想提一些具体的建议：**

■ 向参与者开放，当好东道主；

■ 邀请参与者只做那些可以使您自己也有乐趣的活动；

■ 避免任何程序化，这样您就能够保证活动不仅不重复，而且在每次活动中还会激励您去尝试新的引导方法；

■ 充分利用该指南中已有的各种活动，尽一切可能在森林教育引导中尝试新的活动；

■ 不要一味停留在专业的层面上，而且要谈到情感层面，去展示您对森林的热爱。

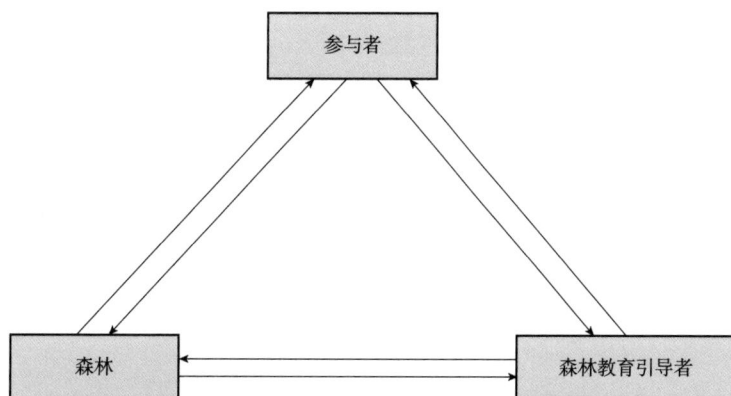

# 引导规划

没有事先的计划，就没有任何森林教育引导的成功。在您自己与参与者见面之前，强制性地制定一条贯穿活动始终的主线是非常重要的。

## 引导目标

森林教育引导的目标是什么？请您参照第二章：森林教育工作的目标。在那里，我们列举并说明了森林教育的目标。请反问您自己：我选择什么样的目标？我是选定一个目标就满足了，还是应该尝试尽可能多的目标？

参与者不同，其目标要求也不同。那么，就要把确定的目标放在前面，其他的目标都可以去掉。作为最简单的和第一位的目标永远是：让参与者了解特别的森林。最后，也是最难以实现的目标是：扩大参与者的知识面，并且使其能在日后影响他们的行为。在这两者之间还有很长的路要走，从知识到行动，从大脑到双手。

您自己决定，在您的具体引导中最重要的目标将会是什么。但是，切记从引导一开始就要做出基本决定并且明确这一目标。如果情况需要，您应该随时准备调整您的目标。

## 主题选择

确定优先事项，不要试图展示和解释一切，常常"少就是好"。

■　在会见一个班级之前，要和学校老师交谈并提供您自己的想法，您的任务不是代替教室上课，但是您可以补充它。

■　您的活动要适合季节，如夏季收集一些树叶，冬季收集树的叶芽。

■　准备好应对恶劣天气的其他活动（请参阅[>]第九章 附录中的"雨中即景"）。

■　只限于您讲述存在的事物上：只谈大家看得见，摸得着的东西。

■　提供实用的"有形"的主题，教室里的理论已经足够了。

## 路线选择

集合的地点应尽可能在公共交通工具能够到达的地方。选择集中地点要在附近一个安静的地方，这样在您向参与者致欢迎词和他们之间互相介绍时，就不会受到干扰而分心。

在开始行走之前，要踏查所走路线。根据参与者的不同兴趣，以及由此产生的时间需求，您应该灵活地调整路线的长短。请您无论如何要尽可能计划短的路线和其他代替路线。以下具体工作您应该考虑。

■　选择一个富有变化的景观，例如，溪流、桥梁、岩石、远眺等相间出现的景观。

■　您也可以沿着森林小路或踏着森林林地前行，但要避免敏感地点，如有动物巢穴的地方，敏感的自然更新的地方。

■　把遇见小鱼、青蛙、蜻蜓、鸟类和小型哺乳动物作为重要的经历去体验。

■　建立有针对性的特殊场景，例如，制作可视标本作为直观教具，事先隐藏羽毛，陈列鹿角或其他动物痕迹，指出林业工人的工作场所，并寻找人工巢箱。

■　在活动路线中，以体验、远眺景色、弯曲的树木等类似形式，设计许多亮点。然后请您关注"精神"上的休息，以便参与者可以加工处理他们的体验。

## 目标群体信息

如果您知道谁要来参加活动，您自己可以准备得更好。在活动之前要与老师或参与小组组长进行电话沟通。需要注意以下几点（参见[>]附件1）。

■　参与者年龄

如果您引导的是8岁以下的儿童，那么您引导的重点就应该着重于他们的感觉（所问的问题应该是：我在森林里将体验什么？）；

如果您引导的是8至12岁的大龄儿童，那么您引导的重点就应该与事物的发展变化联系起来（所问的问题应该是：什么东西是怎么运转的？）；

如果您引导的是13至17岁的青少年或更年长一些的参与者，那么您引导的重点就应该与参与者自身联系起来（所问的问题应该是：森林与自己有什么关系？）。

■　参与者数量

基于任务需要，您可以决定是否有必要再分更多的组。您需要同事或助理吗？老师可以或想要接受这一任务吗？

■　以往的经验

参与者已经参与过一次森林教育活动了吗？对特定的课题，他们都知道了什么？他们都知道了哪些活动？

■　期望和希望

您的参与者想要了解的是什么？他们想做一次森林拉力赛吗？想看到一种特定的动物吗？想

玩警察和劫匪游戏吗?

■ 特殊情况

是否有残疾或患有糖尿病、哮喘病的参与者?是否有特别活跃或特别沉默的参与者?谁将陪同小组?

## 引导方案

在您协商确定了主题领域,知道了小组的规模和参与者的年龄,并且踏查了所走路线之后,您就可以精确地组织您的引导工作了。给自己足够的空间,以便能够单独地对小组做出反应。请您从森林教育套路中,引用相识技巧、引诱技术以及解释功夫,以便能够与参与者进行具体的接触。

您认为一次森林教育引导常常要准备许多主题、活动或游戏。但是,您千万不可在您的目标群体面前泄露您的这个秘密。这里我们为您提供一个模块化系统,这个系统能够帮助您将每个版块逐一衔接起来。请注意,所有活动要互相关联,相互衔接,主题线索要明确。为此,您可以研读开始章节中的"简明信息"。

我们为您提供关于开始、激发兴趣、结束和特殊情况下的提示和事例。

## 引导时序

一系列单个的引导能够通过以下措施相互联系起来。

■ 欢迎

◇ 您应准时到达集合地点,去接待目标小组。

◇ 用这样的句子,显示您的积极立场,如:"我很高兴""这很有趣"。

◇ 欢迎目标小组:请非常清楚地说出您的姓名,并做简短的自我介绍,这会促进您与目标小组的对话,也许您应该携带姓名标签。

◇ 根据可能性,与小组建立联系:这样您可以在小组到达之后,去询问参与者的住所,这种方法能够让您快速与小组成员的关系"近乎,变暖",同样小组成员之间也可以互相认识。

◇ 简述时间计划:说明森林教育引导整体需要的时间,吃东西的时间,行走的时间。请您注意,个别学生有在固定时间进餐的习惯。

◇ 概述日程安排:在此过程中您应简述计划的线路,勾画引导行走的路线,如果有困难,指出困难所在,说明地标点,区分主题范围。但是,请不要提前讲出所有活动的亮点!

■ 戏剧性

在一次森林教育引导中,经验和知识的传播具有一定的"戏剧性"。为此,请注意康奈尔(Cornell)来自于多年经验的"紧张的四个阶段",但这只作为一个依据和参考,而不是作为一个硬性的计划!

◇ 引起注意,调动积极性,如热身游戏、互动的活动、接触动物的活动;

◇ 在注意力集中期的阶段传播知识是非常有效的;

◇ 直接利用感官,如听诊树木,听鸟鸣,触摸,收集;

◇ 促进交流,比如,共同讨论,成果评价,鼓励他们自己探索森林的未来。

■ 告别

◇ 请您在引导结束时,留一个"高潮"。那么,一个简明扼要的结束总结本身将会对本次整个森林教育引导工作起到积极的追溯作用:

◇ 请您不要根据格言扩展您的引导工作，例如，"这原来是……"。

◇ 传达出一个积极的结束性的思想，指出行动的前景：少开汽车，自己去亲自探索、体验森林；加入相应的活动小组——您或许可以指出一个环保组织在当地活跃的一个分支；主张使用木材，尽量少使用其他材料。

◇ 如果可能，对刚进行完毕的森林教育活动进行反思，这样就可以让参与者说出自己的经历，并给他们时间讲述个人经历或要求参与者画出自己的印象。

◇ 讲明进一步合作的可能性，并进一步深化；另外，要求参与者给您一个联系地址。如需其他更多建议，请参阅[>]第七章 评估。

◇ 请您赠送参与者一些东西（参见 [>] 第五章 活动的顺序：开始—激发兴趣—结束中的1至16）；

◇ 指定一个明确的所有小组活动结束的分手终点。

如果您的森林教育引导工作没有按照您的原计划进行，偏离了计划，请您不要失望！请记住，关键的是，参与者已经学到了一些知识。

### 记录和评估

为了您自己，您应该尽可能准确地记录您的引导活动，因为引导活动后的总结是下一次引导活动最好的准备。在本章，您会找到表格（参见[>]附件2），写下最重要的关键点，以防遗忘。

至于参与者的意见，您可以用表格（参见[>]附件3），对青少年和成年人分别询问，以便于能够进一步地引导学习。其他可能性详见[>]第七章 评估。

## 监管义务与责任

只要是在学校学期以外的森林教育引导活动，如假期日程计划安排、事件处理、监督管理，原则上是由林业工作者负责的。在这种森林教育引导活动中，责任根据法律而定，特别是要根据《德国民法法典》第832条款而定。

《德国民法法典》第832条款"监督代理人的赔偿责任"规定：

（1）根据法律，在森林教育引导工作中某一个人使第三方遭受到非法对待（这里某一个人是指由于年幼问题，或精神上的问题，或身体缺陷问题而需要照顾的人），那么谁对某一个人有监督义务就有代替赔偿损坏的义务。如果他尽到了监督义务，或当他在认真监督的情况下，损害还是发生了，那么代替赔偿就不生效。

（2）同样这种责任，也适用于通过合同确定监督责任的情况。

暑假期间，对儿童开展的森林教育引导工作，原则上也适合《德国民法法典》第832条第2款的规定。

## 实践提示

### 事故的预防和急救

在森林教育引导活动中，值得建议的是带上一个电话，一个导游"急救袋"（译注：或医用急救袋），并可以带上《林业官方救助实施计划》。作为一个小组引导者，除了必备材料外，您应该在背包中常备有帮助性的小零碎：

◇ 一个装满水的小水壶，以便清洗伤口，去除伤口污垢，冲洗其他一些东西等；

◇ 几小盒创可贴、绷带、剪刀；

◇ 纤维材料湿巾，用于一些必要的清洁；

◇ 一个洋葱，防止蜂蜇；

◇ 橡胶手套，如用于清理巢箱（因为存在通过老鼠传播钩端螺旋体病的风险）；

◇ 小刀，以便于切割、刮切等；

◇ 一些包装袋，便于收集或捡拾垃圾，以起到榜样的作用！

您要带领小组在老树林进行森林教育活动时，应当随时注意枯枝掉落的危险，要随时排除经常行走道路上的危险障碍。

## 常见问题

对以下系列问题您应该有所准备，并能够给出信息：

◇ 狂犬病和儿童狐狸狂犬病疫苗接种，对这个问题您可以询问当地的兽医（译注：或疾控中心），以便了解实际情况；

◇ 绦虫的传播途径和真正的危险，对这个问题您可以给出当地卫生部门办公室的实地信息；

◇ 蜱传脑炎（简称TBE）和蜱传莱姆病的区别、检测及对策，对这个问题可以请当地卫生部门作为咨询人。

## 狗，带还是不带？

是否带上狗参加森林体验取决于狗是否听话。您要明白的是，猎狗常常对于大型团组，特别是有孩子的团队会做出敏感的反应。参加森林体验时它的行为举动与平常截然不同。首先，狗会感觉到在体验活动中主人不像往常一样在身边，而是在一个开放的空间与它交流；其次，狗会随着参与者转移。狗很讨人喜欢，因此它需要被爱抚并得到一些食物。在参加活动之前最好对狗做一些服从训练；当您在进行体验活动时，最好把狗留在车里；作为告别，您可以让狗展示一些亮点动作。

## 始终保持可联系的状态？

正当学生认真听讲时，忽然老师或森林教育引导者的手机铃声响了，此时学生确实会很生气。

在给学生进行森林教育引导时，禁止您开手机[1]。同样，在开会时有同事的手机铃声响了，我们也会很恼火。因此，我们强烈建议：在给学生进行森林教育引导时，关掉手机！您可以在休息时再看消息。

> **提　示**
>
> 在引导期间不要忘了您的吃饭时间！不是因为您可能遭受饥饿，而是因为这对于参与者来说很重要。参与者可以乘此机会与您一起坐下来休息一下，此时人们互相会走得更近，并且有时间闲聊个人事情。

---

① 译注：关于手机的建议，我觉得跟德国人相比，中国人对手机的依赖性更强。在整个森林体验教育活动中，应当关掉智能手机，或者调整为免打扰模式。只有在紧急情况下才能开机，或者只有在特殊情况下，才能使用手机在森林体验教育课上拍照。我知道，如今使用手机是一个敏感话题，但是，森林之旅应当是与自然直接接触！

——沃尔夫冈·格拉芙（Wolfgang Graf）

## 附件 1　森林教育引导活动之前

### 约定日期

| 日期： | 时间： | 引导者： |
|---|---|---|
| | | |

### 会谈以前

| 联系人： | 联系电话： |
|---|---|
| | |

### 会谈人

| 姓名： | 私人电话或邮箱： |
|---|---|
| | |

### 机构

| 名称： | |
|---|---|
| 预定主题： | 参与者知识背景： |
| 其他信息： | |

### 参与者

| 年龄： | 参与人数： | 陪同人员： |
|---|---|---|
| | | |

### 预定日期　　　　　　　　　　　　备选日期

| 日期： | 时间： | 日期： | 时间： |
|---|---|---|---|
| | | | |

### 会面地点

| 预定主题： | 参与者知识背景： |
|---|---|
| 其他信息： | |

### 自己计划

| 时间： | 地点： | 内容： | 材料： |
|---|---|---|---|
| | | | |

## 附件 2 森林教育引导活动之后：自我记录

### 实际运行

| 参与者数量： | 儿童或青少年： | 成人： |
|---|---|---|
|  |  |  |

### 花费的时间

| 准备： | 执行： | 后续： |
|---|---|---|
|  |  |  |
| 与原计划的差别： |  |  |

### 个人结论

| 内容： |
|---|
| 积极方面： |
| 消极方面： |

### 自我评价

| 与团队建立了良好的关系 | 是 □ | 否 □ |
|---|---|---|
| 良好的准备与陪同 | 是 □ | 否 □ |
| "红线"保持（或贯穿一个主题） | 是 □ | 否 □ |

| 陪同者的态度： |
|---|
| 团队的态度： |
| 对将来引导的建议： |

## 附件 3a  您的意见对我们来说很重要！

请用几分钟时间写下您的想法、您喜欢的事情以及您不是特别喜欢的事情。您的激励和批评将会不断帮助我们改进活动和引导方法。最后，将问卷填写后按照指定的地址寄给我们，非常感谢！

| 团队： | 日期： |
|---|---|

### 儿童或青少年的意见

| | 完美 | 很好 | 好 | 可以 | 不好 |
|---|---|---|---|---|---|
| 你喜欢这次森林教育引导吗？ | ☐ | ☐ | ☐ | ☐ | ☐ |
| 你觉得提供的活动怎么样？ | ☐ | ☐ | ☐ | ☐ | ☐ |

| 你最喜欢的活动是什么？ |
|---|
| 你不喜欢的活动是什么？ |
| 在将来的森林教育引导中你有什么期望？ |
| 还有什么改进建议？ |
| 其他建议： |

### 请把您的建议寄给我们

| 女士或先生： | 地址： |
|---|---|
| 电话： | 邮箱： |

## 附件 3b　您的意见对我们来说很重要！

　　请用几分钟时间写下您的想法、您喜欢的事情以及您不是特别喜欢的事情。您的激励和批评将会不断帮助我们改进活动和引导方法。最后，将问卷填写后按照指定的地址寄给我们，非常感谢！

| 团队： | 日期： |
|---|---|

### 成人意见

| | 完美 | 很好 | 好 | 可以 | 不好 |
|---|---|---|---|---|---|
| 您喜欢这次森林教育引导吗？ | ☐ | ☐ | ☐ | ☐ | ☐ |
| 这次提供的活动怎么样？ | ☐ | ☐ | ☐ | ☐ | ☐ |
| 您最喜欢的活动是什么？ | | | | | |
| 您不喜欢的活动是什么？ | | | | | |
| 您对将来森林教育活动的希望是什么？ | | | | | |
| 您有森林教育改进建议吗？ | | | | | |
| 其他 | | | | | |

| 缺少什么东西吗？ | 是☐ | 否☐ | 如果是，请解释： |
|---|---|---|---|
| 对活动内容进行简要回顾和评价： | | | |
| 对引导方法简要回顾和评价： | | | |
| 对引导者本人的简要回顾和评价： | | | |
| 希望 / 改进建议 / 激励： | | | |
| 其他意见： | | | |

### 请把您的建议寄给我们

| 女士或先生： | 地址： |
|---|---|
| 电话： | 邮箱： |

# 第五章 活动的顺序：
# 开始—激发兴趣—结束

在你开始做一件事情之前，一定要好好咨询；
一旦决定，就要马上行动！

萨卢斯特（Sallust）

A 简明信息
B 活动

# A 简明信息

很自然地，您会问自己"我怎样开始呢？我怎样激发团队的兴趣呢？如果团队出现了太多的'活跃分子'，我该如何控制呢？我该用哪些方法结束活动呢？"。对于所有这些问题虽然并不存在万用的答案，但是我们希望以下建议对您有所帮助。

请您记住，一次引导不单单只是由相互衔接的、不同的活动构成，它总是要有一个精心安排的开始和一个明确的结束。在开始与结束这两极之间，您需要制造出一种张力，以便让参与者们始终保持良好的状态与积极性。请您铭记，任何活动的过程都会经历高潮和低谷阶段，伴随高潮与低谷的出现，小组的结构也会发生变化。

## 开始

请您给活动参与者们相互介绍自我的机会。如果他们是初次见面，那么可以考虑采用以下活动：

■ 开始1 "木棒—结网"

这个相对较为动态的活动，目的是让参与者们能够相互认识。

---

有些小组在到达集合地点时，情绪十分高涨，所以先要让他们安静下来，而另外一些兴趣不高的参与者，则需要通过组织一个集体的活动来吸引他们的注意力。一同建造、收集、游戏和赛跑以下4种开始的活动可提供给"乐于运动者"；最后第5种活动是安静地沉思。

■ 开始2 "鹰巢"

在参与者们相互认识之后，请您立刻与他们一起，为一整天的活动建造一个休息场所。活动参与者们可用来自森林里的不同材料共同建造一个"鹰巢"。

■ 开始3 "我是谁？"

通过这个活动，参与者们之间可建立起各种多方面的联系。

■ 开始4 "我的森林珍宝"

如果您有充足的时间，并想平静、安逸地完成对活动的引导，那么请您选择这个活动。

■ 开始5 "原子—分子"

参与者们活跃地、彼此交流性地开始并推进活动。

■ 开始6 "到达过程回忆"

如果您偏爱冥想式的、能激发想象力的引导方式，那么请您选择这个热身活动。

---

活动参与者们彼此之间是不是"热络起来"了呢？对于一个小组来说，团队的人数是不是过多呢？下面这个热身活动可帮助您将团队分为几个人数较少的小组。

■ 开始7 "谁和谁在一起？"

在给参与者分组时，您是不是遇到困难了呢？在此我们向您介绍一些不同的分组方式。

---

您想让活动参与者记住这一天吗？那么就请您从头到尾，自始至终地将所有的体验都录入森林笔记里。

■ 开始 8 "我的森林笔记本"

　　在引导活动开始时，请您发给每位参与者一个小笔记本。他们可以在引导活动中，将自己的想法、成果或收集到的材料记录到"森林笔记本"中。

## 激发兴趣

　　如果您引导的是一个非常活跃的小组，为了让小组成员得到更多的运动、愉悦和快乐，您可以采用下面5个激发兴趣的活动。

■ 激发兴趣 4 "不同寻常的视觉"

　　如果一个小组看起来似乎已经掌握了所有教学内容，那么这个活动可创造令人惊喜的新体验，让气氛变得轻松、有趣。

■ 激发兴趣 5 "迷宫中的猫和老鼠"

　　谁在迷宫中更机灵、更快？通过参与这个活动后，就不会再有小组觉得无聊或疲惫了。

■ 激发兴趣 6 "跳蚤—小鸟—蜘蛛"

　　通过赛跑和喧闹，参与者们可在引导活动中获得许多快乐和好心情。这个活动最好的一点就是：没有胜者和败者。

■ 激发兴趣 7 "木棍游戏"

　　要想成功地完成这个活动，需要吸引自己和相邻伙伴的专注力。

■ 激发兴趣 8 "你是我的椅子"

　　让您的小组成员体会到，集体的力量常比个人力量大。

## 结束

　　通过下述四个活动，参与者们可为整个小组制作一个共有的礼物。

■ 结束 5 "露天工作室"

　　如果离结束阶段还剩很多时间，并且您的小组是完整的，那么可以通过这种方式创造性地来创作出一个可让参与者们带走的集体艺术作品。

■ 结束 6 "森林图像"

　　通过这个活动也可以产生集体艺术作品。为了能让参与者们将它留在记忆里，您可以拍摄这幅图画并寄给小组。

■ 结束 12 "森林挂毯"

　　参与者们把在森林中找到的发现物编织成一块挂毯。

■ 结束 14 "森林挂饰"

　　参与者把在森林中找到的发现物制成挂饰。

　　您也不一定非要让每位参与者将"手工制品"带回家。也许您可以借助下面的活动引发他们的思索，这也可以是有趣的。

■ 结束 3 "我的森林明信片"

　　这个活动将把自我行为与长期记忆联系起来：四个星期后，活动参与者们将收到一张他们在引导活动结束时，自己书写或绘制的明信片。

■ 结束 4 "幻想之旅"

　　活动参与者们在大脑中幻想式地再进行森林歌舞之旅。

　　除此之外，以下活动也可以提供给参与者们带走小纪念品的机会。

[>]开始 3 "我是谁？"

[>]开始 4 "我的森林珍宝"

[>]可持续性利用 3 "帽子相叠"

[>]创意制作 8 "刨花动物"

[>]创意制作 9 "树皮甲虫（小蠹虫）"

　　在活动[>]森林——生命空间 7 "冬天里的小松鼠"，[>]森林——生命空间 15 "伪装，警示和蒙蔽"中，您虽然不能给予参与者真正的小礼品，但是您可以给他们准备一些零食，在活动结束后立即给参与者分发袋装的榛子或糖果。这样，您可以赢得他们的好感并让他们对引导活动留下良好的印象。

## B　活 动

### 开始 1　木棒—结网

**内容**　参与者们互扔木棒，做自我介绍。

| | |
|---|---|
| 目的<br>◇帮助参与者相互认识 | 时限<br>◇约20分钟 |
| 活动类型<br>◇活泼型、动态的、热身的 | 材料<br>◇长度约40厘米，直径约2～3厘米的木棒 |
| 参与者人数<br>◇8～20人 | 准备工作<br>◇请准备好一根样本木棒 |
| 参与者年龄<br>◇6岁以上 | 室外条件<br>◇不受天气约束，场地应足够大 |

**活动流程**

◆ 请您问候小组，欢迎他们，介绍自己，并要求参与者们找到一根和你手上的样本木棒差不多的木棒。请您与参与者们一同漫步到一片大家可以围成一个圈的场地。请您要求参与者们将手上的木棒放在您的脚边。

◆ 请您将您的木棒扔给其中的一位参与者，并要求他简单地做自我介绍。然后这名参与者再把木棒扔给另外一个人，以此类推。

◆ 当所有参与者完成自我介绍后，木棒回到您的身边。

◆ 在第二轮活动中，参与者按照之前的顺序互扔木棒。但是这次扔木棒的人必须说出接木棒人的名字。

◆ 在第三轮活动中，仍要遵循之前的顺序。但是这次您要将所有木棒都用上。请您将木棒一个接一个的直接扔给参与者们。在这一轮中，像第二轮一样，扔木棒的人必须说出接木棒人的名字。这个活动的目的是尽可能快地重复名字，以便使参与者们放松思想。开始的时候，秩序比较难以维持，但随着练习，这个问题会得到解决。在第三轮互动结束时，最理想的状况是所有的木棒都回到您的身边。

■ 谁接到了木棒，谁就接到了向他人介绍自己的任务。

**活动深入的可能性**

◆ 请您设定主题：在貌似混乱的系统中，存在着秩序。

◆ 请您论述生态系统的相互关系：在其中每一个成员及每位参与者都是重要的。

◆ 请您设定主题：生境是一个不断变化着的系统。

◆ 在活动进行过程中，一些木棒有可能丢失。但是木棒数量的减少人们在活动结束的时候才会察觉。当大多数木棒都回到了您的身边时，您可以引入"物种消失"的课题。

# 开始2 鹰巢

**内容** 参与者们建造一个集会和议事场所。

| 目的 | 时限 |
|---|---|
| ◇小组共同建造一个休息和讨论用的场所 | ◇约15分钟。"鹰巢"只有在时间较长的活动中才有其意义 |
| 活动类型 | 材料 |
| ◇活泼型、动态的、热身的 | ◇— |
| 参与者人数 | 准备工作 |
| ◇8～20人 | ◇请您选择一个合适的地点 |
| 参与者年龄 | 室外条件 |
| ◇5岁以上 | ◇非下雨天 |

**活动流程**

◆ 每个人找到一根木棒，或使用在 [>] 开始1"木棒—结网"中使用的木棒，接着站成一个圈，并将手中的木棒放在自己的面前。

◆ 在这样诞生的圆圈的边缘上堆放一圈枯木。木头要摆放得能让小组成员舒适地就座在这个枯木圈上。

◆ 由此诞生的"鹰巢"将在森林引导活动中重复地被作为集合场所使用。

◆ 在引导活动结束时，枯木将会被重新放回林中。

◆ "鹰巢"适合在时间较长的引导活动中被当作集会地点使用

**活动深入的可能性**

◆ 巢穴可以传达一种安全感，是一个理想的会议场所。尤其是在诸多引导活动中，当人们独自行动或行动过多时，这样的一个"鹰巢"将成为一个受欢迎的休息站。它在诸如[>]激发兴趣 1 "声音地图"，[>]树木 20 "邂逅树木"，或[>]水 1 "雨滴游戏"之类的活动中都是极富意义的。

◆ 同样地，在这个"鹰巢"里，您可以讨论某些纯专业性的课题，比如森林里枯树的作用。

# 开始 3　我是谁？

**内容** 通过猜动物的游戏让参与者们认识彼此。

| 目的 | 时限 |
|---|---|
| ◇了解自己，发展关系，拓展知识面 | ◇约20分钟 |
| 活动类型 | 材料 |
| ◇活泼型、交流性的 | ◇小夹子 |
|  | ◇动物或植物卡片 |
| 参与者人数 | 准备工作 |
| ◇最少5人 | ◇— |
| 参与者年龄 | 室外条件 |
| ◇5岁以上 | ◇在较冷的天气里也可以进行 |

**活动流程**

◆ 请您在每位参与者的背后夹上某个神秘动物或植物的卡片①。每一位参与者都尝试通过向其他成员提问的方式来猜测出自己背后卡片上的动物或植物的名称。其他的成员只允许通过"是"或"不是"或"也许"来回答问题。

◆ 有谁猜出了背后动物或植物的名称，就报出自己的姓名，并将卡片夹在胸前明显的位置上。

■ 我是谁？只有通过若干提问才能得到答案

**活动变化方案**

引导幼儿园的小组时，请您将卡片举在陪同他们到来的老师的头顶上，只有孩子们能看到卡片。陪同的老师要尝试问出卡片上究竟有什么，孩子们可以用"是"或"不是"或"也许"来回答。

---

① 译注：制作大量精美的动物、植物和蘑菇明信片，附上当地常见动物、植物和野生生物的参考与描写。这些明信片也可用于活动"开始 7 谁和谁在一起？"中的"明信片拼图游戏"和"结束 3 我的森林明信片"。

——沃尔夫冈·格拉芙（Wolfgang Graf）

活动深入的可能性

◆ 在引导活动期间，您可以用参与者们夹在胸前的卡片上的植物或动物来称呼他们，通过这种方式您可以让参与者们在引导活动中更有一种身临其境的感觉。

◆ 在一轮之后，您可以与参与者们一同探讨之前没有被提到的关于卡片上这些"森林居民们"的看法、认知以及相关问题。

◆ 作为后续活动，您可以选择[>]森林——生命空间 4 "万物互相依赖"。

◆ 导览范例请参阅[>]第九章 附录中的"家庭引导"。

# 开始 4 我的森林珍宝

内容 每位参与者在森林中寻找对自己来说有趣的物品。

| 目的 | 时限 |
|---|---|
| ◇动员小组成员，鼓励他们仔细观察，并与其他人共同欣赏小小"珍宝" | ◇约30分钟 |
| 活动类型 | 材料 |
| ◇活泼型、交流性的 | ◇— |
| 参与者人数 | 准备工作 |
| ◇5~20人 | ◇请您选择一个适合活动的场所（有趣的、物种繁多的林地） |
| 参与者年龄 | 室外条件 |
| ◇5岁以上 | ◇无雨的天气 |

活动流程

◆ 请您要求参与者们独自在森林中漫游，每个人都寻找一个小小的、可以握在手心中的"珍宝"，例如，一片树叶或一块石头。请您动员参与者寻找对于他们个人来说最具有说服力的"珍宝"。

◆ 当所有参与者返回的时候，请您让他们围成一个圈，按照预先设定好的方向一个接一个地从背后传递"珍宝"。请您要求参与者们闭上眼睛，只凭触摸去感觉这些物品。

◆ 当所有参与者都拿到了他们的"珍宝"后，将展示他们的"珍宝"。用双眼观察它们，交换搜寻"珍宝"的体验，或视情况而定交换给"珍宝"取的虚构的名字。

◆ 最后请您要求参与者们，用找到的"珍宝"制作一幅森林图画。请您事先给他们准备好由树枝构成的画框。参见[>]结束 6 "森林图像"。

活动变化方案

请您要求每位参与者介绍他们自己和他们找到的"珍宝"。请您要求各位参与者，将他（她）的"珍宝"交给团队中的另外一位成员，并说明为何他（她）觉得这个"珍宝"尤其适合这位成员。这个游戏将一直持续到所有参与者都介绍完为止。

## 开始5 原子—分子

**内容** 参与者们环绕走动，按照您的指令组成小组并彼此交流。

| 目的 | 时限 |
|---|---|
| ◇参与者们环绕走动，互相认识，介绍自己 | ◇约10分钟 |
| 活动类型 | 材料 |
| ◇活泼型、交流性的 | ◇— |
| 参与者人数 | 准备工作 |
| ◇最少10人 | ◇— |
| 参与者年龄 | 室外条件 |
| ◇8岁以上 | ◇— |

**活动流程**

◆ 请您为接下来的活动设定一个行为框架：参与者们扮演原子并根据您给出的温度指令运动。在0℃时，原子无法运动；而在100℃时，"原子们"应当以最快速度环绕着奔跑。请您宣布温度指数，并每隔几秒换个温度。

◆ 如果宣布了分子中的原子数，比如"带五个原子的分子"，那么参与者应该尽快组成一个5人的小组。小组中，如果他们还没有相互认识，就可以交谈并自我介绍。

◆ 当你宣布下一个温度的时候，小组解散，每个人再继续作为单独的原子活动。

**活动变化方案**

在小组成员互相认识的情况下，您可以要求参与者们，在"分子阶段"共同组构奇异的造型。

**提 示**

这个活动是形成小组的好方法。

**参考文献**

拉本施泰茵 R, 莱西尔乐 R., 坦霍夫尔 M. 一套方法. 明斯特：生态乌托邦出版社, 2004.

Literaturhinweise

Rabenstein, R., Reichel, R., Thanhoffer, M.; Das Methoden–Set. Ökotopia–Verlag, M ü nster 2004.

# 开始6 到达过程回忆

**内容** 参与者们在脑海中回想一遍他们的到达过程。

| 目的 | 时限 |
|---|---|
| ◇ 参与者们可以放松，并把到达转化成更真实、更自觉的经验 | ◇约5分钟 |
| 活动类型 | 材料 |
| ◇ 安静型、冥想型 | ◇ — |
| 参与者人数 | 准备工作 |
| ◇5～30人 | ◇ — |
| 参与者年龄 | 室外条件 |
| ◇10岁以上 | ◇ 温暖且干燥，以便参与者们能够坐在地面上 |

**活动流程**

◆ 参与者们寻找一个能够坐下来的舒适的场所，放松，闭上眼睛。请您用几句话来引导参与者们在脑海中回放一遍来到集合地点的路径，以便让他们有意识地到达。

例如，您可以缓慢平静地说道："重新回到你的学校。回想一下……你在哪里坐上的车……你是怎么坐的车……你是怎么在这儿下的车……你最先看到的是什么……你现在看到的是什么？"

◆ 请您要求参与者们睁开眼睛，将现实与他们的想象进行比较！

**提 示**

■ 这个活动主要适用于非常活跃的小组。它应当在引导活动的最初阶段进行，不要期望他们一开始就很安静。

■ 请您注意让所有人都站得离你够近，以便每个人都能听见你说话。

**参考文献**

拉本施泰茵 R, 莱西尔乐 R., 坦霍夫尔 M. 一套方法. 明斯特：生态乌托邦出版社，2004.

Literaturhinweise

Rabenstein, R., Reichel, R., Thanhoffer, M.; Das Methoden–Set. Ökotopia–Verlag, M ü nster 2004.

# 开始 7　谁和谁在一起？

**内容**　把参与者分成若干小组。

| 目的 | 时限 |
|---|---|
| ◇让参与者组成若干小组，共同工作 | ◇视活动而定 |
| 活动类型 | 材料 |
| ◇活泼型、交流性的 | ◇视活动而定 |
| 参与者人数 | 准备工作 |
| ◇最少14人 | ◇视活动而定 |
| 参与者年龄 | 室外条件 |
| ◇6岁以上 | ◇视活动而定 |

**单独分组活动的流程**

**动物声音游戏**

请您用耳语的方式，向每位参与者说出一种动物的名称。动物的数量决定小组的数量。谁听懂了动物名称，就把一只手放在头上，以表示确认。这样您就明白了，谁已经得到了一个动物名称。接着请您要求参与者模仿被告知的动物声音。通过这种方式，参与者们便组成了不同的小组。为了使游戏更加容易，请您选择那些容易辨别的动物的声音，并注意动物声音的区别，如狗、猫、羊、鸡、鸭等。

**按物品分组游戏**

请您准备几样不同的物品，例如，木棒、石块或树叶等。其数量与您计划分成的小组数量相等。参与者们围成一个圈，将一只手张开放在背后。请您在每只张开的手中放入一个物品。持有相同物品的人组成一个小组。或参与者可通过背对背地触摸、辨认出对方是否持有与自己相同的物品，持有相同物品的参与者们组成一个小组。

**串线游戏**

将若干长度相同的线在尾端打成一个结，将它们束在一起。线的数量相当于希望组成的各小组人数。请您拿起几束这样的线束并将它们提起来，注意线束的数量应与小组的数量相同。参与者们围绕着您围成一个紧密的圈，每个人握紧一条线，并拉紧它。当所有线都绷紧时，请您放开手。这些线便形成了一些"网"，这些"网"的成员们便组成了各自的小组。

**弹珠游戏**

把不同颜色的弹珠放在一个不透光的深色袋子里，弹珠颜色的数量应该与小组的数量相等。相同颜色弹珠的数量应与各小组成员的数量相等。请您要求每个参与者各取一个弹珠，并根据弹珠的颜色找到他或她各自的小组。

### 闻气味游戏

请您将若干浸泡过不同气味的棉花球放入几个黑色胶卷盒或不透明的塑料瓶中。每位参与者都会收到一个这样的胶卷盒或塑料瓶。气味的种类应与小组的数量相同。参与者们通过短暂打开胶卷盒或塑料瓶闻气味的方式"闻"成小组。注意！有些参与者可能会对某种特定的气味过敏。

### 听声音游戏

请您在黑色的胶卷盒或不透明的塑料瓶中装入相同的物品，譬如，盐、小石子、豌豆、扁豆籽、玉米等。装有相同物品的胶卷盒或塑料瓶的数量应与小组数量相同。请您分给每位参与者一个胶卷盒或塑料瓶，参与者们通过摇动胶卷盒或塑料瓶发出声响的方式，判断并找出自己所属的小组。

### 明信片拼图游戏

把明信片剪成若干方块。明信片的数量应该与小组数量相同，方块的数量应该与每个小组的人数相同。给每个参与者发一个明信片裁剪方块，把方块拼成一张完整的明信片后，小组就形成了。

### 谚语拼图游戏

每位参与者得到一张小卡片，卡片上写有半句关于森林或水的成语或谚语（参见[>]附件），并被要求找出写有另外半句成语或谚语的卡片。如果所有参与者都找到了另外半张卡片，由此产生的两人小组朗读卡片上的成语或谚语，并解释成语或谚语字面的意义以及引申的含义。

### 名人名言

参与者们获得不同的关于森林和水的名人名言（名言的数量应与预计形成的小组数相同）。这些名人名言可以是写在海报上的，也可以是被朗诵出来的。请您要求参与者归类他们认为最有认同感的名人名言。在这个游戏中可能会产生人数不同的小组。有关名人名言的建议如下。

◇ "水生万物，万物复归于水。"［泰勒斯·冯·米莱特（Thales von Milet）］
◇ "在沙漠中人们才能尝出水真正的味道。"（犹太谚语）
◇ "生活就好比林间散步——人们只需稍稍注意路面而可以毫无顾虑地享受这种美丽。"
◇ ［翰宁·鲍尔曼（Henning Pohlmann）］
◇ "要想思索森林中的那些事，人们可能要在青苔上躺上一整年。"［弗朗茨·卡夫卡（Franz Kafka）］

### 水的表象

请您向参与者们展示图片中水的不同表象或给它们命名。水的表象的数量要与预计组成的小组数相同。请您要求参与者归类他们最喜欢的水的表象（哪种水的表象让他们感觉最舒适）。可供选择的水的表象可以为如下几种：雪、海洋、河流、湖泊或池塘、瀑布、雾、雨等。

请您注意，用这种活动方式分组可能会产生人数不同的小组。

**附件**

| | |
|---|---|
| 饮水 | 思源 |
| 醍醐 | 灌顶 |
| 海纳 | 百川 |
| 水静 | 底深 |
| 水滴 | 石穿 |
| 洪水 | 猛兽 |
| 近水楼台 | 先得月 |

| | |
|---|---|
| 水能载舟 | 亦能覆舟 |
| 远水 | 不解近渴 |
| 竹篮打水 | 一场空 |
| 流水 | 不腐 |
| 杯水 | 车薪 |
| 水至清 | 则无鱼 |
| 水到 | 渠成 |

| 覆水 | 难收 |
|---|---|
| 独木 | 不成林 |
| 只见树木 | 不见森林 |
| 十年树木 | 百年树人 |
| 人活脸面 | 树活皮 |
| 树高千丈 | 叶落归根 |
| 木秀于林 | 风必摧之 |

| | |
|---|---|
| 涸泽而渔 | 焚林而猎 |
| 树欲静 | 而风不止 |
| 树大 | 招风 |
| 前人栽树 | 后人乘凉 |
| 树大 | 根深 |
| 朽木 | 不可雕也 |
| 一树 | 百获 |

| | |
|---|---|
| 树无根不长 | 人无志不立 |
| 树老半心空 | 人老百事通 |
| 良禽 | 择木而栖 |
| 大树底下 | 好乘凉 |
| 留得青山在 | 不怕没柴烧 |

## 开始 8  我的森林笔记本

**内容**  参与者们收集印象、感想、感觉以及自然材料，并将它们写入或放入森林笔记本中。

| 目的 | 时限 |
|---|---|
| ◇ 让活动参与者们自己总结对引导活动的个人印象 | ◇ 视活动而定 |
| ◇ 为引导活动评估提供资料 | 材料 |
| 活动类型 | ◇ 笔 |
| ◇ 安静型、创造型 | ◇ 胶水 |
| 参与者人数 | ◇ 笔记本 |
| ◇ 无人数限制 | 准备工作 |
| 参与者年龄 | ◇ 视情况而定，您可以自己制作这种小笔记本 |
| ◇ 6岁以上 | 室外条件 |
| | ◇ 非下雨天 |

**活动流程**

◆  请您在活动开始时发给每一位参与者属于他们自己的森林笔记本。这本笔记本用于记录他们在活动当日对引导活动的个人印象。参与者们可以在活动结束后将这本笔记本带回家。在相关活动中，您可以要求参与者们使用这本森林笔记本，例如：

◇ [>]树木 13 "树皮—刮刮卡图片"；

◇ [>]树木 14 "树木知识"；

◇ [>]树木 15 "树木简介"；

◇ [>]激发兴趣 1 "声音地图"；

◇ [>]激发兴趣 2 "摄影师和照相机"；

◇ [>]结束 1 "调色画板"；

◇ 我最美好的体验；

◇ 我最喜欢的地方，动物，树木……；

◇ 发现者日记；

◇ 诗歌创作。

---

**提 示**

森林笔记本可在引导活动结束时用作评分基础。

■  参与者们彼此交换森林笔记本，参与者们可以根据他人笔记本上的内容，例如，绘制的图画或贴在笔记本中的实物，重新辨认出一种树种。

■  作为引导活动的负责人，您可以采用其他形式的反馈，譬如，一张带拼贴画或图画的明信片。参与者们回到家后可以借鉴他们的森林笔记本来完成这个反馈。

**附加信息**

◆ 参与者们可以自己制作他们的森林笔记本。将A4(21.0cm×29.7cm)大小的纸张剪裁为面积相等的3份，选取适当数量的纸张，将它们装订在一起。封面可选用硬纸板。

◆ 您也可以在环境教育教材FAMOS—销售部（Famos-Vertrieb）处订购"森林笔记本"。地址：Rentecker Str. 21 b, 94518 Spiegelau, Deutschland。电话：0049（0）8553/6455。传真：0049（0）8553/920652。电子邮件：fam-Laux@t-online.de。

理念来自史蒂芬妮·约尔克（Stefanie Oelke）

## 激发兴趣1 声音地图

**内容** 把听到的声音描绘在图纸上。

目的
◇提高参与者的听觉能力

活动类型
◇独立的、安静型

参与者人数
◇2~30人

参与者年龄
◇5岁以上

时限
◇约15分钟

材料
◇格式为A6的索引卡片
◇彩色铅笔
◇为活动变化方案准备的复印过的卡片

准备工作
◇请您准备好材料

室外条件
◇尽量找一个无工业噪音的地方，不要太冷

**活动流程**

◆ 请您要求参与者各自在林区内找到一个可以坐下的安静场所，彼此不要相互打扰，让他们将所有听到的声响记录下来。

◆ 5至10分钟之后，请您将大家召集到一起。让参与者们自愿地相互展示他们的图画，并就他们的记录彼此交流。

**活动变化方案**

◆ 请您在活动开始时向参与者们展示一张中间标有"X"的卡片，并向参与者们解释，"X"代表小组目前所在位置。这时要求参与者，将一个听到的声响在卡片上用适当的符号标识出来。这个符号应尽可能准确地重现声响相对于参与者的方向和距离，应是可被解释的，但不必用文字具体注解。

◆ 请您再给予参与者们5至10分钟的时间用于展示以及解释流程。

---

**提 示**

■　请您给参与者们机会来阐述他们的记录，包括他们听到的声响或其他的感受和体验。这个阐述应当是自愿的！

■　请您不要限制参与者们记录的方式。记录的方式可以是写实的，也可以是抽象的，还可以是其他可被接受的方式。

■　请您避免将竞争气氛带入活动中。

---

**活动深入的可能性**

如有人对动物的声音非常了解，可在活动中深入探讨这个课题或勘察陌生的声音。

### 参考文献

康奈尔 J. B. 快乐自然游. 米尔海姆: 鲁尔河畔出版社, 2004.

### Literaturhinweise

Cornell, J. B.; Mit Freude die Natur erleben, Verlag an der Ruhr, M ü lheim 2004.

## 激发兴趣 2　摄影师和照相机

**内容**　参与者们在搭档配合中体验到，通过双眼短暂的睁开、闭合，产生一个奇特的现实印象。

---

**目的**

◇让参与者们提升自己的感知能力，并安静下来

**活动类型**

◇安静型、充满信任的、视觉的

**参与者人数**

◇2～30人

**参与者年龄**

◇3岁以上

**时限**

◇约15～30分钟

**材料**

◇—

**准备工作**

◇—

**室外条件**

◇—

---

**活动流程**

◆　参照[>]开始 7 "谁和谁在一起？"，将参与者组成两人一组的小组。其中一人扮演摄影师的角色，另一人扮演照相机的角色。"摄影师"将引导闭上双眼的"照相机"。

◆　"摄影师"寻找有趣的"画面"。如果他（她）发现了美好的画面，便调整"照相机"直接面向取景的方向，并温和地拉住伙伴的耳垂。在耳垂被拉住的瞬间，"照相机"睁开眼睛并"拍摄"照片。

◆　最后请您要求参与者们在小组人员面前重新描述他们的画面。

■ "摄影师"决定"照相机"拍摄的画面

■ "摄影师"有目的地引导"照相机"拍摄细节的画面

---

**提 示**

请您要求"摄影师"务必寻找真正美丽的画面。

---

**参考文献**

康奈尔 J. B. 快乐自然游. 米尔海姆: 鲁尔河畔出版社, 2004.

**Literaturhinweise**

Cornell, J. B.; Mit Freude die Natur erleben, Verlag an der Ruhr, Mülheim 2004.

## 激发兴趣 3 信任之旅

**内容** 参与者们像"盲人"一样去感受森林。

| | |
|---|---|
| 目的<br>◇增强参与者的信心并提高他们对森林的感知能力<br>活动类型<br>◇安静型、促进感知的、感受型<br>参与者人数<br>◇2～30人<br>参与者年龄<br>◇6岁以上 | 时限<br>◇至少20分钟<br>材料<br>◇眼罩<br>准备工作<br>◇请您选择一片物种丰富、地貌变化丰富的林地<br>室外条件<br>◇物种丰富的森林 |

**活动流程**

◆ 请您要求参与者们各自寻找一位同伴："请选择一位你绝对信任的同伴！"

◆ 两人中的其中一位用眼罩蒙住另一位的眼睛，并引导这位"盲人"在整片森林中穿行。

◆ 在行走过程中，"看得见的人"将"盲人"引导至特定的地方，让他（她）去触摸、嗅闻甚至品尝森林中的物体，例如，枝桠、树干、苔藓和浆果等。

◆ 至少5分钟后，参与者返回出发地点，眼罩将被拿下。

◆ 然后小组中进行角色互换，并重复以上练习。

**活动变化方案**

◆ "盲人"可尝试独自沿原路返回。这种情况下，应当在活动开始时"盲人"的眼睛被蒙上之前，就对这个任务进行解释。

◆ 参见[>]树木 20 "邂逅树木"

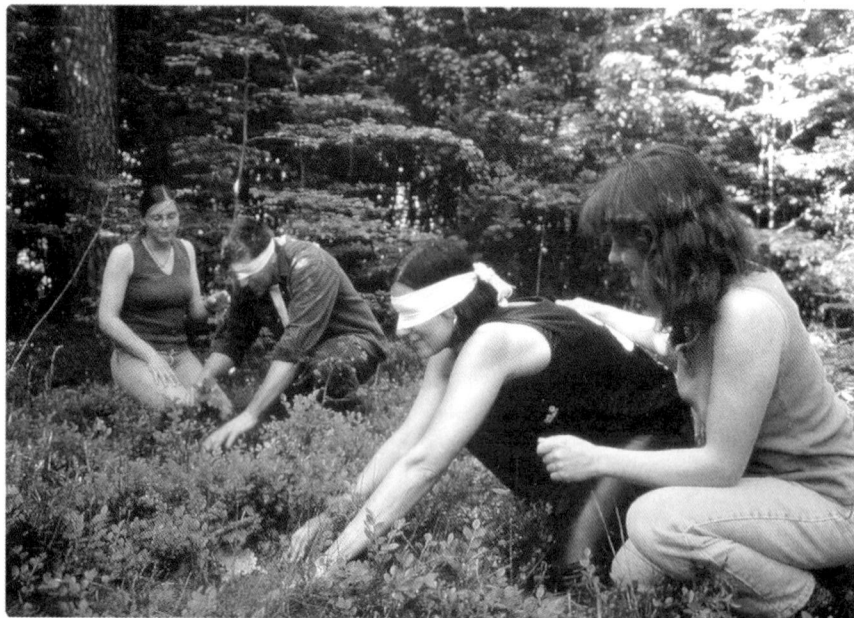

■ 这个活动会增进伙伴双方彼此间的信任

**提 示**

■ 这个活动并不适合森林教育引导活动的开始。

■ 天气条件允许的情况下，参与者们也可以赤足而行。

■ 请您提示学生，辜负或滥用信任是有可能会导致活动失败的。

■ 特别是在当参与者是学生班级的情况下，您应当在活动开始前讲解"游戏规则"：

◇ "看得见的人"应当慢速前进。

◇ "看得见的人"应尽可能选择有趣的、能感觉到不同实物（物种丰富）的路径。

## 激发兴趣 4　不同寻常的视觉

**内容**　参与者寻找不同寻常的、特别的视角，并尝试用这些视角进行观察。

| | |
|---|---|
| 目的<br>　◇提高参与者们洞察和发现新<br>视角的能力<br>活动类型<br>　◇好奇的、活泼型、感受型<br>参与者人数<br>　◇最多30人<br>参与者年龄<br>　◇4岁以上 | 时限<br>　◇0分钟<br>材料<br>　◇为活动变化方案准备硬纸筒、幻灯机片<br>框等材料<br>准备工作<br>　◇—<br>室外条件<br>　◇— |

**活动流程**

◆　请您让参与者们在森林中漫步，尝试用新的视角观察森林及周遭环境。在观察时他们可以：

◇偏着头；俯身透过腿之间的缝隙向后看；

◇脸朝下趴在地上，从地面水平观察丛林；

◇或者脸朝上，仰望丛林；

◇在这个活动中，想象是没有极限的。

■　不同寻常的视角可为我们带来不同的现实感受

> **提 示**
>
> ■ 通过不同寻常的视角来感受周围环境，"现实"会产生变化：事物的比例改变了，细节将会有意识地被感知。在探讨错综复杂的事物关系时，我们也可以使用这种方法。置身事外的、别样的观察方式有时可以帮助人们洞悉本来难以理解的事实。
>
> ■ 参见[>]树木 1 "镜像森林"。

**活动变化方案**

请您要求参与者们，通过使用"工具"获得独特的视角。例如，使用一个木框（放大了的幻灯机片框）来得到一幅从现实中"剪切"下来的画面，或利用硬纸筒来缩小视野。

### 参考文献

福派尔 K W. 互动游戏. 汉堡: 伊斯考出版社, 2008.

### Literaturhinweise

Vopel, K. W.; Interaktionsspiele. Isko–Press, Hamburg 2008.

## 激发兴趣 5　迷宫中的猫和老鼠

**内容** 参与者们在一个由人构成的迷宫中玩猫捉老鼠。

| 目的 | 时限 |
|---|---|
| ◇让参与者活动身体，放松 | ◇至少10分钟 |
| 活动类型 | 材料 |
| ◇活泼型、充满乐趣的 | ◇— |
| 参与者人数 | 准备工作 |
| ◇最少18人 | ◇— |
| 参与者年龄 | 室外条件 |
| ◇6岁以上 | ◇不受天气约束，活动场地要足够大 |

**活动流程**

◆ 如果一个小组共有18人，则将其中的16个人分成4组，让4个小组间隔一定距离平行站立（4人一排，总共4排，四四对齐）。参与者向两侧伸展开手臂，确保他们的指尖可以接触到旁边人的指尖，这样在排与排之间就产生了通道。伴随"旋转！"这个口令，参与者们集体向一个方向旋转90度，由此产生的新通道与之前的通道成直角。之前可通行的通道就变为闭合的、不可通行的了。

◆ 让剩下的两人一人扮演老鼠，另一人扮演小猫。"老鼠"穿行逗留于上述通道中，并被"小猫"追捕。

◆ 只有"老鼠"才有资格喊出"旋转！"这个口令。这样当"小猫"靠近时，"老鼠"就可以利用手臂形成的篱笆保护自己。

**活动变化方案**

如果"小猫"花了很长时间都捉不到"老鼠"，那么您可以任命另一只"小猫"来帮助他（她）。

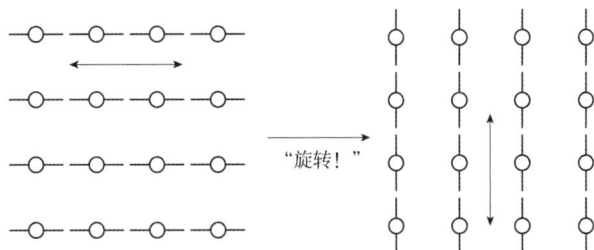

---

**提　示**

■　这个奔跑游戏可迅速地为任何缺乏兴致或感到无聊的小组带来乐趣并带给他们良好的情绪。

■　游戏开始前，请让参与者们多练习几遍按指令旋转的动作。

---

## 激发兴趣 6　跳蚤—小鸟—蜘蛛

**内容**　参与者们将在一个奔跑和捕捉游戏中变得活跃。

| | |
|---|---|
| **目的**<br>　◇让参与者们热身。他们将变得活跃并积极测试自己的反应速度<br>**活动类型**<br>　◇活泼型、热身的、动态的<br>**参与者人数**<br>　◇6～30人<br>**参与者年龄**<br>　◇7岁以上 | **时限**<br>　◇至少15分钟<br>**材料**<br>　◇—<br>**准备工作**<br>　◇请您划出一片活动场地<br>**室外条件**<br>　◇活动场地要足够大 |

**活动流程**

◆　请您标记游戏场地。在这个场地中间应有一条中线。在中线的两边，两组成员面对面地站立。场地边缘应有界外线，在界外线外禁止捕捉。

◆　在接下来的游戏中存在3种动物。参与者可通过其特有的姿态模拟这三种动物。

　◇跳蚤：通过用食指刺向空中来模仿跳蚤。

　◇小鸟：通过"拍打翅膀"（双臂）来模仿小鸟。

　◇蜘蛛：通过像蜘蛛一样的爬行动作来模仿蜘蛛。

◆　三种动物之间的关系是这样的：

　◇小鸟吃蜘蛛；

◇蜘蛛吃跳蚤；

◇跳蚤蜇小鸟。

◆ 参与者们组成2个队，面对面站成2排。现在，每一个队的成员可以商定他们打算在接下来一轮游戏中共同扮演哪种动物。这个决定不能让对方知道。参见右图。

◆ 两队成员现在沿着中线面对面的站立。参见下一页图片。

◆ 伴随着游戏开始的指令，所有参与者通过模拟动物姿态开始扮演动物，追捕也就开始了。参见本页最下面的图片。例如，以下的游戏状况是有可能出现的：小鸟追捕蜘蛛或跳蚤追捕小鸟。

◆ "被吃掉的"或"被蜇到的"成员将变为对方的队员。

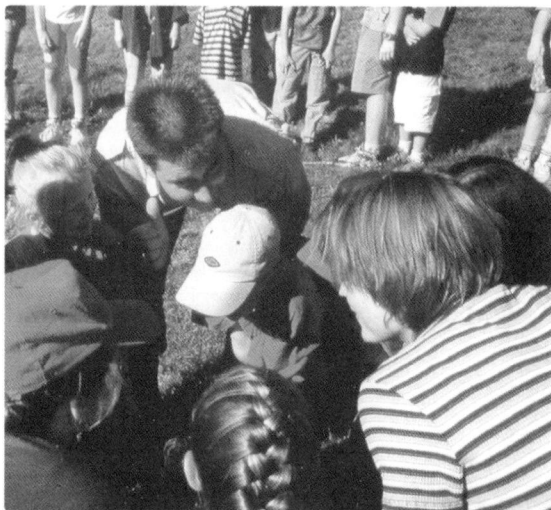

■ 每一队的成员共同决定扮演哪种动物

◆ 若双方扮演的是同一种动物，可以相互握手表示友好。再重新商定各自所扮演的动物。

◆ 如果整队人马全部"被吃掉了"或"被蜇到了"，那么可以开始新一轮的游戏。

■ 图中两队分别扮演的是"小鸟"（左）和"蜘蛛"（右）

■ "小鸟"捉"蜘蛛"

**提 示**

■ 当小组中出现缺乏兴趣者或当小组无法正确地集中注意力时，可采用这个游戏。

■ 请您给参与者们足够多的时间来让他们熟悉动物之间的关系以及模拟动物的动作。

## 激发兴趣 7 木棍游戏

**内容** 参与者们将在运动游戏中锻炼迅速的反应速度，并将变得活跃起来。

| 目的 | 时限 |
|---|---|
| ◇让参与者们尽情喧闹 | ◇至少10分钟 |
| 活动类型 | 材料 |
| ◇十分活跃的、充满乐趣的、活泼型 | ◇— |
| 参与者人数 | 准备工作 |
| ◇最少8人 | ◇— |
| 参与者年龄 | 室外条件 |
| ◇4岁以上 | ◇非下雨天 |

**活动流程**

◆ 在这个埃及式的游戏中，每位参与者都需要一根长度约为1.5米的木棍。请您要求参与者们各自寻找自己的木棍。

◆ 请您要求参与者们站成一个圈。每个人之间要有约2.5米的距离。每位参与者都将木棍垂直竖立地握在胸前，木棍的一端要与地面接触。

◆ 当您喊出"开始"的口令时，每个人都松开垂直竖立的木棍，并跑向右边邻居的木棍，试着在其掉落在地面上之前接住它。

◆ 未及时抓住木棍的参与者将被淘汰出局。当仅剩一人时，该游戏结束。

■ 在木棍游戏中，参与者们可以尽情喧闹

**活动变化方案**

您要求参与者在同一方向进行一段时间后，还可以反方向继续进行。

## 激发兴趣 8　你是我的椅子

**内容** 参与者们在小组内游戏。

| 目的 | 时限 |
|---|---|
| ◇让参与者们认识到：齐心协力工作效率更高 | ◇10～15分钟 |
| | 材料 |
| 活动类型 | ◇— |
| ◇活泼型、娱乐的、协作的 | 准备工作 |
| 参与者人数 | ◇— |
| ◇最少20人，也适用于大团队 | 室外条件 |
| 参与者年龄 | ◇地面要干燥 |
| ◇4岁以上 | |

**活动流程**

◆　请您要求小组成员站成一个圈。一位参与者站立在另一位参与者背后，方向一致，每位参与者之间的距离应仅仅为几厘米。

◆　在得到"坐下"的指令后，前面的人尝试着慢慢坐在后面人的大腿上。如果这个动作成功了，那么在形成的圈中，每个人都坐在后面的人的双膝上。

■　你是我的椅子

---

**提 示**

■ 只有当人数达到20人以上，您才可以进行这个游戏。如果少于这个人数，游戏将很难成功，这时参与者有可能会产生沮丧的情绪。这个游戏人越多越好玩！

■ 在发出"坐下"这个指令之前，请您留给参与者足够的准备时间。请您注意参与者是否真的围成了一个圆圈，并且人与人之间的距离是否非常小。

---

## 激发兴趣 9　声音记忆

**内容** 参与者们区别声音并将它们归类。

| | |
|---|---|
| **目的**<br>◇让参与者们提升自己的听觉能力<br>**活动类型**<br>◇安静型、感受型<br>**参与者人数**<br>◇最多15人<br>**参与者年龄**<br>◇6岁以上 | **时限**<br>◇约15分钟<br>**材料**<br>◇黑色胶卷盒或不透明的塑料瓶。每两个胶卷盒或塑料瓶中装入相同的材料<br>**准备工作**<br>◇请您填充胶卷盒<br>**室外条件**<br>◇也可在恶劣的天气条件下进行。如遇雨天，可改在室内进行。 |

**活动流程**

◆ 请您用自然材料，例如，松树、云杉、橡树、榉树、花楸树的种子（也可用侧柏、苦楝、刺槐等的种子）或小草、石子、树叶的碎片或碎树枝填充胶卷盒或塑料瓶。

◆ 请您将"记忆盒"或"记忆瓶"按照随意的顺序混合摆放在圈出的或用树枝放在地上构成的正方形区域中。

◆ 小组成员可按顺序同时拿取两个盒子或瓶子，摇晃它们，并认真倾听摇晃时发出的声响。接着，再把它们放回原来的位置。谁找到了可以"配对"（盛放材料一致）的盒子或瓶子，就允许保留这两个盒子或瓶子并开始下一轮的寻找。

■ 这种形式的记忆要求每位参与者集中注意力认真倾听

◆ 游戏结束时，识别出盒子或瓶子数目最多的人获胜。

**活动变化方案**

◆ 小组成员之间并不相互竞争，而是相互协作。

◆ 在找到"配对"的盒子或瓶子后，参与者必须猜出盒子里的材料。

**提 示**

■ 请您在游戏开始前制定并解释游戏规则。

■ 请您注意胶卷盒或塑料瓶的数量以及填充材料的辨识难度，选择适合参与者年龄的填充材料。例如，10个胶卷盒或塑料瓶对于小学一年级的学生来说就足够了。视情况而定，您也可以在盒底或瓶底贴上号码，以减轻辨识和配对的难度。

■ 请不要将盒子或瓶子填得太满！这将会使听觉测试变得困难！请您事先做好测试。

■ 如果您是在户外进行这个游戏的，那么您可将胶卷盒或塑料瓶放入一个大小合适的鞋盒中。

## 激发兴趣 10　找错

**内容** 参与者们寻找被放错地方的自然界中的物品。

| 目的 | 材料 |
|---|---|
| ◇参与者们提升自己的感知能力 | ◇50米长的绳子 |
| 活动类型 | ◇细铁丝 |
| ◇积极的、调研型、活泼型 | ◇自然材料（不属于当地的） |
| 参与者人数 | 准备工作 |
| ◇无人数限制 | ◇请您收集材料 |
| 参与者年龄 | ◇设定路线 |
| ◇6岁以上 | 室外条件 |
| 时限 | ◇非下雨天 |
| ◇约30分钟 | |

**活动流程**

◆ 沿着一条长度为50米，用绳子标记好的路线，沿路摆放数量充足的、不属于摆放地点的物品。例如，不属于这里生长的树木的叶子、花朵和果实，树皮裂纹中生长出的叶片，森林地面上的贝壳，一个人工制造的鼹鼠丘，黏土制成的杏茸(一种食用菌)，错误的动物痕迹，有旧的复活节彩蛋的人工鸟巢。您可以用金属钉来固定这些物品，譬如，使用顶端带珠子的大头针可将粗细一致但树种不同的树枝固定在一起，或者在蒲公英或峨参的空心残干上方插入剪下的其他细枝。

◆ 每位参与者都应沿着找错小径细数发现的"错误"的数量。请您要求参与者不要说出自己的发现，以便其他的参与者可以不受影响地数出他们发现的错误。请您要求参与者不要触碰这些物品，因为有些物品可能固定得不是那么结实。

◆ 最后，您可以与参与者一起走过找错小径，沿途就每一个单独的物品与他们开展讨论。或者您也可以说出"错误"的数量，并允许参与者们再走一遍找错小径，核实"错误"的数量。

**活动变化方案**

◆ 请您调整标记小径用的绳子，使它呈现不同的高度，请您将物品藏入由此产生的不同的"层"中。

◆ 请您除了使用自然材料外，也使用一些人工材料，比如，一个闪光灯泡、一颗小熊糖果。

**提 示**

请您仔细巡视找错小径，并思索参与者是否可以找到计划外的"错误"。

## 激发 11　森林布偶

**内容**　森林布偶在您和参与者们之间传递信息。

| 目的 | 时限 |
|---|---|
| ◇请您以游戏的方式开始引导活动，并激励参与者参加未来的森林参观活动 | ◇视情况而定 |
| 活动类型 | 材料 |
| ◇安静型 | ◇手托布偶娃娃，形态可以是一种森林动物 |
| 参与者人数 | 准备工作 |
| ◇最多15人 | ◇森林布偶操作练习 |
| 参与者年龄 | 室外条件 |
| ◇3~7岁 | ◇— |

**活动流程**

◆ 问候您的小组，并向他们介绍您的"森林朋友"。这个所谓的"森林朋友"其实是一个手托布偶，它的形态可以是一种森林动物，或一个森林魔怪，等等。

◆ 在整个引导活动中，您都可以让这个布偶参与其中。您可以让布偶讲述活动规则或讲述关于森林的内容。自始至终您都将布偶当作您的朋友和它对话。

◆ 在活动结束时，您和布偶都要向小组告别。在告别时可以设计这样的场景：为了能向小组讲述更多关于森林的故事，您的"森林朋友"想带着不久之后再见的承诺和他们一同离去。您理解您的"森林朋友"这个愿望，并让它与小组一同离去。

◆ "森林朋友"因此委托森林引导活动负责人（小组领导）再多留一会儿，以便可以和孩子们一起回顾和探讨一下之前的课题。

**提 示**

■ 您也可以赠送布偶。

■ 布偶的形态可以是青蛙、老鼠、乌鸦、松鼠或其他森林动物。

**活动评估**

借助于这个森林布偶，您可以向参与者们询问他们对引导活动的印象。

## 激发兴趣 12　太阳冥想

**内容**　参与者们感受太阳照射在皮肤上这种温暖的感觉。

目的
　　◇让参与者们将太阳作为温暖之源来感受，并感觉自己是太阳到地球的能源通道中的一部分

活动类型
　　◇安静型、冥想型

参与者人数
　　◇最多30人

参与者年龄
　　◇8岁以上

时限
　　◇约10分钟

材料
　　◇—

准备工作
　　◇请您准备冥想时需要的文章
　　◇请您寻找一个适合的地点

室外条件
　　◇晴朗，不要太冷

**活动流程**

◆　请您寻找一个露天的、阳光普照的场所。在这里您和您的小组可以不受打扰。

◆　请您要求参与者们面向太阳站立。这时您不应离他们太远，您要能听到他们的声音。

◆　请您用平静、清澈的声音引领参与者们进行太阳冥想：

"请您尝试找到一个好的站立地点。

继续这个尝试，直到您的双脚扎实地站在地面上。

调整您的重心，直到您觉得您站立得十分舒适。

闭上眼睛，用您的身体去感觉。

通过紧绷和放松的动作来感受您肌肉的张力。

从脚底开始绷紧肌肉，再放松……

绷紧脚后跟和小腿肚，再放松……

绷紧大腿，再放松……

接着是臀部：绷紧，再放松……

继续向上重复经过背部这个动作：绷紧，然后放松……

在身体内部感受这个动作，在腹部……

接着来到肩膀和颈部：绷紧，再放松……

继续动作，绷紧，再放松头部和面部肌肉……

现在放松全身肌肉……

用舒适和放松的方式站立。

微微伸展两侧的手臂，让它们离开身体，但不要过远，不要感觉很吃力。

张开您的手掌，让手心面向阳光，感觉阳光的温暖……

将您的脸迎向阳光，感觉阳光温暖地照射在脸上……

就这样站立一段时间。

让阳光的温暖进入到您的身体里，感觉这温暖从头顶流泄到脚跟……

同时感觉自己牢牢地站立在地面上……

跟随您此刻的感觉，并让您脑中出现的所有的画面自然地浮现在眼前……

记住这些画面，因为您可以在需要它们的时候，譬如，在感觉寒冷的时候，重新回忆起它们。

给自己时间，让自己多停留在这温暖舒服的感觉和这些画面之中，留在属于您的画面中……

现在请您慢慢地回到现实中来，

回到所在的这个地方，这个时刻和今天。

我慢慢地从5数到1。

在我数到1的时候，请您伸展自己的身体，做一个深呼吸，睁开您的眼睛作为冥想的结束。"

◆ 请您给参与者们足够的时间，让他们从幻想的世界回到现实中来。应当允许每位参与者在他们的思想中多沉溺几分钟。这时您可以问："是不是有人愿意说些什么？"但请您不要强求这个反馈。也许有些人只愿意与一个人分享他们自己的感受，或者什么也不想说。

**参考文献**

米勒 E. 感受你脚下的草地. 法兰克福(美茵河畔): 菲舍尔手册出版社, 2000.

**Literaturhinweise**

Müller, E.; Du spürst unter deinen Füßen das Gras. Fischer Taschenbuch Verlag, Frankfurt a. Main 2000.

## 结束 1　调色画板

**内容** 参与者们用大自然的色彩制作调色画板。

| 目的 | 时限 |
| --- | --- |
| ◇让参与者们发现森林中许多色彩的细微差别 | ◇至少20分钟 |
| 活动类型 | 材料 |
| ◇活跃思维的、创造型 | ◇硬纸板做的调色盘或素描纸 |
| | ◇胶水或双面胶带 |
| 参与者人数 | 准备工作 |
| ◇无人数限制 | ◇请您剪裁出若干调色画板并在上面粘上双面胶带，也可以使用胶水 |
| 参与者年龄 | 室外条件 |
| ◇5岁以上 | ◇非下雨天 |

### 活动流程

◆ 请您将调色画板分配给参与者们。每位参与者独自，或组成两人小组收集不同色彩的物品，并以此来发现森林中色彩的细微差别。

◆ 最后请所有的参与者用展览的方式展示并讲解他们的收集成果。

### 活动变化方案

◆ 在儿童或家庭引导活动中，特别当引导活动在池塘边结束的时候，您可以讲一讲奥托·冯·弗里施（Otto von Frisch）的《雨蛙和金鱼的故事》（参见[>]附件）。讲完这个故事之后，您可以要求参与者们带着他们的调色板出发，思索着这样一个问题"绿色真的如同我们的雨蛙所认为的那样无趣吗？"。要求参与者将收集到的绿色的物品粘到调色画板的一条胶带上，在另一条胶带上粘贴收集到的其他彩色的物品。

◆ 如果参与者的年龄较大，您可以尝试让他们来描述一下不同的绿色色调。

◆ 作为补充活动，您可以将这个活动与寻找拥有伪装本能的动物联系起来。参见[>]森　林——生命空间 15 "伪装，警示和蒙蔽"。

◆ 如果参与者们是年龄偏小的儿童，您可以和他们说说收集冬天色彩的《老鼠弗里德里克》的故事[1]。

■ 调色画板可以制成如图大小

---

**提 示**

如果只粘贴各种不同花卉的一小部分在调色画板上，调色画板的艺术性会更强。或者是用黑莓的汁液或一小块老树林的土地同样也会产生鲜艳的颜色。

---

**参考文献**

里昂尼 L., 弗雷德里克. 科隆: 米德尔哈乌弗出版社, 1987.

**Literaturhinweise**

Lionni, L.; Frederick. Middelhauve Verlag, Köln 1987.

---

① 译注：把"调色板"换成"彩色明信片"，即不用画家的调色板，而是用 A6 大小的色卡。

## 附件

### 《雨蛙和金鱼的故事》①

奥托·冯·弗里施

　　一只雨蛙坐在一片睡莲的叶子上"呱呱呱"地自言自语："这个世界上的绿色是不是太多了啊。我是绿色的，荷叶是绿色的，如果水刚好不是蓝色的话，就连它也是绿色的，所有的一切都是绿色的！"

　　雨蛙看不到很远的东西，因此它看不到草地上多彩的花、房子的红屋顶和池塘另一边黄色的莲花。在它的小小的世界里，所有的东西都和它一样是绿色的。久而久之，雨蛙便对满世界的绿色感到厌烦了，它因此时常气愤地嘟哝着"绿色雨蛙坐在绿叶上，所有这些绿色真是让我感到厌倦！"

　　后来有一天，雨蛙正打算来个晨浴。当它把手指伸进池塘以确定水是不是太冷时，它看到了前所未见、并且不是绿色的东西。一条美丽的金鱼从池塘深处游到水面上，正巧来到雨蛙打算跳上去的水中睡莲叶边。雨蛙惊呆了，"哇！"它想到："天哪！总算有不一样的东西了，这才是真正的颜色，它太亮眼了！它几乎刺伤了我的眼睛，我必须问这个家伙它是从哪里得到这个颜色的。"当金鱼游到睡莲叶旁的水面上，打算换一小口气的时候，雨蛙向它喊道："嗨！嗨！你身上的颜色是什么颜色，你是从哪里得到它的？这恰恰是我一直想要的颜色，它在我身上一定非常好看。"

　　"这是金色"，金鱼回答道："纯金色。如果我没弄错的话，我一生下来就有这一身金色。我觉得你从其他地方找不到这样的颜色，你找不到像这样的颜色的。"它吸了一口气，喝了一口水，挥动它的后鳍，然后吐气吹出了银色泡泡，银色泡泡与金色鱼鳞交相辉映，显得特别漂亮。雨蛙跳跃着，非常妒忌。"哦！哦！"它想："如果我找不到一点金色装点我自己，那可是件很滑稽的事。金鱼身上有这么多的金色，我可以从它身上偷些金色。"

　　当雨蛙正思考着如何趁金鱼不注意从它身上偷走一些金色时，金鱼又游到了水面上，说道："为什么你身上的绿色让你感到心烦？绿色让你看起来非常不错，我情愿全身是绿色而不是金色，这样的话没有人可以从远处看到我。所有的大鱼、水蛇和鹳都在追逐我，为了不让它们抓到我，我必须躲到泥里，而你可以身着绿色坐在绿色叶子上，别人要找到你不是件容易的事。""哈！"雨蛙对金鱼所说的话不屑一顾，回答道："你仅仅是想阻止我，因为你担心我看起来像你一样漂亮。我身边的一切都是绿色的，所以我真的不需要浑身绿色。"

　　金鱼没有再说什么就游回了池塘的底部，消失在泥坛之中。雨蛙仔细观察金鱼消失在哪里。当太阳下山，夜晚来临时，雨蛙追寻着金鱼的足迹。雨蛙谨慎地前进，它的手指在泥中摸索。它终于找到了金鱼。金鱼正在睡觉，并没有注意到其他事情的发生。

　　雨蛙小心地剥掉了金鱼身上的很多鱼鳞，然后起身，蹦蹦跳跳地迅速跑到睡莲叶上，把鱼鳞粘在自己的皮肤上。湿漉漉的金色在月光下闪耀，是多么漂亮！第二天在太阳光下该有多美丽啊！雨蛙对全身的金色是如此陶醉。它整晚都没有闭眼，一直到第二天早上都欢乐地跳跃在睡莲叶上。最后，它疲倦了。当太阳从池塘边升起时，它睡着了。它睡在睡莲叶上，太阳照在它身上，它的身上似乎在发着金色的光，金色的光照到很远的地方。

　　过了一会儿，鹳过来寻找它的早餐，它很快地发现了雨蛙，雨蛙全身金色地睡在睡莲叶上。"这是什么运气！"鹳说道，"这雨蛙真是漂亮，我可以开始一顿完美的早餐了。"它长长的红

---

① 译注：故事《雨蛙和金鱼的故事》说的是颜色，如果有类似的自然与色彩的故事，也可以取而代之。

腿向水中迈进，丝毫没有发出任何声音。它正准备用它长长的嘴叼住正在睡觉的雨蛙，但是，正在那一刻，它踩到了躲在泥里的金鱼，失去了平衡，只抓到雨蛙的一只脚趾头。雨蛙害怕至极，跳得老高，"扑通"一声掉入水中，一只脚趾还留在鹳那里。它颤抖得很厉害，所有的金色鱼鳞都掉了下来。

"天哪！"它想："我很庆幸我能死里逃生。那只鹳从前可从来没找到过我，除了今天，当我第一次换上我金色的新衣的时候……"这时，它看到了金色鱼鳞漂浮在水上，熠熠发光。它变得很安静并开始深思。当它从惊吓中恢复之后，它又穿上了它的绿衣服，爬到了绿水中央的绿色睡莲叶上。

从此以后，大家在这个地方再也没看到过金色的雨蛙。但是，有时候你能看到金鱼的金色鱼鳞中有些许深色的斑痕。

## 结束 2　结束快照

**内容**　参与者们将搭档练习中的体验记录到一幅画中。

| 目的 | 时限 |
|---|---|
| ◇让参与者们绘出他们看到的画面，并建立和伙伴的关系 | ◇25～40分钟 |
| 活动类型 | 材料 |
| ◇安静型、充满信任的、视觉的 | ◇绘画簿和彩色铅笔 |
| 参与者人数 | 准备工作 |
| ◇最少2人 | ◇— |
| 参与者年龄 | 室外条件 |
| ◇6岁以上 | ◇— |

**活动流程**

◆　练习的第一部分与在[>]激发兴趣 2 "摄影师和照相机"中描述的步骤一样。

◆　在从上述活动中返回后，每位参与者都尝试绘制一幅他（她）在当"照相机"时"拍"到的"画面"。

◆　最后参与者们可以自愿地将自己的画作赠予伙伴或他人。

**参考文献**

康奈尔 J. B. 快乐自然游. 米尔海姆: 鲁尔河畔出版社, 1999.

**Literaturhinweise**

Cornell, J. B.; Mit Freude die Natur erleben. Verlag an der Ruhr, Mülheim 1999.

## 结束 3 我的森林明信片

**内容** 参与者们给自己写一张他们在4周后会收到的明信片。

| | |
|---|---|
| **目的**<br>◇让参与者们意识到、并感觉自己在家里也要有有所行动的使命感<br>**活动类型**<br>◇有预见性的、激励性的<br>**参与者人数**<br>◇无人数限制<br>**参与者年龄**<br>◇9岁以上 | **时限**<br>◇15分钟<br>**材料**<br>◇明信片<br>◇笔<br>**准备工作**<br>◇请您带上材料<br>◇请让参与者们带上邮票<br>**室外条件**<br>◇要有参与者们能书写的场所 |

**活动流程**

◆ 每位参与者都得到一张将要寄给自己的明信片。请您要求参与者记下他们不想忘记的事情，例如：

◇引导活动中重要的事情；

◇回到家后打算改正的行为；

◇特别值得回忆的事情。

◇之后请您收集这些明信片并在4周后寄给参与者们。

**提 示**

■ 除了明信片之外，您也可以使用"声音地图"或其他自己制作的索引卡片。

■ 考虑到经费问题，参与者们可以自带邮票。请您在活动开始前与小组的领队沟通好这个问题。

## 结束 4 幻想之旅

**内容** 在您的引导下，参与者们在脑海中进行一次"旅行"。

| | |
|---|---|
| **目的**<br>◇让参与者们思索、想象和反思<br>**活动类型**<br>◇思索性的、兼备前瞻性和回顾性<br>**参与者人数**<br>◇最多20人<br>**参与者年龄**<br>◇10岁以上 | **时限**<br>◇10～20分钟<br>**材料**<br>◇进行幻想之旅所需的文章（也可以是自己创作的）<br>**准备工作**<br>◇—<br>**室外条件**<br>◇合适的场所 |

**活动流程**

◆ 请您将参与者们召集到一个美丽、安静的场所，舒适地围绕着您，或坐、或站、或躺在您身边，以便放松自己。并要求他们在练习过程中闭上双眼。

◆ 请您用平静、安详、低缓，但是能被所有人听见的声音引导参与者进行幻想旅行。请您时不时地休息一下，并伴随参与者们一起旅行。

◆ 请您有意识地带领参与者们回到现实当中，结束"幻想之旅"，并要求他们做深呼吸，伸展身体并睁开双眼。

**提 示**

■ 有关"幻想之旅"的范例，请参阅

◇[>]开始 6 "到达过程回忆"；

◇[>]水 9 "水的冥想"；

◇[>]第九章 附录中的"冥想元素"。

■ 如果您自己创作"幻想之旅"引导用的文章，那么您应当使用华丽而富有想象力的语言。

请您在引导过程中时不时穿插休息时段，在这样的时间里，参与者们可以放松并自由发挥自己的想象。请您注意：不要偏离主题！您引导得越具体，参与者们越能轻松地遵循您的指示。

**参考文献**

米勒 E. 感受你脚下的草地. 法兰克福(美茵河畔): 菲舍尔手册出版社, 2000.

**Literaturhinweise**

Müller, E.; Du spürst unter deinen Füßen das Gras. Fischer Verlag, Frankfurt 2000.

# 结束 5 露天工作室

**内容** 参与者们对引导活动中的经历做出创造性的反应。

| 目的 | 时限 |
| --- | --- |
| ◇让参与者们再次回想引导活动中的经历 | ◇30～60分钟 |
| 活动类型 | 材料 |
| ◇创造型、反应的 | ◇水彩颜料和胶水 |
| 参与者人数 | ◇彩色铅笔或蜡笔 |
| ◇最多20人 | ◇纸卷（裱糊纸或报纸卷） |
| 参与者年龄 | 准备工作 |
| ◇3岁以上 | ◇请您准备好材料 |
| | 室外条件 |
| | ◇如果天气不好也可以在室内进行 |

**活动流程**

◆ 请您要求参与者，在一卷纸上进行创作。并建议参与者们，用图画的形式，将引导活动当天印象最深刻的事物记录下来。这幅图画也可以是叶片、树枝或草叶之类的材料制作的拼贴画。在这种情况下，全体参与者们将再次从大自然中寻找到他们认识的材料，并发挥想象力，在小组中创造性地将这些材料整合起来，制作成一幅作品。

◆ 参与者们将这个集体创作的作品带回家或带回教室里。

**活动评估**

通过这个活动，您能了解到最让参与者们印象深刻的事物是什么？

## 结束6　森林图像

**内容**　参与者们在森林的地面上用手头的材料创作图画。

| 目的 | 时限 |
|---|---|
| ◇小组创造性地使用自然材料 | ◇约30分钟 |
| 活动类型 | 材料 |
| ◇安静型、注意力集中的、游戏式的 | ◇硬纸板 |
| | ◇双面胶带或胶水 |
| 参与者人数 | 准备工作 |
| ◇无人数限制 | ◇请您剪裁出一块调色画板并在上面粘上双面胶带。也可以使用胶水 |
| 参与者年龄 | 室外条件 |
| ◇5岁以上 | ◇干燥的天气，不下雨，无霜冻 |

**活动流程**

◆ 请您要求参与者们用诸如苔藓、树枝、叶片、果实之类的材料，要么自选，要么遵照您事先给出的要求，在林地上制作一幅图画。这幅图画将得到一个树枝摆放出的画框和一个名字。请您鼓励参与者们将他们的想象变为现实！

◆ 参与者们可以集体创作一幅图画或各自进行创作，并在之后的时间里，向小组的其他成员展示并说明自己的创作。

◆ 如果条件允许，这幅图画应当被保存下来，以供可能散步路过的人们欣赏。

■ 能见证一幅"森林图画"的产生是令人赞叹的

**活动变化方案**

◆ 参与者们可将在引导活动中寻找到的"珍宝"（参见[>]开始 4 "我的森林珍宝"）应用到"森林图像"的创作中去。

◆ 您可用一个即可拍相机将这幅"森林图像"拍摄下来，并将即拍即得的照片送给参与者们，让他们带回家。

◆ 为帮助一二年级的小学生们学习名词，您可以指定他们搜集带一个特定单词或文字的物品，例如，"请带给我一些名字中带'草'字的物品。"

# 结束 7　话语接力棒

**内容**　参与者们寻找枯树枝，并用彩带装饰它。

| 目的 | 时限 |
|---|---|
| ◇ 让参与者们发现啃噬痕迹及奇异的形状，并以此锻炼自己的感知能力 | ◇ 约30分钟 |
| **活动类型** | **材料** |
| ◇ 安静型、创造型、互相认识、结束活动 | ◇ 彩带或彩绳 |
| | ◇ 剪刀 |
| **参与者人数** | ◇ 美工刀 |
| ◇ 最多30人，也可在人数很多的大组中进行 | ◇ 锯子（视情况而定） |
| | **准备工作** |
| | ◇ 请您制作一根样本接力棒 |
| **参与者年龄** | **室外条件** |
| ◇ 5岁以上 | ◇ 地面不能太湿，场地中可以找到枯树枝 |

**活动流程**

◆ 在引导活动的结束阶段，请您要求团队在鹰巢上围坐成一圈。

◆ 请您让参与者们谈谈对一整天引导活动的感受，包括喜欢的和不喜欢的。请您让您的话语接力棒在参与者们之间传递，接到接力棒的人诉说他们的感受。

◆ 最后，每位参与者都可以自己制作一根接力棒。请您要求参与者们，寻找一根长约30厘米的、不带树皮的、上面可以看到昆虫（例如，星坑小蠹虫）啃噬痕迹的枯树枝。

◆ 参与者们可以剪裁大约30~50厘米长的彩带用于装饰这些接力棒。参与者们在枯树枝一端的尾部刻出一个小凹槽，彩带可以一根接一根地系在这些树枝的凹槽之中。

◆ 在制作完毕的接力棒上垂落着的根根彩带更增加了木棒的自然美感。

**活动变化方案**

在引导活动开始时，所有参与者都可以舒适地围坐在鹰巢上，接力棒在他们之中传递。接到接力棒的人介绍自己，并且可以讲述自己在森林中的一个经历或一个类似的故事。对于幼儿园的儿童来说，这样可以调动他们对于述说故事的渴望。开始后，话语接力棒可在作阐述时使用。当然，它在大多数时间内，都应当握在您自己的手中。

──── **提 示** ────

不应强迫小组叙述故事。虽然所有人都应当拥有接到接力棒的机会，但是如果有人不愿发言，那么也可将接力棒沉默地传递给下面一个人。

**评估可能性**

◆ 利用话语接力棒，您可以询问参与者们对引导活动的印象。

## 结束 8  森林纪念币

**内容**  参与者们可以为一个穿了孔的小木片造型。

| 目的 | 时限 |
|---|---|
| ◇让参与者们得到一个木质的姓名标牌作为礼物，并锻炼自己的感知能力 | ◇约20分钟 |
| **活动类型** | **材料** |
| ◇安静型、创造型 | ◇彩带或绳子 |
| **参与者人数** | ◇钻了孔的树木薄片 |
| ◇最多30人，也可在人数很多的团队中进行 | ◇砂纸 |
| | ◇笔（绘画粉笔） |
| **参与者年龄** | ◇图章 |
| ◇5岁以上 | **准备工作** |
| | ◇请您斜切木片（切除的木片一头厚一头薄），并为木片穿孔 |
| | ◇请您剪好长度适中的彩带 |
| | **室外条件** |
| | ◇— |

**活动流程**

◆ 请您在引导活动的结束阶段发给每位参与者一块森林纪念币（圆木片），并要求他们用砂纸将木片打磨光滑。

◆ 参与者们可在这块木片上穿上彩带或绳子，将它当作装饰品（项链）挂在脖子上。在木片的一面，参与者们可以画上图画或写上自己的名字。

◆ 请您在木片的另一面印上图章。这个图章可以是一棵树（比如，当年的年度之树）的造型。这个"纪念币"可作为一个被孩子们带回家的、参与了引导活动的凭证。

**活动变化方案**

◆ 在引导活动开始前，您可以发给每位参与者一个您印好了图章的圆木片。您在木片上穿好彩带（或绳子），并在木片的另一面写上参与者们的名字。这些木片的木质可以是多种多样的，或者也可以用不同的图章图画装饰它们。这些圆木片可以用于参与者们分组。

◆ 请您选用细树干或树枝，将它们切成木片，木片要便于打磨和钻孔，木片的数量应与小组人数相同。在引导活动开始时，请您分给每位参与者一片这样的木片，这时的任务就是，让他们将所有木片重新拼合在一起，拼合的结果要再现原来的树枝（或树干）。这个协作将会促进团体成员间的接触并且可以作为一个认识彼此的游戏。在这个活动中，参与者们也可以学习关于木材这种原材料的知识，因为他们将在接下来的任务中需要这些诸如年轮宽度、树皮损伤、树脐等方面的知识。当木片成功地被拼合后，他们可以将它如同上面描述的一样当作姓名标牌使用。

◆ 在森林拉力赛之类的竞赛类游戏中，"森林纪念币"也可以用来当作之后授予参与者们的奖牌。

## 结束 9　森林投影

**内容**　每位参与者用采自森林的材料以及一个小幻灯片片框制作自己的森林图画。在家或学校中，这幅森林图画可以借助幻灯机成为一副"森林投影"。

目的
　　◇让参与者们利用自然材料锻炼自己的创作能力

活动类型
　　◇安静型、注意力集中的、创造型

参与者人数
　　◇最多30人

参与者年龄
　　◇6岁以上

时限
　　◇约20分钟

材料
　　◇带玻璃片的小幻灯片片框

准备工作
　　◇请您选择一片适合的林地
　　◇请您准备好一幅样本图画

室外条件
　　◇—

**活动流程**

◆　请您将参与者们召集到一个安静的场所。在引导活动的结束阶段，要求他们创作一幅尺寸为24厘米×36厘米的森林图画。请事先为参与者们准备好"画框"（小幻灯片片框）。

◆　请您分给每位参与者一个幻灯片片框并教给他们如何打开片框。

◆　作为范例，请您展示给参与者们一幅您事先制作好的"森林投影"，并教会他们如何制作森林图画。之后，请您要求参与者们创作他们自己的森林图画。您可以事先确定森林图画的主题，例如，"秋天的森林""森林的色彩"或将参与者们分为4个小组，以四季为题，分配给每个小组1个季节，让他们在各组的森林图画中表现出来。

◆　请您提示参与者们，只有纤细的材料才适合用来制作森林图画，此外不可使用活的动物；一滴水滴也可在两片玻璃间显现出美好的图片；色彩的差异在投影中是看不出来的。

◆　请您给每位参与者10分钟左右的时间，让他们创作自己的图画。最后，召集参与者们，并让他或她在小组中展示自己的作品。

◆　每位参与者都可将自己的森林图画作为访问森林的纪念品保留下来。

◆　这些森林图画可以在家或在学校里在幻灯机上投放出来，人们时常会在其中发现令人印象深刻的投影。

## 结束 10　树枝画框

内容 ) 参与者们用树枝材料制作一幅画框。

目的
　　◇让参与者们锻炼自己的感知
能力并收集自然材料
　活动类型
　　◇创造型、安静型
　参与者人数
　　◇最多20人
　参与者年龄
　　◇6岁以上

时限
　　◇约45分钟
材料
　　◇树枝
　◇自然材料
　　◇纸盒
　　◇胶水
　　◇图钉
　　◇订书机
　　◇绳子或毛线
　　◇剪刀
　　◇小钉子和锤子
准备工作
　　◇请您确认树枝等材料已准备好
　　◇请您准备好一幅样本画框
室外条件
　　◇非下雨天

活动流程

◆　请您在引导活动的结束阶段展示给参与者们一幅用手指粗细的树枝制作成的小自然
图画画框的模型（大约10厘米×15厘米）。这幅画框为长方形，四角用毛线或钉子
固定在一起。背景则是一个剪裁到合适尺寸的纸盒，并被粘贴或用订书机钉在画框
背面。

◆　请您要求参与者们用同样的方法制作一幅"树枝画框"。

活动变化方案

◆　参与者们可以用收集到的自然材料创作出的森林图画放入这幅"树枝画框"中，并带
回家。

◆　请您鼓励参与者们，再制作一幅画框。如果这幅画框被制作完毕，您可以给小组拍一张
集体照，将这张照片作为访问森林的纪念品送给参与者们。

## 结束 11　森林首饰

**内容**　参与者们用在森林中找到的物品制作首饰。

目的
　◇让参与者们收集合适的自然
材料

活动类型
　◇创造型

参与者人数
　◇最多20人

参与者年龄
　◇5岁以上

时限
　◇约45分钟

材料
　◇来自森林的物品
　◇螺丝钻
　◇钝针（缝毛衣的针）
　◇锯子
　◇线
　◇铁丝

准备工作
　◇请您准备好一条样本项链（挂件）

室外条件
　◇非下雨天

**活动流程**

◆　请您向参与者们展示样本项链（挂件），并要求他们寻找适合的材料。作为吊坠可以使用一些像山楂、栗子或橡树子之类的物品，小木块和树皮也同样适用。

◆　参与者们在找到的物品上钻孔，用线穿起来，做成一条项链。

## 结束 12　森林挂毯

**内容**　参与者们将在森林中找到的物品编织成一张挂毯。

目的
　◇让参与者们收集合适的自然
材料，并团队协作

活动类型
　◇创造型、协作的

参与者人数
　◇最多10人

参与者年龄
　◇5岁以上

时限
　◇约45分钟

材料
　◇粗树枝
　◇来自森林的物品
　◇麻绳
　◇剪刀

准备工作
　◇—

室外条件
　◇非下雨天

**活动流程**

◆ 请您在引导活动结束阶段寻找4根粗壮的树枝。每两根的长度应大致相同，请将树枝排列成长方形。

◆ 接着请您用麻绳扎牢木框四角。在这个由此产生的木框上，请您绷上与长方形长边平行的、间隔3~5厘米的绳子，这样便产生了一个编织框。

◆ 请您要求参与者，在一定时间内寻找他们认为有趣的物品，譬如，松果、苔藓、蕨类植物、树皮或羽毛等（注意：不要抓活的动物）。

◆ 请您让每位参与者都将他们找到的"宝贝"编入编织框里。

◆ 请您将编好的"毯子"当作墙壁挂饰或来自森林的纪念品送给参与者。

# 结束 13　来自森林的思考

**内容** 每位参与者都将一句特殊的格言或一个想法固定在一个来自森林的物品上，之后他们可以将这个物品带回家。

目的
◇激励参与者们进行反思

活动类型
◇安静型、冥想型

参与者人数
◇无人数限制

参与者年龄
◇7岁以上

时限
◇约10分钟

材料
◇带格言的纸条
◇绳子和剪刀

准备工作
◇请您选出一些关于森林或自然方面的格言，将这些谚语打印在彩色的纸上，剪成带着一条条格言的纸条，并在上面打孔。

室外条件
◇非下雨天

**活动流程**

◆ 请您要求每位参与者找出一句格言。不同颜色的纸条上有不同的格言。

◆ 带着这条格言，参与者们动身寻找他们喜欢的物品，例如，松塔、石子、树皮等。

◆ 请您要求参与者们，将格言固定在他们找到的物品上，并将其带回家。

**活动变化方案**

◆ 如活动时间不够充裕，您可以事先准备好物品以供参与者们选择。

◆ 如果小组人数较多，那么您可以事先将各种上面已经固定有格言的物品准备好，在引导活动结束时让参与者们各自选择其中的一样当作森林纪念品带回家。

**提 示**

关于格言提议，请参阅[>]第九章 附录中的"童话故事，诗歌，箴言，歌曲"。

## 结束 14　森林挂饰

**内容**　参与者们用在森林中找到的物品制作挂饰。

目的
　◇让参与者们寻找自然材料，
并共同加工它
活动类型
　◇安静型、观察性的、创造型
参与者人数
　◇最多20人
参与者年龄
　◇5岁以上

时限
　◇约45分钟
材料
　◇来自森林的物品
　◇线绳（最好是风筝线绳）
　◇剪刀
　◇螺丝钻
准备工作
　◇—
室外条件
　◇非下雨天，因为无法使用潮湿的物品来制作

**活动流程**

◆　请您要求参与者们寻找诸如小树杈、树根、果实、松塔、羽毛之类的合适的制作材料。
每位参与者都应带回一件"特殊物品"。在参与者们寻找物品的同时，请您也寻找一根
造型奇特的秃树枝。

◆　带回物品后，参与者们在上面钻孔，穿线，并在线的尾端打结，使之成为挂饰。

◆　请您让参与者们将他们的物品固定在您的秃树枝上。线绳的长度应当是不同的。请您注
意物品是否均匀地被分配在树枝上。

## 结束 15　我的树木

**内容**　参与者们从森林中带走一株野生植物并在家里照料它。

目的
　◇让参与者们得到一个来自森
林的"纪念品"并在家照料它
活动类型
　◇积极主动的
参与者人数
　◇无人数限制
参与者年龄
　◇5岁以上

时限
　◇约15分钟
材料
　◇铁锹
　◇园艺用的小铲子
　◇与参与者人数相当的花盆
准备工作
　◇寻找一个附近有自然更新林的场所
室外条件
　◇地面不要太干燥或冰冻

活动流程

◆ 请您告诉参与者们，他们会得到一个来自森林的礼物，这个礼物将来会变得很大，让他们猜测这个会是什么。

◆ 拿出花盆，展示给参与者，并揭开谜底。这时，您要向参与者们解释哪些植物可以被种入花盆，并告诉他们不能挖取高度超过20厘米的植物。

◆ 请您分给每位参与者一个花盆。现在他们各自都可以寻找一株森林植物，小心地将它挖出，种入花盆并将它带回家。

## 结束 16　树皮图片

**内容**　参与者们装裱一块带有小蠹虫啃噬痕迹的树皮。

| 目的 | 时限 |
|---|---|
| ◇让参与者们学会发现细节 | ◇约15分钟 |
| 活动类型 | 材料 |
| ◇观察性的 | ◇画框（规格10厘米×15厘米），每个家庭或每位参与者、一个班级中每3人1个 |
| 参与者人数 | |
| ◇最多30人 | ◇刀子 |
| 参与者年龄 | ◇画笔 |
| ◇5岁以上 | 准备工作 |
| | ◇寻找一片存在小蠹虫虫害的树林 |
| | 室外条件 |
| | ◇非下雨天 |

**活动流程**

◆ 请您要求参与者们通过收集带有小蠹虫啃噬痕迹的树皮来研究森林的多样性。树皮至少要有一张明信片那么大。

◆ 请您鉴定所有分散找到的树皮并与小组一起选出其中最漂亮并且最引人注目的小蠹虫蛀痕范例。

◆ 为了未来能将这些选出的树皮保存起来，请您将它们裁剪成适合画框的尺寸，视情况而定，用笔刷清洁它们，并用画框装裱它们。

**提示**

您可将剩下来的玻璃片用于其他活动，比如，将来自森林的纤细的物品夹在两片玻璃之中，将它作为"玻璃画"加以展示。

# 第六章 重点主题

我会忘记，我所听到的。
我会记得，我所看到和听到的。
我会理解，我看到的、听到的和自己做的。

# 第一节　森林土壤

一把森林土壤里可能生存着比生活在地球
上的人更多的生物。

无名氏

A 简明信息
B 活动
C 背景知识

## A　简明信息

在森林教育引导中，就"森林土壤"这一主题应该给参与者传递"土壤是不可再生的，并且是能够很容易被破坏"的知识信息。这些天然资源是历经几千年而形成的，土壤中充满了生机，形成了植物、动物和人类生活的基础。

### 活动概览

我们建议您借助以下描述的几个活动了解"土壤"课题。把这种活动作为"建筑材料"，以便于您能够随心所欲，取各种形式和数量的"材料"来构建您的森林教育引导"大厦"！

- 林土壤1 "体验森林土壤"

  让参与者倾听、嗅闻、感受森林土壤。
- 森林土壤2 "赤脚毛毛虫"

  让参与者赤脚在不同的森林地面行走。
- 森林土壤3 "土壤窗口"

  参与者躺在森林的地面上，用阔叶覆盖身体后拨开脸部树叶，透过"土壤窗口"看天空。
- 森林土壤13 "我的土壤形象"

  让参与者真实地去感知一小块森林土壤切块。

　　许多一开始就惊呼"土壤是有生命的！"的参与者也应该通过实践经验去支撑这一事实。所有年龄段的成员都渴望去狩猎土壤中的动物，并考虑把"猎物"禁锢在带有放大镜的玻璃杯中观看。用事实证明您的主题：

■ 森林土壤 4 "跟踪土壤动物"

　　参与者发现并观察土壤中的生物。

---

　　一片完整的树叶通过物理和化学反应降解成细小的碎片以及腐殖质，这对于许多人来说显示出了土壤动物的巨大力量。关于这个主题，我们提出3种研究方法。

■ 森林土壤 5 "落叶的分解"

　　通过树叶的分解创造性地开展工作！鼓励参与者把树叶腐烂过程中的每一个阶段贴在一张白纸上。用这种方法让他们长久铭记森林教育引导活动。

■ 森林土壤 6 "土壤阶梯"

　　请您为参与者形象地展示腐殖质结构。

■ 森林土壤 7 "腐殖质对比"

　　说明腐殖质形式的多样性，找出其多样性所依赖的不同参数，让参与者手持评分手册亲自去踏上探索之路。

---

　　对森林土壤的威胁，您可以借助于以下3项活动来生动形象地演示。

■ 森林土壤 9 "土壤酸化"

　　参与者测定pH并明确土壤酸化的决定因素。

■ 森林土壤 10 "森林土壤是记仇的！"

　　演示压实对土壤的影响，您可以借助于不同土壤剖面有不同的渗流速度来生动形象地演示这一现象。

■ 森林土壤 11 "水土流失实验"

　　演示水对土壤侵蚀的影响。通过对森林林地和没有植物生长的裸露土地的比较，其不同之处清晰可见。

　　在关于森林土壤课题的森林教育引导中，当然也应该在引导路段中设计一个土壤剖面以及土壤信息描述。如果可能，请您让小组成员划分土壤剖面结构层次，确定土壤结构以及土壤颗粒大小或者通过酸碱度测定来确定土壤含碱量。鉴于您是引导负责人，应该进行最后的解释和总结性发言。

　　参与者满载土壤知识踏上回家的道路时，他们应该尽量认真思考引导人员传授给他们的这些森林土壤知识！

# B 活 动

## 森林土壤 1　体验森林土壤

**内容**　通过各种感觉体验森林的土壤。

| | |
|---|---|
| **目的**<br>　　◇让参与者们寻找自然材料，并共同加工它<br>**活动类型**<br>　　◇安静型、观察性的、创造型<br>**参与者人数**<br>　　◇最多20人<br>**参与者年龄**<br>　　◇5岁以上 | **时限**<br>　　◇最多30分钟<br>**材料**<br>　　◇—<br>**准备工作**<br>　　◇在森林里选择一块合适的场地<br>**室外条件**<br>　　◇土壤湿润，但不能太湿 |

**活动流程**

◆　让参与者在落叶层上奔跑，倾听发出的声音。

◆　收拢一大堆树叶，躺在松软的土"垫子"上（参见[>]森林土壤 3 "土壤窗口"）。

◆　通过感受成堆的树叶，他们会发现有许多层次，还会注意到层次越深越湿润，最后变成湿润的土壤或腐殖质。

◆　让参与者描述成堆的树叶的气味。

■　全身心地感受森林土壤

活动深入的可能性

◆ 进行讨论，话题可以是把成堆的树叶作为食物来源，并作为生活在树叶下面的土壤里的微生物的保护层。这一主题还可以很好地被融入下列活动：[>]森林土壤 2 "赤脚毛毛虫"；[>]森林土壤 3 "土壤窗口"；[>]森林土壤 4 "跟踪土壤动物"；[>]森林土壤 5 "落叶的分解"；[>]森林土壤 6 "土壤阶梯"。

◆ 通过判断水平层（请参见[>]森林土壤 5 "落叶的分解"；[>]森林土壤 6 "土壤阶梯"），参与者也可以给落叶层分级。

■　森林土壤和枯枝落叶可以通过嗅觉去体验

# 森林土壤 2　赤脚毛毛虫

**内容**　在不同类型的森林土壤表面上行走。

| 目的 | 时限 |
|---|---|
| ◇通过各种感觉认识森林土壤 | ◇约15分钟 |
| 活动类型 | 材料 |
| ◇安静型、感受型 | ◇眼罩 |
| 参与者人数 | 准备工作 |
| ◇3~25人 | ◇选择有不同类型森林土壤的场地 |
| 参与者年龄 | 室外条件 |
| ◇6岁以上 | ◇— |

**活动流程**

◆ 要求参与者脱去鞋袜，然后背诵奥尔（M. Auer）的诗：

"赤脚走在泥土上，脱下鞋子，鞋子能把你变成盲人；

不穿鞋子，你才会看见路，才会在脚趾之间感受到水和风带来的感觉。

用你的脚掌接触岩石，你裸露的皮肤，

会感到泥土对你的信任，

感觉到你脚下湿漉漉的绿草和干干的尘土。

让绿草爱抚和亲吻你的脚底，感受干树叶的叹息。来吧，走进小溪，走进深水，

把脸放在瀑布下，然后躺在阳光里。

把脸贴近泥土，呼吸泥土的芬芳，体验它那令人叹服的平静，泥土离你是那么近，你知道：

你是他们的一分子，你属于它。"

◆ 让这个小组站成一列，要求后面的人把双手放在前面人的肩上，然后闭上眼睛。您站在队伍最前面，睁开眼睛带领他们慢慢地前行。

◆ 带领这些"赤脚毛毛虫"走过不同类型的森林土壤表面，比如，树叶的表面、苔藓表面和草地、沙地、岩石地面以及树根地面或沙砾地面。参与者只有在回到起点的时候才可以睁开眼睛。

◆ 然后让参与者说出他们走过的不同类型的森林土壤表面。您会得到各种答案，但是您很少会得到这样的答案："我们走过了土壤里的生物。"这时是介绍土壤里的生物这一主题的最好时机。

**活动变化方案**

◆ 可以给参与者戴上眼罩。

◆ 在天气冷的情况下，您可以让参与者穿上鞋子。

◆ 您可以沿路拉一根绳子，让参与者沿着绳子的一侧行走。此外，在活动开始前，您还可以沿路在绳子上打结标记最有意思的地点。

■ 蒙上眼睛同样也很有吸引力

### 活动深入的可能性

◆ 进行讨论，话题可以是把成堆的树叶作为土壤生物的食物来源，并作为它们的保护层。
这一主题还可以很好地被融入下列活动：[>]森林土壤 3 "土壤窗口"；[>]森林土壤 4
"跟踪土壤动物"；[>]森林土壤 5 "落叶的分解"；[>]森林土壤 6 "土壤阶梯"。

◆ 通过判断水平层（请参见[>]森林土壤 5 "落叶的分解"；[>]森林土壤 6 "土壤阶
梯"），参与者也可以给落叶层分级。

◆ 描述在土壤里发现的生物，并分类。

## 参考文献

康奈尔 J B. 与康奈尔一起体验大自然. 米尔海姆: 鲁尔河畔出版社, 2006.

## Literaturhinweise

Cornell, J. B. et al.; Mit Cornell die Natur erleben. Verlag an der Ruhr, Mülheim 2006.

# 森林土壤 3　土壤窗口

**内容**　参与者躺在地上，通过"土壤窗口"，观看天空。

| 目的 | 时限 |
|---|---|
| ◇唤起人们对土壤的兴趣 | ◇约15分钟 |
| 活动类型 | 材料 |
| ◇安静型、冥想型、感受型 | ◇— |
| 参与者人数 | 准备工作 |
| ◇3～30人 | ◇— |
| 参与者年龄 | 室外条件 |
| ◇4岁以上 | ◇土壤干燥 |

**活动流程**

◆ 参与者躺在森林的地面上，确保没有蚂蚁和其他
昆虫叮咬。

◆ 用树叶轻轻地盖住他们，把脸部露出来形成一个
"窗口"，他们可以通过这个窗口观察天空。

◆ 参与者将感觉到自己好像是土壤的一分子，或者
是土壤里的一种生物。他们可以以一种土壤里的
微小生物的视角来观察天空和树冠。

◆ 总结时，让参与者分享小组里其他人员的体验，
例如，土壤的温度和湿度、昆虫、声音和视角。

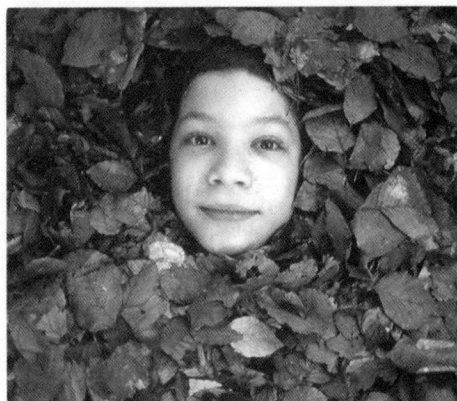

■　从土壤中向外看——一扇窗户打开
一个新的视角

### 活动深入的可能性

◆ 通过确定水平层（请参见[>]森林土壤 5 "落叶的分解"和[>]森林土壤6 "土壤阶梯"），
参与者可以给土壤的树叶层、结构和构成分类。

◆ 描述在土壤里发现的生物，并分类（请参见[>]森林土壤 4 "跟踪土壤动物"）。

## 参考文献

康奈尔 J. B. 与康奈尔一起体验大自然. 米尔海姆: 鲁尔河畔出版社, 2006.

## Literaturhinweise

Cornell, J. B. et al.; Mit Cornell die Natur erleben. Verlag an der Ruhr, Mülheim 2006.

# 森林土壤 4 跟踪土壤动物

**内容** 发现土壤里的生命，并通过放大镜观察。

| 目的 | 时限 |
|---|---|
| ◇ 证明"土壤是有生命的"一词的真实性 | ◇ 约1小时 |
| **活动类型** | **材料** |
| ◇ 调研型、知识型 | ◇ 3毫米大的筛网 |
| **参与者人数** | ◇ 白色床单（或大白纸） |
| ◇ 3～30人 | ◇ 放大镜 |
| **参与者年龄** | ◇ 镊子 |
| ◇ 6岁以上 | ◇ 小胶卷盒（或小塑料瓶） |
| | ◇ 昆虫吸虫器（参见[>]附件2） |
| | ◇ 昆虫分类指南（参见[>]附件1） |
| | **准备工作** |
| | ◇ 复印分类标签 |
| | **室外条件** |
| | ◇ 避免有雨 |

**活动流程**

◆ 选择土壤潮湿的地点。

◆ 把小组分成若干工作组，每组4～6人（请参见[>]开始 7 "谁和谁在一起？"）。

◆ 给每个工作组分配材料。

◆ 向小组解释他们应该把土放在筛网上过滤，过滤到白色床单（或大白纸）上。

◆ 生活在土壤里的一些微小动物将留在筛网上，用镊子或昆虫吸虫器把这些小动物放进胶卷盒（或小塑料瓶）里或放大镜下。

◆ 用放大镜观察收集到的小动物，尽量不要把它们长时间地暴露在太阳下。

◆ 把这些动物放回到原来的地方，对实验做出总结。牢记即使是最微小的动物也有它存在的重要性，所以应该小心对待，在没有任何伤害的情况下还给它们自由。

◆　使用《昆虫分类指南》等书籍对土壤动物进行分类。
◆　讨论土壤动物的作用（请参见[>]森林土壤 5 "落叶的分解"；[>]森林土壤 6 "土壤阶梯"）。

**提　示**

　　使用昆虫吸虫器以减小对动物造成伤害的风险。昆虫吸虫器的设计可以按[>]附件2的说明进行。

**活动变化方案**

　　这个活动对于在森林中探险的一天来说会很完美（请参见[>]第九章 附录中的"森林一日探险"）。

**附加信息**

◆　1平方米森林土壤中的土壤生命世界（平均表面积为1平方米，深30厘米的土壤方块）。

| 生物 | 个体数量 | 重量（克） | 生物 | 个体数量 | 重量（克） |
|---|---|---|---|---|---|
| 细菌 | 无数个 | 200 | 螨虫 | 10 万 | 1 |
| 单细胞生物 | 6 万亿 | 10 | 蜈蚣 | 50 | 0.4 |
| 线虫 | 100 万 | 1 | 千足虫 | 150 | 4 |
| 蚯蚓 | 20 | 10 | 原始昆虫 | 5 万 | 0.6 |
| 等足类动物 | 50 | 0.5 | 昆虫幼虫 | 350 | 3.5 |
| 蜘蛛 | 50 | 0.2 | 脊椎动物 | 0.001 | 0.1 |

出自：卡尔·道摩尔，等．生物学 8G．慕尼黑：巴伐利亚教材出版社，1982．

　　在土壤表面或靠近土壤表面的地方，活体有机物的数量比其他任何地方的都要多。也就是说，土壤的上层含有大量的有机残渣，是微生物的食物来源。

　　每公顷适合耕作的土壤里，蠕虫的数量不同，从几乎没有到一百万个、两百万个不等。在细颗粒土壤里，有机物含量很高，酸性不是很强。但在沙质、强酸性或贫瘠的土壤里，蠕虫的数量很少。总之，决定蠕虫密度的最主要因素是土壤的物理和化学条件，比如，土壤的水温平衡。

■ 用昆虫观察器跟踪土壤中的动物

■ 用吸虫器跟踪土壤中的动物

## 参考文献

齐奈丽 M. 派瑞里的昆虫书. 斯图加特: 宇宙出版社, 2004.

### Literaturhinweise

Chinery, M.; Parey's Buch der Insekten. Kosmos Verlag, Stuttgart , 2004.

## 附件 1　昆虫分类指南

### 森林土壤中的动物世界①

| 无腿 | 1对 | 2对 | 3对（属于昆虫） | 4对（属于蜘蛛类动物） | 5对 | 6对 | 7对 | 多于7对 |
|---|---|---|---|---|---|---|---|---|
| 线虫<br>线蚓<br>蚯蚓<br>无翅幼虫 | 无！ | 无！ | 跳虫<br>圆跳虫<br>螳螂<br>双尾<br>蚂蚁<br>臭虫及其幼虫<br>姬蠊科<br>步甲及其幼虫<br>金针虫及其幼虫<br>毒隐翅虫及其幼虫<br>苍蝇幼虫<br>叶黄蜂幼虫<br>甲虫类幼虫 | 土壤蜘蛛<br>盲蛛目<br>拟蝎目<br>蜱虫<br>甲螨目<br>瘿螨虫<br>蜘蛛螨<br>龟螨虫<br>红绒螨<br>革螨 | 无！ | 无！ | 等足目<br>等足虫 | ②蜈蚣科<br>地蜈蚣科<br><br>③千足动物<br>带马陆<br>圆马陆<br>球马陆<br>卷曲的球马陆 |

注：①根据动物所具有腿的对数区别。②百足虫每节长有 1 对腿；③千足虫每节长有 2 对腿。

# 森林土壤 5　落叶的分解

**内容**　观察落叶分解的阶段和生活在土壤里的动物。

目的
　◇认识落叶分解的周期

活动类型
　◇调研型、创造型、知识型

参与者人数
　◇3~30人

参与者年龄
　◇6岁以上

时限
　◇约30分钟

材料
　◇白纸
　◇胶水（或双面胶）

准备工作
　◇复印《分类指南》

室外条件
　◇避免在阴雨天

**活动流程**

◆　把参与者分成小组，每组4~6人（请参见[>]开始7 "谁和谁在一起？"）。

◆　把工作材料分发给小组。

◆　说明：
　◇收集森林土壤上层土里的树叶；
　◇对比颜色和分解的程度；
　◇把树叶放在白纸上，形成一定的顺序，例如，从完整的树叶到分解程度很大的树叶；
　◇检查顺序的正确性，然后把树叶粘到纸上；
　◇各组可以保留他们自己的作品。

◆　在活动的最后，您会注意到：和木头、枝条、树根一样，由于土壤里不同的有机质，树叶的分解也经历了多种阶段，最后成为腐殖质，通过这种分解过程，植物得到了营养成分。然而，和农业土壤不同的是，森林土壤不需要人工施肥。

■　树叶落地之后便开始了分解

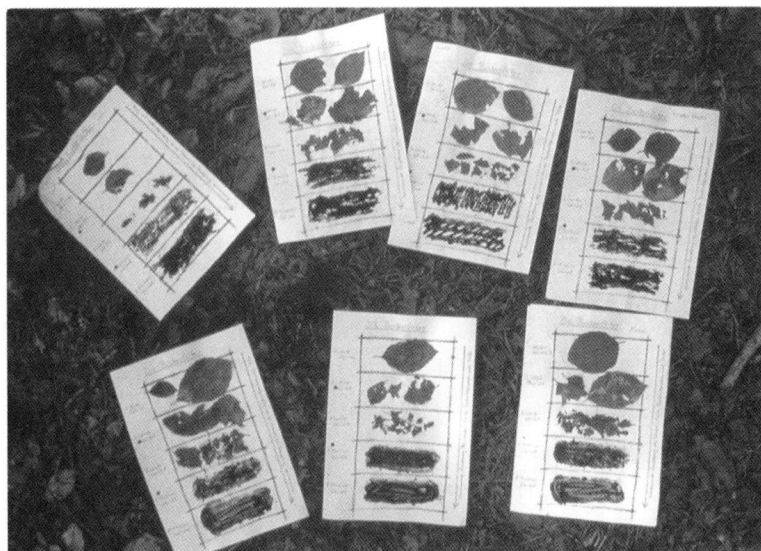

■　按照树叶分解的顺序，创作性地把树叶粘贴在纸上

**结 论**

　　阔叶树树叶以及针叶树树叶将像木材、枝条、树根一样经过土壤微生物的多级分解融入并形成土壤，植物又从中得到了营养成分。同农业相比，森林是不用施肥料的。

**活动深入的可能性**

◆　对腐殖质层进行分类（请参见[>]森林土壤 6 "土壤阶梯"）。

◆　对生活在不同腐殖质层的动物进行分类。这一点可以与[>]森林土壤 4 "跟踪土壤动物"完美地结合。

# 森林土壤 6　土壤阶梯

**内容**　亲眼见证腐殖质的形成。

| | |
|---|---|
| 目的<br>　◇认识腐殖质的不同层次<br>活动类型<br>　◇活泼型、创造型、知识型<br>参与者人数<br>　◇3～30人<br>参与者年龄<br>　◇6岁以上 | 时限<br>　◇约20分钟<br>材料<br>　◇小铲<br>　◇细树枝<br>准备工作<br>　◇选择有落叶的地点<br>室外条件<br>　◇避免雪天或严寒天气 |

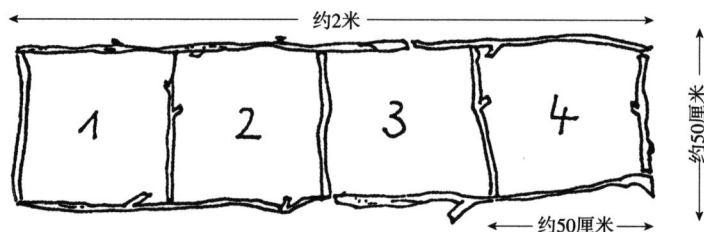

约2米 约50厘米 约50厘米

1　2　3　4

## 活动流程

◆ 让参与者用细树枝在地面上摆放一个格子或土壤阶梯，分成4段。

◆ 参与者用小铲从每一段里拿掉以下东西。

◇第一段：什么也不拿。

◇第二段：还没有分解的整片树叶、树枝和地面上的植物。

◇第三段：所有的落叶。

◇第四段：整个腐殖质层，向下直到第一层矿物质。

◆ 请您与参与者共同理解讨论腐殖质层的结构。

## 活动深入的可能性

◆ 结合[>]森林土壤4 "跟踪土壤动物"的活动，介绍土壤动物这一主题。

◆ 还可以介绍不同种类的腐殖质对土壤形成的影响（请参见[>]森林土壤 7 "腐殖质对比"）。

# 森林土壤 7　腐殖质对比

**内容** 结合[>]森林土 壤 4 "跟踪土壤动物"，研究并对比不同地方的腐殖质。

目的
◇了解腐殖质及其起源的不同
活动类型
◇调研型、知识型
参与者人数
◇3～30人
参与者年龄
◇12岁以上

时限
◇1～2个小时
材料
◇小铲子
◇筛子（3毫米的网格）
◇白色床单
◇放大镜
◇镊子
◇胶卷盒
◇评估表（参见[>]附件）
◇铅笔或钢笔
准备工作
◇选择不同种类腐殖质的地点；复印评估表
室外条件
◇—

**活动流程**

- ◆ 把参与者分成小组，每组4～6人（请参见[>]开始 7 "谁和谁在一起？"）。
- ◆ 向小组分发工作材料。
- ◆ 大声宣读活动规则：
  - ◇让每个组选择2～3个不同特点（即植被类型或密度、湿度，等等）的地块。
  - ◇用小铲子移除土壤样本，形状为每个边长约10厘米的土块。
  - ◇确定腐殖质层的厚度以便确认。土壤样本能否被水平或按层次分割。
  - ◇根据地块上发现的分解程度和生物情况（请参见[>]森林土壤 4 "跟踪土壤动物"），使用评估表来描述腐殖质层（或土壤层）。
- ◆ 最后，小组成员用评估表对比他们的结果。

**活动深入的可能性**

- ◆ 探讨该区域土壤类型和植被类型相互依存的关系。
- ◆ 探讨使用外来引进树种造林的后果。
- ◆ 探讨土壤过度湿润的后果。
- ◆ 探讨极端条件，如缺乏营养、干旱、小气候的后果。
- ◆ 探讨过去的森林利用的后果。
- ◆ 探讨不恰当的森林经营（如彻底毁林）的后果或灾害（如风暴、虫害或森林火灾）的后果。

**活动评估**

通过[>]森林土壤 5 "落叶的分解"，可以检验大家的理解程度。

## 附件　评估表：土壤类型的对比

### 1. 调查地点

- ■ 树种：_____
- ■ 离样地最近的树种：_____
- ■ 土壤的植被层次：
  - □ 完全遮阴或者有零星的透光处（90%～100%的遮阴）
  - □ 光影交错（60%～90%的遮阴）
  - □ 有光（<60%的遮阴）

### 2. 土壤样本

- ■ 腐殖质层的厚度（厘米）：_____
- ■ 层次：
  - □ 没有明显过渡的一层
  - □ 有明显过渡的各个层次
- ■ 明显的腐殖质层次及其厚度：

| | I | II | III | 矿物质层的上层 |
|---|---|---|---|---|
| 厚度（厘米） | | | | |
| 湿度① | 湿<br>潮<br>干燥 | 湿<br>潮<br>干燥 | 湿<br>潮<br>干燥 | ☐ 像腐殖质一样的深颜色<br>☐ 带有石英粒（像盐一样）的深颜色<br>☐ 白色环形（强烈酸性） |
| 分解程度② | 完全<br>混合<br>分解 | 完全<br>混合<br>分解 | 完全<br>混合<br>分解 | |
| 土壤动物种类的数量③ | | | | |
| 菌类植物层④（是/否） | | | | |

注：① 湿——有水滴或能够挤出水滴；潮——凉爽并且成块；干燥——结小块儿、松散、热。

② 完全——能辨认出植物部分，如树叶、树根、果实残渣，以及混在一起的还能够辨认得出的树枝；混合——明显的植物残渣黏在一起；分解——不能够辨认出植物，均为深颜色的相同质地的东西。

③ 分类（参照 [>] 森林土壤 4 "跟踪土壤动物"）。

④ 菌类植物层包括细小纤维和菌根。

# 森林土壤 8  构建树根

**内容** 重塑根系的基本模型。

目的
  ◇了解根系

活动类型
  ◇活泼型、创造型、知识型

参与者人数
  ◇3～30人

参与者年龄
  ◇6岁以上

室外条件
  ◇—

时限
  ◇约30分钟

材料
  ◇长度不一的干树枝
  ◇分类手册

准备工作
  ◇用明显的树根设计一条路线
  ◇复印根系的外表图（参见[>]附件）

**活动流程**

◆ 把参与者分成3组。每一组都应该在引导者的指导下，使用干树枝构建出树根的一个基本类型（参见[>]附件）。

◆ 一旦工作完成，不管是粗树根还是细树根，要求每一组都要说明它的基本体系，说出与树根类型相适应的主要树种。

◆ 对活动进行总结，还可以对该主题进行如下深入。

**活动深入的可能性**

◆ 讨论树根基本类型的重要意义，尤其是在营养方面和外来因素对森林构成威胁方面。

◆ 探讨森林经营时树种的选择。

**附件 根系的外表**

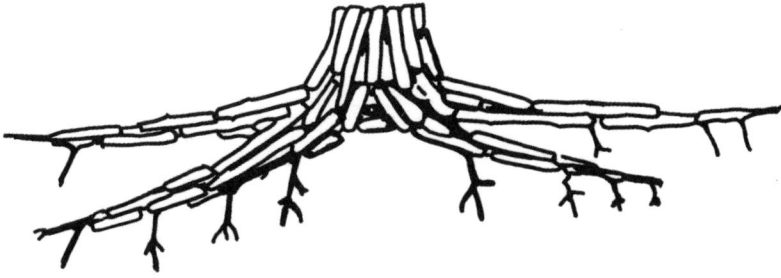

■ 浅平根系

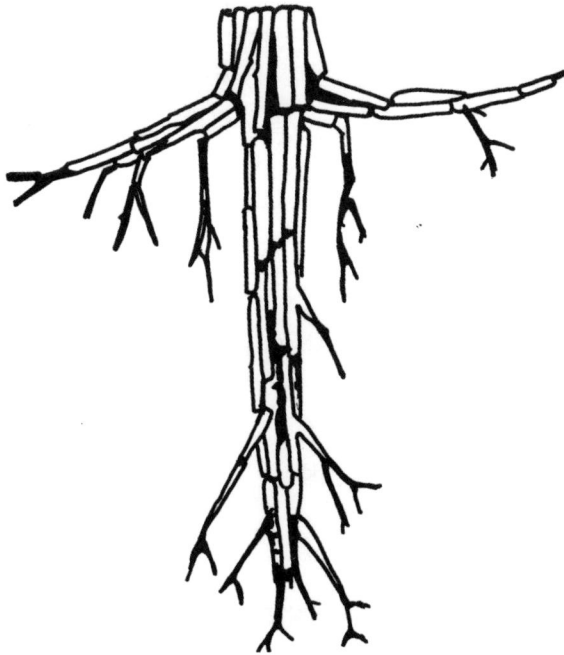

■ 直根根系

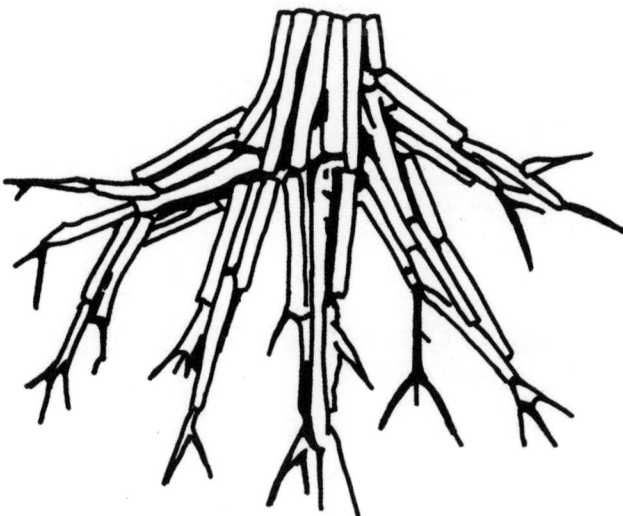

■ 心状根系

# 森林土壤 9　土壤酸化

**内容**　确定不同树种下土壤的酸度。

**目的**
　　◇了解土壤酸度的影响因素，例如，树种的选择对土壤酸度的影响

**活动类型**
　　◇调研型、知识型

**参与者人数**
　　◇3～30人

**参与者年龄**
　　10岁以上

**时限**
　　◇30至60分钟

**材料**
　　◇酸度计（或酸碱指示剂试纸）
　　◇蒸馏水
　　◇小桶
　　◇铲子或挖土用的木棒

**准备工作**
　　◇选择不同地质条件的地块

**室外条件**
　　◇—

**活动流程**

◆　选择地块，采集不同地质条件或不同树种下的土壤样本。
◆　采集不同地块的土壤样本，在可能的情况下，采集不同深度的样本。
◆　用酸度计或酸碱指示剂试纸测定pH。
◆　对比pH，尽量解释土壤酸度不同的原因。

**提　示**

■　如果没有酸度计，可以使用酸碱指示剂试纸。
■　为了测定pH，应该用蒸馏水搅拌土壤。

**活动深入的可能性**

◆　了解土壤酸度、重金属的移动性及其对土壤生物的影响。
◆　了解来自空气的污染物。

巴伐利亚州森林土壤库存针叶林中土壤的酸度

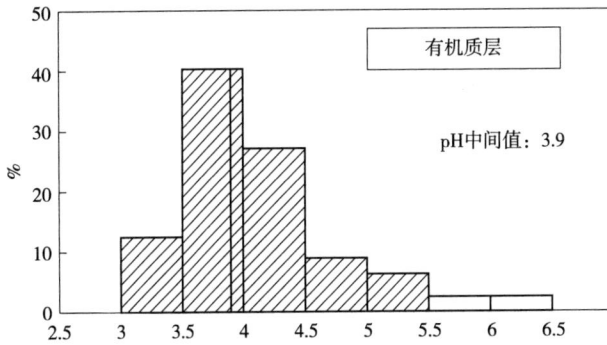

有机质层

pH中间值：3.9

土壤深度0~10厘米

pH中间值：4.0

土壤深度11~30厘米

pH中间值：4.4

←—— 酸 pH（中性） 碱 ——→

■ 来源：森林状况报告（1991），
巴伐利亚州食品、农业和林业部，
慕尼黑。

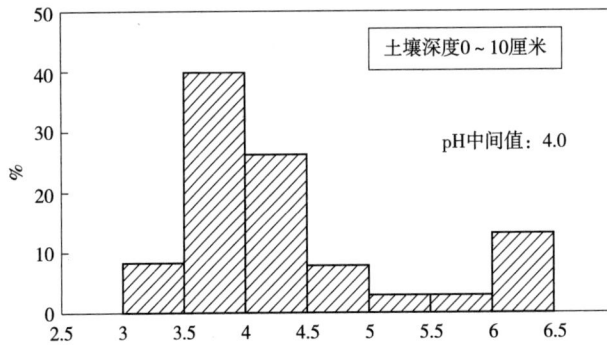

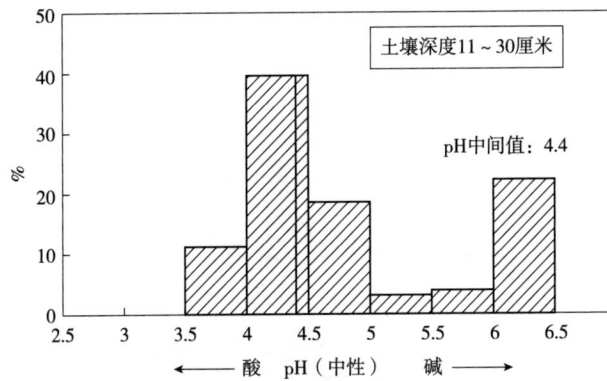

---

① 译注：读者可根据上表的格式，测量分析本地针叶林地不同深度土壤的酸度变化。

# 森林土壤 10　森林土壤是记仇的！

**内容** 对土壤压实的直观展示。

目的
　　◇了解土壤被压实的原因及影响，了解土壤和水的相互依赖
活动类型
　　◇调研型、知识型
参与者人数
　　◇3～30人
参与者年龄
　　◇4岁以上

时限
　　◇约30分钟
材料
　　◇2个相同大小的易拉罐，一头开口，另一头带有许多小孔
　　◇1升水
　　◇量杯
　　◇计时器或观察分针
　　◇一小块木板或扁平石块
准备工作
　　◇选择两个相邻的地块，一个土质松软，一个压实
　　◇准备易拉罐，在正中央做出标记
室外条件
　　◇避免雨天

**活动流程**

◆　移除土壤上的腐殖质层。
◆　使用木板或石块以及锤子，推动两个易拉罐，使土壤灌到罐里。
　　◇第一个易拉罐：松散的土壤（森林土壤）。
　　◇第二个易拉罐：压实的土壤（重型汽车碾压过的土壤）。
◆　每个易拉罐里倒入1/2升水。
◆　注意水进入土壤的时间。
◆　对不同的结果给出解释。

**活动深入的可能性**

◆　说明重型机械对森林林地碾压以及对森林土壤的封闭等造成的不良后果，展示土壤板结对植物生长造成的影响。
◆　说明森林开发的重要性。
◆　采用保护森林的方法，接近森林。
◆　谈论森林土壤对饮用水的重要性。

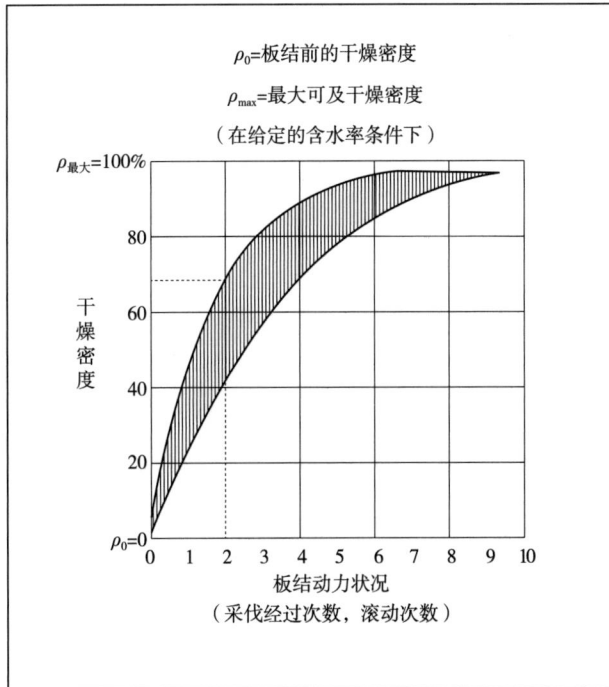

$\rho_0$=板结前的干燥密度

$\rho_{max}$=最大可及干燥密度

（在给定的含水率条件下）

干燥密度

$\rho_{最大}$=100%

板结动力状况

（采伐经过次数，滚动次数）

■　土壤矿物的板结行为（示意图）

来自:洛夫 H. 木材采伐对土壤损害的原因、后果及预防（讲座）. 木材——中心简报，第 149 期，1986 年重印。

Löffler, H.; Bodenschäden bei der Holzernte-Ursachen, Folgen, Vorbeugung (Vortrag), abgedruckt in Holz-Zentralblatt Nr. 149/1986.

# 森林土壤 11　水土流失实验

**内容**　对比水对森林土壤的侵蚀和对没有植被的裸露土壤的侵蚀。

**目的**
◇介绍侵蚀主题，了解森林土壤的不同功能

**活动类型**
◇调研型、知识型

**参与者人数**
◇3～30人

**参与者年龄**
◇6岁以上

**时限**
◇约20分钟

**材料**
◇水
◇2个测量碗
◇2个盒子，用于装土壤和植物
◇塑料薄膜
◇2个厨房用的滤网
◇塑料袋

**准备工作**
◇把塑料袋套在盒子里，在每个盒子上剪开一个口用于排水。在第一个盒子里装入裸露的土壤，第二个盒子里装入含有树根、苔藓和落叶的森林土壤

**室外条件**
◇—

**活动流程**

◆ 把盒子并排放在一起，把测量碗垫在下面成45度角。

◆ 盒子底部装上滤网，在盒子的上部倒入2升水，测量碗在底部接住流下来的水。

◆ 您会注意到森林土壤能保持大部分水，过一会儿之后才有一部分水渗出，而且流入碗中的水非常清。

◆ 此外，您会注意到裸露土壤受到很大程度的侵蚀，几乎所有的水迅速地流入碗里，而且是泥水，经过侵蚀后的土壤留在了滤网上。

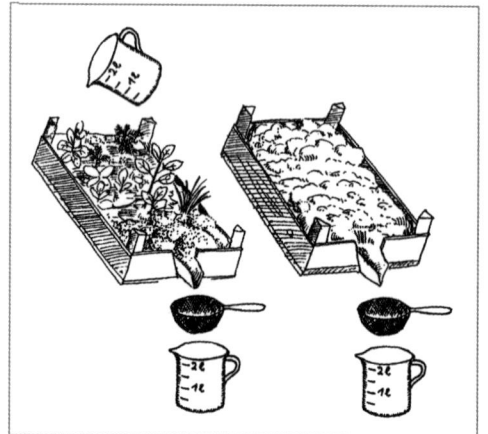

**活动深入的可能性**

◆ 讨论森林作为土壤"保护者"的重要性。

◆ 讨论土壤和水的相互关系。

◆ 讨论不同类型的土壤受到侵蚀的危险，例如，没有植被覆盖的区域、耕地和森林。

◆ 讨论森林对巴拿马运河流域或巴拿马境内其他流域的重要性。

# 森林土壤 12　蚯蚓展示箱

**内容**　土壤形成的试验以及在土壤分解过程中土壤生物的作用。

目的
　　◇了解土壤生物的重要性
活动类型
　　◇调研型、创造型、知识型
参与者人数
　　◇3～30人
参与者年龄
　　◇6岁以上

时限
　　◇约30分钟
材料
　　◇2片20～30厘米的腈纶布，用作窗口
　　◇几块未经处理的30厘米宽的木板条
　　◇螺丝
　　◇不同类型的土壤，例如，黑色菜园土或浅色沙土
　　◇树叶和腐烂的植物
　　◇约10只蚯蚓
　　◇深颜色的布
准备工作
　　◇提前3～5天准备好一个蚯蚓展示箱。提前24小时再准备好一个。怎样准备见以下的"活动流程"
室外条件
　　◇只有在不热、湿润和黑暗的条件下，蚯蚓才活动

**活动流程**

制作2个蚯蚓展示箱（见下图）：

◆ 用木条钉成一个盒子，把腈纶布固定到木盒子上，形成2个浅浅的窗口盒，开口在上方；

◆ 窗口盒内分层次填入3～5厘米的各种土壤；

◆ 把树叶铺在上面；

◆ 往土壤上洒水以保持土壤潮湿；

◆ 将蚯蚓放入两个窗口盒；

◆ 用深颜色的布盖住窗口；

◆ 几天后你会看到蚯蚓已经建立起了存放腐叶的隧道，短时间内隧道就会遍布整个土层，各个土层的泥土慢慢地也会混杂在一起；

◆ 如果把一个已经建好的蚯蚓窗口和一个新建的进行对比，你可以很好地观察蚯蚓的"工作"和生活方式。

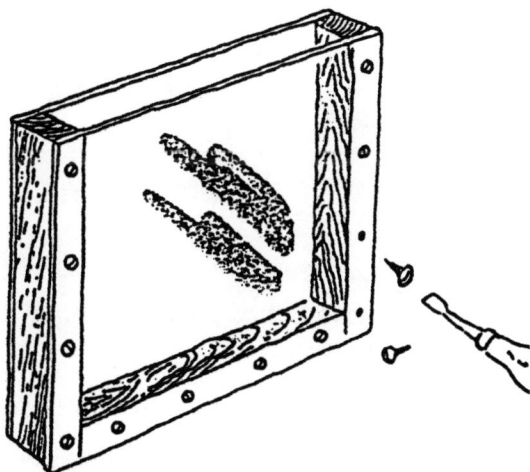

**活动深入的可能性**

◆ 讨论土壤生物的分类和变异（请参见[>]森林土壤 4 "跟踪土壤动物"）。

◆ 讨论土壤的大体形成。

◆ 如果参与者是高年级学生，可以允许他们把蚯蚓展示箱带回学校，但要求他们在一个月内归还。

**附加信息**

◆ 蚯蚓受不了光和干燥的环境，在自然环境中，只在夜里有露水的时候，它们才爬出土壤，把植物搬入它们的隧道。在大雨天的时候它们也爬出来，因为它们的隧道里灌满了雨水。土壤由于四处纵横的隧道而变得疏松，给空气和水提供了渗透的空间。

◆ 蚯蚓喜欢湿润的环境。在干旱期，它们向更深的地下挖掘，然后蜷缩起来。在这种安静的状态下，它们的体重下降到只有原来体重的一半。

◆ 蚯蚓用嘴叼住树叶，并运到隧道中。同时，用黏液把树叶变得湿润；细菌负责预消化。蚯蚓把剩下的味道很淡的部分，连同泥土和动物排泄物一起吃掉。几年之内，整个上层土壤都经过了蚯蚓的消化。

◆ 蚯蚓的排泄物是非常精细、松软的土壤——腐殖土，由有机物和矿物质构成。另外，蚯蚓把它们的排泄物粘到隧道壁上，或形成一个小球放在出口处。雨季的时候，您会经常在菜园里看到这种小球！

◆ 同时参见[>]森林土壤 4 "跟踪土壤动物"。

**参考文献**

克拉森安格I., 法森瑛K., 皮特尔K. 环境侦探——土壤活动之书. 维也纳: 奥瑞克出版社, 1989.

**Literaturhinweise**

Greisenegger, I., Farasin, K., Pitter, K.; Umweltspürnasen—Aktivbuch Boden. Orac–Verlag, Wien 1989.

# 森林土壤 13　我的土壤形象

**内容**　仔细查看森林土壤的一小块截面。

| 目的 | 时限 |
|---|---|
| ◇仔细观察各种物种和森林土壤的形成 | ◇10～30分钟 |
| 活动类型 | 材料 |
| ◇安静型、感受型 | ◇带子（每根长约2米） |
| 参与者人数 | 准备工作 |
| ◇最多10人 | ◇在森林里选择一块稀疏的、多样的、低矮的树林 |
| 参与者年龄 | 室外条件 |
| ◇6岁以上 | ◇干燥 |

## 活动流程

- ◆ 每个参与者得到长约2米的带子。
- ◆ 指导参与者分散开，并让他们在森林里找到自己最喜欢的位置，以此作为活动场地的界限。
- ◆ 参与者用带子标记自己选择的地块。
- ◆ 参与者必须观察所有做出标记的土壤方格。
- ◆ 最后，每个参与者必须把他或她最喜欢的土壤方格介绍给小组的其他成员。

## 活动变化方案

- ◆ 音乐方格：标记出土壤方格后，参与者随着长笛音乐、吉他音乐、鼓乐或只使用木棒的敲击声和拍手声围绕方格行走。当音乐停止时，每个人找到离他或她最近的方格，并向小组其他人员描述方格的情况。
- ◆ 记忆：让参与者闭上眼睛，改变方格里的一两件事物，例如，挪动一块石头，或加一段树枝。参与者必须找出什么东西发生了变化。
- ◆ 土壤"对号抽奖"：每个参与者站在自己的方格附近，然后您说出不同的事物，比如，山毛榉的叶子、松针、森林浆果、硬的东西、软的东西或绿色的东西。参与者必须找到这些东西，并举手表示他们已经找到。

---

**提 示**

活动及其变化方案可以以小组的形式进行，也可以个人单独进行。

---

### 参考文献

瓦尔特G. 泥土——幼儿园日常生活的一个元素. 弗莱堡: 海尔德出版社, 2006.

### Literaturhinweise

Verändert nach Walter, G.; Erde–Die Elemente im Kindergartenalltag. Verlag Herder, Freiburg 2006.

## C 背景知识

我们把森林土壤主题细化为以下四点。

1. 什么是土壤。

2. 土壤是有生命的。

3. 森林土壤：一种珍贵的保护资源。

4. 受威胁的土壤。

### 1. 什么是土壤？

根据每个人的不同立场，土壤有各种不同的概念。列举如下：

◇土壤是从上面来说受到地表植被层和大气层限制，从下面来说以地质物质为基础的地球表面最浅表的一层。与其他地表层相比，土壤层是最薄的一层。

◇土壤是地球表面的一部分，在这部分中，岩石圈和生物圈之间互相影响。

◇土壤不是紧紧堆压起来的物质，而是矿物质、腐殖质、有机物、空气和水的混合。

◇土壤是每天都有新事物产生的长期的建设"工地"。

◇土壤是所有生物至关重要的基础。

◇土壤是生命周期的关键元素。

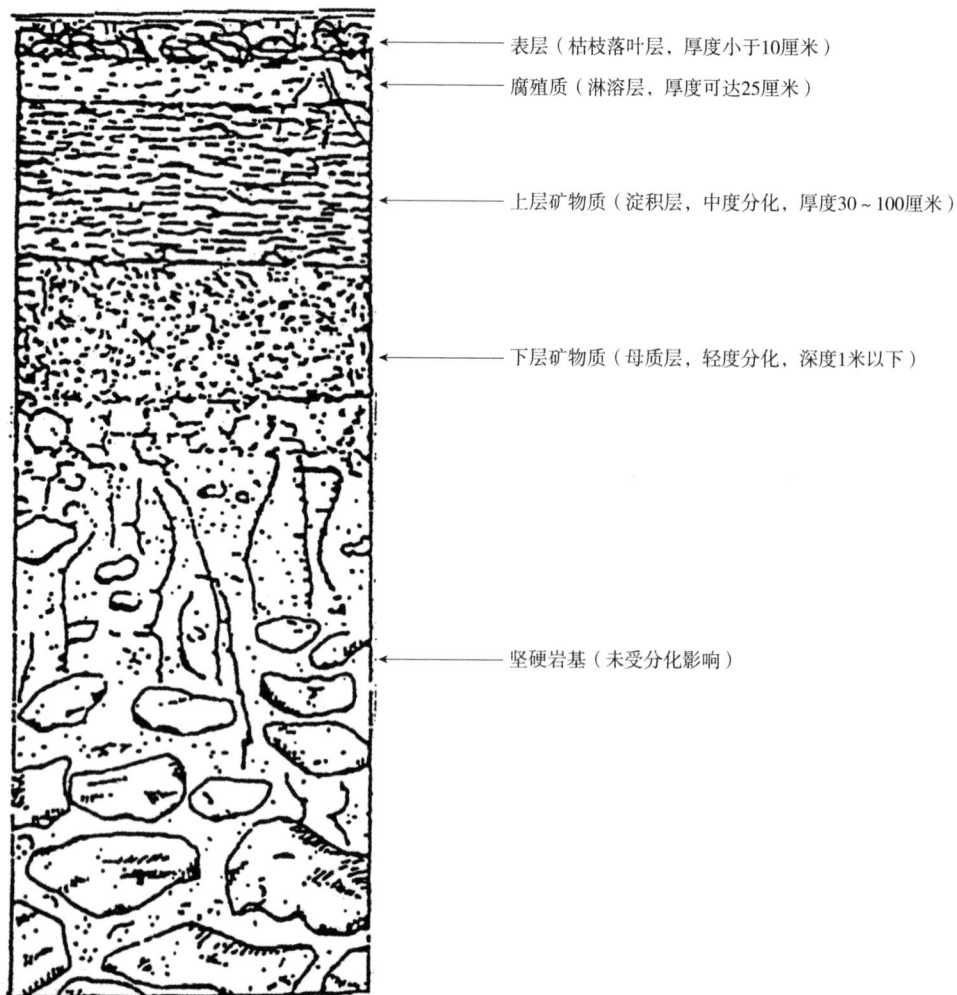

表层（枯枝落叶层，厚度小于10厘米）

腐殖质（淋溶层，厚度可达25厘米）

上层矿物质（淀积层，中度分化，厚度30～100厘米）

下层矿物质（母质层，轻度分化，深度1米以下）

坚硬岩基（未受分化影响）

分析土壤形成的概念，并有必要核查土壤的起源：几千年前的一片岩石荒漠。由于地区不同，分布着不同种类的岩石，岩石的构成也不同。随着时间的推移，在自然的力量下，如日照、雨水或冰冻，岩石被"软化"，在一些细小的错缝中，地球上的第一批植物生根发芽了。首先出现的是地衣，然后是苔藓和草。终于，"被分解的岩石"作为"有机物质分解"的结果，被赋予了新的意义。

有机物质分解成它们相应的基本元素，由于细菌的活动，这些元素被植物根系重新吸收。反过来，植物根系释放出溶解无机盐的物质。这样，土壤生成周期开始运行，最初时是非常缓慢的。

几百年后，以每千年约1厘米厚的速度，形成了薄薄的一层土壤。当第一批灌木和乔木扎根的时候，这层土壤开始生长，并迅速加厚。接下来是层理形成阶段。土壤里每个层理的形成都非常明显，每个层理都对其上层的土壤及其下层的土壤和岩石产生着影响。同时，森林本身也在生长，并很大地改善了有机物质的生产力。随着时间的推移，由于受原岩岩石的类型、气候、植被、动物和人类的影响，上层土壤变得更厚、更清晰。今天，人们可以在森林里选择一块土壤，利用垂直切片的方式观察这些土壤层理。

■　对不同土壤层理的定义

◇表层（枯枝落叶层）：上层土壤，由没有经过分解的植物叶子和枯枝构成。

◇腐殖质（淋溶层）：这一层在矿物质层之上，颜色较深，根据在森林里的位置不同而厚度不一，由有机物质构成，有大量的生物。

◇上层矿物质（淀积层）：这一层含有有机物质，处于过渡阶段，有集中的生物活动和强壮的根系。

◇下层矿物质（母质层）：很少见到根系和生物，基本上由被分解的岩石构成。

◇坚硬岩基：由地质物质构成的岩石层。

## 2. 土壤是有生命的

从树林和灌丛掉下来的树叶和小树枝经过常年的堆积，会形成巨大的"垃圾"山。而在自然中，土壤里的有机体起着分解森林有机物质的作用。

这些有机体包括菌类植物、细菌、单细胞有机体、线虫类、蠕虫、昆虫和昆虫幼虫。土壤里生存着成百上万的有机体，必须认识和珍惜它们在森林生命周期里的关键作用。

人们心中虽然知道土壤有机体的存在，知道它们非常微小，种类非常丰富，并且发挥着重要作用，但是并不尊重它们，且时常忽视它们。

## 3. 森林土壤：一种珍贵的保护资源

土壤就好像一层被赋予生命的薄薄的"皮肤"覆盖在大陆的土地上，地球6000千米的半径，只有地壳表面几厘米之内的地方集中生长着植物、动物和微生物。人类食物营养来源大部分来自这薄薄的一层。同样，在森林中，森林土壤也是所有生物的基础。森林树木几乎和所有其他森林群落直接或间接地从森林土壤中摄取营养和水分：健康的土壤——健康的森林！

森林土壤对水和整个地区养分有着特别重要的意义，在这些土壤中储存着营养物质并可以转换生成或分解营养物质。这样，森林土壤履行了过滤器功能，有效地截留和防止污染物进入土壤深层，甚至渗透到地下水中。同样，土壤也减轻了大气的负担，当土壤中储存碳的时候，就降低了大气中影响气候的二氧化碳浓度。通过森林土壤对水分的截留，有助于阻止或减弱河流洪峰。

### 4. 受威胁的土壤

■ 临危的土壤

联邦德国森林覆盖率大约为占全国总土地面积的1/3，森林土壤的多样性涉及土壤在景观与生活中表现出的不同特征与作用。不良影响威胁着这种自然多样性，其后果就是对从个别森林所有者到普遍森林都有危险和损害。与经过土壤耕作和施肥的农业土壤相反，森林土壤往往没有或只有轻微改变，但是森林土壤的原始状态，却正日益受到各种原因的危害。

■ 封闭的土壤

每一秒，仅仅在巴伐利亚州就有2平方米的土地被封闭，如道路建设、住宅和工业区建设。土地资源在缩小！更经济地使用重要的和有限的土地资源是十分迫切需要的。

■ 空气污染物的威胁

空气污染物使我们的土壤逐步改变。从天而降的酸雨中的硫酸和硝酸导致了我们的土壤逐渐被酸化，这不仅导致了土壤中营养物质的消耗，而且也常常引起土壤中pH的下降。几十年来，酸雨造成了土壤中植物主要营养库存的下降，如钙、镁的流失。另一方面，高氮造成了森林树木营养的单侧发展，许多地方营养过剩，富营养化。氮饱和的现象已经司空见惯。在极端情况下，空气污染物可能会导致酸化，促使有毒重金属对土壤和生物群造成重大影响。

■ 土壤结构被破坏（板结）

土壤是一个由土壤、空气、水分和固体养分等组成的复合体。土壤的孔隙系统（孔隙率）对土壤中的空气和水分起着决定作用。几十年来，重型机械经过的地方，土壤会变得更加紧密，粗细毛孔的平衡比例遭到了破坏。首先是运送空气的粗孔隙被损坏——这对根系生长及土壤生物区系造成了不利的影响！

因为土壤被强烈地压实，土壤密度的增加在重型机械第一次开过后就已经造成。林业的目的是在合适的天气条件下，利用必要的机械，在选定集材道上收集、运送木材。对集材道路以外的大面积区域必须严格保护。

■ 土壤物质遭损失（侵蚀）

在没有任何植被的情况下，存在着丢失松散的土壤颗粒的危险，特别是风雨侵蚀会对土壤造成损害。地形越陡峭，危险就越大。通过近自然林业经营可以阻止森林中产生无树木的空地现象。

■ 预防强于整治

森林土壤是一笔宝贵的财富，应该根据预防原则进行事先保护，以免其出现有害的变化。这样做的理由就是事先有效预防要比事后排污修复容易。目前，德国土壤的状况是通过随机抽样调查统计的，调查数据显示了：

◇目前森林土壤情况是什么样的；

◇哪些地区的哪些土壤特别受到危害；

◇存在什么样的变化趋势。

鉴于已经出现的土壤污染或者出于强烈的环境压力，采取净化土壤措施是非常必要的。所以，可以用森林盐碱来中和酸雨以便减轻土壤的酸化和防止土壤进一步酸化。对于规划中的林地施放盐碱以及采取其他预防和恢复措施来说，森林土壤状况调查将提供宝贵的参考资料。

# 第二节 水

水是构成一切事物的基质。

泰勒斯·冯·米莱特（Thales von Milet）

（公元前600年）

A 简明信息

B 活动

C 背景知识

## A 简明信息

地球上的生命来源于水，大多数生物包含超过了2/3的水，新鲜的木材含水量达到50%，水在我们的生命中起到了非常重要的作用。

林区对水源涵养有着重要的意义，因此巴伐利亚州大约75万公顷的森林面积（即占该州总面积的31%）满足了这一要求，特别是水源保护功能。总体来说，虽然来自森林降水的可用部分低于没有森林覆盖的地区，但同露天地块相比，森林作为"水源捐献者和涵养者"在许多属性方面具有优越性。

### 活动概览

我们建议您，借助后面活动的描述，富有想象力地逐渐接近"水"主题，您也可以选择借助[>]开始3"我是谁？"（请您使用水生动植物的明信片）。

■ 水1 "雨滴游戏"

参与者用石头模仿下雨的响声——一种舒缓而富有想象力的开始。

参与者是否了解水循环的概念及其特征？通过下列活动，您会以不同的方式让他们知道。

■ 水2 "水的森林之路"

通过用雨量器对森林中降雨量的测量和记录，了解森林对水资源的重要性。

■ 水9 "水的冥想"

一个说明和两段思考文字让人感受到水的特殊性。

■ 水10 "水的竞技"

当人们相互用手语玩水概念术语的游戏时，需要想象力和创造力。

■ 水11 "水循环—小水滴'滴答'"

让小朋友兴奋地聆听小水滴的故事，重复地玩水循环的游戏。

■ 水12 "词汇记忆"

谁有最好的记忆力记住森林和水的概念术语？最好在发现概念术语的地方做标记。

由于森林的过滤作用，所以对我们的饮用水的质量起着重要的作用，同时它能推迟洪水高峰的来临。至于森林怎样做到这些，参与者可以通过以下的活动来了解。

■ 水3 "森林里的饮用水"

这里清楚地说明了森林生态保护功能，特别是调节水流量、净化水和储存水的能力。

■ 水5 "水质调查"

这个活动回答了这两个问题："饮用水是什么？"和"水质是如何确定的？"。

■ 水6 "苔藓的蓄水能力"

说明沼生植物的重要性并计算其保水性。

■ 水7 "洪水实验"

在低洼地区，森林的防护功能通过比较有森林覆盖的集水区和没有森林覆盖的集水区来展示。

河流和溪涧是人类早期重要的交通工具，在这个时期让人想起下列活动。

■ 水4 "木材筏运[①]"

对于年轻的参与者特别地合适。让他们观察河流中水流的速度、流量和水中漩涡的形成，并认识到水是木材运输的一种手段。

---

① 译注："木材筏运"意思是指"木材驱动或被驱动"，如在水中，木材被水驱动，人们称之为"木材筏运"；即使木材在雪上或者冰上从山上往下滑行，专业术语也称之为"木材筏运"。"木材筏运"大多数是和木材从A地运输到B地联系在一起的。

# B 活 动

## 水 1 雨滴游戏

**内容** 参与者用石头模仿下雨的响声。

目的
　◇让小组放松，介绍水的主题

活动类型
　◇安静型、感受型

参与者人数
　◇5～30人

参与者年龄
　◇4岁以上（适合于学龄前和一年级儿童）

时限
　◇5～10分钟

材料
　◇每人2块石头

准备工作
　◇确保活动场地附近有石头

室外条件
　◇开阔地

**活动流程**

◆ 每个参与者找到2块石头。

◆ 让参与者围成一圈坐下，手里拿着石头。敲击石头，发出声音。参与者会发现，下面手里的石头和上面那只手里的石头发出的声音是不一样的。

◆ 让参与者闭上眼睛，保持安静。然后您摸一下第一个参与者的肩膀，让其开始敲击石头。听到第一个"雨点"的声音时，就宣布"雨来了"。

◆ 然后随机摸一下其他参与者，让其也发出开始敲击石头的信号，这样一个接一个地，直到听见一场大雨来临的声音。

◆ 当引导者第二次摸到第一个参与者的肩膀时，则该参与者停止敲击，这样一个接一个地停止敲击，表示雨变得越来越小，直到雨停。

**活动变化方案**

　根据参与者的活跃程度，活动的节奏可以不同，下雨的时间长短也是有灵活性的。当参与者敲击石头的时候，您就可以用自己的话向他们解释雨是怎样开始和怎样停止的。

# 水2 水的森林之路

**内容** 参与者了解森林中的水资源。

| 目的 | 时限 |
|---|---|
| ◇解释术语"降雨截留和降水量" | ◇最多1小时 |
| 活动类型 | 材料 |
| ◇调研型、知识型 | ◇3个雨量计量器或小量杯,用来测量降雨量 |
| 参与者人数 | 准备工作 |
| ◇最多20人 | ◇把雨量计量器安放在3个不同的地方。最好是有固定的测量地点 |
| 参与者年龄 | ◇复印附件 |
| ◇7岁以上 | 天气情况 |
| | ◇最好在雨天 |

**可持续发展教育目标**

◆ 对待事物的方法与能力

◇我知道自己缺乏哪些知识,并且有能力来弥补这些缺失的知识。

◇我在知识获取方法方面是经过训练的,如思考、联想、试验、研究、提出问题,等等。

这里:让参与者了解森林气象技术、术语,如截留,以及对于林木生长和地下水形成的实际意义。

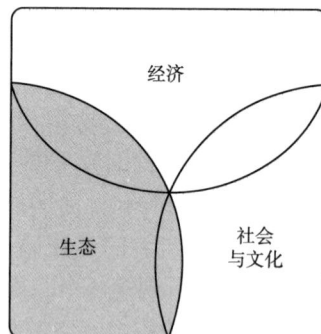

**活动流程**

◆ 在测量地点介绍相关知识之前,要把测量设备分别放在郁闭度高的和老树稀疏的林冠下。另外,还要在林中空地或者附近的草地上测量降水量,以便参与者对照比较。

◆ 向小组展示雨量计量器,解释它的作用以及它是怎样以厘米、毫米为单位表示刻度的。

◆ 带领小组走到放置计量器的地方。在测量地点,把一个计量器放在一个树叶较浓密的树冠下,另一个放在郁闭度低的树冠下。为了进行对比,还可以测量森林里砍伐迹地或森林附近空地的降雨量。

◆ 走路期间,解释计量器测位的要求、如何读出计量器的水位并记录在附卡上(参见[>]附件)。

◆ 通过下面的问题,使小组认识"保水性"这一主题:

◇ 在森林里天突然下雨时,应该站在哪里?

◇ 下雨的时候为什么树木能够保存那么多的雨水,即使雨不是很大,人为什么还是会被淋得透湿?

◆ 回答这些问题后,解释树冠的保水量(参见[>]附加信息)。利用附卡上标注的信息和截留量计算公式计算截留量(参见[>]附件)。

◆ 解释不同类型的森林的保水性对幼树生长、土壤植被层和地下水位（地下水层）的作用。大雨过后，让参与者站在树下，摇晃树干，掉下来的雨水的多少就可以证明树叶表面能保存多少雨水。通过这种方式，一棵树的保水性就很容易理解了。

◆ 通过下面的问题，使小组认识森林里的降水量：

◇水穿过森林的路径是什么？

◆ 把雨量计量器吊在树冠下，团队可以观察雨水流下树冠、消失在森林土壤里的水量。雨水不仅仅从树叶上掉下来，而且沿着树干和树枝，像小溪一样流到地上。

---

**提 示**

截留量可以根据下列公式计算：

开阔地降雨量－林中降雨量＝截留量

---

**活动变化方案**

◆ 在大雨天，雨量计量器可以放在不显眼的、活动刚刚开始的地方。记住放在具有比较性的不同地点，如树叶较密的地方、较稀的地方和没有树的地方。降水量这一主题可以在活动结束的时候进行讨论。

◆ 让参与者比较针叶树与阔叶树的林分测量数据，这样针叶树与阔叶树之间截留量的差别就会非常明显。

◆ 用洗涤喷雾器把水喷到具有不同粗糙程度的树皮的树干上。这样树干径流的大小就比较明显，例如，欧洲山毛榉比欧洲赤松的径流大；杨树比刺槐的径流大。

◆ 把水喷在一位参与者手掌上，要求一只手"水平"放置，另一只手臂向上倾斜。水在"水平"手掌上滞留或者向下滴水，另一种情况下是水流向衬衣袖子。这样就比较清楚枝条的位置对树干径流有哪些作用。

---

**附加信息**

◆ 最大的树叶表面通常保存每平方米4升的雨量即达到满负荷。当雨水的重量超过树叶表面所能承受的强度时，雨水就会落下。注意，由于每棵树的叶子的类型不同，一年中树木落叶的时间不同，我们看到的水的流失量也不相同。

◆ 不同树种的截留损失不一样，同一空地降雨量相比，针叶树如雪松、油松、刺柏的截留损失大约为30%～40%，而落叶阔叶树如枫树、梧桐、杨树的截留损失为15%～25%。

### 附件　水的森林之路

| 测量站 | 林冠郁闭度高 | 林冠郁闭度低 | 开阔地 |
|---|---|---|---|
| 读数日期 | | | |
| 读数时间 | | | |
| 天气状况 | | | |
| 降雨开始时间 | | | |
| 计量器里的水位（厘米） | | | |

降雨截流量计算公式：

开阔地降雨量_____－郁闭树冠林中降雨量_____＝截留量_____（升／平方米)

开阔地降雨量_____－稀疏树冠林中降雨量_____＝截留量_____（升／平方米)

## 水 3　森林里的饮用水

**内容**　观察森林土壤的过滤能力。

目的
◇了解森林土壤的过滤能力和保水能力

活动类型
◇调研型、知识型

参与者人数
◇最多20人

参与者年龄
◇7岁以上

时限
◇约20分钟

材料
◇2个底部穿孔的塑料容器
◇碎石、枯叶和沙子
◇像苔藓和蕨类植物那样的小植物
◇1根工作用的水管或1个装4升水的桶
◇2个2升的量杯

准备工作
◇收集材料

**可持续发展教育目标**

◆　对待事物的方法与能力

◇我在知识获取方法方面是经过训练的，如思考、联想、试验、研究、提出问题，等等。

◇我可以生动地传授知识。

这里：参与者在您的引导下，完成渗透试验，比较结果并讨论。

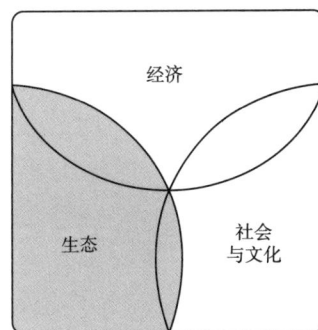

**活动流程**

◆　把参与者带到事先选好的地方。让1个或2个参与者往第一个塑料容器里装入碎石直到几乎装满。然后，在顶部覆盖一层枯叶或沙子。

◆　在第二个塑料容器里，装入足够大的石块，盖住底部。然后，在上面放一层碎石、沙子及枯叶。最后，铺上土壤，放入苔藓和小植物。

◆　把2个塑料容器挂在一个粗树枝上，高度与参与者的视线基本相平。用水桶往两个塑料容器里各倒入2升的泥水。用量杯接住流下来的水。

◆　参与者会看到每个容器里流出的水的纯度和水流的速度。对他们观察到的现象进行讨论。

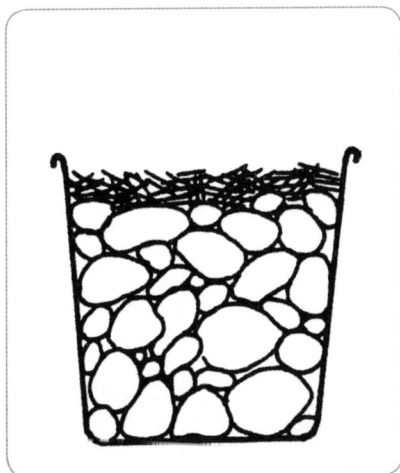

■　塑料容器1的构造

■　塑料容器2的构造

**提 示**

如果时间有限，可以提前准备好塑料容器。

**活动深入的可能性**

请参见[>]森林土壤10 "森林土壤是记仇的！"。

# 水4 木材筏运

**内容** 观察和比较一条小溪里水流动的速度、流量和漩涡。

目的
　　◇让参与者研究小溪水道动态，了解水道是历史上木材运输的主要途径
活动类型
　　◇活泼型、创造型
参与者人数
　　◇10～40人
参与者年龄
　　◇8岁以上

时限
　　◇45分钟
材料
　　◇20根50厘米长、直径大约10厘米的云杉原木，其中10根的前面表面用红色标记，另外10根用蓝色标记
　　◇绳子或者长的枝条作为目标设置线
　　◇每个参与者：2米长的木棍
准备工作
　　◇寻找一段河流，要求流速不太快，并且容易到达岸边。目的是要让参与者能从水中把木材捞上来
室外条件
　　◇不要太冷

**可持续发展教育目标**

◆ 社会能力
　◇我有团队精神，顾及他人的优点和缺点。我可以和他人一道，寻求公平和公正的决定。
　这里：参与者了解，在团队比赛中雄心与公正要相一致。
◆ 个人能力
　◇我有信心，不会受到挫折就丧失勇气。
　这里：参与者了解到，竞赛要避免失败风险，要做好这方面的准备，使自己有能力胜任。

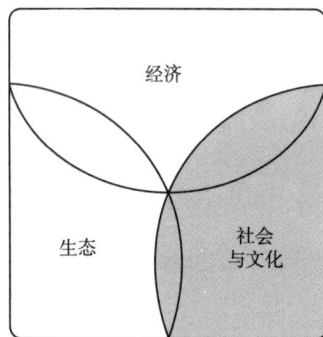

经济

生态

社会与文化

**活动流程**

◆ 作为引导者，要确定木筏漂流的距离。用绳子或者长的枝条做标记，并让所有参与者都知道漂流的终点。
◆ 把参与者分成2个小组。我们建议您参见[>]开始7"谁和谁在一起？"。
◆ 介绍比赛规则
　◇参与者带着木棍均匀地站在河岸边（最好是站立在河两边）。每组有一人站在终点。
　◇当每个参与者都找到自己的位置时，同时将红色标记和蓝色标记的漂流木材一根接一根扔到河中。小组成员的任务就是要将代表他们颜色的木材尽可能快地漂流到终点，站在终点的那个人要把他们组的木材捞起来。
　◇哪个组所有的木材先到终点，并且全部从水中捞出，哪个组就算赢。在评价时，木材数量的完整性要比木材漂流所需的时间更加重要。
◆ 现在开始正式比赛。

### 活动变化方案

划船比赛：要求参与者用天然材料手工制作出一条小船。这些船只同时在起点放入水中，并在一定的距离后收回。只有在船只被绊住或者竞争小船通过终点的情况下，才允许他们的"船长"用木棍指引。参与者人数最多15人。

### 活动深入的可能性

这个活动特别适合隘口区域，可以直观地说明"木材筏运"主题。你也可以比较木材以前和现在运输的不同。如果参与者随后还能看到现代木材运输工具，如集材移动拖拉机、绳索起重机或者正在工作状态的卡车，那就最好不过了。

---

**提 示**

特别是在夏天，孩子们通常会全神贯注地参与游戏。为了迅速地运送更多的木材，他们穿着鞋和裤子站在水中。孩子们很可能会把衣服弄湿。因此，建议该活动安排在其他活动之后更为妥当。

---

## 水5　水质调查

**内容**　参与者调查水质。

目的
　◇了解水质的特点
活动类型
　◇调研型、活泼型、知识型
参与者人数
　◇最多15人
参与者年龄
　◇10岁以上，特别适合6年级以上的学生和家庭

时限
　◇1～2小时
材料
　◇工作记录单（参见[>]附件）
　◇每个小组2或3个容器
　◇绳子
　◇简易温度计
　◇pH试纸
　◇纱网
　◇透明玻璃罐
　◇放大镜
　◇平底容器
　◇量尺
　◇测量氧气和硝酸盐含量（可选）的器具
　◇计时器
　◇铅笔或钢笔
准备工作
　◇在当地选择不同来源的水，比如，小溪、泥潭等
　◇进行预先分析
　◇复印工作记录单（参见[>]附件）
　◇考虑品尝不同来源的水的安全性
室外条件
　◇天气晴朗

可持续发展教育目标

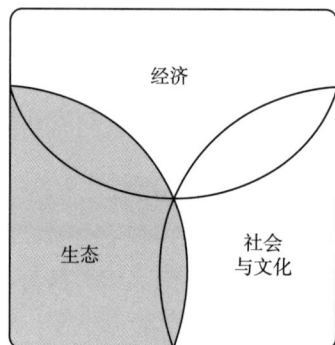

- 对待事物的方法与能力

 ◇我知道自己缺乏哪些知识，并且有能力来弥补这些缺失的知识。

 ◇我在知识获取方法方面是经过训练的，如思考、联想、试验、研究、提出问题，等等。

 这里：参与者借助合适的工具和参考指南书籍，通过特定的特征来了解水中的物质，从而推断出水质好坏。知识的获取主要靠自主学习。

- 社会能力

 ◇我可以和其他人一起制订计划并实施。

 这里：在小组内和谐地分配任务，确定需要哪些结果。

活动流程

- 简要介绍后，分发工作记录单和工作材料。如果组很小，可以一起收集信息；否则，每个工作组应该有5位参与者。

- 定时召集参与者到一起交流结果。

 ◇没有必要对所有工作记录单上调查的结果进行分析。例如，确定氧气和硝酸盐含量是专业人员的任务。

 ◇动物和植物由小组根据参考资料给出的快速参考指南确定或者只是大致地描述、画出。

- 总结时，小组提交工作记录单，对比结果。引导者帮助参与者解读结果，对水质进行总体评估。

- 引导者帮助参与者用所得的结果来粗略地评估水质。

---

**提 示**

■ 声音：找一个没有车辆和其他城市噪音影响的地方。

■ 气味：参与者用手取水，用鼻子闻闻。

■ 颜色：把水收集到透明玻璃罐中，与其他类似样本放在一起进行对比，后面放一张白纸，透过玻璃罐观察。不要局限在一个地点收集水。

■ 水底状况：可能的情况下，光脚进入小溪。小心！不要让岩石割伤脚。

■ 品尝：小心！一定要在确认没有污染后，再去品尝。

■ 水流的速度：

 ◇按照[>]水 4 "木材筏运"中划船比赛的规定进行。

 ◇测量速度：把一条固定长度的绳子放到水里，然后放进一块木头，使用跑表，测量木头从绳子一头到另一头的时间。

■ 温度：完全可以使用简易温度计。

■ pH：使用pH指示剂试纸。

■ 氧气和硝酸盐含量：该器具应该包括相关指标。

---

在本次活动中介绍一下动植物鉴别概况即可。

**参考文献**

　　恩格·哈特，瑞菲尔德，马丁. 在沼泽、溪流和池塘中生活着什么？我们水域中生活的动植物；内陆水域生命教学指南.斯图加特：弗兰克宇宙出版社，2008.

## Literaturhinweise

Als Bestimmungsbuch empfehlen wir:

Engelhardt, Rehfeld, Martin; Was lebt in Tümpel, Bach und Weiher? Pflanzen und Tiere in unseren Gewässern. Eine Einführung in die Lehre vom Leben der Binnengewässer; Franckh–Kosmos Verlag, Stuttgart 2008.

## 附件　工作记录单

　　水域地点及名称：_____

　　声音：_____

　　气味：_____

颜色：_____

水底状况（如泥泞、石质）：_____

　　味道（干净水）：_____

水流的速度：_____

温度：_____

pH：_____

氧气和硝酸盐含量：_____

植物：_____

动物：_____

# 水6　苔藓的蓄水能力

**内容**　参与者了解苔藓类型及其蓄水能力。

| 目的 | 时限 |
|---|---|
| ◇让参与者了解：苔藓能储存大量水分并对防洪抗灾有着巨大贡献 | ◇30分钟 |
| | 材料 |
| 活动类型 | ◇1立方米的沼泽苔藓和其他类型的苔藓 |
| ◇调研型、知识型 | ◇量筒 |
| 参与者人数 | ◇漏斗 |
| ◇不超过15人 | ◇杯子 (250毫升) |
| 参与者年龄 | ◇木钉 |
| ◇10岁以上 | ◇1平方米大小的网，网格大小为1分米×1分米 |
| | ◇装有水的桶(如果附近没有自然的水源) |
| | ◇苔藓识别指南书 |
| | ◇标记棍子 |
| | 准备工作 |
| | ◇寻找一条容易到达的河岸 |
| | 室外条件 |
| | ◇— |

## 可持续发展教育目标

◆　对待事物的方法与能力

◇我知道自己缺乏哪些知识，并且有能力来弥补这些缺失的知识。

◇我在知识获取方法方面是经过训练的，如思考、联想、试验、研究、提出问题，等等。

◇我能生动地传授知识。

这里：参与者在引导者的引导下通过独立学习和实践，获得知识提升，并推论出它们之间的联系。

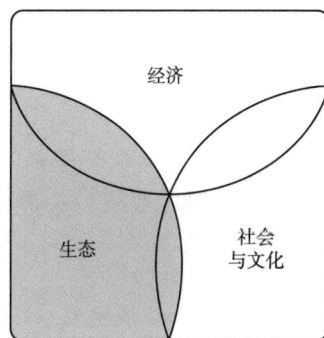

## 活动流程

◆　要求参与者用量筒估算1立方米的沼泽苔藓中能够储存多少水。

◆　让参与者将水分从沼泽苔藓中挤压出来，用量筒准确测量，单位为毫升，然后将水量换算成升。

◆　然后，让参与者估测量筒中的水是否比杯子里的多。

◆　最后，把水倒入杯中，让参与者了解沼泽苔藓（或者其他苔藓）吸收了多少水。

◆　参与者要记录所有数据，然后尝试去计算每立方米的苔藓能储存多少升的水。

◆　在引导者的帮助下，参与者标记1英亩（约0.4公顷）的草地，然后计算1米深的沼泽土壤在1英亩的面积上能吸收多少水。

**活动变化方案**

◆ 让参与者确定，其他类型的苔藓能吸收多少水[①]。

◆ 做这个活动要强调以下问题：

◇湿地有哪些意义？（水源、动物与植物的避难所）

◇哪种类型的苔藓能截获较多的水？

◇地下水从哪里来？

◇尽管苔藓不是食物，但它对人类有哪些意义？

◇翻耕草地是否理智？

◇厚度1米、面积1公顷的泥炭苔藓能吸收多少水？这个问题参与者可以在家中或者学校里计算。

---

**提 示**

■ 参与者没有1英亩面积大小的概念。因此，在转换单位时有难度。如果以立方米来计算截获水的数量，应与以前所学的知识符合。

■ 许多苔藓类型看起来相似，因此这个主题在学校里不会经常被提起。

---

**活动深入的可能性**

◆ 讨论高位酸沼泽地对于水资源管理以及预防洪水灾害方面的意义。

◆ 请参见[>]水7"洪水实验"。

# 水7 洪水实验

. . . . . . . . . . . . . . . . . . . .

**内容** 通过模型，让参与者对森林如何阻止洪水高峰的形成有个直观感受。

| 目的 | 时限 |
|---|---|
| ◇让参与者了解森林与洪水之间的联系，并引起他们日后的关注 | ◇30分钟 |
| | 材料 |
| 活动类型 | ◇喷壶 |
| ◇调研型、创造型 | ◇水 |
| 参与者人数 | ◇样板房的材料，如供揉捏的黏土、蜗牛壳 |
| ◇5～15人 | 准备工作 |
| 参与者年龄 | ◇在引导活动之前，设置并测试山谷系统（见下页[>]草图） |
| ◇8岁以上 | ◇设置沟壑，"森林"可以是云杉天然林或苔藓等 |
| | 室外条件 |
| | ◇没有雪，没有霜 |

---

[①] 译注：在苔藓植物中，有一类叫泥炭藓的植物吸水能力很强，吸水量可达自身重量的20倍左右，具有非常好的保水、保肥、透气等特殊功能，有"超级海绵"之称。贵州独山、都匀、雷山等地有野生和人工种植，当地称"海花草"。

——安明态

**可持续发展教育目标**

◆ 对待事物的方法与能力

◇我知道自己缺乏哪些知识，并且有能力来弥补这些缺失的知识。

◇我在知识获取方法方面是经过训练的，如思考、联想、试验、研究、提出问题，等等。

◇我能生动地传授知识。

这里：参与者能够体验生动的森林防护功能，他们会表现出非常吃惊的样子。

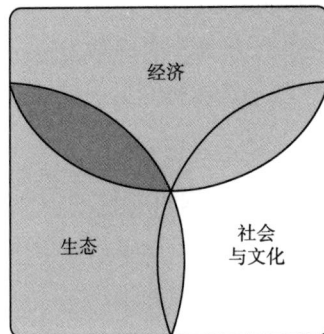

**活动流程**

◆ 同参与者一起设置一个"建设区域"（见下页[>]草图）。

◆ 要求每位参与者自己寻找或者建造"房子"，并且放在"建设区域"。 ◆ "房子"建好以后，在"河的上游"有"森林"的集水区倒空喷壶的水。

◆ 然后在"河的上游"没有"森林"的集水区倒空喷壶的水。

◆ 同参与者一起，分别观察2次实验中"居民点"的洪水发展的变化。

◆ 同参与者一起讨论：

◇灾害后对损坏的房子以及幸免的房子，你有何感想？

◇在选择建房地点时是否考虑了洪水因素？

◇森林有哪些功能？

**提 示**

■ 在选择"居民点"时，不事先告诉参与者要做洪水实验。

■ 这个活动特别适合以容易让人记住的方式，生动地展示一个稳定的防护林具有重要的防护作用。

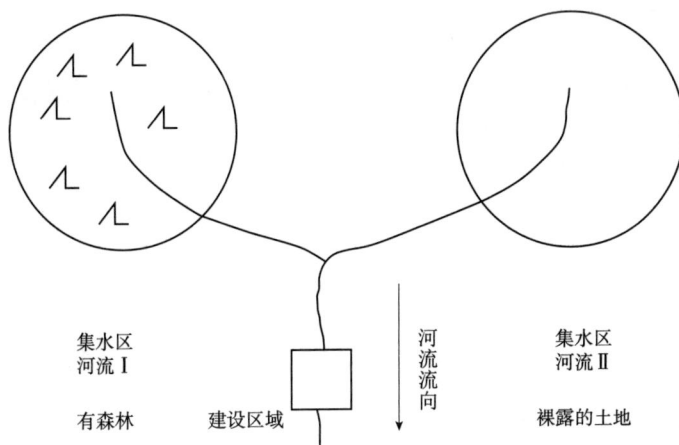

集水区
河流 I

有森林　　　建设区域

河流流向

集水区
河流 II

裸露的土地

**活动变化方案**

◆ 把参与者分成2组，让其中的一组进行独立尝试，包括设备准备等。

◆ 然后您同另一组一起做实验。

**活动深入的可能性**

◆ 让参与者相互介绍经验：他们自己家的房子建在哪里？有谁经历过洪水？森林怎样阻止洪水的到来？

◆ 请参见[>]水 2 "水的森林之路"。

# 水 8　城市、森林与河流——角色扮演

**内容**　围绕河段的形成，从不同的角度出发，通过角色扮演的活动让参与者体验可能发生的利益冲突。

| 目的 | 时限 |
|---|---|
| ◇参与者从不同角度来考虑河段设计 | ◇45分钟 |
| 活动类型 | 材料 |
| ◇活泼型 | ◇8个角色的描述（参见[>]附件） |
| 参与者人数 | ◇可能要为扮演记者的参与者准备照相机 |
| ◇8～15人 | ◇复印角色描述，数量同参与人数一致，并把它们剪开 |
| 参与者年龄 | 室外条件 |
| ◇10岁以上 | ◇也适合室内 |

**可持续发展教育目标**

◆ 对待事物的方法与能力

◇我自己很清楚，多学科的合作是多么有价值，也知道它有多难。

这里：参与者代表不同专业学科的利益。

◆ 社会能力

◇我能同其他人寻求公平和公正的决定。我可以不用暴力解决冲突。

这里：参与者站在不同的观点，并在理想的状态下达成妥协。

◆ 个人能力

◇我知道我想要什么，并能保证它的实现。

这里：讨论中，参与者要尽可能地、成功地说服对立面同意自己的观点。

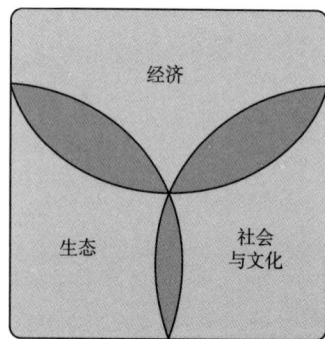

活动流程

◆ 向参与者介绍开始情况，然后把角色描述的纸条发给他们。留给参与者一定的准备时间，然后让他们介绍自己的角色。他们要思考适合他们自己身份的观点与理由。一个角色可以由多人担任（县长除外），他们代表一个利益团体。

◆ 接下来是准备阶段。参与者不要互换他们不同的角色——最好在这段时间内都不说话。如果多位参与者担任同一个角色，他们之间相互交流就很有意义（当然不能让其他利益相关方的人听到），他们一起准备辩论战略。参与者有30分钟的角色讨论。

◆ 角色扮演由介绍"县长"身份开始，他或者她在后来的讨论中担任主持人。如果需要，您作为活动引导者支持讨论并加以引导，否则就尽可能地让参与者自己发挥。

◆ 30分钟讨论结束后，"记者"才有机会发表他们的见解。他们会对讨论过程有一个总的评价，然后每位参与者都说说自己的感受，讨论过程怎么样，讨论结果是否令人满意等。最好活动的引导者能给出一个评价，谈谈您是怎样经历讨论过程的。

## 附件 背景材料

农村地区的河段涉及农业、林业和一些村庄不同利益团体和个人之间的利益冲突，河水的水质中等，并且10年前被整修过。从那以后，由于保护措施的缺失，再加上属于早期的水灾地区，这加剧了下游城镇、村庄洪水灾害的发生。特别受其影响的城市是"瓦萨林根"（Wasserlingen），在过去10年中经历了相同的2次"世纪洪水"，而且每次都造成巨大的经济损失。主管部门水利局计划在"瓦萨林根"河段上游恢复自然河道。老百姓对恢复自然河道的观点不一致。另外一个争论的焦点是海狸的重新安置。因此，县长召开会议，邀请所有的利益相关方的代表参加，想综合各方的利益需求，寻求一条对河段可持续发展有利的解决方案[①]。

您是：县长

您召集不同的利益群体，寻求河段可持续发展的优化方案，以便各利益相关方都能接受。您已邀请所有的利益相关方的代表出席会议，并担任讨论主持人。开始时，您要向参会者致欢迎词，然后要求参会者依序作简短的自我介绍和阐述他们的观点。讨论中要注意，所有参与者都能提出自己的观点，辩论以事实为依据，对话以解决问题为导向。30分钟讨论结束后，您要介绍达成一致的解决方案。

您是：河边毗邻的森林所有者

您认为自然河道的恢复和海狸的重新安置会危及您的森林。这片森林是经过过去30年的努力才形成的近自然混交林。您担心有些树种不能承受短暂的洪涝以及与此相关的森林恢复的高额成本。

您是：河边毗邻的农田所有者

---

① 译注：读者可根据当地森林、水源、河流、经济发展、生态保护的不同情况，有针对性地开展以水为主题的讨论活动。

您全身心地经营农业，认为自然河道的恢复和海狸的重新安置会威胁您的毗邻领域。您拒绝可能导致您的领域临时泛滥的建议，并坚持您的意见，因为农田临时泛滥与产量大幅度下降是相关的。

---

您是："瓦萨林根"城市的居民

您的房子在上次的洪水中受损，因此您有巨大的物质损失，更不要说由此造成的心理压力了。您呼吁通过自然河道的恢复，增加新的保水区域，迅速解决洪水问题。至于海狸的安置问题，您没有反对意见。

---

您是：自然保护论者，并居住在县城

您对自然非常关切，多年来一直致力于自然保护工作。您倡导建立多样化的生境结构的恢复措施。此外，您同意海狸的重新安置，因为这里是它们以前的自然栖息地。

---

您是：格豪斯巴赫村（Dorfes Großbach）的居民，直接处于应恢复自然河道的区域内

您担心，通过自然河道的恢复，将来会发生更大的洪水灾害使沿着河边的小径消失。另一方面，由于此处风景是一种近自然的形态，会对游人更有吸引力，区域经济会因此获益。

---

您是：当地公用事业代表

您想在河段中建立一个小型水力发电厂，以便不依靠大型电力供应商，为当地提供更多的绿色能源。为了建立水力发电厂，您需要河边一块合适的土地（以前的农业用地或林业用地），同时还要保持此处高的水流速度。您不赞成自然河道恢复措施计划，反对海狸的重新安置，否则您必须放弃在这个地区建立水力发电厂。

---

您是："瓦萨林根信使"地方日报的记者

您试图找出不同利益相关方争论焦点背后的真实原因（也可以是单个的相关方的照片），第二天要能在报纸上看到您的报道并有引人入胜的标题。

# 水 9　水的冥想

**内容**　参与者体验水的特征与本质。水的流动、水的透明度、水的温度和水的力量对大多数人来说是一种冥想，也许还是一种惬意的放松，对许多人来说更是一种精神层面的享受。

| | |
|---|---|
| **目的**<br>　◇让参与者得到内心的平静，以追随自己内心的水迹<br>**活动类型**<br>　◇安静型、冥想型<br>**参与者人数**<br>　◇5～30人<br>**参与者年龄**<br>　◇10岁以上 | **时限**<br>　◇15分钟<br>**材料**<br>　◇坐垫<br>**准备工作**<br>　◇您自己本身尝试安静地冥想<br>　◇编写冥想文本，并按意义牢记<br>　◇选择一块林地，最好靠近溪流、河流或池塘边。选择的地方要有足够大的空间，并免受噪音和游客的干扰<br>　◇准备一些轻松的音乐<br>**室外条件**<br>　◇在恶劣天气下，也适合室内活动 |

**活动简介**

　　冥想的主要目的是让自己的身体和心灵得到平静。一些准备措施、身心的放松和有关沉思方法的知识，能大大帮助我们做到这一点。您自己要找出答案：怎样进入冥想状态。读一遍我们的提示，并尝试自己的想法。首先，最主要的是您要开放和有意愿地去使用这种方法。同时，也给您自己一次机会去尝试。

**提示**

　　如何进行水的冥想和找到进入该事件的方法，要靠引导者的敏感度和经验，最后还取决于当时的实际情况。如果您是一位优秀的引导者，那么您的引导可以被儿童、大多数青少年甚至成年人接受。

**准备**

　　最重要的事情是：您要确保冥想时保持安静，不受打扰；要尽最大可能地保证听不到干扰的噪音、没有徒步旅行团组直接从边上经过。粗暴地打破放松状态会令人不舒服。如果您不断地听到卡车路过的声音，对您来说，进行完全的自我放松就非常困难。

　　当您在室内引导冥想时，您也许可以通过播放轻松的音乐作为背景音乐来创造轻松舒适的环境。如果是坐着进行冥想，需要有足够多的坐垫。

**姿势建议**

最后，您可以在任何想得到的位置上进行冥想。但下列冥想姿势的建议已被证明是非常有用的。您自己先熟悉好，并亲自尝试。

◆ 站着冥想

请您站直，双脚分开与肩同宽。您可以在空地上，也可以靠在一棵树干上冥想。当地面太潮，不能就座和没有现成的坐垫时，站着冥想就非常可行。

◆ 经典的坐式冥想

您要选择一块防水坐垫，进行经典的坐式冥想。理想状态是把坐垫放在森林地面上。您可以是双腿交叉的坐姿或是半莲花坐姿甚至是全莲花坐姿[①]。

◆ 身体姿势

您的脊椎要尽可能挺直，但不要僵硬，而是完全放松。您身体的能量可以自由地从上向下和反向地移动。

◆ 头部姿势

下巴向胸部微收，以便颈部平缓地延伸。这样能量可以轻巧地从头部向身体和反向流动。

◆ 面部

您可以闭上眼睛或者看着您前面地面上一个点。请保证，您的嘴轻微张开，颚骨放松，舌尖轻抵上颚。

◆ 双手

您的双手放在膝盖上休息，掌心朝上，拇指和食指的指尖组成一个圆环，其他手指轻松地伸直。如果您感觉这种姿势不舒服，您可以将双手掌心朝下地放在膝盖上。

**活动流程**

◆ 请参与者在您的周围找一个位置，并选用自己感觉舒服的姿势，不管是坐着、站着还是躺着。您也可以分发坐垫。冥想时，请参与者闭上眼睛，不要说话或者是发出其他的声音。

◆ 当所有的参与者都进入安静状态后，用平缓的声调，缓慢地吟诵冥想文字，并注意适当的停顿。冥想结束后，不需要详细评论冥想经历。但引导者在最后一轮要给那些想分享的人一次机会。

**这些摘录应成为自己的激励文字**

### 水的冥想摘录1

"双脚稳定地站立在地面上。地球围绕着你。感觉血液如何通过你的动脉流出，感觉身体的每个细胞潮汐般流动。地球上所有的生物都需要水，都由水组成，如动物、植物和人类。你周围的树木正在用它们的根吸收地下水。你所处位置的森林，一直很渴，每天要饮用大量的、流动的生命能量，水分被泵入每片小叶片，然后从那里蒸发。因而，林中形成舒适的林下小气候。但你也是流体，来源于原始大海形成的水滴。寻找你沉默安静的源头、情感的电流与力量的潮汐。深深感知你内心的喷泉，你的潜意识。"

---

① 译注：全莲花坐姿是双脚交叉分别放在另一条腿的大腿根部；半莲花坐姿是一只脚放在另一条腿的大腿根部，而另一条腿平放在地面上。

**水的冥想摘录2**

"试想一下，你让自己在温暖的夏日夜晚，在静静流动的河中、在温暖宜人的水中漂流。你看到宇宙数亿颗恒星，它们和淡淡的月亮是地球的忠实伴侣。河水一直慢慢地向森林的心脏滑行。你消失在宁静、友好的世界里。你看到，你周围强大的树木，为你提供着保护与安全。树木弯曲它们的枝条，直至紧靠水面，树叶发出沙沙作响的音乐。当你继续向前时，一些枝条会轻轻地扫过你的脸，像是在抚摸你。河水带着你继续流向远方，直到被储存在林中空地中间清澈的湖中。水面上映射出闪烁的星星。"

**河流的冥想**

让你的身体放松，舒服地，闭上眼睛。

发自腹腔地正常呼吸……

你的呼吸流入体内，从体内流出……

释放呼吸，感到自己很放松。

你的内心是宁静的中心。

感觉到每一次呼吸你都更加放松……

我的声音变得更加清晰，

没有什么更加重要了，

它非常遥远，它不重要。

放松你的身体，释放内部压力……

呈现在你眼前的是一幅春季田野的景象……

你在田野上漫步，走到一条河边……

你发现自己站在一条宽阔、美丽的河边，

微波粼粼……

岸边有茂盛的树木，

你寻找一个地方，坐下来……

舒舒服服地，坐在岸边……

你看着河水，想着……

一切像河水一样流过……

一切流过，没有人能够阻拦……

这样很好，一切都很充裕……

你懂得，在这里，在河边……

你看着这条河，

你看见一切流过，就像看见自己……

一切流过，你看见自己的内心……

你意识到一切流过，

你就像水，你流淌……

你站立起来，

沿河边走一小会儿，

边走边感觉到内心深深的满足，

深思，宁静……

这些你都懂得，

现在你了解它们。

这样的知识浸入你的内心……

你接收了这样的知识，

有意识地、在日常生活中……

当你醒来时，你感受到树木的力量

和河水在你内心的宁静……

你下意识地感觉你的呼吸……

随着每一次呼吸，你都更加清醒。

现在你可以移动你的身体，伸展，慢慢地回到现实中。

请参见[>]第九章 附录中的"冥想元素"。

# 水 10　水的竞技

**内容**　参与者分成小组，相互用手势表达不同的水概念术语，让对方猜。

| | |
|---|---|
| 目的 | 时限 |
| ◇参与者更多地了解森林与水之间的联系 | ◇15分钟 |
| 活动类型 | 材料 |
| ◇活泼型、创造型 | ◇概念术语卡片（参见[>]附件） |
| 参与者人数 | 准备工作 |
| ◇10～30人 | ◇把概念术语卡片剪开 |
| 参与者年龄 | ◇选择一块林地，最好靠近溪流、河流或者池塘边。地方要有足够大的空间，不受噪音和游客的干扰 |
| ◇10岁以上 | 室外条件 |
| | ◇在恶劣天气条件下，也适合室内活动 |

**活动流程**

◆　将参与者分成5～6人的小组（请参见[>]开始7"谁和谁在一起？"）。

◆　您向每个小组一个接一个地展示概念术语小卡片，让他们用手势表示概念术语，另一小组猜，直到他们猜对。猜对的小组可以进行下一轮。

**提 示**

■　只有应用那些参与者知道的概念术语，引导活动才有意义。

■　以前介绍过的概念术语，可以通过这个活动加以强化巩固。

**活动变化方案**

这些概念术语也可以向小组用耳语表示，以代替发放小卡片。这样就可以完全单独使用这些以前学过的词汇。此外，这种活动不需要进一步准备，可以立即使用，并且可以自发地使用。

**活动深入的可能性**

最后，在全体参与者面前，解释猜中的概念术语以及不同概念术语之间的关系，并探讨它们与森林之间的关系。

## 附件　关于水的简单概念术语（适合10岁以上的孩子）

| | |
|---|---|
| 雨云 | 河流 |
| 瀑布 | 雾 |
| 雷暴 | 洪水 |
| 水循环 | 水力 |
| 干旱 | 地下水 |
| 水源 | 井水或泉水 |

## 附件　关于水的复杂概念术语（适合15岁以上的孩子）

| | |
|---|---|
| 土壤侵蚀 | 饮用水 |
| 水污染 | 水存贮 |
| 树干中水分运输 | 蒸发 |
| 树干径流 | 截留 |
| 河岸加固 | 水净化 |
| 毛细管 | 冰冻风化 |

# 水 11 水循环——小水滴"滴答"

**内容** 参与者用故事和游戏的方式深入讨论水循环。

目的
　　◇让参与者了解水循环和水对所有生物的意义

活动类型
　　◇活泼型、创造型

参与者人数
　　◇不超过30人

参与者年龄
　　◇5岁以上

时限
　　◇30分钟

材料
　　◇节点花、雪莲花、报春花等的照片或图片
　　◇仙鹤、燕子、刺猬、蛇、甲虫、青蛙等的照片或图片
　　◇装有剪碎的动物图片的信封
　　◇5块木方块(大小为10厘米×10厘米)或石头
　　◇彩色的铅笔
　　◇有流水声音（沉思音乐）的播放器

准备工作
　　◇在纸板(10厘米×10厘米)上画水滴的轮廓
　　◇找一块面积较大的地方，让参与者可以移动位置

室外条件
　　◇草地、花园或森林，要求所有地方都容易进入，并且没有重大障碍

**可持续发展教育目标**

◆ 对待事物的方法与能力
◇我知道自己缺乏哪些知识，并且有能力来弥补这些缺失的知识。这里：让参与者了解水的循环，然后玩游戏。

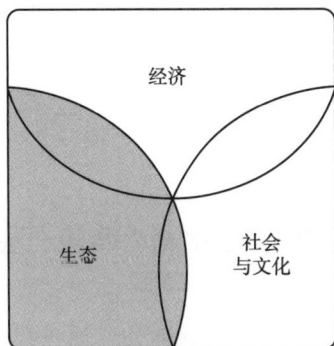

**活动流程**

◆ 在房间中放置植物和动物图片，一部分图片放在显眼的地方，另一部分图片藏起来让参与者寻找。谁找到一张图片，就拿起来并坐在圈内。当所有参与者都围圈坐好时，展示自己的图片并说明图片上的内容。找到青蛙图片的参与者组成一个组，找到鹤图片的人组成一个组，以此类推，然后阐述春天的第一个使者。

◆ 每一位参与者都会得到一个装有本小组所属动物图案的碎片的信封。参与者的任务是，将碎片按照模板拼成一张完整的图片。

◆ 提出问题并与小组一起寻找答案。

◇ 植物与动物需要什么维持生命？——太阳、空气、水。

◇ 自然界中可以从哪里找到水？——雨、池塘、溪流、水库、大海、植物里。

◇ 人们用水干什么？——喝、洗、浇灌。

◇ 如果没有足够的水，会发生什么事？——我们会死亡，没有水就没有生命。

◆ 把木块分散到地上，在一些木块下放上水滴的图片，不要让参与者看到。参与者站在木块之间，听到音乐响起，他们开始在木块之间跑动并跳过木块。像水滴一样跃过木块（石头）——快、慢、快，脚不能踩到木块（石头），并且不能与其他参与者相撞。当有人拍手或有其他提示，例如，音乐停止时，要站住，并且每位参与者要寻找到一块下面有水滴图片的木块，然后要坐在属于他或她的位置上。

◆ 现在开始阅读水循环的故事《小水滴"滴答"漫游记》。阅读时，参与者根据故事中的介绍画出描述中的水滴，再画出他们自己想象中的水滴。故事结束时，和参与者们一起欣赏他们的图画并从中可以发现各种各样的水滴。

◆ 现在与参与者们一起表演小水滴"滴答"在世界上的漫游过程。再一次说明故事并尝试用生动的语言来描述。

◇ 水源——参与者围坐一圈。

◇ 小溪、大溪流、河流——参与者起立，围圈慢跑，跨过木块（石头）。他们一会儿快跑——水流向下坡，一会慢跑——河流在平地流动。参与者转换快慢运动以及在木块（石头）间的行走和跳跃。

◇ 池塘——参与者站在一个位置上，手上举，身体轻轻晃动、手臂摇摆像水面波浪一样。

◇ 海洋——参与者在房间内漫步，并借助纸等物品模拟大海的声音。

◇ 蒸汽——参与者向上跳，能跳多高跳多高。

◇ 云朵——参与者围成一个球形，缓慢地在房间里移动。

◇ 雨水——原地坐下或者躺在地上。

**活动深入的可能性**

◆ 把水倒进已准备好的容器，让参与者用手触摸水，并说说他们对水的感受。

◆ 向参与者展示不同大小与不同形状的容器。

◆ 同参与者一起讨论，人们用这些容器做什么：壶、桶用来浇花；玻璃杯用来喝水；洗手盆用来洗手；锅用来做饭；水族馆是鱼的家，等等。

◆ 在学校里，找一个有水的地方，然后讨论，人们用它来做什么。

## 附件　小水滴"滴答"漫游记

请允许我向你们做自我介绍。我是水滴，我的名字叫滴答。也许你们经常看到水滴，但你们可能没有注意到，我在徒步旅行世界时所经历的一切。让我来说说我的经历吧。

我的故事起源于森林深处，古老的树木根部之间，那是我的出生地。地上涌出一个灵动的小泉，听起来有点像远处编钟响起的声音。我滑过光滑的卵石，很快地直接进入流水潺潺的小溪，于是开始了我伟大的旅程！小溪流出了树林，快速流过开阔的景观（介于草地与农田之间的景观），并且一直向前。在这次旅行中我经历了一些非常伟大的事情！这条小溪把自己变成了小河，让水变得越来越多。这条小河带着我又流进一条大河。它是如此伟大，如果我们水滴在蜿蜒的河流沿着河岸滑动时，能展示我们晶莹闪亮的水冠。

我们在河流大坝前停止。所有的水滴"坐在"水表面上，以波浪形摇晃。太阳越来越热，它有巨大的力量，并奇迹般地改变了我的一些朋友：使他们变轻，与我们分离，上升，一直上到天空，他们相聚在雄伟的雨云中。

　　我们其他水滴加快向前冲。我们触摸黏土，在石头上滑动。我们过得很好。水流中还汇集了其他一些小溪、小河和大河的水，我们共同构成了一条发出"隆隆"声的大河。我们在朝着大海方向前进。在海洋里，我们沿着闪亮的波涛上下起伏。我们自己逍遥，并且过得很好。太阳从云层中出来，对着我们笑，用它的射线轻轻拨动我们，直到我们被加热成水蒸气，缓慢地升向天空。在这里，我同其他的水滴一起玩耍。如果我们变冷了，我们就在一起形成一个巨大的云团。

　　风把我们带到陆地，因为我们碰撞了一座山。在它的山脊上，我滚翻出云海，摔在地上，滑进了山谷。此时，我流向大地的深处，越来越深，直到我碰到古树的根……

资料提供：周雯

## 水 12　词汇记忆

**内容**　参与者一眼就要铭记许多森林与水的常用概念术语。

| 目的 | 时限 |
|---|---|
| ◇要求注意力集中，加强小组的自我组织能力 | ◇20分钟 |
| 活动类型 | 材料 |
| ◇安静型、知识型 | ◇参见正文中的[>]"准备"准备工作 |
| 参与者人数 | ◇您书写或复印索引卡片，然后剪开 |
| ◇5~15人 | ◇制作所用的术语列表 |
| 参与者年龄 | ◇在森林中选择一个地方，要求有足够大的空间，免受噪音（如街道车辆噪声、徒步旅游主干道噪声，等等）干扰 |
| ◇9岁以上 | 室外条件 |
| | ◇恶劣气候条件下可以在室内进行 |

**准备**

　　在索引卡片上书写森林和水的概念术语，卡片背面留空白。根据参与者的年龄和概念术语难度，准备比参与者人数多3至5倍的概念术语和图片。

　　可以使用以下一些概念术语：洪水、雨、雪、冰雹、雾、云、大海、湖泊、池塘、小溪、大河、水坑、地下水、退潮、涨潮、泛滥、干旱、雷暴、泥石流、雪崩、饮用水、冲洗水、洗涤水、虚拟水、水力、瀑布、侵蚀、山崩、森林土壤、存储效应、过滤效应、土壤酸化、冷却水、蒸发、冰、水蒸气、水循环、水平面、水流速度、水温、栖息地、食物、波浪、空气湿度、自来水、废水、水污染、漩涡、水短缺、泉水、防护林、林道、雨林、滩涂林、苔藓、阔叶林、针叶林[①]。

---

① 译注：这些术语应该提前打印在卡片上，也可塑封起来，以便经久耐用。

**活动流程**

◆ 您把所有的卡片任意而无序地放在地面上，字面朝上。

◆ 参与者有2分钟的时间，铭记在各自位置上的所有概念术语，然后把卡片原地翻过来。

◆ 告知参与者活动规则：

◇小组有2张"王牌"，也可以说是所有卡片中没有把握的2张可以放到最后翻。

◇活动开始前，小组应该大概估计一下会出错几次（换而言之，可以翻错几张卡片），统一出具体次数。

◆ 您作为活动的引导者保留一份所使用的概念术语的清单。然后，您随意错开地询问这些概念，参与者要把正确的卡片再翻过来。

◆ 当所有的卡片都翻过来时，数一数实际犯的错误，并与事先小组估计的数值进行比较。然后讨论：完成任务时在哪方面有困难？哪些方面有帮助？下次完成同样的任务有哪些策略可以运用？

**活动深入的可能性**

紧接着词汇记忆，可以讨论不同的概念术语的含义，并阐述它们之间的相互关系。

# 水 13  各地区的水

**内容** 讨论不同的国家人均每天用水量的不同。

| 目的 | 时限 |
|---|---|
| ◇让参与者敏感地认识水资源的利用 | ◇30分钟 |
| 活动类型 | 材料 |
| ◇知识型、安静型、调研型 | ◇可装1升液体的硬塑料瓶 |
| | ◇10升的塑料桶 |
| 参与者人数 | 准备工作 |
| ◇10～30人 | ◇购买水瓶和塑料桶 |
| 参与者年龄 | 室外条件 |
| ◇8岁以上 | ◇干燥、不太冷 |

**可持续发展教育目标**

◆ 对待事物的方法与能力

◇我知道自己缺乏哪些知识，并且有能力来弥补这些缺失的知识。

◇我熟悉获得知识的方法，如思考、组合、尝试和提出问题，等等。

◇我可以生动地传授知识。

这里：无忧无虑地使用宝贵的饮用水的地区已经很少，以此唤醒了参与者的节水意识。这些会被可视化，并与缺水地区建立关系。

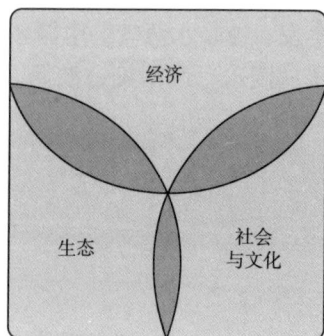

◆　社会能力

◇我能站在他人的立场，为他人着想。

◇我可以和他人一起寻求公平与公正的决定。

　这里：参与者认识到，水是一种资源公平分配的代表。

◆　个人能力

◇我愿意为自己的行为负责，尊重自然和他人。

◇在行动之前，我能考虑我的行为。

这里：参与者认识到，知识的价值和负责任地利用有限的原材料。

## 活动流程

◆　请参与者舒服地围成一圈，并问他们平常的一天是怎样开始的。

◆　请参与者详细描述他们一天的生活过程。

◆　活动中（描述时）一旦涉及水，如洗手、刷牙等，就要打断一下，一起来推算，这件事到底需要多少水。

◆　对每项需要消耗水的活动，让参与者把相应数量的水放在中间的硬塑料瓶中以及塑料桶中。

◆　描述结束时，您可以与参与者一起计算消耗水的数量。

◆　然后把相应数量的瓶子放在中间，这些瓶子代表撒哈拉沙漠以南干旱地区一个人一天的水消耗量（每天1升水）。

◆　这里提供小组一起讨论的机会，讨论我们平时是怎样无忧无虑地利用优质饮用水的。

◆　在下面的活动中，把参与者分成2组（请参见[>]开始 7 "谁和谁在一起？"）。一组代表发达国家，另一组代表半干旱以及干旱地区的发展中国家。

◆　现在，收集两个组的讨论要点，他们相互帮助，共同寻找解决办法，即水资源最好怎样分配。

◆　这样瓶子和水桶就会从一边移动到另一边。目的在于尽可能地均衡地分配瓶子，同时尽可能地节约瓶子和水桶，以便满足其他人对水的需求。

### 提 示

参与者可以把讨论的结果应用于他们自己的日常生活。

## 后续工作

让参与者看一段视频或一部电影，题材为中国干旱地区的水资源、发展合作中的资源管理。

## 活动深入的可能性

◆　讨论用容器接水作为补偿。我们建议参见[>]全球森林 4 "世界的薪炭材"。

◆　讨论虚拟的水，即水被添入到粮食作物的生产和日常消费品中。

◆　解释参与者可以在家中计算自己每天的用水量。因此，可以讨论用秒表计时或用地下水的作用。

## 附加信息

这些活动可以表明，通过简单的技术也可以节约资源。

# 水 14　水的竞争

∶∶∶∶∶∶∶∶∶∶∶∶∶∶∶∶∶∶∶∶∶

**内容** 参与者将在游戏中经历人类过度消费（有限）资源——淡水。

| 目的 | 时限 |
|---|---|
| ◇让参与者清楚地了解天然资源—— 淡水的有限性 | ◇5～10分钟 |
| 活动类型 | 材料 |
| ◇活泼型 | ◇2个水桶 |
| 参与者人数 | ◇2个不同大小的容器（酒杯、茶杯） |
| ◇6～12人以上 | ◇水 |
| 参与者年龄 | 准备工作 |
| ◇10岁以上 | ◇寻找一块合适的游戏场地 |
|  | 室外条件 |
|  | ◇平地、适合游戏 |
|  | ◇不太冷 |

**可持续发展教育目标**

◆ 对待事物的方法与能力

◇我熟悉获得知识的方法，如思考、组合、尝试、研究、提出问题，等等。

这里：通过独立改变游戏条件，让参与者探索各种组合下的水消耗量和水补充量。

◆ 社会能力

◇我可以和他人一起寻求公平与公正的决定。

这里：在讨论关于水的使用分配时，参与者们围绕分配公平的问题设立主题。

◆ 个人能力

◇我愿意为自己的行为负责，尊重自然和他人。

这里：游戏中的解决方案必须考虑到淡水的补给量，从而考虑它的自然特性。参与者在随后的思考中反思他们自己消耗水的数量。

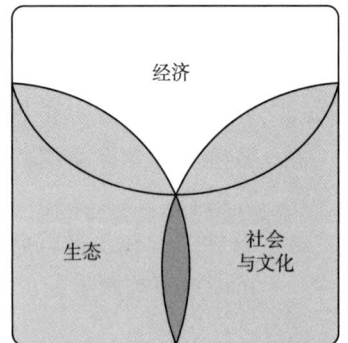

经济

生态

社会与文化

**活动流程**

◆ 一只水桶装满1/3的水，并放在游戏场地的中间。您向参与者解释，水桶中的水代表地球上的淡水资源。

◆ 另一只水桶装满水，放在离第一只水桶7米远的地方。您向参与者解释，这水桶中的水代表"补给"的水循环。

◆ 在第二只水桶的对面，离中间7米远的位置，在地面上做标记。解释说，淡水消费者站在这个标记的后面。

◆ 把参与者平均分成2个小组（请参见[>]开始 7 "谁和谁在一起？"）。一组扮演淡水消费者，也是"水消费组"；另一组要确保淡水资源量再次更新，因此也叫"水保护组"。

　　"水保护组"在装满水的水桶后面站成一排，"水消费组"站在有标记的另一端。

◆　给"水保护组"一个小容器，"水消费组"一个大容器。

◆　您向参与者解释，现在根据接力赛跑的原则运输水，每组中的第一位参与者，将容器传递到下一位。"水保护组"的成员从装满水的水桶中一个接一个地舀出水，然后带着装水的容器跑到中间的水桶，并把水倒进。"水消费组"的成员一个接一个走向中间的水桶，装满他们的容器、跑回，并把水倒在标记的背后。游戏的最后，中间位置的水桶——代表地球上的淡水资源变空了。

◆　让参与者在下一轮游戏中互换角色。虽然容器的大小不同，但"水消费组"（几乎）总是赢。

◆　参与者应独立通过容器大小的变化、水桶和标记之间的距离，显示消费群体问题的加剧或者问题的解决。

◆　让参与者在反思的过程中，把游戏中反映的问题与现实结合。然后提出以下这些问题，如：水用到哪里去了？怎样减少水消耗（涉及工业用水、农业用水，当然也包括自己的水消耗）？哪些方面我要消耗水？水在世界上其他地方和国家的情况是怎样的？水价要提高吗？可用的水分配公平吗？

---

### 提 示

■　您可以在中间的水桶（淡水资源水桶）上绘制一个圆圈，它代表地球。

■　水基本上是无限的，因为它通过天然的水循环进行补给。然而，需求量可能超过补给量。水不仅仅用于饮用，而且大部分由于污染而不能被使用（如工业用水、洗涤用水、冲厕用水等）。在游戏中，水被倒掉了，就收不回来，这与真实的水循环相反。您还可以指出，游戏中流失的水，在现实中进入自然的水循环。

■　在重点主题"水"的知识背景中，您可以找到有关水资源和水循环的信息。

---

### 活动变化方案

◆　实际情况中可以用到其他可再生自然资源。

◆　为了展示不同的国家之间和不同的消费群体（工业、农业、家庭）之间的人均消耗量不同，可以向消费群体分发不同大小的容器。对"水保护组"也分发不同大小的容器，容器的大小主要取决于是雨量充沛的地区还是雨水缺少的地区。这样就有可能把中欧国家的水消费与北非国家的水供给结合起来。这就提供了一个机会，来讨论与实际不相适应的技术问题，如在干旱地区使用冲水厕所。

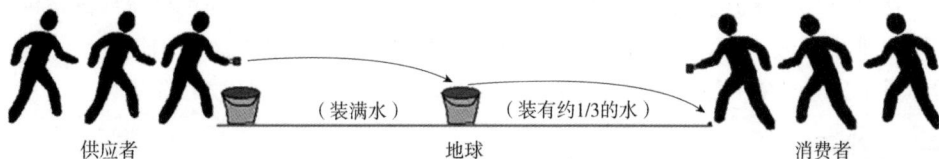

供应者　　　（装满水）　　地球　　（装有约1/3的水）　　消费者

■　想法来源：米尔牙·瓦根曼（Mirja Wagenmann），克里期汀·韦德卖尔（Christine Wiedmaier），约翰娜·施戴梵（Johanna Steffan），美兰妮·特约德勒（Melanie Tröndle），米歇尔·施买勤茨勒（Michael Schmailzl）和杨·克拉夫特（Jan Kraft）（德国路德维堡教师培训学院和魏恩施蒂梵高等专业学院学生）

## C 背景知识

### 水的意义和水的特征

#### 水使我们的星球变得很特别！

地球是我们的太阳系唯一有液态水的行星。没有水，我们的天体在白天变得炽热，夜晚结冰。那样我们会有22倍的表面温度，60倍高的气压，3000倍数量的二氧化碳，但没有氧气的痕迹。

在创造生命和保持生命的灵丹妙药的背后，存在着一个令人吃惊的简单公式：即2个氢原子和1个氧原子，它们两个组合在一起就成了水分子（$H_2O$）。水与其他物质不同，不是固态，只有在4℃时它的密度最大。因此，水中有漂浮的冰块。如果不是这样，湖泊和河流的下面就会结冰，冬天里水下就不可能有生物生存。

另外，水具有较高的比热，它是热的不良导体，但它是很好的蓄热器。因此，在大型水体附近，夏天与冬天的温差以及昼夜的温差不是很明显。

#### 水就是生命！

"所有事物来自于水，所有事物在水中结束，所有事物需要水。"（引自于公元前四世纪加德满都河谷古碑）。

大约35亿年前，水使我们的星球免受致命的紫外线辐射，从而诞生了第一个生物。在志留纪（440万～400万年前）出现了裸露的蕨类和类似的维管束植物的石松孢子，即在陆地上出现了第一批植物。不久，就出现了蝎子和千足虫，作为第一批陆地动物，它们有分化的腿，而且有甲壳质保护，免遭脱水。225万年前，植物界出现了树高型的维管束植物（蕨类植物，木贼属、石松属植物），如苏铁、银杏树和针叶树种。

只有大约200万年前，人类才首次出现在舞台上。世系史清楚地展示，大海是我们人类起源的发祥地：人类胚胎解剖学最初特征表明，人类胚胎的有些特征和鱼的相对应。一位年轻人的身体大约由近70%的水组成；即使在年龄大些的时候，我们身体也至少一半是水。在发生自然灾难的时候，14天没有食物，人可以存活，但缺水36小时，人就会渴死。因为人每天要喝2～3升的水。

河流是人类文明的摇篮，著名的河流有幼发拉底河（伊拉克）、底格里斯河（伊拉克）、尼罗河（埃及）和台伯河（意大利）。古埃及拥有肥沃的泥土，这是尼罗河一年一次的洪水所带来的。同时，有足够数量的水供他们饮用和浇灌农田。水是可利用资源，水利用的一种特殊形式与森林有关，就是利用水道运输木材，例如，在山区借助木材流放隘口和木材流放的运河以及在平缓地区借用木排来运输木材，大量的木材都是这样通过水道运输和远距离销售的。水在人们心中是如此的神圣，以至于在许多宗教中扮演了非常重要的角色，如基督教的洗礼。

### 水资源——全球和区域

地球表面的71%，即将近14亿立方千米由水组成。但不要被所称的丰富水资源所误导：因为并不是所有的水都是可用的。其中有97.4%以上的水都是海洋中的咸水，只有2.6%的水是淡水。而淡水中又只有0.3%的水是可用的饮用水。假设地球上所有的水能填满一个5升的罐子，那么可用的饮用水的数量就只有一个茶匙大小那么多。我们可能会在湖泊、沼泽、河流和大气中发现它。在德国巴伐利亚州，地下水是饮用水的最重要的来源，占73%；另外泉水水源提供了20%的饮用水，河岸或海岸过滤的水占4%及表面水域（河流、湖泊）提供了3%的饮用水。92%以上的淡水是很难取得的，它们是以冰和雪的形式被固定，或被冻结在南极大陆上了或者被切成了海岸的冰架。

### 水如何循环

水可以以雨、雾、露的形式形成降水，也可以以雪、冰雹、雨夹雪等固体形式降落地面。大多数的降水落在溪流、河流、湖泊和海洋中，一部分降水渗入地面，穿透丰富的矿物岩石层，直到遇到地下水的储藏体，然后汇集并以泉水水源露出地面，或在此之前很大程度上就已通过喷泉把水喷到地球表面上。从世界范围来看，有很多的地下水被用来灌溉农田。水在居住区和工业区陷入了"利用"和"污染"的循环，如污水渠的废水，最后会经过污水净化设备被净化，净化后的水再次进入溪流和大河，直到最终进入大海，通过太阳光线照射蒸发，在天空中形成新的云层。

德国巴伐利亚州拥有多条河流和多个湖泊，是世界上水资源丰富的地区。平均而言，巴伐利亚州年降水量为940毫米，那就是说，每平方米降水940升。基于巴伐利亚州的面积和相应的每年的降水量，每年共降水660亿立方米。这比康斯坦茨湖（Constance Lake，位于德国西南部）贮藏的水还要多，康斯坦茨湖的容量是480亿立方米。巴伐利亚州因地域的不同，降水量也不同，阿尔卑斯山山区降水量最大，每年降水量经常是2000毫米；而在弗兰肯和上普法尔茨的大部分地区，每年的降水量仅有650毫米。如果每年的降水量低于400毫米，树木就不能生长。

### 生活饮用水——来源、利用管理与保护

德国巴伐利亚州95%的饮用水来自地下水或泉水。在森林中有3500多个喷泉和泉水水源（属生活饮用水水源一级保护区）。森林覆盖了大约50%的水源保护区面积。假设原水价格为每立方米1欧元，那么巴伐利亚州的森林生产水的价值可折合成至少500亿欧元。最后，最重要的一点就是，由于在近自然林业的框架内不允许施肥和使用植物保护化学药品以及森林的净化作用，2/3的饮用水不需费劲地处理就可以直接从喷泉饮用。饮用水的平均价格是每升0.2分，比瓶装的矿泉水要便宜500倍左右。

德国巴伐利亚州约有2400家供水公司，每年供应饮用水约10亿立方米左右，当然，工业和农业消耗了大部分的水。从财政预算看，巴伐利亚州平均每位居民每天要消耗至少135升的水。作为比较，孟加拉国的每位居民每天消耗水不到20升，而美国每天每人将近消耗300升的水[①]。

一天消耗的水除去被喝掉之外，还用于下列这些事情（事项/用水量）：

冲厕所 / 34升　　　　　　　　　　洗碗 / 7升

洗澡和淋浴 / 46升　　　　　　　　做饭和饮用 / 5升

洗衣机 / 13升　　　　　　　　　　其他 / 13升

花园和汽车 / 9升

另外，很多间接消耗的水是隐蔽的，也称为虚拟水。

在生产中的耗水量的例子如下（产品/耗水量）：

1千克的糖 / 10～30升　　　　　　　1千克牛排 / 20000升

1千克的纸张（从木浆中）/ 100～200升　　1辆汽车 / 100000～380000升

1千克的塑料 / 200～500升

如果把所有的消耗都包含在内，德国平均每人每天要消耗5200升的水(装满25个浴缸)，这

---

① 译注：中国城镇人均生活用水量（含公共用水）为每日212升，农村居民人均生活用水量为每日72升。

意味着，德国每年要消耗水的总量是康斯坦茨湖的容量的3倍。

这一宝贵物品——水，不仅仅是最重要的生活必需品，也是重要的经济因素。它确保了电厂的能源发电，也保证了工业用水的供应。很多旅游胜地很明显是打上了水的烙印而具有吸引力的。但水也不是可无限利用的。因此，为了使宜居环境保持健康的水平衡，认真妥善处理头号生活用水就显得极其重要[①]。

**地下水的水质怎么会受到威胁？**

由于各种化学污染和生物污染，地下水的水质也受到了威胁。

无意中来自垃圾场的废弃物，如变质的垃圾就会污染地下水。再如沟渠中流出的废水、油罐泄露、交通事故引起的液体泄漏，不正确地使用农药、肥料和药品，以及不断增加的大气污染，这些都会造成地下水污染。很多森林土壤能够缓解大部分污染物并且可作为大自然的过滤器，将进入森林土壤系统的水过滤为水质良好的水。但如果超出了土壤的缓冲能力，承载的污染物就不能被过滤，就会直接污染饮用水。

难解决的问题首先是空气中的酸物质和氮物质。这些物质一方面会引起有毒铝的释放，另一方面还会引起土壤和地表水受到硝酸盐污染。由于农业集约化经营和对化石燃料的使用不断增加，大气中积累了大量的氮化合物。巴伐利亚州有22个森林气候站，其中3/4的森林气候站检测的氮化合物数值太高了，必须要减少到70%左右，以防止对地下水和森林生态系统产生负面影响。不过，目前大部分的森林土壤还能对持续增加的氮化合物进行降解。来自森林中的地下水仍然没有直接减少，在大气氮化合物污染持续不断的情况下，今后必须要计算进入地下水的硝酸盐并对进入森林的地下水进行清洗。

## 森林和水源

### 森林的水平衡

森林和水之间有着特殊的联系：森林受到地下水、土壤水和降水的影响。森林的存在及其发展、现有的树种、林分的健康及其稳定性是和水密切相关的。反之亦然，森林，特别是森林土壤状况，影响着地下水和地表水的质量，影响着水的渗透量，以及小溪和河流的水流量。因此，森林对饮用水的保护和预防洪水灾害发生有着非常重要的意义。森林和水在许多方面相互依赖、相互影响、相互作用。树木像陆地上其他所有生物一样，都需要水作为生命的基础。树木通过其根吸收水分和水中溶解的土壤养分，把矿物质和水分通过导管向上运输到最小的枝条。大量的水蒸气通过叶片蒸腾作用进入大气中，一部分的水用于光合作用，将二氧化碳转化为碳水化合物和对我们非常重要的氧气。

树木不仅仅可以通过它的根来吸收水分和养分，而且还可以通过湿润树体表面来吸收一小部分水分。总体而言，林分的树冠可截留15%（落叶阔叶树）或40%（常绿针叶树）的年降水量，然后直接通过叶片（针叶）或树体的表面蒸发掉。蒸发的一部分被称为"拦截"，森林不能利用其生产；其他被树木吸收的40%的降水通过叶片的气孔再次蒸腾到大气层。

---

① 译注：随着中国城镇化建设的加快，生活饮用水成为城市发展首先要解决的问题。读者可根据巴伐利亚洲的范例，调查、分析你所在城市的生活饮用水情况，并和来访者一起讨论节约用水这个主题。

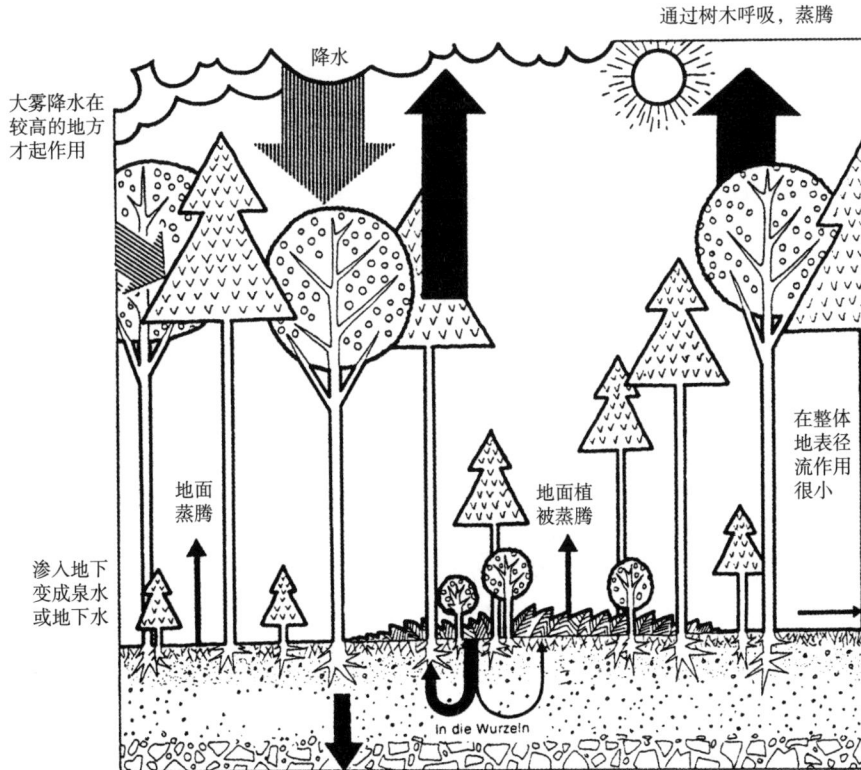

■　斯坦恩．拯救森林．慕尼黑：肯德勒出版社，1989．

　　拦截和蒸发后的降水直接渗入地面并持续不断地补给地下水。土壤中水分的气化被称为"蒸发"，它对森林地下水的影响有限。林下的地下水补给量主要取决于降水量及其在一年中的分布，另一方面还取决于林分的树种组成、林分结构和土壤类型。

　　林木消耗水分的多少很难确定，但仍然可以根据不同的测量［皮瑟克和卡尔泰列里（Pisek and Cartellieri），1941年；伯格（Burger），1950年］方法得出一般性结论：每公顷40～50年生的桦木林，每年平均要消耗450万升的水，1公顷同龄的山毛榉和云杉则每年分别消耗35万升和40万升的水，而且在炎热的夏天，山毛榉林分和桦木林分的蒸腾量均超过云杉林分；大多数针叶树在冬季它的树叶是不落的，因此全年都有蒸腾过程，而冬季落叶的落叶树，在没有树叶的时间内几乎没有"蒸腾"。蒸腾过程中要消耗能量，能带来林分周边气候温度的降低，就像空调一样。

### 饮用水的保护与森林

　　巴伐利亚州森林面积有253万公顷，是德国森林最多的联邦州。根据该州森林功能规划文献，31%的森林面积划分为特别水源保护林，其中，6%的森林面积为饮用水水源保护区，25%为其他类型的水源保护林。

　　森林土壤具有非常优秀的过滤效果，其主要原因在于腐殖质含量高。腐殖质维护了土壤生物的多样性，促进了根部的活动旺盛。"近自然森林经营"在选择造林树种时，推行选择树木凋落物比较容易分解的阔叶树种和针叶树种，同时不允许皆伐，以维持一个持续的腐殖质层。空气中的粉尘经枝条、树叶和针叶"吸附"后，被雨水冲刷到地面。由于阔叶树在秋天落叶，阔叶树树冠"吸附"大气中的物质，就全年来说，明显比常绿针叶树种的少。此外，阔叶树的蒸腾，由于生长季节相对较短，蒸腾掉的降水量相应也少些，这样就有更多的降水渗透到地下，变成新的地下水。

由于许多阔叶树根深，根系发达，能吸收更多的硝酸盐。此外，落叶阔叶林中腐殖质的状况，对地下水的形成有积极影响，甚至混交林（即针叶纯林中混有阔叶树）可以改善地下水的水质，改善程度是可衡量的。森林中的地下水如此的清洁干净，还有以下其他的原因。

■ 在林区，不施化肥和农药。

■ 由于严格禁止在林中开垦的规定，交通道路很少穿过森林。因此，化学制品所造成的水质污染的意外风险在这里就明显较低。

■ 林业技术上需要使用的润滑剂和液压油，必须要随时可生物降解。加油的过程只允许在水源保护区以外进行，并需要采取特别的保护措施。

■ 由于旧排水系统经常性泄漏，会对地下水造成威胁。另一方面，已建好的区域的排污系统很少在森林中经过。

■ 此外，森林很好地隐藏了地下水敏感地区特别是直接进入地下水的落水洞并使它很难进入。水流经土壤，经过土壤渗透，引起进一步的改变，土壤以如下的3种方式净化水。

◇腐殖质和土壤表层的小黏土块可以把化学物质固定在黏土——腐殖质复合体上。

◇土壤像筛子一样，保留了灰尘颗粒，改变了水的化学特性和生物特性。

◇土壤引水并保留水。土壤表层的微生物，例如，土壤细菌分解有害物质，并将它们转换为无毒物质。

体型大一些的土壤动物，它们主要生活在土壤表层的35厘米之中，使土壤孔隙保持张开，这样有利于植物进入土壤，通过根部吸收水中溶解的营养物。土壤微生物呼吸时吸收氧气，放出二氧化碳，二氧化碳溶解在渗透下来的水中，从而形成碳酸，碳酸使水变成酸性，超过一定浓度时，酸溶解了周边环境中的矿物质（尤其是石灰）。与其他所有植被类型和土壤类型相比，有腐殖质层的土壤是以最自然和最有效的方式过滤和净化水的。如果水直接渗透到地下成为地下水，在大多数情况下，该水已达到饮用水的质量标准。

### 自然灾害和森林

森林和它的近自然森林经营对预防洪水灾害的发生，作出了重要的贡献，同时森林也减少了其他与水有关的自然灾害的发生。

■ 防洪

森林里有生机的土壤表层是一个有储存功能的空心空间系统。由于超过体积50%的孔隙被水和空气占满，因此森林土壤最上面的10厘米每平方米能保留的雨水达50升。因而，在正常情况下，甚至是大雨后，森林里是没有地表径流的。为了保持与渗透相关的粗毛孔有很高的比例，林业车辆只能在一些指定的和标记的驾驶路线（集材道）上行驶。调查研究表明，车辆只要行驶一次，就会大幅度减少土壤中粗毛孔的数量。

森林覆盖率高的小溪和河流的集水地区也证明特别能吸收洪水。森林蓄水能力可以和吸收力很强的海绵相媲美。例如，阔叶树林分的土壤每公顷能蓄水近200万升。而且，森林还降低了山洪、泥石流和洪水发生泛滥的风险。然后，树木生长不需要的、多余的水慢慢渗透到地下变成地下水，这就是长时间干旱后，森林中的泉水水源仍然有水向外喷出，而其他地方的地下水已开始下降的原因。在山区，落叶阔叶林中的积雪先融化，然后针叶林中的积雪才开始融化。积雪融化时段的错开，减少洪水发生的风险。此外，林冠下的森林土壤很少冻结，即使有，也比空地土壤冻结得浅，这就是森林土壤蓄水能力高的原因。

■ 防止雪崩

高海拔森林和山区森林多是复层异龄林,为减少雪崩的发生提供了最佳防护。树冠上保留了一些积雪，防止地面均匀积雪和与之相应张力的形成，而这些张力会导致雪崩的发生。

■　水土保持

森林树木密集发达的根系，尤其是由不同深浅根系树种组成的混交林，把土壤和石头紧紧地固定在一起。密集的林下幼树和灌木固定岩石和卵石最好。同时，森林能调节水分平衡，并减少地表径流。因此，森林可防止水土流失、岩石塌方和山体滑坡。

## 森林和水——丰富的邻里关系

无论是天然林分还是自然水域相互交汇区域，都显示了重要的生态价值，同时也呈现了较高的美学价值。

■　河滩地森林

河滩地森林的土地和水关系非常密切，它是由于洪水经常泛滥而产生的一个特定形式的植被类型。河滩地森林要完成以下重要任务：

◇与大面积、未被破坏的山区森林一起，担负着减少由大雨、积雪融化而引起的洪水峰值，使水慢慢流出；

◇在河谷地区，保护丰富的地下水免受污染；

◇河滩地为许多珍稀濒危的植物和动物物种提供栖息地；

◇建立一个有效的缓冲区，防止森林以外的污染物进入林区；

◇截留悬浮固体和漂浮物。

德国的巴伐利亚州目前仍有约4万公顷的河滩地森林，主要是在多瑙河及来自阿尔卑斯山山麓的主要支流的两岸。增加河滩地的森林面积是林业政策的一个优先目标。由于河滩地森林有阻止水流出的作用，在洪水易发区造林，需要慎重考虑。河滩地森林发展应该分阶段进行，维持树种不同的年龄，并尽量选择多个适合不同立地条件的当地树种和灌木，如有短柄栎树、欧洲白蜡树、榆树、樱桃、山茱萸、荚蒾等。特别有价值的是干枯的"旧河床"和"有死水的旧河床"。这里，林业管理部门让其自然发展。

■　在森林中的泉水水源

森林中有许多令人惊奇的泉水水源，提供了原生态的、温度较低的恒温泉水。泉水的温度波动一年一般不会超过1.5℃。靠近泉水水源附近的水域藏有许多典型的物种，如斑螈幼虫。由于这里没有鱼吃这些幼虫，所以他们可以不被打扰地发育成成虫。而斑螈成虫喜欢栖息在泉水水源附近的阔叶林中，特别是树木根部和森林地面腐烂的木材上，因为它们能提供许多藏身之处。

■　森林溪流

溪流流过大约2万千米的森林，是森林中多种生物的生命线。为了促进溪流两边的树种如桤木和欧洲白蜡树的生长，林业工作者间伐掉它们的竞争树木。因为这些树木的根系能防止溪流岸边的水土流失，同时夏天它们的树冠能为水提供庇荫，这样才能形成阴凉、富有氧气的环境。冬天正好相反，由于它们是落叶树种，冬天温暖的太阳光线穿透没有树叶的树冠，及早地融化溪流中的冰块。而落到溪流中的树叶周围生活着蜉蝣目的昆虫和钩虾，这些构成了小鲤鱼和淡水鲑鱼的食物。淡水珍珠蚌仍能在飞希塔尔山（Fichtelgebirges）和巴伐利亚州干净、清澈的森林溪流中找到适宜的栖息地。

■　森林池塘和池塘

在全国各地人们可以发现森林中嵌入的森林池塘、池塘和其他湿地生境，尤其是在上法尔茨（Oberpfalz）、弗兰肯中部（Mittelfranken）和南部巴伐利亚州冰碛层中特别多。由于这些池塘位于大面积森林之中，受到森林的特别保护，可以免受损害。它们是水源，同时又是水鸟休息场所和食品区域，还是多种植物和动物的栖息地。鱼鹰甚至自己寻找森林池塘定期进行越冬，蟾蜍与青蛙在这些森林水域中产卵。

■ 沼泽地

德国的巴伐利亚州沼泽面积约有16.5万公顷，占全州面积的2.3%，其中大约4.5万公顷的面积是高海拔和过渡地带沼泽，其余120万公顷面积是低地沼泽。这些沼泽主要集中在阿尔卑斯山的山麓和多瑙河及其支流河谷地区。许多沼泽由于泥炭的使用和排水已发生改变，仅有1/3的沼泽在很大程度上仍是近自然状态。巴伐利亚州林业厅和巴伐利亚州国有林管理局都在致力于维持和保护巴伐利亚州的沼泽地。早期已利用泥炭的沼泽将回归自然，促进其沼泽自然发展，因为它们是重要的水源、碳汇以及珍稀动植物的栖息地。

---

**小帖示**

小贴示1：请森林体验活动引导员与来访者一起，讨论居住地的沼泽或湿地的生态保护问题。

小贴示2：

■ 贵州有乌蒙山、苗岭、大娄山和武陵山等主要山脉。这些山脉纵横交错，地形切割形成乌江、赤水河、舞阳河、芙蓉江、清水江、都柳江、红水河、南盘江、北盘江等主要河流，是"两江"（长江和珠江）上游的重要生态屏障区，水网密布，很多亚高山泥炭沼泽形成了山地"超级大水缸"，生态地位非常重要。

■ 贵州省地处云贵高原的东斜坡，以西北部乌蒙山、中部苗岭山脉为分水岭，北属长流流域，面积115747平方千米，约占全省面积的2/3；南属珠江流域，面积60420平方千米，约占全省面积的1/3。全省流域面积在1000～3000平方千米的河流有44条，3000~5000平方千米有8条，5000~10000平方千米有5条，大于10000平方千米有7条，即乌江、六冲河、清水江、赤水河、北盘江、红水河、都柳江。乌江是贵州省最大的河流，干流全长1037千米，流域面积87920平方千米，其中贵州省境内河长896千米，省内流域面积66807平方千米(含上游三岔河)，省内汇入乌江的主要支流有六冲河、猫跳河、野纪河、偏岩河、湘江、洛旺河（清水河）、余庆河、六池河、石阡河、印江河、洪渡河、芙蓉江等。

■ 贵州省河流分别从西部和中部向南、北、东三方呈扇形放射，河道大部迂回曲折。中部地区多数河流上游地势开阔，比较平缓；河流中游束放相间，水流湍急；下游多穿行于峡谷之中，河谷深切。

——安明态

---

## 参考文献

巴伐利亚州森林与林业研究所，LWF. 森林与水. 森林研究快报，第66期，弗赖辛，2008.

巴伐利亚州国家食品、农业和林业部. 森林与水——大自然的宝藏. 森林教育工作快报，森林周报 2008年. www. stmelf.bayern.de

贵州省水利厅，贵州省省河长制办公室，贵州省水利科学研究所. 贵州省河湖名录. 北京：中国标准出版社，2018.

世界野生动物基金会. 水资源研究. http:/menschenamwasser.wordpress.com/2009/08/04wwf-wasserstudie– publiziert/.

## Literaturhinweise

Bayerische Landesanstalt f ü r Wald und Forstwirtschaft; LWF Waldforschung aktuell, Heft 66 Wald und Wasser; Freising 2008.

Bayerisches Staatsministerium f ü r Ernährung, Landwirtschaft und Forsten; Forstliche Bildungsarbeit aktuell,Woche des Waldes 2008: Wald und Wasser–Schätze der Natur, www.stmelf.bayern.de.

World Wildlife Fund; Wasserstudie; http:/menschenamwasser.wordpress.com/2009/08/04wwf–wasserstudie–publiziert/.

# 第三节 树木

> 伐倒一株漂亮的参天大树不过需要半个时辰，而要等待一棵幼苗长到需要仰视时，想必至少也得需要一个世纪的时光。
>
> 欧根·罗斯（Eugen Roth）

A 简明信息
B 活动
C 背景知识

## A 简明信息

就树木这一主题进行森林教育引导时应有这样一种目标：参与者应该把树木作为一种鲜活的生命体去体验和理解。"树木是有生命的"不应该只是一句空话。对树种的解释以及不同树种根系的说明或者对不同立地条件的要求都属于"经典的"森林教育引导范畴。此外，参与者也应该使用以下所述的活动。

### 活动概览

您可以把以下所有活动作为建议来考虑。在您的森林教育引导活动中，您可以以任何顺序在这些建议活动中选出任何数量的活动为您所用。作为一个前奏，事先提供以下方法。

■ 树木1"镜像森林"

参与者体验到一个生动活泼，令人惊讶和着迷的树冠世界。该参与团队将会以饱满的热情穿过森林并充分享受这一活动过程。

通过下述七个活动您将带领参与者更进一步地了解树木的物理特性和特点。

■ 树木2"山坡倒立"

参与者将体会到作为一棵树木在山坡上生长是多么的困难，以及它们在这种困难条件下如何才能够生存、生长。

■ 树木3"树木电话"

请您展示，声音是如何通过树木传导的。同时在这一框架范围内您也可以告诉参与者某些动物是如何利用这一优势的。

■ 树木 4 "听诊树木"

参与者倾听树木内部（"内心"）的声音。

■ 树木 5 "树木毛细管的吸力"

参与者借助于一个令人惊讶的简单实验去理解，树木是如何把营养液体从下向上运输到树木顶端的。

■ 树木 6 "光合作用—小精灵"

对于许多参与者来说光合作用是很难理解的。这里借助于哑剧的形式来再现光合作用的过程。

■ 树木 7 "光合作用—接力赛"

一场接力赛可以演示水分和同化运输在树中是如何同时进行的。

■ 树木 8 "探寻树木命运的痕迹"

参与者要明确，在不同的环境条件影响下树木在树干生长（年轮结构）方面是如何做出反应的。

在以下10项活动中，参与者将采取不同方法重新着手"认识树木"这一主题。参与者将用创造性的工作方法区别不同的树种。

■ 树木 9 "认识树皮"

参与者学习如何感觉和识别各种不同形状的树皮，也包括在蒙住眼睛的情况下进行。

■ 树木 10 "鉴别树芽"

制定相对比较有难度的树芽确认方法，但也简单！

■ 树木 11 "感受针叶树"

参与者体验不同的针叶树：他们的针叶有柔软的和尖锐的，短针和长针，单生针和簇生针。

■ 树木 12 "树木鉴定"

参与者制定一个森林树木的确定方法。

■ 树木 13 "树皮—刮刮卡图片"

参与者把树皮拓描在纸上并且得到表现强烈的漂亮树皮画。

■ 树木 14 "树木知识"

参与者用针叶和阔叶制作一个"标本"。

■ 树木 15 "树木简介"

参与者共同把树木的树皮图、种子、针叶和阔叶以及树木的生长数据收集、整理在一起。

■ 树木 16 "树叶记忆"

在游戏中，参与者们学会分辨阔叶树木不同的叶片形状，并学会借助于针叶结构来区分不同的针叶树。

■ 树木 17 "树种—多米诺"

参与者用不同的树种玩任意种类的多米诺游戏。

■ 树木 18 "树枝—拼图游戏"

把不同树种的树枝切割以后再重新对接到一起，这并不是很容易的事情。请您与参与者也在"木材种类拼图"框架范围内进行练习。

借助于以下3项活动使参与团队安静地专注、沉思于主题"树木"。

■ 树木 19 "我们是一棵树"

参与者首先安静，然后突然活泼地组成一棵树。

■ 树木 20 "邂逅树木"

参与者蒙上眼睛安静地去感觉一棵树并认识它。借助于参与者通过触摸而形成的"内在印象"，参与者摘去眼罩后再去寻找刚才所触摸过的树木。

■ 树木 21 "时光飞逝，树木屹立"

借助于对树木的冥想，参与者换位思考体会树木的季节变化。

您可以用以下2个活动来结束您一天的森林教育引导工作。

■ 树木 22 "树木根系"

参与者从森林中挖出一棵天然更新的小树。

■ 树木 23 "树种曲棍球"

参与者互相竞争，看谁能够更快地正确认出树种。

## B 活 动

### 树木1 镜像森林

**内容** 参与者带着镜子在森林中漫游，并用镜子从不同的角度观察树木。

目的
　◇让参与者体验迷人的树冠世界

活动类型
　◇安静型、感受型

参与者人数
　◇10～15人

参与者年龄
　◇6岁以上，尤其适合成人

时限
　◇约10分钟

材料
　◇梳妆小镜子

准备工作
　◇选择一条约有100米长，而富有变化的小路

室外条件
　◇一

**活动流程**

◆ 让参与者前后站成一排长队，后者把一只手放在前面那个人的肩膀上，另一只手拿着镜子。

◆ 参与者在鼻子上方调整镜子位置，直到行走过程中，只能看见树冠世界为止。

◆ 走在长队最前边的参与者，带领长队一起沿着预先选好的一条有趣小路前进。其间排头者要走得特别慢，这样以便于更好地观察树冠世界，参与者也能充分体验所看到的画面。

◆ 行走过程中，要求参与者的注意力集中在镜子上。

■ 镜像森林：从一个崭新的角度体验森林 [1]

---

[1] 译注：镜像森林也可以成对进行，即两个参与者共用一面镜子，没有镜子的人双手扶着持镜人的双肩，带领持镜人走。地面凝视可以单独进行，也可以如上所述两人一组进行。

**活动变化方案**

◆ 参与者把镜子翻过来对着自己的前额，以便于从镜子中能够观察到森林地面。视线投向镜中地面，自己向一个特定的目标往回走。

◆ 在行走过程中，参与者眼睛只看着镜子，他们可以体验倒转的世界。

**提示**

■ 选择树叶茂盛的树冠和树枝较低的树木，但是要确保树枝高于参与者身体的高度，避免发生事故。

■ 树枝应该从各种角度进入他们或她们的视线，但主要是从前方进入视线。

■ 移开沿路散落在地上的树枝，避免摔倒。

■ 不要询问他们看到了什么，让他们散步并等待他们主动说出所看到的东西。

# 树木 2  山坡倒立

**内容** 参与者体验一棵树长在山坡上是多么的困难。

| 目的 | 时限 |
|---|---|
| ◇激发参与者了解树木生长的兴趣 | ◇约10分钟 |
| 活动类型 | 材料 |
| ◇活泼型 | ◇— |
| 参与者人数 | 准备工作 |
| ◇最多30人 | ◇在斜坡上找一个地方 |
| 参与者年龄 | 室外条件 |
| ◇5岁以上 | ◇地面干燥，以便于参与者能够躺在地上 |

**活动流程**

◆ 参与者聚集在斜坡上。

◆ 然后，参与者们在斜坡上尝试直立、倒立，或是腾蹲倒立，让他们亲自体验一棵树长在山坡上是多么的困难。

**活动深入的可能性**

◆ 请您解释树木弓形生长的概念，并尽量举例说明。

◆ 与参与者探讨弓形木张力及压力的形成这一主题。也许您也可以利用[>]树木 8 "探寻树木命运的痕迹"深化这一主题。

■ 山坡上倒立还真不容易

## 参考文献

特奥默尔 G. 世界和自然. 韦茨拉: 贝科施泰茵–德鲁克, 1989.

## Literaturhinweise

Trommer, G.; in: Umwelt und Natur. Bechstein Druck, Wetzlar 1989.

# 树木 3 树木电话

**内容** 参与者体验并了解木材传导声音的现象。

| 目的 | 时限 |
|------|------|
| ◇体验木材是一个共振体 | ◇约10分钟 |
| 活动类型 | 材料 |
| ◇安静型、感受型 | ◇去皮的、放置在地上的树干 |
| 参与者人数 | 准备工作 |
| ◇最多30人 | ◇准备好去皮树干 |
| 参与者年龄 | 室外条件 |
| ◇5岁以上 | ◇— |

**活动流程**

◆ 参与者把耳朵贴近树干的一端。

◆ 另一个人在另一端敲击或刮树干。

◆ 参与者倾听从树干一端传递到另一端的声音。

■ 参与者倾听从树干一端传递到另一端的声音

### 活动变化方案

用不同大小的木块做一个木琴，尽力共同弹出一个旋律。干燥的山毛榉是理想的木材。

---

**提 示**

给参与者讲清楚

■ 哪种声音可以通过木材传导；

■ 在自然界中树木如何产生声音（不断增大的猛兽，如黄鼠狼）；

■ 哪些动物利用这些信息（居住在树洞中孵卵的鸟类）；

■ 这些动物有何反应，其行动如何（保护正在孵化的鸟，防卫，等等）。

与参与者一起寻找啄木鸟鸟巢。请您展示支撑起来的、不接触地面的以及去掉皮的树干是特别好的声音传导体。

## 活动深入的可能性

◆ 松鼠—啄木鸟—黄鼠狼游戏可以作为一个活跃的活动[①]。首先讲以下故事：
"请你们把自己想象成为松鼠。当你们躺下睡觉时，把其中的一只耳朵贴在树干上。这样，你们在睡觉时就可以听到是否有危险的动物接近。当有啄木鸟啄树时，说明对你们没有危险。当有饥饿的黄鼠狼爬上树或在树下刨抓时，你们必须逃跑。"

◆ 现在可以开始这个游戏，它非常简单。

◆ 所有"松鼠"都把一只耳朵贴在树干上躺下来睡觉。

◆ 其中一个参与者扮演"啄木鸟"或"黄鼠狼"。他或她像"啄木鸟"一样啄树，或像"黄鼠狼"一样在树的另一端刨抓树。只要"黄鼠狼"一抓树，所有的"松鼠"们就醒来并且逃跑，这时"黄鼠狼"试图抓住"松鼠"们。

◆ 然后被抓的"松鼠"将再扮演"啄木鸟"或"黄鼠狼"。

# 树木 4　听诊树木

**内容**　参与者倾听树中的昆虫和动物。

| 目的 | 时限 |
|---|---|
| ◇让参与者倾听：树是活着的 | ◇大约20分钟 |
| 活动类型 | 材料 |
| ◇安静型、调研型、感受型 | ◇听诊器 |
| 参与者人数 | 准备工作 |
| ◇最多30人 | ◇请寻找一棵有天牛的云杉树 |
| 参与者年龄 | ◇请寻找一棵有蚂蚁的树 |
| ◇6岁以上 | ◇请寻找一棵住有啄木鸟的树 |
| | 室外条件 |
| | ◇— |

**活动流程**

◆ 参与者用听诊器倾听天牛在树皮下是如何爬行和工作的。

◆ 参与者在一棵腐烂的树中用听诊器倾听蚂蚁是如何爬行的。

◆ 参与者在一棵住有啄木鸟的树上，用听诊器倾听啄木鸟幼鸟是如何发出叫声的。

---

**提 示**

事先在近处选择能够让参与者在树干上倾听声音的树木。直接倾听蚂蚁堆所产生的印象也是深刻的。

---

[①] 译注：你所在地区是否有啄木鸟、松鼠、黄鼠狼这些动物？如果有，就可以讲这个故事；否则，就换个内容取而代之。

用听诊器倾听，您可以
听得到树内的动静

# 树木5 树木毛细管的吸力

**内容** 参与者借助于一个实验了解蒸腾流的功能。

---

目的
　◇让参与者了解一棵树木所具有的功能
　活动类型
　　◇安静型、调研型、知识型
　参与者人数
　　◇最多15人
　参与者年龄
　　◇12岁以上

时限
　◇大约30分钟
材料
　◇毛细管（医用）及麦秆
　◇墨水
　◇塑料带
　◇树干切片，最多3厘米厚，15～20厘米宽
　◇洗涤剂
准备工作
　◇实验I：提前铺设
　◇实验II：—
　◇实验III：准备树干切块
室外条件
　◇对实验II来说应在植物生长季节内进行

---

**可持续发展教育目标**

◆ 对待事物的方法与能力

◇我知道自己缺乏哪些知识，并且有能力来弥补这些缺失的知识。

◇我在知识获取方法方面是经过训练的，如思考、联想、试验、研究、提出问题，等等。

这里：参与者理解关于树木蒸腾和毛细管的作用。

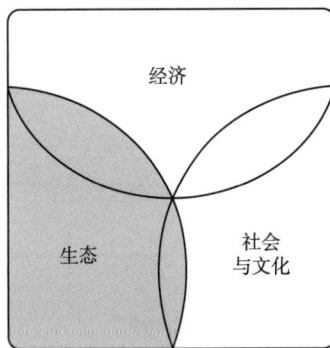

**活动流程**

用3个简单的试验表明蒸腾流在树木中的流动过程。

◆ 实验I：毛细管吸力

◇问题：水分是如何从下部运输到上部的？

◇请让一个参与者手持毛细管浸入墨水中，墨水在毛细管中就会自动上升。

◇在该实验中将用一根麦秆重复试验，结果墨水不上升。

◇结果：在树木中运输通道必须非常紧密，这样树液就能够较为轻松地上升。为此，树冠上的叶子就会不断地蒸腾水分，这样也就不停地从地下吸收水分。

◆ 实验II：吮吸功能

◇问题：在树冠之上树液发生了什么？

◇为了回答这一问题，请您在活动之前的一天用塑料袋套住一根带树叶的树枝并把袋口扎紧。

◇在接下来的几天，参与者观察到，塑料袋中会出现冷凝水珠。

◇观看到的知识：树木在运输水分

◆ **实验III：可通气的树木切片**

◇请您在这个印象深刻和非常简单的实验中准备一片树干切片（请注意厚度！不要超过3厘米）和洗涤剂。

◇请您让一位参与者在准备好的树干切片一侧的边材范围内涂上少许洗涤剂并涂抹均匀。涂抹几个平方厘米即可。

◇然后一名参与者手持涂抹洗涤剂的另一面，把树干切片放在嘴唇边使劲吹气。

◇在涂抹洗涤剂的一侧则会出现泡沫，这样就证明了树干渗透的途径。

■ 在一只杯子中倒入用浅颜色染成的水，然后把不同直径的玻璃管放置在其中。玻璃管的直径越小，其吸收水柱越高。

---

**提 示**

请您给参与者展示环孔材的磨光切片。

---

**附加信息**

| 水流导管直径（毫米） | |
|---|---|
| 藤本植物 | 0.7 |
| 椴树 | 0.06 |
| 橡树 | 0.3 |
| 针叶树 | 无数据 |

| 水流速度（米／小时） | |
|---|---|
| 藤本植物 | 大约 150 |
| 苔藓，地衣 | 1.2 ~ 2 |
| 针叶树 | 大约 1.2 |
| 散孔材 | 1 ~ 6 |
| 环孔材 | 4 ~ 44 |
| 草本植物 | 10 ~ 60 |

| 蒸腾速率 [ 毫升（水）／平方米（树叶上表面积）] | | |
|---|---|---|
| 植物种类 | 白天 | 夜晚 |
| 草本（喜光型） | 170 ~ 200 | 10 ~ 19 |
| 草本（耐阴型） | 40 ~ 100 | 5 ~ 25 |
| 桦树 | 78 | 9.5 |
| 山毛榉 | 42 | 9.0 |
| 云杉 | 58 | 1.5 |
| 松树 | 54 | 1.3 |

**参考文献**

斯塔拉斯堡 E. 植物学教科书. 耶拿: 古斯塔夫菲舍尔出版社, 1998.

**Literaturhinweise**

Strasburger, E.; Lehrbuch der Botanik. Gustav Fischer Verlag, Jena 1998.

# 树木6　光合作用——小精灵

**内容**　参与者现场设计光合作用哑剧。

目的
　　◇让参与者体验形象的生物过程

活动类型
　　◇安静型、知识型

参与者人数
　　◇最多30人

参与者年龄
　　◇12岁以上

时限
　　◇大约15分钟

材料
　　◇一瓶标明$CO_2$的二氧化碳气体
　　◇一个装有2勺食品糖的绿色瓶子
　　◇一瓶子矿泉水
　　◇一只手电筒
　　◇一个喝水杯
　　◇一顶大的绿色帽子
　　◇一把椅子
　　◇一件绿色粗呢雨衣

准备工作
　　◇把材料放置好

室外条件
　　◇在室内也是可以的

**活动流程**

◆ 一个戴有绿色大帽子和身穿一件绿色粗呢雨衣的演员，从灌木丛中出现在已经准备好以上材料的桌子旁边。

◆ 他给已经加好糖的绿色瓶子中加水。然后这位演员用左手把一瓶标明$CO_2$的二氧化碳气体拿到前边。右手持手电筒从上边照射左手这只瓶子。

◆ 稍后，该演员长时间用力摇晃绿色瓶子并把瓶中的液体倒入饮用水杯中。

◆ 演员喝一口并且要通过他的面部表情表演，这杯"饮料"是多么美味给力。他把手伸向空中，从而表明，所喝"饮料"刺激其生长。

◆ 允许参与者品尝杯中"饮料"并且确定杯中液体的味道是甜的。

◆ 之后，请您与参与者讨论光合作用及其对地球的能源和碳循环的重要性。

◆ 参与者可以自愿再演一次光合作用——小精灵。

■　光合作用——小精灵

**活动深入的可能性**

◆ 参与者每3人一组（请参见[>]开始 7 "谁和谁在一起？"），在每一个3人组中中间的人扮演"碳原子"，他抓住另外两个人的手，即另外两个人扮演"氧原子"，这样就产生了"二氧化碳"分子。

◇每一个3人组都跑向一棵树，这个"碳原子"拥抱这棵树，两个"氧原子"互相手拉手离开该棵树。

◇"碳原子"必须留在树上，直到被2个"氧原子""赎回"。这个例子说明的是当树木腐烂和木材燃烧时的情况（即木材对碳有约束力）。

◆ 您可以参见[>]可持续性利用 1 "树木气球"和可持续性利用 2 "二氧化碳（$CO_2$）气球"补充或加深树木生长及捕捉二氧化碳的能力。

**提 示**

您通过燃烧木屑，可以把这种燃烧作为光合作用的逆转来解释光合作用，火焰可以解释为重新释放的太阳能。这样做可以提供一个参与者之间讨论的机会，讨论大气中二氧化碳浓度的增加和全球变暖之间的关系。

# 树木 7　光合作用—接力赛

**内容**　参与者以接力赛跑的形式展示水和化合物在树木里的传输。

| 目的 | 时限 |
|---|---|
| ◇让参与者以身体力行的方式体验光合作用 | ◇30分钟 |
| 活动类型 | 材料（每组） |
| ◇活泼的、知识型 | ◇1袋方糖 |
| 参与者人数 | ◇1只汤勺 |
| ◇15~30人 | ◇1个水瓶 |
| 参与者年龄 | ◇1个酸奶罐 |
| ◇8岁以上 | 准备工作 |
| | ◇请您用树枝标记出起点和终点线，两线距离10~15米 |
| | ◇请您放置好材料 |
| | 室外条件 |
| | ◇干燥 |

**可持续发展教育目标**

◆ 社会能力

◇我有很好的团队合作精神，我会顾及到别人的长处和弱点。

这里：您与参与者一起达成既定目标。

**活动流程**

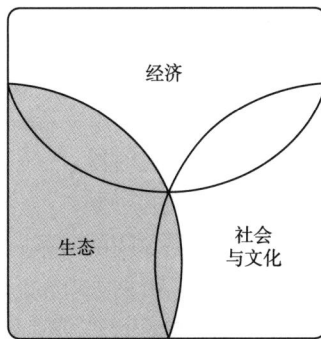

◆　请您将参与者分为2到4个小组，每组5到10人（请参见[>]开
始 7 "谁和谁在一起？"）。每个小组的成员共同扮演一
棵树木。

◆　让小组在起跑线处排列，这里象征着树木生长的土地，各
个小组的成员一个接一个地站成一列。

◆　每个小组都有一个装满水的水瓶和一只汤勺。

◆　"开始"信号发出后，每个小组的排头者用汤勺盛满水，
并向终点线传送（这段距离代表着树冠的面积），终点处
有一个酸奶罐用来盛接水，此处还有一袋方糖，用来代表光合作用储存的能量。

◆　参与者现在将方糖盛于勺中，返回"树根"处。在那儿将汤勺传给下一个队员。

◆　在传输的过程中参与者不可以用手去护方糖，如果糖掉到地上，此轮无效，不能参与整
队的计分。

◆　比赛结束后您计算一下所有参与者的方糖数量并测量每组传输的水量。

◆　用方糖数乘以水量，最多的就是获胜者。

◆　参与者共同讨论各种树木光合作用的不同效果。

---

**提 示**

由于树木的光合作用只在白天进行，您应该为活动的时长定一个时间标准。比方说， 一天
10小时可以对应10分钟的活动时间。

---

# 树木 8　探寻树木命运的痕迹

**内容**　参与者根据年轮分析树的生命轨迹。

| | |
|---|---|
| **目的**<br>◇让参与者认识到树木对环境影响的反应体现在年轮上<br>**活动类型**<br>◇安静型、调研型、知识型<br>**参与者人数**<br>◇最多30人<br>**参与者年龄**<br>◇8岁以上 | **时限**<br>◇约30分钟<br>**材料**<br>◇树干（或根茎）薄片<br>◇作业表（参见[>]附件）<br>◇小三角旗或大头针<br>**准备工作**<br>◇复印作业表<br>**室外条件**<br>◇此方案特别适于坏天气 |

**活动流程**

◆ 请您给参与者讲解树木的生长规律。例如，就下列问题给出答案：

树木如何生长，当

◇干燥的时候；

◇疏伐的时候；

◇潮湿多雨的时候；

◇害虫啃树或叶的时候；

◇畸变的时候（请参见[>]树木 2 "山坡倒立"）；

◇树木长伤口的时候；

◇生长条件（水分、养分、光照）受限制的时候。

◆ 请您展示一个树干或根茎薄切片并且形象地说明这个"活生生"的对象中木质构造的几个不同类型[①]。

◆ 请您与参与者讨论早材、晚材、心材和边材的区别以及分枝方式、形成层、树皮结构，等等。

◆ 让参与者数一数新鲜树桩的年轮，用小三角旗标记出重要的历史阶段。

**活动变化方案（特别适合于坏天气和比较大的分组）**

◆ 请您分发作业表（见[>]附件）。参与者首先要在小组作业中尝试独立找出答案，其后大家一起补充完整作业表。

## 活动深入的可能性

通过[>]可持续性利用 3 "帽子相叠"以及[>]森林—工作场所 12 "同样的树木，不同的材质"加以说明树木年轮的形成与树木生长的关系。

## 参考文献

《作业表》依据. 环境侦探. 森林活动书. 维也纳: 奥瑞克出版社, 1987.

## Literaturhinweise

Arbeitsblatt nach: Umweltspürnasen. Aktivbuch Wald, Orac–Verlag, Wien 1987.

---

① 译注：从当地森林中取一个树的切面薄片，并按照指南中所述作业表进行展示。将树环与该地区的气候事件和林业事件及数据联系起来，并在树的年轮上做出相应标记。

**附件**

树木历史

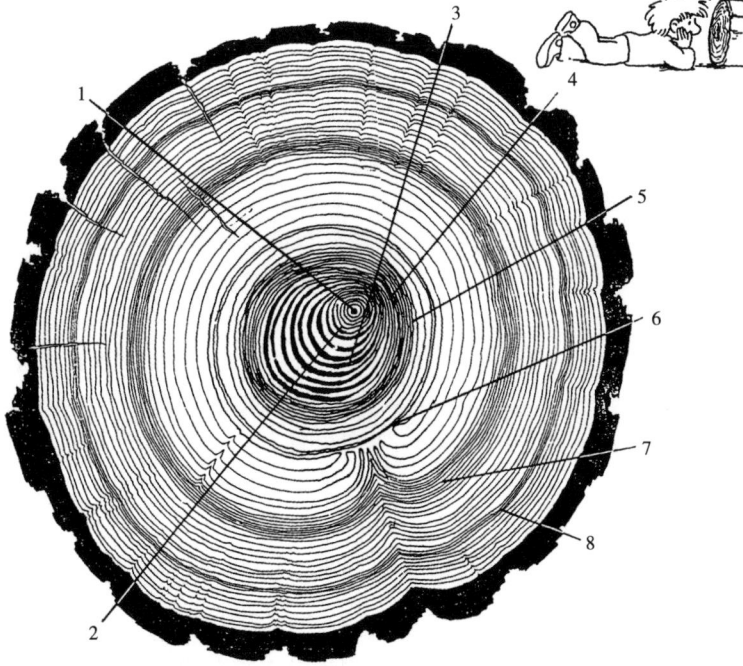

这是一棵生长了近100年的松树，它的生命就像一本书，以从它的年轮中读出来。为了确切地了解它的年长历程，1993年研究人员将这棵松树伐倒。

请尝试：按顺序排列树干切面上的小图片
把数字1至8填入到正确的方框中，并补充完整所缺失的年份。

（1）森林发生了地面火灾，幸运的是这棵树活了下来。它的树皮保护了里面的组织，它只是受了点伤。这个伤口会一年年地被新的木质覆盖。

（2）当树6岁的时候，有什么东西压到了它的身上，它斜靠向一边且形成"畸形木"来支撑自己。

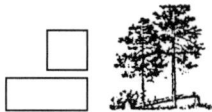

（3）在它周围生长的其他树木被疏伐，更多的养分和日照让它加速成长。

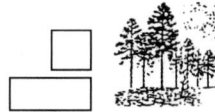

（4）这个紧密的生长年轮展现的可能是一个长期干旱的结果。仅仅一个或两个夏季的降水贫乏期几乎使土壤无法再干涸了，更重要的是土壤发育能力也减弱了。

（5）小松树诞生了，种子发芽了。

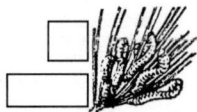

（6）一组紧密的生长轮的成因可由于昆虫侵害。某些昆虫幼虫食针叶树种的针叶和枝芽。

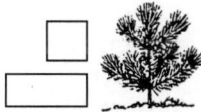

（7）树木没有干扰因素时生长速度是相当快的。春夏季得到充足的阳光和雨水，可以看到树木的年轮宽松而均匀地排列着。

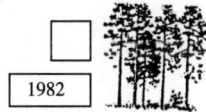

（8）树木又重新开始生长了，但是它的"邻居"也在一同生长，会啃并且其树冠和根须把它的阳光和养分抢去了不少。

1982

# 树木 9　认识树皮

**内容**　参与者通过触摸树皮认识并区别不同树种。

**目的**
　　◇让参与者感觉不同树木的树皮结构[1]

**活动类型**
　　◇安静型、感受型、知识型

**参与者人数**
　　◇最多15人

**参与者年龄**
　　◇6岁以上

**时限**
　　◇约30分钟

**材料**
　　◇眼罩
　　◇木材的不同部分
　　◇变化方案：纸张、笔、图钉

**准备工作**
　　◇寻找一块具有不同树种的林分
　　◇准备好收集的木材

**室外条件**
　　◇混交林林分

**活动流程**

◆　根据树种请您准备不同种类的树皮，并且这些树皮要有明显的差异，请您和参与者共同描述树皮的差异。

◆　请您给参与者机会，让他们广泛地去触摸树木和树皮。

◆　在参与者认识这些树皮之后，蒙住他们的眼睛，激励他们在蒙住眼睛的情况下再去识别这些树皮。

■　也可以蒙住眼睛让他们去触摸不同的树皮结构

---

①　译注：建议把当地常见树种的树皮归类，并搜集整理多套备用。

### 活动变化方案

◆　请您把蒙住眼睛的参与者引领到有不同树种的混交林中。让参与者去触摸树皮结构，然后让他们共同讨论所触摸的树种。

◆　给参与者分发铅笔、纸张和图钉。让他们用纸张在树皮上拓描树皮，这样不同的树皮结构就会非常好地出现在您的面前。首先，拓描相对光滑的树皮，因为在粗糙的树皮上容易把纸张弄坏（请参见[>]树木 13 "树皮—刮刮卡图片"）。

---

### 提 示

■　用以下文字您可以很好地描述您所触摸的树皮特征。

◇云杉：鱼鳞状。

◇冷杉（幼树）：光滑中带有"小豆豆"。

◇北美黄杉：裂状，比较柔软，如同软木。

◇榉木：光滑。

◇鹅耳枥：波浪状。

◇油松：裂状，比较硬（与花旗松相比）。

■　如果您有收藏的带树皮的树干，这一活动也可以在室内进行。

---

### 活动深入的可能性

◆　您也能够检查参与者的学习成果（请参见[>]树木 13 "树皮—刮刮卡图片"，[>]树木 15 "树木简介"）。

◆　您也可以让参与者对树皮进行整理和分类（请参见[>]开始 8 "我的森林笔记本"）[①]。

---

①　贵州本地常见树种中：

树皮脱落且光滑的，如紫薇、光皮树、贵州山柳等；树皮四季光滑绿色的，如青桐、红豆树、花楸木、岩生红豆；树皮有刺的，如刺楸、小花花椒、花椒；树皮皮孔横生的，如：山樱花、华中樱、崖樱桃；树皮红通通（红褐色）的，如川黔紫薇、大叶桂樱；树皮块状粗糙的，如马尾松、云南松；树皮纵条纹呈波浪状的，如云贵鹅耳枥、贵州鹅耳枥、岩生鹅耳枥。

有些树木还有特殊的气味，如全省广泛分布的光皮桦（桦槁树）枝条折断时，有比较浓郁的类似"风油精"气味；清香木、清香木姜子等枝叶揉碎有明显的清香气味；臭牡丹则是全株具有明显的臭味。

——安明态

# 树木 10　鉴别树芽

**内容**　参与者正确区分树芽结构。

| 目的 | 时限 |
|---|---|
| ◇让参与者制订一种简单的识别方法 | ◇大约30分钟 |
| **活动类型** | **材料** |
| ◇安静型、调研型、知识型 | ◇乔、灌木树枝 |
| **参与者人数** | ◇工作表（参见[>]附件） |
| ◇最多30人 | ◇变化方案：镊子和放大镜 |
| **参与者年龄** | **准备工作** |
| ◇8岁以上 | ◇收集树枝 |
| | ◇复印工作表 |
| | **室外条件** |
| | ◇秋天或冬天 |
| | ◇也适合室内活动 |

## 可持续发展教育目标

◆ 对待事物的方法与能力

◇我知道自己缺乏哪些知识，并且有能力来弥补这些缺失的知识。

◇我在知识获取方法方面是经过训练的，如思考、联想、试验、研究、提出问题，等等。

这里：参与者为识别树芽需要制定出识别方法。

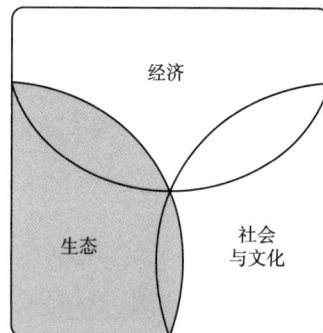

## 活动流程

◆ 请您把树枝摆在参与者面前，让他们寻找不同的树芽结构并进行描述。

◆ 要求参与者把树芽根据其结构主要分成 3 种，即对生、轮生（双行）和互生，每一组要在附件中做出记录（参见[>]附件）。

## 提 示

　　请您不要以上课的方式正面解释、告诉（诱导）参与者不同树芽结构的区别。对于参与者来说，如果让他们自己去寻找树芽之间的区别，那样将会更加有趣。因此，请让参与者独自去分类整理！并且首先要给予他们充足的时间。

## 活动深入的可能性

　　制定一个简易识别树木的方法，参与者只写出显著的区别标志。对于树木识别方法来说首先要确定的是树木名称。本节的重点不是学习树种知识，而是识别和描述不同的树芽结构。练习示例参见[>]附件。

**活动变化方案（尤其适合儿童）**

◆　每位参与者将得到一把镊子，一个（可能是从家里带来的）放大镜和一个树芽①。然后，
提出下列问题：

◇这是哪些树木的树芽？

◇这些树芽在树枝上是如何排列的？

◇你能够画出一段带有树芽的树枝吗？

◆　请参与者小心地一个鳞片接着一个鳞片地仔细分解树芽。鼓励参与者一定要用放大镜一
遍又一遍地不断观察不同状态的树芽。

◇在树芽中你发现了什么？

◇能够识别出是什么树芽吗？

◇叶芽主要分布在什么位置，在什么位置可能也有花芽？

◇树木为什么要形成树芽？

◆　与参与者共同区分树芽的不同结构：

◇叶芽，只长成树叶；

◇花芽，只长成花；

◇混合芽，既有可能长成树叶，也有可能长成花（如枫树和七叶树）。

◆　请您与参与者共同了解：

◇区分裸芽和具有芽鳞片覆盖的树芽的方法。

◇在每个芽中已经孕育着小的，但已经成型的叶芽，或花芽，或两者兼而有之。

◇未来的叶子以不同的形式隐藏在芽中。有些树种，它们都是双倍的，像一个扇形或干
脆是折叠的，其他树种作为一个整体或从侧面边缘卷起来。

◇每个树种都有不同的芽。因此，在秋季，芽是许多乔木和灌木落叶后的重要区别。

■　具芽鳞片覆盖
的树芽：

乡土树种树芽几乎
都被鳞片覆盖着，
如榉树树芽从这些
鳞片状树芽中发育
不成真正的叶子

■　雪球状树芽：

裸芽，即无芽鳞的树
芽，欧鼠李（Rhamnus
frangula）也拥有雪球
状树芽

**活动评估**

请您组织结束性的森林散步。参与者可以借此机会，根据树芽结构来确定树种。

---

①　译注：在当地果园，请果农引导来访者识别不同果树的花芽、叶芽、混合芽。

## 附件 鉴别树芽[①]

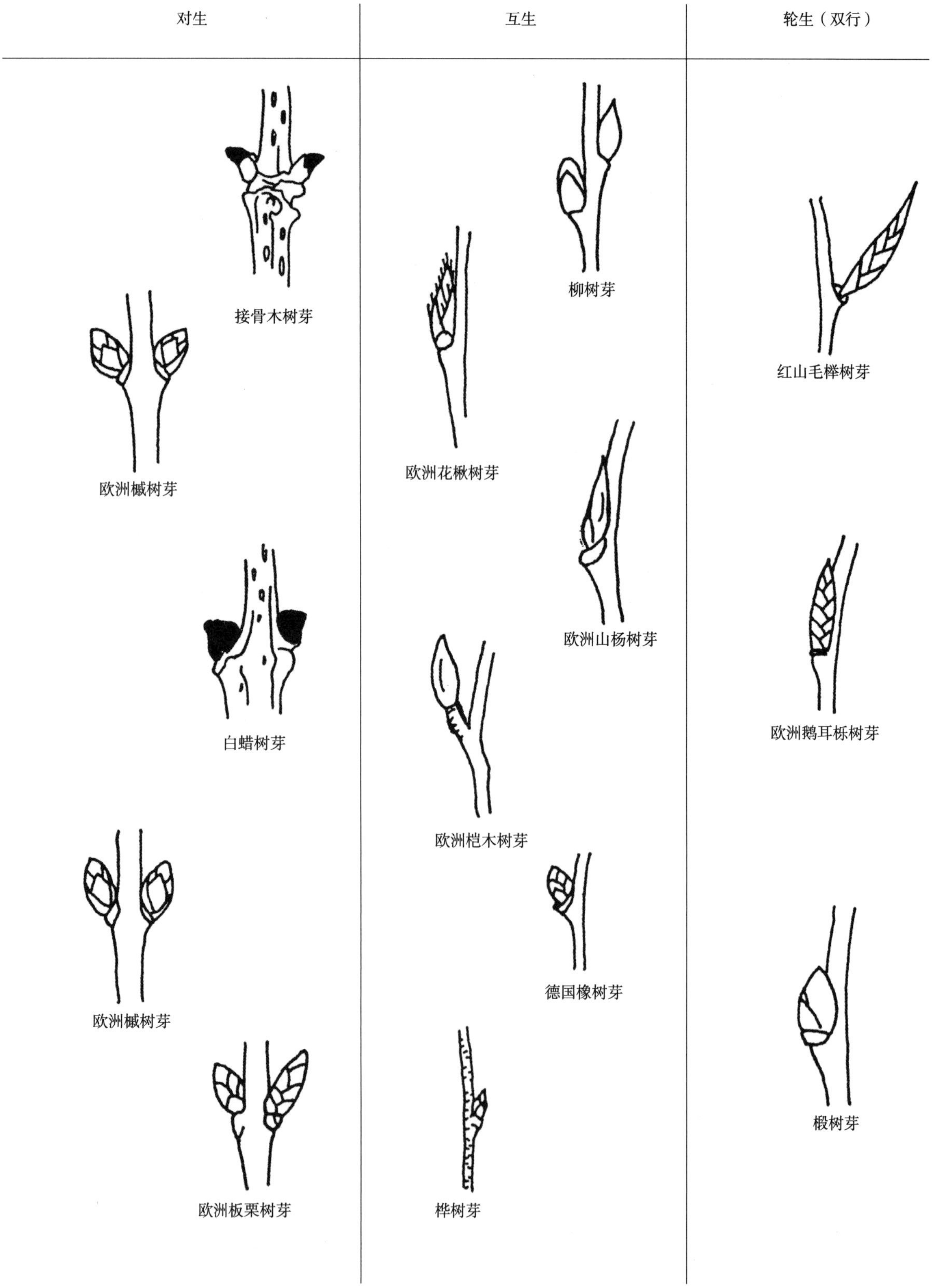

对生
互生
轮生（双行）
接骨木树芽
欧洲槭树芽
白蜡树芽
欧洲槭树芽
欧洲板栗树芽
柳树芽
欧洲花楸树芽
欧洲山杨树芽
欧洲桤木树芽
德国橡树芽
桦树芽
红山毛榉树芽
欧洲鹅耳枥树芽
椴树芽

① 译注：贵州省本地树种中，如红豆树、花榈木、岩生红豆、青钱柳、黄杞、苦树等树种具裸芽（幼芽外无芽鳞覆盖保护）；化香树、圆果化香树等具有鳞芽（幼芽外有芽鳞覆盖保护）；核桃有数个叠生的潜伏芽；水青冈呈长尖芽；桃树腋芽并生（两侧为花芽，中央为叶芽）；还有部分外来树种有特殊的芽，例如，悬铃木的柄下芽（芽藏在叶柄中）。

——安明态

# 树木 11  感受针叶树

**内容**  参与者通过触摸和闻气味来识别针叶树。

目的
  ◇参与者认知针叶及针叶树之间的区别

活动类型
  ◇安静型、感受型、知识型

参与者人数
  ◇最多15人

参与者年龄
  ◇6岁以上

时限
  ◇大约30分钟

材料
  ◇眼罩
  ◇不同针叶树的树枝

准备工作
  ◇收集不同针叶树的树枝

室外条件
  ◇也适合室内

**活动流程**

◆ 蒙住参与者的眼睛并让他们接触不同的针叶树树枝[1]。

◆ 要求参与者通过触觉和嗅觉描述树枝的区别。此时他们应该充分利用其嗅觉。

◆ 请您与参与者一起通过整理出来的识别特征来识别针叶树树种。

■ 让参与者通过触觉和嗅觉感知针叶不同的结构

**活动改进方案**

◆ 准备放置好不同的针叶树，同参与者一起寻找并整理出针叶的不同之处。

◆ 请让每一位参与者通过触觉感觉树枝并用这样的方法识别不同的树种。

◆ 当每位参与者对针叶树树枝都认识后：
◇蒙上眼睛。
◇在蒙眼的情况下去触摸树枝并识别它。
◇针叶树球果可算在触摸范围之内。

◆ 当每一位参与者能识别针叶树树枝后，那么
◇参与者将再次被蒙上眼睛。
◇在蒙眼的情况下，通过触觉识别并说出树种。
◇针叶树球果可算在触摸范围之内。

---

[1]  译注：另一个方案是将针叶树枝放在布袋里，让他们将手伸进去摸一摸（这样就不需要戴眼罩了），也可以使练习过程简化。

——沃尔夫冈·格拉芙（Wolfgang Graf）

## 提 示

把针叶树种用本地熟知的树种代替，树叶识别采用同样的提示，如尖、钝等①。

■ 请您随时提醒参与者，他们也可以使用嗅觉。用以下词句可以描述对针叶的感觉。

云杉：短而尖。

松树：长而尖。

冷杉：如稻草般，不刺手，不锋利，双行结构。

落叶松：非常软，针叶成簇状。

北美黄杉：柔软，气味像柠檬。

——安明态

### 活动评估

用[>]树木 14 "树木知识"进行检测，看一看参与者是否对针叶树的区别还能够回忆起来。

---

① 译注：可用当地树种代替上述树种。

贵州省常见针叶树种（含外来种）有以下几种。

马尾松：针叶 2 针成束，细长柔软而略上展。

黑松：针叶 2 针成束，粗硬。

华山松：针叶 5 针成束，细长不下垂或略下垂。

云南松：针叶多 3 针成束，稍粗硬，细长不下垂或略下垂。

雪松：叶针形，短小坚硬，不成束。

金钱松：具长枝和短枝之分，短密的轮状短枝代表每年生长的，短短的一二厘米可能生长了 10 多年。叶辐射状排在短枝上，秋天变金黄色，远看像金钱而得名"金钱松"。

银杉：叶条形，叶背银白色气孔带，有"活化石""植物大熊猫"之称。

杉木：叶披针形，刺刀状。

水杉：叶交互对生呈羽状，与无芽小枝共存。

柳杉：叶钻形。

日本冷杉：叶条形，叶柄基部吸盘状，脱落在枝条上呈圆形叶痕。

柏木或侧柏：叶鳞形，很细小，交互对生，把小枝包在里面，要剥开鳞叶才能看到小枝。

日本花柏：叶背面有白色气孔带，X 型。

日本扁柏：叶背面有白色气孔带，Y 型。

刺柏：叶全为刺形，很扎手，基部有关节。

圆柏：有 2 种叶形，鳞叶和刺叶，刺叶基部无关节。

竹柏：叶卵状披针形，厚革质，光亮，很像塑料做的。

# 树木 12  树木鉴定

· · · · · · · · · · · · · · · · · · · · · · · ·

**内容**  参与者为森林树木的科属识别制定辅助说明[①]。

目的
　　◇让参与者学习如何区分树木
种类
　　活动类型
　　　　◇安静型、创造型、知识型
　　参与者人数
　　　　◇最多30人
　　参与者年龄
　　　　◇8岁以上

时限
　　◇大约2小时
材料
　　◇2~3张硬纸板（A4大小）
　　◇复印的叶片、果实、根系的素描图
　　◇用于描摹树皮的纸张
　　◇样本夹或绳子
　　◇压膜和压膜器
　　◇打孔器、剪刀、铅笔、彩笔、胶水
室外条件
　　◇—

**活动流程**

◆ 参与者将硬纸板裁剪成3~4个长条（大小为9.9厘米×21厘米，3~4个长条刚好为一个A4纸张大小）。在每一个长条上收集不同树木种类的细节信息，比如，叶片、果实或外形素描图。

◆ 您也可以收集一些树皮的素描图片，这样参与者可以把白纸附在上面用彩色铅笔或蜡笔描摹树皮的构造（请参见[>]树木13"树皮—刮刮卡图片"）。

◆ 这些卡片可以被订在一起，或者用样本夹夹起来。这样，参与者可随时扩充新内容。

◆ 在卡片的背面，参与者可注释更多的信息。

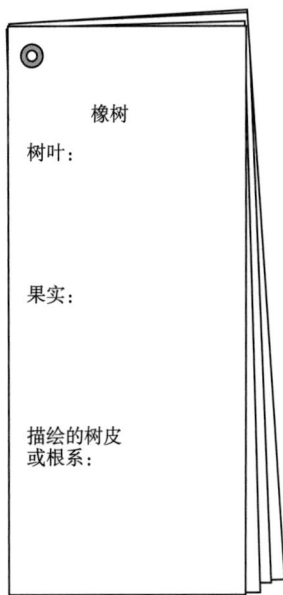

橡树

树叶：

果实：

描绘的树皮
或根系：

① 译注：如果鉴别本地的针叶树种没有参考书，可以针对本地森林中常见针叶树树种，准备识别卡；这些识别卡可以做塑封，增加耐用性，并准备多套备用。

◆ 这些科属鉴别卡片可以用硬纸板，也可以用压膜的纸片做成。也许您可以使用不同颜色上色，以便更好地区分落叶树、针叶树和灌木①。

## 树木 13　树皮——刮刮卡图片

**内容**　参与者拓描不同树种的树皮。

| 目的 | 时限 |
| --- | --- |
| ◇让参与者了解不同结构种类的树皮 | ◇大约15分钟 |
| 活动类型 | 材料 |
| ◇安静型、创造型、知识型 | ◇硬纸 |
| 参与者人数 | ◇笔（彩色铅笔、蜡笔、碳素笔和粉笔） |
| ◇最多30人 | 准备工作 |
| 参与者年龄 | ◇请您选择拥有不同树种的一片林分 |
| ◇6岁以上 | 室外条件 |
| | ◇树皮应该是干燥的 |

---

① 译注：在贵州林区，可利用下列树木特征快速鉴别部分树种。

■ 叶针形成束的树木，是松属：2针一束的多是马尾松；5针一束的多是华山松，而5针一束且叶较短小的，是华南五针松，3针一束的多是云南松。

■ 叶扇形的树木，是银杏。

■ 叶鳞形、分布无规则的通常是柏木；枝叶侧展的通常是侧柏；枝叶平展、叶较大、天然分布的是福建柏。

■ 单叶互生、小枝有环状托叶痕、枝叶折断无乳汁的通常是木兰科；如果有乳汁，则通常是桑科榕树属。

■ 单叶互生、叶全缘、枝叶揉碎有樟脑味的通常是樟科。

■ 单叶对生、有托叶或托叶痕的通常是茜草科树木。

■ 树皮皮孔横生、单叶互生有锯齿、枝条折断有风油精气味的是光皮桦（桦槁树）。

■ 树皮皮孔棱形、单叶互生有锯齿的通常是响叶杨。

■ 坚果具鳞状或刺状壳斗的，或农村叫"青冈树"的，基本上是壳斗科；常绿树种壳斗带刺的通常是栲树属；落叶树种壳斗有刺的是栗属；叶全缘的常绿树种主要是石栎属；叶中上部有锯齿、壳斗具环带的是青冈栎属。

■ 花序或果序伞形或复伞形的树木通常是五加科；农村叫"刺老包"的是楤木属。

■ 树皮绿色不裂且具裸芽的常绿树木，是红豆树属；具裸芽、复叶、枝叶极苦的是苦树（苦木）；具裸芽、偶数羽状复叶的常绿树种多是黄杞属；具裸芽、奇数羽状复叶的落叶树种且果铜钱状的是青钱柳（山麻柳）；果具2翅状的是枫杨（水麻柳）。

■ 叶片葫芦形且有柑橘植物气味的是宜昌橙。

■ 复叶对生、树皮或枝皮剥开呈黄色的通常是黄檗。

■ 寄生在其他树木上的小灌木通常是桑寄生科，其中，呈裸枝状的是槲寄生。

■ 树皮脱落光滑、农村叫"马铃光"是落叶树种的，通常是山柳属（桤叶树属）、紫薇属。其中，叶全缘、对生或近对生的，通常是紫薇属；叶互生、有锯齿的通常是山柳属（桤叶树属）。如果是常绿树种，叶有锯齿的"马铃光"，通常是大叶桂樱，叶全缘的"马铃光"，通常是毛豹皮樟。

■ 叶近圆心形、叶缘具桃形锯齿、花具白色大型总苞片的，是珙桐。

■ 果具豆荚（荚果）的是豆科或细化为苏木科、含羞草科、蝶形花科。

■ 单叶对生、茎叶折断有乳汁的基本上是夹竹桃科或萝摩科。

■ 单叶对生、有双翅果（蜻蜓状果翅）的通常是槭树属。

■ 岩山上叫"岩刷子"、树皮具波状纵条纹的落叶树种基本上是鹅耳枥属植物。

—— 安明态

## 活动流程

◆　请您与参与者一起去选好混交林地。

◆　给参与者分发纸张和笔。所谓适合的笔是彩色铅笔、蜡笔、碳素笔和粉笔。

◆　要求参与者拓描不同的树皮。

◆　参与者各自选好一棵树，然后把准备好的纸张贴在树皮上放好，并用彩色铅笔轻轻地在纸上涂画，直到将树皮拓描成一张刮刮卡图为止。

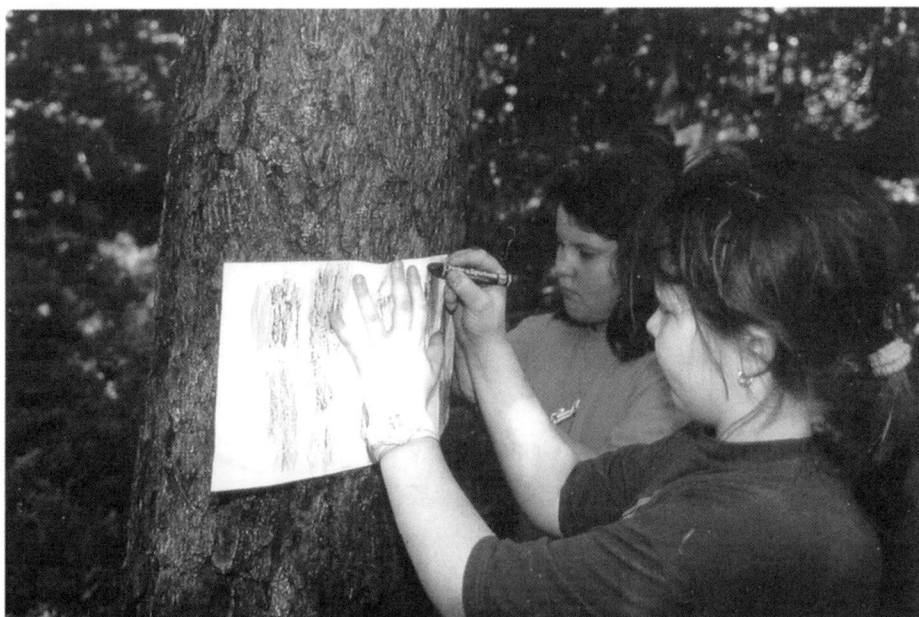

■　树皮刮刮卡图片：参与者感知树皮结构

## 活动变化方案

◆　参与者也可以拓描同一种树不同树龄的树皮。

◆　请让参与者利用树皮，在陶土或黏土上用施加压力的方法塑造树皮！

◆　请要求参与者收集所塑造树皮树的叶子、种子以及果实。

---

**提 示**

■　参与者可以作为美好回忆把所拓描的树皮画带回家（请参见[>]结束 1 "调色画板"）。

■　这一活动您也可以结合[>]树木 14 "树木知识"和[>]树木 15 "树木简介"来做。

■　"树皮——刮刮卡图片"应在[>]开始 8 "我的森林笔记本"的框架范围内完成。参与者在整个活动过程中拿着这个小册子，并且允许他们把它带回家。

---

## 评估可能性

◆　作为[>]树木 9 "认识树皮"的后续工作，您可以检查所画树皮的分类是否正确。

◆　参与者互换所拓描的树皮画，但是他们必须知道所拓描的树种是什么。

# 树木 14　树木知识

**内容**　参与者通过收集阔叶和针叶来鉴别树种。

| 目的 | 时限 |
|---|---|
| ◇让参与者认识不同的树种 | ◇约45分钟 |
| 活动类型 | 材料 |
| ◇安静型、创造型、知识型 | ◇胶带纸、装订线、检索卡 |
| 参与者人数 | ◇树木学的参考书 |
| ◇最多30人 | 准备工作 |
| 参与者年龄 | ◇寻找一块混交林地 |
| ◇8岁以上 | 室外条件 |
| | ◇干燥 |

**活动流程**

◆　参与者以3~5人为一组（请参见[>]开始 7 "谁和谁在一起?"）。

◆　每一组对应每一种树木得到一张检索卡以及胶带纸。

◆　参与者得到任务，他们首先要去寻找阔叶和带有针叶的树枝，并且要把这些阔叶按照树种分开，然后贴在检索卡上，而把带针叶的树枝直接贴在检索卡上即可。

◆　参与者携带阔叶和针叶到收集场地，然后借助于鉴别书籍进行整理。

◆　该检索卡将标有那种树木的名称。

◆　每个小组要展示其所制成的检索卡。

■　收集树叶

**提 示**

作为进一步活动，请参见[>]树木 13 "树皮—刮刮卡图片"和[>]树木 15 "树木简介"。

**活动变化方案**

示范如何制作标本。

**活动评估**

◆ 您可以用[>]树木 11 "感受针叶树"来准备这一活动。

◆ 借助于卡片，参与者现在可以检查针叶和阔叶的分类整理是否正确。

# 树木 15　树木简介

**内容** 参与者把所有不同的树木鉴别特征都整理到一起。

| 目的 | 时限 |
|---|---|
| ◇让参与者认识不同的树种及其特征 | ◇大约60分钟 |
| 活动类型 | 材料 |
| ◇安静型、创造型、知识型 | ◇卷尺 |
| 参与者人数 | ◇硬纸、笔、胶带 |
| ◇最多30人 | ◇长3米的线绳 |
| 参与者年龄 | ◇工作表（参见[>]附件） |
| ◇12岁以上 | 准备工作 |
| | ◇选择混交林分 |
| | ◇复印工作表 |
| | 室外条件 |
| | ◇干燥 |

**可持续发展教育目标**

◆ 对待事物的方法与能力

◇我明白跨学科协作的价值及其难度。

这里：参与者用生物学和数学知识计算树木的一些指标。

参与者用公式计算树高、胸径和材积。

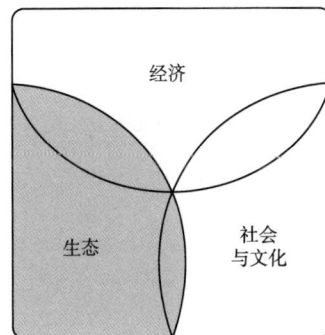

经济

生态　　社会与文化

**活动流程**

◆ 把参与者按照3～5人分成小组并讲明各小组的任务（请参见[>]开始 7 "谁和谁在一起？"）。

◆ 参与者得到"树木简介"复印件作为草案（见[>]附件）。

◆ 在设计好的草图上，参与者用画笔拓画树皮。再在草图上粘上阔叶以及针叶或者用线固定住带针叶的小树枝。另外，参与者还可以把相应的种子（果实）粘在草案上或画在草图上。

◆ 需要补充的是参与者需要调查树龄、树高、胸径及材积，并把这些数据登记在工作表上。

◆ 现在参与者自己动手制作其树木简介，将所有的特征整理在一起，并一目了然地放在一页内。

**活动变化方案**

◆ 结合树木引导活动[>]树木 13 "树皮—刮刮卡图片"和[>]树木 14 "树木知识",也可以用以上两个活动的结果拼图。

◆ 把参与者分成2组,第一组的参与者制作树木简介标签,第二组的参与者把制作好的简介标签对应地挂在树上。

---

## 提 示

■ 树龄确定

◇对于针叶树来说,参与者可以通过树枝轮数来确定树龄。在侧枝轮数的基础上再增加10年(因为在树木年轻时没有形成明显的侧枝轮数),然后得到树木真实的树龄。

◇对于阔叶树来说,这种通过侧枝轮数确定树龄的方法自然是不可能的。要求参与者在林分中寻找一个相对新鲜的树桩,然后通过清点年轮来确定树龄。

■ 树高确定

◇最简单的方法就是根据地球测量原则,也被称作"木棍测量法"(见右图)。

◇把木棍上端对准树木顶梢,然后向该树反方向行走,直到木棍上下端分别与树梢和树干的根茎基部都到达视平线为止。这一段与树的距离就是树高。

◇更加精准的测量必须再计算上地面到您眼睛的高度。

■ 胸径确定

◇借助于绳子,在绳子上每10厘米打一个结,您就可简单地确定树木的胸径。把绳子绕树一圈,然后数绳子上的结,结数乘以10便得到树木的围径(单位:厘米),再除以3.14,便得到胸径。

■ 材积确定

◇丹琴(Denzin)的简化材积公式:

$$V = \frac{d^2 \times L \times 0.8}{2}（立方米）$$

◇在25米标准时(树高),公式可简化为:

$V = d^2 \times L \times 0.4$ (立方米)

◇若应用简化公式,那么与标准有1米的差异,材积必须调整(±3%)。

$V$=材积(单位:立方米)

$L$=树高(单位:米)

$d$=胸径(在树干1.3米处的直径,单位:厘米)

## 附件① 　树木简介（草案）

阔叶树或针叶树

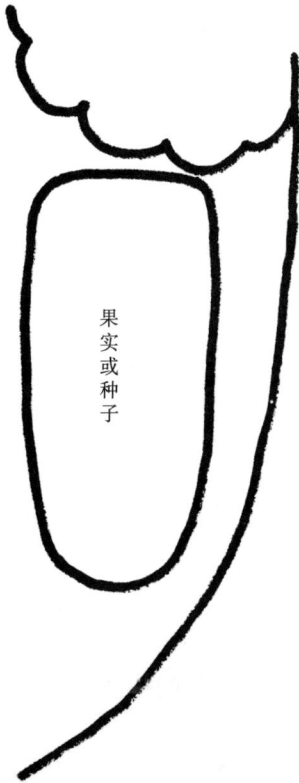

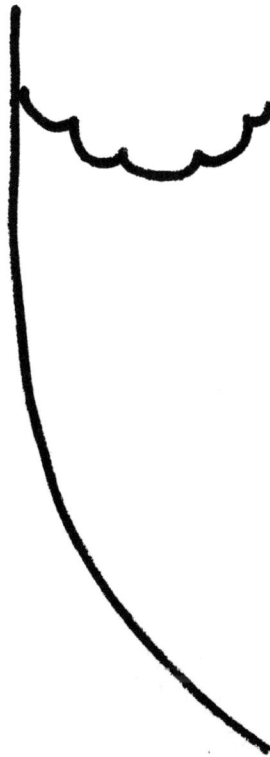

果
实
或
种
子

树皮拓画

| | | | |
|---|---|---|---|
| 树龄 | | 胸径 | |
| 树高 | | 材积 | |
| 日期 | | 制作 | |

---

① 注：根据《自然体验通道手册》（巴伐利亚州森林公园）。

# 树木 16   树叶记忆

**内容**  参与者在娱乐中了解阔叶和针叶。

| 目的 | 时限 |
|---|---|
| ◇ 让参与者认识树叶形状，并加深树木学知识 | ◇ 约20分钟 |
| **活动类型** | **材料** |
| ◇ 安静型 | ◇ 阔叶和针叶 |
| **参与者人数** | ◇ 一块大布（也可以是复合塑料布） |
| ◇ 最多15人 | **准备工作** |
| **参与者年龄** | ◇ 参与者应该认识遮盖在大布下的树叶。首先，要求当大布下面藏有许多树叶时才起作用 |
| ◇ 5岁以上 | ◇ 提示：如果要把一片树叶放在复合塑料薄膜下面，那么就可以通过压膜机制作一些经久耐用的树叶（没有必要用新鲜的树叶加压制作），这样就没有必要每天寻找新的树叶 |
| | **室外条件** |
| | ◇ — |

**活动流程**

◆ 在活动开始前准备好阔叶和针叶，并把它们放置于林地上或桌子上。

◆ 让参与者短时间内记住这些树叶。

◆ 然后所有准备好的阔叶和针叶要用一块大布盖上。

◆ 所有参与者转过身去，只有一个人留下并掀开盖布，拿走布下的一片树叶或一束针叶，并把所拿走的东西藏好。

◆ 现在，转过身子的那些参与者可以再转回来。打开盖布，然后观察现在缺了哪些树种的树叶。

◆ 从这些所缺树种的树叶开始，您可以与参与者一起探讨这些树种的特性。比如，这些树木生长在附近什么地方。

◆ 重复这个娱乐活动，直到布下不再有树叶存在。

**活动变化方案**

◆ 您让一个参与者同时拿走多片树叶。

◆ 做完一次森林引导后，让参与者象征性地用刚才在引导中所认识的树种的树叶进行"森林恢复再造"。当不同阔叶树种的树叶摆放在一块布上之后，就会明显看出，还短缺什么树种。

◆ 您可以增加活动难度系数，这样您可以增加盖布下面树叶的种类。刚开始时，树种可以少些，然后，逐渐增加适合参与者知识水平的其他树种的树叶。

# 树木 17　树种——多米诺[①]

· · · · · · · · · · · · · · · · · · · · · · · · · · · · · · · · · ·

**内容**　参与者就像排列多米诺骨牌一样排列阔叶或针叶。

| | |
|---|---|
| **目的**<br>　◇让参与者获得关于不同树种的知识 | **时限**<br>　◇约45分钟 |
| **活动类型**<br>　◇安静型、知识型、创造性 | **材料**<br>　◇多米诺骨牌模本<br>　◇[>]附件<br>　◇剪刀、彩笔 |
| **参与者人数**<br>　◇最多30人 | **准备工作**<br>　◇为每一个参与者拷贝多米诺骨牌模版 |
| **参与者年龄**<br>　◇6岁以上 | **室外条件**<br>　◇也适合室内 |

**活动流程**

◆　每名参与者切出多米诺骨牌模板。

◆　根据年龄，参与者可以画上彩色骨牌设计。

◆　在多米诺骨牌游戏的变化中，参与者必须把阔叶或针叶放置到属于它所在的果实或球果当中。

◆　如果骨牌位置相互放置正确，那么在图画下面就可以正确读出所属的树木名称。

**活动变化方案**

◆　多米诺骨牌可作为装饰框，以便于把图像贴到其中。

◆　谁常常使用骨牌，谁就能够毫不费力地用胶合板制作成用于教学工作的骨牌模版。把复合塑料薄膜压缩制成的树叶以及干了的种子用热胶、大头针或者钉子固定在骨牌上也是可能的。不过，骨牌还应该被锯成适合的尺寸。

---

① 译注：用于制作多米诺骨牌游戏的叶子和种子，须采用本地树种。必须是当地最常见的落叶树种和针叶树种。

# 附件

树种——多米诺

| | | | |
|---|---|---|---|
| START 开始 | 山毛榉 **BU** | **FER** 松树 | 橡树 **EI** |
| **NE** 冷杉 | 云杉 **FICH** | 山毛榉 **CHE** | 冷杉 **TAN** |
| **HORN** 枫树种子 | 松树 **KIE** | **CHE** 橡树果实 | 落叶松 **LÄR** |
| **TE** 云杉球果 | 枫树叶 **A** | **CHE** 落叶松 | **BAUMSTARK!** **ZIEL** 目标 |

# 树木 18 树枝—拼图游戏

内容 参与者将截成小段的树枝重新拼合起来。

目的
　◇让参与者可以敏锐地区分树木种类

活动类型
　◇安静型

参与者人数
　◇最多30人

参与者年龄
　◇8岁以上

时限
　◇大约30分钟

材料
　◇每个小组一根分别来自不同种类树木的大树枝(1.0～1.5米)。树枝应该尽量平直，这样可以将其平放在地板上
　◇修枝剪刀

准备工作
　◇请您将每组的大树枝截剪成小段，把这些树枝小段零乱地堆成一堆

室外条件
　◇您需要较大的活动场地

## 活动流程

◆ 请您将参与者分为若干小组（请参见[>]开始 7 "谁和谁在一起？"）。

◆ 每个小组获得一堆树枝。

◆ 参与者要将这堆树枝恢复成大树枝原来的样子。

## 提示

■ 您可以在夏季进行此活动，这样就可采用长着树叶的树枝。在冬季进行的话，就只能用落叶树树枝了。对小学生来说，作为学习目标，在冬天识别落叶树并不适合，不过此活动倒十分符合主题"冬天"。

■ 如果您想在冬天进行"树枝——拼图游戏"的话，要考虑发给孩子们科属鉴定的帮助小册子（请参见[>]树木 10 "鉴别树芽"）。

云杉木块

橡木字母

山毛榉树干切片

**活动变化方案①**

◆ 把不同树种的树枝小段混合在一起，然后写有字母的一面朝下放置，以防看见（树枝小段上的字母可以铣削、印刷、烫烧或涂画）。

◆ 现在，让参与者整理出属于相同树种类型的树枝小段。

◆ 然后把整理的树枝小段排列到一起，恢复成大树枝原来的样子。

◆ 请您一起与参与者识别、确定树种。

◆ 通过翻动树枝小段，可以看见所写字母，这样问题就会得到解决。

# 树木 19　我们是一棵树

**内容**　参与者即景塑造一棵树的结构。

**目的**
　　◇让参与者在娱乐中学习了解
树木的生理结构
**活动类型**
　　◇活泼型、创造型、知识型
**参与者人数**
　　◇20～30人
**参与者年龄**
　　◇8岁以上

**时限**
　　◇约30分钟
**材料**
　　◇带颜色的树干切片
　　◇装有甲虫（天牛）并带放大镜的盒子
**准备工作**
　　◇寻找甲虫（天牛）以便于用放大镜观察
**室外条件**
　　◇干燥气候
　　◇也可在室内活动

**可持续发展教育目标**

◆ 社会能力
◇我能够与别人很好地相处。
◇我能很好地理解他人。
这里：参与者组建树木内部结构并现场即景展示。

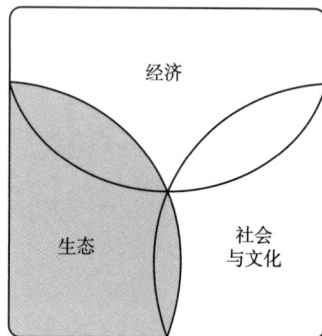

**活动流程**

◆ 参与者"组建"一棵树，他们扮演不同的树木组成部分，
比如，树根、边材和心材、树皮、树枝和树叶。在一个小组中，许多参与者可以扮演相同的角色。

◆ 2～3位强壮的参与者作为"心材"，背靠背站着。他们告诉整个小组：
◇"这是心材，树的脊椎。心材的任务是把树牢牢稳住，心材也曾经是活生生的木材，虽然现在它已经死了但仍保存得非常完好。它由许多小管道组成，这些小管道自下而上

---

① 译注：此活动如果要变化，可以取当地不同树种的木片，在木片"背面"标上中文名称，这个活动就叫"树木拼图"。"树枝拼图"和"树木拼图"两个活动也可结合起来做。

——沃尔夫冈·格拉芙（Wolfgang Graf）

地运输水分。现在这些运输水分的小管道已经封闭，并充满填充物，所以心材变得非常坚硬和结实。"

◆ 接下来，请一些参与者扮演"主根"。这些参与者把脸朝外地坐在扮演"心材"的参与者的脚下。

◇ "你们是长长的、坚强的树根，是树木的主根。你们可以扎入土壤10米深处，可以让树木从土壤中吸水。你们牢牢地固定了树木，使得树木能够抵抗暴风骤雨。"

◆ 现在，选出3~4位参与者，最好是选择长发参与者。他们扮演"侧根或毛细根"。他们面朝天，平躺在地上，头朝外，双腿向主根对齐。

◇ "你们是侧根和毛细根。一棵树拥有成百上千这样的根，你们从树上由内向外生长，帮助树木保持直立。在你们的末端有微小的毛细根，这些毛细根吸收附近的水分，你们的细胞在此生长并且吸收水分。现在我想让所有的根都吸收水分，请试一次。当我说'吸吮'，那么你们大家都发出'吸吮'的声音。"

◆ 现在将选出参与者来扮演"边材"。应该选择多位参与者，以便能够绕着直立的"心材"组成一个完整的圆圈。他们面向"心材"手拉手站成一个圆圈。

◇ "你们是树木的一部分，你们被称为树木的边材。你们从根部运送水分到树木的最顶端，你们是世界上最高效的水泵，你们有能力每天向上运输许多升水。树的根系从土壤中喝到水后，你们的任务就是运送水分到树木的每一个部分。这时，他们大声发出'惠！'（吸水的声音）。让我们做练习吧，把水分运送到树顶！哗！"

◆ 现在在第一个圆圈的基础上，组建第二个圆圈。同样，这些参与者的脸朝向里面并且手拉手组成"韧皮部"。

◇ "你们是树木的韧皮部。在树木的这一部分，有许多微型管道，通过这些管道将传送、分配树木光合作用的产品，如葡萄糖。在边材和韧皮部之间仍然有一层，这一层被称为形成层，也称为生长层。形成层让树木不断长粗。"（形成层被提及，但没有展示！）

◆ 您继续讲述：

◇ "现在，扮演'韧皮部'的参与者用他们的手演示树叶。向上伸展他们的双臂，空手，以便于能够作为树叶飘动。当我说：'让我们吃饭吧！'你们就举起双臂并且舞动手指演示飘动的树叶，以便吸收太阳的能量并生产营养物质。扮演韧皮部的参与者'吧嗒'着嘴，做香甜状，生产葡萄糖并且把双臂向树根垂放下来。"

◆ 现在"树"开始工作。"根部"开始"哑哑"地享受吸水的快乐。然后，"边材"爽快地向上运输水分并发出"哇"的感叹声，扮演"边材"的参与者同时要举起双臂。扮演"韧皮部"的参与者晃动并举起双臂，手指像树叶一样随风飘动，并"吧嗒"着嘴结束整个过程。

◆ 小组中其他剩余参与者扮演保护树木的树皮，通过做鬼怪可怕的面部表情和狂野手臂动作打退入侵的敌人，使树活了下来。

◆ 在组成树木的各部分尽职尽责地发挥各自功能的时候，树皮甲虫（天牛）嗡嗡地飞来[①]，它的目标是钻到树皮内部并把树木破坏。全体"树皮成员"全力抵抗，富有活力的、健康的"树木"大获全胜。

◆ "树木"解散后，所有参与者会得到一个装在带有放大镜的盒子里的真正甲虫（天牛）。真是一个奇迹，简直不可思议，这些小动物可以杀死一棵树。参与者共同讨论，甲虫（天牛）就像树木和啄木鸟一样属于森林的一部分，它是啄木鸟喜欢吃的食物。

◆ 根据树干切片，您可以通过不同的切面展示树木不同的组成部分。

---

① 译注：应该选用本地存在的一种以树皮为食的甲虫。

**活动深入的可能性**

请您用[>]树木 8 "探寻树木命运的痕迹"进一步补充和加强本活动。

**参考文献**

康奈尔 J. B. 快乐自然游. 米尔海姆: 鲁尔河畔出版社, 1991.

**Literaturhinweise**

Cornell, J. B.; Mit Freude die Natur erleben. Verlag an der Ruhr, M ü lheim 1991.

# 树木 20　邂逅树木

**内容**　参与者蒙住眼睛触摸树木，然后摘下眼罩再去寻找刚才所触摸的树。

| | |
|---|---|
| **目的**<br>◇让参与者建立与树的关系 | **时限**<br>◇大约30分钟 |
| **活动类型**<br>◇安静型、感受型 | **材料**<br>◇眼罩 |
| **参与者人数**<br>◇最多30人 | **准备工作**<br>◇选择一块树木特征明显的林地 |
| **参与者年龄**<br>◇8岁以上 | **天气情况**<br>◇不要太冷 |

**活动流程**

◆ 把参与者分成两人小组（请参见[>]开始 7 "谁和谁在一起？"）。每个组得到一副眼罩。

◆ 两人中一个人蒙住对方的眼睛。明眼人带领蒙眼人通过曲折路线去寻找一棵具有特征的树木，然后让蒙眼人去摸索，去闻气味来记忆、"识别"这棵树木，直到他认为已经认识这棵树时，告诉他的向导。

◆ 明眼人带领蒙眼人再通过迂回的方式返回起点。在摘下眼罩以前，原地转几圈。此时，蒙眼人应该借助于其触摸记忆的帮助去找出"他的"树木。

◆ 然后两人互换角色。

■ 用眼罩遮住眼睛后能够更加集中精力去触摸树木

> **提 示**
>
> ■　如有可能，应该把已经相互信任的两个人编成一组。
>
> ■　在活动真正开始之前的介绍过程中，您应该利用有特征的树木为例子。首先，简单地介绍应该去触摸什么才有意义。例如，特别是要给年龄较小的参与者做示范，他们可以拥抱树木，以便确定其树干有多么粗。与参与者共同制定标准，一棵树只能被用一次：从什么位置开始有树枝？能触摸到啄木鸟鸟巢吗？树皮是光滑的还是粗糙的？
>
> ■　在没有找到所触摸的树木的情况下，可以通过"是/否"提示。
>
> ■　这项活动特别适合家庭参与。
>
> ■　我们建议，用标记带圈定（40米×40米）的场地，这样参与者就不会觉得目标太漫无边际了。

# 树木 21　时光飞逝，树木屹立

**内容**　参与者冥想千年古树。

| 目的 | 时限 |
| --- | --- |
| ◇参与者进行一次奇幻之旅与遐想，并思考树的生命 | ◇大约30分钟 |
| **活动类型** | **材料** |
| ◇安静型、冥想型 | ◇文字材料（参见[>]附件） |
| **参与者人数** | **准备工作** |
| ◇最多30人 | ◇准备冥想文章 |
| **参与者年龄** | **室外条件** |
| ◇12岁以上 | ◇不冷、无雨 |

**活动流程**

　　寻找一个没有干扰的、安静的地方。让参与者全体安静并准备以下内容的冥想，现在您可以悄悄地给出启发幻想的语句。

**活动深入的可能性**

◆　通过想象可以实现对什么原来是什么的反思，也可以展望未来。您带领他们先"进去"，然后再"出来"。

◆　对于这项工作需要时间，不要慌慌张张，引导者必须极其投入宛若自然，然后以肯定、自信的语气讲话。您还可以直接阅读文本材料。

> **提 示**
>
> 关于基本技巧，建议可以以[>]第九章 附录中的"冥想元素"为例。

**参考文献**

别德曼 K. D., 塔罗特. 威斯巴登: 约普出版社, 1989.

**Literaturhinweise**

Biedermann, K. D.; Tarot. Jopp Verlag, Wiesbaden 1989.

## 附件　树木沉思

　　"我很舒服，
并能感觉到我的呼吸。
我放松我的身体……
我放松我的肌肉……

它是温暖的，
我躺着完全放松，
背部浸润在一条河水里。
我慢慢地沿着这条河顺水而行……
太阳高照，它温暖宜人。
天空飘着几朵白云……
我经过美丽的海岸。
我注意到，河道变窄。
我轻松愉快地前行……
高高的蓝天飘着几朵白云，
海岸边上生长着树木，
河流变成了小溪。水很浅，我觉得，
我就像轻轻地搁在松软的沙滩中……
我站起来，走上岸。
我在草地上，并在草甸上行走。
我发现了一棵美丽的树。
我非常靠近这棵树，
并且感受它的能量……
我摸摸它的树皮……
慢慢地我变成了这棵树……
（停顿几秒）
我是这棵树……
我认为，我感觉到我像一棵树……
我想象，天气即将如春天……
我感受到春天第一缕阳光的温暖，
掀起柔和，温暖的微风……

我的注意力转到我的根上。

用我的根梢
吸收土壤养分。
我能感觉到热量和能量通过我的根部流动。
这种能量流到了我的树干……
流到了我的主枝和分梢，
直到最高层的树梢……
随着每一次呼吸，我可以更多地感受到这种能量。
在我的主枝和分梢到处都开始萌芽……
幼小而非常细腻……
叶子生长，将会变得更大……

我用我的树叶捕捉雨水
并且把它传送到我的根部……
我用我的树叶转化，
把太阳的光能转化为能量，
一种我生活需要的能量……
我现在可以感觉到这种能量，
它是如何从我的叶子中出去，
通过我的分枝和我的主枝，
流入我的树干。
在我内部是热的循环，
能源与和谐……
我感到了我在其中。

现在在我的树枝上到处形成年轻的芽，
越来越多……
这些芽将会长大，
它们开始绽放，
展示出了无比美丽的花朵。
从呼到吸，吸到呼，绽开了越来越多的花朵……

现在我站在那里，盛开着花朵，宏伟而强盛，且非常漂亮……
在我的内心深处孕育着温暖与和谐，
我尽情享受，伟岸挺拔，鲜花盛开。
我感到了我在其中……

我把注意力转向内部
转向我有很多分支的根部，
转向我强大的树干，
转向我的主枝和分梢，
转向我的绿叶和红花。

一股能量暖流流经我的整个生命。
而且，当我现在向外观看，
我认出，我看到的一切，我的整个环境，
都将享受着这种能量的恩泽……
像其他事物一样也鲜花盛开，蓬勃生长。
能够看到这一点，太美好了……
现在白天变得越来越长了，
太阳提供了更多的热量，
一天比一天多，我的每一个呼吸，

我都可以感觉到……
我内在的能量将会更强。
我的根系在温暖的大地扩大生长。
所有关于我的一切似乎都在扩大，增长……
我的叶子将会变绿，也会变得更加有活力……
而且从我的花朵中长出了小小的果实，
这些果实也会逐步成熟……

我能够从里面感觉到，
它们是如何成长，
当微风轻戏我的枝头，
我感到了果实的重量。

赤日炎炎，
我伸展我宽阔的树冠，
为每一个想要休憩的人，
把阴凉贡献。
平安与宁静流遍我的全身，
我强盛，我热爱生活。
我享受每一天有这样美好的生活……
我感觉到了土壤的温暖和我的根系……
我感觉到了太阳……
雨和风，
以及整个大自然的循环往复……
这样，渡过了夏天，
我的果实将要成熟了，
它们沉甸甸地挂在我的树枝上，
准备着好的收成……

我很平静和放松，
存在的一部分……
夏季即将结束。

此时，我的叶子开始非常缓慢地变色。

它们将变成金黄色，红色和褐色……

太阳仍然温暖，

但白天变得越来越短，

并且风也变得强劲。


我静静地站在那里，

深深植根于大地，

并且感触，我的叶子们如何从树枝上落下来，

被秋风携落到地面，

是如何由原来重要物质，

变为非重要的东西，

直到整个地面上覆盖着一层树叶，

我的叶子……


而我现在也知道，

时间已经到来

我可以在那里休息，

在那里我自己可以撤退，

我完全可以是我自己……


风吹过了我的主枝和分梢，

现在是一阵寒冷的风，

但在我内心是一阵温柔、宁静的能量。

太阳，风和雨来来去去，

如果它现在是冬天，

我可以完全休息，我自己休息……

下雪啦……

雪花从空中飘落，

很快覆盖大地……

也覆盖了我的主枝和分梢……

我内心深处觉得很温暖，

温柔的能源，告诉我，

我活着，我是大自然的一部分……

我知道，我是这种环境的一部分，

而这种环境体贴照顾着我……


如果现在又慢慢地回到了春天，

太阳温暖照射，

空气是温和的，

我休息好了，又放松了，

并且愿意打破生命周期，

再次获得重生的感觉……

我也带着这种意愿，
当我转变时，转变成我原来的自己。
当我现在就这样做时，
我要感谢这棵树木，
从它身上我学到了许多东西……

在我言谢之后，
我满载幸福而归，
回归到地球表面……
回归到这里，而且是现在。"

来自：别德曼 K. D.（Biedermann, K. D.），塔罗特

# 树木 22  树木根系

**内容** 参与者挖一株天然更新的小树[①]。

| 目的 | 时限 |
|---|---|
| ◇让参与者认识树木根系 | ◇大约40分钟 |
| **活动类型** | **材料** |
| ◇安静型、调研型、知识型 | ◇若干铁锹 |
| **参与者人数** | ◇1袋冷冻剂（1升） |
| ◇最多30人 | **准备工作** |
| **参与者年龄** | ◇请您选择一块拥有众多树种的天然更新 |
| ◇6岁以上 | 小树（高10～20厘米）的林分，林地要疏松 |
| | **室外条件** |
| | ◇— |

**活动流程**

◆ 首先与参与者谈论树木根系的作用。

◆ 在挖树木根系前，让参与者估计根系的长度（一般来说要长于其树干）。

◆ 参与者挖出天然更新的不同树种（只在需要的时候，才去帮助参与者）。

◆ 参与者可以包装好小树并带回家。

---

① 译注：把挖出来的植株种在学校的花盆里，或者校园内的户外区域。从长远看，该项活动不能影响森林的正常更新和生长。但根据中国法律，禁止手挖国家重点保护野生植物。

——沃尔夫冈·格拉芙（Wolfgang Graf）

**提 示**

这个活动是为整体活动结束时设计的一个活动，这样小树苗的根系就不会被晾干。提示参与者回家后栽植树木。

# 树木 23　树种曲棍球

**内容**　参与者互相竞争，看看谁能够最快地正确认出树种。

目的
◇让参与者认识不同的树种

活动类型
◇活泼型、知识型

参与者人数
◇10～30人

参与者年龄
◇8岁以上

时限
◇20分钟

材料
◇3根针叶树或阔叶树树枝
◇小皮球或球果
◇带叉的木棍

准备工作
◇画好"开始"和"目标"界限
◇把材料放到位
◇选出队长

室外条件
◇干燥

**可持续发展教育目标**

◆ 社会能力
◇我有很好的团队合作精神，我会顾及到别人的长处和弱点。这里：您的参与者能够和他或她的团队达到既定目标。

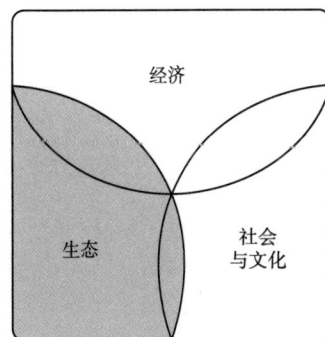

经济

生态

社会与文化

**准备**

◆ 请您给参与者分配一种树种的2根树枝。第三根树枝留下给引导者自己使用。

◆ 要求参与者去寻找手持同样树种的树枝的伙伴。最后，您给团队讲清楚某种树木的特殊鉴别特征。

◆ 现在您把参与者分成2组，每一组团队得到一种树种的树枝。每组参与者要有明显的标志，比如，不同颜色的袖标。每一组手拿同样树种树枝的参与者站成圆圈。

**活动流程**

◆ 游戏队长及其助手在圆圈中构建2个球门。作为另外的选择，也可以用树枝当作角柱来确定球门。在门前放一根曲棍球杆，所谓球杆就是带叉的木棍。每一个队分配1个球门。

◆ 小皮球或球果将被置于球场之中。

◆ 现在游戏队长要给队员看一种树种的第三根树枝。

◆ 两个队员中若是谁认识"您的"树枝，就跑向他或她的球门，拿上球杆并且努力把球击打到对方球门。

◆ 其他参与者站成一个圆圈形成游戏界限。如果跑得快的队员进球，则本队得一分。

◆ 如果一分钟后（这个时间可以在活动开始之前确定）还未破门，双方都不得分。

◆ 然后，将用另一个树种重新开始游戏。

思想来源：麦耶尔 · 福斯特豪斯 · 刚成（Mayr Forsthaus Gotzing）先生

## C 背景知识

# 大自然的奇迹——树

### 大自然为什么发明了树？

所有的植物物种都在为它们生长所需要的光，以及一个能够长久地生存和繁衍的空间而竞争。一些陆生植物在进化过程中形成了牢固的、坚硬的组织，这也就是木质化。通过在树根、树冠中贮存木质素，这一永久性的组织即木材就形成了，这也同时促进了树木的组织硬化和高度增长。

在争取阳光的过程中，不同的树木发育出了垂直的主枝（骨干枝）和分枝部位（树冠）。通过形成一个或大或小的树冠，树木才能非常成功地"捕获"和"利用"光能。具有同化功能的生物圈从这一刻就开始打上了若干层次的烙印。

### 生态系统中树木的作用

树木和森林对辐射量平衡的影响非常可观，进而也影响着它们周围的气候，它们作为长效、有机的太阳能储备在生态系统中起着重要的作用。森林长期吸收大气中的二氧化碳，这种很高的能量成分在树木中必须经过一个复杂的分解链才可以分解并重新释放，由此原来所捕捉的二氧化碳就又以氧的形式重新返回大气中。

树木的生长需要足够的温度和水分。树木在北极和高山地带、草原、半沙漠和沙漠的生长是极为有限的，而在热带地区的树木具有最丰富的多样性。地球上所有森林覆盖地区的树木为生态系统的结构和物种多样性及其稳定性作出了重要贡献。

### 森林能量工厂

森林能够吸收并利用辐射在其树冠之上的超过80％的能量。一棵树木的根系从土壤中只吸取水和养分，然而它却仍然能够有足够的营养成分成长到非常壮观的高度。这就是说，我们所看得见的含碳树木有机物的含碳生物量并不是能够从地底的营养液中得来的，那就只剩下一种可能性，它是从空气中含有的二氧化碳中获得的，这个过程被称为光合作用。光合作用发生在包含叶绿体的植物组织中，也就是针叶或阔叶中。大气中的二氧化碳在太阳能的作用下转化为糖分，多余的氧气就被释放到大气中。跳过一些复杂的光合作用产生和限制输入输出数量的步骤，这个过程可以表示如下：

$$6CO_2+6H_2O \xrightarrow[684千卡^{①}]{2862千焦} =C_6H_{12}O_6 +6O_2$$

大约280万年前，诞生了第一棵针叶树，也就是从那时候起，树木就用它这种独一无二的变简单的有机基础原料为糖的方法生存。没有它，地球上的生命就无法存在。

与此同时，树木还吸收阳光并以化学能的形式储存，之后可被用于各种生理用途。所有的生物（植物、动物和人类），都依赖于从这种独一无二的过程中获得的能量而维持生命，即使是煤

———————————
① 1千卡约等于4184焦。

和石油也产生于早期的同化过程。

并不是所有大气中的二氧化碳储量（约570万千克）都会随时间的推移被吸收和消耗，一部分二氧化碳在植物和动物的呼吸中会返回到空气中。与同化（光合作用）相对的就是原料分解和异化（呼吸作用），在这个过程中，糖利用氧气（即通过氧化作用）转化为化学能（ATP），这种能量可供树木全面生长，比如，树干直径和高度的增长。在此过程中，水和二氧化碳再次被释放，也就是说，它们进入了大气循环。

在分解过程中，糖也经过许多步骤参与了无数次的分解，将死亡后的生物物质重新转化成为二氧化碳和水，这部分能量作为热量返回到大气中。一棵树能在24小时内吸收约1千克的二氧化碳。碳的异化（所有生物的呼吸作用）同之前的同化一样是个有机过程。

## 蒸腾作用和树液之谜

蒸腾作用中失去的水分数量是巨大的。一棵拥有大约20万片树叶的桦树每天平均蒸腾60～70升的水，在炎热和干燥的天气甚至高达400升。一年降到山毛榉林的雨水大约有60%的量通过蒸腾作用重新回到大气中。蒸腾作用和树液流动是怎么进行的呢？

德国巴伐利亚州的所处地带，空气中的水蒸气含量在50%至80%之间（相对湿度）。冷空气中能容纳的水分较少，热空气能容纳的则更多。通常情况下，空气中的水蒸气并不是100%的饱和。这种情况与在叶子中不同：细胞和细胞壁完全处于水饱和状态，这些水分可通过叶片气孔被排入到空气中，被称为蒸发了。叶片表面的细胞中因水分已经蒸发，水分含量很低，换句话说也就是细胞中的糖分浓度较大，因此，其渗透吸收力也较强。它们从邻近细胞吸收水分——这就是蒸腾作用的简化解释。

树木叶片的蒸腾作用和细胞薄壁组织对水和营养盐分的渗透吸收拉力促进树叶中水分和营养盐分的运动及其同化生长。此传输以反重力的方向向树木的顶端进行——最高可至120米的高度，而推动这个巨大工作的能量其实是相当低的。归根结底蒸腾作用的动力是叶片和外界环境的蒸气压的差。蒸气压差由太阳能的温度重新调配——一个卓越的而力量消耗极低的系统！树木可以根据蒸腾作用的需要通过调整叶片气孔的开合来控制这个过程[①]。

## 树叶脱落

树叶脱落并不是树木被动忍受的过程，秋风也不是这一过程的原因！相反，树叶脱落是一件充满活力的事情，它可以使树木更新它们的叶子，并清除不需要的植物纤维。

树叶脱落过程来临的最明显的标志就是，大多数树木的叶片表面会变色。桤木(Alnus glutinosa)、欧洲白蜡树（Fraxinus excelsior）和西洋接骨木（Sambucus nigra）是例外：它们的落叶叶片仍是绿色的。叶片中的叶绿素在叶子脱落前会逐渐分解，并将作为很有价值的树木组成成分返回到树干中去；而叶绿素中的伴随物，红色的胡萝卜素和黄色的叶黄素则会留在叶子中，使叶子显现出典型的秋天的颜色。其他树木不需要的营养物质，就变成植物纤维，比如钙，转移到老叶子中去，并让它们分离掉落。其他重要的数量较少的物质，如从叶片中蛋白质降解出来的氨基酸、氮以及磷，就被从叶中转移到茎干中储存起来。

树叶脱落本身可以被植物荷尔蒙所控制。叶柄基部形成一个特殊的分离组织，在此组织作用下树叶就从树枝上脱落，残留的叶片痕迹仍然可以显示叶子原来的位置。

## 森林药房

今天，德国大多数人已经不知道森林中存在多少森林药用植物。除了仍然普遍存在的椴树花

① 译注：搜集本地主要造林树种的蒸腾作用数据，如柳树、桉树等。

茶之外，还可以从森林树木（树叶、花朵、树皮）中获得其他精华。这里举几个例子。

这里列出内容成分和医药功效的目的，并不是想详尽无遗地进行这方面的叙述，而是想勾勒出森林树木在医疗保健方面的重要性。许多在民间医药中众人皆知的使用形式和范围今天已被科学试验所证实，但许多还没有得到证实，而有一些已被证明是有副作用的。基本上可以肯定的是"森林药房"应该仅仅运用于治疗轻微病症——无论如何不应该在不咨询您的医生的情况下，在相当长的时间内采取这些药物来治疗您的疾病。如何妥善处理森林树木的医疗信息，请参阅专业文献，或者请询问医生或药剂师①。

| 树种 | 有效部位 | 内容成分 | 医药功效 | 临床案例 |
|---|---|---|---|---|
| 桦树（*Betula pubescens*） | 树皮、树液、芽、叶 | 皂素苷、精油、树脂 | 利尿、促进伤口愈合、防腐、发汗、净化血液 | 叶片茶可医疗痛风和风湿性疾病 |
| 榉木（*Fagus sylvatica*） | 2～3年生树枝的皮、木材、果实 | 树皮：丹宁<br>木材：木馏油（焦油蒸馏油，以前为药物，目前被认为是致癌物） | 树皮：可作止血剂（收敛）、退热剂 | 树皮制成的茶可以降低发热 |
| 桤木（*Alnus glutinosa*） | 树叶、树皮 | 丹宁 | 止血（收敛），消炎止痛 | 热敷可治咽喉肿痛、扁桃体炎 |
| 白蜡树（*Fraxins excelsior*） | 种子、树叶、2～3年生树枝的皮 | 香豆素苷、丹宁 | 树皮：利尿<br>树叶：抗风湿、还可作泻药 | 树叶茶有医治风湿性不适和便秘的功效 |
| 榛子树（*Corylus avellana*） | 花絮、坚果、幼枝的树皮 | 叶类黄酮、丹宁 | 树皮和树叶：可作收敛剂、止血剂、退热剂 | 浸泡后可医疗伤口和皮肤疾病 |
| 接骨木（*Sambucus nigra*） | 树叶、花和成熟的浆果（浆果在其原始状态有毒） | 挥发油、丹宁、糖苷（黑接骨木苷）、维生素 | 树皮：有较强的通便功效 鲜花：发汗 浆果：作为一种补品，可以加强免疫力 | 花卉茶可医疗感冒 |
| 樱桃（*Cerasus avium*） | 果实、果茎、树皮、树叶 | 糖苷、丹宁、维生素C、果胶 | 缓解咳嗽、祛痰、利尿、助消化 | 果茎制成茶可祛痰利尿；果汁有造血的功效 |
| 椴树（*Tilia cordata*） | 带苞片的花、树皮 | 挥发油、丹宁、黄酮类化合物 | 发汗、解热、解痉 | 花茶可治疗发烧、感冒；椴木灰可治疗肝脏和胆囊疾病 |
| 柳树（*Salix* sp.） | 树皮 | 杨素（阿司匹林的一个重要组成部分） | 解热、止血（收敛）、抗风湿、发汗 | 树皮茶作漱口剂可医治牙龈出血和扁桃体炎 |
| 云杉或冷杉（*Picea abies*或 *Abies allba*） | 嫩梢、树脂、树皮 | 挥发油、树脂 | 促进血液流通、作防腐剂、祛痰、止咳 | 用树芽或新针叶制成的茶可治疗感冒和咳嗽；树脂可作为伤口愈合剂；精油可以减轻压力；树脂膏有促进血液流通的功效；树脂膏浸泡后可医疗风湿及骨性关节炎 |
| 松树（*Pinus* sp.） | 流出的新鲜树脂、针叶、新枝 | 挥发油、维生素C、丹宁、糖甙体 | 祛痰、促进血液流通；可作防腐剂和补药 | 可治疗风湿；松树针叶茶可治疗咳嗽和支气管炎、肾炎、膀胱炎 |

---

① 可以用中国乔、灌木类中草药的自然疗效知识来代替欧洲乔、灌木的森林药学信息，做出中国当地的森林药房清单，特别关注可直接使用的乔、灌木中草药。

——沃尔夫冈·格拉芙（Wolfgang Graf）

此外，树木在民间医学、顺势疗法、芳香疗法、溪水—鲜花疗法、兽医学和化妆品领域也具有应用的可能性[1]。

## 世界树木奇闻记

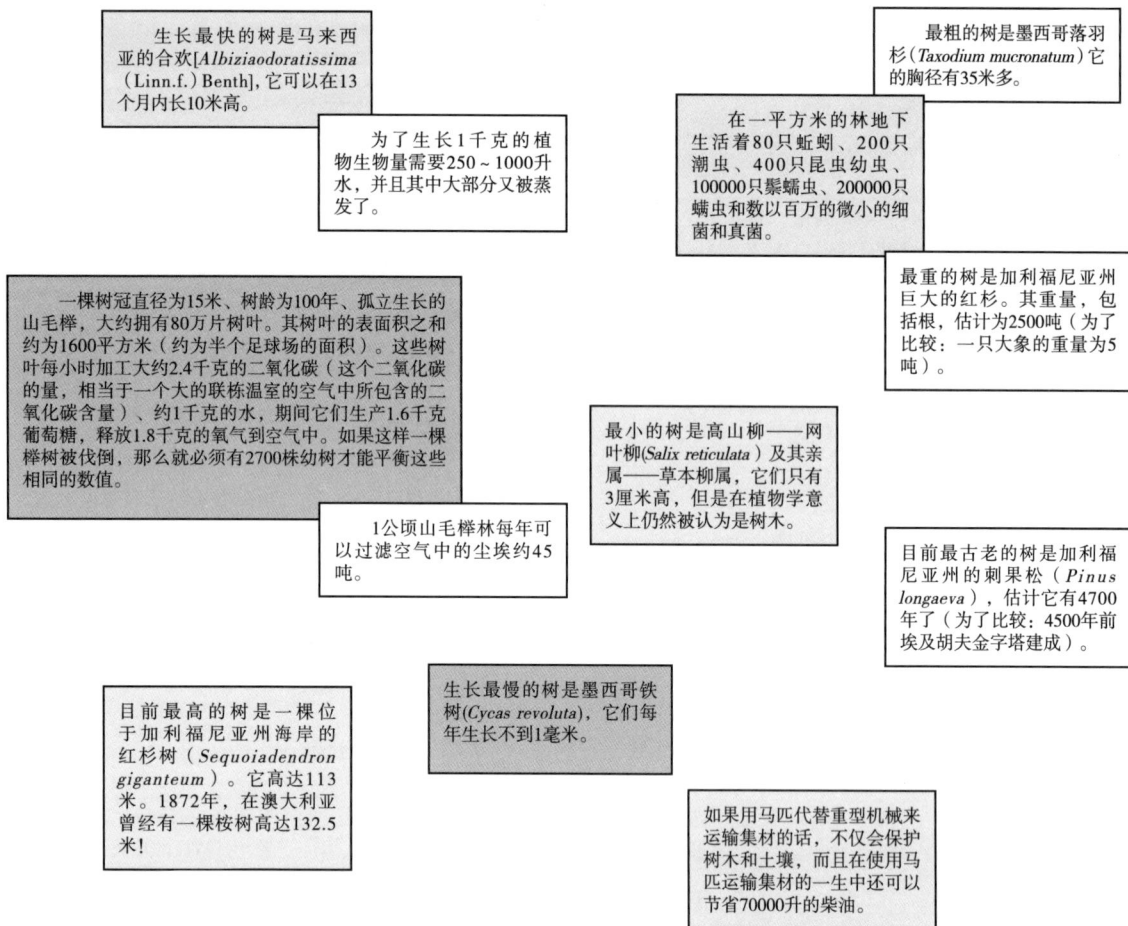

生长最快的树是马来西亚的合欢[*Albizia odoratissima* (Linn.f.) Benth]，它可以在13个月内长10米高。

为了生长1千克的植物生物量需要250～1000升水，并且其中大部分又被蒸发了。

一棵树冠直径为15米、树龄为100年、孤立生长的山毛榉，大约拥有80万片树叶。其树叶的表面积之和约为1600平方米（约为半个足球场的面积）。这些树叶每小时加工大约2.4千克的二氧化碳（这个二氧化碳的量，相当于一个大的联栋温室的空气中所包含的二氧化碳含量），约1千克的水，期间它们生产1.6千克葡萄糖，释放1.8千克的氧气到空气中。如果这样一棵榉树被伐倒，那么就必须有2700株幼树才能平衡这些相同的数值。

1公顷山毛榉林每年可以过滤空气中的尘埃约45吨。

最粗的树是墨西哥落羽杉（*Taxodium mucronatum*）它的胸径有35米多。

在一平方米的林地下生活着80只蚯蚓、200只潮虫、400只昆虫幼虫、100000只聚螨虫、200000只螨虫和数以百万的微小的细菌和真菌。

最重的树是加利福尼亚州巨大的红杉。其重量，包括根，估计为2500吨（为了比较：一只大象的重量为5吨）。

最小的树是高山柳——网叶柳(*Salix reticulata*)及其亲属——草本柳属，它们只有3厘米高，但是在植物学意义上仍然被认为是树木。

目前最古老的树是加利福尼亚州的刺果松（*Pinus longaeva*），估计它有4700年了（为了比较：4500年前埃及胡夫金字塔建成）。

目前最高的树是一棵位于加利福尼亚州海岸的红杉树（*Sequoiadendron giganteum*）。它高达113米。1872年，在澳大利亚曾经有一棵桉树高达132.5米！

生长最慢的树是墨西哥铁树(*Cycas revoluta*)，它们每年生长不到1毫米。

如果用马匹代替重型机械来运输集材的话，不仅会保护树木和土壤，而且在使用马匹运输集材的一生中还可以节省70000升的柴油。

## 原材料木材

每棵树一生中都会形成年轮，制造木材——这是具有生态意义的和可持续的！树木的木材如何生长，接着往下看，就可以清楚地了解了。

### 树木的内在生命

所有树木都可以按照下面同一个结构图示划分为几部分。

树种不同，其木材结构也不同。即使是同一树种，其内部木质结构也存在很大差异。每棵树各自的木材结构取决于树的组成部分，如树枝和树根；取决于树木的生长方式，即这棵树是孤木还是在树林中成长；也取决于树木本身生长的立地条件。

---

[1] 译注：贵州省生物多样性丰富，蕴藏着超过4500余种的中药资源。全省比较有名的有黄褐毛忍冬（金银花）、天麻、杜仲、金钗石斛、铁皮石斛、金线莲、半夏、首乌、观音草、七叶一枝花（重楼）、活血莲、乌头、天冬、绞股蓝、黄精（老虎姜）、淫羊藿、山姜子、五倍子、黄柏、吴萸、厚朴、黄连、白及、杜鹃兰、金铁锁、八角莲、米槁、倒提壶、蜘蛛香、大血藤、落新妇、接骨木、沙参、桔梗、朱砂根、竹节参、天南星等名贵药材。其中，天麻、杜仲和灵芝誉称"贵州三宝"。贵州省贵阳市有贵州中医药大学，贵阳市还有专门的贵阳药用植物园。

——安明态

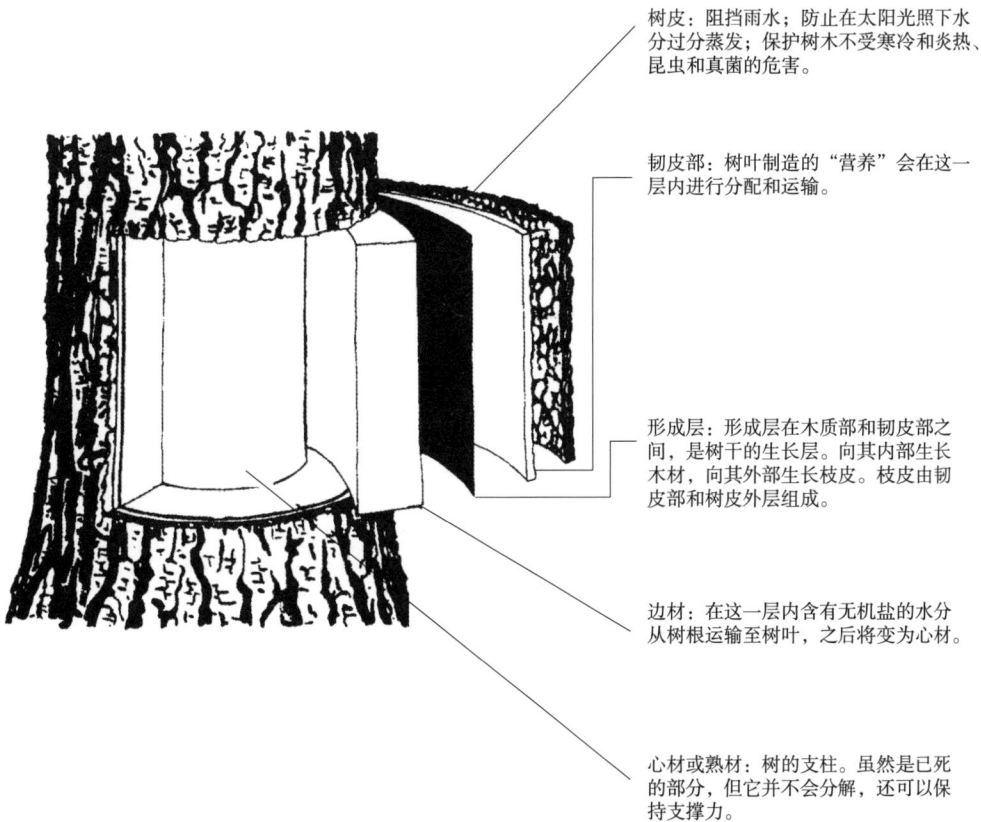

树皮：阻挡雨水；防止在太阳光照下水分过分蒸发；保护树木不受寒冷和炎热、昆虫和真菌的危害。

韧皮部：树叶制造的"营养"会在这一层内进行分配和运输。

形成层：形成层在木质部和韧皮部之间，是树干的生长层。向其内部生长木材，向其外部生长枝皮。枝皮由韧皮部和树皮外层组成。

边材：在这一层内含有无机盐的水分从树根运输至树叶，之后将变为心材。

心材或熟材：树的支柱。虽然是已死的部分，但它并不会分解，还可以保持支撑力。

◼ 来源：格森尼杰（Greisenengger）及其他人，1987。

按照木质结构，树木可以分为2种类型。

◼ 针叶树（软材）

◇早材：生长轮中，在生长季节早期形成的材质疏松轻软、细胞腔较大、细胞壁薄、材色较浅的部分。

◇晚材：生长轮中，在生长季节晚期形成的材质硬、细胞腔较小、细胞壁较厚、材色较深的部分。

◇年轮界限：晚材和早材过渡连接区。

◇树脂道：主要存在于针叶树的晚材当中，作用是运输树脂。

◇木射线：放射状（横向的）排列的起输导和储存养分作用的细胞组织。

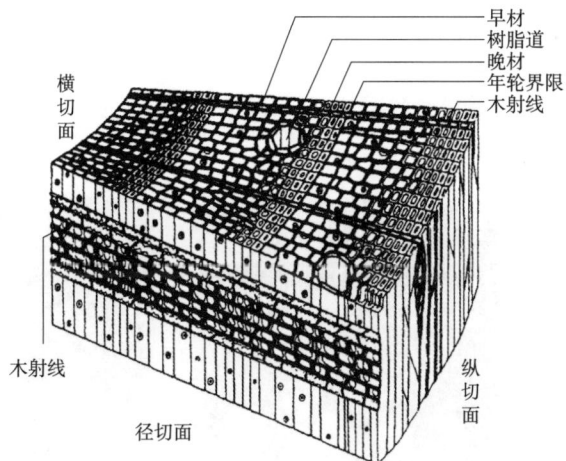

早材
树脂道
晚材
年轮界限
木射线

横切面

木射线

纵切面

径切面

◼ 来源：斯坦恩 H（Stern,H.），1989。

针叶树木材是很容易构建的。它几乎全部（高达95%的体积）由长纤维组成。它还含有木射线和树脂道，后者在阔叶树中并不存在。薄壁管组织与大体积细胞在早材中负责传输水分。

松树木材的大树脂道（中间图片）特别容易识别出来。云杉木材的树脂道又小又少（左图），而冷杉则根本没有树脂道（右图）。

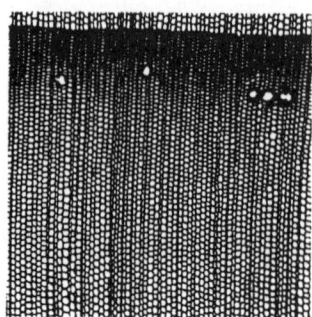

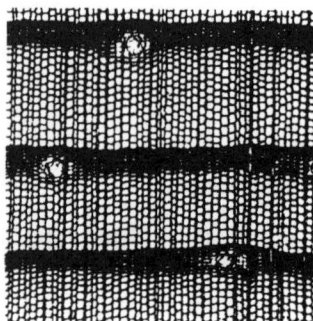

云杉            松树            冷杉

■ 来源：CMA/ARGE HOLZ,1986。

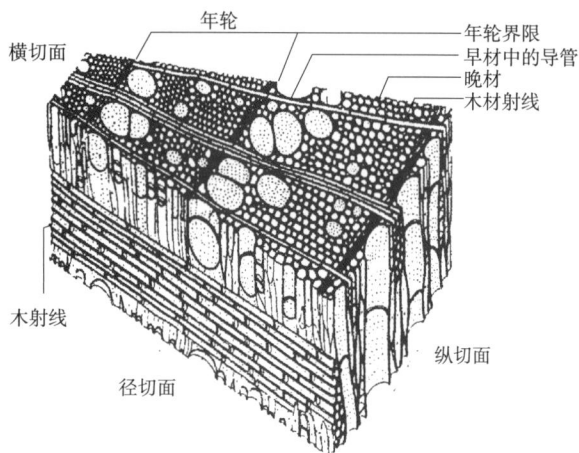

■ 导管：直径相对较大的运输水分的管道，贮存的厚胞壁也有助于牢固性。

来源：斯坦恩 H（Stern, H.），1989。

■ 阔叶树（硬材）

阔叶树大多数只存在约50％容积的纤维量，它与针叶树相比要短得多。此外，阔叶树比针叶树里有更多的和更独特的细胞类型。比如说，"导管"就是大的、非常明显的传导水分细胞。

◇环孔阔叶树

环孔阔叶树的导管几乎完全集中在年轮的早材中。

榆树（右图）木材中用肉眼可以明显辨认出"带"，这是因为其晚材导管很大且特别紧凑地堆积在一起。白蜡树（中图）和橡树（左图）的早材和晚材之间的管孔大小差异清晰可辨。

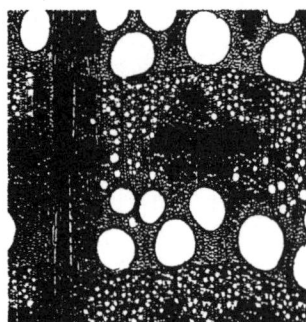

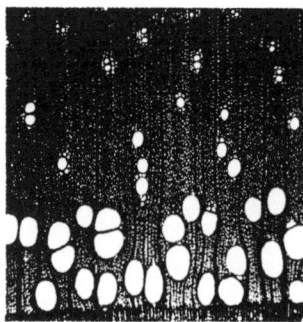

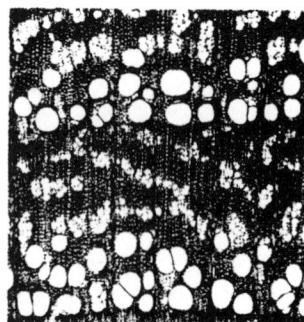

橡树            白蜡树            榆树

◇散孔阔叶树

散孔阔叶树的导管均匀地分布于整个生长轮上，如果存在较大的导管，如胡桃树（右图），它们的排列也是很均匀的。基于这个原因，通常没有较明显的区别可以分清早材和晚材，也就是说，无法明确地辨认其年轮。

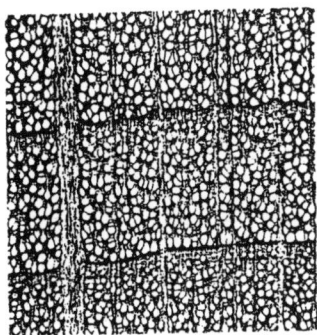
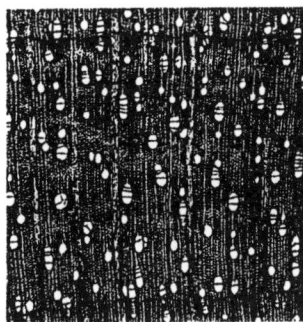
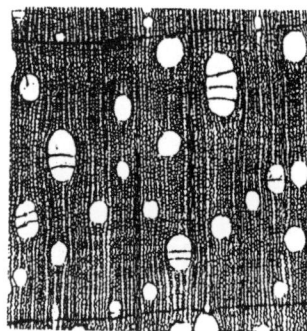

| 山毛榉 | 槭树 | 胡桃树 |

■ 来源：CMA/ARGE HOLZ,1986。

### 多样性，利用和消费

我们许多森林树种的木材特点是非常多样的，例如，重量和色彩方面，有抗折、抗拉和抗压强度。即使是同一品种内的木材，也会出现较大的差异，例如，在高地生长的带有紧密年轮的云杉，也有来自立地条件良好的平原区生长的宽年轮云杉。

木材的表面（木材是"活着"的，且木材是"热"的）：易加工、低重量、高强度是其特性，为此在这一方面建议您使用原木。对于工业生产来说，在溶解木材结构后，能够提供的大量高强度纤维是很重要的。木材是最重要的当地可再生资源。

关于木材的技术特性是介于高强度低延展性（如钢铁）和低强度高韧性（如皮革）之间的材料。其拉伸强度可与铸铁相比，其撕裂长度（一个垂直悬挂杆的长度）是钢结构的6倍。在对"同类最佳"原木生态平衡的原材料品种多样性中，木材是有实力的。对于几乎每一个需要，都有一种与之相对应的特殊功能的木材类型（见下表）。

■ 德国原生木的性能及用途

◇针叶树

| 树种 | 特殊功能 | 重要和有趣的使用范围 |
|---|---|---|
| 云杉（*Picea abies*） | 在低重量的情况下，强度和弹性性能良好 | 常见的建材，年轮细腻，山地木材是制作乐器的良好原材料（弦乐器的音板），可作造纸原料 |
| 冷杉（*Abies allba*） | 与云杉相比，无树脂，但耐抗一般的化学品 | 建筑和构造木材 |
| 松树（*Pinus* sp.） | 收缩性小，红色心材 | 建筑和构造木材，用于制作电线杆、门、窗、家具，往往用于生产刨花板 |
| 落叶松（*Larix decidua*） | 最重,同时也是最硬的乡土针叶木材(欧洲紫杉除外)，高耐化学品，心材非常耐风化，水下具有很高的耐久性 | 优良的建筑和构造木材及装饰木材,可用于屋顶木板、水利工程、桥梁建设、墙壁和天花板设计，是制作桶、大桶的特种木材 |
| 瑞士石松（艾云）（受保护的物种）（*Pinus cembra*） | 树脂的气味令人愉快（长效香味） | 雕刻和雕塑用材，可作家具和室内装修、屋顶木板等装饰木 |
| 红豆杉（受保护的物种）（*Taxus baccata* Linn） | 沉重而非常坚硬，木质坚韧 | 以前是生产重要的弩和弓、旋工工艺、雕塑的材料 |

◇阔叶树

| 树种 | 特殊功能 | 重要和有趣的使用范围 |
|---|---|---|
| 橡木（*Quercus* sp.） | 沉重、坚硬具有优良的硬木材强度和弹性性能以及高耐磨性，心材特耐气候，几乎在水下耐性无限期 | 家具、室内装修、楼梯、地板（实木复合地板）、刨切单板、木桶、薪柴的用材 |
| 榉木（*Fagus sylvatica*） | 具有高强度、高硬度和高耐磨性特点的中等到重型木材，具有较高的收缩率，"耐力"小，随着年龄增长，心材会变为红褐色（红色心材） | 家具（实用家具、椅子、桌子）、室内装饰（楼梯、雕板木块）、旋转切贴面、木浆模压形式家具的用材；可供制作木炭；优质薪材 |
| 白蜡树（*Fraxinus excelsio*） | 中等重木材，具有良好的强度性能和弹性性能，高耐磨性，易弯曲，部分心材褐色 | 可供制作家具、镶木地板、楼梯、镶板；是制作工具把手或手柄、运动器材的特别木材 |
| 榆树（*Ulmus pumila*） | 中等重木材，非常硬的硬木，心材褐色 | 家具、楼梯、地板、装饰墙、天花板的用材 |
| 枫树（*Acer pseudoplatanus*；*Acer platanoides*；*Acer campestre*） | 中等重量，坚固并相当有弹性，是耐磨的木材 | 家具和室内装饰木、玩具、乐器（弦乐器，管乐器）的用材 |
| 欧洲鹅耳枥（*Capinus betulus*） | 最重的地方木材，非常硬，非常有弹性，不易裂 | 刨床、手柄、运动器材、砧板、旋工工艺品的用材 |
| 桦木（沙桦，白桦）（*Betula pubescens*） | 具有弹性和韧性，但不是特别硬，中等重，不耐湿 | 家具、室内装修、车削和雕刻、运动器材、玩具、薪柴的用材 |
| 杨木（*Populus* sp.） | 轻型乡土木材，非常柔软 | 火柴、木鞋、假肢、水果和蔬菜箱、家具、衬垫板、轻型飞机、木轴的用材 |
| 桤木（*Alnus glutnosa*） | 中等重量和柔软的木材，在水下具有高耐久性 | 家具和水利工程的用材 |
| 椴木（*Tilia cordata*） | 软木材，但强度和弹性较小，是优秀的雕刻和车削木材 | 雕塑、雕刻、旋工工艺品、木屐、火柴的用材 |
| 樱桃（*Cerasus avium*） | 中等重量，是非常好的装饰木 | 装饰木（家具）、旋工工艺品、木雕刻、乐器的用材 |

---小贴示---

贵州省有很多珍贵树木。其中，著名的有分布于全省大部分地区的红豆杉（*Taxus wallichiana* var. *chinensis*）、南方红豆杉（*T. wallichiana* var. *mairei*），因其心材紫红，纹理细致，俗称"紫柏（血柏）"，是世界上最珍贵的树种之一，所有红豆杉皆列入了国家一级重点保护野生植物名录；分布于黔东北、黔北至黔南、黔东南的楠木（*Phoebe zhennan*）、闽楠（*Ph. bournei*）等树种，其木材细致耐腐，常具金黄色丝状光泽，俗称"金丝楠"，被列为国家二级重点保护野生植物；分布于全省大部分地区的榉树（*Zelkova schneideriana*），因其木材坚重，色泽紫红至鸡血，俗称"金丝榔""鸡血榔"被列为国家二级重点保护野生植物；还有木材红褐色、结构细致、纹理美观的黄杉（*Pseudotsuga sinensis*）、短叶黄杉（*P. brevifolia*）、红豆树（*Ormosia hosiei*）、花榈木（*O. henryi*）等珍贵树种，也被列为国家二级重点保护野生植物。有些树种树皮终年红褐色，例如，川黔紫薇（*Lagerstroemia excelsa*）、大叶桂樱（*Laurocerasus zippeliana*）、黄丹木姜子（*Litsea elongata*）；有些树种树皮终年绿色或浅绿色，例如，岩生红豆（*Ormosia saxatilis*）、小叶红豆（*O. microphylla*）、木荚红豆（*O. xylocarpa*）、花榈木、红豆树、青桐（*Firmiana simplex*）等。此外，贵州福泉还分布有全世界胸径最大的古银杏，贵州习水分布有"中国杉王"，贵州思南分布有"中国楠木王"等。

——安明态

## 参考文献

安徒生 M. Ch. 格林兄弟. 宾德拉赫: 罗意威出版社, 1989.

布朗恩 H. J. 罗姆巴赫科学, 树木结构与生命. 弗莱堡: 1988.

菲舍尔–里齐 S. 树叶. 慕尼黑: 乎根杜贝尔出版社, 1994.

曼特尔 K. 森林与林业历史. 汉诺威: M. M. 沙普尔出版社, 1990.

马特克 C. 大自然中的设计. 罗姆巴赫生态学, 弗莱堡, 1993.

普奥意少夫 G. 树木伤口愈合力. 慕尼黑: 德劳默舍机构出版社, 1994.

施特拉斯勃格尔 E. 植物学教科书. 耶拿: 古斯塔夫菲舍尔出版社, 1998.

施特拉斯曼 R. A. 树木医疗学. 瑞士, 阿劳: AT出版社, 1994.

菲爱考利 M. 凯尔提舍的树日历. 慕尼黑: 乎根杜贝尔出版社, 1994.

## Literaturhinweise

Andersen, M. Ch.; Märchen der Gebrüder Grimm. Loewe–Verlag, Bindlach 1989.

Braun, H. J.; Bau und Leben der Bäume. Rombach Wissenschaft, Freiburg 1988.

Fischer–Rizzi, S.; Blätter von Bäumen. Hugendubel Verlag, M ü nchen 1994.

Mantel, K.; Wald und Forst in der Geschichte. Verlag M. M. Schaper, Hannover 1990.

Mattheck, C.; Design in der Natur. Rombach Ökologie, Freiburg 1993.

Preuschoff, G.; Die heilende Kraft der Bäume. Drömersche Verlagsanstalt, M ü nchen 1994.

Strasburger, E.; Lehrbuch der Botanik. Gustav Fischer Verlag, Jena 1998.

Strassmann, R. A.; Baumheilkunde. AT Verlag, Aarau, Schweiz 1994.

Vescoli, M.; Der keltische Baumkalender. Hugendubel Verlag, M ü nchen 1994.

# 第四节　可持续性利用

他用斧头砍伐树木。我问："这里的森林有多久了？"他回答："森林是永恒的财富！我已经在这个地方居住很久了，这里的树木一直在持续生长。"

费利德力希·鲁基特（Friedrich R ckert）

A 简明信息
B 活动
C 背景知识

## A 简明信息

　　二十一世纪议程、里约会议、可持续性发展——这些都是当今时代的热门词汇。它们揭示出，世界各地的人们都意识到了自然资源即将枯竭。生长与收获，经济、生态以及社会与文化之间的利害关系始终是两百多年来林业工作者们所关注的核心问题。时至今日，当初纯粹源自林业用语的单词——"可持续性"，已成为所有围绕着未来能源供给所展开的讨论中最关键性的词汇。

　　在[>]背景知识中，您可以找到关于为何林业百年来一直与这个课题息息相关的解释，以及如何对待这个问题，为何"可持续性"这个想法成为了林业行为的中心观念等几个问题的解释。

　　我们可以将这些最具现实意义的、全球性的问题，亲身体验式地展示在一个一目了然的、现场就能看得见摸得着的模块——森林里。森林是一个可全年用于观察和体验树木持续性地生长、养护以及收获周期的理想之地。在这里，我们可以介绍可持续性是如何运作的。为此，我们将提供给您以下几个活动。

**活动概览**

　　除本章节提及的内容之外，可持续性的课题还可以包括下述的活动：

[>]森林与社会 1 "保持平衡"

[>]森林与社会 15 "森林功能的表演"

[>]森林与社会 16 "森林功能—矛盾冲突"

[>]森林与社会 17 "森林里的东西属于谁？"

[>]全球森林 2 "世界上最快的资源游戏"

[>]全球森林 4 "世界的薪炭材"。

# B 活 动

## 可持续性利用 1 树木气球

**内容** 参与者将体验树木的生长。

目的
  ◇让参与者理解每棵树的生长都是不同的

活动类型
  ◇安静型、知识型

参与者人数
  ◇15～30人

参与者年龄
  ◇8岁以上

时限
  ◇15分钟

材料
  ◇气球

准备工作
  ◇请您准备足够多的气球

室外条件
  ◇—

**活动流程**

◆ 请您分给每位参与者一只气球。气球不同的颜色、形状和特征都象征着一个树种。

◆ 请您要求大约3/4的参与者拿着他们各自还没有被吹气的气球，尽可能近地站在一起。

◆ 请您要求每位参与者向气球里轻轻地吹气。这象征着树木最初10年的生长。

◆ 参与者继续向气球中吹一些气，象征"树木增长"的下一个10年。因为每一名参与者向气球中吹送的气量不同，"树木"生长情况的不一致性便一目了然了。

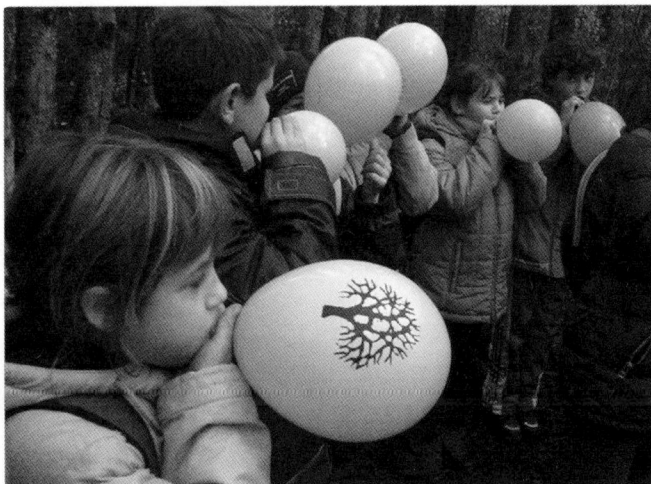

■ 注意：请您先介绍活动规则，并将气球分配给参与者

◆ 在一个林分形成的过程中，"林业人员"会过来取走一些"树木"。请您将几个气球（树木）扎绑在一起，并要求参与者将这些收获下来的"木材"当作"原木堆"摆放在一旁。

◆ 现在，之前只是作为观众站在一旁的余下的1/4的参与者中的一位，可以带着他或她还没有被吹起气来的气球站入现在空缺出来的位置。

◆ 在下一个生长阶段中，气球又将被吹大一些。这样就有了一些大的、非常大的，又或是一些小的气球，即"树木"。

◆ "林业人员"在"木材利用"的范畴之内再取走一些气球，把它们捆扎在一起，放入之前的"原木堆"里。

> **提 示**
>
> 通过这个活动，人们可以一方面通过气球充气的不同强度来代表树木生长的差异，另一方面很好地表现出如何利用采伐为幼林的生长创造空间。

**活动变化方案**

在第二轮游戏时，您可以将疏伐的效果象征性地表现出来。在每次拿掉一棵"树"之后，相邻的参与者就可以将自己手上的气球再吹大一些，因为他们的"树"现在获得了更多的水分、阳光以及养分。

**活动深入的可能性**

如果参与者的年龄超过12岁，请您把木材利用同木材固定二氧化碳（$CO_2$）之间的关系作为课题。为此，您可以采用以下活动：[>]可持续性利用2"二氧化碳（$CO_2$）气球"。

# 可持续性利用2　二氧化碳（$CO_2$）气球

**内容**　参与者将了解关于树木生长、木材收获以及木材中二氧化碳固存方面的信息。

| 目的 | 时限 |
|---|---|
| ◇让参与者认识到树木生长与二氧化碳固存之间的关联 | ◇15分钟 |
| 活动类型 | 材料 |
| ◇安静型、知识型 | ◇气球 |
| 参与者人数 | 准备工作 |
| ◇最多30人 | ◇请您准备足够多的气球 |
| 参与者年龄 | ◇请您吹大一只棕色的气球，扎住它的送气口 |
| ◇12岁以上 | 室外条件 |
| | ◇— |

**可持续发展教育目标**

◆　对待事物的方法与能力

◇我可以富有远见地并关联性地思考。

这里：参与者将认识到使用化石燃料的后果，并且可以将其和可再生性原材料——木材进行比较。

◆　个人能力

◇我能够承担自我行为的责任，并将顾及到大自然与他人。

这里：参与者检查自己与二氧化碳相关的行为。

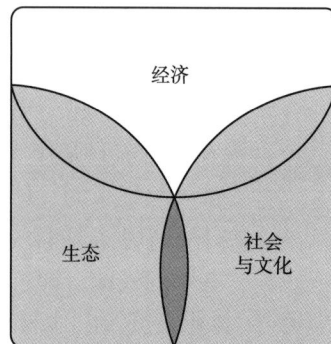

## 活动流程

◆ 作为热身活动，可以进行[>]可持续性利用 1 "树木气球"。

◆ 请在吹气球（代表树木生长）的时候引入与之相关的二氧化碳固存的主题。

◆ 您可用如下方式，象征性地体现固存在树木中的二氧化碳的释放。

◇树木腐朽：请您通过给气球慢慢放气（带着"咯吱"刺耳的声音）的方法，让一个完全吹起的气球变为"死木"。用这样的方式，您可以演示给参与者，树木腐朽的过程是缓慢的，而且之前被树木固存了的二氧化碳会随着树木的腐朽，再一次被释放到自然界的循环中去。

◇燃烧：请您将一个完全吹起的、但是吹气口还未打结的气球就这样放开，气球会"嗡"的一声瘪掉。以这样的方式，您可以展示给参与者，在木材燃烧的时候，它内部封存着的二氧化碳就会像这样突然地被释放出来。请您注意，向参与者做解释，气球的快速放气，更确切地说，木材的燃烧并不会对自然界中二氧化碳的平衡造成负面的影响！是以树木自然腐朽的方式，还是通过木材燃烧的方式来释放二氧化碳，就其结果而言并没有什么区别。

◆ 请您借此得出如下的相互关系：

◇如果木材被收获，并被堆放在原木堆(代表被捆绑在一起的气球)里，二氧化碳将保持固存的状态，并因此（在某一个时间段内）脱离于自然界的循环；

◇当木材被利用时（木结构建筑、家具等），二氧化碳将会继续保持固存的状态；

◇树木固存的二氧化碳只有在树木腐朽或木材燃烧的过程中才会被再次释放出来。

◆ 在阐述说明的时候，请您结合二氧化碳平衡性中和燃烧的话题，深入探讨木材热利用相对于石油、煤炭以及天然气利用的优势和优点。接着，请您把已经将二氧化碳固存了很久的将它额外释放到大气中的棕色气球加入到游戏中来。这些在数百万年前就被固存了的二氧化碳给大气增加了额外的负担。现在人类一天所消耗的煤炭、天然气和原油，相当于大自然在500000天(约1370年)里所储备的二氧化碳的量（《南德意志报》，2003年8月20日）。

## 活动深入的可能性

◆ 请您以家庭作业的形式鼓励参与者检查各自和二氧化碳有关的行为。请您在一段时间之后，在他们返回时，讨论家庭作业的结果。

◆ 在[>]森林处于危险之中 C "背景知识"中您可以找到进一步的信息。

# 可持续性利用 3　帽子相叠

**内容**　参与者将探讨树木生长、木材收获以及树木再生长方面的课题。

| 目的 | 时限 |
|---|---|
| ◇让参与者探讨森林可持续性利用的课题 | ◇20分钟 |
| 活动类型 | 材料 |
| ◇安静型 | ◇手工制作的小帽子 |
| 参与者人数 | ◇树种（橡树子、山毛榉果实等坚果之类） |
| ◇15～30人 | ◇年轮木片 |
| 参与者年龄 | 准备工作 |
| ◇8岁以上 | ◇请您确定小帽子的尺寸并做好它们 |
| | 室外条件 |
| | ◇干燥的环境 |

**可持续发展教育目标**

◆ 对待事物的方法与能力

◇我可以富有远见地并关联性地思考。

这里：参与者将认识到单棵树木的利用对其他树木生长产生的影响。

◆ 社会能力

◇我可以与他人一起制订计划并处理问题。

这里：参与者将在小组里协商决定将采伐哪些树木。

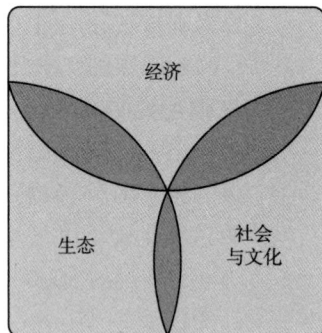

**热身活动**

◆ 在这个热身活动中，请您分给每个参与者一棵属于他或她的"树"（一叠按直径大小顺序排列的小帽子）。在参与者人数较多的情况下，每两人获得一棵"树"以及每棵"树"一粒树种种子（橡树子、山毛榉果实等坚果之类）。

◆ 树木的生长开始于种子的萌芽：每位参与者将他的树种种子放在各自面前，并在上面盖上最小的那顶小帽子。

◆ 在接下来的几年里，这棵"树"将会生长。在它上面将被依序盖上大一点的帽子，以此类推。当所有帽子被相互交叠地盖上去后，我们面前就出现了一棵大"树"。

◆ 现在我们取下整堆层层套叠的帽子，并将其反转，象征性地表示这棵"树"已经被伐倒了。也就是说，我们现在要从底部来看这堆帽子：从这个角度来看这一顶顶的小帽子就好比一圈圈的年轮！请您借助一片年轮木片的实物，来向参与者解释树木是不规则地增粗的。

■ 从底部来看，一层套一层的小纸帽们就好像一圈圈的树木次生长年轮

## 活动流程（主要活动）

◆ 请您要求参与者将他们的种子按棋盘格式的间距不规则地铺放在没有植被的森林土地上。最小间距为6厘米，最大间距为12厘米。现在参与者将最小的那顶小帽子盖在种子上，代表幼林开始生长了。

◆ 在下一个生长周期中，将依序地在之前的小帽子上盖上一顶比它大一圈的帽子，如此类推。现在，"树木"的间距可能已狭小到它们可彼此触碰的程度。接下来，请您尽可能地和您的参与者拟列两种可能性。

◇在疏伐的范畴内，一定数量的"树木"（小帽子）将会被除去，直到余下的"树木"可以不受干扰地继续生长。

◇如果疏伐的执行没有达到应有的强度，那么在接下来的生长周期里，彼此触碰着的"树木"（小帽子）有可能将会无法继续生长。也就是说，参与者就不能在之前的小帽子上放上一顶比它更大的小帽子了。

◆ 在下个生长周期里将以此类推，继续进行必要的疏伐。

◆ 如果"树木"高大而结实（种子树）并且已可进行成材木采伐了，那么在空出的土地上又可放上一粒新的种子。"幼龄树"混杂在"老树"中再度开始生长。这样便可以再现森林的层次性及其可持续性利用性。

---

**提 示**

请您在活动开始之前，在小帽子朝里的一面给它们标上号。这样您就能够将它们更好地归类。

---

## 活动变化方案

您可以让参与者在帽子的外面，以每五年为间隔单位标记年份：1950、1955、1960，等等。

## 活动深入的可能性

树木成长与年轮形成之间的关系可在[>]树木 8 "探寻树木命运的痕迹"这一章节进行深入探讨。

## 附加信息

热身活动的部分主要是用来表述年轮结构与增长之间的联系，主体活动涉及的则是我们森林的层次性以及可持续性利用。

思想来源：克里斯多夫·维纳（Christoph Wehner）先生，林业大学硕士。

## 附件 小帽子制作指南

■ 请您用圆规在硬纸板（160克/平方米）上划出15个不同半径的圆圈（3.0—3.5—4.0—…9.5—10.0厘米），并将它们剪下来。由此便可做出一棵由15顶小帽子依序叠加而成的树。

■ 接下来，请您从圆纸板的边缘一下子剪到纸板的圆心位置。旋转剪出的两道边，将纸板折成小帽子的形状，并将交叠的边缘粘合在一起。在折纸的时候要注意，剪出的两道边一定要刚好旋转到圆圈一半的位置（与其边线垂直的位置），以便所有小帽子得到相同的形状，并且可以彼此套叠在一起。针对不同的树种，您可以使用不同的颜色标识。每棵树都由一组半径不同的小帽子构成。

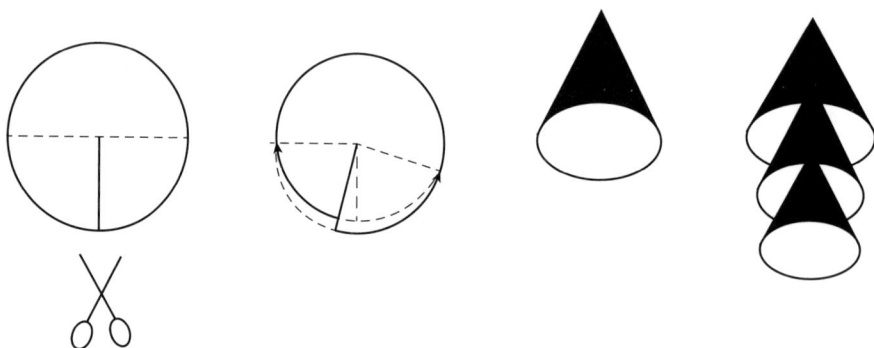

# 可持续性利用 4　以利用代替掠夺

**内容**　参与者将以游戏的方式来体验一片森林的可持续性利用。

目的
　　◇让参与者研究可持续性利用
以及林业人员对其的影响

活动类型
　　◇知识型

参与者人数
　　◇最少20人

参与者年龄
　　◇13岁以上

时限
　　◇30分钟

材料
　　◇松果

准备工作
　　◇请您收集松果

室外条件
　　◇—

**可持续发展教育目标**

◆ 对待事物的方法与能力

◇我可以富有远见地并关联性地思考。

这里：参与者将了解森林最大限度的增长量。

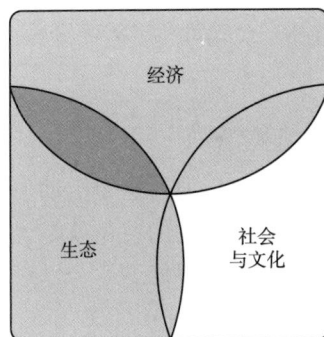

经济

生态

社会
与文化

**活动流程**

◆ 请您让一位参与者担任森林管理员的角色。

◆ 请您按照[>]开始 7 "谁和谁在一起？"中的方法将余下的
参与者分成4个人数相同的小组，让各小组分别扮演：

◇幼龄"树"，

◇中龄"树"，

◇成熟"树"，

◇老龄"树"。

◆ 现在请您让这些"树"在一块活动用地（林中空地，小块草地）上，尽可能地以间距
大约1米的距离分散开来。幼龄"树"蹲着，如果地面干燥的话，"它们"也可以坐在
地上；中龄"树"站着；成熟"树"手臂伸展地站立；老龄"树"们会另外得到一颗松
果。参与者应当紧密地站在一起；幼龄"树"蹲坐在比它们年龄大些的"树"底下。您
现在可以扮演木材收购商的角色（例如，家具生产商），并在"森林管理员"那里订购
一定数量的原木。

◆ "森林管理员"要决定哪些树将被砍伐掉以及砍伐的数量。他或她可以为了这个订单砍
伐掉除幼龄"树"，太小的"树"之外所有的"树"。要注意的是，他只能将与被砍伐
掉的、带松果的"树"（老龄"树"）数量相同的新"树"（作为幼龄"树"）带入活
动场地。每当"森林管理员"交掉一棵"树"，他都可以得到一个积分点。

◆ 留下来的"树"现在开始生长了。所有没有被其他"树"的手臂遮挡住的"树"得到了
阳光，并成长进入下一个阶段：幼龄"树"变为中龄"树"，站起来了；中龄"树"变

为成熟"树",伸展开手臂;成熟"树"变为老龄"树",并得到一颗松果。

◆ 在接下来的几轮活动中,请您作为木材收购商再订购一些将被森林管理员采伐的原木。接着,剩下的"树"们又开始生长,新的"树"加入活动。

◆ 在结束活动轮数之后,"森林管理员"要退休了。这时小组要做一个结算:这位"森林管理员"总共销售了多少木材,也就是说,他收集了多少个积分点?森林在他在职期间发生了怎样的变化?

◆ 根据情况,您可以在第二轮的活动中指定一位新的"森林管理员"。

### 活动变化方案

请您根据一个合适的森林面貌来形象地说明这个模式化的活动。

> **提 示**
>
> 您可以利用木材的需求量去引导性地干涉活动的进程。如果您订购的数量很大,并且"森林管理员"按照您的要求交货,没几轮活动之后,林木增长量就会越来越少。同样的效果,如果木材采伐的数量很少,被阴影遮盖的树就不能如此快地增长。在第二轮的活动中,参与者可以使用从第一轮活动中获得的经验。

### 附加信息

您可以通过这个活动形象地说明,合理地利用森林既需要知识也需要技能。最大的增长量可以通过可持续的,也就是说中等强度的木材利用来实现。森林利用程度过低或者过高,都将会造成生产力的降低。

## 可持续性利用5 树木与木材

**内容** 参与者将确定活立木的材积。

| 目的 | 时限 |
| --- | --- |
| ◇让参与者学习如何确定一棵树的材积 | ◇20分钟 |
| 活动类型 | 材料 |
| ◇调研型、知识型 | ◇尺子 |
| 参与者人数 | ◇折尺和测树围尺 |
| ◇最多20人 | ◇标记用的布黏胶带 |
| 参与者年龄 | 准备工作 |
| ◇10岁以上 | ◇请您标记一棵材积为1立方米的树 |
| | 室外条件 |
| | ◇附近最好有柴禾堆 |

**活动流程**

- 请您让每位参与者做一个估算，当手掌张开时，每人大拇指指尖到小指尖之间的距离大约是多少。用尺子测量每位参与者的两个指尖之间的距离。为了能让这个距离明朗化，您可以要求每位参与者找一个等长的参照物。

- 接着，请您介绍折尺和测树围尺的用法。请您用折尺测量一名参与者的身高。在1.3米的高度（胸径，德语缩写为BHD）将一片标记带或一条丝带固定在他的衣服上。

- 请您要求这位被标记了的参与者站在一棵由他选出的树旁边。请您要求其他的参与者，首先在一定距离外估算这棵树的胸径（标记高度为1.3米的直径）。接着，参与者可以用他们展开后的手掌跨度在树身上测量这棵树的胸径。最后用测树围尺来检查这个估算是否正确。

- 请您解释，胸径对于测量一棵树的木材含量（材积）是十分重要的。树木不是按棵而是按照它们的材积（实际立方米）来出售的。您可以用一个边长为1米的立方体来解释"材积"这个林业术语。利用棍棒和折尺，参与者可以复制出这个立方体。

- 请您解释，林业人员通常使用一个简化的公式 [丹琴（Denzin）公式] 来对立木进行材积测量：

$$V（树干材积）=\frac{d^2（d=胸径，以厘米为单位计算）}{1000}$$

例如，胸径若为30厘米，材积便为 $30^2 \div 1000 = 0.9$（立方米）

- 请您用一个堆积好的、实际体积为1立方米的木柴堆或用一棵之前找好的树（胸径32厘米）来对材积加以说明。

- 您也可以让参与者自己平躺和交叠在彼此身上，直到他们形成约1立方米的体积大小，并以此来让他们弄明白这个概念。请您注意小组内的角色分配。从某个年龄段开始，鉴于男女有别，可能会产生一些困难。

# 可持续性利用 6 只收获再生木

**内容** 参与者将估算森林中每年林木的增长量。

| | |
|---|---|
| **目的**<br>◇形象地向参与者说明森林中林木的增长<br>**活动类型**<br>◇调研型、知识型<br>**参与者人数**<br>◇最理想的情况是每组4~6人；最多30人<br>**参与者年龄**<br>◇13岁以上 | **时限**<br>◇2个小时<br>**材料**<br>◇测树围尺<br>◇折尺<br>◇卷尺<br>◇便携计算器<br>◇书写工具<br>◇标记带<br>**准备工作**<br>◇请您选择一块林相清晰的林地<br>**室外条件**<br>◇— |

**可持续发展教育目标**

◆ 对待事物的方法与能力
◇我可以富有远见地并关联性地思考。
这里：参与者将调查可持续的林木增长，并从中推算出合理的采伐量。

◆ 社会能力
◇我可以与他人一起制订计划并处理问题。
这里：参与者在所在的组中，以可持续性的林木增长为前提，来决定树木的采伐量。

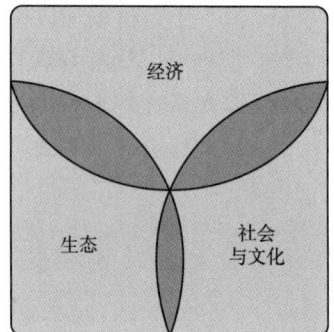

**活动流程**

◆ 请您和参与者一起用卷尺划分出面积大约为0.1公顷（大约32米×32米）的工作用地，并用彩带标记。

◆ 请您安排砍伐掉一棵在这片工作用地中代表平均尺寸的、预计会有清晰年轮结构的树，并将其去枝。砍伐的时候，您的参与者最好在场。请您务必注意相关的安全条例。在伐木时，参与者与被伐树的距离要有两树之遥。

◆ 现在，参与者可以测量伐倒木的树干长度（$L$）以及平均直径（$d$）。请您解释，在实际操作中，测量树木材积时是不包括树皮的。因此，请您要求参与者在测量平均直径的时候去掉树皮部分的厚度。

◆ 请您让参与者数出年轮数，然后用材积除以树龄，再乘以在这块土地上的树木总数，得出这片实验土地（0.1公顷）每年增长量的近似值。

◆ 最后，请您在这片土地上找出一棵和每年林木增长量实际基本相符的树。

> **提 示**
>
> 　　伐倒木树干的材积可以通过2个公式来求得近似值。请您注意，所有的数值都要以米为单位。
>
> 　　■　圆柱体公式：$r^2 \times 3.14 \times L$（$r$=半径，$L$=长度）
>
> 　　例如：长度=12米，直径（树干的中心位置！）=60厘米（=0.6米）体积=0.3米×0.3米×3.14×12米＝3.39立方米
>
> 　　■　"守林人公式"：$d^2 \times L \times 0.8$（$d$=直径，$L$= 长度）
>
> 　　例如：长度=12米，直径（树干的中心位置）=60厘米（=0.6米）体积=0.6米×0.6米×12米×0.8＝3.4立方米

### 活动深入的可能性

◆　请您算出这片土地上，以可持续性的林业经济为前提，每年允许砍伐多少棵树，然后和参与者一起在树上做记号。

◆　在解释年增长量的时候，您可以利用与其实际相同的、森林道路边堆放着的原木楞堆来对其进行形象地说明。

◆　请您让一位参与者用喷漆或彩带在一棵将被砍伐的树上做上标记。做标记者应当阐述其选择的理由，小组可以讨论他或她的提议。

◆　作为深入的可能性，请参照以下章节：[>]可持续性利用 7 "森林资源清查"和[>]可持续性利用 8 "我的森林"。

◆　请您让参与者参考下表给出的参照数值，估算出之前确认的林木增长量所符合的能源值。

| 树木类型<br>[1 立方米层积（木材的蓄积量）= 大约 0.7 立方米材积（干燥木材）] | 能源含量（千瓦时） | 含有同等能量的燃油量（升） |
| --- | --- | --- |
| 1 立方米的阔叶树木材 | 1800 | 210 |
| 1 立方米的针叶树木材 | 1400 | 160 |

# 可持续性利用 7　森林资源清查

**内容**　参与者将在小组内学习不同树木生长和如何使用不同树种木材方面的知识。

**目的**

◇参与者将认识到，木材是可以不断地生长的，并且是可持续性利用的

**活动类型**

◇调研型、很强的数学定向性的

**参与者人数**

◇分组最理想的情况是每组4～6人；最多30人

**参与者年龄**

◇12岁以上；在活动变化方案中应为16岁以上

**时限**

◇大约2小时

**材料**

◇铅笔和记录用的纸

◇折尺和测树围尺

◇便携式计算器

◇收益统计表

◇工作表格（参见[>]附件1）；采用活动变化方案时，需要[>]附件2和[>]附件3

**准备工作**

◇请您复印这些工作表格

◇准备好测量工具

◇请您选出一块合适的林地

**室外条件**

◇—

**可持续发展教育目标**

◆ 对待事物的方法与能力

◇我可以富有远见地并关联性地思考。

这里：参与者将调查可持续性的林木增长量，并陈述木材收获的可能性。

◆ 社会能力

◇我可以与他人一起制订计划并处理问题。

这里：参与者在小组里一起探讨从测量出的林木增长量中可得出哪些结论，以及多少树木应当被采伐。

◇我可以与他人共同协商，并做出合适的决策。 这里：参与者要保障一个可持续性的木材收获。

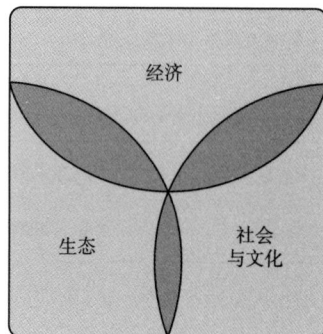

**活动流程**

◆ 请您让参与者在测量开始前，先对储木量做一个估算。

◆ 请您将参与者分成4～6人的小组（请参见[>]开始7 "谁和谁在一起？"）。请您要么分配给每个小组不同树种的树木（最好是老树），要么分配给各小组同一树种，但是树龄不同的树。

◆ 请您要求参与者填写各自小组的工作表格（参见[>]附件1）。因为表格上答题的要求较高，特别是在进行活动变化方案的时候，为了能顺利完成任务，请给每个小组再安排一位辅导员（比如，一位数学老师）。

◆ 请您让各小组展示各自的成果。

### 活动变化方案

◆ 用"树木采访"的形式，调查成果的演示可变得多样化。也就是说，一名小组成员扮演树，一位或多位小组里的其他成员采访"它"。采访的时候，被采访者可以躲在一棵树的后面。问题范例参见[>]附件1到附件3。

◆ 请您和年龄超过16岁的青少年进行这个活动变化方案。请您使用[>]附件2和附件3。

> **提 示**
>
> 这个活动可编排入森林教学项目大纲，也可作为跨学科性的森林教学方案。

### 活动深入的可能性

请参照章节[>]可持续性利用 8 "我的森林"。

### 网页链接

www.lwf.bayern.de, 关键词: 森林资源清查（Waldinventur）。

## 附件 1

分组工作的工作表格——森林资源清查——12岁以上的小组（编号）

| 树自问 | 回答 | 提示 |
|---|---|---|
| 1. 我几岁了？ | A（年龄）=_____ 岁 | 可在被调查树的附近找出与其年龄差不多的、被砍伐后留下的老树桩，数清树桩的年轮，以猜测被测树的树龄。<br>视情况而定，可用长柄斧清理树桩，以便年轮可被清晰辨识。 |
| 2. 我叫什么？ | 树种_____ | 可使用树种鉴定读物。 |
| 3. 我有多高？ | $h$（高度）= _____（米） | 用"拐杖法"测量树高（参见[>]树木 15 "树木简介"）。 |
| 4. 我的材积是多少？ | $d$（胸径）= _____（厘米）<br>$v$（材积）= $d^2/1000$<br>    =_____（厘米）×_____（厘米）/1000<br>    =_____（立方米） | 在 1.3 米高度处测量胸径！<br>利用丹琴（Denzin）公式计算材积：<br>$V = d^2/1000$。 |
| 5. 用我的木头可以做出哪些产品？ |  | 你们觉得呢？<br>想想你们家！ |
| 6.1 立方米的木头值多少人民币？ |  | 来猜一猜！ |
| 7. 作为树，我在这里觉得幸福吗？或者，森林管理员是不是应当做出一些改变？如果是，要做哪些改变呢？ |  | 你们觉得呢？ |

## 附件 2

分组工作的工作表格——森林资源清查/活动变化方案——16岁以上的小组（编号）

| 树问 | 回答 | 提示 |
|---|---|---|
| 1. 我几岁了？ | $A$（年龄）=_____岁 | 可在被调查树的附近找出与其年龄差不多的、被砍伐后留下的老树桩，数清树桩的年轮，以猜测被测树的树龄。<br>视情况而定，可用长柄斧清理树桩，以便年轮可被清晰辨识。 |
| 2. 我叫什么？ | 树种_____ | 可使用树种鉴定读物。 |
| 3. 我有多高？ | $h$（高度）=_____（米） | 用"木棍测量法"测量树高（参见 [>] 树木 15 "树木简介"）。 |
| 4. 我的材积是多少？ | $d$（胸径）=_____（厘米）；<br>修正系数 = +/-_____（%）；<br>$v_n$（树高不超过 25 米的普通树木的材积）=____（厘米）×____（厘米）/1000 =____（立方米）<br>$v$（材积）= $d^2$/1000=____（厘米）×____（厘米）/1000 =____（立方米）<br>$v$（材积）= $v_n$+/-____% $v_n$ =____（立方米）<br>范例：胸径 = 60 厘米，高度 = 28 米<br>$v_n$ = 60×60/1000 = 3.6（立方米）<br>$v$ = 3.6（立方米）+3×3%×3.6（立方米）<br>$v$ = 3.6（立方米）+0.09×3.6（立方米）= 3.6（立方米）+0.324（立方米）= 3.924（立方米） | 在 1.3 米高度处测量胸径。<br>用丹琴（Denzin）公式计算材积：$v$=$d^2$/1000(以标准高度 25 米为基准的高度误差修正参数：±3% 每米）。<br>胸径数值用厘米单位带入，求得的值统一以立方米为单位。 |
| 5. 去年我的木头增长了多少？ | $v$（现在的材积）=_____（立方米）（4.的答案）<br>$v_n$（去年的材积）= $d^2$（去年胸径）/1000_____（立方米）<br>$v$（去年的材积）= $v_n$ +/-____% $v_n$ =____（立方米）<br>增长量=$v$（现在的材积）–$v$（去年的材积）=____（立方米） | 在不能现场将树伐倒的情况下，可在一个与被测树各方面情形都差不多的老树桩旁进行测量。<br>用去年的胸径重新计算去年的总蓄积量，然后求出差值。 |
| 6. 我生长的森林的总蓄积量（=储木量）是多少（每公顷）？ | $A$（年龄）=____岁 $d_m$（平均胸径）=_____厘米 储木量=_____采伐实积立方米 | 利用 [>] 附件 3 的胸径测量表求出平均胸径。<br>在相应的清查统计表（年龄/高度）中，读出不带树皮的"实木"的采伐实积立方米值。 |
| 7. 这片森林中，每年木材的增长量是多少？ | 1. $Z$（增长量）=____（储木立方米，带树皮）<br>2. $Z$（储木立方米）×0.8 =_____（采伐立方米） | （1）在清查统计表中读出"本年度实木增长量"。<br>（2）将数值换算成实际采伐立方米（不带树皮）。 |
| 8. 我所在的森林中每年可以有多少树木可持续地（也就是说总储木量不应减少地）被采伐？ | 可被持续性利用的树木=增长的林木（带树皮）/树干材积<br>=_____/_____=_____棵 | 用第 7（1）求出的数值，除以第 4 求出的数值！ |
| 9. 用我的木头可以做出哪些产品？ | | 你们觉得呢？想想你们家！ |
| 10. 1 立方米的木头值多少人民币？ | | 来猜一猜！ |
| 11. 作为树，我在这里觉得幸福吗？或者，森林管理员是不是应当做出一些改变？如果是，要做哪些改变呢？ | | 你们觉得呢？ |

**附件 3**

分组工作的工作表格——森林资源清查/活动变化方案——16岁以上小组

平均胸径调查：请您测量并记录，您所在的林区里离您被分配到的树最近的30棵树在1.3米高度处的直径，即胸径（厘米）。

| 树木编号 | 胸径（厘米） |
|---|---|
| 1 | |
| 2 | |
| 3 | |
| 4 | |
| 5 | |
| 6 | |
| 7 | |
| 8 | |
| 9 | |
| 10 | |
| 11 | |
| 12 | |
| 13 | |
| 14 | |
| 15 | |
| 16 | |
| 17 | |
| 18 | |
| 19 | |
| 20 | |
| 21 | |
| 22 | |
| 23 | |
| 24 | |
| 25 | |
| 26 | |
| 27 | |
| 28 | |
| 29 | |
| 30 | |
| 总和 | |
| 平均胸径 $= \dfrac{\text{胸径总和}}{30（即树木数量）}$ | |

# 可持续性利用 8  我的森林

**内容** 您的参与者将自己置身于一个森林所有者的角色。

> **目的**
>> ◇让您的参与者体验一下森林所有者有哪些责任
>
> **活动类型**
>> ◇安静型、知识型
>
> **参与者人数**
>> ◇最多30人
>
> **参与者年龄**
>> ◇12岁以上
>
> **时限**
>> ◇1小时
>
> **材料**
>> ◇标记带
>>
>> ◇卷尺
>
> **准备工作**
>> ◇活动开始前请您先向参与者介绍材积计算方式，数量计算应当是众所周知的
>>
>> ◇请您选择一片林地
>
> **室外条件**
>> ◇—

## 可持续发展教育目标

◆ 对待事物的方法与能力

◇我可以富有远见并关联性地思考。

◇这里：参与者将了解到当前造林育林的决策对森林中期以及长期的影响。

◆ 社会能力

◇我可以与他人共同协商，并做出合适的决策。

◇这里：参与者作为"森林所有者"在小组中共同决定，在森林里的哪些措施应当被实施。

◆ 个人能力

我能够承担自我行为的责任，并将顾及大自然与他人。

这里：参与者将认识到，对待"他们的"森林需要确立目标、价值观和态度。您的参与者思考他们对大自然以及他人的影响。

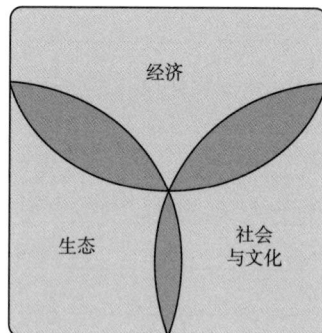

经济

生态          社会与文化

## 活动流程

◆ 请您将参与者分成几个4~5人的小组（请参见[>]开始7"谁和谁在一起？"）。

◆ 每个小组将从您手中得到四卷标记带。请您要求各小组各自选择一片他们特别喜欢的林地。请您事先规定，每片选择出的林地的面积为32米×32米（0.1公顷）。它们的四角将会被参与者用标记带标识出来。

◆ 请您解释，这几片林地在活动期间"属于"参与者。各组"森林所有者"需要决定，在接下来的十年中，他们打算对"他们"的森林做些什么。

◆ 小组中成员们共同规划，根据情况他们要对"他们"的森林实行哪些措施。

◆ 大约15分钟后，请您再度集合所有参与者。请您和他们一同探访选出的林地，在那里"森林所有者"们将介绍他们的林地，说明他们选定各自林地的原因，以及他们下一个

十年的森林规划。

◆ 请您和各组成员共同讨论森林治理规划的效果；讨论时应涉及各个方面。请您和各小组成员们共同探讨他们的规划在经济、生态以及社会领域方面对"森林所有者"们、周边人们（本地以及全世界人们）、后代以及整个生态系统将会产生的影响。

### 活动变化方案

◆ 请您给"森林所有者"们分配任务，让他们可持续性地经营他们各自选出的林地。他们可以用红色的标记带标识出他们下一个十年中打算要砍伐的树木。在蓄积量可持续性的范例中，参与者可运用计算的方式来检验他们是否做出了正确的决策。

◆ 借助章节[>]可持续性利用 7 "森林资源清查"可以计算出"森林所有者"以后要采伐的树木的总量，采伐量应与增长量相对应。年龄超过16岁的参与者可利用章节[>]可持续性利用 7 "森林资源清查"的活动变化方案部分，自己推算出森林大致的年增长量。作为另外一种选择，也可由您为参与者指定一个增长量的数值。

◆ 请您以一棵树为例子，对其年增长量加以说明。在面积为0.1公顷的林地中，视树种而定，年增长量大约为0.4～1.0立方米。这相当于一棵胸径（树高1.3米处的直径）为20厘米（0.4立方米）至32厘米（1立方米）左右的树木。

◆ 作为补充，您可以对价值的可持续性进行形象地说明。请您在树木上钉上标明出它的净价值的标签（目前的价值以及预期的价值）。

◆ 紧接着请您与小组成员就整个森林的可持续性进行讨论。

### 附加信息

这个活动说明了，正确地利用森林资源既需要知识，也需要能力。每一个决策都有其经济、生态和社会效果。这些效果不仅将影响森林所有者们，也将影响现在以及未来生活的人们。

## 可持续性利用 9　木材是美好且环保的

**内容**　参与者将整理出木材作为建筑材料以及能源载体的多种优点。

| 目的 | 时限 |
| --- | --- |
| ◇让参与者们领会到木材原料的优点 | ◇大约30分钟 |
| 活动类型 | 材料 |
| ◇知识型 | ◇木材、金属以及塑料的实物各一个 |
| 参与者人数 | ◇一块腐朽的木头 |
| ◇最多30人 | ◇一块老化的塑料 |
| 参与者年龄 | ◇一块生锈的金属 |
| ◇4岁以上 | 准备工作 |
| | ◇— |
| | 室外条件 |
| | ◇— |

## 可持续发展教育目标

◆ 对待事物的方法与能力

◇我可以富有远见并关联性地思考。

这里：参与者将探讨可再生资源——木材的各个方面的可持续性。

◆ 个人能力

◇我能够承担自我行为的责任，并将顾及大自然和他人。

这里：参与者将检查自己的能源使用行为。

## 活动流程

◆ 请您将木质、金属和塑料的样本分发给参与者，请您询问他们对各种不同材质的感受。

◆ 请您就森林的面貌与参与者讨论相对于塑料和金属生产而言木材生产的环保性。

◇林木生长时吸收二氧化碳（$CO_2$），并释放对环境有益的氧气。在森林这个"生产车间"里，人们可以休闲放松，林木总是会再生的。

◇通过高炉从矿石中提炼铁时，会造成有害物质的排放，并消耗化石能源，铁是一种"有限的资源"。

◇同样，在高能源消耗的塑料生产（比如说，利用原油生产塑料）中，宝贵的原料将被消耗掉，并因此对环境造成极大的负担。

◆ 请您接着描述废品处理问题。为了清楚地说明这个问题，您可以让参与者触摸一块朽木，并闻一闻它的味道。请您将一块生锈的金属和一块老化的塑料扔到地上并解释：

◇木材在废品处理之后可作为燃料使用。

◇铁生锈过程缓慢，它只有在高能耗产品回收之后才能被再次利用。

◇塑料的废品处理，因其合成材料类型而异，有可能会十分麻烦。就算完全按照品种进行分类，回收利用的可能性也是有限的，在燃烧时甚至可能产生二噁英（一种细胞毒素）。

◆ 与年轻的参与者合唱"木之歌"（请参见[>]第九章 附录中的"童话故事，诗歌，箴言，歌曲"），将会是这一课题的一个不错的收尾。

## 活动深入的可能性

◆ 请您将我们预计的、可供使用的各种原料的使用寿命与可再生原料潜在的使用寿命进行对比。

◆ 不同材料的分解周期（概略值）如下。纸：3～12个月

香烟：1～2年

口香糖：大约5年

铁皮容器：10～100年

塑料：1000年

玻璃：4000年

◆ 请您根据实例讨论木建筑的环保性。

◆ 请您将能源载体——木材与石油、天然气、煤以及农作物进行对比。

◆ 请您提出一些木材取暖方面的建议。

◆ 请您拟列木材的其他的利用可行性，譬如，家具、纸张、纤维素等。

**网页链接**

◇www.forst.bayern.de ["Holz in Zahlen und Fakten"（《用数值和事实讲述木材》）]

◇www.holzenergie-online.de.

◇www.dfwr.de.

◇www.dfwr.de/download/Positionspapier_PlattformForstundHolz.pdf.

◇www.cluster-forstholzbayern.de.

# 可持续性利用 10　木材随处可见

**内容**　参与者将对木制产品进行分类。

| 目的 | 时限 |
|---|---|
| ◇参与者将认识到，木材在日常生活中随处可见 | ◇大约30分钟 |
| | 材料 |
| 活动类型 | ◇30张看图识物的小卡片 |
| ◇活泼型、知识型 | 准备工作 |
| 参与者人数 | ◇请您先做好小卡片 |
| ◇最多30人 | 室外条件 |
| 参与者年龄 | ◇— |
| ◇7岁以上 | |

**活动流程**

◆　请您在30张小卡片上（例如，小的索引卡片），分别标注下列名词：

（1）报纸　　　　　　（16）窗户

（2）纸板箱　　　　　（17）楼梯

（3）水果箱　　　　　（18）房子

（4）蛋盒　　　　　　（19）桥

（5）购物篮　　　　　（20）酒桶

（6）铅笔　　　　　　（21）房梁

（7）书　　　　　　　（22）木偶

（8）厕纸　　　　　　（23）尿布

（9）信纸　　　　　　（24）烹饪木勺

（10）摇篮　　　　　（25）毛巾

（11）鸟笼　　　　　（26）肥皂

（12）火柴　　　　　（27）鹿角

（13）床　　　　　　（28）瓶盖

（14）木炭　　　　　（29）灯泡

（15）铁路轨枕　　　（30）散热器

（1到25基本上都是用木头的，或可以用木头制成的；26到30则不可以。）

◆ 请您让参与者每人各抽取一张卡片。
◆ 请您要求参与者，按如下原则分组：
◇认为他们所抽取的卡片上的实物是用木头制成的或可以用木头制成的参与者站在一边。
◇认为他们所抽取卡片上的实物并非木制或无法由木头制成的参与者站在另一边。
◆ 接着请您给每个小组讨论的机会：每位参与者是否站对了组，或者他们是否正确地归类了手中卡片上的实物。
◆ 得出认知：无法由木头制成的物体是少数的。

## 活动深入的可能性

◆ 请您强调木材原料在过去几个世纪以来，作为建筑材料以及能源载体的意义。
◆ 请您和参与者讨论木材原料在未来的意义。

## 附加信息

◆ 2005年，联邦德国全年的木材消耗量大约为108000000立方米。这相当于一面高度超过10米、厚度为5米、长度为2000千米的庞大木墙。也就是说每人每年平均消耗大约1.3个立方米的木材，而且这个消耗量呈上升趋势[①]。
◆ 请您和参与者就下面节选的文章展开讨论：
◇ "无论人们是在烤香肠，还是在观察着炭火；无论人们是带着肠衣还是不带肠衣吃香肠，又或者是在砧板上将肉切碎；无论人们酒足饭饱后是看报纸，还是剔牙，是心满意足地将手臂搭在椅子的靠背上，还是在玩纸牌游戏的时候用拳头敲击桌子；无论人们是穿过覆盖在一体化厨房上的塑料薄膜，在家具上钻个洞，在组合壁柜上刮一道痕，掰断女士高跟鞋的鞋跟，还是躺入床中；无论人们在阁楼上找箱子，还是找到了一个纸板箱；无论人们是在房屋的墙上钉个钉子，或者成为一个修理工，随处都能与木材相遇！" ［舒尔茨 H.木材来自树中的原料. 见：施特恩. 拯救森林. 金德勒出版社，慕尼黑，1995(Schulz, H.; Holz, der Stoff aus dem die Bäume sind. In STERN, H.; Rettet denWald. Kindler Verlag, M ü nchen 1995).］

### 网页链接

www.forst.bayern.de.［"Holz in Zahlen und Fakten"（《用数值和事实讲述木材》）］

www.holzenergie−online.de.

www.dfwr.de.

www.dfwr.de/download/Positionspapier_PlattformForstundHolz.pdf.

www.cluster−forstholzbayern.de.

---

① 译注：贵州省最常见的用材树种主要有马尾松（*Pinus massoniana*）、华山松（*P. armandii*）、云南松（*P. yunnanensis*）、杉木（*Cunninghamia lanceolata*）、柳杉（*Cryptomeria japonica var. sinensis*）、柏木（*Cupressus funebris*）、光皮桦（*Betula luminifera*）、楸树（*Catalpa bungei*）、梓木（*Catalpa ovata*）、楠竹（*Phyllostachys pubescens*）等。其中，马尾松和杉木是全省出材量最高的两大树种。黔东南杉木林区是贵州省乃至全国最重要的杉木用材原产地之一；华山松、云南松主要分布于黔中至西部、黔西北地区，马尾松、柏木主分布于中部至东部、黔东北、黔南地区。贵州有名的珍贵用材"金丝楠"主要分布在黔北、黔东北至黔东南地区，以务川、凤冈、德江一带以及从江、榕江、丹寨一带的"金丝楠"（当地俗称"香楠"）分布最为集中，分布着很多百年"金丝楠"古树和古树群。其中，黔北至黔东北地区主要是楠木（*Phoebe zhennan*），黔东南地区主要闽楠（*Ph. bournei*）。

——安明态

# 可持续性利用 11　森林评估

**内容**　参与者将在活动地点探讨他们对可持续性这一理念的理解。

| | |
|---|---|
| **目的**<br>◇唤醒参与者对可持续性的兴趣，并让他们理解这个概念<br>**活动类型**<br>◇调研型、知识型<br>**参与者人数**<br>◇最多30人<br>**参与者年龄**<br>◇13岁以上 | **时限**<br>◇2～3小时<br>**材料**<br>◇评分手册（参见[>]附件1至附件6）<br>◇综合评估表（参见[>]附件7）<br>◇书写工具<br>◇挂图<br>◇野生动物啃食以及树皮损伤的说明材料<br>◇标记带<br>◇区域森林地图<br>**准备工作**<br>◇请您选择一片林地并将该林地划分出来（大约5公顷以上）<br>◇请您复印评分手册和综合评估表<br>**室外条件**<br>◇好天气 |

## 可持续发展教育目标

◆ 对待事物的方法与能力
◇我明白跨学科协作的价值及其难度。
这里：参与者从不同方面、多角度地审视一片林地。

◆ 社会能力
◇我可以动员他人，并让他们行动。
这里：参与者对他们的认知进行评估，并由此推导出应当对森林所有者们的行为提出建议。

◆ 个人能力
◇我知道自己想要什么，并可为此承担责任。
这里：参与者全方位地思考森林的使命，并能找出各自的立场。

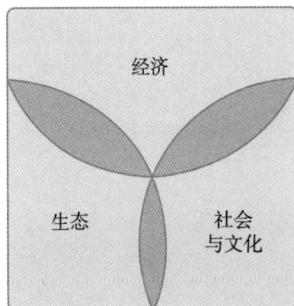

## 班级准备工作

◆ 请您与班级老师进行准备性谈话，以便能向他或她大致阐述可持续性概念，商定活动流程，解释表格要求，并将整套表格资料当面交给他或她。

◆ 请您在交谈中了解这个班级目前的知识水平。

◆ 班级老师应在森林评估开始前，在课堂中向学生们讲解如何填写评分手册（参见[>]附件1至附件6）和综合评估表（参见[>]附件7）。学生们应在准备阶段，在班级里按照自己对森林的预想先做出一个判断。在实际评估活动开始前，同学们应一同试填整套评分手册格，以此来熟悉表格的填写，并可将之后在森林中观察后形成的印象与他们之前对森林的印象进行比较。

### 活动流程

◆ 在一处小型森林中漫步，请您就地举例说明对森林被野生动物啃食（即对树皮损伤）或对大小树冠的各类评估标准。请顺道指出这片观测林地的边界。

◆ 请您参见[>]开始7"谁和谁在一起？"，将参与者划分为6个小组。接着，每个小组将得到6份评分手册中的一份。请说明表格的填写规则，并介绍活动深入的可能性，解释相关的附加信息。

◆ 之后，请您委托各小组，对各自选出的林地进行评估。

◆ 请您站在容易被找出的位置（最好是在活动起始点），以确保参与者能随时得到您的帮助。

◆ 请您预设一个最终讲评的集合时间。讲评时间至少要有30分钟，最好是能够有45分钟。

◆ 每个小组应在最终讲评时发表各自林地的调查结果。

### 活动变化方案

◆ 如参与者的工作效率较高，可为每个小组分配6名参与者，每位参与者各自填写一份自己的调查评分手册。

◆ 在结果总结中，6个小组的参与者可以用不同的颜色放大调查评分手册，并将它挂在挂图仪上，展示其调查结果，对比各小组调查结果的差异。

◆ 请您给予参与者充分的时间进行讨论。

◆ 为突出森林可持续性的意义并将其形象化，请您让各小组分别审核两片不同的林区，其中一片可以轻易达标，另一片则在达标方面非常困难，并让他们将各自的审核结果进行对比。

## 附件 1

您的任务是，调查森林资源的现状。

请您根据表格里给出的每项特征的符合程度，用打勾（√）的方式进行评分（由"很好＝++"至"很差＝--"）。

| 序号 | 特征（很好） | ++ | + | 0 | - | -- | 特征（很差） |
|---|---|---|---|---|---|---|---|
| 1 | 老树的树冠经常是相互碰触着的 | | | | | | 老树的树冠与树冠之间的间距很大 |
| 2 | 在生长着非常粗壮的老树的林区中，在树木稀疏的地方（教室大小）生长着许多小树 | | | | | | 在生长着非常粗壮的老树的林区中，在那些树木稀疏的地方（教室大小）几乎找不到小树 |
| 3 | 在整个林区中所有相对较大的地方（体育场大小）都有高度超过 5 米的树 | | | | | | 在整片林区中有许多相对较大的地方（体育场大小）没有高度超过 5 米的树木 |

### 讲解、深入

◆  特征1
◆  带着这个问题，参与者应调查森林中是否生长着足够多的树木，以保证木材产量。

> **提 示**
>
> ■  需进行更新的老树林应当加强其透光性，以便小树（更新）能更好地成长。
> ■  如树与树靠得太近，它们将会妨碍彼此的生长。因此，最好的状态是，树冠与树冠之间虽然稍微碰触在一起，但是并不会彼此逼迫。
> ■  请您考虑一下，在这片林分中是否需要再砍伐掉一些树木？如果是，应当是哪些树木？请您用标记带给这些树木做上标记。

◆  特征2
带着这个问题，参与者应开展调查，在一片生长着很老的树木的林区中，是否有足够多的小树作为下一代树木在老树的保护下生长，以便未来人们能在这个林区可以继续使用木材。请您考虑，您是否要额外种植一些小树！回答：是或否。

◆  特征3
带着这个问题，参与者应展开调查，在过去几年中，林区中是否曾产生过秃地。大面积的秃地会造成林区气候的恶化，并将导致水土养分的流失，而由此造成森林原料品质的恶化。

## 附件 2

您的任务是，调查这片树林的健康和活力（生命力）。

请您根据表格里给出的每项特征的符合程度，用打勾（√）的方式进行评分（由"很好＝++"至"很差＝--"）。

| 序号 | 特征（很好） | ++ | + | 0 | − | -- | 特征（很差） |
|---|---|---|---|---|---|---|---|
| 1 | 老树林区由种类繁多的阔叶和针叶树种构成 | | | | | | 老树林的林区只由一种树种组成 |
| 2 | 这些树的树皮上没有损伤 | | | | | | 这些树的树皮上有大量损伤 |
| 3 | 所有高度低于1米的小树都有一根明显高于侧枝的主枝，并且没有野兽啃食或蹄角摩擦造成的损伤 | | | | | | 高度低于1米的小树没有明显高于侧枝的主枝，并且有严重的野兽啃食和蹄角摩擦造成的损伤 |
| 4 | 大多数的大树都有大而茂密的树冠 | | | | | | 大树通常只有枝桠间隙明显的小树冠 |

### 讲解、深入

◆ 特征1
在这片林区中您找到了几个树种？数量 _____。
请您将您的结果和第四组与第五组的结果进行比较！

◆ 特征2
请您通过一个实例来模拟树皮损伤有可能是如何产生的！

◆ 特征3
请您思考一下，如何可以使森林免受野生动物的伤害！请您举例说明！

## 附件 3

您的任务是，调查这片树林是否能够产出足够多且足够好的木材。

请您根据表格里给出的每项特征的符合程度，用打勾（√）的方式进行评分（由"很好＝++"至"很差＝--"）。

| 序号 | 特征（很好） | ++ | + | 0 | – | -- | 特征（很差） |
|---|---|---|---|---|---|---|---|
| 1 | 森林中较大片的无树空地（教室大小）只生长着黑莓和灌木 | | | | | | 森林中较大片的无树空地（教室大小）没有生长黑莓和灌木 |
| 2 | 森林中有很多在 1.3 米高处胸径超过 15 厘米的树木（两手可合握住这棵树） | | | | | | 森林中没有在 1.3 米高处胸径超过 15 厘米的树木（两手可合握住这棵树） |
| 3 | 那些高龄树从树根算起至 5 米高处有笔直的树干，并在这个高度内没有旁侧枝 | | | | | | 那些高龄树从树根算起至 5 米高处大多没有笔直的树干，并在这个高度内有侧枝 |

### 讲解、深入

◆　特征1

请您思考一下，有什么办法可以对付这么多的黑莓！

◆　特征2

请您思考一下，人们可以如何使用细的树和粗的树！

细的树：

粗的树：

◆　特征3

请您思考一下，为什么树的品质，特别是阔叶树的品质如此重要！

（例如：多桠枝的橡树原木价格是大约50欧元/立方米；无桠枝的橡树原木价格可至500欧元/立方米以上。）

## 附件 4

您的任务是，调查森林的树种多样性和结构多样性（它们为大量的植物、动物和菌类提供了生存空间）。

请您根据表格里给出的每项特征的符合程度，用打勾（√）的方式进行评分（由"很好＝++"至"很差＝--"）。

| 序号 | 特征（很好） | ++ | + | 0 | - | -- | 特征（很差） |
|---|---|---|---|---|---|---|---|
| 1 | 林区中有品种繁多的不同的树种（特别是阔叶树）（即混交林） | | | | | | 林区中只有一个树种（即纯林或"单一种植"） |
| 2 | 树木生长的层次不同（高的树、中等高的树以及矮树） | | | | | | 一片林区中的树木高度大致相同 |
| 3 | 粗壮的、死去的树木立着或躺在森林里 | | | | | | 森林中没有粗壮的、死去的树木 |
| 4 | 树上有啄木鸟的巢穴 | | | | | | 树上都没有啄木鸟的巢穴 |

### 讲解、深入

◆ 特征1

在这片林区中您找到了几个树种？数量 _____。

请您将您的结果与第二组和第五组的结果做比较。

◆ 特征2

在所有树的高度都差不多的林区中，树木的树龄也大致相同。请您思考一下，在树高层次不同的林分中是怎样一个情况！

这些树的树龄是 _____。一直是这样吗？回答：是或否。为什么？

◆ 特征3

在您的林分中您找到多少株死树？ 数量： _____。

◆ 特征4

在您的林分中您找到多少株树上有啄木鸟巢穴？ 数量： _____。

# 附件5

您的任务是，调查这片森林是否为保护饮用水提供了良好的先决条件。

请您根据表格里给出的每项特征的符合程度，用打勾（√）的方式进行评分（由"很好＝++"至"很差＝--"）。

| 序号 | 特征（很好） | ++ | + | 0 | – | –– | 特征（很差） |
|---|---|---|---|---|---|---|---|
| 1 | 林区中有品种繁多的不同的树种（特别是阔叶树，即混交林） | | | | | | 林区中只有一个树种（即纯林或"单一种植"） |
| 2 | 在整片森林中没有大面积的没有树的空地（体育场大小） | | | | | | 在整片森林中有很多没有树的空地（体育场大小） |
| 3 | 森林的土壤能够让水很容易地渗透 | | | | | | 森林表层土壤密度大且板结在一起，让水很难渗透 |

## 讲解、深入

◆ 特征1

在这片林区中您找到了几个树种？数量＿＿＿＿＿＿＿

请您将您的结果与第二组和第四组的结果进行比较！

◆ 特征2

请您思考一下，为何伐光林木的空地有可能是对饮用水不利的！

小建议：请您将伐光林木的空地上由于冲刷而造成的养分流失的强度与生长着树木的林地上的强度进行比较！养分会发生什么样的变化？

## 附件 6

您的任务是，调查这片森林是否能提供良好的休闲娱乐的必要条件。

请您根据表格里给出的每项特征的符合程度，用打勾（√）的方式进行评分（由"很好＝++"至"很差＝－－"）。

| 序号 | 特征（很好） | ++ | + | 0 | – | –– | 特征（很差） |
|---|---|---|---|---|---|---|---|
| 1 | 即使在不好的天气里，林中道路也易于行走 | | | | | | 林中道路只有在天气好的时候才易于行走 |
| 2 | 林区中标示出漫步道、自行车道以及停车场 | | | | | | 林区中没有标示出漫步道、自行车道以及停车场 |
| 3 | 林区中没有散乱的垃圾 | | | | | | 林区中有散乱的垃圾 |

### 讲解、深入

◆ 特征1

请您思考一下，为何有的森林道路随时易于行走，而有的森林道路只有在天气好的时候才易于行走！

◆ 特征2

请您为当地居民设计一个在森林中休闲放松的方案。这个方案要么是全新的，要么可对已有的设施进行补充。

请您在阐述时使用林区地图！

◆ 特征3

如果有垃圾的话，请将它带走！

# 附件 7

## 综合评估表

请您和小组成员一起，在下表中总结您的小组的调查结果。

请您向小组其他成员简要地解释一下您调查的内容。

| | | | ++ | + | 0 | − | −− |
|---|---|---|---|---|---|---|---|
| 1 | 森林中自然资源的状况 | 子任务 1 | | | | | |
| | | 子任务 2 | | | | | |
| | | 子任务 3 | | | | | |
| 2 | 树林的健康和活力（生命力）状况 | 子任务 1 | | | | | |
| | | 子任务 2 | | | | | |
| | | 子任务 3 | | | | | |
| | | 子任务 4 | | | | | |
| 3 | 木材的数量和质量 | 子任务 1 | | | | | |
| | | 子任务 2 | | | | | |
| | | 子任务 3 | | | | | |
| 4 | 森林里植物、动物和菌类的种群多样性 | 子任务 1 | | | | | |
| | | 子任务 2 | | | | | |
| | | 子任务 3 | | | | | |
| | | 子任务 4 | | | | | |
| 5 | 保护饮用水的必要条件 | 子任务 1 | | | | | |
| | | 子任务 2 | | | | | |
| | | 子任务 3 | | | | | |
| 6 | 休闲娱乐的必要条件 | 子任务 1 | | | | | |
| | | 子任务 2 | | | | | |
| | | 子任务 3 | | | | | |
| | | 总分 | | | | | |

您可以向森林所有者们提出哪些决定性的建议/目标/策略？

# 可持续性利用 12  森林遗产继承合作社和他们的森林

**内容** 参与者将在活动中探讨可持续性利用这个课题。在第一轮活动时选手们相互对抗，第二轮活动时选手们相互合作，之后将对两轮比赛进行比较。

| 目的 | 时限 |
| --- | --- |
| ◇参与者将体验到，竞争环境有可能妨碍到一类资源的可持续性利用，或给其制造困难。让他们学习如何确定最佳的利用程度（采伐量）并在活动中体验"可持续性"原则 | ◇大约45分钟 |
| | 材料 |
| | ◇活动规则（参见[>]附件1） |
| | ◇小株的苔藓植物（它们象征树木） |
| | ◇一些用于划分一个面积约为30厘米×30厘米的空地的小木棍（或小树枝） |
| **活动类型** | ◇标注有每位参与者所被允许的采伐量清单的小卡片（参见[>]附件2） |
| ◇安静而积极的、知识型、交流的 | **准备工作** |
| | ◇复印活动规则 |
| **参与者人数** | **室外条件** |
| ◇6～30人 | ◇同样适用于室内 |
| **参与者年龄** | |
| ◇10岁以上 | |

**可持续发展教育目标**

◆ 对待事物的方法与能力

◇我可以富有远见并关联性地思考。

这里：参与者学习利用森林最大的增长量。

◆ 个人能力

◇我能够承担自我行为的责任，并将顾及大自然和他人。

这里：参与者将认识到自私自利并不会带来最佳的个人利益。

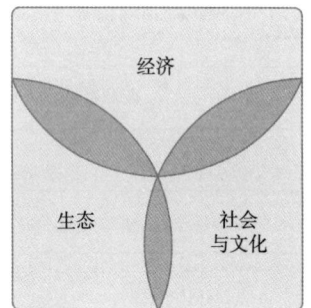

（图：经济、生态、社会与文化）

**活动流程**

◆ 请您描述活动规则，并说明第一轮的活动任务（参见[>]附件1）。

◆ 请您将参与者分组，每组3人。如果人数不能被3整除，则把多出的参与者作为观察员分入3人小组中。

◆ 各小组各自在林地上清理出一块（面积为30厘米×30厘米）空地，将其用小木棍圈出来。

◆ 每个小组得到61株苔藓植物和一张标示出允许采伐量的卡片（参见[>]附件2）。将12株苔藓植物种入被小木棍圈出的土地中，它们代表生长在这块小空地上的12棵树。

◆ 在第一轮活动中，参与者在组内相互竞赛。每个小组中收获最多棵树（苔藓）的组员将成为胜利者，也就是说，他或她收获的树木要比小组里的其他成员收获的树木都要多。

◆ 如果小组配有观察员，则让他或她来注意活动规则的遵守情况。活动结束后由他或她来向参与者描述自己所观察到的情况。

◆ 请您集合各小组，询问参与者活动进行的情况以及他们从中得到的体会。此时第一轮活动结束。

◆ 请您说明第二轮活动的任务（参见[>]附件1）。

◆ 各小组回到各自的"林地"，在小木棍圈出的空地中再种入12株苔藓植物。

◆ 第二轮活动开始，在这轮活动中，各小组的成员们将相互合作，他们要让这片林地尽可能多地出产林木（苔藓植物）。在五轮收获之后，将对收获的树木、第五轮收获后剩余的树木及小森林中新生的树木的数量进行统计。

◆ 请您重新集合所有小组，各小组汇报各自林地产出了多少棵树木，产出树木最多的那个小组赢得比赛。参与者讲述活动过程和各自的体会。

◆ 最后，请让您的参与者对比第一轮和第二轮的比赛。

---

**提 示**

■ 活动结束后正是强调可持续森林经营原则的最佳时机。或者您也可以提示参与者，合理的采伐甚至可以提升一片森林的木材产量（如最佳林地，等等）。

■ 请您指出，彼此交谈通常是会带来好处的。在第二轮活动时，所有参与者可共同商讨制订出一套相对于第一轮活动时使用的利己主义策略所不同的、将带来更好结果的策略。

---

**活动变化方案**

您可用一个方便抓取苔藓植物的盆，或用其他的容器来代替一片圈出的林地，也可以用种子、坚果或其他物品来代表树木。

## 附件 1

### 活动背景和规则

■ 第一轮活动规则

◇三兄妹从他们的父母那里共同继承了一小片森林，他们组成了一个森林遗产合作社。他们之中的每个人都被允许每年在这片共同拥有的林地里采伐树木并出售木材，谁砍伐和出售的树木越多，得到的钱也就越多。

◇为此我们将参与者分为几个3人小组，由3名组员来扮演三兄妹。如果分组时出现多出来的参与者，则将他们作为观察员分入各小组，这位观察员将确保活动的规则被遵守，并观察活动进行的情况。

◇在继承的小森林中起初生长有12棵树。在活动中，这些树木将由苔藓植物代表（请您展示一株苔藓植物）。各组分别找出一片林地，将其清理干净，并用小木棍在上面圈出一块用于树木生长的地面，将苔藓植物种植在其中。

◇接下来各小组开始（可按照小组成员生日的先后顺序开始）采伐。参与者被允许按照顺时针开始采伐苔藓植物，究竟采伐多少植物取决于小组拥有小卡片的数量。每个参与者自己决定采伐量，但是至少必须采伐一棵植物。

◇在各组成员依次收获了他们的树木后，林区中将长出一些用于新一轮收获的树木。换句话说，将会有新的苔藓植物重新生长在被收获的林地。再生树木的数量与林地上剩余树木的数量应完全相同，以便在下一轮收获中，林地上可供收获的树木的数量总是之前剩余树木数量的两倍。比如说，如果林地上剩下了5棵树，地面上就要再生出5棵树，以便在下一轮采伐中，林地上有10

棵树可供采伐。但是小森林里树木的数量绝对不可以超过20棵。也就是说，即便翻倍补充后林地上树木的数量应当是超过了20棵，实际补充后林地上树木的数量也不能超过20棵。

◇如果林地上没有树了，就意味着这片森林被采伐光了，活动也就结束了。否则就将活动进行五轮，每组的组员各自清点自己采伐树木的数量，谁收获的最多，谁就是该小组的冠军。

■  第二轮活动规则

◇活动规则和第一轮相同，但这次小组成员将互相合作。这轮活动的目的是，在5轮收获中，各小组尽可能多地出产树木，也就是说要兼顾采伐与再生。

◇为此允许所有同组成员相互交谈，共同研究出一套策略。如果该小组里有一位观察员，那么他或她当然也可以提出建议。在5轮收获结束后，将对所有收获的树木数量，连同翻倍补充后林地上剩下的树木的数量做一个统计。之后我们可以对比一下，每个小组究竟能产出多少树木。统计后产出树木总数最多的小组获胜。

■  做一个经久耐用的版本，即用一块上面有 20 个用于插放火柴棒的方板代表活动林地，用火柴棒代表树木 [ 摄影：H. 斯皮格尔（H. Spiegel）]

# 附件 2

## 材料

标示出被允许的采伐量的小卡片：请您为各小组复印卡片。因为剩余量会一直被翻倍，每一轮采伐的起始量将用偶数标记。

| 在每一轮采伐中，每位参与者至少要收获一棵树。如果林地上没有剩余的树了，活动也就结束了。 | |
| --- | --- |
| 小树林中树木的数量 | 每位参与者可收获的数量 |
| 2 棵 | 1 棵 |
| 4 棵 | 1 棵 |
| 6 棵 | 1 棵或 2 棵 |
| 8 棵 | 1 棵或 2 棵 |
| 10 棵 | 1 棵、2 棵或 3 棵 |
| 12 棵 | 1 棵、2 棵、3 棵或 4 棵 |
| 14 棵 | 1 棵、2 棵、3 棵或 4 棵 |
| 16 棵 | 1 棵、2 棵、3 棵、4 棵或 5 棵 |
| 18 棵 | 1 棵、2 棵、3 棵、4 棵、5 棵或 6 棵 |
| 20 棵 | 1 棵、2 棵、3 棵、4 棵、5 棵或 6 棵 |

## 活动流程范例

■ 范例——第一轮活动

| 收获轮数 | 开始时树的数量 | 佩特拉的收获量 | 弗兰兹的收获量 | 梅兰妮的收获量 | 剩余树的数量 |
| --- | --- | --- | --- | --- | --- |
| 1 | 12 | 4 | 3 | 2 | 3 |
| 2 | 6 | 2 | 1 | 1 | 2 |
| 3 | 4 | 1 | 1 | 1 | 1 |
| 4 | 2 | 1 | 1 | 0 | 0 |
| 总数 | | 8 | 6 | 4 | |

结果：佩特拉获胜。但这片森林只经历了4轮收获。

■ 范例——第二轮活动

| 收获轮数 | 开始时树的数量 | 佩特拉的收获量 | 弗兰兹的收获量 | 梅兰妮的收获量 | 剩余树的数量 |
| --- | --- | --- | --- | --- | --- |
| 1 | 12 | 1 | 1 | 1 | 9 |
| 2 | 18 | 2 | 2 | 2 | 12 |
| 3 | 20 | 4 | 3 | 3 | 10 |
| 4 | 20 | 3 | 3 | 4 | 10 |
| 5 | 20 | 3 | 4 | 3 | 10 |
| | 20 | | | | |
| 总数 | | 13 | 13 | 13 | |

　　结果：这个小组总共"生产"了59棵树，其中包含了采伐的树的数量，以及第五轮收获后剩余树的翻倍数量（上限为20棵）。各组成员的采伐量相对于第一轮都有提高，也就是说，甚至每个人都比第一轮时富有了。在第三轮收获时，参与者找到了采伐量的最佳数值，并在接下来的活动中保持住了这个采伐量。

　　因为森林里最多只能存在20棵树，当剩余树为10棵时，增长量的情况最佳。如果余下的树超过10棵（参见第二轮收获），增长量就会减少。活动的另一个成果是，即便是在第五轮收获之后，森林仍然保存了下来，并且是在最佳状态下被保存下来的。

# C 背景知识

　　今天，全世界的人们都在寻找资源不被浪费或不被摧毁的保护方法。1992年，在里约热内卢举行的环境与发展大会上，联合国通过了一个全球性行动计划。以《二十一世纪议程》为名，超过170个签字国纷纷表态，将在各自国家的涉及环境与经济的所有政治领域中，贯彻"可持续发展"这一指导原则。德国同样签署了这个议程。

　　"发展的权力应当在合理地满足当代以及世世代代的发展与环境需求"的前提条件下履行，这是《里约环境与发展宣言》原则中的原文第三点。从"里约"会议开始，"可持续性"这一概念越来越为广大群众所接受。林学其实早在250多年前就认识了这个概念。林学中的"可持续性"指的是人们只能砍伐与再生量数量相当的树木，也就是说，应以产量为收益，而不是以产量的物质载体为生。

　　从更深远的角度出发，就生态环境面临的挑战而言，"可持续性"构成了未来政策全方位的主导思想。与它相关联的是一个代代相传的，为人类经济、生态以及社会的健康发展所需承担的责任。

## 森林资源不可无节制的利用

　　过度利用森林资源将导致木材匮乏——寻找解决方案

　　中欧的森林已被人们利用了很久。最初主要是用于林中采集和狩猎等活动。这些对森林本身未曾造成过明显的影响。随着定居生活的开始，人们开始砍伐森林以开垦小片的耕地作为农用地，并从周围的森林中获取木材，把它当作房屋建材和燃料。随着人口的增长，人们对森林的需求也越来越高。在11世纪和12世纪，中欧的林地荒芜达到了空前绝后的规模。到14世纪前后，与今天状况差不多的农林分布情况已大致成型。

　　在被称为"木器时代"的中世纪以及新时代的前几个世纪中，人们对木材资源相当依赖，他们居住在燃烧柴火取暖的木制房屋中，他们大多数的日用品也是木制的。许多手工业和经济产业（造船业、玻璃制造业、金属加工业）是基于木材利用之上发展起来的。

　　日益增长的木材需求只能通过对周围森林的利用，也就是通过对一个有限资源系统的利用得以满足。而从殖民地获取备用的木材补给在19世纪才成为可能；1864年开始，德国才变为了一个木材进口国。此外，许多地方也将森林当作是畜牧业的牧地在使用着，大面积而又无节制的森林利用导致了森林的过度利用和损毁。正如18世纪末19世纪初所能看到的景象，最终呈现在人们面前的是被掠夺殆尽的森林资源。森林资源曾经匮乏到何等地步，从巴伐利亚州颁布的禁令中便可见到：例如，1690年"五朔节花柱"的搭建被禁止；又如，1732年的"至日篝火"禁止令。

　　早在中世纪就流传着应当阻止掠夺森林资源的诸多训诫。当时虽然已有珍惜森林资源的意愿，但是由于缺乏必要的知识和监控，这个目标未能实现。

### "可持续性"原则

　　多方位的思考、实践的经验以及自上而下的章程，都致力于探索实现持续保障木材供给这个任务的可能性。

　　拥有许多旅游经验的山区长官和领主汉斯·卡尔·冯·卡罗维茨（Hans Carl von Carlowitz），在1713年根据自己的经验首次起草了一个"可持续性"方案。100年后，林业学家乔治·路德维希·哈蒂格（Georg Ludwig Hartig）用下述文字总结了这个方案："国家每年从森林获取木材的量，既不能高于，也不能低于一个永久持续性的良好经营所被允许的量。"可持续性经营将维持我们这一代与我们后代的需求之间的合理的平衡，正如我们今天所说的，这一概念是一个世世代代的契约。可持续性原则既已产生，接下来要考虑的就是应当如何将其贯彻。

## 贯彻可持续性利用

### 利用限制

贯彻可持续性利用的基础首先是对森林实际生产量的正确认识。于是，人们开始调查并收集树木成长及林木数量方面的数据。1732年，林务官约翰·格奥尔·冯·朗根（Johann Georg von Langen）首次为其管理的森林［布朗肯堡森林（Blankenburger Forsten）］绘制了一张森林地图。这张地图包含了土壤质量、林地面积、林分年龄以及产量评估和增长量评估报告方面的图表。这张地图带来的突破性创新在于，人们首次没有仅仅以木材需求，而是以整个森林的状况以及这片森林可预见的发展作为了思考的出发点。

消极的一方面是，木材的消耗量不能超过它的增长量；积极的一方面是，木材的消耗量应与产量持平。这对森林所有者就意味着：

■ 利用限制和监控 木材的消耗量不能高于木材的增长量，这首先意味着一个明确的利用限制。此外，必须对紧缺的木材利用进行精确地监控和优化。

■ 木材增长质与量的改善 木材的储备量必须被提高。例如，通过持续栽种合适的树种，通过保护林区免受灾害，以及通过设定长期的轮伐期来确保能够收获高品质的木材。

### 让受过专业培训的林业员规划和监控木材利用

为了能对木材的可持续性利用进行规划和监督，需要由受过良好专业培训的并拥有相应指导权限的林业人员来经营森林。林业员这一需要资格认证的职业应势而生。

可持续性利用的要求对森林所有者和社会意味着，为森林未来的健康投资的同时，严格资源利用限制。而这一艰巨的要求是否能被成功贯彻，主要取决于两个因素。

■ 可持续性概念被社会所接受

对必要性以及机遇的洞察力，以今日之放弃来确保后代之未来，这作为根本思想已远远凌驾于对可持续性原则的纯技术式地贯彻，可持续性观念的哲学成分由此变得清晰。这些也反映在时代精神巨子歌德（Goethe）和席勒（Schiller）在林业学建立初期对其目标和认知的思索之中。歌德在1832年写给著名林业学家海因里希·科塔（Heinrich Cotta）之子的信中提到："请您代我向您的父亲（海因里希·科塔）致以崇高的问候。我非常想借此机会告诉他，对于他从前为植物生长所做出的努力，我是多么的感谢。"

歌德也十分地尊重卡尔·克里斯托夫·冯·朗根费尔德（Carl Christoph von Langenfeld）这位林务官，朗根费尔德曾在1763年提交了一份关于魏玛森林（Weimarer Forsten）的专业鉴定书。朗根费尔德的女婿席勒也曾十分积极地评论过林业人员的作用："你们是伟大的，你们默默无闻地、不求回报地发挥着自己的作用，解放利己主义的枷锁，你们无声的勤奋将继续影响后世并为其留下一份丰厚的遗产。"与魏玛古典主义文学的这一联系，无疑为之后可持续性原则被社会普遍接受做出了诸多贡献。

■ 森林管理：规范化森林经济的诞生

单纯地从森林中获取木材已被人们实践了好几百年。实践这个行为并不需要详尽的知识，手中有一把斧头或一个锯就足够了。但是为了贯彻要求严格的可持续性观念，除了来自社会的支持之外，还需培训专业人员。这便是林业科学以及林务局诞生的时刻。

在大学［1816年，塔朗特国家林学院（Forstakademie Tharadt）成立］里，学生们学习和研究森林科学的基础知识。为了能在实践中培训林业人员，在全国范围内成立了多所森林学校［1803年，魏恩施蒂梵（Weihenstephan）森林学校成立］。人们为较大的州林、教会森林以及私有林设立了几所林务局（1752年，巴伐利亚州的选帝候林务局成立）。对于计划性森林经营具有决定性的一步是，对林业员这个职业的重新定位。

规范化的木材利用现在可以通过经过专业培训后拥有相关森林保护权限的林业人员得以实现。具有划时代意义的是，林业人员不再按木材销售额的比例获得报酬，而是拥有了按月支付的工资。

## 可持续性观念的实践

### 森林状况记录以及专业的林中行为

林业工作者们除了要以增长量的额度来限制木材利用之外，还必须优先考虑森林资源利用的可能性，也就是说，他们的工作还包括提高曾被伐荒了的森林的储木量和林木增长量。

■　按步骤来说，林业人员首先要对森林进行描述。这个描述的重点是确定森林的不足，譬如，稀疏的林木分布、诸多林中空地、缺乏幼林、缺乏高龄而粗壮的树木以及许多树干歪曲的、形状不佳的树木等。

■　接着，林业人员要确定对发生灾害的病虫林分进行整治的相应措施，譬如，

◇将森林划分为利用林和保护林，也就是说，要为保护幼林的生长暂时圈出一块禁伐地；减少畜牧用的林地；

◇栽培和种植新的树木（设置苗圃），改善木材利用方式（将树干作为建筑木料使用，而不是用于炭化和燃烧），改善原木的对外运输（修设林间作业道），监督木材采伐（林木采伐必须在林业人员的监督下进行）；

◇按照由供求关系调控的市场价格销售林木。

接下来，林业人员应研发新的技术和设备以提高木材收益，譬如，进行早期疏伐并用锯子代替长柄斧；通过在疏伐过程中砍伐掉干形不良木，将林木增长量主要集中在保留下来的优良木的生长之中，并以此更快地得到笔直粗壮的树干。

### 森林可持续性模式的发展

可持续性的木材生产模式是通过观察，并从实地收集的经验中发展而来的，例如，普伦特森林模式（Plenterwald modell）就是在瑞士由当地的农夫基于几百年来的传统，又或多或少地通过直觉发展出来的，它在各方面均符合可持续性标准，事后才通过苏黎世联邦理工学院（ETH Zürich）的审核被科学证明。

■　普伦特森林模式

另一个可持续经营森林的方法是营建龄级。这是一个可运用在大面积林地上的简单模式。通过这个方法，森林将被划分为面积相同但是树龄不同的小块林区。划分林区的数量，是由一个普通的可收获的树干成长到目标直径所必需的年份来决定的。就一个需要成长到100岁的云杉林而言，人们需要划分100个林区，这样每年都可以收获一片林区。在采伐完毕后，必须在伐光树木的林地上马上栽种一批新的树苗。利用这个模式，人们可以可持续地利用定量的成熟木材。

■ 龄级林

当今的森林大多数是按照近自然的林业原则进行经营管理的。近自然森林经营原则的内容主要包括，避免伐荒地的产生，合理分配本地树种在林区中的比例，自然更新法的运用，以及对"森林优先于野生动物"这一原则的考量。借助于利用统计学原理所进行的样本调查（例如，在德国巴伐利亚州的州林中，每10年都要进行一次森林资源清查），人们可以定期掌握各个森林的蓄积量。在森林资源清查的基础上，制订出一套森林经营方案，这套方案将决定，有多少木材可以在下一个10年中可持续地被采伐。

在巴伐利亚州，相对于1800万立方米的年增长量，一片森林的平均采伐量大约为每年1200万立方米。1997～2007年间巴伐利亚州的州林，在年增长量大约为610万立方米的情况下，其采伐量为平均每年500万立方米。1971～2007年，州林的蓄积量由每公顷238立方米提升到了每公顷283立方米；相对于1970年，云杉强木（树干直径超过48厘米）的数量翻了1.6倍，山毛榉强木（树干直径超过60厘米）的数量翻了2.3倍。

人们由此可以放心地采伐利用当地木材。当地林业甚至还积极推动了混交林营造的进程。巴伐利亚州的州林中，阔叶树的份额在过去的25年间（以2007年为基准）从原来的24%增加到31%；第一龄级的份额由原来的25%增加到53%，并由此达到了百年来的制高点。

在其他联邦州以及私有和集体林中也有类似的趋势。时至今日，德国的森林不仅拥有更多数量的木材，还拥有更好品质的木材。在过去的几十年中，混交林的数量明显上升，森林的构成变得多元化，阔叶树的份额更是达到了百年来的顶峰！

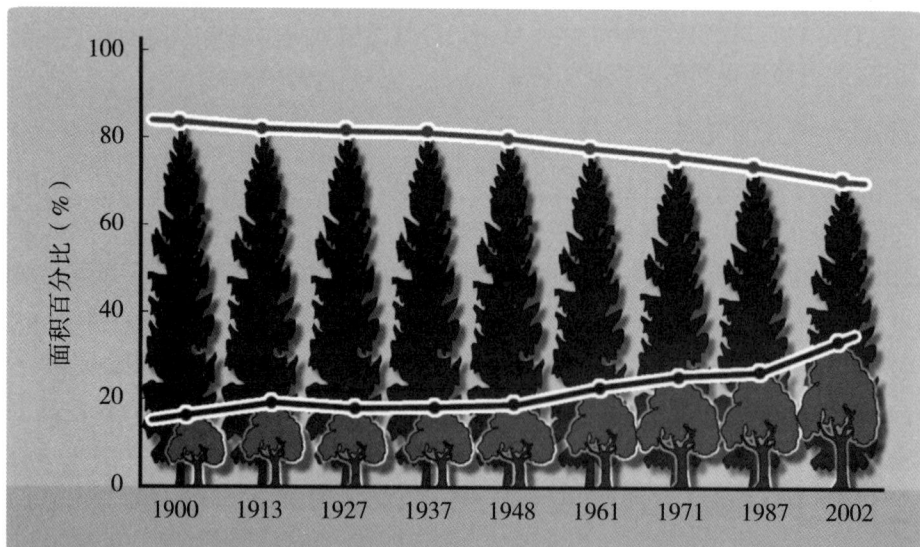

■ 在巴伐利亚州的州林中针叶林和阔叶林比例的变化的发展（来源：《巴伐利亚州的州林》，见《2008年年志》）。

通过下列提示可清楚地说明巴伐利亚州州林的多样性的增强。

■ 树种多样性：除自然扩充外，云杉纯林的面积减至170000公顷，并仍有明显下降的趋势。如今，全部森林的大约3/4已成为了混交林。

■ 结构多样性：在各林分中，树干直径的差距持续扩大。

■ 死木比重：死木已由罕见物种成为了德国森林的普通组成部分。今天，在巴伐利亚州的州林中，或立或躺，每公顷都有树干直径超过20厘米、平均材积为6.4立方米的死木。

■ 保护区的指定：巴伐利亚州州林面积中的7.6%（包括国家自然保护区里的木材林地）不能用于经济利用。大面积的林地被指定了特殊的自然保护任务。

| 巴伐利亚州州林中的保护区 | | | |
|---|---|---|---|
| 类型 | 州林中的数量（个） | 州林面积（公顷） | 注释 |
| 自然保护区 | | 69085 | 巴伐利亚州总共：156703 公顷 |
| 自然公园① | 16（总数为 17） | 大约 300000 | 巴伐利亚州总共：2282375 公顷 |
| 风景保护区 | | 270928 | 巴伐利亚州总共：2063164 公顷 |
| 自然森林保留区 | 152 | 6116 | 巴伐利亚州总共：6626 公顷<br>其中：只有两个保留区位于市立森林中 |
| 欧盟 Natura 2000– 特殊保护区②<br>动植物栖息地地区域<br>鸟类保护区 | | 231713<br>185469<br>167696 | 巴伐利亚州总共：796759 公顷<br>644956 公顷<br>544248 公顷 |
| 生物圈保留区 | 2 | 贝希特斯加登<br>（巴伐利亚州州林面积12500）<br>勒恩山脉<br>（巴伐利亚州州林面积13796） | 巴伐利亚州总共：46734 公顷<br>总共 72802 公顷<br>核心区域 383 公顷 |
| 保护区总面积③ | | 233886 | |

注：① 2006 年 12 月，上普法尔茨州（Oberpfälzer）的赫尔什森林公园 (Hirschwald) 宣布成为巴伐利亚州的第 17 个自然公园。州林面积占该公园总面积的将近 20%，并位于其中心地带。②不算国立自然保护区。③保护区总面积由自然保护区、自然森林保留区以及欧盟 Natura 2000– 特殊保护区构成，各区域之间无重叠地带。

■ 玛土撒拉树（玛土撒拉，天主教称为默突舍拉，是旧约中一位最长寿的老人，据说他在世上活了969年。他的长寿使其名字成为了不少古老东西的代名词）：根据巴伐利亚州州林的自然保护计划，那些特别老的树（"玛土撒拉树"）原则上将不再被利用。橡树、冷杉和云杉的胸径如超过100厘米，便可被视为"玛土撒拉树"。其他的所有树种以胸径超过80厘米为界限。根据森林管理数据库的数据，在巴伐利亚州的州林中，目前大约有57000棵树的胸径不低于80或100厘米。

### 全面的可持续性

最初的可持续性模式仅限于可持续的木材生产。现代的可持续性概念的范围更加广泛：它必须持续保障森林的全部功效。也就是说，不仅要保障经济可持续性，也要保障生态及社会领域方面的可持续性。

社会对森林的要求在不断增长和变化着，森林所有者们因此而渐渐拥有了新的任务。森林经济自发自愿地执行着这些任务：维护和支持森林的保护以及休闲功能。

如今，一个现代的林业企业不仅要能最大限度地供应高品质的木材，同时还要顾及典型的森林动植物物种的生存权利，以维护森林的生物种群多样性。除此之外，森林企业还要保障饮用水的质量，保护土地不被侵蚀，改善人口密集地的地方气候，除了为学生们提供一个直观生动的培训基地，还要为寻找休闲娱乐的人们提供一片休息放松之地。

除了供应作为可再生的建筑材料和能源载体的木材之外，为遏制全球气候的变暖，林业同时为抑制二氧化碳在大气中的增加做出了重要贡献。此外，森林还保障了大量的工作岗位，除了森林工人、林业人员、生物学家和森林教育工作者外，木材产业保障了德国加工业〔譬如：锯木厂、木工业和细木工场（家具作坊）〕中重要的、地方性的工作岗位。在德国大约有100万个工作岗位（主要是在乡村地区）是和木材市场有关的。以木材为基础的工业部门——木材加工产业链（Cluster-Holz）的营业额，以1000亿欧元业绩，一直占据着国民生产总值的近3%。

## 总结

由于人口的持续上升以及对木材这个万用原料大规模的持续需求，中欧地区在300年前深受木材匮乏之苦。因为当时的人们还不能通过进口他国木材满足内需，就必须在本国找到克服木材匮乏的解决之道。可持续性理念应运而生。

为了能持续利用木材的增长，"新一代"林业人员们一方面通过限制林木采伐，另一方面用提升森林的生产力的方法，首先再创了产量稳定的森林。因此而为充足的木材供给提供了长久的保障。在过去的250年间，人们一直在研究森林生态系统的原理，研发新的技术，并培训可以应用这些技术的专业人员。

今天，人们已经认识到地球是一个整体的、有限的系统，并寻求着能将有限资源可持续性利用的可能性。1992年在里约热内卢举行的联合国环境与发展大会为这一共同意愿奠定了基础，会议通过的《二十一世纪议程——可持续发展的行动大纲》是一个事关我们地球生存基本条件的可持续发展的行动计划。环境教育在今天越来越多地被理解为传授可持续性发展知识的举动（"可持续性发展教育"）。人们将在学习过程中锻炼未来能力和行为能力。

森林的可持续性利用200年来一直是用于说明如何可持续性利用地球资源系统的有效范例。"可持续森林经营"模式特别适用于教学工作，以林业为例可向人们展示可持续性理念是成功并有效的。

从林业中发展出的可持续性原则已经成为了社会主导思想。请您利用这个机会，展示其成果并将这一原则作为积极的未来纲领加以演示。

# 第五节 森林
## ——生命空间

森林不仅仅是树木的总和。

豪斯特·斯坦恩（Horst Stern）

A 简明信息
B 活动
C 背景知识

# A 简明信息

森林层次越多、结构越复杂，那么其中的生物物种就越丰富多样。在森林中居住的生物群体的状况取决于森林林分的树木结构、密度和林龄。没有动物的森林是不可想象的。然而，当我们穿越森林时，却往往看不到动物。尽管我们不能亲眼看见它们，但是却能经常听到它们发出的声音。跟随我们一起来参加主题为"森林生命"之旅的活动吧！在活动中您不但可以观察动物，而且还常常有一种见到森林动物的期望。

## 活动概览

以下3项活动给参与者提供了一个很好的介绍。

■ 森林——生命空间 1 动物谜语

参与者将在娱乐中学习动物种类，并了解其属性。

■ 森林——生命空间 3 隐藏—发现

参与者必须仔细观察，以便发现隐藏在森林中的东西。

■ 森林——生命空间 14 记忆游戏

参与者必须仔细观察并训练记忆。

"森林—生命空间"中的动物是在森林引导过程中参与者最感兴趣的课题。

■ 森林——生命空间 2 "动物踪迹"

森林中的动物丰富度通常可以根据它们的踪迹间接确定。参与者常常惊讶于它们的多样性。

■ 森林——生命空间 5 "偷袭猎物"

参与者使用偷袭狩猎战略。

■ 森林——生命空间 6 "蝙蝠与夜蛾"

人们很难亲眼目睹一种动物的特殊性——蝙蝠的超声波跟踪系统，参与者将印象深刻地亲身体会并就其原理进行解释。

■ 森林——生命空间 7 "冬天里的小松鼠"

又是一个同样令人喜欢的活动，参与者在此过程中可以得知松鼠是如何为了越冬而储藏并寻找其食物的。

■ 森林——生命空间 8 "鸟语欣赏"

春天，在识别鸟类的活动中，参与者肯定能够寻找到鸟类最清晰、最好听的鸣叫。此时除了倾听鸟儿歌唱外，也可以观察其他森林动物有趣的活动。

■ 森林——生命空间 15 "伪装，警示和蒙蔽"

参与者了解到动物适应其生存空间的卓越能力。

■ 森林——生命空间 16 "设计并寻找想象的动物"

参与者发明、制作和隐藏经过伪装的动物。

■ 森林——生命空间 17 "与森林精灵和树仙为伴"

在树林里不仅仅可以搜寻"真正的"生物。如果你有足够的智慧和超强的想象能力，那么你就可以发现神秘"森林居民"留下的蛛丝马迹。

■ 森林——生命空间 18 "小树，我摇动你！"

参与者发现在阔叶树的绿色树枝上生活着许多昆虫。

■ 森林——生命空间 19 "啄木鸟巢穴调查分布图"

参与者从这次活动中将了解到：什么啄木鸟生活在什么样的洞里？谁是后来闲置"房"的承租者？

---

森林是展示生物群落之间相互交织联系以及能量流动的绝好范例。当然，森林中的死亡树木这一主题就在这里起着重要的作用。

■ 森林——生命空间 4 "万物互相依赖"

通过各种动物之间的多方面的交织联系，参与者可以非常好地发现和体验这种联网关系。

■ 森林——生命空间 9 "能量流—运行体验"

参与者将深刻地、形象生动地表现出太阳能量是如何在食物链的各个环节中从每个成员向终端消费者（如人类）流动并逐渐消失的。

■ 森林——生命空间 10 "死了的橡树还活着"

参与者了解到，不同的生命形式与一棵死了的橡树之间仍然有着某些联系。

■ 森林——生命空间 11 "失去生命的树木"

参与者将身临其境地感受在失去生命的树表及树中生活着的所有生命体。参与者们将说出他们有何感想，以及希望做些什么。

---

在以下5个活动中要特别关注植物和真菌。

■ 森林——生命空间 12 "森林中生长着什么？"

参与者首先要制作一份简易的植被分布图，然后针对结果进行讨论。

■ 森林——生命空间 20 "真菌，你吃什么呢？"

　　参与者将充满兴趣地了解到蘑菇是怎么吃东西的。

■ 森林——生命空间 21 "我的蘑菇"

　　参与者将学习到，如何通过描述以及绘画的方法，借助于不同的识别特征，来了解多种多样的蘑菇。

■ 森林——生命空间 22 "孢子图像"

　　参与者会发现，在蘑菇的"孢子现形"中会形成梦幻般的图像。

■ 森林——生命空间 23 "种子和果实传播"

　　参与者了解不同植物种子和果实传播的方式。

---

　　您是否在寻找一个有趣的结论呢？那么，我们向您推荐这方面的知识测试，您还可以将这些测试用于评估。

■ 森林——生命空间 13 "猫头鹰和乌鸦"

　　参与者积极参与一个令人兴奋的竞赛测试，在这里您还可以检查以前学过的东西。

# B 活 动

## 森林——生命空间 1　动物谜语

**内容**　参与者抽象地介绍一种动物，并让其他人猜。

| | |
|---|---|
| **目的**<br>◇让参与者互相认识，相互了解 | **时限**<br>◇大约10分钟 |
| **活动类型**<br>◇安静型、知识型 | **材料**<br>◇动物图片，比如啄木鸟① |
| **参与者人数**<br>◇最多30人 | **准备工作**<br>◇— |
| **参与者年龄**<br>◇13岁以下 | **室外条件**<br>◇取决于天气，室内亦可 |

**活动流程**

◆ 用以下话语开始您的森林教育引导：
"跟我来吧，我邀请你们到充满惊喜的森林中旅行。我们将要游乐，探索并施展魔力……我将用一个谜开始"。

◆ 您现在变成了一种动物的角色，如啄木鸟，并讲述关于啄木鸟自己的各种有趣的事情：
"仔细听吧。你们猜猜我是谁，把手指在它的（动物图片）鼻子上，但仍保持绝对安静。最后，我们一起大声说出是什么动物。如果你们大家都知道，在路上我们要多次遇见它们，那么我们现在就可以开始了……
◇从人类的角度来看，我每天都在发高烧，我的温度为40℃。
◇我的脚有两个前趾，两个后趾。
◇我的飞行轨迹看起来像一个波浪线。
◇当我去捕捉食物时，我僵硬的尾羽又可对我的捕食行为起到支持作用。
◇我主要吃在活着的树木上生存的甲虫，但是也吃蚂蚁。
◇我安居在我自己在树干上建造的小树洞中。
◇我的大尖喙作为我的锐利凿子。"

◆ 参与者共同宣布答案之后，然后啄木鸟大声说：
"好！我是啄木鸟。在这张图片上，你可以看到我在现实中看起来是什么样子的。"

◆ 现在与小组讨论森林中啄木鸟的特点及其踪迹。

◆ 请给参与者展示从啄木鸟的角度来看森林②。

---

① 译注：正如在第五章"开始—激发兴趣—结束"中已经描述的那样，应多准备明信片。

② 译注：这里是针对啄木鸟的描述，应当针对当地至少15~20种已知动物进行说明，长此以往，就能形成一种惯例，森林教育工作者就会慢慢建成属于他们自己的动物档案。

**活动变化方案**

◆ 您可以这样有趣地描述许多其他动物并猜测。参见[>]参考文献。

◆ 参与者们自己也可以创造性地描述一种动物，让其他在场的参与者猜测。

---

**提 示**

■ 此活动不适合年龄较大的青少年。

■ 这项活动不仅可以作为入门，而且您可以经常在其他任何阶段使用，以便帮助解释动物或植物。

---

**参考文献**

康奈尔 J. B. 与康奈尔一起体验大自然. 米尔海姆: 鲁尔河畔出版社, 2006.

**Literaturhinweise**

Cornell, J. B.; Mit Cornell die Natur erleben. Verlag an der Ruhr, Mülheim 2006.

# 森林——生命空间 2　动物踪迹

**内容** 参与者在森林中寻找"动物踪迹"，并掌握动物"生态足迹"。

| 目的 | 时限 |
| --- | --- |
| ◇让参与者加强对动物，尤其是对人类自身改变生存环境所留下的足迹的切身感受 | ◇最多45分钟 |
| **活动类型** | **材料** |
| ◇安静型、调研型、知识型 | ◇见附件1 |
| **参与者人数** | ◇把典型材料摆放在适当的地方，且提前在即将开展活动的森林中选出2块地方，然后把参与者分成2个小组 |
| ◇最多15人 | ◇复印附件材料 |
| **参与者年龄** | **室外条件** |
| ◇4岁以上 | ◇不太潮湿 |
| ◇10岁以上适合参见[>]活动深入的可能性 | |

**可持续发展教育目标**

◆ 对待事物的方法与能力

◇我在知识获取方法方面是经过训练的，如思考、联想、试验、研究、提问，等等。

这里：您的参与者能够从森林动物信息中直接来追寻人类的生态足迹。

◆ 社会能力

◇我可以与他人一起制订计划并处理问题。

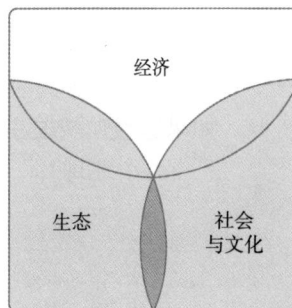

这里：您的参与者将会讨论如何减少人类生态足迹的可能性。

◆ 个人能力

◇我自己坚持以"以人为本"的价值观和理想为指导。

这里：您的参与者将会积极主动地减少他们自己的生态足迹。

## 活动流程

◆ 请您要求小组沿着事先"准备"好的一段路程前行，应该尽可能多地注意动物活动的剩余物和这些动物的痕迹，如有可能，收集并携带。在一个合适的地方与参与者共同谈论所发现的有关迹象，并要求他们借助于识别书籍来识别这些动物。

◆ 然后，您就要从动物足迹向人类的足迹过渡：再在森林步道上找一处是黏土的、潮湿的地方，踩上一脚，留下您的足迹并询问参与者，这是否是人类在森林和环境中普遍留下的全部。

## 活动变化方案

与参与者共同在一个限定的区域寻找动物踪迹[①]。

## 提示

■ 参与者应该认识到动物的足迹不仅指其踩踏的痕迹，而且还包括所有其他形式，如取食痕迹、粪便、动物器官和住所。

■ 请您选择路线时，尽量选择已经发现存在许多天然痕迹的地方。这样，就不需要您再去太多地放置。

■ 在确定动物踪迹时，您应该尽可能地保持沉默，并把自己局限在回答问题上。此外，您应抓住机会解释一些在收集痕迹时不容易注意到的特点。

■ 欲了解更多有关生态足迹的信息，您可以登陆以下网址：

◇www.latschlatsch.de

◇www.footprint.ch/

◇www.gjgt.de/fussabdruck/

■ 有关"生态足迹"的讨论[>]参见活动深入的可能性，您只能对10岁以上的参与者进行更进一步的引导。

## 活动深入的可能性

◆ 如果没有对"生态足迹"概念的讨论，那么把这个问题先留下。先把"生态足迹"的目光集中在不同的国家，了解一下他们的大概情况（见下面表格）。请您计算指出的例子，预留足够的时间做进一步的讨论，鼓励您自己并激励他人。

◆ 如果您想强烈关注"生态足迹"这一主题，那么请进一步阅读：[>]森林与社会 20 "我们只有一个地球！"，[>]森林与社会 21 "箴言挂展"。

---

① 译注：建立一个"动物踪迹"（觅食痕迹、鸟巢、鸟羽等）库，一式多份，以便在活动中使用。如果不熟悉"生态足迹"这种表达，也可以用"生态背包"、"生态指纹"或者国内常用的日常生活资源消耗的术语。

欧洲环境局就"生态足迹"主题公布了以下数据：

| 2003 年数据 | 居民（百万） | 生态足迹总量（全球：公顷 / 每人） | 生物承载力（全球：公顷 / 每人） | 生态赤字(－) 或储备（＋）（全球：公顷 / 每人） |
|---|---|---|---|---|
| 世界 | 6301.5 | 2.2 | 1.8 | −0.5 |
| 高收入国家 | 955.6 | 6.4 | 3.3 | −3.1 |
| 中等收入国家 | 3011.7 | 1.9 | 2.1 | 0.2 |
| 低收入国家 | 2303.1 | 0.8 | 0.7 | −0.1 |

全球人均需求面积约为2.2公顷/每人。目前，只有约1.8公顷/每人的数量可用，因此，这意味着到2003年，就已经有23%的赤字[①]。

## 附件1

可能发现的动物踪迹，其中有些是自然存在的，也可以由您特意放置好：
◆ 一块被松鼠新咬伤的枝条组成的"绿色地毯"；
◆ 带有黑色啄木鸟啄痕的树木；
◆ 带有大斑啄木鸟啄痕的枯立木（即死木的重要性）；
◆ 当地不同种类鸟的羽毛；
◆ 老鼠啃食过的云杉果实；
◆ 红交嘴雀（*Loxia curvirostra*）啄食过的云杉果实；
◆ 由松鼠啃食过的云杉果实；
◆ 带有大斑啄木鸟啄痕的云杉果实；
◆ 森林里的动物骨骼，如鹿头骨；
◆ 狍子和马鹿脱落下来的头角；
◆ 兔子、鹿和马鹿的粪便；
◆ 被森林动物啃食过的树木；
◆ 带有甲虫食用痕迹的树皮；
◆ 大斑啄木鸟的巢穴（对在巢穴中抚育后代的动物很重要）；
◆ 弓背蚁（*Camponotus herculeanus*）在树上建筑的半开放式蚁穴；
◆ 各种猫头鹰的残食和羽毛。

---

① 译注：生态足迹表需要实时更新。可以在互联网上找到更多最新的数据。使用的数据应当是在中国很常见的。

## 附件 2

森林动物在雪地以及在森林土地上的足迹

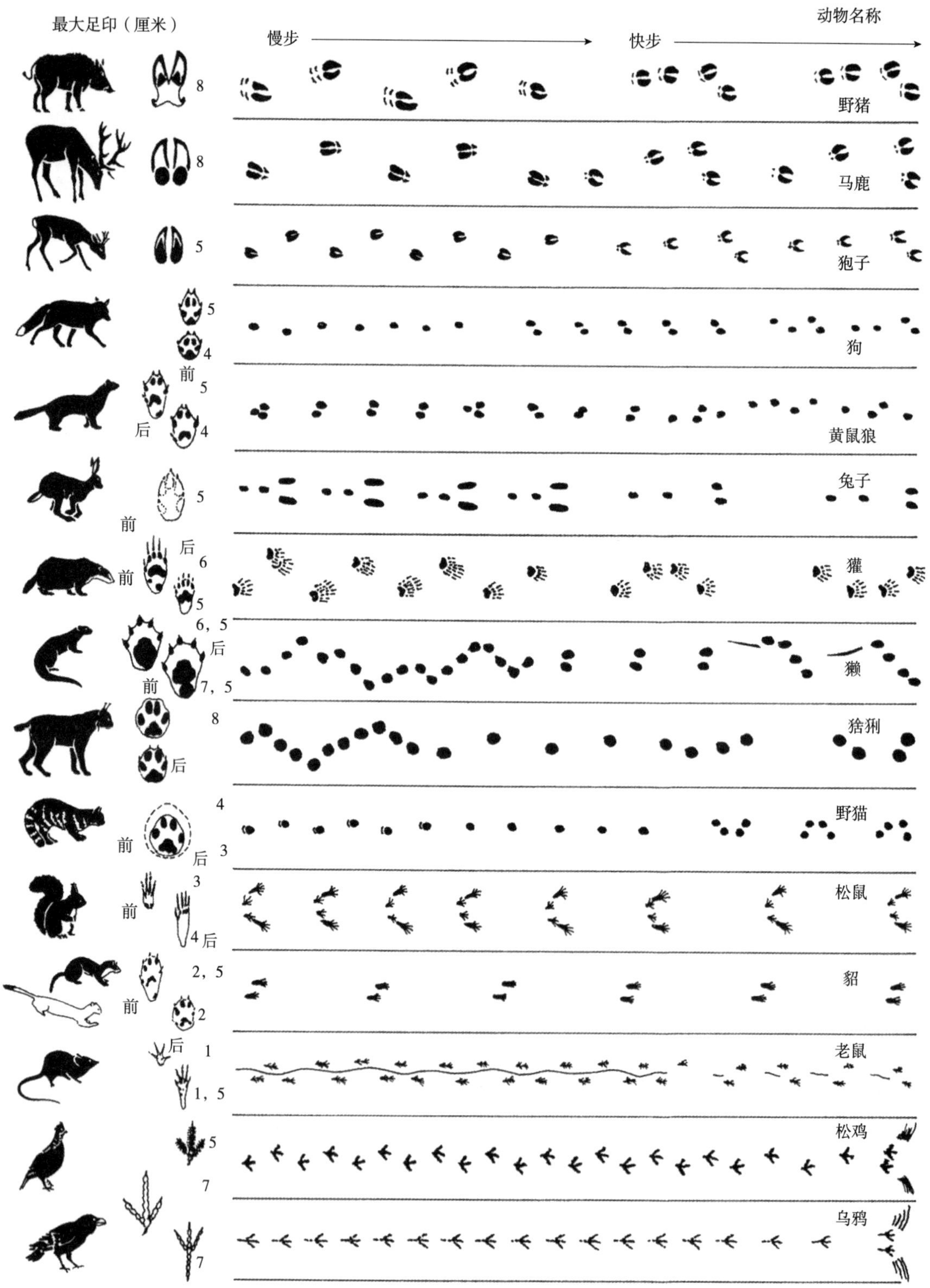

| 最大足印（厘米） | 慢步 ——→ | 快步 | 动物名称 ——→ |
|---|---|---|---|

野猪

马鹿

狍子

狗

黄鼠狼

兔子

獾

獭

猞猁

野猫

松鼠

貂

老鼠

松鸡

乌鸦

## 附件 2

### 取食痕迹

森林植物根系以及死亡动物上的觅食痕迹，说明了森林中生存的动物种类。

◆　在根系区

生存在地下的剪切鼠和地老鼠啃食森林植物的根系。与此相对应的地面上方是田野野兔，及不同的鼠类和海狸啃食树木及灌木的树皮。

◆　在树干区

赤鹿剥落森林中高2米以下的树皮。在树皮下面生活着甲虫并啃食出甲虫通道。长角甲虫和木蜂居住在树干中。堤岸田鼠（*Myodes glareolus*）啃食大小树枝的树皮，并且通常从树枝分叉处开始。松鼠、树鼩（*Tupaia belangeri*）以及啄木鸟的劈啄和环咬痕可以在整个树木上被发现。

◆　在果实上

在森林树木和灌木果实上留下的取食痕迹特征往往可以显示出谁是"罪魁祸首"。有些鸟类，如乌鸫（*Turdus merula*），只对新鲜的果肉有兴趣，而其他的鸟类，如锡嘴雀（*Cocothraustes coccothaustes*），只对果核感兴趣。稍加练习之后，便可以根据在果实外壳上留下的痕迹，例如，通过榛子和橡子上的痕迹，判断"作案者"。松鼠、黑线姬鼠（*Apodemus agrarius*）和堤岸田鼠（*Myodes glareolus*）啃食果实壳，而啄木鸟和松鸦则是用它们强有力的喙定向"轰炸"某一部位。

根据对针叶树木果实取食的痕迹也同样是能够判别出"肇事者"的。啄木鸟和松鼠可以从树上正规地采摘果实，而红交嘴雀（*Loxia curvirostra*）则是吃悬挂着的果实。

◆　在树叶和树枝上

昆虫，如夜蛾、粉蚧、瘿蚊、瘿蜂和虫瘿，以树叶和树枝为食。在冬季，狍和鹿以幼树和灌木的嫩芽为食。

◆　被撕裂的动物

◇当一种动物被其他动物吃掉后，会留下典型剩余物，这将因动物的不同而变化，如苍鹰、游隼、狐狸或是貂吃掉的动物，留下的剩余物也不同。

◇白天活跃的鹰科鸟类（*Accipitridae*），如猎鹰或老鹰，和夜行性捕猎鸟类，如猫头鹰，可以通过残食颗粒的不同来区别。例如，残食颗粒坚硬，有未消化的食物成分，就是白天活动的猛禽所为。

◇蚂蚁巢穴也会被其他动物洗劫一空，如绿啄木鸟、狐狸、獾和野猪在它们寻找食物时会把蚁穴拱个底朝天。

在树干上和根系范围的取食痕迹

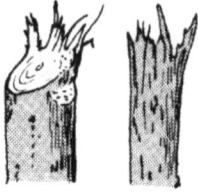

狍和鹿

堤岸田鼠

树蜂科（蜂箱门）

欧洲野兔

小蠹虫

啮齿类动物如野兔、家兔、老鼠
（树皮上双门牙的啃食痕迹清晰可见）

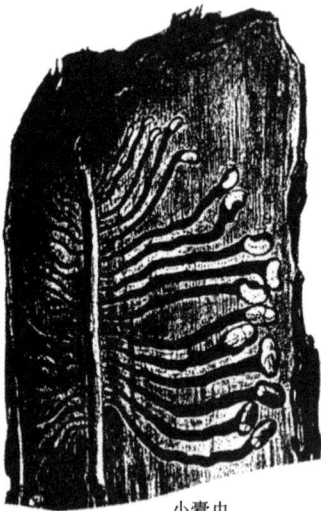

小蠹虫

黑田鼠

## 在果实上的取食痕迹

在云杉果实上

松鼠

老鼠

红交嘴雀

啄木鸟

在榛子果实上

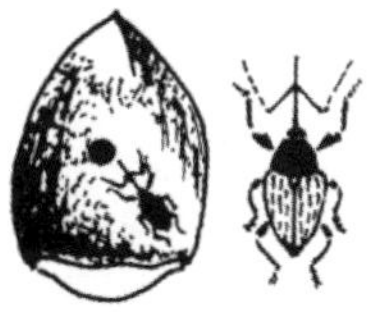

象甲

森林鼠

堤岸田鼠

松鼠

啄木鸟

松鹂

在树叶和树枝上的取食痕迹

夜蛾

山毛榉大树叶瘿蚊

榛树树叶瘿蜂

红交嘴雀

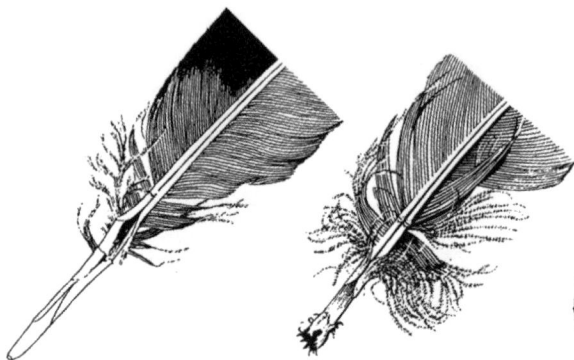

苍鹰及其他鸟类的羽毛

白天活动的鹰类的残食（无骨头）

猎鹰的残食

大蚂蚁堆上的取食痕迹

绿啄木鸟

獾/野猪

松鸡

# 森林——生命空间 3　隐藏—发现

**内容**　参与者在树林中寻找隐藏的物品。

| | |
|---|---|
| **目的** | **时限** |
| ◇参与者将集中精力，认真地训练眼力 | ◇30分钟 |
| **活动类型** | **材料** |
| ◇安静型、感受型 | ◇选择10～12件人工和自然的物品，如铅笔、衣夹、树枝、果实、土豆和树叶 |
| **参与者人数** | **准备工作** |
| ◇最多20人 | ◇寻找合适的地点 |
| **参与者年龄** | ◇把材料放好 |
| ◇4岁以上 | **室外条件** |
| ◇10岁以上适合[>]活动深入的可能性 | ◇— |

**可持续发展教育目标**

◆　对待事物的方法与能力

◇我在知识获取方法方面是经过训练的，如思考、联想、试验、研究、提问，等等。

这里：您的参与者将讨论人类对自然环境影响的后果。

◆　社会能力

◇我可以与他人一起制订计划并处理问题。

这里：您的参与者将讨论如何减少人类对自然环境的负面影响。

◆　个人能力

◇我自己坚持以"以人为本"的价值观和理想为指导。

这里：您的参与者将积极主动地减少自己对自然环境的负面影响。

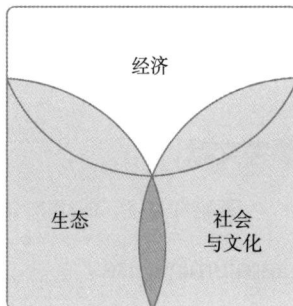

经济

生态　社会与文化

**活动流程**

◆　活动开始前，在沿着道路约20米长的地方分散放置东西，而且事先不要让参与小组看见。有些东西应该是很容易看清楚的，而另一些东西则融入到其周围的环境中，不容易被辨认。您还可以摆放出一些与要寻的物品周围环境明显不相符的物体，比如，在山毛榉林中摆放一些云杉球果，在云杉林中摆放橡树果实，在枫树林中摆放橡树叶。

◆　根据不同的年龄组，您可以选择不同的难度级别。

◆　参与者单独行动，在限定的时间和距离内沿途尝试去发现隐藏的东西。然后，在活动结束时，参与者以相互耳语的方式讲述其所发现的东西。

◆　如果参与者中没有人发现所有隐藏的东西，那么请您要求参与者再次寻找。不过，这一次要告诉他们隐藏对象的数量。

**活动变化方案**

◆ 这次活动还可以用一个更为方便的方法进行，即在森林中事先拉紧约20米的绳子，然后在沿线1～2米距离设置一个隐藏对象。

◆ 通常放置在地上的隐藏对象，您也可以粘贴或悬挂在树上。

---

## 提 示

▪ 该活动非常适合家庭进行，因为平时孩子们比成年人有更多的成功机会，并且儿童的行为会激励父母的兴趣。

▪ 以下这几项活动非常适合这一主题：

◇适应的形式和色彩；

◇伪装——一种生存策略；

◇人工和自然的东西；

◇人类在自然环境的影响和痕迹。

◇关于人类对影响环境的讨论参见[>]活动深入的可能性，您只能与10岁以上的参与者共同实施活动。

---

**活动深入的可能性**

请您与参与者讨论有关人类对环境造成的影响以及如何能够减少他们自己和其他人对环境造成的消极影响。

### 参考文献

康奈尔 J. B. 与康奈尔一起体验大自然. 米尔海姆: 鲁尔河畔出版社, 2006.

### Literaturhinweise

Cornell, J. B.; Mit Cornell die Natur erleben. Verlag an der Ruhr, Mülheim 2006.

# 森林——生命空间 4 万物互相依赖

**内容** 参与者将体验森林中的生物网络并讨论之。

| | |
|---|---|
| **目的**<br>◇让参与者认识到，森林生物是相互联系、相互依存的<br>**活动类型**<br>◇安静型、知识型<br>**参与者人数**<br>◇最多30人<br>**参与者年龄**<br>◇7岁以上<br>◇10岁以上适合[>]参见活动<br>深入的可能性 | **时限**<br>◇至少15分钟<br>**材料**<br>◇动物和植物的明信片<br>◇线绳或羊毛球<br>**准备工作**<br>◇—<br>**室外条件**<br>◇— |

**可持续发展教育目标**

◆ 对待事物的方法与能力

◇我能够预见性地、整体性地考虑问题。

这里：您的参与者可以理解森林中各种生物的角色。

◆ 社会能力

◇我可以与他人一起制订计划并处理问题。

这里：您的参与者共同编织自然网络，并讨论该网络变化的后果以及人类对这种自然网络的影响。

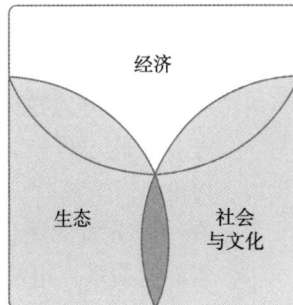

经济

生态　　社会与文化

**活动流程**

◆ 给参与者分发明信片。

◆ 所有参与者要围成一个圆圈。每个参与者都有他或她所扮演的动物角色。

◆ 您持有大树的卡片，那么您扮演一棵大树，站在参与者所组成的圆圈中心，手中握定一个大线团，并开始问一个问题："谁住在我的树皮中，并且吃得饱饱的？"

◆ 作为一棵树，您紧紧握住这个大线团的末端，而把这个大线团剩余部分抛向"树皮甲虫"。

◆ 现在的问题是，谁再去吃树皮甲虫，如啄木鸟，那么这个大线团将如此继续向啄木鸟抛出去。最后，所有的"动物"都固定在展开的这个大线团上，这样网络就被成功创建了。

◆ 如果一种动物数量增加，那么拉紧并抬高手中的绳子将作为其象征。另一方面，网中其他物种数量将会减少，这个物种的扮演者蹲下并放开绳索。这样，就把所有的生物在娱乐中相互联网了。

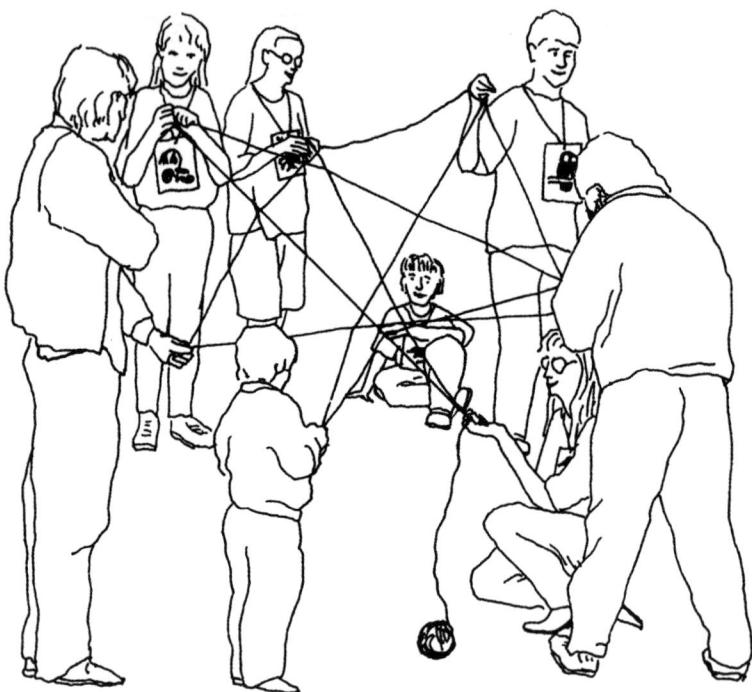

（活动变化方案）

把人类也并入这个网内。人类的介入将刺激参与者对其在自然界的角色及其影响进行思考。在此过程中，参与者可以作为自然界的一部分感触大自然，并就其职责进行反思和讨论。

在一张分发的明信片上显示一个人的图像。在随后形成的网络中重要的是不仅仅要考虑营养的关系，可能还要考虑与人的联系。

◆ 例如，他由于种种原因去狩猎，以便：

◇赢得食物，如狩猎狍、鹿、野猪、山鸡等。

◇赢得毛皮，如狩猎狐狸、白鼬（ *Mustela erminea* ）、鹿等。

◇消除竞争，如狩猎狼、猞猁、熊。如果其中的一种动物已经灭绝，那么整个结构就会改变，参见[>]提示。

◇赢得战利品，如狩猎鹿茸。

◆ 砍伐树木，以获得：

◇用木材来制造家具、取暖、做玩具，等等。

◇树皮、树叶、花卉用来作为动物饲料、药材，等等。

◇居民区和街道建设，农田经营。在这种情况下，也会污染空气。

◆ 自然会改变，例如，通过垦荒造田、空气污染、湿地消失、河流整顿，清除杂草。由此人类利用了这些动植物的生境，有些动植物也是人类活动的受益者。例如，被剥夺了生境的有松鸡（ *Tetrao urogallus* ）、翠鸟（ *Alcedo atthis* ）、蝾螈（ *Salamandroidae* ）、茅膏菜（ *Drosera* sp. ）是受害者，而鹿、狐狸、鸽子、老鼠则是利益获得者。

这些例子编织的一张网是非常复杂的，许多网线都会传向人类。许多参与者可能是第一次理解人类手中拿了这么多的网线[①]。您可以利用这个机会讨论人类在自然界中的重要角

① 译注：用本地区常见物种来替代本书中提到的动、植物物种，可能的话，增加一些真菌物种。应注意相互依赖的关系，如：谁和谁 / 以什么为食。

色，讨论的问题和建议皆适应各年龄组。可以想象会提出这样的问题：

"我们如何处理这个事实，即人类手里为什么持有这么多网线？这对我们来说意味着什么呢？这是否对我们日常生活有影响呢？"

在这里，您作为引导者不应该感到有义务为他们提供答案，但要启发参与者思考，寻找自己的答案并与之讨论（不要评价！要鼓励！）。

当一个树种或所有绿色植物或人类从这个系统中消失后，会发生什么事呢？

◇一种树：整个系统会慢慢地再稳定下来。

◇所有绿色植物：系统崩溃。

◇人类：自然会应付得很好。这种现象在国家森林公园中体现得完美无缺，人们从自然过程中知道，并拥有了"让自然恢复自然的本质"。

---

### 提 示

■　请您务必事先想好如何应用生物网络，以确保活动的逻辑顺序。

■　如果某一动物在某些地区灭绝，例如，在有些地区由于人类的原因，猞猁完全灭绝，那么就让扮演该动物的那个参与者松开绳子，然后，整个网就会被破坏。

■　该活动适合于连接活动（参见开始 3 "我是谁？"）或作为结束活动，以便总结整个引导活动的经验。

■　该活动适合10岁以上的参与者。

---

### 活动深入的可能性

这项活动也可以用其他动物和植物类群来做，如土壤中的生物。

提出这样的问题，如果树木由于森林危害而消失，那么会发生什么？

依赖关系不仅可以体现在"吃与被吃"这一个问题上，而且也可以体现在其他方面：

◇动物的巢穴，如在黑啄木鸟洞中的巢鸽，在啄木鸟洞中的黄蜂，狐狸和獾同居一个窝。

◇寄生，如寄生在狍体内的蜱，寄生在橡树上的橡树槲，产在幼虫上的卵，山毛榉树上的蘑菇。

◇其他关系，如蜜蜂和蚜虫，杜鹃通过大山雀繁殖。

### 附加信息

相互联系的示例：榉木—菌根真菌—堤岸田鼠。

山毛榉和菌根真菌共生能够起到相互促进的作用。土壤中的某些真菌与植物的根系相结合形成菌根，菌根能够很好地吸收土壤的矿物质营养，并运送到树木的各个营养器官。

由于真菌本身不具备光合作用的能力，它需要从树上获得生长所需要的糖分，而树龄大的树木导管含有高浓度的糖分。因此，作为回报，树龄大的树木能够为菌根真菌更好地提供营养。

堤岸田鼠主要食用真菌菌丝体，在真菌盛产期，堤岸田鼠获取高糖浓度菌丝体，它们主要用这种能量更多地繁衍后代。这样，当山毛榉果实坠落时，就会有大量消费者（堤岸田鼠）。

当然，堤岸田鼠在这个生物网络系统中也作出了重要贡献。由于田鼠本身在森林中的运动，使得菌根真菌在森林土壤中无处不在。为此，它们通过食用果实的方式把真菌孢子带入其消化系统并与它们的萌发过程相连，在其广泛分支的地下隧道体系中，通过消化系统携带孢子排便，这从某种意义上可被称为是"播种"。

# 森林——生命空间 5　偷袭猎物

**内容**　"猞猁"跟踪"鹿"。

| 目的 | 时限 |
|---|---|
| ◇让参与者模仿跟踪狩猎的方式 | ◇10～15分钟 |
| 活动类型 | 材料 |
| ◇安静型、感受型 | ◇眼罩 |
| 参与者人数 | ◇喷壶 |
| ◇5～20人 | 准备工作 |
| 参与者年龄 | ◇— |
| ◇5岁以上 | 室外条件 |
| | ◇该活动应采取在不同的森林地面交换进行 |

**活动流程**

◆ 请参与者围成一个较大的圆圈。

◆ 请一个参与者蒙住眼睛坐在中间，他扮演一只视觉不好，但是听觉良好的"鹿"。

◆ 围圈中的参与者则扮演"猞猁"，现在他们应该开始向"鹿"慢慢爬行。

◆ 如果坐在中间的"鹿"听到了"猞猁"移动的声音，那么"鹿"就指出他听到的移动声音的方向，这样被指的"猞猁"就不再移动。

◆ 如果"鹿"被"猞猁"抓到，那么另一位参与者就可以接替"鹿"的角色。

**活动变化方案**

站在中间的"鹿"也可以不用手指指向移动的"猞猁"，相反而是用喷壶往移动的"猞猁"身上喷射水，这样就会增加更多乐趣。

**附加信息**

参与者一方面会认识到良好的听力的重要性，另一方面也有可能听到其他默默潜行的动物。在这个活动中您可以根据不同的角度，增强或消除噪音，以使参与者不去注意或更加注意潜行的动静。

**参考文献**

康奈尔 J. B. 与康奈尔一起体验大自然. 米尔海姆: 鲁尔河畔出版社, 2006.

**Literaturhinweise**

Cornell, J. B.; Mit Cornell die Natur erleben. Verlag an der Ruhr, Mülheim 2006.

# 森林——生命空间 6　蝙蝠与夜蛾

**内容**　参与者学习蝙蝠狩猎技巧，并讨论人类在哪些方面成功地应用了声呐系统。

目的
　　◇参与者将在娱乐中了解蝙蝠
独特的声呐系统
活动类型
　　◇活泼型、知识型
参与者人数
　　◇8人以上
参与者年龄
　　◇5岁以上
　　◇10岁以上适合，参见[>]提示

时限
　　◇30分钟
材料
　　◇眼罩
准备工作
　　◇—
室外条件
　　◇对天气没有特殊要求
　　◇场地应该没有其他喧哗声

**可持续发展教育目标**

◆ 对待事物的方法与能力
◇我在知识获取方法方面是经过训练的，如思考、联想、试验、研究、提问，等等。
这里：您的参与者在娱乐活动中扮演"蝙蝠"及"夜蛾"。
◇我学习前瞻性和综合性的思考方法。
这里：您的参与者将进一步讨论大自然的技术及其在人类社会中的应用。

◆ 社会能力
◇我可以与他人一起制订计划并处理问题。
这里：您的参与者将进一步讨论对濒危的蝙蝠物种的保护。

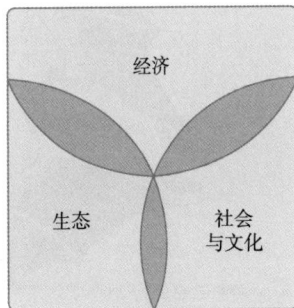

**活动流程**

◆ 参与者围成一个直径约有5米的圆圈。
◆ 请您向参与者解释蝙蝠狩猎的战略。
◆ 然后请您选择一位参与者出来作为第一个扮演"蝙蝠"的人，被选择的参与者来到圆圈的中间，然后要把他的眼睛蒙住。
◆ 再选出3~5个参与者出来扮演"夜蛾"，并且也到圈中来，现在"蝙蝠"要努力抓住圈中的"夜蛾"。
◆ 狩猎这样开始，"蝙蝠"开始呼叫"蝙蝠！蝙蝠！"。只要"夜蛾"听到呼叫的声音时，他应该立刻回应道"蝙蝠！蝙蝠！"，这样"蝙蝠"就能确定"夜蛾"是否在其附近。通过叫喊"蝙蝠"得知，"夜蛾"位于什么位置及"夜蛾"的类型。如此反复，"蝙蝠"再次发出声波（"蝙蝠！蝙蝠！"的呼叫声），这种声波又从"夜蛾"反射回"蝙蝠"的耳朵（"蝙蝠！蝙蝠！"的回应声）。

◆ 扮演"蝙蝠"的那个参与者，必须非常仔细地聆听"蝙蝠！蝙蝠！"的叫声，以便于在圈内能够跟踪并逮住"夜蛾"，如果圈内的扮演者跑到其圈的边缘，那么外面的人将轻轻地把他们推回圈内。

◆ 如果想要增加紧张气氛，也可以选择两个"蝙蝠"进入圈内。

---

## 提 示

如果您要和小组探讨关于人类从大自然中获取能够为自己所用的技术，那么您就应该选择10岁以上的参与者来参加这一活动。

尖叫声波

回音

## 活动变化方案

◆ 因为在黑暗中夜蛾几乎看不见，为了增加紧张气氛，也可以把扮演"夜蛾"的参与者的眼睛蒙上。

◆ "蝙蝠"和"夜蛾"的呼喊也可以由其他声音代替：所有的参与者可以制造非常大的、而且类似于蝙蝠的声音，比如通过用树枝摩擦另外一个树枝而发出非常响亮的声音，或者可以模仿鸟叫声。

## 活动深入的可能性

◆ 在整个活动开始之后，对蝙蝠的声呐系统进行讨论，比如可以提出以下问题：

　　◇ "你们对人类应用蝙蝠这种技术的前景有何预测，现在已经应用到了哪些领域？"

　　◇ "你们还知道，人类利用其他仿生技术的例子吗？"

◆ 扩展对自然界技术的讨论，比如可以讨论下列问题：

　　◇ "你们相信吗？有可能在自然界中还存在其他的技术，但尚为人知。如何来接近这些技术？如何才能把这些技术为人类所用？"

　　◇ "如果人类在了解植物和动物物种之前，它们已经灭绝，该怎么办？"

◇ "蝙蝠的前景如何？它们还会经常出现？或是濒临灭绝？"

◇ "你们有没有保护蝙蝠的想法？"

◆ 作为一个契机，开展与蝙蝠专家的深入交谈。

◇邀请专家做一次以蝙蝠为主题的森林之旅，将会提供一次进一步了解蝙蝠的机会。

**附加信息**

◆ 作为夜间活跃的"猎人"，蝙蝠使用声呐系统在空间定位并捕捉猎物。它们发出非常高频的声音，然后再由周围环境反射回来。从这种回声中蝙蝠可以检测到是否有猎物，如果有，是什么类型的猎物以及所在的位置，例如，前面提到的夜蛾。有些种类的夜蛾长有厚厚的毛，可以消减声音的反射。

◆ 仿生学是一门科学，随着"生物仿生学"的解码和技术的创新，有很多有趣的东西被发现或发明出来，例如，恐龙鹤，莲叶效应（超疏水和自洁特性），鲨鱼等。一些肌肉机器人和探头系统的机器人，是模仿昆虫开发的。

**参考文献**

康奈尔 J. B. 与康奈尔一起体验大自然. 米尔海姆: 鲁尔河畔出版社 , 2006.

关于仿生学主题参见: www.biokon.net.

**Literaturhinweise**

Cornell, J. B.; Mit Cornell die Natur erleben. Verlag an der Ruhr, Mühlheim 2006.

Zum Thema Bionik: www.biokon.net.

# 森林——生命空间 7　冬天里的小松鼠

**内容**　参与者作为"松鼠"隐藏其食物，并在"冬天"再去寻找这些食物。

| 目的 | 时限 |
|---|---|
| ◇ 让参与者学习冬季生存战略，并了解这些战略对森林的影响 | ◇至少30分钟 |
| 活动类型 | 材料 |
| ◇活泼型、知识型 | ◇每个参与者分发15颗种子，如坚果、橡子或山毛榉果 |
| 参与者人数 | ◇带秒针的时钟 |
| ◇最多30人 | ◇动物图片 |
| 参与者年龄 | 准备工作 |
| ◇6岁以上 | ◇— |
| ◇10岁以上适合，参见[>] | 室外条件 |
| 提示 | ◇— |

可持续发展教育目标

- 对待事物的方法与能力
  ◇我在知识获取方法方面是经过训练的，如思考、联想、试验、研究、提问，等等。
  这里：您的参与者在活动娱乐中探讨冬季储藏及"被遗忘"的森林果实所产生的后果。
  ◇我知道跨学科工作是多么的宝贵，又是多么的困难。
  这里：您的参与者将在活动中讨论环境设计和人类的物品储存问题。
- 社会能力
  ◇我可以与他人一起制订计划并处理问题。
  这里：您的参与者将在活动中讨论如何减少人类栖息地设计和工业公司储存加工的影响。

准备

对于进一步的准备工作，请您把筹备工作表（参见[>]附件1）发送给老师，请老师在课堂上探讨学生的建议。在森林教育引导过程中引导其他小组时，再重复利用这些准备是不可能的。但是，您也可以把筹备工作表询问内容作为您的引导活动来用，这样您就可以直接询问参与者。

活动流程

- 在引导活动的开始，您将给参与者显示带有松鼠形象的图片，所有扮演"松鼠"的参与者，将得到15颗坚果。然后他们将以松鼠的方式隐藏其所得到的15颗坚果。请您要求参与者注意，他们要确保所藏之地便利于自己迅速地找到，而不便于被其他"松鼠"轻易发现他们所藏坚果的地方并抢夺。给参与者提供2分钟隐藏的时间。"你隐藏好所有的坚果了吗？马上开始吧。"
- 请您告诉参与者松鼠在冬季生存的战略。然后，按照活动要求在1分钟内，从他们已经隐藏好的坚果中寻找回2颗；如果谁只寻找回来1颗，那么还允许参加一次；如果一颗也没有找到，那么他不得不离开，因为他已经"饿死"了。
- 在"12月"天气非常寒冷，松鼠非常饥饿。请要求参与者在2分钟内，从他们已经隐藏好的坚果中寻找回2颗；在"1月"天下大雪，松鼠需在2分钟内，取回4颗坚果；那么在"2月"，"松鼠"又在2分钟内，消耗了4颗坚果；在"3月"，在1分钟内寻找回3颗坚果。谁寻找回来的坚果最少，谁就将被淘汰。
- 在"4月"不再需要坚果，谁没有被淘汰，谁就安然度过了冬天。
- 在"松鼠"找回了他们的坚果或饿死了之后，您询问参与者，未被发现的坚果，将来会怎么样。
- 请您解释，不仅是坚果，如橡树等的种子也会被动物以这种方式隐藏在森林中。请您给参与者展示一张带有松鸦和橡树种子发芽的图片，问这是怎么回事。

后续工作（只在进一步深化的情况下使用）

给教师提供[>]附件2。您要强调的是您对结果很感兴趣。

## 活动变化方案

◆ 您可以提前描述并确定隐藏策略，考虑好把所有的坚果隐藏在一处，还是分散隐藏在好几个地方。但是，您也可以让每一个参与者自己去决定。

◆ 由于冬天的严寒，在搜索隐藏的坚果时，参与者可以用一条腿跳跃的形式运动来模拟冬季运动的艰难。

◆ 当然，也可以启用"强盗"的角色。这些角色的"松鼠"不参与隐藏坚果的活动，但是在别的"松鼠"搜索坚果时他们仔细观察，并且可以窃取他们所藏的坚果。如果"强盗"找不到坚果，他们也会挨饿。

◆ 在橡树林，您可以搜索橡树种子。然后，参与者以"松鸦"的角色采用"松鼠的方式"隐藏自己的橡树种子。

---

### 提 示

如果您请参与者对栖息地的创造和人类的物品储存问题进行讨论，那么其年龄至少应在10岁以上。

---

## 活动深入的可能性

◆ 您可以阐述那些没有找回的坚果（种子）发生了什么（它们发芽）。这就是说松鼠/松鸦承担一定的树木和灌木的树种传播工作。

◆ 请您阐述树木/灌木的繁殖策略。

◆ 其他动物如何过冬？[乌鸦隐藏肉；星鸦（Nucifraga caryocatactes）储藏坚果和种子]。

◆ 为了扩大讨论，请提出以下问题：人类较早期是怎样储藏货物的，我们今天又是如何储藏货物的？今天在发展中国家，人们又是如何做到这一点的呢？这对全球气候又有何影响（其中包括家庭中最大的电力消费者——冰箱）？

◆ 为了进一步加强讨论，请您再展示带有松鸦（Garrulus glandarius）的图，并加以说明它们属于鸦科鸟类，是很聪明的。例如，喜鹊就有所谓的自我意识，也就是说，它们在镜子里能够认识自己。因此，假定松鸦还故意播种橡树子，以便于橡树重新生长出来。一个有趣的设计栖息地的讨论可以被同时引入进行，在改变栖息地方面人类作用如何？栖息地变化的界限在哪里？

---

## 附加信息

◆ 真正的冬眠动物有：刺猬、蝙蝠、睡鼠和旱獭。

◆ 冬季休眠的动物有：獾、松鼠、鼹鼠、浣熊和棕熊。

◆ 冬季变得僵硬的动物有：鱼、青蛙、蜥蜴、蛇、乌龟和昆虫。

## 附件1　森林教育活动前的准备

亲爱的孩子们：

我很高兴，你们整个班级不久将访问森林，为此，你们也曾经发送过短信。

在森林教育活动引导中，我们将与其他参与者共同讨论你们的问题，例如，动物如何过冬的问题。你们可曾想过这个问题？！

◆　为此问以下几个问题：

◇所有的动物是否都将在我们这里过冬？

◇在我们这里的动物是如何度过冬天的？

◇冬眠和休眠之间的区别是什么？

◇哪些动物为过冬储存食物？

你们一定能够在你的教科书中找到有关信息。你们也可以在互联网上搜索相关信息。

亲切的问候！

你们真诚的森林教育引导者

## 附件2　森林教育活动后的讨论

亲爱的孩子们：

你们还记得我们在森林里做的活动"冬天里的小松鼠"吗？对这个活动我想起一些问题，但是我们在森林里没有更多的时间去探讨它们，也许你们现在有兴趣，在学校回答它们。如果你们不能够回答所有问题，也没有关系。对你们的回答，我会非常有兴趣！所以请把你们的回答发送给我。

现在来看问题：

◆　关于几个"储（冬）藏"的问题：

◇你知道人类以前是如何储（冬）藏的吗？请描述！

◇你知道人类是如何保存他们自己的食品的吗？请描述！

◇你知道在发展中国家的贫困地区的人们是如何保存他们自己的食品的吗？例如：在非洲？请描述！

◇发展中国家的人们应该得到与发达国家的人同样的储存他们的食物的机会吗？

◇冰箱消耗很多电，这通常对环境是有害的。你知道还有什么其他方法可以把食物储存更长时间吗？请问一下你的奶奶，她曾经是怎样做的。

正如你们在活动中所看到的，松鼠和其他动物，例如，松鸦等，在森林中储存种子，之后它们储存在森林中的一部分种子找不到了。这样这些种子将会发芽并长成新树，从而改变森林树木结构（从老松树林可以变为一个年轻的混交林）。

◆　这里还有几个问题，那就是关于"景观变换"主题的问题：

◇还有什么动物可以改变景观？例如，考虑一下河狸！

◇人类有没有改变景观？在你回答这个问题之前，首先回答这个问题：德国人在耶稣生活的那个时代是什么样子的？或者中国人在孔子生活的那个时代是什么样子的？请询问大人！

如我之前所述，你们对问题的回答，我是很感兴趣的，希望你发送邮件给以下电子邮件地址：＿＿＿＿＿＿＿＿。

提前感谢!

森林教育引导者

## 森林——生命空间 8　鸟语欣赏

**内容** 参与者了解森林的鸟类。

| 目的 | 时限 |
|---|---|
| ◇参与者亲身体验森林栖息地并用他们的听力定位 | ◇30~60分钟 |
| 活动类型 | 材料 |
| ◇安静型、感受型 | ◇— |
| 参与者人数 | 准备工作 |
| ◇最多20人 | ◇刷新您的鸟鸣声音的知识 |
| 参与者年龄 | 室外条件 |
| ◇6岁以上 | ◇森林中不能夹杂其他大声喧哗的干扰声音 |

**活动流程**

◆ 请您把参与者带到能够听到不同鸟类声音的森林中。从春季到秋季，至少能够听到苍头燕雀(Fringilla coelebs)、鹪鹩(Troglodytes troglodytes)、欧歌鸫（Turdus philomelos）、乌鸫（Turdus merula），叽咋柳莺（Phylloscopus collybita）。

◆ 请您要求参与者坐在地上，或作为一组靠近坐在一起。随后该小组集中精力几分钟，以便倾听鸟的鸣叫声音以及森林环境中的其他声音。

◆ 现在要求参与者，如果他们听到鸟鸣叫的声音，那么用食指指向声音的来源。参与者应能够辨别鸟类声音的响亮和轻柔；区分鸟类的声音来源的近和远；识别鸟类的声音是来自树梢还是来自地面。

◆ 然后请您向参与者介绍3~4种典型的鸟类，如苍头燕雀、鹪鹩、欧歌鸫等。并要求参与者，每次当他们听到了熟悉的鸟鸣声时，快速举手示意。

◆ 可能的任务是："再试一次，计算一下你有多少时间没有听到鸟的声音""再计算一下两种同种类鸟相互鸣叫的时间间隔有多长"。

◆ 如果参与者集中精力倾听，那么他们也可以听到昆虫的嗡嗡声，呼呼的风声，刷刷的落叶声，淙淙的流水声，以及来自遥远的机动车和飞机的噪音。

◆ 经过对森林的广泛关注后，请您给出所听到的动物的背景信息：这种声音来自哪些动物？这种动物是如何生活的？为什么这种动物能够发出这种声音？

### 活动变化方案

该活动也适合夜间进行。在晚上虽然很难听到鸟叫，但仍然能够听到森林里许多的声音，像老鼠的沙沙声，受惊吓的鹿发出的声音等。

---

**提 示**

- 在森林中，任何季节都可以听到小鸟的叫声，这样可以在全年进行这项活动[①]。
- 了解一些鸟鸣对于初学的参与者来说，将会是一个非常令人难忘的体验。
- 大多数参与者都会在短期内学会2～4种鸟鸣声。

---

### 活动深入的可能性

◆ 除了纯粹的听觉练习之外，您也应该提供所听到鸟的背景资料。例如对栖息地的要求，种群分布，生活方式，以及个别物种的生存威胁等进行专题讨论。

◆ 这项活动非常适合在晚上进行，参见[>]第九章 附录中的"夜行森林"。

### 参考文献

康奈尔 J. B. 与康奈尔一起体验大自然. 米尔海姆: 鲁尔河畔出版社, 2006.

### Literaturhinweise

Cornell, J. B.; Mit Cornell die Natur erleben. Verlag an der Ruhr, Mülheim 2006.

---

[①] 译注：应根据本土情况列入公众熟知的鸟类。带有不同鸟类图片的明信片是很有帮助的，在活动中听到鸟叫时，你可以把相应鸟类的图片拿出来展示给参与者。

## 森林——生命空间 9 能量流——运行体验

**内容** 参与者通过一场水桶接力赛模仿并体验"能量流动"。

| 目的 | 时限 |
| --- | --- |
| ◇参与者将亲眼目睹能量的流动，以及清晰地看到能量是如何损失的 | ◇大约30分钟 |
| 活动类型 | 材料 |
| ◇活泼型、知识型 | ◇5个底部带孔的小水桶 |
| 参与者人数 | ◇2个大水桶 |
| ◇最多15人 | ◇6颗标记钉 |
| 参与者年龄 | ◇有足量水的水箱或者最好是在池塘旁边 |
| ◇10岁以上 | 准备工作 |
| | ◇之前选择一段路程，并用木桩标记它 |
| | ◇准备好水桶 |
| | ◇将水准备好，并试验运行 |
| | 室外条件 |
| | ◇不太冷，不能在屋子里 |

**可持续发展教育目标**

◆ 对待事物的方法与能力
◇我在知识获取方法方面是经过训练的，如思考、联想、试验、研究、提问，等等。
这里：您的参与者探讨人类饮食行为习惯的后果。

◆ 社会能力
◇我可以与他人一起制订计划并处理问题。
这里：您的参与者相互鼓励说出自己的饮食习惯，考虑有关的能源和资源消耗的后果，并重新考虑他们的饮食习惯。

◆ 个人能力
◇以人为本的价值观和理想是我的行动指南。
这里：您的参与者要思考自己的饮食和对能源及资源消耗的后果，并最终可能改变自己的饮食习惯。

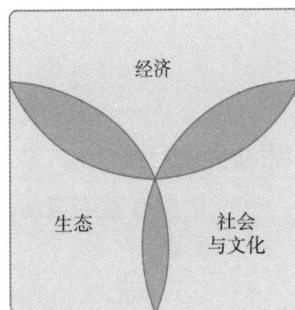

**活动流程**

通过这个活动，您要让参与者明白，太阳的能量从各种营养水平到达终端用户，在此路径的跨越过程中有多少太阳的能量被损失，以及在最开始的时候需要多少？能量从一个营养级过渡到另一种营养级每次损失约90%或被前一个使用者消耗掉。正好通过比较人类饮食习惯（素食或肉食）可以清楚地看出，植物性食物可以节约多少能量。

◆ 把木桩平行排列成两排，如下图。一条路线是从水源通过树木再到达鹿；另一条路线从水源通过树木和鹿到达猞猁。木桩之间的距离（太阳、树木、鹿、猞猁）应约为5米。

◆ 请您用两根木桩作为水源的标记，水源象征太阳，两个木桩标记树木，用水的形式象征着从太阳得到的能量。两个木桩标记鹿，一根木桩标志着猞猁。5个底部带有漏水孔的水桶作为运输工具。在运输路线末尾放置两只底部无孔水桶，作为收集容器。

◆ 从参与者中选择5位参加接力赛。前两位站立在水源（大水箱）旁边，紧接着另外两位分别站在树木旁，最后一位参与者站在鹿和猞猁的交界处。

◆ 在水源旁边的参与者把水桶装满水。两位盛上水的参与者向前方两个木桩运行，并把桶中剩余的水倒在下一个接力者的桶中。这些接力者带上他们的水桶继续前行，然后再把他们水桶中剩余的水倒入下一站的桶中。水从太阳标杆到达鹿标杆为止。在末端是"猞猁"的运输链上那个代表鹿的参与者必须运送最后一桶水。

◆ 接力比赛将一直持续到无孔的桶装满为止。这期间，您可以随时暂停下来休息，看看活动进展。

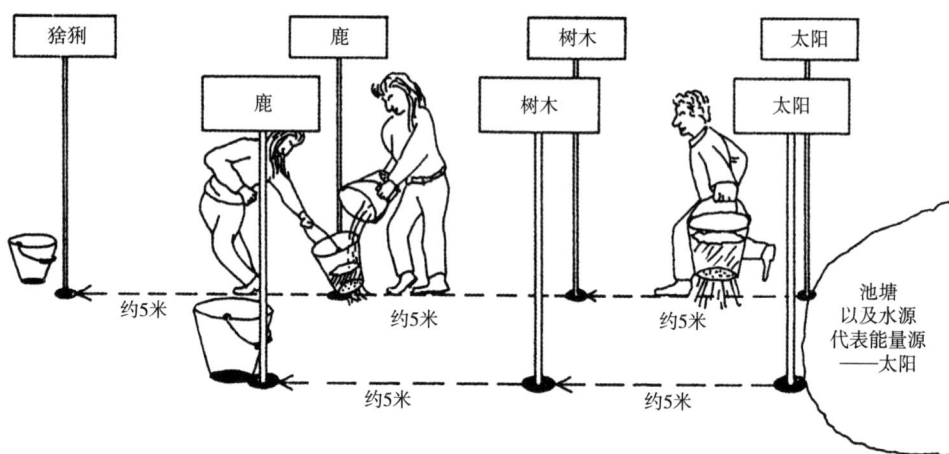

约5米　　约5米　　约5米

约5米　　约5米

池塘
以及水源
代表能量源
——太阳

猞猁　鹿　鹿　树木　树木　太阳　太阳

### 活动变化方案

◆ 把所有参与者分成不同小组，可以以小组为单位多次相互促进运行，这样还可以增加乐趣。

◆ 您可以把这一活动作为一个竞争活动。为此您需要准备更多底部有孔的水桶。

◆ 您按照以上所描述的那样，布置场地。同时再隔开约2～3米处并列摆放另外一个同样的活动设备。把活动站的标志（太阳、植物、动物、人类），安置在两个活动站的适当位置上。

◆ 把参与者分成2个组（参见[>]开始 7 "谁和谁在一起？"）。现在把分好组的参与者分别分布在2个运行轨道，如上所述让他们以相同的方式进行活动。但现在活动小组之间有竞争，其竞争的目标是填补最后一个水桶，在单位时间内谁填补的水多，谁就是第一名。

### 提 示

■ 在活动过程中，水桶中的水需要将大量地流失。因此，桶底的漏水孔不宜过小。并注意两组的跑道长度应相等。当然，让个别活动站可以用黑板和图画来美化。如果只有很少的时间准备，用简单的语言解释相关联的标记亦可。

■ 这些活动以同样的方式也适合关于水的活动主题，只需要将太阳更换为水源的标志即可。

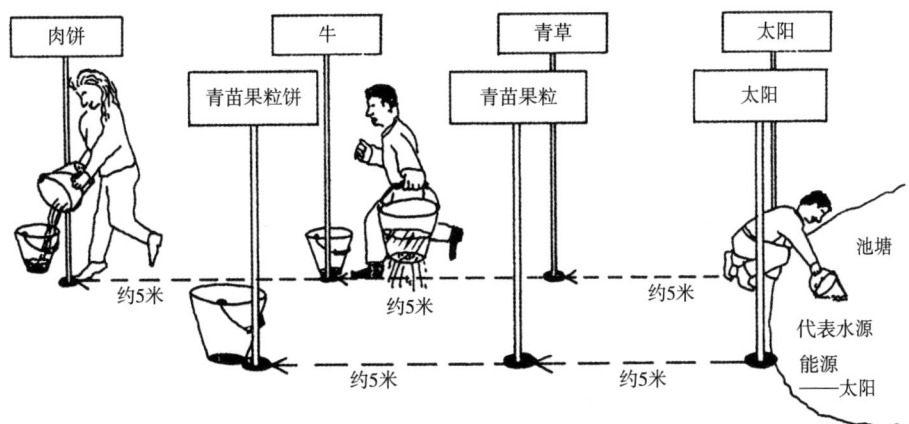

### 活动深入的可能性

◆ 参与活动的人往往能够更直接地体验在食物链上的能量损失。这个活动可以展现人类的食物链，一个是以素食为终极产品，另一种是以肉食为终极产品。

◆ 您可以模拟这种情况，参与者在两条跑道中的第二轮活动中互换情景，从太阳通过青苗果粒再到青苗果粒饼；以及从太阳到青草再到牛再到肉饼。

◆ 在第二轮比赛活动结束时，请您鼓励参与者进行一个关于饮食行为的讨论以及能源和资源消耗的后果的讨论。根据参与者的年龄，您应该解释能源和资源消耗的意思是什么。

讨论过程中可能出现的问题包括：

◇ "你能做些什么，以确保目前这种饮食类型的能源和资源消耗不会再增加，甚至减少？"

◇ "世界其他地区的人是如何生活的，如在亚洲？"

◇ "如果这些人也像我们一样吃更多的肉，情况将会如何？将改变全球能源和资源消耗吗？"

◇ "你喜欢吃什么：肉饼或菜饼[①]？"

◇ "你究竟有没有尝试过菜饼？"

◇ "你有没有兴趣尝试这种食物？"

◇ "你在哪里尝试过这种食物，在家里，在学校，在饭店……？"

◇ "如果你少吃肉是否也对自己有好处（如果你常吃的是菜饼）？"

◆ 给参与者推荐深入讨论的话题。

### 参考文献

www.katalyse.de. 关键词: 可持续饮食

http://doku.globaleducation.at. 关键词: 饮食

### Literaturhinweise

www.katalyse.de. Stichwort: nachhaltige Ernährung

http://doku.globaleducation.at. Stichwort Ernährung

---

① 译注：这个活动如果要实施得更有深度，可以用中国的美味佳肴取代青苗果粒饼和肉饼，以说明素食和肉食之间能量消耗的差异。所选的两种食物在操作上应具有可比性。

# 森林——生命空间 10　死了的橡树还活着

**内容**　参与者娱乐性地一起相互探讨争论"朽木的生命空间"及枯木的重要性。

| | |
|---|---|
| **目的** | **时限** |
| ◇让参与者了解朽木的重要性 | ◇大约20分钟 |
| **活动类型** | **材料** |
| ◇活泼型、知识型、调研型 | ◇线绳 |
| **参与者人数** | ◇10张带有枯木"居民"的图片 |
| ◇最多30人 | **准备工作** |
| **参与者年龄** | ◇准备卡片，以便裁剪图片，然后粘贴在 |
| ◇6岁以上 | 卡通箱上 |
| ◇10岁以上适合，参见[>]348 | **室外条件** |
| **页提示** | ◇— |

**可持续发展教育目标**

◆　对待事物的方法与能力

◇我在知识获取方法方面是经过训练的，如思考、联想、试验、研究、提问，等等。

这里：您的参与者从腐朽橡树的角度来了解动物，以及橡树对动物的重要意义。

◆　社会能力

◇我可以与他人一起制订计划并处理问题。

这里：您与参与者共同寻找获得更多的保存朽木的办法。

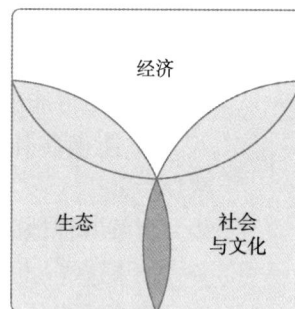

**活动流程**

◆　请您发给10个志愿者每人一张在朽木中居住动物的照片：

黑啄木鸟（*Dryocopus martius*）

花头鸺鹠（*Glaucidium passerinum*）

松生拟层孔菌（*Fomitopsis pinicola*）

欧鸽（*Columba oenas*）

榛睡鼠（*Muscardinus avellanarius*）

欧洲深山锹形虫（*Lucanus cervus*）

大斑啄木鸟（*Dendrocopos major*）

虎头蜂（*Vespa .sp*）

大栎黑天牛(*Cerambyx cerdo*)

蝙蝠（*Vespertilio superans*）

◆　请让10位参与者组成一个圆圈。

◆　另一个扮演橡树的参与者，站在刚才围成圆圈的中间。

◆　然后，您开始用线绳组成一个星星的模样，这颗星星应该代表在森林栖息地和枯枝朽木之间的关系及其重要意义。

◆　从"枯死"的老橡树开始，用手拉紧绳索，把拉紧的绳索交给第一位参与者后，再次返回"枯死"的老橡树。然后，在下一位参与者和"枯死"的老橡树之间再重复这一动作。我们建议按以下顺序：

◇在一棵老橡树上有一只黑色的啄木鸟，并且整天在开凿一个洞穴。

◇年轻的啄木鸟成熟了，然后离开洞穴。第二年吸引了一只鸽子迁入啄木鸟洞穴；鸽子本身不能建立自己的巢穴，所以它把黑啄木鸟作为一个木匠。

◇当鸽子在其孵卵期时，总是受到啄木鸟的影响，因为啄木鸟还想在同一棵树上被鸽子占领的巢穴以上几米的地方再建巢穴。

◇废弃啄木鸟巢穴将被花头鸺鹠、蝙蝠和榛睡鼠所居住。

◇虎头蜂或蜜蜂也非常乐意在啄木鸟巢穴中安家，建立类似的蜂巢。

◇斗转星移，橡树逐渐腐烂，树上开始定居蘑菇层，来分解木材。

◇现在欧洲深山锹形虫、大栎黑天牛尤其觉得舒服，因为它们可以在腐烂的橡木中产卵繁殖它们的后代[1]。

◆　完成后，请您要求参与者把所组成的"星星"作为物种之间的相互关系和地面上的枯木重要性的象征。

◆　请您计划出提问和结束讨论的时间，可能提出的问题是：

◇"你对死木有何想法？"

◇"如果森林中枯木太多，应该怎么办？"

◇"除了森林中，还有什么地方有枯木腐树吗？"

◇"死木应如何保存？"

◇"为了保存死木，你能做些什么？"

◇"为什么不应保护死木？"

---

**提示**

为了唤起人们对枯木的兴趣，您可以选择作为入门性活动（参见[>]森林——生命空　间 11 "失去生命的树木"）。

---

**活动深入的可能性**

为了拓展这一主题，您可以把主题分解并结合土壤有机质和土壤形成，土壤生物，养分循环（参见[>]森林土壤 5 "落叶的分解"）。

---

① 译注："死了的橡树里生活的居民"可以改为适应本地条件的其他物种，应将重点放在陈述死树在一个森林生态系统中的重要性。

（附加信息）

◆ 在德国巴伐利亚州出现的朽木甲虫，60%都上了红色名录，约有25%的真菌在其所在林分处于濒危状态。许多洞穴筑巢鸟类，如欧鸽、三趾啄木鸟（Picoides tridactylus）、白背啄木鸟（Dendrocopos leucotos）、花头鸺鹠、纵纹腹小鸮（Athene noctua）、鬼鸮（Aegolius Funereus），中斑啄木鸟（Dendrocopos medius）都是濒危鸟类。因此为了保护这些濒危物种，维护森林的生物多样性，应该在森林经营中尽量保留适量的枯死木。

◆ "在那些不存在任何木材开发，不同大小的森林保护区组合，例如，国家森林公园，天然林保护区和森林自然保护区以及在实施近自然经营的森林中，保存较高比例的朽木成为可能。对于工业用森林，死木份额出现了持续性增长，从目前的1~3立方米/公顷增加至5~10立方米/公顷是可能和合理的，这大约相当于储量的1%~2%。重要的是，其中枯立木占一半，并且是一些拥有超过20厘米直径的大树。虽然在云杉枯木上栖息的物种约有300种，但是出于森林保护的理由，仍然有死亡云杉在不同的季节被清理。软阔叶树树种可以作为混交树种和不用清理的林道树木用来帮助增加枯木比例。森林中枯木的存在对于让游客理解其对森林的重要性是非常有意义的。"

乌尔里希·阿默尔（Ulrich Ammer）

## 参考文献

阿默尔 U. 林业科学中央期刊. 第110期, 第2册, 慕尼黑: 保罗·帕莱, 1991年5月.

### Literaturhinweise

Ammer, U.; Forstwissenschaftliches Zentralblatt, Jahrgang 110, Heft 2, Paul Parey, München, Mai 1991

# 森林——生命空间 11　失去生命的树木

**内容**　参与者在森林中调查"死亡树木"。

目的
　　◇让参与者意识到森林中死去
的树木的意义
　活动类型
　　◇调研型、知识型
　参与者人数
　　◇5~20人
　参与者年龄
　　◇7岁以上

时限
　　◇每组5分钟
材料
　　◇小刀
　　◇镊子
　　◇罐子
　　◇盘子
　　◇昆虫观察器（带有放大镜的瓶子）
　　◇参见[>]附件
准备工作
　　◇复印附件
　　◇选择适合的林分
室外条件
　　◇不要太潮湿，带有死亡树木的老林分

## 活动流程

◆　请您要求参与者，在森林中寻找死亡的树木。例如，树桩、树干、树枝等。
　　◇在参与者发现枯木的地方，将进行调查研究。提问的主题是，为什么这棵树会死亡？
鼓励参与者，创造一个关于该树木死亡事件的故事。现实与幻想都可以混合使用。这可
能是，例如，风、雪、闪电或动物的原因，导致了该树木的死亡。
◆　请您把参与者分成3~4人的小组（参见[>]开始 7 "谁和谁在一起？"）。
◆　每个小组要得到材料，以便研究枯木，然后把枯木对象拿到眼前。研究重点应该是木材
强度、颜色、痕迹（如啃食，分解程度，植被）和气味。
◆　该小组现在开始用镊子和小刀，解剖一部分枯木，以便仔细检查研究其中的"居民"。
小组成员收集，研究，并在昆虫观察器、盘子和罐子中识别所发现的生物。在此过程中
要在自我绘制的生物图上或在草图上标出发现这些生物的地方。

### 提示

■　参与者不一定非要准确识别在枯木区域发现的生物。只要知道动物群体就足够了，如
甲虫、幼虫、真菌。

■　您要指出，被发现的动物一定还要被安全地再释放回森林。

## 活动深入的可能性

参与者应该把枯木当作封闭循环中即将成为或消失的一部分，从种子或针叶树果实开始，到
生长成小树苗，再到成长为参天大树，再到突然枯死，然后，木材逐步分解直到变成肥沃的腐殖

质。最后，这一循环又将回到植物完全覆盖森林土壤的现状。通过分析树木生长发育周期的每一个不同阶段，以便澄清树木生长发育的整个过程。

**参考文献**

克尼尔什 R. 探索发现我们的环境. 明斯特: 生态乌托邦出版社, 1993.

**Literaturhinweise**

Knirsch, R.; Unsere Umwelt entdecken. Ökotopia Verlag, Münster 1993.

## 附件

请把您发现的生物的位置标记在以下图中！

## 森林——生命空间 12　森林中生长着什么？

**内容**　参与者要制作森林植被分布图。

目的
◇让参与者认识森林中不同的物种

活动类型
◇调研型、安静型、知识型

参与者人数
◇15人以上

参与者年龄
◇12岁以上

时限
◇约60分钟

材料
◇标杆或米尺
◇鉴别书籍
◇[>]附件

准备工作
◇选择不同的林分
◇复印附件

室外条件
◇植被生长季节

**活动流程**

◆ 要求参与者考察不同森林类型并且对植被进行调查分类后绘成图（纯云杉林—混交林；湿—干；碱性—酸性）。

◆ 在不同的森林中采用相同的调查样方（如10米×10米）。样方网格的大小取决于调查所需要的精度。

◆ 请参与者对照清单鉴别在样方网格中植物的名称（到科或属即可），并估计各种植物出现的频率（参见[>]附件1 植物调查表）。请参与者分别调查树木、灌木、草本以及苔藓等不同层次的植物类型。

◆ 此外，参与者还应该利用一个植被覆盖图描述这一块森林，参见[>]附件2所示。

◆ 让参与者比较他们的结果并讨论。

**活动变化方案**

◆ 请您比较森林中不同年龄阶层（从幼林丛到老森林），并讨论森林的动态周期。

◆ 请把最重要的指标植物放置在小花瓶中并用标签写上植物名称。

**提 示**

请您仔细寻找真正不同的林分，以便于学生大致可以清楚地看到纯云杉林和混交林的差异。

**活动深入的可能性**

◆ 以纯林向混交林转变的重要性，论述森林树种的变化和层次结构。

◆ 让参与者额外讨论土壤类型（水分等）和天气的影响（边界地等），对光线作用等立地条件进行比较。

## 附件 1　植被调查表

| 植被调查 | | | |
|---|---|---|---|
| 森林简述（位置，树种，光照比例） | | | |
| 物种清单<br>布朗 – 布兰克（Braun–Blanquet）植被估算表（出现频度）：<br><br>5 = 覆盖到整个抽样调查区 75% ~ 100%<br>4 = 覆盖到整个抽样调查区 50% ~ 75%　　　　+ = 少量出现 r = 数量极少<br>3 = 覆盖到整个抽样调查区 25% ~ 50%<br>2 = 覆盖到整个抽样调查区 5% ~ 25%<br>1 < 覆盖调查区的 5%，但是数量众多 | | | |
| 数字 1 ~ 5 和符号 "+" 和 "r" 在下表 "数量" 一栏中填写 | | | |
| 物种 | 数量 | 物种 | 数量 |
| 乔木层： | | 草本层： | |
| | | | |
| | | | |
| | | | |
| | | | |
| | | | |
| | | | |
| 灌木层： | | | |
| | | | |
| | | | |
| | | 苔藓层： | |
| | | | |
| | | | |

**附件 2**

| 森林真实调查表 | 示例10米×10米 |
|---|---|

被调查植被图例标记:

△ 针叶树

○ 阔叶树

⌂ 灌木

● 草本植物（花，蕨类）

🔽 草类/草地

⌒ 苔藓

资料来源：萨尔茨堡 H.G. 体验森林，理解森林，汉诺威：Schröde Verlag 出版社，1982.
Salzm ann H. G ., Wald erleben – Wald verstehen. Schrödel Verlag, Hannover 1982.

# 森林——生命空间 13　猫头鹰和乌鸦

**内容**　参与者积极参与一个令人兴奋的、紧张的、知识性测验。

| 目的 | 时限 |
|---|---|
| ◇在娱乐中，在活跃的气氛中再现参与者课堂所学知识 | ◇5～15分钟 |
| 活动类型 | 材料 |
| ◇活泼型、知识型 | ◇— |
| 参与者人数 | 准备工作 |
| ◇6人以上 | ◇制定一个包括正确与错误表述的题版（参见[>]提示） |
| 参与者年龄 | 室外条件 |
| ◇6岁以上 | ◇— |

**活动流程**

◆　在两个"鸟巢"之间画出一条中心线，两个"鸟巢界限"应至少在其两侧有6米的距离。

◆　参与者分成两个人数相等的组相视站成两排，一组为"猫头鹰"，另一组是"乌鸦"。

◆　现在您提出一个问题，可能是正确的，也可能是错误的。如果该问题是正确的，那么"猫头鹰"尝试着去抓"乌鸦"，如果是错误的，那么"乌鸦"就抓"猫头鹰"。若是谁到达了他的"巢"，那么他就安全了。被抓的那只"鸟"就自动成为另一种"鸟"。

**活动变化方案**

正确或错误的问题不仅可以由您提出，反过来也可以让参与者依次提出。

---

**提 示**

■　表述既可以根据实际感觉说出，例如"风是从'乌鸦'的一方刮过来的"，或者"询问"观察性的及知识性的问题："冷杉的针叶比云杉的针叶颜色深但是刺不那么尖！"

■　其他正确的语句可以是：

◇道格拉斯冷杉不是乡土树种。

◇树木中树脂的作用是愈合伤口。

◇酢浆草开的是白色的花朵。

◇地衣是真菌和藻类共生的。

■　其他不正确的陈述包括：

◇蓝莓属于苔藓层的一部分。

◇死木对于森林来说是没有价值的。

◇一棵阔叶乔木，全年不落叶。

◇云杉松针气味像杏仁。

■　通过开展此活动，您可以验证您指导传授的知识是否得到理解（评估可能性）。

**参考文献**

康奈尔 J. B. 与康奈尔一起体验大自然. 米尔海姆: 鲁尔河畔出版社, 2006.

**Literaturhinweise**

Cornell, J. B.; Mit Cornell die Natur erleben. Verlag an der Ruhr, Mülheim 2006.

# 森林——生命空间 14　记忆游戏

**内容**　参与者在短时间内记忆可见自然物之后,再把所记忆的东西找出来。

| | |
|---|---|
| **目的**<br>◇让参与者锻炼其视觉并训练记忆力<br>**活动类型**<br>◇安静型、知识型<br>**参与者人数**<br>◇2人以上<br>**参与者年龄**<br>◇5岁以上 | **时限**<br>◇至少15分钟<br>**材料**<br>◇一块大布<br>◇酸奶杯(活动变化方案时使用)<br>◇来自周围环境的自然对象,如石头、橡子、松果、树叶、贝壳或羽毛<br>**准备工作**<br>◇收集材料<br>◇选择适宜的地点<br>**室外条件**<br>◇— |

**活动流程**

◆　事先把收集到的东西隐藏在布下。

◆　然后,召集所有参与者,并且解释:

"在这块布下面放着 10 件东西,这些东西你们都能在周围环境中找到。仔细观察,当我拿起布约 30 秒钟的同时,你们要记住所有的东西!接着在该地区找出同样的东西来!"

◆　参与者展开搜索,5分钟后,您召唤他们再次回到原来位置。

◆　如果大家都回来了,从遮盖的布下一个一个地拿出所藏的东西进行核对,看谁找到了相似的东西并让他们展示结果。

◆　从找到的某一个东西着手,可以引入一个关于它们在森林系统中重要性的谈话。

**活动变化方案**

◆　把10件东西放在一个用树枝做成的镜框中,并要求参与者在30秒内准确记住各个东西的位置。

◇参与者现在应该背向这个框架,在此期间,您转动、更换或移动3件东西的位置。

◇参与者的任务是认出改动位置的东西并说出其名称。

◇对于人数更多的组,可以随时更改已确认的3件东西,作为下一轮的转移对象。

◆ 让两位参与者在树林里寻找相同的东西，如树叶、苔藓、嫩枝、水果、坚果，该东西必须是相同的大小、相同的颜色，而且必须是相同的树种等。
◇把东西放置在大布上，再分别用空酸奶杯罩住这些东西，然后摆放均匀。
◇测试记忆力。
◇介绍每一件摆放物品的背景资料。

◆ 要特别关注的变化是：让参与者分成人数相等的两个组，参见[>]开始 7 "谁和谁在一起？"（每组最多5人参与）。每个小组将拥有一块土地作为其"地盘"（约10米 × 10米）。现在每个小组应在约10分钟时间内努力记住其"地盘"上的东西。

◆ 然后各组去互换"地盘"，在交换期间，各组拿走、重新排列、添加改变5件东西。但是，活动前必须首先统一变化幅度。

◆ 然后各组回到自己的"地盘"，并在指定的时间内尝试找到已更改的5件东西。

---

**提 示**

重复这个练习，会有许多乐趣。您将会看到如何显著地提高注意力和记忆力。

---

**参考文献**

康奈尔 J. B. 与康奈尔一起体验大自然. 米尔海姆: 鲁尔河畔出版社, 2006.

**Literaturhinweise**

Cornell, J. B.; Mit Cornell die Natur erleben. Verlag an der Ruhr, Mülheim 2006.

---

## 森林——生命空间 15　伪装，警示和蒙蔽

**内容**　参与者将在娱乐的气氛中了解动物是如何伪装，如何警示，以及是如何蒙蔽天敌和猎物的。

| 目的 | 时限 |
|---|---|
| ◇让参与者增强视觉感知力和模仿能力 | ◇约15分钟 |
| 活动类型 | 材料 |
| ◇活泼型、感受型 | ◇用棕色和红色（黄色）纸张包装的糖果 |
| 参与者人数 | ◇和糖果同等大小的石头若干 |
| ◇最多15人 | 准备工作 |
| 参与者年龄 | ◇准备好糖果并把它们摆放好 |
| ◇5岁以上 | 室外条件 |
| | ◇不太冷，不潮湿 |

**活动流程**

◆ 提前准备好糖果：所有的糖果都必须非常好吃。在4颗红色包装糖果中取出糖果，取而代之的是一个同等大小的石头。

◆ 选择约30米长的一块地方，在这个范围内您随意放置糖果。使用和参与者人数相等的棕色纸包裹糖果，再加上准备好的4颗"红色糖果"和一个正常的红色糖果。确保棕色糖果能够很好地和地面融为一体，而红色的要非常醒目。

◆ 请参与者沿途排队并手拉手。现在每位参与者要把自己想象成一只觅食的鸟。并让他们按照"一二，一二"的规律报数。

◆ 参与者应对以下食品包括棕色和红色糖果进行搜索。而且数到"一"的人只能数棕色的糖果，而数到"二"的人只能数红色的糖果。要求参与者在第一轮中只能数数，不能捡起糖果！

◆ 第一个参与者拉住第二个参与者的手，然后所有参与者依次在他们身后拉成一条长"蛇"，沿着事先选择的地方前进。期间要去寻找自己要数的糖果。

◆ 在到达末尾时，每个人都应说出刚才所看到的糖果的数量。

◆ 然后向回走，在回来的路上，所有的人必须再找一次糖果。只要他看见了的话，不管是什么颜色，每个人可以捡起一块糖果。回到起点后，共同数出糖果的数量，并允许参与者食用。每个人都会高高兴兴品尝所发现的糖果，除了那些捡起红色石头"糖果"的参与者。

◆ 与小组共同讨论这一结果：

◇棕色糖果代表的是可食用动物（如甲虫），它们必须很好地伪装。通常大约只有一半的棕色糖果被找到，然后再找，几乎所有的都能被找到。

◇红色石头"糖果"代表不可口的食用动物（如黄蜂），这样警示所有的"消费者"，通常这种"糖果"都能被发现。

◇红色的"正常"糖果代表可食用动物（如食芽虱），它们模仿不能食用的动物易蒙蔽鸟儿。但它们也通常都能被发现。

**活动变化方案**

◆　这里讨论的主题是伪装。

◆　您要准备5种不同颜色的彩色牙签。用警示带标出界限（约30米×30米）并在该标志领域撒放彩色牙签。每种颜色的撒放数量要完全相同（大约每20人撒放50根）。牙签要随机撒放，但要均匀。参与者的出发点（相当于鸟巢）必须在场地之外。

◆　请您给参与者解释：他们在模仿鸟类的觅食行动，在每次的觅食飞行中总是只允许捕捉一只昆虫（牙签，无论什么颜色），并希望带回巢。

◆　如此往返，经过一定时间（约10分钟），结束比赛，参与者按颜色分类并计算他们的牙签数。结果如下：

◇按照随机原则，寻找到的所有各种颜色的牙签数量应该相等。但由于森林地面的颜色的原因，不同颜色的牙签出现的频率并不相同。这样可以探讨动物颜色与其栖息环境之间的关系。

◆　结果发现：发给参与者放大镜，用它观察伪装后的森林动物。

---

**提 示**

■　在第一次"飞行"中，参与者实际上只能数数。

■　好吃的甲虫必须伪装自己，不好吃的黄蜂警示飞鸟：让我安静（试一次就够了）。食芽虻看起来就像一只黄蜂来蒙蔽鸟，因为它们的味道不错。这种效仿就是所谓的模仿和拟态。因此模仿是起作用的，重要的是学习的接收信号，鸟儿能够学习。

■　里面包裹石头的红色糖果就是"正常"的红色糖果的示例（黄蜂），因此作为模仿　者会（食芽虻）大量出现。

---

# 森林——生命空间 16　设计并寻找想象的动物

**内容**　参与者发明、制作和隐藏经过伪装的动物。

| | |
|---|---|
| **目的**<br>　　◇让参与者在轻松愉快的气氛中探讨生物是如何适应其生存环境的<br>**活动类型**<br>　　◇活泼型、感受型<br>**参与者人数**<br>　　◇10～20人<br>**参与者年龄**<br>　　◇10岁以上 | **时限**<br>　　◇大约30分钟<br>**材料**<br>　　◇标记彩带以及制作手工艺品所需的材料<br>**准备工作**<br>　　◇选择合适的一块林地<br>**室外条件**<br>　　◇不要太潮湿 |

---

活动流程

◆ 把参与者分成两个人数相等的小组（参见[>]开始 7 "谁和谁在一起？"），分配给每个小组一个"生存空间"（如10米×10米），然后用标记彩带作为界标。应该有两个明显不同的栖息地。一个栖息地可以是灌木林地，在灌木下是枯枝落叶；另一个栖息地可以采用一般的林地。

◆ 每一个组的参与者应该发挥自己的想象力，用树枝、松果、树叶、树皮块、花卉等制作出一个适应该地区环境的幻想动物。建议根据动物的制作结构，规定不同的要求，如两只眼睛，四条腿等的制作方式。

◆ 参与者应该把所制作的每种动物巧妙地放置在其生存环境中，达到由于它的伪装，而很难被发现的目的。

◆ 当所有动物都布置完毕之后，各组尝试寻找并清点其他小组伪装隐藏好的动物，但不要拿走。

◆ 最后应该选出具有良好伪装、与栖息地更好地融合的动物，并进行评估和讨论。

---

活动变化方案

◆ 参与者建立真实的燕窝，而不是幻想中的动物洞穴。

◆ 为了完成动物伪装，请让参与者准备并使用材料，如线绳、残余羊毛、牙签、绑扎线绳、钳子和胶水等。

## 森林——生命空间 17  与"森林精灵"和"树仙"为伴

内容 参与者寻找想象生物的"居所"，并编制故事详细描述它们。

| 目的 | 时限 |
| --- | --- |
| ◇鼓励参与者的想象力 | ◇15分钟 |
| 活动类型 | 材料 |
| ◇从热闹到安静 | ◇— |
| 参与者人数 | 准备工作 |
| ◇无人数限制 | ◇选择一块合适的林地 |
| 参与者年龄 | 室外条件 |
| ◇3~8岁 | ◇— |

---

活动流程

◆ 请您先用一个游戏让参与者热身，在热身活动中让他们列举森林生物名单。如果一段时间后，他们并没有不自觉地谈论到"精灵、仙女和小矮人"，那么请您发出神秘的声音并与他们神秘地耳语，让他们猜想在这里也存在那些"精灵、仙女和小矮人"。因为他们只能在非常特殊的时刻才能看得到，自己发现这些确实是非常困难的。因此，要求参与者们至少能够找到他们的"家"的痕迹。

◆ 用不着给予过多的指导，参与者也能够发现许多洞穴、壁龛等，然后他们可以把这些所发现的东西称作"房子"和"城堡"。

◆ 根据参与者的想象力的情况，可以兴奋地继续玩下去：突然间，他们发现了"学校""医院""花园"或"运动场"之类的场所。参与者对于这种充满幻想图画的活动往往非常开心和具有创造性。

◆ 请您告诉参与者有关痕迹的故事或请参与者自己去发现一些动物痕迹。

根据莫妮卡 · 若格尔（Monika Seeger）建议改编

## 森林——生命空间 18　小树，我摇动你！

**内容**　参与者直观了解鸣禽的食物——昆虫。

| 目的 | 时限 |
| --- | --- |
| ◇让参与者认识到许多昆虫居住的"秘密" | ◇10分钟 |
| 活动类型 | 材料 |
| ◇活泼型、知识型 | ◇白色的床单或大伞 |
| 参与者人数 | 准备工作 |
| ◇无人数限制 | ◇— |
| 参与者年龄 | 室外条件 |
| ◇不限 | ◇天气干燥 |

**活动流程**

◆ 请您与参与者共同了解，许多鸟类以森林昆虫为食。

◆ 现在给参与者约5分钟的时间，要求他们寻找昆虫并清点发现的动物。

◆ 然后，收集计数结果并记录。

◆ 请参与者在低垂的阔叶树树枝上挂一块白色床单或把一把大伞打开后倒置。

◆ 一些参与者现在可以剧烈摇晃该树枝。结果：掉下的昆虫或其他动物远比刚才所清点的数目更多，而且总有一些没有被发现的昆虫。

> **提 示**
>
> 对您来说也是第一次并且很好的"啊哈！原来如此！"的亲身经历。

**活动变化方案**

请您用不同的树种进行试验！

## 森林——生命空间 19 啄木鸟巢穴调查分布图

**内容** 参与者调查啄木鸟巢穴的分布，并使他们了解巢穴对物种保护的重要性。

目的
  ◇让参与者明白物种和栖息地保护两者之间的关系
  ◇让参与者明白林业包括森林物种保护

活动类型
  ◇调研型、知识型

参与者人数
  ◇最多30人

参与者年龄
  ◇10岁以上

时限
  ◇约30～60分钟

材料
  ◇望远镜
  ◇彩色丝带
  ◇手写板
  ◇鸟鸣声小程序①
  ◇移动设备（如手机、平板电脑）
  ◇林分地图

准备工作
  ◇选择一片山毛榉或橡树的林分
  ◇复印林分的地图

室外条件
  ◇理想的是冬天开始，有落叶树种和充足的阳光

### 可持续发展教育目标

◆ 对待事物的方法与能力
◇我在知识获取方法方面是经过训练的，如思考、联想、试验、研究、提问，等等。
◆ 这里：您与参与者共同讨论调查结果，并进一步探讨啄木鸟巢穴对物种保护的重要意义。
◆ 社会能力
◇我可以与他人一起制订计划并处理问题。
◆ 这里：您的参与者与其他人一起调查该林分所有的啄木鸟巢穴。

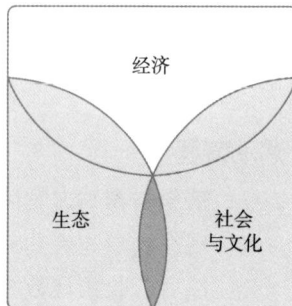

经济

生态　　　　社会与文化

### 活动流程

◆ 参与者2～3人编成一组（参见[>]开始 7 "谁和谁在一起？"），并给每个组指定一个林分小班。
◆ 请用小程序播放啄木鸟的鸣叫声。参与者首先体验不同种类啄木鸟的鸣叫声并获得对不同种类啄木鸟的第一印象。另外，如果大家都很安静的话，还可以用这种方法吸引啄木鸟。
◆ 解释自然洞穴对啄木鸟和它的"继承住户"的重要性。您还必须说明真菌的作用，它帮助啄木鸟"软化"了树木，为啄木鸟在树上安家落户提供了极大的方便。
◆ 参与者在其各自林分小班寻找啄木鸟巢穴时，在有啄木鸟巢穴的树上用彩色带子做出标

① 译注：可用手机、平板电脑播放下载好的音频代替鸟鸣声小程序。

记并在地图上做出相应位置的标记。

◆ 参与者须区分大型穴，如黑啄木鸟（*Dryocopus martius*）的巢穴；中型穴，如大斑啄木鸟（*Dendrocopos major*）的巢穴；以及小型穴，如小斑啄木鸟（*Dendrocopos minor*）的巢穴。

◆ 最后各小组集中在一起，并且共同步行游历整个区域。讨论建造啄木鸟洞穴对于物种保护的重要性，并详细讨论"继承住户"的多样性。

---

**提 示**

这项活动也适合与[>]森林——工作场所 10 "洞穴是动物的栖息地"共同开展。

---

# 森林——生命空间 20 真菌，你吃什么呢？

**内容** 参与者以游戏的形式演示真菌如何摄取养分。

| 目的 | 时限 |
|---|---|
| ◇让参与者学习真菌和植物的区别 | ◇30分钟 |
| 活动类型 | 材料 |
| ◇知识型、活泼型 | ◇帽子 |
| 参与者人数 | ◇糖果（葡萄糖） |
| ◇最多30人 | ◇水瓶 |
| 参与者年龄 | 准备工作 |
| ◇8岁以上 | ◇请您尽可能寻找一块分别有真正的真菌、菌根和腐食真菌生长的场地 |
| | 室外条件 |
| | ◇夏季，秋季 |

**活动流程**

◆ 请您给参与者简短介绍活动内容：真菌不是植物，它们生长在阴暗处。它们的能量不是来自于太阳能，而是来自于吸取植物的养分（糖分），它们是如何得到糖分的呢？

◆ 有3种可能性，首先让两位参与者表演：一位手臂张开扮演"一棵大树"，手中拿着绿色的树枝和小糖果，代表光合作用产生的糖分；另一位扮演"真菌"。他戴着一顶帽子蹲到地上。

◇首先"寄生真菌"去偷取"树"的糖分，"大树"进行阻挠。

◇然后"共生真菌"（菌根）手拿水瓶让"大树"喝一口水，以此来交换希望得到的糖分。

◇最后"腐生真菌"对秋季从树上掉落的糖分进行分解。

◆ 请您把参与者分成4个小组，分别扮演"大树""寄生真菌""共生真菌""腐生真菌"（参见[>]开始 7 "谁和谁在一起？"）。请您给"大树"配备树枝，给予"寄生真菌"帽子，给"共生真菌"配发水瓶。参与者们一起扮演"森林"，在其中真菌吸取大树的营养。

◆ 现在请您指示参与者：

◇ "大树"喊道："阳光，照耀吧，我要制造糖分"。请您作为"阳光"分给"大树"一些小糖果。

◇ "寄生真菌"喊道："大树，我要吸取你的糖分！"并从树那里拿走一块糖。

◇ "共生真菌"喊道："大树，我给你提供水分，你可以给我提供糖分吗？""大树"表示同意。

◇ "腐生真菌"喊道："大树，快点掉些叶子吧！我需要糖分！"在秋季一般会如此。

◆ 请您重复几次上面的流程。最后您走入表演中并示意，所有过程同时停止。

◆ 最终每个参与者都应该分得或持有糖果。

---

## 提 示

◆ 请您注意，"寄生真菌"在活动中动作不能太粗鲁。

◆ 您应该提前一天找好有真正的真菌生长的地方，因为许多菌体都是暂时性的！

---

### 活动深入的可能性

如果能为以上3种吸取营养成分的方法展示相应的实物真菌，活动效果会更佳。您应该为场地上寻找到的不同真菌分别介绍它们的营养供给方式。

### 附加信息

◆ 真菌中不同营养供给方式的典型代表如下[1]。

◇寄生：蜜环菌、桦剥管菌、翘鳞伞菌、槭斑痣盘菌（漆斑病）、霉菌；

◇共生（菌根）：牛肝菌、红菇属、乳菇属、鹅膏菌属（蛤蟆菌）、丝膜菌属；

◇腐生：头菌属、伞菌属、大环柄菇属、马勃属、球盖菇属、鬼伞属。

◆ 真菌具有植物的特征，它们不能移动且由孢子发育而成，也有动物的特征，它们不进行光合作用，细胞壁中含有甲壳质。它们在生物系统科学里独立成为动物和植物之外的一界。

◆ 寄生在植物上的真菌，其营养依赖于植物的光合作用。

◆ "菌根"一词是来自于希腊语，意为"真菌树根"。实际上是黏合生长在一起的细根。树木和菌根的菌丝，交换物质，彼此都能获得好处：真菌菌丝作为扩展的树根系统提供给树木额外的水分，而相对的真菌得到它们自己无法制造的同化物（糖分）。

◆ 腐生真菌，它们在已死亡的有机体上，主要是干草和死木，吸取养料，它们隐藏在看不见的地方，却在自然生态系统中占有一席重要地位：它们位于营养循环过程的末端，把死亡机体清除干净。它们可以把死亡有机物分解成矿物质，并供植物重新利用。

---

① 译注：关于不同营养供给方式的蘑菇、真菌典型代表，由蘑菇、真菌专家根据本地情况进行调整。

# 森林——生命空间 21　我的蘑菇

**内容**　参与者了解真菌的特征。

目的
　　◇让参与者集中精力探讨、认识一种真菌

活动类型
　　◇感受型、调研型、安静型

参与者人数
　　◇最多30人

参与者年龄
　　◇10岁以上

时限
　　◇45分钟

材料
　　◇描述表（参见[>]附件1）
　　◇写字板
　　◇铅笔，蜡笔

准备工作
　　◇寻找一种真菌的识别特征
　　◇复印附件

室外条件
　　◇适合夏季，秋季
　　◇天气干燥

**活动流程**

◆　请给参与者解释一个蘑菇的识别特征，即在[>]附件1资料文件中列出的生物的特点。

◆　分发给每位参与者描述表附件、书写板和铅笔。

◆　圈定一个参与者可以在森林里自由活动的区域。

◆　现在每一位参与者现场寻找一个蘑菇，但是不要采摘，借助于事先分发的调查表描述、画图，并给它起一个名字。

◆　在集中碰面的地方准备好彩色铅笔，以便于让参与者用彩笔画相关的蘑菇。

◆　然后，参与者互相展示所画的结果。

◆　允许参与者携带他们的调查表回家，例如他们可以拿回去挂在教室里。

**活动深入的可能性**

参与者可使用[>]森林土壤 3 "土壤窗口"，"承担其真菌的角色"模仿蘑菇摄取营养。

---

**提 示**

■ 对于10~12岁的儿童，建议两个人在一起探索一种真菌。把参与者分成两人一组（参见[>]开始7 "谁和谁在一起？"）。

■ 鼓励参与者给蘑菇命名①。

■ 为了准确地描述一种真菌，你必须要接触它，例如，观看一下菌盖下边和确定表面外观组成。许多参与者都害怕，因为许多蘑菇是有"毒"的。请您解释说，这些"毒"只能在消化道中起作用，用手触摸是没有危险的。但是，参与者仍然应该在活动之后洗手。

---

**附加信息**

◆ 在森林教育引导过程中最受欢迎的问题是："这是什么菌？"。在大多数情况下，您不会知道答案。这项活动现在将促进参与者对蘑菇的科学名称的记忆。但是，令人遗憾的是，出于对这一问题的恐惧，而事实上是没有进行这个活动。那么，您又该如何处理呢？

◇答案："我不知道……"对双方都不满意。最好是去摸索，例如"嗯，看菌盖的下边，这绝对是一个鳍褶木耳，从外表和形式看，可能是杯伞属（*Clilocybe*）蘑菇之一。"对这样的答复大多数是满意的。这样参与者实际上学习了新的东西（也许比您知道的东西要多），另外，还有注意力和赞赏。

◇请您指出，在德国巴伐利亚州有4000~5000不同种类的大型真菌，这些真菌的子实体用肉眼是看得见的。即使是蘑菇专家，知道全部蘑菇名称也是不可能的。此外，还有许多非常相似的物种，只有在显微镜下才可以区分。

◇通过对林业科学工作者和校长的比较，也有助于加强理解："一位林业科学工作者也许熟悉认识森林中所有树种，但并不是认识所有的真菌。一位校长知道他的学校中所有老师的名字，但并不知道每一个学生的名字。然而，照顾好每个学生，是他的工作职责。正如林业科学工作者一样，认识真菌也是非常重要的。就像校长知道特别好的学生和特别差的学生的名字一样，林业科学工作者也应知道特别好和特别不好的真菌的名字。"

◆ 以下介绍的识别特征，至少可以方便识别确定最常见的伞菌目的真菌。这份识别名单不是很详尽，没有涉及许多特殊的真菌。

◇漏斗形杯伞属（*Clilocybe*）：蘑菇顶层漏斗型向上拱起，菌褶沿蘑菇柄向下延伸。

◇香菇：蘑菇柄带环，菌褶层玫瑰红至棕红色。

◇冠状环柄菇（*Lepiota cristata*）：蘑菇柄带环，菌褶层白色，柄脚处无皮肤残留。

◇鹅膏菌属（*Amanita*）：柄带环，菌褶层白色，柄脚处有皮肤残留。

◇梭柄金钱菌（*Collybia*）：柄杆非常富有弹性，旋转后不易折断。

◇车轴皮伞属（*Marasmius*）：多为小型，柄杆坚韧，常常非常薄且菌褶层黑色。

◇荧光蘑菇（*Mycena*）：小，薄，易折碎，菌盖呈半球形。

◇丝盖伞属蘑菇（*Inocybe*）：钟形帽，菌褶层纵向撕裂。

◇丝膜菌（*Cortinarius*）：蜘蛛网般的丝从蘑菇顶部的边缘生长到柄杆，在菌盖伸展时折断。其折断的丝线上能够捕获锈褐色孢子粉。

◇口蘑属（*Tricholoma*）：菌褶层在到达柄之前有一个小隆起。

◇鸡腿蘑（*Coprinus*）：菌褶或整个菌盖融化为黑色。

◇红菇属（*Russula*）：柄杆易折，无纵向抽丝，无"乳汁"出现。

◇乳菇（*Lactarius deliciosus*）：柄杆易折，无纵向抽丝，有"乳汁"出现。

---

① 译注：可以用本地蘑菇替换上述活动中的蘑菇种类。

**参考文献**

格哈特. 巴伐利亚农业出版社大型蘑菇识别之旅指南. 内容丰富的1200种蘑菇的识别鉴定并附图. 慕尼黑: 巴伐利亚农业出版社, 2007.

阿曼, 苏默尔. 森林里的蘑菇. 梅尔松根: 诺伊曼–诺伊达姆出版社, 2004. 最常见的森林真菌种类的快速测定并附图.

**Literaturhinweise**

Gerhardt; Der große BLV Pilzführer für unterwegs, BLV Buchverlag, München 2007. Umfangreiches Bestimmungsbuch für 1200 Arten, mit Fotos

A mann, Summerer; Pilze des Waldes, Neumann–Neudamm Verlag, Melsungen 2004. Ermöglicht ein schnelles Bestimmen der häufigsten Pilzarten im Wald, mit Zeichnungen

**附件 1**

我的蘑菇：描述蘑菇的特点

蘑菇的高度：_____厘米

蘑菇的宽度：_____厘米

菌柄的宽度：_____厘米

生长在地面上的蘑菇

| | | | |
|---|---|---|---|
| 生长环境 | □ 独自 | □ 群体 | |
| 生长环境 | □ 在土壤中 | □ 在木材中 | |
| 菌盖下形状： | □ 褶皱 | □ 管状 | □ ____ |
| 菌盖形状： | □ 尖 | □ 珠状 | □ 钟形 |
| | □ 平 | □ 拱形 | □ |

菌盖上面颜色：_____

菌柄颜色：_____

| | | | |
|---|---|---|---|
| 菌盖上面： | □ 粗糙 | □ 光滑 | □ 黏滑 |
| 菌柄： | □ 粗糙 | □ 光滑 | □ 黏滑 |
| 菌柄： | □ 带环 | □ 无环 | □ ____ |
| 菌柄脚： | □ 加粗 | □ 带皮 | |

闻起来像（菌盖下）：_____

其他：

_____

**附件 2**

尽可能逼真地画出你的蘑菇。考虑大小，形状和颜色！ 给你的蘑菇起一个充满想象力的名字：_____

## 附件 3

这里列出的特征，至少有助于识别最常见的蘑菇。这份图表仅仅是示意，既不详尽，也没有考虑许多例外[①]。

红菇属
菌柄易折，
无长丝，无乳汁。

梭柄金钱菌
菌柄弹性极强，
可扭曲而折不断。

乳菇
菌柄杆易折，无长丝，
有乳汁流出。

漏斗形杯伞属
较老的菌盖呈现向上
拱形漏斗状，菌褶沿
柄部向下延伸。

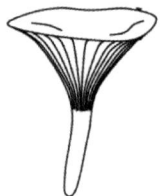

口蘑属
菌褶层在到达柄
之前有一个小隆起。

丝膜菌
蜘蛛网状菌丝，从菌帽
到柄部延伸绷紧。在帽子
伸展时菌丝拉折，这些
丝中有孢子粉。

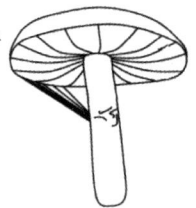

冠状环柄菇
柄带环，菌褶层白色。

香菇
菌柄带环，菌褶
呈现玫瑰色或棕色。

鹅膏菌
菌柄带环，菌褶层白色，
柄脚处有皮肤残留。

鸡腿蘑
菌褶或整个菌盖
帽子融化为黑色。

荧光蘑菇
矮小，易折。

丝盖伞属
钟状菌盖，放射状开裂。

小皮伞菌
大多数矮小，菌丝层黑色。

---

[①] 译注：与当地常见真菌进行核对，并对当地常见蘑菇进行归类。

# 森林——生命空间 22 孢子图像

**内容** 参与者可以在一张纸上让孢子"现形"。

| 目的 | 时限 |
|---|---|
| ◇让参与者形象地了解真菌繁殖的机制 | ◇2×15分钟（中间至少隔开两个小时） |
| 活动类型 | 材料 |
| ◇知识型、安静型、调研型、创造型 | ◇重磅结实的纸（最好是淡蓝色，青绿色或浅绿色彩纸）<br>◇水桶<br>◇铲斗<br>◇喷涂式清漆或发胶 |
| 参与者人数 | 准备工作 |
| ◇最多30人 | ◇夏季，秋季 |
| 参与者年龄 | 室外条件 |
| ◇6岁以上 | ◇— |

**活动流程**

◆ 请要求每个参与者首先要寻找并采集一只蘑菇。

◆ 请参与者去除蘑菇的柄并把菌盖底部朝上放置在一张纸上。该纸张应该在桌子或树桩上摆放平整。为使蘑菇可以不受干扰地释放孢子，参与者用倒置桶或杯子为其防风并用重器加固，例如，用石头。

◆ 准备就绪后应该尽可能在至少两个小时内不要再动。在此期间可开展其他活动，例如[>]森林——生命空间 20 "真菌，你吃什么呢？"，[>]森林——生命空间 21 "我的蘑菇"。

◆ 2个小时后，要求参与者解除挡风设施并把菌盖小心垂直扶起：现在，真菌孢子已变成粉末沉积在纸张上。

◆ 用清漆或发胶以喷雾的方法可以永久固定这一图像。等图像干燥之后，参与者可以带走。

**活动变化方案**

参与者可以在用油漆喷涂孢子图像时，进一步塑造形象，例如，塑造成一个铅笔型画像。

> ## 提 示
>
> ■ 鳍褶蘑菇能够提供美观漂亮的结果。菌褶可形成星星形状的图案。
>
> ■ 因为许多蘑菇是"白色孢子粉",所以白色纸张不适合用来收集其白色孢子粉。孢子粉可能是白色,黄色,肉粉红色,铁锈红色,棕色和黑色。用浅绿色或浅蓝色纸能够对所有这些颜色的孢子粉形成良好的对比。
>
> ■ 孢子受空气运动影响越少,孢子的形象就越清晰,越厚实可观。

### 附加信息

◆ 常常还可以在蘑菇生长的位置找到蘑菇孢子粉,孢子可能散落隐藏在苔藓或簇绒的更深处。

◆ 孢子粉的颜色是识别真菌属的重要标志。

  ◇白色至微黄色:牛肝菌(Boletaceae),乳菇(又称橙红菌,黄蘑菇,松乳菌(Lactarius deliciosus),红菇属(Russula),漏斗形杯伞属(Clilocybe),冠状环柄菇(Lepiota cristata),鹅膏菌属(Amaita),梭柄金钱菌(Collybia),小皮伞菌属(Marasmius),发光菌类(Mycena),口蘑属(Tricholoma),变黑蜡伞(Hygrocybe conica),蜡伞科(Hygrophoraceae)。

  ◇肉粉红色:灰光柄菇红褶菇(Pluteus cervinus),草菇属(Volvariella),粉褶蕈属(Entoloma),紫丁香蘑(Lepista nuda)。

  ◇铁锈红色:丝膜菌(Cortinarius),卷边网褶菌(Paxillus involutus)。

  ◇棕色:丝盖伞属蘑菇(Inocybe),裂丝盖菌(Inocybe rimosa),大毒滑锈伞(Hebeloma crustuliniforme),桤生环锈伞(Pholiota alnicola)。

  ◇深褐色到黑色:垂幕菇(Hypholoma capnoides),鸡腿蘑(Coprinus),球盖菇属(Stropharia),脆柄菇(Psathyrella)。

◆ 真菌通过孢子传播。这些孢子通常只有几微米,就是一毫米的千分之一。

◆ 伞菌目的孢子在其菌盖底面形成——在菌褶以及菌管中——散落百万倍孢子粉,以便于让风携带它们离开,这也是这些真菌为什么有帽子(子实体!)的原因。

◆ 有一些孢子可能要在其他地方萌发,并形成新的菌丝体。这种新的菌丝体,比如孢子,只有一套染色体,必须与一个相同种类的第二个菌丝体连接后,才具有双套染色体,这样才有形成子实体的可能性。

◆ 在一个地方生长数量越来越多的同类型子实体,通常是相同的菌丝体、子实体。

◆ 通常形成环型子实体的原因在于,事实上,真菌从地面向上生长,并且最年轻的部分也是最重要的部分。中世纪的人不知道这一说法,并认为这是一个神奇的事情,"女巫"跳舞或聚集时人们不敢踏进"女巫环",他们担心进去后会变成女巫。

◆ 收集的蘑菇(子实体)不损害菌丝——类似于苹果树,采摘的苹果不会使其受到伤害。不过,采摘蘑菇要适度和谨慎。

◆ 在地球上已知的体积最大的生物是一个蘑菇:人们在美国俄勒冈州发现了一只蜜环菌(Armillaria mellea),这只木耳周围延伸超过880公顷,其总质量大约是600吨,它的年龄是约为2400年。它的生长致使其所在的森林神秘死亡。

# 森林——生命空间 23　种子和果实传播

**内容**　参与者了解植物种子和果实的传播。

---

目的
　　◇让参与者亲自尝试种子传播

活动类型
　　◇活泼型

参与者人数
　　◇最多20人

参与者年龄
　　◇8岁以上

时限
　　◇约30分钟

材料
　　◇袜子
　　◇放大镜
　　◇图鉴
　　◇彩色铅笔
　　◇纸张

准备工作
　　◇选择适当的位置

室外条件
　　◇不下雨

---

**活动流程**

◆ 请您与参与者共同了解植物种子和果实如何传播和扩散，即了解它们的传播方式和种类（参见[>]附加信息）。

◆ 请让参与者穿上旧棉袜并把袜腰拉到膝盖以上，然后以这种方式穿越森林、灌木和草甸。

◆ 最后，参与者收集的种子和瘦果就粘在袜子上。

◆ 请让参与者用放大镜观察这些种子和果实，其中有些也可以画下来，然后再鉴定。

◆ 之后，参与者可在花盆中播种这些种子。

**活动变化方案**

　　请参与者站在高处向下扔枫树种子。有一种竞争活动，特别适合幼小的儿童，即谁能把他的"直升机"降落到事先标注的地方，比如，一块木板或一张纸片，那么谁就是赢家。

**附加信息**

　　种子可以以不同的方式传播①。

◆ 自己的力量：因为果皮中的不平衡张力，种子就会自己崩开种皮而跳出来，例如,苦瓜。

◆ 气流：果实或种子有不同的飞行设施，例如，羽翼（枫树、水曲柳和桦树），果实绒毛（蒲公英），羽状毛（白头翁、福禄考）或毛（海葵、柳树、白杨）。

◆ 水流：沼泽地植物的果实和种子在水面停留较长时间（鸢尾属植物、桤木）。

---

① 译注：下述各植物种子在本地区不存在的，可以用本地区具有类似种子传播方式的植物代替。

◆ 动物

◇通过固定在皮肤上传播：果实或种子自身带有附着设施，可以依附在某种物体上，如钩形毛（猪殃殃 *Gulium aparine*），用钩般的赘生物（鬼针草），或整个果实上都带小钩（牛蒡果*Arotium*）。在其他情况下，有黏性的连接种皮（车前草*Plantago*）。

◇通过消化传播：动物吃果实或种子，它们将继续留在粪便中未被消化，因而广泛分布（花楸果、樱桃、槲寄生）。

◆ 人类：通过人类的工作，例如，培养农作物，交通运输，种子粘到衣服上，可以帮助其传播。

## C 背景知识

当然，关于森林背景知识的书有很多，你们每个人家中都有大量的专业书，可以查找这个答案或那个答案。

一些哺乳动物的体长和质量[1]

| 哺乳动物 | 长度（厘米） | 最大质量（千克） |
|---|---|---|
| 小臭鼩 | 4 | 0.002 |
| 家鼠 | 12 | 0.03 |
| 田鼠 | 12 | 0.05 |
| 睡鼠 | 19 | 0.12 |
| 金黄仓鼠 | 18 | 0.13 |
| 松鼠 | 25 | 0.5 |
| 刺猬 | 30 | 1.2 |
| 麝鼠 | 36 | 1.5 |
| 狐狸 | 90 | 10 |
| 獾 | 85 | 20 |
| 鹿狍 | 140 | 30 |
| 海狸 | 100 | 30 |
| 狼 | 150 | 75 |
| 赤鹿 | 265 | 200 |
| 野猪 | 180 | 250 |
| 大象 | 750 | 6000 |

一些动物的最大速度

| 鸟类 | 翼展宽（厘米） | 重量（克） |
|---|---|---|
| 戴菊 | 16 | 4 |
| 蓝山雀 | 20 | 12 |
| 花头鸺鹠 | 40 | 60 |
| 大斑啄木鸟 | 48 | 95 |
| 松鸦 | 55 | 195 |
| 黑啄木鸟 | 75 | 315 |
| 木鸽 | 90 | 500 |
| 乌鸦 | 100 | 600 |
| 苍鹰 | 118 | 2000 |
| 松鸡 | 130 | 6000 |
| 鹭 | 140 | 1200 |
| 猫头鹰 | 170 | 3200 |

一些鸟类的翼长和质量

| 水中动物 | 速度（千米/小时） |
|---|---|
| 鳟鱼 | 35 |
| 鲑鱼 | 39 |
| 箭鱼 | 90 |
| 在陆地上的动物 | 速度（千米/小时） |
| 鼹鼠 | 4 |
| 田鼠 | 8 |
| 家鼠 | 12 |
| 蜥蜴 | 29 |
| 猫 | 48 |
| 狼 | 60 |
| 野兔 | 65 |
| 鹿 | 67 |
| 猎豹 | 120 |

| 在天空中的动物 | 速度（千米/小时） |
|---|---|
| 白粉蝶 | 14 |
| 蜜蜂 | 29 |
| 麻雀 | 45 |
| 鹭 | 45 |
| 蝙蝠 | 50 |
| 信鸽 | 80 |
| 隼 | 80 |
| 椋鸟 | 81 |
| 山鹑 | 85 |
| 游隼 | 290 |

---

[1] 译注：上述数据可用最新的数据进行替换、补充、拓展。

## 各种动物的寿命（不是所有数据都可靠）

| 动物 | 寿命（年） |
|---|---|
| 工蜂 | 6周 |
| 家蝇 | 11周 |
| 臭虫 | 6周 |
| 女王蜂 | 5 |
| 鼠 | 4 |
| 大老鼠 | 3 |
| 金黄色步行虫 | 5 |
| 千足虫 | 5 ~ 6 |
| 蜥蜴 | 5 ~ 8 |
| 野兔 | 8 |
| 大山雀 | 9 |
| 蚯蚓 | 10 |
| 欧鸽 | 11 |
| 松鼠 | 12 |
| 狐狸 | 14 |
| 狍 | 16 |
| 燕子 | 16 |
| 乌鸫 | 18 |
| 鳟鱼 | 18 |
| 兔 | 5 ~ 10 |

| 动物 | 寿命（年） |
|---|---|
| 狗 | 15 ~ 20 |
| 蜘蛛 | 20 |
| 椋鸟 | 20 |
| 牛 | 20 ~ 30 |
| 麻雀 | 23 |
| 鸢 | 24 |
| 鹊 | 25 |
| 野猪 | 20 ~ 30 |
| 苍头燕雀 | 29 |
| 鹿 | 30 |
| 慢缺肢蜥 | 33 |
| 猫 | 35 |
| 绦虫 | 35 |
| 金鱼 | 41 |
| 斑螈 | 43 |
| 棕熊 | 47 |
| 梭子鱼 | 60 ~ 70 |
| 猫头鹰 | 60 ~ 70 |
| 鲤鱼 | 70 ~ 100 |
| 乌鸦 | 118 |

## 振翅频率

| 昆虫 | 次数/秒 |
|---|---|
| 灰蝶 | 11 |
| 蜻蜓 | 25 |
| 金龟子 | 46 |
| 瓢虫 | 80 |
| 牛虻 | 96 |
| 黄蜂 | 110 |
| 家蝇 | 250 |
| 蜜蜂 | 250 |
| 蚊子 | 300 |

| 鸟类 | 次数/秒 |
|---|---|
| 苍鹭 | 2 |
| 鹊 | 3 |
| 鸢 | 3 |
| 猫头鹰 | 4 |
| 鸽子 | 8 |
| 野鸭 | 5 ~ 10 |
| 楼燕 | 12 |
| 麻雀 | 13 |
| 蜂鸟 | 30 ~ 50 |
| 紫晶蜂鸟 | 78 |

## 一些恒温动物的体温和每日所需的食物量

| 恒温动物 | 平均体温（℃） |
| --- | --- |
| 大斑啄木鸟 | 42 ~ 43 |
| 苍鹰 | 41.9 |
| 蝙蝠 | 31.0 |
| 狐狸 | 38.5 |
| 榛睡鼠 | 30.5 |
| 刺猬（清醒） | 35.0 |
| 刺猬（休眠） | 6.0 |
| 猫 | 38.9 |
| 牛 | 38.5 |
| 山羊 | 40.0 |
| | |

| 动物 | 每日所需的食物量（体重的%） |
| --- | --- |
| 熊 | 2 |
| 牛 | 3 |
| 鸡 | 3.5 |
| 鹭 | 4.5 |
| 小鸮 | 6.5 |
| 红隼 | 8 |
| 椋鸟 | 11.9 |
| 蓝山雀 | 30 |
| 鼠 | 40 |
| 鼷鼠 | 100 |
| 矮鼩 | 200 |

## 一些动物的跳远距离及与身长的比例

| 动物 | 跳远距离（米） | 与身长相比（ N 倍） |
| --- | --- | --- |
| 狐狸 | 2.80 | 2 ~ 3 |
| 马鹿 | 11 | 4.5 |
| 袋鼠 | 6 ~ 10 | 7 |
| 森林鼠 | 0.7 | 8 |
| 蚂蚱 | 2 | 30 |
| 跳蚤 | 0.25 | 200 |
| 人类（世界纪录） | 8.9 | 5 |

# 第六节　森林
## ——工作场所

林业工作者的工作一半是科学，一半是艺术，
只有合二为一才能出大师。

哈恩里希·柯特（Heinvich Cotta）

A 简明信息

B 活动

C 背景知识

# A　简明信息

　　许多人对在森林中工作这一职业特别感兴趣。参加森林旅游的人经常会问"林业工作者整天都在忙什么？"，或者"不同的季节，森林中有哪些工作要做？"。甚至有些成年人经常会说："啊，当一名林业工作者多好呀，他们可以整天在森林中散步。"因此我们总结了这些活动，希望通过这些活动能够把森林工作的各个方面以及林业工作者需要承担的任务和要做的工作给大家展示出来。当然这些活动只是林业工作者日常工作的一个剪影。

　　也许您会惊讶，在这些主题中，只能找到少量的、特别适合"可持续发展教育"的活动。并且在这些适合的活动中大多数只是反映了"可持续发展教育目标"的一个侧面。但这些不同活动的有机结合，就可以非常好地展示出可持续性和可持续发展，如森林经营。这里也请您参见重点主题[>]森林项目。

## 活动概览

　　木材特性和木材应用将在下列活动中介绍：

■ 森林——工作场所 8 "从参天大树到木材原料"

　　参与者了解我们从森林中获得，并要销售的原材料——木材。

■ 森林——工作场所 11 "修枝"

　　参与者了解提高木材价值和质量的森林经营措施之一——修枝。

■ 森林——工作场所 12 "同样的树木，不同的材质"

　　参与者了解树干木材是如何生长的以及它们的生长方式对将来的木材利用有何影响。

■ 森林——工作场所 13 "绝妙的锯材游戏"

参与者可以自己用锯子锯下木材圆盘。

■ 森林——工作场所 14 "木材具有多方面的特性"

参与者了解木材的多种用途。

---

自然保护和森林保护的主题会在下列活动中涉及：

■ 森林——工作场所 9 "围栏内外——动物咬伤数量调查方法"

参与者通过对森林树木受害情况调查就能了解森林被危害的结果。

■ 森林——工作场所 10 "洞穴是动物的栖息地"

林中树上洞穴向您展示，林业工作者在森林里是怎样主动保护自然的。

■ 森林——工作场所 16 "树皮甲虫（小蠹虫）"

解剖树皮甲虫侵害的树木就知道林业管理者和林业工人在冬天做些什么。

---

林业工作者对私有林所有者的咨询服务将在这里被介绍：

■ 森林——工作场所 15 "林业咨询"

与参与者一起制订森林抚育间伐的咨询计划。

大多数活动需要很多时间，有时活动时间需要计划2个小时！因此，这些活动比较适合于全天进行，主要涉及"森林中的工作""森林经营管理""狩猎"或"林业工作者的日常工作"等主题。

有关这些主题的更多建议，请参阅重点主题[>]动物和[>]可持续性利用。个别活动趣味性不是很强，但是集体参与性以及专业展示性很突出。

# B 活 动

## 森林——工作场所1 一平方米面积的森林

**内容** 参与者比较天然更新林分和成熟林分树木的数量。

| 目的 | 时限 |
|---|---|
| ◇让参与者了解森林是个动态系统，人们可以调节它 | ◇30分钟 |
| **活动类型** | **材料** |
| ◇知识型、调研型 | ◇每组8根木棒、绳子、纸、铅笔，以及用不同颜色的胶带来区别不同的树种 |
| **参与者人数** | **准备工作** |
| ◇最多30人 | ◇— |
| **参与者年龄** | **室外条件** |
| ◇7岁以上 | ◇干燥 |

**活动流程**

◆ 4~5人分成一组（参见[>]开始7"谁和谁在一起？"）。

◆ 把材料分给各个小组。

◆ 参与者用脚步分别在天然更新的林分和成熟林分中确定一块一平方米的面积（1米×1米），用绳子和木棒做标记。

◆ 分别数一数绳子内的树木数量。

◆ 最后比较、讨论结果。

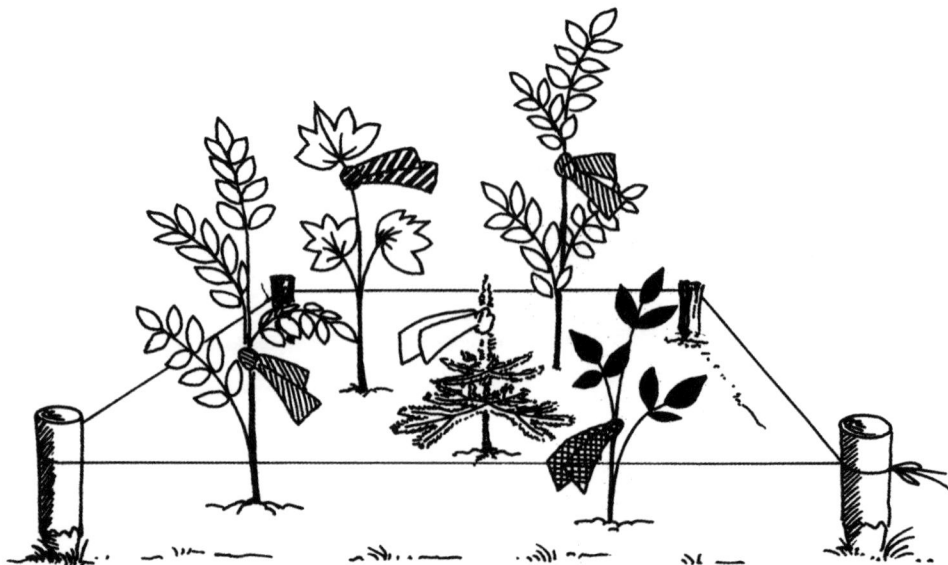

**活动深入的可能性**

◆ 参与者确定和标记不同树种，比如可以在样地上用不同颜色的胶带做成的小彩旗标记不同的树种。作为准备请参阅[>]树木 15 "树木简介"。

◆ 同参与者一起，拟定林业工作者的工作领域，例如，怎样调节喜光树种和耐阴树种对阳光的需求？何时需要进行人工补植？狩猎对天然更新有哪些影响？

◆ 对这些问题进行分类讨论，如每隔12米栽一棵树是否合适？大自然是怎样浪费种子的？幼树是怎样生长的？有多少树经过自然淘汰过程而死亡？您也可以探讨，不同生长条件对木材质量有不同的影响，参考[>]森林——工作场所 12 "同样的树木，不同的材质"。

# 森林——工作场所 2　采种与播种

**内容**　参与者经历从山毛榉和橡树种子的收集到播种的过程。

目的
　　◇让参与者了解一粒种子怎样长成一棵大树
活动类型
　　◇活泼型
参与者人数
　　◇最多30人
参与者年龄
　　◇8岁以上

时限
　　◇1.0～2.5小时（取决于强度）
材料
　　◇塑料桶
　　◇注满水的玻璃杯1个
　　◇比较大的运输袋
　　◇秤
　　◇栽植锄头
准备工作
　　◇选择合适的、离种子采集地点近的地块作为播种地块
　　◇清理部分场地
室外条件
　　◇秋季、干燥天气

**活动流程**

◆ 开始向参与者简单介绍，怎样判断种子质量，即根据种子的重量、颜色、种粒大小、是否被虫蛀过和是否发霉来判断。

◆ 把参与者分成3～4人的小组（参见[>]开始 7 "谁和谁在一起？"）。每个小组一只塑料桶，用大约15分钟到30分钟时间来采集种子。

◆ 然后和参与者一起根据上面的标准来判断所收集种子的质量。让参与者用种子进行"游戏测试"：瘪的种子浮在水面上，好种子完全沉在底部。

◆ 宣布种子收集的质量最好、数量（重量）最多的小组为种子采集获胜小组。

◆ 然后同小组成员一起到预选的播种地块（这些地块至少有部分面积进行了清理，为播种活动进行了前期准备）。

◆ 简单介绍人们根据种子大小不同而采取不同的播种方法，如撒播、条播、点播。然后参与者自己进行播种。

◆ 同小组成员一起到附近的林地，寻找一年生、两年生和多年生的橡树林地或山毛榉①林地，最后到一棵老树结束。这样解释一粒种子如何长成一棵参天大树的过程。

---

### 提 示

■ 邀请参与者来年再来播种地块，看看播下去的种子是否长出幼苗了。

■ 有关其他方法，以及如何调节树木生长，请参阅[>]家庭引导5 "从幼苗到大树"，[>]森林项目2 "飞行的种床"。

---

### 活动深入的可能性

◆ 参见[>]第九章 附录中的 "童话故事、诗歌、箴言、歌曲"。

◆ 如果参与者都是学生，您可以提议建立学校认养机制：让学校管理这块播种地，直到幼树长到它安全的阶段为止，即不再易于被野生动物啃伤为止。以后学生可以自己根据林分生长情况进行必要的抚育措施，如除草、补植和幼树管理。（参见[>]森林项 目5 "我未来的森林"，或是[>]森林项目6 "学校森林"）。

◆ 同参与者一起在播种地块的周围，准备用敲击声驱逐野生动物或者建立围栏围墙，以防止野生动物啃伤幼树。

◆ 同参与者一起，管理抚育已播种的地块。

## 参考文献

巴伐利亚州食品、农业和林业部. 人工栽植和幼林抚育. 巴伐利亚州森林所有者指南, 2007.

巴伐利亚州森林与林业研究所. 扎实的根基、坚固的森林. 森林和林业研究所宣传手册, 第18期, 弗赖辛, 2005.

### Literaturhinweise

Bayerisches Staatsministerium für Ernährung, Landwirtschaft und Forsten; Kulturbegründung und Jungbestandspflege. Wegweiser für den Bayerischen Waldbesitzer, München 2007.

Bayerische Landesanstalt für Wald–und Forstwirtschaft; Starke Wurzeln, stabile Wälder. LWF–Merkblatt Nr. 18, Freising 2005.

---

① 译注：一、二年生橡树或山毛榉，应由当地通过天然更新形成的树种取代。

# 森林——工作场所 3　新树木需要这块土地

**内容**　参与者自己栽植乔木和灌木。

> **目的**
> ◇让参与者了解怎样在林中栽树
> **活动类型**
> ◇创造型
> **参与者人数**
> ◇最多30人
> **参与者年龄**
> ◇6岁以上
>
> **时限**
> ◇1.5～2小时
> **材料**
> ◇每位参与者1株或多棵乔木和灌木（最好是幼苗）
> ◇小木桩
> ◇测距杆
> ◇栽植锄头
> ◇铲子
> ◇支撑架子和固定绳子
> ◇个人防护材料
> **准备工作**
> ◇采购幼苗；为参与者准备证书或者准备小树作为纪念品
> **室外条件**
> ◇只能在造林季节

**可持续发展教育目标**

◆　对待事物的方法与能力
◇我看问题着眼于未来，并注意事物之间的联系。
◇我能将知识转化为行动。
这里：参与者可以自己选择栽植树种，以便林分能应对未来气候变化的挑战。树种要在林地上合理分布，尽管有其他物种的竞争，单个树木仍能生长到50～100年，而且林木的材质很好。

◆　社会能力
◇我有很好的团队合作精神，我会顾及到别人的长处和弱点。
◇我可以与他人一起制订计划并处理问题。
这里：参与者可以和其他人一起制订种植计划并采取实际行动，您可以承担林分下一步发展的责任。

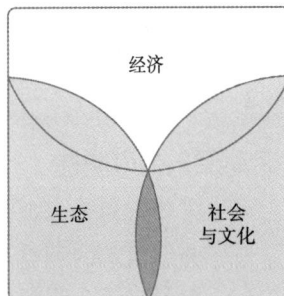

经济

生态　　社会与文化

**活动流程**

◆　把参与者分成小组，每组3～4人。（参见[>]开始 7 "谁和谁在一起？"）
◆　每个小组在您的帮助下进行造林，解释每公顷造林株数、混交方式和林木分布。
◆　参与者用小木桩标记种植点，并根据规划实施。
◆　向参与者介绍苗木来源。尤其是树木要和一定的立地条件相适应，即适地适树的重要性，例如考虑林分的稳定性。

◆ 向参与者介绍不同的造林方式，如块状整地造林、全面整地造林、带土球造林、角度式造林。解释每种造林方式的有利方面和不利方面。

◆ 参与者开始造林。如果需要，您要给他们做示范，怎样支撑和固定苗木。

◆ 最后结束时，向参与者颁发"纪念证书"或小树苗作为纪念。

■ 参与者共同栽植幼树

活动变化方案

◆ 与参与者一起设计在林分边缘栽植。

◆ 为栽植的小树建立监护认养关系（发认养证书）。

提 示

要选择典型的、与立地条件相适应的乔木和灌木树种造林。

活动深入的可能性

◆ 带领参与者参观苗圃。

◆ 介绍苗木的种类和分类方法，如球根苗和容器苗。

◆ 向参与者介绍野生苗的栽植可能性和优点。

◆ 演示不同的栽植方法（罗登栽植法、空心铲栽植法、穴角植法）[1]。如有可能，让参与者自己试试。

◆ 向年龄大一点的参与者（大于16岁）介绍农业和自然保护的法律背景与造林方面的冲突。

◆ 向大家介绍森林边缘以及它们对景观和作为珍稀物种栖息地有哪些特别重要的意义。

◆ 介绍自然更新和栽植造林的优点和缺点。

◆ 介绍幼树有可能遭受野生动物咬伤的风险、采取保护措施和狩猎的意义，参见[>]动物。

◆ 同参与者一起讨论，应对气候变化与树种选择之间有哪些联系。介绍立地条件分类图和与树种相关的气候模式，参见[>]森林与社会。

参考文献

巴伐利亚州食品、农业和林业部.人工栽植和幼林抚育.巴伐利亚州森林所有者指南,2007.

---

[1] 译注：用当地常用的栽植方法替代活动介绍的栽植方法。

巴伐利亚州森林与林业研究所. 扎实的根基、坚固的森林. 森林和林业研究所宣传手册, 第18期, 弗赖辛, 2005.

### Literaturhinweise

Bayerisches Staatsministerium für Ernährung, Landwirtschaft und Forsten; Kulturbegründung und Jungbestandspflege. Wegweiser für den Bayerischen Waldbesitzer, München 2007.

Bayerische Landesanstalt für Wald- und Forstwirtschaft; Starke Wurzeln, stabile Wälder. LWF-Merkblatt Nr. 18, Freising 2005.

# 森林——工作场所 4　林道设计

**内容**　参与者在茂密但是还能通过的森林中设计开发一条林道。

| 目的 | 时限 |
|---|---|
| ◇向参与者说明在森林中开设良性林道的必要性，以便于辨别方向 | ◇1～2小时 |
| 活动类型 | 材料 |
| ◇知识型、创造型 | 每个小组： |
| 参与者人数 | ◇长约50米的红绳子 |
| ◇最多12人 | ◇指南针 |
| 参与者年龄 | ◇大一点的卷尺 |
| ◇12岁以上 | ◇测距杆 |
|  | ◇角棱镜 |
|  | 准备工作 |
|  | ◇在林中隐蔽地标记林道设计的终点 |
|  | ◇确定林道设计的走向（指南针） |
|  | 室外条件 |
|  | ◇— |

**活动流程**

◆ 同参与者一起讨论林分抚育与林道建设的必要性。以一个具体的林分为例，讲述在林木利用、林分抚育、潜在风险、营林活动等各个工作环节中注意如何避免给林地土壤和林木造成损失（参见[>]森林土壤10 "森林土壤是记仇的！"）。

◆ 介绍森林中林道设计的不同方式。同参与者一起，选择一种最合适的方式，讨论集材道之间的距离。

◆ 把参与者分成几个小组，每个小组4～5人。（参见[>]开始7 "谁和谁在一起？"）。

◆ 把必需的活动材料分给每个小组。如有必要，您应该介绍，如何使用指南针。

◆ 每个小组有如下的任务：

◇参与者从起点（如林区公路）开始，借助于指南针，按照均匀间隔距离，通过灌木丛并尽量勾画出笔直的林道建设路线。每30米换一个小组。用绳子标记出设计路线。

◆ 根据绳子走向（是不是直的？），与先前在林中隐蔽标记的实际林道终点的差异比较，再进行小组讨论。

> **提 示**
>
> 对初学者来说，指南针的方向往往很难掌握，因此，建议林道设计的长度，即朝向灌木丛的深度，最长不超过50米。

**活动深入的可能性**

◆ 根据确定的林道设计路线，让林业工人砍出一条林道，参与者也可以自己动手承担一部分工作。

◆ 如有可能，向参与者展示一台正在作业的自动木材收获机。根据林分状况、林中土壤的维护、工作安全和工作岗位的问题，讨论使用自动木材收获机的优点和缺点。采伐时，一定要强调必须保持必要的安全距离！

◆ 讨论集材可能性。

◆ 让参与者亲自经历不同的集材方法。例如，让参与者把1米或者2米长的原木，扛到集材楞堆上。如有可能，让他们观看使用马匹集材。

◆ 同参与者一起讨论，针对这个林分需要采取哪些必要的抚育措施，有哪些培育目标。同参与者一起标记一个林分，让他们提出自己的建议（参见[>]森林——工作场所5 "林下丛林"）。

**附加信息**

向参与者解释，通过林中道路建设，土壤压实主要集中在林道上。林中其他地方，严禁车辆通行。因为土壤有一定的负载，大多数地面在车辆第一次或到第三次通过时就已经变形、压实。拖拉机最大载重量的75%在第一次行驶时就已经给予地面了，导致土壤中的孔隙体积减小，特别是中断了孔隙网络间的水分运输。这种变形几年、甚至几十年都是不可逆转的（参见[>]森林土壤10 "森林土壤是记仇的！"）。

### 参考文献

巴伐利亚州森林与林业研究所. 土壤保护的新途径, 森林与林业研究所快讯, 第67期, 弗赖辛: 2008.

Literaturhinweise

Bayerische Landesanstalt für Wald– und Forstwirtschaft; Neue Wege beim Bodenschutz. LWF–aktuell Nr. 67, Freising 2008.

# 森林——工作场所 5　林下丛林

**内容**　参与者可以在幼林中自己进行抚育。

| 目的 | 时限 |
|---|---|
| ◇让参与者了解森林是一个动态系统，林业工作者可以调节其发展过程 | ◇1～2小时 |
| **活动类型** | **材料** |
| ◇知识型 | ◇钢锯 |
| | ◇手套 |
| **参与者人数** | ◇纸带 |
| ◇最多15人 | **准备工作** |
| **参与者年龄** | ◇选择一个密集的、树木有啤酒杯粗的幼林 |
| ◇7岁以上 | **室外条件** |
| | ◇干燥 |

**活动流程**

◆ 同参与者一起找一块密集的幼林，让参与者感受到树木之间的拥挤程度和林中没有光线的黑暗程度。

◆ 解释树木之间是如何通过阳光、水分和营养的竞争而进行自然选择的。指出（如果有）生长受到抑制的混交树种（参见[>]森林——工作场所3 "新树木需要这块土地"）。

◆ 同参与者一起选择一些树木，这些树在通常的林分抚育时是需要砍掉的，用纸质胶带做标记。

◆ 让参与者用钢锯锯掉已做标记的树木，然后把锯掉的树木拖到一边。请遵守《事故安全防范条例》！

◆ 通过抚育间伐，林中产生一些空地，有较多的光线能落到林地上，让参与者有新鲜的感觉。

**活动深入的可能性**

以幼林抚育和幼林间伐的选择标准为主题。

◆ 用游戏说明没有及时进行幼林抚育的后果（飓风危害）：

◇游戏开始前,选择四分之一的参与者,扮演 "风" 的角色。其他人扮演幼林阶段的 "幼树"。

◇您作为游戏队的队长，现在要求您的 "树木"，尽可能互相拥挤地蹲在一起。然后，这些 "树木" 开始生长，他们需要横向空间，他们的 "枝条" 向外扩张，但在密集林分是很难实现的。他们只有向上生长的空间，此时， "树木" 们把手臂伸向天空，开始向上生长，因此这些 "树木" 变得细长，可是这样的林分是不稳定的，于是他们开始晃动。以游戏队长的身份解释，由于林分密集的缘故，树木的根系不能很好地向外展开生长，要求这些 "树木" 向外伸出一条腿。

◇现在出现 "风" 的扮演者，开始轻轻推动 "林分"，最后大风要把整个林分压向地面。

◇简短讨论 "劣势树伐除" 主题，然后重新组成 "树木"，同参与者一起除掉林分中的 "霸王树" 或者 "双叉树"。这时 "树木" 的双腿才能在地面上找到立足之处，同时他们的手臂也能向外展开。

◇林分是稳定的，风几乎不能再造成伤害。

活动创意：安德烈亚斯 · 施密特贝格（Andreas Schmidtberger）

# 森林——工作场所 6　优化经营

**内容**　参与者了解到，人们在混交林分中怎样促进目标树种的个体生长。

| | |
|---|---|
| **目的**<br>◇向参与者介绍抚育间伐的意义与目的<br>**活动类型**<br>◇活泼型<br>**参与者人数**<br>◇最多不超过15人<br>**参与者年龄**<br>◇10岁以上 | **时限**<br>◇30～60分钟<br>**材料**<br>◇做标记的带子<br>◇钢锯<br>◇手套<br>**准备工作**<br>◇选择合适的混交林分<br>**室外条件**<br>◇干燥，同时要在冬季 |

**活动流程**

◆ 参与者在需要抚育的混交林分中选择一些树木，根据他们的想法，这些树木需要采取措施，用带子标记这些树木，并阐述选择的理由。参与者应该了解"混交比例调节"这个术语。

◆ 同参与者一起讨论选择的结果，如果需要，更正选择结果。

◆ 作为一个例子，选择一些"被压木"，这些树木通常由林业工人砍掉。请遵守《事故安全防范条例》！比较林分抚育间伐前、后的生长条件。

**提 示**

■ 您也可以根据树木特性明确阐述抚育间伐的必要性和作用。

■ 砍树时要遵守劳动安全规定！

■ 最好用钢锯锯掉小树。

■ 为了安全起见，随身携带一个急救箱。

■ 这些活动同后面章节能很好结合（参见[>]森林——工作场所 12 "同样的树木，不同的材质"）。

**活动变化方案**

◆ 把参与者分成小组，每组2～3人，在小块林地面积上选择需要采取措施的树木，然后在一起讨论选择的结果。

◆ 让参与者自己砍树，并进行造材，如薪材或者造纸用材。

◇12岁的参与者可以砍伐胸径不到10厘米的树木；

◇大于12岁的参与者可以砍伐胸径大于10厘米、小于20厘米的树木。

◆ 依据已经进行抚育间伐的林分，向参与者展示抚育间伐的面积效果。

**活动深入的可能性**

- ◆ 讨论近自然森林经营标准。
- ◆ 阐述不同的间伐方式。
- ◆ 同参与者一起讨论混交比例调节的必要性。
- ◆ 参见[>]森林——工作场所 12 "同样的树木，不同的材质"，[>]森林——工作场所15 "林业咨询"。

# 森林——工作场所 7 间伐与抚育

**内容** 参与者扮演树木的角色并理解营林措施的意义。

| | |
|---|---|
| **目的** ◇解释林业工作者在森林中怎样调节树种比例，怎样有效地进行间伐，但砍树时无论如何不能对保留树木造成伤害 | **时限** ◇20分钟 |
| **活动类型** ◇知识型、活泼型 | **材料** ◇— |
| **参与者人数** ◇最多不超过30人 | **准备工作** ◇选择一块具有不同年龄的林分 |
| **参与者年龄** ◇8岁以上 | **室外条件** ◇— |

**活动流程**

- ◆ 首先由参与者扮演天然更新的小树木，他们相互簇拥生长在林地上。现在您作为林业工作者，把几株单个的树木选作观赏树并拿走。

  ◇这些观赏树要比那些原地保留的树木，胳膊（树枝）略向外展开，因变得丰满美丽而让人感到羡慕惊奇。

- ◆ 现在这些树木继续生长到幼龄（"杆材"）阶段，这时参与者可以站起来了。

  ◇您给参与者示范，来回旋转上半身，同时树冠向四周生长：参与者把手放在臀部，使树冠能向各个方向伸展，上半身可以不时转动（短时间内）。

  ◇参与者注意到：太挤了!

  ◇这时您又可以从"太挤"的森林中，拿出一部分可以当作"薪材"或"电线杆"材（让参与者站在一条线上，手与手相连示意电线杆）。

- ◆ 保留的树木继续生长到"建筑用材"阶段。这时，"树木"（参与者）的手臂斜着向上伸展，相互转动。

  ◇树木又开始相互拥挤。可以砍掉一些单个的树木，这次被拿出的树木可以展示一个柜子或房梁架子。

◇在间伐的森林空地之间，下一代的"天然更新"幼苗又有了机会：您再请被间伐掉的"树木"（参与者），蹲回到保留的"老树"之间的空地上。

◆ 最后，可以对"成熟木材"进行采伐利用，并在采伐的空地上栽上其他新的幼树。

◆ 活动可以再从头开始。

◆ 最后，可以让参与者想一想，间伐在森林抚育中有哪些意义，并涉及森林可持续经营理念。

## 活动变化方案

◆ 先指定一名参与者为"森林抚育工作者"，另外一名参与者为"木材砍伐工人"。然后，您可以把森林采伐的两个最重要的工作动机（森林营造和木材采伐）通过鲜活的人物把他们联系在一起。

◆ 您让每一个"森林抚育工作者"做出决定，哪些树要采伐掉，再让"木材砍伐工人"确定为什么这样加工处理。

◆ 如果要介绍林道建设，开始时就要在"森林"中修建一条"集材道"，所有集材道上的"树木"都要砍掉。

---

### 提 示

■ 开始需要一些时间，直到所有参与者都蹲在地面上，不要跌倒，不与其他人相互碰撞。如果您先蹲下来了，参与者就会很快地加入，进入我们需要的状态。

■ 然后告诉参与者，要紧紧地、牢固地蹲在地上，像"生了根"一样，不要离开他们  既定的位置。

■ 向参与者介绍林分发育的不同年龄阶段，就像刚才演示的一样，然后，对照实际的林分，询问参与者不同的应用可能，哪些树可以砍掉。

---

## 活动深入的可能性

参见[>]可持续性利用 1 "树木气球"。

## 森林——工作场所 8 从参天大树到木材原料

**内容** 让参与者了解原材料木材及其采集过程。

**目的**

◇让参与者认识木材利用是近自然森林经营的一部分，了解技术流程。唤醒他们对林业经营管理的思考

**活动类型**

◇知识型、创造型

**参与者人数**

◇最多不超过30人

**参与者年龄**

◇10岁以上

**时限**

◇根据拟议程序的详细程度，1.5～3小时

**材料**

◇标记带

◇剥皮刀

◇计算器

◇皮尺

◇胸径卡尺

◇粉笔

◇木材录入移动数据采集系统

◇采伐防护设备（头盔、安全背心、手套）

**准备工作**

◇选择一个合适的成熟林分

◇预约防护设备齐全的采伐工人，如有可能，用马匹集材

**室外条件**

◇干燥、无风

**活动流程**

◆ 在有天然更新的成熟林分中，讨论"参天大树到木材原料"的主题（参见[>]森林——工作场所2"采种与播种"）。

◆ 首先解释"近自然森林经营"目标，适地适树，如有可能，天然更新以及采伐大径级、材质好的树木。

◆ 同参与者一起讨论促进树木生长和被间伐树木的选择标准，介绍光线调节、杆型、目标直径、买方市场等。

◆ 紧接着把标记带发给两名参与者，他们两人要在一小片成熟的林分中选择要砍掉的树，并做标记，然后对全体人员阐述他们选择的理由。

◆ 如果需要进行更正，那么集体讨论样地标记，一起确定最终要砍的树木。

◆ 参与者确定要砍树木的倒向，然后再一起讨论所采取的措施并且如有必要时再校正。

◆ 让一名采伐工人展示砍伐前的"准备工作"，例如，如何砍出"逃生"通道，如何锯切采伐切口，如何给出倒树信号。

◆ 向参与者解释他们所看到的，并简要说明安全防范措施规定，也可以介绍采伐工人穿着的防护服装。

◆ 现在要参与者撤到安全距离（至少2倍的树干长度，大约60米）以外，让伐木工人砍伐2～3棵大树（老树）。

◆ 然后，参与者再次走近树干，讨论集材和土壤压实的主题。

◆ 砍除枝条，伐木工人翻动砍倒的树干[1]。

◆ 然后，参与者又回到培训课程：

◇先让参与者估计树木的年龄，然后让他们数一数砍倒树木的年轮。

◇参与者分别用皮尺和胸径卡尺测量树木直径。

◇伐木工人去掉梢头后，参与者可以计算树木的材积。

◆ 最后，解释木材分类和木材销售的基本知识。

**活动深入的可能性**

◆ 参与者可以用剥皮刀去掉云杉树干的树皮，也可以自己体验一下除去枝条。讨论和解释最近发生的小蠹虫危害的图像。

◆ 解释木材重要的分类规则。

◆ 参见[>]可持续性利用。

◆ 其他强化可能，请参阅[>]森林——工作场所 12 "同样的树木，不同的材质"，[>]森林——工作场所 14 "木材具有多方面的特性"。

# 森林——工作场所 9  围栏内外——动物咬伤数量调查方法

**内容** 通过动物啃伤树木调查，参与者亲眼目睹动物啃伤树木的后果。

| 目的 | 时限 |
|---|---|
| ◇让参与者理解狩猎是一项必要的营林措施 | ◇大约30分钟 |
| | 材料 |
| 活动类型 | ◇2根绳子（每根12米长） |
| ◇调研型 | ◇皮尺 |
| 参与者人数 | ◇记录表 |
| ◇最多不超过30人 | 准备工作 |
| 参与者年龄 | ◇选择一块合适的天然更新的林分 |
| ◇12岁以上 | ◇复印记录表 |
| | 室外条件 |
| | ◇无具体要求 |

**活动流程**

◆ 带领参与者到一块合适的、有围栏的、有天然更新的成熟林或者是一块有围栏的造林地。

◆ 把参与者分成2组（参见[>]开始 7 "谁和谁在一起？"）。一组在围栏内，一组在围栏外进行简单的动物咬伤情况调查。

◆ 每一组用皮尺测量一个3米×3米的方块，并用绳子做标记。

---

[1] 译注：伐木演示是森林之旅的一个亮点，有助于提高人们对森林可持续经营利用的认识。

——沃尔夫冈·格拉芙（Wolfgang Graf）

◆　每组根据既定的调查方法，调查记录方块内幼苗被咬伤的情况，调查表见附件。

◆　最后分析比较两组调查的结果。讨论严重咬伤的后果、保护措施成本、通过狩猎和狩猎管理来调节林中动物的数量。

### 活动深入的可能性

◆　也可以选择让参与者依据数学统计原理设计的动物咬伤调查方法进行调查。可供选择的方法有植被数量评估法或其他成熟的调查方法。

◆　如有可能，说说啃伤和擦伤。

◆　把啃伤调查扩展到草本植物。

◆　以植被评估为主题，并讨论"隔离"点。

◆　讨论狩猎的意义和目的，以及不同的狩猎方式。

◆　向参与者阐述关于鹿肉的开发与利用。

◆　展示和讨论防止动物啃伤的措施，如建立围栏和单株幼苗保护等。让参与者自己检查新造幼林地的围栏，如果需要，让他们自己修补一下。并让他们进行单株幼苗保护。

### 参考文献

巴伐利亚州食品、农业和林业部. 森林更新情况报告. 折叠宣传册, 慕尼黑, 2009.

### Literaturhinweise

Bayerisches Staatsministerium für Ernährung, Landwirtschaft und Forsten; Faltblatt "Forstliches Gutachten zur Situation der Waldverjüngung". München 2009.

### 附件　动物啃伤情况调查表

| 林分中现有树种名称 | 1 _____ | 2 _____ | 3 _____ | 4 _____ |
|---|---|---|---|---|
| 每个树种数量 | | | | |
| 平均树高（估计） | | | | |
| 被啃伤树种的数量 | | | | |

# 森林——工作场所 10　洞穴是动物的栖息地

**内容**　参与者了解天然和人为的洞穴是动物（特别是鸟类）的家园，通过对木制巢箱的利用情况和根据鸟窝类型来识别鸟的种类[①]。

目的
　　◇让参与者了解林业工作者也致力于自然保护

活动类型
　　◇调研型

参与者人数
　　◇最多不超过30人

参与者年龄
　　◇7岁以上

时限
　　◇1～2小时

材料
　　◇梯子
　　◇记录表格
　　◇彩色带子
　　◇橡胶手套
　　◇口罩
　　◇反光镜
　　◇手电筒
　　◇[>]附件

准备工作
　　◇根据需要复印记录表

室外条件
　　◇不能在繁殖和饲养的时间

**活动流程**

◆ 同参与者一起在森林中寻找天然洞穴（啄木鸟巢洞、木材节孔）。

◆ 展示、描述洞穴类型和特征。

◆ 讨论鸟类的居住情况，并指出由于鸟类天然住所短缺，使用人工木制巢箱代替天然洞穴是非常有意义的。

◆ 参与者现在检查之前发现的洞穴。请务必注意，看他们是否戴了口罩和橡胶手套，以尽量减少可能发生感染的风险。

◆ 根据巢穴、蛋壳剩余物、粪便共同确定洞穴居住者。

◆ 现在您可以介绍更多的木制巢箱。

**活动变化方案**

◆ 让参与者在一定面积范围内寻找天然洞穴和木制巢箱，在相应的树上用彩带做标记。如有可能，用两种不同的颜色。

◆ 让参与者用反光镜和手电筒查看位置比较低的洞穴。

---

① 译注：该活动可根据本地鸟类物种进行调整。可以在学校制作合适的鸟巢箱，挂在森林里的树木上，并对森林里的天然树洞进行标记和观察。这个活动在贵州省贵阳长坡岭森林公园就较为适合开展。

——沃尔夫冈·格拉芙（Wolfgang Graf）

> **提 示**
>
> 为了演示目的，您可以事先把木制巢箱挂在林中，然后同参与者一起寻找。在巢箱的背面准备一块玻璃，便于观察巢箱内部情况。

**活动深入的可能性**

◆ 参见[>]森林——生命空间 19 "啄木鸟巢穴调查分布图"。

◆ 解释附件中的记录表，并让参与者填写（参见[>]附件）。

◆ 讨论某些类型的动物的生活方式。

◆ 探讨啄木鸟鸟巢的"后续利用"，例如：

　◇猫头鹰（使用裸露地面洞穴）；

　◇野鸽子（把干枯的小树枝叼进洞穴，然后在干树枝上筑巢）；

　◇穴鸟（把干枯的小树枝叼进洞穴，然后在干树枝上筑巢）；

　◇睡鼠；

　◇大黄蜂（用木纤维素和唾液填充洞穴）；

　◇蝙蝠（吊在天花板上）。

◆ 与天然巢穴相比，说明木制巢箱的优点和缺点（优点：人们可以伸头进去看看）。

◆ 您与参与者一起推出如下的结论：人工木制巢箱仅仅是一个辅助工具。长远来看，只有依靠"近自然森林经营"理念来经营森林，才能为鸟类提供天然的筑巢条件，因为只有近自然成长起来的林分，才有足够多的死树。

**附加信息**

一些重要鸟类巢穴的识别特征

| | 天然洞穴 | 筑巢 |
|---|---|---|
| 大山雀 | 在木材节孔处或者在大斑啄木鸟洞穴 | 由树根、苔藓、蕨类结成一团，草叶同羊毛、鸭绒、蜘蛛网混合在一块。填充物由毛发、植物纤维，有时也有羽毛组成。只有雌性筑巢 |
| 青山雀 | 在木材节孔处或者小啄木鸟洞穴，也有的在大斑啄木鸟洞穴。经常受到来自大斑啄木鸟洞穴的大山雀的排挤 | 由苔藓、草叶、羊毛、老的阔叶树叶和毛发组成一团，填充物由毛皮、羽毛和鸭绒填充做成。且全部由雌性筑巢 |
| 杨柳山雀 | 在枯死树上或者树干基部筑巢，因为这些地方的材质软，能在中间做繁殖穴。很少见到在啄木鸟洞穴，如果有，是很小的 | 巢穴的基础是木纤维和少量的粒子，很少有苔藓。有时必要的内层由毛皮和羽毛组成。巢和洞穴全部由雌性完成 |
| 五子雀 | 占据所有类型的洞穴，有时也占用大开口的洞穴。只有开口大的洞穴封起来，才有小五子雀 | 自己的巢：松软的体体由树皮芯片和干树叶组成。主要由雌性建造，但雄性有时也参与 |
| 旋木雀 | 筑巢地点是在松散的树皮后面以及树木的裂缝中 | 松软的体体由枝条、树根、苔藓和草叶组成。衬垫由羽毛、小树皮和羊毛组成。雄性和雌性共同筑巢 |

**参考文献**

巴伐利亚州食品、农业和林业部. 森林动物栖息地: 鸟类, 慕尼黑, 2007.

Literaturhinweise

Bayerisches Staatsmin. für Ernährung, Landwirtschaft und Forsten; Lebensgemeinschaft Wald: Vögel. München 2007.

## 附件

<table>
<tr><td colspan="9">巢箱设备检查<br>日期：</td></tr>
</table>

| I. 件数 | | 巢箱 | | 小生境繁殖设备和旋木雀特别的巢箱 | | 大洞穴 | | 蝙蝠巢箱 | |
|---|---|---|---|---|---|---|---|---|---|
| 1 | 上年度检查数量 | | | | | | | | |
| 2 | 补充和新增的设备数量 | | | | | | | | |
| 3 | 由于各种原因损失的数量 | | | | | | | | |
| 4 | 这次检查的数量 | | | | | | | | |
| II. 检查年度巢箱的占用 | | 首次 | 多次 | 首次 | 多次 | 首次 | 多次 | 首次 | 多次 |
| 5 | 山雀 | | | | | | | | |
| 6 | 五子雀 | | | | | | | | |
| 7 | 旋木雀 | | | | | | | | |
| 8 | （灰斑）鹟科 | | | | | | | | |
| 9 | 野鸽子 | | | | | | | | |
| 10 | 猫头鹰 | | | | | | | | |
| 11 | 其他鸟类 | | | | | | | | |
| 12 | 鸟类（小计） | | | | | | | | |
| 13 | 蝙蝠 | | | | | | | | |
| 14 | 睡鼠 | | | | | | | | |
| 15 | 老鼠 | | | | | | | | |
| 16 | 哺乳动物（小计） | | | | | | | | |
| 17 | 熊蜂 | | | | | | | | |
| 18 | 马蜂、胡蜂 | | | | | | | | |
| 19 | 蜜蜂 | | | | | | | | |
| 20 | 其他昆虫 | | | | | | | | |
| 21 | 昆虫（小计） | | | | | | | | |
| 22 | 占用巢箱设备（12+16+21） | | | | | | | | |
| 23 | 没有占用巢箱设备 (4–22) | | | | | | | | |

III. 特征与其他（例如，为了改善群落生境而需要特别注意的地方或已实施过的保护措施。）

# 森林——工作场所 11　修枝

**内容**　参与者熟悉了解修枝措施的意义和目的[①]。

| 目的 | 时限 |
|---|---|
| ◇让参与者了解，采用修枝措施的目的在于提高木材的质量，修枝是林业工作的一部分 | ◇大约2小时 |
| **活动类型** | **材料** |
| ◇活泼型 | ◇亨格斯特锯（Hengst'sche Saege） |
| **参与者人数** | ◇多纳锯（Dauner-Saege） |
| ◇最多不超过10人 | ◇细枝锯 |
| **参与者年龄** | ◇铝合金杆 |
| ◇10岁以上 | ◇有护眼功能的安全帽 |
| | ◇工作手套 |
| | **准备工作** |
| | ◇选择合适的林分 |
| | **室外条件** |
| | ◇冬季无霜的日子（注意提示） |

**活动流程**

◆　解释修枝的意义和目的，最好根据一个树盘来说明修枝的作用。理想的修枝效果是带有修枝痕迹的树干切片，如有可能，选择在已进行过修枝的树木前面说明。

◆　在一个合适的林分，同参与者一起选择要修枝的树木。事先要解释修枝树木的选择标准，如质量标准、目标树间伐、修枝树木之间的距离等。

◆　向参与者演示修枝技术。树干修枝处的切口要光滑、最好与树干平行以及适宜修枝的时间，以防止病虫害的入侵。现在参与者自己动手修枝。通常参与者都是小学生，他们只能进行第一阶段修枝（不超过3米）。特殊情况，中学生或成年人也可以进行第二阶段修枝。

◆　参与者用黄色在修过枝的树上做永久标记，1个黄点表示第一阶段，2个黄点表示第二阶段。

◆　向参与者演示，人们是怎样在修枝图上表示修枝面积的，说明修枝记录对于以后的木材销售的重要性。

---

**提 示**

■　通常林农自己没有合适的修枝工具。原则上只有国有林区或者林业企业有相应的设备和装备。如有可能，也可以从森林所有者协会、林业企业联合体和其他林业经济合作组织借用修枝工具。

■　如果自己没有合适的、急需进行修枝的林分，就有必要和其他森林所有者进行合作。

■　树高不超过2米，用细枝锯修枝比较合适；超过2米的用亨格斯特锯或者多纳锯修枝。

■　一定要遵守《事故安全防范条例》。修枝时必须强制戴有保护眼睛的安全帽和工作手套。为了安全起见，您最好带一个急救箱。

■　冬季不能对花旗松、核桃、杨树和樱桃树进行修枝！

---

① 译注：活动应根据当地条件进行，展示本地使用的修枝锯和需要修剪的树种。

### 活动深入的可能性

让参与者自己刨光、锯断无节材和枝节比较粗的木材，让他们体验两种木材在加工时明显的区别。

## 森林——工作场所 12 同样的树木，不同的材质

············································································

**内容** 参与者了解不同材质和质量以及某一种木材利用的可能性。

| 目的 | 时限 |
|---|---|
| ◇让参与者了解木材的利用和 | ◇至少40分钟 |
| 价值 | 材料 |
| 活动类型 | ◇工作表（参见[>]附件） |
| ◇知识型 | ◇安全帽 |
| 参与者人数 | ◇手锯 |
| ◇最多不超过25人 | 准备工作 |
| 参与者年龄 | ◇让人砍倒一棵树，要求树干下部无节， |
| ◇12岁以上 | 然后除去枝条，最后分成长度相等的3段 |
|  | ◇复印工作表 |
|  | 室外条件 |
|  | ◇— |

### 活动流程

◆ 从下至上，分别在原木段上标记Ⅰ、Ⅱ和Ⅲ。尽可能地选择以利用为导向的分割方式。

◆ 把参与者分成3个均匀的小组（参见[>]开始 7 "谁和谁在一起?"），并以"原木段Ⅰ""原木段Ⅱ""原木段Ⅲ"来命名。每一组加工一段原木。

◆ 分发工作表（参见[>]附件）。

◆ 让小组成员填写工作表。

◆ 讨论结果，最后小结。

### 活动变化方案

◆ 让参与者经历伐木工人砍树的过程，遵守《事故安全防范条例》！

◆ 在没有砍伐前，让参与者估测：

◇长度，即要砍的这棵能伸多远?

◇年龄，即伐倒的树桩上树木年轮是多少?

◇砍倒方向，即树朝哪个方向倒?

◇树木砍倒后，比较先前的估计值与实际值。

◆ 讨论木材质量标准和木材利用标准。

◆ 让参与者除去枝条，用喷漆标记要锯开的位置，用手锯把原木锯断。现场指导是必须的！

◆ 让有技巧的伐木工人用油锯雕刻木雕或者家具模型。如有可能，参与者可以把它们作为令人愉快的临别礼物带走。

## 提 示

■　对年轻人来说，结束时让他们自己锯下一个树桩，一定是一个特殊经历。

■　在一起伐树时一定要遵守下列的提示，他们包含了很多技术方法，以便加深木材采伐前或者木材采伐后的相关内容。因而，需要的活动时间自然会增加。

◇采伐前

详细地说明要利用哪些树，参见[>]森林——工作场所　　6"优化经营"，[>]可持续性利用 8"我的森林"，[>]可持续性利用 6"只收获再生木"。选择一块没有困难的、安全的林分来砍伐树木。这些要砍的树木应该是健康的，能利用的。事先介绍砍伐过程和砍伐设备工具。

◇采伐中

必须遵守《事故安全防范条例》，在锯切采伐切口时，允许参与者仔细观看，但油锯操作时必须保持站在安全距离之外。采伐时安全距离最小是树木长度的2倍！参与者必须戴安全帽，甚至伐后还要戴。

◇采伐后

让参与者自己动手对砍倒的树做进一步处理，如用手锯或斧子除去枝条等。

■　砍倒的树杆可以很好地说明，树木是怎样生长的。您要指出，木材一直从髓心向外生长，并以圆锥形的形式生长（参见[>]可持续性利用 3"帽子相叠"）。这里请不要光在参与者面前说教，而是要帮助他们自己去识别。

■　了解当前木材市场行情，让参与者了解木材的主要种类和标准分类并留下相应市场价格印象。

■　说明木材对"古典"房屋建设有哪些意义。刚刚锯下的原木能做此用吗？

## 活动深入的可能性

◆　提出一个问题：树木生命的年轮能显示什么信息？（参见[>]树木 8"探寻树木命运的痕迹"）。要一个很好的例证参见[>]树木 19"我们是一棵树"。这时，您可以很好地说明树皮（树皮与韧皮之间的区别）、形成层、边材和心材之间的界定，也可以解释树木不同部分的功能，如有可能，让参与者尝尝树木的汁液。

◆　根据木材样本，说明不同树种木材的区别。

## 附件

"同样的树木，不同的材质"小组练习

小组名称：＿＿＿＿＿＿＿＿＿

草图

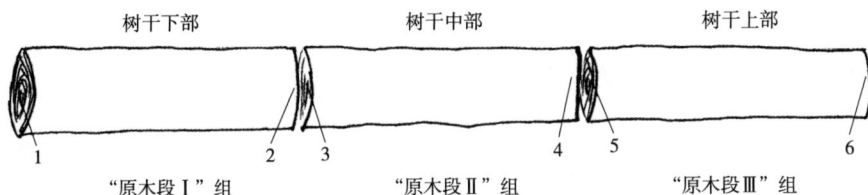

| 树干下部 | 树干中部 | 树干上部 |
| --- | --- | --- |
| "原木段 I"组 | "原木段 II"组 | "原木段 III"组 |

1,3,5 = 表示每段木材下部粗的位置测量点。

2,4,6 = 表示每段木材上部细的位置测量点。

拿着图钉，在每段木材下部的圆盘横断面上，从外向内数年轮，每隔10年插入1颗图钉。这棵树有多少年？结果：_____年

然后开始数每段木材上部圆盘横断面上的年轮，结果：_____年
同其他小组的数据进行比较：

```



```

"树干下部"组　下部测量点1：_____上部测量点2：_____
"树干中部"组　下部测量点3：_____上部测量点4：_____
"树干上部"组　下部测量点5：_____上部测量点6：_____
工作表
你们怎么解释树干基部年轮和梢头年轮数量的区别以及年轮发展趋势？

```



```

你们自己的树干同其他组的树干有哪些区别（注意枝节有无、树干的弯曲程度、树皮的变化、心材是否有腐烂）？

```



```

这样的木材在利用时有优点或者缺点吗？如果有，是哪些？

```



```

尝试从先前问题的结果得出结论，你们的原木段特别适合做什么？

```



```

## 森林——工作场所 13　绝妙的锯材游戏

**内容**　让参与者了解木材的重量，自己锯木材。

目的
　　◇通过活动，让参与者了解木材的不同特性
活动类型
　　◇创造型、调研型
参与者人数
　　◇最多不超过30人
参与者年龄
　　◇8岁以上

时限
　　◇1.0～1.5小时
材料
　　◇锯木架
　　◇原木段（不同树种、干燥的原木，大约2米长，直径10～15厘米）
　　◇弓锯
　　◇工作手套
　　◇秤
准备工作
　　◇准备不同的木材段
　　◇准备所需材料
室外条件
　　◇—

**活动流程**

◆ 请参与者每人从新鲜的云杉原木段上锯下500克重量的木材（其他选择：100克、250克或者类似）。要强调一点，锯木材时不要考虑时间！锯下一块木盘，就在木盘上标记自己的名字。

◆ 等所有参与者都锯下一块木盘，把木盘放在家用秤上称重。这时比较紧张，他们不知道他们锯下的木盘是否与事先要求的重量相符。

◆ 允许参与者将木盘作为"纪念品"带走。

■　这究竟能锯下多少木材呢

**后续工作**

2周后再次称木盘的重量，这时可以确定由于干燥、水分蒸发而使木盘变轻。

---

**提 示**

■ 展示区别，让参与者锯下一块500克的木盘，并让他们自己掂量一下。

■ 只有戴着工作保护手套才能锯木盘。

■ 圈定锯切工作现场，在其中仅允许锯手工作，而其他人要在圈外。

---

**活动深入的可能性**

◆ 对同种树种木材的不同状态，如干燥的和新鲜的云杉木材以及不同树种的木材，如软木、硬木，进行比较。

◆ 把每个树种的利用是多种多样的作为主题进行探讨。

◆ 请您直观地量化每人每天消耗的木材量：在德国，每人每天的木材消耗总量约3千克，大致为6个500克的木盘叠成一摞。

◆ 参见[>]可持续性利用 10 "木材随处可见"。

# 森林——工作场所 14 木材具有多方面的特性

**内容** 参与者了解木材的不同特性。

目的
　　◇通过活动，让参与者了解不同树种木材的材质不同

活动类型
　　◇知识型、感受型

参与者人数
　　◇最多不超过15人

参与者年龄
　　◇6岁以上

时限
　　◇大约30分钟

材料
　　◇木材段
　　◇不同树种的小木块（硬木和软木块）
　　◇锤子
　　◇钉子
　　◇弓锯
　　◇秤

准备工作
　　◇获得木材加工的剩余部分

室外条件
　　◇—

**活动流程**

◆ 同参与者一起进行如下的试验。

◇用指甲在硬木和软木上做试验。通过这个例证体会木材特性——木材密度。

◇用钉子做试验：让参与者用锤子把钉子钉进硬木和软木中，通过这个例证展示木材特性——直观地了解木材固定钉子的结实性。

◇用锯子在云杉和硬阔叶树干或者枝条上做试验。通过这个例证展示木材特性——木材对锯子的阻力（参见[>]森林——工作场所13 "绝妙的锯材游戏"）。

◇木材的质量可以通过肩扛、称重或者沉入水中的深浅来确定。例如，用大小相同但树种不同的木块，即云杉和柞木的木块来演示。对于同一树种，干燥程度不同，质量不一样，年轮宽的针叶木材一般会轻些[①]。

◇说明刚刚锯下的木盘、树种不同，颜色和气味都不一样（如柞木有醋的气味）。

**提　示**

在潮湿的木材上钉钉子比在干燥的木材上容易些。

**活动深入的可能性**

◆ 以木材的特性与木材解剖结构之间的关系为主题讨论。例如：木材的密度取决于晚材与早材。

◆ 同其他材料（如塑料和金属）比较，参见[>]可持续性利用9 "木材是美好且环保的"。

**附加信息**

"木材在任何地方都不突出，任何地方都不是最好的，但它的优点在于它的多样性"这句话引自于赫尔斯特·舒尔兹（Horst Schulz），但我们今天想对这句话进行修正，即"木材在生态平衡中是最好的"。

---

① 译注：较轻的针叶树木材（软木）与较重的阔叶树木材（硬木）在重量上是有差异的，这点是很重要的，感知不同木材气味也很重要。

# 森林——工作场所 15　林业咨询

**内容**　以间伐为例，同参与者一起制订出一份林业咨询计划。

| | |
|---|---|
| **目的**<br>◇使参与者可以了解林业咨询<br>**计划**<br>　**活动类型**<br>　　◇活泼型、知识型<br>　**参与者人数**<br>　　◇最多不超过30人<br>　**参与者年龄**<br>　　◇10岁以上 | **时限**<br>◇大约1小时<br>**材料**<br>　◇界定路线的带子<br>　◇彩带<br>　**准备工作**<br>　　◇选择一块没有间伐过、均匀的林分，用界定路线的带子标记出界限<br>　**室外条件**<br>　　◇— |

**可持续发展教育目标**

◆ 对待事物的方法与能力

◇我有这种能力，将知识转化为行动。

这里：参与者在标记树木时要应用刚介绍的间伐模式。

◇我看问题着眼于未来，并注意事物之间的联系。

这里：参与者这样标记树木，以便森林能满足社会各方面的需要；以便森林能稳定森林所有者当代和将来的经济收入以及应对全球气候变化。

◆ 社会能力

◇我可以与他人一起制订计划并处理问题。

这里：参与者可以和其他人一起制订种植面积计划并采取行动。您可以承担林分进一步发展的责任。

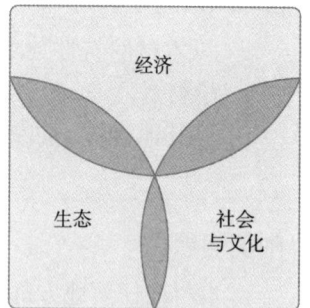

**活动流程**

◆ 带领参与者到先前准备好的林分，并解释这个林分有好长时间没有间伐了。假设一位私有林所有者想对他的林分进行间伐，并委托您作为林业专家来做咨询。

◆ 第一阶段，对这个林分采取这样的间伐措施，像私有林所有者普遍采用的间伐方法一样，即间伐掉死树或被挤压木（弱度下层间伐）。把一种颜色的彩带（如黄色）发给所有参与者，并要求他们标记所有死树和被挤压木。这样标记应不超过15分钟。

◆ 紧接着介绍以目标树为中心的间伐方式，并在林分中举出1到2个具体的实例。为此，建议您最好分2步走。

◇第一步：首先选择目标树，这些树应该是被促进并留在林地上的。用另外一种颜色的彩带（如绿色）做标记。

◇第二步：选择干扰树（催逼树），用另外一种颜色的彩带（如红色）做标记。让参与者自己举例尝试一下，看他们是否真正理解这种方法。

◆ 然后把参与者分成两个小组（参见[>]开始 7 "谁和谁在一起？"）。一个小组标记目标树，由此可以得到一个小小的领先（大约5分钟）。另外一组紧接着标记目标树周围的干扰树。整个标记过程不应超过30分钟。

◆ 最后，与参与者一起在林中再走一遍，相互比较两种间伐模式。您自己不要直接参与，但可以提一些引导性的问题供讨论。例如：

"你们能看出这两种间伐方法的区别吗？"

"前一种间伐方法的目标是什么，后一种呢？"

"两种间伐模式对保留树各有哪些影响？"

"谁来确定第一种模式，又有谁来确定第二种模式，哪些树会在将来的林分中占主导地位？"

"为什么大多数森林所有者不需要咨询就可以用第一种模式间伐？"

"如果你是林主，你会更喜欢哪一种间伐模式？"

---

### 提 示

■ 请考虑，大部分参与者（主要是学生和年轻人）没有森林抚育间伐的概念，不知道他们要满足哪些目的。

■ 请注意，让参与者自己从两种间伐模式中得出他们自己的结论。如有可能，也可以得出作为私有林所有者的结论。

■ 最后介绍林业咨询的意义。并再次强调，第一种间伐模式在私有林中应用非常普遍，而第二种模式通常需要通过咨询林业专家才能实施。

---

### 活动变化方案

作为标记工作的准备，也可以在要标记的林分计算林木直径分布。这需要参与者在一定面积的均匀林分（纯林）内测量胸径并记录，然后讨论径级分布。

### 活动深入的可能性

◆ 对于年龄大一点的参与者来说，可以选择一个非均匀的混交林分，并引入新的选择标准，即要保留并提高混交树种中阔叶树种的比例。

◆ 为了真实了解这个主题，可以邀请一位真正的私有林所有者参加活动，并与参与者一起讨论林木标记。

# 森林——工作场所 16　树皮甲虫（小蠹虫）

**内容**　让参与者勘察并清理小蠹虫危害的树木。

| 目的 | 时限 |
|---|---|
| ◇让参与者了解林业的另外一个工作领域 | ◇大约2小时 |
| 活动类型 | 材料 |
| ◇活泼型、知识型 | ◇无齿锯 |
| 参与者人数 | ◇刮皮铲 |
| ◇最多不超过30人 | 准备工作 |
| 参与者年龄 | ◇在林中寻找受到小蠹虫危害的树木 |
| ◇10岁以上 | 室外条件 |
|  | ◇— |

**活动流程**

◆ 同参与者一起寻找受到小蠹虫危害的树木。请您介绍说明林木受到侵害的识别特征。

◆ 解释为什么必须要清理小蠹虫危害的树木（单个林分的危害；不仅仅是森林本身，而且经济受损；小蠹虫的繁殖生物学）。

◆ 让伐木工人砍伐这些受小蠹虫危害的树木（请遵守《事故安全防范条例》！）。

◆ 紧接着让参与者以小组的形式用细枝锯、剥皮双柄刮刀，如有可能，也可以用小斧子除去枝条，用刮皮铲除去树皮（请遵守《事故安全防范条例》！）。

◆ 把树皮分发给参与者，让他们清楚看到树皮中小蠹虫的取食痕迹和幼虫。在不传播小蠹虫的危害的前提下，如果谁愿意，可以带一块树皮回家。这要求小蠹虫还处于幼虫阶段，不是在即将变成成虫之前。

◆ 根据小蠹虫发展阶段的不同，可以采取脱去枝条和树皮的水分或者切碎或者焚烧来主动清除小蠹虫。解释为什么必须清除树皮。

---

**提 示**

出于《事故安全防范条例》考虑，不要让青年人使用长柄斧子。为安全起见，最好随身携带急救箱。

# C　背景知识

在这个标题下，通常可以找到更多的信息，这些信息可以在您引导之前，帮助您记得每个主题相关的知识要点。如果您的职业就是在森林中工作，就没有必要了解这些背景知识。

如果您从事环境教育，就要重点强化"森林——工作场所"这个主题。因为这样，您可以和林业工作者建立联系，也许可以共同开展合作活动，这就显得更有意义。无论如何，我们想为您的引导方式提供几个补充建议。

### 综合职业形象

这里涉及的活动，不可能体现林业工作者所有的工作。引导的目标应在于纠正、调整过去对林业工作者的偏见，展示林业管理当局目前的职能形象。因此，简短介绍林业行业涵盖的范围很广，涉及各种各样的活动。例如，对私有林所有者提供林业咨询、支持林业协会、森林监督、森林保护、林业重大问题的提议、造林促进等，当然，也不能少了森林教育，而且这个时候如所有行业一样，森林教育正在发生不断的变化。

### 怎样成为林业工作者？

鉴于我们的职业普遍受到欢迎，"怎样成为一名林业工作者"是一个经常被问到的问题。要不断更新您的各种林业专业知识。有关职业培训信息，您可以从食品、农业和林业部的有关培训资料中获得，也可以从单个职业培训机构宣传单上获得（巴伐利亚国家林业局、巴伐利亚州林业技术学校以及大学、高校的各种林业院系）。

相关的林业职业（德国）有[1]：
◇林业工程师（农林大学林业专业本科毕业并取得学士或硕士学位）；
◇通过国家考试的林业技术员；
◇林业技师；
◇林业工人。
此外，还有许多的职业，他们与森林和林业紧密相关。

### 抓住重点

要在很短时间内，详细介绍我们职业的各个方面，通常是不可能的。您要选择一部分介绍，如有可能，可以借助巴伐利亚州林业局出版的小册子来介绍。例如，选择近自然森林经营活动，您可以把"近自然森林经营"的单页宣传单或宣传册发给他们。

---

[1]　译注：中国相关的林业技术职称有林业工人；林业技术员；林业技师；林业助理工程师；林业工程师。

# 第七节　森林处于危险之中

动物，树木和人类——他们共呼吸。

斯特拉（Hauptling Scattle）

A 简明信息
B 活动
C 背景知识

## A　简明信息

　　如果有一个小组询问对森林造成威胁的危害有哪些，那么首先就是"气候变化""小蠹虫""酸雨"或者"因严重空气污染造成的树木枯死"这几个答案。但是，在今天还有很多其他的危险正在威胁着我们的森林，我们试图将这些话题放在一些有趣的活动中作为主题。

### 活动概览

　　"森林处于危险之中"这个主题是非常复杂的，它既适用于损害原因也适用于损害　征兆。请您让参与者关注森林生活共同体之间的紧密联系！

■ 森林处于危险之中1 "森林危害引导计划"

　　在这里我们会给您一些关于怎么样进行引导的实际建议。

■ 森林处于危险之中2 "森林中的微妙平衡"

　　请您以游戏形式向参与者说明，森林这个生态系统是怎么样连接成网状的以及它是多么容易生病的。

■ 森林处于危险之中3 "树木，你什么时候倒下？"

　　我们的树木能承受多长时间的负担？环境天平能保持多长时间的平衡？以游戏形式向参与者说明，什么时候树木无法再忍受了。

■ 森林处于危险之中4 "病树症状"

　　参与者领会不同树种典型的损害症状。

　　最后我们还提供给您5个活动，这些活动可以补充并且深化您的引导：

■ 森林处于危险之中 5 "极地探险"

全球变暖不仅会造成极地冰川以及高山冰川融化，而且也会导致森林分布以及森林组成发生重大的变化。

■ 森林处于危险之中 6 "生命之水"

由于全球变暖，土壤水分的蒸发率也因此上升，植物生长期之外的降水量增加了。参与者得知，对于所有的生物来说，水成为了一种越来越珍贵的资源。

■ 森林处于危险之中 7 "森林开发"

只有少数人会想到，道路建设极易给森林内的生活空间造成干扰。通过这个活动，参与者会意识到这个事实。

■ 森林处于危险之中 8 "土地被封印"

土地消耗非常快！在这个活动中参与者得知，这个土地消耗到底有多快。

■ 森林处于危险之中 9 "地下水，再见！"

我们的文明需要消耗很多地下水。在这个活动中参与者得知，这对我们的森林有着怎样的后果。

---

在森林生物危害方面我们也举了一个例子。其他的危害，比如虫害，您可以在以下活动中作为主题讨论，例如[>]森林——工作场所 9 "围栏内外——动物咬伤数量调查方法"，[>]动物 8 "冷杉是巧克力"。

■ 森林处于危险之中 10 "生病的树木，你在哪里？"

参与者扮演小蠹虫，"它们"必须寻找生病的树木，这些树木由其他参与者来扮演。

对于森林危害方面的一个全面的研究您可以在[>]森林与社会 13 "福尔摩斯——谁是凶手？"；[>]森林与社会 14 "气候变化中的森林"；[>]全球森林 7 "越来越多或者越来越少"；[>]全球森林 8 "植被变化"；[>]森林项目 9 "气候变化和二氧化碳"中找到。

以下这些活动在其他的重点主题中已经成为了关注的焦点。您也可以将它们插入到空气有害物质这个主题中去：[>]森林土壤 9 "土壤酸化"；[>]森林土壤 11 "水土流失实验"；[>]森林项目 1 "林相变迁"。

# B 活 动

## 森林处于危险之中1 森林危害引导计划

**内容** 我们提供给您建议，您怎么样正确引导这个主题。为此我们提供给您多个活动，您可以将它们相互配合起来。

| | |
|---|---|
| **目的**<br>◇让参与者能识别出对森林的损害，并且认识到与此有关的一些问题<br>**活动类型**<br>◇调研型、知识型<br>**参与者人数**<br>◇30人以下<br>**参与者年龄**<br>◇10岁以上 | **时限**<br>◇2~3小时<br>**材料**<br>◇土壤酸度计(如果有的话)<br>◇pH试纸<br>◇蒸馏水<br>◇用于朗读的故事<br>◇展示牌，折叠宣传册<br>**准备工作**<br>◇沿着事先踏查好的路寻找出典型生病了的树木<br>**室外条件**<br>◇— |

**可持续发展教育目标**

◆ 对待事物的方法与能力

◇我知道自己在哪些知识上有所欠缺，并且有能力来弥补这些缺失的知识。

◇我认识到了专业知识的益处，但是也认识到了它们的局限性。这里：您的参与者可以自己学习识别那些之前所不知的病树的典型症状。他们需面对森林损害的错综复杂性，探讨"森林处于危险之中"这个主题，并且进行深究。

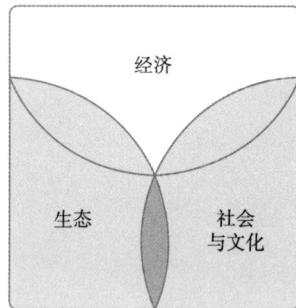

经济

生态 社会与文化

**活动流程**

我们建议，将森林损害这个主题的引导划分为相互为基础的3个部分[1]。

◆ 在第一部分中，应该让参与者在情绪上有所准备，并且激发他们进行思考。

---

[1] 译注：在这项活动中，应该选择一条可以看到生物和非生物对森林和树木造成损害（包括昆虫动物、真菌以及人类造成的森林损害）的环形路线。根据活动流程，第一部分应以当地的童话、诗歌、谚语或歌曲为基础。在贵州森林资源丰富的地区，应该有许多关于森林和树木的优美文字和歌曲。如果没有关于保护森林的小册子，可以制作一本。

——沃尔夫冈·格拉芙（Wolfgang Graf）

◇给参与者们读或者讲一个故事（参见[>]第九章 附录中的"童话故事，诗歌，箴言，歌曲"）。您应该服务于这个小组，让他们开始关注这个主题。

◇为了进一步深入这个主题，请您和参与者一起写出森林这个生活空间内的联系。为此，我们提供了2个活动：[>]森林处于危险之中 2 "森林中的微妙平衡"，[>]森林处于危险之中 3 "树木，你什么时候倒下？"

◆ 在第二部分中，参与者要自己进行研究比较。[>]森林土壤 9 "土壤酸化"展示了我们的土壤情况是怎么样的。

◆ 在第三部分中，您可以对树木或者土壤的损害进行演示，使得参与者也有能力独立识别出这个损害。为此,我们提供[>]森林处于危险之中 4 "病树症状"，[>]森林土壤 11 "水土流失实验"这两个活动。

◇为了能够展示不同的"林相"，请您在准备阶段就先挑选好一条环形路。请您注意以下几点：选择路时，尽可能选择能让参与者看到不同的树的种类、年龄阶段以及损害等级的路。在这里请您主要谈论一下在森林中能看到的以及可触及到的问题。

在一开始请您展示一些健康的或者接近健康的树，这就意味着，请您和参与者一起先走过一片林分，在这片林分里"世界还是没有问题的"。参与者应牢记，一棵健康的树（一片健康的森林）看上去应该是怎样的。然后，此路沿着损害较为严重的树木伸展。最后您又回到了出发点，这里的树生机勃勃，并且在这里您可以让参与者再进行比较。

◆ 最后，还要送给每个参与者一本关于"保护森林"的小册子作为对此次活动的总结和回忆！

---

**提 示**

■ 对于您，在进行引导时，重要的不应该是对森林损害的原因进行研究，或者是用技术措施与这些损害作斗争。您的目的应该是向参与者阐明这些损害对森林的影响，并且和他们一起进行研究。

■ 如果没有土壤酸度计，您可以在[>]森林土壤 9 "土壤酸化"让参与者用pH试纸进行工作。为了进行pH测量，必须用蒸馏水让土壤泛起泡沫。

---

## 参考文献

哈特曼 G., 尼恩豪斯 F., 布丁 H., 森林损害色卡图. 斯图加特: 乌尔姆出版社, 1988.

援助信息服务；新型的森林损害——森林生态系统的损害；对土壤的危害, 对森林的补救. 波恩 2001, www.aid.de.

## Literaturhinweise

Hartmann, G., Nienhaus, F., Butin, H.; Farbatlas Waldschäden. Ulmer Verlag, Stuttgart 1988.

AID-Infodienst; Neuartige Waldschäden–Schäden am Ökosystem Wald; Gefahren für den Boden, Abhilfen fürden Wald. Bonn 2001, www.aid.de.

# 森林处于危险之中 2  森林中的微妙平衡

**内容** 参与者以游戏的方式学习生态系统的意义。

| 目的 | 时限 |
|---|---|
| ◇让参与者认识到人类的侵犯行为产生了什么影响 | ◇大约20分钟 |
| 活动类型 | 材料 |
| ◇安静型、知识型 | ◇— |
| 参与者人数 | 准备工作 |
| ◇30人以内 | ◇— |
| 参与者年龄 | 室外条件 |
| ◇10岁以上 | ◇— |

**可持续发展教育目标**

◆ 对待事物的方法与能力

◇我知道自己在哪些知识上有所欠缺，并且有能力来弥补这些缺失的知识。

◇我可以有远见且周全地思考。

这里：您的参与者学习森林中哪些生物生活在哪里，当单一物种数目剧增时，森林中的平衡会发生怎样的变化。

◆ 个人能力

◇我为我的行为负责。

这里：您的参与者认识到，他们的某些行为加剧了大气污染，须更正这些行为。

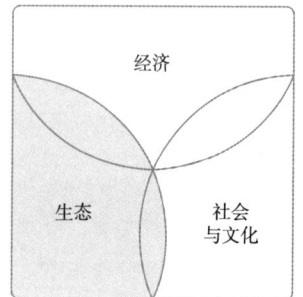

（图：经济、生态、社会与文化）

**活动流程**

◆ 请您让参与者们收集一些树枝、小细枝、针叶以及草叶。

◆ 参与者们分为5种角色，分别扮演如下"森林构件"：树木、大型动物、小型动物、植物、水。

◆ 您和小组讨论，哪些生物或植物应当属于哪个"森林构件"。例如，杉树属于"树木"，狍子属于"大型动物"。

◆ 各个"森林构件"的角色扮演者都分别象征性地得到生活在森林中的动植物，比如，一根小树枝，一个球果等。

◆ 当所有5个角色（"森林构件"）都用各自种类的"象征物"装扮好后，在林地上围成一个圆圈，以此来表示生活圈——生态系统。

◆ 现在请您来表演不同的事件，例如，"当人们把狐狸都消灭的时候会发生什么？"象征性地让一位参与者将"狐狸"（用一个大树枝代表）从森林构件"大型动物"中拿出圈子去。结果现在老鼠增多了，所以在森林构件"小型动物"中追加、放满小树枝，代表老鼠数目的增长。与此同时，鸢类也增多了，等等。这些情节表演大约需5分钟。

◆ 参与者在这个活动中应当学到一些知识：5个主要类别"森林构件"一直存在于生态系统

中，而且其中的动植物的平衡会发生移动，也就是说，它们会增多或者减少。

◆ 最后，请您演示大气污染对于森林不可估量的影响。

◆ 发生了什么？

◇森林构件"树木"完全从圈子里消失。现在生态系统中只剩下4个主要类别了。

◇这个损失带来接下来的变化，例如，野草疯长（"植物角色"满员），一些动物失去了食物和住所，最后灭绝，由此导致小型动物的数量减少，大型动物增多，等等。

## 森林处于危险之中 3　树木，你什么时候倒下？

**内容**　参与者把环境污染对树木的影响形象地放在"天平"上。

| 目的 | 时限 |
|---|---|
| ◇让参与者思考，树木能经受住多长时间的污染 | ◇大约15分钟 |
| 活动类型 | 材料 |
| ◇安静型、知识型 | ◇卷尺 |
| 参与者人数 | ◇细绳 |
| ◇30人以下 | ◇木屑(锯屑) |
| 参与者年龄 | 准备工作 |
| ◇10岁以上 | ◇— |
| | 室外条件 |
| | ◇— |

**可持续发展教育目标**

◆ 对待事物的方法与能力

◇我可以有远见且周全地思考。

◇我可以直观地传授知识。

这里：您的参与者可以了解和评价环境污染以及森林生命力上升的因素。

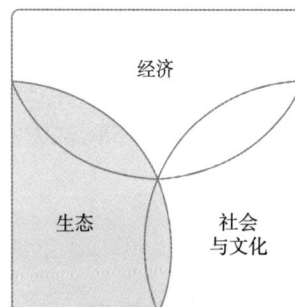

**活动流程**

◆ 选一位参与者代表"树木"，其余的参与者将被分成2个小组。第一小组代表的是生存救助，第二小组代表的是环境污染。

◆ 请您让这两个小组的参与者去拾取一些粗树枝、细树枝以及球果。最多给5分钟时间去拾取。

◆ 代表着树木的参与者将双臂伸开。他的手代表了秤盘。

◆ 环境污染组的成员将一部分环境污染，比如，土壤酸化、光氧化作用，放入"树木"的一只手中；环境污染分别由粗树枝、球果，等等来代表，它们象征着污染的种类。

◆ 从某种意义上来说，树木可通过以下几种方式来经受住这些污染：

◇好的水以及养分供应；

◇按照所在地类型选择适合的树种；

◇提供足够的空间；

◇适合的抚育管理措施。

◆ 这些由细树枝等等来代表，生存救助组的成员将它们放入到另一个"秤盘"中。"树木"就这样保持活着。

◆ 在参与者继续将负面的"环境影响"放在"树"身上之后，一侧的负担大得使"树"不能再保持或者得到平衡。后果就是在一侧的环境污染的压力下"树"倒下了。

---

**提 示**

为了能够形象地说明实际的有害物质污染，您可以将250克锯屑①或者其他的东西分摊在1平方米的地面上。这个数量代表了每年污染物质负荷为250克/平方米。

---

# 森林处于危险之中 4　病树症状

**内容**　参与者谈论典型的病树症状。

| 目的 | 时限 |
|---|---|
| ◇让参与者学习识别生病的树木 | ◇大约30分钟 |
| 活动类型 | 材料 |
| ◇调研型 | ◇展示牌，折页 |
| | ◇生病的以及健康的树枝 |
| 参与者人数 | 准备工作 |
| ◇30人以下 | ◇请您挑选一些合适的存在物 |
| 参与者年龄 | ◇将生病的以及健康的树枝放好 |
| ◇10岁以上 | 室外条件 |
| | ◇— |

**可持续发展教育目标**

◆ 对待事物的方法与能力

◇我知道自己在哪些知识上有所欠缺，并且有能力来弥补这些缺失的知识。

◇我在知识获取方法方面是经过训练的，如思考、联想、试验、研究、提问，等等。

这里：通过对健康以及生病的树木进行比较，您的参与者学习识别出不同树种的典型森林损害症状。

---

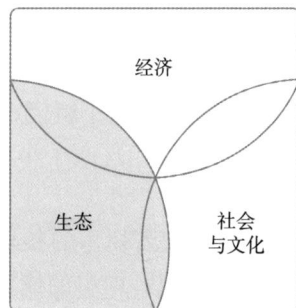

① 译注：空气中的污染物输入与当地人的活动有密切关系，锯屑直观地说明了这种污染的存在。

## 活动流程

◆ 请您向参与者展示并且说明生病的树木最重要的特征是什么。如有可能的话，请您使用展示牌以及折页[①]。

◆ 请您让参与者通过对健康以及生病的树木进行比较，独立指出典型的病症是什么。

◆ 紧接着，参与者要通过自己事先所挑选出来的森林存在物识别出典型的病树，并且对其进行描述。

◆ 为了进行演示，您可以要求参与者将树枝折弯[②]：生病的树枝会被折断，健康的树枝是可以弯曲的。

## 提 示

识别森林损害[③]

■　云杉

◇针叶较少（树冠内部稀疏），

◇树冠稀疏，

◇具有二级嫩枝。

■　冷杉

◇鹳巢型树冠，

◇针叶较少，

◇具有二级枝条以及死去的老枝。

■　山毛榉

◇树冠稀疏，

◇秃枝（缺少侧面分枝以及小的树枝），

◇形成小船形状（树叶沿着中间叶脉合拢），

◇树叶过早掉落（地上掉落有绿色的叶子）。

■　橡树

◇树冠稀疏，从树枝末端开始树叶过早掉落，

◇地面上有"绿色"的树枝掉落。

## 活动深入的可能性

◆ 问题：最严重的损害在哪里？

◇请您让参与者对不同地势和结构中的森林损害进行比较。

◇如果有可能的话，参与者可以自己找出，哪里的树木被损害的更严重（比如，山脚地带、无遮掩物的地带）以及哪里的树木看上去更健康。

◆ 问题：排放源和森林损害之间有哪些关联？

◇尽可能通过局部损害来阐明这个关联。

---

① 译注：拍摄该地区树木和森林损坏的典型图片，以展示牌及折页的形式在活动引导期间进行说明。

② 译注：这里指活动现场可以找到的树种。

③ 译注：以上林木的森林损害应该由当地的典型树种及其相应的损害所替代。

(附加信息)

对于森林危害方面的一个全面的研究您可以在[>]森林与社会 13 "福尔摩斯——谁是凶手？"中找到。

# 森林处于危险之中 5　极地探险

(内容) 在这个协作冒险的活动中，参与者作为遭受海难的研究者探讨全球变暖的后果。

| 目的 | 时限 |
|---|---|
| ◇让参与者明白小组中要有团队精神和交流 | ◇大约20分钟 |

**目的**
　◇让参与者明白小组中要有团队精神和交流

**活动类型**
　◇活泼型

**参与者人数**
　◇15～30人

**参与者年龄**
　◇12岁以上

**时限**
　◇大约20分钟

**材料**
　◇欧式托盘或者树干，它们代表了筏
　◇纸盘，木块或者纸张，大约A4大小，这些代表了浮冰，数量要和参与者一样多

**准备工作**
　◇请您挑选一个合适的森林地点：空间要足够大，并且要不对公众开放
　◇筏和浮冰您可以事先进行放置

**室外条件**
　◇此活动也适合在一个大的室内活动场地中进行

(可持续发展教育目标)

◆ 社会能力
◇我可以与他人一起制订计划和处理问题。
◇我可以和其他人共同寻求恰当并且公正的决定。
这里：您的参与者认识到，只有大家团结起来，制作出一个明确的、意见一致的营救方案，所有遭受海难的人才能活下来。
◆ 个人能力
◇我要为自己的行为承担责任，并且要考虑到其他人。
这里：您的参与者认识到，通过放弃自己的利益可实现所有人的利益。

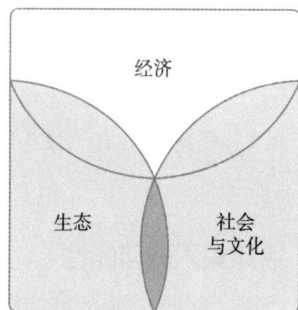

经济

生态　　社会与文化

(准备工作)

在活动开始之前应该放置好筏和浮冰，其数量应与现场做活动的人数相同。筏与旁边的浮冰相距4米远，其中有3块浮冰分别相距1米远，剩余的浮冰各相距2～3米远。

## 活动流程

◆ 向参与者们阐述一下大概情况：由于全球气温上升，极地冰域迅速融化。为了对具体情况进行研究，一个专家小组（团队）启程进行极地探险。在就要抵达的时候，科学研究者发现，永冻冰只有一小部分被保留了下来，并且它们也开始融化了。更糟糕的是，海洋考察船沉了。要出现怎样一个奇迹，小浮冰上的考察船成员才能全部得救。如果最后残留的冰块也融化了，那么遭受海难的人就要在冰冷的水中被冻死。唯一活下来的机会就是通过在水上漂泊的筏来逃命。

◆ 活动的目的是让极地探险的所有成员都能到达救生用的筏上。如果没有人在浮冰上，那么这些浮冰是可以被移动的。

◆ 在向参与者讲完活动规则之后，请将各个参与者分配到浮冰上。每个浮冰上只允许有1个参与者。在对参加活动的人进行分配时，您可以顺便观察团队的动态。比如，您可以将很有主宰意识的人物放在远离筏的位置，将拘谨的、犹豫不决的参与者放在关键位置（不用进行讨论！）。如果所有人都分配好了，那么您就可以发出"开始"信号了。

◆ 在参与者执行任务的时候，您只需要保持观望。只能解答活动规则方面的问题，并且在违反活动规则时进行干涉。除此之外，您不能就所发生的事情发表任何评论。重要的是，为了随后能给参与者一个高质量的反馈，您必须仔细观察这个团队的动态过程。当参与者成功完成任务后，这个活动就结束了。

## 后续工作

在这里，团队动态活动过程是非常有趣的。在小组中是否有一个非正式/正式的活动主持人/协调人？谁为问题的解决做出了特别多的贡献？比如，又有谁由于他偏远的位置或者文静的性格而被忽视/遗忘？所有参与者应该考虑一下对自己的看法，并且考虑一下他是否和小组中其他的角色相一致。

## 活动变化方案

为了增加紧张气氛，您可以将时间事先规定为10～15分钟：由于浮冰融化得很快，因此，参与者必须在这个时间内到达逃生筏。然而，必须要注意，要尽量让他们能够完成这个任务，也就是说，要让活动有个圆满成功的结尾。

## 活动深入的可能性

请您在内容上对全球变暖这个主题进行研究：事实上，全球变暖会对我们造成哪些后果？它对于我们的森林、我们的水以及我们人类具有什么样的影响？我们为此能做些什么？（参见[>]森林与社会14 "气候变化中的森林"）。

# 森林处于危险之中 6   生命之水

**内容** 在这个合作性冒险的活动中，参与者探讨全球变暖可能造成的后果之一——水资源短缺。

| 目的 | 时限 |
|---|---|
| ◇让参与者明白小组中要有团队精神和交流 | ◇大约20分钟 |
| **活动类型** | **材料** |
| ◇活泼型 | ◇树干或者树枝作为山谷的标记 |
| **参与者人数** | ◇牢固的绳子(攀登索) |
| ◇15～30人 | ◇塑料杯，装7/8杯水 |
| **参与者年龄** | **准备工作** |
| ◇12岁以上 | ◇请您挑选一个合适的森林地点：空间要足够大，并且要不对公众开放 |
| | ◇请您将绳子固定在一个牢固的树枝上（注意安全！） |
| | ◇将作为山谷标记的树干/树枝进行定位 |
| | **室外条件** |
| | ◇— |

## 可持续发展教育目标

◆ 社会能力

◇我有很好的团队精神，我会顾及到别人的长处和弱点。

◇我可以与他人一起制订计划并处理问题。

◇我可以激发其他人的积极性，并且动员他们采取行动。

这里：您的参与者意识到，他们只有共同挽救珍贵的水资源，才能挽救生命。

◆ 个人能力

◇我很自信，受到挫折不会轻易气馁。

这里：您的参与者认识到，对于自己以及这个小组存活下来必不可少的水，在不得已时，他们必须经过多次尝试之后才能挽救它。

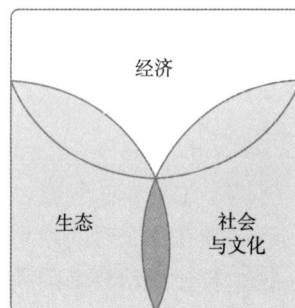

## 准备工作

在活动开始之前，请您将绳子固定在一根牢固的树枝上（注意安全！）。在绳子的下端打一个死结，带节的绳端应该离地面1米高。这个绳子将4米宽的虚拟山谷的中心标记出来。用树干或者树枝在地上将"山谷"的两个外边界表示出来——离绳子分别2米远。

## 活动流程

◆　请您让所有参与者站在"山谷"的一侧，并且向他们阐明活动的基本情况：这个小组身处2050年的一个不毛之地，由于受到全球变暖的毁灭性影响，在这里水资源已经变得极其匮乏，每一滴水都是非常珍贵的，因为没有水就没有存活下去的可能。事实上这里不再有森林——剩下少数的几棵树被尊崇为神圣的树，致命的沙暴经常发生。这个小组想要用他们所拥有的最后这点水使自己安全度过这次沙暴，唯一的避难所就是"山谷"另一边的一个山洞。为了逃过此次沙暴以及挽救水资源，所有小组成员以及水杯必须要到达山谷的另一边。在山谷的中间，一根牢固的树枝上挂着一根绳子。除了这根绳子，参与者不允许使用其他的辅助工具，不允许触碰到山谷标记线，不允许踏入这里面的区域。如果参与者接触到了这里面的地面，他必须回去，如果水不慎泼出，那么整个小组必须回去，再重新将杯子装满，然后从起跑线开始。

◆　在您将出发情况以及活动规则解释过后，递交给参与者一个装有7/8满的水的无盖杯子。冒险活动开始了，参与者在执行任务的时候，请您保持观望。您只能解答活动规则方面的问题，并且在违反活动规则时进行干涉，除此之外，您不能就所发生的事情发表任何评论。为了能给这个小组一个高质量的反馈，重要的是需对这个团队的动态过程进行仔细观察。当参与者成功完成任务时，这个活动就结束了，通常情况下，经过几次尝试就会成功了。

◆　在交流心得时，团队动态活动过程是非常重要的。在参与者中是否有一位非正式/正式的活动主持人/协调人？谁为问题的解决做出了特别多的贡献？比如，又有谁由于他偏远的位置或者文静的性格而被忽视/遗忘？所有参与者应该考虑一下对自己角色的看法，并且考虑一下他是否和小组中其他的角色相一致。

## 活动变化方案

为了增加紧张气氛，您可以将时间设置为10～15分钟，参与者必须在这个时间内到达保护洞内，因为沙暴正在逼近。然而必须要注意，要尽量让他们能够在规定的时间内完成这个任务，也就是说，要让活动有一个圆满成功的结尾。

## 活动深入的可能性

请您对全球变暖这个主题进行研究[①]：事实上，全球变暖会对我们造成哪些后果？它对于我们的森林、我们的水以及我们人类具有什么样的影响？我们为此能做些什么？（参见[>]森林与社会 14 "气候变化中的森林"）。

---

① 译注：关于全球变暖以及我们该做什么的讨论，在可持续发展教育中具有重要意义，此活动不仅仅是趣味小组活动，其背景知识中包含的关于气候变化的信息也是非常重要的。

# 森林处于危险之中 7  森林开发

**内容** 参与者要了解道路穿越森林切割生境，这意味着什么。

| 目的 | 时限 |
|---|---|
| ◇直观地说明道路切割森林效应 | ◇大约15~20分钟 |
| **活动类型** | **材料** |
| ◇活泼型 | ◇— |
| **参与者人数** | **准备工作** |
| ◇大约30人 | ◇请您在林间道路边寻找一块空地 |
| **参与者年龄** | **室外条件** |
| ◇6岁以上 | ◇— |

**可持续发展教育目标**

◆ 对待事物的方法与能力

◇我知道自己缺乏哪些知识，并且有能力来弥补这些缺失的知识，我可以有远见且周全地思考。

这里：通常人们只知道自己方便舒适，但是从来不考虑方便和舒适背后的代价以及与其有关的基础设施的缺点。如果您的参与者能够认识它们之间的关联以及相互作用，那么他们就会有远见地改变他们的行为。

◆ 个人能力

◇我要为自己的行为承担责任，并且要考虑到自然以及其他人。

这里：您的参与者认识到，有多少动物必须要横穿马路。因此，他们在未来开车时要更加小心，并且要求不在新建那些分割栖息地的不必要的道路。

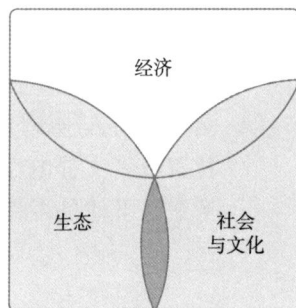

**活动流程**

◆ 要求您的参与者分为3个小组。两个小组代表了道路左右两侧生活空间内的动物[1]，剩下一个小组扮演的是道路交通工具的角色。

◆ 请您说明一下，每个小组在活动中必须做些什么：

◇这些"小鹿"试图在黄昏时分走到道路的另一侧，因为在对面的森林区域有一块林间草地，那里有许多可口的野草；为了到达它们的产卵地，"青蛙"也需要跳过这条道路；为了与它的亲戚碰面，"松鼠"也要跑过这条道路；为了在另一个森林空间寻找一个伴侣，"兔子"也要蹦蹦跳跳地穿过这条道路；为了再次回到它的洞穴，"狐狸"也要飞快地跑过这条道路。

◇道路交通工具由"汽车""摩托车"以及"自行车"组成，这一组以不同的速度沿着这条道路行驶。

---

[1] 译注：活动中的动物可以替换为当地的知名动物。如在贵阳，可以是当地的猴子。

◆ 现在活动真正开始了：回避让行以及相互碰撞（小心！注意安全！）表明了"交通工具"与横穿马路的"动物"之间的冲突，这些"动物"为了寻找食物、寻求保护、繁殖后代或者避逅异性而必须要横穿马路。在一段时间过后，请您进行角色互换："交通工具"和"动物"进行互换。

◆ 由此得出以下结论：

◇由于生命受到威胁，许多动物离开了它们的小森林（生活空间），正常的繁衍生息不再可能。

◇将栖息地分割之后会导致种群隔离。

◇由于生活空间的隔离，个别物种可能因缺乏基因交流而导致种群衰退。

---

### 活动深入的可能性

　　您和参与者一起收集，在他们的周围有哪些栖息地被分割了。公路线、铁路线、水路线以及其他交通线路间未受影响的生活空间有多大或者说有多小。会对哪种生物造成威胁？

## 森林处于危险之中 8　土地被封印

**内容**　参与者得知，建筑工程需要消耗多少土地。

| | |
|---|---|
| **目的**<br>　◇参与者将意识到土地消耗的数量<br>**活动类型**<br>　◇活泼型、知识型<br>**参与者人数**<br>　◇30人以下<br>**参与者年龄**<br>　◇6岁以上 | **时限**<br>　◇大约20分钟<br>**材料**<br>　◇带秒针的表<br>　◇间隙闪光信号灯或者鼓<br>　◇绳子<br>　◇棍子<br>　◇卷尺<br>**准备工作**<br>　◇—<br>**室外条件**<br>　◇— |

### 可持续发展教育目标

◆ 对待事物的方法与能力

◇我知道自己在哪些知识上有所欠缺，并且有能力来弥补这些缺失的知识。

◇我可以直观地传授知识。

这里：您的参与者直观地意识到并且感受到我们的生活方式所导致的土地流失是不可挽回的。

◆ 活动流程

◆ 在德国巴伐利亚州，每一秒就有近2平方米的土地由于建筑而被消耗掉，这就意味着这些土地被封印了。请您让参与者测量出这个面积，并且用棍子标记出来。

◆ 紧接着请您打开一盏间隙闪光信号灯（闪烁频率：1秒）或者用相同的节奏来敲打一面鼓。

◆ 为此请您做如下说明："现在请你们想象一下，每次当信号灯闪一下或者鼓槌敲击一下，在巴伐利亚州[1]就有一块土地被添上了建筑，这个土地的面积就像你们所标定的面积这么大。夜以继日！"

◆ 参与者计算出不同时间间隔的土地消耗面积，然后通过步伐尺寸来对其进行测量。举例：

10分钟：1200平方米（约为35米×35米）

60分钟：7200平方米（约为85米×85米）

12小时：86400平方米（约为294米×294米）

比较：一个足球场的面积大约为105米×70米（7350平方米）。

◆ 当面积被标定好了的时候，要求参与者："围绕着这个面积跑，这样他们就会感觉到，在我们这里由于建筑而造成的土地消耗有多快。"

◆ 活动深入的可能性

◆ 请您和参与者讨论一下，是否也有森林由于这种土地消耗而被开垦了。

◆ 请您朗读一个故事：参见 [>] 第九章 附录中的 "童话故事，诗歌，箴言，歌曲"，"人与树木"，吉恩·乔诺（Jean Giono），马克思·黑格特施瓦勒（Max Hegetschweiler），瓦尔特·塔普雷特（Walter Tappolet），1981（本书略）。

◆ 参见[>]全球森林 7 "越来越多或者越来越少"。

◆ 后续工作

城市以及乡镇的土地利用规划中，除了建筑用地还有哪些土地消耗。和参与者讨论一下，城市以及乡镇中心之外的大量土地消耗会有什么样的后果，并且谈论一下与此有关的交通流动情况，探讨一下城市规划的批判性问题。

**参考文献**

网络链接www.boden.bayern.de.

---

① 译注：将巴伐利亚州的数据替换为中国或当地的数据，计算出中国或当地土地被占用的速度。

# 森林处于危险之中 9　地下水，再见!

**内容**　参与者意识到，地下水水位下降之后，树木就不会再够得着水。

| 目的 | 时限 |
|---|---|
| ◇说明地下水的重大意义 | ◇大约20分钟 |
| 活动类型 | 材料 |
| ◇安静型、调研型、知识型 | ◇桶 |
| 参与者人数 | ◇细的软管 |
| ◇30人以下 | ◇长柄勺 |
| 参与者年龄 | 准备工作 |
| ◇9岁以上 | ◇准备好饮用水 |
|  | 室外条件 |
|  | ◇— |

**可持续发展教育目标**

◆ 对待事物的方法与能力

◇我在知识获取方法方面是经过训练的，如思考、联想、试验、研究、提问，等等。

◇我可以直观地传授知识。

这里：您的参与者可根据模型以及经验推断出地下水变化以及不同树种与地下水可到达性之间的关联。

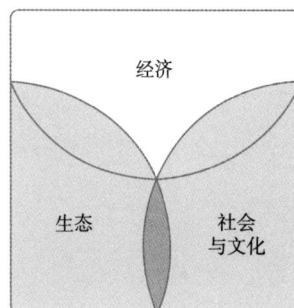

**活动流程**

◆ 我们提供以下活动[>]森林土壤 8 "构建树根"。

◆ 一部分参与者代表不同树种的根系，您分给参与者不同长度的软管象征着根部，它们只能够到达一定的深度。

◆ 一部分参与者代表了水消耗者，比如：工业、住宅、公园、厕所、淋浴装置。请分配给他们长柄勺。

◆ 所有的参与者（树木以及消耗者）都需要水，并且从地下水中得到所需要的水，地下水由装满水的桶来表示。为了得到水，每个人都必须想出一个不同的方法：

◇树木用根部将水吸出，也就是说，参与者用软管将水吸取。根据他们软管长度的不同，比如，"浅根植物"只能吸到一半水桶高度的水（参见[>]试验装置图）。

◇消耗者可通过长柄勺来取出他们所需要的那部分水。

◆ 在活动期间，有时会下雨，这样地下水水位又上升了，也就是说，再次将水加入水桶内。

◆ 在活动进行过程中会出现以下几种情况：

◇在一开始每个人都能得到足够的水。

◇随着地下水水位的下降，浅根系树木（浅根植物）首先"渴死"。

◇如果地下水水位继续下降，其他树木根据它们的根部系统的深度不同而相继"渴死"。

### 试验装置

◆ 请您将水桶装满水。根据树木根部系统的不同，确定参与者可以将软管维持在水中多深的位置。

◇如果地下水水位正常（满的水桶），所有的树根都能够到地下水，所有的参与者都能通过软管吸取水。

◇如果水位中等（水桶3/4满），那么浅根系植物不再能够吸取到水而渐渐死去。

◇如果水位较低（水桶1/2满），大部分树根不再能够吸取到水。

◆ 消耗者即使在水位较低时，也能用长柄勺够到地下水。我们的水资源储备被过度利用，但是却由森林来承担后果。

◆ 工业（用长柄勺）一直可以得到地下水——我们的水资源储备被过度利用，但是却由森林来承担后果。

盘状根系　　　　　　　　　　　　　　　　　　　　　　心状根系

桩子状根系

正常地下水位

盘状根系受到干旱威胁　　　　　　　　　　　　　　心状根系受到干旱威胁

桩子状根系几乎快够不着地下水了

地下水位下降

试验装置图

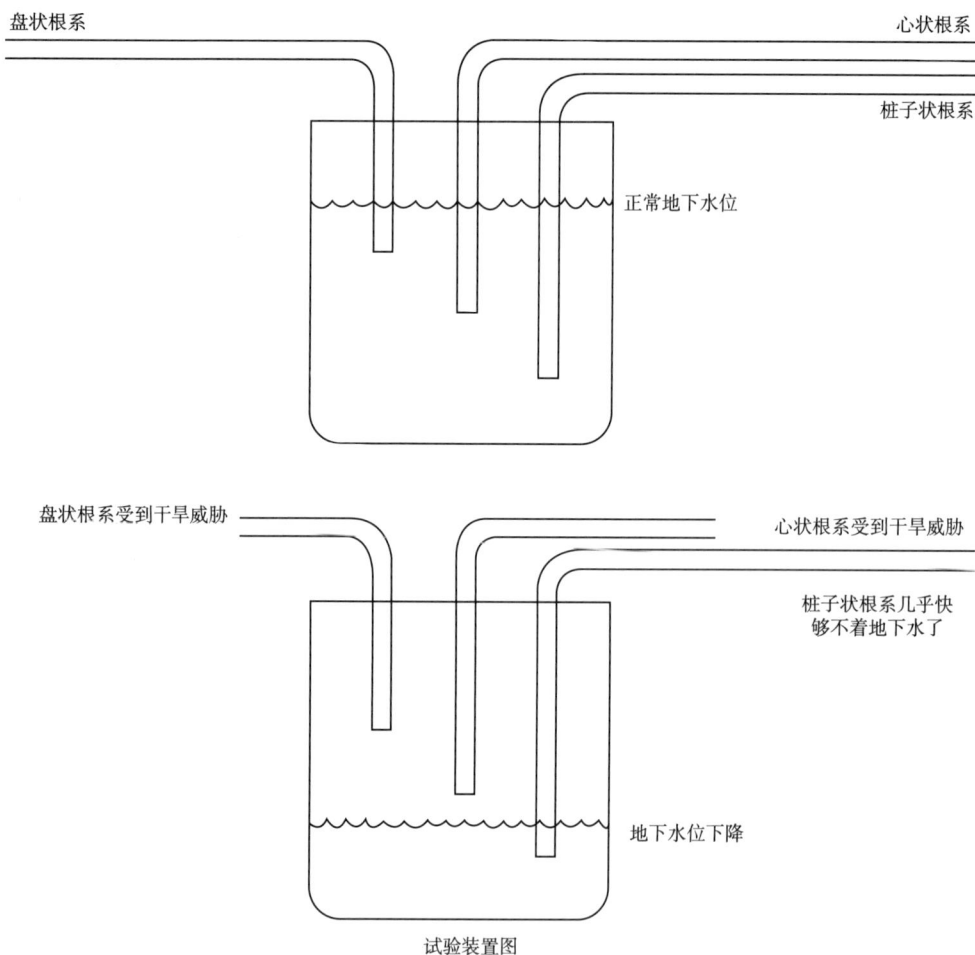

### 活动深入的可能性

◆ 请您和参与者一起讨论以下问题：

◇修建下水道；

◇沼泽区，湿地的排水；

◇铺设管道；

◇排水；

◇水的质量。

**附加信息**

我们每天直接或者间接消耗掉多少水（参见[>]水 C 背景知识）。

# 森林处于危险之中 10  生病的树木，你在哪里?

**内容** 参与者扮演寻找生病树木的小蠹虫。

| 目的 | 时限 |
|---|---|
| ◇让参与者了解，小蠹虫是如何侵害树木的 | ◇大约30分钟 |
| **活动类型** | **材料** |
| ◇活泼型 | ◇带有小蠹虫图案的小卡片 |
| **参与者人数** | ◇红色以及绿色的小卡片 |
| ◇20人以上 | **准备工作** |
| **参与者年龄** | ◇根据参与者的人数准备好所需的小卡片：20%"小蠹虫"，40%红色，40%绿色 |
| ◇10岁以上 | **室外条件** |
| | ◇如有可能的话在云杉林中 |

**可持续发展教育目标**

◆ 对待事物的方法与能力

◇我知道自己缺乏哪些知识，并且有能力来弥补这些缺失的知识。我尝试用各种方法去获取知识。

这里：通过活动您的参与者明白，昆虫是怎样进行繁衍的。

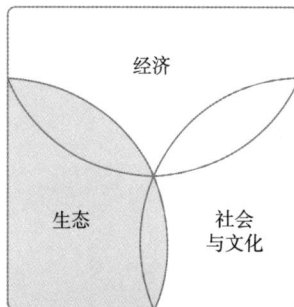

**活动流程**

◆ 现在给参与者分配角色，20%的参与者分到小蠹虫卡片，并且扮演"小蠹虫"，剩余的参与者扮演健康以及生病的"树木"——平均分配。根据他们所分配到小卡片的颜色您可以得知他们扮演的是什么角色（红色=生病的，绿色=健康的）。扮演"树木"的人可以将卡片马上藏起来，不需要展示给其他参与者看。

◆ 扮演"树木"的参与者分散在附近，并且分别靠在一棵树上。

◆ 现在，"小蠹虫"必须"飞向"扮演"树木"的人，并且轻轻问，他是健康的还是生病的树。只有在生病的树中它们才可以钻入，并且存活下来，为了寻找到一棵生病的树，每个"小蠹虫"最多能走20步路。如果走了20步它还没有找到生病的"树"，那么它就会饿死，并且被淘汰。

◆ 如果"小蠹虫"无意中找到了一棵生病的"树"，那么它就可以钻入其中，使自己变强壮，并且进行繁衍，为了寻找一个"树木牺牲品"，他又可以走20步路。步数不允许积累或者抵消!

◆ 如果有5只"小蠹虫"钻入了树木内，那么这棵"树"就死掉了，并且这个扮演"树木"的人成了"小蠹虫"。

◆ 在一段时间后请您要求参与者交换角色。

┌─ **提 示** ─────────────────────────────────────────┐

　　请您指出小蠹虫惊人的繁殖能力，并且说明真正的小蠹虫可以对树木的挥发性物质做出反应，而不是随机飞到树木上去的。

└─────────────────────────────────────────────────┘

**活动变化方案**

◆　小蠹虫[①]的天敌，比如"啄木鸟""蚁形郭公虫"，也加入到了活动中来。也就是说，过了一定的时间之后，将分发啄木鸟卡片。为了进行繁衍，"小蠹虫"有一定的领先距离，领先距离有多大在于您的判断。"啄木鸟"可走的步数比"小蠹虫"要多（30步），如果他赶上了一只"小蠹虫"，那么就可以把它吃掉，被吃掉的"小蠹虫"必须要蹲下，他们从活动中被淘汰了，每个"小蠹虫"又给了"啄木鸟"力量，可以重新"飞"30步。

◆　如有可能，请您向参与者展示，小蠹虫的外表看上去是怎样的。可以用信息素陷阱来捕捉小蠹虫，或者在刚遭受侵害的云杉的树皮下捕捉小蠹虫。请您在一棵树上或者通过一块携带来的树皮向参与者展示被小蠹虫咬过的痕迹，并且解释它们是怎样形成的。

────────────

① 译注：如果当地没有小蠹虫，活动应该改为当地有害甲虫或昆虫。同样，昆虫的掠食者（主要是鸟类）也应该适应当地的昆虫。

## C　背景知识

森林具有在各种不同环境条件下生长的能力。它们可以很好地适应不断变化的生长条件，因为森林中的树种往往生态幅十分宽广，其在森林内部能够发生变异。在绝大多数陆地植被中都是森林占统治地位。仅在降水量极度匮乏的沙漠、温度极低的苔原以及湿度过剩的沼泽地区罕有树木生长。

天气条件和生物干扰通常不会对森林造成长期致命影响，因为森林在进化过程中总能不断地适应优胜劣汰的自然法则。即使是整片森林被连根拔起，也总会迅速形成新的森林，能够暂时由完全不同的树种构成（例如，风折后生长出来的桦树和花楸果）。森林在漫长的岁月之中经过不同的发展阶段，又逐渐接近原始的森林形态。然而在降水过盛、土壤侵蚀流失严重的地区，大面积的森林砍伐可能会造成永久性的森林损失。

森林和栖息其中的生物经过共同的物种演化，森林与其受益者（例如寄生昆虫）构成了一种较为和谐的平衡，因此，原始森林中并不存在害虫一说。与此相反人为种植的经济林则可能因天气条件和生物干扰的影响，例如，风暴和虫害，致使林业经济上的收入严重降低。

在全世界范围内人类以各种方式越来越多地影响着森林。人类的侵扰行为对森林的自然再生能力和适应环境条件的能力来说是一个严峻的考验。森林所面对的大部分威胁[1]，成因广泛复杂，无法清楚地界定到底是哪一个因素对森林产生了什么影响。举例来说，气象条件变化和生物危害往往可以追溯到人为影响。只要想一下全球变暖引起的风暴的强烈和频繁程度，以及空气有害物质导致的森林对病虫害的抵抗力日益降低，就可以知晓。

### 气候变化

自1861年有全球性的气象测量记录以来，地球表面平均温度上升了0.74℃。2003年平均气温比起1961年至1990年期间的平均水平上升了0.45℃，因此2003年是继1998年（+0.55℃）和2002年（+0.48℃）之后第三个最热的年份。对于树木年轮、冰芯、珊瑚的最新分析及历史记录表明，北半球20世纪90年代是过去1000年以来最暖的十年，而1998年是最热的一年［政府间气候变化专门委员会（IPPC）2001年，世界气象组织（WMO）2003年］。下图为1861至2001年全球平均气温变化，显示了1961年至1990年的平均气温（℃）之异常。

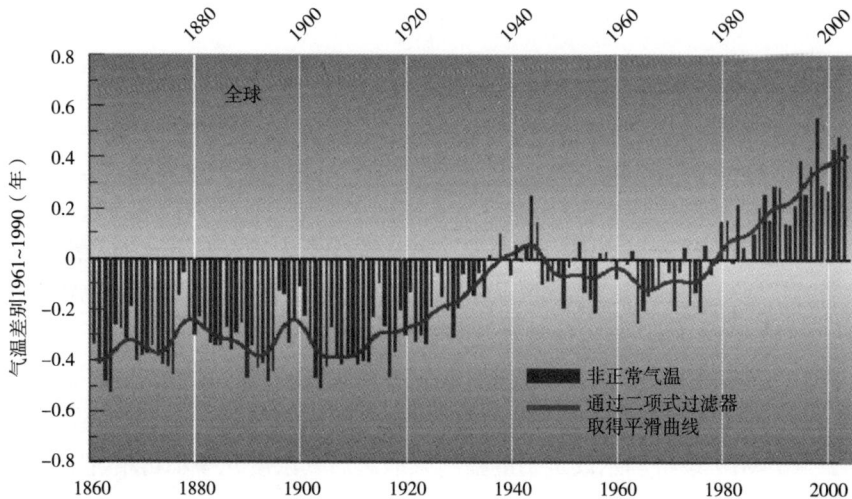

来自：世界气象组织（WMO）2003年12月16日新闻稿件（WMO第702期）

---

[1]　译注：火灾是森林管理中必须首先要重视的问题，火灾严重破坏了土壤的有机腐殖质层和土壤结构，导致土壤肥力的暂时下降。此外，火灾基本上破坏了地面植被，即灌木和幼树，这对生物多样性是有害的，但最重要的是还造成了高昂的重新造林成本。因此，有必要详细介绍火灾对森林的主要威胁和火灾发生的原因。

非常多的信号表明全球气候正在变化，例如：

◆ 20世纪高山冰川大幅消退（1985年以来阿尔卑斯山冰川损失了60%的体积）；

◆ 夏季温度节节升高，闪电频率呈指数性增长；

◆ 中高纬度的积雪自20世纪60年代末以来消退了10%；

◆ 海洋平均温度的增加已延伸到至少3000米深度（2006年北海的温度比之前的最高值攀升了2.4℃）；

◆ 海平面上升了10～20厘米；

◆ 最近十年湿地明显缩退；

◆ 河流湖泊的结冰期缩短至2个星期；

◆ 极端气候现象如龙卷风、洪水、干旱有增无减。

20世纪下半叶北半球中高纬度地区的植被生长季延长（在过去30年延长了11天），云量增加，而严寒天数、霜冻日数有所减少，显然，气候变化已经对生态系统产生了影响。

◆ 它表现在某些动植物的栖息地向高海拔和极地延伸；

◆ 鸟类繁殖方式和迁徙行为的变化；

◆ 新昆虫物种，比如，莱茵河上游虎蚊（登革热病毒携带者）的产生；

◆ 许多植物物种过早发芽和开花。

气候波动在地球有史以来一直存在（从较长的时间尺度上看比短时期更显著）。这种气候变化是由外部因素如太阳辐射的变化，和内部因素如火山活动、气候系统内部的交互影响、大气成分的变化等共同作用产生的。

## 自然温室效应

如果没有大气层的话，地球平均温度可能会低至难以生存的-18℃（辐射温度），幸好这样的低温并未在地表出现。大气层的一部分气体作为最重要的天然温室气体，二氧化碳、甲烷和一氧化二氮容易被短波太阳辐射所穿透而到达地面，但却吸收了绝大多数从地球表面发出的长波热辐射。

这样一来下层空气变暖（地表附近的空气平均温度为+14℃），而上层大气层则极为寒冷，气温只有-50℃，这样的效果被称为自然温室效应。在地球历史上前面说到的温室气体会因为诸如火山活动增强等因素而反复变化，同时也影响了气候的变化。

## 人为温室效应

人类的活动已经导致了大气组成和温室气体的浓度变化。空气中的二氧化碳含量自1750年以来上升了将近1/3（280ppm到380ppm）[①]。1/3的排放量来自化石燃料的释放，1/4来自于土地利用变化，特别是对热带雨林的砍伐或森林火灾。

对南极冰芯气泡的研究分析表明，如今的二氧化碳浓度为过去42万年的最高水平，甲烷浓度自1750年以来提高了151%，一氧化二氮的含量提高了17%。大气中含有的甲烷是二氧化碳的21倍，而一氧化二氮则是310倍。这两种气体主要是农业土地活动的结果，比如不断增多的水稻种植，化肥的使用和反刍动物的排放。11%的温室气体来源于农业。自1750年以来臭氧浓度在大气对流层中提高了三分之一，在平流层则明显降低。氟氯烃，既是破坏臭氧层的杀手，也是一种有效的温室气体，自1996年蒙特利尔议定书的措施采取之后其浓度几乎不再增加而甚至有所降低。然而许多可以增加温室效应的替代物质却层出不穷。

---

① 译注：ppm 为 $1/10^6$，此处为体积比。

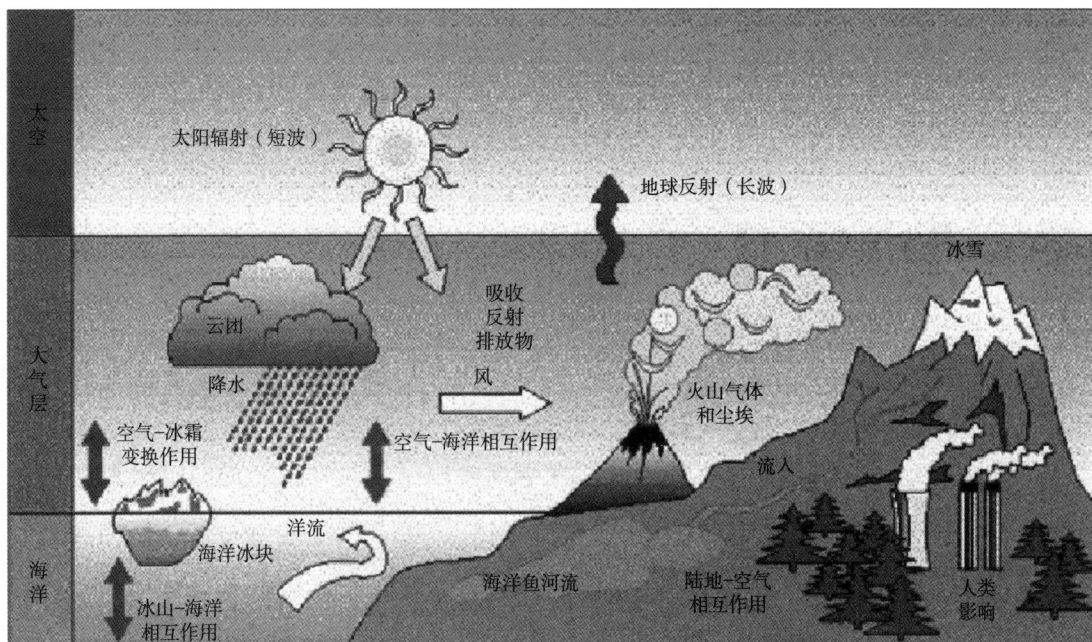

人为导致的气候变化已经被证实，而且其具有很高的威胁。2005年全世界的损失达到2500亿美元，到2050年这个数字将会翻10倍。环境难民的数量2002年已经达到了2000万～2500万，这个数字还在持续增加。如今，全球平均温度每年攀升0.2℃，估计到2050年提升速度将会加快。气温升高导致水循环系统活跃，外在表现为蒸发率和降水率的提高。森林每年可以容纳大约20亿吨的碳容量（约为人为二氧化碳排放量的1/3），然而毁林（垦地）的行为使大气中每年多增加10亿吨碳。据预测如果森林面积一直缩小，其净吸收能力将在2050年消亡。只有明显减少排放量才可能使温室气体浓度保持在一个固定水平，然而，由于世界人口的增加和新兴人口大国的工业化，预计未来30年的二氧化碳排放量还会上升约50%。

联合国政府间气候变化专门委员会（IPCC）在25个气候模型的基础上，设定几个不同情景，根据二氧化碳排放量的不同，温度升高1.4℃到5.8℃不等。为了避免地球的生存条件达到不可想象的地步，欧盟和德国提出了一个目标，全球气温稳定在比19世纪最多提高2℃的水平。前提是，大气中的二氧化碳含量长期保持在不高于450ppm的状态。即使现在立即停止所有排放，大气层变暖和海平面上升仍会持续几十年。温度升高最多的地方，预测是在北方多数高纬度地区。温度升高最少的地区则可能在南大洋和北大西洋部分地域。

德国气象局和巴登符腾堡州及巴伐利亚州的合作项目KLIWA（旨在考虑德国南部地区的防洪适应性战略）预言了巴伐利亚州到2050年间的下列气候变化（假设基于IPCC–排放情景B2——重点在于解决本地环境和经济可持续发展的世界工业技术变迁放缓）：

◇平均气温，特别是冬季气温会继续升高；

◇冬季降水量显著增加，旱灾威胁加大，冬季洪水上涨的风险显著增加，在下半年尽管有干旱，但不会有太大变化；

◇对水质、航运和发电厂来说夏天降水量少比冬天更为不利；

◇西方气候类型的持续时间和发生频率在冬季增多（"西风带温带气旋"）；

◇晚霜冻期会提前，早霜冻期推迟，也就是说无霜冻期在植被生长季节增长了；

◇霜冻天数（最低温度<0℃）减少25%；

◇结冰期（最高温度<0℃）平均减少50%；

◇夏季天数（最高温度>25℃）平均增多32～50天；

◇炎热天数（最高温度>30℃）平均增多近100%；

◇酷热的夜晚（最低温度>20℃）将会增多。

## 森林及林业经济在二氧化碳预算中的重要性

森林中的自然林和经济林可以容纳二氧化碳的增长，并因此以其木材储备或木材利用以及制造耐用的木材制品起着碳沉降的重要作用。1立方米的云杉不仅可以固定0.7吨的二氧化碳，也可以替代能源成本较高的生产材料如钢铁、塑料或铝等，从而节省大约1吨的二氧化碳排放（替代效果）。木材原料可以保温，这样可以节省化石燃料，减少对气候的影响，因此，森林和木材利用对减轻温室效应作出了巨大贡献。即使二氧化碳在作为能源利用的木材中被快速释放，仍好过化石能源载体的燃烧：因为木柴本来可以在森林养护和更新时积累，储存的碳重新衰变为二氧化碳，所以使用木材燃料来替代化石燃料是有道理的。树木在成长时期能够从空气中吸收二氧化碳，在被燃烧时，它们会释放相同数量的二氧化碳。由于森林在中欧地区分布均匀，木材在一个地区不需要很长的运输路线就可以投入使用。木材加工为各种燃料（木柴、木片、球团矿）需要很少的能量。加工、运输以及仓储与其他燃料相比，对土壤和地下水没有危险。焚烧残留物是纯粹的木材，经过有关污染物化验，它几乎以"零污染"的状态回归到自然循环圈内。既然木材作为能源原材料和"固碳者"的价值如此之高，就应该避免浪费。木材燃烧应该始终在高隔热标准的建筑物以及现代化、高效率的锅炉中进行，只有这样，木材才能作为一种可再生资源和太阳能储备为气候保护和能源补给做出持久的贡献。

与大气中的二氧化碳同样数量的碳存储在现存的生物中（植物、动物和人类），上述碳大约80%的份额固定存储在森林之中，全球森林贮存了约3.6亿吨碳［德国全球变化科学咨询委员会（WBGU），1989年］。

德国目前有1.07亿公顷森林，每年增长约9100万立方米。因为其中只有4900万立方米森林被砍伐，还有4200万立方米得以保存，通过这些森林就可以减排超过1400万吨碳。这相当于5.8%的二氧化碳减排量，以及京都议定书减排目标的25%［库尔·迈尔（Kohlme Ier），2001］。德国森林树木生物量（40亿立方米）可以固定约1亿吨的碳。折算到36亿吨的二氧化碳当中，相当于每立方米木材包含大约0.25吨的碳，也就是0.953吨二氧化碳。

据比斯瓦尔德（Böswald）的调查（1995），德国巴伐利亚州森林目前蓄积的碳约6.35亿吨。这相当于23亿吨二氧化碳，也就是说巴伐利亚州年度碳排放量的28倍。平均每公顷可贮存252吨的碳，土壤固碳占总碳量的53%，树木生物量占44%，地表植被、枯木、木材采伐残留只占总碳储存的3%。

1970至1971年国家森林资源清查的结果与1987年的盘点相比较，确定巴伐利亚州森林每年可以固定超过11万吨的二氧化碳，这些在巴伐利亚州占二氧化碳排放量的12%～13%，加上近年来1.6万公顷的新种植森林，森林固碳总容积在继续增加，即使木材利用也在增多，但巴伐利亚州国有森林近几年来的木材储备继续呈上升趋势。如今每公顷282立方米的木材储备，已经达到20世纪初以来的最高水平，巴伐利亚州国有森林目前的总木材储备已有2亿立方米，相应地森林其他物种数量也有所增加。

## 预测气候变化对巴伐利亚州森林的影响

因其生物体的寿命，可以说几乎没有任何经济部门如同经济林一般与大自然和环境这样紧密相连；气候和土壤对确定经济林的土地利用可能性和利用限制起决定作用。从性质上讲，巴伐利亚州森林是大面积山毛榉群落（红榉木和相关物种）构成的森林，许多物种具有较宽的生态幅，即它们在很高程度上能适应环境条件的变化。

每一个物种都有它自己的、适应各种环境因素的"生态位"，对其本性来说特别适宜存活。生态因子除了空气温度（平均值、极端值如炎热期和霜冻期），最主要是降水（数量、分布）对于树种的发育和生命力起决定性的作用。一般来说，干燥应激条件下的生命力衰落（有时是过早地落叶）也会导致木材增长的损失和竞争平衡的转移。对山毛榉和许多其他本土阔叶树种来说，所谓的气候外壳（适宜范围）就是其与目前和未来的气候很好地协调一致。欧洲南部的树木品种，如白橡树和栗树，由于它们冬天不够坚韧，所以我们目前的条件无法培育。

17世纪中期以来，为了重建被掠夺的森林，避免土壤退化，针叶林树种云杉和松树被大量种植，范围已远远超出其天然分布区。事实证明，在温暖地区这一树种往往比原本的落叶阔叶林生长更为丰富。因其经济价值、自然再生潜力以及幼林阶段的坚固性，这一树种的分布区一直在扩张，即使是在秋季严重的病虫害（松针毒蛾、松尺蠖、小蠹虫等）以及风暴造成的衰退之后。直到50年前，人们才开始致力于研究地区性的适宜树种并成功增加了森林中的阔叶林木。巴伐利亚州云杉林占地面积一直都很大，特别是在干燥温暖的地区存在很大的营林风险，也给林业部门带来前所未有的挑战。夏季高温和持续干旱使树木生长的条件恶化，特别是对于巴伐利亚州大部分的云杉形势极为严峻，这样的条件也促进了诸如小蠹虫等不同种类害虫的大量繁殖扩散，云杉因此将是气候变化的最大受害者。松树和落叶松的栽植风险也在日益增加，虽然它们可以较好地对付干旱，但在更高温度条件下就难以应付了。

位于魏恩施蒂芬（Weihenstephan）山脉的巴伐利亚州林业研究所目前正在为我们的树种制作气候风险图，其中描述了在2000年、2050年和2100年上述气候变化下的营林风险，此风险也关系到土壤持水能力（高、中、低）。

发生风倒这样的灾害事件之后木材的高积压总是会导致市场混乱，以及花费巨额成本重新在空旷林地里造林。我们的原生阔叶树种和引进树种，如道格拉斯冷杉、黑松、红橡木、刺槐树种据估计刚好可以适应温度提升2℃，以及栎列队蛾等喜热害虫大量孳生的气候条件。此外，还会产生一个品种或多个品种一定的分布区位移。

每一次出现2℃以上的额外升温，情况就会非线性式恶化。当提升3℃甚至4℃时，德国境内就产生了许多所谓的非典型气候类型，也就是气候组合，至今在德国境内仍未消失。可以预见林业经济要应付这样的气候反常十分困难。

除了实际可行的林业研究，加强病虫害监测、迅速改造受威胁的云杉林林分具有特别重要的意义。在巴伐利亚州所有森林类型中超过30多万公顷森林的改造已经迫在眉睫，这些森林中的土壤在温暖干燥的气候下，水分供应能力已经削减。2006年在中弗兰肯地区仅小蠹虫就造成了约79万立方米的森林受害，超过2000公顷以上的森林被清理并重新营造。必要的树种变化带来的是森林所有者巨大的财政负担以及森林工作者庞大的人力支出。无论是受灾地区快速重新造林，还是在云杉林分及时栽植遮阴树种如冷杉和山毛榉等，都需要专家意见和持续可靠的财政支持，可以避免的恢复阻力，如过多的野兽种群也不能再被姑息了。（参见[>]动物 C 背景知识）。

## 补救措施

采取积极的气候政策进行补救是十分必要的。这些措施包括：

◇通过能源二次开发利用，大幅度减少化石燃料；

◇促进公共交通出行；

◇发展替代传动系统；

◇提高能源转换效率；

◇以环境保护为导向的经济发展援助；

◇停止砍伐原始森林和全球范围内发展可持续土地利用模式；

◇过渡到气候友好型农业；

◇停止排放碳氢化合物，特别是氟氯化碳；

◇扩大全球森林面积和木材储备。

## 气候条件和生物威胁

气候不利条件造成的破坏可能是由于风暴导致的树木倾倒和断裂，冰雹、雪灾、冰霜、霜冻引起的树木损伤，以及干旱和火灾。炎热天数的显著增加和干旱期的膨胀加剧了本地区暴风骤雨和森林火灾的频率。

生物因素方面，昆虫和真菌的大规模繁殖最为突出，它们有时会造成很大的经济损失和原材料木材产量的锐减。

森林保护措施的目的是，尽可能地限制，甚至避免非生物和生物干扰对经济林造成的危害。

森林对这些干扰调控得越好，也就越接近自然林。在不同地区选择恰当的树种，严格控制树种和幼苗产地的筛选，实施集约化的生长监护管理，以及营造结构丰富的混交林，这些都是现代林业经济的基本原则。

每个森林群落都存在特有的害虫。近年来，一种叫云杉八齿小蠹虫的害虫大量孳生。不只是森林虫害增加的危害，来自真菌的威胁，如蜜环菌或病原体（病菌）对森林来说同样危险。此外，老鼠会给予幼林相当大的损害。

新的危险还包括气候变化和全球变暖对森林的威胁。喜热型昆虫，如栎列队蛾，得益于温度上升将大量繁殖蔓延。

由于全球变暖，有越来越多的未知物种（侵略性的），比如，亚洲长角天牛，占领新的栖息地。下面是前面所述害虫的简要介绍。

## 小蠹虫

小蠹虫由于其普遍性而在森林生态系统中具有重要意义。我们在中欧大约能分辨出130种小蠹虫，云杉八齿小蠹虫是这一物种的重要代表。大量的云杉八齿小蠹虫可以摧毁整个云杉林。小蠹虫集中出现在巴伐利亚国家森林公园的高地地区，说明它们可以在一定条件下，克服现有不利气候的阻碍。

云杉八齿小蠹虫是"树皮内繁殖"的物种，这意味着，其卵产在树皮和木材之间，也就是皮层里。在树皮内繁殖的小蠹虫的共同特点是其在主干钻蛀时会积累棕色蛀屑，这也成为护林人员和森林所有者一个重要的从外部识别云杉是否被侵害的方法。其他识别办法还有确认树冠是否变色（浅黄色至红褐色），以及观察针叶掉落或树皮脱落的情况。

云杉八齿小蠹虫产卵时会有一个钻眼，一个钻室，母坑道和幼虫坑道，它看起来完全就像是在印造一本打开的书，它的德文科学名称就出自于此。

云杉八齿小蠹虫在春季的扬飞盛期，取决于白昼长度，同时也跟温度相关，该扬飞期开始于4月/5月；发展期（产卵至幼虫羽化而出）取决于天气情况，较有利的天气条件下（温暖干燥）6～8个星期。根据春季和夏季的天气条件，云杉八齿小蠹虫一年可孵育2到3代。在第一次孵卵后许多成虫再次产卵，这就是所谓的姐妹代。因此，小蠹虫的大量繁衍不仅仅基于一代的数量，更基于姐妹卵的数量。

最常见的问题是云杉八齿小蠹虫如何找到一个合适的寄主树：首先，"先锋"蠹虫飞到一棵云杉上尝试钻蛀，等它们成功后，它们就散发一种所谓的信息素（香味），可以向同类传达信息"该树适合于蛀食繁殖"，先前到处飞行还没有目标的小蠹虫就被吸引过来，同样钻入这棵云杉。另一种情况是，小蠹虫发出一个相反的信息素，传达的信息是"这棵树被占了"，被吸引而来的小蠹虫就转而侵袭邻近的树木。

云杉八齿小蠹虫的危害主要来自于其强大的增殖潜力。春季最理想条件下，根据代数和姐妹卵的数量，到繁殖季终时一对小蠹虫至多可生殖100万个幼虫。另一个可怕的例子是它强烈的蔓延趋势，从一棵被感染的云杉至少能蜂拥而出2万个幼蠹虫，这些飞走的小蠹虫会攻击至少20棵新云杉，下一代成虫后就从20棵树扩散到400棵，然后再从400到8000……

为了防止大量扩散，有必要进行连贯的监控和防治。

清洁的林木加工是十分重要的，这就意味着必须妥善处理被感染的木材原料。这包括根据钻屑或其他的鉴别特征及时清理小蠹虫（最晚在幼虫成虫扬飞之前），以及对木材的后续处理，如运输木材，将小蠹虫木材贮存在远离云杉林500米开外的地方，投入使用经允许的杀虫剂，以及一定程度内为树木剥皮。

云杉可通过分泌树脂抵抗小蠹虫的侵害，水分适宜时这种自然抗性的反应效果最好。如果遇上大规模的虫群和夏季的高温少雨，云杉的自然抵抗能力就会削弱，尤其是在狂风袭击后，大量林木折倒，而此时又处于暖热干燥的夏季，这种最适宜蠹虫繁殖的条件会直接导致其种群呈指数性增长。

在最近有气象历史记录的结果表明特别炎热和干燥的夏季有利于小蠹虫往更高的阿尔卑斯山脉森林地区进行扩散。一些科学家预测，新的森林毁坏会使山地云杉森林的自然抵抗力受到影响。当发生大规模的森林树木死亡时，自然生态系统也会受到多重的深刻的影响。这种发展趋势是显而易见的，比方说，由于小蠹虫侵害，防止水土流失和雪崩的阿尔卑斯山地区森林退化消失，大面积的地表荒芜会导致地下水中硝酸盐的增加。

云杉八齿小蠹虫的爆发（层层递进）与相应的大量木材强迫性砍伐在经济上对森林业主影响颇深。随着时间的推移，囤积的木材因为蓝霉菌价值迅速下降。此外，这种被迫砍伐往往伴随着价格大幅降低，从而导致木材市场的混乱。

小蠹虫有相当多的天敌。例如，捕食性昆虫（蚂蚁、郭公虫等），寄生蜂类（赤眼蜂或姬蜂等），或寄生菌（细菌、真菌和病毒病原体等）。然而，大多数情况下，因其反应延迟，通常不足以起到防止扩散或控制的目的。

## 森林里的蝴蝶/蛾

同小蠹虫一样，森林里有许多不同类型的蝴蝶/蛾，它们的取食可以对树木造成极大伤害，直至死亡。有些种类的蝴蝶，受气候变化气温升高的影响而成为森林中日益重要的角色。一个因气候变化而获利的典型例子就是栎列队蛾。

栎列队蛾是鳞翅目昆虫（蝴蝶/蛾）的一种，它们的幼虫只取食栎属植物叶片（无梗花栎）。近几年来，它们在巴伐利亚州多出现在夏季暖热干燥的地区。栎列队蛾在大森林中只侵害单一树木，它们喜居在森林边缘和稀疏的橡树林中。连年被栎列队蛾取食的橡树会渐渐失去活力。飞蛾的群飞盛期是在8~9月的傍晚和夜间，它们可以长途跋涉，在迁飞中特别会被光源所吸引。雌蛾会在树冠顶端产卵。秋季已在卵中发育成幼虫，并在其中越冬。5月初，毛虫会破卵而出，白天数以千计的毛虫聚集在树干上或树冠上蜕皮，到了晚上，它们排成长长的一队，独具特色地在树冠上"游行"，直到早上它们返回聚集地点。毛虫一般蜕皮化蛹5~6次。化蛹的茧巢十分巨大，最大能有1米长，里面充满了排泄物和蜕皮残留物。

除了损害橡树，人类和动物接触它还可能引发健康问题。在第三次蜕皮后，约6月中旬它会长出一种所谓的螫毛，一方面它们会刺激皮肤、眼睛和呼吸道；另一方面，绒毛里含有会导致过敏反应的毒素，大多数人接触过后皮肤会得皮疹，伴随发红或发痒，或者被刺激到咽喉和上呼吸道产生喉咙痛、咳嗽，极少数情况下，发生哮喘的症状。由于茧巢内可能残留有数年来所有的蜕皮，聚积在树上，这样对健康的危害也就更长。

## 真菌

真菌在森林中具有重要作用，它们可以与树木共生共栖，被称为菌根。两种有机体彼此都能从对方获得好处，真菌吸取树木中的碳水化合物并反过来给树木提供矿物质和水。其他的真菌物种只生活在分解的有机物质中，它们是森林养分循环的重要组成部分。除此之外也存在危害树木的真菌和病原体。这其中包括可引起阔叶、针叶或树根的疾病的各种病原体或菌类。

蜜环菌主要是靠死亡的枯木（如落叶和针叶树树桩）分解的物质生活。但它也有可能成为寄生虫，在健康树木的根部之间也可以发现它的菌丝。如果树的生命力变弱了（可能是由于水和养分不足或病虫害引起的），蜜环菌可以穿透伤口或直接通过根部的树皮进入树木。这种真菌在树皮和木质部之间的形成层中扩散并能将其完全摧毁，因此，它也被叫作"形成层杀手"。当它环绕树干布满树皮时，树就会死亡，这种真菌就进一步进入到木材中将其分解。

从树皮下面蔓延的根状菌（"根线"真菌的一种）能够形成典型的白色扇状菌丝，从而导致树的死亡。在蜜环菌感染的树皮下或在大树的根部附近，也可以发现根状菌，呈黑色，有弹性，菌丝1～2毫米。它们可以通过土壤在树与树之间传播，感染树根。作为提供养分的管道服务于真菌。到了秋天，通常可以在树桩或树根找到多种真菌的子实体。另外一个感染的特征是很多树脂在树干根部流动或者针叶及叶片明显变成红色。

## 鼠害

森林中的有害鼠类属于短尾鼠家族。它们最重要的特点是尾巴短，正如其名称所示，它们的尾巴最长不超过头和躯干长度的60%。这点恰好能够和无害并受保护的长尾鼠区别，后者尾巴比身体长得多。短尾鼠包括黑田鼠、田鼠、鼠平和水鼠。

短尾鼠通常生活在森林内部或外部长草的平地上，它们一般食用种子和浆果，直到深秋/冬天，才转向其他的食物。黑田鼠、田鼠和鼠平会啃食幼树和灌木的树皮，尤其喜爱山毛榉、白蜡树、樱桃木、枫木和落叶松，有时树皮会被整个啃光。如此一来，植物的营养供应就被中断了，树茎生长因此出现问题，甚至死亡。

水田鼠以地下树根为食，它们只会对田地和草原森林造成危害。

这些老鼠平均以3～4年为周期完成一次大规模增殖。防治鼠害对于投资持续的、阔叶林木为主的、生态价值高的混交林尤为重要。病虫害治理的一条指导性原则就是：在尝试各种防护措施之后再考虑使用化学制剂。

通过营林措施可以避免野草过度生长蔓延。老鼠是许多昼夜捕食鸟类和哺乳动物的重要食物来源，只有批准的化学药物才可以用于防治鼠害，这些药物必须施放在陶管或黏土管中，以减少中间资源的消耗，避免其他动物不必要地吃掉诱饵。

## 吉丁虫

吉丁虫（直译华美甲虫）与它们的名字十分相配，因为它们体表具有多种色彩的金属光泽，几乎所有的落叶和针叶树上都有它们的身影。吉丁虫生性喜热，它们的食物一般是花粉、花瓣、叶子或针叶。其中有些品种因为它们的幼虫蛀食对树木和其他植物破坏性极大而被认为是害虫。

在极端情况下，幼虫蛀食可导致树木死亡。幼虫的成长时间取决于天气和食物，一般为1～2年。吉丁虫在森林中的防治是非常困难的。在确定的情况下，只应清除选定的目标树木，不用对其余树木进行额外处理。

## 亚洲长角天牛

亚洲长角天牛的起源地在中国和韩国。此品种通过花岗岩和大理石的贸易随板材和包装木材传播到世界各地。2001年，它在奥地利首次被发现，2004年和2005年在巴伐利亚州的两个地方发现其存在。

亚洲长角天牛是一种树木害虫，目前已知会危害杨树、枫树、桦树、柳树和七叶树。因其蛹道巨大可以破坏树木的管道系统，导致整个树冠部分干枯甚至整棵树死亡。如果发现此虫害，必须向植物保护协会负责人报告情况，对被感染的树木必须进行砍伐和妥善处置。

## 人为威胁

因为适合人类文明发展的地区很大程度上都是森林覆盖的地区，人类的殖民开拓大部分导致了森林的退化，更因为放牧和森林开发大大影响了保留下来的森林。现今必须认真对待这些受人为干扰的森林，因为它们会导致森林生态系统不可逆转的变化。

我们通常可以承受因天气或生物损害而导致的短暂的森林变化，然而人类的侵扰行为，诸如乱垦滥伐，会让森林永远消失。

在众多的人为干扰威胁森林的行为当中，以下行为尤为突出：

◇开垦；

◇新灾害；

◇过多的野兽种群；

◇人为的温室效应（气候变化）。

## 开垦

开垦的动机始终都是为了将现有的森林区域转向其他用途。中欧的森林经历过多次突出的退林浪潮，特别是法兰克时期（公元600～1300年），最后一个有代表性的开垦浪潮发生于15～17世纪，在中欧地区进行的玻璃厂和炼铁厂的建设工程。

战争造成的人口减少、不利的农业形势而使森林面积得以短暂回归平衡。在德国巴伐利亚州，1977～2007年间森林覆盖面积增加了约13000公顷。

人为因素产生的后果特别是对全球气候变化的潜在影响，可能造成全球森林覆盖面积的损失。一方面是焚林垦地的同时释放了二氧化碳，另一方面是对森林的大面积开垦造成森林固碳能力明显降低。

一年内全球的森林覆盖损失（净损失7300万公顷）总面积可以达到一个英国国土面积的大小。随之而来的是引人注目的物种灭绝。

## 新灾害

1980年初，观察到巴伐利亚东北部森林灾害出现在云杉和冷杉上，其表现为针叶泛黄、针叶营养流失、大量针叶死亡。但受灾物种占森林很小比率，因此与高地相比巴伐利亚州并没有大规模的森林死亡。

关于当时森林生命力的实际情况可以从国家林业局森林健康研究所发布的报告中找到。该报告的完整版本和其他补充信息可在巴伐利亚州林务局的网站www.forst.bayern.de.上浏览。

自20世纪80年代初讨论新灾害的起因开始，形形色色可能的新灾害根源被提了出来，总约1亿欧元被投入到已经或正要启动的800多个项目上用以调查和研究新灾害起因。从一开始，科学家的解释就集中在空气污染物质上。

◆　二氧化硫

◇在埃尔茨（Erzgebirge）山脉发生过直接而剧烈的二氧化硫伤害（经典烟害），而在德国巴伐利亚州仅检测出了非常小的含量。然而，在长期持续的低浓度二氧化硫环境里树木也会受到损伤，因为二氧化硫可以加速植物中重要的营养物质，如镁（叶绿素的核心成分）从叶片中置换出来（"析出"）并使镁、钾在土壤中的碱性离子加快排出。

◇在新灾害中，云杉山区沉积的硫主要是来自于捷克边境的褐煤工业。经过多重努力，二氧化硫排放量在德国巴伐利亚州显著降低，1976年还有720000吨，到2004年只有不到51000吨了。

◆　氮氧化物

◇氮氧化物来自于发电厂和机动车辆，可以直接在林木的叶片有机体上反映出来。作为前导物质，氮氧化物是生成光化学氧化剂（如臭氧）的决定性力量。此外，氮氧化物也导致了对于森林的总酸负荷的增加。

◇德国巴伐利亚州2004年的氮氧化物排放量仅为1976年的一半，减少了185000吨。

巴伐利亚州氮氧化物（NOx）排放量的发展变化（根据有关部门统计1976—2004年）

（×10³吨）

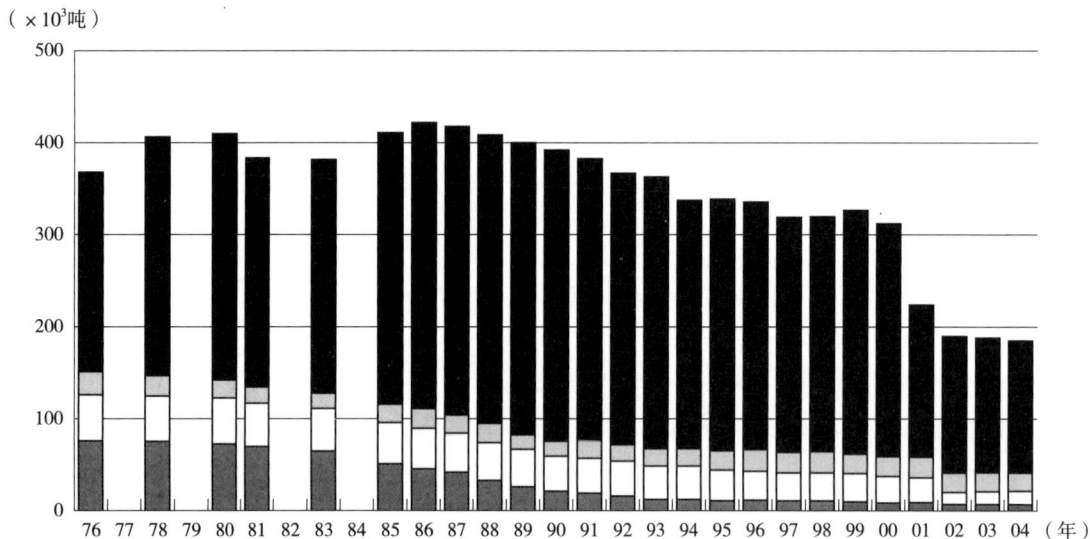

| | 76 | 77 | 78 | 79 | 80 | 81 | 82 | 83 | 84 | 85 | 86 | 87 | 88 | 89 | 90 | 91 | 92 | 93 | 94 | 95 | 96 | 97 | 98 | 99 | 00 | 01 | 02 | 03 | 04 |
|---|---|---|---|---|---|---|---|---|---|---|---|---|---|---|---|---|---|---|---|---|---|---|---|---|---|---|---|---|---|
| 交通 | 216 | | 258 | | 266 | 248 | | 253 | | 294 | 310 | 313 | 313 | 316 | 315 | 306 | 294 | 294 | 269 | 272 | 268 | 254 | 255 | 264 | 252 | 164 | 147 | 146 | 143 |
| 家庭 | 25 | | 23 | | 20 | 18 | | 17 | | 20 | 21 | 20 | 21 | 15 | 17 | 20 | 18 | 19 | 19 | 22 | 25 | 23 | 23 | 21 | 22 | 23 | 22 | 21 | 20 |
| 其他工业 | 50 | | 49 | | 50 | 47 | | 46 | | 45 | 44 | 42 | 41 | 41 | 38 | 38 | 38 | 37 | 37 | 33 | 31 | 31 | 31 | 31 | 29 | 27 | 13 | 14 | 15 |
| 动力热电厂 | 76 | | 75 | | 73 | 70 | | 65 | | 51 | 46 | 42 | 33 | 26 | 21 | 19 | 16 | 12 | 12 | 11 | 12 | 10 | 11 | 10 | 9 | 9 | 7 | 7 | 7 |

■　德国巴伐利亚州1976—2004年间氮氧化物排放的主要因素（来源：巴伐利亚州经济、基础设施、交通及技术部，《巴伐利亚州农业环境部能源报告》《巴伐利亚州环境局计算报告》）。

┌─ 提示 ─

　在交通运输部门，氮氧化物排放量的减少是由于从2001年起用了不同的计算方法，新数值164000吨对应于旧算法的237800吨（与2000年相比减少了5%）。

◆　氨

◇氮气，在森林中主要以氨的形式存在，也能够直接给针叶和叶片造成损害。当源于农业的氨气毒素浓度超标，就会产生严重的危害，氨将会迅速转化为氨氮，并随雨水溶解在森林的土壤中。因此，它能增加森林林分中的土壤酸负荷，并使水体富营养化，同时通过树木根系途径影响树木生长。

◆　酸沉降与森林土壤的酸负荷

◇二氧化硫，氮氧化物和氨进入到大气中转换为硫酸和硝酸化合物沉降到森林中。树冠由其大面积的叶片或针叶表面过滤这些化合物，受到空气的影响特别大，硫和氮进入森林林分的量因此明显高于裸露地表。

◇无论是硫还是氮化合物都会提高土壤的酸度。

◇除了酸性空气污染物的直接沉降，大气中的氨转化为硝酸盐的过程也会释放大量的酸性氢离子（质子），其影响比直接酸沉降更为明显。总酸负荷现今已远远超过森林土壤的缓冲能力。这一不可逆转的过程在缓冲能力差的母岩中更为严重。

◇森林中的氮气最初可以起到肥料的作用，因此，近年来许多地区的森林树木生长明显更盛而且氮缺乏也会导致营养贫乏的地区物种的组成变化和个别物种灭绝。但是氮过量更为有害。土壤中氮气过剩，以针叶林分最为严重，甚至可能导致植物无法吸收的氮气浸入到地下水中。2/3的巴伐利亚州森林气候站已经需要确认森林土壤氮的饱和状况。在这种情况下，部分深层的土壤已经贫瘠化，致使树木根须和菌根衰退，树木更难以抵抗风暴、干旱和营养素缺乏症，此外也促进了酸化。如今来自当地森林地区的地下水，由于铝和硝酸根离子浓度太高，不再适合直接饮用。

除氮氧化物（主要的原因是汽车排量），氨氮（超过90%来自农业）的排放也是非常重要的。氮进入裸露地表的量大约为每年每公顷5～20千克，据测量是硝酸盐和铵态氮的一半。由于过滤效果，森林的吸收量大约是裸露地表测量值的2～3倍（每年每公顷15～40千克）。

德国巴伐利亚州1976—2004年间二氧化硫（SO2）排放量发展情况（有关部门发布）

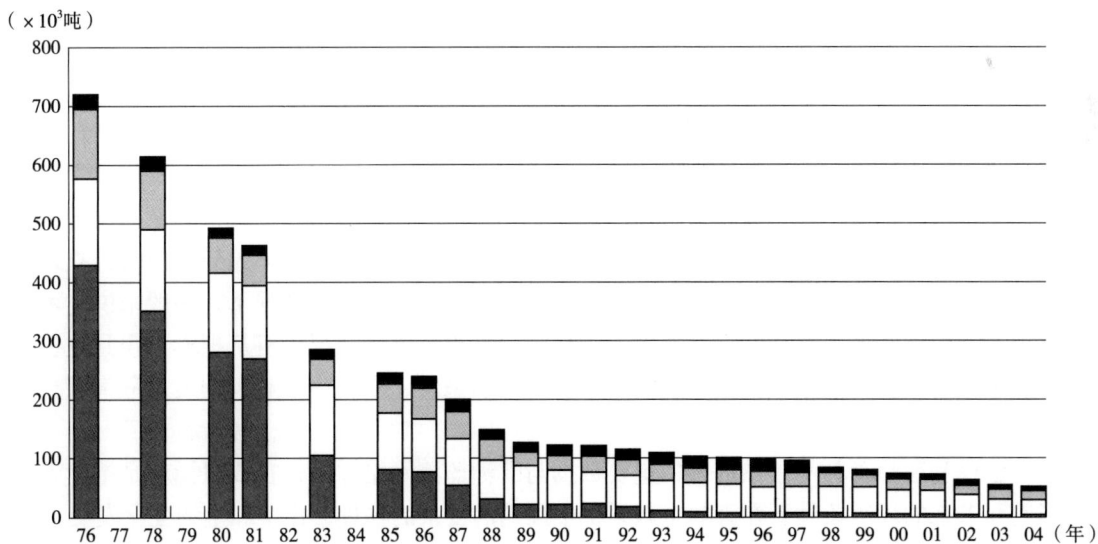

（×10³吨）

| | 76 | 77 | 78 | 79 | 80 | 81 | 82 | 83 | 84 | 85 | 86 | 87 | 88 | 89 | 90 | 91 | 92 | 93 | 94 | 95 | 96 | 97 | 98 | 99 | 00 | 01 | 02 | 03 | 04 |（年）|
|---|---|---|---|---|---|---|---|---|---|---|---|---|---|---|---|---|---|---|---|---|---|---|---|---|---|---|---|---|---|---|
| 交通 ■ | 24 | | 23 | | 14 | 14 | | 14 | | 17 | 19 | 19 | 15 | 14 | 15 | 16 | 18 | 18 | 18 | 19 | | 7 | 7 | 7 | 7 | | 5 | | 6 | |
| 家庭 ▨ | 120 | | 100 | | 60 | 53 | | 45 | | 50 | 52 | 47 | 36 | 25 | 26 | 28 | 27 | 28 | 25 | 25 | 27 | 25 | 24 | 21 | 20 | 19 | 17 | 17 | 16 | |
| 及其他工业 □ | 147 | | 139 | | 136 | 125 | | 120 | | 97 | 91 | 80 | 65 | 65 | 59 | 53 | 53 | 51 | 50 | 49 | 45 | 45 | 45 | 45 | 41 | 40 | 34 | 27 | 25 | |
| 动力热电厂 ▦ | 430 | | 352 | | 281 | 270 | | 105 | | 81 | 77 | 54 | 32 | 22 | 21 | 23 | 18 | 11 | 9 | 7 | 7 | 7 | 7 | 6 | 5 | 5 | 4 | 3 | 4 | |

■　德国巴伐利亚州1976—2001年间二氧化硫排放的主要因素（来源：巴伐利亚州经济、基础设施、交通及技术部《巴伐利亚州农业环境部能源报告》《巴伐利亚州环境局计算报告》）。

◆　关于臭氧的假说

研究表明了臭氧对植物存在多种影响。在不良情况下，古德瑞恩（Guder ian）和韦恩豪斯（Wienhaus）1997年的研究表明，臭氧浓度高对植物影响也大，如在夏季炎热干燥重复出现，那么在树木叶子交换物质的时候，会进一步增加干旱对树木的胁迫，造成树木叶片过早地衰老和降落。

麦亦耳·曼克尔（Maier-Marcker）1944年在实验室中用臭氧熏蒸的方法测试过小树呼吸系统（气孔），并确定了臭氧对气孔的功能有不良影响，导致其行为错误。在极端干旱条件下，干旱阶段初期由于气孔错误的反应导致气孔扩大，直到气孔极端性地关闭，从而造成光合作用的崩溃。

此外，容易流失的碳氢化合物，比如来自洗涤剂的碳氢化合物，也能够损害树木。在大都市和工业中心不能够排除碳氢化合物参与了对树木叶子的侵害。

---

**提　示**

空气污染的生理影响包括：

■　树叶内部

◇去除营养元素（主要是酸性物质的沉积）；

◇破坏气孔关闭机制（主要是二氧化硫）；

◇"关闭"气孔（主要是臭氧层）。

■　细胞内部

◇污染物与细胞组成成分的结合（水、脂肪酸、蛋白质、酶），形成的反应性基团；

◇细胞膜失去其功能（物质交换、新陈代谢、能量获取），甚至是"泄漏"；

◇叶绿素受损，使得光能量不再被吸收。

---

高层决策对森林破坏的叫停，迫使在清洁空气政策方面又迈出节约能源的一步，因为我们的森林是不可取代的，它们对连续污染负载的反应也是无法预料的。

我们的森林树木具有对付各种不同的污染物的防御机制，它们可以通过增加能量消耗，从而保持能量均衡的方法来对付某些污染物。

然而，这将导致树木处于被胁迫状态。这样它们就更容易受到已知的损害因素的侵害，如霜冻、干旱、风暴和生物害虫。树种之间在易受污染方面存在着显著的个体差异。但是，立地条件的差异影响也会导致不同的症状表象。具有良好的营养和水分供应的情况下，一般来说树木具有更强的抵御能力。在多年有利的天气条件下，尽管原来被危害的情况没有从根本上得到改善，但是危害表象暂时不会再加重。就今天我们所掌握的知识来看，空气中的有害物质是危害森林树木的中心因素。

22个巴伐利亚州森林气候站提供的重要数据与欧洲监测网络并网，首要目标就是持续观察和记录当前和未来的环境条件下在森林生态系统中预期的复杂的物理、化学和生物变化发展过程。

### 超大的有蹄动物栖息地

有一种错误的理解，认为野生有蹄动物的管理类似于家畜的管理特征（野生动物农田，越冬饲料，保护母亲兽，选择性地繁育）。虽然目前红鹿、狍鹿和羚羊等有蹄动物栖息地太大的说法缺乏有力的数据，但是由于这些野生动物会选择性啃食损害重要的混交林中的树种，因此超大的有蹄动物栖息地的确给森林中必要的多样性树种的天然更新造成很大的压力（例如，大幅度的冷杉损失，亚高山云杉林中花楸属树木的缺失）。围栏很昂贵，而且在野猪出没的地区不能起到实际作用，在水灾易发的地区不容许设置围栏，在休憩森林中设置围栏会影响视觉上的美观。此外，如果铺设围栏，那么围栏外的森林天然更新被啃食的压力也会增大。所以，由于种种原因，很难通过设置围栏来防范有蹄类动物对森林的影响。

严重的森林啃食对森林生态系统的影响远远超出对森林共生树种的改变。通过对植物种群选择性地啃食，将会导致这一种以及不同种类的种属减少，并会作为食物消失。这可能会对生物控制循环运行产生深远的干扰。就如对围栏和非围栏林分对比研究结果表明，如果多种森林植被受到野生动物高强度地改变的话，那么在非围栏森林立地中形成腐殖质的蚯蚓以及土壤昆虫的数量要少。良好的腐殖质形式可以明显地容纳更多的降水，能够更多地固定氮元素。这两者无论是对防止洪水，还是对地下水保护都有着重大意义。

如果由于气候变化造成新的森林危害，又由于树木群落遭受到啃食而导致天然更新失败，那么对于生态系统和保护作用（如山地森林的雪崩保护）来说，野生动物对森林树木的啃食能够导致灾难性的结果。过去的十多年阿尔卑斯山保护森林的经费很大程度上用于超高密度有蹄野生动物栖息这一课题。

## 参考文献

巴伐利亚州农业和林业研究所. 气候变化中的森林. 森林林业研究，第60号，年度14期，2007年第5版，ISSN 1435-4098.

巴伐利亚州农业和林业研究所. 森林状况报告. 弗赖辛: 2008.

巴伐利亚州林业局, 巴伐利亚州食品、农业和林业部. 林业年度的报告2007. 2007统计版.

德国联邦营养，农业和消费者保护部. 森林状况报告; 森林环境监测的结果. 2007.

德国联邦研究和技术部. 10年的森林危害研究、成果和前景. 波恩: 1992.

德国联邦环境、自然保护和核安全部. 1992年6月在里约热内卢召开的联合国环境和发展会议: "联合国气候变化框架公约"及其他文件等.

2003年气候: 2003年全球气温第三个最热年（http://www.wmo.ch/web/Press/Press.html.pr），日内瓦: 2003.

库巴斯 U., 卡桑 D. 人为气候变化. 哥达: Klett-Perthes 出版社, 2000.

法比安 P. 温室生活: 我们的气候系统——我们能为之做什么. 柏林（及其他）: 斯普林格出版社, 2002.

哈特曼 G., 尼豪斯 F., 薄丁 H. 森林危害彩色图谱. 欧根 乌尔姆出版社, 2007.

政府间气候变化专门委员会（IPCC）. 2001年气候变化: 科学基础.第一工作组对第三次评估报告的贡献.剑桥大学, 2001.

科林 C. 27个树种的气候保护罩. 见: 林业杂志概览/森林, 2007年第23期, 1242-1245页. 2007.

科林 C., 齐默尔曼 L. 德国的森林对气候变化的敏感性. 见: 清洁空气——有害物质, 2007年第6期, 259-268页. 2007.

科林 C. 林业经济中应对气候变化造林: 国家国土需要新树种. 见: 生态经济, 2008年第1期, 17-18页. 2008

科林 C. 气候变化中的森林: 森林必须适应气候.

科尔麦尔 G. 气候方面: 经济合作与发展组织（OECD）中重新造林, 森林碳管理和薪炭材使用. 见: 舒尔特A. "京都议定书"意义上的世界林业: 森林与木材作为森林碳汇、可再生能源的载体. 亚琛: Shaker出版社, 2001年.

罗阐恩 H., 格拉塞尔 H., 基恩狄瑞斯基 G., 卡尔波 L., 瑞意斯 K., 迈以尔W. A.（提供帮助）气候警告信号: 健康风险——对人类、动物和植物的危害. 汉堡: GEO /科学评估出版社, 357-361页,

2008.

拉姆斯托夫 S., 舍恩胡贝尔 H.-J. 气候变化. 慕尼黑: C.H. Beck 出版社, 2006. www.umweltbundesamt.de/klimaschutz/klimäanderungen/faq/.

夏尔福 S. 等. 科学实践—学校生物教科书, 2009年1月第1-15期: 气候变化对森林的后果影响. 科隆和莱比锡: 奥利斯出版社, 2009.

沃乐思 J. 辐射和空气污染的时间炸弹——环境问题图表和漫画介绍. 汉堡: Paul Parey出版社, 1987.

世界气象组织（WMO）. 新闻稿（WMO 702）: 世界气象组织对全球气候状况声明, 2003年12月16日.

德国联邦政府全球环境变化科学理事会（WWBGU）. "京都议定书"的生物源碳汇: 对全球环境保护是进步还是退步? 特别报告, WGBU, 不来梅港, 1998.

## Literaturhinweise

Bayerische Landesanstalt für Land und Forstwirtschaft; LWF Waldforschung aktuell Nr. 60 "Wälder im Klimawandel" 14. Jahrgang: Ausgabe 5-2007, ISSN 1435-4098.

Bayerische Landesanstalt für Land und Forstwirtschaft; Waldzustandsbericht. Freising 2008.

Bayerischer Staatsministerium für Ernährung, Landwirtschaft und Forsten; Jahresbericht Bayer. Staatsforstverwaltung 2007. Statistikband 2007.

Bundesministerium für Ernährung, Landwirtschaft und Verbraucherschutz; Bericht über den Zustand des Waldes-Ergebnis des forstlichen Umweltmonitorings. 2007.

Bundesministerium für Forschung und Technologie; 10 Jahre Waldschadensforschung, Bilanz und Ausblick. Bonn 1992.

Bundesministerium für Umwelt, Naturschutz und Reaktorsicherheit; Konferenz der Vereinten Nationen für Umwelt und Entwicklung im Juni 1992 in Rio der Janeiro, Dokumente-, Klimakonvention, usw.

Climate in 2003: Global Temperatures in 2003 third warmest (http://www.wmo.ch/web/Press/Press.html.pr); Genf 2003.

Cubasch, U., Kasang, D.; Anthropogener Klimawandel. Klett-Perthes, Gotha 2000.

Fabian, P.; Leben im Treibhaus: Unser Klimasystem-und was wir daraus machen. Springer, Berlin (u. a.) 2002.

Hartmann, G., Nienhaus, F., Butin, H.; Farbatlas Waldschäden. Verlag Eugen Ulmer, 2007.

IPCC; Climate change 2001: The Scientific Basis. Contribution oft the Working Group I to the Third Assessment Report of the Intergovernmental Panel on Climate Change. Cambridge University 2001.

Kölling, C.; Klimahüllen für 27 Waldbaumarten. In: Allgemeine Forstzeitschrift/Der Wald Nr. 23/2007,Seite 1242-1245, 2007.

Kölling, C., Zimmermann, L.; Die Anfälligkeit der Wälder Deutschlands gegenüber Klimawandel. In: Gefahrstoffe-Reinhaltung der Luft Nr. 6/2007, Seite 259-268, 2007.

Kölling, C.; Klimagerechter Waldumbau in der Forstwirtschaft: Neue Bäume braucht das Land. In: Ökologisches Wirtschaften Nr. 1/2008, Seite 17-18, 2008.

Kölling, C.; Wälder im Klimawandel: Die Forstwirtschaft muss sich anpassen.

Kohlmeier, G.; Klimatische Aspekte: Aufforstung, Kohlenstoff-Waldmanagement und Brennholznutzung in der OECD. In: Schulte, A. (Hrsg.) Weltforstwirtschaft nach Kyoto: Wald und Holz als Kohlenstoffspeicher und regenerativer Energieträger. Shaker Verlag, Aachen 2001.

Lozan, H., Grassl, H., Jendritzky, G., Karbe, L., Reis, K. (Hrsg.), unter Mitwirkung von Maier, W. A.; Warnsignal Klima:Gesundheitsrisiken–Gefahren für Menschen, Tiere und Pflanzen. GEO / Wissenschaftliche Auswertungen, Hamburg,Seite 357–361, 2008.

Rahmstorf, S., Schellnhuber, H.–J.; Der Klimawandel, Verlag C.H. Beck, München 2006.

www.umweltbundesamt.de/klimaschutz/klimaänderungen/faq/.

Scharf, S. et al. (Hrsg.); Praxis der Naturwissenschaften–Biologie in der Schule. Heft 1 vom 15. Januar 2009: Klimawandel – Folgen für den Wald. Aulis–Verlag Deubner, Köln und Leipzig 2009.

Wolsch, J.; Zeitbombe Luftverschmutzung durch Schadstoffe und Radioaktivität–Eine Einführung in die Umweltproblematik mit Diagrammen und Cartoons. Verlag Paul Parey, Hamburg 1987.

WMO; Pressemitteilung vom 16. Dezember 2003 (WMO 702): WMO statement on the status of the global climate.

WWBGU (Wissenschaftlicher Beirat der Bundesregierung Globale Umweltänderung); Die Anrechnung biologischer Quellen und Senken im Kyoto–Protokoll: Fortschritt oder Rückschritt für den globalen Umweltschutz? Sondergutachten,WGBU. Bremerhaven 1998.

# 第八节　动物

国家对野生动物实行保护优先、规范利用、严格监管的原则，鼓励开展野生动物科学研究，培育公民保护野生动物的意识，促进人与自然和谐发展。

*摘自《中华人民共和国野生动物保护法》*

A 简明信息
B 活动
C 背景知识

## A　简明信息

　　儿童们喜爱动物，在一次森林教育引导活动中，他们也乐于见到野生动物，但是这在森林教育引导活动中并不那么容易实现，所以我们将在"野生动物观察"这一主题方面提供多种活动。

### 活动预览

　　在下列三个活动中，参与者们将体验扮演动物和猎人的角色：

■ 动物 1 "我在哪里？"

　　参与者们从狩猎据点处观察森林并发现躲藏的"动物"（游戏伙伴）。

■ 动物 2 "野生动物观察"

　　参与者尝试作为"猎人"登上一次"猎人"瞭望台，并观察悄悄靠近的"野生动物"，或者尝试作为"野生动物"悄悄地靠近"猎人"瞭望台而不被"猎人"发现，这可是所有参与者们的梦想。

■ 动物 3 "清点野生动物"

　　我们认识林中的每一个动物吗？我们知道森林中动物的确切数量吗？在这个活动中，参与者们将体验这两个问题的可能性，在活动深入的可能性中，参与者们将对狩猎强度与野生动物可见性之间的关联进行探讨。

　　即便森林访问者们在野外不容易看见野生动物，但是它们的踪迹却泄露了它们的存在。这里我们将介绍下面两个活动：

■ 动物 4 "潜行路径"

　　在森林中潜行时，人们可以发现很多事物，关于这些找到的东西，可是存在着不少话题的。

■ 动物 5 "解读动物踪迹"

　　如果在林中找不到兔子、狍子或鹿的踪迹怎么办？在这里，我们将向您介绍发现这些踪迹的小窍门。此外，参与者们还可将找到的动物的"踪迹"带回家。

---

　　人类发展了自己的狩猎方法，其中的一些方法是从食肉类动物那里学来的。您可以通过下列活动来演示食肉类动物是如何猎食的，除此之外，一些其他的主题领域也有涉及这方面的内容，例如：[>]森林——生命空间 5 "偷袭猎物"；[>]森林——生命空间 6 "蝙蝠与夜蛾"。

■ 动物 6 "鹿与狼"

　　向参与者们展示狼群在狩猎时是如何行动的，这将会是个令人兴奋的战略游戏。

---

■ 动物 7 "野生动物啃食危害"

　　这是一个运动型的游戏，在这个游戏中，参与者们将了解到，小鹿（狍子）的种群密度将对树木啃食状况造成的影响。

■ 动物 8 "冷杉是巧克力"

　　为什么冷杉、橡树、山毛榉和云杉的啃食状况各不相同呢？为什么动物比较倾向于啃食特定的树种呢？

---

　　"狩猎"这个话题在我们的社会中被各种不同的利益团体充满情绪地讨论着，请您将自己置身于您讨论对手的立场：

■ 动物 9 "角色扮演——狩猎"

　　参与者们认识关于"当今社会的狩猎"的各种不同立场。

---

　　您想带着您的客人一起去狩猎吗？对此，我们可以给您提一些建议。

■ 动物 10 "与林业工作者一同去打猎"

　　如果您要带某人一起去候猎处，您需要注意一些事项。

---

**提示**

　　就算您很想将您的"狩猎助手"，即您的猎犬介绍给参与者们，我们也建议您，不要带着它一起进行森林教育引导活动，因为参与者们会被猎犬分散注意力，这将会干扰到一整天的森林教育引导活动。建议在引导开始时，向参与者们介绍您的猎犬，并演示一些训练猎犬的方法，在引导活动期间，请您将您的猎犬留在您的车中，作为引导活动的结果，在与参与者们道别时，您可以让您的猎犬再表演几个"精彩节目"。

# 动物1  我在哪里?

**内容**  "猎人"尝试找出静止的"猎物"。

| 目的 | 时限 |
|---|---|
| ◇锻炼参与者们的观察力 | ◇根据小组人数的多少，30~45分钟 |
| **活动类型** | **材料** |
| ◇安静型 | ◇较大的狩猎据点（猎人瞭望台①） |
| **参与者人数** | ◇眼罩 |
| ◇30人以内 | ◇哨子（能发出颤音的） |
| **参与者年龄** | ◇望远镜（视情况而定） |
| ◇6岁以上 | **准备工作** |
| | ◇挑选一片林地 |
| | **室外条件** |
| | ◇— |

**活动流程**

◆ 根据猎人瞭望台（梯棚）的大小，选出2~4位参与者扮演"猎人"，其他参与者扮演"动物"（狍子、兔子、鹿，等等）。游戏可以进行多轮，直到每个参与者都当了一回"猎人"。用一声哨响表示游戏开始，2声哨响表示游戏结束。

◆ 裁判员可由教师或团队辅导员担当，他们会站在猎人瞭望台上。

◆ "猎人"的任务

◇ "猎人"登上瞭望台，在那里由裁判员蒙上其双眼，直到扮演"动物"的其他参与者跑到森林中躲藏好。

◇裁判员吹响表示开始的哨子，现在"猎人"拿下眼罩并在瞭望台上向四面八方观望。

◇ "猎人"开始寻找"猎物（"视情况而定，他可以使用望远镜）。如果确定找到了一个游戏伙伴，就将他的名字和藏匿处告知裁判员。

◆ "动物"的任务

◇当"猎人"的眼睛被蒙住的时候，扮演"动物"的参与者们均匀地分散躲藏在以瞭望台为中心最远50米的区域内，参与者的脸部不能隐藏起来或被挡住，因为"猎人"在瞭望台上必须要能看见参与者的脸。

◇在表示开始的哨声响起后，"动物们"就不允许再移动了，而且在他们的视线范围内要始终能看到猎人瞭望台。

◇当裁判员喊出被发现的参与者的名字和藏匿地点的时候，该参与者就现身，并返回瞭望台。

◇在5~10分钟后裁判员吹响2声哨子，没被发现的"动物们"可以现身，并返回瞭望台，此轮游戏结束。

◇第一轮游戏结束后换人扮演"猎人"，新的一轮游戏开始。

---

① 译注：应该在森林中建立3~4米高的平台，这些平台不是狩猎站，而是观察平台，也可以用于活动2和活动3。

◆ 裁判员的任务

◇裁判员要站在瞭望台上，蒙住"猎人"的眼睛，游戏开始时吹1声哨子，游戏结束时吹两声哨子。

◇裁判员检查"猎人"的报告（被发现"动物"的名字，藏匿地点，藏匿"动物"的衣服）并大声喊出被发现者的名字。用这种游戏方法参与者之间就不会发生这样那样的口角，比如，"动物"是不是真的被发现了？或者他是不是正确的那个人？

**结果**

◆ 所有参与者重新集合到一起，并讨论游戏的过程。

◆ 您首先要谈论的是，识别静止的"动物"究竟有多困难。

---

**提 示**

■ 请您向参与者们解释，这并不是一个传统意义上的躲猫猫的游戏！

■ 在这个活动中十分重要的一点就是让您的参与者们明白，当他们作为"动物"躲藏 的时候，必须一直躲在从瞭望台望去可见的视线范围之内，通常游戏参与者并不能正确理解游戏的意义，因此他们常常躲在树后别人发现不了的地方。

■ 裁判员应由团队辅导员或者教师担任，因为他认识所有游戏参与者，并能叫出他们的姓名。

■ 请您提醒参与者，"猎人"不能"射击"被发现的"动物"。

■ 所有参与者都应相互知晓彼此的名字。

---

**活动深入的可能性**

请您参照[>]动物 2 "野生动物观察"，形象地比较不移动的、静止的、站立着的动物与活动着的动物的区别。

活动创意：斯坦菲 · 柯莱特（Steffi Klatt），林业工程师（Dipl.–Ing.）

# 动物 2　野生动物观察

**内容**　"猎人"尝试发现悄悄靠近的"动物"。

| | |
|---|---|
| **目的**<br>◇让参与者们了解到，猎人瞭望台多么有利于观察<br>**活动类型**<br>◇安静型<br>**参与者人数**<br>◇30人以内<br>**参与者年龄**<br>◇6岁以上 | **时限**<br>◇根据小组人数多少，30～60分钟<br>**材料**[1]<br>◇较大的狩猎据点 (猎人瞭望台)<br>◇眼罩<br>◇哨子（能发出颤音的）<br>◇望远镜（视情况而定）<br>**准备工作**<br>◇挑选一片林地<br>**室外条件**<br>◇— |

**活动流程**

◆　根据猎人瞭望台（梯棚）的大小，选出2～3位参与者扮演"猎人"，其他参与者扮演"动物"（狍子、兔子、鹿，等等）。游戏可以进行多轮，直到每个参与者都当了一回"猎人"。

◆　用1声哨响表示游戏开始，2声哨响表示游戏结束。

◆　裁判员可由教师或者团队辅导员担当，他们会站在猎人瞭望台上。

◆　"猎人"的任务

◇"猎人"登上瞭望台，在那里由裁判员蒙上其双眼。

◇裁判员吹响表示开始的哨声后，"猎人"拿下眼罩并在瞭望台上向四面八方观望。

◇"猎人"开始寻找"猎物"（视情况而定，他可以使用望远镜）。如果确定找到了一个游戏伙伴，就将他的名字和藏匿处告知裁判员。"动物"的任务

◇当"猎人"的眼睛被蒙住的时候，扮演"动物"的参与者们均匀地分散躲藏在以瞭望台为中心最近30米、最远50米的区域内。

◇在表示开始的哨声响起后，在不会事先被"猎人"所发现的情况下，"动物们"开始尝试悄悄靠近猎人瞭望台。

◇"动物"的目标是不被察觉地潜行靠近猎人瞭望台，并在该处"脱逃"。

◇当裁判员喊出被发现的参与者的名字和藏匿地点的时候，该参与者就现身，并返回瞭望台。

◇在5～10分钟后裁判员吹响2声哨声，没被发现的"动物们"可以现身，并返回瞭望台。此轮游戏结束。

◇第一轮游戏结束后换人扮演"猎人"，新的一轮游戏开始。

---

① 译注：智能手机或照相机可以用于这项活动。拍摄的照片将证明野生动物真的被发现了。引导者应该向参与者解释，拍摄动物很困难，因为它们很害羞，不愿意接近人类。

——沃尔夫冈·格拉芙（Wolfgang Graf）

◆　裁判员的任务

◇裁判员要站在瞭望台上，蒙住"猎人"的眼睛，游戏开始时吹1声哨子，游戏结束时吹2声哨子。

◇裁判员检查"猎人"的报告（被发现"动物"的名字，藏匿地点，藏匿"动物"的衣服）并大声喊出被发现者的名字，用这种游戏方法参与者之间就不会发生这样那样的口角，比如"动物"是不是真的被发现了？或者他是不是正确的那个人？

**结果**

◆　所有参与者重新集合到一起，并讨论游戏的过程。

◆　请您谈论：从"猎人"瞭望台处观察、识别移动的"动物"有多容易。

---

**提 示**

■　请您提醒参与者，"猎人"不应"射击""动物"。

■　裁判员应由团队辅导员或教师担任，因为他认识所有游戏参与者并能叫出他们的姓名。

■　望台上的猎人不应超过3名，否则"动物"就没有机会潜行靠近了。

■　请您寻找一片拥有藏匿和潜行可能性的林地，以便"动物"能够潜行靠近瞭望台。

■　所有参与者都应相互知晓彼此的名字。

---

**活动深入的可能性**

请参照[>]动物 1 "我在哪儿？"形象地比较移动着的动物和不移动的、站立着的或静止的动物的区别。

# 动物 3　清点野生动物

**内容**　"猎人"尝试调查"野生动物"的数量①。

|  |  |
|---|---|
| **目的**<br>◇让参与者们了解到，想要知道野生动物的确切的种群数量是不可能的<br>**活动类型**<br>◇安静型、知识型<br>**参与者人数**<br>◇20人以内<br>**参与者年龄**<br>◇6岁以上 | **时限**<br>◇根据小组人数多少，30~60分钟<br>**材料**<br>◇较大的狩猎据点(猎人瞭望台)<br>◇眼罩<br>◇哨子（能发出颤音的）<br>◇望远镜（视情况而定）<br>◇软糖<br>**准备工作**<br>◇挑选一片林地<br>**室外条件**<br>◇— |

**活动流程**

◆ 根据猎人瞭望台（梯棚）的大小，选出 2 ~ 4 位参与者扮演"猎人"，其他参与者扮演"动物"（狍子、兔子、鹿，等等）。游戏可以进行多轮，直到每个参与者都当了一回"猎人"。

◆ 用一声哨响表示游戏开始，两声哨响表示游戏结束。

◆ 裁判员可由教师或团队辅导员担当，他们会站在猎人瞭望台上。

◆ "猎人"的任务

◇"猎人"登上瞭望台，相互蒙上双眼。

◇裁判员吹响表示开始的哨声后，"猎人"拿下眼罩，并在瞭望台上向四面八方观望（视情况而定，他可以使用望远镜）。

◇"猎人"的任务是轻声地各自清点躲藏着的"动物"的数量，清点时，他们彼此之间不能交流，也不能商讨。

◇"猎人"并不知道在林中活动着的"动物"的实际数量。

◆ "动物"的任务

◇当"猎人"的眼睛被蒙住的时候，扮演"动物"的参与者们均匀地分散躲藏在以瞭望台为中心最近40米、最远80米的区域内。

◇每一轮游戏中"，动物"的数量都不同。这个数量由活动引导者决定。"猎人"不应知晓"动物"的数量。

◇不参加该轮游戏的"动物"在猎人瞭望台的正下方等候，这使得他们能够不被"猎人"所发现，他们将从瞭望台的下方跟进游戏的进度。

◇"动物"的任务是，在开始哨声吹响后，轻声地、彼此穿插地潜行着穿越森林觅食，"动

---

① 译注：这项活动也可以稍作改变，转移到"森林栖息地"。这里的术语"猎人"被"野生生物学家"所取代。向参与者解释，野生生物学家研究野生动物的生命，观察和记录它们吃什么、如何移动等。

——沃尔夫冈·格拉芙（Wolfgang Graf）

物们"不应同时出发觅食，他们中的一些要停留 1 ～ 2 分钟后，才悄悄出发。在此期间，他们要不时地短暂停留（或躲藏起来）。像这样交替逗留地进行游戏，您需要在游戏开始前向所有参与者们解释这个策略，因为野生动物是绝对不会同时行动的。

◇如果"动物们"找到了食物（事先放入林中的糖果，最好是软糖），他们可以拿起糖果，在找到糖果的地方休息，安静地坐下吃掉糖果并接着"觅食"。

◇在 5～10 分钟后裁判员吹响两声哨子，所有参与游戏的人员返回瞭望台做游戏总结。

◇第一轮游戏结束后换人担任"猎人"，新的一轮游戏开始。

◆ 裁判员的任务

◇请您确定参与游戏的"动物"的数量，这个数量在每一轮游戏中都不同！

◇当"猎人"的眼睛被蒙住、"动物"在林中躲藏时，请您在以猎人瞭望台为中心、半径40～80 米的范围内放入充当食物的糖果。

◇ 请您吹1声哨子开始游戏，吹2声哨子结束游戏。

◇ 在做游戏总结时，"猎人"报出清点出的"动物"的数量，作为活动引导者，您告知他们实际的"动物"数量。

## 结果

◆ 一位"猎人"由于数重复了而数出了比实际数量多的"动物"，而其他"猎人"则因为看漏了一些"动物"而数出了比实际数量少的"动物"。

◆ 请您总结：精确地清点野生动物是不可能被实现的。

## 提 示

■ 至少要有20人参与游戏，以便清点不会太容易地被进行。

■ 如果参与游戏团队的人员彼此认识（例如，他们来自同个班级），为了提高游戏的难度，可以让参加游戏的"动物"不时地互换衣服，这样"猎人"就比较难以将"动物"对号入座了（衣服/人）。

■ 如果团队成员彼此并不认识，游戏的成效会更大，因为不存在姓名与人之间的联系。

■ 软糖的优点是，吃掉它们不用花费太多时间。

## 动物 4　潜行路径

**内容** 参与者们通过标本辨认动物的踪迹。

| | |
|---|---|
| **目的**<br>◇锻炼参与者们的观察能力，并扩展他们对动物种类的认知<br>**活动类型**<br>◇安静型、知识型<br>**参与者人数**<br>◇30人以内<br>**参与者年龄**<br>◇5岁以上 | **时限**<br>◇大约30分钟<br>**材料**<br>◇动物标本<br>◇动物剪影<br>◇镜子<br>**准备工作**<br>◇请您准备好一套可猎动物身体的部分标本①的收集<br>◇陈列动物标本/剪影<br>**室外条件**<br>◇干燥 |

**活动流程**

◆ 请您在引导活动开始前沿着潜行路径，最好是穿越密林或天然更新林，布设动物标本及剪影，这条小径最短50米，最长100米，并且在有些地方伪装得很好，有些地方很容易被识别。

◆ 参与者们应一个一个独自缓慢而轻声地沿着路径行走，各自清点自己的发现。

◆ 走完后，每位参与者悄悄地在您耳边说出他数出的发现物的数量。

◆ 请您在团队中讨论参与者们都发现了什么。这样一来，每位参与者都可以将他们额外的特殊发现带入讨论中。请您不要询问谁发现的最多或谁发现的最少，这完全是次要的。

◆ 接着参与者们组成小组，再次沿着路径走一遍，并相互为组内人员指出他们没有发现的事物。

◆ 最后所有参与人员和您一同再次穿越小径，您将没被发现的动物指给参与者们看，并讲述一些关于它们的趣事。

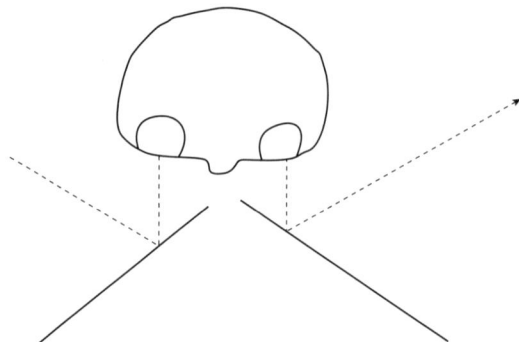

① 译注：在准备工作中，动物实体的部分标本并不那么重要，你可以不用它们。动物的造型应该是用木头或铁皮制作，可以画得栩栩如生。提供有关动物及其生活方式的信息很重要，包括它们活动的区域。

——沃尔夫冈·格拉芙（Wolfgang Graf）

┌─────────────────────────────────────────────────────────────┐

### 提 示

■　许多猎人都拥有一套可猎动物的身体或身体的某些部位的标本，例如，鹿角、毛皮、兽皮、羽毛、动物头骨等。

■　动物剪影的制作也是简单的。您可以通过投影仪将动物图画按照动物的原始尺寸投映到一块（不透水的）胶合板上，描绘下动物的轮廓，接着锯下动物剪影，并将锯下的剪影部分涂黑。视情况而定，您可以描绘出眼睛、耳朵、嘴等细节，让剪影画面变得更加细致。在潜行路径上行走时，突然发现与动物实际大小相同尺寸的动物剪影是会让人印象深刻的！

■　在第三次穿越小径时，参与者们将惊讶地发现动物能够多么好地融入周围环境之中。请您指出，好的猎人拥有良好的观察天赋。

■　在潜行路径这个活动开始前，请您提示参与者们，分别从猎人和猎物的不同视角来进行观察。请您发给每人2面镜子，参与者们应参照图示将2面镜子镜面朝外地放在鼻翼两侧。

借助这个图示的帮助，您可以根据不同的动物种类，模拟身体两侧以及背后方视角，兔子拥有360°的视角，鹿的视角为300°，狐狸的视角为260°。

└─────────────────────────────────────────────────────────────┘

### 参考文献

动物图画参见[>]工作簿。

克莱勃斯 H. 狩猎考试前后. 慕尼黑: BLV–Verlagsgesellschaft出版社, 1989.

巴伐利亚州食品、农业和林业部. 动物是如何看待周围环境的. 慕尼黑, 2003.

### Literaturhinweise

Tierzeichnungen [>] Arbeitsmappe

Krebs, H.; Vor und nach der Jägerprüfung. BLV–Verlagsgesellschaft, München, 1989.

Bayerisches Staatsministerium für Landwirtschaft und Forsten; Wie sehen Wildtiere ihre Umwelt. München, 2003.

# 动物 5　解读动物踪迹

**内容**　参与者们尝试找到并分辨动物踪迹。

> **目的**
>   ◇让参与者们认识本地动物的踪迹
> **活动类型**
>   ◇安静型、调研型、创造型、知识型
> **参与者人数**
>   ◇随意
> **参与者年龄**
>   ◇6岁以上
>
> **时限**
>   ◇1~2小时
> **材料**
>   ◇足迹手册或[>]森林——生命空间 2 "动物踪迹"附件2
>   ◇带不同颜色彩带的小木棍
> **准备工作**
>   ◇请您事先寻找自然的动物足迹
>   ◇请您按照动物行走的方式用动物标本将它们的足迹①印在地上
>   ◇请您复印本章节附件
> **室外条件**
>   ◇柔软的地面，泥泞的地方，雪地

**准备工作**

　　请您事先寻找动物踪迹。如果您没有找到，那么可以将来自动物标本（视情况而定，可询问制作标本的机构是否可以租借标本）的动物足迹印在不同位置的森林地面上。

**活动流程**

◆　请您根据人数将参与者们分组（参见[>]开始 7 "谁和谁在一起？"）。

◆　每个小组得到几根木棍和一本动物足迹手册，或一份附件备份，（参见[>]森林——生命空间 2 "动物踪迹"附件2）。

◆　请您让各小组在指定林地中分散开来，并出发寻找动物踪迹。

◆　各小组确认各自找到的动物踪迹，并用小木棍标记它们。

◆　最后请您与所有参与者们一同走过这些踪迹并加深他们对这个方面的认知。

---

**提 示**

　　在利用标本将足迹印在地面上时，请尽量让它们看起来自然。无论如何，参与者们都不应发觉这些足迹是"人造足迹"。

---

① 译注：要获得某些动物足迹模板，可以联系开展野生动物研究的大学或研究所。

**活动变化方案**

◆ 您可以利用"寻找动物踪迹"这一课题扩展活动内容，这样一来，啃咬的痕迹、羽毛、兽粪等也可成为寻找和谈论的对象。

◆ 如果足迹清晰，您可以让参与者们制作这些足迹的石膏模型，参与者们可以将这些模型当作纪念品带回家。

◆ 制作石膏模型的几点建议；

◇ 请您搅拌小份的普通石膏。

◇ 当它凝结后，请您不要加入新搅拌好的石膏，因为这样的话石膏就不会干了。

◇ 请您用一卷纸条（尺寸大约为30厘米×50厘米）将动物足迹圈起来，并用订书机将纸条两端的交接处订起来。

◇ 您可以利用森林地面从外部加固纸圈，避免纸圈滑动。

◇ 这时您再将石膏浇灌入动物足迹中。

**参考文献**

卡辛斯基 P. 这是谁的足迹？认识并记录野兽的猎物和它们的踪迹. 德国狩猎保护协会, 1997.

**Literaturhinweise**

Kaczensky, P. et al.; Wer war es? Raubtierrisse und Spuren erkennen und dokumentieren. Deutscher Jagdschutzverband, 1997.

# 动物 6　鹿与狼

**内容**　参与者们在游戏中了解狼的狩猎技巧。

| 目的 | 时限 |
|---|---|
| ◇让参与者们了解狼在狼群这样一个社会团体中的狩猎策略 | ◇大约30分钟 |
| 活动类型 | 材料 |
| ◇活泼型、知识型 | ◇— |
| 参与者人数 | 准备工作 |
| ◇20～30人 | ◇请您划出面积大约为30米×30米的游戏场地 |
| 参与者年龄 | 室外条件 |
| ◇8岁以上 | ◇— |

**活动流程**

◆ 游戏规则

◇目标是由"狼群"包围一只"鹿"①,"狼群"不能去逮"鹿",而是必须通过一个由"群狼"组成的闭合"链"将他包围在内,"群狼"们手拉着手,形成圆圈包围住"鹿"。

◇选出2～4位参与者扮演"鹿",其他人则扮演"狼"。

◇"鹿们"和"狼们"只能在划定的游戏场地中活动。

◇"鹿"不允许从一个闭合的包围中突围。

◇只有当一只"鹿"被完全包围住后,才可以当作他是被捕捉住了,这时,这一轮游戏结束。

**战略**

◆ 在首轮游戏中,"狼群"常常是在彼此间没有协作的情况下跑来跑去,请您适时中断游戏,这时参与者们就拥有了这样的经验:独自战斗者在狼群狩猎中无法成功捕到猎物。请您解释失败的原因,解释围猎的运作以及围猎的优势,即能减少狩猎的难度。

◆ 新一轮的游戏开始。即便是在这轮游戏中,狩猎通常也不见得会马上就获得成功,因为缺少一匹指挥围猎的"狼",这时请您再次中断游戏。请您向参与者们解释,围猎是由地位较高的狼带领进行的,这时,游戏参与者们需要选出一匹"头狼"。

◆ 在接下来的这轮游戏中,"头狼"需要制定出一套策略,以便能更快地捕到一只"鹿"。譬如,"狼群"可以排列成喇叭状的队列,一同将一只"鹿"逼入角落里,组成2条"狼链",等等。

---

**提 示**

■ 狩猎区域的划分越明确,"鹿"就越难溜出"狼链"的包围。

■ 第一轮游戏时,请您不要给出任何提示,也不要讲解任何策略,请您只阐述游戏规则。

---

**活动变化方案**

一轮游戏开始时,有一只"鹿"是"病鹿"。因此,在游戏进行时,他只可以用一条腿蹦跶。

---

① 译注:如果鹿不再作为狼的猎物存在,鹿应该被当地同样大小的猎物所取代。

# 动物 7 野生动物啃食危害

**内容** 参与者们认识到，小鹿的种群数量会对树木的啃食造成影响。

**目的**
◇ 野生动物啃食危害的强度与动物数量之间的制约性将变得明确

**活动类型**
◇ 活泼型、知识型

**参与者人数**
◇ 20 ～ 30 人

**参与者年龄**
◇ 8 岁以上

**时限**
◇ 大约15分钟

**材料**
◇ 树枝

**准备工作**
◇ 请您找出一片林中空地或一片草地

**室外条件**
◇ —

**活动流程**①

◆ 准备工作

◇ 请您让一位参与者扮演"猛兽"（例如，狐、猞猁、狼之类），2 ～ 3 位参与者扮演"猎物"（例如，野兔、小鹿、狍子），剩下的参与者们扮演"树"。

◇ 每棵"树"都将得到两根树枝，他们要将树枝拿在左右手里。

◇ 请您清晰地划出游戏场地，场地的边界必须是可见的。根据参与者的人数，场地的面积可以在 20 米×20 米至30 米×30 米之间。

◆ 游戏规则

◇ "树木"的间距约为 5 米，带着2根树枝，棋盘状但不规则地分布在游戏场地中。"树木"应将树枝向上握住，以便"猎物"们能更好地看见它们。

◇ "猎物"们出发寻找食物，他们走向或奔向每棵"树"，拿走他的一根树枝表示他们啃食了这根树枝。每只"猎物"只允许啃食掉一根树枝。

◇ "猎物"将觅食时得到的树枝保管好，如果一棵树的两根树枝都被啃食掉了，这棵树死去，扮演树的参与者蹲下。

◇ "猛兽"也在同时狩猎着"猎物"，一旦"猛兽"碰触到一只"猎物"，就表示这只"猎物"被吃掉了。

◇ 游戏的目标是："猎物"搞到尽可能多的"树枝"，而"猛兽"尽可能快地捉到"猎物"。

◇ 当所有"猎物"都被吃掉后，一轮游戏结束。

---

① 译注：这项活动也可以稍作改变转移到"森林栖息地"。这些动物应该被当地典型的"猎物"和"捕食动物"所取代。重要的是要建立影响树木生长的猎物和捕食动物之间的生态联系。这意味着，如果动物种群的一部分（如捕食动物）消失（如由于人类消灭了捕食动物，以前已经发生过多次），当地生态就会变得不平衡。这个逻辑表明，捕食者很重要，因为他们也捕杀了破坏森林的猎物（对树木的啃食）。"活动流程"的最后一段暗示，如果因为捕食动物没有或太少而导致猎物数量增加过多，人类的狩猎活动就会成为保护森林的必要手段。需要指出的是，当乔木和灌木在自然界中受到过多动物的过度破坏时，植物的生物多样性就会减少。在这种情况下，如果单位放牧面积（森林放牧）的放牧动物密度过高，不仅野生动物，甚至驯养的放牧动物也都在破坏森林 [1]。负责森林保护的人必须考虑采取措施，防止野生动物和放牧动物对森林造成破坏。这将引出从可持续性角度采取可能措施的讨论。

——沃尔夫冈·格拉芙（Wolfgang Graf）

[1] 单位土地的粮食产量和质量取决于地理位置（土壤、气候等）。德国的单位为"NKG"，表示 1 头牛 100 天所需食物（草）的量。

◆ 游戏操作

◇每轮游戏中，只能有1只"猛兽"。

◇第一轮游戏中，3只"猎物"出发觅食。当所有"猎物"都被"猛兽"捉到后，请您清点被啃食掉的树枝以及死去的"树木"。这轮游戏中，被啃食掉的树枝的量应该较多。

◇第二轮游戏时，只有2只"猎物"出发觅食。在游戏结束后，请您再次清点被啃食掉的树枝以及游戏中死去的"树木"。这轮游戏中，被啃食掉的树枝的量应比在上一轮游戏中的少些。

◇第三轮游戏中，只有1只"猎物"出发觅食。

◇在游戏进行的过程中，参与者们将认识到，"猎物"数量的减少也意味着被啃食掉的树枝和死去的"树木"的减少。请您总结：猎物减少后，森林被啃食的状况将会好转。

◇请您向参与者们解释，由于目前在我们的森林中已经不存在大型食肉动物了，所以人们只能通过狩猎来减少小鹿、狍子、或野兔（地域性）的数量。

( 活动变化方案 )

请将游戏改为提高"猛兽"的数量，而保留"猎物"的数量，这样游戏会进行得更快些，但是游戏的结果不会改变。

活动创意：斯坦菲 · 柯莱特（Steffi Klatt），林业工程师（Dipl.-Ing.）

## 动物 8　冷杉是巧克力

( 内容 ) 参与者们针对动物的选择性啃食进行辩论[①]。

| 目的 | 时限 |
|---|---|
| ◇让参与者们认识到小鹿对森林中的树种分布比例会造成怎样的影响 | ◇大约20分钟 |
| | 材料 |
| 活动类型 | ◇包好的巧克力豆果、坚果（榛子）和坚果大小的石头 |
| ◇安静型、知识型 | ◇3种不同树种的树枝 |
| 参与者人数 | 准备工作 |
| ◇10~30人 | ◇请您收集树枝 |
| 参与者年龄 | ◇请您选出一片合适的场地，树木的间距应该为3米左右 |
| ◇8岁以上 | 室外条件 |
| | ◇— |

---

① 译注：上述树木和野生动物物种应该被当地物种取代。标题中提到的冷杉树种应替换为当地野生动物易采食的树种。

**活动流程**

◆ 选出20%的参与者扮演"小鹿"，这些参与者站在活动场地的旁边，直到其他扮演混交林的"小树"的参与者们在活动场地中站好。

◆ 剩下的这些参与者分组扮演树林中现有树种的"幼苗"，譬如，
　　◇组1扮演"冷杉"（或橡树），
　　◇组2扮演"山毛榉"，
　　◇组3扮演"云杉"（或松树）。

◆ 其中一组树种遭受啃食的状况比较严重（譬如，冷杉或橡树），另外一组树种遭受啃食的状况一般（例如，山毛榉），而第三组则没怎么被啃食（例如，云杉或松树）。

◆ 每棵"小树"都在自己的衣服上别上一根他所分到的树种的树枝。

◆ 每棵"小树"都将分得4颗坚果：
　　◇"冷杉"（或橡树）得到4颗巧克力花生，
　　◇"山毛榉"得到4颗坚果榛子，
　　◇"云杉"（或松树）得到4颗石头。

◆ "树苗们"在活动场地上站成一片"混交林"。

◆ 之后"树苗们"安静地等待想要从他们那里吃掉坚果的"小鹿"的到来。

◆ "小鹿们"第一次来到林中觅食时他们搜寻最可口的坚果，这时他们允许相互交谈以交换信息。

◆ 每棵"小树"在第一轮活动结束后展示他们手中剩余的坚果的数量。
　　◇手中还有全部4颗坚果的"小树"可以伸展开手臂站立；
　　◇如果有1颗坚果被吃掉了，也就是说手中还有3颗坚果，这样"小树"要放下1条手臂；
　　◇如果有2颗坚果被吃掉了，也就是说手中还剩2颗坚果，这样"小树"要放下2条手臂；
　　◇如果有3棵坚果被吃掉了，也就是说手中还剩1颗坚果，这样"小树"就蹲下；
　　◇如果所有坚果都被吃掉了，这样"小树"就坐在地上。

◆ "小鹿"第二、第三、第四次来到森林觅食，每次到来时都会为自己找寻最好吃的两种坚果。

◆ 每次"小鹿"觅食完毕后，"小树"都要像刚才描述的那样，展示他们还拥有的坚果的数量。

◆ 在第四轮觅食结束后，大家集合，并讨论活动内容。

**结果**

不那么可口的树种（云杉或松树）可以不遭受或极少遭受啃食。相反，好吃的树种的"幼苗"（冷杉或橡树）遭受了极严重的啃食，它们的成长速度远跟不上其他树种的成长速度，从而只能"默默地待在下面"。

**活动变化方案**

◆ 请您调整各树种树木的数量，让它们与实际森林中的树种分布状况相符合。例如，在活动开始时，森林中冷杉和橡树的数量可以明显少于其他树种树木的数量。

◆ 各种坚果可以用同样的包装包好，这样可以延长"小鹿"发现带着最可口的巧克力坚果的树种的时间。

◆ 在第二轮活动中，也可以将"小鹿"的数量减半。例如，在第一轮活动中将20%的"小

鹿"放入森林。第二轮活动中，在"树苗"数量相同和活动程序相同的情况下，将10%的"小鹿"放入林中。这时，参与者们可以见证，当"小鹿"被移除（猎杀）后，混交林的状况可以在多大程度上得以改善。

---

**提 示**

请您让参与者们触摸树枝，这样他们就能理解，为何一种树种遭受啃食的情况比较严重（冷杉：柔软且多汁，散发着芳香），而其他树种则很少遭受啃食（云杉：坚硬，多刺）。

---

**活动深入的可能性**

◆ 请您借助森林中具体的事例，指出野生动物啃食危害的后果。

◆ 请您指出调节小鹿种群数量的必要性。

# 动物 9　角色扮演——狩猎

**内容** 参与者们演出一幕题目为"当今社会中的狩猎"的角色扮演剧目。

目的
　　◇让参与者们认识到当今社会中各种不同的、看待狩猎的态度

活动类型
　　◇安静型

参与者人数
　　◇15～30人

参与者年龄
　　◇14岁以上

时限
　　◇大约45分钟

材料
　　◇8个姓名标牌（参见[>]附件1）
　　◇8张游戏卡（参见[>]附件2）
　　◇别针或双面胶

准备工作
　　◇请您准备小卡片
　　◇请您选出一片合适的场地

室外条件
　　◇—

**可持续发展教育目标**

◆ 社会能力
　　◇我可以与他人一同探讨，并得出和谐且公正的决策。
　　◇我可以和平地化解冲突。
　　这里：您的参与者们在讨论的框架下找出针对不同利益团体的解决方法。

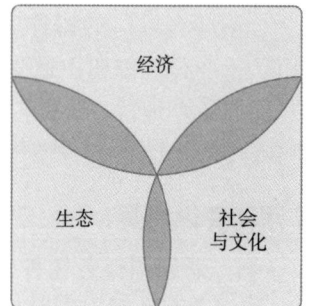

经济

生态　　社会与文化

**活动流程**

◆　请您与参与者们一同寻找一片合适的活动场地，例如，一片林中空地。

◆　7位自愿参加游戏的参与者们各得到一个姓名标牌（参见[>]附件 1），并将标牌固定在自己的衣服上。在活动中，他们要尽可能坚决地代表自己的立场。

　　作为活动的引导者，您担任主持人，接着您发给参与者们各自属于他们的活动卡片（参见[>]附件 2）。请您留给参与者们阅读卡片的时间。

　　团队的其他成员扮演观察员的角色（例如，记录员），观看活动的进程，并记录来自各方的论据。

◆　请您向活动参与者们和观察员们介绍以下活动背景。

　　◇在雅格得海姆村，狩猎合作社重新出租了狩猎场。支付了一笔相当可观的猎场租赁金的新租户迪特·达克尔博士很快发现，在这里狩猎并不像他事先设想的那样容易。他因此邀请所有相关人士召开了一个集会。

　　◇从狩猎租户迪特 · 达克尔博士开始，每位活动参与者先作一个简短的自我介绍，并说明自己扮演的是什么样的角色，接着他们开始讨论。当一轮讨论结束后，有人将一些传闻带入了活动中，您应当在讨论开始前，将这些传闻透露给其中2位活动参与者，要注意别让其他活动参与者知道。

◆　活动进行20分钟后，请您提醒参与者们，这个活动的目标是大家最后达成一致。在必要的情况下，作为活动引导者的您可以对活动进行干涉并主持讨论。

◆　请您与记录员们一起对整个活动流程进行总结。

◆　最后请您向参与者们介绍自己的经验，并为他们讲解狩猎这一主题的一些背景知识。

**附件 1　姓名标牌**

| | |
|---|---|
| 迪特・达克尔博士<br>猎场租户 | 汉娜・娆格<br>动物保护者 |
| 卡尔・赫尔兹<br>森林业主 | 夏娃・熙麦尔<br>骑马爱好者以及拥有狗的人 |
| 雅宏・特里姆<br>慢跑锻炼者 | 夏娃・瓦尔德<br>林业工作者 |
| 约瑟夫・保尔<br>农夫 | 主持人 |

## 附件 2 游戏卡

您是：猎场租户迪特 · 达克尔博士

您的立场：

您希望能保护动物，并维持一个健康且种类丰富的动物种群状况。因为您工作很忙，所以您没有多少空闲时间。因此，您打猎的机会并不多，所以您希望在打猎时不受干扰。

但是在第一次候猎时，您就已经觉得在狩猎瞭望台上总是被不同的人士干扰。

---

您是：动物保护者汉娜 · 娆格

您的立场：

您觉得狩猎在当今时代已经是不合时宜的行为了，并且您不希望野生动物受到任何伤害。

此外，您觉得狩猎是一种过时的雄性炫耀举动，早就应当被取缔。您自己是位素食主义者，狩猎对您来说是毫无理由的。

您听到了这样的流言：迪特 · 达克尔博士曾在一次狩猎中射杀了一只据说是正在盗猎的猎狗，您认为他必须支付罚款。

---

您是：森林业主卡尔 · 赫尔兹

您的立场：

您拥有一个农场，其中还包括5公顷的森林。这片透光良好、树木稀疏的林地中的主要树种是针叶树，近几年来森林地面上的黑莓长得越来越茂密。

到目前为止对您来说，一份丰厚的猎场租赁金要比森林重要。但是现在您从林业工作者夏娃 · 瓦尔德处得知，混交林抗风灾和抗雪灾的稳定性较好，林中也不易杂草丛生。此外混交林还拥有经济优势（能提供品种多样的木材）。但是，就现在的动物总数而言，必须要在林地四周围上围栏，这样混交林才能得以生长，这个工作是昂贵而费时的，您希望能拥有一片不需要围栏的茂密的混交林。

---

您是：骑马爱好者以及拥有狗的人夏娃 · 熙麦尔

您的立场：

您拥有一匹马和一只狗，并且希望尽可能经常地带着您的狗去骑马。您的狗常常会在您的马的周围绕来绕去地跑动，它不会去追捕动物。

但是由于您是一位职业女性，拥有一个家庭，家中有2个小孩，所以即便是在周末，您也时常只能在晚上骑马。

您无法理解，为何您会对在瞭望台上候猎的猎场租户造成干扰，因为您自己骑马时，如果您的狗不在身边，常常都能在相对来说比较近的距离内看到足够多的动物。

---

您是：慢跑锻炼者雅宏 · 特里姆

您的立场：

您希望在职业工作结束后也为自己的健康做些事情，因此您每周都会在傍晚时穿越雅格得海姆的田野进行森林慢跑锻炼。

因为您想参加下一次的马拉松赛跑，所以您想加强您的健身计划。周末早上您也会慢跑，这时您常常遇到正在狩猎的猎人。

您是：林业工作者夏娃·瓦尔德

您的立场：

您是林业工作者并常常为雅格得海姆村的森林业主提供咨询。您曾一再提醒森林业主们，他们的森林正面临野生动物啃食危害的问题，除了云杉和松树外，在不采取预防野生动物啃食危害措施的情况下（设置围栏），其他树种难以生长。

越来越多的森林业主认识到混交林的优越性，但是狩猎合作社里的大多数社员都更愿看到猎场租赁提价，也不愿见到树种丰富的矮矮的自然更新林。

因为您极力推荐培育混交林，使得您常常与私人猎户发生言语冲突，因为您让森林业主们的决定产生了动摇。

---

您是：农夫约瑟夫·保尔

您的立场：

您拥有一个几乎只靠奶业维持生计的大农庄，您自己在您的耕地和草地上种植奶牛的饲料。

在狩猎租赁时，能够得到尽可能高的租赁金对您来说比要求猎人提高猎获物的数量，使得森林不用被围上围栏也能自然更新来说更加重要。

您还听说了这样的传闻：雅宏·特里姆与夏娃·瓦尔德常常在森林中碰面，并且对彼此颇有好感。

---

您是：带领角色扮演活动进行的主持人

您的任务：

如果从专业角度来看有必要的话，请您干预讨论的进行，不然您就专注于主持讨论。

在预设讨论结束时间的前10分钟，请您提醒参与者们，他们要尽可能达成妥协。

## 动物 10 与林业工作者一同去打猎

**内容** 参与者们陪同林业工作者进行独立狩猎。

目的
　◇参与者们体验实践式的狩猎

程序
　活动类型
　　◇安静型
　参与者人数
　　◇最多3人
　参与者年龄
　　◇8岁以上

时限
　◇2～3小时

材料
　◇大的候猎处（可容纳3～4人），最好有屋顶
　◇听力保护设备（耳套、耳塞）
　◇坐垫
　◇毯子
　◇望远镜

准备工作
　◇—

室外条件
　◇天气不要太冷

**活动流程**

◆ 请您事先与参与者们协调好活动预期。活动开始前，请不要向参与者们保证一定能狩猎成功。请为参与者们讲解狩猎的基本配备。请事先让参与者们做好心理准备：如果狩猎成功的话，他们将看到死去的动物和动物的血，请您给予参与者们不必观看动物宰杀的自由。

◆ 在与参与者们一同前往狩猎场所时，请您尽量少使用交通工具。

◆ 请您选择一片狩猎成功机会较高的场所。为了不要误伤那些不可以被猎杀的动物，比如，啄木鸟、松鼠等，选择的候猎处应有辽阔的视野。请您选择一片景色美丽的森林，这样的森林会让人拥有一个美好的心情，请注意您要带给参与者们的应该是一次"正面的"自然体验经历。

◆ 参与者们应自带坐垫、毯子和望远镜，但是为了以防万一，您还是事先准备好这些设备。

**提示**

■ 请您解释狩猎的必要性以及猎人必须掌握的技能。

■ 我们建议，如果参与者们还未成年，最好首先取得家长的同意再参加这个活动。此外，未成年人不应在没有成年人陪同的情况下登上候猎台。可以想象当夜幕来临时，面对着不熟悉的环境，未成年人有可能会有多么的害怕。

■ 在狩猎开始前，请您深入讲解射击的过程及后果。也就是说，由于枪击所引发的惊吓一般情况下会造成动物的死亡。可以用手指割伤时迟来的疼痛反应作为例子。

■ 在您射击前，参与者们应带好听力保护设备。

■ 请您要求参与者们不要穿摩擦声响过大的衣服。

■ 请让参与者们自由选择他们是不是要参与或帮助运输猎物和宰杀猎物。

## 活动深入的可能性

◆ 您可以带着您的狩猎助手，即您的猎犬一同活动。请您为参与者们展示如何与猎犬合作，例如，寻找、追踪（受伤动物的）带血的足迹，拖拽诱饵，叼来猎获的动物等。

◆ 请您只有在参与者们愿意的情况下，才将他们带进存放猎物的房间里。

◆ 如果参与者们想要购买野味，那么请您赠送给他们鹿角、鹿的上犬齿、兽皮等。您也可以赠送野味菜谱。

## 附加信息

如果您在当天晚上无法对一些提出的问题做出解答（譬如，在解答这些问题需要查找资料的情况下），请您务必在第二天或最起码之后在电话中谈及这些问题。

## C　背景知识

在您开始进行以"狩猎"为主题的森林教育引导活动时，我们想先向您提供一些关于这个涉及面极广的主题的一些重要信息。

### 什么是狩猎?

狩猎的当代定义为：遵循狩猎法条例，寻找、追踪、捕获及猎杀野生动物[①]。

### 狩猎的历史

狩猎动物与人类发展史是密不可分的。许多人类学家都将狩猎的开始归为之前主要食素的森林居住者由原来的驻地迁往辽阔草原的栖息地变化的原因。通过狩猎，除了能获取食物外，还能获得日常消耗品和衣物。狩猎的另一个原因是为了保护食草动物。随着人类逐步开始的定居生活以及农耕的发展，狩猎逐渐失去了其作为获取食物的主要手段的重要意义。

……

市民中的一部分人认为狩猎在当今时代已经完全没有其必要性了，并且出于伦理道德的原因，譬如，动物保护等，反对狩猎。

### 狩猎法

#### 行使狩猎权

……

巴伐利亚州的狩猎面积大约有6300万公顷，其中，森林所占比例为40%。

在德国，只有拥有有效的猎人执照的人才允许狩猎，获得猎人执照的前提条件之一是通过猎人考试。

#### 狩猎权利

■　私人狩猎

今天在德国行之有效的狩猎权，源于法律意义上的土地所有权，及财产所有者对其财产行使的一种合法权利。土地所有者有权行驶其本人的狩猎权，如果他拥有足够的集中连片的土地面积，并且这个面积符合私人狩猎场的法定条件。德国联邦法律允许私人狩猎场的最小面积为75公顷，而在德国巴伐利亚州平原区为81.755公顷，在高山及山前平原为300公顷。然而土地所有权人不得拒绝他人在其林地狩猎。在巴伐利亚州大约有2370个私人狩猎场（不含国家狩猎场）。

■　集体狩猎

如果没有足够的私人狩猎区面积，那么该地区小型土地所有者必须联合诸多狩猎同伴组成一个共同的狩猎场。联邦狩猎法规定面积最小为150公顷，而各州的面积不等，如巴伐利亚州最小面积在平原为250公顷，在山地为500公顷。在这个共同的狩猎社中，社员可以自己打猎。根据规则，这个共同的狩猎社也可以出租，让符合狩猎者在此行使狩猎权利。

---

[①]　译注：《中华人民共和国野生动物保护法》第二十一条 禁止猎捕、杀害国家重点保护野生动物。因科学研究、种群调控、疫源疫病监测或者其他特殊情况，需要猎捕国家一级保护野生动物的，应当向国务院野生动物保护主管部门申请特许猎捕证；需要猎捕国家二级保护野生动物的，应当向省、自治区、直辖市人民政府野生动物保护主管部门申请特许猎捕证。第二十二条 猎捕非国家重点保护野生动物的，应当依法取得县级以上地方人民政府野生动物保护主管部门核发的狩猎证，并且服从猎捕量限额管理。第二十三条 猎捕者应当按照特许猎捕证、狩猎证规定的种类、数量、地点、工具、方法和期限进行猎捕。

德国巴伐利亚州
个人狩猎场最小面积

在高山及山前平原300公顷

在平原区81.755公顷

德国巴伐利亚州
集体狩猎场最小面积

在高山及山前平原500公顷

在平原区250公顷

### 允许狩猎物种

哪些动物被归类为可被狩猎的"野生动物"，这是由狩猎法决定的。

### 狩猎的动机

人们狩猎的动机是多种多样的，在这里我们简短地命名和解释一下狩猎的主要动机。

### 土地利用的形式

狩猎与林业和农业一样是土地利用的一种形式，狩猎法赋予了土地拥有者土地使用的权力，土地拥有者可将其作为收入来源加以利用。

德国拥有狍子、赤鹿和野猪理想的自然生存环境，它们的繁殖率很高，猎人想要通过狩猎控制这类动物数量的增长，由此而产生了野味作为食品的可持续性利用。作为一种纯自然的食品，野味颇受广大群众欢迎，因为作为一种农产品，野生动物生存在大自然中，摄取的是其物种自然需要的、完全不含药物的饲料和养分。野生动物不必经历会引起它们紧张的长距离活物运输。德国的本国猎场每年可销售重量超过3万吨的小鹿肉、赤鹿肉和野猪肉，使用这些食材可制作大约1.5亿份野味菜肴。

### 作为缺失的大型食肉动物的替代

在大自然中，野生动物的种群密度受到许多因素影响，其中，最重要的因素有食物的数量和质量、气候的变化、疾病以及食肉动物的数量（食肉动物–猎物关系）。所有这些影响因素存在于相互的、有时是非常复杂的互动结构之中。有时是恶劣的气候环境导致一类种群中部分动物的死亡，有时短缺而品质低下的食物则有可能导致动物的健康状况恶化，这时动物就有可能由于生病而导致其种群密度的锐减。食肉动物也会影响野生动物物种的种群密度，但是它作为调节种群密度的因素，其意义往往被过度重视了。

随着狼和猞猁的绝迹，赤鹿和狍子各自失去了它们的天敌（种群密度调控器），即便如此，大型食肉动物实际上也只起到了阶段性的调节作用。对于野猪来说，导致它们的种群密度产生变化的则主要是严酷的霜冻期、橡树和山毛榉果实的短缺以及猪瘟。

反对狩猎的人总以这样的观点主张废止狩猎：人们可将缺失的食肉动物放入森林以取代狩猎，从而调节动物种群密度。但正如上述，这个方法虽然可能会有阶段性的成效，但从专业角度上来看不应夸大其作用。

### 自然体验

对于许多猎人来说，狩猎对他们来说是一种休闲形式，它可以使我们从忙忙碌碌的、被科技所填充的世界中暂时跳脱出来。

### 自然保护和物种保护

许多猎人和狩猎合作社的观点是狩猎有利于维持一个种群数量合理的、健康的动物种群，在许多方面，狩猎正是他们采取的改善野生动物栖息地的措施。

### 灾害防治

如果森林里动物的种群密度过高，尤其是狍子、赤鹿和野猪的数量过多，既可导致森林中树木的嫩芽被啃食、树皮被剥落，也可导致严重的农业经济损失。关于这个复杂主题的详细信息请参阅[>]动物 7 "野生动物啃食危害"。有些树种，例如，冷杉和橡树，遭受赤鹿啃食的情况比较严重。动物种群密度过高可导致森林变为树种稀少的、由云杉和松树组成的不稳定的针叶林。

### 动物种类及其栖息地管理

在人口密集和土地利用率高的国家里，狩猎也是一种对可狩猎野生动物物种的管理。譬如，赤鹿，几百年前，山林中的赤鹿会在冬季前往温暖的山谷躲避严冬，而今天，这种过冬的可能性却因为基础建设的兴建和人类的定居而被排除了，结果便是赤鹿在冬季的几个月中也必须留在山林里。为了避免敏感的森林遭受啃食，或林中树木树皮被剥落的损害，人们有时要为赤鹿建造冬季围栏，它们将被关在围栏内，并被投喂饲料。春天时，人们再打开围栏。如果岩羚羊从高山地区来到地势较低的地方，在此处扩散开来，并造成了森林的损害，那么人们也要对它们采取措施。

猎人们也以保护濒危物种和重新回归的本地物种为己任，例如，山猫、猞猁或水獭。人类的捕杀以及对其自然栖息地的破坏导致这些野生物种的存在受到威胁。为了让这些物种重新回归，并对它们进行保护，人们需要采取目标明确的行动措施。此时，人们要考虑到许多问题，譬如，

◇栖息地是否适合重新回归的野生物种，让它们维持可存活的最低种群数量，并且长期生存。

◇如何优化栖息地。

◇为了让诸如猞猁这样的野生物种重新迁入森林，市民和相关利益团体要做出哪些准备。

◇当代野生动物管理应立足于科学原理，野生生物学家、林业工作者与猎人之间的合作是必需的。

### 森林和动物[1]

野生动物与森林在人类定居之前处于动态的平衡状态。狍子、赤鹿之类的食草动物虽然也会在森林中啃食植物和树木幼苗，其数量却可以借由有限的食物供给、极端天气或部分借由食肉动物的捕杀而得到控制，因而使得森林得以自然再生。这种自然的平衡却由于人类的影响而受到了干扰，小鹿、赤鹿以及野猪的数量也因此大规模地增长。下列因素为它们数量的增长提供了优越的条件。

### 最优化的食物供给

自然状态下，德国应几乎全部被森林所覆盖。这些森林应多为欧洲山毛榉林，或山毛榉树比重较大的森林。这样的原始森林应当是黑暗的，林中野草和灌木的数量应当是相当稀少的。在这样的森林中，有限的食物供给应成为动物种群数量的限制因素。城市扩张以及基础设施的建造使得森林的边缘大量增加，因此经济林中的部分森林拥有比其本来应该拥有的茂密得多的草本层和灌木层，这为赤鹿、狍子和野猪等食草动物提供了丰富的饲料。由于近几十年来空气中大量的氮沉降，森林中的草本层变得越发"养分充足"，林中树木果实的产量也提高了。而我们高度的农业化，且营养丰富的农作物面积和显著上升的谷物种植则为野生动物在春季和夏季提供了极度丰富的食物。林中和林外丰富的粮食供给导致了野生动物繁殖率的上升和自然死亡率的降低。

### 大型食肉动物，如熊、狼、猞猁的缺失

在德国的许多地方，由于狩猎的原因，熊、狼、猞猁等大型食肉动物在19世纪时已被赶尽杀绝，巴伐利亚州的最后一只熊在1835年被猎杀，最后一只猞猁在1846年被猎杀，最后一匹狼则消失于1852年。猎杀这些动物的动机是非常复杂的，除了群众对这几种动物的普遍的畏惧感之外，农民担心失去它们的牲畜，而猎人之间则存在狩猎上的竞争。自从这些大型食肉动物在德国绝迹之后，狍子、赤鹿和野猪失去了能够影响它们种群数量的天敌。

### 气候变化

严酷的低温和大量的降雪使得我们这片地域的冬季成为控制多种物种种群数量的自然调节器，老弱的动物们无法挺过这段生存条件极度恶劣的时期。全球变暖导致了本区域冬季降雪少以及暖冬的频繁发生，在这样的年份中，老弱动物的冬季存活率也上升了。

---

[1] 译注：次生林更新与过多的食草动物以及没有食肉动物，这将是重要的讨论基础。由于放牧动物更喜欢某些乔木和灌木物种，因此，森林将不再是完全自然的更新，只有某些乔木和灌木物种可以生长，而其他物种不能自由生长。同样重要的是要提到放牧动物（山羊、牛、羊等）造成的破坏，这在中国农村地区可能比在德国产生更大的影响。

——沃尔夫冈·格拉夫（Wolfgang Graf）

### 乱喂野生动物

德国各州的狩猎法中，都有针对野生动物在非常时期喂食的相关规定。例如在巴伐利亚州，偶蹄类动物在非常时期是不允许被喂食的（第23款《巴伐利亚州狩猎法执行条例》）。

在巴伐利亚州狩猎法中，特地未对"非常时期"这个概念加以明确的定义，因为每个地区环境和天气的情况不同，动物是否能找到充足的食物的情况也不同。这项措施的目的是维持野生动物的种群基数，而并不是要强制性地保障每一只动物的生存，因为动物可通过茂密的皮毛、脂肪储备、运动量的减少和消化系统的生理适应达到对食物的最佳利用以适应冬季气候。冬天是野生动物种群数量的重要的调节性因素。

### 一年中不同的栖息地质量

在一些高度农用地区，在从庄稼收割后到春季为止的寒冷季节中，只有森林能够作为野生动物的栖息地。森林的面积越小，被分割的状况越严重，冬季中能为野生动物提供食物的植被覆盖面积就越小。这样就有可能为森林带来严重的啃食、剥落和磨蹭损害。在这样的地域，森林可承受的野生动物密度便会明显降低。这种情况下，一些必要的措施显得尤为重要。通过种植灌木以及在田间人工种植可供野生动物隐蔽和进食的植被覆盖通道，可以改善野生动物的食物供给。

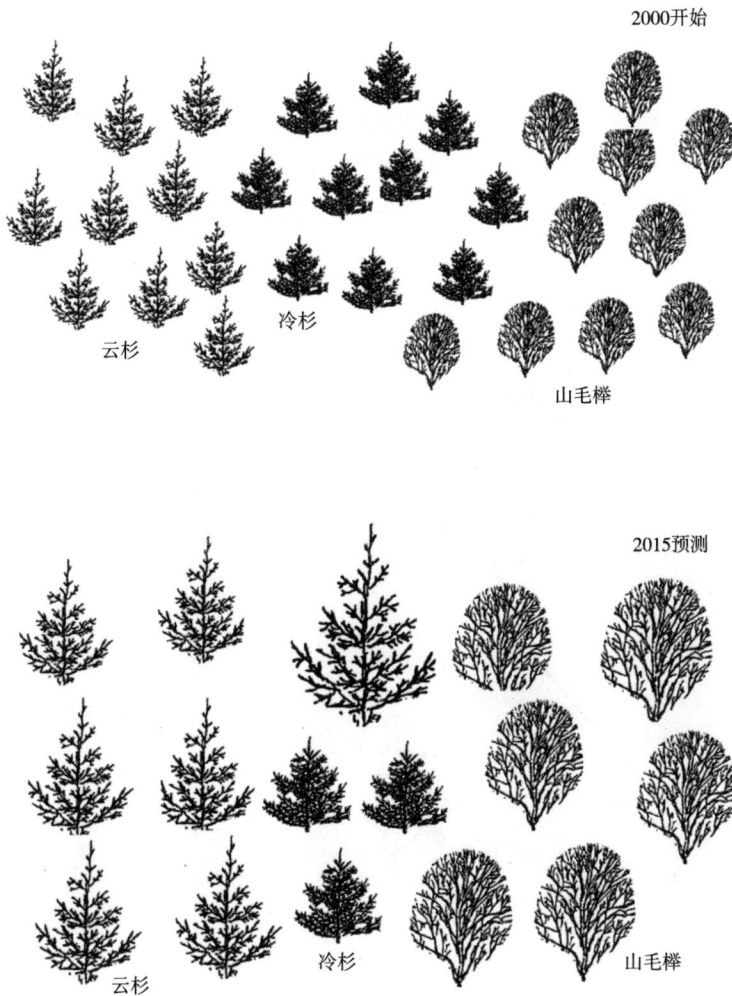

2000开始

云杉　　冷杉　　山毛榉

2015预测

云杉　　冷杉　　山毛榉

## 啃食损害及其后果

### 彻底消失的新生幼林

如果狍子、赤鹿的数量过多，这些物种便有可能会将森林中所有的新生幼林全部啃食殆尽。如果这种现象长期存在，森林便会因为缺少使其得以再生的幼苗而变得苍老或"老龄化"。在高山地区，在比较陡峭的地方，林木通常会起到防止水土流失、山体滑坡或雪崩的作用。啃食损害在这里会导致严重的后果。如果在这样的山林中老树死去或被收获，土地便会变得松动，从而产生侵蚀现象或山体滑坡，甚至引发山崩或雪崩。在这样的条件相当恶劣的陡坡地带（寒冷、积雪量大、水与养分短缺），人们必须花费极其昂贵的代价人工种植树木幼苗。补种后，如果森林成长的速度仍不快，就必须建造造价昂贵的防治山崩和雪崩的装置。否则山区的景观便会遭到严重破坏。

### 生长损失和木材质量下降

由于啃食的原因，植物失去了其作为同化器官的叶片，由于不断地损失主枝，森林植物越发灌木化，其高度增长变得迟缓。如果由于啃食的缘故而导致林中植物过少，那么留下的树木的质量便会因为辅枝过多而显著下降，这样便会产生基本上毫无木材经济价值的树木。下图将为您指出野生动物啃食危害对于树苗高度增长的危害度。

### 杂草危害树苗生长

如果树木的幼苗不能顺利长高，那么它们便会被杂草所覆盖，这样一来树苗便会由于缺少阳光而死去或只能十分缓慢地生长，为了避免这种情况的发生，就必须支付昂贵的人工费清除杂草。在极端状况下，如果一片林地上的杂草过多，幼苗在一定时期内便完全无法生长。

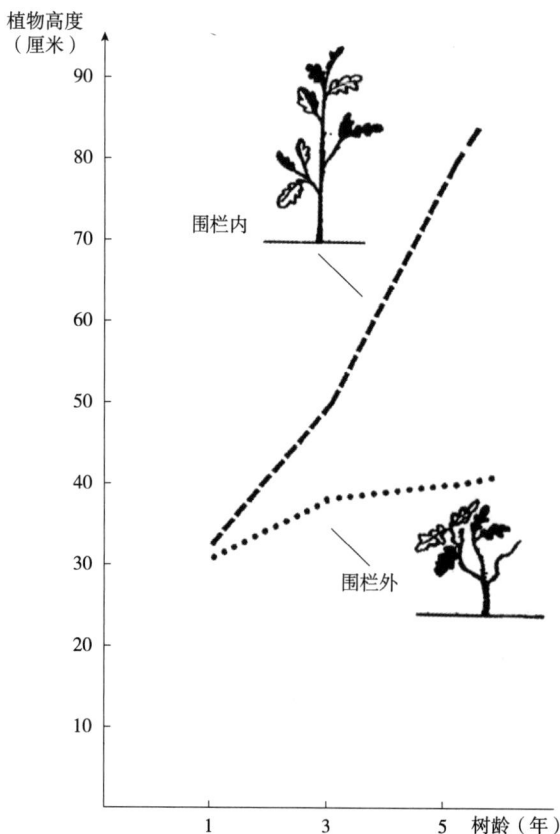

■以橡树为例，围栏内和围栏外树苗的自然生长状况。
来源：贝史蒂麦勒
（Bay.Stmelf），巴伐利亚州国家食品、农业和林业执行研究院（FÜAK），1995

## 剥落损害和磨蹭损害及其后果

### 树皮剥落损害

树皮是赤鹿喜食的食物之一，在进食过程中，它们会将树皮剥落并吃掉，40年树龄以下的树木都有可能被剥落树皮，因而遭受严重的损害。这会造成它们枝干的腐朽，底部的主干便会失去其应有的高级经济价值。

### 磨蹭损害

公狍或公鹿喜欢用混合树种来"磨穿"或"蹭去"它们鹿茸上的嫩皮，树木上面被磨蹭的部位也被作为领地标记。它们总是用它们的角不断地磨蹭幼树的枝干，这会让被磨蹭的部位的树皮遭受严重的损害而导致树木枝干的腐朽。

## 合适的野生动物数量

根据《巴伐利亚州狩猎法》第32条第1款规定，在巴伐利亚州，判断野生动物数量是否合理，以及决定需要猎杀的动物的数量的依据主要是林中幼苗的状况。每隔3年，作为抽样调查过程，各林业局会对所有类型的森林进行调查，以取得这方面的数据。其结果将被录入一份植被鉴定报告书中，这样一来，特定的猎区联合会(野生动植物保护联合会)便拥有了一份统计学保障，在这本植被鉴定报告书中，林木啃食损害的程度将被鉴定。鉴定过程以及最新结果请参见网页www.forst.bayern.de中，《巴伐利亚州的狩猎》一文。除了野生动物的身体健康状况之外，这份鉴定报告狍子和赤鹿的猎杀规划提供了重要的根据。不存在针对野猪的猎杀规划。植被鉴定报告书的采用在很大程度上使得猎人之间以及森林业主与林业工作者之间的讨论具体化。巴伐利亚州奉行"森林高于野生动物"的原则。

## 狩猎形式

狩猎一般以单独狩猎或集体狩猎的形式进行。

### 单独狩猎

单独狩猎时，猎人独自或在一位熟悉林区向导的陪伴下狩猎。单独狩猎最常见的形式有在猎人瞭望台（猎人梯棚）上候猎，或在猎区潜随捕猎。

### 集体狩猎

集体狩猎时，若干猎人与围猎者一同行动。从法律的角度来看，如果4名以上的人员（猎人，围猎者）共同参与狩猎，便可称之为集体狩猎。集体狩猎又分为多种形式。其中最主要的形式有围猎（几名射击手和至少4名围猎者）、驱猎（几名射击手和至少一名围猎者，但围猎者不应超过4名）以及巡猎（几名只带猎犬陪同的射击手，以便搜寻出动物）。在这几种狩猎中，动物将被围猎者和/或猎犬从它们的躲避处驱赶出来，以便在林中广阔分布的猎人能将其猎杀。

## 野生动物的可观察性

我们绝大多数市民都很少能见到诸如狍子、赤鹿或野猪这样的动物，他们因此认为这些动物的数量已经不多了，并且它们过多地被射杀了。而事实上，野生动物的不常见性却完全取决于其他因素。

◇ 狩猎本身提高了野生动物的警觉性，它们把猎人当作是一种危险。

■ 植被覆盖的状况可以表明森林可以承受的野生动物的密度。

（请参考巴伐利亚州狩猎法第 32 条）。

保护设施对于保护区中的主要树种来说已经没有必要了。

■ 人们可以通过以下几点察觉动物数量过多的现象：

◇植被的过度利用，特别是严重的啃食和磨蹭现象；

◇野生动物糟糕的身体状况；

◇寄生虫的感染程度。

◇野生动物对狩猎威胁做出反应：它们将进食的时间推延至黎明和夜晚并尽量选择偏远的地方。

◇新的研究结果表明，通过时间上和空间上的集中狩猎，动物的可见性会提高。

◇对于白天人类的干扰，野生动物做出的反应各不相同，也就是说，它们可以区别干扰是否会对它们构成威胁。对于经常被频繁使用的林间步行道，它们只会做出最小的动作，也就是说，它们会躲藏在后面的树丛里，将逃跑距离控制在20米到30米之间。

◇自由奔跑的、无监管的狗对于野生动物，特别是对于那些正在孵化雏鸟或正在抚养幼兽的动物们来说，是一个极其严重的干扰。

◇大多数人一般都会日间在田野里或森林里行走，而不是在野生动物最活跃的黎明和傍晚时分。

◇人们已经不再像从前那样在森林中和田野小道上度过那么多的时光了。

◇有时，虽然动物离郊游道路其实不远，人们却看不见它们，我们的眼睛已经不再敏锐。

## 一些野生动物的基本信息

| 动物种类 | 狩猎期猎获物数量 | | 繁殖季节 | 幼兽诞生季节及数量 | 食物 |
|---|---|---|---|---|---|
| | 德国 | 巴伐利亚州 | | | |
| 狍子 | 1117500 | 275000 | 7/8 月 | 5 ~ 6 月<br>1 ~ 2（3）个幼狍 | 野菜、杂草、树木的嫩芽和灌木、谷物、农作物 |
| 鹿 | 60000 | 9600 | 8 ~ 10 月 | 5 ~ 6 月<br>1（2）个幼鹿 | 野菜、草、树木的嫩芽和灌木、橡树种子、山毛榉坚果、农作物 |
| 野猪 | 512000 | 55000 | 11 月 ~ 翌年 1 月 | 3 ~ 4 月<br>1 ~ 10 只猪仔（一年一窝） | 杂食 |
| 岩羚羊 | 4500 | 4200 | 10 ~ 12 月 | 4 ~ 6 月<br>1 ~ 2（3）只羊羔 | 草、野菜、浆果、苔藓、树叶 |
| 獾 | 47000 | 13500 | 7 ~ 8 月，有时 11 月 | 1 月（3 ~ 4 月）<br>2 ~ 5 只幼獾 | 老鼠、小动物、昆虫、果实 |
| 狐狸 | 608000 | 136000 | 1 ~ 3 月 | 4 月<br>2 ~ 8 只幼狐 | 老鼠、小动物、果实、浆果 |
| 野兔 | 470000 | 116000 | 1 ~ 9 月 | 频繁 | 草、野菜、树木的嫩芽和灌木、甜菜 |
| 猞猁（山猫） | 全年保护 | | 2 ~ 4 月 | 6 月<br>2 ~ 3 只小猞猁 | 老鼠、青蛙、狍子、小鹿、野猪 |
| 野猫 | 全年保护 | | 2 ~ 3 月 | 5 ~ 6 月<br>2 ~ 4 只小野猫 | 老鼠、幼兽、鸟 |
| 水獭 | 全年保护 | | 主要在 2 月，不排除其他时间 | 怀孕 9 周后生 2 ~ 4 只小水獭 | 鱼、虾蟹、青蛙、水鸟、鸟、老鼠 |

## 参考文献

巴伐利亚州食品、农业和林业部, 巴伐利亚州国家食品、农业和林业执行研究院（FÜAK）. 森林与野生动物——教育及咨询参考. 慕尼黑: 1995.

巴伐利亚州食品、农业和林业部. 森林更新状况评估. 慕尼黑: 2003.

汉斯佩乐 B. 今日野狍. 慕尼黑: BLV出版社, 2003.

汉斯佩乐 B. 可持续狩猎. 慕尼黑: BLV出版社, 慕尼黑: 2003.

郝乐特麦尔 F. –K. 陆地动物. 斯图加特: 欧根乌尔姆, 2002.

努舍莱茵. 狩猎. 慕尼黑: BLV出版社, 2006.

黑吉尔 M. 野生动物生物学纪实. 罗伊特林根: B&P生物及教育出版社, 2000.

## Literaturhinweise

Bayer. Staatsministerium für Ernährung, Landwirtschaft und Forsten (Hrsg.), FÜAK; Wald und Wild–Lehr–und Beratungshilfe. München 1995.

Bayer. Staatsministerium für Ernährung, Landwirtschaft und Forsten; Forstliches Gutachten zur Situation der Waldverjüngung. München 2003.

Hespeler, B.; Rehwild heute BLV Verlagsgesellschaft, München 2003.

Hespeler, B.; Nachhaltig jagen. BLV Verlagsgesellschaft, München 2003.

Holtmeier F.–K. ; Tiere in der Landschaft. Verlag Eugen Ulmer, Stuttgart 2002.

Nüsslein, F.; Jagdkunde. BLV Verlagsgesellschaft, München 2006.

Riemer, M.; Wildbiologische Wahrheiten. B&P–Verlag für Biologie und Pädagogik, Reutlingen 2000.

# 第九节
# 森林与社会

生活就像一棵树，独立且自由，兄弟之情如森林，这是我们所向往的。

纳辛·辛克美（Nazim Hikmet）

A 简明信息
B 活动
C 背景知识

## A 简明信息

在人类发展史上，森林一直起着重要的作用，它被人们通过各种各样的使用方式所塑造着，从而屈从于人类的各种需求。当今社会人们也仍然根据自己的想法去造就森林。

在塑造森林的过程中以前是这样，现在仍然还是这样，即尽可能地去满足多重要求并在目标冲突中找出解决矛盾的最终办法，尤其是在我们这个人口居住密集型的工业国家里，不同要求的统一协调在未来也是非常需要的。

### 活动概览

森林必须要满足许多要求，森林具有不同的功能，这对人们来说是显而易见的。我们尝试着让参与者意识到这点，并将本活动作为整个主题的开端。

■ 森林与社会 1 "保持平衡"

参与者通常会尝试着把生态、经济和社会象征性地放在一起平衡，它们三者要同时放置在木板制作的三角形上并保持平衡。

接下来3个活动是参与者特别主动要求开展的活动。

■ 森林与社会 2 "在森林中生存"

参与者各小组自己选出烧烤所需的材料，然后独自寻找会面地点（烧烤地点），并在那里充饥。

■ 森林与社会 6 "森林形象艺术"

参与者用拼贴画的艺术形象展示主题"我与森林同行"。

■ 森林与社会 12 "为了森林与人类，我们要主动出击"

参与者准备一个有益于森林的活动并实施之。

---

为示范森林的其他功能，下列2个实践活动以防止噪音为主题。

■ 森林与社会 3 "聆听森林的声音"

特别是幼儿园小朋友，要感受森林中的沙沙声，同时要跟他们平日的生活联系在一起。

■ 森林与社会 4 "森林音级测绘"

作为研究者，参与者要测量森林里的声音并把测量结果记录在地图上。在会议上进行研究讨论，人类和环境是如何承受噪声污染的，如何才能解决这些问题。

---

人类社会与森林生命共同体有什么共同的东西？在接下来的实践活动中将会展示清楚。

■ 森林与社会 8 "森林——我们社会的镜子？"

森林生命群落与人类社会彼此面对，参与者讨论二者是否有可比之处，应该怎样比较。

■ 森林与社会 9 "狐狸在超市里做什么？"

参与者划定的领地将与动物的生存领地进行比较，他们如何利用这一空间，对领地有什么要求？

---

我们将用以下2个实践活动来追溯森林历史及森林利用的足迹。

■ 森林与社会 18 "时间见证人"

森林利用的时间见证人给年轻的一代讲述森林利用的历史。这一活动特别适合与年长者一起举办。

■ 森林与社会 19 "树木之间的时间旅行"

在不同树龄的树木间穿梭旅行，通过参与者的贡献应该展示出在漫长的时光隧道里人类是如何开发利用森林的。

---

通过下列的实践活动，参与者将了解到关于生态足迹的全部内容。

■ 森林与社会 20 "我们只有一个地球！"

在一个巧妙设计的活动中让参与者了解到，共享有限的区域有多么困难。

■ 森林与社会 21 "箴言挂展"

借助于箴言让参与者轮流讨论关于"生态足迹"的问题。

# B 活 动

## 森林与社会 1 保持平衡

**内容** 让3位参与者站在一个木质等边三角形上保持平衡。

目的　　　　　　　　　　　　　时限
　◇让参与者以游戏的方式体验　　◇每组5分钟
可持续发展三个领域的平衡性　　材料
活动类型　　　　　　　　　　　◇带底座的木质三角形（见装置图）
　◇活泼型　　　　　　　　　　准备工作
参与者人数　　　　　　　　　　◇制作带底座的木质三角形并沿着它的轨
　◇30人　　　　　　　　　　道放置
参与者年龄　　　　　　　　　　室外条件
　◇6岁以上　　　　　　　　　◇—

**可持续发展教育目标**

◆ 社会能力
◇我可以与他人一起制订计划并处理问题。
这里：参与者必须使他们的身体共同保持平衡。

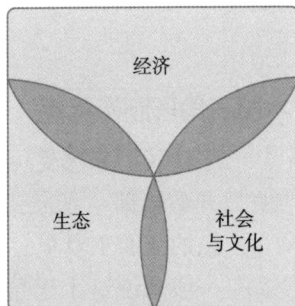

**活动流程**

◆ 每3个人一个组（参见[>]开始 7 "谁和谁在一起？"），每个组要共同站在木质三角形上并保持平衡，让三角形的三个角尽可能保持长时间不接触地面。

**活动深入的可能性**

询问活动的参与者是否保持住了平衡，也就是说是否已经了解到，来自他们生活中生态、经济和社会三个领域应该同等的重视，并且他们在什么样的情况下体验过。接着问，与此同时是否所有三个领域真正地被同等重视，或者是不是一个、两个占优势，或者更确切地说被某个压下去了。

## 提 示

■ 参与者的体重应差不多一样，否则就很难保持平衡。

■ 开始时只说明活动的规则，不要有更深层的解释，只提示保持三个角持久的平衡即可。

■ 应当依据设定的目标问题贯穿进行，让他们自己领悟含义。下面一些例子可供提问。

◇ "在这个木质三角形上参与者扮演什么角色？"

◇ "这意味着什么？"

◇ "为什么你们三个一起做？"

◇ "你们的平衡与可持续发展的三个概念要素有什么关系？"

◇ "三角形的三个角上可持续发展的三个概念（生态、经济、社会）与该活动的中心主题'让我们体验可持续发展'有什么关系？"

■ 对于12岁以下的参与者，必须通过一些形象生动的例子才可以让他们理解这些概念——这里可以参考林业经济。

◇生态：繁多的树木种类、其他植物与动物种类；许多老的树木和死去的树木。

◇经济：通过卖树木、狩猎而获得金钱收入，植树和修路需要费用开支。

◇社会：森林可以作为工作场地、休憩空间、教育场所。

■ 接下来一个生动的例子是关于汽车买卖的思考。

◇生态：汽车应该尽可能少地让环境承受负担（耗损，排量……）

◇经济：汽车不应该花费太多（购置，消费）。

◇社会：汽车应该提供安全，司机要在里面感觉良好。

■ 这个实践活动适用于我们研究的课题的开始（参见[>]森林与社会，[>]可持续性利用）。

### 木质三角形制作指南

"让我们来感受可持续性！"

◆ 开始之前，您需要计算出等边三角形的大小，以便于制作完毕后的尺寸能够合适地放进您的交通工具里。下面这个三角形成品适合放在一辆大众帕萨特里面。边长为125厘米，一般来说这个三角形的每个边长不要小于100厘米，不大于150厘米，否则要么参与者站上去觉得地方太小，要么太大，运输起来非常不方便。

◆ 紧接着您需要弄到些木板（最好是硬木料，也可以是松木，如图1），刨平并且粘在一起，然后用合适长度的活动钳夹紧。再按照之前测量的标准锯出三角形，并固定好这个木制三角形，把锯好后剩下的木板与三角形板横向交叉固定在三角形的背面，钉在上面支撑加固三角形板（图2）。

◆ 然后在三角形上均匀地写上"社会""经济"以及"生态"。写2次"让我们体验可持续发展！"组成一个圈。内容书写应该艺术性，颜色为原木色，位置应尽可能集中在三角形中间。

◆ 在模板上画写，最好是使用复写纸跟圆珠笔描印字母，之后就可以画出轮廓。当然在这个三角形的整个正面最好涂上两层清漆。

◆ 最后把石头切割打磨成石球（最好采用硬度高、耐磨损的花岗岩），作为三角形一个平整的底座支架，高度共约10厘米（图2）。把它放在中间，一方面可以满足活动的需要，另一方面这个高度可以保障参与者的安全。

图1　代表可持续发展的木质三角形（正面）

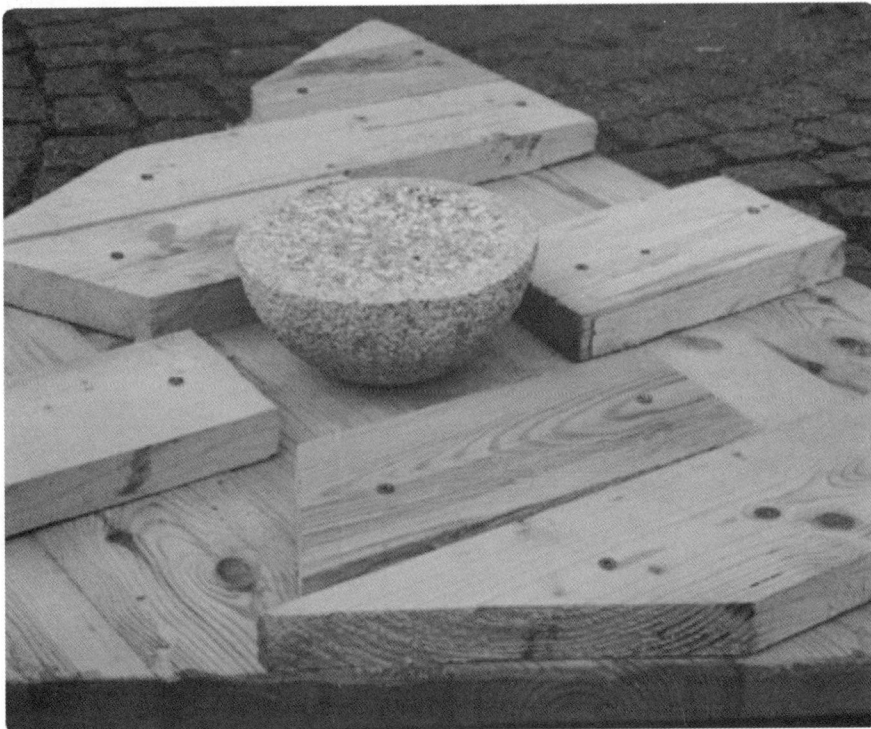

图2　代表可持续发展的木质三角形（背面）

# 森林与社会 2　在森林中生存

**内容**　参与者共同选出需要的材料，以便于找到一个集合地点，并在那里准备温馨的野餐①。

**目的**
 ◇让参与者体验远期规划的重要性

**活动类型**
 ◇感受型、创造型、活泼型

**参与者人数**
 ◇最多不超过30人

**参与者年龄**
 ◇10岁以上

**时限**
 ◇3小时

**材料**
 ◇每个小组装备
 ◇面包
 ◇香肠（如果需要的话，也可以是素的烤肠）
 ◇芥末
 ◇番茄酱
 ◇饮料

**准备工作**
 ◇选出森林里的一个地点

**室外条件**
 ◇干燥

**可持续发展教育目标**

 ◆ 对待事物的方法与能力
 ◇我能够预见性地、综合性地考虑问题。
 ◇我具备把知识运用于实践的能力。
 这里：您的参与者为了完成任务可自行选择指定的辅助物品。
 ◆ 社会能力
 ◇我可以与他人一起制订计划并处理问题。这里：您的小组将共同选择。
 ◆ 个人能力
 ◇我对我的行为负责。
 这里：您的参与者将直接感受辅助工具的选择和任务完成的成果。

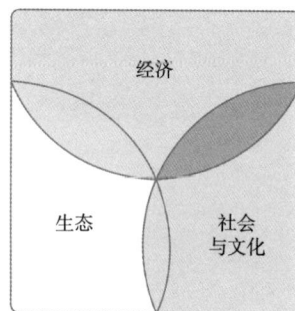

**准备**

 参与者需具备认识地图和生火的基本知识。

**活动流程**

 每4~5人组成一组（参见[>]开始 7 "谁和谁在一起？"）。
 ◆ 每个组将得到以下任务：
 ◇独自穿越森林，找到通往集合地的路。

---

① 译注：如果当地森林禁止明火，这个活动可以完全取消。

◇在集合点生起火[1]，烤香肠。

◆ 分发事先在集合点准备的东西：饮料、面包和香肠，如有需要的话，还有柴禾。

◇现在允许每个小组在不同的场地或依次选择供给的物品（参见[>]附件）。每个小组最多选择5种他们认为能够解决任务的物品。请您给小组们足够的时间去讨论。然后允许参与者带上选择的物品。

◇让各个小组行动，要么在不同地点出发，要么是按时间的先后出发。

任务一旦完成，小组就可以在他们自己生的火上进行烧烤。

## 后续工作

参与者要对小组的成功与失败以及失败原因进行总结性地反思。还有小组活动动态观察也应该作为主题。

## 活动变化方案

小组参考物品清单进行商讨他们将要带走哪些东西，在全体人员面前介绍他们的决定，并且共同讨论他们期待的结果。这个讨论会也可以在室内进行。

## 活动深入的可能性

划分大小不同的组并且加以观察，看哪一种分组方法是有利的。然后对各种成功的因素进行分析。

活动创意：乔治 · 斯波仑（Georg Sprung）/艾伯哈特 · 宝莱（Eberhard Boley）

■ 正值隆冬季节，野外生火一点也不简单！

---

① 译注：森林中有很多野菜野果资源，是在森林中生存可识别和利用的最主要食物来源。可参考《中国野菜野果的识别与利用（野果卷）》《中国野菜野果的识别与利用（野菜卷）》等相关专著。在贵州森林中，比较常见的野果有多种胡颓子（牛奶子）、悬钩子（刺泡类）、野柿、火棘（红籽）、四照花（山荔枝）、川榛、茅栗、野杨梅、葵花松、三叶木通（八月瓜）、毛葡萄、野核桃等，珍贵的野果还有贵州山核桃、喙核桃、香榧；比较常见的野菜有三脉紫菀（柴胡）、水芹菜、鸭儿芹、垂盆草、酸汤杆（虎杖）、刺老包（楤木）、清明菜（鼠麴草）、折耳根（蕺菜）、香椿、楠竹笋、方竹笋等，珍贵的野菜还有伯乐树（鸡汤树）、甜菜树（茎花山柚）、野生香菇、天麻、石斛等。

——安明态

## 提 示

■ 若是一些小组迷路了，必须要寻找他们。您必须让每个小组随身携带一部手机并且告诉您他们的号码，也可以把您的号码告诉每个小组。

■ 您要注意，活动的参与者不能随身携带那些可以帮助自己完成任务的个人物品。

■ 为了安全起见，年龄偏小的组必须要有一个成年人（最好是熟悉地形的）陪同，但是不能帮助他们选择物品，也不能帮他们完成任务。

■ 没有完成任务的小组，既不能看其他人吃饭，也不提供伙食。

■ 关于点火的有关法律规定，参见[>]全球森林5"用木柴煮东西"的提示。

## 附件

| 可供选择的物品 | | |
|---|---|---|
| 材料清单 | 用途分值（0=无用 至 5=非常有用） | |
| 防晒霜 | 0 ~ 2 | 依天气情况或者迷路时的情况而定 |
| 指南针 | 4 | 用来对照地图确定实地方向 |
| 烧烤架 | 1 | 不方便携带！建议：携带带铁扦的香肠 |
| 柴禾 | 2 | 建议：就地取材 |
| 放大镜 | 1 | 有可能作为凸透镜，建议：带火柴 |
| 登山木杖 | 0 | 在森林里可以找到木棍 |
| 叉子 | 0 | 香肠可夹在面包里吃 |
| 小刀 | 5 | 可用了烧烤架和烤肉 |
| 橡胶小熊糖 | 0 | 不利于健康 |
| 1升水 | 3 | 可在路上喝 |
| 火柴 | 5 | 用于点火 |
| 地图 | 5 | 定位用的不可缺少的 |
| 驱蚊水 | 0 ~ 2 | 可根据季节而定 |
| 手锯 | 0 ~ 3 | 可能用于准备柴禾时用 |
| 绳子 | 0 | 没有必要 |
| 盘子 | 0 | 可放夹好香肠的面包 |
| 卫生纸 | 0 | 活动出发前就可以上厕所 |
| 圆珠笔 | 0 | 不是必要的 |
| 望远镜 | 0 | 它不适合在森林里辨认方向 |
| 固体燃料 | 2 | 作为点燃火用，但不是必要的 |
| 背包 | 4 | 用来装其他的物品 |

# 森林与社会 3　聆听森林的声音

**内容**　参与者感受森林的宁静，并与日常生活联系起来。

| | |
|---|---|
| **目的**<br>◇让参与者了解宁静与噪音对身体健康的影响<br>**活动类型**<br>◇感受型<br>**参与者人数**<br>◇30人以下<br>**参与者年龄**<br>◇4岁以上 | **时限**<br>◇3小时<br>**材料**<br>◇早餐（食物，餐具，炊具）<br>◇松果①<br>◇耳麦<br>◇朗读用书<br>◇摄像器材，声音测试仪（如有需要的话）<br>◇活动所需物品指南<br>**准备工作**<br>◇选择一片森林<br>**室外条件**<br>◇无大雨，不冷 |

**可持续发展教育目标**

◆ 对待事物的方法与能力

◇我在知识获取方法方面是经过训练的，如思考、联想、试验、研究、提出问题，等等。

这里：您的参与者将运用他们平日里的森林经验。

◆ 社会能力

◇我可以与他人一起制订计划并处理问题。

这里：您的参与者将会运用他们平日里积累的森林知识。

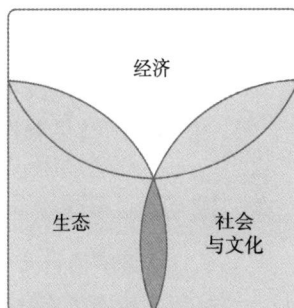

**活动流程**

◆ 请您与参与者一起进行一次穿越森林的"听觉森林散步"。从大家共同吃早餐开始，在吃早餐的过程中研究"大声和小声"吃水果和面包的声音，当大家共同咀嚼时是什么样的效果。

◆ 针对 "森林里的声音"这一综合主题，与参与者谈论在森林里的体会、期望和担忧。可以使用松果麦克风（参见[>]评估 第5组 "麦克风"）。

◆ 通过以下1个或者多个活动使听觉更灵敏：

[>]森林——生命空间 5 "偷袭猎物"，[>]树木 3 "树木电话"，[>]树木 4 "听诊树木"，[>]水 1 "雨滴游戏"，[>]激发兴趣 1 "声音地图"。

◇让参与者像印第安人一样悄悄地前行，能有多大声就要多大声地大喊。

◇让他们试用耳麦。

◇尝试着用手捂着耳朵去判断声音的方向。

---

① 译注：如果没有松树或其他树木的球果，可以用一根长约15厘米、直径约3厘米的树枝代替。

◇大家围坐或者躺在森林里，您给大家朗诵或者叙述一个关于"森林与社会"为主题的故事。

◆ 最后，参与者再次借助于松果麦克风对听觉进行反思和评价：噪音和宁静与人体舒适度的关系。

◆ 参与者应用平时在家里、幼儿园或学校所学到的知识进行讨论。也可以作为从森林回家后的课外作业：

◇音响效果在一般情况下和特殊情况下分别是什么样子的？

◇参与者对此感觉如何？

◇应该改变些什么？

◇噪音和宁静分别出现在什么时间和地点？

◇我们是否应该建立固定的宁静时间和区域？如果建立的话，静音时间应该是什么时候，静音区域应该在哪里？

◇其他措施有意义吗？

◇参与者是否同意这些建议？

### 活动变化方案

参与者可以记录在不同环境下的声音，并且进行比较。

### 活动深入的可能性

参与者可以：

◆ 详细制定不同的音量标准。

◆ 利用声音测试仪在幼儿园和森林中分别进行音量测试。

◆ 根据测试结果制作出一张幼儿园中的音量分布图。

### 提示

◆ 根据不同的天气情况可以有很多变化情况。

◆ 不要给孩子们施加压力。

◆ 参与者应该从活动中获得认识：耳朵能够帮助我们获得多方位的感官经历，能够帮助我们辨别方位并与环境取得联系，声音对于我们的生活质量具有重要的意义，降低噪音对于我们个人来说也是责任。

**参考文献：**

约翰生 H., 格莱西 J. 请安静一下. 慕尼黑, 维也纳: Carl Hanser 出版社, 2001。

陆何特 I. 鸟钟, 年度鸟. Ellermann 出版社, 2000.

Literaturhinweise

Johansen, H., Gleich, J.; Sei doch mal still. Carl Hanser Verlag, München, Wien 2001.

Lucht, I.; Die Vogel-Uhr, Das Jahr der Vögel. Ellermann Verlag 2000.

活动创意：马瑞奥·麦耶（Marion Maye）

## 森林与社会 4　森林音级测绘

**内容**　参与者测量并在地图上记录声音。

| | |
|---|---|
| **目的**<br>◇参与者思考噪音对人类和环境产生的影响<br>**活动类型**<br>◇调研型<br>**参与者人数**<br>◇30人以下<br>**参与者年龄**<br>◇12岁以上 | **时限**<br>◇3小时<br>**材料**<br>◇地图（专为此活动绘制）<br>◇声音测量仪<br>◇GPS导航仪<br>◇蜡笔<br>◇写字垫板<br>**准备工作**<br>◇选择一片森林<br>**天气情况**<br>◇无雨 |

**可持续发展教育目标**

◆ 对待事物的方法与能力

◇我在知识获取方法方面是经过训练的，如思考、联想、试验、研究、提出问题，等等。

这里：您的参与者将用先进的测量工具对环境进行探测。

◆ 社会能力

◇我可以与他人一起制订计划并处理问题。

这里：您的参与者将要在做环境研究的地带自己组织活动，介绍测试的结果，相互交换并加以评价。

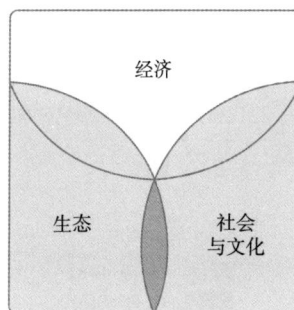

经济

生态

社会与文化

**准备**

◆ 在测试活动中，参与者应该能够使用地图。

◆ 如果参与者具备声学的基本常识的话，将对于实践活动会有很大的帮助。

**活动流程**

◆ 您要介绍测量仪器的使用方法。

◆ 把参与者分成若干小组（参见[>]开始7"谁和谁在一起？"）。

◆ 您要分配给每个小组一个探测的地带，并给出各小组们汇合的明确的时间（如1个小时以后）和地点。要求每个小组针对回答以下问题写出一份科学报告。

◇测量到的最低的/最高的测量值是多少？在哪里测量到的？

◇在那里什么样的噪音占主导地位？

◇对小组来说5个最重要的认识是什么？

◇得出哪些结论（至少3个）?
◆ 现在各小组自己组织工作。
◇谁负责辨认方向?
◇ 谁看管和操作哪个设备?
◇ 谁给测试到的声音分类?
◇不同的声音用什么符号表示?
◇谁来登记测量结果?
◇谁来负责注意时间计划?
◆ 各小组要在再次集合时的全体会议中介绍他们的测量结果和结论并就地讨论。

（活动变化方案）

14岁以上的参与者可以用参加"探索者论坛"来代替这个会议：这样就要形成新的小组，新的小组成员都由原来的每个小组选派一名作为小组代表，对小组的测试结果进行汇报。

**提示**

◆ 测试报告应该展示在海报上或者至少把结论写在适当的卡片上。
◆ 好品质高价值的声音测试仪通常价格不低于300欧元。
◆ 这个地图的式样（如"噪音分布图"）可以在下列网站中找到，www.bis.bayernde/bis/clientdate/laermstart.html.（详见以下示例）。

巴伐利亚州噪音污染分组分布图

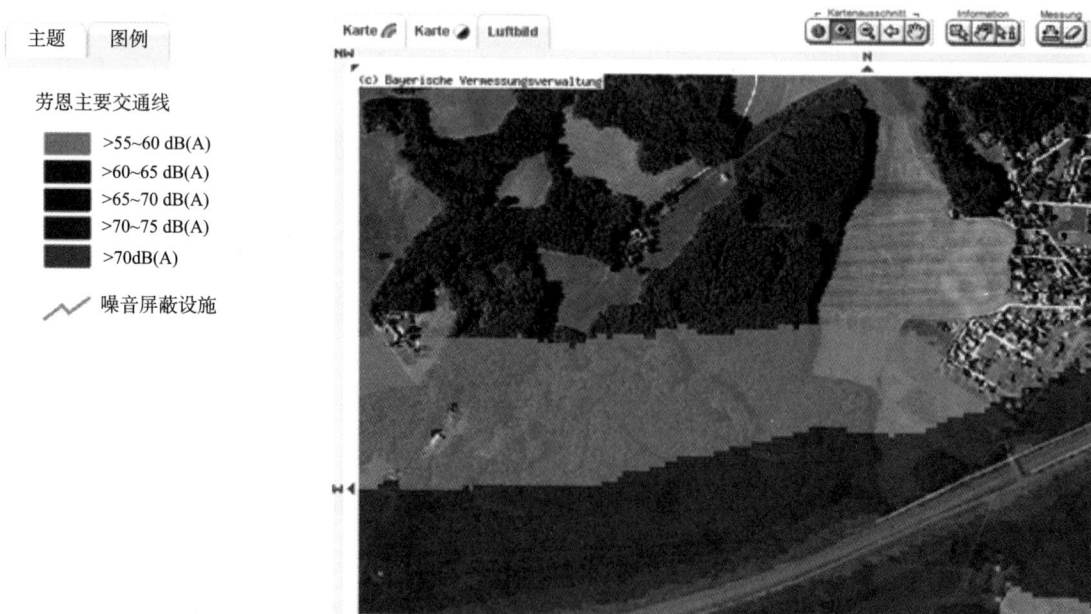

◆ 巴伐利亚州州噪音污染分级分布图（www.geodaten.bayern.de）

这个图用噪音负荷图的形式显示了在 Schöeffelding 的 A96 号高速公路。图中只考虑到了噪音屏蔽墙的降噪作用，而不 是森林。森林的降噪作用因不同季节中树叶大小不同而不同。在土地总览中选出您的位置，点击"空中摄影"并且点击噪音图"主要道路"。比例尺1：8000。

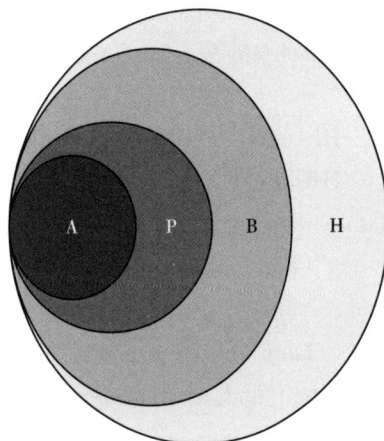

## 活动深入的可能性

◆　测量在城市和学校中的噪音。

◆　噪音与压力作为主题图。

讨论关于应该履行的道德责任："我"与我的同伴以及自然界其他生物之间（参见[>]参考文献）。

环境伦理中不同的投入，就会有不同的收获，每一种自然生物和自然物体都有其针对其他生命和物体的自身价值。这个责任分类可以通过责任圈图直观地展示出来，这个图突出了在中间区域的人类及其越来越大的人类责任（参见插图）。

◇人本主义(A)——仅以人为标准

◇病理主义(P)——对疼痛有忍受能力的动物

◇生物主义(B)——所有生物

◇整体主义(H)——有生命的，无生命的，整体系统（如生物群落）和集体（如物种）。

## 附加信息

显著的声音级别极限值位于

0dB(A)：人类耳朵的听觉域

60dB(A)：在睡眠中压力反应

90dB(A)：长时间作用下的听力伤害表现

130dB(A)：人类耳朵的疼痛界限

150dB(A)：大约1秒钟内将导致内耳不可挽回的伤害www.bzga.de/bzga_stat/lug/kap2/a1.html.

## 参考文献

◆　选自发表在《教师杂志》上的内容：

施蒂梵 H. 噪音——我们时间上的问题. 校刊5-10, 75（1）29-34页, 2007.

费赖德里西 W. 如何断定噪音污染. 今日地理26, 231/232, 45-47页, 2007.

赫斯勒 C., 路德 A. 自然科学课上的生物伦理学——一篇问题概论, 2004.

赫斯勒 C., 赫特克 D., 克尔西 E. 关于自然科学中大自然的教与学. 霍恩盖仁: 施耐德出版社, 23-24页, 2004.

"噪音与健康"的课堂资料. 德国联邦健康宣传中心（BZgA）. www.bzga.de/bzga-stat/lug/inhalt.html.

"噪音与噪音保护"课堂教学材料. www.bmu.de/publikationen/bildungsservice/gesundheit_und_umwelt/ laermschutz/doc/35734.php；www.bmu.de/files/bildungsservice/application/pdf/laerm_wann_genug.pdf.

◆　涉及"道德责任"范围, 参见：

赫斯勒 C., 路德 A. 自然科学课上的生物伦理学——一篇问题概论. 见: 赫斯勒 C. 赫特克 D., 克尔西 E. 关于自然科学中大自然的教与学. 霍恩盖仁. 施耐德出版社, 23-43页, 2004.

### Literaturhinweise

◆　A usgewählte Veröffentlichungen in Lehrerzeitschriften:

Stephan, H.; Lärm. Ein Problem unserer Zeit. Schulmagazin 5 bis 10, 75(1), S. 29–34, 2007.

Fraedrich, W.; Wie ermittelt man die Lärmbelastung? Geographie heute, 26, 231 / 232, S. 45–47, 2007.

Hössle, C., Lude, A.; Bioethik im naturwissenschaftlichen Unterricht–ein Problemaufriss. 2004.

Hössle, C., Höttecke, D., Kircher, E. (Hrsg.); Lehren und Lernen über die Natur der Naturwissenschaften. Schneider Verlag, Hohengehren, S. 23–43, 2004.

"Lärm und Gesundheit". Unterrichtsmaterialien der BZgA; www.bzga.de / bzga-stat / lug/inhalt.html

"Lärm und Lärmschutz". Unterrichtseinheit des BMU:www.bmu.de/publikationen/bildungsservice/gesundheit_und_umwelt/laermschutz/doc/35734.php.www.bmu.de/files/bildungsservice/application/pdf/laerm_wann_genug.pdf.

◆　Ethische Verantwortungskreise, siehe z. B. in:

◆　Hössle, C. Lude, A.; Bioethik im naturwissenschaftlichen Unterricht–ein Problemaufriss. In: Hössle, C., Höttecke, D., Kircher, E. (Hrsg.); Lehren und Lernen über die Natur der Naturwissenschaften. Schneider Verlag, Hohengehren, Baltmannsweiler, S. 23–43, 2004.

创意及作者：阿尔敏·路德（Armin Lude）

# 森林与社会 5　森林会议

**内容**　参与者以角色扮演的方式，从不同角度讨论并理解对森林的不同需求[①]。

| 目的 | 时限 |
| --- | --- |
| ◇让参与者了解对森林的不同需求；<br>◇建立并代表一种观点；<br>◇区别于其他人对森林的需求观点；<br>◇学习辩论，衡量和决定 | ◇3~4小时 |
| **活动类型** | **材料**<br>◇地图<br>◇写字垫板，纸，笔<br>◇安排座位（有可能的话使用树干或树墩） |
| ◇知识型 | **准备工作**<br>◇选择出一个含有尽可能多的群落生境种类的森林区域（大约50米×50米到100米×100米）<br>◇设定一个任务或活动环境（例如：道路建设，滑雪道，工业区，住宅区）<br>◇给每人提供一份地图（如：TK25/林业企业地图、森林功能地图、自然2000经营管理计划地图） |
| **参与者人数** | |
| ◇10~30人 | |
| **参与者年龄** | |
| ◇14岁以上 | **室外条件**<br>◇无雨雪，温暖 |

---

① 译注：这项活动应与当地的地方决策流程配套，并设置恰当的利益相关者。

## 可持续发展教育目标

◆　对待事物的方法与能力

◇我能够预见性地、综合性地考虑问题。

◇我能够将知识转化为实践。

这里：您的参与者在决定的过程中学会知识转化。

◇我很清楚，跨学科的合作是非常有价值的，并且也是很困难的。

这里：在角色扮演的活动中，参与者学习经济、生态以及社会的可持续性综合体。

◆　社会能力

◇我可以与他人一起制订计划并处理问题。

这里：您的参与者尝试尊重团队中共同以及不同的观点，以达到合理和平衡的决策目标。

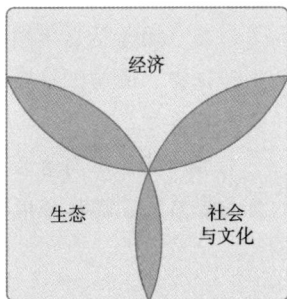

## 准备

该活动需要参与者识图。

## 活动流程

◆　首先您与参与者共同了解这一片林地。

◆　讲述活动框架范围：

◇在某一林地中要建设工程。在下一次乡镇或县议会上将进行与项目有关的咨询讨论并做出决定，在此之前，必须从专家那里搜集足够的信息以证明项目建设及其后果并且能够在会议上介绍。地方议会本身也能够随时提供明确的项目计划方案，并且采纳专家的意见，市长及代表议会中大多数团体领导人支持本计划。

◆　给参与者划分团体以及角色：

◇一个市长

◇最大团体A（至少比第二大团体多1个人）

◇第二大团体B

◇其他团体（小团体）C

◇计划团队

◇组成一支有经验的团队，团队由基层的林业部门、基层的自然保护部门、水利资源局、道路工程局组成——根据团队需要而定。观察者其人数与团队人数相匹配。他们的任务是记录小组的工作，并且与小组成员进行交流。

◆　阶段一：借助地图资料熟悉林分地形地貌，为开始做准备工作。

◆　阶段二：收集信息和证据。

◆　阶段三：使小组内部立场一致，把他们的结果绘制在图纸上，准备好观点以备讨论。

◆　阶段四：市长根据以下程序召开地方性议会：致辞—介绍专家小组共同工作结果—讨论所得到的信息以及质询—集团内协商—结束陈词（通过一个发言者）—表决。

◆　阶段五：观察者要对小组的工作给出反馈意见。

◆　阶段六：现在所有参与者都将得到一个机会，即在会议中分享他们在团队工作中的经历。

---

**提 示**

■ 由于地区不同，起始状态具体情况也不同。该活动不包括我们预先设定的活动场景、观点和证据。请您根据实际情况编制活动内容。参与者对角色扮演会产生浓厚的兴趣，他们更觉得具有真实性。

■ 建议参与者在课堂上学习地图学，尽量给老师提供将要真正地进入森林的地图，以便让参与者熟悉了解林分情况。

---

**活动变化方案**

建立一个强烈反对该项目的公民倡议。

**活动深入的可能性**

和您的参与者一起去旁听一个真正的地方性议会。

创意及作者：阿尔冯思 · 莱藤巴赫尔（Alfons Leitenbacher）

# 森林与社会 6　森林形象艺术

**内容**　参与者塑造一个主题为"与森林交往"的艺术品。

| 目的 | 时限 |
|---|---|
| ◇让参与者描述自己的观点并对其他人的观点做出反应 | ◇3小时 |
| 活动类型 | 材料 |
| ◇创造型 | ◇绳子等工具 |
| 参与者人数 | 准备工作 |
| ◇30人以下 | ◇— |
| 参与者年龄 | 室外条件 |
| ◇6岁以上 | ◇无大雨 |

**可持续发展教育目标**

◆ 社会能力

◇ 我可以与他人一起制订计划并处理问题。这里：您的参与者将阐述并修改他的作品。

◆ 个人能力

◇我知道自己的理想，也能理解他人的理想。

这里：参与者要对完成的艺术品和利用的形式进行讨论。

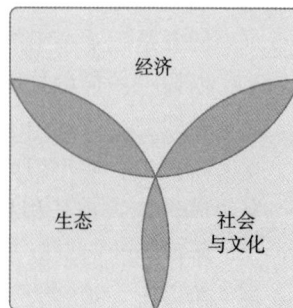
经济
生态
社会与文化

### 活动流程

◆ 每3～5人成立一个小组。

◆ 给参与者以下任务：

◇你们是制作"森林形象艺术——我们与森林的交往"为主题的艺术品的艺术家团队。

◇您要预先设定一个具体的完成这个艺术品的时间（如50分钟）。

◇让参与者搜集自然材料，可能的话您也准备额外的材料。

◇举办一个"艺术品展览会"，在那里做好的艺术品将被展出。

◇让每个艺术品都通过其他小组解说并由您来询问：这些艺术品的作用，欣赏艺术品时候的感觉，这些艺术品包涵森林的含义，艺术品中人类的角色，艺术家们设想的目的。

◇让每个艺术家小组讲述：灵感的来源，艺术品的思想内容和名字，对于其他小组的解说发表自己的意见，对结果的满意程度。

◇最后和参与者讨论：对森林的不同感觉，不同的想象和经验，来自媒体的外国的森林形态，可能的利用形式和效果，和推测的没有人为因素影响的森林外貌。

◇在讨论的最后总结出根本的认识。

### 活动变化方案

在任何天气情况下都可以在室内制作剪贴画。

◆ 让参与者创作报纸文章和宣传广告以便在艺术展览会上展示。

◆ 让参与者运用摄像机，投影仪和电脑软件剪辑制作一份电视作品。

◆ 参与者以小组形式通过雕塑的方式，把被不同方式利用的森林的图像再次调整：一个参与者充当雕塑家并安排其余的参与者去雕塑（参见[>]结束6"森林图像"）。

### 活动深入的可能性

◆ 和参与者谈论一些以人类与自然关系为主题的艺术家和他们的艺术作品。

◆ 参与者可以在互联网上对那些以人类与自然关系为主题的艺术品进行调查研究。

### 参考文献

大地艺术画册：

高尔德沃特 A. 安迪 · 高尔德沃特. 法兰克福（美茵河畔）：二零零一出版社, 2001.

高尔德沃特 A. 木材. 法兰克福（美茵河畔）：二零一一出版社, 1996.

大地艺术国际网页: http://www.landart.de.

**Literaturhinweise**

Bildbände zu Land Art

Goldsworthy, A.; Andy Goldsworthy. Zweitausendeins Verlag, Frankfurt am Main, 2001.

Goldsworthy, A.; Holz. Zweitausendeins Verlag, Frankfurt am Main, 1996.

Internetlink zu Land Art: www.landart.de

创意及作者：阿明 · 路德（Armin Lude）

# 森林与社会 7 （幻想）树木——生命空间

**内容** 参与者讨论不同生物对树木的利用需求。

| 目的 | 时限 |
|---|---|
| ◇在一个幻想的旅行中参与者评价有道德地利用树木并对讨论中出现的冲突寻求解决办法 | ◇2小时 |
| **活动类型** | **材料** |
| ◇冥想型 | ◇幻想旅行的文章 |
| | ◇可能的话，被子和绝缘垫子 |
| **参与者人数** | ◇小卡片，笔 |
| ◇30人以下 | **准备工作** |
| **参与者年龄** | ◇找一棵最大的树 |
| ◇8岁以上 | **室外条件** |
| | ◇温暖，无雨 |

**可持续发展教育目标**

◆ 对待事物的方法与能力

◇我在知识获取方法方面是经过训练的，如思考、联想、试验、研究、提出问题，等等。

这里：参与者将通过角色扮演对生物和树木利用进行探索。

◆ 社会能力

◇我能够与其他人一起争取公平、公正的裁决。

这里：参与者将用不同的观点进行讨论并找到一个最终的答案。

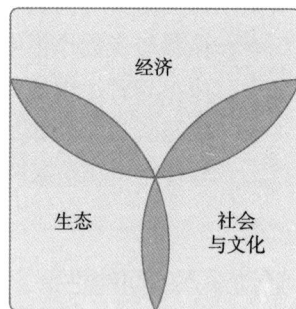

（右图）经济／生态／社会与文化

**活动流程**

◆ 参与者将在一个有特色的大树底下舒适地开展活动，有可能的话，可以躺在树下。

◆ 要求每个参与者将自己想象成某个人或某种动物，并介绍那个人或动物的信息。确切地说，他更愿意变为那个人或者动物或者从他们身上找到乐趣。

◆ 让参与者都闭上眼睛，你来慢慢地、轻声地朗读这篇幻想旅行的文章（参见[>]附件）。

◆ 之后所有人重新回来并且请他们描述他们在想象中已经把自己变成了什么人或者什么动物，他们在旅行中都经历了些什么。这些都由您来主持，可用松果作为麦克风（参见[>]评估 第5组 "麦克风"）。

◆ 要求参与者对此进行思考，他们所想象的动物和人对于在幻想旅行中参观的大树有什么利用需求。此外，每个人将得到一张小卡片和笔，以便记录下他的观点。

◆ 在紧接着的一轮讨论中，参与者应当相互介绍出他总结的利用需求。

◆ 同时将出现冲突，并且对这些冲突应进行讨论，以便寻求建设性的解决办法，并尽可能公正地处理所有提出的要求。

## 提示

■ 建议参与者在幻想旅行之前要调动一下情绪。例如，用：

[>]开始 4 "我的森林珍宝"

[>]树木 1 "镜像森林"

[>]树木 19 "我们是一棵树"

[>]树木 20 "邂逅树木"

■ 要求参与者理解森林对他们及其他生命的重要性，并且能够理解，森林的存在并不只是疗养的空间和提供树木材料而满足人类的需求，因此不能够被无限制地利用。

■ 年龄小的参与者还不能在讨论中熟练地进行有建设性的评论，但是必须达到一个让他们将来经常回想的效果。不是对其他参与者进行个人批评，而仅仅只针对他人的建议，这样就会避免争吵。参与者要在准备阶段自行了解谈论的规则。

### 活动深入的可能性

为了加深与树木的情感联系，参与者可以收集些树木种子（手头上有的），将它们种在教室的花盆里，长成小树苗后可以拿回家或者栽在学校里或者森林里（需与森林业主商定）。（参见[>]森林——工作场所 3 "新树木需要这块土地"）。

创意及作者：阿明·路德（Armin Lude）等

## 附件 关于幻想旅行的文章

你让自己感觉舒适……

有意识地触摸自己的身体……

手与胳膊都很沉重……

你的脖子与肩膀很沉重……

你的脚和腿也都很沉重……

你的全身非常温暖并且舒服……

呼吸平静而均匀……

面部完全的自然和放松……

你的头部空闲而且很轻……


只是想象，

一个阳光明媚的春天……

你身处森林的中央……

四处走动并享受着这里的宁静……

什么都听不到，没有汽车，没有人……

只有林中沙沙的风吹声……

突然在你身上发生了……
你的身体开始发生了改变……
感到全身瘙痒……
身上的一切似乎在改变……
你还能回想起你选出的人或者动物吗？
你现在变成了他的模样，往下观察，你的身体发生了什么样的改变……

你现在有了新的形象，看起来什么样子？……
你感觉新的形象怎么样……
你仰望自己全新的形象……
附近有棵古老的橡树，你开始前往……
哪里是你最爱的地方？你坐在那里
你鼻子里的气味——是你信赖并且舒适的味道。
向上望去……

树冠之间透着一片天空
阳光射穿了茂密的树枝……
光斑围着地面轻快地舞动着……

你喜欢这棵树吗？
你决定还要逗留一会儿……
你很高兴有这棵大树在，因为你需要它……
对于你来说他有什么样的意义？……
你还要在这棵古老的大树这里逗留……
倾听他的轻轻的沙沙声和低语……
感谢这棵树这里的一切，他为你做的一切……
你要动身启程并对他承诺，还会再来。

慢慢的时间回来了……
现在把你的注意力转回这里……
做深呼吸……
你的形象外表变了回来……
感觉到你的手指并慢慢地移动……
感觉到了你的双手与双腿……
像猫一样舒展自己的身体……
拉紧全身所有的肌肉并感到体内的力量与能量……

我开始从5到0慢慢地数。
到0的时候你可以睁开你的双眼。
你将精神焕发，头脑清醒，有舒适而美妙的感觉。
5-4-3-2-1——0

# 森林与社会 8 森林——我们社会的镜子？

**内容** 参与者将森林群落与人类社会进行比较。

| 目的 | 时限 |
|---|---|
| ◇让参与者从不同寻常的角度讨论社会问题 | ◇2小时 |
| | 材料 |
| **活动类型** | ◇用来做记录用的文具 |
| ◇知识型、创造型 | **准备工作** |
| **参与者人数** | ◇选出一个能够提供多种功能的森林区域 |
| ◇30人以下 | **室外条件** |
| **参与者年龄** | ◇— |
| ◇14岁以上 | |

## 可持续发展教育目标

◆ 对待事物的方法与能力

◇我很清楚，跨学科的合作是非常有价值的，并且也是很困难的。这里：以森林为联想的基础，参与者反思社会问题。

◆ 社会能力

◇我可以与他人一起制订计划并处理问题。

这里：参与者将共同举办一个展示性的演说会。

◆ 个人能力

◇我知道我要做什么并且要承担什么样的责任。

这里：参与者在展示中都持有自己的意见并且进行讨论。

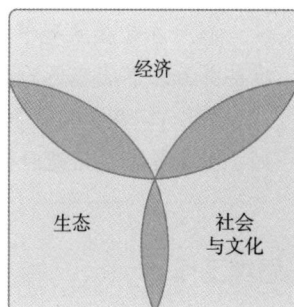

## 准备

尽可能让参与者掌握一些林业经济、森林建设和树木种类等方面的基础知识。

## 活动流程

◆ 参与者最多被分为6个小组，每个小组3~5人（参见[>]开始 7 "谁和谁在一起？"），要求他们开展把森林群落当成人类社会的活动，每个小组在全体会议之前把它作为主题并且表演，例如，用角色扮演、哑剧、小品的形式来阐明。最后在全体会议中讨论。此外每个参与者要接受一部分任务——在简短报告、表演中以下列为主题：混交林/纯林，老树林，间伐林，外来树木种类，小树，被破坏的树/病树/衰弱的树，死树，灾害，最早的树，等等。

◆ 您要举个例子（参见[>]例子 "年龄结构"）。

◆ 确定好活动地点，并确定一个确切的时间（如20分钟后），小组在那里集合。

◆ 在准备阶段您要在各个小组中走动，了解他们准备的情况，如果有必要的话帮助他们。

◆ 各小组再次汇合后，每个小组都要轮流用具体的表演展示各自的森林群落。您可作为讨论的主持人加以支持和帮助。

**活动深入的可能性**

◆ 引导继续进行讨论。

◆ 要求参与者制作一张拼贴画。

---

**提 示**

■ 公开举行讨论，用以下的问题开展：

◇我们是否能够对这森林的情况与人类社会进行比照对比？

◇认识你们的生活并查找可与森林进行比照的地方。

◇森林这儿的情况能得到改变吗？

◇我们能受到怎样的影响？

◇社会的观点需要改变吗？

◇你什么地方受到怎样的影响？

■ 不要产生这样的印象：大自然中有效的机制是自然规律，人类社会已经遵循了它。这些作为生物主义表现出的世界观，过去（法西斯主义）或者现在都在政治辩论中多次被滥用。应该仔细地、负责任地把森林与社会进行比较，它将改变观点并帮助你得到新的认识。

■ 观察的不是纯粹的大自然，而是一个被人们所塑造的森林。

■ 在某些主题中，可能会发生一些在讨论中变得情绪化的甚至难堪的状况。对此您要有所准备并且在不能容忍的时候随时介入，实施掌控。

■ [>]树木 1 "镜像森林"可以作为引导这一主题（森林——我们社会的镜子？）的开始，并准备转换话题时使用，也可以作为结束引导的最后一个活动。

---

**后续工作**

请事先给出参与者一个关于社会的主题，让他们在森林中寻找一个与该主题相称的情景图画或象征性标志。

**活动深入的可能性**

◆ 为了更进一步思考和讨论，活动结束时可以在森林里散步。

◆ 您可以以举例的方式与参与者分享一个社会学家、心理学家、政治家和生物学家的观点。然后，把他们作为林业领域和社会领域的代表。

## 附件 例子"年龄结构"（可用于示范）

"我落了下来，在地上发现有很多的植物幼苗——小树，通过大树上的种子坠落在地上成长和生活——就像我们人类一样——男女老少都在一块儿。

我发现一个不同点：年幼的小树们多得不计其数，而老树则明显要少得多。我们人类社会刚刚相反：老年人的数量是持续升高的，而新出生的幼儿却越来越少。——此时头脑中建立起'年龄金字塔'。

对此我们现在要做一个小练习：三个人走到一起。

我们仿建一个在森林中遇到的年龄金字塔。当两个成人把一个孩子带到中间时，我们注意到，这是一个非常稳定的结构。

　　现在我们调整到未来社会的情形：一个'从业者'要负担两个'退休者'。你们会发现，这是一个巨大的负担，并且我们的社会将面临严峻的考验。

　　对此，谁有什么想说的吗？……"

# 森林与社会 9　狐狸在超市里做什么？

**内容**　参与者领会到动物和人类的生存空间看起来是怎样的。

目的
　　◇让参与者敏感地体会不同的需求
　　◇让他们分别深入了解空间/环境的含义，空间/环境与个人的关系
　　◇让参与者将空间作为资源和生存世界来理解
活动类型
　　◇调研型
参与者人数
　　◇30人以下
参与者年龄
　　◇8岁以上，仅限学校班级，要求提前准备

时限
　　◇3小时
材料
　　◇书写工具：纸，笔
　　◇森林区域的地图
　　◇放大镜
　　◇标记绳带
　　◇[>]森林——生命空间2"动物踪迹"附件2
　　◇如有必要，准备判断动物足迹的书籍
准备工作
　　◇和老师共同制订计划
　　◇选择一片结构多样化的林区——如有可能寻找一个"狐狸窝"
　　◇寻找并搜集些不同的足迹作为例子
室外条件
　　◇干燥，也可在室内

**可持续发展教育目标**

◆　对待事物的方法与能力
◇我在知识获取方法方面是经过训练的，如思考、联想、试验、研究、提出问题，等等。
这里：您的参与者将与活生生的野生动物面对面，并与他们所学的生物学联系起来。

◆　社会能力
◇我可以与他人一起制订计划并处理问题。
这里：参与者将准备一个报告并向大家汇报。

◆　个人能力
◇我会对自己的行为负责并顾及到大自然和其他人。这里：参与者要明白并省醒自己的示范作用。

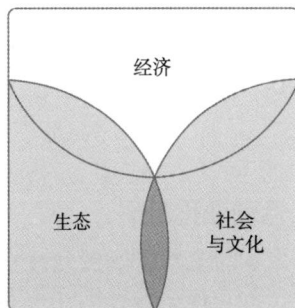

**准备**

◆ 您通过老师让学生把他们自己在某个地方某个时间的活动行为制作成简图——例如，在校园或者家里。

◆ 让他们相互介绍自己画的简图。

◆ 结果将被讨论。参与者将收集知识并提问。

**活动流程**

◆ 首先让参与者对准备好的结果进行报告：

◇参与者在他们自己的"领域"发现了什么？（在某个地方、某个时间的行为，哪些地方对哪些需求来说是有必要的？在不同的地方都有哪些经历……）

◇出现了什么问题？

◇关于空间需求的讨论还有：我们还需要什么质量的空间？（旅行–文化方面的空间需求，社会方面的空间需求，生态方面的空间需求……）

◆ 您给参与者解释，并要求各小组在其领地中寻找动物。为此，参与者应该搜寻动物的痕迹，并把找到动物痕迹的地点标注在地图上。

◇请您用示例说明，什么样的动物会有什么样的痕迹（足迹、窝穴、取食痕迹、粪便、属于动物身上的部分东西），并且建议小组以寻找动物痕迹"专家"的形式再分组寻找。

◇您要约定好规则：哪些允许触摸，哪些不可以？哪些应该采集？

◆ 现在开始分组（参见[>]开始 7 "谁和谁在一起？"）并且分发工作材料。

◆ 您要给小组

◇20分钟时间查找线索（"专家"收集痕迹并在地图上标注地点）。

◇另外20分钟，小组工作（共同带回发现物，图注发现地点，尽可能地鉴定动物类型，准备演示报告）。

◆ 分配给每个小组一片森林。

◆ 每个小组有15分钟时间用来展示他们的结果。

◆ 您与参与者举例谈论各个动物在空间和时间上的行为活动（生活空间，生活方式，过冬，和其他动物的交互作用，在生态系统中的功能……）。也要把参与者们的生存需求联系在一起（例如，动物怎么吃饭，动物们都有个家吗？它们也搬家吗？松鼠认识它的"外婆"吗？）。

◆ 在最后的讨论中，您要将主题定位在人类与动物在需求和生存方式上的共同点和不同点。

**活动变化方案**

◆ 参与者继续叙述在森林里证实的和谈论的动物种类。

◆ 您要对它们在空间、时间和行为习惯方面的例子进行调查研究（可通过互联网）。

◆ 参与者要把结果与他们的"画线区域——速写图"进行对照。

## 后续工作

◆　开始变化：编制并讲述一个故事的开始（狐狸在超市里做什么？）。参与者续写该故事，并给大家大声朗读。

◆　从故事的不同方面，搜集并提问关于动物生存空间的问题。这些收集到的问题将转化成为当日活动的"研究任务"。

---

### 提 示

■　提供一个美好的开始（参见[>]森林——生命空间 1 "动物谜语"，[>]森林——生命空间 3 "隐藏—发现"，[>]树木 1 "镜像森林"）。

■　作为最后结束的活动适用于[>]森林——生命空间 7 "冬天里的小松鼠"。

■　主题"领域"提供了这种可能：探讨动物生存空间相互联系的复杂性以及敏感性，并且了解人为因素是如何影响不同动物种群变化的。

■　"文明−自然"这一紧张对峙的领域应该按照其各自的生命世界（如森林动物）来批判性地反思。

■　有关的专业书籍中动物"领域"方面的资料不多。少数动物（獾，猞猁，鹰科）的资料可以在互联网上找到。

■　德国环境与自然保护联盟（BUND）的野猫计划可能被纳入生存空间和动物多样性的主题中。

---

## 活动深入的可能性

您和小组成员们共同在森林里过夜。

## 参考文献

www.bund−walde−frankenberg.de/pages/wildkafzenprojekt.php.

创意及作者：马瑞奥 · 麦依尔（Marion Mayer）

# 森林与社会 10 环境研究与环境教育

**内容** 参与者了解环境研究、环境建设和裁决的范围与力度。

**目的**

◇让参与者领会环境研究和环境建设的范围与力度，举行一个讨论会，共同找到一个折衷点

**活动类型**

◇知识型

**参与者人数**

◇21人以下

**参与者年龄**

◇12岁以上

**时限**

◇2小时

**材料**

◇3个图钉板

◇挂在图钉板上用来写字的纸

◇笔

◇小卡片

◇用来裁图的杂志

◇参见[>]附件 角色描述

**准备工作**

◇复印关于角色描述的材料

**室外条件**

◇室内也可以

## 可持续发展教育目标

◆ 对待事物的方法与能力

◇我有应用专业及方法的能力，并知道专业知识的界限范围。

这里：您的参与者将认识到，沟通研究结果的重要性。

◆ 社会能力

◇我可以与他人一起制订计划并处理问题。这里：参与者要在小组中思考策略。

◆ 个人能力

◇我知道我想要做什么，并且能够为之负责。这里：参与者要为自己的观点进行辩护。

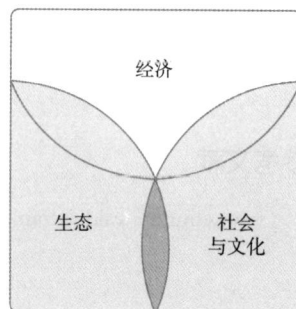

经济

生态

社会与文化

## 活动流程

您给参与者描述下列情况：

◆ （国会）财政预算委员会要给环境领域调拨10万欧元，一个环境研究小组为了研究森林与气候的相互关系，需要这笔钱用来建立研究设施。然而，一个环境建设小组为了沟通不同群体间的环境问题和推动大众在环境认识上的提高，也需要这笔钱。介绍接下来的活动流程。

◆ 您把参与者们分成3个小组，即"国会财政预算委员会""环境研究小组""环境建设小组"。给每个小组描述他们的角色（准备工作中复印的角色描述），让他们为自己小组工作。"研究者"和"建设者"要思考需要这笔钱的论据，并且准备一个有说服力的自己情况的介绍。在这过程中"财政预算委员会"要考虑经费分配的标准并准备对这个标

准展开演说。（30分钟）

◆ "财政预算委员会"召开会议。"研究者"和"建设者"在"财政预算委员会"面前展示他们的观点。"财政预算委员会"开展关于每一个展示的观点的质询（如有必要），每个小组最后有10分钟的时间阐述相关的观点。（20分钟）

◆ "研究者"与"建设者"之间的辩论/讨论要公开，并由"财政预算委员会"主持。（20分钟）

◆ "财政预算委员会"退回到商议阶段，以便做出决定。期间，"研究者"与"建设者"有可能找到一个融洽的解决办法。（10分钟）

◆ "财政预算委员会"表明他的标准并宣告他的决定，此后，询问是否找到了非常融洽的解决办法，如果找到了，就应该进行讨论"财政预算委员会"的决定是否有效。（10分钟）

◆ 给参与者们最后的机会分享从活动中得到的经验。对决策的经历、阐述的方法以及讨论的过程，等等都要进行讨论和评价。（20分钟）

### 活动深入的可能性

活动之前或者活动之后，和参与者一起参观一个森林气象站。

---

**提 示**

◆ 向参与者指出讨论规则，参见[>]森林与社会 11 "保留原野，还是开发利用"的附件或者让他们自己制订规则。

◆ 让每个在12～16岁的参与者组成的团队里的"专家"（林业工作者、老师）作为顾问为他们提供建议。您要向他们说明，当他们缺乏为了做决定而必要的专业知识的时候，"专家"也可以提供建议和解释。

---

## 附件　角色描述

### 研究者

◆ 你们的目标是研究森林与社会是如何相互影响的，由于不断逼近的气候变化，你们没有时间去等待。现在你们有可能在这儿的森林里建造一个研究机构。你们特别要考查：

◇降水量有多少？缺少哪些材料？当前进程中的数值变化了吗？

◇温度走向怎样？产生的最高值、最低值和平均值是怎么样的？

◇森林的生长怎样依赖降水量与温度？

◇显示给你们额外的重要数值或者过程。

必要的测试设备的耗费会不止10万欧元，因此你们至少要能有一个最基本的设备开始测试工作。你们对于研究的重要性和紧迫性是深信不疑的，并且对此有很多贴切的理由。要用贴切的论据和活泼生动的演说来阐述你们的观点。

### 建设者

◆ 由于现在坏的天气变化，你们对于树木的健康状态和地下水的质量非常地担忧。因此，最后要做出些改变，必须要把问题告知给居民并且把他们带来，让他们知道，要改变行为习惯并要替环境说话。对此，你们要：

◇在媒体的帮助下通知广大居民。

◇走进确定的学校里。

◇制作些供人了解信息的设施。

◇举行一些报告会、讨论会和集会。

◇贯彻执行进一步的措施（你们额外想起的措施）。

◆ 假设你们为了实施所有计划的措施，需要的资金远远多于10万欧元。因此，为了至少能够实施一个计划，你们要用贴切的论据和活泼生动的演说来阐述你们的观点。

### （国会）财政预算委员会

你们很欣慰，毕竟有10万欧元可以用于环境保护事业。因此你们必须要长时间地磋商。你们清楚，这笔钱对于研究者来说是不够的，对于建设者来说同样如此。你们要做出一个恰当的决定，在此之前，要先仔细听取所有的论据从而找到一个所有人都能够接受的裁决的标准。

## 森林与社会 11　保留原野，还是开发利用？

**内容** 参与者对森林的利用进行辩论。

| 目的 | 时限 |
|---|---|
| ◇参与者学习如何客观地展示自己的观点 | ◇约1小时 |
| 活动类型 | 材料 |
| ◇知识型 | ◇辩论规则（参见[>]附件） |
| | ◇辩论材料 |
| 参与者人数 | 准备工作 |
| ◇30人以下 | ◇材料的复印件 |
| 参与者年龄 | 室外条件 |
| ◇14岁以上 | ◇室内即可 |

**可持续发展教育目标**

◆ 对待事物的方法与能力

◇我在知识获取方法方面是经过训练的，如思考、联想、试验、研究、提出问题，等等。

这里：您的参与者针对辩论目标将确切地分析运用材料。

◆ 社会能力

◇我可以不动用武力来解决矛盾。这里：参与者要练习讨论规则。

◆ 个人能力

◇我知道我要的是什么并且能够对此负责。

这里：参与者在辩论过程中坚持一个坚定的立场。

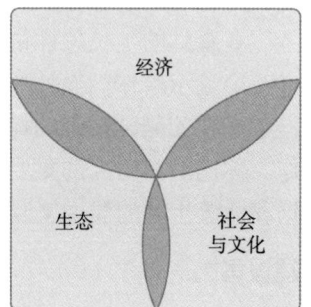

## 准备

参与者需要良好的经济与生态相关联的基础知识。

## 活动流程

◆ 建立两个人数相同的小组（参见[>]开始 7 "谁和谁在一起？"）。

◆ 给每个小组辩论的规则（材料中已准备），和有各种解释说明的材料。您要详细解释辩论规则，辩论的题目为"反对利用荒地"。同时，参与者要决定他们是否要身处森林，决定保留自然状态或者是继续利用它们做些木产品。他们要思考自己的论据，观点的分配（荒地/利用）要通过抓阄来进行。这样做的好处是会让参与者知道怎么持相反的意见进行辩论。

◆ 最后给每个小组20分钟时间，让他们商讨，收集论据并选一名发言者。

◆ 20分钟之后辩论要根据规则进行，由您来主持并且注意遵循限制的时间。

◆ 第一轮：论据的展示（每个小组2分钟）。您规定哪个小组先开始，并且注意仅限于每个组自己论据的文稿。

◆ 第二轮：辩论双方要分开坐（每个小组3分钟）。要驳倒对方的论据并强调自己的论据。

◆ 在辩论中，最好您要询问参与者个人的想法。

## 活动变化方案

辩论规则对于任意一个主题都是可以接受的。重要的只是材料的选择。您要注意平衡的选择，尽量公平。

---

**提 示**

对于年龄大点的学生（初中以上），可以提供给当选主持人的机会。您可以和陪同的老师商谈。

---

## 附加信息

本活动将涉及很多与森林生存空间利用相关的利益群体，将会出现各种各样的意见并说明众多的经济、生态和社会的相互联系。

## 附件　辩论主题：保留原野，还是开发利用？

　　每个小组可以考虑各自的立场、自己的论据。尝试所有考虑到的观点（金钱，居住空间，生活质量，自然与环境保护等）

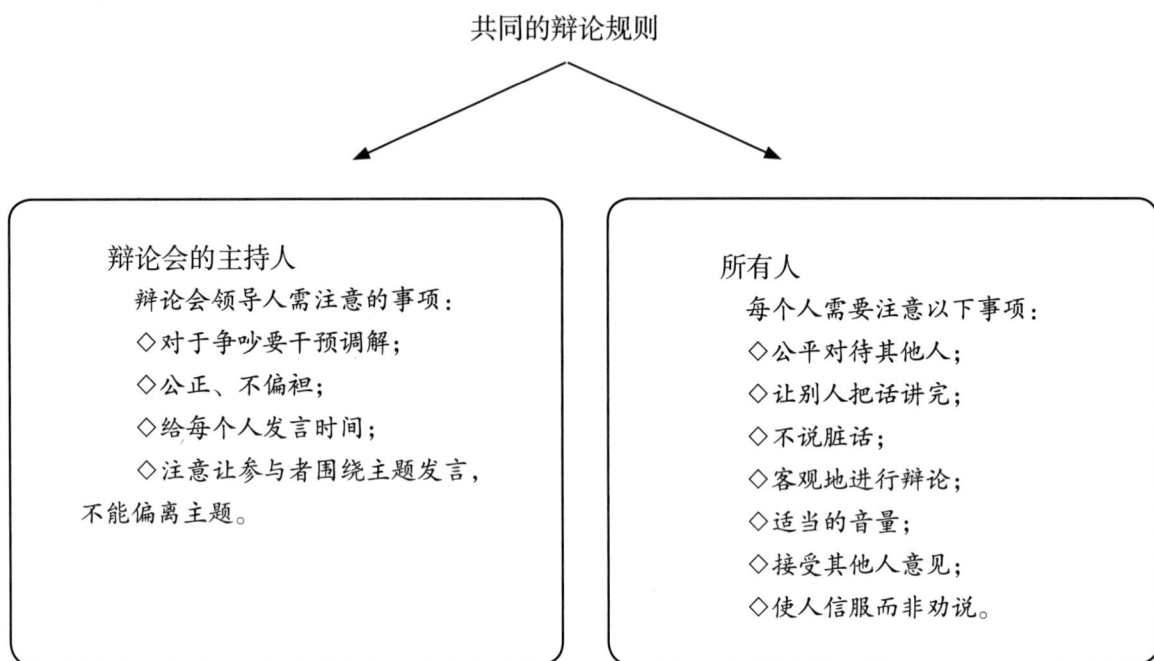

共同的辩论规则

辩论会的主持人

　　辩论会领导人需注意的事项：

◇对于争吵要干预调解；

◇公正、不偏袒；

◇给每个人发言时间；

◇注意让参与者围绕主题发言，不能偏离主题。

所有人

　　每个人需要注意以下事项：

◇公平对待其他人；

◇让别人把话讲完；

◇不说脏话；

◇客观地进行辩论；

◇适当的音量；

◇接受其他人意见；

◇使人信服而非劝说。

# 森林与社会 12　为了森林与人类，我们要主动出击

**内容**　参与者筹备一场宣传活动并实施。

目的

　　◇让参与者激发自己和其他人的积极性，使整个团队变得主动

活动类型

　　◇创造型

参与者人数

　　◇30人以下

参与者年龄

　　◇12岁以上

时限

　　◇3小时

　　◇实施执行可根据宣传的方式来定材料（只考虑有代表性的）

◇纸，图钉板

◇木条，油笔，颜料，画笔

◇用来裁图的杂志

◇木板和木质晾衣夹子

◇胶水，锤子，钉子

准备工作

　　◇—

室外条件

　　◇—

## 可持续发展教育目标

◆ 对待事物的方法与能力
◇我能够直观地传授知识。
这里：您的参与者要制作海报信息。

◆ 社会能力
◇我能够激发他人的积极性并激发其采取行动。这里：参与者致力于宣传活动的目标和动机。

◆ 个人能力
◇我是有创造力的，并且积极地塑造我的生活和我的环境。

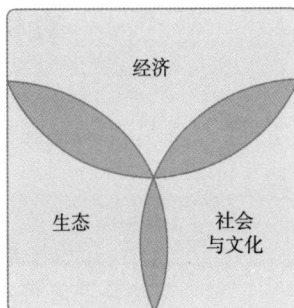

## 活动流程

◆ 这个活动应该让其他人也加入，在活动中帮助其获得专业的知识（如新类型的森林破坏，气候的变化）。参与者们的年龄越大，对于宣传活动方式、地点和目标群体的预先规定就越少，等等。您需要做的是，说明这次任务并介绍手头上有的材料（5～10分钟）。参与者开展宣传活动，您要给予建议和帮助。

◆ 计划阶段：参与者们对宣传活动的目标达成一致，对此他们想向谁征求意见？用什么来激发目标群体的积极性？他们打算使用什么媒体工具？要在哪里开展宣传活动？……（30分钟）

◆ 准备阶段：要制作好宣传活动的材料。制作由木片和木制晾衣夹做成的带有标语的宣传画，创作一些信息展示的东西。（90分钟）

◆ 参与者进行宣传活动。(没有注明时间，尽可能地取决于参与者的决定）。

◆ 总结：和所有人谈论宣传活动三个阶段的经验。哪里存在问题？哪方面做得特别的好？每个参与者在活动中都扮演了什么样的角色？不同意见之间怎么协调？（30分钟）

## 活动变化方案

◆ 在小型的宣传活动中，参与者只准备宣传海报。

◆ 大型的宣传活动包括在学校里的展示会或者人行道上的活动。

◆ 对于某些目标群体可以通过广播和影视节目来代替户外宣传活动。例如：环境建设项目——德国拜恩州的安斯巴赫职业技术大学的电视宣传片：http://www.umweltbildung.bayern.de/idee/imagefilme/index.htm.

---

**提 示**

如果活动持续的时间更长的话，那么就称之为"项目"。你可以在森林项目的章节中找到更多的灵感。

## 森林与社会 13　福尔摩斯——谁是凶手？

**内容**　参与者调查森林树木的健康状态并找出起因[①]。

> **目的**
> ◇让参与者找出森林状态的因果链条并阐明研究的可能途径
>
> **活动类型**
> ◇知识型
>
> **参与者人数**
> ◇30人以下
>
> **参与者年龄**
> ◇12岁以上
>
> **时限**
> ◇3小时
>
> **材料**
> ◇在每组的中间位置要有写字板/图钉板，笔，室外用长桌与板凳
> ◇信息材料
> ◇工作资料（如需要的话)
>
> **准备工作**
> ◇准备材料
> ◇选择出一片森林
> ◇标记将要进行树冠评价的树木
> ◇测试检查互联网接入的可能性
>
> **室外条件**
> ◇对于阔叶树林来说，在无霜冻的半年里才有可能开展

**可持续发展教育目标**

◆　对待事物的方法与能力
◇我在知识获取方法方面是经过训练的，如思考、联想、试验、研究、提出问题，等等。
这里：您的参与者将查明森林破坏的因果关系。

◆　社会能力
◇我可以与他人一起制订计划并处理问题。
这里：参与者要以小组形式准备展示报告并实施。

◆　个人能力
◇我有自己的主张，我能够三思而后行。
这里：参与者们将认识自己的生活并得出结论。

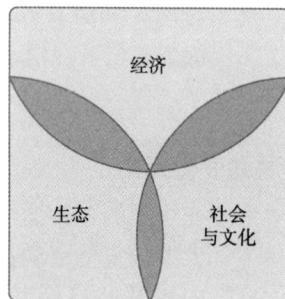

经济

生态　　社会与文化

**活动流程**

您要介绍背景：在森林里，一个犯罪活动开始了，参与者被要求当作犯罪学家。对此，您要每5人组成一个小组。调查可分为下列几部分。

◆　保护现场
对于一个简单的树冠指示线索，现场保护工作开始：透过一个健康的树冠，人们是看不到天空的。因此，这里的树看起来是怎样的？针叶/阔叶的丢失按百分比计算进行评估？

---

① 译注：这项活动应因地制宜，有必要提供关于森林被破坏及其原因的说明或图片，也可以拍摄当地树木的典型图片，并且在活动期间向参与者展示。

存在危害吗？发生了怎样的危害？各小组把自己的结果记在写字板上并且在全体大会上介绍。（小组工作20分钟）

◆ 怀疑

谁是凶手，他是怎么做的？让每个小组思考，树冠的状态为什么成了这样？根据怀疑的问题进行提问，并且有可能的话叙述出案件的经过。接着，犯罪学家给出建议，怎样去查明真正的"凶手"以及"他们"用的花招，或者说，如何证明"他们"有罪。如果"线索"被作为"罪犯"，您应该对此进行引导性的提示或者询问，例如，在一起谋杀案中刀子是凶手还是人是凶手。扮演者必须作为犯罪嫌疑人被调查，而不是他的作案工具。"犯罪学家"自己属于嫌疑分子的圈子吗？参与者要再次把他们的结果展示在写字板上。（小组任务15分钟）

◆ 缉捕

为了证实、论证怀疑或者取消怀疑，各个"缉捕组"现在得到一个机会去调查研究，参与者要提供足够的信息材料，如森林健康状态报告，专业文献和自己制作的辅助工具，互联网连接（如果可能的话）等。缉捕结束时各小组要把结果再次展示在写字板上。

◆ 控告

各小组要对一个主要犯罪嫌疑人达成一致意见，对于他的罪行有足够的证据吗？

◆ 判决

紧接着每个小组思考，就"作案人"如何弥补进行评论。哪种变化是值得鼓励的，为了改善处境，哪种是必需的？提议展示（在写字板上）之后要在全体大会上进行讨论。（小组任务15分钟）

◆ 判决的执行

执行实施，例如，小面积的种植或者保护措施作为弥补的一部分（根据书本知识进行实践劳动）。或者参与者使判决的提议达成一致，然后具体的执行，例如，涉及他们在学校或者业余时间的日常行为的一些东西。

---

### 提 示

■　"作案人"可能是空气中的有害物质，也可能是昆虫或者蘑菇。您可以推荐给"犯罪学家"，在确定"作案人"范围时首先采取如下方法：谁存在嫌疑，谁被排除在嫌疑之外。

■　空气有害物质的作案工具显示在章节"森林处于危险当中"下列的补充活动。

[>]森林处于危险之中 1 "森林危害引导计划"

[>]森林处于危险之中 2 "森林中的微妙平衡"

[>]森林处于危险之中 3 "树木，你什么时候倒下？"

[>]森林处于危险之中 4 "病树症状"

---

### 活动变化方案

您也可以用其他的现象代替树冠损害。例如，虫蛀的树干也可以作为"现场"。请注意，问题不能固定在虫害上，诸多因素在这其中存在着众多联系，例如，气候的改变会影响树木对昆虫危害的承受力，或者会影响害虫对树种的选择。

### 活动深入的可能性

为了让参与者了解环境检测系统，参观一个森林气象站。

## 参考文献

联邦与各州树冠状况工作组. 森林树木——通过森林树冠透光度系列图画评估森林健康状况. 卡塞尔: 法斯特M. 出版社, 2007.

巴伐利亚州食品、农业和林业部. 森林健康状况报告. www.forst.bayern.de.

### Literaturhinweise

A rbeitsgemeinschaft Kronenzustand des Bundes und der Länder in Deutschland; Waldbäume-Bildserien zurEinschätzung von Kronenverlichtungen bei Waldbäumen. Verlag M. Faste, Kassel 2007.

Bayerisches Staatsministerium f ü r Ernährung, Landwirtschaft

■ 用望远镜可以定位作案者吗

## 附件

### 对于现场保护和损害鉴定的工作指导：

◆ 受害的树平均丢失了百分之几的树叶？

◆ 查明的损害对什么会产生影响？

◇对大自然？

◇对人类？

◇对你们的生活？

### 嫌疑

◆ 谁是凶手？

◆ 他们是怎么干的？

◆ 我们有什么证据证明他们的过错？

**侦查**

◆ 你们能够在材料的协助下查明嫌疑人吗？

◆ 或者你们怀疑现在有了新的凶手？

**控告**

◆ 你们与其他的侦查小组对一个主要的嫌疑人在意见上达成一致。

**判决**

◆ 你们采取哪种措施审判作案人，以至于减少损害或者进行补偿。

**执行**

◆ 你们可以对判决的惩罚措施意见达成一致，然后执行。

# 森林与社会 14　气候改变中的森林

〔内容〕 在林业咨询服务框架范围内，参与者领会并讨论气候变化对林业经营管理的影响及后果[①]。

> 目的
> ◇让参与者提高问题意识并寻找解决问题的可能途径
> 活动类型
> ◇活泼型、调研型、创造型、知识型
> 参与者人数
> ◇11～30人
> 参与者年龄
> ◇14岁以上
>
> 时限
> ◇3～4小时
> 材料
> ◇写字垫板，空卡片，笔
> ◇现状图（参见[>]附件3，森林立地图）
> ◇打印山毛榉和云杉气候带覆盖图（参见[>]附件3）
> ◇坐具
> ◇尽可能用图钉板（软木的，可以用图钉往上面钉东西用来展示）
> ◇数码相机
> 准备工作
> ◇选出一片森林
> ◇准备材料（参见[>]附件）
> 室外条件
> ◇无雨/雪，不能太冷

---

① 译注：极端气候对森林有哪些影响？在贵州，我们看到了许多极端气候造成的森林破坏，例如，由于大雪和冰雨造成的松树顶部断裂，风暴的破坏以及干旱的进一步影响（干旱时期森林衰弱，容易受到虫害）。为了避免未来森林被破坏，我们的建议是：主要依赖当地树种；进行森林抚育和间伐，形成针叶和阔叶混交林；要营造尽可能稳定的森林（丰满的森林结构）；通过间伐清除病弱和形状不良的树木，为剩余树木提供更多的空间，同时获得更多的阳光，减少水和营养的竞争，使这些树木变得更强壮。这意味着林业主管部门可以采取重大措施，提高森林的稳定性和生命力，使这些森林能够更好地抵御极端气候。这可以清楚地向公众解释森林抚育是非常重要的，人们不应该为砍掉一棵树而悲伤，他们应该明白，适当的抚育采伐是创造更好、更有价值、更稳定和更有活力的森林所必需的。当然，对这一话题的讨论也应该让人们认识到，气候变化的原因不仅仅在森林领域。这项活动的参与者应该意识到，人类应该尽快减少温室气体排放和其他对气候有负面影响的行为。重要的是停止砍伐森林，保护森林，保护水系统等。当然，另一个话题"森林如何能减缓气候变化？"，也应该在活动中进行讨论。

——沃尔夫冈·格拉芙（Wolfgang Graf）

**可持续发展教育目标**

◆ 对待事物的方法与能力

◇我在知识获取方法方面是经过训练的，如思考、联想、试验、研究、提出问题，等等。

这里：参与者从两代森林业主（父亲和儿子）及林业工程师那里得到独特的直观的见解，并能够把他们的知识扩展到关于私有林地经营管理上。

◆ 社会能力

◇我可以与他人一起制订计划并处理问题。

这里：在咨询期间，参与者扮演不同的角色（森林所有者和森林管理员）。以此为基础，不同的角色可以进行换位思考。

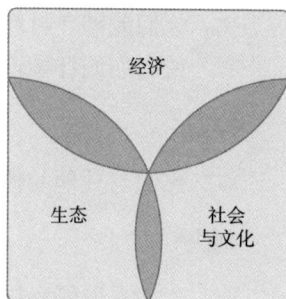

**活动流程**

◆ 之前，请您与参与者共同选出一块合适的活动场地。最好是受大风和甲虫损害的森林区域。

◆ 分发以下的材料：

◇11位志愿者每个人将得到一张游戏卡（参见[>]附件1）。

◇"森林管理员胡贝尔""森林业主——老迈埃尔""森林业主——小迈埃尔"（3个主要角色），6位观察者和2位主持人将额外得到一个名字牌（参见[>]附件2）。

◇此外，"森林管理员胡贝尔"将得到必要的指导材料，如森林立地图，山毛榉和云杉气候覆盖带图（参见[>]附件3）。

◇剩下的参与者每个人将得到一张空的卡片。

◇除3个主要角色之外，所有的参与者得到一支笔。

◆ 把"森林管理员胡贝尔"带到一边，以便于给他解释山毛榉和云杉气候覆盖带图。

◆ 第一轮，持续时间30分钟

◇首先只有这3个主要演员登场演出，其他人观看他们表演。

◇表演根据下面的场景开始。由两位主持人主持。

"森林业主迈埃尔父子二人的森林遭受了甲虫和大风的严重破坏。现在他们求助于森林管理员胡贝尔。此时的森林业主还是老迈埃尔，他想在明年把森林的所有权转交给儿子——小迈埃尔"。

◇尽可能不要在表演的开始阶段打断表演，否则有可能由于错误理解角色，朝着错误的方向而进行。如果这种情况发生，您必须要纠正。

◆ 第二轮，持续时间20分钟

◇在咨询商讨结束之后，所有的参与者围成一个圈坐着，两位主持人现在请观众们依次说出观看意见（每位观众最多2分钟）。两位主持人就此分配他们的任务，一位主持对话的同时另外一位做记录，然后轮流总结并做简短描述。

◆ 第三轮，持续时间120~150分钟，根据参加的人数而定两位主持人要把具体的案例扩展到一个更高层次的战略探讨（小镇里的森林，县里的森林和巴伐利亚州的森林）。

所有的参与者要把能够为"气候改变中的森林"这个难题做一些事情的人写在空白的卡片上，例如，个人、小组、协会联盟、联合会、行政机关、决策人等）。每张卡片上只允许写一个名称。（持续时间最多30分钟）

◇两位主持人把卡片收起来并在黑板上分组，也可以借助于对面并排的大树进行。（最

多持续15分钟）

◇ 在讨论继续时，主持人把团队分成许多小组（请参阅[>]开始 7 "谁和谁在一起？"）。

◇ 每个小组都要在卡片上写出自己的建议，怎样能够把建议传达给哪些人或者组织，并且想达到一个什么样的效果。（最多15分钟）

◇ 紧接着每个小组有15分钟总结讨论的时间，并展示他们的建议。

◆ 第四轮，持续时间15分钟

◇ 两位主持人要把所有小组的结果进行总结，在离开之前，要尽可能用数码相机翻拍写有建议的卡片并且尽可能有秩序地收集起来。

◇ 最后，您作为旁观的专家要做出一些简短的陈述，考虑到可持续发展教育的核心部分要体现出塑造能力（每个人能够也应该加入到"气候改变中的森林"这个主题中）。同时，如果是遇到很难决定的问题，如"作为从几十年到上百年长期的决策，如何选择树种？"您要让他们表达出来，在很难的决策面前森林管理员也可以作为专业人士去提供咨询。

## 活动变化方案

◆ 所有的活动也可以在计划的框架中进行，但那样各个环节就会花费更多的时间。参与者可以事先进行准备，这样调查研究就有可能进行得更加丰富。

◆ 另外可以邀请一些媒体，通过他们，活动将会得到更好的效果。

## 活动深入的可能性

请参与者与真正的森林业主进行交谈。森林业主应该在准备阶段就接到通知，最好同时受到邀请。在真正的收集建议后应该留下足够的时间让参与者和森林业主之间进行相互沟通。和参与者搜寻树木的种类，以便于更好地突出气候的改变。对此，您需要后面的树木种类的气候覆盖带图。另外，您可以和参与者计划一个种植活动并且实施（参见[>]森林——工作场所木需要这块土地"）。

---

**提示**

■ 给参与者的卡片上（参见[>]附件1）是活动提示的四个阶段（咨询谈话—反馈—转 化更高层次—总结）。

■ 此活动要求比较高，并且要有充足的准备。

■ 您要确定能够得到老师的支援，这是非常有必要的！

---

## 附件 1

您是：森林管理员 胡贝尔

首先您要询问这两位森林业主的愿望，弄清楚哪些问题需要咨询建议。

在咨询建议中您要指导两位森林业主解释森林立地图以及山毛榉和云杉气候覆盖带图，也要谈论可能的危害，例如，狍子（主要是咬坏阔叶树上新长出的嫩芽和叶子）。

您只给予帮助。您必须让森林所有者自己做出决定。

您是：森林业主 小迈埃尔（儿子）

几年前您才知道破坏森林的行为存在，到目前为止，您对您的森林几乎不感兴趣。自从近期您知道，您的父亲将要把这片森林留给您，并了解了林业经济后，您对阔叶林很感兴趣，并且坚持生态是林业经济的一个重要方面的观点。您认为阔叶林被动物过度啃食是一个问题，因为这将会导致阔叶树的生长受到阻碍。对于气候变化和云杉树的损害，您保持很现实的态度。您不想再营造纯粹的针叶林。

您是：森林业主 老迈埃尔（父亲）

从小时开始，您就知道有破坏森林的情况存在，作为森林业主您一直都对作为"面包树"的针叶树（云杉）情有独钟，因　为它就像每天的面包一样去满足农舍（建筑用木，柴禾，长木材，等等）的基本需求。

您对阔叶树持怀疑态度：它们阻碍针叶树的生长，除此之外还给伐木造成困难。动物咬坏树木对您来说不是问题，因为您钟情的云杉几乎没有被咬坏。您对气候改变和云杉的损害保持不现实的态度。

您想要说服儿子，把重点放在针叶树上。

您是：观察者1（生态的角度）

您非常认真地关注这次谈论，没有介入到讨论中。您的任务是查看在讨论期间是否有或者什么时候提到哪些生态学的观点，然后记录下来。

在第二轮中您要继续观察其他的参与者。在谈论过程中，其他参与者会提问题和补充讨论内容。

在第三轮中您要脱离作为持生态学观点的观察者角色，作为众多参与者的一员加入到后面的活动中。

您是：观察者2（经济的角度）

您要认真关注这些谈论，不去介入到讨论中。您的任务是查看在讨论期间是否有或者什么时候提到哪些经济学方面的观点，就记录下来。

在第二轮中您要继续关注其他的参与者。在讨论过程中，其他参与者将会提问题或者补充问题。

在第三轮中您要脱离持经济学观点的观察者的角色，作为众多参与者的一员加入到后面的活动中去。

您是：观察者3（社会的角度）

您要认真关注这些谈论，不去介入到讨论中。您的任务是查看在讨论期间是否有或者什么时候提到哪些社会方面的观点，就记录下来。

在第二轮中您要继续关注其他的参与者。在讨论过程中其他参与者将会提问题或者补充问题。

在第三轮中您要脱离持社会学观点的观察者的角色，作为众多参与者的一员加入到后面的活动中去。

您是：观察者4（森林管理员的态度）

您要认真关注这些谈论，不去介入到讨论中。您的任务是查看在讨论期间森林管理员是什么情况，观察并记录下来。

在第二轮中您要继续关注其他的参与者。在讨论过程中，其他参与者将会提问题或者补充问题。

在第三轮中您要脱离观察者的角色，作为众多参与者的一员加入到后面的活动中去。

您是：观察者5（老森林业主的态度）

您要认真关注这些谈论，不去介入到讨论中。您的任务是查看在讨论期间老森林业主是什么情况，观察并记录下来。

在第二轮中您要继续关注其他的参与者。在讨论过程中，其他参与者将会提问题或者补充问题。

在第三轮中您要脱离观察者的角色，作为众多参与者的一员加入到后面的活动中去。

您是：观察者6（小森林业主的态度）

您要认真关注这些谈论，不去介入到讨论中。您的任务是查看在讨论期间小森林业主是什么情况，观察并记录下来。

在第二轮中您要继续关注其他的参与者。在讨论过程中，其他参与者将会提问题或者补充问题。

在第三轮中您要脱离观察者的角色，作为众多参与者的一员加入到后面的活动中去。

您是：两位主持人中的一位——第一轮

您要认真关注第一轮（角色扮演）并且尽可能做记录，不要介入活动中，防止外界的干扰。

您是：两位主持人中的一位——第二轮

您要请所有的参与者围成一个圈坐下，并且与您的主持人同事商议，谁来主持接下来的讨论，谁观看并做记录。负责主持的人要请所有的观众依次发表意见，并严格规定：只有谁拿到了发言棒才允许发言！

严格遵守时间规定（2分钟）！

你们两个中的做记录的一位总结此轮的结果（中心大意，最多5分钟）。

您是：两位主持人中的一位——第三轮

第一部分　你们两个要把具体的案例扩展到一个更高的层次（小镇里的森林、县里的森林和巴伐利亚州的森林……）。你们给所有的参与者分发空白的卡片并要求他们在上面，写下能为"气候变化中的森林"这个难题做一些事情的个人、小组、协会联盟、联合会、行政机关、决策人等。然后你们两个把卡片搜集起来在软木板上分组（也可选择在并排的大树上）。

第二部分　（如果在教室里）你们两个要把组分成许多更小的组，就像在软木黑板或者在树上分组一样。小组要尽可能分配得均匀。应该尽可能地让每个参与者为了他的决定（或者写在卡片上的名称）在小组中得到协助。你们两个要给每个小组在团队工作中发挥作用的机会。譬如，他要如何联系卡片上的人，同时他想要达到什么样的效果（最多15分钟）。这些建议又要尽可能简短精要地表达在小卡片上。

紧接着每个小组有5分钟时间向其他人介绍他们的提议，10分钟的时间用于提问与讨论。

您是：两位主持人中的一位——第四轮

所有的小组作完陈述之后，你们两位要把结果进行简短地总结（最多5分钟）。尽可能在离开之前用数码相机把那些卡片（参与者写上名字的）翻拍一下，然后系统地、有秩序地搜集起来。

**附件 2**

| | |
|---|---|
| 森林管理员<br>胡贝尔 | 森林业主<br>小迈埃尔（儿子） |
| 森林业主<br>老迈埃尔（父亲） | 观察者1<br>（生态的角度） |
| 观察者2<br>（经济的角度） | 观察者3<br>（社会的角度） |
| 观察者4<br>（森林管理员的态度） | 观察者5<br>（老森林业主的态度） |
| 观察者6<br>（小森林业主的态度） | 主持人 |

主持人

**附件 3**

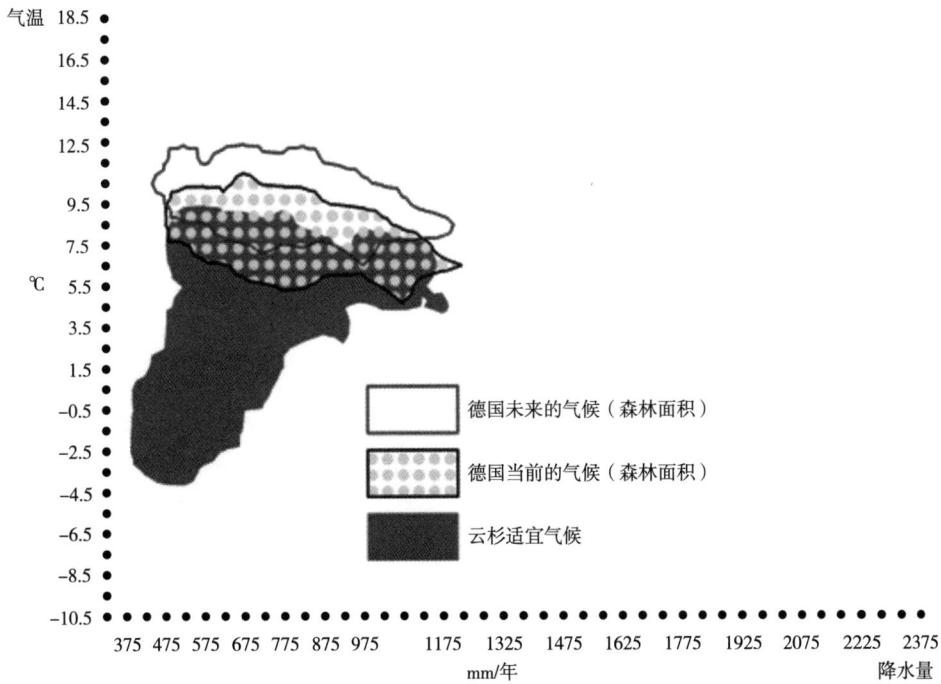

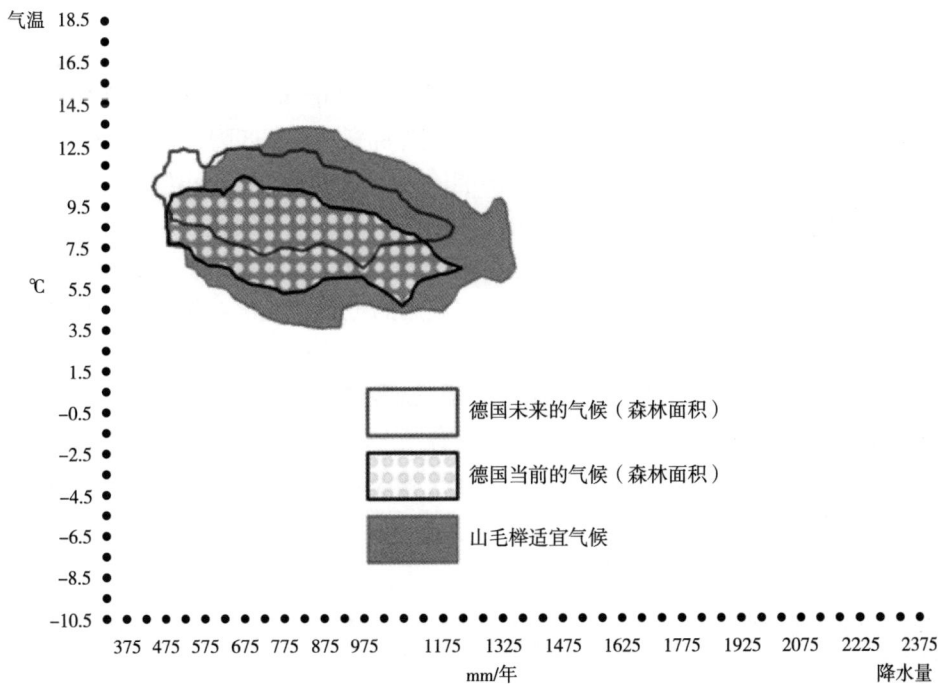

# 森林与社会 15　森林功能的表演

**内容**　参与者表演关于森林各种功能的小品、哑剧或者小的舞台剧。

| | |
|---|---|
| **目的**<br>◇让参与者了解林业与经济的关系，以及保证、促进和发展森林所有功能可持续性的重要性 | **时限**<br>◇至少40分钟 |
| **活动类型**<br>◇创造型 | **材料**<br>◇小卡片（参见[>]附件） |
| **参与者人数**<br>◇少于32人 | **准备工作**<br>◇剪制一些小卡片 |
| **参与者年龄**<br>◇12岁以上 | **室外条件**<br>◇无要求 |

**可持续发展教育目标**

◆　对待事物的方法与能力

◇我在知识获取方法方面是经过训练的，如思考、联想、试验、研究、提出问题，等等。

这里：您的参与者将通过森林功能的阐明而得到新的认识。

◆　社会能力

◇我可以与他人一起制订计划并处理问题。

这里：参与者在小组中将得到一个表演的机会。

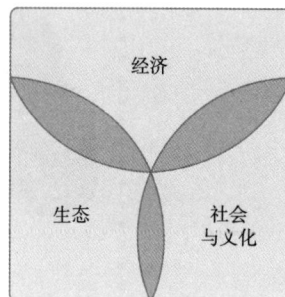

**活动流程**

◆　首先您要指定5位志愿者为小组长，每位组长将得到1张"功能卡片"[①]（卡片上写有森林功能的名称，参见[>]附件），然后把剩下的"实例功能卡片"随机分发出去。您要注意，为了让每个小组力量均衡，您要尽可能地把不同功能角色的参与者人数均等分配。

◆　现在您要安排任务，请参与者按自己的理解和同伴的意见相互匹配，各小组聚集围成圈。

◆　您请各个小组的组长出列，并念出各自功能的名字。然后，每个小组成员出列，说出他们对卡片中显示的森林具体功能的想法，并要接着说出为什么这样认为。功能分类的参考标准见[>]附加信息。您可以通过不起眼的记号将分组标注在小卡片的背面。但是，您也允许参与者说出其他的功能（例如，树木利用的生态意义）。然而，您要纠正错误并且把合适的卡或者成员安排到合适的小组中。

◆　现在给每个小组大约15分钟时间，用来考虑他们功能的简短表演。可以是舞台剧、哑剧、雕塑（或新闻照片）的评论、小品，或者其他的实物表演，如搜集的大自然物品。

例子：表演的对话（舞台剧，小品）至少有一对合适的矛盾场景（如慢跑者和猎人，山地自行车和徒步旅行者，寻找宁静的游客和拿电锯的森林工人）。

◆　紧接着每个小组表演他们的稿件内容。

---

① 译注：应妥善保管标注森林功能的卡片，其中，描述不熟悉 / 不常见活动和用途的卡片，应被替换为描述当地经常活动和常见用途的卡片。

> **提 示**
>
> ■　某些时候，指定小组长这个环节可能发挥非常重要的作用。例如，当找不到志愿者的时候，当要把"喜欢捣乱的"分开的时候，或者需要调动参与者积极性的时候。
>
> ■　可以根据小组的活动兴趣扩大小组任务内容。
>
> ■　如果给小卡片片压箔或者压膜的话，可以保存的时间更长。

**活动深入的可能性**

领会不同森林功能之间的紧张关系（参见[>]森林与社会 16 "森林功能—矛盾冲突"）。

**附加信息**

以下列出了功能分类的参考标准及各功能对应的概念或名词。

◆　保护功能

洪水，净化，雪崩，山体滑坡，岩石塌方，泥石流，飓风，噪音，灰尘。

◆　利用功能

建筑木材，家具，薪柴，纸张，野味，浆果，蘑菇，坚果、松脂、香料、圣诞树，饮用水。

◆　休闲功能

骑马，漫步，慢跑，周末出游，骑山地自行车，度假，感受宁静，森林疗养、森林医疗、瑜伽练习、生态露营。

◆　环境和自然保护功能

保护生存空间，物种多样性，自然保护区，制造氧气，减少二氧化碳，生态平衡，物种保护，群落生境，防风固沙，水土保持。

◆　教育功能

物种知识，可持续性理解，长远的思考，认识生存的基础，专业学习的延伸，森林体验小路，引导学校班级开展森林体验，森林周末。

**附件**

| | |
|---|---|
| 保护功能 | 利用功能 |
| 休闲功能 | 环境和自然保护功能 |

教育功能

| | |
|---|---|
| 洪水 | 净化 |
| 雪崩 | 山体滑坡 |
| 岩石塌方 | 飓风 |
| 泥石流 | 噪音 |
| 灰尘 | 建筑木材 |

| | |
|---|---|
| 家具 | 纸张 |
| 薪柴 | 野味 |
| 浆果 | 蘑菇 |
| 坚果 | 松脂 香料 |
| 圣诞树 | 饮用水 |
| 骑马 | 漫步 |

| | |
|---|---|
| 周末出游 | 慢跑 |
| 骑山地自行车 | 度假 |
| 感受宁静 | 森林康养地 |
| 保护生存空间 | 物种多样性 |
| 自然保护区 | 制造氧气 |
| 减少二氧化碳 | 生态平衡 |

物种保护

群落生境

物种知识

可持续性理解

长远的思考

认识生存的基础

专业学习的延伸

森林体验小路

引导学校班级开展森林体验

森林周末

# 森林与社会 16  森林功能—矛盾冲突

**内容**  参与者熟悉了解森林的功能，并去了解功能之间的相互关系。如果不同功能之间相互竞争或相互冲突，尝试解决矛盾。

| 目的 | 时限 |
|---|---|
| ◇参与者说明森林功能的多样化并找到尽可能履行其功能的解决办法 | ◇45分钟 |
| | 材料 |
| **活动类型** | ◇小卡片 |
| ◇知识型 | ◇粗油性笔 |
| **参与者人数** | ◇图钉 |
| ◇30人以下 | ◇红色或者绿色的绳子（记号带子，毛线） |
| **参与者年龄** | **准备工作** |
| ◇12岁以上 | ◇选出一块森林 |
| | ◇准备物品和道具 |
| | **室外条件** |
| | ◇干燥，温暖 |

**可持续发展教育目标**

◆ 对待事物的方法与能力

◇我熟悉获得知识的方法，如思考、结合、尝试、研究和提出问题等。

这里：参与者通过思考、研究和与其他人的交谈而获得知识。

◆ 社会能力

◇我可以与他人一起制订计划并处理问题。

这里：参与者们在小组中共同将森林功能与自己的生活建立联系。

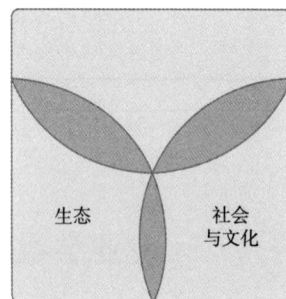

生态　　社会与文化

**活动流程**

◆ 简单介绍森林有各种各样的功能，并且把森林功能按"利用、保护和休闲"的概念分类。

◆ 把参与者分成利用、保护、休闲3个小组（参见[>]开始 7 "谁和谁在一起？"）。

◆ 给每个小组一支油性笔（可能的话，根据不同的功能分配不同的颜色）以及空白的卡片和图钉。

◆ 请每个小组考虑他们功能概念的各个方面，并把它们大而清楚地写在一张小卡片上。参与者同时要考虑这些功能与自己的生活是否相关及如何相关。

◆ 此刻，把每个带功能概念的卡片钉在3棵并排挨着的树上。

◆ 各小组依次轮流在全体大会上介绍他们的结果，并且把它们分别钉在"他们的"树上，同时介绍这些功能概念与自己生活的关系。

◆ 如果缺少了重要的观点，您就要求全体人员补充并且帮助参与者活跃思维。

◆ 固定全部小卡片，针对这些卡片，询问哪些森林功能是相互作用以及相互促进的。

◆ 如果一个参与者看出一对相互作用的功能，那么就让他解释一下两者之间相互作用的情况，并用一种绳子将其联系到一起（绿色代表相互协作或促进；红色代表相互竞争或冲突）。

◆ 参与者们要以不同颜色连线结成整体，同时对不同颜色要进行评价。

◆ 询问参与者如何才能够解决出现的冲突，如果一个参与者有解决冲突的办法，那么允许他在全体人员同意的情况下，扔这条线。

◆ 在紧接着的研究中您要解释，在我们这个居住密集的工业国家里森林担负了哪些功能，有哪些丰富多样的社会任务强加给了森林。林业工作人员的任务是：尽可能地满足人们对森林的要求并且解决产生的矛盾。

---

### 提 示

■ 选择一棵树皮非常粗糙的树，以至于不会产生"我们伤害了树"的印象。

■ 您要把绳子系在树上，如果太重的话，把红色和绿色的绳子钉紧。

■ 森林功能的分类标准可以参考[>]森林与社会 15 "森林功能的表演"中的附加信息，可以只选择其中的部分功能。

■ 这次活动非常的适合作为[>]森林与社会 15 "森林功能的表演"的延续。

---

### 活动变化方案

在坏天气的情况下你也可以在室内开展这项活动，使用软木展示板替代大树。

---

## 森林与社会 17　森林里的东西属于谁?

**内容** 参与者代表不同的利益团体围绕森林产品开展活动。

| | |
|---|---|
| **目的**<br>◇让参与者了解均衡不同的森林产品利用的必要性，就如展示说明森林利用的多样化一样<br>**活动类型**<br>◇活泼型<br>**参与者人数**<br>◇30人以下<br>**参与者年龄**<br>◇12岁以上 | **时限**<br>◇1小时<br>**材料**<br>◇森林利用卡片（参见[>]附件）<br>◇结实的绳子（用于拔河比赛）<br>**准备工作**<br>◇标出一块地方，不要大于0.5公顷<br>◇在森林里布置"森林利用卡片"（参见[>]附件）<br>◇找一个适用于拔河比赛的地方<br>**室外条件**<br>◇温暖 |

（可持续发展教育目标）

◆ 对待事物的方法与能力

◇我能够直观生动地传授知识。

这里：参与者要在"法庭"面前令人信服地陈述自己的观点。

◆ 社会能力

◇我有很好的团队合作精神，我会顾及到别人的长处和弱点。

这里：参与者要在拔河比赛中体现团队意识，就如在全员大会中的民主讨论一样。

◇我可以与他人一起制订计划并处理问题。

这里：参与者要接受"法庭"的任务。

◆ 个人能力

◇我知道自己精神和体力的潜力与极限。

◇我有自信心并且不会因为挫折就轻易丧失勇气。

这里：参与者将吸取在利用卡片的竞争中成功与失败的经验和教训。

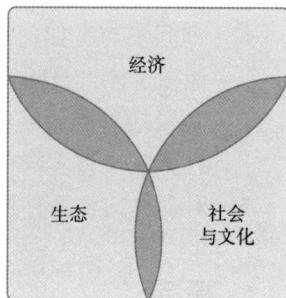

（活动流程）

◆ 第一阶段

◇首先您要指定3个"法官"，他们尽可能要有良好的基础常识以及成熟的思想。您可以让老师担任"法官"或者让参与者民主选举出"法官"。如果采用民主选举的方式，需要多计划出15分钟来。

◇把剩下的参与者分成5个小组。（参见[>]开始 7 "谁和谁在一起？"）。每个小组现在都要得到一个森林利用卡片（参见[>]附件），并且在接下来的活动中代表着自己小组的利益——森林所有者、森林游客、猎人①、环境保护者或是国家。

◇现在派各小组（"法官"除外）同时带着任务到您划分的区域里，尽可能多地找到并采用这些利用卡片，对此，您要给出5分钟的时间。这个时候您要指导"法官"这个组的任务。指定一个"主法官"。

◆ 第二阶段

这个阶段将由"法官"来主持，您做必要的支持，例如，在谈论规则方面。

◇所有的小组回到集合地，展示各自"侵占"的资源，并说出理由。

◇紧接着允许其他小组陈述"占有"资源为己有的理由。

◇最后法官决定当时的资源是谁的财产，因此就可以得到利用卡，裁决结果有可能是：有强有力的论据的小组是胜利者。（两个小组的论据差不多同样强的话，他们之间要进行拔河比赛。）

◆ 第三阶段

◇所有的资源都找到了它们的"合法持有人"，您应该通知参与者，在现实中森林里物品的财产关系是怎么样处理的。下面[>]附加信息是巴伐利亚州现行法律法规的相关信息。

---

① 译注：如有必要，猎人可由采集蘑菇、草药、野菜的人替换。

### 提 示

■ 您尽可能在容易找到的地方放置这些森林利用卡片，而且该卡的内容应与隐藏的地点周围环境相联系（例如"水体"利用卡要置于小河处）。同时，为了得到这些利用卡 片，参与者必须接受体力上的挑战，当然不能太冒险。

■ 拔河比赛在活动中被用作休闲运动并且有额外的寓意：关于财产的争夺。

■ 您要选出一片（安全）地方进行拔河比赛，拔河中参与者在往后退时不可以背对着树或者树桩、树枝和石头等。

■ 使用足够结实的绳子，不要有弹性的绳子。

### 附加信息

以下是在巴伐利亚州涉及资源所有权的处理方式（简化描述）：

◆ 森林果实，类似产品包括菌类、浆果、坚果、茶和药草
首先，这些属于森林所有者《民法》，然而只要是物种保护法规《巴伐利亚州自然保护法》没有说明反对的，每个人都有权力在当地范围占有。

◆ 花、树枝和树叶（野生植物）
首先，这些属于森林所有者《民法》，然而只要是物种保护法中或者其他法律没有说明反对的，每个人都有权力摘取最多一大捧。

◆ 苔藓
属于森林所有者《民法》，跟上面提到的要点相似。

◆ 通道、小路
每个人都有在森林里（个别的小路也是）自由走动的权利——也可以是运动型的活动（《巴伐利亚州宪法》《巴伐利亚州自然保护法》《巴伐利亚州森林法》）。适宜的小路可以在上面骑自行车，但是不能是机动车，轮椅或者骑马等。小路的所有权依照法律规定为森林所有者（《民法》）。

◆ 动物
野生活着的动物是无主的，也就是说，也不属于森林的拥有者（《民法》），没有任何人能够无正当理由地侵占（《巴伐利亚州自然保护法》）。在狩猎权的基础之上，猎人可以打死动物，然后他才能成为动物的拥有者。

◆ 垃圾
森林里自然形成的垃圾是无主的。森林所有者并非垃圾的拥有者。人为的堆积物是非法的，负责消除这些禁止堆积物的是地区主管的政府机关。（《垃圾权限规定》）

◆ 树木，木材
树木和木材的所有者是森林的所有者，当然也包括地上的树枝棍棒（《民法》）。

◆ 小屋
这属于森林所有者的基本物品的重要组成部分（《民法》）。

◆ 宝藏
对于宝藏（历史发现，如珍贵的化石等），由发现者和森林的所有者各自拥有一半的所有权（《民法》）。

◆ 矿藏
只有最基本"土地拥有"的矿藏属于森林所有者（例如，铝土、瓷土或者硅藻土），但"自由开放"的宝藏则不属于森林所有者（如铁矿石、煤矿或者岩盐）（《联邦州山脉法》）。

◆ 水流

大的水流（1道或者2道）都有独立的河道名并且属于镇里或者县里，没有河道名称的流动水流是河岸范围的组成部分（《巴伐利亚州水法》）。

◆ 地下水

地下水不属于土地所有者，而属于国家（《巴伐利亚州水法》）。

◆ 空气

空气没有占有者。

## 中国有关森林资源管理的规定

### 森林资源

森林资源属于国家所有，由法律规定属于集体所有的除外。国有企业事业单位、关、团体、部队营造的林木，由营造单位管护并按照国家规定支配林木收益。

农村居民在房前屋后、自留地、自留山种植的林木，归个人所有。城镇居民在自有房屋的庭院内种植的林木，归个人所有。

集体或者个人承包国家所有和集体所有的宜林荒山荒地荒滩营造的林木，归承包的集体或者个人所有；合同另有约定的从其约定。

其他组织或者个人营造的林木，依法由营造者所有并享有林木收益；合同另有约定的从其约定。（《中华人民共和国森林法》）

森林资源，包括森林、林木、林地以及依托森林、林木、林地生存的野生动物、植物和微生物。（《中华人民共和国森林法实施条例》）

### 野生动物

野生动物及其制品，是指野生动物的整体（含卵、蛋）、部分及其衍生物。野生动物资源属于国家所有。（《中华人民共和国野生动物保护法》）

### 野生植物

野生植物，是指原生地天然生长的珍贵植物和原生地天然生长并具有重要经济、科学研究、文化价值的濒危、稀有植物。

禁止采集国家一级保护野生植物。因科学研究、人工培育、文化交流等特殊需要，采集国家一级保护野生植物的，应当按照管理权限向国务院林业行政主管部门或者其授权的机构申请采集证；或者向采集地的省、自治区、直辖市人民政府农业行政主管部门或者其授权的机构申请采集证。

采集国家二级保护野生植物的，必须经采集地的县级人民政府野生植物行政主管部门签署意见后，向省、自治区、直辖市人民政府野生植物行政主管部门或者其授权的机构申请采集证。（《中华人民共和国野生植物保护条例》）

### 种子

种子，是指农作物和林木的种植材料或者繁殖材料，包括籽粒、果实、根、茎、苗、芽、叶、花等。（《中华人民共和国种子法》）

林木种质资源的形态，包括植株、苗、果实、籽粒、根、茎、叶、芽、花、花粉、组织、细胞和DNA、DNA片段及基因等。

禁止采集或者采伐国家重点保护的天然林木种质资源。（《林木种质资源管理办法》）。

资料提供：周金锋 马新玲

**附件 森林利用卡片**

| | |
|---|---|
| 法庭 | 森林所有者 |
| 森林游客 | 猎人 |
| 环境保护者 | 国家 |
| 蘑菇 | 浆果 |
| 树枝 | 苔藓 |

| | |
|---|---|
| 通道 | 小路 |
| 动物 | 垃圾 |
| 树木 | 木材 |
| 小屋 | 宝藏 |
| 水流 | 地下水 |
| 空气 | 矿藏 |

# 森林与社会 18　时间见证人①

**内容**　参与者将了解到更多过去时代的生活和工作情况。

| | |
|---|---|
| **目的**<br>◇让参与者比较作为生存基础的森林的今天与昨天 | **时限**<br>◇1小时 |
| **活动类型**<br>◇知识型 | **材料**<br>◇历史资料（书籍，照片） |
| **参与者人数**<br>◇40人以下 | **准备工作**<br>◇邀请时间见证人<br>◇调查研究森林的历史 |
| **参与者年龄**<br>◇10岁以上 | ◇选出一棵老树而且有大的分支 |
| | **室外条件**<br>◇— |

**可持续发展教育目标**

◆ 对待事物的方法与能力

◇我知道自己缺乏哪些知识，并且有能力来弥补这些缺失的知识。

这里：参与者学习了解其他时期和其他国家利用森林的原因。

◇我很清楚跨学科的合作是非常有价值的，并且也是很困难的。

这里：参与者要与有其他时代经历或者进行过文化旅行的人进行讨论。

◆ 社会能力

◇我能够置身于别人的位置去考虑问题。

这里：参与者学会理解其他年代的人的行为方式。

◆ 个人能力

◇我对我的行为承担责任并顾及到大自然和其他人。

这里：参与者将自己的生活方式在与其他时代的人或者国家对比，并进行思考。

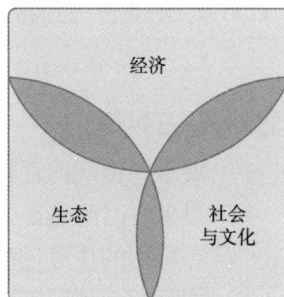

---

① 译注：邀请当地的时间证人，比如，老林业工作者，并请他们讲述以前的生活和与森林有关的事情。"森林为生存基础"是这个活动的主题。贵州时间见证人88岁的李代关是贵州省毕节市赫章县平山国有林场的一名退休职工，1958年参加工作，成为了威宁彝族自治县的一名林业工人，1962年，李代关因为工作勤奋努力，被调回自己的老家赫章参与平山林场的建设工作。在工作中，他兢兢业业、勤勤恳恳造林护林，用自己的双手让一座座荒山披上了绿装。在生活中，李代关老人常常给儿子和孙子讲述自己当年育苗、栽树、护林的故事。1993年11月，李代关退休，儿子李琼江接过他的接力棒，成为了平山国有林场的护林员，一直干到现在。在爷爷和父亲的影响下，2018年1月，李代关的孙子李健也成为了平山国有林场的一名林管员，走上了护林的道路。截至2018年底，平山国有林场的林区面积已有30570亩，贵州省毕节市赫章县的森林覆盖率已达到66.7%。

——马新玲，资料来源于央广网

## 活动流程

- 进行一次集体散步，穿过森林到达一个森林小屋或者一个美丽的林区景观，然后开始活动。
- 在那儿您要简单介绍一下时间见证人。
- 时间见证人讲述一些故事和他们或者他们父母、祖父母在早期平日工作里的一些事实。
- 参与者可以对时间见证人提一些问题。
- 您要补充一个讨论会，对上述活动进行讨论。
- 对于来自不同国家的时间见证人，我们可以抽出来比较，从而强调他们之间的共同点和区别。

### 提 示

■ "森林为生存基础"是这个活动的主题。

■ 时间见证人在德国巴伐利亚州的森林里：这些人可能会依赖于森林（建造、用木材取暖，通过伐木工作，木材筏运，锯木，等等）。许多传说和神话围绕着森林。

■ 今天我们发现一些不寻常的现象在发展中国家还会出现（当然由于生态条件不同，文化的形式稍有不同）。不同国家的发展道路和发展进程是相同的吗？通过这次活动，不同的时代都将成为话题，在不同的国家里，过去的十年或者百年的发展阶段都将被展示出来。

■ 这个活动提供给参与者空间，把他们在小时候和现在对于主题森林和他们的利用的经验展示出来。您要去鼓励参与者引入他们小时候关于森林的经历，假如适合或者有必要的话，您可以用专业的观点进行补充描述。

## 活动深入的可能性

- 展示些传统的森林事物或工作：例如，木马鞍、牧场。
- 以来自时间见证人的那个时期的传统食物做一个愉快舒适的结尾。
- 在特别的住房过夜/活动（参见[>]创意制作 4 "树皮屋"）。
- 把我们（德国）以前的生活和工作与发展中国家的今天进行比较。

## 活动变化方案

您可以在森林里布置一个定期的"茶话聚会"，用来偶尔邀请其他的时间见证人（牧人，森林工人、自然保护倡导者、玻璃厂工人）。在喝咖啡和吃馅饼的同时给其他的参与者讲述简短故事。到"茶话聚会"地点的路程不应太远，以方便年长者到达。除了年长者外，也要有针对性地邀请年轻人。

### 参考文献

克拉恩斯密特H. 森林中人类. 从中世纪到今天森林利用画册. 下莎克森州林业, Husum出版社, 2007.

奥特曼尔 M. 它已经很漂亮很强壮. 巴伐利亚古老森林图片册. 图书和艺术出版社, 2003.

### Literaturhinweise

Kleinschmit, H.; Menschen im Wald. Waldnutzungen vom Mittelalter bis heute in Bildern. Hrsg. Niedersächsische Landesforsten, Husum Verlag 2007.

Ortmeier, M.; Schee is gwen, owa hirt. Alte Bilder aus dem Bayerischen Wald, Buch– und Kunstverlag Oberpfalz 2003.

## 森林与社会 19　树木之间的时间旅行

**内容**　参与者把在森林中进行时间旅行的含义作为主题。

| 目的 | 时限 |
|---|---|
| ◇了解树木的年龄与历史 | ◇30分钟 |
| 活动类型 | 材料 |
| ◇知识型 | ◇— |
| 参与者人数 | 准备工作 |
| ◇20人以下 | ◇选择一块森林，上面长有带很大分叉的老树；对森林的历史做调查研究 |
| 参与者年龄 | 室外条件 |
| ◇60岁以上或者多年龄层的小组与60岁以上的参与者 | ◇— |

**可持续发展教育目标**

◆ 对待事物的方法与能力

◇我知道自己缺乏哪些知识，并且有能力来弥补这些缺乏的知识。这里：参与者学习了解其他时期利用森林的原因和动机。

◇我很清楚跨学科的合作是非常有价值的，并且也是很困难的。这里：参与者将与那些有其他时代经历的人进行讨论。

◆ 社会能力

◇我能够置身于别人的位置去考虑问题。

这里：参与者思考其他年代人的行为方式。

◆ 个人能力

◇我对我的行为承担责任并顾及到大自然和其他人。

这里：参与者将自己的生活方式与其他时代对比，并进行思考。

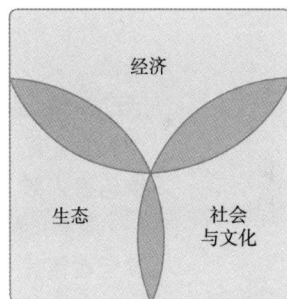

**活动流程**

您要邀请您的客人通过森林的历史进行一个时间的追忆，在这个过程中，他们要描述出小时候记忆中的树。建议这个时间追忆至少要有3棵不同的老树。

◆ 时间站1（19世纪；树龄至少115年）

◇要求参与者在森林里寻找到一棵现在还存活的19世纪诞生的树木。

◇您要让参与者们评估，被选出的树有多大树龄了。

◇请您从不同角度对这棵树进行介绍，小时候它所在的森林看起来是什么样子的，并且是怎么被利用的。用一张那个时代的风景画帮助进行时间追忆。

◆ 时间站2（20世纪上半叶）

◇现在请参与者寻找一棵树，树的年龄就像小组中年龄最大的参与者年龄一样。

◇选出了这棵树后，要求参与者介绍他们年轻时代对于森林的印象。您要询问他们，例如，哪些产品在这个时代被使用，森林看起来什么样子或者参与者把他小时候的哪种回忆列入了森林这个主题。

◆ 时间站3（21世纪）

◇要让小组去寻找一棵年龄尽可能像我们这个世纪一样大的树。

◇要求参与者讲述，我们今天对于森林里的小树有哪种印象，人们通过它做什么，对于它的将来可能有哪些期待。

---

**提 示**

这个活动提供给参与者空间，把他们小时候的森林使用经验展示出来。您要去鼓励参与者引入他们自己的经验，假如合适或者有必要的话，您可以用专业的观点进行补充描述。

---

# 森林与社会 20　我们只有一个地球！

**内容** 参与者了解什么是"生态足迹"。

| 目的 | 时限 |
|---|---|
| ◇参与者将意识到生存基础的局限性 | ◇30分钟 |
| 活动类型 | 材料 |
| ◇活泼型、感受型 | ◇2～3个坚固的椅子或者树桩① |
| 参与者人数 | 准备工作 |
| ◇最多30人 | ◇— |
| 参与者年龄 | 室外条件 |
| ◇15岁以上 | ◇平地，最好是草地或者其他柔软的地面 |

**可持续发展教育目标**

◆ 对待事物的方法与能力

◇我可以与他人一起计划和行动。

这里：参与者作为小组，将在一个有限的狭窄的地面上很拥挤地站立在一起，以便所有人都能够找到立脚之地。

◆ 社会能力

◇我能够慎重地思考并处理问题。

这里：参与者要考虑，以团队合作的力量如何解决第一眼起来不可能解决的问题。

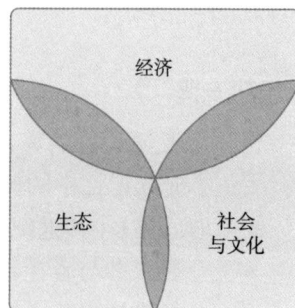

---

① 译注：在这项活动中，可以使用直径为25厘米或以上（越大越好）、厚度为15至20厘米的树木圆盘代替椅子或树桩。优点是事故风险较小，站立区域可以更灵活地适应参与者的数量。

## 活动流程

◆ 根据不同活动组的大小，您需要为这个活动准备不同数量的稳定的（非常重要）椅子或者木桩。对于人数在25～30人之间的组您需要2～3把椅子。要把它们并排放在平地上。如果使用树桩的话，注意放在一个尽可能安全的环境中，也就是说，放在松软的土地上，没有石头、树枝等。

◆ 为参与者们分配任务，让他们把自己完全地置身于椅子或者木桩之上，任何姿势都可以，但不能够让任何一只脚接触地面。参与者们必须自己决定或者讨论出通过哪种方式可以达到目的，然后试验用什么技巧最有可能成功（这些椅子可以随便摆放）。规定参与者可以进行多次尝试。以经验而言，椅子上最多可以承受10～12个人。

◆ 当参与者成功完成任务的时候，分发给所有参与者或者至少大多数人椅子和树桩，您可以对这个活动做出总结并且引入"生态足迹"这个主题。要询问并且讨论这个活动与"生态足迹"这一主题的联系在哪里？

◆ 提供一些以下联系的可能性：

◇这些椅子和树桩给一定人数的人员提供了一个狭窄的受限制的空间，再没有其他获得生存空间的可能性，就如对所有人来说，我们只有一个地球一样。

◇把所有人安置在这有限的位置上是非常困难的，并且依照小组的大小来占有空间几乎是不可能的。

◇并不是所有人能在这有限的空间里找到同样多的地方，有些人比其他人要求占有更多的地方。

◇一些人在这个地方找到一个非常舒适的位置，也许还要被其他人紧抓着，相反另一些人只得到一个最边缘的位置，而且非常害怕会随时掉下去。

◇一些人只找到一个相当偏下的位置，并且其他人躺在他上面，因此给予他和这个地方很大的压力（地球也如此）。

---

### 提 示

■　这个活动创意来源于在巴伐利亚州森林公园法尔肯史戴恩（Falkenstein）为学生准备的野营周活动方案。它是作为"生态足迹"引导主题的一个开始活动，但是需要做　好准备。一个可供借鉴的准备经验是在活动期间运用一个能够计算生态足迹的计算器，以便于您和学生计算自己的生态足迹，正如"生态足迹——对小小的地球提出巨 大的要求"短片中展示给我们的一样。想了解生态足迹的计算、相关短片和其他活动 信息请登录http://www.footprint.at/infomaterial。

■　关于野营周计划的更多的信息可以登录以下网址获得：http://www.wildniscamp.de.

---

## 活动深入的可能性

如果您对"生态足迹"这个主题有兴趣研究的话，可以参见[>]森林——生命空间2"动物踪迹"，[>]森林与社会21"箴言挂展"。

**附加信息**[①]

◆ 什么是生态足迹?

生态足迹告诉我们人类,我们人类是多么地需要大自然。它指出我们所需要再生资源(如食品、衣料及木材)、基础设施建筑面积以及垃圾处理场,究竟需要多少容纳量。这可以与生物承载力——地球提供给我们的生物生产性面积相比较。实际上,我们应该将利用控制在容纳量范围内——这样将来才能够有环境意识,才能够面向未来,才能够具有可持续性。

◆ 生态足迹说明了什么?

如果所有人都像欧洲人那样生活的话,我们将需要来自两个半地球的资源。我们消耗资源(例如,森林、鱼类资源)的速度超过了它们能够再生的速度,因此我们现在是赊欠大自然的了。为了预防气候变化,对于化石能源的消耗而散发的二氧化碳必须要有巨大的森林面积来吸纳固定。这就极大地扩大了我们的生态足迹。目前,所有人们的生态足迹之和太过于巨大了。它超出了地球的生物容纳量的30%,尽管大部分的发展中国家消耗的资源明显要比我们少。

◆ 我们能做什么?

我们可以积极地做点贡献,缩小我们自己的生态足迹,并致力于可持续性发展。许多小的行动,比如,有责任意识的商品消费,就会帮助减少我们对大自然的影响。在一个生态足迹计算器的帮助下,每个人都可以计算出自己的生态足迹,并找出他平日在哪方面和怎样才能够致力于一个可持续的生活方式。

## 参考文献

www.footprintrechner.at.

www.footprintnetwork.org/de.

www.umwelt-bayern.de.

www.wildniscamp.de.

www.conservation-development.net.

---

① 译注:活动结束后,站在椅子、树桩或圆盘上向参与者讲解。

# 森林与社会 21　箴言挂展

**内容**　参与者从事研究一些与"生态足迹"[①]相关联的主题。

| | |
|---|---|
| **目的**<br>◇让参与者进行讨论，推动思考，发现新的观点<br>**活动类型**<br>◇开始时安静，之后活跃<br>**参与者人数**<br>◇最多30人<br>**参与者年龄**<br>◇15岁以上 | **时限**<br>◇50分钟<br>**材料**<br>◇晾衣架<br>◇汇集的箴言（参见[>]附件）<br>**准备工作**<br>◇用A3或者A4的纸张打印些箴言。然后把这些箴言，用绳子挂起来<br>**室外条件**<br>◇— |

**可持续发展教育目标**

◆　对待事物的方法与能力

◇我能调动他人的积极性。

这里：参与者和其他人讨论关于资源的合理分配和使用，并且尝试从必需品开始讨论问题，并说服别人。

◆　个人能力

◇我知道自己的示范作用，并且能够改进他人的行为方式。这里：参与者思考和讨论世界其他洲的人们不同的生活方式对环境和人类的影响。

◇我可以展示决心、能力和共同的责任感。

这里：参与者认识到并思考西方国家的生活方式对发展中国家的人们产生的影响，以及在自己的生活方式方面他们能改变什么？

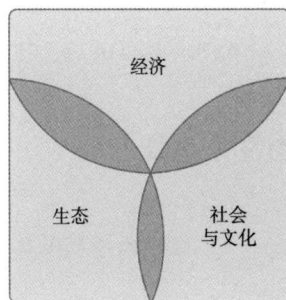

**活动流程**

◆　为这次活动准备一些知名人士不同的箴言（参见[>]附件），并且在标准A4或者A3纸上打印出来。把这些箴言用晾衣夹夹在森林里的树上或者绳子上。

◆　您要给参与者足够的时间读完这些箴言，紧接着给他们分配任务，即找出他们特别感兴趣的一句箴言，例如他，们特别赞同或者根本不赞同箴言的观点。对此，他们要思考，"他们的"箴言的思想内容，以及利用"生态足迹"可以做些什么。

◆　把所有的参与者集合在一起，每个人都要介绍自己选的箴言并且解释为什么他找出这个，对他来说结合生态足迹能做些什么？

◆　这个活动非常适于激发参与者进行讨论并把他们引导到"生态足迹"的主题里。因此，您要给参与者机会说出他们对其他人的箴言和文章的想法并表明立场，通过这种方式有可能会引导参与者的注意力集中到与"生态足迹"相关的主题上。

---

① 译注：在活动开始之前就应向参与者解释，阐明"生态足迹"一词。

---

**提 示**

■ 这个活动创意来源于巴伐利亚州森林公园法尔肯史戴恩（Falkenstein）。您将围绕主题组织一个进一步深入的活动。参与者应该知道生态足迹的概念是什么，也就是之前要了解这一主题的详细资料。短片"生态足迹——对小小的地球提出巨大的要求"这是一个很好的信息资料，可在以下网址获取：http://www.footprint.at/infomaterial.。

■ 注意要给小组足够的时间去找出那些箴言。

---

**活动深入的可能性**

如果想要深入研究"生态足迹"这个课题，可以参见[>]森林与社会 20 "我们只有一个地球！"，[>]森林——生命空间 2 "动物踪迹"。

**参考文献**

www.footprintrechner.at.

www.footprintnetwork.org/de.

www.umwelt-bayern.de.

www.wildniscamp.de.

www.conservation-development.net.

## 附件（箴言）①

只读书而不思考就等于只积累砖瓦而不去盖房一样。

拉宾德拉纳特·泰戈尔（Rabindranath Tagore）<br>印度的诺贝尔奖获得者

如果一个系统太过于复杂，那它自己就会产生错误，因此不要建立这种系统。

查尔斯·佩罗（Charles Perrow）<br>灾难分析家

地球太小——至少对于全球消费者阶层来说太小了。

沃尔夫冈·萨克斯（Wolfgang Sachs）<br>德国社会学家

目前世界上存在的高生活水平，只可能为少数人所有，而大多数人无法拥有。

弗兰茨·努斯勒（Franz Nuscheler）<br>德国杜伊斯堡大学教授

---

① 译注：所给的箴言应辅以有关人与自然、可持续发展和未来的中文引文（例如，来自孔子或其他中国思想家和哲学家的箴言）。箴言数量的选择应与参与者的数量相适应。箴言应以较大的字号打印，以便在活动结束后交给参与者，用于在家中反思，还可供其回忆整个森林之旅。

——沃尔夫冈·格拉芙（Wolfgang Graf）

如果一个系统无法再继续外推，那么，它就会在此终结!

汉斯-彼得·迪埃尔（Hans-Peter duerr）

物理学家

地球的墓碑可能写到：每个人都想要最好的——为他自己。

斯格弗里德·伦茨（Siegfried Lenz）（1926—）

德国作家

认识上我是悲观主义，行动上我是乐观主义。

阿尔贝斯·施魏策尔（Albert Schweitzer）（1875—1965）

医生，哲学家，诺贝尔和平奖获得者

只有当有勇的人有谋，有谋的人有勇时，我们才会体会到以前被错解的事实：人类的进步!

埃里希·卡斯特纳（Erich Kaestner）（1899—1974）

德国作家

只有当我们对那些可为、但是无需为的事情，采取无为时，未来才有希望。

冈特·格拉斯（Guenther Grass）

德国作家，诺贝尔奖获得者

没有良知的科学，不外乎堕落的灵魂。

弗朗索瓦·拉伯雷（Francois Rabelais）

法国作家，1532

最终思量下来，我们共同拥有的最基本的东西，就是这个星球。我们共呼吸，我们都关爱孩子们的未来。

约翰 F. 肯尼迪（John F.Kennedy）

美国总统1961—1963

站在月球上看地球是极其美妙的，它给我留下的印象是：地球是多么美丽，但也是多么的渺小，就像在无尽的海洋中一个微小的岛屿，就我们所知，到目前为止这是唯一一颗人类居住的星球。对我来说，以前从未有过如此强烈的意识，捍卫和保护它是如此的重要——不要在受到外来的侵略之前，反而是被我们"人类"自己毁灭。

尼尔·阿姆斯特朗（Neil Armstrong）

登上月球第一人，1969

要想改变世界，先要改变自己。

圣雄·甘地（Mahatma Gandhi）（1869—1948）

印度独立运动领袖

人类的未来不取决于他们做什么，而更多地取决于他们没有做什么。

约翰·欧文（John Irving）（1942）

美国作家

很快我们大家都将无法安然入睡了；有些人是因为饥饿，另外一些人是因为担心饥饿。

吉恩·齐格勒（Jean Ziegler）

瑞士政治家，人权能动主义者

当传说与事实不再相符，我们倾向于忽略事实。

乔治·莱考夫（George Lakoff）

美国科学家

如果我的同胞不欺骗别人，我将不再自以为是地去劝导他们。

让-雅克·卢梭（Jean-Jaques Rousseau）（1712—1778）

法国作家

教育就是一种发现事物之间潜在联系的能力。

瓦茨拉夫·哈韦尔（Vaclav Havel）

捷克总统1993—2003

如果写着：进步万岁！那么要不断地发问："谁的进步？"

斯坦尼斯拉夫·耶讲（Stanislaw Jerzy Lec）

（1900—1966）波兰作家

文化是防止掉下深渊的盾牌。

凯瑞埃特·迪艾门德（Garret Diamond）

美国作家

你看到了事情，然后自问道"为什么？"我梦到了事情，然后自问道"为何不呢？"

乔治·伯恩哈德·尚（George Bernhard Shaw）（1856—1950）

爱尔兰剧作家

世界只是我们从我们的孩子手里暂时借来的。

印第安人的格言

我只对未来感兴趣，因为那将是我生活的时代。

阿尔贝特·施魏策尔（Albert Schweitzer）（1875—1965）

医生，哲学家，诺贝尔和平奖获得者

我们正处于第三次世界大战，比以前的更可怕：这是对我们的子孙后代发起的一次毁灭性运动。

米夏埃利斯·安迪（Michael Ende）

德国作家，小说MOMO的作者

人类的生物量超过全部海洋鱼类的生物量。家畜的生物量比全部其他陆生脊椎动物的生物量要高出20倍！

瓦茨拉夫·斯米尔（Vaclav Smil）

加拿大一大学教授：地球的生物圈

如果"自由"这个词还有任何意义，那么，应该有权利告诉人们，有哪些是他们不想听到的。

乔治·奥威尔（George Orwell）<br>英国作家

世界现在所拥有的，足够满足每个人的需求，但不是每个人的贪婪。

圣雄·甘地（Mahatma Gandhi）

"公正"，是在同不公正做坚持不懈的斗争过程中所形成的概念。

沃尔夫冈·萨克斯（Wolfgang Sachs），<br>德国社会学家

# C 背景知识①

## 森林与社会——一个古老的话题

在新石器时代"现代人"（智人）迁居中欧，遇到了一片几乎完全被森林覆盖的土地，除此之外就是沼泽、湖、河流和山脉。森林变成了生活空间；在那里人们狩猎和采果子消耗他们生活的大部分时间。同时，森林也提供给了人们生活的必需品，如食品、衣服，而且还有建筑木材和取暖的薪材。

那时的人类对森林产生了矛盾心理：一方面他们敬仰许多树木为他们神的居所；一方面他们害怕这种"野生"的不可穿越的森林。这些害怕是有原因的，人类最初是来自东非敞开的热带草原地区，与中欧的原始森林相比草原是一览无余的。这一唤起人类信任的景观——依照哲学假说——还一直留存在人类的身上。

### 森林——一个文化障碍

森林妨碍了石器时代人们后来的生活，它使狩猎变得困难——它不是像在冰河世纪末冰川退却之后出现的能够围猎兽群的冻土地带和草原，森林阻碍了垦荒居住和耕种。为了能够建立村落和小区，人们艰苦地开垦森林。另一方面，石器时代社会利用森林作为牧场和木材供应来源，后来在青铜器时代森林成为了生产青铜器和玻璃以及煮盐等材料的重要燃料，作为能源，森林的重要性得以提高。在当今德国南部，由凯尔特人建立第一个城市奥波达（Oppida）时，他们是一点一点地打开密闭的森林外衣的。公元前古罗马人突进至此，普林尼斯（Plinius）写道："森林覆盖了整个日耳曼，并且把寒冷和黑暗连在了一起！"这句话反映了在他们那个时代人们并不喜欢森林。这就意味着为了农耕和牧地、获得水果和造酒而要开垦森林。中世纪时期，森林大开垦开始于八九世纪，顶峰时期在中世纪盛期的十二世纪和十三世纪的恺撒时代。随着森林的开垦利用，改变了那个时期人类对于森林的依赖关系。虽然后来森林仍然还继续是重要的原料来源，如木材、野味、浆果、水果、蘑菇、蜂蜡、畜舍的饲料和青草等。在森林里生存的人越来越少，人类得到了无森林的生活空间，在这里他们定居并且种植他们需要的大部分粮食。原始森林的砍伐伴随着开发利用、合理有条件的农业经济的发展，除此之外，人们开垦原始森林，害怕森林也是一个重要的原因，因为人们要远离他们害怕的物体，并要尽可能地阻挡害怕的物体。尽管森林开垦逐步加快，但是在居住区域之间仍然存在大面积的原始森林，如果没有人类破坏的话，这些过去是，将来也还会是以山毛榉为优势树种的森林。

### 森林变得很宝贵

中世纪以来没有主人的、自由生长的森林，得到一种新的价值：弗兰肯的国王把它作为一种可能性，即他的政权可以通过占有土地来巩固。他把所有没有主人的森林都占为己有，并且要求在这些禁区行使其独自的使用权。这样的禁区圈定被认为是一种封育造林（拉丁语forestis,简写为：foris,即对外封闭），并且在这些禁区中，到目前还有效的日耳曼"公共领域"自由狩猎

---

① 译注：以上这些知识主要是关于德国森林的历史，这方面的知识可以作为欧洲森林发展的一个例子。同时，还需要一位中国当地的史学家同一位林学家合作，从史前到现在，对当地类似的森林历史发展和森林人文关系进行补充。这样才有可能比较德国／欧洲和中国的发展历程，并发现可能的共同之处。

——沃尔夫冈·格拉芙（Wolfgang Graf）

权、钓鱼权以及使用权不再生效。也就是说到目前为止，这些森林不再属于整个社会，而是属于单个的森林业主。

在中世纪，居民人数的增加，居民区的扩大导致了森林遭受强烈的侵犯，十三世纪末人们就开垦了土地面积的80％，余下的1/5被社会增长的需求利用。森林提供的水果、青草、药草、蜂蜜和蜂蜡，仅仅可满足1500万人的需求。牲畜要在森林中放牧，如猪、牛、绵羊和山羊，建筑和烧火用的木材要从森林里砍伐。中世纪末期，这个地方的森林面积就越来越少，满足不了人们的需求。资源紧缺的感觉引起了人们对森林的尊重：森林从文化障碍开始向经济要素，即给人类提供生存必需的物品方向转变。

### 绿色的自然遗产陷入困境

对森林的乱砍滥伐，导致了供应不足加剧。人们尝试着用林业管理制度来制止这种发展势头。可持续性的原则（参见[>]背景知识 "可持续性利用"）首先考虑森林生存的安全和它的功能。

在这历史的长河中，人们很大程度地改变了森林。覆盖土地的自然遗产山毛榉林面积减少了1/3，为了满足社会的需要，森林中其原有的种类结构数量也被改变。只有那些生长在艰难的立地条件中的森林才幸存了下来，像陡坡、土壤贫瘠或者因为潮湿其他植物不能生长的地方。当然，我们也可以找到一些森林，它们是用于持续狩猎的森林。在我们的文化中，森林遗留下了大量的踪迹。森林出现在地名里，许多童话故事里，诗歌里，箴言、歌曲和谚语里（参见[>]第九章附录 童话故事、箴言、诗歌、歌曲），特别是德国人和森林建立起了深厚的关系。

### 森林所有权：从公共财产到各种所有制

就像之前阐述的一样，森林最初是没有归属的。但随着森林作为原料来源的地位不断提高，森林没有归属的状况得以改变。人口增长的现实要求对居住地附近的森林进行有序的管理，"公有林"或"社会林"被认为是大家可以共同使用的，即如何开垦、放牧、养猪、收获建材及薪炭材，以及农户垃圾清理等都有许多的规定。森林企业、木炭制造、钾肥制造、碱盐及松香行业都得到了广泛的发展。

今天，小城镇森林所有权是这种社会林或公有林权属不断流转的结果。当合法市民在其他地区分到了集体林的时候，部分不可再分的社会林就由城市接收。在德国许多地区才出现了现在还存在的小私有林业主的这种所属方式。在这些地区当时盛行所有子女继承方式，这样就产生了非常狭窄的、几乎不能再经营的地块。这样明显的、具有良好结构形式的私人林业一般在那些偏僻的地区出现，在那里这些森林就分发给愿意在当地居住的农民（农民林），城市森林的发展还要返回到城市建立的那个历史时期。

德国的国家森林主要还要从法兰克国王过去拥有的人工造林地说起。巨大而且连续的森林面积往往是皇家以前的狩猎场，例如，施佩萨特（Spessart）。最早是在20世纪初，这些君主专用林权就归属国家所有。与君主专用林国有化相反，世俗化后的朝代附属君主名下的基地及其森林所有权几乎完全作为大的私有森林所有者保留至今。

目前德国的森林中有1/3（34％）属于国家（联邦和省级）所有，20％属于集体企业（主要是乡镇）和46％属于私人所有。在某些情况下，这些数字在个别联邦州变化显著［福尔茨（Volz），2001］。

### 森林功能：森林有许多任务

森林今天不止满足传统的利用功能（森林作为木材、林副产品等原料来源），而且也提供能量（薪炭材、木块、能源森林），同时也满足了很多的保护功能：它能够减缓沿河低地在融雪期和暴雨时的河水冲击，因为它就像一个海绵一样能够大量地蓄水，然后慢慢地排出。森林也有清洁水源的功能，这就是为什么大部分水资源保护区都位于森林里的原因。森林通过其密集的根系还有水土保持、防止水土流失的功能。森林保护气候，使气候变得湿润凉爽，通过大片叶子或者针叶使空气湿润并有清洁空气的作用。它可以遮挡其貌不扬的、甚至是丑陋的文明建筑，从而扮演着视野保护的角色。除此之外，降低了伴随汽车、火车而来的噪音，这样提供了噪音屏障。

森林作为植物、动物、菌类的生存和避难空间有着特别的意义，德国最初时候几乎是一个纯粹的森林国家，保存和保护近自然森林（山毛榉树）在自然保护方面有着特别的意义。此外，森林对人类来说是非常重要的休养空间——一个与忙碌、吵闹相反的休闲空间。

### 作为森林与社会连接桥梁的森林教育学

如今我们用直接与森林接触的方法解决日益疏远大自然的问题得到广泛欢迎。森林教育学考虑到的是需求，并且以我们的社会和森林之间的关系为主题。林业越来越多地与人有关，而不是只与树木有关，它将促进森林工作者对社会及其需求进一步地关注。

森林一直以来都会赋予艺术家们灵感。艺术的新形式如"大地艺术"把大自然的美丽和他们的过去联系在一起。森林艺术展和竞赛令人感到非常愉快而且越来越受欢迎。

在森林教育学之外，还有不同的自然和森林治疗的形式，森林应该对治疗产生效果。这里也还包括许多不同体验教育形式［维克特（Wichert），2001］。

### 参考文献

格布哈德 U. 儿童与森林. 威斯巴登: VS社会科学出版社, 2009.

普劳赫曼 R. 人类与森林. 见: 施坦恩 H. 拯救森林. 慕尼黑: 金德勒出版社, 1995.

沙曼 S. 荒野之梦. 柏林: 金德勒出版社, 1996.

费尔茨 R. 等. 德国森林. 编者: 巴登符腾堡州政策教育（LpB），www.buergerimstaat.de/1_01/wald.htm.

### Literaturhinweise

Gebhard, U.; Kind und Natur, VS Verlag für Sozialwissenschaften, Wiesbaden 2009.

Plochmann, R.; Mensch und Wald. In: Stern, H.; Rettet den Wald. Kindler Verlag München 1995.

Schama, S.; Der Traum von der Wildnis. Kindler Verlag, Berlin 1996.

Volz, R. et al.; Der deutsche Wald. Hrsg. LpB, www.buergerimstaat.de/1_01/wald.htm.

# 第十节
# 全球森林

太爱这个世界，就没有时间好好思考这个世界；
而爱得不够，就会失去思考其本身的基础。

克里斯蒂安·摩根斯坦
（Christian Morgenstern）

A 简明信息
B 活动
C 背景知识

## A 简明信息

一直以来，地球上的森林面积正在逐年减少，近几年来减少的速度虽然有所减缓，但还是一直保持在每年1300万公顷左右。这个面积相当于边长为360千米的一个正方形——它比保加利亚的国土面积还要稍大一些。

与此相反，很多中欧国家的森林面积却在逐步增长。自1981年以来，德国巴伐利亚州的森林面积平均每年增长约550公顷。

造成世界上的森林被破坏的原因主要有两点：一是对森林的不可持续性利用；二是为了粮食生产而进行的林地开垦。为基础设施、薪柴等进行的林地开垦是造成森林被破坏的次要原因。如果刚果盆地以及亚马孙地区的原始森林继续被大片毁坏，那么对于这种人为改变气候的行为可用一个最贴切的词语来形容，那就是"玩火"，因为这些森林对世界气候起着重要的正面作用。对于这个主题我们给您提供以下活动方案。

### 活动概览

以下活动让您和您的参与者以运动的形式来研究这个主题。

■ 全球森林 2 "世界上最快的资源游戏"

通过这个运动性较强的抓捕游戏，参与者可得知，人类争夺越来越短缺的自然资源有着怎样一个动态。

您想让参与者进行思考并且尝试一下另一个角色吗？如果是，那么我们推荐给您以下2个活动：

■ 全球森林 3 "教育使人明白事理"

通过这个活动，参与者可认识到在全球资源贸易中交际和教育有多么重要，这两轮游戏阐明了要从原住居民的角度来利用原始森林。

■ 全球森林 4 "世界的薪炭材"

参与者将分到不同的"村庄"，并且试图用分配给他们的林地持续地为他们的"村庄"制造薪炭材。

---

实践经验和手工制作能够强化理论知识。为此我们设计了这些活动：

■ 全球森林 5 "用木柴煮东西"

参与者对几种不同的烹调方式进行比较，并且找出一个最为有效地节省木柴的方法。

■ 全球森林 6 "森林火灾"

参与者制作几个不同的森林种类的模型，紧接着在每个模型中都点上火，对其后果进行讨论。

■ 全球森林 7 "越来越多或者越来越少"

参与者在现场进行测定地球上不同的国家内每个公民占有的森林面积为多少。

# B 活动

## 全球森林 1　我们之所以砍伐森林——因为这里那里都需要利用森林

**内容**　参与者了解其他国家的森林管理状况 。

| 目的 | 时限 |
| --- | --- |
| ◇很好地进入"全球森林"这个主题，它能够开阔参与者的眼界 | ◇30～45分钟 |
| | 材料 |
| | ◇不同伐木方法与森林管理形式的图片[①] |
| 活动类型 | 准备工作 |
| ◇知识型 | ◇打印照片或图片，并且覆膜 |
| 参与者人数 | 室外条件 |
| ◇最多30人 | ◇干燥，不要太冷 |
| 参与者年龄 | |
| ◇8岁以上 | |

**可持续发展教育目标**

◆　对待事物的方法与能力

◇我很清楚, 跨学科的合作是非常有价值的, 并且也是很困难的。

这里：这些图片展示了不同国家不同的利用方式（经济），通过这些图片可以让您的参与者明白，森林的利用是多样化的（生态），并且必须要对某些方式进行改变（文化）。

◆　社会能力

◇我能够得出自己的结论。

这里：通过展示不同国家情况的图片，您的参与者认识到，只有当人们对一个陌生的情况进行全面的了解以及诠释时才能真正理解它。

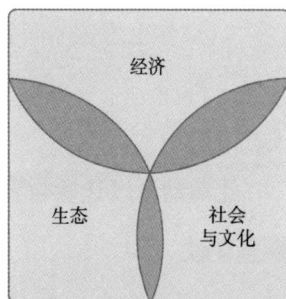

**活动流程**

◆　将照片分散平铺在地面上，参与者现在有一个任务，就是分别从这里面挑出一张照片来，并且考虑这张照片表现的是什么，是属于哪个国家的。然后您可以问参与者，为什么他们挑选了这一张照片，以及想要将其归入哪个国家。

◆　如果他们手上的照片都介绍完了，那么也可以讨论一下剩余的照片。这样，他们可以探讨这个主题活动深入的可能性。

---

① 译注：木材采伐方法和森林管理活动的图片应补充来自中国的图片，以便该活动与"这里"相关，因为德国属于"那里"，而中国是在开展活动的"这里"。每次活动时，选择与参与者数量相对应的若干张照片，这些照片应来自世界的不同地区。

——沃尔夫冈·格拉芙（Wolfgang Graf）

**后续工作**

老师会在学校播放一部关于资源管理发展合作的影片。

**活动变化方案**

您可以让参与者按照不同的标准对照片进行分类，比如，按照国家归属、可持续发展性、危险性以及伐木效率。

**活动深入的可能性**

◆ 您还可以对参与者进一步提出以下问题：

◇是否有这样的照片，它们描述的是同一个主题，但是内容是完全不同的？

◇看到这些森林照片你会产生哪些联想？

◇你怎样来阐释你挑选到的照片？

◇你想问照片里的人一个怎样的问题？

◇照片上所展示的利用方式之间有什么差别和共同之处？

◇你会对森林提出哪些不同的要求？

◇从照片上可以看出有哪几种不同的工作条件？

◇照片上有几种不同的工作情况，你对其工作安全性有什么看法？

◇在照片中所描述的几种情况中使用了哪几种工作机械/设备？

◇什么是"可持续性利用"？有没有照片是展示可持续性利用的情景？

◇在利用大自然的同时能不能对它们进行保护？

◇你也想锯木吗？并且希望结识一些一起参与此项工作的伙伴吗？理由有哪些？

**附加信息**

此活动可以让参与者很好地进入"全球森林"这个主题。

### 参考文献

www.greenpeace.de. 选择"主题"下的"森林专题区, 然后在"搜索"框内输入"生态型森林利用".

### Literaturhinweise

www.greenpeace.de. Unter „Themen" das Fachgebiet „Wälder" auswählen und unter „Suchen" den Begriff„ Ökologische Waldnutzung" eingeben. Idee: Georg Sprung.

活动创意：乔治·司泊恩（Georg Sprung）

# 全球森林 2 世界上最快的资源游戏

**内容** 在游戏中参与者可体会到世界人口增长与资源消耗之间的动态关系。

目的
　　◇让参与者认识到资源消耗的
动态
活动类型
　　◇活泼型、积极的
参与者人数
　　◇最多30人
参与者年龄
　　◇8～11岁，不进行深入探讨
　　◇12岁以上进行讨论

时限
　　◇15分钟
材料
　　◇隔离带
　　◇球队腕带
　　◇帽子
准备工作
　　◇请您划定游戏场地的界线
室外条件
　　◇—

**可持续发展教育目标**

◆ 个人能力

◇我要对自己的行为承担责任，并且要考虑到大自然和其他人。

◇我富有创造性，并且积极创建我的生活和环境。

这里：在接下来的讨论中您的参与者可以共同研究一种可行的
方案，怎样可以在日常生活中节约自然资源？

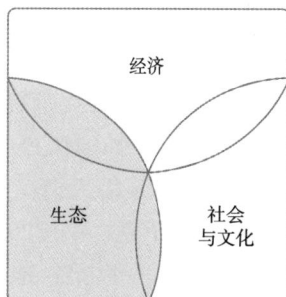

**活动流程**

◆ 标出游戏场地（20米×20米至30米×30米，根据参与者人数的多少决定）。

◆ 请您让参与者进入游戏场地内。现在他们是地球上的一种资源，比如，地球上的树木，
所有在游戏场地内的参与者都会分到一顶帽子或者一条球队腕带，其中，有一个志愿者
代表"人类"，他是唯一一个不佩戴帽子或者球队腕带的人。

◆ 志愿者会得到一个任务，就是尽可能多抓几个参与者。如果这个"人"抓住了一个参与
者（树木），那么他就可以提高自己的生活水平，并且更好地繁衍后代,被抓的那个参
与者现在也成为了"人类"，成为了一个抓捕者，此时，他需要将帽子或者球队腕带摘
下，以此来辨别他是一个抓捕者，游戏继续进行。为了对资源进行再生产，每隔1分钟将
一个抓捕者作为资源（佩戴帽子或者球队腕带）再次送入游戏场地内。

◆ 游戏以这种方式继续进行下去，其原动力不断增加，直至所有资源被消耗完。

◆ 在接下来的讨论中，参与者可借鉴游戏中所经历的事情，并且将它们搬到现实生活中
来（困惑，混乱，自身动力，连锁反应……）。此时，您和您的参与者一起给出一些简
单而又务实的建议，为了阻止这种动态继续进行下去，我们每个人都可以做些什么，比
如，关灯，用省水按钮冲洗厕所，用自行车代替汽车，等等。

◆ 讨论的主题是世界人口的增长以及随之发生的资源消耗。

### 后续工作

老师会在学校播放一部关于资源管理发展合作的影片。

---

**提 示**

如果游戏场地小一点，并且参与者只能走，不能奔跑，那么游戏会变得更加清楚。

---

### 活动深入的可能性

◆ 您和您的小组还可以制作出一个游戏场景，在这里高速发展的情况改变了，资源消耗也停止增长了。请你们共同探讨一下，哪些规则必须要做出修改。

◆ 对于这个题材您也可以提供下列活动[>]全球森林 4 "世界的薪炭材"，[>]全球森林 6 "森林火灾"。

### 附加信息

◆ 2016年每人消耗的纸张以及纸制品：卢森堡277千克，德国251千克，美国222千克，日本214千克，韩国186千克，英国145千克（没有所有国家的数据）。建议：北美洲215千克，欧洲125千克，大洋洲113千克，亚洲44千克，拉丁美洲43千克，非洲7千克。

◆ 2019年每人消耗的钢材：中国1393千克（其中，中国大陆633千克，中国台湾760千克），韩国1039千克，日本498千克，欧盟310千克，美国297千克，印度74千克。

◆ 2013年每人消耗的能源，单位为千克油当量：美国9208千克，德国5149千克，坦桑尼亚625千克，中国2964千克（最近的10年里增加了大约64%）。

◆ 公元一世纪，地球上大约有3亿人口。1650年大约有5亿人口，那时的增长率在0.3%，这是之前的240年的2倍。在工业革命期间增长率暴涨，至1900年人口增长至16亿，约是1650年的3倍。到1965年世界人口已经达到约33亿，比1900年又翻了一番，造成这种趋势的原因是死亡率下降十分迅速，而出生率下降却十分缓慢。早在1974年人口已经达到40亿，然后在1987年达到50亿，12年以后，也就是1999年在地球上生活了60亿人。2012年人口达到70亿，2020年人口达到78亿，预计在2027年达到80亿，2037年达到90亿。

### 参考网站

◇环保纸网络: https://environmentalpaper.org.

◇世界钢铁协会: www.worldsteel.org.

◇维基百科: https://en.wikipedia.org/wiki/List_of_countries_by_energy_consumption_per_capita.

◇世界人口钟: https://www.worldometers.info/world-population/.

### 报告

◇2018 The State Of The Global Paper Industry: https://environmentalpaper.org/wp-content/uploads/2018/04/StateOfTheGlobalPaperIndustry2018_FullReport-Final-1.pdf.

◇2020 World Steel in Figures: https://www.worldsteel.org/en/dam/jcr:f7982217-cfde-4fdc-8ba0-795ed807f513/World%2520Steel%2520in%2520Figures%25202020i.pdf.

数据更新：刘婉凝、王颖

## 参考文献

德国世界人口基金会(DSW): www.weltbevoelkerung.de.

德国联邦教育与科研部: 针对今后特大城市可持续发展促进难点研究, 来源: www.emerging-megacities.org.

## Literaturhinweise

Deutsche Stiftung Weltbevölkerung (DSW): www.weltbevoelkerung.de.

Bundesministerium für Bildung und Forschung (BMBF): Förderschwerpunkt Forschung für die nachhaltige. Entwicklung der Megastädte von morgen, abrufbar unter: www.emerging-megacities.org.

# 全球森林 3　教育使人明白事理

**内容**　参与者学着理解原始森林开发的问题。

| 目的 | 时限 |
|---|---|
| ◇让参与者明白无限制利用对生物多样性的影响，以及当地居民加入保护行动的重要性 | ◇30分钟 |
| 活动类型 | 材料 |
| ◇活泼型、交流的 | ◇来自森林的5种不同的物体（球果，石头等），每种各10份 |
| 参与者人数 | ◇眼罩 |
| ◇最多30人 | ◇热带木材产品清单（参见[>]附件） |
| 参与者年龄 | 准备工作 |
| ◇13岁以上 | ◇在举办活动之前，要将物品准备好 |
| ◇1～3阶段适合8岁以上人群 | ◇请您复印附件 |
| | 室外条件 |
| | ◇干燥 |

**可持续发展教育目标**

◆ 对待事物的方法与能力

◇我知道自己缺乏哪方面的知识，并且我有能力来弥补这些缺失的知识。

这里：经验证明一个无知的人很容易被利用。通过这个活动，参与者可体验到，认识自己知识欠缺以及弥补这个欠缺有多么的重要。

◆ 社会能力

◇我能很好地体谅别人。

◇我有很好的团队精神，并且会考虑到别人的长处和弱点。

◇我可以不使用武力解决冲突。

这里：通过和另一组的参与者进行谈判，共同寻求一个令谈判双方都满意的结果。

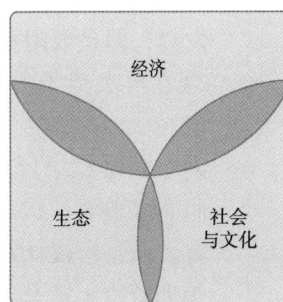

◆ 个人能力

◇我有自己的主张，不受别人的影响。

这里：在这个角色扮演的活动中，参与者必须要注意，谈判时不应该过多地牺牲自己的利益来谋取意见一致。

**活动流程**

第一阶段

◆ 将参与者派遣到森林里去，他们有一个共同的任务，就是总共寻找5种不同的物体，每种各10份（比如，10个球果，10块石头，10片苔藓，10根小棍，同一种植物的10片叶子）。

◆ 将参与者分为两个小组（参见[>]开始 7 "谁和谁在一起？"），一组扮演热带雨林的原始居民，另一组扮演热带雨林资源的外部使用者。请您不要将外部资源使用者这一组公布出去，因为热带雨林原始居民这一组不应该知道谁是另一组的。

◆ 请您将所有收集到的物品分开摊在地上，摆成一个圆周为5米的圈，这块区域就是活动场地。确定原始居民组，将他们的眼睛用眼罩蒙上，然后，前往活动场地，这块活动场地代表着他们的森林，而地上的物体则代表了原始居民组所在的森林区域的资源。现在，他们开始寻摸这些物体，并且在每一轮活动中取走一个物体，以此来表示他们正在利用自己的森林，此时，原始居民组应该讨论一下，他们要怎么样对待自己的"资源"。在取掉3个物体（资源）之后，这一组可以得到同等数量的物体。在此过程中该组应该统一意见，要把哪个位置的物体取走。

◆ 另一组站在活动场地的外面。当原始居民组在积极活动的时候，请您把另一组带到一边，并且悄悄给他们分配以下任务：这一组的成员应该绕着这个活动场地蹑手蹑脚地来回走动，并且试图把所有的资源（物体）都偷走。

◆ 一旦偷到了资源，原始居民组可以把眼罩摘下来（在没有偷到之前绝对不可以摘下）。

第二阶段

◆ 现在给予参与者时间相互交流一下经历，原始居民组会感到自己被欺骗了。这时他们可以探讨生物多样性的意义，以及一些植物或者动物种类对工业国家具有非常重要的意义，因此，它们被肆无忌惮地开发，这又意味着什么。请您让参与者找出，这个盲目性（缺乏对过程的了解）代表了什么？请您证明在发展中国家教育和启迪有多么重要。

第三阶段

◆ 活动继续进行。现在原始居民组不再被蒙上眼罩，并且相互之间可以交流，让他们尽情发挥，但是要阻止使用暴力，参与者为了争夺"资源"，争执是不可避免的。

◆ 现在再次给予参与者时间相互交流一下经历，从这个活动过程中参与者们有了哪些认识？

◆ 对于8～12岁的参与者，活动到此为止，得出的结论是：如果人们看到并且了解森林对他们有多重要，以及原始森林正在发生什么，那么他们也会去保护它。因此必须要告诉所有人，原始森林发生了什么事情，这是非常重要的。

第四阶段（适合年龄大一点的参与者）

◆ 在接下来的活动中必须要研究并且找出尽可能合理的解决方案。在这一轮的活动中是严格禁止使用暴力的，参与者必须相互进行谈判，他们在讨论时是平等的，但是在现实情况中并不是这么一回事。

◆ 借助这个例子可以让参与者清楚地知道，通常情况下，在谈判双方之间会存在一个权力的不平衡，这就意味着发达国家比发展中国家更占上风。因此，能否保持一种公平的关系，特别取决于想要利用资源的这些国家的态度。在这个例子中，明确指出了教育以及维持生物多样性的重要性。

---

### 提 示

■ 活动可能会变得非常活跃，请您注意，学生之间的来往必须要公平，不要发生暴力事件。

■ 生物种类的多样性对于维持生态系统的平衡和功能性起着非常重要的作用。生态系统的生物种类越少，它在受到外界影响时就会越不稳定。因此，在这个气候变化的年代，保持生态系统的生物多样性就尤为重要！

■ 这个活动也可以在教室内进行。

---

### 后续工作

老师会在学校播放一部关于资源管理发展合作的影片。

### 活动深入的可能性

◆ 这种关系也可以转用到欧洲来，比如，我们应该怎样对待我们的水资源？

◆ 此次活动可以让参与者了解并且讨论生物多样性这个主题。

◆ 分发给参与者一张在德国交易的产品清单，在这些产品中可能会用到热带木材（参见[>]附件）。

◆ 对森林认证进行详细研究专题。

◆ [>]全球森林 4 "世界的薪炭材"，[>]森林与社会 17 "森林里的东西属于谁？"，可以作为这一主题的补充。

### 附加信息

此次活动清楚地说明了各利益群体是怎样肆无忌惮地利用资源的，此外，也说明了你在哪里获取了多少资源也应该付出多少补偿。

### 参考文献

www.tropenwaldnetzwerk.de.

www.bmz.de., 在搜索关键词内输入 "原始森林"。

www.urwaldministerium.de., 在搜索关键词内输入 "原始森林"。

### Literaturhinweise

www.tropenwaldnetzwerk-brasilien.de.

www.bmz.de, Suchbegriff „Urwald" eingeben.

www.umweltministerium.de Suchbegriff „Urwald" eingeben.

## 附件

一小部分由热带木材制作而成并且在德国市场销售的产品：

| | | |
|---|---|---|
| 窗框 | 木门 | 家具（更确切地说是家具的后壁） |
| 马桶盖 | 木地板 | 扫帚柄和工具柄 |
| 相框 | 火柴 | 花园中使用的桌椅 |
| 衣架 | 胶合板 | 汽车和游艇的室内装饰 |
| 硬纸板 | 纸张 | 乐器 |

当然，所有上面列举的产品也有用本国的木材制作而成的。对于消费者来说，他们很难想到这些产品中应用了热带木材，尤其当它们没有在标签中写明这些是由热带木材制作而成的时候。如果消费者当中谁想要确定购买的产品是否仅由本国的木材制作而成，那么他在购买时必须明确地进行询问。

木材作为可持续性林业经济拥有不同的认证［比如森林管理委员会（FSC），森林认证体系认可计划理事会（PEFC）］。谁购买了这种带有质量合格标志的产品，他可以确定，这种木材源自于可持续性森林。

## 全球森林 4　世界的薪炭材

**内容**　参与者体验到发展中国家资源的有限性。

> **目的**
> ◇使参与者关注自然资源短缺的问题
> **活动类型**
> ◇活泼型、协作的
> **参与者人数**
> ◇最多30人
> **参与者年龄**
> ◇12岁以上
>
> **时限**
> ◇30分钟
> **材料**
> ◇标记带
> ◇50根木棍，1米长
> **准备工作**
> ◇划定游戏场地的界线：一个大场地
> ◇请您将10根木棍打入地下（参见活动流程中的草图）
> **室外条件**
> ◇地面无冰冻

**可持续发展教育目标**

◆　对待事物的方法与能力
◇我有能力将知识应用到实践中去。
◇我在知识获取方法方面是经过训练的，如思考、联想、试验、研究、提问，等等。
这里：在这次活动中，参与者可通过"森林管理"将资源、生态、社会、消耗方面的知识直接付诸实践。通过直接的试验，参与者可在每一轮的活动中体验到可持续木材利用的作用。

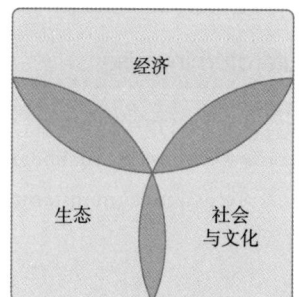

◆ 社会能力

◇我可以很好地与他人来往。

◇我可以与他人一起制订计划并处理问题。

◇ 我可以和其他人共同寻求恰当并且公正的决定。

这里：在这些活动中，您的参与者很快就会意识到，只有当他们与其他小组进行沟通，并且共同研究活动战略，才能使这个活动成功。

◆ 个人能力

◇我要对自己的行为承担责任，并且要考虑到大自然和其他人。

这里：您的参与者作为不同的村民代表要试图共同经营管理一块特定的森林区域，并且必须要对采取的措施取得一致的意见。

**活动流程**

准备阶段

◆ 请您将参与者分成5个小组（参见[>]开始 7 "谁和谁在一起？"）。现在将10根木棍竖直插入场地，它们不能在小的场地（村庄）内，并且要均匀地分布在整个场地。请您告诉这些参与者，这些木棍代表需利用的木材，它分散在森林各处。在活动的过程中只能使用摆放的木材，而不能使用活动场地内其他的大树枝。

活动场地

◆ 现在请您将小组成员分配到各个"村庄"。每一个组代表着一个民族的村落共同体，比如，非洲南部。每个"村庄"都有规定的木材需求，在每一轮活动之前由您来指定对木材的需求。这些"村庄"在发展，因此木材的需求量也在增长。每一轮活动代表1年，只有最领先的村落共同体能够存活，如果不能满足一年的木材需求量，那么这个"村庄"就有危险了。第二年如果不能满足木材的需求量，那么村落共同体就瓦解了，然后被分配到其他各个"村庄"。如果"村庄"能够供应您所规定的木材数量，那么对木材的需求量就算满足了。

◆ 竖着的木棍代表着树木。每棵"树"每年能生产1根"木材"（=横着的木棍）。每次需要将收集来的"木材"交给活动主持者（表示此"木材"被消耗掉了），只有在活动场地内的"木材"（只能是活动用的木棍，其他木头不算）才能被收集。允许参与者"植树"，就是将自己储备的木棍插入泥土中，但是在需要时将"树"砍掉，这就意味着将竖着的木棍拔出。活动场地内"树"可能的最大数量为25，在森林里不是任意多少棵树都有空间生长的。在收集"木材"的那轮活动中通常也允许"种植"或者"砍伐"树木，1年为1轮活动，由您来示意一轮活动开始。

开始阶段

◆ 第一年：每个"村庄"需要2根"木材"，在您的示意下所有"村庄"同时开始在活动场地内收集所需要的"木材"，"木材"中的1根将会被消耗掉。因此，您可以从每个"村庄"收回1根木棍。请您分配给活动场地内的每棵"树"（竖着的木棍）1根"木材"（横着的木棍），代表每棵"树"每年生产1根"木材"。

◆ 第二年：每个"村庄"需要3根"木材"，请您示意活动开始，在对"木材"进行收集之后，您可以从每个"村庄"收回2根"木材"（村庄在发展，对木材的需求量也随之增加）。现在，请您再次分配给活动场地内的每棵"树"1根"木材"。

◆ 第三年：每个"村庄"需要4根"木材"，请您示意活动开始。在对"木材"进行收集之后，您可以从每个"村庄"收回3根"木材"（村庄在发展，对木材的需求量也随之增加）。现在，请您再次分配给活动场地内的每棵"树"1根"木材"。

◆ 第四年：每个"村庄"需要6根"木材"，请您示意活动开始。在对"木材"进行收集之后，您可以从每个"村庄"收回5根"木材"（村庄在发展，对木材的需求量也随之增加）。现在，请您再次分配给活动场地内的每棵"树"1根"木材"。

◆ 第五年：每个"村庄"需要6根"木材"，请您示意活动开始。在对"木材"进行收集之后，您可以从每个"村庄"得到5根"木材"。现在，请您再次分配给活动场地内的每棵"树"1根"木材"。

◆ 自第六年起，木材需求量每年增加1根，直至不再有树干存在。

讨论和反思

◆ 请您让参与者讲述一下自己的经历，最好每一个"村庄"都谈论一下自己的经历和经验。

◆ 请您和参与者一起讨论，怎么才能使所有的"村庄"都活下来，怎样才能在不破坏森林的情况下供应足够的木材。请您和参与者一起制订出一些方案，为了让活动"永远"地进行下去，必须在哪个关键环节做出改变？

◆ 带着这个目的请参与者制定出新的战略和规则。但是不能只修改活动的规则（比如，每年消耗更少的"木材"），而是要让参与者必须找出一条出路，怎样才能在现实生活中减少对木材的需求量。这就意味着，活动规则的修改必须要在现实中是可实现的。请您在新的活动规则下再重新玩一次，看看现在是否满足可持续性发展的标准。

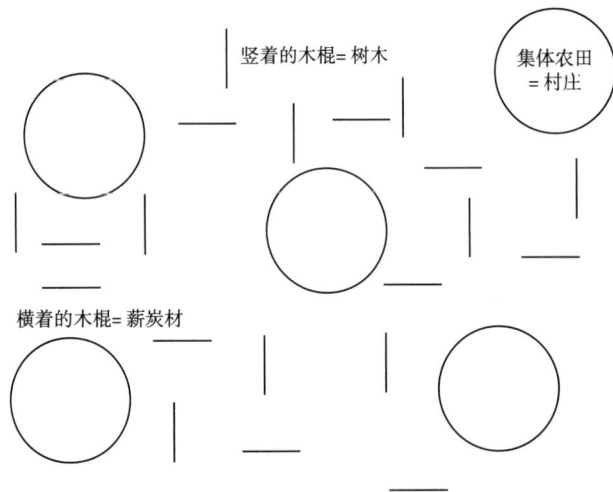

竖着的木棍＝树木

集体农田＝村庄

横着的木棍＝薪炭材

后续工作

老师会在学校播放一部关于资源管理发展合作的影片。

提 示

只有当参与者一开始就"植树"，他们才能让"村庄"存活得久一点。一旦"村庄"处于困境而开始"砍伐树木"，那么活动就有了戏剧性的转变，为越来越短缺的资源进行的抢夺也变得越来越激烈，各个村庄的可持续性交易也化为乌有了，虽然也一直努力"植树"，但是很快就达到了上限。要么他们需要更多的面积，这就意味着要和隔壁的种族发生冲突；要么他们就必须设计出一种方案，也就是说要通过对村落共同体进行教育来节约"木材"（可持续性发展原则）。

**活动深入的可能性**

◆　请您组织一次讨论，要如何管理我们的森林。可持续性发展原则在这里是否被体现出来？

◆　活动[>]全球森林 5 "用木柴煮东西"向我们展示了一个最简单的节省木材的方法。

◆　这个活动也很符合"可持续性利用"这个重点主题。

**附加信息**

此次活动清楚地说明了，为了要对森林进行可持续性利用，人们必须要提前进行规划，每一个决定都会对经济、生态以及社会产生影响。这不仅影响自己的村庄，而且还远远超过了这个范围。

# 全球森林 5　用木柴煮东西

**内容**　参与者可体验到木材作为燃料时，用不同的方法煮东西会有不同的效果①。

目的
　　◇让参与者制订实际可行的实施方案
活动类型
　　◇调研型
参与者人数
　　◇最多30人
参与者年龄
　　◇8岁以上

时限
　　◇30分钟
材料
　　◇干燥的木柴，2个锅，打火机，干枯树枝，干草，固体汤料，杯子，2支温度计，钢锯或者铁皮钳，饮食行业的大的罐子（用途见[>]提示），工作手套
准备工作
　　◇—
室外条件
　　◇干燥

**可持续发展教育目标**

◆　对待事物的方法与能力
　　◇我有能力将知识应用到实践中去。
　　◇我在知识获取方法方面是经过训练的，如思考、联想、试验、研究、提问，等等。
　　这里：您的参与者用不同的方式生火，并且对同等数量的水进行加热。当然他们需要对不同的结果进行研究，并且得出结论。

◆　社会能力
　　◇我有很好的团队精神，并且会考虑到别人的长处和弱点。
　　这里：在和其他小组一起进行生火和煮汤比赛时，团队精神和个人能力的有效利用是尤为重要的。当然，他们需要对不同的结果进行研究，并且得出结论。

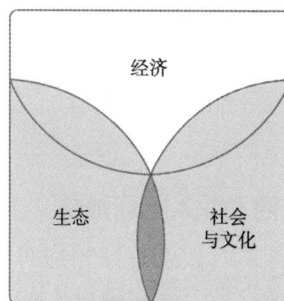

---

①　译注：应严格遵守《中华人民共和国森林防火条例》，森林防火期内，禁止在森林防火区野外用火。

## 活动流程

◆ 请您开始一次幻想之旅，将小组成员带到非洲，在那里还不能使用电。现在，问一下您的参与者，他们怎样煮一碗汤。在收集到结果之后，将一个大罐子放在中间，并且和小组成员一起将其制作成一个"哈勃炉（Haboofen）"。

◆ 请您将参与者分成2个小组（参见[>]开始 7 "谁和谁在一起？"）。每个小组都会得到一个任务，就是用一定数量的木柴将汤煮开，汤必须被煮沸，第一个小组需建造一个炉灶，第二个小组可使用"哈勃炉（Haboofen）"来煮汤，每个小组会分到同等数量的木柴。

◆ 为了进行比较，在煮汤的过程中要对温度进行测量，还要进行计时，看两个小组分别需要用多长时间才能将同等数量的汤煮开。

◆ 如果两组的汤都煮好了，还要比较他们分别用了多少木柴。

◆ 在享用汤的同时还要对结果进行讨论。这时，您可以研究出一种简单的方法，这种方法是每个人都会用的，节省能源不是只能依靠高科技来实现的。请将讨论的结果转用到自己小组的环境中：怎样做才能比以前更环保，并且不需要很大的投资。

## 后续工作

老师会在学校播放一部关于资源管理发展合作的影片。

## 活动变化方案

使用一些不同的煮汤方法，并且对它们进行比较（比如，太阳能炉）。

### 提 示

为建造一个"哈勃炉（Haboofen）"，需要用一个铁皮钳或者一个钢锯将一个大的罐子从上边缘往下锯开几道口，紧接着隔一块区域将铁皮弯曲，形状就像城墙。最后，在侧面1/3以下的地方，用刀在罐子上钻几个气孔，这是非常有必要的，因为这样火就能接触到空气了。完成！罐子的大小要刚好可以将所用的锅放在上面。在生火时请您注意相关的规定，巴伐利亚州的这些规定[>]附件中有描述。

## 活动深入的可能性

◆ 如果有阳光您可以放2个装有水的塑料瓶在太阳底下，一个染成黑色，一个不染色，然后分别测量水的温度。如果可以的话，您也可以在这一点上展示一下太阳能热水器的原理。

◆ 您可以提示几种可选择的燃料：干燥的牛粪，干燥的泥炭，为了通过演示来强调这种推测，您手头上要有这些材料。

◆ 这个活动也可以作为[>]全球森林 4 "世界的薪炭材"，[>]全球森林 6 "森林火灾"的补充。

⬭ 讨论

在讨论时应该会得出以下观点：我们不能禁止其他国家利用它们自己的资源。

⬭ 附加信息

此次活动清楚地说明了，怎样用最简单的技术来节省资源。

## 参考文献

霍 R. 户外–实践. 旅游知识–郝出版社Rump, 2008.

### Literaturhinweise

Höh, R.; Outdoor–Praxis. Reise Know–how Verlag Rump, 2008.

活动创意："家庭用火"，爱博哈德 · 堡莱博士（Dr. Eberhard Bolay），
斯图加特森林之屋

## 附件

译注：森林防火是重要的林业日常工作，火灾会对森林构成严重威胁。《中华人民共和国森林防火条例》对防火责任、森林火灾的预防做出了明确的规定：

《中华人民共和国森林防火条例》第二章第二十五条规定，森林防火期内，禁止在森林防火区野外用火；第二十六条规定，森林、林木、林地的经营单位应当设置森林防火警示宣传标志，并对进入经营范围的人员进行森林防火安全宣传；第二十七条规定，林业主管部门、重点国有林区的管理机构可以设立临时性的森林防火检查站，对进入防森林火区的车辆和人员进行森林防火检查。

各地的森林防火敏感期是不同的，因此，在事先没有征得同意的情况下，任何时候进入森林体验区域，都不要携带火柴、打火机等火种或其他易燃物品。

本项活动也不宜在森林区开展。所介绍的内容仅供了解国外情况和学习参考。

县级以上地方人民政府应当根据本行政区域内森林资源分布状况和森林火灾发生规律，划定森林防火区，规定森林防火期，并向社会公布。森林防火期内，各级人民政府森林防火指挥机构和森林、林木、林地的经营单位和个人，应当根据森林火险预报，采取相应的预防和应急准备措施。森林防火期内，禁止在森林防火区野外用火。

### §2条　使用炉灶

（1）使用炉灶必须要确保不会有引发火灾的危险，您必须要足够小心。

（2）炉灶内的固体材料不允许用可燃液体点燃。

### §3条　在野外生火

1. 在野外，封闭式的炉灶必须：

（1）离可燃材料建造的建筑物至少5米远，从屋檐开始量起。

（2）离易燃材料至少25米远。

（3）离其他可燃材料至少5米远。

（4）有强风时不允许使用炉灶。

2. 在野外，开放式炉灶或者营火只有当不会对周围环境造成火灾时才允许被点燃。

（1）必须至少要遵守上述第1款中对封闭式炉灶所规定的距离；开放式炉灶或者营火离易燃材料至少100米远。

（2）开放式炉灶或者营火必须要一直有人监管。

（3）遇到强风时必须要将火熄灭。

（4）在离开炉灶时必须要将火或者烧红的炭火熄灭。

## §27条　行政违章行为

根据州刑法以及条例法第38条第4款，蓄意或者无意违反§2–22条之规定者，将被罚款。

根据第17条第4款编号1，许可义务不适用于森林所有人或者在他的森林里进行工作的人（林业干部，林业工人，承包商）。

# 全球森林 6　森林火灾

内容　将火的方方面面和森林整体主题联系起来。

| 目的 | 时限 |
|---|---|
| ◇使参与者提高森林火灾的风险意识 | ◇30分钟 |
| 活动类型 | 材料 |
| ◇调研型、创造型 | ◇4个旧的烤锅 |
| 参与者人数 | ◇打火机 |
| ◇最多30人 | ◇焊接灯 |
| 参与者年龄 | ◇森林类型的照片或图片 |
| ◇8岁以上 | ◇干燥的苔藓，树枝及干草 |
|  | ◇野外炊具及固体燃料片 |
|  | 准备工作 |
|  | ◇— |
|  | 室外条件 |
|  | ◇干燥，附近有林间道路 |

## 可持续发展教育目标

◆　对待事物的方法与能力

◇我在知识获取方法方面是经过训练的，如思考、联想、试验、研究、提问，等等。

这里：您的参与者可研究火对不同种类的森林模型会有哪些不同的作用（生态、社会以及文化）。

◆　社会能力

◇我可以与他人一起制订计划并处理问题。

◇我有很好的团队精神，并且会考虑到别人的长处和弱点。

这里：您的参与者可按小组制作出不同的森林模型，然后一起体验火对他们的作品会造成什么样的后果？并且要在全体成员面前表达一下对此的感受。

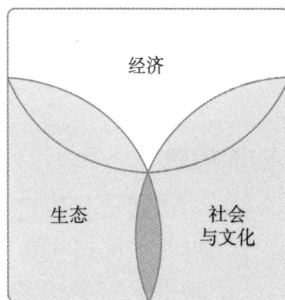

## 活动流程

◆　请将参与者分成4个小组（参见[>]开始 7 "谁和谁在一起？"）。每个小组都会得到一张照片和一个烤锅，照片内容分别是地球上的一种森林类型（热带稀树草原，热带原始雨林，落叶阔叶林，冻原）。

◆　请您给这些小组布置任务，让他们共同思考，他们的森林种类生长在地球上的哪个地方，它是干的还是湿的森林。

◆　最后，请您让您的小组成员用自然材料在烤锅上制造一个森林模型，为此您要提供一些干燥的材料。

◆　在完成任务之后将所有小组聚集起来，然后问他们在德国或者全世界引起森林火灾的原因是什么。

◆　在讨论结束之后，请您宣布试验开始。为此请您给每个小组分配一个"火灾发生地"，也就是固体燃料片或者炉灶引燃器，现在参与者应该找出他们的森林模型对火有什么样的反应。为此，请您将烤锅放置在林间大道上，并且将一边用石头垫高（这样火可以更好地蔓延）。现在请您分别将固体燃料片/炉灶引燃器放置在森林模型下端，然后点燃，不同的森林类型燃烧的速度也不同。

◆　参与者可以讨论一下，当自己的森林被点燃时，以及当别人的森林在燃烧时，他们都有什么样的感受。在接下来的谈话中他们可以尝试着寻找一下阻止森林火灾的方法，也可以举几个例子，它们能够形象地说明在森林里要如何利用火（有些树的种子要在火灾之后才会发芽）。如果您自己有在森林火灾方面的经历，也可以在谈话中提一下，也许您还有一些照片，它们可以引起参与者的强烈的兴趣，并且受到高度关注。

## 后续工作

老师会在学校播放一部关于资源管理发展合作的影片。

## 活动变化方案

如果参与者年龄较小，那么可以把重点放在体验上，讨论可以少一点，因此您也可以讲一下防火道的功能，并且和学生一起在烤锅上模拟建造一条防火道，然后进行试验。

**活动深入的可能性**

◆ 为了深化这个主题我们还提供给您［>]全球森林5 "用木柴煮东西"。

◆ 您也可以为这个主题开展一次讨论。

**附加信息**

◆ "刀耕火种"这个概念经常使人产生这种想法，只有借助火才能对森林进行开垦，但是事实上可以先将树木砍伐掉并且部分加以利用，然后将这些材料全部放在太阳下晒干，晒干之后它们就成为了 "伐木废材"，然后所有剩在地面上的那些东西将被烧光。但是，这些火经常不受控制，如果它们自己蔓延开来，那么大片林地将遭到破坏。全球大约95%的火灾都是人为造成的。

◆ 纵火是造成森林毁灭的最主要原因[1]，纵火的动机可能是：为了增加建筑用地，农业用地，或者为了争夺土地权以及文化习俗。随意扔烟蒂以及生营火时火势失控，从而造成了毁灭性的火灾，尤其是在地中海国家。

◆ 全球每年约有3.5亿公顷的森林由于遭受火灾而消失，这相当于一个边长为1800千米的正方形的面积！

◆ 西班牙，德国的勃兰登堡州和巴伐利亚州中弗兰肯行政区之间的森林火灾危险比率为100：10：1。

**参考文献**

莱克斯 P. 对抗森林火灾、沼泽火灾以及荒野火灾. 红色笔记, 26号, 科勒哈默尔, 斯图加特, 柏林, 科隆: 1996。

### Literaturhinweise

Lex, P.; Bekämpfung von Waldbränden, Moorbränden, Heidebränden. Die roten Hefte, Nr. 26. Kohlhammer, Stuttgart, Berlin und Köln 1996.

---

[1] 译注：请你调查和整理本地区森林火灾发生的原因，并向来访者进行宣讲，组织大家在活动中讨论。

# 全球森林 7　越来越多或者越来越少

**内容**　参与者相互探讨资源短缺的有限性。

---

目的
　　◇使参与者关注全球森林流失问题
　活动类型
　　◇知识型
　参与者人数
　　◇最多30人
　参与者年龄
　　◇12岁以上（8岁以上有所不同）

时限
　　◇30分钟
材料
　　◇标记带，蓝色和红色
　　◇4个卷尺
　　◇图片（参见[>]附件）
准备工作
　　◇请您寻找一块合适的尽可能容易看见的林地
室外条件
　　◇不要太冷

---

**可持续发展教育目标**

◆　对待事物的方法与能力
◇我在知识获取方法方面是经过训练的，如思考、联想、试验、研究、提问，等等。
这里：您的参与者以小组形式将森林里的一块较大面积的土地做上标记，这块土地代表着不同国家每个居民的森林面积和森林增长（生态、社会以及文化）。这时，您可以得知，用哪种方式可以将抽象知识转化到实际中来。

◆　社会能力
◇我可以与他人一起制订计划并处理问题。
这里：您的参与者必须共同完成一个新的不寻常的任务——测量出一块较大面积的地面，做上标记，紧接着对每组不同的结果进行描述并且讨论。

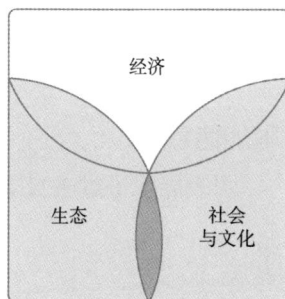

（图示：经济、生态、社会与文化）

**活动流程**

◆　请将参与者分成4个小组（参见[>]开始 7 "谁和谁在一起？"）。每个小组都会得到他们所代表的国家的图片，一个卷尺以及一块区域。

◆　现在每个小组的任务是对地面进行测量，并且（大致）做上标记，这个区域代表的是每个居民的森林面积（人均拥有的森林面积）。如果森林增长，超出了每个居民的森林面积，请用蓝色做上标记；如果森林流失，低于了每个居民的森林面积，请用红色做上标记。

◆　如果各小组都完成了您交代的工作，那么请到集合点汇合，从那里共同进行一次世界之旅，一起来到这5个国家，每个国家小组成员应根据图片（参见[>]附件）来介绍一下此国家的典型的森林。

◆　如果大家一起把所有国家都拜访完了，那么您可以根据年龄的不同对结果进行讨论。

## 后续工作

老师会在学校播放一部关于资源管理发展合作的影片。

## 活动变化方案

如果参与者年龄较小，您可以在进入森林之前的准备阶段先将大的区域准备好，然后共同开始一次"世界之旅"。较小的区域（森林流失/居民）可以以小组形式共同测量。

---

### 提 示

如果没有足够的空间可供使用，那么请您将面积单位减少为原来的1/100，即边长减少为原来的1/10。

---

## 活动深入的可能性

◆ 在进行此次活动期间也能对几何学进行实践应用。通过对三角形进行如下测量，人们在大自然中也可以用卷尺测定一个直角：如果一个三角形的邻边为4米，对边为3米，那么它的直角位于邻边和对边之间，其斜边必定为5米（勾股定律）。

◆ 您可以和参与者讨论一下开垦林地的不同理由（参见[>]全球森林 C 背景知识）。

◆ 为了深化这个主题我们还提供给您[>]全球森林 6 "森林火灾"，[>]森林处于危险之中 8 "土地被封印"。

## 附加信息

图表展示了过去12000年世界人口规模变化情况。

过去 12000 年世界人口规模

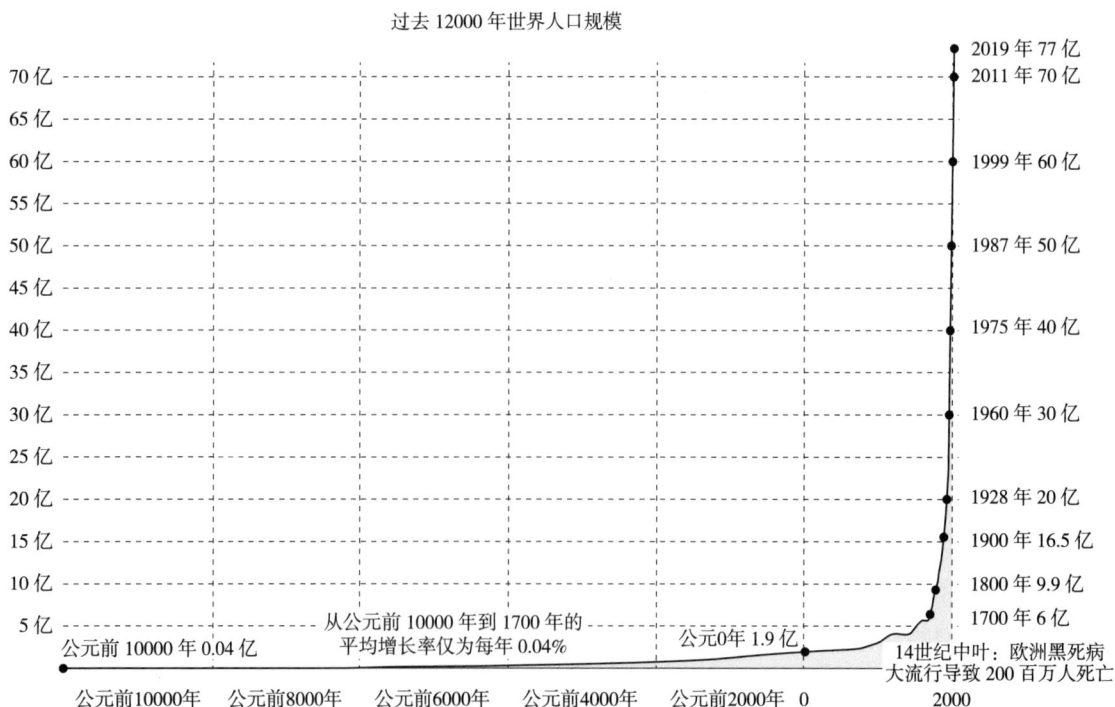

| 公元前 10000 年 0.04 亿 | 从公元前 10000 年到 1700 年的平均增长率仅为每年 0.04% | 公元 0 年 1.9 亿 | 2019 年 77 亿 |
| 2011 年 70 亿 |
| 1999 年 60 亿 |
| 1987 年 50 亿 |
| 1975 年 40 亿 |
| 1960 年 30 亿 |
| 1928 年 20 亿 |
| 1900 年 16.5 亿 |
| 1800 年 9.9 亿 |
| 1700 年 6 亿 |

14世纪中叶：欧洲黑死病大流行导致 200 百万人死亡

公元前10000年　公元前8000年　公元前6000年　公元前4000年　公元前2000年　0　　2000

## 网页链接

◇ourworldindata.org/world–population–growth

# 附件

### 欧洲

德意志联邦共和国

总的森林覆盖面积为31.7%[①]。

人均森林面积为1400平方米（相当于边长约为37米的正方形的面积）。

每年人均森林面积增长为1.46平方米（相当于边长约为1.20米的正方形的面积）。

### 南美洲

巴西

总的森林覆盖面积为56.5%[②]。

人均森林面积为2.56公顷（相当于边长约为160米的正方形的面积）。

每年人均森林面积增长为127平方米（相当于边长约为11米的正方形的面积）。

### 非洲

刚果民主共和国

总的森林覆盖面积为59%[③]。

人均森林面积为2.56公顷（相当于边长约为160米的正方形的面积）。

每年人均森林流失面积为165平方米（相当于边长约为13米的正方形的面积）。

### 亚洲

中国

总的森林覆盖面积为23.04%[④]。

人均森林面积为0.16公顷（相当于边长约为40米的正方形的面积）。

每年人均森林增长面积为9.59平方米（相当于边长约为3.10米的正方形的面积）[⑤]。

日本

总的森林覆盖面积为68.2%[⑥]。

人均森林面积为0.2公顷（相当于边长约为45米的正方形的面积）。

每年人均森林流失面积为0平方米。

数据更新：刘婉凝、王颖

---

[①]　译注：2020 年为 32.7%。

[②]　译注：2020 年为 59.4%。

[③]　译注：2020 年为 55.6%。

[④]　译注：2020 年数据。

[⑤]　数据来源，森林面积：FAO，http://www.fao.org/3/ca9825en/CA9825EN.pdf；2000 年中国森林面积为 177001000 公顷，2020 年中国森林面积为 219978000 公顷。中国人口：2000 年全国第五次人口普查结果，https://baike.baidu.com/item/ 第五次全国人口普查 /164441?fr=aladdin：全国总人口为 1295330000 人，2020 年全国第七次人口普查结果，https://baijiahao.baidu.com/s?id=169953 6432997289458&wfr=spider&for=pc：全国总人口为 1411780000 人。

计算公式［(219978000/ 1411780000)–(177,001,000/ 1295330000)］×10000/20=9.59 平方米

[⑥]　译注：2020 年为 68.4%。

# 全球森林 8　植被变化

．．．．．．．．．．．．．．．．．．．．．．．

**内容**　参与者可得知气候变化对地球上的植被带的影响。

| 目的 | 时限 |
|---|---|
| ◇直观地展示气候变化对植被带产生的影响 | ◇2小时 |
| 活动类型 | 材料 |
| ◇知识型 | ◇世界各大洲及其植物带分布模型（参见[>]附件） |
| 参与者人数 | ◇4个卷尺 |
| ◇最多30人 | ◇不同植被带的照片 |
| 参与者年龄 | 准备工作 |
| ◇12岁以上 | ◇请您寻找一个有足够自然材料的地方 |
| | 室外条件 |
| | ◇干燥，地面平坦，不要太冷 |

**可持续发展教育目标**

◆　对待事物的方法与能力

◇我在知识获取方法方面是经过训练的，如思考、联想、试验、研究、提问，等等。

这里：您的参与者共同将地球上所有的大陆拼好全貌放在地上。以小组形式用创新的方式对不同的植物带进行描述（生态、社会以及文化）。

◆　社会能力

◇我可以与他人一起制订计划并处理问题。

◇我有很好的团队精神，并且会考虑到别人的长处和弱点。

◇我可以和其他人共同寻求恰当并且公正的决定。

这里：小组间相互探讨植物带是怎样随气候变化而变化的，并且将他们的知识总结起来。

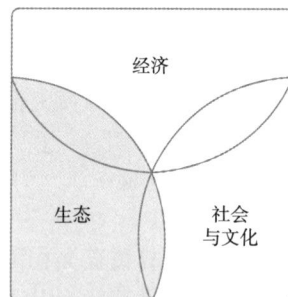

**活动流程**

◆　现在请您给参与者分配任务，让他们用树枝将地球以及大陆以平投影形式在地面上表示出来，这些大陆的位置以及比例都应该相互匹配。

◆　紧接着请您将参与者分成8个小组（参见[>]开始 7 "谁和谁在一起？"）。请您分配给每个小组一个植物带，并且给他们一张相应的信息卡。现在参与者应根据模型用自然材料将自己的植物带放置在各自的大陆上，必须要注意，每个植物带都应该用不同的材料来表示。现在，参与者可用其他的元素来装饰他们的植物带，比如，交通枢纽，河流系统等（不要太多！）。

◆　紧接着请您谈论一下"气候变化"这个主题。现在，参与者应该讨论一下，他们的植物带会发生什么样的变化，最后再将所有的植物带重新组成一幅图，一个小组接着一个小组根据他们的植物带来改变这幅图，并且对此进行评论，有不同的意见要马上进行讨论。

### 活动变化方案

您也可以激发参与者的积极性，让他们用自然材料分别制作一些与植物带相匹配的动物，并且放置到相应的植物带上。

---

**提 示**

这个活动可以作为一个坏天气时的保留项目，它可以在一个较大的室内空间（教室） 进行。为了要将植物带表示出来，必须要准备足够的彩纸，大陆的边缘可用胶带来固定，这样就不会打滑。

---

### 活动深入的可能性

以人类对气候变化的影响作为主题，可以通过活动[>]可持续性利用 2 "二氧化碳（$CO_2$）气球"，您可以形象地表明森林是可以减少温室效应的。

### 附加信息

此次活动展示了气候变化对全球的植物有什么样的影响。

### 参考文献

道 K. 道宁 T. E. 全球变暖卡片及时况. 欧洲出版社, 2007.

拉姆斯道夫 S., 珊聆胡伯特, H.–J., 气候变化: 诊断, 预测及治疗, Beck 出版社, 2007.

### Literaturhinweise

Dow, K., Downing, T. E.; Weltatlas des Klimawandels –Karten und Fakten zur globalen Erwärmung. Europäische Verlagsanstalt 2007.

Rahmsdorf, S., Schellnhuber, H.–J.; Der Klimawandel: Diagnose, Prognose, Therapie. Beck Verlag 2007.

## 附件

### 北极以及阿尔卑斯山苔原

苔原是亚极地区域以及超出森林界线的山区内一种无树的植被形式，大部分情况下只能在永久冻土（位于较深的区域并且常年冻结不融的土层）上才能找到它们。在这里，植被生长期也就是植被可以生长的时间只有 2 ~ 4 个月。典型的植物有苔藓、地衣类植物、高山植物以及矮灌木等。

### 北方针叶林

它是地球上位于最北面的植物带，在这里还有可能会有树生长，北方针叶林的生态系统构成了地球上最大的连续不断的森林，这个植物带只有在地球的北半球才能找到。这里最常见的树种是松树和云杉，在较冷的区域也有一些落叶松存在，在较暖的区域桦树和欧洲山杨相互混合在一起。

### 落叶阔叶林

在我们的区域（巴伐利亚州）人们就可以找到落叶阔叶林，这里是湿热型地区，每年夏天的平均温度在10℃以上，降水量至少为500毫米。此外，它在寒冷的季节也会有冰冻。这种森林的典型代表有欧洲山毛榉、橡树、槭树类、榆树、椴树、欧洲白蜡树、桤木、云杉、冷杉、落叶松以及松树，还有很多其他的树种。

### 草地，草原

草原是温带的一种植被形式，由于它属于大陆性气候，所以降水少，这里的水量不够较大型的植物的形成，比如树。通常情况下人们可以在大山脉的雨影区找到它们。

### 地中海硬叶植物

地中海硬叶植物位于欧洲和地中海地区的亚热带和温带间的边界地区，它的分布很受空间限制，这个区域是地球上物种最丰富的一个地区。然而不可持续性的经营正在危害着它的存在，大多数情况下会出现一个"替代植物群体"——地中海常绿矮灌丛又称玛西叶群落。

在夏天会有一个干燥时期，而冬天是又暖又湿，这里有大量的常绿树木，他们的硬叶不会掉落（也因此而得名），代表植物有：冬青栎，西方栓皮栎。

### 沙漠

沙漠是指雨水稀少、空气干燥的地区。沙漠有不同的种类，由于沙漠太干燥了，因此那里不适合树木生长。在沙漠中植物是非常稀缺的，并且种类只有仙人掌、禾本科植物、苔藓以及荆棘这几种。如果在持续多年的干燥期过后终于迎来了雨季，那么这个时候沙漠里的花是开得最绚丽的（很多植物的种子都能经受住长时间的干燥期）。

### 热带稀树草原

热带稀树草原由地面上的禾草层以及禾草之上的树冠层组成。热带稀树草原地区位于热带雨林与沙漠之间，这就意味着这里有足够的降水确保树木存活。

然而热带稀树草原降水季节分明。在旱季，很多树木和灌木都会掉叶子，人们把这样的现象称为"干燥无叶"，这与我们这里的"冬天无叶"正好相反。这里最主要的代表性树木有：金合欢树、猴面包树以及牟本树。火在热带稀树草原起着一个重要的作用，它直接影响了热带稀树草原的发展方向。

### 热带雨林

热带雨林生长的区域每年至少有10个月的降水量大于蒸发量，虽然热带雨林每年蒸发掉很多的水分，但是它可以为新的降水做贡献。在这里没有明显的季节交替，并且全年的温度变化非常小。

热带雨林的"楼层"最高可达40米，它由禾草层、灌木层、中树以及大树组成，大树穿过冠层并且向上凸出。热带雨林以它超高的植物以及动物物种密度而出名。

# 全球森林 9　大陆的森林

**内容**　参与者研究全球森林与金钱之间的根本冲突。

目的
◇让参与者了解人口、森林以及金钱的分布，并且让他们知道，改善这一情况虽然很费力，但是还是有可能的

活动类型
◇知识型、创造型、感受型

参与者人数
◇20～30人

参与者年龄
◇10岁以上

时限
◇2小时

材料
◇6张世界地图（参见[>]附件3）
◇23种小的植物
◇移植机
◇34个硬币
◇1把修枝剪刀

准备工作
◇请您寻找一块合适的场地

室外条件
◇不要太冷，不要太湿

**可持续发展教育目标**

◆ 对待事物的方法与能力
◇我知道自己缺乏哪些知识，并且有能力弥补这些缺失的知识。
这里：您的参与者以小组形式对地球大陆方面的知识进行了解，并且在全体成员面前对结果进行介绍（生态、社会以及文化）。

◆ 社会能力
◇我可以与他人一起制订计划并处理问题。
◇我有很好的团队精神，并且会考虑到别人的长处和弱点。
◇我可以和其他人共同寻求恰当并且公正的决定。
这里：您的参与者以小组形式建造自己的大陆。相互进行协商，并且在活动的过程中决定，是否要为了金钱而牺牲掉一棵树。

◆ 个人能力
◇我很自信，受到挫折不会轻易气馁。
这里：如果您的参与者违背森林教育引导者的意愿，决定为了金钱而牺牲树，那么接下来他们可以利用这个机会来弥补损失。

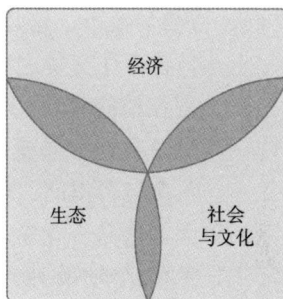

**准备**

◆ 如果是年龄较大的参与者（13岁以上），那么老师可在学校先讲述一下各大陆的特点，比如，森林类型，森林管理，生活水平，树木消耗，其他原材料问题等。
◆ 如果在学校进行一个对大陆的网络调查研究，那么这也为此次森林活动做了很好的学科间的准备。

## 活动流程

阶段1

◆ 抽签决定，参与者"出生"在哪个大陆上（参见[>]附件1和附件2）。

阶段2

◆ 参与者会分到几张世界地图（参见[>]附件3），然后共同塑造各自大陆的形状。方法如下：将腐殖质层堆在一起，铺上苔藓，然后用树枝来构造轮廓。这时，他们应该要注意与其他各"大陆"之间的位置，小组间必须相互进行商讨。

◆ 为了形象地说明世界人口的分布，请所有人都走到他们的"大陆"上去。

◆ 然后参与者在他们的"大陆"上种植森林。小树的数量请从[>]附件1中得知。

◆ 参与者在整个作品周围围成一个圈，每个小组在他们的"大陆"边上按顺序讲解一下各自的森林有什么特别之处。

阶段3

◆ 现在根据[>]附件1分配参与者"财产"（硬币）。这时，各个大陆间的财产分配有多么不公平就一目了然了，每个大陆内的分配也要不均匀。比如，4个"欧洲人"中的3个人各得1个硬币，但是第四个人却得7个硬币。每个参与者都应该把手摊开，这样每个人都能看到，其他人目前拥有多少硬币。

◆ 现在请您提供这样一个机会："南美洲人""非洲人"以及"亚洲人"通过用修枝剪刀剪下他们各自大陆上的一棵树，并且将它卖给最富有的"北美洲人"或者"欧洲人"，这样他们就可以赚取1个硬币。然后，"北美洲人"或者"欧洲人"可从他们那里分别得到2个硬币，这是因为还要加上树木创造的其他价值。如果没人有这个意愿，请您指定参与者，在交货之后应马上付款。

◆ 现在请您解释/领会环境破坏已经到了不可承受的程度。用树交换钱——这就是交易！请您以全球气候变暖，沙漠化，侵蚀，物种多样性丧失以及饮用水供应危机为主题，并且向参与者提问，他们是否想恢复最初的状态。

◆ 因为这是一个全球共同的挑战，因此您要向每一个参与者收取1个硬币（只要他手上至少还有1个硬币）。

◆ 现在请您再次利用收集来的硬币，谁如果手上还剩有硬币，那么他可以保留它们。

阶段4

◆ 现在允许参与者修复他们的森林，也就是说要补上植物。

◆ 如有可能，参与者可继续布置他们的"大陆"，把活动继续进行下去。

◆ 现在请您宣布结束，让地面/作品就保持现有样子。

## 活动变化方案

在"塑造"森林时，参与者可用自然材料或者用铁丝手工制作出他们"大陆"典型的"动物"，并且将它们放上去。这要求他们对自己的作品要有感情，在伐木之后"动物"被取走时要感到忧虑，因为这些动物会随着它们生活空间的消失而灭绝。

> **提 示**
>
> ◆ 单个活动阶段的背景提示：
>
> ◇第一个活动阶段着重交流知识。首先是要确定目标。
>
> ◇第二个活动阶段（塑造"大陆"，进行种植）是创造性的，塑造性的，参与者和他们的作品之间产生了一个感情的纽带。
>
> ◇第三个活动阶段（钱！）是令人愤怒的，具有破坏性的，请允许这个阶段也有情感、讨论以及争执存在。
>
> ◇第四个活动阶段（恢复，做活动以及保留整个作品）应该具有乐观的、充满信心的和解心情。请保持有足够的硬币，这样就算什么都没分得的参与者到最后也能得到1个硬币。

**附加信息**

除了南美洲和非洲，南亚和东南亚也遭受着巨大的森林流失，然而由于在中国有一个巨大的造林项目，使得亚洲的森林面积有一个正平衡，而其他地区只有欧洲做到了这一点。详细的信息请见[>]全球森林 C "背景知识"。

## 附件 1

| | 北美洲 | 南美洲 | 欧洲 | 非洲 | 亚洲 | 澳洲 |
|---|---|---|---|---|---|---|
| 参与者（现在的世界人口为 79 亿）[①] | 3 | 2 | 4 | 4 | 所有剩余的参与者 | 1 |
| 植物（全球约有 41 亿公顷的森林）[②] | 3 | 4 | 4 | 3 | 5 | 1 |
| 硬币（全球资产：399 万亿欧元）[③] | 10 | 2 | 10 | 1 | 3 | 2 |

数据来源：

① 世界实时统计数据，www.worldometers.info/cn/.

② FAO《2020 年世界森林状况》，http://www.fao.org/documents/card/zh/c/ca8642en/.

③ 瑞信《2020 年全球财富报告》，https://www.credit-suisse.com/about-us/en/reports-research/global-wealth-report.html

**附件 2**

抽签看你"出生"在哪个洲。

| | | | |
|---|---|---|---|
| 北美洲 | 北美洲 | 北美洲 | 南美洲 |
| 南美洲 | 欧洲 | 欧洲 | 欧洲 |
| 欧洲 | 非洲 | 非洲 | 非洲 |
| 非洲 | 澳洲 | 亚洲 | 亚洲 |
| 亚洲 | 亚洲 | 亚洲 | 亚洲 |
| 亚洲 | 亚洲 | 亚洲 | 亚洲 |
| 亚洲 | 亚洲 | 亚洲 | 亚洲 |
| 亚洲 | 亚洲 | 亚洲 | 亚洲 |

**附件 3**

你属于哪个大陆?

## C 背景知识

### 全球教育

全球教育致力于教育人们应怎样对待人类和地球目前的状况，同时试图在不让人们感到负担过高的情况下，让他们对全球错综复杂的关系有所了解。涉及的问题主要有三个。

◆ 要怎样人们才会把个人的生活看作是世界事务的一部分？

◆ 要怎样才能使个人在世界事务中找到他的位置？

◆ 为了让世界充满责任意识，为了共创世界联盟的美好未来，我们个人应该做些什么？

除了理论知识还应该掌握一些其他的技能：

◇要寻求不寻常的解决方法。

◇在进行决策时要有创新性。

◇要勇于改变一些人类能改变的事情，对于人类不能改变的事情要保持冷静。

◇对其他类型的人类文化要有感情移入能力。

◇一直能从旁观者的角度观察和思考自己的行为。

◇要善于交际。

这个发展过程我们在"全球森林"这个章节中给以启发，并且提供给您以下与主题有关的事实和数据作为背景知识。

联合国粮农组织（FAO）和联合国环境规划署（UNEP）《世界森林状况2020》主要内容

森林为地球大部分陆地生物多样性提供了庇护之所。因此，世界生物多样性的保护完全取决于我们与世界森林如何互动，以及我们如何利用森林。森林为80%的两栖动物、75%的鸟类和68%的哺乳动物提供了栖息地。热带森林中可发现约60%的维管植物。红树林为无数鱼类和贝类提供了繁殖地和抚育地，吸收了可能对海草床和珊瑚礁产生不利影响的沉积物，而这些正是更多海洋物种的栖息地。

森林占全球土地面积的31%，但并非均匀分布于地球各地。大约一半的森林相对完整，超过1/3的森林是原始森林。一半以上的世界森林仅分布在5个国家（巴西、加拿大、中国、俄罗斯联邦和美国）。超过1/3（34%）的世界森林是原始森林，定义为原生树种的天然再生林，没有明显的人类活动迹象，生态过程也没有受到明显干扰。

毁林和森林退化仍以惊人的速度不断发生，导致了生物多样性的持续显著减少。尽管毁林速度在过去的30年间已有所降低，但自1990年以来，据估计森林面积通过转为其他用地丧失了4.2亿公顷。世界范围内的原始森林从1990年起已经减少了超过8000万公顷。超过1亿公顷的森林受到了火灾、病虫害、入侵物种、干旱和灾害性天气事件的不利影响。

我们还没有步入正轨，难以顺利实现《联合国森林战略计划》设定的到2030年森林面积在全球范围内增加3%这一目标。

农业扩张仍然是毁林和森林退化以及森林生物多样性丧失的主要驱动因素。2000—2010年间，大规模商业化农业生产（主要是养殖牛、种植大豆和油棕）导致了热带地区毁林的40%，当地的自给农业导致了另外的33%。具有讽刺意味的是，人类粮食系统的适应力及其应对未来变化的能力恰恰取决于这些生物多样性，包括有助于防治荒漠化的适应干旱地区的灌木和树木，为农作物授粉的森林、昆虫、蝙蝠和鸟类，有利于防止土壤侵蚀的山岳生态系统内根系发达的树木，以及可以提高防洪能力的红树林。气候变化日益加剧了粮食系统的风险，森林对农业部门来说在固碳以及缓解气候变化方面的作用也变得越来越重要。

所有人都依赖森林及其生物多样性，而一些人比另一些人依赖性更强一些。森林为超过8600万人提供了绿色工作，支持了更多人的生计。

满足人类粮食需求和可持续利用生态系统具有互补性，且为互相依赖的目标。森林提供水，减缓气候变化，为许多对可持续粮食生产起重要作用的授粉者提供栖息地。据估计，世界上75%最主要的粮食作物（占全球粮食生产的35%）得益于动物在水果、蔬菜或种子生产中的授粉作用。

人类健康和生计福祉都与森林息息相关。目前超过28000种植物据记载有药物作用，其中许多被发现存在于森林生态系统之中。接触自然环境对人们的身心健康都有积极影响，许多人还与森林有着深厚的精神联系。然而，森林也对健康产生危险。与森林相关的疾病包括疟疾、查加斯病（又称美洲锥虫病）、非洲锥虫病（嗜睡病）、利什曼病和莱姆病、艾滋病和埃博拉病。绝大多数影响人类的新疾病,包括导致2019年新型冠状病毒肺炎大流行的新型冠状病毒（SARS-CoV2），属于人畜共患病，它们的出现也许与森林面积改变和人类活动向森林延伸而引发的栖息地丧失有关，这些变化增加了人类与野生动物接触的机会。

我们需要改变我们的粮食系统来遏止毁林和生物多样性的丧失。在这方面，需要做出最大改变的就是我们生产和消费粮食的方式。鉴于农业扩张是毁林的主要驱动力，我们生产和消费粮食的方式需要进行颠覆性的变革。我们必须摆脱目前因粮食需求而致的不恰当的农业模式，这些模式促使森林被大规模转为农业生产，与此同时也造成了与森林有关的生物多样性的丧失。采取混农林业和可持续生产方式，恢复退化农业用地的生产力，采用来自可持续粮食体系的更健康的饮食，减少粮食损失和浪费，这些都是迫切需要在更大范围和规模上采取的行动。农业企业必须履行其对零毁林商品链的承诺，而尚未做出零毁林承诺的企业也应当这样做。商品投资者应采用对环境和社会负责的商业模式。在许多情况下，这些行动的实施意味着需要调整当前的政策（特别是财政政策）和监管框架。

森林是一种基于自然的可以应对诸多可持续发展挑战的解决方案，这一观点日益得到认可，具体体现在政治意愿强化和一系列减少毁林速度和恢复退化森林生态系统的承诺之上。我们必须把握这一机会，采取果断有力行动，来防止、遏制和扭转森林及其生物多样性的丧失，造福今世后代。

资料整理：刘婉凝、王颖，2021年6月29日

## 欧洲的原始森林

◆　对于许多人来说，"原始"或"原始森林"这两个词让人联想起亚马孙、印度尼西亚或中非的"丛林"。欧洲原始森林的存在令人惊讶。

6000年前，欧洲大部分地区都被野生森林、高海拔和北部的针叶林以及丘陵和平坦地的山毛榉林所覆盖。如今，这些曾经的野生森林只剩下很小的一部分，这意味着现在的保护比以往任何时候都更加重要。

### 什么是原始森林？

原始森林是逃避了现代人类影响的森林，该森林已经完整保存了数百年（甚至数千年）。在欧洲，这些森林是对过去的极为罕见的回忆，是曾经覆盖整个欧洲大部分地区的伟大森林的活

祖先。

原始森林是所有森林中最重要的森林生态系统，由森林发展的各个阶段组成，例如，幼树、间伐、衰老和倒塌的树木，它们共同生长并相互联系。它们为众多动植物提供了重要的栖息地，这些动植物与自然环境的复杂关系（即所谓的生态过程）一直完好无损地保持在人类无法承受的范围之内。在欧洲，狼、欧洲熊、山猫和猫头鹰等顶级动物称原始森林为家。它们是欧洲自然历史的重要遗迹基因库，是一座真正的博物馆。

许多"原始森林"物种，例如，稀有的甲虫、鸟类、真菌、地衣和土壤生物，只能在完整的原始森林中生存，因为它们已因其他耕种森林的生态系统退化而灭绝。

### 丰富的科学资源

原始森林是长期发展的结果，因此它们保持着有弹性的生态过程。森林是非常稳定的生态系统，可以克服干扰（例如，暴风雨、大火、干旱和疾病），远胜于物种贫乏、单一的单龄人工林。因此，它们对于林业的科学研究和教学工作者很重要，因为我们可以研究自然界在长时间内如何发展，以及自然界如何在景观中建立适应力。

### 世外桃源

在过去的2000年中，欧洲的原始森林已逐渐被砍伐，提供木材或为农业、运输走廊和定居点让路。在过去的300年中，中欧最后一个主要的原始森林地区已被系统地清除，取而代之的是"有序"的人工林，其目的是最大限度地提高木材产量。结果，欧洲丧失了大量的生物多样性和物种丰富性。

欧洲剩余的原始森林是自然遗产的共享部分，这是一个属于我们所有人和子孙后代的共同地方。它们是欧洲的自然资本，但受到明确和现实的威胁，迫切需要保护。

罗马尼亚－欧洲原始森林多事之地

自20世纪初以来，罗马尼亚有广阔的原始森林地区，特别是山毛榉森林，这些森林不易砍伐，许多森林已被砍伐或改种为人工林。来自意大利、奥地利、瑞士、德国和法国以及罗马尼亚本国的公司都加大了对罗马尼亚伐木集约化的投入，首先是采伐橡树，然后采伐云杉，随后采伐山毛榉林。

在20世纪50年代将所有森林国有化时，喀尔巴阡山脉南部的一些山谷仍然完全无法进入，但是自那时起，在国家投资开发项目后，大部分地区都开放了采伐。与罗马尼亚的面积和人口相比，罗马尼亚的欧洲原始森林数量过多。仅十年前，罗马尼亚的人口仅占欧盟的4%，土地面积约为5%，而罗马尼亚约占欧盟原始森林的65%。

来源：欧洲自然基金会，刘婉凝、王颖整理，2021年5月

### 东南亚的森林

世界上没有哪个地方的森林砍伐速度比东南亚的要快。人口的快速增长和经济发展给环境带来了巨大压力，从1990年到2020年，超过德国国土面积的森林被砍伐，其中一半以上面积的森林在印度尼西亚。

农业土地清理是森林砍伐的主要原因。在全球需求旺盛的推动下，油棕种植园已扩散到原先的林地，尤其是在印度尼西亚和马来西亚，它们是世界上最大的生产国。伐木（其中大部分是非法的）也是对该地区森林的严重威胁。

森林砍伐破坏了红毛猩猩和老虎等标志性大型哺乳动物的栖息地，以及数以千计的鲜为人知

但仍至关重要的动植物物种的栖息地；它还加速了气候变化。

尽管这一切令人担忧，但有逐渐好转迹象。在国际社会的鼓励下，东南亚各国政府越来越意识到协调发展的重要性，为了保护森林，使木材和棕榈油的生产更加可持续，正在做出巨大的努力。自2010年中期高峰以来，大多数国家的森林砍伐速度可能略有下降，这可能反映了这种努力。但是，现在说这种改善能否持续还为时过早。

刘婉凝、王颖整理，2021年5月

## 南美洲——农业扩张替代热带雨林

您听说过亚马孙吗？它横跨9个南美国家，占地700万平方千米，是世界上最大的森林，拥有120多个土著群体和1/10的已知物种。地球上所有淡水的1/5来自亚马孙河流域。亚马孙拥有无与伦比的生物多样性，对于全球气候稳定也至关重要。但是，南美洲最大的干旱森林格兰查科（Gran Chaco）以及大陆最大的稀树草原塞拉多（Cerrado）呢？这3个地区都是多层次生物多样性的庇护所，为数百万人提供了生计和一系列关键的生态系统服务，并将大量的氧气排入大气。然而，它们也是世界上11个最大的森林砍伐前线中的3个。

仅在过去的40年中，人类就将亚马孙雨林的约20%夷为平地，另有20%有被人破坏的危险，这是潜在的灾难性损失，将使这个至关重要的生态系统瓦解。

在对亚马孙雨林的多重威胁中，农业扩张是最大的，仅牛牧场就占亚马孙河流域森林砍伐的60%以上，牛肉生产是世界热带森林中毁林的主要驱动力，牛肉还推动了非森林景观的转变，从草原到热带稀树草原。热带森林砍伐的第二大推动力是大豆生产，自1950年代以来，全球大豆产量增长了15倍以上。从1990年到2010年，南美的大豆生产用地从4200万英亩<sup>①</sup>（大约同华盛顿州大小）增加到1.14亿英亩（比加利福尼亚州大）。

在热带地区普遍可以看到的模式是：为了给农作物腾出空间，森林被砍伐。根据2019年的最新卫星数据，开垦农业土地导致雨林砍伐的速度为每分钟40个足球场。

来源：雨林联盟、世界自然基金会，刘婉凝、王颖整理，2021年5月

## 拯救非洲最大原始森林

刚果盆地拥有仅次于亚马孙5.19亿公顷原始雨林的世界第二大雨林，对调节世界气候至关重要。刚果盆地包含约3.14亿公顷的原始雨林，这是最古老、最密集、最具有生态意义的一种。雨林在世界气候的稳定中起着至关重要的作用，遍及中非的6个国家：刚果民主共和国、喀麦隆、中非共和国、刚果共和国、加蓬和赤道几内亚，因此砍伐森林必将带来灾难性的后果，特别是对于生物多样性而言。

刚果盆地的树木比亚马孙热带雨林高得多，对气候变化的适应力更强，每年吸收的二氧化碳约12亿吨，而同一地区的二氧化碳存储量比亚马孙高1/3。通常，在刚果盆地雨林的1公顷土地上发现的树种比英国所有本地树种的总和还多。它还拥有世界上最广泛的热带泥炭地，估计有10000种热带植物和世界上其他地方都找不到的濒危物种，例如，森林大象和山地大猩猩以及霍加狓（okapis），这是一种独特的哺乳动物，也许最形象的表述应为长颈鹿和斑马的混合体。

伦敦大学学院的地理学家西蒙·刘易斯说："作为生物多样性的主要仓库，它为全人类提供了巨大的服务。"到目前为止，与亚马孙地区相比，该地区遭受的森林砍伐较少，并显示出更多

---

① 1英亩 =4046.86平方米。下同。

的气候适应力，发挥了非常重要的作用。

刘易斯在他的研究中发现，通过增加的热量和干旱表现出的气候变化正在降低雨林吸收二氧化碳的能力。他发现刚果盆地的树木早在2010年就开始失去吸收二氧化碳的能力，刚果树的生长受到极端天气的影响而被抑制。刚果盆地正在失去吸收碳的能力，雨林中的树木数量也在减少。棕榈油种植、伐木和采矿等工业活动正在加剧森林砍伐，同时侵蚀了动物栖息地并破坏了生态系统的平衡。根据世界资源研究所发起的全球森林观察组织的卫星数据分析，从2002年到2019年的上半年到下半年，刚果盆地的主要雨林损失增加了1倍以上，仅在2019年，就损失了590000公顷（面积超过牙买加面积的一半）。

如果这些趋势继续下去，根据 2018 年发布的一项研究，到 21 世纪末，刚果民主共和国将不再有原始雨林。"刚果盆地森林是仅次于亚马孙的第二大热带原始森林地块，因此清除它们肯定会造成灾难性的后果，特别是对于生物多样性而言。"

历史上造成刚果民主共和国雨林破坏的重要的推动力之一是小规模的木炭生产和刀耕火种的农业。刚果民主共和国在2000年至2014年之间约有93%的森林损失是小农农业造成的，活动家说，这是刚果民主共和国的社区森林法特别引人注目的原因之一。这与亚马孙工业规模的伐木和农业推动了森林的衰退不同。

来源：BBC，刘婉凝、王颖整理

### 哥斯达黎加的生态旅游

哥斯达黎加，一个中美洲国家，它是一个很好的正面例子这个国家一直在努力保护自然，因此，约有28%的国土面积是受到保护的，目前全国有20多个国家自然保护区。在此期间，自然保护也成为了政治领域的一个重要话题，自1980年以来森林面积又再次明显增长了。

在这个拐点之前，哥斯达黎加已经流失了80%的雨林面积，而现在森林覆盖面积又超过了总国土面积的1/2。

国家制止森林快速流失的这种行为得到了奖励，奖励就是大大促进了哥斯达黎加的生态旅游。为了在哥斯达黎加度过一个"绿色"的假期，每年约有150万的游客为此支付了近15亿美元。

这个假期有多生态，取决于游客的出发地及与哥斯达黎加之间的距离，特别是所使用的交通工具。在一个非常注重自然保护的国家进行度假虽然可以帮助这个国家实现他这些崇高的目标，但是本质上还不能被称为是"生态旅游"。

### 农林业

农林业这个名称就已经表明了，它是农业和林业的一个结合体。为此，人们试图通过在地面上种植人工栽培的农业植物和树来接近自然。在理想的情况下经营模式应该要适合各自的国家，因此它必须是生态的、公益的以及可持续性的。

为了实现和确保能够引进、接纳并且保持这样的一个系统，光是"公益"这个概念就意味着要和当地的居民进行深入的讨论，因此，农林业不只是"在两排树之间种植庄稼"这么简单。

农林业本身既有好处也有坏处，这里简单列举一些。

◆　好处：

◇在人工培植的植物中间种植树木/列植树可以进行挡风并且减少泥土的风蚀。

◇树的根部可分解较深的泥土层，并且把养分输送到叶片，叶片掉落之后又重新回到地面。

◇通过落叶使得有机物质进入了泥土里，这样泥土里的腐殖质层越来越多，它可以增加泥土的持水能力。之后，泥土更容易吸收水，这样可减少侵蚀。

◇树木可提供树荫，它能够减少泥土中的水分蒸发（在干燥地区其意义尤为重大）。

◇几年以后不仅可以对人工培植的植物进行利用，而且也可以对木材以及树的果实进行利用，与单一种植时相比，单个面积单位的收益提高了。

◆　坏处：

◇在刚开始进行农林业经营时，农民的财政收入明显减少了。也许刚开始他的投入比收入还要多，特别是在发展中国家，对于那些已经处于生活最低水平的农民来说根本是不可能的。

◇这些树或者列植树加重了田地管理的负担。

◇引进这样一个系统需要进行一个长期的准备工作，当地的居民也要参与进来，因此这是一个非常漫长的过程。

全世界有很多农林业项目成功的例子，由于要适应各地的实际情况，这些项目都不会很大。在发展合作的框架下，"生殖细胞"项目在全球范围内被多次引入，它们让人们抱有希望。

以下参考文献（德国发展服务社玻利维亚立场文件）展示了DED（德国发展服务社）在玻利维亚的项目工作的成果。

"四年期间（2003—2006年）在玻利维亚（Sapecho/Alto Beni）地区的12块小农业用地上采集的数据表明，通过这种农林业结合的利用方式能够形成一个顺差。此外，还有一些不能用金钱来衡量的作用，比如，保护了自然资源（水、土）和生物多样性，减少了雨林的压力……"。

德国发展服务社玻利维亚办事处希望将这种证实有效的、基于演替原理的混农林业技术系统从现有的应用示范区域推广到其他地区，并且除了可可豆和咖啡作物外，也可以包括其他作物，比如在潘多（Pando）地区可使用巴西果（Bertholletia excelsa）、桃棕（Bactris gasipaes）、可食埃塔棕（Euterpe edulis）等作物替代混农系统中的经济作物；在Chiquitania地区可使用腰果（Anacardium occidentale），在Chaco 地区可使用油橄榄（Olea europea）或者是褐色钟花树（Taebuia Avellanedae）做为间作的木本植物。技术推广的合作伙伴选择可以是可信赖的地方或区域的重要合作组织，例如土著人的小农户组织、目标一致的联盟组织以及相关的政府机构等，但是要求他们除了作物产品目标外，还要十分重视把示范区的水源涵养功能和自然保护功能与森林游憩功能结合到一起做出发展设计。

部分国家木材产品生产或消耗占全球的比例[①]

| 国家<br>产品类型<br>比例<br>（％） | 美国 | 加拿大 | 中国 | 巴西 | 俄罗斯 | 瑞典 | 日本 | 印度尼西亚 | 印度 | 德国 | 马来西亚 | 波兰 | 土耳其 | 波兰 | 智利 | 芬兰 | 英国 |
|---|---|---|---|---|---|---|---|---|---|---|---|---|---|---|---|---|---|
| 工业原木生产 | 19 | 7 | 9 | 7 | 10 | 3 | | 4 | | 3 | | | | | | 3 | |
| 工业原木消耗 | 19 | 7 | 12 | 7 | 9 | 4 | | 4 | 3 | 3 | | | | | | 3 | |
| 锯材生产 | 17 | 9 | 8 | | 9 | 4 | | | | 5 | | | | | | | |
| 锯材消耗 | 21 | 3 | 27 | | | | 3 | | | 4 | | | | | | | |
| 人造板生产 | 10 | 3 | 40 | 3 | 5 | | | | | 3 | 4 | 3 | 3 | | | | |
| 人造板消耗 | 13 | | 37 | | | | 3 | | | 4 | 3 | | | 3 | | | |
| 纸浆生产 | 26 | 8 | 10 | 10 | 4 | 6 | 4 | 4 | 3 | | | | | | 3 | 6 | |
| 纸浆消耗 | 26 | 4 | 22 | 3 | 3 | 4 | 5 | | 4 | 3 | | | | | | 4 | |

---

① 译注：根据联合国粮农组织（FAO）最新数据更新。

　　上述表格中所列举的国家，它们的木材产品的生产或者消耗所占比重很高，因此，它们在这方面起着最重要的作用。没有在表格中提及的，或者在单个产品中没有数据显示的那些国家，它们起了一个次要的作用。值得注意的是，相对于德国那么小的总森林面积来说，其实德国很多木材都是按照可持续性发展这个原则来生产的。

　　工业原木是用于纸和纤维素工业的原料。

摘自：联合国粮农组织（FAO）

www.fao.org/forestry/home/en/

www.ded.dewww.greenpeace.de

## 第十一节
## 创意制作

> 想象力要比知识重要，因为知识是有限的，而想象力能够包含整个世界。
>
> 阿尔伯特·爱伊斯坦（Albert Einstein）

A 简明信息
B 活动
C 背景知识

# A 简明信息

在这个章节中，您可以找到一些有关，怎样用创造性的活动来丰富您的森林引导的建议。您将会获得手工制作、车间加工和艺术塑造的灵感。这种有趣的活动千万不要错过了。特别对进行较长时间的活动，您应该将本章的内容纳入计划，一方面用以完善充实专业内容，另一方面也可以使这些活动变得轻松愉快。

**活动概览**

在创意制作2、5、6、7，以及8这些活动中，您应该要准备好一个合适的工作场所，比如，工作室或者工作台；在活动9、10、13、14、15、16，以及17中您至少需要一张手工制作台；只有1、3、4、11，以及12这些活动可以在户外进行。所有的活动您必须要计划好足够的准备时间，比如，收集材料或者准备工具！

有些建议（创意制作1、3、4、6，以及13）适用于建造校园或者学校公园的"森林项目"（比如，在环境日的主题下）。

由于所有的建议都会产生材料以及准备工作的费用，因此，如有可能的话，您也应该考虑资金捐助来源。

其他更多的活动见巴伐利亚州食品、农业和林业部的宣传册"森林与艺术——林下创意"（参见[>]参考文献）。

# B 活 动

## 创意制作 1　木雕

**内容**　参与者用雕刻工具对木柱<sup>①</sup>进行加工。

| | |
|---|---|
| **目的** | **时限** |
| ◇参与者体验对原材料木头进行艺术加工 | ◇至少4～5小时 |
| **活动类型** | **材料** |
| ◇创造型 | ◇木柱 |
| **参与者人数** | ◇雕刻工具 |
| ◇最多15人左右 | ◇粉笔以及竖杆机 |
| **参与者年龄** | ◇急救箱 |
| ◇10岁以上 | **准备工作** |
| | ◇请您准备好木柱 |
| | ◇请您邀请一位专业人士（木工、雕刻家、手工课老师）一同参加活动 |
| | **室外条件** |
| | ◇干燥 |

**准备**

◆　您应该为每一位参与者准备好一块木板，带有过多水分的木头是不能进行雕刻的，湿木时间一长便会变形，所以必须对其进行干燥处理。由于受阳光暴晒会导致木头变形、开裂，因此通常的除湿方法是将木头放于阴凉干燥处或地下室，让其自然阴干。

树种：松木、柳树、桦树

长度：30厘米

直径：20厘米

**活动流程**

◆　为了减少受伤的风险，在工作开始之前，需由一位专业人士用雕刻刀——最好是"Stich 5"规格或者"Stich 9"规格尺寸的雕刻刀——来介绍一下雕刻的技术。尽管如此，您还是要准备一个急救箱！

◆　每一个参与者必须要考虑一下，他们想

---

①　译注：应选择适合雕刻的当地木材类型。重要的是要聘请当地的木雕师，木雕师可以帮助选择合适的木材品种。雕刻不一定要在木柱上进行，小的、方便的木块也可以雕刻带回家，例如，木刀、小动物或人像等。贵州当地应选择松木、柳树、桦树等。

雕刻什么。将想要雕刻的形状先用粉笔在木头上画出来。为了避免发生事故。请您告知参与者，只能在他们髋部到眼睛的高度范围内进行雕刻！

◆　在雕刻的过程中，可以再次向专业人士寻求帮助。当他在参与者间巡视时，能给遇到难题的人一些实用的建议，以此来帮助他们。

◆　在工作期间，您可以顺便提及关于原材料，也就是木头方面的信息以及一些重要的背景知识。

◆　如果这些完成的艺术作品可以保留在森林里供人参观的话，那么这是最好的了。

### 提 示

■　参加雕刻活动的人数最多不超过15人。参与者人数也是根据现有的雕刻刀来确定， 这些雕刻刀非常贵！

■　有些学校的手工课老师经常能够提供足够的雕刻刀，并且乐意出借。

■　由于手工课老师、木雕艺人或者木工在木材加工方面大部分都是很有经验的，因此，我们强烈建议，将他们列入到"雕刻活动"的计划中来。

### 活动变化方案

◆　在对森林进行（机械）间伐时，请您让人将几棵树木砍成高度为2米左右的树桩。由这些残留的树干制作而成的艺术品也许还会重新发芽—— 这取决于它是什么树种以及是否保留了足够的树皮。

◆　在雕刻结束之后可用乳化涂料对木柱进行上色。

### 附加信息

◆　除了椴木之外，最适合用来雕刻的是那些质地非常软的木材种类，比如，柳树、桦树以及杨树。椴树非常受欢迎的原因不仅在于它非常适合用来雕刻，而且也因为它的颜色很亮，可切削性好（雕刻毛坯）。

■　一个雕刻成品

# 创意制作 2　五月春笛及圆号

**内容**　参与者用天然的材料制作乐器。

目的
　　◇让参与者体会到天然材料的用途有多么广泛

活动类型
　　◇创造型

参与者人数
　　◇每个指导员最多带10个人

参与者年龄
　　◇12岁以上

时限
　　◇大约2个小时

材料
　　◇急救箱
　　◇锋利的刀
　　◇欧洲白蜡树或柳树、榛树、槭树、栗树的枝条，1.5~2厘米粗（五月的笛子），3~5厘米粗（圆号）①

准备工作
　　◇自己事先一定要尝试着安装一遍
　　◇另外请一些内行的人是很有好处的

室外条件
　　◇最好在春季(5~6月)

## 五月笛子的制作指南

需要准备一根外形美观的光滑树枝，和手指一样粗，无枝丫，两个枝节之间距离为10~12厘米，在较细的那一端，差不多在枝节下方，将其干净利落地垂直切断。

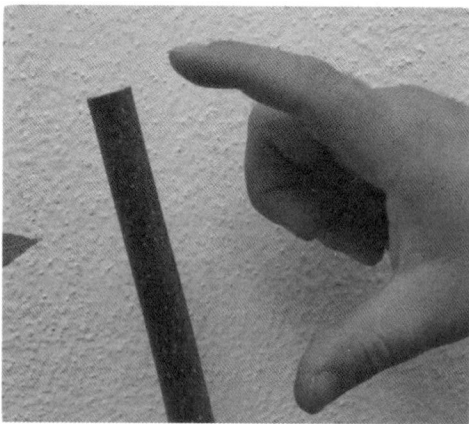

然后在其下方一手宽度，下枝节上方围绕树枝将树皮切出一个口子。

---

① 译注：贵州当地可以就地取材，柳树枝条，长度10~20厘米，直径1.5~2厘米（五月的笛子），竹子长度1米，直径2~3厘米（圆号）。

■　在这个口子上方的树皮请您用小折刀刀柄进行敲打。在这个工序中需要将树枝放在膝盖上。
注意：不要用木塞起子的侧面进行敲打，否则树皮会受到损伤。

■　紧紧握住刀口两侧的树枝，并且朝相反方向转动，这样被敲打的树皮就会"咔嚓"一声从木头上脱落，它将作为"管子"来使用。现在还不能将树皮剥下！

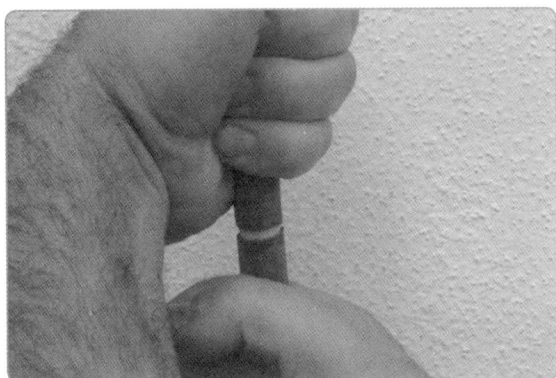

■　在树枝上垂直切一刀，再倾斜切一刀，这样就切出一个洞来。

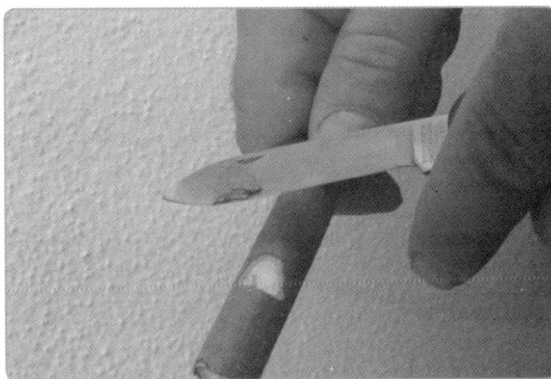

■　现在轻轻转动树皮管，将其小心翼翼地取下来。

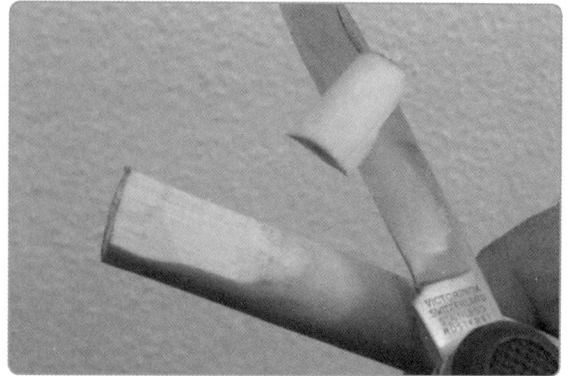

■ 将刀放置在凹口的底部，此凹口是在雕刻气孔的时候形成的，现在将木屑完全切下。

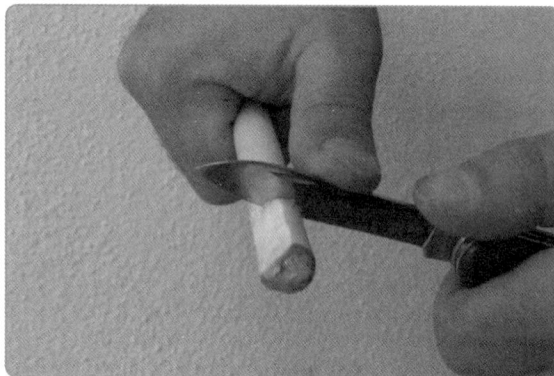

■ 在这个凹口位置用刀将木头切断。

■ 切下来的小木块被作为吹嘴齐平地推入树皮管中。

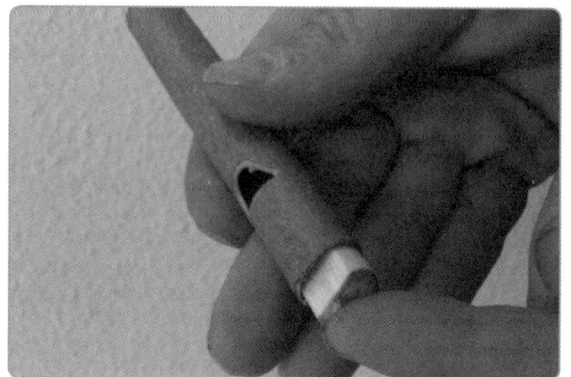

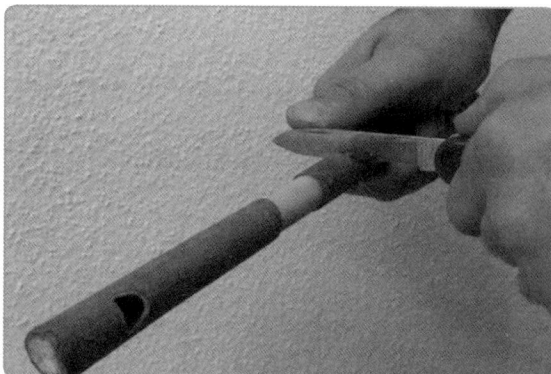

■ 将剩下的树枝小心翼翼地从另一侧推入树皮管中，并且切断，只留下一个包裹着树皮的把手。

■ 这样笛子就完成了。通过拉出以及推入把手部分，可以让音调发生变化。

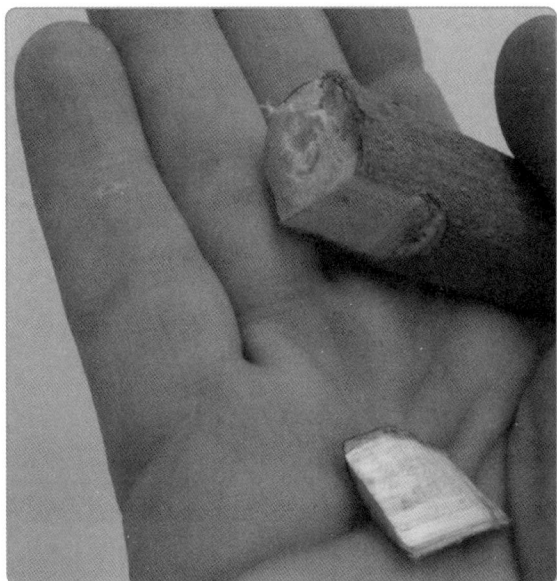

■ 如果是特别粗的笛子，那么我们给予以下建议：在敲打树皮之前，将吹嘴的底面切平。这样笛子放在嘴唇上会更舒适一点。

■如果是特别细的笛子，那么我们给予以下建议：将笛子放入嘴里，使得气孔位于侧面。否则，嘴唇有可能会将气隙压紧或者小木块会在气嘴中滑动。

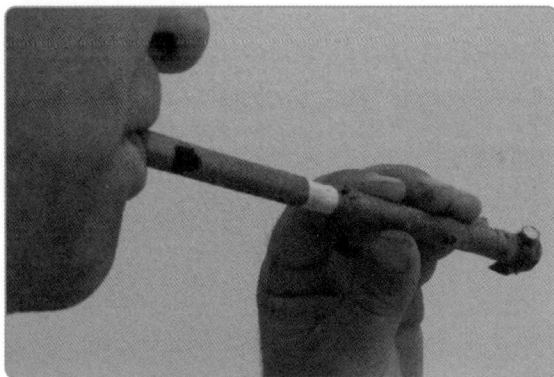

## 圆号的制作指南

■ 需要一根长约 1 米、直径 3 厘米的树枝。它应该尽可能是直的，并且是无枝丫的。合适的树种有欧洲白蜡树、槭树、榛树、栗树、柳树以及欧洲山杨等。用刀以螺旋形状切割树皮，螺纹宽度应该为 5 厘米。现在小心翼翼地将树皮从树枝上剥下来。

■ 现在树皮是螺旋状的，并且将树皮缠绕成一个圆号，尽可能绷紧。从较细的树皮端开始缠起，并且留出一个 0.5～1 厘米粗的洞。在较大开口的那一端要将一根细枝插入事先钻好的孔内，以此来固定住树皮。

■ 吹嘴是用一根细树枝制成的，它和留在圆号中的孔一样粗。从这根细树枝上剥下 6 厘米长的树皮作为吹管（参见 [>] 五月笛子的制作指南）。

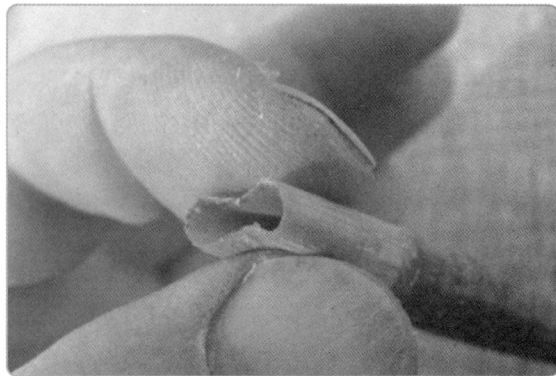

■ 吹管一端的树皮要刮掉，直到软的韧皮纤维暴露出来。然后，将树皮管从树木上拔下来。将软的那一段稍微压平点，并且进行尝试，直到吹气时有声音形成。

■　现在将吹嘴插入圆号中。

**提 示**

■　请您自己先对这个安装过程进行尝试。

■　照顾孩子是非常费力的，因此，您的帮手越多越好，最好是一位引导者照顾5位参与者。

**活动变化方案**

◆　在"天然材料制成的乐器"这个主题下，还有其他各种不同的乐器被制作出来。

◆　最后，一个自己的森林乐团登台了。经过一段时间充分的演练后，这个森林乐团可以尝试演奏一个音乐作品[①]。

① 译注：这项活动必须准备充分，从当地可用的灌木或乔木中选取合适的枝条，找一位会用森林材料制作乐器的音乐家进行指导，与其他用天然材料制成的乐器——如木琴、简单的树琴、拨浪鼓等配合。这样，他们就可以在活动结束时演奏一场"森林音乐会"。）

——沃尔夫冈・格拉芙（Wolfgang Graf）

# 创意制作 3  制作一个木制的圆顶帐篷

**内容** 参与者搭起一个尽可能用天然材料制成的帐篷。

| | |
|---|---|
| **目的**<br>◇参与者体会到木材用途的多样性 | **时限**<br>◇大约3小时 |
| **活动类型**<br>◇创造型 | **材料**<br>◇包裹绳<br>◇3~4把剪枝刀(刀) |
| **参与者人数**<br>◇每个帐篷最多10人 | ◇布或者毯子(带叶子的细枝条) |
| **参与者年龄**<br>◇7岁以上 | **准备工作**<br>◇寻找一个有很多榛木灌丛的地方 |
| | **室外条件**<br>◇— |

**活动流程**

◆ 请您让参与者寻找一些制作帐篷骨架所必需的枝条①，这些枝条是直的，但是要可弯曲。请您自己先测试一下，哪些树种特别适合用来制作帐篷。通常情况下，您很快就会选择榛木的枝条。请您要求参与者用剪枝刀剪下1.5~2米长、1~2厘米粗的榛木的枝条，尽可能挑选直的枝条，并且将枝丫砍掉，一个圆顶帐篷大概需要50根枝条。

◆ 为了得到一根约4米长的支柱，要将3根枝条搭接起来，并且用绳子捆紧（参见[>]附件），重叠处的长度大约为50厘米。就像附件里所描述的，参与者应该准备10~15根这样的支柱。然后，将所有的支柱均匀地弯曲，竖立起来成一个圆形，并且用绳子将它们连接起来。为了让圆顶帐篷能够站立住，每个支柱要插入地里约10厘米，并且将它们固定住。

◆ 紧接着人们把事先准备好的毯子和布或者带有叶子的枝条放在帐篷骨架上，并且用绳子固定在支柱上。带有叶子的枝条也要很好地编入骨架内。您使用的布和材料越多，所需要的支柱就越少！

**活动变化方案**

◆ 您也可以用柳树枝条来代替榛木枝条，这些柳树枝条像插枝一样长出根来，并且再次发芽。在这种情况下，每个支柱您应该使用2根至少2米长的枝条，并且将中间支柱去掉。

◆ 用柳树枝条您可以铺设非常漂亮的带叶子的狭路。在一条约1米宽的路的两侧分别插上长长的柳树枝条，并且在路中间的上方将它们相互连接起来。

---

① 译注：重要的是找到正确的枝条，它们可以轻易弯曲而不折断。如果该地区没有合适的榛子或柳树，则应使用其他适当的灌木或乔木树种。

**提 示**

■　在工作完成之后您可以制作细的大约手指粗的用作就餐的枝条，用来烤香肠或者面包。这些枝条由牢固的、绿色的、不易燃烧的木材制成（比如，欧洲山毛榉），参见[>] 第九章 附录中的"夜行森林"。

■　在帐篷中过夜，参见[>]第九章 附录中的"夜行森林"。

亚历山大 · 马恩赐（Alexander Maunz）建议

## 附件

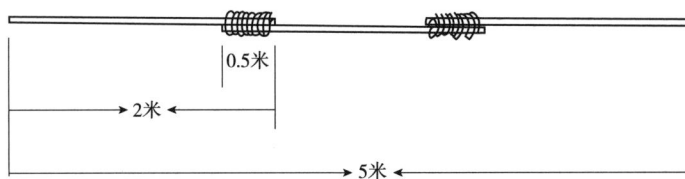

■　将榛木枝条用绳子搭接起来。

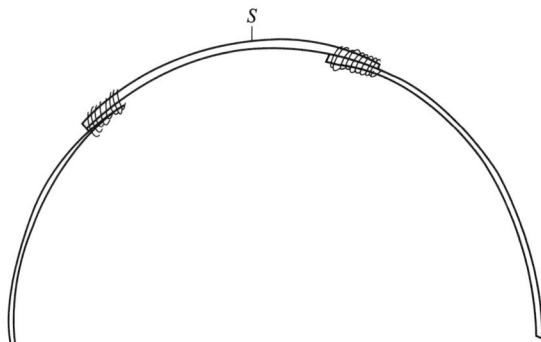

■　将所有的支柱(10～15根)均匀地弯曲。

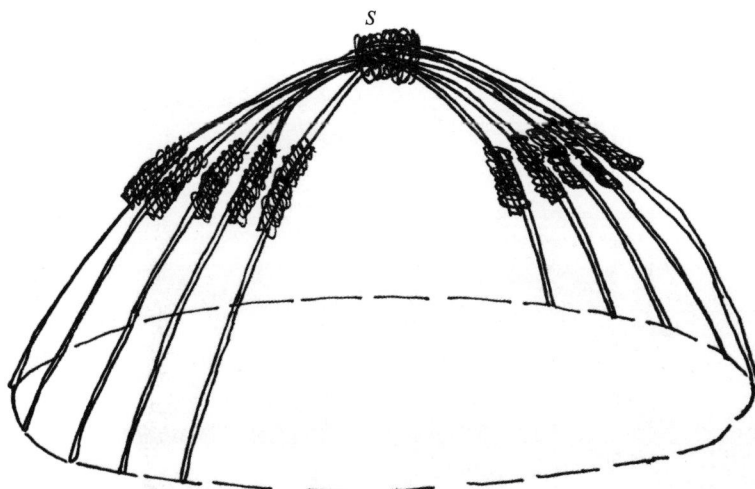

■　将所有支柱竖立起来成一个圆形，并且用绳子在拱形顶点（S）将它们连接起来。

# 创意制作 4　树皮屋

**内容**　参与者可用这个"树皮屋"为林业工人克隆一个住处。为了在森林里过夜，在几百年前人们用"木屋"作为林业工人的住处。

目的
　◇参与者用木材建造房子

活动类型
　◇创造型

参与者人数
　◇最多10人

参与者年龄
　◇13岁以上

时限
　◇3～4天

材料
　◇急救箱
　◇斧子
　◇锯子（电锯）
　◇榔头
　◇卷尺
　◇剥皮刀
　◇架子（18立方米圆木，直径12～15厘米）
　◇横支撑（24立方米圆木，直径12厘米）
　◇椽子（7根圆木每根长4米，直径12～15厘米）
　◇长椅（40立方米圆木，直径8～10厘米）
　◇屋面板（12平方米油毛毡，无砂）
　◇树皮（大约35平方米）
　◇钉子，90毫米，大约2.5千克
　◇木纤维棉专用钉子，90毫米，2.5千克（用于固定树皮）
　◇钉子，130毫米，大约2.5千克
　◇钉子，180毫米，大约2.5千克
　◇屋面油毡钉子，大约1千克（用于屋面油毡）

准备工作
　◇购置好这些材料
　◇准备好建造场地

室外条件
　◇—

■　如果回去的路太远，当年的林业工人可在这样的树皮屋里过夜。

## 活动流程

◆ 首先，放置角柱，这些角柱用垫板以及横支撑进行固定。然后，将各个连接处弄平，并且将它们钉牢。角柱以及中心柱（根据小屋的尺寸可能有的）应埋入土里约60厘米。不要忘记留入口和窗户的空隙！

◆ 由圆木制成的大约4米长的椽子用来作为屋顶结构；前后突出部分大约为0.5米。在椽子上钉上大约12平方米、2厘米厚的板。然后，在这些板上铺上约12平方米的油毛毡。

◆ 整个屋架（包括屋顶）外侧用云杉树皮包裹。为此，需要3棵云杉（每棵云杉的木材体积大约为2.5～3平方米）的树皮，尽量挑选无枝丫的云杉。最好在6月初用剥皮刀和手将树皮剥下来。这道工序需要有一定的技术。总共大概需要35平方米的树皮（单张树皮最大为1.5米×2米）。

◆ 如果不马上将剥下来的树皮安装上去，那么必须将其平铺在一个阴凉的地方。为了避免它卷起来，要用东西将其轻轻压住。

◆ 要为圆木长凳埋入支架，并且将圆木作为坐席面钉到支架上，此长凳三面成环形。桌子由2个约1.5米高的树墩组成，将它们放在一块，并且埋入地下约0.7米深。

## 活动变化方案

◆ 请您和参与者一起在树皮屋里过夜。

◆ 在林业工人用餐时间一起准备好"伐木工人的果酱"。将半块黄油放入平底锅中化开，拌入一些面粉，使得果酱有碎屑状的稠度。稍微加点盐。烘烤果酱时要一直进行搅拌，直到颜色有点变暗，并且闻到香味。这样果酱味道很好！

—— 提 示 ——

■ 进行这个活动您需要有经验丰富的林业工人的帮助！每3个青少年至少需要有1位有经验的成人陪伴。

■ 选择的地点不要有很多石头，不要有延伸开来的较大树木的树根。如照片所示，可以选择稍微平直至中度倾斜的坡。

# 创意制作 5　木制棋盘

**内容** 参与者用残留的木块制作一种简单的非洲弈棋。

| 目的 | 时限 |
| --- | --- |
| ◇参与者有目的地对木材进行塑造 | ◇大约1小时 |
| | 材料 |
| 活动类型 | ◇残留的木块 |
| ◇创造型、安静型 | ◇锉刀 |
| 参与者人数 | ◇锯 |
| ◇最多15人 | ◇砂纸 |
| 参与者年龄 | ◇种子（橡树的果实，山毛榉果实，或者其他） |
| ◇10岁以上 | ◇榫凿 |
| | ◇榔头 |
| | 准备工作 |
| | ◇请您准备好一个工作场所 |
| | 室外条件 |
| | ◇— |

**制作指南**

◆ 根据草图，在最小尺寸约为20厘米×10厘米×2厘米的木板或者残留的木块上，打上12个小洞。这些洞的大小应该能分别放进至少6颗种子。

◆ 再将这些坑洞用锉刀等工具凿空之后，将木板用砂纸磨光滑。

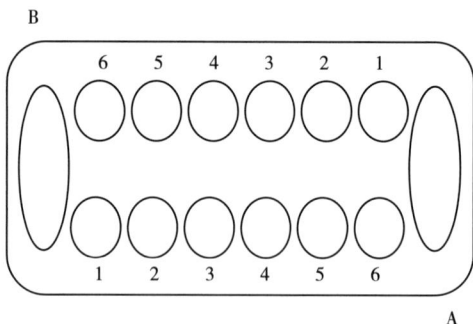

**活动流程**

这个游戏的规则可以有多种变化，这里介绍一种玩法作为示例。

◆ 在游戏刚开始的时候，12个洞的每个洞中都有3颗种子。两方玩家（A和B）各分一列，也就是6个洞，左右侧再挖2个大洞，作为取得棋子的计分洞。

◆ 玩家A将他自己一侧的一个洞中的种子全部取出（比如从1号洞中取出）。然后，依次一个一个分配到他自己一侧的右边的洞中。如果玩家A或者B从他的第一个洞开始玩起，那么棋盘看上去是这样：

◆ 如果玩家B从4号洞将种子取出，那么他的最后1颗种子落入计分洞中。如果它进入了计分洞，那么他还允许移动一次。如果最后1颗种子没有进入计分洞，那么就轮到玩家A进行了！

◆ 比如，玩家A从5号洞取出种子，那么3颗种子分别分布在6号洞，1号洞以及2号洞，也就是说，在6号洞之后，如果玩家手上的种子多于1颗，那么他重新从他自己一侧的1号洞开始继续分配种子：

◆ 玩家的目标是，让大部分种子进入到他的计分洞中。如果其中一个玩家的所有小洞里不再有种子存在了，那么游戏就结束了。

◆ 如果玩家将最后1颗种子放入了一个空的洞里，那么他就可以干预对家的游戏，可以将对面对手的种子放入到自己的洞里面。

◆ 比如，玩家A将1号洞中的种子拿出分别放入2号、3号、4号洞，最后1颗种子落入了空的5号洞。那么，现在他允许将玩家B的2号洞的种子拿到自己这边来。

◆ 玩家B在2号洞就没有种子了，比如，他从5号洞取出3颗种子，那么他就可以将他的种子拿回来了。

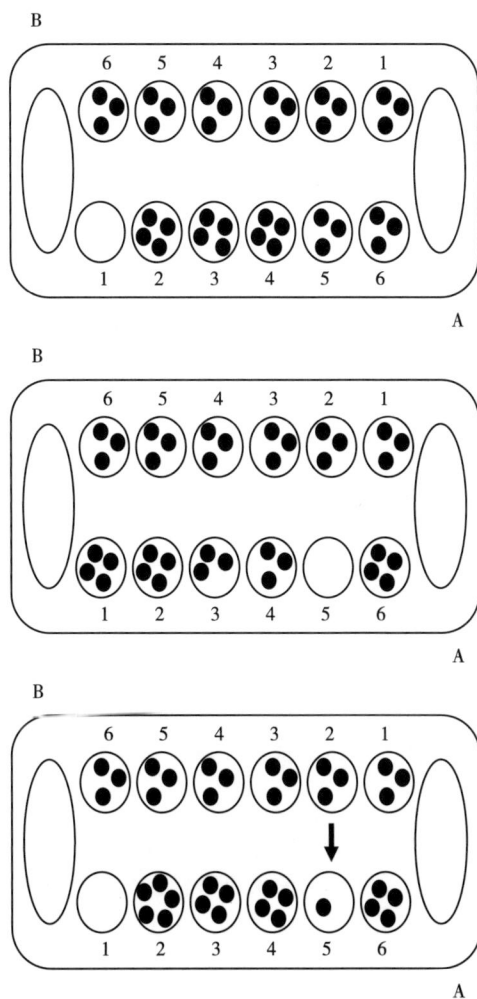

---

### 提　示

■　早在几千年前，在埃及就已经有人玩弈棋这种游戏了。人们在胡夫金字塔的石头中，在卢克索神庙以及卡纳克神庙中都发现了雕凿的棋盘。

■　棋盘也可用混凝木制成，参见[>]创意制作 10 "混凝木料"。

# 创意制作6　巢箱制作

．．．．．．．．．．．．．．．．．．．．．．．．．．．．．．．．．

**内容**　参与者制作一个用于观察鸟类的巢箱。

| | |
|---|---|
| **目的**<br>◇参与者创造一个在家观察鸟类的机会，并且用木材制作巢箱<br>**活动类型**<br>◇创造型、调研型<br>**参与者人数**<br>◇10人以下<br>**参与者年龄**<br>◇8岁以上 | **时限**<br>◇2小时<br>**材料**<br>◇建筑构件，参见[>]附件1<br>◇钉子和榔头<br>◇观察清单，参见[>]附件2<br>**准备工作**<br>◇请您准备好工作场地<br>◇准备好材料<br>◇将观察清单进行复印<br>**室外条件**<br>◇— |

**活动流程**

◆ 请您和参与者一起制作一个巢箱①。

◆ 请您以原材料木材方面的一些值得了解的东西作为主题，或者以在特殊情况下在森林中帮助筑巢的重要意义为主题。参见[>]森林——工作场所10 "洞穴是动物的栖息地"。

◆ 每个参与者可以将他们的巢箱带回家。

**活动变化方案**

为了鼓励参与者，将他们对鸟儿的观察汇编成文件。您可以提供观察清单，参见[>]附件3。也请您参考一些好的指导书，参见[>]参考文献。

**提 示**

■ 不需要木材防护剂，因此，不用考虑进行涂装。为了避免受到猫或者鼬的伤害，请您让参与者将巢箱挂起来。

■ 请您告诉参与者，鸟儿出入口最好的朝向是东南方向。

■ 请您让参与者在秋天的时候将他们的巢箱腾空，并且做好卫生措施，比如，捉跳蚤。

■ 这种巢箱最适合大山雀、五子雀、斑姬鹟、麻雀以及蚁鴷。

**参考文献**

阿曼 G. 森林中的鸟类. 诺伊曼—诺伊达姆出版社, 2004.

---

① 译注：巢箱需要适应贵州本地鸟类的需要。建议寻求与当地鸟类学家合作，使巢箱适应当地鸟类，例如，入口洞的直径，并在说明文件中命名鸟类。在贵州适宜的洞口直径一般 6~10 厘米，大一点的鸳鸯洞口 15 厘米。

——沃尔夫冈·格拉芙（Wolfgang Graf）、冉景丞 、马新玲乔森 L. 欧洲的鸟类、宇宙自然指南. 斯图加特，1999.

**Literaturhinweise**

Amann G. Vögel des Waldes. Neumann–Neudamm Verlag, 2004.

Jonsson L. Die Vögel Europas., Kosmos Naturführer, Stuttgart 1999.

根据托斯滕 · 米特尔（Thorsten Mitter）的建议

# 附件 1

## 材料

- 根据安装图准备好木制零件（木板厚度20毫米）
- 6个钉子（30毫米）
- 12个钉子（50毫米）
- 2个"U"字形钩环以及金属丝用于悬挂巢箱

## 工作步骤（木制零件见安装）

a）分别用2颗钉子（50毫米）将侧壁和后壁钉起来。

b）装入底板，并且用4个钉子（50毫米）钉牢。

c）分别用2个钉子（30毫米）将两个木板条钉在前侧（上面的木板条与斜面的延长部分齐平，下面的木板条向上挪开1厘米）。

d）用4个钉子（50毫米）将屋顶钉在上面。屋顶应和后壁封齐。

e）用2个钉子（30毫米）将最后一个木板条钉在前壁上。然后将前壁装入巢箱内，并且用"U"字形钩环将金属丝固定在两边的侧壁上。

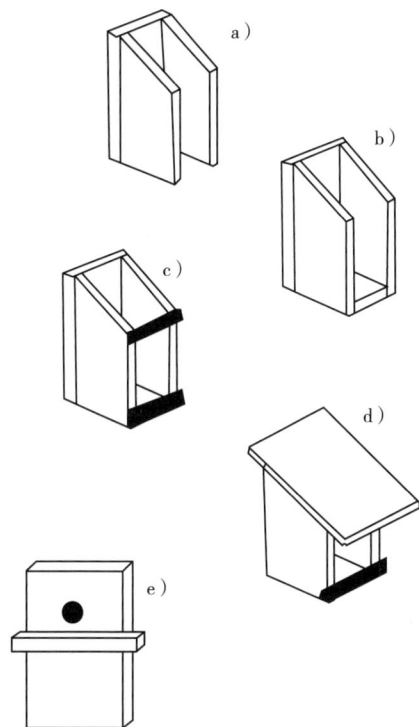

安装图

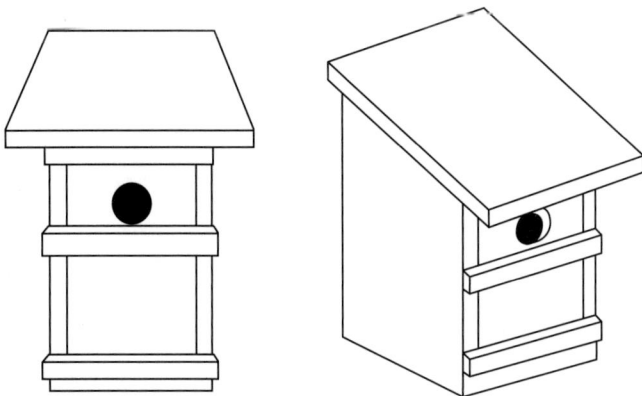

完成后的巢箱草图

## 附件 2

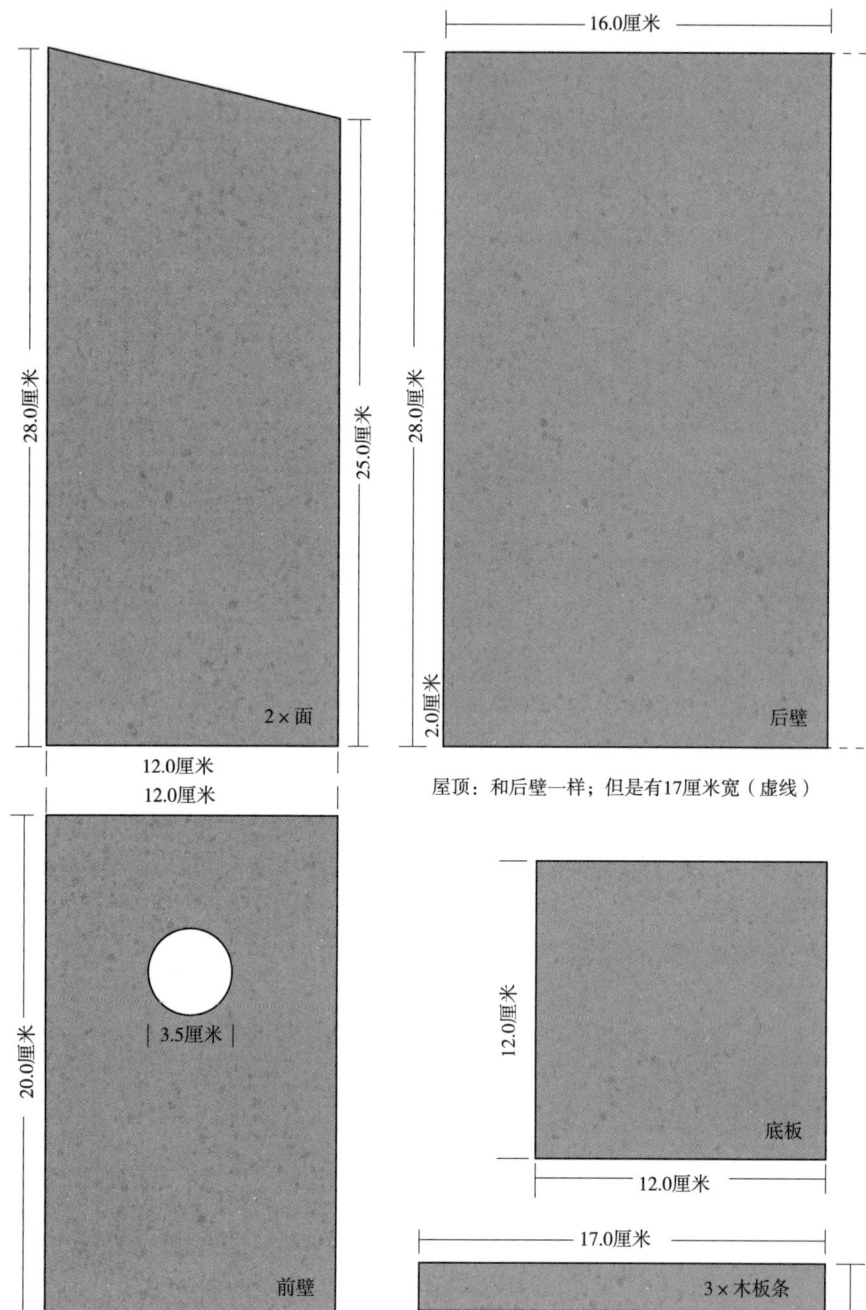

28.0厘米

25.0厘米

12.0厘米

2×面

16.0厘米

28.0厘米

2.0厘米

后壁

屋顶：和后壁一样；但是有17厘米宽（虚线）

12.0厘米

20.0厘米

3.5厘米

前壁

12.0厘米

12.0厘米

底板

12.0厘米

17.0厘米

3×木板条

## 附件 3　巢箱观鸟记录

| 鸟的种类 | 日期 | 飞入时间 | 飞出时间 | 短暂访问时间<br>（如：喂食） |
| --- | --- | --- | --- | --- |
|  |  |  |  |  |

# 创意制作 7　昆虫旅馆

**内容** 参与者用剩余的木材为昆虫筑巢[①]。

目的
　　◇参与者学习使用木材这种原材料，并且认识到森林生物保护措施的重大意义

活动类型
　　◇调研型、创造型

参与者人数
　　◇15人以下

参与者年龄
　　◇10岁以上

时限
　　◇大约1小时

材料
　　◇硬木块
　　◇钻机
　　◇麦秆束
　　◇绳子或者金属丝

准备工作
　　◇请您准备好工作场地和材料

室外条件
　　◇在室内也是可以的

**活动流程**

◆ 参与者用大小不同的钻头在硬木块上钻孔。木块至少要有砖块大小。所钻的孔直径应为2~10毫米。小的洞应该只有几毫米深，大的洞大约10厘米深。

◆ 最后，和参与者一起将所筑的巢安装到森林里的房屋墙壁、棚屋、篱笆或者柱子、树木上。

◆ 请您尽量注意光照以及挡风情况。

◆ 如有可能，您也可以让参与者将所筑的巢带回家。

◆ 请您提醒参与者，在几周后对所筑的巢进行研究会变得特别有趣。

**活动变化方案**

◆ 很多膜翅目昆虫将空心的秆作为筑巢的地方。人们可以将空心的秸秆或者其他的秆捆在一起，并且用金属丝或者绳子捆紧（参见[>]草图），这样也可以帮助它们筑巢。

◆ 将秸秆束安装到相应的地方，就像上述木块一样。除了秸秆和芦苇秆，其他的空心茎植物，如禾本科或者菊科植物也适于作秆子。

---

**提示**

■ 适合作木块的是短纤维的木材种类，如欧洲山毛榉和橡树，在这些木块上钻的孔不会再次愈合。云杉和松树则不适合。

■ 工作室或者工作台是必需的。

---

① 译注：应有昆虫学家的帮助，让昆虫旅馆的设备适应当地昆虫的需要。例如，木块上的洞的直径和深度在贵州可选择，洞口直径1~12毫米；深度1~5厘米。

——沃尔夫冈·格拉芙（Wolfgang Graf）、冉景丞、马新玲

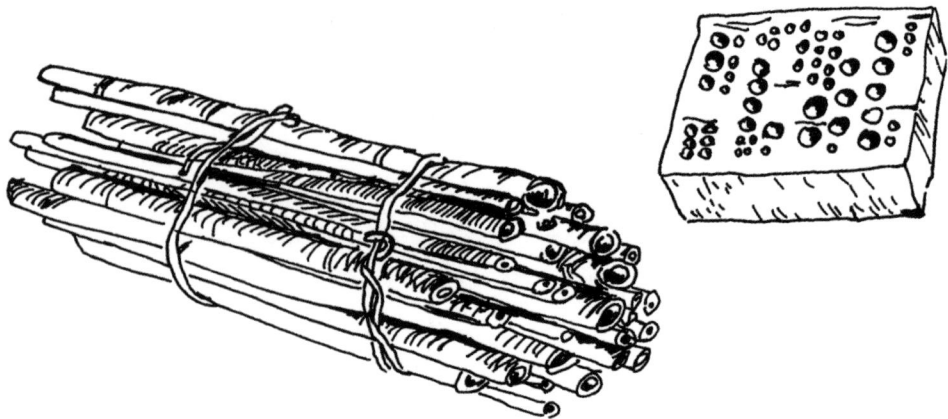

草图

### 附加信息

对于我们来说，大部分情况下昆虫都是令人讨厌的，因为它们叮咬人类和动物，吃掉我们的储备食物或者在我们的衣服上钻孔。可惜，我们的偏见也导致了很多动物种类被错误地猎捕。昆虫在生态系统中的重大意义也有些部分丢失了。

在昆虫世界中，只有很小一部分种类对人类是"有害的"或者危险的。并且这些昆虫种类所带来的危险还常常被过高估计。比如，大黄蜂，人们都是怎么说它们的？但是事实上，它们是爱和平的动物，只有当它们感到有危险的时候，才会蜇人，并且它们绝对不会比蜜蜂危险。

我们通过这些措施所帮助的昆虫种类绝对是无害的，大部分还是"有益的"，而且部分已经有面临灭绝的危险。很多种类是森林的生态系统非常重要的组成部分，是森林害虫的重要天敌。

壁蜂以及其他的膜翅目昆虫，之前在旧的砌砖缝隙中筑巢，现在它们在现代的建筑中不能再进行筑巢。您可以堆起一个小的黏土——沙质陡坡，这样也能够帮助到它们。其他的昆虫种类在腐烂的、老的以及无毒的树木中筑巢。这些昆虫种类大部分不会自己钻通道，而是依赖于手工艺人（钻木昆虫）来完成。

人们可通过帮助筑巢，以此来帮助那些受到危害的昆虫种类。在做这些努力的时候，应该提醒参与者考虑，很多受到危害的昆虫不仅存在于传统农村的耕地中，而且也存在于天然的、有足够死木供应的森林里。

# 创意制作 8　刨花动物

**内容**　参与者富有想象力地利用木材作为制作材料。

目的
　　◇参与者体会木材这种原材料的多样性以及可加工性

活动类型
　　◇创造型、安静型

参与者人数
　　◇10人以下

参与者年龄
　　◇6岁以上

时限
　　◇大约3小时

材料
　　◇工作台以及手动刨削机
　　◇木板（无枝桠）
　　◇木材黏合胶或者其他的胶水
　　◇有可能的话，准备一些回形针
　　◇有可能的话，准备一些颜料

准备工作
　　◇请您先准备好样品
　　◇请您准备好一个工作场地

室外条件
　　◇在室内也是可以的

**活动流程**

◆　请您让参与者用手动刨削机从木板上刨下不同长度的刨花，木板要尽量是无枝桠的。然后他们可以根据自己的想法或者根据样品来制作出动物或者其他想象创作物（参见［>]草图）。

◆　刨花要么用木材黏合胶粘在一起，要么切开一个开口后插进去。如果这些动物放在纸箱或者木垫片（德国工业标准 A6–A5）上，并且将它们黏合在一起，那么这些动物会站立得更稳固。

◆　在此之后可以对动物进行着色。

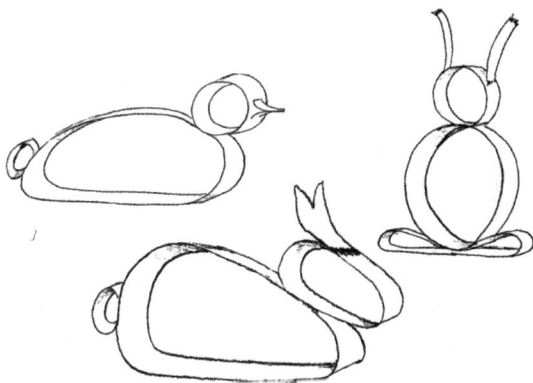

草图

**活动变化方案**

◆　在复活节的时候可以将森林中的动物先隐藏起来，并且再重新找到，这非常有趣（参见[>]森林——生命空间 15 "伪装、警示和蒙蔽"）。

◆　让您的想象力自由奔跑吧！即使是其他的天然材料，比如球果、浆果、山毛榉果实、橡树果实、树枝，也可以制作出漂亮的幻想动物。

■ 用森林天然材料可以制作出各种奇特的动物

# 创意制作 9 树皮甲虫（小蠹虫）

**内容** 参与者制作一只"会发出嗡嗡声音"的小蠹虫[①]。

| 目的 | 时限 |
| --- | --- |
| ◇这个制作活动传授了一些关于小蠹虫的信息 | ◇大约30分钟 |
| 活动类型 | 材料 |
| ◇知识型、创造型 | ◇木夹 |
| 参与者人数 | ◇气球 |
| ◇30人以下 | ◇[>]附件2 图样底本 |
| 参与者年龄 | ◇羊毛纱线 |
| ◇任意年龄 | ◇剪刀 |
| | ◇锋利的刀 |
| | ◇黏合剂 |
| | ◇软木塞 |
| | ◇装有小蠹虫的昆虫观察器（带有放大镜的玻璃瓶） |
| | ◇带有昆虫咬痕的树皮 |
| | 准备工作 |
| | ◇请您准备好材料 |
| | ◇请您布置好工作场地 |
| | 室外条件 |
| | ◇在室内也是可以的 |

**活动流程**

◆ 请您初步了解一下小蠹虫的生活方式以及对森林的意义。注意要对相关物体进行说明。比如，在昆虫观察器中展示一下小蠹虫或者展示一下带有咬痕的树皮。

◆ 根据制作指南（[>]附件1）制作小蠹虫。不要害怕，这比第一眼看上去要简单。

■ 制作完成后的小蠹虫的侧视图

**提 示**

■ 为了深入进行，我们还提供了[>]森林处于危险之中 10 "生病的树木，你在哪里？"这个活动。

■ 请您不要用橡皮带来替代气球吹嘴，它们的蜂鸣效果很差。

---

① 译注：如果该地区还有另一种与林业有关的小蠹虫，可以让绘图员画一个新的轮廓来代替"德国"小蠹虫。应该指出的是，这种甲虫在该地区存在，它们的生活方式会对森林造成巨大破坏。

——沃尔夫冈·格拉芙（Wolfgang Graf）

## 附件 1　制作指南

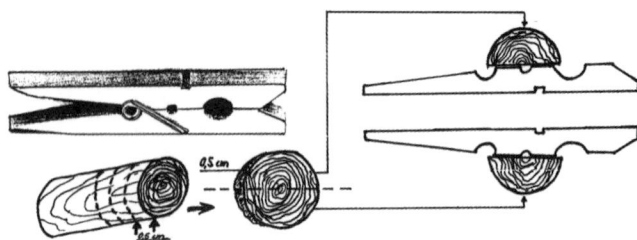

　　■　将葡萄酒软木塞切成 0.5 厘米厚的薄片，并且将薄片对半分开。将木夹拆分开来，在两个木夹部件上分别粘上一个对半分开后的软木塞薄片。

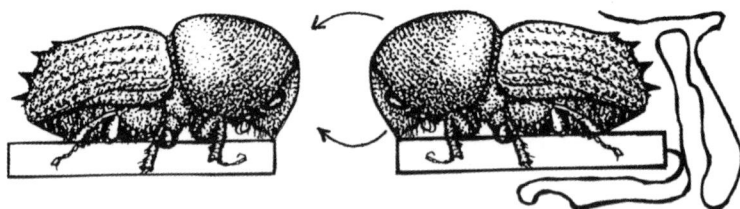

　　■　根据图样将小蠹虫粘合起来。如下图所示，用黏合剂将一根 0.5 米长的羊毛纱线固定在后端。

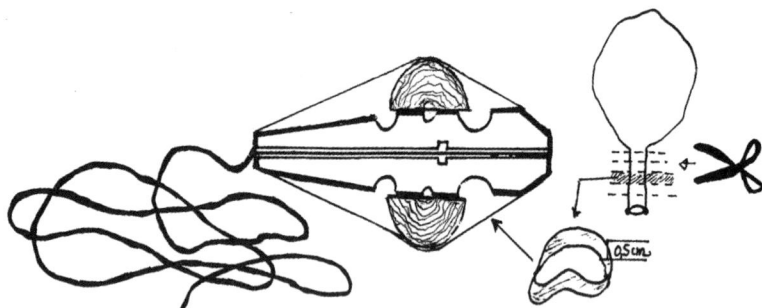

　　■　在两个木夹部件之间将带羊毛纱线的小蠹虫紧紧粘贴在一起。气球吹嘴被剪切成 0.5 厘米宽的条状物，并且将其撑开，紧绷在木夹和软木塞薄片上。

　　■　当纱线急速旋转，"小蠹虫"就会嗡嗡地响。

## 附件 2　图样底本

　　影印图样底本。"小蠹虫"的对数至少应该为参与者人数。请您将废品考虑进去！沿着虚线将样板折起来，并且粘起来，然后将小蠹虫剪下来。

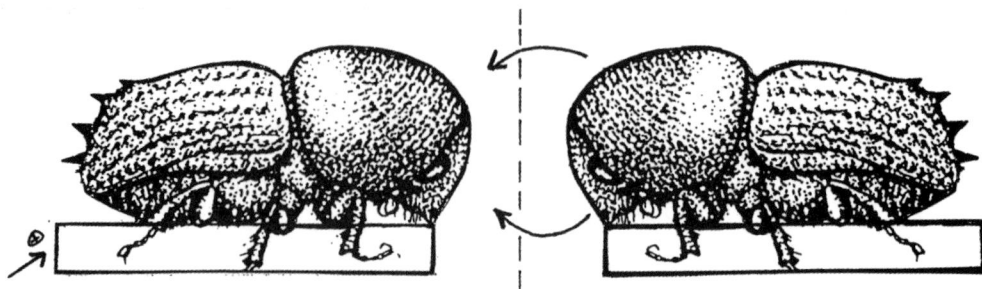

# 创意制作 10　混凝木料

**内容**　参与者塑造由混凝木制成的雕塑。

目的
　　◇参与者用一些常用的可塑材
料进行塑造
　活动类型
　　◇安静型、创造型
　参与者人数
　　◇20人以下
　参与者年龄
　　◇6岁以上

时限
　　◇1～2小时
材料
　　◇锯末
　　◇壁纸浆糊
　　◇水
　　◇锯
　　◇锉刀
　　◇砂纸
准备工作
　　◇请您准备好这些材料
室外条件
　　◇在室内也是可以的

**活动流程**

◆ 将锯末和糨糊以及水一起搅拌，直到形成一团可揉捏并且粘合在一起的东西，它有着软的可塑橡胶的稠度。

◆ 这团东西可塑造成雕塑品以及其他的艺术作品或者塑造成一些实际可应用的物品，比如，盘子、钥匙或者板。

◆ 需要一天时间使混凝木干燥，然后可用锯、锉刀，以及砂纸对其进行进一步加工。

**活动变化方案**

在[>]创意制作 5 "木制棋盘" 的木材雕刻过程中制造的游戏底板也可以用这种混凝木来制成。

# 创意制作 11　森林的秋色

**内容**　参与者用艺术手法利用这些多彩的秋叶[①]。

| | |
|---|---|
| **目的**<br>◇参与者感受到秋天色彩的美丽 | **时限**<br>◇大约30分钟 |
| **活动类型**<br>◇创造型 | **材料**<br>◇秋叶<br>◇植物的刺，大头针或者图钉 |
| **参与者人数**<br>◇5~15人 | ◇死木粗枝条或者树干<br>◇顶针 |
| **参与者年龄**<br>◇5岁以上 | **准备工作**<br>◇请您收集一些秋叶。最好是法国梧桐、挪威槭以及红橡树的叶子 |
| | **室外条件**<br>◇秋天 |

**活动流程**

◆　要求参与者将找到的或者事先收集的阔叶树叶子分类整理，分成纯色以及过渡色（比如绿中带黄、黄中带红）两类，然后按照色调的不同依次将树叶重叠钉在"腐烂变软"的死木树干或者粗枝条上。颜色序列可多次重复。

◆　人们可用天然材料如沙棘或者花椒、刺槐的刺将树叶钉住，也可以用大头针或者图钉来代替。

**活动变化方案**

◆　没有钉在死木树枝上的叶子参与者也可以将它们带回家。

◆　照片同样也是一种美好的回忆。

◆　每个参与者，最多3~4人为一个小组，都要收集一种颜色。所有的色调都要覆盖到。您自己也要收集以下颜色作为举例：红色、黄色、褐色以及绿色。如果所有人都收集到了足够的颜色，请您将一些基色放在面前的空地上，并且摆成圆形——最好放在一块白布上。现在要求参与者这样排列他们的颜色，使得这个颜色序列圆圈可以接上。比如，淡黄色—深黄色—黄褐色—褐绿色—绿色—红绿色—红色—红黄色—黄色—浅黄色。

◆　请您用收集到的树叶摆出一个树木的影像，比如，由欧洲山毛榉叶子制成的欧洲山毛榉树。

---

① 　译注：用当地合适的树种，尤其是有着秋季非常美丽色彩的树种来替代指定树种。

## 创意制作 12　树脸

**内容**　参与者用自制黏合剂创造出树木面孔或者其他小的艺术作品。

| 目的 | 时限 |
|---|---|
| ◇参与者用天然材料进行塑造 | ◇1.5~2小时 |
| 活动类型 | 材料 |
| ◇安静型、冥想型、创造型 | ◇盘子 |
| 参与者人数 | ◇水 |
| ◇最多25人 | ◇面粉或者黏土，每个小组1套 |
| 参与者年龄 | ◇五颜六色的叶子 |
| ◇5岁以上 | ◇浆果、苔藓、树皮，所有人们可以在森林中找到的东西 |
| | 准备工作 |
| | ◇请您将材料准备好 |
| | ◇请您挑选好一个森林地点 |
| | 室外条件 |
| | ◇没有潮湿，没有冰冻，最好是在秋天 |

**活动流程**

◆　请您组建小组（参见[>]开始 7 "谁和谁在一起？"），并且分给每个小组一个盘子、水以及面粉。请您展示一下，人们如何制作天然的黏合剂。

◆　参与者将五颜六色的树叶、浆果、苔藓、树皮粘在一棵树上。它可以是抽象的形状，但是也可以是森林巨魔或者树精的脸。

**活动变化方案**

◆　也可以是不同的绿色调的一个色标，就像大地艺术家安迪·高兹沃斯（Andy Goldsworthy）所示范的那样。

◆　树脸也可以由陶土或者沙质黏土制成。

# 创意制作 13　用土质涂料进行绘画

**内容**　参与者用不同颜色的泥土在木板上进行绘画。

| | |
|---|---|
| **目的**<br>◇参与者用天然材料进行塑造<br>**活动类型**<br>◇安静型、冥想型、创造型<br>**参与者人数**<br>◇每个引导者最多带12人<br>**参与者年龄**<br>◇5岁以上 | **时限**<br>◇至少1.5小时<br>**材料**<br>◇从木材市场买来的木板或者木片，比如云杉木，约3毫米厚，也可选择硬纸板。底板必须是硬的（织物或者纸张不合适）<br>◇鬃毛画笔，每个孩子或者每种颜色一支<br>◇不同色调的、干净的、不含根或者石头的泥土<br>◇胶合涂料，比如卡普乐尔胶合涂料（无色的）或者壁纸浆糊<br>◇用来混合颜色的小容器<br>◇用来混合土质涂料的木棒<br>◇如有可能的话请准备纸桌布，因为涂料斑点很难洗掉<br>**准备工作**<br>◇请您收集不同的泥土<br>**室外条件**<br>◇干燥的 |

**活动流程**

◆ 请您让参与者按照以下比例将泥土、水以及胶水涂料混合在一起制成土质涂料，配比为：泥土∶胶水涂料∶水=2∶1∶1（～2）。

◆ 参与者可用画笔将搅拌好的土质涂料涂到木板上去。由于胶水的作用，过后涂料还是会粘附在木板上。人们不能在纸上进行绘画，因为在纸上涂料会再次脱落。

◆ 现在，参与者们可用自制的不同色调画出一幅充满想象力的画。

**活动变化方案**

◆ 一个约10人的小组可共同在约1.30米×0.45米大小的板上作画，或者一个3人小组共同在约A3大小的板上作画。每个参与者也可以在明信片大小的板上自己单独作画。

**┌ 提 示 ┐**

■　人们可通过将木炭捣碎/研碎来得到黑色，红色可通过研碎砖块来得到。您也可以用网球场的红土来得到红色。其他可利用的材料还有路面积尘、石灰岩、混合肥料或者花园泥土、沙子、褐土、腐殖土、黏土、沼泽土（泥炭）、陶土、溪流泥土。

■　此活动适合每一个年龄段，既适合个人也适合小组活动。这些泥土人们可以保存起来，可以一直重复利用！

■　人们可以自己制作一支简单的画笔，即将新鲜树枝的切面放置在衬垫上，用石头敲击至纤维状，然后即可当画笔使用。

■　用土质涂料进行绘画给孩子以及成人带来了很多乐趣

# 创意制作 14　树叶–刺猬–风铃

**内容**　在刺猬图样上粘上不同的树叶作为刺猬的身体。

**目的**

◇通过不同树种的刺猬，参与者认识了这些不同种类的树木，并且可以通过外观来进行辨别

**活动类型**

◇安静型、冥想型、创造型

**参与者人数**

◇30人以下

**参与者年龄**

◇6岁以上

**时限**

◇2～3小时

**材料**

◇刺猬图样底本，参见[>]附件

◇牢固的纸箱(彩色美术纸)，如有可能的话用褐色

◇不同树种的树叶以及针叶[①]

◇细树枝

◇剪刀、黏合剂、笔、针、线

**准备工作**

◇请您在较硬的纸上复印刺猬图样作为每个孩子的模板

**室外条件**

◇在室内也是可以的

**活动流程**

◆ 请您分给每个参与者一个刺猬图样，然后参与者可将其剪下来作为模板。

◆ 在这些模板的帮助下，参与者可从硬纸箱上剪下更多的刺猬，并且将刺猬的脸描出来。

◆ 用针在每一只刺猬上穿一根线，然后用这根线将刺猬绑在一根树枝上。

◆ 在刺猬后腹部两侧粘上树叶或者落叶——每只刺猬要粘上同一个树种的叶子。这样就形成了橡树刺猬、欧洲山毛榉刺猬、云杉刺猬，等等。

◆ 人们可以将所有的刺猬悬挂在一段树枝上制作一个风铃，或将刺猬挂在多条树枝上。

**活动变化方案**

◆ 几个孩子可以以小组形式合作，共同制作一个风铃。

◆ 刺猬也可以是用胶合板锯出来的。

◆ 如有可能的话，参与者可以自己收集树叶以及针叶。

---

**提 示**

树叶不需要压平。与此相反：在干燥时，树叶起皱，这让刺猬有了一个三维的外观。

---

① 译注：用当地合适的树种替代指定树种，例如，松针特别适合。

## 附件

树叶-刺猬-风铃

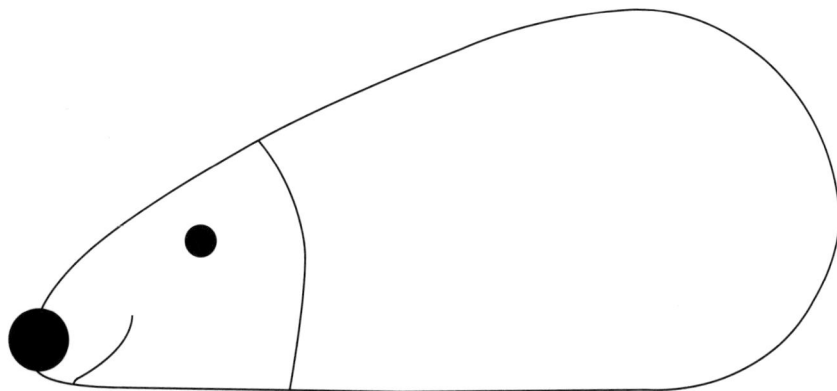

## 创意制作 15　树叶艺术

**内容**　参与者用各式各样的方式将树叶以及灌木应用到艺术活动中去。

目的
　◇参与者了解树叶的形状
活动类型
　◇创造型、安静型、冥想型
适合
　◇个人或者小组工作
　◇作为森林旅行之前的准备以及之后的复习
参与者人数
　◇30人以下
参与者年龄
　◇4岁以上（幼儿园）

时限
　◇2小时
材料
　◇不同树种的叶子，如有可能的话将它们压平
　◇绘画工具、黏合剂、纸，如有可能的话，用石膏、空的人造黄油杯、底纹印版
准备工作
　◇如有可能的话，请您将树叶压平
室外条件
　◇最好是在秋天，在室内也是可以的

**活动流程**

◆　树叶拼贴画
人们可以将压平后的树叶粘贴在纸上（如有可能的话，事先对其进行着色），这样就可以制作出非同寻常的拼贴画。

◆　树叶印刷品
将树叶的一面涂上颜色，然后将树叶涂上颜色的那一面向下放到纸上，再用手、滚筒刷或者擀面杖在纸上按压，最后将树叶取走。

◆ 用透明描图纸复描树叶

将带有筋条的树叶朝上放在一张纸下面。然后，人们可用蜡笔或者彩色笔将树叶描印下来。

◆ 以树叶为主题的亚麻油毡印刷树叶可用来作为亚麻油毡版画技术印刷品的图样。

◆ 树叶的石膏模型搅拌石膏流，直到它达到黏稠的浓度，装在人造黄油杯内大约至1.5～2厘米高度。将树叶压入到这个石膏流内，这样就会在石膏内形成一个模型。让其变硬。然后将人造黄油杯小心翼翼地取走（如果能在石膏模型破碎之前将其切开，那就更好了）。人们得到一个树叶底片。如有兴趣的话，还可以对这个艺术作品进行着色。

变化方法：在整个树叶上滴上厚厚一层蜡液，这样形成的模型更牢固，更容易揭下来。将树叶小心翼翼地取下来，这个蜡模型是非常美观的。

◆ 树叶或者和针叶集合体的黏土模型

将树叶牢牢地压在一个软的底纹印版上（在手工制作商店可买到），如有可能的话，用一根擀面杖在上面来回滚动，然后再将树叶揭下来。如果需要的话，可以将这片树叶来源、树木的名字刻在黏土中，再钻一个用来悬挂的孔，紧接着对底纹印版进行烧制。

# 创意制作 16 球果湿度计

**内容** 借助云杉或者松树球果，参与者可对空气湿度的变化进行测量。

**目的**
◇ 参与者了解球果的闭合装置

**活动类型**
◇ 创造型、调研型

**参与者人数**
◇ 30人以下

**参与者年龄**
◇ 8岁以上

**时限**
◇ 1～1.5小时

**材料**
◇ 干燥的云杉或者松树球果
◇ 木板，大约15厘米×15厘米
◇ 牙签或者烤羊肉用的竹签
◇ 胶水或者热熔胶
◇ 钻机以及金属丝
◇ 榔头，销钉

**准备工作**
◇ 请您准备好这些材料

**室外条件**
◇ 在室内也是可以的

**活动流程**

◆ 将球果用热熔胶粘在木板上。也可以在木板上钻2个洞。然后将球果轴用金属丝缠绕起来，再将金属丝穿过木板上的洞，最后将其固定在木板上。无论如何，球果必须还是能够打开的。

◆ 在球果侧面的鳞片上粘上一个牙签或者烤羊肉用的竹签。

◆ 现在可以将我们的测量装置悬挂在室外了。所放的位置应该是在下雨的时候可以被淋到的地方。

◆ 牙签/烤羊肉用的竹签作为指针来使用。人们可以在木板上的不同位置

做上标记，表示空气湿度的高低。若是刚下过雨，空气湿度高，球果闭合，指针就会向下；若多日晴朗，空气干燥，球果就会张开，指针就会随着升高。

# 创意制作 17  制作"啄木鸟"木琴

**内容** 参与者制作一个由木材制成的啄木鸟木琴。

目的
　◇参与者尽可能模仿出啄木鸟的声音

活动类型
　◇创造型

参与者人数
　◇30人以下

参与者年龄
　◇8岁以上

时限
　◇1小时

材料
　◇胶合板（7毫米厚）
　◇木棒（40厘米长、3厘米厚）
　◇颜料
　◇画笔
　◇金刚砂纸
　◇钉子或者螺丝钉
　◇锯
　◇榔头
　◇钻机

准备工作
　◇根据[>]附件1，准备好"啄木鸟" 以及木棒

室外条件
　◇—

**活动流程**

◆ 每个参与者都会分到一只用木材锯出来的啄木鸟以及一根预先制作好的木棒。

◆ 参与者用金刚砂纸将啄木鸟的棱角锉圆。

◆ 根据图样对啄木鸟进行涂色，或者根据自己的想象对啄木鸟进行自由上色，一边是雄性啄木鸟，另一边是雌性啄木鸟。

◆ 在工作期间，您可以传授一些关于不同的啄木鸟种类的背景知识。

◆ 当颜料干燥后，用钉子或螺丝钉固定在一根木柱的槽孔中，以便于啄木鸟能够很自由地转动并且可以"啄击"到木柱发出声音。通过摇动啄木鸟木琴，参与者可模仿啄木鸟啄木的声音。

**提 示**

进一步的传播信息和建议详见[>]儿童生日3 "啄木鸟生日——听！谁在敲击"。

# 附件 1

## 制作指南

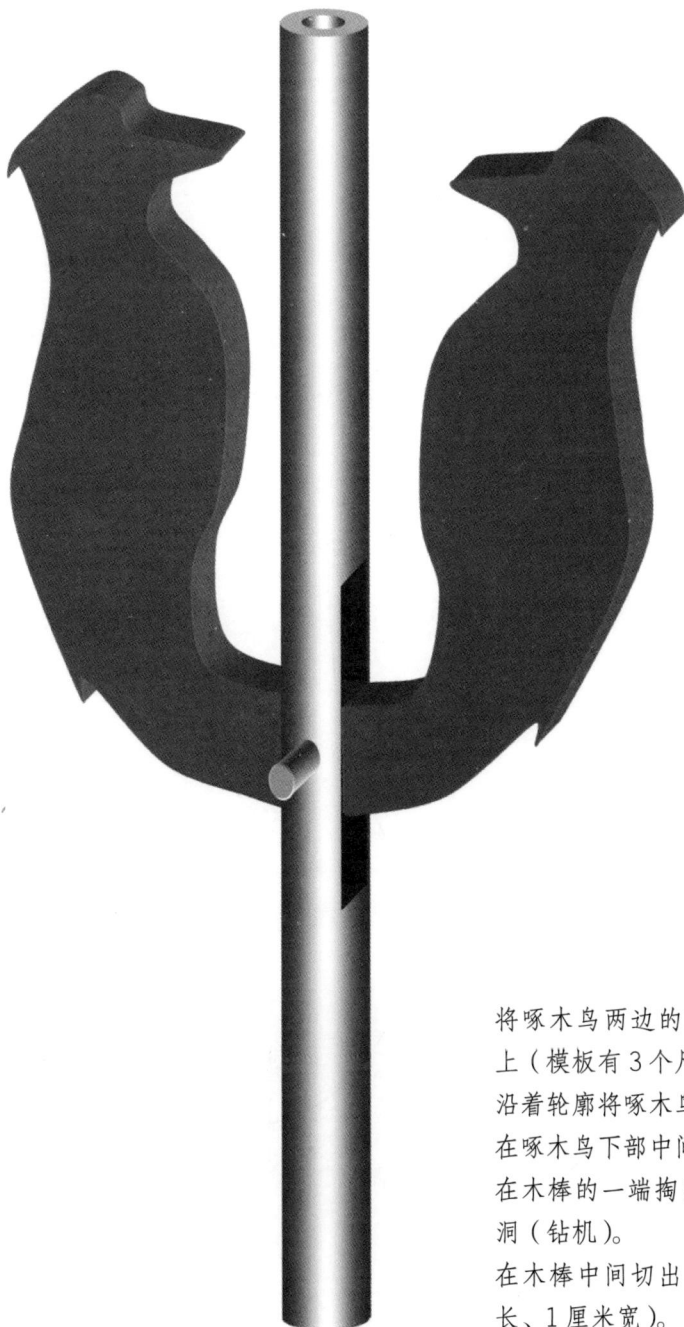

将啄木鸟两边的轮廓描印到胶合板上（模板有 3 个尺寸）。

沿着轮廓将啄木鸟锯出来。

在啄木鸟下部中间钻一个孔。

在木棒的一端掏出一个 10 厘米深的洞（钻机）。

在木棒中间切出一个开口（13 厘米长、1 厘米宽）。

**附件 2**

模板

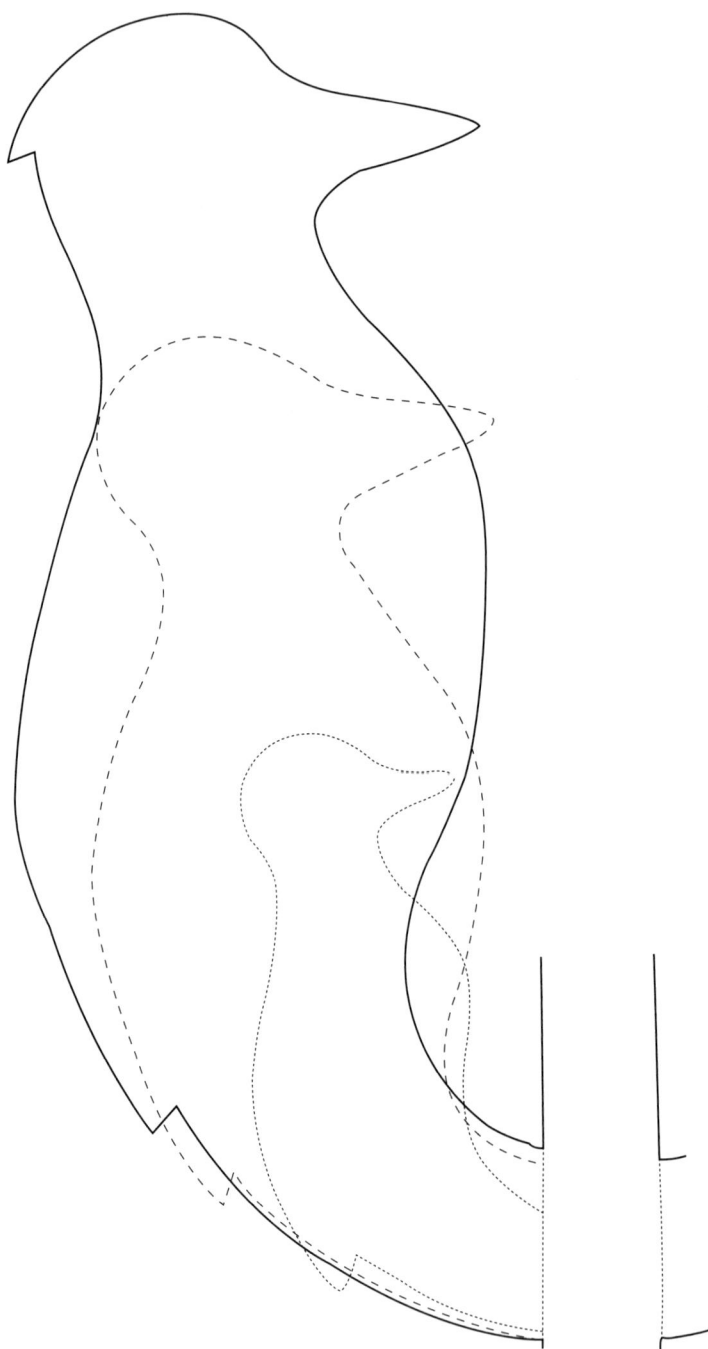

**附件 3**

大斑啄木鸟

小斑啄木鸟

黑斑啄木鸟

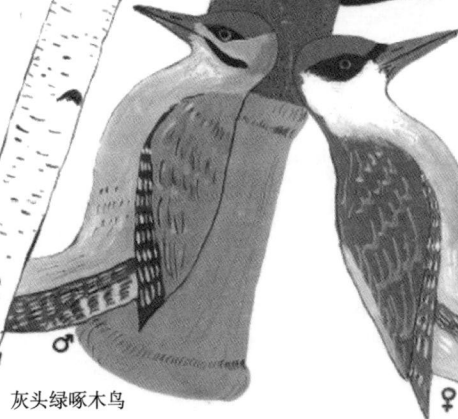

灰头绿啄木鸟

欧洲绿啄木鸟

# 附件 4

## 啄木鸟种类体貌说明[①]

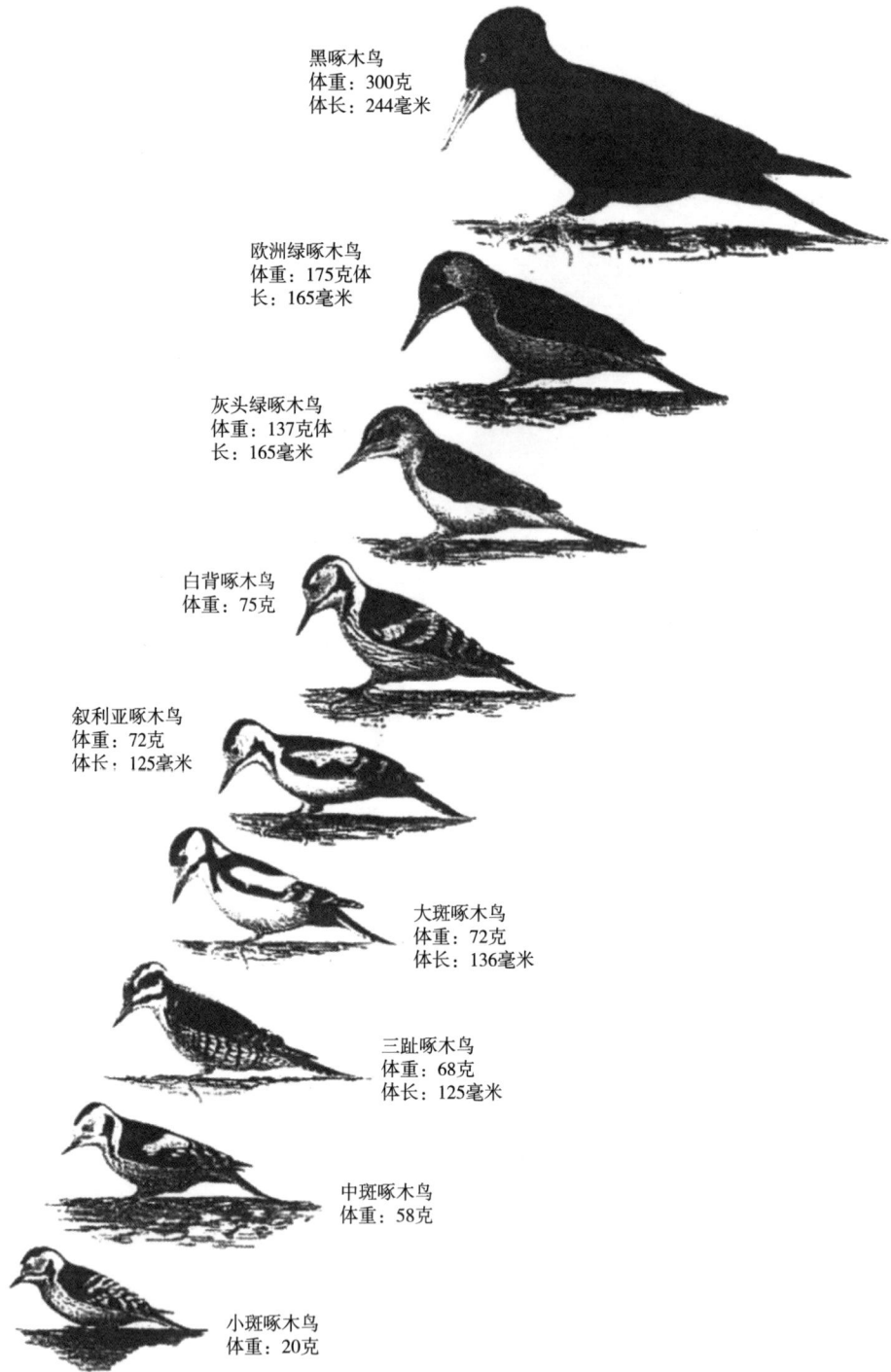

黑啄木鸟
体重：300克
体长：244毫米

欧洲绿啄木鸟
体重：175克体
长：165毫米

灰头绿啄木鸟
体重：137克体
长：165毫米

白背啄木鸟
体重：75克

叙利亚啄木鸟
体重：72克
体长：125毫米

大斑啄木鸟
体重：72克
体长：136毫米

三趾啄木鸟
体重：68克
体长：125毫米

中斑啄木鸟
体重：58克

小斑啄木鸟
体重：20克

---

① 译注：应根据当地啄木鸟物种鉴定图进行调整。

## 贵州11种啄木鸟的形态特征

### 1.蚁䴕

蚁䴕（学名：*Jynx torquilla*）又名欧亚蚁䴕，属鸟纲，䴕形目，啄木鸟科，蚁䴕属，有7亚种。广泛分布于欧亚大陆，主要分布在东亚、东南亚、南亚、西亚、北亚、北非和欧洲东南部等地区，在中国于北方地区繁殖，南部越冬，迁徙时经过中国西北。其全长约17厘米，全身体羽黑褐色，斑驳杂乱，上体及尾棕褐色，自后枕至下背有一暗黑色菱形斑块，下体具有细小横斑，其尾较长，有数条黑褐色横斑。栖息于低山丘陵和山脚平原的阔叶林或混交林的树木上，喜欢单独活动，受惊时颈部像蛇一样扭转，俗称"歪脖"，取食蚂蚁，舌长，具钩端及黏液，可伸入树洞或蚁巢中取食。在旧的啄木鸟洞穴中营巢，每窝产卵5~14枚，约12~14天出雏。

摄影：沈慧明

### 2.斑姬啄木鸟

斑姬啄木鸟（学名：*Picumnus innominatus*）属鸟纲，䴕形目，啄木鸟科，姬啄木鸟属鸟类。分布于喜马拉雅山周围国家的印度、缅甸、泰国、中南半岛和印度尼西亚，在中国分布于长江以南各省，北抵甘肃南部、陕西南部和河南南部、西抵四川、贵州、云南和西藏东南部。其背至尾上覆羽橄榄绿色，两翅暗褐色，外缘沾黄绿色，翼缘近白色，翅上覆羽和内侧飞羽表面同背，尾羽黑色，中央一对尾羽内侧白色或黄白色，外侧3对尾羽有宽阔的斜行白色或淡黄白色次端斑，虹膜褐色或红褐色，嘴和脚铅褐色或灰黑色。常单独活动，多在地上或树枝上觅食，较少像其他啄木鸟那样在树干攀缘。繁殖期为4~7月，营巢于树洞中，每窝产卵3~4枚。

摄影：匡中帆

### 3.白眉棕啄木鸟

白眉棕啄木鸟（学名：*Sasia ochracea*）属鸟纲，鴷形目，啄木鸟科，白眉棕啄木鸟属的一种小型鸟类。原生种分布于孟加拉、不丹、柬埔寨、中国、印度、老挝、缅甸、尼泊尔、泰国、越南等地，在中国主要分布于云南西南部、南部和东南部，贵州榕江、新华和广西瑶山。其体长月8~9厘米，额金黄色，眉纹白色，暗色头部甚为醒目，上体为棕色和橄榄绿色混杂状，下体全为暗棕色。尾较短、黑色，嘴为黑色，脚橙黄色或黄色，野外特征明显，不难识别，中国还未发现与之相似的种类。常栖于阔叶林及次生林，尤其是竹林的中下层，在树干树枝上觅食时常发出轻微叩击声，以蚂蚁和各种昆虫为食，也吃蠕虫等其他小型动物。繁殖期为4~6月，营巢于树洞中，每窝产卵3~4枚。

摄影：郭轩

### 4.黄嘴栗啄木鸟

黄嘴栗啄木鸟（学名：*Blythipicus pyrrhotis*）属鸟纲，鴷形日，啄木鸟科，噪啄木鸟属的一种体型略大的啄木鸟。分布于印度和东南亚各地区及国家，中国见于四川、云南、贵州、广西、湖南、广东、福建、海南，指名亚种为云南及西藏东南部亚热带地带的留鸟，海南亚种仅见于海南，华南亚种在华南及东南部。其体长约30厘米，体羽赤褐具黑斑，头顶羽具淡色轴纹，背、尾及翅具黑横斑，下体暗褐色，胸具淡栗色细羽干纹，嘴浅黄色，长而粗壮，鼻孔暴露。主要栖息于海拔500~2200米的山地常绿阔叶林中，冬季也常到山脚平原和林缘地带活动和觅食。繁殖期为5~6月，通常营巢于森林中树上，每窝产卵2~4枚。

摄影：匡中帆

### 5.星头啄木鸟

星头啄木鸟（学名：*Dendrocopos canicapillus*）属鸟纲，鴷形目，啄木鸟科，啄木鸟属的一种小型鸟类。在中国以内分布于黑龙江东南部、吉林长白山、辽宁南部、河北、山西、甘肃、山东、河南、江苏、安徽、湖北、浙江、湖南、四川、贵州、云南、广西、广东、福建、台湾和海南岛，中国以外分布于印度、缅甸、马来半岛和印度尼西亚。其体长约14~18cm，额至头顶灰色或灰褐色，具一宽阔的白色眉纹自眼后延伸至颈侧，雄鸟在枕部两侧各有一深红色斑，上体黑色，下背至腰和两翅呈黑白斑杂状，下体具粗著的黑色纵纹。主要栖息于山地和平原阔叶林、针阔叶混交林和针叶林中，常单独或成对活动，主要以昆虫为食，偶尔也吃植物果实和种子。繁殖期为4~6月，每窝产卵4~5枚。

摄影：匡中帆

### 6.棕腹啄木鸟

小星头啄木鸟（学名：*Dendrocopos kizuki*）属鸟纲，鴷形目，啄木鸟科，啄木鸟属的一种小型鸟类。在中国以内分布于黑龙江东南部、吉林长白山、辽宁东部和南部、河北东陵和山东德县，中国以外分布于俄罗斯远东、乌苏里、库页岛、朝鲜、日本和琉球群岛。其体长约12~17cm，额、头顶至枕灰褐色，雄鸟枕两侧各有一深红色小纵斑，颊纹和眉纹白色，翕和颈侧具白斑，其余上体黑色，具白色横斑，翅黑色而具白色斑点，喉白色，其余下体污白色，具黑褐色纵纹。主要栖息于山地针叶林、针阔叶混交林和阔叶林内，以各类昆虫和幼虫为食，偶尔也吃植物果实和种子，除繁殖期外常单独活动，繁殖后期亦见3~5只的家族群，繁殖期为4~6月，每窝产卵4~7枚，通常5枚。

摄影：匡中帆

### 7.大斑啄木鸟

棕腹啄木鸟（学名：*Dendrocopos hyperythrus*）属鸟纲，䴕形目，啄木鸟科，啄木鸟属的一种中等体型鸟类。主要分布于孟加拉国、不丹、中国、印度、老挝人民民主共和国、缅甸、尼泊尔、泰国和越南。其体长约17~20厘米，头顶及项深红色，背部为黑、白横斑相间，腰至中央尾羽黑色，外侧一对尾羽白而具黑横斑，贯眼纹及颊白色，下体余部大都呈淡赭石色，仅尾下覆羽粉红色，翼上小覆羽黑色，翅余部大都黑色而缀白色点斑，内侧三级飞羽具白横斑，上嘴黑，下嘴淡角黄色，且稍沾绿色，跗跖和趾暗铅色，爪暗褐色。主要栖息于在海拔1500~4300米的次生阔叶林、针阔混交林及冷杉苔藓林中，单个和成对活动，以昆虫为主食。繁殖期在4~6月，卵每产常为3个，罕见有仅2个或多至4个。

摄影：匡中帆

### 8.灰头绿啄木鸟

大斑啄木鸟（学名：*Dendrocopos major*）又名赤䴕、臭奔得儿木、花奔得儿木、花啄木、白花啄木鸟、啄木冠、叨木冠，属鸟纲，䴕形目，啄木鸟科，啄木鸟属的一种小型鸟类。主要分布在亚欧大陆多国及美国范围内，在中国主要分布于新疆、内蒙古东北部、黑龙江、吉林、辽宁、河北、河南、山东、江苏、安徽、山西、陕西、甘肃、青海、四川、贵州、云南、湖北、湖南、江西、浙江、福建、广东、广西、香港和海南岛。其体长约20～25cm，上体主要为黑色，额、颊和耳羽白色，肩和翅上各有一块大的白斑，尾黑色，外侧尾羽具黑白相间横斑，飞羽亦具黑白相间的横斑，下体污白色，无斑，下腹和尾下覆羽鲜红色，雄鸟枕部红色。主要栖息于山地和平原针叶林、针阔叶混交林和阔叶林中，尤以混交林和阔叶林较多，也出现于林缘次生林和农田地边疏林及灌丛地带。繁殖期4~5月，每窝产卵3~8枚，多为4~6枚。

摄影：郭轩

## 9.大拟啄木鸟

灰头绿啄木鸟（学名：*Picus canus*）属鸟纲，䴕形目，啄木鸟科，绿啄木鸟属的一种体型略大的啄木鸟。主要分布于欧亚大陆，东到萨哈林岛和乌苏里，南到喜马拉雅山、中南半岛、马来西亚和印度尼西亚。其体长27厘米，上体背部绿色，腰部和尾上覆羽黄绿色，额部和顶部红色，枕部灰色并有黑纹，颊部和颏喉部灰色，髭纹黑色，尾大部为黑色。下体灰绿色，嘴、脚铅灰色，嘴峰稍弯，鼻孔被粗的羽毛所掩盖。主要栖息于山林间，性胆怯，夏季取食昆虫，冬季兼食一些植物种子。繁殖期4~6月，每窝产卵8~11枚，多为9~10枚。

摄影：匡中帆

## 10.蓝喉拟啄木鸟

蓝喉拟啄木鸟（学名：*Psilopogon asiaticus*）属鸟纲，䴕形目，须䴕科，拟啄木鸟属的一种小型鸟类。在世界上主要分布于中国、印度、缅甸、泰国、老挝、越南和印度尼西亚，在我国主要分布于云南西部、中部、南部和东南部，以及贵州和广西。其体长约20~23厘米，前额至头顶鲜红色，其上有一宽阔的黑色横带，将此红色分为前后两块，头侧、颏、喉蓝色，下喉两侧各具一红色点斑，上体草绿色，下体淡黄绿色。蓝喉拟啄木鸟常单独或成对活动，主要栖息于海拔2000米以下的中低山地、丘陵、沟谷和山脚平原地带的常绿阔叶林中，以榕树和其他树木果实、种子和花等植物性食物为食。繁殖期为4~6月，每窝产卵3~4枚，有时多至5枚。

摄影：郭轩

### 11.黑眉拟啄木鸟

黑眉拟啄木鸟（学名：Megalaima oorti）属鸟纲，鴷形目，须鴷科，拟啄木鸟属的一种小型鸟类。在世界上主要分布于老挝、中南半岛、印度尼西亚和马来西亚，在中国主要分布于广西、海南岛和台湾。其体长约20~25厘米，额红色，或额和头顶黑色，枕朱红色（海南亚种）或额黄色，头顶蓝色（台湾亚种），眼前具黑色条纹，眉黑色，眼先有红色斑点（海南亚种和台湾亚种），颈侧和耳覆羽蓝色，后颈、背、腰和尾绿色，飞羽黑色，外翈边缘微缀有蓝色，内翈边缘蛋黄色，额和上喉金黄色，下喉和颈侧蓝色，形成一条蓝色颈环，其下具一鲜红色斑或带，胸、腹和其余下体淡黄绿色，虹膜红褐色，嘴粗厚，铅黑色，脚暗灰色。主要栖息于海拔2500米以下的中、低山和山脚平原常绿阔叶林和次生林中，常单独或成小群活动，以植物果实和种子为食，也吃少量昆虫等动物性食物。繁殖期为4~6月，营巢于树洞中，每窝产卵3枚。

摄影：匡中帆

◆  以上资料整理：冉景丞 马新玲

## C　参考文献

巴伐利亚州食品、农业和林业部, 高兹沃斯A. 森林与艺术——树下的创意. 法兰克福: 二零零一出版社, 2009.

古雨特勒A., 拉赫尔 K, 赫姆 H. 天然植物车间大地艺术：大小自然艺术家的思路. 瑞士, 阿劳: AT出版社, 2005.

哈特尔T. 纸张创作——技术, 着色, 制作. 克里施道夫乌斯出版社, 2002.

库提克 C, 奥特-海德曼 E M. 四季之书. 斯图加特: 自由精神生活出版社, 2008.

米勒·黑施坦德 U. 大地, 水, 空气, 火. 瑞士, 阿劳: AT出版社, 1990.

施莱乌弗尔A., 克劳伊茨恩格尔 S. 大自然中体验假期. 奥林: 赛安德曼专业出版社, 1997.

赵正阶、中国鸟类志. 长春：吉林科学技术出版社，2001.

### Literaturhinweise

Bayerisches Staatsministerium für Ernährung, Landwirtschaft und Forsten; Wald und Kunst-kreativ sein unter Bäumen.

Goldsworthy, A.; A. Goldsworthy. Zweitausendeins-Verlag, Frankfurt a. Main 2009

Güthler, A., Lacher, K., Homm, H.; Naturwerkstatt Landart: Ideen f ü r kleine und große Naturkünstler. AT-Verlag, Aarau (Schweiz) 2005.

Hartel, T.; Papierschöpfen-Technik, Färben, Gestalten., Christophorus Verlag, 2002.

Kutik, C., Ott-Heidmann, E.-M.; Das Jahreszeitenbuch. Verlag Freies Geistesleben, Stuttgart 2008.

M ü ller-Hiestand, U.; Erde, Wasser, Luft, Feuer. AT-Verlag, Aarau (Schweiz) 1990.

Schlehufer, A., Kreuzinger, S.; Natur Erlebnis Ferien. Fachverlag Dr. Sandmann, Alling 1997.

# 第十二节
# 森林项目

哪怕地再小，也要种上一棵树，并好好照管它。——某一天它将回报你。

歌德（Johann Wolfgang von Goethe）

A 简明信息

B 活动

## A 简明信息

森林项目具有一定的时间跨度，并且能够为人们进一步认识森林、深入探讨森林生态系统，以及研究森林发展提供一个机会。在这一章节中，我们与参与项目小组/学校班级一起在森林项目框架范围内补充性地提供短时间地进入森林对其某一个范围进行详细研究了解，并持续多年进行连续观察和记录的机会。通过这种方法，参与者可以非常深入地了解森林的一个切面，并与参与者自己动手所建设的森林建立一种关系。

有意义的是，这一项目在许多年之内要由同一个项目的人来管理。然而，对于森林项目1、3、4、6和7来说，让不同的项目组，如每年的4年级学生来观察也是可行的。

森林项目当然要求一个基本计划和一个积极的执行小组，尤其值得推荐的是学校环境小组。林业科学工作者与小组组长之间在项目活动前后必然有诸多深入交流，其间良好的气氛是不可缺少的。

如果您对这些忙碌的、耗时的、但又非常值得在森林中去做的事情感兴趣的话，那么我们向大家推荐下列森林项目。

### 活动概览

■ 森林项目 1 "林相变迁"

　　业余摄像师/画者按照时间顺序，记录自己选择的一片林子的变化。

■ 森林项目 2 "飞行的种床"

　　在森林工作过程中有几项是与观察种子、幼苗及小树苗相关联的。可以参考[>]森林项目 5 "我未来的森林"。

■ 森林项目 3 "母树及幼苗"

参与者认识树木是如何繁殖的，母树和更新树关系如何，从树林中长出多少幼苗，其中又有多少成活。

■ 森林项目 4 "森林发展动态"

参与者研究并记录一块老林分的变迁。

■ 森林项目 5 "我未来的森林"

参与者能够不仅栽植树木，参见[>]森林—工作场所 3 "新树木需要这块土地"，而且能够在栽植之前计划准备栽植地块，并且能够长期管理，建立单株树木管护关系也是可能的，这样建立一种个人对所栽树木认同的关系，通常延续10多年。

■ 森林项目 6 "学校森林"

在最广泛的森林项目中，参与者承担一定范围森林的管护责任。参与者可以在他们的"学校森林"中实现他们的经营思想并且可以具体实施以及进一步地去发展研究，根据自己的规划可以栽植幼树、间伐和收获采伐。

■ 森林项目 7 "森林中的野生动物"

参与者研究记录野生动物长期啃食对整个森林的影响。

■ 森林项目 8 "植物标本"

参与者收集、识别、压制的森林树木的树叶及树枝标本，同时这些标本也要被粘贴在硬纸上并贴上标签，这样每个人都可以制作他们自己的植物鉴别手册。

■ 森林项目 9 "气候变化和二氧化碳"

这种森林项目划分成若干单元，在学校和森林中开展——指出目前气候发展问题，找出原因并给出回答的可能性。

■ 森林项目 10 "学生公司"

"学生公司"提供了学习公司组织运作的机会。一个能够提供森林工作的学校公司，通过自我组织和自己负责的方式执行简单的森林工作，同时参与者对如何经营管理森林有一个大致的了解。

■ 森林项目 11 "森林生活1"

在整天出勤的框架内，以下午为单位的森林教育引导要分布在整个学年中。在此过程中参与者要亲身体验季节变化以及自然界适应变化的策略。

■ 森林项目 12 "森林生活2"

这个活动为参与者们提供一些独立执行不同的森林项目主题任务的机会。例如在一个高中高年级班的范围内举办项目研讨会

---

**提 示**

对[>]森林项目1~6及[>]森林项目 9，您必须寻找一块参与者容易到达且容易找见的适合的森林区域。应为每个参与者提供一张路况概览图及详细计划的资料。值得推荐的是项目小组应该有一位适合的陪同，如森林工人，或林场的林业科学工作者。每一个小组都应有一位陪同。

# B 活 动

## 森林项目1 林相变迁

**内容** 参与者在森林中用图片按照时间顺序记录森林变化情况。

> **目的**
> ◇ 参与者了解森林变化并记录这种变化
> **活动类型**
> ◇ 安静型、调研型
> **参与者人数**
> ◇ 最多30人，取决于照相机的数量
> **参与者年龄**
> ◇ 10岁以上
>
> **时限**
> ◇ 大约2小时
> **材料**
> ◇ 照相机 (参与者自带)
> ◇ 三脚架 (参与者自带)
> ◇ 桩子
> ◇ 地图
> **准备工作**
> ◇ 参见[>]简明信息中的提示室外条件
> ◇ 尽可能干燥

**活动流程**

◆ 让所有的参与者们围成一个圆圈并向他们宣布活动的主题。应该寻找一个随着季节发生变化，但是变化后还能够寻找到的题材。参与者要固定观察这一题材。在每天不同的时间/每年不同的季节/以及不同的年度拍摄对比照片，并在相册和展览中记录林相的变化情况。事先您也可以确定一个观察主题内容，例如，林缘、间伐（生长伐、透光伐）、森林危害。

◆ 参与者分成最多5人的小组（参见[>]开始 7 "谁和谁在一起？"）。每一组都需要照相机、三脚架、界桩和地图。

◆ 确定一个题材，把这一题材的位置标在地图上，用相机拍摄的位置要用木桩长期标记，照相完毕后要记录照相技术数据（参见[>]附件）。

◆ 在结束会谈的时候，请您与小组约好下一次拍摄活动的时间，并且弄清楚是参与者们自己独自拍摄还是由您陪同拍摄。

◆ 在小组中，参与者可以创建一个相册，组织展览以及记录季节变化、发展、长期的变化情况。重复拍摄时应该带上旧的照片，这有利于准确的重复记录。

**活动变化方案**

◆ 参与者绘制森林的一个切面图画。这样明显比照相需要更多的时间。

◆ 为了确定植物年复一年的变化，也可以在每年的同一时间（如每年4月1日或10月16日）照相。

---

**提 示**

◆　请您建议可能的项目题材：如记录森林危害，拍摄生物、非生物森林危害在时间上的发展过程（[>]森林处于危险之中 4 "病树症状"）。

◆　在将参与者分成若干小组后，您可以给每一个小组一个题材。

◆　请注意：题材的选择也取决于照相技术，尤其是要注意在森林中照相的光线问题（因为漫射照明条件，所以在照相时很难处理）。无论是用数码相机，还是用传统相机拍摄，技术是同样重要的。

---

## 附件　照片档案

### 1. 定值调查

| | |
|---|---|
| | |
| ◆　粘贴位置图；其中的一点即为所照之点，并把所照对象标在图中。 | ◆　找到草图中明显的两点，标上这两点到三脚架的距离、三脚架与目标的方向及照相目标。 |

| 相片主题 | | 方向* | |
|---|---|---|---|
| | | | |

*：三脚架罗盘所指摄像物体的方向指向北方。

### 2. 变值调查

调查编号：

| 日期 | 时间 | 天气 | | 相片编号 |
|---|---|---|---|---|
| 相机类型（型号、像素，生产者，ISO） | | 目标 | 滤光 | 焦距 |
| 光圈 | 曝光时间 | | 其他 | |

调查编号：

| 日期 | 时间 | 天气 | | 相片编号 |
|---|---|---|---|---|
| 相机 | | 目标 | 滤光 | 焦距 |
| 光圈 | 曝光时间 | | 其他 | |

# 森林项目 2　飞行的种床

**内容**　参与者把种床铺设在森林里并观察其发展。

| | |
|---|---|
| **目的**<br>◇参与者观察植物萌芽和生长<br>**活动类型**<br>◇活泼型、知识型、调研型<br>**参与者人数**<br>◇最多 30 人<br>**参与者年龄**<br>◇10 岁以上 | **时限**<br>◇多次，每次 2~3 个小时<br>**材料**<br>◇许多耙子<br>◇双头镐<br>◇界桩<br>◇劳保手套<br>◇种子<br>◇收集袋<br>**准备工作**<br>◇参见[>]简明信息中的提示<br>◇请您准备耕地<br>◇也许您得准备种子<br>**室外条件**<br>◇注意播种时间 |

**活动流程**

　　所谓"飞行的种床"（自然苗圃）是森林中一块适合的小面积林地在经过大致整地且围栏后，将种子[①]播入其中，以便直接在当地培育苗木。一般来说，这种地方只能使用一次，即种子要变换地方——"飞行"。当苗木长到所需大小的规格时，就将从"飞行种床"移植到森林中其他需要栽植的地方。

◆　让参与者围成一个大圆圈，然后向他们宣布工作方案：自己收集到的或者是已经准备好的种子必须播种在森林中准备好的地块。幼苗的生长过程是备受关注的，幼苗周围的杂草是要被清除掉的，我们的目标是栽培具有长成大树能力的小树苗。

◆　把参与者分成小组（参见[>]开始 7 "谁和谁在一起？"），分成小组的数量要基于工具数量和苗床的情况。

◆　材料分发到组：工具、地图、标记木桩、收集种子的袋子。

◆　请您与参与者共同在不同的林分收集种子，例如，橡树、山毛榉树、枫树。您也可以使用准备好的种子。

◆　让参与者注意整理苗床时（理想的情况是把苗床设置成一个狭长的形状），用木桩沿界限进行标志，然后在地图上做出标记。参与者应该能够独立找到苗床。

◆　整理苗床时，要清理地表植被，疏松表土并与矿质土壤混合，部分地表土必须推到一边，以便为种子开出凹槽。

---

① 译注：活动中提到的树种应由本地树种取代，这些树种的种子应该容易被采集，选择平均发芽率高的树种种子。观察记录应咨询林业部门有经验的苗圃工作者。

——沃尔夫冈·格拉芙（Wolfgang Graf）

◆　种子将被播种在凹槽疏松的土壤中，然后用刚才被推到一边的土壤轻轻撒一层薄土覆盖种子。

◆　在最后一次会议上，请您与参与者谈谈如何进一步工作：确定检验日期，首先检查苗木生长是否成功，然后定期检查苗木生长情况，并清除竞争植被。在这些检查中也可以观察和记录苗木的高度生长情况。

◆　在学校，参与者们可以创建一个苗床记录簿，以便评估苗木生长结果。

◆　在苗床上培育的苗木在大约2年后就可移植（参见[>]森林项目 5 "我未来的森林"）。

---

**提 示**

■　为防鼠或真菌感染，酸洗是必要的（如杉木种子）。

■　清除杂草是必要的。

---

## 森林项目 3　母树及幼苗

**内容**　参与者认识并了解母树，寻找、确认以及测量所属的天然更新林，观察其生长密度与高度。

目的
　　◇参与者了解森林天然更新以及天然播种范围

活动类型
　　◇调研型、知识型

参与者人数
　　◇最多30人

参与者人数
　　◇10 岁以上

时限
　　◇多次，每次2~3个小时

材料
　　◇米尺
　　◇动植物鉴定书籍
　　◇标记用的木桩
　　◇颜料喷壶
　　◇书写工具，参见[>]附件

准备工作
　　◇选择划定一块林地并标识母树，例如在云杉林中的山毛榉树，松树林中的橡树
　　◇复印附件
　　◇参见[>]简明信息中的提示

室外条件
　　◇尽可能干燥，最好在植物生长期，树木发芽之后

**活动流程**

◆　与小组讨论其任务：寻找带有母树以及具有相关天然更新的林地并进行调查。参与者可以在一段较长时期内记录植物生长发育的情况，编制天然更新生长概况，用图标展现天然更新植物数量/高度比例。

◆　把参与者分成最多5人的小组（参见[>]开始 7 "谁和谁在一起？"）。

◆　给参与小组分发材料。根据不同的树种，每一个小组在一个确定的范围内寻找1~2棵母

树及其相关天然更新林。

◆ 距离母树最近的和最远的天然更新后代（幼苗）都要用木桩标出，并确定母树周围30~40株植物，所属目的树种天然更新苗木的高度都要测量和记录（参见[>]附件）。这个映射既可以以母树为中心画圈，或者也可以沿以母树为中心的径向线进行。

◆ 该林分将明确标记在地图上并在林地上做出永久性的标记。

◆ 然后每个小组介绍他们的成果，并讨论确定下次的调查日期。

◆ 在小组内，调查结果将以表格和图形的形式反映，以及通过专业书籍查询，整理出相应树木对发展栖息地的要求和生长习性。

◆ 重复调查和记录约1年后再进行。

### 活动变化方案

让参与者理解播种后长出的幼小树苗（参见[>]森林项目 7 "森林中的野生动物"）。

## 附件　天然更新树木记录

| 编号 | 树种 | 树高（厘米） | 在母树的方位 | 距母树的距离 |
|---|---|---|---|---|
|  |  |  |  |  |
|  |  |  |  |  |
|  |  |  |  |  |
|  |  |  |  |  |
|  |  |  |  |  |
|  |  |  |  |  |
|  |  |  |  |  |
|  |  |  |  |  |
|  |  |  |  |  |
|  |  |  |  |  |
|  |  |  |  |  |
|  |  |  |  |  |
|  |  |  |  |  |
|  |  |  |  |  |
|  |  |  |  |  |

# 森林项目 4　森林发展动态

**内容**　参与者长期研究一片老林分中的老树和幼树。

目的
　　◇参与者理解老林分的动态变化：老树的采伐/死亡，幼树的发展和生长

活动类型
　　◇调研型、知识型

参与者人数
　　◇最多30人

参与者年龄
　　◇10岁以上

时限
　　◇多次，每次2小时

材料
　　◇文具 (参与者自备)
　　◇森林位置图
　　◇卡尺和记号颜料
　　◇标界桩及标界带
　　◇卷尺
　　◇也许包括照相机(参与者自备)

准备工作
　　◇参见[>]简明信息中的提示室外条件
　　◇—

**活动流程**

为了让参与者极好地理解老林分的动态变化，他们应该尽可能长期进行主题跟踪观察，如在4年级，在7或8年级，在大学水平。这项工作需要大量的确认工作！理想是在一所学校的森林（参见[>]森林项目 6 "学校森林"）。

◆　面向所有参与者，解释主题：小组应该在一个老林分中调查：
　　◇在这一老林分中有多少棵树，有什么树种，胸径有多大；
　　◇在天然更新的幼林中那个树种有多少棵，其胸径是多少。

◆　参与者应该把这些数值以草图、表格及统计图的方法登记在案。

◆　把参与者分成人数最多10人的小组（参见[>]开始 7 "谁和谁在一起？"）。告诉每一组所要调查的林分及其样地（面积1公顷），并分发调查所需材料。

◆　每一组去寻找林分及其样地，用界桩做标记，并在地图上标出。

◆　在老林分中要确认每一株树及每个树种，并给树木标号，测量胸径（树高1.3米处），把测量值登记在表中。在被检木上标记测胸径的部位！（参见[>]附件）。

◆　参与者调查记录幼林，也就是说，要确认每一个树种，用永久性记录带记录标记幼树，测定树高，并把测量值填入表中。

◆　最后，展示测量结果，并约定进一步的工作任务。

◆　参与者把调查数据以图表的方式再现，并把它展示在"森林发展簿"中。

**活动变化方案**

把一片大型老林分区划成许多小林分，以便于比较不同时期幼林的更新进展。

# 附件 林分档案

## 1. 老龄林分

| 编号 | 树种 | 胸径 *（厘米） | 编号 | 树种 | 胸径（厘米） |
|---|---|---|---|---|---|
|  |  |  |  |  |  |
|  |  |  |  |  |  |
|  |  |  |  |  |  |
|  |  |  |  |  |  |
|  |  |  |  |  |  |
|  |  |  |  |  |  |
|  |  |  |  |  |  |
|  |  |  |  |  |  |

注：树高 1.3 米处的直径。

## 2. 幼龄林分

| 树种 | 树高（厘米） | 树种 | 树高（厘米） | 树种 | 树高（厘米） | 树种 | 树高（厘米） |
|---|---|---|---|---|---|---|---|
|  |  |  |  |  |  |  |  |
|  |  |  |  |  |  |  |  |
|  |  |  |  |  |  |  |  |
|  |  |  |  |  |  |  |  |
|  |  |  |  |  |  |  |  |

## 3. 林分草图（确定指北箭头方向）

# 森林项目5  我未来的森林

**内容** 参与者计划和种植将来具有生长能力的林分。

目的
　　◇参与者将计划长期的实践行为

活动类型
　　◇计划的、工作的

参与者人数
　　◇最多30人

参与者年龄
　　◇10岁以上

时限
　　◇约定时间：至少2.5小时

材料
　1. 时间预约1活动
　　◇林分立地图，树木分级表
　　◇气候概况
　　◇路标
　　◇不同树种的枝条
　　◇测距杆、米尺
　　◇计算器、书写工具
　2. 时间预约2活动
　　◇充足的空心铁锹、手套
　　◇树苗及树苗袋
　　◇测距杆

准备工作
　　◇选择一块新的造林地，与森林业主见面商讨确定有关事宜

室外条件
　　◇第一次活动不要在雨天

**可持续发展教育目标**

◆ 对待事物的方法与能力
◇我能够预见性地并缜密周全地考虑问题。
这里：您的参与者根据相应的气候变化要求，规划适合的立地条件。
◇我具备了理论应用于实践的能力。
这里：您的参与者规划和准备造林地，并选择具有可持续性和适合林地条件的栽植树种。

◆ 社会能力
◇我具备小组合作能力并关注他人的长处和弱点。
◇我可以与他人一起计划和行动。
这里：您的参与者们共同反思总结林分的历史，规划将来的林分，实施必要的措施，并肩负起林分将来进一步发展的重任。

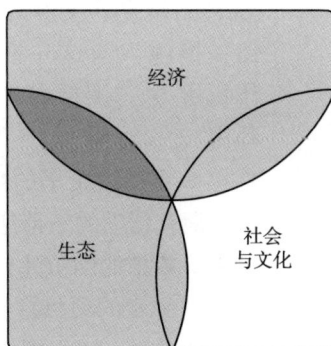

### 时间预约1活动①流程

◆ 与参与者们共同寻找并踏查造林地。该造林地的历史将被重建并再现，为什么应该再造林？森林给我们带来了什么？这里提供（参见[>]森林与社会15 "森林功能的表演"）。

◆ 请您与参与者共同完成造林规划

◇定点采样，面积调查和计算（例如，三角形方法）。

◇借助树枝介绍树种（参见[>]树木15 "树木简介"）。

◇介绍立地调查图、适合栽植树种表、气候数据（选择"将来对气候变化适应能力强"的树种）。

◇确定即将出现的造林地及可能栽植的树种。

◇与参与者共同讨论：在之后的百年内，哪些树种应该在该造林地生长。

◆ 在确定造林树种之后，请您根据巴伐利亚州森林业主指南，计算必要的栽植密度：造林及幼林抚育（参见[>]参考文献）。

### 时间预约2活动流程

◆ 请您尽可能使用不同的栽植技术，并与参与者共同决定一种技术措施，区划栽植行。

◆ 让参与者自己栽植所有树木。

◆ 在最后会谈时要说明以下几点：

◇请您区划确定子区域及其监护责任；整个小组能够肩负起监护责任及进一步抚育的工作。

◇在一块长久固定的展板上展示出整体行动规划。整体行动规划展板的制作可以作为小组项目的子项目，在森林体验路线或者其他业余活动的基础设施规划的框架内来共同制作。

◇讨论进一步的工作计划，并确定采取抚育措施的日期。

### 活动深入的可能性

◆ 也许采取防范野生动物的保护措施是必要的。小组可以共同建造一个围栏或者采取保护措施。与这一主题更贴近的信息内容参见[>]重点主题 动物以及[>]森林——工作场所9 "围栏内外——动物咬伤数量调查方法"、[>]森林项目7 "森林中的野生动物"。

◆ 在第一年持续干旱的情况下，项目参与小组共同商定灌溉日期，来自乡镇或农户的水桶是非常有帮助的。请您组织清除所栽植幼树周围影响其生长的其他植被。

◆ 如果所栽植的幼苗死亡，请您再组织补栽。

◆ 小组进一步的项目指导（[>]森林项目6 "学校森林"），除了上述措施之外还需根据情况铺设围栏，进行围栏维修和护理。

---

① 译注：这项活动必须与当地林业部门紧密合作开展，活动过程需要有林业工作者积极协助，土壤和树种的基本数据需要以适当的形式提供给参与者。

——沃尔夫冈·格拉芙（Wolfgang Graf）

## 提 示

■　如果可能的话，给参与小组分派具体的子项目（参见[>]开始 7 "谁和谁在一起？"），这样就可以使工作集中有序地进行，并且工作决策结果与每一个参与者关系非常密切。

■　从面积计算到必要的材料准备都要直接由参与者自己主动去完成。只有在需要帮助的时候，才可以提供帮助。

■　在树种的选择上，应该由参与者自己去执行。您尽可能不要影响他们，以便加强参与者的积极性及认同感。

■　鼓励参与者，几年后再次访问该地区。因此，您应该给每个参与者一张该地区的地图。

■　在规划期间：确定再造林地及适合立地条件的树木

## 参考文献

巴伐利亚州食品、农业和林业部.营造林及幼林抚育——巴伐利亚林主指南.慕尼黑，2007.

巴伐利亚州林业科学研究院（LWF）.强大的根系，稳定的森林.巴伐利亚州林业科学研究院（LWF）数据表第18号,弗赖辛，2005.

巴伐利亚州林业科学研究院（LWF）.营林: 规划, 抚育, 前景.巴伐利亚州林业科学研究院（LWF）快讯第68号,弗赖辛，2009.

巴伐利亚州林业科学研究院（LWF）.气候变化中的森林.巴伐利亚州林业科学研究院（LWF）快讯第60 号,弗赖辛，2008.

### Literaturhinweise

Bayerisches Staatsministerium für Ernährung, Landwirtschaft und Forsten; Kulturbegründung und Jungbestandspflege. Wegweiser für den Bayerischen Waldbesitzer, München 2007.

Bayerische Landesanstalt für Wald und Forstwirtschaft; Starke Wurzeln, stabile Wälder. LWF–Merkblatt Nr. 18, Freising 2005.

Bayerische Landesanstalt für Wald und Forstwirtschaft; Waldbau: Planung, Pflege, Perspektiven. LWF–aktuell Nr. 68, Freising 2009.

Bayerische Landesanstalt für Wald und Forstwirtschaft; Wälder im Klimawandel. LWF–aktuell Nr. 60, Freising 2008.

## 附件　树木监护

| 姓名 | 班级 | 栽植时间 | 树种 |
|------|------|----------|------|
|      |      |          |      |

### 1. 规划位置（草图）

### 2. 树高测定

| 树高（厘米） | 日期 | 树高（厘米） | 日期 | 树高（厘米） | 日期 | 树高（厘米） | 日期 |
|------|------|------|------|------|------|------|------|
|      |      |      |      |      |      |      |      |
|      |      |      |      |      |      |      |      |
|      |      |      |      |      |      |      |      |
|      |      |      |      |      |      |      |      |

### 3. 胸径测定

| 胸径（厘米） | 日期 | 胸径（厘米） | 日期 | 胸径（厘米） | 日期 | 胸径（厘米） | 日期 |
|------|------|------|------|------|------|------|------|
|      |      |      |      |      |      |      |      |
|      |      |      |      |      |      |      |      |
|      |      |      |      |      |      |      |      |
|      |      |      |      |      |      |      |      |

# 森林项目 6　学校森林

**内容**　参与者们建设一片学校森林并呵护它。

| 目的 | 时限 |
|---|---|
| ◇学生认同"自己"的森林 | ◇多次，每次2～3小时 |
| 活动类型 | 材料 |
| ◇活泼型、激励型、知识型、 | ◇林业规划管理资料 |
| 调研型 | ◇立地调查地图 |
| 参与者人数 | ◇规划表 |
| ◇最多30人 | 准备工作 |
| 参与者年龄 | ◇与森林业主和学校咨询协商 |
| ◇12岁以上 | ◇获得上述的材料 |
| | 室外条件 |
| | ◇— |

　　在森林项目中，"学校森林"是最全面的森林项目[①]，在此项目中诸多不同的活动能够相互联系，这种长期的项目要延续许多年，在项目期内应该让项目的参与者们对建设"学校森林"发挥自己的想象力，也就是说，让他们不仅具有创造性而且也要善于独立思考。目标：对学生来说森林作为一种自己设计塑造和经营管理的活动场所，他们应该认同他们的森林，这里的一切并不是由成人预先计划好的。此外，在学校森林，原材料功能（可再生资源木材）、森林生态系统和林业可持续发展教育的总体目标能够明确而具体地传授。

**活动流程**

◆　准备阶段

"学校森林"项目，要激发校长与教师的兴趣，即要指出其中的机会所在。就学校森林项目而言，它可以提供认识、理解和塑造自然区域（森林）的机会。如果感兴趣，请您寻找一片合适的森林作为"森林学校"，建议这块森林面积的大小为5～10公顷，这块森林应该具有多样性，如果可能的话，最好位于学校附近。基本上，您应该清楚，所选定的即将作为"学校森林"的森林是否将被学校接受，另一方面即将作为"学校森林"的这一块森林的主人是否同意，最适合的莫过于市镇林，因为当地市镇往往是学校的载体。在征得森林业主这一方适当的同意前，要与学校校长和教师就项目问题进行初步讨论。关于"学校森林"项目在"学校森林"的所有者和学校之间应该签订一份合同。

◆　之前协商

因为"学校森林"项目期需要延续数年，所以至少要确定一名教师作为项目联络人是非常重要的。如果一个项目成立"学校森林规划组"，那么应该至少有1名学生参与，具体问题应该提前与这些人商定实现。

---

①　译注：这项活动必须与当地林业部门紧密合作，并由林业工作者进行指导和监督。如果可能的话，学校森林应该作为一个项目提供给具体学校，学校各年级感兴趣的学生都可以参与。从长远来看，许多不同年级的学生长年持续照料学校的森林，高年级学生可以把他们的知识传授给低年级学生，高年级的学生会逐渐离开，由低年级的学生接替他们的位置。小组中总有学生积累了经验，也为年轻人培养林业专业兴趣提供了可能。

——沃尔夫冈·格拉芙（Wolfgang Graf）

◆ 学校森林规划

与"学校森林规划组"一起寻找森林，并让他们决定是全部森林或是部分选定的森林适合作为"学校森林"。踏查精心挑选的森林并收集规划建议：什么应该改变？什么应该保留？在规划过程中，应该给学生最大的自由，学生往往有着与成年人非常不同的想法和观念，因此，应该尽可能少给他们制订规划。不过，事先还是应该明确，谁计划以及该计划应该运行多长时间。如果规划完成，应该与森林管理规划方案进行比较。在"学校森林规划"中只有出现严重差异才会被删除，然后与项目小组共同向森林业主代表解释"学校森林规划"，并按照他的愿望与之一起进行讨论、修改和补充。在此过程中，原则上应给与学生策划的最大可能的自由。

◆ 调查研究、区划、主动设计塑造

在计划的项目规划时间范围内，您与学校不同年级的学生执行不同的措施。这些措施可能涉及调查研究和区划。可能有：

◇植被调查（[>]森林——生命空间 12 "森林中生长着什么？"）；

◇鸟类识别区划（[>]森林——生命空间 8 "鸟语欣赏"）；

◇土壤调查（[>]森林土壤 4 "跟踪土壤动物"，[>]森林土壤 7 "腐殖质对比"，[>]森林土壤 9 "土壤酸化"）；

◇水域区划（[>]水 5 "水质调查"）；

◇树木调查（[>]森林项目 3 "母树及幼苗"）；

◇林分调查（[>]森林项目 4 "森林发展动态"）。这些都能够与森林规划材料和立地调查图进行比较。

除此之外，还有主动设计创造，例如，栽植活动（[>]森林项目 5 "我未来的森林"）。

但是也有许多被动经历，了解森林也不应该太快：

◇[>]激发兴趣 3 "信任之旅"；

◇[>]树木 4 "听诊树木"；

◇[>]树木 20 "邂逅树木"。

如果某些措施，如木材采伐，由学生自己无法执行的话，应该移交给适当的组织和适合实施的人员。在采取行动的时候，学生应该能够在安全距离观摩。除了已经在该文件夹中和上述"学校森林"提及的活动外，其他更多的项目也是可能的，例如，学生可以追踪观察蚂蚁的巢穴发展过程，一块森林的四季对比，或降水量的测量。具体措施应尽可能摄影存档（[>]森林项目 1 "林相变迁"）。

◆ 之后准备

建立相应的项目文件档案（一个项目点的所有材料的文件夹、项目活动日志）是非常值得推荐的。

---

**提 示**

■ 只有一个班级执行"学校森林"这一项目是不符合实际的，因为与学校班级在校的时间相比，本项目需要更长的发展时间。

■ 针对"学校森林"，如有必要，可与森林所有者协商，构建一个小棚屋或有顶盖的住房（[>]创意制作 4 "树皮屋"作为一个自建的聚会场所）。

■ 在许多学校，特别是在城市，一所学校森林的设计有可能是困难的。然而，通常情况下，可与学校附近的公园与城市园林局联合实施项目。例如，一个项目组可以设计一条林荫道，并在之后的项目期限内承担抚育及维护的任务。

# 森林项目 7　森林中的野生动物

**内容**　参与者就野生动物对植被生长的影响进行长时间的调研[①]。

| | |
|---|---|
| 目的<br>◇参与者了解野生动物啃食对整个植被的危害<br>活动类型<br>◇调研型<br>参与者人数<br>◇最多30人<br>参与者年龄<br>◇14岁以上 | 时限<br>◇多次，每次2~3个小时<br>材料<br>◇1卷野生动物防护网（围栏）<br>◇16个围栏柱子<br>◇4个加固桩<br>◇20个标界桩<br>◇照相机/(幻灯片)胶卷<br>◇动植物识别手册<br>◇调查登记表（[>]附件）<br>准备工作<br>◇与森林业主及管护承包人见面协商有关事宜<br>◇准备位置图并复印附件<br>◇材料购置<br>室外条件<br>◇— |

**活动流程**

在所有参与者围成的圆圈中确定目标：实施一个历时多年的对比实验，对被野生动物啃食的植物和受保护植物进行观察记录。为此，观察小组对保护植物建筑围栏，并建立一个对比试验地（不建围栏），永久地标记植物，进行定期的调查记录，用照相机拍照来调查地块及其植物，最后评估结果。

**第一阶段："试验铺设"**

◆　请您从一块可能开始天然更新，但林木幼苗密度还不高，尚未有"野生动物危害"并伴生有悬钩子属（Rubus L.）等植物的老林分（最好是混交林）中，选择林相及郁闭度具有可比性的两块样地，样地面积为：12.5米×12.5米。

◆　其中，一块样地将用围栏围住，约3米的间距设置一个围栏桩，共有16个围栏桩，每一个边设有5个桩子，1扇门。

◆　另一块试验地将用4根醒目的桩子长久标注。在管理措施框架内的损害应被排除在外。

◆　20根连续编号的标记桩子（第1~10号用于有围栏的样地；第11~20号用在没有围栏的样地）都将设置在高度1.2米以下（野生动物危害高度）。生长有不同树种幼苗的样地内，保持长期观察并拍照存档。如果天然更新不存在，也不好调整，那么也可以人工种植树苗（最好是野生的）。

---

① 译注：这项活动在贵阳长坡岭森林公园可能没有效果，但在森林资源丰富的贵州省肯定会带来有吸引力的效果。

——沃尔夫冈·格拉芙（Wolfgang Graf）

### 第二阶段：野生动物啃食研究

◆ 基本上，参与者每年进行2次调查（一期在植物生长期内；一期在非生长期内），在项目期内这种调查要一直延续。这样不仅能够检测到夏季啃食情况，而且也能够调查确定冬季啃食情况。

◆ 野生动物啃食调查：植被及野生动物啃食情况将定期调查计件（[>]附件1），建立野生动物啃食记录档案，包括拍摄2块试验地的整体以及细节，其中，要注意照片比较提示（[>]森林项目1"林相变迁"）。

◆ 请让参与者对用标志桩标记的20棵幼树进行永久持续性调查、照相并记录在案（[>]附件2），其中，请注意照片对比提示（[>]森林项目1"林相变迁"）。

第三阶段：结果评价

◆ 应用所获得的数据，参与者可以回答以下问题：

◇ 哪些植物生长在围栏内和外？

◇ 它们出现的频率和分布如何？

◇什么样的树木种类是野生动物们啃食的首选，哪些少了？

◇乔木和灌木的高生长怎么样？

◇有多少植物被啃食（被啃食植物与未被啃食的对比）？

◇植物被啃食的程度（主枝/其他）如何？

◇经过多年之后，在这两块对比样地中野生动物啃食对植物有何改变（针对树木高生长比较不同树种不同年度的生长量，对树种结构进行比较）？

◆ 结果可以以文字的形式显示，如能用图形（如曲线图等）表示会更直观。此外，结果也可以使用幻灯片或相片集的形式表现，以便在视觉上给予平行支持，特别是通过对20张标记树木的照片来显示。

### 活动变化方案

经过数年后，您可以把在对比试验中没有围栏的样地再围起来，以便于观察，看这一块样地如何进一步演变。通过这种方法可以回答以下附加问题：现有的植物（被啃食过的）在围栏保护之后如何反应及反应速度如何？

### 提示

应该定时检查围栏内植物生长密度。

### 参考文献

巴伐利亚州林业科学研究院（LWF）. 利用知识试验地评价野生动物危害. 巴伐利亚州林业科学研究院（LWF）记录簿第25号, 弗赖辛，2009.

### Literaturhinweise

Bayerische Landesanstalt für Wald und Forstwirtschaft; Wildverbiss mit Weiserflächen beurteilen, LWF-Merkblatt Nr. 25, Freising 2009.

## 附件1　野生动物啃食植被调查登记表

| 植被调查 / 野生动物啃食调查 | | | 日期： | |
|---|---|---|---|---|
| 样地： | 1 □ | 2 □ | 围栏 □ | 无围栏 □ |
| 简述森林：位置、树种、透光比例 | | | | |

■　测量每种植物前10株的高度。

■　被野生动物啃食过的植物每种调查数量10～30株。沿样地的对角线进行调查，这样线绳就要从样地一个角的桩拉到对角的桩上，然后沿着拉紧的线绳逐个调查。

| 植被种类 / 高度 | | | | | | 野生动物啃食（凡危害过的就打上√） | | | | | |
|---|---|---|---|---|---|---|---|---|---|---|---|
| 物种 | 前10株植物高度（厘米） | | | | | 主枝 | | 侧枝 | | 树梢 | |
| | | | | | | 是 | 否 | 是 | 否 | 是 | 否 |
| 乔木 | | | | | | | | | | | |
| | | | | | | | | | | | |
| | | | | | | | | | | | |
| | | | | | | | | | | | |
| | | | | | | | | | | | |
| | | | | | | | | | | | |
| 灌木 | | | | | | | | | | | |
| | | | | | | | | | | | |
| | | | | | | | | | | | |
| | | | | | | | | | | | |
| 草本 | | | | | | | | | | | |
| | | | | | | | | | | | |
| | | | | | | | | | | | |
| | | | | | | | | | | | |
| | | | | | | | | | | | |

## 附件 2　野生动物啃食植被调查登记表

| 植被调查 / 野生动物啃食 | 日期: |
| --- | --- |
| 森林简述：位置、树种、透光比例 | |

| 野生动物啃食持续性调查（凡危害过的就打上√） | | | | | | | | |
| --- | --- | --- | --- | --- | --- | --- | --- | --- |
| 围栏 | | | | | | | | |
| 序号 | 树种 | 高度（厘米） | 主枝 | | 侧枝 | | 树梢危害 | |
| | | | 是 | 否 | 是 | 否 | 是 | 否 |
| 1 | | | | | | | | |
| 2 | | | | | | | | |
| 3 | | | | | | | | |
| 4 | | | | | | | | |
| 5 | | | | | | | | |
| 6 | | | | | | | | |
| 7 | | | | | | | | |
| 8 | | | | | | | | |
| 9 | | | | | | | | |
| 10 | | | | | | | | |
| 无围栏 | | | | | | | | |
| 序号 | 树种 | 高度（厘米） | 主枝 | | 侧枝 | | 树梢 | |
| | | | 是 | 否 | 是 | 否 | 是 | 否 |
| 11 | | | | | | | | |
| 12 | | | | | | | | |
| 13 | | | | | | | | |
| 14 | | | | | | | | |
| 15 | | | | | | | | |
| 16 | | | | | | | | |
| 17 | | | | | | | | |
| 18 | | | | | | | | |
| 19 | | | | | | | | |
| 20 | | | | | | | | |

## 森林项目 8　植物标本

**内容**　参与者识别乔木或灌木树叶或其他植物的某一部分，制成标本并用名字和其他数据分类。

目的
　　◇参与者用识别手册工作，学习植物标本制作技术，并制定个人参考资料
　活动类型
　　◇调研型
　参与者人数
　　◇森林教育引导者先后引导单个工作或小组工作
　参与者年龄
　　◇8岁以上（3年级）

时限
　　◇约4课时，另外在早春到秋天再另加1～2周的等待时间
　材料
　　◇阔叶树叶、针叶树叶或树枝，也可能是独特的草本植物或浆果灌木的一部分
　　◇过期电话号码簿或同类型的东西用来压制植物标本
　　◇硬纸或纸板（最好有不同的颜色：黄色，落叶乔木；针叶树，绿色；浆果灌木淡蓝色或类似的颜色）
　　◇透明塑料膜袋/夹
　　◇胶带
　　◇笔
　准备工作
　　◇请您准备材料
　室外条件
　　◇—

**活动流程**

◆　请让参与者借助植物识别手册确定树木的树叶或者植物的其他部分，然后压制成植物标本，其中每一个制作成标本的植物都要有一个带有名称的标签。最好每个参与者得到一个旧电话簿，在旧电话簿上写上自己的名字，旧电话簿中有足够的地方来压制植物标本。

◆　旧电话簿将被分别堆叠并将特别保存，经过1～2周之后，植物将被压制成标本，然后进行编目分类。

◆　为此，植物名称及特殊标记将被写在一张硬纸上，然后把植物粘贴上去，为了保护，整个标本将被插入透明塑料膜袋/夹中[①]。

---

① 译注：也可以制作简单的植物标本夹。例如，在手工课上，将两块木板用四根螺杆和四个翼形螺丝钉压在一起，中间夹植物部件和吸水纸。别忘了定期检查压榨过的植物是否有真菌侵染。

——沃尔夫冈·格拉芙（Wolfgang Graf）

# 森林项目 9　气候变化和二氧化碳

**内容**　在我们的生活领域，了解树木对二氧化碳的固定作用及个人的二氧化碳平衡。

<table>
<tr><td>

**目的**
◇参与者亲身体验气候变化

**活动类型**
◇调研型、知识型、活泼型

**参与者人数**
◇最多30人

**参与者年龄**
◇15岁以上

</td><td>

**时限**
◇根据专业范围3~6小时

**材料**
◇根据活动而定

**准备工作**
◇根据活动而定

**室外条件**
◇无需求，部分活动也可以在室内

**后续工作**
◇在学校也有可能

</td></tr>
</table>

这个森林项目以气候变化和二氧化碳为主题，为时半天，个别活动可以在不同的日期进行。这将使参与者在气候变化的背景下，结合自己的行为，体验和理解"碳汇——森林的价值"。

本主题由5个单项组成，这5个单项彼此之间可以相互联系。这些活动还可以作为森林教育指南更多的活动的辅助或补充。

◆ 为了要介绍主题，参与者要在[>]气候变化和二氧化碳 第一部分"气球狩猎"中体验，在全球贫富国家之间的二氧化碳证书贸易是如何受到影响的。

◆ 通过[>]气候变化和二氧化碳 第二部分"全球变暖"，使参与者和价值中立者直接得知在可预见的未来，气候变暖是如何影响每一个人的生活的。

◆ 通过[>]气候变化和二氧化碳 第三部分"碳汇"，参与者能够积极体验到，森林及其产品对减缓气候变化影响的价值。

◆ 通过[>]气候变化和二氧化碳 第四部分"个人碳足迹"，使得每一个参与者终于与其生活世界联系在了一起。这样不仅明确了个人对整体发展的责任，结果也使每个人都能为影响全球变暖的进程作出贡献。

◆ 作为一个结论，可以通过[>]气候变化和二氧化碳 第五部分"腌鲱鱼卷"，使参与者体验什么是符合可持续发展总体目标下的个人价值教育。

**可持续发展教育目标**

◆ 对待事物的方法与能力
◇我领会并掌握了知识。
这里：您的参与者单个或小组学习到了新知识并且把所学到的知识应用到日常生活当中。

◆ 社会能力
◇我可以与他人一起计划和行动。
这里：您的参与者在小组中掌握知识并控制结果。

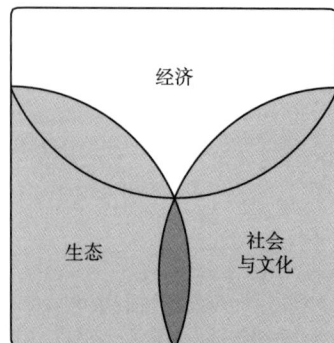

◆　个人能力

◇我对我的行为负责，并尊重自然及其他人。

这里：您的参与者认识到他们的行动的后果，重新思考及调整自己的行为方式，以便缓和这样的气候变化。

# 第一部分　气球狩猎

**内容**　参与者以游戏的方式进入主题。

目的
　　◇参与者在娱乐中经历全球二氧化碳交易

活动类型
　　◇活泼型

参与者人数
　　◇至少30人

参与者年龄
　　◇15岁以上

时限
　　◇15分钟

材料
　　◇标界线(也可以用树枝)
　　◇4~8个气球
　　◇森林材料(如松果)

准备工作
　　◇圈定尽可能平坦的、无风的、方形场地（边长5~6米）

室外条件
　　◇无要求

**活动流程**

◆　将参与者分成2个或4个小组（[>]开始 7 "谁和谁在一起？"），然后每个组要尽可能多地收集松果，并且把收集到的松果放在各自小组所站立的一侧。

◆　每个小组站在活动场地的一侧，如果是两个组，那么就相视而立。

◆　现在每个小组得到2个气球，各小组自己给气球充气并把它们放在自己的领域。

◆　在您发出开始指令后，所有参与者借助所收集到的松果，开始尽可能多地向对方界限内运送气球，在此过程中参与者要通过往气球上扔松果的办法来促使气球滚动到对方界限内；同时，他们还必须防止，其他小组以同样的方式，把气球滚到自己的界限内。

◆　然后与小组共同讨论的主题是"全球二氧化碳交易"，这些国家，特别是发达国家都试图把自己排放的过多的二氧化碳卖给欠发达的国家。

◆　现在您可以把话题重新引到气候变化和二氧化碳上来，这就是关于"空气"和许多不同的利益相关者以及对此的意见。

**活动变化方案**

在开始的时候，每个参与者得到一个气球，他本人吹大气球后，再尽可能远地扔向对方场地，这象征着本小组自己的温室气体排放量，然后，比赛仍然如前面描述那样继续进行，只是要用更多的气球。

# 第二部分　气候变暖

**内容**　每位参与者认识气候变化的作用和后果。

目的
　　◇参与者理解气候变化并涉及其自身

活动类型
　　◇知识型

参与者人数
　　◇最多30人

参与者年龄
　　◇15岁以上

时限
　　◇1小时

材料
　　◇每组用于气温和降水变化的图像材料

资料
　　◇2张投影仪用的塑料膜胶片或海报
　　◇每个参与者要拥有投影仪用红、蓝和绿色彩笔
　　◇2张红色、2张绿色审核卡
　　◇笔
　　◇带有标题的夹层卡

准备工作
　　◇设法收集到参与者家乡的气候变化图及对比地

室外条件
　　◇无要求，室内亦可

**活动流程**

◆　介绍气候情况并向参与者介绍全球变暖的问题。

◆　介绍全球碳排放量增加的变化情况。然后，参与者在以前形成的工作小组继续工作。

◇请您事先给参与者挂出一张关于参与者家乡的或者他们所熟悉城市的近期气候图。

◇参与者自己或小组根据目前公认的情况，确定2100年温度和降水量的变化情况（[▷]附件4）。

◇现在，参与者努力，在现有图表和关于气候变化理由的基础上，绘制一张2100年气候变化的图，所绘制的这张气候变化图并不要求百分之百的准确性，而是要确认绘出气候变化趋势[①]。

◆　在所有参与者面前用已知的处于较温暖地区著名的城市或地区目前气候统计图与已经绘制的2100年气候图进行比较：我们将会有哪一种气候？给出足够的时间让参与者对结果、情感、意见进行广泛交流。

◆　请您给参与者或分成的小组每人2张绿色和2张红色演示牌，给参与者分配任务，每个人把自己对气候变暖的影响的看法，写在演示牌上：积极的（绿卡）和消极的（红卡）。

◆　现在分发在某一领域已经准备好的标题，然后在这些标题之下参与者应该对其手中卡片进行分类：

◇对农业的后果

◇对林业的后果

◇对旅游业的后果

---

① 译注：当地温度和降水的长期监测结果应适用于该活动。如有可能，进一步预测未来几十年的变化趋势。

◇对健康的后果

◇对用水的影响

◇对自然保育/生态后果

◇对社会的后果

◇对经济的后果

◆ 参与者读出在他们的卡片上所写的内容，然后整理归类在适合的标题之下。

◆ 与参与者讨论并反思课题之一：最积极/消极后果是什么？这种后果又有多么重要？他们可以在其他方面得到补偿吗？例如，您可以指出气候变暖对林业和农业在品种选择和植物生长周期方面的影响，什么样的变化影响到了水资源管理和防洪措施？气候变化对我本人意味着什么？

# 第三部分　碳汇

**内容**　参与者研究一块林分，并通过森林中的树木计算二氧化碳储存量。

| 目的 | 时限 |
| --- | --- |
| ◇让参与者了解木材是二氧化碳的储存地 | ◇1小时 |
| 活动类型 | 材料 |
| ◇知识型、调研型 | 每个工作小组： |
| 参与者人数 | ◇标界带 |
| ◇最多30人 | ◇1把卷尺 |
| 参与者年龄 | ◇写字的白纸 |
| ◇15岁以上 | ◇笔 |
| | ◇计算用纸（[>]附件1和附件2） |
| | 准备工作 |
| | ◇复印附件表 |
| | 室外条件 |
| | ◇随意 |
| | 后期工作 |
| | ◇在学校也可以 |

**活动流程**

◆ 德国人均森林面积为0.13公顷，平均每人每年二氧化碳存储量为1吨，是世界上人均储存二氧化碳最多的国家。

◆ 现在，工作组应该推算他们自己小组每年的二氧化碳储存量。但是，我们这里不是从整个地区出发，而是将其降低到人均森林面积的10%（130平方米）上，这样我们可以做调查。

◆ 测量树干1.3米处的周长以及树高（用福斯特三角形或测高仪测量），计算树木材积。

◆ 请指定各小组的工作领域，您应该让工作小组独自在野外踏查和丈量他们工作区域的地形和面积。这里需要解决方案的策略和小组的协同工作！好的方法是，选择位于林道两侧宽度约10～15米的茂密森林。

◆ 将调查数据记录在工作表（[>]附件1）和通过查阅汇总表（[>]附件2），总结和计算整个团队年度二氧化碳存储量。

◆ 调查完毕后，把他们的研究结果总结在一起，说明他们的方法，并讨论他们的结果。

# 第四部分　个人碳足迹

**内容** 参与者自己制作个人二氧化碳平衡计划，并了解减少二氧化碳排放的途径。

| 目的 | 时限 |
|---|---|
| ◇参与者了解，气候变暖人人有责，同时每个人也能够为控制气候变暖有所作为。参与者知道他们自己应该如何实现这一愿望 | ◇20分钟 |
| | 材料 |
| | ◇烧火板（[>]附件3和附件1a以及附件1b） |
| 活动类型 | 准备工作 |
| ◇知识型 | ◇复印位置图 |
| 参与者人数 | 室外条件 |
| ◇最多30人 | ◇— |
| 参与者年龄 | |
| ◇15岁以上 | |

**活动流程**

◆ 请给参与者分发表格以便让这些参与者计算个人二氧化碳足迹（[>]附件3）。

◆ 现在，每个参与者创建了个人二氧化碳的资产负债表。

◆ 各工作小组进行汇总，并将其汇总结果与森林储存的二氧化碳总和进行比较。

◆ 现在您与参与者开始进入讨论回合：现在怎么办？为了平衡我或我们自己的二氧化碳量，我或我们能够采取哪些小措施？哪些主要措施必须施行？

**提 示**

■ 二氧化碳的排放和储存是平衡的（这种结果是很罕见的）。若该团队二氧化碳排放量为6～10吨，而与这个数字相对应森林中只储存了1～3吨的二氧化碳量。

■ 一个可能的解决方案：除了节省化石燃料外，可利用木制品和木房子长期封存二氧化碳。一个木屋固定的二氧化碳量是汽车行驶大约130万英里[①]的距离所排放出的二氧化碳量。

---

① 注：1英里=1.6千米。以下同。

# 第五部分　腌鲱鱼卷[①]

**内容** 参与者亲身经历，把不同兴趣的人捆绑在一起是多么的困难。

> **目的**
> ◇参与者经历并讨论如何能在不同的利益和目标的情况下发现共识或找到妥协
>
> **活动类型**
> ◇活泼型
>
> **参与者人数**
> ◇最多30人
>
> **参与者年龄**
> ◇15岁以上
>
> **时限**
> ◇大约20分钟
>
> **材料**
> ◇粗绳子（至少10米）
> ◇50%的参与者用的眼罩
>
> **准备工作**
> ◇—
>
> **室外条件**
> ◇—

**活动流程**

第一通道

所有参与者都将形成一个密集的人群，用一根粗绳子把这一人群牢牢地绑在一起。现在，该小组的目标是从一个起跑线上出发，以一个球状的形式到达指定目标界限。

第二通道

有1/3~1/2的参与者被蒙住眼睛，他们按照自己的意愿运动。当小组开始移动时，他们什么也看不见，跟随着移动。

第三通道

被蒙住眼睛看不见的参与者互相之间是不合作的，他们不愿意向前运动！请注意，确保不要使用暴力或做出接近疯狂的举动！

同参与者讨论：与我们的主题有关的都是什么？

◆ 参与者同时独立领会面对的现实世界。

◇第一通道：理想中的世界。

◇第二通道：已经是现实的，但不幸的是还是一种比较乐观的情况。

◇第三通道：目前在世界上气候变化问题看起来就是这个样子：我们的活动起到什么作用？对于工业化国家？对新兴经济体和发展中国家？我们如何合理地利用资源？我们的目标是什么？

**活动变化方案**

为了让参与者放松，您可以在"头重脚轻"的活动中选择适当的活动。最好，做一些以团队合作为导向的活动。

---

① 译注：腌鲱鱼卷形象地比喻将不同兴趣、年龄、性别的参与者用绳子捆在一起，形成一个整体而共同行动，以此说明一件很困难的事情，如何才能达成共识或相互妥协。

**活动深入的可能性**

讨论行动方案，以恢复自然平衡。

**附加信息**

过去地球上的气温曾经极端地改变过，变化中的暖期最高温和冷期最低温之间相差值达10℃。通常情况下，这种变化是在几千年时间跨度内发生的，动物和植物有时间进行适应调整。然而，自1860年以来，其变化速度加快了：在刚刚过去的世纪，地球表面上平均气温约增加0.6℃，这一变化速度和幅度相当于过去1000年内发生的变化。

### 温室效应

气温升高，直接与大气中温室气体浓度增加有关。温室气体（主要是二氧化碳）阻止了地热向太空的反射。这原来本是一件非常具有积极的现实意义的事情，如果没有这个"热刹车"（没有大气层的保护），地球上的温度约为-273℃。但是，"过剩"的这些小分子太多，同样也会保留过多的热量。

这里的大气变成了玻璃穹顶，变成了温室，热辐射并不能辐射出去而是留下来温暖了地球表面本身。

### 人为温室效应

地球的气候一直在温暖和寒冷之间徘徊，在这样的背景下和我们目前的时代里，温度波动1℃是绝对正常的。然而，现在预测到21世纪气温将升高5.6℃，这是极其不自然的，这主要是二氧化碳在大气中浓度增加的原因。这是由于自1860年以来，全球开始大量使用化石燃料，致使大气中增加了约70亿吨的碳排放量。

### 二氧化碳模型的目的

世界气候大会和政府声明的意图是良好的且有重要意义的，但是各个国家仅仅只是以目标的制定者要求采取的措施和计划，对涉及自己的事情而不会察觉或不愿意承认，这是远远不够的。应该鼓励自觉行动，并且意识到自己对全球的影响是有责任的。此外，也要认识到森林是一个主要的二氧化碳储存库，全球人均占有森林面积越低，那么世界公民的二氧化碳存储就会越低，相反大气中温室气体比例就会高，并会出现由气候变化引起的所有的后果！

[>]附件4 气候的变化表是基于几个城市的材料。它由马克斯·普朗克气象研究所提供，目的就是试图尽可能准确地反映单个城市的气候变化。但重要的是，在这种背景下，再次提醒人们注意，这是一个关系到气候可能变化的场景，应该指出气候是如何变化的，而这样产生的数值使人们可以通过反思而接受。这些数据应该显示出一个现象，气候是如何在所有可能的情况下发生变化的。参与者应认识到，目前在埃尔福特（Erfurt）的气候与布尔戈斯（Burgos）（西班牙）的气候是相似的（同样，法兰克福的气候和博洛尼亚的气候是相同的），从而认识到，对于我们个人来说，气候的改变也是非常巨大的。

许多关于气候变化的其他信息，请参阅网站和参考文献中列出的小册子。

### 参考文献

环境自然保护与核安全联邦部. 气候保护和气候政策环境教育和信息材料. www. bmu. de.

格里斯道夫 R., 基斯特纳 G., 贝克尔 K. 合作性冒险游戏（第2卷）. Kallmeyer出版社, 1995.

波茨坦气候影响研究所（PIK）. 波茨坦气候影响研究所（PIK）第99号报告书——气候变化，影响，风险，适应（KLARA）. www. pik-potsdam. de/研究/出版.

波茨坦气候影响研究所的研究（PIK）. "七个主题"和"可能的人类启普进程". www. pik-potsdam. de.

赖纳斯A., 斯米德尔W. 实践经验教学法（第1~2卷）. 目标出版社, 2007.

联邦环境局. 未来在我们手中——21世纪气候变化政策及其理由的21个课题.www. umweltbundesamt. de/ klimaschutz/veroeffentlichungen/index. htm.

## Literaturhinweise

Bundesministerium für Umwelt, Naturschutz und Reaktorsicherheit (Hrsg.); Klimaschutz und Klimapolitik– Materialien für Bildung und Information; www.bmu.de.

Gilsdorf, R., Kistner, G., Becker, K.; Kooperative Abenteuerspiele. Band 2, Kallmeyer Verlag 1995.

Potsdam Institute for Climate Impact Research (PIK); PIK Report No. 99 KLARA (Klimawandel, Auswirkungen, Risiken, Anpassung), www.pik-potsdam.de/forschung/publikationen.

Potsdam Institute for Climate Impact Research (PIK); „Sieben Thesen " und „Mögliche anthropogene Kippprozesse ";. www.pik-potsdam.de.

Reiners, A., Schmieder, W.; Praktische Erlebnispädagogik. Bd 1 und 2, Ziel Verlag 2007.

Umweltbundesamt; Die Zukunft in unseren Händen–21 Thesen zur Klimaschutzpolitik des 21. Jahrhunderts und ihre Begründungen. www.umweltbundesamt.de/klimaschutz/veroeffentlichungen/index. htm. Autoren: Anja und Arne Glückstein

作者：阿尼亚（Anja）和阿娜 · 格吕克斯泰恩（Arne Glückstein）

## 附件 1a

你们森林中储存有多少二氧化碳（人均调查的森林面积为实际人均森林面积的10%，即130平方米）

● 全面调查方法（每木检尺方法）

计算你所在一块森林样地中每一棵树木$CO_2$的存储量：

| 序号 | 树种 | 树龄（大约） | 树高（米） | 胸径（厘米） | 二氧化碳存储量（查附件2） |
|------|------|-------------|-----------|-------------|------------------------|
| 1 | | | | | |
| 2 | | | | | |
| 3 | | | | | |
| 4 | | | | | |
| 5 | | | | | |
| 6 | | | | | |
| 7 | | | | | |
| 8 | | | | | |
| 9 | | | | | |
| 10 | | | | | |
| 11 | | | | | |
| 12 | | | | | |
| 13 | | | | | |
| 14 | | | | | |
| 15 | | | | | |
| 16 | | | | | |
| 17 | | | | | |
| 18 | | | | | |

| | |
|---|---|
| 所测量树木中储存的二氧化碳总量： | 吨 |
| 平均树龄： | 年 |
| 树木年平均二氧化碳（$CO_2$）存储量： | 吨 |
| 乘以10后得出实际二氧化碳的存储量： | 吨 |
| 除以小组人数即可得出实际人均二氧化碳（$CO_2$）年存储量： | 吨 |

## 附件 1b

你们森林中储存有多少二氧化碳（人均调查的森林面积为实际人均森林面积的10%，即130平方米）

● 抽样调查方法

请您用抽样调查方法计算您所在的一块森林中每种树$CO_2$的存储量：

| 序号 | 树种 | 树龄（大约） | 树高（米） | 胸径（厘米） | 二氧化碳存储量[①] |
|---|---|---|---|---|---|
| 1 | | | | | |
| 2 | | | | | |
| 3 | | | | | |
| 4 | | | | | |
| 5 | | | | | |
| | 所测量树木储存的二氧化碳（$CO_2$）总量： | | | | 吨 |
| | 所测量树木存储的二氧化碳（$CO_2$）平均量： | | | | 吨 |
| | 除以该树木的平均年龄： | | | | 吨 |
| A 乘以样地中该树种总数得出： | | | | | 吨 |

| 序号 | 树种 | 树龄（大约） | 树高（米） | 胸径（厘米） | 二氧化碳储存量[①] |
|---|---|---|---|---|---|
| 1 | | | | | |
| 2 | | | | | |
| 3 | | | | | |
| 4 | | | | | |
| 5 | | | | | |
| | 所测量树木储存的二氧化碳（$CO_2$）总量： | | | | 吨 |
| | 所测量树木存储的二氧化碳（$CO_2$）平均量： | | | | 吨 |
| | 除以该树木的平均年龄： | | | | 吨 |
| B 乘以样地中该树种总数得出： | | | | | 吨 |

注：① 查附件 2。

| 序号 | 树种 | 树龄（大约） | 树高（米） | 胸径（厘米） | 二氧化碳储存量[①] |
|---|---|---|---|---|---|
| 1 | | | | | |
| 2 | | | | | |
| 3 | | | | | |
| 4 | | | | | |
| 5 | | | | | |
| | 所测量树木储存的二氧化碳（$CO_2$）总量： | | | | 吨 |
| | 所测量树木存储的二氧化碳（$CO_2$）平均量： | | | | 吨 |
| | 除以该树木的平均年龄： | | | | 吨 |
| C 乘以样地中该树种总数得出： | | | | | 吨 |

| 序号 | 树种 | 树龄（大约） | 树高（米） | 胸径（厘米） | 二氧化碳储存量[①] |
|---|---|---|---|---|---|
| 1 | | | | | |
| 2 | | | | | |
| 3 | | | | | |
| 4 | | | | | |
| 5 | | | | | |
| | | | | | |
| | 所测量树木储存的二氧化碳（$CO_2$）总量： | | | | 吨 |
| | 所测量树木存储的二氧化碳（$CO_2$）平均量： | | | | 吨 |
| | 除以该树木的平均年龄： | | | | 吨 |
| D 乘以样地中该树种总数得出： | | | | | 吨 |

| | |
|---|---|
| 样地中，全部树种每年存储的二氧化碳（$CO_2$）总量 =A+B+C+D+……： | 吨 |
| 因为在我们的调查中，人均森林面积为实际人均森林面积的 10%，所以这一计算结果必须再乘以 10 才能得出真正的小组森林二氧化碳（$CO_2$）存储量： | 吨 |
| 除以小组人数即可得出实际人均二氧化碳（$CO_2$）年存储量： | 吨 |

---

注：① 查附件 2。

## 附件2

每株树木二氧化碳（$CO_2$）存储量（$CO_2$：吨。树高：米。胸径：厘米）

| 树高/胸径 | 18 | 19 | 20 | 21 | 22 | 23 | 24 | 25 | 26 | 27 | 28 | 29 | 30 | 31 | 32 | 33 | 34 | 35 | 36 | 37 | 38 |
|---|---|---|---|---|---|---|---|---|---|---|---|---|---|---|---|---|---|---|---|---|---|
| 48 | 0.15 | 0.16 | 0.17 | 0.17 | 0.18 | 0.19 | 0.20 | 0.21 | 0.21 | 0.22 | 0.23 | 0.24 | 0.25 | 0.26 | 0.26 | 0.27 | 0.28 | 0.29 | 0.30 | 0.31 | 0.31 |
| 51 | 0.17 | 0.18 | 0.19 | 0.20 | 0.20 | 0.21 | 0.22 | 0.23 | 0.24 | 0.25 | 0.26 | 0.27 | 0.28 | 0.29 | 0.30 | 0.31 | 0.32 | 0.33 | 0.34 | 0.34 | 0.35 |
| 54 | 0.19 | 0.20 | 0.21 | 0.22 | 0.23 | 0.24 | 0.25 | 0.26 | 0.27 | 0.28 | 0.29 | 0.30 | 0.31 | 0.32 | 0.33 | 0.34 | 0.36 | 0.37 | 0.38 | 0.39 | 0.40 |
| 57 | 0.21 | 0.22 | 0.23 | 0.24 | 0.26 | 0.27 | 0.28 | 0.29 | 0.30 | 0.31 | 0.33 | 0.34 | 0.35 | 0.36 | 0.37 | 0.38 | 0.40 | 0.41 | 0.42 | 0.43 | 0.44 |
| 60 | 0.23 | 0.24 | 0.26 | 0.27 | 0.28 | 0.30 | 0.31 | 0.32 | 0.34 | 0.35 | 0.36 | 0.37 | 0.39 | 0.40 | 0.41 | 0.43 | 0.44 | 0.45 | 0.46 | 0.48 | 0.49 |
| 63 | 0.26 | 0.27 | 0.28 | 0.30 | 0.31 | 0.33 | 0.34 | 0.36 | 0.37 | 0.38 | 0.40 | 0.41 | 0.43 | 0.44 | 0.45 | 0.47 | 0.48 | 0.50 | 0.51 | 0.53 | 0.54 |
| 66 | 0.28 | 0.36 | 0.31 | 0.33 | 0.34 | 0.36 | 0.37 | 0.39 | 0.41 | 0.42 | 0.44 | 0.45 | 0.47 | 0.48 | 0.50 | 0.51 | 0.53 | 0.55 | 0.56 | 0.58 | 0.59 |
| 69 | 0.31 | 0.32 | 0.34 | 0.36 | 0.38 | 0.39 | 0.41 | 0.43 | 0.44 | 0.46 | 0.48 | 0.49 | 0.51 | 0.53 | 0.55 | 0.56 | 0.58 | 0.60 | 0.61 | 0.63 | 0.65 |
| 72 | 0.33 | 0.35 | 0.37 | 0.39 | 0.41 | 0.43 | 0.45 | 0.46 | 0.48 | 0.50 | 0.52 | 0.54 | 0.56 | 0.58 | 0.59 | 0.61 | 0.63 | 0.65 | 0.67 | 0.69 | 0.71 |
| 75 | 0.63 | 0.38 | 0.40 | 0.42 | 0.44 | 0.46 | 0.48 | 0.50 | 0.52 | 0.54 | 0.56 | 0.58 | 0.60 | 0.62 | 0.64 | 0.66 | 0.68 | 0.71 | 0.73 | 0.75 | 0.77 |
| 78 | 0.39 | 0.41 | 0.44 | 0.46 | 0.48 | 0.50 | 0.52 | 0.54 | 0.57 | 0.59 | 0.61 | 0.63 | 0.65 | 0.68 | 0.70 | 0.72 | 0.74 | 0.76 | 0.78 | 0.81 | 0.83 |
| 81 | 0.42 | 0.45 | 0.47 | 0.49 | 0.52 | 0.54 | 0.56 | 0.59 | 0.61 | 0.63 | 0.66 | 0.68 | 0.70 | 0.73 | 0.75 | 0.78 | 0.80 | 0.82 | 0.85 | 0.87 | 0.89 |
| 84 | 0.45 | 0.48 | 0.51 | 0.53 | 0.56 | 0.58 | 0.61 | 0.63 | 0.66 | 0.68 | 0.71 | 0.73 | 0.76 | 0.78 | 0.81 | 0.83 | 0.86 | 0.88 | 0.91 | 0.93 | 0.96 |
| 87 | 0.49 | 0.52 | 0.54 | 0.57 | 0.60 | 0.62 | 0.65 | 0.68 | 0.70 | 0.73 | 0.76 | 0.79 | 0.81 | 0.84 | 0.87 | 0.89 | 0.92 | 0.95 | 0.98 | 1.00 | 1.03 |
| 90 | 0.52 | 0.55 | 0.58 | 0.61 | 0.64 | 0.67 | 0.70 | 0.73 | 0.75 | 0.78 | 0.81 | 0.84 | 0.87 | 0.90 | 0.93 | 0.96 | 0.99 | 1.02 | 1.04 | 1.07 | 1.10 |
| 93 | 0.56 | 0.59 | 0.62 | 0.65 | 0.68 | 0.71 | 0.74 | 0.77 | 0.81 | 0.84 | 0.87 | 0.90 | 0.93 | 0.96 | 0.99 | 1.02 | 1.05 | 1.08 | 1.12 | 1.15 | 1.18 |
| 96 | 0.59 | 0.63 | 0.66 | 0.69 | 0.73 | 0.76 | 0.79 | 0.83 | 0.86 | 0.89 | 0.92 | 0.96 | 0.99 | 1.02 | 1.06 | 1.09 | 1.12 | 1.16 | 1.19 | 1.22 | 1.25 |
| 99 | 0.63 | 0.67 | 0.70 | 0.74 | 0.77 | 0.81 | 0.84 | 0.88 | 0.91 | 0.95 | 0.98 | 1.02 | 1.05 | 1.09 | 1.12 | 1.16 | 1.19 | 1.23 | 1.26 | 1.30 | 1.33 |
| 102 | 0.67 | 0.71 | 0.75 | 0.78 | 0.82 | 0.86 | 0.89 | 0.93 | 0.97 | 1.01 | 1.04 | 1.08 | 1.12 | 1.16 | 1.19 | 1.23 | 1.27 | 1.30 | 1.34 | 1.38 | 1.42 |
| 105 | 0.71 | 0.75 | 0.79 | 0.83 | 0.87 | 0.91 | 0.95 | 0.99 | 1.03 | 1.07 | 1.11 | 1.15 | 1.18 | 1.22 | 1.26 | 1.30 | 1.34 | 1.38 | 1.42 | 1.46 | 1.50 |
| 108 | 0.75 | 0.79 | 0.84 | 0.88 | 0.92 | 0.96 | 1.00 | 1.04 | 1.09 | 1.13 | 1.17 | 1.21 | 1.25 | 1.29 | 1.34 | 1.38 | 1.42 | 1.46 | 1.50 | 1.55 | 1.59 |
| 111 | 0.79 | 0.84 | 0.88 | 0.93 | 0.97 | 1.01 | 1.06 | 1.10 | 1.15 | 1.19 | 1.24 | 1.28 | 1.32 | 1.37 | 1.41 | 1.46 | 1.50 | 1.54 | 1.59 | 1.63 | 1.68 |
| 114 | 0.84 | 0.88 | 0.93 | 0.98 | 1.02 | 1.07 | 1.12 | 1.16 | 1.21 | 1.26 | 1.30 | 1.35 | 1.40 | 1.44 | 1.49 | 1.54 | 1.58 | 1.63 | 1.68 | 1.72 | 1.77 |
| 117 | 0.88 | 0.93 | 0.98 | 1.03 | 1.08 | 1.13 | 1.18 | 1.23 | 1.27 | 1.32 | 1.37 | 1.42 | 1.47 | 1.52 | 1.57 | 1.62 | 1.67 | 1.72 | 1.76 | 1.81 | 1.86 |
| 120 | 0.93 | 0.98 | 1.03 | 1.08 | 1.13 | 1.19 | 1.24 | 1.29 | 1.34 | 1.39 | 1.44 | 1.50 | 1.55 | 1.60 | 1.65 | 1.70 | 1.75 | 1.80 | 1.86 | 1.91 | 1.96 |
| 123 | 0.98 | 1.03 | 1.08 | 1.14 | 1.19 | 1.25 | 1.30 | 1.35 | 1.41 | 1.46 | 1.52 | 1.57 | 1.63 | 1.68 | 1.73 | 1.79 | 1.84 | 1.90 | 1.95 | 2.00 | 2.06 |
| 126 | 1.02 | 1.08 | 1.14 | 1.19 | 1.25 | 1.31 | 1.36 | 1.42 | 1.48 | 1.54 | 1.59 | 1.65 | 1.71 | 1.76 | 1.82 | 1.88 | 1.93 | 1.99 | 2.05 | 2.10 | 2.16 |
| 129 | 1.07 | 1.13 | 1.19 | 1.25 | 1.31 | 1.37 | 1.43 | 1.49 | 1.55 | 1.61 | 1.67 | 1.73 | 1.79 | 1.85 | 1.91 | 1.97 | 2.03 | 2.09 | 2.15 | 2.21 | 2.26 |
| 132 | 1.12 | 1.19 | 1.25 | 1.31 | 1.37 | 1.44 | 1.50 | 1.56 | 1.62 | 1.68 | 1.75 | 1.81 | 1.87 | 1.93 | 2.00 | 2.06 | 2.12 | 2.18 | 2.25 | 2.31 | 2.37 |
| 135 | 1.17 | 1.24 | 1.31 | 1.37 | 1.44 | 1.50 | 1.57 | 1.63 | 1.70 | 1.76 | 1.83 | 1.89 | 1.96 | 2.02 | 2.09 | 2.15 | 2.22 | 2.28 | 2.35 | 2.41 | 2.48 |
| 138 | 1.23 | 1.30 | 1.36 | 1.43 | 1.50 | 1.57 | 1.64 | 1.71 | 1.77 | 1.84 | 1.91 | 1.98 | 2.05 | 2.11 | 2.18 | 2.25 | 2.32 | 2.39 | 2.46 | 2.52 | 2.59 |
| 141 | 1.28 | 1.35 | 1.42 | 1.50 | 1.57 | 1.64 | 1.71 | 1.78 | 1.85 | 1.92 | 1.99 | 2.06 | 2.14 | 2.21 | 2.28 | 2.35 | 2.42 | 2.49 | 2.56 | 2.63 | 2.71 |
| 144 | 1.34 | 1.41 | 1.49 | 1.56 | 1.63 | 1.71 | 1.78 | 1.86 | 1.93 | 2.01 | 2.08 | 2.15 | 2.23 | 2.30 | 2.38 | 2.45 | 2.52 | 2.60 | 2.67 | 2.75 | 2.82 |
| 147 | 1.93 | 1.47 | 1.55 | 1.63 | 1.70 | 1.78 | 1.86 | 1.93 | 2.01 | 2.09 | 2.17 | 2.24 | 2.32 | 2.40 | 2.48 | 2.55 | 2.63 | 2.71 | 2.79 | 2.86 | 2.94 |
| 150 | 1.45 | 1.53 | 1.61 | 1.69 | 1.77 | 1.85 | 1.93 | 2.01 | 2.10 | 2.18 | 2.26 | 2.34 | 2.42 | 2.50 | 2.58 | 2.66 | 2.74 | 2.82 | 2.90 | 2.98 | 3.06 |
| 153 | 1.51 | 1.59 | 1.68 | 1.76 | 1.84 | 1.93 | 2.01 | 2.10 | 2.18 | 2.26 | 2.35 | 2.43 | 2.51 | 2.60 | 2.68 | 2.77 | 2.85 | 2.93 | 3.02 | 3.10 | 3.19 |
| 156 | 1.57 | 1.66 | 1.74 | 1.83 | 1.92 | 2.00 | 2.09 | 2.18 | 2.27 | 2.35 | 2.44 | 2.53 | 2.61 | 2.70 | 2.79 | 2.88 | 2.96 | 3.05 | 3.14 | 3.22 | 3.31 |
| 159 | 1.63 | 1.72 | 1.81 | 1.90 | 1.99 | 2.08 | 2.17 | 2.26 | 2.35 | 2.44 | 2.54 | 2.63 | 2.72 | 2.81 | 2.90 | 2.99 | 3.08 | 3.17 | 3.26 | 3.35 | 3.44 |
| 162 | 1.69 | 1.79 | 1.88 | 1.97 | 2.07 | 2.16 | 2.26 | 2.35 | 2.44 | 2.54 | 2.63 | 2.73 | 2.82 | 2.91 | 3.01 | 3.10 | 3.20 | 3.29 | 3.38 | 3.48 | 3.57 |
| 165 | 1.75 | 1.85 | 1.95 | 2.05 | 2.14 | 2.24 | 2.34 | 2.44 | 2.53 | 2.63 | 2.73 | 2.83 | 2.92 | 3.02 | 3.12 | 3.22 | 3.31 | 3.41 | 3.51 | 3.61 | 3.70 |
| 168 | 1.82 | 1.92 | 2.02 | 2.12 | 2.22 | 2.32 | 2.43 | 2.53 | 2.63 | 2.73 | 2.83 | 2.93 | 3.03 | 3.13 | 3.23 | 3.34 | 3.44 | 3.54 | 3.64 | 3.74 | 3.84 |
| 171 | 1.88 | 1.99 | 2.09 | 2.20 | 2.30 | 2.41 | 2.51 | 2.62 | 2.72 | 2.83 | 2.93 | 3.04 | 3.14 | 3.25 | 3.35 | 3.46 | 3.56 | 3.67 | 3.77 | 3.87 | 3.98 |
| 174 | 1.95 | 2.06 | 2.17 | 2.28 | 2.39 | 2.49 | 2.60 | 2.71 | 2.82 | 2.93 | 3.04 | 3.14 | 3.25 | 3.36 | 3.47 | 3.58 | 3.69 | 3.79 | 3.90 | 4.01 | 4.12 |
| 177 | 2.02 | 2.13 | 2.24 | 2.36 | 2.47 | 2.58 | 2.69 | 2.80 | 2.92 | 3.03 | 3.14 | 3.25 | 3.37 | 3.48 | 3.59 | 3.70 | 3.81 | 3.93 | 4.04 | 4.15 | 4.26 |
| 180 | 2.09 | 2.20 | 2.32 | 2.44 | 2.55 | 2.67 | 2.78 | 2.90 | 3.02 | 3.13 | 3.25 | 3.36 | 3.48 | 3.60 | 3.71 | 3.83 | 3.95 | 4.06 | 4.18 | 4.29 | 4.41 |
| 183 | 2.16 | 2.28 | 2.40 | 2.52 | 2.64 | 2.76 | 2.88 | 3.00 | 3.12 | 3.24 | 3.36 | 3.48 | 3.60 | 3.72 | 3.84 | 3.96 | 4.08 | 4.20 | 4.32 | 4.44 | 4.56 |
| 186 | 2.23 | 2.35 | 2.48 | 2.60 | 2.73 | 2.85 | 2.97 | 3.10 | 3.22 | 3.35 | 3.47 | 3.59 | 3.72 | 3.84 | 3.96 | 4.09 | 4.21 | 4.34 | 4.46 | 4.58 | 4.71 |
| 189 | 2.30 | 2.43 | 2.56 | 2.69 | 2.81 | 2.94 | 3.07 | 3.20 | 3.33 | 3.45 | 3.58 | 3.71 | 3.84 | 3.97 | 4.09 | 4.22 | 4.35 | 4.48 | 4.61 | 4.73 | 4.86 |
| 192 | 2.38 | 2.51 | 2.64 | 2.77 | 2.90 | 3.04 | 3.17 | 3.30 | 3.43 | 3.56 | 3.70 | 3.83 | 3.96 | 4.09 | 4.22 | 4.36 | 4.49 | 4.62 | 4.75 | 4.88 | 5.02 |
| 195 | 2.45 | 2.59 | 2.72 | 2.86 | 3.00 | 3.13 | 3.27 | 3.40 | 3.54 | 3.68 | 3.81 | 3.95 | 4.09 | 4.22 | 4.36 | 4.49 | 4.63 | 4.77 | 4.09 | 5.04 | 5.17 |
| 198 | 2.53 | 2.67 | 2.81 | 2.95 | 3.09 | 3.23 | 3.37 | 3.51 | 3.65 | 3.79 | 3.93 | 4.07 | 4.21 | 4.35 | 4.49 | 4.63 | 4.77 | 4.91 | 5.05 | 5.19 | 5.34 |
| 201 | 2.06 | 2.17 | 2.89 | 3.04 | 3.18 | 3.33 | 3.47 | 3.62 | 3.76 | 3.91 | 4.05 | 4.20 | 4.34 | 4.49 | 4.63 | 4.77 | 4.92 | 5.06 | 5.21 | 5.35 | 5.50 |
| 204 | 2.68 | 2.75 | 2.98 | 3.13 | 3.28 | 3.43 | 3.58 | 3.73 | 3.87 | 4.02 | 4.17 | 3.32 | 4.47 | 4.62 | 4.77 | 4.92 | 5.07 | 5.22 | 5.37 | 5.51 | 5.66 |
| 207 | 2.76 | 2.92 | 3.07 | 3.22 | 3.38 | 3.53 | 3.68 | 3.84 | 3.99 | 4.14 | 4.30 | 4.45 | 4.60 | 4.76 | 4.91 | 5.06 | 5.22 | 5.37 | 5.52 | 5.68 | 5.83 |
| 210 | 2.84 | 3.00 | 3.16 | 3.32 | 3.47 | 3.63 | 3.79 | 3.95 | 4.11 | 4.26 | 4.42 | 4.58 | 4.47 | 4.90 | 5.05 | 5.21 | 5.37 | 5.53 | 5.19 | 5.84 | 6.00 |
| 213 | 2.92 | 3.09 | 3.25 | 3.41 | 3.57 | 3.74 | 3.90 | 4.06 | 4.22 | 4.39 | 4.55 | 4.71 | 4.87 | 5.05 | 5.20 | 5.36 | 5.52 | 5.69 | 5.85 | 6.01 | 6.17 |
| 216 | 3.01 | 3.17 | 3.34 | 3.51 | 3.68 | 3.84 | 4.01 | 4.18 | 4.34 | 4.51 | 4.68 | 4.85 | 5.01 | 5.18 | 5.35 | 5.51 | 5.68 | 5.85 | 6.02 | 6.18 | 6.35 |

## 附件 3

$CO_2$计算器

### 交通——个人汽车：您家庭有多少车，哪一种汽车

| 种类 | 燃料消耗/100 千米 | 千米/年度 | $CO_2$ 吨数/1000 千米 | 总数 |
|---|---|---|---|---|
| 小型汽车 | 5～7升 | | 0.14 | |
| 中档汽车 | 7～9升 | | 0.19 | |
| 高档汽车 | 大于9升 | | 0.24 | |
| $CO_2$ 排放总量（A1） | | | | |
| 家庭人数（A2） | | | | 人数 |
| 每人每年 $CO_2$ 排量（A）(A1/A2)： | | | | 吨 |

### 乘公交车

| 交通工具种类 | 千米 | 千米/年度 | $CO_2$ 吨数/1000（千米·人） | 总数 |
|---|---|---|---|---|
| 城市公交（30座） | | | 0.0065 | |
| 长途公交（30座） | | | 0.043 | |
| 乘客每年乘坐这种公交工具 $CO_2$ 排量（B） | | | | 吨 |

### 乘航班（往返）

| 目的地 | 航班总数 | $CO_2$ 吨数/（每次旅行·人）（航班往返） | 总数 |
|---|---|---|---|
| 德国国内 | | 0.27 | |
| 欧洲/地中海区域 | | 0.45 | |
| 非洲，亚洲，北美 | | 2.60 | |
| 南美，远东，澳洲 | | 3.47 | |
| $CO_2$ 排放总量（C1） | | | |
| 人数（C2） | | | 人数 |
| 每人每年 $CO_2$ 排放总量（C）(C1/C2)： | | | 吨 |

### 家庭住房用电和取暖

| 用电种类 | 用电度数/（千瓦·时） | $CO_2$ 吨数/1000（千瓦·时） | 总量 |
|---|---|---|---|
| 我用"常规电能" | | 0.62 | 吨 |
| 我用"生态电能" | | 0.18 | 吨 |
| $CO_2$ 排放总量（D1） | | | 吨 |
| 取暖类型 | 用电度数/（千瓦·时） | $CO_2$ 吨数/1000（千瓦·时） | 总量 |
| 暖气油 | | 0.29 | 吨 |
| 天然气 | | 0.19 | 吨 |

（续表）

| 取暖类型 | 用电度数 /（千瓦·时） | $CO_2$ 吨数 /1000（千瓦·时） | 总量 |
|---|---|---|---|
| 木材 | | 0.05 | 吨 |
| 远程暖气 | | 0.11 | 吨 |
| $CO_2$ 排放总量（D1） | | | 吨 |
| 居民人数（D2） | | | 人数 |
| 居民每人每年 $CO_2$ 排放总量（D）（D1/D2）： | | | 吨 |

## 膳食/其他消费行为

| 膳食类型 | 年度 $CO_2$ 排放量 | |
|---|---|---|
| 纯粹的家乡生态产品素食 | 1.0 吨 | |
| 肉类－减少膳食 | 1.4 吨 | |
| 混合 | 1.7 吨 | |
| 混合不顾及季节或食品来源 | 2.1 吨 | |
| 消费行为 | | |
| 节约型消费（购买标准：比如是经久耐用） | 2.6 吨 | |
| 平均消费行为（购买标准尤其是物美价廉，实惠实用） | 2.6 吨 | |
| 奢移购买（购买标准尤其是质量优先"人对自己下手要狠一点"） | 2.9 吨 | |
| 基于膳食及消费基础的 $CO_2$ 排放量（E）： | | 吨 |

## 公共性消费

| 公共性设施、楼房、街道照明、垃圾处理企业等 | 1.24 吨 |
|---|---|

## 总数

| 交通——个人机动车（A） | 吨 |
|---|---|
| 交通——公共交通 / 乘客（B） | 吨 |
| 交通——飞机旅行（C） | 吨 |
| 居所——用电取暖（D） | 吨 |
| 膳食 / 消费（E） | 吨 |
| 公共性消费 | 1.24 吨 |
| 我的全年 $CO_2$ 排放： | 吨 |
| "我的"森林每年固定 $CO_2$ 量： | 吨 |
| 差额为： | 吨 |

来源：联邦消费局。

链接：http//www.wba.klima-aktiv.de。

## 附件 4

下表是温度和降雨量的变化幅度趋势。假设到21世纪中期，经济增长非常迅速，人口持续增加，之后又出现下降趋势，引进高效新技术，并平衡使用所有的能源。

数据库：位于汉堡的马克思·普朗克研究院气象地图。

| 德国城市名称 | 春（3~5月） | | 夏（6~8月） | | 秋（9~11月） | | 冬（12月至翌年2月） | |
|---|---|---|---|---|---|---|---|---|
| | 温度变幅（摄氏度） | 降水量变幅（百分比） | 温度变幅（摄氏度） | 降水量变幅（百分比） | 温度变幅（摄氏度） | 降水量变幅（百分比） | 温度变幅（摄氏度） | 降水量变幅（百分比） |
| 柏林 | 2.0 | 10.0 | 3.0 | 20.0 | 3.5 | 0.0 | 4.0 | 20.0 |
| 德累斯顿 | 2.0 | 20.0 | 3.5 | −20.0 | 4.0 | 0.0 | 4.5 | 20.0 |
| 埃尔福特 | 2.0 | 10.0 | 3.5 | −20.0 | 4.0 | 20.0 | 4.0 | 20.0 |
| 菲尔德贝格 | 2.5 | 10.0 | 4.5 | −40.0 | 4.5 | −20.0 | 4.5 | 20.0 |
| 法兰克福 / 美因茨 | 2.0 | 10.0 | 4.0 | −30.0 | 4.0 | 0.0 | 4.0 | 30.0 |
| 弗赖堡 | 2.5 | 10.0 | 4.5 | −40.0 | 4.5 | −20.0 | 4.5 | 20.0 |
| 费罗伊登施塔特 | 2.5 | 10.0 | 4.5 | −30.0 | 4.5 | 10.0 | 4.5 | 30.0 |
| 加密斯－帕藤基兴 | 3.0 | 20.0 | 4.5 | −30.0 | 4.5 | 10.0 | 5.0 | 0.0 |
| 汉堡 | 2.5 | 0.0 | 3.0 | −20.0 | 3.5 | −20.0 | 4.0 | 30.0 |
| 汉诺威 | 2.0 | 20.0 | 3.5 | −30.0 | 3.5 | 10.0 | 4.0 | 20.0 |
| 海尔布隆 | 2.0 | 20.0 | 4.0 | −30.0 | 4.0 | −10.0 | 4.0 | 20.0 |
| 卡尔斯鲁厄 | 2.0 | 20.0 | 4.5 | −30.0 | 4.0 | 0.0 | 4.5 | 20.0 |
| 卡塞尔 | 2.0 | 0.0 | 3.5 | −20.0 | 4.0 | 0.0 | 4.0 | 30.0 |
| 科隆 | 2.0 | 10.0 | 4.0 | −30.0 | 4.0 | 0.0 | 3.5 | 20.0 |
| 马格德堡 | 2.0 | 10.0 | 4.0 | −20.0 | 3.5 | 10.0 | 4.0 | 20.0 |
| 慕尼黑 | 2.5 | 20.0 | 4.5 | −30.0 | 4.5 | 10.0 | 4.5 | 30.0 |
| 新勃兰登堡 | 2.5 | 10.0 | 3.0 | −20.0 | 3.5 | 0.0 | 4.0 | 20.0 |
| 诺伊斯塔特 | 2.0 | 0.0 | 4.5 | −20.0 | 4.0 | −10.0 | 4.0 | 40.0 |
| 纽伦堡 | 2.0 | 20.0 | 4.0 | −30.0 | 4.0 | 0.0 | 4.5 | 30.0 |
| 萨尔布吕肯 | 2.0 | 0.0 | 4.5 | −30.0 | 4.0 | 0.0 | 4.0 | 20.0 |
| 什末林 | 2.5 | 10.0 | 3.0 | −30.0 | 3.5 | 0.0 | 4.0 | 20.0 |
| 斯图加特 | 2.0 | 10.0 | 4.5 | −40.0 | 4.5 | −10.0 | 4.5 | 20.0 |
| 乌尔姆 | 2.5 | 10.0 | 4.5 | −30.0 | 4.5 | −10.0 | 4.5 | 30.0 |

## 中国1955—2018年30个城市温度和降水及趋势变化

### 1. 温度和降水的变化

第一阶段为1955—1984年（30年），第二阶段为1989—2018年（30年）。温度为两阶段平均温度差值，降水为第二阶段相对于第一阶段平均季节总降水的变化率。

| 省份（自治区、直辖市） | 城市 | 春季（3~5月） | | 夏季（6~8月） | | 秋季（9~11月） | | 冬季（12月-翌年2月） | |
|---|---|---|---|---|---|---|---|---|---|
| | | 温度变化（摄氏度） | 降水变化率（百分比） | 温度变化（摄氏度） | 降水变化率（百分比） | 温度变化（摄氏度） | 降水变化率（百分比） | 温度变化（摄氏度） | 降水变化率（百分比） |
| 黑龙江 | 哈尔滨 | 1.74 | 8.92 | 1.03 | 0.42 | 1.27 | −12.40 | 2.12 | 13.17 |
| 新疆 | 吐鲁番 | 1.39 | 24.69 | 0.55 | −13.00 | 1.82 | 22.80 | 2.85 | −17.87 |
| 青海 | 西宁 | 0.29 | 17.56 | 0.26 | 11.62 | 0.11 | 17.10 | 0.68 | 29.36 |
| 甘肃 | 酒泉 | 1.04 | −6.97 | 0.82 | 8.85 | 0.66 | 23.87 | 1.09 | 16.18 |
| 内蒙古 | 呼和浩特 | 1.46 | 2.27 | 1.24 | −9.03 | 1.39 | 10.85 | 2.53 | 1.64 |
| 宁夏 | 银川 | 1.75 | 10.25 | 1.02 | −4.07 | 1.10 | −0.44 | 2.10 | 36.60 |
| 河北 | 保定 | 1.19 | 21.51 | 0.52 | −17.22 | 0.56 | 23.23 | 1.48 | −23.46 |
| 山西 | 太原 | 1.46 | −4.46 | 0.77 | −5.87 | 1.04 | −5.32 | 1.79 | −7.51 |
| 吉林 | 长春 | 1.74 | 30.91 | 0.87 | −2.76 | 1.21 | −14.10 | 1.96 | 73.50 |
| 辽宁 | 沈阳 | 1.09 | 5.35 | 0.34 | −4.61 | 0.35 | −16.21 | 0.66 | 14.12 |
| 北京 | 北京 | 1.93 | 23.25 | 1.20 | −22.30 | 1.33 | 8.57 | 1.95 | −19.48 |
| 天津 | 天津 | 1.41 | 2.42 | 0.63 | −15.10 | 0.25 | 24.17 | 0.85 | −26.14 |
| 山东 | 济南 | 0.79 | 30.79 | 0.04 | 10.10 | 0.39 | −8.10 | 1.21 | 1.59 |
| 西藏 | 那曲 | 1.20 | 64.72 | 1.15 | 5.84 | 1.63 | 19.35 | 2.55 | 46.49 |
| 四川 | 都江堰 | 0.81 | −8.50 | 0.63 | −6.87 | 0.78 | −6.93 | 0.66 | 1.08 |
| 云南 | 昆明 | 1.19 | 9.02 | 0.91 | −3.09 | 1.23 | −9.62 | 1.76 | 19.68 |
| 陕西 | 汉中 | 1.19 | −8.68 | 0.65 | −12.32 | 0.76 | −11.07 | 1.00 | 8.43 |
| 河南 | 郑州 | 1.49 | −2.88 | 0.49 | −5.27 | 0.99 | −8.37 | 1.47 | 14.23 |
| 湖北 | 武汉 | 1.41 | 2.07 | 0.45 | 12.71 | 0.97 | −6.49 | 1.22 | 28.62 |
| 重庆 | 奉节 | 0.96 | −9.59 | 0.43 | 0.41 | 1.11 | −11.78 | 1.65 | 0.88 |
| 湖南 | 岳阳 | 1.11 | −1.77 | 0.11 | 18.87 | 0.79 | 14.13 | 1.13 | 20.39 |
| 贵州 | 贵阳 | −0.46 | −10.02 | −0.38 | 7.09 | −0.04 | −13.26 | −0.10 | 8.64 |
| 江苏 | 南京 | 1.41 | −3.86 | 0.31 | 24.85 | 1.06 | −11.07 | 1.32 | 44.07 |
| 安徽 | 合肥 | 1.33 | −5.01 | 0.29 | 17.84 | 0.88 | −11.84 | 1.07 | 30.43 |
| 浙江 | 杭州 | 1.53 | −8.41 | 0.72 | 32.71 | 1.31 | −12.44 | 1.38 | 26.93 |
| 江西 | 南昌 | 1.12 | −7.37 | 0.13 | 22.10 | 0.92 | 24.39 | 1.18 | 21.16 |
| 福建 | 福州 | 0.82 | −4.15 | 0.76 | 15.19 | 0.83 | 20.23 | 1.06 | 14.13 |
| 广东 | 广州 | 0.39 | 13.12 | 0.60 | 14.27 | 0.73 | 4.50 | 0.81 | 11.15 |
| 广西 | 南宁 | 0.23 | −9.94 | 0.23 | 1.15 | 0.35 | −1.41 | 0.42 | 2.06 |
| 海南 | 海口 | 0.55 | 3.19 | 0.63 | 16.40 | 1.01 | 7.82 | 1.08 | 5.40 |

## 2. 温度和降水的变化趋势

| 省份（自治区、直辖市） | 城市 | 春季（3~5月） | | 夏季（6~8月） | | 秋季（9~11月） | | 冬季（12月–翌年2月） | |
|---|---|---|---|---|---|---|---|---|---|
| | | 温度趋势（摄氏度/年） | 降水趋势（毫米/年） | 温度趋势（摄氏度/年） | 降水趋势（毫米/年） | 温度趋势（摄氏度/年） | 降水趋势（毫米/年） | 温度趋势（摄氏度/年） | 降水趋势（毫米/年） |
| 黑龙江 | 哈尔滨 | 0.0471* | 0.3494* | 0.0288* | −0.1780 | 0.0302* | −0.4524* | 0.0487* | 0.0633 |
| 新疆 | 吐鲁番 | 0.0408* | 0.0036 | 0.0182* | −0.0529 | 0.0530* | 0.0220 | 0.0645* | −0.0045 |
| 青海 | 西宁 | 0.0096* | 0.2540 | 0.0093* | 0.6021* | 0.0031 | 0.4126* | 0.0149* | 0.0271 |
| 甘肃 | 酒泉 | 0.0306* | −0.0635 | 0.0192* | 0.3207* | 0.0201* | 0.1173 | 0.0218* | 0.0327 |
| 内蒙古 | 呼和浩特 | 0.0404* | −0.0269 | 0.0316* | −0.8984 | 0.0363* | 0.4983* | 0.0619* | −0.0114 |
| 宁夏 | 银川 | 0.0522* | −0.0240 | 0.0311* | −0.0905 | 0.0331* | 0.0275 | 0.0528* | 0.0218 |
| 河北 | 保定 | 0.0335* | 0.2121 | 0.0127* | −2.4527* | 0.0129* | 0.2444 | 0.0304* | −0.0993 |
| 山西 | 太原 | 0.0441* | −0.1740 | 0.0196* | −0.4348 | 0.0309* | 0.0078 | 0.0452* | −0.0135 |
| 吉林 | 长春 | 0.0491* | 0.8740* | 0.0242* | −0.6503 | 0.0302* | −0.3425 | 0.0476* | 0.2465* |
| 辽宁 | 沈阳 | 0.0330* | 0.3969 | 0.0115* | −1.2140 | 0.0116* | −0.6232* | 0.0187 | 0.0999 |
| 北京 | 北京 | 0.0525* | 0.1920 | 0.0326* | −3.3411* | 0.0356* | 0.0047 | 0.0454* | −0.0896 |
| 天津 | 天津 | 0.0432* | 0.1009 | 0.0194* | −1.3287 | 0.0101* | 0.4112 | 0.0213* | −0.0814 |
| 山东 | 济南 | 0.0266* | 0.7887* | −0.0010 | 1.0986 | 0.0106* | −0.2869 | 0.0286* | 0.0151 |
| 西藏 | 那曲 | 0.0332* | 0.6895* | 0.0325* | 0.7007 | 0.0481* | 0.3244 | 0.0780* | 0.0461 |
| 四川 | 都江堰 | 0.0259* | −0.2565 | 0.0179* | −1.0200 | 0.0216* | −0.7933 | 0.0164* | −0.0362 |
| 云南 | 昆明 | 0.0292* | 0.4089 | 0.0247* | −0.6284 | 0.0318* | −0.6631 | 0.0452* | 0.2073 |
| 陕西 | 汉中 | 0.0370* | −0.1656 | 0.0180* | −0.9271 | 0.0235* | −0.3243 | 0.0267* | −0.0393 |
| 河南 | 郑州 | 0.0500* | −0.1931 | 0.0168* | −0.5236 | 0.0311* | 0.1745 | 0.0386* | 0.0112 |
| 湖北 | 武汉 | 0.0396* | −0.3960 | 0.0086 | 1.6834 | 0.0215* | 0.1560 | 0.0245* | 0.5343 |
| 重庆 | 奉节 | 0.0327* | −0.9334* | 0.0153* | 0.3785 | 0.0324* | −0.1585 | 0.0482* | −0.1370 |
| 湖南 | 岳阳 | 0.0355* | −0.5839 | 0.0032 | 2.0278 | 0.0218* | 1.0251* | 0.0269* | 0.6022 |
| 贵州 | 贵阳 | −0.0124* | −0.3592 | −0.0104* | 0.5947 | −0.0016 | −0.5803 | −0.0093 | 0.1220 |
| 江苏 | 南京 | 0.0414* | −0.7018 | 0.0078 | 3.5161* | 0.0292* | −0.0734 | 0.0316* | 1.1200* |
| 安徽 | 合肥 | 0.0390* | −0.6203 | 0.0071 | 2.2199* | 0.0234* | 0.0948 | 0.0232* | 0.7678* |
| 浙江 | 杭州 | 0.0451* | −0.9984 | 0.0204* | 3.8464* | 0.0386* | −0.4999 | 0.0349* | 1.6153* |
| 江西 | 南昌 | 0.0336* | −1.2998 | 0.0046 | 3.1303* | 0.0265* | 1.2886* | 0.0282* | 0.9547* |
| 福建 | 福州 | 0.0219* | −0.2042 | 0.0220* | 2.3466* | 0.0254* | 0.8692 | 0.0254* | 0.4414 |
| 广东 | 广州 | 0.0072 | 2.6827* | 0.0142* | 3.2821* | 0.0148* | 0.7335 | 0.0158* | 0.5457 |
| 广西 | 南宁 | 0.0072 | −0.8917 | 0.0056 | 0.1618 | 0.0047 | 0.6982 | 0.0029 | 0.1807 |
| 海南 | 海口 | 0.0131* | 0.4204 | 0.0155* | 3.1281* | 0.0267* | 1.7871 | 0.0246* | 0.0585 |

注：季节平均温度和季节总降水的时间线性趋势，* 表示线性趋势通过显著性水平为 0.1 的 t 检验。30 个省份代表性城市的温度降水变化趋势。由于部分站点监测数据，一些省份没有选择省会城市。另外，上海市由于缺少监测数据的年份较多没有计算在内，香港、中国台湾、澳门地区因缺少数据没有计算。

## 中国1955—2018年30个城市温度和降水变化趋势

| | |
|---|---|
| 黑龙江哈尔滨： | 春季温度显著升高，降水显著增加；<br>夏季温度显著升高，降水减少，不显著；<br>秋季温度显著升高，降水显著减少；<br>冬季温度显著升高，降水增加，不显著。 |
| 新疆吐鲁番： | 春季温度显著升高，降水增加，不显著；<br>夏季温度显著升高，降水减少，不显著；<br>秋季温度显著升高，降水增加，不显著；<br>冬季温度显著升高，降水减少，不显著。 |
| 青海西宁： | 春季温度显著升高，降水增加，不显著；<br>夏季温度显著升高，降水显著增加；<br>秋季温度升高，不显著，降水显著增加；<br>冬季温度显著升高，降水增加，不显著。 |
| 甘肃酒泉： | 春季温度显著升高，降水减少，不显著；<br>夏季温度显著升高，降水显著增加；<br>秋季温度显著升高，降水增加，不显著；<br>冬季温度显著升高，降水增加，不显著。 |
| 内蒙古呼和浩特： | 春季温度显著升高，降水减少，不显著；<br>夏季温度显著升高，降水减少，不显著；<br>秋季温度显著升高，降水显著增加；<br>冬季温度显著升高，降水减少，不显著。 |
| 宁夏银川： | 春季温度显著升高，降水减少，不显著；<br>夏季温度显著升高，降水减少，不显著；<br>秋季温度显著升高，降水增加，不显著；<br>冬季温度显著升高，降水增加，不显著。 |
| 河北保定： | 春季温度显著升高，降水增加，不显著；<br>夏季温度显著升高，降水显著减少；<br>秋季温度显著升高，降水增加，不显著；<br>冬季温度显著升高，降水减少，不显著。 |
| 山西太原： | 春季温度显著升高，降水减少，不显著；<br>夏季温度显著升高，降水减少，不显著；<br>秋季温度显著升高，降水增加，不显著；<br>冬季温度显著升高，降水减少，不显著。 |
| 吉林长春： | 春季温度显著升高，降水显著增加；<br>夏季温度显著升高，降水减少，不显著；<br>秋季温度显著升高，降水减少，不显著；<br>冬季温度显著升高，降水显著增加。 |
| 辽宁沈阳： | 春季温度显著升高，降水增加，不显著；<br>夏季温度显著升高，降水减少，不显著；<br>秋季温度显著升高，降水显著减少； |

冬季温度升高，不显著，降水增加，不显著。

北京：春季温度显著升高，降水增加，不显著；
夏季温度显著升高，降水显著减少；
秋季温度显著升高，降水增加，不显著；
冬季温度显著升高，降水减少，不显著。

天津：春季温度显著升高，降水增加，不显著；
夏季温度显著升高，降水减少，不显著；
秋季温度显著升高，降水增加，不显著；
冬季温度显著升高，降水减少，不显著。

山东济南：春季温度显著升高，降水显著增加；
夏季温度降低，不显著，降水增加，不显著；
秋季温度显著升高，降水减少，不显著；
冬季温度显著升高，降水增加，不显著。

西藏那曲：春季温度显著升高，降水显著增加；
夏季温度显著升高，降水增加，不显著；
秋季温度显著升高，降水增加，不显著；
冬季温度显著升高，降水增加，不显著。

四川都江堰：春季温度显著升高，降水减少，不显著；
夏季温度显著升高，降水减少，不显著；
秋季温度显著升高，降水减少，不显著；
冬季温度显著升高，降水减少，不显著。

云南昆明：春季温度显著升高，降水增加，不显著；
夏季温度显著升高，降水减少，不显著；
秋季温度显著升高，降水减少，不显著；
冬季温度显著升高，降水增加，不显著。

陕西汉中：春季温度显著升高，降水减少，不显著；
夏季温度显著升高，降水减少，不显著；
秋季温度显著升高，降水减少，不显著；
冬季温度显著升高，降水减少，不显著。

河南郑州：春季温度显著升高，降水减少，不显著；
夏季温度显著升高，降水减少，不显著；
秋季温度显著升高，降水增加，不显著；
冬季温度显著升高，降水增加，不显著。

湖北武汉：春季温度显著升高，降水减少，不显著；
夏季温度升高，不显著，降水增加，不显著；
秋季温度显著升高，降水增加，不显著；
冬季温度显著升高，降水增加，不显著。

重庆奉节：春季温度显著升高，降水显著减少；
夏季温度显著升高，降水增加，不显著；
秋季温度显著升高，降水减少，不显著；
冬季温度显著升高，降水减少，不显著。

湖南岳阳：春季温度显著升高，降水减少，不显著；

夏季温度升高，不显著，降水增加，不显著；

秋季温度显著升高，降水显著增加；

冬季温度显著升高，降水增加，不显著。

贵州贵阳：　　　　春季温度显著降低，降水减少，不显著；

夏季温度显著降低，降水增加，不显著；

秋季温度降低，不显著，降水减少，不显著；

冬季温度降低，不显著，降水增加，不显著。

江苏南京：　　　　春季温度显著升高，降水减少，不显著；

夏季温度升高，不显著，降水显著增加；

秋季温度显著升高，降水减少，不显著；

冬季温度显著升高，降水显著增加。

安徽合肥：　　　　春季温度显著升高，降水减少，不显著；

夏季温度升高，不显著，降水显著增加；

秋季温度显著升高，降水增加，不显著；

冬季温度显著升高，降水显著增加。

浙江杭州：　　　　春季温度显著升高，降水减少，不显著；

夏季温度显著升高，降水显著增加；

秋季温度显著升高，降水减少，不显著；

冬季温度显著升高，降水显著增加。

江西南昌：　　　　春季温度显著升高，降水减少，不显著；

夏季温度升高，不显著，降水显著增加；

秋季温度显著升高，降水显著增加；

冬季温度显著升高，降水显著增加。

福建福州：　　　　春季温度显著升高，降水减少，不显著；

夏季温度显著升高，降水显著增加；

秋季温度显著升高，降水增加，不显著；

冬季温度显著升高，降水增加，不显著。

广东广州：　　　　春季温度升高，不显著，降水显著增加；

夏季温度显著升高，降水显著增加；

秋季温度显著升高，降水增加，不显著；

冬季温度显著升高，降水增加，不显著。

广西南宁：　　　　春季温度升高，不显著，降水减少，不显著；

夏季温度显著升高，降水增加，不显著；

秋季温度升高，不显著，降水增加，不显著；

冬季温度升高，不显著，降水增加，不显著。

海南海口：　　　　春季温度显著升高，降水增加，不显著；

夏季温度显著升高，降水显著增加；

秋季温度显著升高，降水增加，不显著；

冬季温度显著升高，降水增加，不显著。

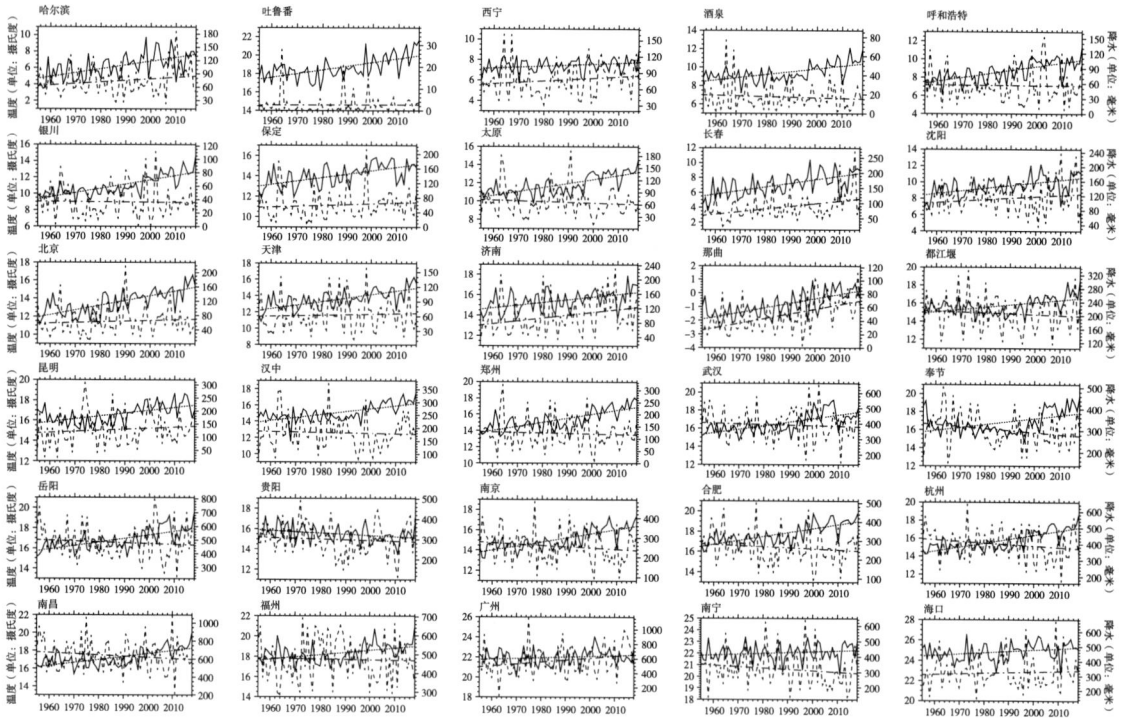

图1　1955—2018年中国30个城市春季温度（单位：摄氏度）和降水（单位：毫米）时间序列（实线表示温度原值，点线表示温度线性回归趋势线，短划线表示降水原值，点划线表示降水线性回归趋势线）

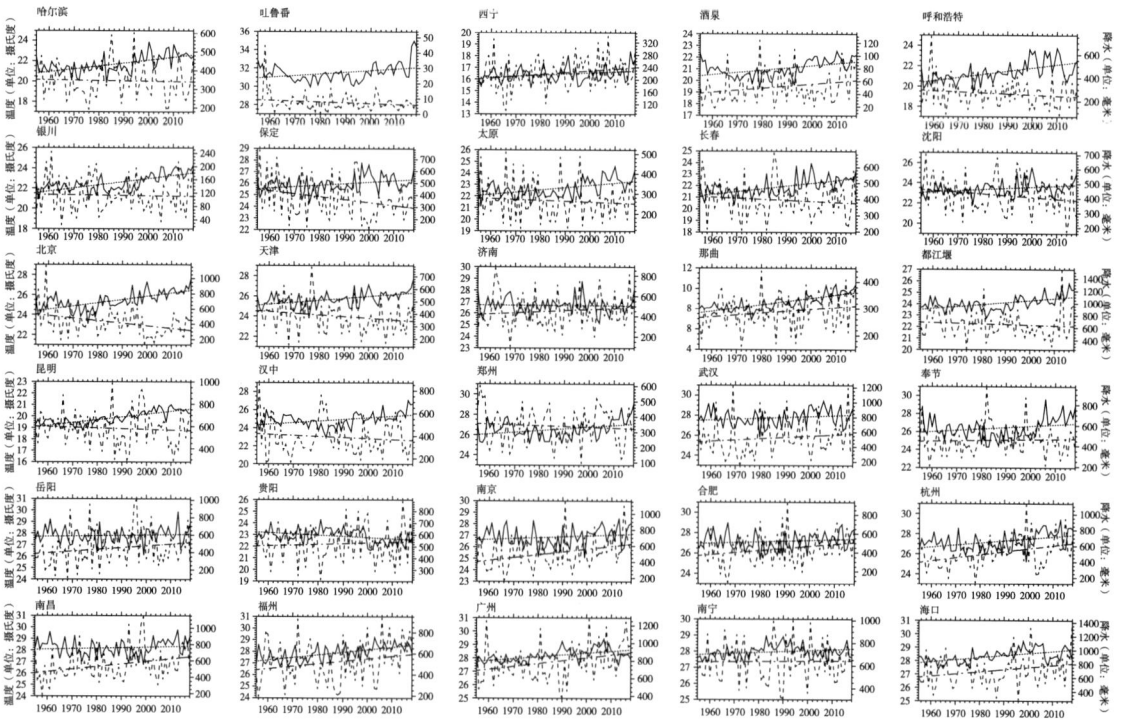

图2　1955-2018年中国30个城市夏季温度（单位：摄氏度）和降水（单位：毫米）时间序列（实线表示温度原值,点线表示温度线性回归趋势线,短划线表示降水原值,点划线表示降水线性回归趋势线）

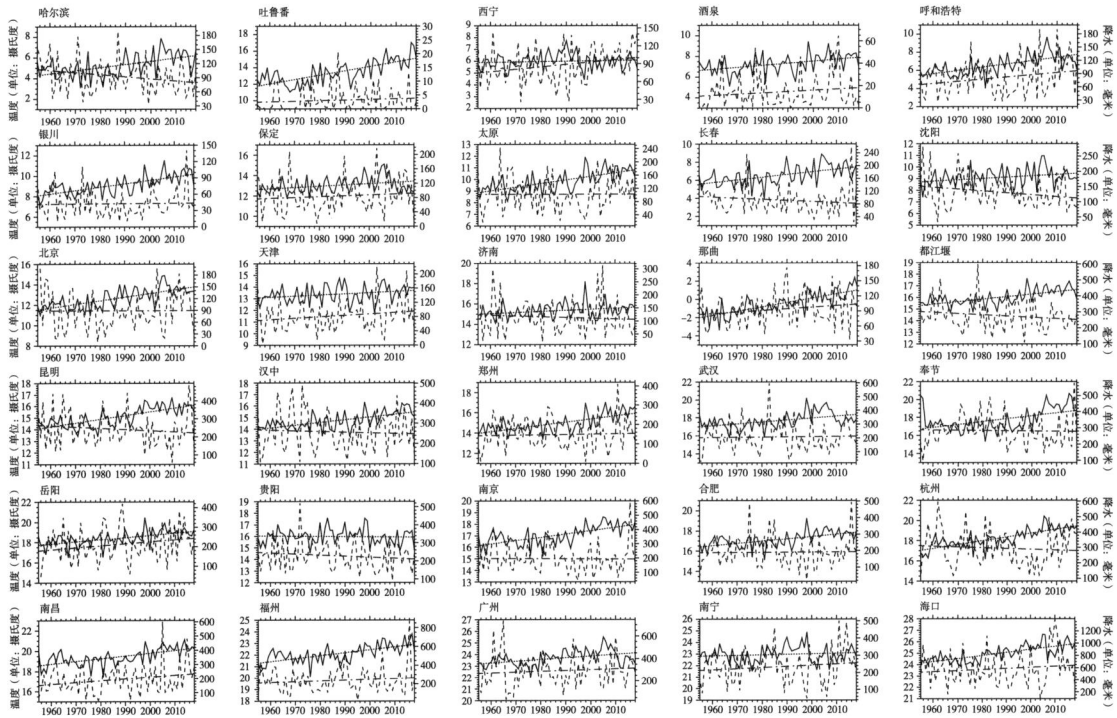

图3　1955—2018年中国30个城市秋季温度（单位：摄氏度）和降水（单位：毫米）时间序列（实线表示温度原值，点线表示温度线性回归趋势线，短划线表示降水原值，点划线表示降水线性回归趋势线）

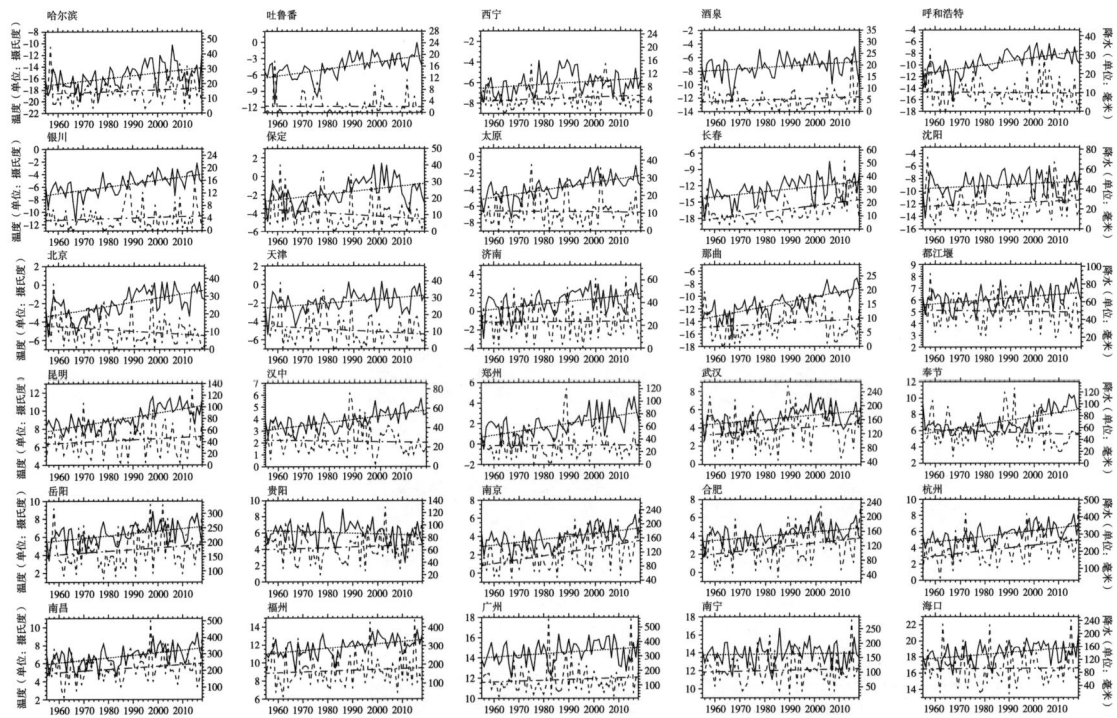

图4　1955—2018年中国30个城市冬季温度（单位：摄氏度）和降水（单位：毫米）时间序列（实线表示温度原值，点线表示温度线性回归趋势线，短划线表示降水原值，点划线表示降水线性回归趋势线）

以上资料整理：同小娟、沈一岚

# 森林项目 10　学生公司

内容　参与者亲身经历实践性及职业性的课堂。

| 目的 | 时限 |
|---|---|
| ◇参与者进行森林工作并对森林经营有一个印象 | ◇根据任务而定 |
| 活动类型 | 材料 |
| ◇活泼型 | ◇根据任务确定材料 |
|  | ◇恰当的工具 |
| 参与者人数 | 准备工作 |
| ◇4~6人 | ◇准备足够的引导者 |
| 参与者年龄 | 室外条件 |
| ◇14岁以上 | ◇— |

　　为了让年轻人更好地进行职业培训准备，"学生公司"可以作为学校注重学生实践教育的元素之一。通过参加该项目，年轻人得到一个良好的体验，他们会对将来的工作世界有一个期待的概念。与此同时，学生可能是第一次了解到重要的课题，如改造森林、野生动物对森林的破坏和破坏森林的树皮甲虫等。

建设围栏：学生公司的一个项目

**准备**

◆ 学生公司的建立必须由学校来完成，参与者选出由发言代表、出纳、秘书组成的管理委员会，建立一个章程作为企业的基础，但应由一名专门的老师始终陪同年轻的参与者。

◆ 您尽可能给学生公司建议林业工作和客户。工作任务可能包括各种活动，诸如围栏建设、拆除围栏、种植、播种、野生动物管理、修枝，等等。

**活动流程**

◆ 首先，必须由森林业主发出指示，只有这样，您才能够与参与者规划工作内容。工作时间、工具和材料、工作方法、工作质量等诸多事务都必须安排。

◆ 在初次接受一个特定的森林管理工作时，您必须指导学生公司，以便符合一定的质量标准。

**后续工作**

◆ 请您与用人单位一起交代清楚已经采取的措施，并确定好所有任何不足的地方都由学生公司来完善。

◆ 该学生公司财务主管清算已经做完的工作并算好"员工"每小时工作的工资。利润部分可根据公司章程和法规处置，例如，用于工作用品的添置或公益慈善活动。

# 森林项目 11  森林生活 1

**内容** 在整天出勤的框架范围内，将以下午为单位在全学年里定期提供森林生活的机会。在所提供的机会中，参与者们将直接体验到季节变化，并能够亲身体会到大自然的适应性变化机制。

| | |
|---|---|
| **目的** | **时限** |
| ◇参与者通过有规律地进入森林，了解森林一年四季的变化 | ◇至少1.5小时 |
| **活动类型** | **材料** |
| ◇感受型、调研型、活泼型 | ◇根据课题而定 |
| **参与者人数** | **准备工作** |
| ◇最多12人，在森林教育专业人士陪同下也可以24人 | ◇选出恰当的林地 |
| **参与者年龄** | **室外条件** |
| ◇10岁以上 | ◇— |

**可持续发展教育目标**

- 社会能力

◇我能够很好地与他人相处。

这里：您的参与者定期参加活动，他们之间相处得很好。

◇我有团队精神并考虑到别人的长处和弱点。

这里：您的参与者有规律的接触，能够对小组的积极动态发展做出贡献。

- 个人能力

◇我了解我自己身心的极限和潜力。

这里：您的参与者在森林活动中尝试了他们的体力并且坚持了下来。

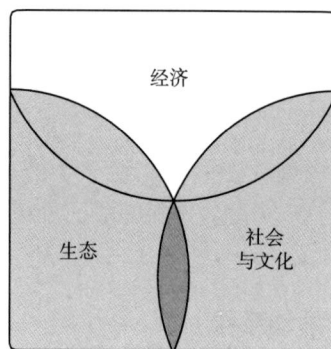

**准备**

- 请在上午/全天组织预约。
- 晚上举行家长信息会。

**活动流程**

- 参与者每次在森林中活动1.5～2小时，这些活动的下午要分配在整个学年，但是植物生长季节是重点。即使是在树林里散步，与在上午主要是精神的需求相比，也算是保持身体平衡了。
- 这些活动是在一个特定环境下的适当建议。这些建议又仅仅是一个选择，而不是必须的。可根据课程的运行及动态变化确定活动的程度和持续时间。
- 在每一次活动运行过程中，融入一个欢迎和欢送活动，如启动和最后一轮，每天下午举行活动。

**后续工作**

请您与参与者共同编辑一个项目介绍报告并加载到学校网站，在学校或地方议会举办项目宣传活动。

**活动深入的可能性**

在本学年结束时，您应该平衡账务并总结活动。这可以由参与者在一个学校网站上发表报告，举办一个展览，或者制作一个幻灯片报告或以编排演出一场戏剧的形式来展示项目活动。

**附加信息**

- 在森林中长期全天引导照顾学生要比有规律的时间间隔容易一些。有规律访问森林能够体验森林中四季变化，观察自然过程，见证大自然的千变万化。
- 参与项目的学生直接学习到了一种负责的、可持续的开发利用自然宝藏和自然资源的方法。研究表明，在巴伐利亚州州立森林公园青年森林家园住宿为期一周后，您将会"知识显著增长"并创建"言语行为和实际行为长久的强烈影响"［博格纳（BOGNER）1996年］。

◆ 　身体力行，自己一个人所作所为也有所影响（自我作用功效）。学生们都可以在森林里得到最重要的经验教训。

◆ 　学生们亲身体验大自然，补充宝贵经验，这是一个基本方面。这一方面一般来说，起到了接近大自然的作用，另一方面，促进了学生的设计技能。科学研究表明这一点："在可持续发展框架内，如果没有自然经验的积累，那么就会缺失决定合理设计的重要的基础。"［博格郝勒（BÖGEHOLZ）/巴克曼（Barkmann），2002年］。

◆ 　一般来说，下午引导学生的活动，由一个非学校组织的承担者（福利机构，俱乐部或社区的支持）和一个专业人员（社会教育工作者）在学校大楼内进行。课后承担人接管照顾学生，所谓照顾包括午餐、功课支持和有意义的休闲活动。

◆ 　森林教育中心提供的引导活动，学生可以利用业余时间参与。如饭后及写完家庭作业，约14:30就开始，并应延续到16:30，请注意公共汽车开车的时间！

## 参考文献

朱力克 A, 斐勒摩尔 R, 瑞德勒布赫 A. 森林生活: 从"被引导"到"做自己". 见: 巴伐利亚州林业科学研究院（LWF）工作动态简报, 2008(64), 6–7页.

### Literaturhinweise

Julke, A., Filmer, R., Riedelbauch, A.; Wald live: Vom „Geführt werden" zum „Selber tun". LWF aktuell Nr. 64, S. 6 – 7, 2008.

# 附件

### "森林下午"涉及的主题方案

学年开始后，直到新学年稳定运行，通常需要一段时间。从10月中旬，您就可以开始进入"森林下午"，10月份天气还很适合开展室外活动，便于促进人们互相认识，以满足人们户外活动的需求。此外，创意设计是目前活动的焦点。

◆ 　10月

1.成熟的果实

◇[>]开始 2 "鹰巢"（将在以下"森林下午"连续使用!）

◇[>]开始 3 "我是谁？"（大家互相认识）

◇[>]森林项目 1 "林相变迁"（用适当的照片以月为时间单位展现林相变迁）

◇[>]森林——工作场所 2 "采种与播种"（如一天的结束和年度计划的开始）2.色彩魔术

◇[>]开始 8 "我的森林笔记本"

◇[>]创意制作 11 "森林的秋色"

◇[>]森林项目 1 "林相变迁"

◆ 　11月

从现在起天气变得越来越冷，除了考虑主要的项目之外，您也应该安排一些适宜的"热身"

运动游戏。

3.让我们做好过冬的准备

◇[>]森林——生命空间 7 "冬天里的小松鼠"

◇[>]冬季 7 "冷血动物的防冻措施"

◇皮毛评估：把冬季皮草在森林广场准备好，并与学生一起对其进行研究评估。4.伪装，警示，蒙蔽！

◇[>]激发兴趣 10 "找错"

◇[>]森林——生命空间 16 "设计并寻找想象的动物"

◇[>]动物 4 "潜行路径"

◇[>]森林——生命空间 15 "伪装，警示和蒙蔽"

◆ 12月

在准备圣诞节期间，制作圣诞礼物是一个非常适合的下午活动的起点，也许您还可以把用树枝装饰学校纳入您的计划中，让学生做一些实际的和必要的工作。我们的建议与以下几点相联系。

5.自己动手做！

◇[>]森林——工作场所 13 "绝妙的锯材游戏"

◇[>]结束 10 "树枝画框"

◇收集树干切片作为烛台或者圣诞树装饰

◇自己制作树枝装饰

◆ 1月

◇一年的前两个月，您要看当前天气情况而定！

◇没有什么比寻找观看动物足迹更令人兴奋的了，不过前提条件是有积雪。这个时节可以提供的主题和活动，如下所示：

6.我是谁？——在冬季跟踪

◇[>]森林——生命空间 2 "动物踪迹"

| ◇[>]动物 | 5 | "解读动物踪迹" |
| --- | --- | --- |
| ◇[>]冬季 | 2 | "狐狸和兔子" |
| ◇[>]冬季 | 3 | "猜脚印" |
| ◇[>]冬季 | 4 | "雪中寻找动物痕迹" |

◆ 2月

7.挥斧——木材采伐

◇[>]可持续性利用 9 "木材是美好且环保的"

◇木材采伐示范（林业工人/收割机）

◇截锯薪碳木材并整理成木垛

◇估算和测量木材片

◇取火（用2~3年的木材）

◇准备椴树花茶或黑莓叶茶

◆ 3月

您从事木材采伐工作，那您肯定也回答过森林可持续管理的问题。因此，我们提出了一个专题的方向，您还能够趁天气较凉时开始这些活动。另外，为了适合春季，您也可以通过种植树木幼苗，观看树木新枝绿芽，感受大自然的觉醒。

8.可持续发展拉力赛

◇针对可持续性发展定向奔跑5个站点。9.你将被需要——在森林里的植树运动

◇[>]树木 4 "听诊树木"

◇[>]森林——工作场所 3 "新树木需要这块土地"（估计栽植树木的树龄；寻找与你年龄一致的树木）

◇[>]结束 15 "我的树木"


◆ 4月

森林里的鸟类是很多的。倾听它们的歌唱，给人仔细观察它们提供了一个良好的开始，但创造自己的音调也是非常有吸引力的，为此，与您的学生一起捣鼓出点儿声音来！然后，还有狩猎的主题……

10.森林音乐会

◇[>]森林——生命空间 8 "鸟语欣赏"

◇[>]激发兴趣 9 "声音记忆"

◇[>]创意制作 2 "五月春笛及圆号"

11.跟踪（狩猎）

◇[>]森林——生命空间 5 "偷袭猎物"

◇[>]动物 1 "我在哪里？"

◇[>]动物 2 "野生动物观察"

◇[>]动物 3 "清点野生动物"

◇[>]动物 7 "野生动物啃食危害"

◇[>]动物 8 "冷杉是巧克力"


◆ 5月

当现在一切都发芽，植被生长茂盛时，人们也想从森林中找到自己可以利用的宝贝，您可以让学生寻找、收集和准备！

12.我的生存训练 I

◇那里究竟长的是什么呢？（在聚会点鉴别周围的植物）

◇识别有毒和无毒的植物

◇准备草药、奶酪和黄油（父母必须同意！）13.我的生存训练 II

◇在森林里寻找水

◇采摘可以做茶叶的植物，并干燥（冬天使用）

◇寻找接骨木糖浆或云杉芽尖的蜜汁


◆ 6月

研究和学习应该设置在6月中旬，"研究者"展示其结果！ 14.10000亿森林居民！——森林监测

◇[>]激发兴趣 1 "声音地图"

◇[>]森林土壤 4 "跟踪土壤动物"

◇[>]森林——生命空间 18 "小树，我摇动你！"

◇发现之旅　15.太阳能电厂——森林

◇[>]树木 5 "树木毛细管的吸力"

◇[>]树木 6 "光合作用——小精灵"

◇[>]可持续性利用 1 "树木气球"

◇[>]可持续性利用 2 "二氧化碳（CO2）气球"

16. 艺术与森林——设计色彩和形状

◇[>]激发兴趣 2 "摄影师和照相机"

◇[>]结束 1 "调色画板"

◇[>]结束 6 "森林图像"

◇[>]创意制作 1 "木雕"

◇写一首诗；哑剧表演


◆　7月

◇学年即将结束，而"森林下午"也即将拉下帷幕。在此时，我们建议，一方面，可以继续沉浸在森林享受之中；另一方面，也要意识到既定终点目标。

◇也许能够联合设计漂亮的结束展览作品，并激发后面参与"森林下午"项目的新生。

17. 畅想森林

◇[>]森林土壤 2 "赤脚毛毛虫"

◇[>]树木 1 "镜像森林"

◇[>]树木 21 "时光飞逝，树木屹立"

◇[>]激发兴趣 12 "太阳冥想"

◇[>]冥想元素 2 "穿越森林的想象之旅"

◇[>]冥想元素 3 "在'我的'森林里搜索'我的'树木"

18. 这是什么？—为什么这样?—森林年评估

◇幻灯片报告

◇戏剧表演

◇网页制作

◇年度报告或森林日记

◇展览

# 森林项目 12　森林生活 2

**内容**　一组参与者组织一个项目并且独立执行该项目。

| 目的 | 时限 |
|---|---|
| ◇参与者自己组织执行一项 | ◇取决于项目种类 |
| 任务 | 材料 |
| 活动类型 | ◇取决于项目种类 |
| ◇知识型、创造型 | 准备工作 |
| 参与者人数 | ◇与老师集中协商项目主题以及参与者在 |
| ◇5～15人 | 时间和组织方面的安排 |
| 参与者年龄 | 室外条件 |
| ◇13岁以上 | ◇— |

**可持续发展教育目标**

◆ 对待事物的方法与能力

◇我能够很好地理解应用知识。

这里：您的参与者领会项目所运用的专业基础。

◆ 社会能力

◇我可以与他人一起计划和行动。

这里：您的参与者了解明白其小组内的项目措施。

◆ 个人能力

◇我清楚我自己身心的极限和潜力。

这里：根据小组中每个参与者的能力来规划并实施项目。

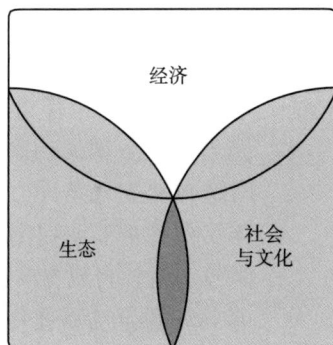

**准备**

与老师深入交流，创造该项目的启动前提条件。首先，要讨论有关项目的想法对学生来说是否可行，请您与大家一起制定出一个条件框架，在这个条件框架下，该项目可以运行，提前共同确定一个时间运行方案，并初步圈定参与教师的范围。也需要共同讨论和考虑，可能还会赢得哪些合作伙伴和参与者，但并不立即加入他们，应该由学生小组做出这个决定。

**活动流程**

◆ 开始的时候，在老师的帮助下，学生组有所发现。然后，通过您及老师举行以介绍项目的想法为目的的启动仪式。如果可能的话，寻找项目实施地点，并直观地明确解释项目任务。

◆ 在第一规划阶段学生组应该澄清现有问题，并以已经提出的项目设想为基础，发展自己的项目，而在这个阶段结束时，学生组应该说明其规划的项目，并提出重点所在。

◆ 在第二规划阶段，要开发确定项目实施的措施和中间目标。同样，您可以回答问题，并针对项目的计划，协调当地的条件和可能性，这一阶段的结果应该是一项行动计划。

◆ 现在到了执行计划的时候，在此项目实施过程中，只有在必要的情况下，您可以给予该学生组支持和帮助。

◆ 一般在项目结束时，较大的项目可能在取得中期目标的时候，您及老师应该向公众、学校、社区或向较高阶层提交项目进展报告。为此，您就要进行组织，让参与者创建收集照片以及邀请新闻界和公众主要代表来宣传项目成就。

◆ 您还可以通过建立一个档案和举办一个节日性的庆典（点心、庆祝、就职庆典）的方式宣传项目成果。

### 后续工作

请您应用您已与学生组和老师共同合作项目的工作经验优势，去完成其他项目。项目结束后，在经验交流框架内，在一个与参与项目者进行项目汇报交流会上收集关于积极经验和消极教训，您可以把这些交流信息写在卡片上形成可视化的语言，以便于大家阅读并在短时间内把它们总结在最后的报告中。

### 附加信息

适合学生群体的项目，总是依赖于当地条件的。下面我们概述的项目，已成为具体项目的一部分，可以作为一些想法的例子：

◆ 造林一个乡镇的初次造林或再造林都可以包括在一个项目中。在规划阶段的树种选择，对造林地立地条件、气候变化及乡镇的愿望都要统一考虑，例如，林缘的形象设计和具体实施等都要明白清楚。该项目只能够包括规划和计划，并以一个种植计划结束或者由学生小组独自或与乡镇集体林业工人合作来完成。

◆ 森林和野生动物在一个国家的私人或公共森林，在一个项目框架内学生小组能够探讨研究森林中野生动物的问题。学生们可以研究，哪些野生动物出现在森林里，这些森林目前的状况如何。为此，他们可以进行在统计学上有意义的野生动物对森林危害的调查。

◆ 森林抚育一个林分的抚育是：将采取什么样的措施？这些措施如何实施？学生小组自己独立计划，但要邀请当地专家补充，由学生小组单独或与林业工作者合作开展的各项措施的落实。

◆ 湿地在公共森林，需要创建一块湿地生态区，学生小组要与当地专家制定出对湿地保护的设计方案，如实施什么必要的措施。你计划决定什么样的行动措施必须转交公司去实施，哪些措施可以由学生组及其整合在一起的合作伙伴来实现。

◆ 自然保护区划

在一个项目框架内，要收集哪些数据，以及如何收集，数据以什么形式出现等问题，必须在项目规划中得到明确解决。调查区划可在一个规定区域内，测绘稀缺罕见的粗大古树个体，或者在树木保护条例允许范围内，调查测绘某一种树木。

◆ 森林游憩功能

为了改善和扩大森林游憩功能可以实现多个不同项目的想法：

对于一个参观者非常多的林区，参与者可以致力于设计一个关于认识自然和环境的森林漫步的建议和信息指南，作为项目的一部分纳入项目框架之内，并在休闲区设计一个简单的图形形式。

◇为了提高旅游停车场的外观和功能，学生们可以创建一个改造项目的概念，并作为一个林业经营活动的基础。

◇对一个或多个在森林中休息的地方的设计和开发，也可以在一个项目的框架内作为项目建议的一部分同时进行。

◇在森林学校，发展形成一个艺术展览的概念，然后去实现它，这也是可以想象的。

## 参考文献

郝乐特麦尔 F. –K. 陆地动物. 斯图加特: 欧根乌尔姆, 2002.

努舍莱茵. 狩猎. 慕尼黑: BLV出版社, 2006.

黑吉尔 M. 野生动物生物学纪实. 罗伊特林根: B&P生物及教育出版社, 2000.

### Literaturhinweise

Bayer. Staatsministerium für Ernährung, Landwirtschaft und Forsten (Hrsg.), FÜAK; Wald und Wild –Lehr–und Beratungshilfe. München 1995.

Bayer. Staatsministerium für Ernährung, Landwirtschaft und Forsten; Forstliches Gutachten zur Situation der Waldverjüngung. München 2003.

Hespeler, B.; Rehwild heute BLV Verlagsgesellschaft, München 2003.

Hespeler, B.; Nachhaltig jagen. BLV Verlagsgesellschaft, München 2003.

Holtmeier F.–K. ; Tiere in der Landschaft. Verlag Eugen Ulmer, Stuttgart 2002.

Nüsslein, F.; Jagdkunde. BLV Verlagsgesellschaft, München 2006.

Riemer, M.; Wildbiologische Wahrheiten. B&P–Verlag für Biologie und Pädagogik, Reutlingen 2000.

# 第七章 评 估

当一个人自以为很重要的时候，他就已经变得不再重要了。

奥古斯都（Augustinus）

A 简明信息
B 活动

# A 简明信息

## 为何要做评估

森林教育活动后大家都很满意，森林教育工作者们现在唯一担心的是如何满足人们对森林教育活动日益增长的需求。但也有例外，一项不能激发参与者热情的活动，只能给人留下这样的印象：既不能产生热情，也不能唤起人们对发现的乐趣和对知识的渴望。人们一直想找出其中的原因，但到目前为止尚未解决。人们仍然在努力寻找着可操作的方法对森林教育活动进行评估。

另一个有趣的问题是，这些活动对参与者有哪些影响？参与者中表示对森林和林业满意的人是否认为这些活动重新唤起了人们对森林和林业的热情？是否是一项成功的、生动活泼的活动？对这些问题到现在也没有肯定的分析。目前的森林教育的目的，除了介绍森林中的乐趣外，主要是介绍有关森林和林业的知识、能力和技巧。因此，森林教育工作者就提出这样的问题：什么是这一活动中必须记住的？我能以令人信服的形式介绍正确的内容吗？或者我必须对某些内容进行改善？

带着这些以及其他一些问题，一个由林业工作者和林业科学家组成的工作组从1999年9月至2000年2月进行了专题研究。他们开发出了评估工具。采用这一评估工具，能因地制宜地对森林教育工作的效果进行分析和总结，从而使这一工作更符合实际的需要。

能够在如此短的时间内获得这样重大的成果，主要得益于工作组成员在森林教育研究中长年的积累以及来自于实践的经验。这些都为有效的合作打下了良好的基础。

评估工具是对已实施教育工作进行自我检查的一种好方法，可以促进工作更上一层楼。在选择后面介绍的工具时，需要考虑下列因素：应适应当地森林教育实际需要，具备娱乐性，结果对作为森林教育者的您来说是可评估和实施的。由于这一工作在准备、实施和评估时会产生不同的费用，因而，可根据教育的目的和参与者的特点进行选择。评估工具仅用于个人自我检查。

## 活动概览

> 如果用于自检，可使用自我反思的方法。这些方法可产生不同的可能性，所需时间也不同。
> ■ 自我反思 1 "我是这样做的吗？"
>
> 这一活动不需要多少时间，却可对执行的活动进行一个大致性的了解。如果需要同时对很多活动进行评估，可以选择这一方法。
> ■ 自我反思 2 "自我评价"
> ■ 自我反思 3 "流程检查"
>
> 这两个活动通过增加问卷内容，深化了从自我反思1中获得的知识。计划和现实（先前—随后）被互相对比。

注：米歇尔·苏打博士（慕尼黑技术大学教授）和罗伯特·福格（韦恩斯坦坊高等专科学校）领导的小组成员包括：弗莱堡林业政策研究所的贝特·科勒尔；赛事拉赫林科所的罗兰德·金策尔；哥廷根林业政策、林业历史和 自然保护研究所的埃瓦德·霍夫曼和亚力克山大·比特纳尔；弗莱堡林科院的郝伯特·鲁道夫；塔兰特林业经济和林业设备研究所的格拉德·斯芬陶西博士以及项目组其他成员科尔林·卢卡斯和迪克·思梅策尔。

■ 自我反思 4 "活动检查"

使用这一方法，可以使您看清原先设定的目标和通过活动所达到的实际效果之间的关系，将会促使您进一步思考，知识介绍的哪个阶段还需改进。

---

让您的参与者思考，在这一活动中他们经历了什么？结果会得出完全不同的结论和观点。

■ 第1组 "无声游戏"

■ 第5组 "麦克风"

通过这两种活动，您能知道活动给参与者留下了什么印象。

■ 第8组 "图片森林"

这一活动将告诉您，您所介绍的信息有哪些参与者们还能记得。

■ 第2组 "球果评价"

以这种方式，您能很快知道您的森林教育引导是否到位。

■ 第3组 "概念游戏"

■ 第6组 "林中鉴宝"

■ 第7组 "理解应用"

如果想知道是否已经成功地把单个概念介绍清楚，可以采用这一方法。本方法既快又清晰。

■ 第4组 "垃圾桶"

测试能激发参与者独立活动的能力。

■ 第9组 "四边形"

从这里可以获知在何种程度上满足了参与者的要求，是否向他们介绍了适用性，是否唤起了其他期望。

---

教育培训机构的小组负责人能就您的森林教育引导向您提供富有价值的反馈信息。

■ 负责人 1 "园丁点心"

从这里可知道是否有必要再进行一次森林教育引导活动。

■ 负责人 2 "教学方法"

通过这一评估可知哪类教育工作适合您。

■ 负责人 3 "学生的关注度"

以这种方式您可获知学生们关注的东西。

■ 负责人 4 "教师的行动"

通过这种方式，您能与教师接触交流。

---

有时候也需要作为中间人的第三者的介入。"独立观察员"也能向您介绍活动的印象。

■ 观察员 1 "猞猁 I"

采用这种方法可对整个活动进行评估。

■ 观察员 2 "猞猁 II"

此处观察员关心的是单项活动。

■ 观察员 3 "猞猁 III"

如果您能使用一台摄像机，您可以从这里获知应该观察的东西。

此外，本指南内的一些其他活动也适合于快速评估。例如，[>]激发兴趣2 "摄影师和照相机"，[>]结束7 "话语接力棒"。

通过森林教育实践，我们希望收到所有本指南中所展示的活动的反馈，以便对活动做进一步的完善。您的建议、批评和经验对我们很宝贵，也是我们一直期待的。

使用我们的评估活动，开始进行评估吧！

## B　活　动

# 自我反思 1　我是这样做的吗?

**内容**　您作为森林教育引导者要从主观角度评估整个活动。

| | |
|---|---|
| 目的<br>　◇作为森林教育引导者的您对<br>活动做一个总体的评价<br>目标组<br>　◇所有 | 时限<br>　◇5分钟<br>材料<br>　◇[>]附件<br>　◇笔<br>准备工作<br>　◇复印附件 |

**准备**

　　活动开始前,请您把"组织"部分的活动时间、地点等项以及您的全部个人"每日目标"都填写在[>]附件"我是这样做的吗"内。这样,随后您就能马上开展自我反思。

**评价**

　　活动后直接记录下您的评价。您不仅应该对活动的单一情景进行评价,而且也应该对参与者的情绪进行评价。如果也能记住参与者对活动的特别语言表达和参与者的本能的行为变化,则更有价值。

**审定**

◆　自我反思对整个活动得出一个大致的评价。

◆　多项活动只选其中一个题目作为重点的自我反思,总结显示的是一种趋势,即您的参与者在这种情况下是否对计划的活动满意,由此可得出对未来设计的构思。

**活动深入的可能性**

◆　附件含有您在[>]观察员1"猞猁Ⅰ"附件中重新找到的内容。由您的老师/同事进行附加的观察,会得出一个有趣的不同的评估。将自我反思和观察员的结果进行比较,能产生森林教育引导者和观察员之间一个有趣的对话。在讨论中,您能将您的评价(来自自我反思)和来自观察员的观点进行对比。如果自我反思和外来观察之间有差异,一起研究原因以克服这种差异是大有帮助的。但必须以对话的方式进行,视批评为建议,必须记住这一对话的目的,即伙伴们一直在试图改善森林教育工作的可操作性。

## 附件

# 我是这样做的吗?

### 组织

| 日期 | | 时间 | | 地点 | |
|---|---|---|---|---|---|
| 小组 | | | | 重复拜访 | |
| 已有知识 | | | | | |
| 活动特点 | | | | | |

### 每日目标

小组应该达到的目标

| 高兴和愉快 | 是 □—□—□—□—□ 否 |
|---|---|
| 练习感知,获得与主题有关的知识 | 是 □—□—□—□—□ 否 |
| 激发自主行动 | 是 □—□—□—□—□ 否 |
| 对问题有判断能力 | 是 □—□—□—□—□ 否 |

与小组的关系

| 我融入小组与之交谈 | 是 □—□—□—□—□ 否 |
|---|---|
| 我与小组一起工作(不是直接上课,而是积极参与) | 是 □—□—□—□—□ 否 |
| 我客观地说明自己对主题的看法 | 是 □—□—□—□—□ 否 |
| 我避免或解释专业概念 | 是 □—□—□—□—□ 否 |
| 我同意小组的要求 | 是 □—□—□—□—□ 否 |
| 我给小组足够的时间处理新印象 | 是 □—□—□—□—□ 否 |

# 自我反思 2 自我评价

内容 作为森林教育引导者的您以自我批评的态度对活动是否成功进行分析。

目的
　◇通过自我反思对活动的成功
与否进行评估
目标组
　◇所有

时限
　◇15分钟
材料
　◇[>]附件
　◇笔
准备工作
　◇复印附件

准备

活动开始前,把组织部分的项目和您的个人"每日目标"记入附件内。这样,随后您就能同时参与自我反思。

### 评价

活动后直接记下您的评价，回答附件中"我本人的问题"。

### 审定

您能借助附件对活动成功或失败的情况进行探究，尤其是找到这一评价的原因。涉及多项活动的只选其中一个题目作为自我反思总结的重点，即在这种情况下，这一小组是否对计划的活动方案组成部分满意，为何对单一目标范围会得出不同的结论。从中您将获得单一目标范围未来项目设计的意见。

---

**提　示**

■　通过这些问题，您能就活动成功与否作出系统性的评价。目的是找出评估的原因，从中得出随后进行活动方案设计的意见。

■　您不仅应该对活动的单一情景进行评价，而且也应该对参与者的情绪进行评价。记住参与者的特别语言表达和本能的行为方式，如活动方案是否适合他们，对他们的适合度等，是很有帮助的。

---

### 活动深入的可能性

附件涉及的与活动[>]观察员 1 "猞猁Ⅰ"，[>]观察员 2 "猞猁Ⅱ"和观察员 3 "猞猁Ⅲ"结合在一起使用，也能与问卷结合在一起使用。这样结合后，自我反思的陈述将更有效和可信。如果活动结束后，能给小组陪同人员打个电话，收集一些信息，则更有帮助。因为附件"被要求的"这一结构也能被陪同人员用作评价的标准，因此，它也能用作电话交谈的手册。此外，我们建议您关注教师问卷部分负责人1~4的其他反馈内容。

## 附件1

# 自省自问
· · · · · · · · · ·

## 组织

| 日期 | | 时间 | | 地点 | |
|---|---|---|---|---|---|
| 小组 | | | 重复拜访 | | |
| 已有知识 | | | | | |
| 活动特点 | | | | | |

## 每日目标和小组评价

| 高兴和愉快 | 借助于语言表达或小组行为进行首评 |
|---|---|
| 练习感知，获得与主题有关的知识 | |
| 激发自主行动 | |
| 对问题有判断能力 | |

## 附件2

| |
|---|
| 1. 我出自内心地认为：活动是成功的还是失败的？　　是 □——□——□——□——□ 否 |
| 2. 为什么我认为活动是成功的或是失败的？ |
| 3. 小组的情绪好吗？<br>□ 好的，因为　　　　　　　　　　　　　　　□ 不好的，因为 |
| 4. 小组提出了很多有趣的问题吗？<br><br>□ 是的，小组主要提出了：　　　　　　　　□ 没有，小组当时是：<br>　　□ 概念类的理解问题　　　　　　　　　　　□ 对主题未做准备<br>　　□ 关于我个人的关系问题　　　　　　　　　□ 几乎没有参与的能动性<br>　　□ 专业概念类的讨论问题　　　　　　　　　□ 无聊，因为几乎所有都已经知道了 |
| 5. 小组能理解主题吗？<br><br>□ 能，因为小组：　　　　　　　　　　　　□ 不能，因为小组：<br>　　□ 愉快地共同推进活动　　　　　　　　　　□ 情绪不好<br>　　□ 总是跟进思维　　　　　　　　　　　　　□ 不熟悉主题<br>　　□ 主动超前思维　　　　　　　　　　　　　□ 消极或拒绝 |
| 6. 我能激励小组积极地共同参与和实施其他活动吗？<br><br>□ 能，因为小组：　　　　　　　　　　　　□ 不能，因为小组：<br>　　□ 在所有活动中都很积极　　　　　　　　　□ 大部分拒绝<br>　　□ 在某一特定的活动中特别积极　　　　　　□ 在某一特定的活动中拒绝<br>　　□ 需要重复　　　　　　　　　　　　　　　□ 不需要重复<br>　　□ 询问其他森林活动　　　　　　　　　　　□ 对其他活动没有兴趣 |

## 结论

| |
|---|
| 就我而言，活动是成功的或失败的，因为 |
| 对未来森林教育引导改进建议 |

# 自我反思 3　流程检

**内容**　作为森林教育引导者的您以自我批评的态度分析活动的流程。

| 目的 | 时限 |
|---|---|
| ◇通过自我反思，对活动流程的改善进行评估和了解 | ◇30分钟 |
| | 材料 |
| 目标组 | ◇[>]附件 |
| ◇所有 | ◇笔 |
| | 准备工作 |
| | ◇复印附件 |

**准备**

　　活动开始前，将"组织"记入附件"流程检查"表内。在表格的第一区域内记入个人的"每日目标"，在第二区域内记入计划的流程。这样，随后您就能同时参与自我反思，而不必再提供小组、每日目标或项目的计划流程等的组织资料。

**评价**

◆　活动结束后，直接将您的评价和理由记入附件"流程检查"表内。

◆　实际进行的活动请在"流程检查"表的第三区域内注明，对活动的评价请在第四区域内注明。第五区域是为原因和备注拟定的，也用于注明已计划但未实施的活动。评价的标准是将实际的流程与每日目标进行比较。对流程进行评价和说明理由的目的是为了对随后在进行活动方案设计和计划时定出最佳每日目标。这些内容在第六区域内注明。

**审定**

◆　根据附件"流程检查"，对活动的流程进行评估，首先找出评估的理由。

◆　在以自我反思表"流程检查"为基础的多项总结活动中，您能看出计划的活动方案组成部分的流程可实施到什么程度，或在确定的计划内，是否经常出现时间问题；在实施单项活动时是否有困难。借助于自我反思3的附件，您能从一个容易出错的活动流程中找出原因，从而为最佳的活动方案设计得出结论。

**活动深入的可能性**

◆　"流程检查"不仅能与[>]自我反思1"我是这样做的吗？"结合，而且也能与[>]自我反思2"自我评价"结合。

◆　我们建议与一个同事、教师或实习生（试比较"观察员和负责人"评价方法）的观察结合在一起使用，以便将自己的经验和评价与其他人的观察进行客观、有效和可信的比较。

# 附件

## 流程检查

. . . . . . . . . . .

**组织**

**文件序号**

| 日期 | | 时间 | | 地点 | |
|---|---|---|---|---|---|
| 小组 | | | 重复访问 | | |
| 已有知识 | | | 特点 | | |

**流程和评价**

| 第一区域<br>我的每日目标<br>（按时间顺序） | 第二区域<br>计划的活动<br>（按时间顺序） | 第三区域<br>实际实施的活动 | 第四区域<br>进行成功与不成功<br>评价 | 第五区域<br>原因和备注 | 第六区域<br>结论 |
|---|---|---|---|---|---|
| | | | − − − ± + + + | | |
| | | | − − − ± + + + | | |
| | | | − − − ± + + + | | |
| | | | − − − ± + + + | | |
| | | | − − − ± + + + | | |
| | | | − − − ± + + + | | |

## 自我反思 4　活动检查

. . . . . . . . . . . . . . . . . . . . . . . . . .

**内容** 作为森林教育引导者，您应该根据总体目标以自我批评的态度综合评价所做的活动项目、当日目标以及森林教育工作目标的完成情况。

目的
　◇作为森林教育引导者的您，要将森林教育的总体目标总结归纳成活动主题目标，然后合理分解，贯穿到每日目标和活动的小目标当中
目标组
　◇所有

时限
　◇30分钟
材料
　◇[>]附件
　◇笔
准备工作
　◇复印附件

**准备**

　活动开始前，将"组织情况"填写入附件"活动检查"表内。在表格第一区域内注明每日目标，在第二区域内注明计划的目标，在第三区域内注明计划的活动。这样，随后您就能同时参与自我反思,而不必再记录小组组织活动的数据资料、小组当日目标以及活动的计划流程。

**评价**

- 活动后在第四区域直接注明实际实施的活动。
- 在第五区域内评价每项活动已达到的目标区域（参见第二区域）。您不仅应该考虑活动的单一情景，而且也应该考虑参与者的情绪。记住参与者的特别语言表达和本能的行为方式，如他们是否喜欢各项活动，喜欢度如何，是否与每日目标有关系等，是很有帮助的。
- 第六区域用于注明评估的原因和备注，也用于说明未实施的计划中的活动。评估的标准是将各项活动的效果与努力的每日目标进行比较。最后的总结对您将来制定森林教育引导计划大有帮助。

**审定**

- 根据附件"活动检查"，您应该评估活动为整体方案已经做出了什么程度的贡献，通过分目标达到每日目标。
- 在反思表"活动检查"的多项活动的自我反思的总结中，显示的是一种趋势，即在这种情况下，如何围绕目标实施活动。

## 附件

### 活动检查

#### 组织

文件序号

| 日期 | | 时间 | | 地点 | |
|---|---|---|---|---|---|
| 小组 | | | 重复访问 | | |
| 已有知识 | | | 特点 | | |

流程和评价

| 第一区域 我的每日目标（按时间顺序） | 第二区域 计划的活动（按时间顺序）<br>□高兴/经历<br>□兴趣<br>□知识<br>□行为 | 第三区域 为此所计划的活动（按时间顺序写） | 第四区域 实际实施的活动 | 第五区域 进行成功与不成功评价<br>□高兴/经历 H（happy）<br>□兴趣 I（interest）<br>□知识 K（knowledge）<br>□行为 D（deal） | 第六区域原因和备注 | 第七区域结论 |
|---|---|---|---|---|---|---|
| | | | | H — — — ± +++<br>I — — — ± +++<br>K — — — ± +++<br>D — — — ± +++ | | |
| | | | | H — — — ± +++<br>I — — — ± +++<br>K — — — ± +++<br>D — — — ± +++ | | |
| | | | | H — — — ± +++<br>I — — — ± +++<br>K — — — ± +++<br>D — — — ± +++ | | |

# 第1组 无声游戏

**内容** 参与者以游戏和哑剧形式展示印象最深刻的经历。

| | |
|---|---|
| **目的** ◇通过和参与者的哑剧表演，您获得深刻的可持续印象及其信息处理 | **时限** ◇30分钟 |
| **目标组** ◇儿童、小于12岁的学生和家庭 | **材料** ◇— |
| | **准备工作** ◇— |

**活动流程**

◆ 活动结束后，邀请一位志愿者以哑剧的形式，花3分钟时间表演他印象最深刻的内容。

◆ 其他参与者随后说明，他们看到了什么。

◆ 也可能不仅是一种活动，诸如找到某些东西，一份工作和偶遇，如一只鸟或一棵树这类东西，而且也可能是要展示恐惧和吃惊的声音。

◆ 酌情而定，其他参与者以哑剧形式展示活动中的最美经历。

**审定**

◆ 参与者要对活动高潮和对活动的评价发表自己的观点。

◆ 参与者独自共同参与设计，通过表演活动和传递信息，对信息接收情况进行评价。

◆ 您获得活动流程中需修正的详细建议。

**活动变化方案**

◆ 第一台哑剧的主题被重复或补充。

◆ 每台哑剧描写一个新的主题。

◆ 作为引导者的您认出哑剧的内容并给予命名。

◆ 两位参与者商定一台共同的哑剧（时间要更长）。

**提 示**

■ 哑剧应短小精悍，简单易懂。

■ 哑剧的表演时间应该不受限制。

■ 参与者自愿表演。

■ 不强调表演前给定的内容。

■ 其他参与者必须安静，集中注意力。

**活动深入的可能性**

◆ 如果在森林中停留多日，也可在晚上以哑剧的形式表演"白天的活动"。

# 第2组　球果评价

**内容** 通过放置云杉球果的方法，让参与者对活动做出评估。

| 目的 | 时限 |
| --- | --- |
| ◇您获得有关参与者对活动内容或活动流程的评价信息 | ◇10分钟 |
| **目标组** | **材料** |
| ◇10岁以上 | ◇有可能的话，尽可能多的松果等类似物 |
|  | **准备工作** |
|  | ◇准备一块存放地 |

**活动流程**

◆ 活动开始前，用小木棍一个挨着一个摆设三个正方形。

◆ 活动快结束时，要求参与者在森林中寻找松果。

◆ 结束后，要求参与者对活动进行"好""中"或"差"的评价，分别将松果投入第1、第2或第3个正方形中。

**审定**

将您自己的评价与小组结果进行对比。

**活动变化方案**

◆ 使用其他投票材料，如石头、橡树种子等。

◆ 用桶（声音很响）或袋子（结果看不见）代替正方形。

◆ 改变问题的想法：信息太多？时间太短？

◆ 让参与者拿出松果，而不是放入松果。

◆ 正方形框架可设计成森林型：

◇绿色框架（苔藓/针叶树枝）表示对活动很满意，我还想再来。

◇棕色框架（泥土/树皮）表示我对活动有兴趣，但仅此而已。

◇空的框架（紧固的地面/石头）表示活动不适合我，我想参加其他活动。

**提 示**

■ 参与者应诚实，不得弄虚作假。

■ 只有小组提出要求，大家才能一起观察结果。

■ 如果碰到批评意见，请注意倾听，并显示您准备接受批评意见。作为森林教育引导者，您不应该辩解。

# 第 3 组　概念游戏

**内容** 参与者要从正在进行的活动中得到一个自己自由选出的概念。

| 目的 | 时限 |
|---|---|
| ◇您获得参与者感知、想象和观点的信息 | ◇15分钟 |
| 目标组 | 材料 |
| ◇10岁以上 | ◇根据小组规模，各带约5张左右预先设定了概念的便条 |
| | ◇圆珠笔 |
| | 准备工作 |
| | ◇准备好便条 |

**活动流程**

◆ 活动开始前，您作为森林教育引导者要结合参与者想知道的情况考虑好一些概念（取决于计划的活动内容，如森林——生命空间，森林与人类，森林土壤，木材原材料等）并把这些都登记在卡片上。

◆ 活动结束时，将这些卡片同时分发给参与者，并要求他们从5个预先设定的概念中选出自己认为合适的填上去。必须独自完成，不得与邻座交流。

◆ 自愿者随后朗读自己的选择，小组按照要求展开讨论。

◆ 将写上了说明的卡片收集起来，引导者想从中知道参与者对这些概念了解的情况，以便于活动的进一步进行。

**审定**

通过参与者，您对教学活动的感知作出判定。

**活动变化方案**

◆ 活动开始前就分发卡片，让参与者填写（事先得知）。

◆ 展示五件实物，分别让参与者写下一个概念。

---

**提 示**

■ 每个参与者的概念是"正确的"。

■ 注意，参与者只填写自己的一个概念。

■ 询问相关口头的概念/区域性的概念的表达方法。

■ 允许口头补充/说明。

■ 注意，每个小组只接收一份答卷。

■ 要求参与者描述概念，而不是关联性地说明。让参与者用一句话表达概念，可能的概念是：甲虫、狩猎、木材采伐、腐殖质和水。

---

**活动深入的可能性**

活动开始前和结束时都分发卡片，让参与者填写。从"先前—后续对比分析"可判断教学是否成功。

# 第 4 组　垃圾桶

**内容**　在活动期间，参与者无意中将会有一次自己收集垃圾的机会。

目的
　　◇您得到关于参与者是否愿意做出榜样，收集处理外来垃圾的信息
目标组
　　◇所有

时限
　　◇10分钟
材料
　　◇一些垃圾（饮料罐/瓶子/烟盒）
准备工作
　　◇将垃圾放置在路上不为人注意的地方

**活动流程**

◆ 在欢迎小组的到来或活动开始前（集合点），您捡起一块遗留在路上的垃圾，将其清理掉，您要尽可能地让大家看见。

◆ 让活动如期的进行。

◆ 一段时间后，与小组一起来到一个有垃圾的地方，请大家稍事休息。
　◇等待大家的反应：参与者自然会去收集垃圾，您对此表示感谢，并赞扬这种行为，并做一个与之有关的简短讲话。
　◇如果没有反应，您就没必要再讲话了，但可以主动捡起一块原先准备好的垃圾，将其放在垃圾桶里。
　◇大家的反应：参与者自然会去收集剩余的垃圾，您对此表示感谢，赞扬这种行为，并做一个与之有关的简短讲话。
　◇如果没有反应，继续这一活动直到结束。

◆ 活动结束时，根据具体情况发表对垃圾类型的意见。

**审定**

◆ 增强了参与者的自我负责意识。

◆ 他们符合森林教育引导者的特性。

◆ 他们强调了这一活动的目的性。

**活动深入的可能性**

◆ 在森林里做一个有关垃圾的讲话：什么是垃圾？为何是垃圾？

◆ 组织一次垃圾寻找活动，谁在森林里找到了垃圾？

---

**提 示**

■　不要使参与者有会受到批评的压力。如果所收集的垃圾很少，就与参与者商量，不要给太多的说明，只是以沉默代替批评。

■　注意小组中"收集者"和"旁观者"的反应。

■　不要进行实质性的讨论，只讨论一般性的问题。

■　如果附近没有垃圾桶，应准备一些垃圾袋。

---

# 第 5 组　麦克风

**内容**　参与者用静音道具——"话筒"进行互相采访的活动。

| | |
|---|---|
| **目的** | **时限** |
| ◇用静音道具——"话筒"采访使得活动去掉了游戏性，增加了严肃性，并且使得公开评估更加容易 | ◇20分钟 |
| | **材料** |
| **目标组** | ◇松果、木头、石头 |
| ◇年轻人（12岁以上），家庭为单位 | ◇有可能的话，准备录音机和摄像机 |
| | **准备工作** |
| | ◇— |

**活动流程**

◆　在一个时间较长的休息或活动近尾声时，让一位参与者（先前较活跃的）将一个如道具话筒一样的东西，如松果，拿在手上。

◆　您要求这位参与者对其他参与者就本次活动的印象进行采访，做一次"广播报道"。

◆　如果有可能，请鼓励其他参与者做"记者"的采访对象。

◆　根据参与者的要求，更换记者。

**审定**

◆　小组可采用这一行动进行自我评价。

◆　您要确定，活动的内容是否紧贴主题，如何进行评价，如果需要，是否要补充。

◆　如果有其他要求，需要提出标准吗？

◆　如果是实际问题，在活动中需要公开理论尚不清楚的地方吗？

**活动变化方案**

◆　用一段树皮/枝条代表一台摄像机，这样，就能让第二位参与者也参与采访。

◆　参与者用道具——"话筒"发表简短的讲话。

◆　给拿道具——"话筒"的人规定时间和关键词内容。

◆　为帮助"记者"，以一个森林教育引导者的身份，给"记者"一张预先起草好的提问便条。

## 提 示

- 注意小组必须待在一起。
- 应该给胆小、腼腆的参与者表达观点的机会。
- 不要让第一个拿道具——"话筒"的人讲太多的话，应该给其他人留出讲话的时间。
- 可约定给小组邮寄录音带，但需先说明成本。

### 活动深入的可能性

- 可用录音机或摄像机录下采访，随后在一起收听。但须注意所需时间。
- 如果停留多日，可利用晚上录制"每日活动"的报道。
- 有可能的话，可结合当地实际开展这一活动。

# 第6组　林中鉴宝

**内容**　参与者把在当地找到的与活动主题有关的实物"宝贝"放置在一起，命名并说明理由。

| 目的 | 时限 |
|---|---|
| ◇您获得有关参与者详细的及相关联的知识以及行动准备情况的信息 | ◇45分钟 |
| | 材料 |
| 目标组 | ◇描述5件遗失物品的便条 |
| ◇6岁以上 | ◇摆放遗失物品的垫板 |
| | 准备工作 |
| | ◇将搜索条写好 |

### 活动流程

- 活动快结束时，参与者获得一张写着遗失物品的字条，字条上要求他们按照上面写的内容，找到诸如稀有物、一颗松果等这些物品，并把它拿过来。
- 确定一个搜索区域和约10分钟的时间，并告诉参与者。
- 在规定的时间到达后，将参与者从各自的搜索区域集合到一起，遗失物品被放置在先前准备好的垫板上。
- 每个参与者说明他的发现，以及能说出的相关信息：生物学名称、科属、功能、特点。随后，由其他参与者加以补充。
- 每位随后的参与者说明到目前为止尚未谈到的遗失物品。
- 最后，统计5种所描述的遗失物品中共找到了几种。

### 审定

- 判断参与者的能动性：多少人愿意一起参加？多少人认真在找？
- 判断哪些概念事实上被理解了？参与者能找到并说明。
- 判断参与者的环保觉悟：是将遗失物品遗忘在原地、插到土里还是带走？

## 活动变化方案

◆ 让参与者两人一组，以组的形式（家庭）寻找；

◆ 要求每次在对遗失物品做描述时做一个简短的介绍；

◆ 让参与者将所有找到的物品串成一段故事；

◆ 要求参与者将找到的物品拼成一幅图（拼贴画）；

◆ 以单个遗失物品之间的关系和关联性作为标题；

◆ 指出遗失物品字条上的物品的各项功能：如用于品种保护、用于营养生物。

## 提 示

■ 搜索面积应该完全可见、可在内部行走、可藏东西；

■ 物品描述要尽可能地笼统，以便于收集不同的物品，给参与者自己留下进一步描述的空间。

■ 活动开始前，应把要搜索的概念用一件相应的物品加以显示和说明（记忆效应）；

■ 参与者自己留意时间。我们建议选一位参与者做观察。

## 活动深入的可能性

◆ 如果是多日停留，参与者可将收集到的物品带在身边，利用晚上时间将其拼成图。

# 第 7 组　理解应用

**内容** 参与者用自己的一句话总结活动内容中预设或未预设的概念。

| 目的 | 时限 |
|---|---|
| ◇您通过对预设或未预设概念的活动主题内容重复，查明记忆效果 | ◇30分钟 |
| | 材料 |
| | ◇索引卡片 |
| 目标组 | ◇笔 |
| ◇10岁以上人群 | 准备工作 |
| | ◇准备索引卡片 |
| | ◇准备用于记录的表格 |

## 活动流程

◆ 活动结束后，把已准备好的概念卡片（内容朝上）和带笔的空白卡片不规则地放置在林地上。

◆ 告诉参与者每人拿一张概念卡片或空白卡片。

◆ 每位参与者依次挑选一张卡片。

◆ 如果参与者拿的是概念卡片，参与者必须说出这个概念使他不由自主地想起了什么。

◆ 如果参与者拿的是空白卡片，则参与者必须说出一个与活动主题有关的、自己理解的概念，并加以解释。

◆ 随后将卡片放回原处。

**审定**

◆ 这一活动将说明参与者对什么最感兴趣，对活动中什么东西记得最牢。

◆ 注意参与者在选择概念时的倾向性：这样选择与先前处理的主题有关还是无关？

◆ 注意细节、准确度以及概念和说明的可重复性。

◆ 小组如何反应：消极地等待还是积极地参与？产生与概念相关的问题/对话/讨论了吗？

◆ 对主题有偏爱吗？是概念卡片还是空白卡片更受欢迎？

**活动变化方案**

◆ 分发卡片时将内容朝下，将谈过话的卡片收集起来。

◆ 也可分发地上的物品代替卡片。

---

**提 示**

■ 将参与者提出的新概念收集进概念库里；

■ 自己的联想应该在各个概念中展示；

■ 直接记下参与者的讲话。

---

**活动深入的可能性**

参与者记下他们收集的不清楚的或特别感兴趣的概念，并将继续进入之前的活动流程。

# 第 8 组　图片森林

**内容**　参与者以图片形式、按活动的时间顺序展示活动给他们留下的最深的印象，并将其返寄给您。

---

**目的**
◇您获得有关活动的可持续印象的信息，并确认已转入参与者的日常工作中的情况

**目标组**
◇所有

**时限**
◇5分钟

**材料**
◇每位参与者获得一张背面空白、注明寄回地址的明信片

**准备工作**
◇准备好注明寄回地址的明信片
◇在卡上注明活动符号

---

**活动流程**

◆ 活动结束时，给每位参与者一张准备好的明信片，并要求他们画一张巡游图，或写出森林教育活动给他们留下的最深刻的印象。

◆ 参与者到家后，在没有任何人支持的情况下开始画/写明信片。作品的质量无关紧要，关键是观点要有趣。

◆ 要求参与者将明信片在14天内寄回来。

**审定**

◆ 根据返回的图片/明信片数量，可看出参与者的兴趣；

◆ 从题目中选择的兴趣点应清晰可见；

◆ 通过详细的细节描述能够反映出信息成功传递的情况。

**活动变化方案**

◆ 也可用信封（A4纸）和空白页代替明信片；

◆ 有可能的话加上您的电子邮箱地址；

◆ 可由小组收集图片，并将其寄往一个共同的地点；

◆ 参与者也可以写一首诗或一段简短的历史。

**提 示**

■ 给明信片加上活动符号（号码或代码），并写上日期；

■ 说明本活动是自愿的。

**活动深入的可能性**

◆ 时间上可推迟，如"过一周后再画！"但需要规定时限。

◆ 汇编或展出明信片，随时准备给小组重复展示。

◆ 要求参与者在家里做围绕主题的"平行图画"。所谓"平行图画"指的是，如果参与者的居住点、教学点或工作点与森林教育活动的地点有一些可比性，比如，有一条河、一棵榛子树、一个层积材储木场或一只小松鼠，就可以把这些画出来。这样，就把所经历的融合到日常生活中去了。这种融合度可通过"平行图画"加以判断。

# 第 9 组　四边形

**内容**　参与者在活动的不同阶段共回答4个问题，并在其中发表各自的相应主题的期待、印象、可利用性和对目前活动的期望。

| 目的 | 时限 |
|---|---|
| ◇通过对活动不同阶段的 4 个问答，您获得符合不同标准的森林教育作用的说明 | ◇20分钟 |
| | 材料 |
| 目标组 | ◇参与者每人1张写有4个问题的卡片（[>]附件1） |
| ◇主要针对业余爱好者组、成年人组和专业组以及大学预科阶段学生（17岁以上） | ◇一块主题框架板（[>]附件2） |
| | ◇笔 |
| | 准备工作 |
| | ◇准备卡片 |
| | ◇复印附件 |

### 活动流程

◆ 活动开始前，给每位参与者一支木头铅笔，一张带4个问题的A5卡纸，上面有说明，这些说明在活动过程中还要强调。

◆ 对活动进行简单介绍后，要求参与者在卡纸的A区域，用提示性的话写下对活动的期待。

◆ 在一个特别吃惊的阶段，要求参与者在卡纸B区域记下自己的突发感受。

◆ 活动快结束时，要求参与者在卡纸C区域记下他们对本次活动的看法，以及回去后如何加以利用想法。

◆ 随后，要求参与者在卡纸D区域记下对未来活动的要求。

◆ 将填好的卡纸收集到独特的容器内（如帽子、空的树干段），用铅笔写上名字。

### 审定

◆ 您获得有关参与者的准备和期待的信息。

◆ 参与者用各自的语言表达他们对活动流程的意见，记入A区域。

◆ 思考：让参与者参与森林教育引导活动的主题、内容和形式的组织？将其记入区域B。

◆ 倡议：参与者将哪些印象转入他们的日常生活中？特别结果：记入区域C内。

◆ 开发：参与者将对后续活动的最新要求（活动后/从活动中）记入区域D内。

◆ 深化：从小组开始准备活动到随后参与者对后续活动的要求，可按类型和强度分类，并与森林这一主题互相结合起来。根据主办者框架板上A、B、C、D不同区域注解的上下文关系，量化并质化参与者对森林这一主题的兴趣。

### 对审定的说明

审定需要有一个至少5天的时间间隔。审定主要涉及与参与者有关的对接待、知识、态度和评价等的印象。您应该给出森林教育活动期间与这些有关的小组活跃过程的信息，以及对信息传递措施的说明。

不再寻找那些在回答中很容易解答的知识点。

### 对成人组

◆ 首先应该提到有效区域（区域B）。

◆ 因素1：主题的有效化和上下文关系！区域A内要填入哪些人参与、参与程度、哪些概念（有兴趣/闲聊、接待/陪同、信息和活动）被提到。

◆ 因素2：关联度和感觉！在区域B内要填入哪些人参与，哪些概念与哪些关系（最新的森林图、最新主题、一般感觉、小组特有、与区域A的关系）被提及。

◆ 不足控制：如果是区域D内的内容，重复或补充，延伸进区域A内；如果此处的陈述有更大的差异或更普遍，会产生明显的反对意见吗？

### 对家庭组

◆ 因素1：乐趣/兴趣！在区域A内填入参与者（父母亲/孩子）和参与程度，提及哪些期待（聊天/活动）和特别要求；

◆ 因素2：赞成/娱乐！在区域B内填入与哪些有关（最近发生的事/参见其他情况/可能性/观点）；将对其他活动过程的期待表格化；区域B内有未填写的吗？

◆ 不足控制：如果是区域D内的内容，重复或补充，延伸进区域A内；如果此处的陈述有更大的差异或更普遍，会产生明显的反对意见吗？

## 对专业组

◆ 因素1：预先知识/期待！在区域A中描述期待实施哪些概念和实施范围（与专业有关的、与主题有关的、与人员有关的、与小组有关的）；提到特别建议形式了吗？

◆ 因素2：转化/利用！在区域C内填入哪个层面（基础/组织管理/教学方法/内容）与自己专业有关？

◆ 不足控制：如果是区域D内的内容，重复或补充，延伸进区域A内；如果此处的陈述有更大的差异或更普遍，会产生明显的反对意见吗？

## 区域2～5和14～18的填写

◆ 区域2：日期，如果是多日，1～2各填一张表格和备注，或按照天数填；

◆ 区域3：没有真正休息的活动时间（如9：00～12：00和13：00～16：00和18：00～20：00）；

◆ 区域4：根据地点区分，如在家里/在森林里/在一个地方/地点更换（如第Ⅱ研讨室或高速环形路）；

◆ 区域5：参与者人数和归类（如19位成年人和6位孩子）；

◆ 区域14：归还数（卡片/铅笔）（比如：完整的=是/不是，或者不完整（例如：有9支铅笔归还6支铅笔）；

◆ 区域15：小组准备，小组与目标组有关的，五级方法：－－至++；

◆ 区域16：通用的小组和方法名称（如专业组关于森林活动的讲座（FGrVWSp）或新型森林危害——家庭森林徒步旅行（FamF NWS）；

◆ 区域17：气候=冷/暖，潮湿/干燥，风很大；特殊情况=未计划的/不可计划的；

◆ 区域18：本能评价，小组与目标组有关的，五级方法：－－至++。

**附件1**

| | |
|---|---|
| 我对活动的期望是<br><br>A | 目前我想<br><br>B |
| 我带回家<br><br>C | 我希望下次<br><br>D |

**附件2**

| 区域1 现行顺序号 | 区域2 活动日期 | 区域3<br>活动开始及延续时间 | 区域4<br>活动的地点或路段 | 区域5<br>小组及参与者人数 |
|---|---|---|---|---|
| 区域6 评估区域A | | 卡片 | | 区域9 评估区域B |
| 区域10 评估区域C | | | | 区域13 评估区域D |
| 区域14<br>所有卡片都填好交齐了？铅笔归还了？ | 区域15<br>小组准备得如何？<br>（－－至 ++） | 区域16<br>活动的类型和参与者的类型 | 区域17<br>室外条件，比如天气和特别事件 | 区域18<br>对活动流程的自我印象<br>（－－至 ++） |

# 负责人1 园丁点心①

**内容** 活动结束2周后，陪同（教师）领导将接到您的询问电话。

目的
　　◇您获悉森林教育活动的可持续性效果，并了解到活动后续工作的准备和完成情况
　目标组
　　◇从幼儿园组到高中学生

时限
　　◇15分钟
材料
　　◇[>]附件
　　◇电话
准备工作
　　◇复印附件
　　◇通读附件

## 活动流程

◆ 在电话采访中，作为有着丰富森林教育引导经验的您，自然知道这些活动对儿童和青少年有哪些影响，知道在幼儿园/学校的活动后，是否有必要就活动主题或特征进行复习。

◆ 联系的时间，应该是森林教育引导活动结束后一两周，最好别间隔太长时间。通过这一方式要求教师组织一次时间充裕的复习活动，以避免大量的细节被遗忘。如果教师们已经安排了复习活动，您可以根据自己的需要要求他们寄送图片、文章等。此外，您还可以要求教师们提出倡议和改善建议。

◆ 将调查卷"园丁点心"准备好，打电话给陪同教师，告诉他需要做一次电话采访。陪同教师同意后，要求尽可能独立完成后面的问题。

## 审定

◆ 通过观察封闭式问题（选择题），您获得一个大致的但却是真实的印象，即活动是否是由教师独立复习的，是否符合学生的兴趣。

◆ 通过接收到更多教师对更多森林教育引导活动的回答，您能对活动复习的准备和需求做出一个中长期趋势性的总结。教师的回答可简单地采用计数符号的方式。由于回答在内容上的多样性，探讨性的问题能提供一个更深层次的信息。

## 活动变化方案

作为对电话提问的替代，也可以通过信件进行提问，但我们需要为此说明的是，信件提问的回复一直是令人失望的。由于这个原因，您可以在2周后打电话提醒。通过这样的方式，回复率常常会得以提高。

---

① 译注：园丁点心指通过问卷调查，引导教师会获得来自学生、陪同教师或领导参加活动的体会和意见。这些意见十分珍贵，就像一份美味的点心，是引导教师改进活动的依据。

> **提 示**
>
> ■ 最晚在活动结束前应该通知教师要进行电话采访；
>
> ■ 至于教师方面的改善建议，应该公开说明。在这种情况下，作为森林教育引导者的您能利用教育专家的技能；
>
> ■ 电话采访开始前，以一种替他人考虑的态度，尽量利用已开始的话题，减少接触阻碍。如果陪同教师说明不愿意接受采访，就请放弃。如果陪同教师显示合作精神，则必须注意尽量以平缓的速度提问。如果有可能，重复朗读多次。

**活动深入的可能性**

如果以图片或文章的形式进行后续工作，那么可要求教师将其寄过来。从图片和文章中，您能得出对您的活动影响的其他回顾结论。

# 附件

## 组织

| 日期 | | 活动日期 | |
|---|---|---|---|
| 年级（参与者的年龄） | | | |
| 特别之处（如女子班） | | | |

## 题库

| |
|---|
| 1.活动结束后那一周，孩子们已将有关森林教育引导活动的四个问题发给您了吗？<br><br>□ 是　　　　　　　　　　　　　　　　□ 否 |
| 2. 如果是，是哪些问题？ |
| 3. 按照孩子们的观点，他们还愿意再参加一次这样的活动吗？<br><br>□ 是　　　　　　　　　　　　　　　　□ 否 |
| 4. 如果是，您认为是哪些原因促使孩子们这样做？ |
| 5. 孩子们有没有要求您在课堂上深化森林教育引导活动的主题和内容？<br><br>□ 是　　　　　　　　　　　　　　　　□ 否 |
| 6. 如果是，森林教育引导活动主题的哪些方面需要深化？ |
| 7. 您以哪种形式复习主题？ |
| 8. 您准备寄东西给我吗？（画的图片、写的文章等）<br><br>□ 是　　　　　　　　　　　　　　　　□ 否 |
| 9. 您有改善、改进活动或类似的建议吗？（请写在背面） |

# 负责人 2　教学方法

**内容** 陪同教师借助于调查表格对森林教育引导活动的教学方法进行评定。

目的
　　◇由教师对森林教育引导活动
的教学方法进行评定
　目标组
　　◇从幼儿园到高中学生

时限
　　◇10分钟
材料
　　◇[>]附件
　　◇文件夹和笔
准备工作
　　◇复印附件

**活动流程**

◆ 森林教育引导活动结束后，教师直接填写一份总结活动教学法的调查表格。作为森林教育引导者的您利用在场的学校教育工作者，获得专家们在教育问题上的权威反馈。

◆ 与封闭式问题同样重要的是开放式问题。教师们应该按照先前所给的观点，有针对性地填写。

◆ 这样，作为森林教育引导者的您就获得一个尽管是基本的但却是真实的有关活动（封闭式问题）的教学方法优点的概览，但在可能的情况下，也有对改善森林教育引导活动（开放式问题）方面的实质性的说明。

**审定**

◆ 通过观察封闭式问题，您获得一个由教师为最新的森林教育引导活动评估的教学方法的基本印象。

◆ 借助于一份多位老师在多个森林教育引导活动后在单份调查表格中评估值的统计，您能总结出一个中长期趋势。可简单地通过计数符号统计。

**提 示**

■ 通过所描述的方式，您将能有效利用教师的技能或"专业知识"。您应该把握这样的机会，因为在实践中一般是不可能免费获得专家做这类评价的。来自学校教育工作者的专业评估是有意义和划算的。

■ 不要把教师的建议当成是批评，而是要把它当成反映自己教育成果的建议。

■ 如果教师由于组织原因不可能在活动结束后同时填写调查表格，可在一周内通过邮局寄送。超过活动后一周的信件问卷意义不大，因为问卷的前提是教师对问题回答要有新鲜记忆。

■ 如果有可能，填好调查表格后（尽可能在回到出发点或类似的路上），您应该试图与教师对话，这样才能使建议更深化和详细。

# 附件

## 教学方法
· · · · · · · · · · · ·

| | |
|---|---|
| 1. 学生们对报告风格感兴趣。<br>备注： | 是 □ □ □ □ 否 |
| 2. 报告人赞成学生们感兴趣的东西。<br>备注： | 是 □ □ □ □ 否 |
| 3. 学生们体验了很多有关动植物及其生活空间的新鲜和有趣的东西。<br>备注： | 是 □ □ □ □ 否 |
| 4. 实际工作（积水研究、土壤调查等）与学生们的年龄和能力相符。<br>备注： | 是 □ □ □ □ 否 |
| 5. 学生们对实际工作感兴趣。<br>备注： | 是 □ □ □ □ 否 |
| 6. 活动带给学生们很多乐趣。<br>备注： | 是 □ □ □ □ 否 |
| 7. 活动与年龄相符。<br>备注： | 是 □ □ □ □ 否 |
| 8. 森林教育引导者恰当地回答了学生们的问题。<br>备注： | 是 □ □ □ □ 否 |
| 9. 直观展示、执行和示例符合参与者的年龄段。<br>备注： | 是 □ □ □ □ 否 |
| 10. 森林教育引导者是公正的，既不偏向男孩，也不偏向女孩。<br>备注： | 是 □ □ □ □ 否 |
| 11. 森林教育引导者出场时，很镇静地面对学生们。<br>备注： | 是 □ □ □ □ 否 |
| 12. 森林教育引导者创造了一个很好的工作气氛。<br>备注： | 是 □ □ □ □ 否 |
| 13. 森林教育引导者信任学生。<br>备注： | 是 □ □ □ □ 否 |
| 14. 其他说明：对活动改善、改进等的建议。 | |

## 负责人 3　学生的关注度

**内容**　借助一份观察表，陪同教师对森林教育引导活动期间孩子们实际参与情况进行评价。

| | |
|---|---|
| **目的**<br>◇教师们对活动期间学生们实际参与不同活动的情况进行评价<br>**目标组**<br>◇从幼儿园到高中学生 | **时限**<br>◇15分钟（活动期间）<br>**材料**<br>◇[>]附件<br>◇文件夹和笔<br>◇简单地向老师介绍活动 |

**活动流程**

◆ 作为森林教育引导者的您应该充分利用教师对学生的了解。教师们能根据他们与学生的接触经验，主观地估计参与度或各自的兴趣。

◆ 森林教育引导活动期间，教师们填写一份观察表，这份观察表应该总结了学生参与单项活动的情况。

◆ 对各单项活动（游戏或实际工作，如土壤调查），要将关注度以及小组的参与准备记录在观察表上。此外，应该提醒教师记下发生偏差的原因，统计孩子们的反应（赞叹、有趣、无聊等）。最后，教师们要以计数表的形式对单项活动厌烦或拒绝的孩子进行统计。这样可以获得学生们参与单项活动的概况。

◆ 这种方式有如下优点：减轻教师对活动的影响，因为教师们在森林教育引导活动期间正忙着填写观察表。

**审定**

◆ 通过观察封闭式问题可获得一个大致的但有针对性的印象，即教师们如何评估最新森林教育引导活动期间孩子们的关注度或参与准备情况。

◆ 借助于多位教师参加多项森林教育引导活动在单份（概览）问卷表格内的评分的统计，能总结出单项活动中长期的趋势。统计可简单地使用计数表的形式。

◆ 开放式问题由于存在着内容上多样回答的可能性，能提供更深入的信息。但通过标记最经常的反应，也能获得一个总的印象。

**活动变化方案**

◆ 当有多名教师、也有"教育门外汉"（如家长）在场时，同样可以填写观察表。这种方式可以改善森林教育引导活动评分的主观性。但如果有2位以上的观察员在场，则应先向他们交代清楚，他们必须以独立的身份打分，因为这不是一项"团队"工作。

◆ 如果有可能，您应该在填写完观察表后（尽可能在返回出发地的路上），直接与教师谈话，这样就可以对观察结果进行详细的探讨。

> **提 示**
>
> ■ 活动的名称和类型一定要记下，以便能对各活动的特性进行归纳。
>
> ■ 孩子们参与及其关注度要记录在观察表上。这一观察表被理解为是连续统一体，它的顶点分别是："倾听"——"偏离"或"共同参与"——"偏离"。
>
> ■ 如果大部分孩子关注度发生偏离，就要记下原因。将参加活动的孩子们分成"积极"和"消极"两类。
>
> ■ 至于孩子们的反应，必须关注所有点。如果大部分人都这样反应，则总是记下最常见的反应。
>
> ■ 如果每一个孩子都明显地表现出不能集中精力或不耐烦，那么观察员应该打勾做标记，也就是说，所有的孩子都属于这种情况。
>
> ■ 此外，同一届的平行班级的数量以及组的规模（参与者人数）和是否为特别班（如纯女孩或纯男孩班）也必须记下来。

## 附件

## 学生对活动的关注度

· · · · · · · · · · · · · · · · · · · · · · · ·

尊敬的陪同者：

　　我们想要改善目前正在进行的活动，如果能得到您的帮助我们将深感荣幸。随信附寄一份调查问卷请您填写。我们期待着您坦诚的评价。您的评价对我们做好森林教育活动的评估是大有益处的。

　　首先请注意下述说明，这些说明对填写问卷非常重要。

■ 活动的名称和类型一定要记下，以便于我们将各活动的特性进行归类。

■ 孩子们的关注度和参与度请记在量块上。这一量块被理解为是连续的，两个极点分别是"倾听"和"偏离"或"共同参与"和"偏离"。

■ 如果大部分孩子关注度发生偏离，就要记下原因。将参加活动的孩子们分成"积极"和"消极"两类。

■ 至于孩子们的反应，必须关注所有点。如果大部分人都这样反应，则总是记下最常见的反应。如果每一个孩子都明显地表现出不能集中精力或不耐烦，那么观察员应该打勾做标记，也就是说，所有的孩子都属于这种情况。

与参与者同一届的平行班级 ☐

所引导小组的规模（学生的数量） ☐

特殊班级（例如，纯女孩或男孩班） ☐

# 附件

| | |
|---|---|
| 活动编号 | |
| 姓名 | |
| 关注度 | 倾听　□－□－□－□　分散注意力 |
| 偏离的原因 | |
| 参与度 | 共同参与　□－□－□－□　分散注意力 |
| | 积极参与　□－□－□－□　消极参与，例如，只观察其他孩子 |
| 不愿共同参与的原因 | |

孩子的反应（回答所有点，最常见的反应加以标注）

□惊讶
表达形式：

□愉快
表达形式：

□有趣
表达形式：

□无聊
表达形式：

□其他
表达形式：

注意力不集中或对活动厌烦的孩子的计数单：

# 负责人 4 教师的行动

**内容** 作为森林教育引导者的您在森林教育引导活动结束后直接填写一份包括对整个活动过程的评价，陪同者参与森林教育引导活动的程度或对森林教育引导活动的影响力的问卷表。

<br>

| 目的 | 时限 |
|---|---|
| ◇对教师的积极性进行评价，尤其是陪同教师的参与度或影响力 | ◇15分钟 |
| | 材料 |
| **目标组** | ◇[>]附件 |
| ◇所有陪同人员，没有年龄限制 | ◇文件夹和笔 |
| | 准备工作 |
| | ◇复印附件 |

**活动流程**

◆ 关于多项活动的这份评估文献资料可使您预见到陪同教师的巨大影响力，并通过自己相应的行为减轻这种影响力。

◆ 活动结束后直接填写一份问卷表，这份问卷表应该总结教师参与活动的某一行动或对这一活动的影响。

◆ 将教师参与某一活动（游戏或实际工作，如土壤调查）的参与度及其对单一活动的影响力记在问卷表上。此外，提及为何有这样的参与度和影响力的可能的原因，总结教师的反应（惊讶、有趣、无聊等）。

**审定**

◆ 通过观察封闭式问题，您获得一个大致的概况，即教师参与森林教育单项活动或对活动的影响情况。

◆ 借助于单一问卷表（概况）内多项森林教育引导活动评价值的统计，您能总结出单项活动中的长期趋势。统计可简单地使用计数表的形式。这样，森林教育引导者就获得一个多样化活动的信息基础，并能在这一基础上选择活动，这类活动中，教师的影响力按照从无到强排列。

◆ 开放式问题由于存在着内容上多样回答的可能性，能提供更深入的信息。但通过标记最经常的反应，也能获得一个总的印象。

**活动变化方案**

◆ 如果有多位教师在森林教育活动中同时陪伴一个小组，您就对所有陪同人员的总印象进行统计。要求单个陪同人员在活动结束时对各自所参与的活动无差错地填写出各种各样的问卷几乎是不可能的，在这种情况下，所评估的总印象（对所有陪同人员）获得的信息是可信赖的。

◆ 如果您觉得统计各单项活动耗时太长，您也可以借助于问卷表通过教师对活动的参与度或对活动的影响度进行总的评价。与各活动的评价相比，这样的方式必须忍受一个信息损失，由此也就需要对所获得的结果作适用于实践的转换。

## 提 示

■ 活动的名称或类型必须记住，以便能对各活动的特性进行归类。

■ 教师的关注度和参与度请记在量块上。这一量块被理解为是连续的，两个焦点分别是"倾听"和"偏离"或"共同参与"和"偏离"。

■ 如果教师的关注度发生偏离，就要记下原因。将参加活动的教师分成"积极"和"消极"两类。

■ 至于教师的反应，必须关注所有点。如果观察到多数人都这样，则总是记下最常见的反应。

■ 如果您认为某位教师相对多的时间介入了一项活动内，您就应该根据您的评价，提及可能的原因。

■ 此外，也应该统计教师的授课专业。还要注明是否已经不是第一次参加森林教育引导活动了。

## 附件

| 教师的参与度和影响力 | | |
|---|---|---|
| 教师的授课专业 | | |
| 陪同人员的重复拜访 | 是 □ | 否 □ |
| 活动名称 | | |
| 关注度 | 倾听 □—□—□—□ 注意力分散 | |
| 不集中的原因 | | |
| 参与度 | 配合 □—□—□—□ 注意力分散 | |
| | 积极参与 □—□—□—□ 消极参与，例如，只是观察孩子 | |
| 不愿共同参与的原因 | | |

### 孩子的反应（回答所有点，最常见的反应加以标注）

| |
|---|
| □惊讶<br>表达形式： |
| □愉快<br>表达形式： |
| □有趣<br>表达形式： |
| □无聊<br>表达形式： |
| □其他<br>表达形式： |
| 注意力不集中或对活动厌烦的孩子的计数单： |

# 观察员 1 猞猁① |

**内容** 一位参与者以第三者的身份观察活动。

---

**目的**
　　◇客观公正地评价活动，以及参与者的兴趣/经历

**目标组**
　　◇所有

**时限**
　　◇活动时间＋大约20分钟准备时间＋大约10分钟讨论时间

**材料**
　　◇文件夹和笔
　　◇[>]附件

**准备工作**
　　◇指导观察员（大约20分钟）
　　◇复印附件

---

**活动流程**

◆ 活动开始前指导观察员如何操作，尤其是向他通报活动的计划流程。这样就能使他更容易熟悉各项活动，集中精力观察具体情况。如果观察员第一次接触观察表，您应该向他介绍观察表，并解释需要注意的地方。

◆ 活动期间，观察员应该持续地将评价标准与过程进行比较，并简单记下来。

◆ 活动后，观察员就将他对小组、教师和森林教育引导者的印象记录在观察表上。

**审定**

◆ 您能直接从表格里提取单项活动的结果。

◆ 如果您想要对多项活动的效果或发展趋势进行分析，可采用电脑评价，或制作一张一览表。

---

**提示**

■ 如果您选择一个您信赖的人作为观察员，您就不会有被评价的感觉。您可以选择一位同事，也可以是一位亲戚或朋友来承担这一任务。

■ 如果观察员以有说服力的方式向参与者介绍自己，就可以避免被参与者误解。如"我想要把我的同事、熟人等介绍给你们。他在未来的几天里也参与森林教育引导活 动，需要先观看一下这个活动，他将做一些记录，但应该不会打扰我们。"

---

① 译注：猞猁为猫科动物，其特点是敏锐、机警、反应快。用猞猁比喻观察员，提示观察员要有较强的洞察力。

## 附件

# 猞猁 | 观察表

· · · · · · · · · · · · · · · · · · · · · · · · ·

所有森林教育引导活动结束后，请将您的观察结果直接记录在这里。观察表记录下参与者的反应，陪同教师和森林教育引导者的陈述。在把这些内容归入5级分类时请注意，要将主要注意力放在大部分参与者的反应上（捣乱者、行为异常者和班里的优等生不在观察范围之内）。

### 参与者的反应

|  |  | 弱　　中　　强 |
|---|---|---|
| 关注度 | 与森林教育引导者的说明和解释有关的 | □－□－□－□－□ |
| 参与度 | 参与活动 | □－□－□－□－□ |
| 高兴度 | 如参与者笑、嬉闹、喜形于色 | □－□－□－□－□ |
| 兴趣度 | 如参与者聚精会神地听、询问 | □－□－□－□－□ |
| 无聊／没兴趣 | 如参与者避开、不参加、干扰其他参与者 | □－□－□－□－□ |

### 陪同老师

|  |  | 弱　　中　　强 |
|---|---|---|
| 参加 | 参加活动 | □－□－□－□－□ |
| 介入过程 | 试图控制过程 | □－□－□－□－□ |

### 森林教育引导者

|  |  | 弱　　中　　强 |
|---|---|---|
| 融入小组 | 试图找出并考虑小组的期待和需求，介入活动气氛 | □－□－□－□－□ |
| 客观地解释 | 试图尽可能直观地解释所有事物 | □－□－□－□－□ |
| 避免或解释专业概念 | 尽可能以简单和符合参与者的语言进行解释 | □－□－□－□－□ |
| 给小组时间，领会印象 | 不涉及介绍的量，而是应该给予足够的时间，让新的印象对参与者产生影响 | □－□－□－□－□ |
| 准确地指导 | 每个阶段都应该准确地解释，以便每位参与者都能跟上。 | □－□－□－□－□ |

## 组织

| 观察员姓名 |  | 日期 |  |
|---|---|---|---|
| 地点 |  |  |  |
| 参与者 |  | 重复拜访 |  |
| 已有知识 |  |  |  |
| 特点（如气候） |  |  |  |

# 观察员 2 猞猁 II

**内容** 一位独立第三方观察单项实施的行动。

目的
　　◇客观公正地对活动的各单项行动，以及参与者的兴趣/经历进行评价
　　目标组
　　　　◇所有

时限
　　◇活动+大约30分钟准备时间+大约10分钟讨论时间
材料
　　◇文件夹和一支笔
　　◇[>]附件
准备工作
　　◇对观察员进行指导（大约30分钟）
　　◇复印附件

**活动流程**

◆ 活动开始前对观察员进行指导。

◆ 这样，观察员也会注意到在观察表中提及的要点，这些要点必须对他进行培训。也就是说，他必须非常熟悉观察表。此外，建议先向观察员通告活动的计划流程，这样就能使他更容易熟悉各项活动，集中精力观察具体情况。

◆ 活动期间，观察员应该按观察表中提及的标准，对各单项活动进行评定。观察员直接将他对各单项活动的印象记录下来（A1，A2）。

**审定**

◆ 您能直接从表格里提取单项活动的结果。表格的最后一栏将概述整个活动的结果。

◆ 如果想要分析多项活动的影响或发展趋势，可采用电脑评价，或制作一张一览表。

---
**提 示**

■　如果您选择一个您信赖的人作为观察员，您就不会有被评价的感觉。您可以选择一位同事，也可以是一位亲戚或朋友来承担这一任务。

■　如果观察员以有说服力的方式向参与者介绍自己，就可以避免被参与者误解。如
"我想要把我的同事、熟人等介绍给你们，他在未来的几天里也参与森林教育引导活动，需要先观看一下这个活动。他将做一些记录，但应该不会打扰我们。"

## 附件

# 猞猁 II　观察表
. . . . . . . . . . . . . . . . . . . . .

森林教育引导活动后请直接将您的观察结果记录在这里。借助于观察表，您应该会碰到参与者对各活动（A1，A2…）反应的陈述，陪同教师对各活动（A1，A2…）的陈述和森林教育引导者对各活动（A1，A2…）的陈述，将这些内容在一个5级标度中进行评价：

++ 非常强烈的印象

\+　强烈印象

0　中等印象

–　一般印象

–– 几乎没有印象

在分级时必须注意，要将主要注意力放在大部分参与者的反应上（捣乱者、行为异常者和班里的优等生不在观察范围之内）。

随后引入附加标准，借助于这一附加标准，您应该对活动期间森林教育引导者的行为概括性的做5级标度评价。

**参与者**

| 标准 | A1 | A2 | A3 | A4 | A5 | A6 | A7 | Σ |
|---|---|---|---|---|---|---|---|---|
| 关注度<br>与森林教育引导者的说明和解释有关 | | | | | | | | |
| 参与度<br>涉及参与活动<br>积极：参与者积极参加活动<br>消极：参与者不积极参加活动，但观察到有兴趣积极参与其他活动 | | | | | | | | |
| 高兴度<br>如参与者笑、嬉闹、喜形于色 | | | | | | | | |
| 惊讶度<br>如惊讶地大叫，参与者睁大眼睛 | | | | | | | | |
| 兴趣度<br>如参与者聚精会神地听，询问 | | | | | | | | |
| 无聊 / 没兴趣<br>如参与者避开、不参加、干扰其他参与者 | | | | | | | | |

**陪同老师**

| 标准 | A1 | A2 | A3 | A4 | A5 | A6 | A7 | Σ |
|---|---|---|---|---|---|---|---|---|
| 关注度<br>与森林教育引导者的说明和解释有关 | | | | | | | | |
| 参与度<br>教师介入教学过程（如通过不断的劝告，控制内容等） | | | | | | | | |

**森林教育引导者**

| 标准 | A1 | A2 | A3 | A4 | A5 | A6 | A7 | Σ |
|---|---|---|---|---|---|---|---|---|
| 活动导言<br>活动开始前的阶段。如主题性的引导、对流程的说明、活动规则、目标和意图，有可能的话，介绍一下小组，活动何时结束，人们在哪里再见面等。导言的具体细节以各目标组为要求。一个好的导言要求清楚、完整、简单、活泼，邀请共同参与。偏离方向或没兴趣主要是由于缺乏好的导言。 | | | | | | | | |
| 活动的主持<br>在活动的过程中。比如支持性的说明、校正，有时候仲裁人的角色，关键是必须经常在场，能专注问题，在受到干扰时引导性的介入。 | | | | | | | | |
| 活动的结束<br>活动结束以后的阶段。如结果的收集和评价，这个阶段是介绍知识的最佳时期，能回答问题。应该创造一种鼓励共同参与的气氛。 | | | | | | | | |

在对话时对参与者表示赞成　　　是　□－□－□－□　否

与参与者们一起工作　　　　　　是　□－□－□－□　否

直观地说明　　　　　　　　　　是　□－□－□－□　否

清晰地说明　　　　　　　　　　是　□－□－□－□　否

给予时间处理新印象　　　　　　是　□－□－□－□　否

避免或解释专业概念　　　　　　是　□－□－□－□　否

参与者们主动性很强　　　　　　是　□－□－□－□　否

鼓励参与者们　　　　　　　　　是　□－□－□－□　否

组织

| 观察员姓名 | | 日期 | |
|---|---|---|---|
| 地点 | | | |
| 参与者 | | 重复拜访 | |
| 已有知识 | | | |
| 特点（如气候） | | | |

# 观察员 3 猞猁 III

**内容** 观察员制作录像。

| 目的 | 时限 |
|---|---|
| ◇您作为森林教育引导者，总结参与者的兴趣/经历，并领会活动的意义 | ◇活动+评估 |
| **目标组** | **材料** |
| ◇所有 | ◇1台摄像机 |
| | **准备工作** |
| | ◇告知观察员如何操作技术设备 |

**活动流程**

◆ 活动开始前先告知观察员如何操作技术设备。尤其是应该先告知计划的流程。

◆ 观察员开始对活动进行摄像。

**评价**

◆ 作为森林教育引导者的您独自或与观察员一起观看录像，对活动能获得一个相对客观的印象。

◆ 评价有可能产生多种可能性：

◇您观看录像，对活动获得一个主观印象；

◇您观看录像，根据观察表猞猁Ⅰ、猞猁Ⅱ引用的标准对活动做出评价；

◇观察员和您根据观察表猞猁Ⅰ、猞猁Ⅱ引用的标准，互相独立地评价活动，随后讨论结果（自己和外来评估）。

◆ 与观察表猞猁Ⅰ、猞猁Ⅱ类似，此处多项活动的资料也能被收集，并以表格形式进行评价。

# 第八章 森林教育机构、文献和工具箱

树木是大地写给天空的诗句。

卡里·纪伯伦（Khalil Gibran）

A 简明信息
B 森林教育机构及活动
C 文献
D 森林教育工具箱
E 自己的建议

## A 简明信息

**您想知道更多的信息吗?**

在B森林教育机构及活动中,我们先对森林教育活动范围做一个简要概述,然后以国内的森林教育为例,说明森林教育机构的建立。

重要的是我们考虑推荐阅读的文献——不用要求它的完整性!详见C 文献部分按照下列大纲列出的文献列表:

- 环境教育:理论与实践
- 童话和故事
- 鉴定书籍和森林专业方面书籍
- 宣传册与宣传单页

同样,在[>]C 文献列表中,我们也会提供一些有用的链接。对教育材料的提示,请参阅[>]D 森林教育工具箱。

您的意见和想法对我们工作的改进非常重要。在[>]E 自己的建议中我们请求您的合作,提出您自己的建议。

## B 森林教育机构及活动

### 现场森林教育

森林教育和林业的教育工作已经确立。现在有许多教育活动，不但能在固定的教室内举行，而且在非固定的教室内也能举行。教育活动举办的地点取决于接受教育的不同目标群体、教育活动时间的长短、参加教育活动的频率（一次或者定期参加）以及培训的内容。

在互联网上输入多次提到的专业术语或专业提示就可以找到森林教育活动的内容。在巴伐利亚州森林管理部门网站上可以找到更多的帮助信息，本部分的[>]附加信息中可找到相应的网址。

巴伐利亚州的森林教育活动范围非常广泛，巴伐利亚州林业局和巴伐利亚国家森林公园管理局联合开发了森林教育活动。森林教育活动时间可以从1～2小时的野外参观、半天的活动到在青年森林俱乐部呆1周。在巴伐利州森林管理局的网站上www. forst.bayern.de/waldpaedagogik/可以找到最新的活动概要。

如果您想寻找一个离本地近的森林教育活动中心，可以借助由德国各州林业管理局提供的森林教育活动中心，在全联邦范围建立的互联网平台www.treffpunktwald.de中"森林聚会地点"中找到。

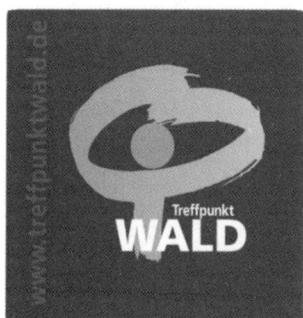

### 概念的解释

德国林业联邦协会——联邦工作组"森林环境教育"定义了森林教育活动的概念，详见如下的森林教育定义介绍。

■ 建筑物（大厦）支持的设施

这些设施的设计自然是最昂贵。这些包括如下：

◇森林体验中心（森林教育中心，森林教育学院，森林之家）

这里通常是指林业延伸的森林教育设施，这些设施是一个区域或联邦的森林教育中心，以综合性建筑设施为基础，由建筑物、工作设备、艺术作品组成，与合作伙伴一起，提供多方面森林体验活动。您也可以参与区域层次或联邦层次的森林教育活动的协调、整合和进一步发展森林教育。在德国巴伐利亚州有9个森林体验中心——最新的巴伐利亚州森林体验中心于2008年在雷根斯堡开业。

◇青少年森林家园

这些由林业专业人士管理的森林教育机构，都配备了住宿设施，恶劣天气工作室、手工艺室以及室外活动区域，如森林教育的花园和森林小径。主要的培训对象是7、8年级的学生，1~2周的时间，通常是以森林经营工作任务为导向的森林体验。在德国巴伐利亚州的劳恩斯泰因和威斯利豪斯两个青年森林家园可以了解完整的信息。

◇森林学校家园

他们都配有住宿设施、恶劣天气工作室、手工艺室以及风景如画的室外区域设施，如森林教育的花园和森林小径，由林业专业人员管理的森林教育机构，帮助教育的对象是4~6年级的学生，1~2周的逗留期间，通常是由森林学校或在森林项目活动日、森林集会以游戏方式，进行知识竞赛，以竞争为导向的森林体验活动。

◇森林学校

配备了设备齐全的恶劣天气工作室、手工艺室和室外园景设施，如森林教学花园，是由林业专业人员管理的森林教育机构，培训对象以2~4年级的学生为主，半天的活动时间，通过游戏方式获得森林体验的经历。

### 关于"森林寄宿学校"的说明[①]

它就像森林中的一所小寄宿学校，学校的几个班级（3至5人）可以在那里度过1~2周的时间，包括睡觉、吃饭、洗衣和通过劳作来学习。这样的森林学校很受学生们的欢迎。

当孩子们住在森林学校的时候，他们应该在护林员/技术人员和学校老师的指导下在森林里积极劳作。通过这种方式，孩子们学到了很多关于森林的知识（植物学、生物学、动物学、土壤、水、气候、树木生长、必要的森林保护和维护、森林用途、森林医学、森林疗法等）。他们对如何保护森林也有了很多实际的了解。

这里是巴登-符腾堡州森林寄宿学校网站上的文字：

什么是森林寄宿学校？

森林寄宿学校Kloster Schöntal成立于1990年，属于巴登-符腾堡州国家森林管理局，是一个依法负责管理巴登-符腾堡州国家森林的机构。这里提供所谓的森林学校家庭寄宿服务。这是为所有学校的7~11年级（14~17岁）学生提供的为期5~12天的住宿。他们能够非常深入地接触自然、森林和林业、景观、文化和社会生活。它们是跨学科教学的理想选择，并恰恰提高了那些在学校难以教授的技能。在上午对各种森林主题介绍之后，大家一起进入森林。在那里，活动和工作总是由学生们自己动手进行的。学生们上午在森林和大自然中的劳作成果（上午8:30~12:30）可抵消部分住宿费。每周有3~4个下午，学生们都会有一个丰富多彩的、与自然或文化相关的小组活动。作为一项必修课，我们也会将学生和老师的要求考虑进去。在工作小组和活动项目中，人类与自然的共存关系的不同方面都得到研究。除了任务简介和安全提示，没有更多的理论指导。活动的重点在于个人参与到具体的活动主题中去，获得深刻的体验。

目前，6~12天的基本费用为170欧元/人，5天的基本费用为100欧元/人，在2~4个床位的房间内提供食宿。此外，还有最多15欧元的材料费等。周末的户外游览活动不包括在内。每个房子都配有厨房。早上参与在森林、室内和大自然中的活动是强制性的。这项工作一开始对许多年轻人来说可能听起来很艰难。然而，在森林寄宿学校逗留结束后，许多年轻人将其描述为"一种很特殊的经历"。森林学校也为3~6年级的学生提供住宿。这些为期1~5天的逗留在结构上类似，但重点是针对低幼年级学生的特殊需要。

◆　瓦尔德舒尔海姆·瓦尔斯米勒寄宿学校

◆　瓦尔德舒尔海姆·康拉德斯维斯寄宿学校

[①] 译注：建议在森林茂密的贵州省建立"森林青年之家""森林寄宿学校"，让来访者体验几天。让学校的孩子和老师用几天时间来开展森林作业、示范森林经营活动。这种机构没有适当的英文术语，在德语中称为"Waldschulheim"。

# 附加信息

**德国各州林务局的网址**

| 州名 | 电子邮箱 | 网页 |
|---|---|---|
| Baden–Württemberg | poststelle@mlr.bwl.de | www.mlr.baden–wuerttemberg.de |
| Bayern | poststelle@stmelf.bayern.de | www.forst.bayern.de |
| Berlin | berliner–forsten@senstadt.de | www.stadtentwicklung.berlin.de/forsten |
| Brandenburg | poststelle@mluv.brandenburg.de | www.mluv.brandenburg.de |
| Bremen | office@bau.bremen.de | www.umwelt.bremen.de |
| Hamburg | poststelle@bwa.hamburg.de | www.forst–hamburg.de |
| Hessen | poststelle@hmulv.hessen.de | www.hmulv.hessen.de |
| Mecklenburg–Vorpommern | poststelle@lu.mv–regierung.de | www.lu.mv–regierung.de |
| Niedersachsen | Poststelle@ml.niedersachsen.de | www.ml.niedersachsen.de |
| Nordrhein–Westfalen | poststelle@munlv.nrw.de | www.umwelt.nrw.de |
| Rheinland–Pfalz | Poststelle@mufv.rlp.de | www.mufv.rlp.de |
| Saarland | poststelle@umwelt.saarland.de | www.umwelt.saarland.de |
| Sachsen | Poststelle@smul.sachsen.de | www.smul.sachsen.de |
| Sachsen–Anhalt | poststelle@mlu.lsa–net.de | www.mlu.sachsen–anhalt.de |
| Schleswig–Holstein | poststelle@mlur.Landsh.de | www.mlur.landsh.de |
| Thüringen | poststelle@tmlnu.thueringen.de | www.thueringen.de/de/tmlnu |

◇背包——森林学校

由林业专业人士管理的森林教育机构，配备自然教学工具——仓库和背包（通常是由不同级别的儿童背包和引导者的背包组成）。主要对象是2~4年级的学生，半天的活动时间，通过游戏方式获得森林体验的经历。

◇森林工作坊

配备工作室和手工艺室，由林业专业人员管理的森林教育机构，使用天然材料，通过工艺实践活动，让学生或家庭获得森林体验的经历。

◇森林博物馆

由林业专业人士管理的森林教育机构，对森林、林业、狩猎历史等主题进行永久性和临时性的演示和展示。

■ 地形支持的设施

除了建筑物支持的设施外，还有通过地形支持的设施开展的教育活动。这些设施是专门创建的，并对森林和路径进行管理。一方面，做好了与森林有关的教育活动的基础配套设施，另一方面可以这样设计，让有兴趣的游客在没有森林教育人员的陪同下也可以使用这些设施。具体的区别如下：

◇森林教育公园（森林植物园、设有标识的野生动物保护区）

这些设施需要边界、树木覆盖、园林景观设计和路标，由林业专业人员管理的区域，通常通过学习植

物与动物种类、栖息地生境、森林、林业管理和自然保护而获得森林知识与经验。

◇森林剧场

由林业专业人士管理的森林教育机构，进行为期半天的森林体验，对象是2至4年级的学生，在给定的学习主题情况下，通过与森林有关的角色扮演来获得森林体验。每个参与者根据原始材料文件自己制作面具，从植物群和动物群中选择角色扮演。

◇学校森林

配备有各种各样的自然教学工具和学习路径元素，由林业专业人员管理，通常与学校附近的森林区域签订合作合同，这样使学生通过游戏方式把森林作为"绿色课堂"，通过利用森林学校、森林项目活动日、森林集会以及青年林，在自己实际操作或研究中获取森林知识。

◇森林体验世界

这个是由林业专业人员管理的课程，配备了特殊的自然教学工具。这样使得游客自己在确认、辨别可爱的森林居民时花上一个或多个小时时间获得森林知识。

◇森林教育步道 (森林体验步道，森林学习步道)

这些由专业人员管理，提供植物和动物、景观、森林和林业的有关信息，通常配有各种不同的自然教学工具如森林小径，游客也可以在没有专业人士的引导时使用。

■ 车辆支持的活动

◇移动森林

他们也被称为的"滚动的森林学校""移动的森林教育小径""移动的森林竞猜"和"移动的森林探险学校"。它由林业专家监督，配备与装有自然教学工具的车辆（通常是专门设计的轻型客货车、挂车或拖车）。通过这些设施的帮助，因为残疾、疾病或虚弱等原因无法亲自到森林进行体验的人群能够在学校附近的森林进行森林体验、参加公共事物活动。

■ 非周期性活动

◇森林青少年运动会

这些由林业专业人员引导的森林教育活动，涉及一个或几个学校的中小学学生，通常是在一所学校附近的森林中，一起进行森林体验、森林知识和以竞争为导向的运动活动。参与的学生以小组的方式一起来完成小组的任务。

◇森林集会

"森林青少年运动会的小姐妹"由林业专业人员引导的森林教育活动。在这些活动中，由一个或两个班的学生组和成人组在一起进行的森林体验、森林知识和以竞争为导向的运动活动，参与者以小组的方式完成任务。

◇信息传播者——研讨班

这是由林业专业人员引导的半天到一天的活动，有时是一个星期。向信息传播者，如教师、教育工作者、政治家、牧师、法官、律师、银行家、经理、医生、记者、科学家，有针对性地提供知识、行动和休闲等不同导向的森林体验活动，这将对森林教育活动的推广起到事半功倍的效果。

◇森林管理工作

通常是半天时间，由林业专业管理人员引导，学生或成人在森林

中做些简单的森林管理工作。

◇森林项目日

半天到多天的活动，由林业专业管理人员引导的森林体验活动，向学生或成人提供以任务为导向的森林探索与森林调查。

◇家庭森林日

由林业专业人员引导，向在周末或度假期间的家庭，提供多个小时的森林体验活动。

◇森林之旅（森林人远足、森林产出）

通常由当地的林业工作者陪同，组织的时间为一个小时到多个小时不等的森林远足活动。

◇森林体验日

半天到多天的活动，通常由林业专业人士引导，向学生或家庭提供2个或3个森林教育活动。

◇森林假期（假日）

为学生和家庭提供节日期间半天到多天的森林教育活动。

■ 定期活动

◇林业学生协会（林业赞助团体，森林团体）

这些森林教育活动涉及对森林组感兴趣的小组，主要对4～7年级的学生定期举办，每次2～3小时林业专业活动（通常每周一次）。

◇林业幼儿园——看管

对托儿所或幼儿园的学龄前儿童，由林业专家定期举办的森林教育活动。

◇林业全日制学校——看管

对全日制学校兴趣小组的学生，由林业专家定期举办的森林教育活动（通常每周一次）。

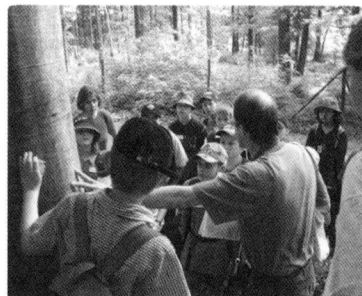

## 中国森林体验教育机构及组织

### 天水市秦州森林体验教育中心

国内首家以森林可持续发展教育为框架，以森林为主题的生态文化科普教育基地。天水市秦州森林教育中心建设项目于2009年提出，德国巴登-符登堡州农林部委派了森林之家负责人瑞赫列（Berthold Reichle）先生和弗莱堡大学的科勒（Beate Kohler）博士(女)通过现场考察、对中小学调查访问，与项目首席技术顾问胡伯特·福斯特（Hubert Forster）先生共同编制了森林探险通道、森林信息中心建设具体方案及工作日程安排的项目建议书，德国复兴信贷银行项目官员考察之后签署了建立天水森林教育中心的备忘录。2011年7月，中德财政合作甘肃天水生态造林项目执办公室出资665.68万元、天水市秦州区人民政府政府出资330万元，开始天水秦州森林体验教育中心建设，合肥安达公司聘请英国设计师完成了森林探险通道设计，并成立天水市秦州森林体验教育中心，为事业单位、编制16人。2011年5月至2013年8月德国巴伐利亚州食品、农业和林业部派遣主管森林教育的森林体验教育培训专家沃尔夫冈·格拉芙（Wolfgang Graf）先生和马里尤斯·班纳（Marius Benner）先生先后5次来天水进行森林体验引导教师培训，组织出国培训1次，培训森林体验引导培训师16名，经考核，学员水平达到独立引导森林体验教育活动、承担国内师资培训任务的能力。2011年11月，天水秦州森林体验教育中心被联合国教科文组织德国委员会授予"2013/2014年度联合国可持续发展教育奖"。同时，中德合作天水生态造林项目办公室出资30多万元，组织国内十多名翻译及林业专家历时3年对德文版第7版《森林教育指南》进行了编译，于2013年8月由中国林业出版社出版，2015年4月又完成了《森林教育指南》电子书的出版，该书荣获2013年中国林业出版社60周年优秀图书。

自2013年8月开馆运行以来，教育基地借鉴德国森林教育理念，结合生态文明建设，利用林业工作特色，以自然为"课堂"、森林资源为"教材"，通过亲身体验的方式，针对不同的来访群体，策划实施不同层面的森林体验教育活动、生态文化科普活动，推广森林体验教育，倡导可持续发展理念，传播各类生态、环保、森林、教育等科普知识，给青少年提供了课外实践的平台和亲身体验自然的机会，激发他们的学习兴趣和创造力，提高了他们的学习能力、团队协作精神，并辐射影响更多人树立保护环境、造林护林的意识，培养了一批森林体验教育工作者，取得了较好的社会效益。

天水市秦州森林体验教育中心由森林体验教育信息中心展厅、户外森林探险体验通道和体验教育实践活动3部分组成。森林体验教育信息中心建筑面积1185平方米，具有展厅展示、办公区域、会议室等独立功能。展厅以"森林，与生命共脉动"为主题，将认知森林、森林功能、人林和谐为展厅的设计主线，将展厅分为一层、二层和地下一层，共分布有32个展项。一层：认知森林。从森林演变历史，森林里的动植物着手，运用现代陈列形式，将森林艺术贯穿其中，普及"森林学"知识。由景观历史、森林生命里的轮回、三大地貌演变过程、森林景观演化史、美景天水、互动生态、种子墙、动物眼中看世界、花儿时钟、为动物找家、洞里住着谁、森林食物链、幸运转盘等展项组成。二层：森林功能。从森林效益、气候变化、全球森林三方面着手，弘扬森林生态文明，展示全球森林变化，激发公众关注森林、关爱生命的课题。由林产品你认识吗、森林生态、植树任务、许愿树、艺术长廊、徒步游天水、森林资源、森林类型、温室效应、让世界升高6度、冰川消融、极端天气、能源困境、希望之光、绿色一日等展项组成。地下一层：人林和谐。分为制作和陈列两个区域，为来参观的群体提供一个利用林产品进行手工制作的场所。

户外森林体验探险通道：全长2.5千米，由入口、平衡板、木质游乐场、探险区、野餐区、休闲区、诗歌与艺术区、林产品展示区、观景台、土壤互动解说区等12个站点组成。

### 北京八达岭森林体验中心——长在杨树林里的森林体验中心

2014年6月3日，中韩合作的八达岭森林体验中心建成并于正式对社会开放，旨在宣传森林保护和环境保护，开展森林体验教育活动。体验中心占地450公顷，分为森林体验馆和户外体验路线两部分。森林体验中心坚持"互动体验为主、娱乐科普兼顾"的原则，新颖别致，建筑与自然融为一体，展示和体验设计充分挖掘了森林的文化价值，对于引领北京乃至全国开展森林体验具有十分重要的意义。

森林体验馆　森林体验馆建筑面积856平方米，展示面积419.7平方米，共2层，分为入口大厅、4个展厅与1个报告厅（数字影厅），另外还有餐厅、商店、急救与管理用房。展陈包括"八达岭森林的变迁""八达岭森林大家族""森林让生活更美好"及"八达岭森林艺术研究室"等主题，共设计了13个展区42个展项，通过手工制作、多媒体操作、体感互动、角色扮演、拼图游戏等众多手段，充分调动游客的视觉、听觉、嗅觉、触觉等感官，让游客在丰富变化的项目中获得知识与乐趣。

户外体验路线　是体验馆中设置的问题和悬念在森林中找到相应的实物和答案的地方，包括松林之吻五感体验径、林间教室、林间动物木雕、动物跳远、动物脚印路、手工生态径、水循环切面展示架等自然体验设施。依据游憩特色，分别建成幼儿与小学生体验区、中学生体验区、露营区以及餐饮区，并按活动人群需求设置11条游览线路，体验时间为1天到3天时间不等。森林体验路线在体验形式和宣讲内容上做了进一步扩展，丰富了访客体验，完善了体验中心的环境教育系统。同时，教材体验线也是森林体验教育活动的重要载体，引导访客完成森林体验活动的相关课程游戏设置，使其对八达岭森林有全面认知和体验。

体验课程设计与讲解师　森林体验教育活动课程主要由森林体验主题和森林体验游戏构成，目前开展体验的主要对象为5~12岁青少年，设有半日、一日及多日的活动课程。编制了《北京八达岭国家森林公园自然体验教育活动方案手册》，森林体验主题包括《花儿的故事》《植物与邮票》《小树叶找妈妈》《蜜蜂的奥秘》《虫虫特工队》《蘑菇蘑菇你是谁》《啄木鸟的家失窃了》《猜猜我有多少碳》《光影美育绘画》等各具特色的自然体验教育课程。自然讲解师是森林体验教育活动的灵魂，是活动课程的指引者，目前体验中心有自然讲解师6名。

森林疗养　在自然教育的基础上，开展了森林疗养活动，参照国际模式不断建设完善森林疗养步道、露营地、森林疗养馆等设施，并从2017年开始开展森林疗养基地示范建设，陆续建设了园艺驿站和森林疗愈中心，编制并完善了针对不同人群的森林疗养课程，培养了一批森林疗养师和自然解说员。园艺驿站建筑面积200平方米，主要用于园艺体验和森林阅读。森林疗愈中心建筑面积1200平方米，主要用于森林疗养活动的开展。编制疗养菜单1本，包含项目23项，市民可自主选择疗养项目。2021年12月14日，中国林学会森林疗养委员会将八岭森林体验中认证为我国首个森林疗养基地。

八达岭森林体验中心开放至今通过开展森林体验教育活动，共接待北京市中小学生、亲子家庭2.5万多人。接待国内外考察团270多批次。

## 中国自然教育总校

2019年4月12日，305家单位和社会团体发出倡议，依托中国林学会成立自然教育委员会（自然教育总校），统筹、协调、服务各地的自然教育工作，培育更多关注、参与自然保护事业的社会力量。这是我国首个以自然教育为内容、范围最广泛的跨界联盟，激活了各类自然保护地社会公益和教育功能，为自然教育事业发展提供了广阔的实践平台。305家倡议单位包括中国林学会、国家林业和草原局亚太森林网络管理中心等直属单位，以及大中小学校、科研院所、各类保护地、自然教育机构、非政府组织、基金会、企业等。

全国自然教育总校为非学历教育学校，旨在把科学、生态、绿色发展理念转变为公众尊重自然、顺应自然、保护自然的实际行动。全国自然教育总校秉承"开放、自愿、合作、共享、服务"的工作理念，统筹、协调、服务各地的自然教育，坚持以自然体验、自然参与、自然学习、自然制作、自然劳动为主要形式，普及自然科学知识、宣传自然科学思想、传播自然科学方法，面向青少年、自然保护地访客、教育工作者、特需群体和社会团体工作者五大群体开展社会化、经常化的自然教育工作，推动新时代自然教育规范有序健康蓬勃发展。

## 中德合作贵阳森林体验教育中心

2016年以来，在国家林业和草原局、贵州省林业局的大力支持下，通过向德国复兴信贷银行积极争取并经贵阳市政府批复同意，决定采取国际合作的形式在市林业局下属单位贵阳市长坡岭国有林场（贵阳长坡岭国家级森林公园）建设中德合作贵阳森林体验教育中心。中德合作贵阳森林体验教育中心现由信息中心和教育中心两部分组成。

教育中心建筑面积约2800平方米，分为4个科普展厅和3个功能性活动厅。科普展厅以走进森林、植物一生、生态家园、森林与人为主题，开展森林体验教育，森林科普、生态文明宣教等。3个功能性活动厅分别为自然教室、森林书吧、多功能厅，为活动人员提供手工制作、阅读、临时展项等服务。教育中心为活动人员提供必要的培训、会议交流场所。除了场馆建设外，在省林业局的指导下，和德方深化合作，学习引进德方先进的森林教育体系与理念，培养森林体验引导员，为森林体验中心的运营打下基础。同时，以德方的森林教育体系为基础，结合贵州省和贵阳市的区域特点，对德国巴伐利亚州食品、农业和林业部编著、中德财政合作甘肃天水生态造林项目执行办公室编译的《森林教育指南》进行修订。

### 北京中林联林业规划设计研究院有限公司

未来，自然教育在中国必将更加专业化、规范化，逐渐走向成熟，造福民众。北京中林联林业规划设计研究院有限公司设有自然教育专家委员会，积极开展自然教育课程设计、基地规划、师资培训等工作，大力推动国内自然教育的发展。

### 部分自然教育相关机构

（1）国家林业和草原局

（2）中国绿化基金会

（3）中国生物多样性保护与绿色发展基金会

（4）全国自然教育总校（中国林学会自然教育委员会）

（5）全国自然教育网络（自然教育论坛）

（6）世界自然基金会（瑞士）北京代表处

（7）深圳市一个地球自然基金会

（8）自然之友盖娅自然学校

（9）首都自然体验产业国家创新联盟

（10）北京八达岭森林体验中心

（11）四川省林业和草原局（大熊猫国家公园四川省管理局）

（12）四川省林学会自然教育与森林康养专委会

（13）四川森林自然教育网络

（14）四川自然教育国际合作创新联盟

（15）川省自然源自然教育基地

（16）四川王朗自然保护区管理局

（17）四川唐家河自然保护区管理处

（18）大熊猫国家公园都江堰管护总站

（19）成都大熊猫繁育研究基地

（20）成都智然小房子教育管理有限公司

（21）雅安探途全域研学文化旅游发展有限公司

（22）青野生态

（23）甘肃天水森林体验教育中心

（24）中德合作贵阳森林体验教育中心

（25）深圳红树林基金会

（26）华侨城湿地

（27）北京中林联林业规划设计研究院有限公司

（28）情意自然（中国）

（29）一年四季自然艺术工作室

（30）在地自然

（31）北京灵动自然

（32）小路自然教育中心

（33）桃源里自然中心

（34）宽山远见自然教育

（35）绿色营

（36）广州市越秀区鸟兽虫木自然保育中心

# C 文　献

### 环境教育：理论与实践

我们在这里为大家进一步阅读提供文献参考，这可能会对你有所帮助。带有"已售完"标记的书籍在一般书店已买不到，只有在一个良好的藏书丰富的图书馆可以找到。

### 童话与故事

安德森. 格林童话

布莱恩·福尔德，阿兰·李. 精灵，妖精，间谍——另一个世界的手册，根据古老的来源记录

盖格. 童话顾客

赫利涕. 童话故事的方法

奕格豪塞，拜特尔. 鲜艳的眼睛像刺李——妖精的尾巴门策尔. 童话树

约翰森，格莱西. 让我们安静

卢赫特. 鸟时钟——鸟类的年份

### 图鉴与森林相关的专业书籍

（1）援助信息服务，新型的森林损失——对森林生态系统的损害，对土壤的威胁，森林补救措施.2009年，波恩

（2）阿曼 G. 森林中的地表植物

（3）阿曼 G. 森林中的乔木与灌木

（4）阿曼 G. 森林中的鸟类

（5）阿曼 G. 森林中的昆虫

（6）阿曼 G. 森林中的哺乳动物和冷血动物

（7）阿曼 G. 森林中的真菌

（8）鲍尔 W. 水质的确定

（9）巴伐利亚自然保护和景观管理学院. 荒芜——一个新的指导方针？

（10）巴伐利亚州森林与林业科学研究所. 森林中鸟类保护.LWF第21号宣传单

（11）巴伐利亚州森林与林业科学研究所. 根系发达，森林稳定.LWF第18号宣传单

（12）巴伐利亚州森林与林业科学研究所. 森林在气候变化中作用. Aktuell（60）

（13）巴伐利亚州森林与林业科学研究所. 土壤保护的新方法. Aktuell（67）

（14）巴伐利亚州食品、农业和林业部. 森林状况报告

（15）巴伐利亚州食品、农业和林业部，领导力学院. 森林与野生动物——教学与咨询帮助

（16）巴伐利亚州食品、农业和林业部，领导力学院. 木材作为能量来源

（17）巴伐利亚州食品、农业和林业部. 森林与鸟类共同生活

（18）巴伐利亚州食品、农业和林业部. 造林与幼林抚育——巴伐利亚州森林所有者指南

（19）巴伐利亚州食品、农业和林业部. 森林自然更新状况评估报告

（20）布里斯，格森，纽曼，塞普. 女性树:第三世界女性如何使用生活中必不可少的资源

（21）波斯瓦尔德. 森林与林业在德国巴伐利亚州区域碳平衡中的作用

（22）鲍赫纳. 宇宙轨迹指南——宇宙自然指南

（23）布朗. 树木构造和生活

（24）布朗，弗格森·李.弹性、轨迹和体征

（25）布虎恩，德林，史云逊. 宇宙——鸟类图鉴

（26）德国联邦食品、农业和消费者权益保护部. 德国森林状态报告——森林环境监测的结果

（27）德国联邦环境、自然保护和核安全部，在199（2年6月在里约热内卢举行的联合国环境与发展会议

（28）巴伐利亚州森林与林业科学研究所. 德国森林的离散碳储存

（29）奇内里. Pareys昆虫图册

（30）库巴施，卡桑. 人为的气候变化

（31）迪特曼J.，科斯特 H. 堆肥、土壤和腐烂的树木中的动物

（32）迪特曼J.，科斯特 H. 池塘和湖泊中的动物

（33）陶氏 K.，唐宁T. 气候变化的世界地图——全球气候变暖图片与数据

（34）德雷尔 E. 宇宙——森林指南

（35）杜尔 M，施密吐森 F. 从林学角度看森林教育

（36）恩格尔哈特W.，尤赓 P.，普法顿豪恩 J. 什么生活在小水塘、河流和池塘中？

（37）法比安 P. 温室内生活: 我们的气候系统——我们能为它做些什么

（38）弗格森·李斯 J.，威利斯I. 中欧鸟类

（39）费舍尔·瑞兹S. 树叶

（40）费特 R U A，布莱米 M. Pareys花卉图册

（41）福裕瓦尔A.，沙阿也·瑞德 M.，哈希 J.，韦格纳 G.，策玛 B. 林业和木材工业绿色GDP核算

（42）福裕瓦尔A.，韦格纳 G.，克鲁格 S.，鲍德尔特 M. 木材——将来的原材料，可持续使用，对环境无害

（43）格哈特 E. 蘑菇手册

（44）格哈特 E. BLV最大的途中蘑菇指南

（45）葛阿斯 H.，普费斯特 C.，顺内委森 C.，莫基布 L. 天气自然灾害与气候变化，我们仍然可以拯救吗？

（46）哈尔德 F. 森林的公共关系. 科学和实践论文讨论会的成果

（47）哈里森 C.，海灵格尔 E. 雏禽、鸟蛋和鸟巢

（48）哈里森 C.，卡斯特勒P. 雏禽、鸟蛋和鸟巢

（49）哈特曼，黎恩豪期，布丁. 森林受害彩色图谱

（50）豪瑟W. 气候: 地球行星上的实验

（51）海因策尔 H.，费特尔 R.，帕斯洛 J. Pareys鸟类图册

（52）黑斯皮勒 B. 可持续狩猎

（53）黑斯皮勒 B. 狍的现状

（54）霍 R. 户外实践

（55）霍尔特梅耶 F K. IPCC: 气候变化2001. 科学基础，第一工作组提供给政府间气候变化专门委员会第三次评估报告

（56）琼森L. 欧洲和地中海地区鸟类研究

（57）卡克丛斯克 P.，等. 是谁做的？ “捕食者”咬纹和痕迹的鉴定和记载

（58）克莱因施密特 H. 森林里人类生活——从中世纪到今天人类利用森林的照片

（59）科尔魅儿 G. 气候方面: 经济合作与发展组织中的造林、森林碳管理和薪柴利用. 见: 舒尔特A. “京都议定书”之后的世界林业: 森林和作为碳汇和可再生能源的木材

（60）科麟 C. 27个树种的空气案例

（61）科麟 C., 齐默尔曼 L. 德国森林的敏感性与气候变化

（62）科麟 C. 林业上以适应气候变化的林分改造: 新栽树木需要土地

（63）科麟 C. 气候变化中的森林: 林业必须自我适应

（64）科灵格 H C. 森林防火——林业和消防部门汇编

（65）库克 S, 博克 B. 穿过森林和原野

（66）郎各 A. 轨迹和动物足迹

（67）劳德尔特 D. 神话树, 树木对我们人类意味着什么

（68）莱克斯 P., 勒本阿也 E. 防治森林火灾、泥炭火灾与草地火灾

（69）勒本阿也 E. 森林火灾报告

（70）芒特尔 K. 历史上森林和林业

（71）马特哎克 C. 自然中的设计

（72）毛雷尔 G. 那是谁? —我的第一部轨迹书

（73）玛雅斯特 H. 从作品到读者—原则、方向性指导和来自企业内部传播学的实用技巧

（74）诺瓦克, 豪恩崔卡, 斯达瑞. 林业有害昆虫图集

（75）怒斯那耶 F. 狩猎学

（76）哦勒灶格, 沙也巴, 乌棱豪特. 田野与森林中动物轨迹及路径

（77）熬特梅亚 M. 雪是格温, 欧娃是牧羊人——巴伐利亚州森林老照片

（78) 奥托 H. J. 森林生态

（79）波特 E. 小溪—河流—湖泊

（80）普老贺 R. 人类与森林

（81) 气候变化——对森林的影响. 见: 自然科学实践——学校里的生物学（1）

（82）拉姆斯托夫 S., 舍恩胡贝尔 HJ. 气候变化

（83）艾叶默 M. 野生生物的真相

（84）歇玛 S. 旷野的梦想

（85）舒辛格 W. 森林中的自然保护: 一个充满活力的林业发展的质量目标

（86）塞尔 H. D., 西黑勒 R., 阿佘雷纳 B. 人类与自然

（87）斯塔斯博格 E. 植物学教科书

（88）斯特拉斯　曼勒 A. 树木健康学

（89）外斯科利 M. 凯尔特人树日历

（90）费尔兹 K. R., 等. 德国的森林. 巴登——符腾堡州政治教育中心

（91）全球环境变化联邦政府科学顾问委员会（WBGU）.《京都议定书》中的生物源和碳汇的会计核算是全球环境保护的进步还是倒退？

（92）威灵豪森 N. 蕨类植物

（93）威灵霍斯特 R. 淡水无脊椎动物

（94）维泽 M. DJV狩猎手册

（95）威特 R. 动物的足迹———一年中的观察结果

（96）世界气象组织（WMO）2003年12月16日新闻稿（WMO 第702期）: 世界气象组织2003年全球气候的状况报告: 2003年第三全球气温最高纪录

（97）沃尔费尔 W. 涡轮增压——鹿和生态鹿

（98）沃尔施 J. 定时炸弹通过污染物和放射性物质污染空气—— 以图表和漫画形式介绍环境污染所带来的问题

## Märchen und Geschichten

Andersen, M. Ch.; Märchen der Gebrüder Grimm. Loewe-Verlag, Bindlach 2004.

Froud, B., Lee, A.; Von Elfen, Goblins, Spukgestalten. Ein Handbuch der anderen Welt, nach alten Quellen erschlossen und aufgezeichnet, Gerstenberg Verlag, Hildesheim 1996.

Geiger, R.; Märchenkunde. Urachhaus Verlag 1992. (vergriffen)

Hilty, E.; Wege zum Märchen. Zytglogge Workbuch, Schweiz 1995. (vergriffen)

Iglhauser, B., Bertel, H.; Augen so frisch wie Schlehen - Heckenmärchen. Hrsg. Nationalpark Hohe Tauern, Tyrolia Verlag 1992. (vergriffen)

Menzer, G.; Der Märchenbaum. Verlag Herder, Freiburg im Breisgau 1987.

Johansen, G., Gleich, J.; Sei doch mal still. Carl Hanser Verlag, München, Wien 2001. Lucht, I.; Die Vogel-Uhr. Das Jahr der Vögel, Ellermann Verlag, 2001.

## BESTiMMUNGS BÜCHER und Fa chliches ZUM THEM A WALD

AID-INFODIENST, Neuartige Waldschäden - Schäden am Ökosystem Wald; Gefahren für den Boden, Abhilfen für den Wald, Bonn 2009. http://www.aid.de/landwirtschaft/forst_holz_jagd.php

Amann, G.; Bodenpflanzen des Waldes. Neumann-Neudamm Verlag, Melsungen 2007. Amann, G.; Bäume und Sträucher des Waldes. Neumann-Neudamm Verlag, Melsungen 2004. Amann, G.; Vögel des Waldes. Neumann-Neudamm Verlag, Melsungen 2006.

Amann, G.; Kerfe des Waldes. Neumann-Neudamm Verlag, Melsungen 2003.

Amann, G.; Säugetiere und Kaltblüter des Waldes. Neumann-Neudamm Verlag, Melsungen 2006.

Amann, G.; Pilze des Waldes. Neumann-Neudamm Verlag, Melsungen 2004.

Baur, W. H.; Gewässergüte bestimmen. Verlag Paul Parey, Hamburg 1997. (vergriffen)

Bayer. Akademie für Naturschutz und Landschaftspflege (ANL); Wildnis - ein neues Leitbild!? Laufener Seminarbeiträge 1997.

Bayer. Landesanstalt für Wald und Forstwirtschaft; LWF Merkblatt 21 „Vogelschutz im Wald ", Freising 2006.

Bayer. Landesanstalt für Wald und Forstwirtschaft; LWF Merkblatt 18 „Starke Wurzeln, stabile Wälder ", Freising 2005.

Bayer. Landesanstalt für Wald und Forstwirtschaft; LWF-aktuell Nr. 60 „Wälder im Klimawandel ", Freising 2007.

Bayer. Landesanstalt für Wald und Forstwirtschaft; LWF-aktuell Nr. 67 „Neue Wege beim Bodenschutz ", Freising 2006.

Bayer. Staatsministerium für Ernährung, Landwirtschaft und Forsten; Waldzustandsbericht, München 2008. Bayer. Staatsministerium für Ernährung, Landwirtschaft und Forsten; (Hrsg.); FÜAK, Wald und Wild-Lehr- und Beratungshilfe.München 1995. (vergriffen)

Bayer. Staatsministerium für Ernährung, Landwirtschaft und Forsten; (Hrsg.); FÜAK, Holz als Energieträger. München 1996. (vergriffen)

Bayer. Staatsministerium für Ernährung, Landwirtschaft und Forsten; Lebensgemeinschaft Wald: Vögel. München 2007.

Bayer. Staatsministerium für Ernährung, Landwirtschaft und Forsten; Kulturbegründung und Jungbestandspflege. Wegweiser für den bayerischen Waldbesitzer, München 2007.

Bayer. Staatsministerium für Ernährung, Landwirtschaft und Forsten; Forstliches Gutachten zur

Situation der Waldverjüngung.München 2009

Bliss, F., Gaesing, K., König, E. Neumann, S., Sepp, C.; Frauen Bäume: Wie Frauen in der Dritten Welt eine lebenswichtige Ressource nutzen. Deutscher Ärzte-Verlag, Köln 1996. VIII. Bildungsangebote, Literatur, Materialien C Literatur 6 C Li teratur

Böswald, K.; Wald und Forstwirtschaft im regionalen Kohlenstoffhaushalt Bayerns. AFZ Nr. 6, Stuttgart 1995.

Bouchner, M.; Der Kosmos Spurenführer. Kosmos Naturführer, Kosmos-Verlag, Stuttgart 1982.

Braun, H. J.; Bau und Leben der Bäume. Rombach Wissenschaft, Freiburg 1988. (vergriffen)

Brown, R., Ferguson, J., Lawrence, M., Lees, D.; Federn, Spuren und Zeichen. Ein Feldführer, Gerstenberg Verlag,Hildesheim 1988. (vergriffen)

Bruun, B., Delin, H., Svenson, L.; Der Kosmos-Vogelführer. Franckh-Kosmos Verlag, Stuttgart 1999.

Bundesministerium für Ernährung, Landwirtschaft und Verbraucherschutz; Bericht über den Zustand des Waldes-Ergebnis des forstlichen Umweltmonitorings. Berlin 2007.

Bundesministerium für Umwelt, Naturschutz und Reaktorsicherheit; Konferenz der Vereinten Nationen für Umweltund Entwicklung im Juni 1992 in Rio de Janeiro; http://openlibary.org.

Bayer. Landesanstalt für Wald und Forstwirtschaft; Die diskrete Kohlenstoffspeicherung der deutschen Forstpartie. Freising 2005

Chinery, M.; Parey' s Buch der Insekten. Kosmos Verlag, Stuttgart 2009.

Cubasch, U.; Kasang, D.; Anthropogener Klimawandel. Klett-Verlag, Stuttgart, 2000.

Dittmann, J., Köster, H.; Tiere in Kompost, Boden und morschen Bäumen. Verlag an der Ruhr, Mühlheim 1999.

Dittmann, J., Köster, H.; Tiere in Tümpeln und Seen. Verlag an der Ruhr, Mühlheim 2000.

Dow, K., Downing T.; Weltatlas des Klimawandels-Karten und Fakten zur globalen Erwärmung. Europäische Verlagsanstalt,Hamburg 2007

Dreyer, E.; Der Kosmos-Waldführer. Franckh Kosmos Verlag, Stuttgart 2001.

Duhr, M., Schmithüsen, F.; Waldpädagogik aus forstlicher Sicht. In: Schweizerische Zeitschrift für Forstwesen 144(1993), S. 162-176, Schweizerischer Forstverein, Zürich.

Engelhardt, W., Jürging, P. Pfadenhauer, J.; Was lebt in Tümpel, Bach und Weiher? Franckh-Kosmos Verlag, Stuttgart 2008.

Fabian, P.; Leben im Treibhaus: Unser Klimasystem-und was wir daraus machen. Springer-Verlag, Berlin 2002. Ferguson-Lees, J., Willis, I.; Vögel Mitteleuropa. BLV Verlaggesellschaft, München 1987.

Fischer-Rizzi, S.; Blätter von Bäumen. AT-Verlag, Baden (Schweiz) 2005.

Fitter, R. u. A., Blamey, M.; Pareys Blumenbuch. Kosmos Verlag, Stuttgart 2007.

Frühwald, A., Scharai-Rad, M., Hasch, J., Wegener, G., Zimmer, B.; Erstellung von Ökobilanzen für die Forst- und Holzwirtschaft. Informationsdienst Holz, Deutsche Gesellschaft für Holzforschung e. V., München 1997.

Frühwald, A., Wegener, G., Krüger, S., Beudert, M.; Holz-ein Rohstoff der Zukunft, nachhaltig verfügbar und umweltgerecht. Informationsdienst Holz, Deutsche Gesellschaft für Holzforschung e. V., München 1994. Gerhardt, E.; Handbuch Pilze. BLV-Verlag, München 2006.

Gerhardt, E.; Der große BLV Pilzführer für unterwegs, BLV-Verlag, München 2007.

Grassl, H., Pfister, C., Schönwiese, C., Mojib, L.; Wetterkatastrophen und Klimawandel. Sind wir noch zu retten? Pg Medien, München 2005.

Halder, F. (Hrsg.); Public Relations für den Wald. Ein Workshop mit Diskussionsbeiträgen aus Wissenschaft und Praxis, Verlag Reinhard Fischer, München 1992. (vergriffen)

Harrison, C., Herrlinger, E.: Jungvögel, Eier und Nester. Verlag Paul Parey, Hamburg 1999. Harrison, C., Castell, P.; Jungvögel, Eier und Nester. Aula−Verlag, Wiebelsheim 2004.

Hartmann, Nienhaus, Butin; Farbatlas Waldschäden. Verlag Eugen Ulmer, Stuttgart 2007.

Hauser, W.; Klima: das Experiment mit dem Planeten Erde. Wiss. Buchges., Darmstadt 2002.

Heinzel, H., Fitter, R., Parslow, J.; Pareys Vogelbuch. Verlag Paul Parey, Hamburg und Berlin 1996.

Hespeler, B.; Nachhaltig Jagen. BLV Verlagsgesellschaft, München 2003.VIII. Bildungsangebote, Literatur, Materialien C Literatur 7 C Li teratur

Hespeler, B.; Rehwild heute. BLV Verlagsgesellschaft, München 2003. Höh, R.; Outdoor Praxis. Reise Know−How−Verlag, Bielefeld 2008.

Holtmeier, F.−K.; IPCC; Climate Change 2001: The Scientific Basis. Contribution of the Working Group I to the Third Assessment Report of the Intergovernmental Panel on Climate Change. Cambridge UP 2001. Jonson, L.; Die Vögel Europas und des Mittelmeerraums. Franck−Kosmos Verlag, Stuttgart 1999.

Kaczensky, P. et. al.; Wer war es? Raubtierrisse und Spuren erkennen und dokumentieren. Deutscher Jagdschutzverband 1997. (vergriffen)

Kleinschmidt, H.; Menschen im Wald. Waldnutzungen vom Mittelalter bis heute in Bildern. Hrsg. NiedersächsischeLandesforsten, Husum Verlag, Husum 2007.

Kohlmeier, G.; Klimatische Aspekte: Aufforstung, Kohlenstoff−Waldmanagement und Brennholznutzung in der OECD. In: Schulte, A. (Hrsg.) Weltforstwirtschaft nach Kyoto: Wald und Holz als Kohlenstoffspeicher und regenerativer Energieträger. Shaker Verlag, Aachen 2001.

Kölling, C.; Klimahüllen für 27 Waldbaumarten, AFZ Nr. 23, Stuttgart 2007.

Kölling, C., Zimmermann, L.; Die Anfälligkeit der Wälder Deutschlands gegenüber Klimawandel. In: Gefahrstoffe − Reinhaltung der Luft Nr. 6, Düsseldorf 2007.

Kölling, C.; Klimagerechter Waldumbau in der Forstwirtschaft: Neue Bäume braucht das Land. In: Ökologisches Wirtschaften Nr. 1/2008, München 2008.

Kölling, C.; Wälder im Klimawandel: Die Forstwirtschaft muss sich anpassen. In: Lozan, H., Graßl. G., Jendritzky, L., Karbe, Reis, K. (Hrsg.) Unter Mitwirkung von Maier, W. A.: Warnsignal Klima: Gesundheitsrisiken−Gefahren für Menschen, Tiere und Pflanzen. Geo/Wissenschaftliche Auswertungen, Hamburg 2008.

König, H.−C.; Waldbrandschutz − Kompendium für Forst und Feuerwehr. Edition Gefahrenabwehr, Supplement, Fachverlag Grimm, Berlin 2007.

Kunke, S., Bock, B.; Durch Wald und Flur. Ravensburger Verlag, Ravensburg 1995 und 1998. (vergriffen)

Landesbund für Vogelschutz Bayern e. V.; Tierspuren im Winter. LBV in Bayern, Hilpoltstein 1992.

Lang, A.; Spuren und Fährten unserer Tiere. BLV Naturführer 142, BLV, München 2001.

Laudert, D.; Mythos Baum. Was Bäume uns Menschen bedeuten. BLV, München 2004.

Lex, P., Liebeneiner, E.; Bekämpfung von Waldbränden, Moorbränden, Heidebränden. Kohlhammer, Stuttgart 1996.

Liebeneiner, E.; Waldbrand−Berichte. Aus dem Walde Heft 34, Schaper Verlag, Hannover 1981. (vergriffen)

Mantel, K.; Wald und Forst in der Geschichte. Schaper Verlag, Hannover 1990. (vergriffen)

Mattheck, C.; Design in der Natur. Rombach Ökologie, Freiburg 1996.

Maurer, G.; Wer war denn das? Mein erstes Spurenbuch. Jugend und Volk Verlag, Wien 1990. (vergriffen)

Meisert, H.; Von der Feder bis zum Leser. Leitsätze, Orientierungshilfen und Tipps aus der Praxis der innerbetrieblichen Publizistik, Kassel 1982. (vergriffen)

Novak, Hronzinka, Stary; Atlas schädlicher Forstinsekten. Enke Verlag, Stuttgart 1992. (vergriffen)

Nüsslein, F.; Jagdkunde, BLV Verlagsgesellschaft, München 2006.

Ohnesorge, Scheiba, Uhlenhaut; Tierspuren und Fährten in Feld und Wald. Bassermann-Verlag, München 2007.

Ortmeier, M.; Schee is gwen, owa hirt. Alte Bilder aus dem Bayerischen Wald, Buch und Kunstverlag Oberpfalz, Amberg 2003.

Otto, H.-J.; Waldökologie. Ulmer Verlag 1994. (vergriffen)

Pott, E.; Bach‑Fluss‑See. BLV Naturführer, BLV Verlagsgesellschaft, München 2001.

Plochmann, R.; Mensch und Wald. In: Stern, H.; Rettet den Wald. Kindler-Verlag, München 1979. (vergriffen) VIII. Bildungsangebote, Literatur, Materialien C Literatur 8 C Li teratur

Praxis der Naturwissenschaften‑Biologie in der Schule, Heft 1: Klimawandel‑Folgen für den Wald. Aulis-Verlag Deubner, Köln und Leipzig 2009.

Rahmstorf, S., Schellnhuber, H. J.; Der Klimawandel. Verlag C. H. Beck, München 2007.

Reimer, M.; Wildbiologische Wahrheiten. Verlag für Biologie und Pädagogik, Reutlingen 2000.

Schama, S.; Der Traum von der Wildnis. Verlag Kindler, Berlin 1996

Scherzinger, W.; Naturschutz im Wald: Qualitätsziele einer dynamischen Waldentwicklung. Verlag Eugen Ulmer, Stuttgart 1996.

Seel, H. D., Sichler, R., Ascherlehner, B.; Mensch‑Natur. Westdeutscher Verlag. Opladen 1993. (vergriffen)

Strasburger, E.; Lehrbuch der Botanik. Spektrum Akademischer Verlag, Heidelberg 2008.

Strassmann-Ren é , A.; Baumheilkunde. AT Verlag, Baden (Schweiz) 2003.

Vescoli, M.; Der keltische Baumkalender. Hugendubel Verlag, München 2003.

Volz, K.-R. et al.; Der deutsche Wald. Landeszentrale für politische Bildung Baden-Württemberg, Heft 1, 2001. www.buergerimstaat.de/1_01/wald.htm

WBGU; Die Anrechnung biologischer Quellen und Senken im Kyoto-Protokoll: Fortschritt oder Rückschritt für den globalen Umweltschutz? Sondergutachten, WBGU, Bremerhaven 1998.

Wellinghausen N.; Farnpflanzen. DJN, Hamburg 1997.

Wellinghorst, R.; Wirbellose Tiere des Süßwassers, Friedrich Verlag, Selze,1993. (vergriffen)

Wiese, M.; DJV Handbuch Jagd. Verlag Dieter Hoffmann, Mainz 2008.

Witt, R.; Tierspuren. Beobachtungen durch das Jahr, Fourier Verlag, Wiesbaden 1996.

WMO, Pressemitteilung vom 16. Dezember 2003 (WMO 702): WMO Statement on the status of the Global climate in 2003: Global Temperature in 2003 third warmest (www.wmo.ch/web/Press/Press.html.pr), Genf 2003.

Wölfel, W.; Turbo-Reh und Öko-Hirsch, Leopold Stocker Verlag, Graz-Stuttgart 1999.

Wolsch, J.; Zeitbombe Luftverschmutzung durch Schadstoffe und Radioaktivität-Eine Einführung ini die Umweltproblematik mit Diagrammen und Cartoons. Verlag Paul Parey, Hamburg 1987.

## 宣传册与宣传单页

许多机关、事业单位、社会团体和协会都提供了很多有用的小册子和宣传单页。这些大部分可从网页上看到。目前巴伐利亚州食品、农业和林业部网页上（www.forst.Bayern.de）提供了60多种信息，这些信息都可以通过网站www.verwaltung.bayern.de/的订购界面进行订购。

## 相关网页链接

www.baumev.de–Umweltinitiative der Wirtschaft

www.biokon.net–Bionik www.bisbayern.de–Bodeninformationssystem Bayern

www.bmelv.de–Bundesministerium für Ernährung, Landwirtschaft und Verbraucherschutz

www.bmu.de–Bundesumweltministerium

www.bmz.de–Bundesministerium für wirtschaftliche Zusammenarbeit und Entwicklung

www.borkenkaefer.org – Borkenkäfer–Inforportal

www.BvNW.de–Bundesverband der Natur– und Waldkindergärten

www.bzga.de–Bundeszentrale für gesundheitliche Aufklärung

www.cluster–forstholzbayern.de–Cluster Forst und Holz

www.conservation–development.net–Fachinformationen rund um das Thema Naturschutz und Entwicklung

www.ded.de–Deutscher Entwicklungsdienst

www.dekade.org–Homepage zur UN–Dekade, Projekt „Bildung für nachhaltige Entwicklung"

www.dfwr.de–Deutscher Forstwirtschaftsrat

www.familienhandbuch.de–Praktische Tipps für Waldspiele

www.fao.org–UN–Welternährungsorganisation

www.footprint.ch–Ökologischer Fußadruck/Schweiz

www.footprintrechner.at–Ökologischer Fußabdruck/Österreich

www.forstzentrum.de–Zentrum Wald Forst Holz, Weihenstephan

www.gigt.de/Fußabdruck–Ökologischer Fußabdruck

www.greenpeace.de–Greenpeace Deutschland

www.holzenergie–online.de–Heizen mit Holz

www.jagd–bayern.de–Landesjagdverband Bayern

www.landart.de–Kunst in und mit der Natur

www.latschlatsch.de–Ökologischer Fußabdruck

www.lwf.bayern.de–Bayerische Landesanstalt für Wald und Forstwirtschaft

www.lv–Waldkindergarten–bayern.de–Landesverband der Wald– und Naturkindergärten in Bayern www.mluv.brandenburg.de/info/waldpaedagogik–Waldpädagogik in Brandenburg www.oejv.de–Ökologischer Jagdverband

www.omnia–verlag.de/weltimwandel–kostenlose Schülerbroschüren

www.paws.daa–bbo.de–„Pädagogische Arbeit im Wald" Ausbildungsprojekt, DAG

www.plankstettener–kreis.de–Plankstetner Kreis Bayern

www.silviva.ch–Verein Umweltbildung und Wald, Schweiz www.stmuk.bayern.de/km/aufgaben/umwelt–Umweltbildungstipps des Bayerischen Kulturministeriums www.stmugv.bayern.de/umwelt/–Umweltthemen des Bayerischen Umweltministeriums www.treffpunktwald.de–Kampagne „Treffpunkt Wald"der deutschen Landesforstverwaltungen www.tuwas.net–TuWas, verschiedene

Umweltbildungsangebote

www.umweltbundesamt.de–Umweltbundesamt

www.un.org/esa/forests–United Nations Forum on Forest www.waldbesitzerverbaende.de–Arbeitsgemeinschaft deutscher Waldbesitzerverbände e. V. www.waldpaedagogik.at–Verein Waldpädagogik Österreich www.waldpaedagogik.de–Homepage des Deutschen Forstvereins www.waldpaedagogiknetwork.eu–Europa Netzwerk–Waldpädagogik

www.waldwissen.net–Infoplattform der Forstlichen Landesanstalten Bayern, Baden–Württemberg, Österreich, Schweiz

www.wildniscamp.de–Wildniscamp im Nationalpark Bayerischer Wald

www.zukunftswald.de–FVA–Infoplattform Zukunftsorientierte Waldwirtschaft („Horst FÖrster")

## D 森林教育工具箱

森林教育工作者应有的一个教育工具箱，收藏活页出版物，并装有一些可以引导许多活动的道具。这个工具箱用当地的木材制成，使用木制手柄和木制箱体。工具箱和木制眼镜、眼罩是在残疾人的工厂制作的，这个工厂也承接工具箱的配装和运送的服务。

### 工具箱清单

10个木制框架的手镜
10个眼罩（睡觉眼镜）
4个平底无柄放大镜
4个有柄放大镜
100个纸板做成的"调色板"
30张动物和植物明信片
30个木衣夹
2个尖镊子
1个昆虫吸虫器
4个木刷
1根黄麻绳（长62米）
1个卷尺
1个数字探针温度计
100张pH值试纸
100张空白索引卡（A6大小）
10个木制大图钉
10本空白的小册子"我的森林日记"

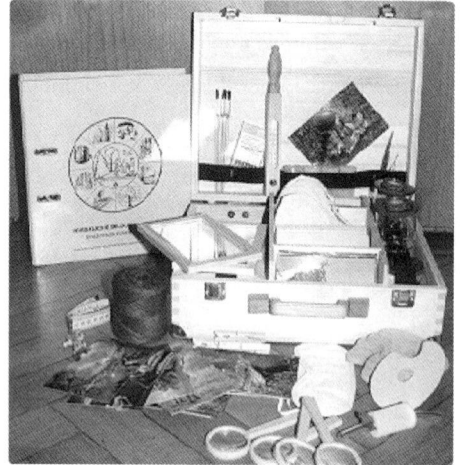

### 订购

向巴伐利亚州食品、农业和林业部询价和订购文件夹与教育工具箱。
–关键词"林业教育工作"–地址：
Ludwigstr. 2
80539 München

工具箱和所有的材料可从下列地址订购：FAMOS
Reutecker Str. 21 b 94518 Spiegelau
Telefax 08553 920652
Telefon 08553 6455
E–Mail: fam–laux@t–online.de

| 材料名称 | 单价 | 数量 | 总价 | 收件地址 |
|---|---|---|---|---|
| | | | | |

**天水市秦州森林体验教育中心部分物品清单**

| 类别 | 名称 | 数量 | 规格 |
|---|---|---|---|
| 木制品 | 积 木 | 2 筒 | 大号 100 粒 |
| | 黑胡桃木棍 | 50 根 | 直径 3 毫米 |
| | 竹棍 | 50 根 | 直径 3 厘米 |
| | 木质收纳箱 | 2 个 | 48 厘米 ×30 厘米 ×27 厘米 |
| 铁制品 | 手锯 | 10 把 | 470 毫米 |
| | 剪刀 | 20 把 | 170 毫米 |
| | 钢丝剪 | 10 把 | 9 寸 |
| | 打孔机 | 2 台 | 打 35 页纸 |
| | 小铁锹 | 20 把 | 31 厘米 ×6.5 厘米 |
| | 听诊器 | 50 个 | 医用（单听） |
| | 修枝剪 | 10 把 | 8 寸 |
| | 小铁夹 | 50 个 | 宽 29 毫米 |
| | 美工刀 | 20 把 | 18 毫米 |
| | 不锈钢盆 | 2 个 | 外径 28 厘米 |
| | 小锄头 | 20 把 | 长 42 厘米 |
| 塑料制品 | 水 桶 | 20 只 | 17 升 |
| | 洒 壶 | 20 只 | 2.5 升 |
| | 量 杯 | 50 个 | 500 毫升 |
| | 颜料盘 | 40 个 | 直径 17.5 厘米 |
| | 电子秤 | 4 个 | 托盘直径 16 厘米 |
| | 塑料盆 | 10 | 46 厘米 |
| | 手提灯 | 2 个 | 远射 LED 光源 |
| | 锂电池 | 6 个 | 12V–70AH |
| | 胶卷盒 | 5 个 | 直径 33 毫米 |
| | 医用药箱 | 2 个 | 0.3 千克 |
| | 打压喷壶 | 10 个 | 1.5 升 |
| | 昆虫捕捉器 | 2 个 | 10.5 厘米 |
| 布艺类 | 双肩包 | 5 个 | 1.5 千克 |
| | 红领巾 | 30 条 | 120 厘米 |
| | 白 布 | 20 米 | 1.2 米 |
| | 眼 罩 | 30 个 | 头围 50~55 厘米 |
| 纸质类 | 素描纸 | 50 张 | 4 开 |
| | 牛皮纸 | 20 张 | 36 厘米 ×45 厘米 |
| | 便利贴 | 50 张 | 中号 |
| | 彩色卡纸 | 50 张 | 8 开 |
| | 彩色皱纹纸 | 50 张 | 20 色，250 厘米 |
| 其他材料 | 气球 | 50 个 | 小号 |
| | 电钻 | 1 把 | 小型 |

（续）

| 类别 | 名称 | 数量 | 规格 |
|------|------|------|------|
| 其他材料 | 蜡烛 | 50 支 | 1 小时 |
| | 热熔胶枪 | 5 把 | 儿童型 |
| | 胶棒 | 50 根 | 直径 7 毫米 |
| | 画笔 | 5 盒 | 6 支装 |
| | 玻璃杯 | 50 个 | 矮圆杯 220 毫升 |
| | 放大镜 | 10 个 | 放大 5 倍 |
| | 固体胶 | 50 支 | 36 克 |
| | 30 米粗绳子 | 1 根 | 粗 26 毫米，长 30 米 |
| | 30 米细绳子 | 1 根 | 粗 16 毫米 30 米 |
| | 丙烯颜料 | 10 盒 | 24 支 /12 毫升 |
| | 板擦 | 1 个 | 10 厘米 ×5 厘米 |
| | 彩色工钉 | 1 筒 | 7 厘米 ×23 厘米 |
| | 抽纸 | 1 盒 | 170 毫米 ×118 毫米 |
| | 钢钉 | 1 盒 | 1.5 英寸 |
| | 巧克力 | 1 筒 | 729 克 |
| | 醋 | 1 瓶 | 500 毫升 |
| | 板栗 | 5 斤 | 2500 克 |
| | 松果 | 50 个 | 4 厘米 |
| | 缝衣线 | 1 卷 | 100 克 |
| | 喷漆 | 5 瓶 | 450 毫升 |
| | 饮料 | 1 瓶 | 2000 毫升 |
| | 巧克力 | 5 盒 | 516 克 |
| | 线绳 | 5 把 | 6 毫米 |
| | 镜子 | 20 个 | 17 厘米 ×12 厘米 |
| | 耳麦扬声器 | 5 个 | 功率 5W |
| | 圆珠笔 | 2 筒 | 笔芯 0.7 毫米 |
| | 中性笔 | 2 盒 | 笔芯 0.5 毫米 |
| | 白板笔 | 2 盒 | 149 毫米 |
| | 双面胶 | 10 卷 | 30 毫米 |
| | 桌布 | 1 包 | 140 厘米 ×140 厘米 |
| | 毛线 | 1 斤 | 粗 2.6 毫米 |
| | 夹子 | 2 盒 | 50 毫米 |
| | 水平仪 | 2 个 | 长 25 厘米 |
| | 圆规 | 2 个 | 25 厘米 ×90 厘米 |
| | 直尺 | 3 把 | 215 毫米 ×35 毫米 ×2 毫米 |
| | 推刨 | 1 个 | 180 毫米 ×60 毫米 ×45 毫米 |
| | 墨斗 | 1 个 | 30 米 |
| | 三角锉 | 1 个 | 12 寸 |
| | 勾刀 | 1 盒 | 10 片 |

（续）

| 类别 | 名称 | 数量 | 规格 |
|------|------|------|------|
| 其他材料 | 螺丝刀 | 1 把 | 4 寸 |
| | 榔头 | 1 把 | 4.5 千克 |
| | 铃铛 | 10 颗 | 38 毫米 |
| | 卷尺 | 10 | 20 米 |
| | 卷尺 | 10 | 5 米 |
| | 砂纸 | 1 包 | 280 毫米 ×230 毫米 |
| | 多功能锄头 | 1 把 | 长 41 厘米 |
| | 帆布手套 | 1 包 | 20 厘米 |
| | 防滑手套 | 1 包 | 20 个 |
| | pH 试纸 | 1 包 | |
| | 雨衣 | 30 件 | 成人款 |
| | 观虫器 | 10 个 | 黑白色 |
| | 观虫器 | 10 个 | 彩色 |
| | 吸虫器 | 10 个 | 黑色 |
| | 吸虫器 | 10 个 | 彩色 |
| | 保温盒 | 2 个 | 双层 |
| | 大汤勺 | 5 个 | 28.5 厘米 |
| | 勺子 | 10 支 | 18.2 厘米 |
| | 不锈钢碗 | 10 个 | 18 厘米 |
| | 方糖 | 1 盒 | 454 克 |
| | 小瓷碟 | 5 个 | 8.7 × 1.8 厘米 |
| | 篮子 | 3 个 | 27 厘米 ×19.5 厘米 ×8.5 厘米 |
| | 警戒线 | 2 盒 | 100 米 |
| | 托盘 | 5 个 | 41.5 厘米 ×35.7 厘米 |
| | 水果盘 | 3 个 | 10 英寸 |
| | 草帽 | 5 顶 | 50 厘米 ×14 厘米 |
| | 电烧水壶 | 1 | 1.5 升 |
| | 温度计 | 5 个 | 149 毫米 ×96 毫米 ×43 毫米 |
| | 铅笔 | 1 盒 | 174 毫米 |
| | 橡皮擦 | 1 盒 | 长 31 厘米 |
| | 绘图笔 | 1 盒 | 长 135 厘米 |
| | 动物图片 | 5 套 | 8.0 厘米 ×5.4 厘米 |
| | 植物图片 | 5 套 | 8.0 厘米 ×5.4 厘米 |
| | 创可贴 | 1 盒 | 6.0 厘米 ×7.0 厘米 |
| | 医用棉签 | 2 包 | 长 10 厘米 |
| | 75% 酒精 | 1 瓶 | 500 毫升 |
| | 风油精 | 3 瓶 | 15 毫升 |
| | 核桃 | 1 斤 | 500 克 |

## E 自己的建议

**现在轮到您了！**

也许您还记得这本《森林教育指南》的开始部分，介绍了"林业教育工作"项目组。

但现在还缺少您的参与和您的想法！

我们希望所有在教育领域工作的人，能够在我们这个森林教育指南和其所属的工具箱的帮助下，得到一些技巧和建议。这里展示的是基础的模块，同样也是一个成功的森林经营所应基本具备的。

林业教育工作，和整个的课外环境教育一样，仍需要发展与完善。因此，您的森林工作经验是非常有价值的。根据您使用森林教育指南和工具箱的经验，可以帮助提高我们的项目，使它们更加有效。

**因此，对您的要求：**

请把您的经验告诉我们，即：

1）给我们提出工作改进的意见；

2）提出您自己的建议。

在接下来的页面中，您会发现一张空白的活动记录表。您可以在这里输入您的建议，最好是您经过实际检验过的经验，并把此活动表寄给我们[①]。

---

① 译注：邮寄地址：贵州省贵阳市贵州省林业对外合作与产业发展中心 / 森林体验教育中心 。关键词：森林体验教育。地址：贵州省贵阳市延安中路 91 号。邮编：550001。

# 章节名称　编号

## 活动名称

### 内容（简短描述）

目的
　◇—

活动类型
　◇—

参与者人数
　◇—

参与者年龄
　◇—

时限
　◇—

材料
　◇—

准备工作
　◇—

室外条件
　◇—

### 活动流程

■　—

### 活动变化方案

■　—

> **提 示**

### 附加信息

■　—

### 参考文献

■　—

# 第九章 附 录

地球是一个圆盘。

中世纪人们对地球的认识

# 第一节　冬季

栽得梧桐树，引来金凤凰。

中国谚语

A 简明信息
B 活动
C 背景知识

## A 简明信息

糟糕的天气，要不下雪，要不下雨，或是非常寒冷，或是寒风呼啸，这就是冬天。在这个季节，您能够带领团队一起前往森林吗？我们认为是可以的，也是应该的！冬天是如此的特别，以至于我们单独为它列出一个章节。

冰雪和寒冷决定了自然界发生的事情。没有一个季节像冬天那样将生活改变得如此彻底。被冰雪覆盖的大地失去了它的棱角，并且有了一个全新的面貌。雪很平坦，但是雪也能够削弱噪音，冬天是安静的季节。

颜色也消失了，所有的都是白色或者灰色。如果视野内有红色浆果，就会非常抢眼。那么，冬天究竟是不是就等同于冰雪呢？并不是所有的地方雪都是冬天的一个重要主题，更确切地说，不是所有的地方在冬天都会有足够的雪存在。因此，我们也提供了一些没有雪也可以进行的活动，这些最适合冬天的活动，特别是树木，森林——生命空间，森林——工作场所，在其他重点主题中也能够被找到。

在这个季节中，几个小时的活动计划要求有较高的灵活性，因为从长远眼光来看，气候状况估计是差的。如果气候状况差，您和参与者就可能要采取很多措施，或者天气是不是很冷，以至于必须要先进行热身活动？请您想一想，比如，吃点心休息的时间是否需要生营火？

参与者的装备看上去是怎样的呢？您是否已经告知参与者恰当地装备自己，比如，暖和的防风防水裤子以及夹克衫（最好是滑雪服！）、手套、帽子还有暖和防水的鞋子就属于这样的装备。没有一个季节像冬天那样要求穿戴合适的衣服。否则的话，寒冷以及不舒服就成了最重要的因素，而不再是您的冬季旅行。

## 活动概览

　　如果地上有雪的话，整个世界看上去就完全不一样了。请您利用这个机会，并且通过以下6个活动和参与者一起发现这白色的森林。

- 冬季1"开始于冬季"

　　我们简单介绍一下，怎样让参与者们相互熟悉起来，并且提供机会让参与者第一次遇见雪。

- 冬季2"狐狸和兔子"

　　一个追踪赛跑的游戏，它可以帮助参与者们进行热身。

- 冬季3"猜脚印"

　　参与者以游戏的形式开始学习足迹追踪这项技术，在这里的足迹是参与者自己留下来的。

- 冬季4"雪中寻找动物痕迹"

　　寻找动物在森林中的路上留下的足迹，并且对其进行描述以及确定。

- 冬季5"雪和雪是不一样的"

　　在这里，参与者会发现，雪和雪之间是有很大的差别的，并且人们也可以对其进行不同的观察。

- 冬季6"迷你型因纽特人圆顶冰屋以及其他冰雪景观"

　　用雪打造快乐。此活动展示了雪并不是只能用来堆雪人，它也可以是整个"村庄"。

- - - - - - - - - - - - - - - - - - - - - - - - - - - - - - - - - - - - - - - - - - - -

　　植物和动物是怎样准备迎接冬天的？在接下来的活动中我们以植物和动物的"生存技能"为主题。

- 冬季7"冷血动物的防冻措施"

　　此活动的主题是冷血动物保温的困难性，参与者应该借助于一个模型来理解这个问题。

- 冬季8"冬天的乔木和灌木"

　　在冬天，首先是阔叶树看上去会完全不同于其他季节。此活动应直观地向参与者说明这一点，并且展示一下叶芽，它们用来作为确定树木种类的辅助方法。

- 冬季9"寒冷表"

　　参与者确定，在山毛榉树下的地面对冷热作用的反应与云杉树下的地面是不同的。

# B 活 动

## 冬季 1　开始于冬季

**内容**　参与者在雪中认识，并且在情绪上有所准备。

| 目的 | 时限 |
|---|---|
| ◇参与者互相熟悉并熟悉雪 | ◇大约10分钟 |
| 活动类型 | 材料 |
| ◇活泼型 | ◇— |
| 参与者人数 | 准备工作 |
| ◇10人以上 | ◇— |
| 参与者年龄 | 室外条件 |
| ◇6岁以上 | ◇易结成团的雪 |

**活动流程**

◆ 要求参与者围成一个圈。

◆ 请您做一个雪球，告诉大家您的名字，并且将雪球扔给圆圈中的某一个人。然后，这个人同样也说出他的名字，再接着把雪球扔给下一个人，此人再次说出他的名字。继续这么进行下去，直到所有人都介绍完毕。

◆ 在第二轮中，一个参与者将雪球扔给另一个参与者时，雪球应该越来越大，传递的顺序和上一轮相同。

**活动变化方案**

◆ 请您寻找一块没有被触及的雪地。在参与者围成一个圈后，每个人都和对面的参与者交换位置。

◆ 在交换位置时，走过的痕迹在雪地里应该是看得到的。

◆ 然后进行第二轮交换，这次所有参与者都要尝试完全不同的走动方式，比如，蹦跳，爬行，走，跑，翻跟斗。

**参考文献**

巴伐利亚州鸟类保护协会. 冬天里的动物痕迹. 希尔波尔特施泰因, 1992.

**Literaturhinweise**

Landesbund für Vogelschutz Bayern e. V.; Tierspuren im Winter. LBV in Bayern, Hilpoltstein 1992.

# 冬季 2 狐狸和兔子

**内容** 参与者通过一个追踪游戏进行热身。

| 目的 | 时限 |
|---|---|
| ◇ 参与者体验兔子的逃跑战略，并且以此来热身 | ◇ 大约10分钟 |
| 活动类型 | 材料 |
| ◇ 活泼型、游戏型 | ◇ — |
| 参与者人数 | 准备工作 |
| ◇ 10人以上 | ◇ — |
| 参与者年龄 | 室外条件 |
| ◇ 6岁以上 | ◇ 易结成团的雪 |

**活动流程**

◆ 根据参与者人数的多少，指定2~6个参与者为"兔子"，剩余的为"狐狸"，这些"狐狸"要追踪"兔子"。

◆ 这些"兔子"提前10分钟各自跑进森林，留下踪迹至他们共同的藏身处。"兔子"允许使用诡计，比如欺骗以及"之"字形移动。为了能向边上跳一大步，并且朝着另一个方向蹦跳前进，"兔子"有时候可以折回，最多可在自己的踪迹上往回跑50米。当人们在追踪兔子的踪迹时就会感到惊讶，踪迹到某一处突然就结束了。

◆ 在藏身处"兔子"会储备雪球。当追踪者（狐狸）接近藏身处时，它们可以向"狐狸"扔雪球。

**活动变化方案**

如果地上没有雪，没有看得到的足迹可以辨认，那么此游戏可以改为狼捉小鹿的游戏。现在，必须给游戏场地划定界限，请您协商好一个时间，在这个时间内所有参与者都必须返回。所有"小鹿"上臂都绑了一根布条。"狼"必须抢到这些布条。在"小鹿"提前逃跑的这段时间内，"狼"可以讨论一下追捕的战略——群体追捕。

**参考文献**

巴伐利亚州鸟类保护协会.冬天里的动物痕迹.希尔波尔特施泰因, 1992.

**Literaturhinweise**

Landesbund für Vogelschutz Bayern e. V.; Tierspuren im Winter. LBV in Bayern, Hilpoltstein 1992.

## 冬季3　猜脚印

**内容** 参与者以游戏的形式开始学习足迹追踪这项技术。

目的
　◇参与者们学习足迹追踪

活动类型
　◇积极的、游戏型

参与者人数
　◇4人以上

参与者年龄
　◇5岁以上

时限
　◇大约20分钟

材料
　◇—

准备工作
　◇—

室外条件
　◇雪

### 活动流程

◆ 请您将参与者划分成几个小组，每个小组最多10个人，成偶数，参见[>]开始 7 "谁和谁在一起？"，并且走向不同的方向，直到相互看不见为止。

◆ 紧接着，小组中的一个参与者在尽可能处于原始状态的雪地上留下足迹。

◆ 两个小组组成一个合作团队。此后，这个合作团队的参与者应该通过足迹追踪和对鞋底纹理的比较来找出另一个团队中留下足迹的那个人。

◆ 很快参与者就会非常狂热，如果人们想要追踪这些足迹，并且不对它们造成破坏，那么必须要小心翼翼地处理这些足迹。

### 活动变化方案

◆ 如果小组人数较多，那么当然也可以让多个人留下足迹，因此寻找出留下足迹的人也会变得更加困难。

◆ 请您让参与者用不同的走动方式留下足迹，比如，交叉着走，后退着走，跳着走，并且要找出是用哪种方式留下足迹的。

# 冬季4 雪中寻找动物痕迹

**内容** 参与者找出森林中的足迹，并且对其进行研究。

| | |
|---|---|
| 目的 | 时限 |
| ◇参与者们学习足迹追踪 | ◇大约20分钟 |
| 活动类型 | 材料 |
| ◇积极的、游戏型 | ◇— |
| 参与者人数 | 准备工作 |
| ◇4人以上 | ◇— |
| 参与者年龄 | 室外条件 |
| ◇5岁以上 | ◇雪 |

**活动流程**

◆ 要求参与者单独或者以小组形式寻找森林里动物的足迹，每个小组由一个引导者带领。

◆ 然后参与者要对各个足迹进行描述。

◆ 在森林——生命空间2"动物踪迹"附件2中，或者在足迹鉴定书的帮助下，可以识别出并且确定足迹的"创作人"。

**活动变化方案**

让参与者追踪动物足迹一长段路。

**活动深入的可能性**

一个参与者在雪中塑造一个动物脚印，这个脚印是其他参与者应该能猜出来的。

## 参考文献

巴伐利亚州鸟类保护协会. 冬天里的动物痕迹. 希尔波尔特施泰因巴扬：LBV（鸟类保护协会）出版社，1992.

朗格A. 我们的动物足迹及踪迹，慕尼黑: BLV（鸟类保护协会）出版社，2008.

毛雷尔G，它究竟是谁？我的第一本足迹书. 维也纳: 青少年及人民出版社，1990.

奥内佐G，沙伊贝B，乌伦豪特K. 田地以及森林里的动物足迹和踪迹. 巴塞曼出版社，2008.

### Literaturhinweise

Landesbund für Vogelschutz Bayern e. V.; Tierspuren im Winter. Hilpoltstein LBV in Bayern, 1992.

Lang, A.; Spuren und Fährten unserer Tiere. BLV Verlag, München, 2008.

Maurer, G.; Wer war denn das? Mein erstes Spurenbuch. Jugend und Volk Verlag, Wien, 1990.

Ohnesorge, G., Scheiba, B., Uhlenhaut, K.; Tierspuren und Fährten in Feld und Wald. Bassermann Verlag, 2008.

## 冬季5　雪和雪是不一样的

**内容**　参与者对雪进行研究，并且"拍摄"雪景。

---

**目的**
◇参与者意识到雪有不同的特征

**活动类型**
◇安静型、调研型、创造型

**参与者人数**
◇30人以下

**参与者年龄**
◇6岁以上

**时限**
◇大约30分钟

**材料**
◇放大镜
◇黑色的纸箱
◇用黑色的纸板制成的相框（10厘米×10厘米）
◇小的手铲/锄

**准备工作**
◇请您制作好相框

**室外条件**
◇有雪

---

**活动流程**

◆ 雪层剖面
要求参与者，用手铲将雪挖出，这样就能制造出一个类似于土层剖面的雪层剖面，这个剖面展示了雪的不同密度。这要求有足够的雪存在，并且已经存在几周时间了。

◆ 雪晶体
请您将参与者划分成几个小组，参见[>]开始7"谁和谁在一起？"，并且要制造出安静的氛围。让参与者将雪分散放到黑色的纸板上，现在，用一般的放大镜就可以对各种不同的雪晶体进行观察了。

◆ 雪景照
请您分发给参与者由黑色纸板制成的相框。然后，他们通过相框可以从各个不同的视角对冬天的景色进行观察，以此来"拍摄"自己的雪景照。

**活动变化方案**

◆ 雪的测绘
让参与者在不同的地点对雪进行研究以及描述，比如，在森林边缘，在不同的树下，在路上。雪的稠密也会和颜色一样有所不同，请将结果记录下来，并且进行比较。

## 冬季 6  迷你型因纽特人圆顶冰屋以及其他冰雪景观

**内容** 参与者用雪这种建筑材料塑造出最不同的物体。

| | |
|---|---|
| **目的**<br>◇参与者用雪进行建筑以及塑造<br>**活动类型**<br>◇安静型、创造型、充满想象力的<br>**参与者人数**<br>◇任意人数<br>**参与者年龄**<br>◇6岁以上 | **时限**<br>◇大约60分钟<br>**材料**<br>◇—<br>**准备工作**<br>◇—<br>**室外条件**<br>◇用来建造的易结成团的雪 |

**活动流程**

◆ 让您的参与者建造一个迷你型因纽特人圆顶冰屋。把冰屋布置得像村庄里的房子那样。

◆ 在圆顶冰屋中放入墓碑灯或者茶蜡，并且点燃。特别是在黄昏的时候，在这个冬天的森林里会形成一个富有情趣的画面。

**活动变化方案**

◆ 让参与者自由发挥，所有可用雪建造的都可以。为了避免老是看到熟悉的雕塑品，请不要只想到雪人，而是要想想其他动物，如抽象的艺术作品以及因纽特人圆顶冰屋。

◆ 请您事先规定所要表达的主题，比如，树木、树根或者类似的物体。

---
**提 示**

此活动很适合作为森林教育引导活动的结尾。

---

**活动深入的可能性**

请您讨论一下雪的隔热效果参见[>]C 背景知识。

# 冬季 7　冷血动物的防冻措施

**内容**　参与者将热水藏在小罐子内，这样可以保持它的温度。

| | |
|---|---|
| **目的**<br>◇参与者得知，冷血动物（变温动物）是怎么样通过合适的藏匿处来保持自己的体热<br>**活动类型**<br>◇活泼型、调研型<br>**参与者人数**<br>◇30人以下<br>**参与者年龄**<br>◇8岁以上 | **时限**<br>◇大约40分钟<br>**材料**<br>◇热水瓶以及数字温度计<br>◇每2~3个参与者一个胶卷盒<br>**准备工作**<br>◇将热水瓶装满热水<br>**室外条件**<br>◇最好非常寒冷 |

**活动流程**

◆　请您让参与者测量热水瓶里热水的温度，紧接着将各个胶卷盒（作为动物模型）装满热水，并且盖紧。

◆　要求您的参与者独自、2人一组或者3人一组（视小组成员数量多少而定）将他们的"动物模型"藏起来，使得30分钟之后水还有很高的温度。不允许将胶卷盒携带在身上或者放在衣服里。

◆　胶卷盒在藏匿处"休息"的时候，您有足够的时间详细讨论一下战略，人们是怎样通过热量守恒安全度过冬天的。

◆　30分钟之后，再次将"动物模型"拿来，并且分别测一下它们的水温，参与者说出并且展示他们各自的藏匿处。请您和参与者一起讨论一下蓄热值，首先是雪的隔热效果（参见[>]C 背景知识）。

**活动变化方案**

　　如果参与者是10岁以下较小的孩子，那么如果用液态凝胶来代替水那就更好了，凝胶在低温下会变成固体。为了准备凝胶溶液，请您将20克凝胶溶于50ml水中，并且将这个混合物放在保温瓶里保暖，浓度要适合0~5℃的外界温度，如果外界温度较高，那么凝胶浓度也应该要相应高一点。

---

**提示**

■ 所用的温度计最好是数字温度计，因为这样参与者可以一个接一个地快速读出温度值。每次进行测量时，要将温度计调节到相同的基值，这样测量出来的结果才有可比性。

■ 温度计的温标应该在0～80℃之间。如果有多个温度计那就更好了，这样测量温度就会更加畅通无阻。康拉德（Conrad）公司订单号为：10 31 87-44-的仪器经受住了考验，仪器和感应器之间的连接非常牢固。

■ 恒温动物

■ 所有必须要过冬的动物都有过冬用的毛皮。

■ 在寒冷区域的动物，相对于它们在较暖和区域的同类个体会比较大（体积:表面积比例），并且耳朵和鼻子比较小。

---

# 冬季8 冬天的乔木和灌木

**内容** 参与者对冬天里的树木进行描述，并且确定树的种类。

**目的**
◇参与者认识冬天里树木的典型特征

**活动类型**
◇安静型、调研型、知识型

**参与者人数**
◇20人以下

**参与者年龄**
◇6岁以上

**时限**
◇大约60分钟

**材料**
◇剪枝刀、小刀、放大镜
◇[>]树木10"鉴别树芽"附件中的分类图

**准备工作**
◇请您寻找一个合适的地点
◇请将分类图复印

**室外条件**
◇不要太冷或者太湿

---

**活动流程**

◆ 为了能够详细了解树木，并且紧接着能对它进行描述，请您让每个参与者挑选出一棵乔木或者灌木，描述时既要包含一些细节，比如树皮、树干、分枝以及树叶，也要包含乔木或者灌木的一个全貌。

◆ 请您让参与者分别随身携带一种乔木或者灌木的两根细枝，并且牢牢记住它们的特征，然后将这两根细枝上交。

◆ 现在，请您让参与者描述一下他们各自的乔木或者灌木的特征，并且和参与者一起研究它们的不同以及共同之处。如有可能的话，您还可以和这个小组再次寻找这些乔木和灌木。

◆ 参与者很快就会注意到，通过树枝以及叶芽来确定树种是最好的方法。因此，请您提供树木10"鉴别树芽"附件中的分类图作为重要的辅助工具。

◆ 请您将各种各样的树枝再次混合地陈列出来，紧接着，要求参与者将配对的树枝再次找出来。

◆ 为了对一些叶芽的内部生活进行展示，请您让参与者对叶芽进行更仔细的研究。

◆ 为了圆满结束此次活动，并且对活动的效果进行评估，请您再进行一个叶芽拼图游戏。请您将一些树枝剪成3部分，并且让参与者将它们再次组合起来。

◆ 如果天气太冷了，那么第二部分可在室内进行。如有可能的话，您可以和老师协商一下，让参与者将用来继续进行研究的树枝带入学校。

---

**提 示**

此次活动的重点在于识别冬天里的乔木和灌木，也涉及"冬季服装"的特别之处。

---

**活动变化方案**

如果天气持续很糟糕，您也可以将分类材料带去学校。学生可以将带有叶芽的树枝插入花瓶里，在几天或者几周之后对其开花过程进行观察，并且放上植物的名称标签，由于叶芽会进入休眠状态，所以人们只能在12月中旬以后才能看到开花（"芭芭拉枝条"）。

## 附加信息

■ 休眠

休眠持续的时间是由基因来控制的，在植物最后的生长期期间还可以是萌芽的。虽然还有有利的条件存在，但是它们的成长早在夏天就已经受到了严重的制约。秋天是休眠时间的高潮，进入了"主休眠"期。现在，即使用人工的有利生活条件也不能激活这些生命过程了。

大约在12月，由"主休眠"期进入了"后休眠"期。这个阶段可通过外界影响来缩短，比如，曝光时间以及温度，园艺工人可以利用这一点让某些植物提早萌芽。

# 冬季9　寒冷表

**内容** 参与者研究常绿以及落叶植物下土壤的"寒冷承受度"。

| 目的 | 时限 |
|---|---|
| ◇参与者了解常绿以及落叶植物在冬天的作用 | ◇大约15～30分钟 |
| 活动类型 | 材料 |
| ◇积极的、知识型 | ◇铁锹 |
| 参与者人数 | ◇如有可能的话，地钻 |
| ◇每组最多5个人 | ◇如有可能的话，镐 |
| 参与者年龄 | 准备工作 |
| ◇10岁以上 | ◇请您对地面霜冻进行测试 |
| | 室外条件 |
| | ◇山毛榉–云杉–幼林，霜冻期开始或者结束 |

**活动流程**

◆ 请您将参与者划分为几个小组，每个小组最多5个人，分组方法参见[>]开始 7 "谁和谁在一起？"。

◆ 请您让参与者用铁锹、地钻或者铁镐对所挑选的云杉以及山毛榉树下土壤的霜冻状态分别进行测试：在经过短时间的霜冻期后确定山毛榉下面已经有地面霜冻了，而云杉树下的土壤还是软的。在长时间霜冻期后进行解冻时却刚好反过来了：山毛榉树下的土壤软化要比云杉树下的土壤快，通常情况下会看到云杉树下地面霜冻还会持续一段时间。

◆ 请您和参与者一起讨论以下原因：

◇在云杉树下，霜冻期开始的时候通过针叶形成了一个保护空间，这个空间不容易那么快变冷并且形成霜冻。在霜冻期结束的时候人们注意到，由于这个保护空间的作用，只有很少的阳光到达了地面，并且地面霜冻很久都不解冻。雪保留在针叶上，造成了背阴处的增加，更确切地说，地面缺少作为防寒保护层的雪。

◇在山毛榉树下，由于树枝缺少树叶，在霜冻期开始的时候，地面冷却范围很大，并且很快形成地面霜冻。反过来，在霜冻期结束的时候人们注意到，阳光和雪会更容易到达地面，雪下面的地面冰冻比较轻，并且融化比较快。

**活动深入的可能性**

请您以不同的森林植物的水分平衡为主题，并且对针叶树不同的降水截流，融化速度以及融化延迟进行讨论。

## C 背景知识

### 什么是冬天？

在冬天，白天会变短，并且温度会下降。从日历中，人们可以得知冬天什么时候开始和结束。对于自然界来说，冬至的时间点并不是至关重要的，重要的是霜冻的持续时间和强度。在这个季节经常会降雪。

大气温度在0℃以下时就会形成霜冻。生理过程因此变得缓慢，冰冻的水不能再供植物使用，细胞腔内的水形成了冰晶，因此会对细胞造成损害。

### 冬天与地理条件

纬度越高，相应区域内冬天的特征就会越明显，最极端的就是极地地区，这里的冬天不再有白昼。

不同的纬度、地球大气循环以及大陆的地面或者海面的存在造就了不同的气候带。海面减缓了极端温度，因为在那里空气变暖变冷都比较缓慢。大气湿度高也经常会造成大的降水量，离海越远降水量就越少，极端温度下就越多。

另一个因素就是海拔高度。海拔越高，冬天的持续时间就越长，强度就越大。在高山，有些地方温度极低，以至于一定的高度以上就不可能有树木生长了。

除了全球和区域的因素，当地的一些因素也会对其造成影响。主要的因素比如山坡的朝向，也就是说它们处于哪个方位，或者冷空气湖的存在。当冷空气在盆地或者山谷中下降并且堆积起来时就会形成冷空气湖。

### 冬天的特征

在冬季的月份里，温带地区的降水经常会以雪的形式出现。雪是一个非常糟糕的导热体，因此会有一个隔热作用。厚厚的积雪层可以让下面的动物以及植物保暖。但是大的降雪量也可能会造成机械损害，比如雪崩，并且也会增加动物走动所需的能量。雪，尤其是刚刚盖上的雪层，最多可以反射85%的阳光，而未被雪覆盖的地面只能反射15%。反射阻碍了变暖，也因此阻碍了雪的融化。在雪层下，霉菌（褐毡疫病，松星裂盘菌）会蔓延开来，特别是高山中的针叶林。冰也是一种糟糕的导热体，因此能够阻碍水域的热损耗，冰比水轻，并且可以在水面上漂浮。

风对物体表面有一个额外的冷却作用。比如，如果大气温度在无风的时候为0℃，那么在风速为40千米/小时，它对生物体的影响就同−18℃一样。在冬天会比在夏天出现更高的风速，由于冰冻的植物是非常脆的，因此，冬日风暴可能会造成大雪崩，地面霜冻促进了风化的进行，并且释放出新的营养物质，但是，在土壤中冰冻着的水不再可供植物使用。

### 植物世界对冬天的适应性

在冬天，由于光照减少，因此想要有一个积极的光合速率几乎是不可能了。植物缺少水，因为在土壤中的水冰冻了。植物体内的水的冰冻造成了对细胞的损害。通过不同的生活型［根据劳恩凯尔（RAUNKIAER）的生活型分类系统］使这些植物适应了冬天，并且发展了各自越冬的机制。植物忍受0℃以下温度的能力人们称之为抗冻性。耐冷型植物可采取一些措施来抵御冰冻，比如通过储藏糖来提高渗透值，并且以此来降低冰冻点。植物通过光照时间以及温度的变化意识到季节的变化，并且用它们的基因程序来作出反应。有些植物种类甚至需要这个寒冷或者霜冻过程，用来发芽或者开花。常绿植物的一个特殊问题就是冰冻缺水。

**劳恩凯尔（RAUNKIAER）的生活型分类系统**

| 生活型 | 简介 |
|---|---|
| 高位芽植物（气生植物） | 休眠芽高于地面 25 厘米以上的乔木以及灌木 |
| 地上芽植物（矮化植物） | 更新芽位于土壤表面之上，25 厘米以下的灌木 |
| 地面芽植物（近地表植物） | 更新芽位于近地面土层内，冬季地上部分全部枯死 |
| 隐芽植物（陆生植物） | 更新芽位于较深的土层中。冬季地上部分全部枯死。它们拥有特殊的储藏器官（根茎，块根，鳞茎以及地下茎） |
| 一年生植物（种子植物） | 地上以及地下部分全部枯死。以传播器官（种子）越冬 |
| 水生植物（水生植物） | 通常通过位于水下土壤里的休眠芽越冬 |

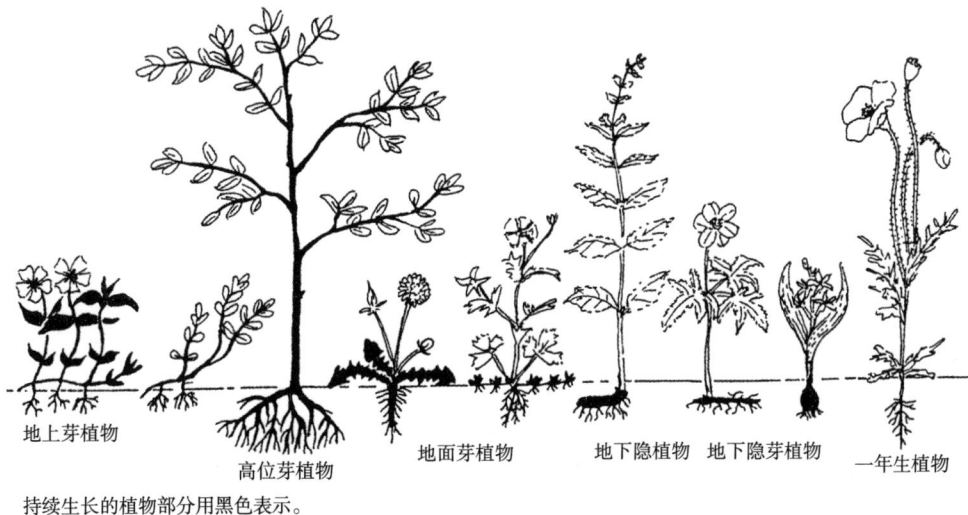

地上芽植物　　高位芽植物　　地面芽植物　　地下隐植物　地下隐芽植物　　一年生植物

持续生长的植物部分用黑色表示。

■　植物的生活型分类

当土壤冰冻，同时强烈的光照增强了蒸腾作用的时候，冰冻缺水就出现了，由于没有水可通过根部进行补给，因此植物必须忍受干旱带来的损害。冰冻缺水因此也限制了森林分布的海拔高度，因为对于从雪中突出来的植物部分来说，光照反射和太阳辐射的作用是类似的。

## 动物世界对冬天的适应性

为了存活下来，动物在冬天需要很多能量，而冬天的食物资源经常是十分有限的。因此，冬天对优胜劣汰以及种群动态起着本质的作用。

原则上，人们必须区分冷血动物（变温动物）和温血动物（恒温动物）。冷血动物的体温取决于环境温度，在冬天很长的地区，只有少数种类可以利用难得的温暖日子来进行繁殖。温血动物（鸟类和哺乳动物）有一个种群特定的体温，在环境温度低的时候，为了保持自身体温，它们需要很多能量，但是它们也可以继续保持活跃。为了尽可能减少热量损耗，动物的相对表面积就要尽可能小，因此同一种类的动物在寒冷区域其身体趋于大型化。这一规律称之为"伯格曼定律"。同一种类或者近亲种类的动物的身体附件，比如四肢、尾巴以及耳朵，在较冷地区就会相对比较小，这一规律称之为"阿伦定律"或"比例定律"。让我们以狐狸和野兔为例来清楚地领会伯格曼定律和阿伦定律。

动物们有以下三种方式度过冬天。

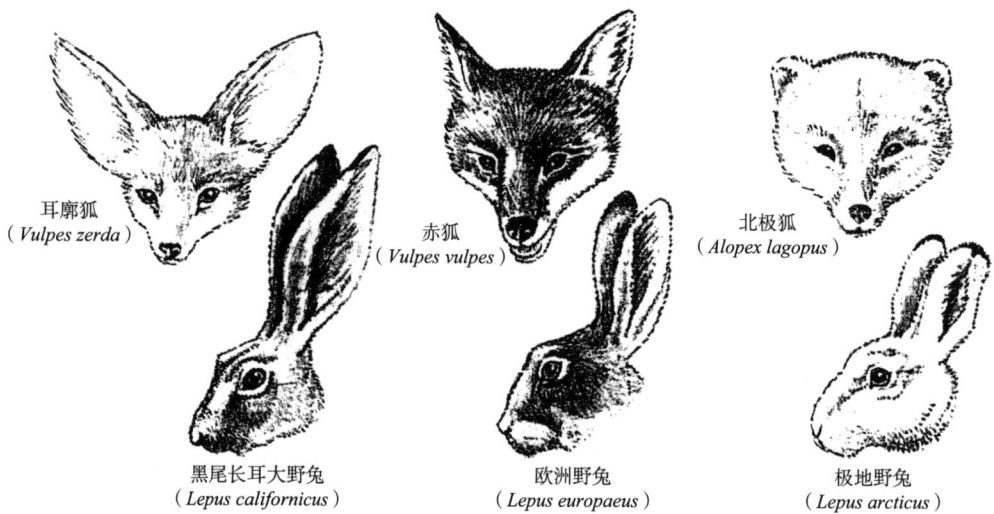

不同纬度的狐狸和野兔

## 季节性迁徙

在季节性迁徙中，候鸟的迁徙扮演了一个特别重要的角色。候鸟会迁徙到一个比较温暖的地区，通常是迁往非洲、地中海区域或东南亚及大洋洲，为此它们每年要飞行几千千米。比如，北极燕鸥飞行35000千米/年，那么它们每天要飞行200~800千米。

终年栖居繁殖地区而不迁徙的鸟类人们称之为留鸟。即使是其他动物种类在冬天也会迁徙，比如，赤鹿（又称马鹿）会从中等高度的山脉位置迁徙到冲积平原森林。

## 消极越冬

消极越冬有不同的形式。冷血的爬行动物和两栖动物处于僵硬状态，只有当环境温度上升时，它们才会重新活跃起来。有一部分温血动物种类，主要是哺乳动物，它们能够自己调节新陈代谢过程。为此人们将其区分为冬眠以及休眠。众所周知的冬眠动物比如有刺猬、睡鼠、榛睡鼠或者土拨鼠，它们的身体温度在0.2~5℃之间，它们不离开它们的冬栖处。

不同于冬眠动物，休眠动物也有一个积极的进食过程，在休眠期间其身体温度只降到了15~30℃。德国的休眠动物有獾，田鼠以及松鼠等。中国的休眠动物有野兔、野猫、松鼠等。

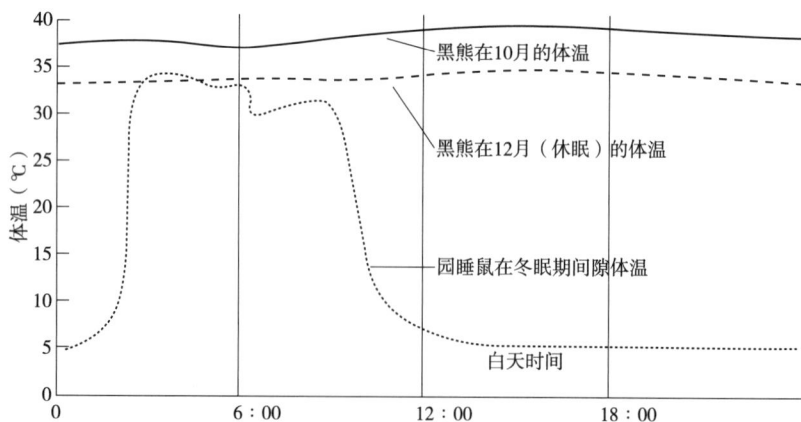

一种休眠动物（黑熊）和一种冬眠动物（园睡鼠）日内体温变化曲线图

### 积极越冬

冬天活跃的动物没有储备食物，并且整个冬天都在寻找食物,这些大多数是温血动物。为了适应冬天，它们大部分都有特殊的冬天毛皮或者羽毛。为了保持体温，肌肉运动转化为热量，这被称之为颤抖性产热。但是也有一些特殊的昆虫种类，比如雪蚤，它们有能力积极度过冬天。

### 参考文献

亚努施，雅格布. 和孩子们一起体验冬天——为家庭，幼儿园以及小学所想. 蓝恩出版社，2007.

诺依曼A. B. 全年体验森林——自然之旅（活动以及故事小册子）. Oetopia出版社，2000.

### Literaturhinweise

Janusch, C., Jacob, E.; Mit Kindern den Winter erleben: Ideen für Familie, Kindergarten und Grundschule. Lahn Verlag, 2007.

Neumann, A. und B.; Waldfühlungen – Das ganze Jahr den Wald erleben. Naturführungen, Aktivitäten und Geschichtenfibel.Ökotopia Verlag, 2000.

# 第二节　森林一日探险

闻之不如见之，见之不如知之，知之不如行之，学至于行之而止矣。行之，明也。

　　　　　　　　　　　　　荀子

A 简明信息
B 活动

## A　简明信息

在本章节中，活动围绕着一个主题来开展以便制定一整天的活动安排。没有对各种活动进行优先安排，因为有关主要的专题，在本章中有详细的信息。

结合的活动主要来自重点主题[>]"森林土壤"和"森林——生命空间"以及[>]"活动的顺序：开始—激发兴趣—结束"章节中的活动。

尽管这一天的探险设计在德国巴伐利亚州的国家森林公园里开展，但是对它不需要太大的修改，对热带森林也有用。

为了准备，您必须选择一个合适的地方，收集必需的材料，有足够的人员来参加以便将学生划分成小组。不要忘记那些在保护地工作的科学家和志愿者，也不要忘记那些经常很高兴来参与这类活动的父母和其他人员。

教学方法的成功与孩子们的愉快和热情，将会让你在准备工作中投入的时间和精力获得加倍的回报。

# B 活动

## 森林一日探险

**内容** 体验森林——了解自然。

**目的**

◇认识到森林是一个至关重要的空间，倡导一种"森林意识行为"

**活动类型**

◇活泼型、积极的、安静型

**参与者人数**

◇15人以上

**参与者年龄**

◇11岁以上

**时限**

◇6个小时 (全天，含午餐)

**准备工作**

◇收集材料，选择一个合适的地点

**材料**

植物主题

◇山毛榉、冷杉、云杉、北美黄杉的树枝

◇树木真菌、地衣

◇蜂斗菜、百里香等

◇眼罩

◇镜子（每人一个）

◇用张贴纸制作的太阳

◇浇水罐和一口锅

◇带有"$CO_2$"标签的果酱瓶

◇糖罐

◇标准A6索引卡片、纸（根据参与人数）

◇钢笔或铅笔

动物踪迹主题

◇明信片

◇绳子

◇坚果（花生或榛子果实，每人15粒）

◇动物足迹

◇分类和识别书籍

森林土壤主题

◇4个筛子（面粉筛，不要太细）

◇昆虫捕捉器

◇白色床单

◇小毛刷

◇4个双筒望远镜

◇至少4个带盖子的玻璃容器，可以携带东西

◇放大镜

◇有关植物和动物的分类和识别书籍

室外条件

◇最好是干燥季节，不要太冷

**活动流程**

◆ 森林一日探险，上午8:30开始，下午2:00结束。在致欢迎词后，将参与者分成3组。选择3种不同的物品，如枝条、岩石、叶子或者种子。让参与者后背着手通过触摸来辨别物品，将摸到同类物品的参与者分成一组。用这种方式，分成3个小组，每个小组的参与者数量都相同。在上午，每个小组参与一个不同的活动安排。

◆ 在前2个半小时，不同的小组着重于森林生态系统中的一个部分：植物、土壤动物或者动物踪迹，然后是3个小组共同午餐（1个小时）。在余下的2个小时里，每个小组根据他们在上午的活动里所经历的和学到的准备一个专题演讲。然后小组之间互相演讲。孩子们决定他们如何来介绍自己的工作，介绍的形式可以是小品、故事、一首诗、一个展示或者是其他不同的方式。在经过60分钟的准备后，每个小组有10～15分钟的时间来进行演讲。然后，引导人员总结每个演讲小组的要点。

◆ 探险日以森林土壤 11 "水土流失实验"为结束，在2名自愿助手的帮助下，由1名引导人员来引导完成，目的是通过在一个有植被的斜坡，用浇灌水的方法演示森林在涵养水源和防止水土流失方面所发挥的保护作用。与无植被覆盖的、毫无植物根系的地方直接浇水试验进行比较，在这里会出现洪水泛滥的迹象。该小组可以分析情形，得出自己的结论，将来更好地保护森林这一生命空间。

## 上午工作计划

以"植物"为主题的工作小组：

引导者对于森林植物的主题进行一个感知的介绍。可以采用将参与者眼睛蒙上，让他们通过摸、闻和品尝来识别不同的植物，允许参与者们触摸区分不同树木的枝条，当感觉到树木真菌、蕨类或地衣时，会发现有一种特殊的感觉。

该活动要求参与者识别一些植物的气味，在品尝时应当小心，因为有些植物有毒。在结束感知阶段，参与者摘掉眼罩，进入森林，设法找到他们曾经触摸到的、闻到的或者品尝到的植物。另外，可让参与者说出所见到的植物的用途，如用材、观赏、药用，等等。在行走感知中，通过[>]树木 1 "镜像森林"的活动，从不同的透视角度介绍该生活空间。当镜像森林结束时，参与者们交流他们对于森林不寻常景色的印象。当您问他们森林是否看起来是无趣的或者单调的，大多数参与者都会坚决否认，这时您应该介绍天然林四个植被层的主题。参与者们应该扮演这些植被层：腰弯的很低（苔藓层）、弯着腰（草本层）、直直地站立（灌木层）和用脚尖站立并举起手臂（乔木层）。

对于所介绍的植被层中不同植物，小组应该不会有困难来识别和确定它们的位置。这时，引导者谈论天然林与纯林之间的区别，讲述枯死木在森林生态系统中的重要性。

谈论后，参与者们单独待一会，引导者在森林里神秘地消失，他/她藏着一件服装和必要的东西来表演有关光合作用的哑剧（[>]树木 6 "光合作用——小精灵"）。

在随后的讨论中，参与者们试着用自己的语言来解释光合作用。这时是一个理想的时间来谈及植物光合作用对人类和动物健康的重要性，这也在生长的主题和我们自己问自己如何可以观察到一株树木的生长之间建立起了联系。小组总是对测量非常巨大树木的高度印象深刻（树木 15 "树木简介"）。

作为一个放松的练习，按照[>]森林——生命空间 13 "猫头鹰和乌鸦"的活动来开展。如果没有合适的空间来进行该游戏，可以用[>]森林——生命空间 14 "记忆游戏"的活动来替代。记住需要使用观察技巧和记忆。

　　然后引导者可以做出陈述："当一个人在森林里时，交通噪音令人愉快。"这会带入主题[>]激发兴趣 1 "声音地图"。该主题是在真实生活中经历的与自然不相称的噪音是如何毁坏了自然环境的和谐，通常该游戏可以让小组安静下来，提高他们的注意力，这对于继续下一步的活动是必要的，该活动包括通过触觉认识树木（[>]树木 11 "感受针叶树"）。

　　现在每个参与者应该选择一棵固定的树，找一个安全舒适的位置，闭着眼睛站立着，继续表演"树木幻想"的活动，这带来一种思考。该思考允许上午的活动安排以一种愉快的方式结束（[>]树木 21 "时光飞逝，树木屹立"）。完成所有这些活动后，小组开始吃午餐。

## 以"土壤动物"为主题的工作小组

　　引导者说："所有的岩石（叶子或种子）都到这里"，让参与者们围坐成一圈。现在引导者再次介绍他/她自己，但应该更详细。引导者让每个参与者来向小组进行自我介绍，说一些有关自己的情况，这样开始了小组内部的交流，孩子们或年轻人可以克服在引导者面前的害羞感。在介绍结束后，以[>]森林土壤 2 "赤脚毛毛虫"的感知活动开始，在该活动中，参与者们必须脱去他们的鞋子，蒙上眼睛，以便感受和体验森林土壤。

　　为了结束该活动，对该经历提出评论，有人将提到在土壤中发现的动物。直接暗示着转到下一个活动[>]森林土壤 4 "跟踪土壤动物"。

　　引导者问土壤里存在哪种动物或生物，通常，参与者们将不仅提到动物，也会提到那些选择土壤作为他们生活空间的细菌和真菌，该项活动对参与者们来说娱乐性很强，将实践引入他们的几种感觉中。为了开展该项活动，总是要提醒参与者们"我们仅仅是借用它们"，小组会将所有的动物放回它们舒适的生活空间。

　　然后继续进行[>]激发兴趣 6 "跳蚤—小鸟—蜘蛛"的娱乐活动。最后，参与者们采集一把森林土壤，"闻一闻土壤并观察其中存在的生命"。

　　经过短暂休息后，参与者们将发现那些叶片高度分解的过程，现在仅剩下骨架（[>]森林土壤 5 "落叶的分解"）。当每个参与者都有一片树叶时，他们都坐在地上，继续进行活动[>]森林土壤 6 "土壤阶梯"。引导者解释叶子的分解循环：形成腐殖质，植物的养分和新叶的形成。

　　参与者们的问题总是融入到谈话中，这样参与者们可以介绍他们对于分解循环的先前知识。例如，他们可能会问"含有所有这些养分的土壤叫什么名字？"然后，您可以谈论作为"森林土壤老板"的蠕虫。

　　在结束"土壤阶梯"活动之前，应该讨论垃圾的问题。我们在森林里发现了哪些不属于森林的东西？当对这一问题进行了分析，孩子们会开始理解小动物和生物不能分解诸，如食品罐、瓶子、润滑油等物品，而且它们会因为这些物品而死亡。孩子们然后会问"我们能做什么？"暗示着避免产生垃圾的可能性和循环垃圾的重要性。

　　为了用最可能好的方式结束上午的活动，要求每个人躺在毯子或垫子上，脸朝上，向上看树冠，思考如果土壤动物罢工，落叶堆积了，会发生什么。在完成了这个最后的活动后，参与者们去吃午餐。

## 以"动物"为主题的工作小组

　　参与者们坐在草地上，负责该小组的引导者进行自我介绍，谈论上午的工作计划。为了创造一个舒适的环境，引导者请每个参与者进行简要的自我介绍。

　　当参与者们听到他们的主题是关于森林动物时，许多人会期待遇见几只大的不常见的动物。为了该理由，重要的是开始引导参与者的兴趣朝向森林的踪迹，只有用这种方式，您可以避免失望。如果您告知了他们寻找动物的迹象和踪迹是发现动物存在的关键时，您可以吸引小组的注意力和专注力。因为主要的主题是迹象和踪迹，您得确定他们所理解的迹象和踪迹。几乎所有的小组都首先提到爪印，几乎没有人知道其他的诸如在树木上的啃咬痕迹、粪便、动物的一部分，例如羽毛、触角、骨骼、巢穴如窝、洞或者地洞，鉴于此，有必要在开始行走之前弄清楚这一点，

否则寻找将会是令每个人沮丧的（[>]森林——生命空间 2 "动物踪迹"）。在适当的地方讨论大的迹象和踪迹，采集小的迹象和踪迹，并带回营地来讨论它们的来源。

在行走的过程中，您可以进行[>]森林——生命空间 5 "偷袭猎物"的活动，这个活动促进集中精力，是开始寻找迹象和踪迹的一个好方式。

继续活动[>]开始 3 "我是谁？"一旦识别了明信片上所有的动物和植物后，参与者们围坐成一圈，介绍他们所收到的明信片上的植物或动物。然后，从一个参与者向下一个参与者传递一串山芋，来代表森林里动物与植物之间存在的独立性（[>]森林——生命空间 4 "万物互相依赖"），使用在前面活动中讨论过的动物。用这种方式，参与者们将知道许多有关动物的独立性。为了演示森林生态系统中所有植物群与动物群之间的独立性，参与者们轻轻地将山芋上下拉动，后面他们会提供一些有关生态系统中自然变化的看法，本活动仅仅反映了森林生态系统有限的一部分以及存在于其中的复杂性。这种活动有趣，对参与者的娱乐性强。

作为结束，分析人类对生态系统干扰的结果以及与一些物种灭绝的关系。

## 下午工作安排

午餐和稍歇后，再次形成小组来准备他们的介绍。尽管有少量的材料也可以进行很好的展示，重要的还是要有多种材料，如用于手工艺品和化装的颜料。

建议的材料箱里的内容：

■ 颜料和工艺箱
◇水彩及刷子、彩色蜡笔、细的和粗的标记彩笔
◇彩色铅笔
◇不同颜色的纸张
◇胶水和胶带
◇剪刀
◇铅笔刀
◇橡皮擦
◇张贴纸
◇大卷报纸
◇用于粘贴叶子的板
■ 剧院箱（用于化妆的材料）
◇帽子，多种长度的织物，面罩
◇旧衣物和服装
◇化妆品
◇其他物品，如眼镜、假鼻子、假发、胡子、乐器和噪音器。

## 展示准备

用他们自己的主意和提议，参与者们准备一个展示，来反映他们早上所看到的。用这种方式，所有的参与者们都将见证其他小组早上所经历的活动。展示不仅完成了目的，也给孩子们或者年轻人提供了开发他们创造力的机会。同时，对他们来说也是小组内部实践合作和民主行为的一次好机会，介绍创造的和准备好的东西，例如一个表演，增强了参与者们的自信心。

## 展示指导

对于一个好的展示，引导者应该关注参与者们的主意和提议，不要将其观点强加于参与者们，引导者的作用就是调动各小组的积极性。

鼓励每个参与者为展示提出自己独特的主意，引导者不要施加具有负面效果的影响，这是一项复杂的任务，因为许多参与者们不习惯于独立的工作。

通常，小组需要时间来创建某个东西的想法，一旦他们通过这一步骤，然后就会加入对上午活动的思考，主题就开始了。一名小组成员应该记下所有的主意和提议，这样可以讨论它们的可行性，尽管有时并不能完成所有的主意，但结合它们的可能性仍然存在。例如，一些参与者想写一个故事，而其他的参与者想表演一个小品，为了解决问题，他们可以表演故事。

一旦将展示确定下来，参与者们就开始准备。他们寻找剧院箱和工艺箱里必要的物品。带着浓厚的兴趣和精力，他们作押韵小诗，练习表演，绘画和创作。通常最害羞的参与者们会对绘画、手工艺制作和化装充满兴趣，决定也参与到准备中。

在这一阶段，引导者必须多留心以免失去每个展示的重点主题，该重点主题就是在上午期间所经历的活动。

如果最初的混乱逐步被解决，从形成最初的主意到实际的表演，小组都做得很好，引导者应该感到满足。当然，有些小组需要精确的指导，这样，他们可以协调和完成他们的想法。

## 展示汇报

做完所有的准备后，展示可以开始。森林里的一个空地处和展示人员的优雅举止可以创造一个理想的环境来完成这一活动。

汇报开始时，引导者要向所有参与者致欢迎词以表示对大家的欢迎。介绍的次序不重要，通常可以在最后一刻来决定。想要确定一个固定的汇报流程是不可能的，因为每个小组都是独特的，孩子们的表现也常常令人吃惊。同样，果教学内容不是非要充满假设，那么有时就"仅仅"是真正的快乐，并且自己会禁不住亲自去尝试，鼓起勇气自豪地向整个团队汇报一些"自己"的东西！

下面是几个由世界各地的孩子们来展示的实例。

■ 以"植物"为主题的工作小组

◇用图画展示森林中的各种植物及其不同的四个植被层。

◇针对上午有关主题的不同任务和问题设置一种骰子游戏。

◇针对上午有关主题进行问题测试。

■ 针对以下主题进行一些有关的表演

◇植物在自然界的成长和分解。

◇不同的森林植物以及它们对生长条件的要求。学生化装成马芦蹄草和细叶芹，抱怨一棵想在她们旁边生长的大树，为此这棵树被移到耐阴花草那里去生长。

◇动物和植物之间的相互作用。有一个好的想法是用不同颜色的气球代表二氧化碳和氧气，然后将它们从一个动物投向一株植物，或者反过来也一样。该游戏也适用于表演植物的光合作用过程。

◇一个小孩和其祖父在森林里散步，观察到由其他参与者们扮演的许多植物。这个小孩坚持无论如何想要一株植物，但是其祖父拒绝了他，并且给他/她解释这是在国家森林公园，植物是受保护的，还告诉孩子为什么植物应该待在它们的自然栖息地中。过一会，这个孩子和其祖父在舞台上再次出现，现在这个孩子已经长成成年人，与年长驼背的祖父散步于同一块森林。他们认出了他们许多年前曾路过这里，谈论着这里所发生的变化……"看，这棵树现在已经长得多大了！而这棵老树已经倒了……"。

◇森林中垃圾的问题：参与者们用树枝遮盖来扮演一小片山毛榉树的森林，小树尽情享受着快乐的森林生活，同时也有参与者们扮演的一些动物，活跃在宁静的森林之中。突然，一辆拉满游客的车进入森林，树木开始咳嗽，游客进行了野餐，留下了他们的垃圾，离开了。

◇编写并介绍一个故事"一棵小树"，以便生动形象地揭示森林。开始的时候，当它仅仅还是一颗种子时，一只松鼠将它藏在树桩的洞里，但是松鼠忘记了它，然后，种子开始了发芽的"漫游"旅程，因为它决定不了，它究竟最想在森林里哪个地方来生长。

■ 以"动物"为主题的工作小组

◇通过表演的方式展示动物关系网。参与者自己装扮成不同的动物演示他们之间是如何相互依赖的。

◇小组模仿一些动物的声音和典型的行为，观众试着猜这些动物。

◇参与者们创编并表演一个故事，例如，"森林经营者在早晨巡查值班的路上"。

◇每个"动物"讲述其在森林里的生活，并显示它们的足印。

◇来自自然之美大学的一名教授从森林探险回来，向他的学生们讲述其观察到的东西。

◇参与者们组织绘画展，画中展示他们在上午的徒步旅行中所看到的动物痕迹。

◇小组用皮毛和羽毛准备一个森林时尚表演。

◇参与者们用他们所观察到的信息，编制一个电视节目。例如，节目的名字可以是"最后的松鼠"。

■ 以"森林土壤"为主题的工作小组

◇展示土壤动物和土壤的组成。

◇通过把不同分解阶段的树叶粘贴在卡片上展示营养成分的循环。

◇编剧：土壤动物大聚餐生活及其对植物生长的意义。它们尽情享受来源于树木上的"蔬菜"美味时，森林中塑料垃圾使它们遭受肚子疼的痛苦。

◇通过猜谜游戏介绍不同的土壤动物及其分解过程。

◇用想象中许多不同的土壤类型，制作一个（脚）"传感路径"。

◇小组创编一个故事，该故事融合了一些动物的痕迹。每次都提到一个痕迹，如提到一只具体的雄松鸡，那么就要展示那种雄松鸡的羽毛。

---

**提 示**

森林一日探险并不能改变一个孩子或者一个青少年有关未来与自然和谐生活的行为。可能在乘公共汽车回家的路上，参与者们将拿出他们的"随身听（一种音乐设备）"……，尽管如此，当参与者们第一次看见蜻蜓从蛹中孵化出时，他们的热情和充满欢快的表情，或者他们自豪地在手中拿着一只蜘蛛（尽管在几个小时之前他们对此还具有厌恶感），这些都表明森林一日探险是向未来一代传播自然之美和其魅力的一种好方式。我们可以用下面的话来结束我们的森林一日探险："我仅热爱和尊敬我所了解的，我会保护我所喜爱和尊敬的。"

# 第三节　大型团队活动

使心灵产生不安的不是要发生的事情，而是人们对事情的思考过程。

爱比克泰德（Epiktet）

A 简明信息

B "大型团队"引导示例

C 森林活动日

## A 简明信息

您作为一名森林教育引导者，必须永远掌握、控制全局。摆在您面前首先要考虑克服的困难是："如果团队过大，我该怎么办？"，对此我们将在B "大型团队"引导示例部分为您提供两个不同的带有答案的示例供您参考。

在[>]C森林活动日中，我们为您提供了2个森林活动示例。这些示例适合3年级学生（参与者年龄约9岁），这些活动早年已经多次在巴伐利亚州不同的地点成功地实施过了。

# B  "大型团队"引导示例

## 示例 1

### 开始情景

有足够的协助人员帮助您引导一个约15人的团队。

### 准备

#### 具有前期准备时间

在与您的助手进行预备会议时，您可以告诉他们在活动中不承担任何专业责任，以便于用这样的方法去缓解他们紧张忐忑的心情。但是还是要交给他们一些简单易行的活动！在前期预备会议上您要进一步给各位团队引导者们分发描述活动的文件副本。在准备过程中应该预备比实际计划执行的活动数量更加多的活动，这样，您的助手们就可以从中选择一些他们个人喜欢的活动，并能够保持其自我的灵活性。

#### 无前期准备时间

您的大型团队与团队引导管理者相遇。此时，只有在事先与引导管理者约定好并且引导者已经有所准备，或者本身就有应对大型团队的灵活性的情况下，把大型团队划分成若干小组才有意义。如果已经到了快要向大型团队致欢迎词时，您才公布您需要人手帮忙，那么即使有人想要出来帮忙，恐怕也很难实现了。潜在的团队引导者自己也会因缺乏足够的心理准备，感到不知所措，负担过重。您可以挤出一点时间进行事前会谈，这样您可以在一开始先自己带团队，比如用开始 2 "鹰巢"。

万一您得不到支持，必须独自带大型团队的话，这方面的具体提示请关注示例 2。

您自己应该从根本上清楚，整个大型团队想把您作为引导者，因此"哪个组想跟我（谁愿意跟从某某先生/某某小姐）"的说法是错误的，所有的参与者都想跟从作为森林教育专家的您那一组，其余参与者就会感到失望，甚至会感到害怕失去一些什么东西。因此，在整个引导过程中团队人员必须进行交换，并进行思想交流，分组应该按照活动开始 7 "谁和谁在一起？"进行。

### 活动流程

一种实施活动的可能性是被称作"站点系统"的方法：即每个引导者接管练习和活动的一部分，他可以对所有的小组不断重复地讲述某一部分，这其中最大的好处是参与者不会有被人隐瞒他们应该知道的某些东西的感觉，一个小缺点是您和您的助手必须2次（或者更多次地）详细执行完全一样的活动。

### 其他实用提示

■　为了避免潜在的相互干扰，让参与小组在没有视觉接触的情况下进行活动是很有帮助的，然而，这样小组引导者也没有相互沟通理解的可能性。也许只有这样您才能够避免问题的出现，即计划好准确时间并坚持，各小组要顺时针变换活动站点，引导者也要有精确的时间表，如有需要，应该设置一张工作站点平面图。

■　如果一些小组比别的小组提前完成任务，那么他们也不应该开始一个新的活动，而是应该在鹰巢或在一个约定会合点进行讨论，以便防止分散别人的注意力。

■　如果您的助手接管了一般性的事务，那么在介绍活动时您自己要注意专业部分的背景知识、解释、说明、过渡、总结等方面的东西。

■　在构建设计您的引导活动时，您应该注意与您的合作伙伴同时在同一个话题范围内工作，这样尽管分组活动，但是不至于偏离主题。如果您的助手，例如执行的是关于森林土壤主题的活动，而您同时给活动团队讲解的是水的主题的背景知识，这样便是尴尬的事情。在同一群体中改变了主题，这样就会让参与者觉得活动之间无顺序逻辑可言。

■　另一个困难是，没有直接相互关联的活动的选择以及组合。在参与小组变换时，既缺乏背景知识，或者又没有事先的准备，但是所有活动必须是在同一个学科领域相互之间有联系。此外，对每个小组的活动时间必须大致相等，如果有团队变换必须互相等待的情况，也是不爽的。

引导大型团队活动的开始和结束应该是这样的，即：使用专门为整个大型团队准备的，非主题的热身活动，例如[>]开始 2 "鹰巢"，[>]激发兴趣 7 "木棍游戏"，[>]森林——生命空间 1 "动物谜语"或作为结束[>]结束 1 "调色画板"，[>]结束 2 "结束快照"，[>]结束 3 "我的森林明信片"。也适合以下在下文提及的没有引导者的团队工作提示和可能性。

下面是一个站点系统中适合每一个重点主题的活动，罗马数字表示的是不同的站点，在"Ⅲ"以下的这些活动应由您自己引导。

大型团队活动将能够按照如下结构举行：

重点主题　树木
开始：　　　[>]树木 6 "光合作用——小精灵"
Ⅰ：　　　　[>]树木 1 "镜像森林"
　　　　　　[>]树木 20 "邂逅树木"
Ⅱ：　　　　[>]树木 9 "认识树皮"
　　　　　　[>]树木 11 "感受针叶树"
Ⅲ：　　　　[>]树木 15 "树木简介"
最后：　　　[>]树木 19 "我们是一棵树"

重点主题　森林——生命空间
开始：　　　[>]激发兴趣 6 "跳蚤—小鸟—蜘蛛"
Ⅰ：　　　　[>]森林——生命空间 3 "隐藏—发现"
Ⅱ：　　　　[>]森林——生命空间 7 "冬天里的小松鼠"
Ⅲ：　　　　[>]森林——生命空间 2 "动物踪迹"
或
Ⅰ：　　　　[>]森林——生命空间 5 "偷袭猎物"
　　　　　　[>]森林——生命空间 6 "蝙蝠与夜蛾"
Ⅱ：　　　　[>]森林——生命空间 14 "记忆游戏"
Ⅲ：　　　　[>]开始 3 "我是谁？"
　　　　　　[>]森林——生命空间 4 "万物互相依赖"
结束：　　　[>]激发兴趣 1 "声音地图"

重点主题　森林土壤

开始：　　[>]森林土壤 10 "森林土壤是记仇的！"

Ⅰ：　　　[>]森林土壤 4 "跟踪土壤动物"

Ⅱ：　　　[>]森林土壤 1 "体验森林土壤"

　　　　　[>]森林土壤 2 "赤脚毛毛虫"

　　　　　[>]森林土壤 3 "土壤窗口"

Ⅲ：　　　[>]森林土壤 5 "落叶的分解"

　　　　　[>]森林土壤 6 "土壤阶梯"

结束：　　[>]森林土壤 11 "水土流失实验"

　　　　　[>]森林土壤 12 "蚯蚓展示箱"


重点主题　冬季（附录）

开始：　　[>]冬季 1 "开始于冬季"

Ⅰ：　　　[>]冬季 2 "狐狸和兔子" \

　　　　　[>]冬季 3 "猜脚印"

Ⅱ：　　　[>]冬季 7 "冷血动物的防冻措施"

Ⅲ：　　　[>]冬季 4 "雪中寻找动物痕迹"

　　　　　[>]冬季 8 "冬天的乔木和灌木"

　　　　　[>]冬季 9 "寒冷表"

结束：　　[>]冬季 6 "迷你型因纽特人圆顶冰屋以及其他冰雪景观"


重点主题　狩猎

开始：　　[>]狩猎 1 "我在哪儿？"

Ⅰ：　　　[>]狩猎 2 "野生动物观察"

　　　　　[>]狩猎 3 "清点野生动物"

Ⅱ：　　　[>]狩猎 6 "鹿与狼"

　　　　　[>]森林——生命空间 6 "蝙蝠与夜蛾"

　　　　　[>]森林——生命空间 5 "偷袭猎物"

Ⅲ：　　　[>]动物 4 "潜行路径"

　　　　　[>]动物 5 "解读动物踪迹"

结束：　　[>]动物 7 "野生动物啃食危害"

　　　　　[>]动物 8 "冷杉是巧克力"

对于所有主题都在[>]森林——生命空间 13 "猫头鹰和乌鸦"以及相应问题中作为结束语进行了总结。


# 示例 2

## 初始情况

您要引导超过30人的团体，而且您又没有协助的工作人员。

有一些活动也是适合大型团队的，这些活动已经在下面列出。然而，只有您作为团队的引导者带领整个团队执行这次活动，团队在全体集合报告会上的耐心、纪律，以及您作为报告者的声音强度等极可能会出现问题，因此，无论如何您也应该使用[>]以下页面所描述的小组工作方法。

### 适合大型团队的活动开始

开始 2 "鹰巢"
[>]森林——生命空间 1 "动物谜语"
[>]开始 3 "我是谁？"
[>]开始 8 "我的森林笔记本"
[>]冬季 1 "开始于冬季"

激发兴趣
[>]激发兴趣 1 "声音地图"
[>]激发兴趣 3 "信任之旅"
[>]激发兴趣 4 "不同寻常的视觉"
[>]激发兴趣 5 "迷宫中的猫和老鼠"
[>]激发兴趣 6 "跳蚤—小鸟—蜘蛛"
[>]激发兴趣 7 "木棍游戏"
[>]激发兴趣 8 "你是我的椅子"
[>]激发兴趣 10 "找错"
[>]树木 20 "邂逅树木"
[>]冬季 2 "狐狸和兔子"
[>]冬季 3 "猜脚印"

主题选择
[>]树木 19 "我们是一棵树"
[>]树木 13 "树皮——刮刮卡图片"
[>]可持续性利用 10 "木材随处可见"
[>]森林——生命空间 13 "猫头鹰和乌鸦"
[>]森林土壤 10 "森林土壤是记仇的！"
[>]森林土壤 11 "水土流失实验"
[>]森林土壤 12 "蚯蚓展示箱"
[>]动物 3 "清点野生动物"
[>]狩猎 4 "潜行路径"
[>]狩猎 5 "解读动物踪迹"
[>]狩猎 8 "冷杉是巧克力"

结束
[>]结束 1 "调色画板"
[>]结束 2 "结束快照"
[>]结束 3 "我的森林明信片"
[>]结束 6 "森林图像"
[>]结束 7 "话语接力棒"
[>]结束 8 "森林纪念币"

[>]结束 9 "森林投影"

[>]结束 13 "来自森林的思考"

[>]结束 15 "我的树木"

[>]激发兴趣 2 "摄影师和照相机"

[>]冬季 6 "迷你型因纽特人圆顶冰屋以及其他冰雪景观"

## 没有引导者的团队工作提示及可能性

### 组织

■ 团队形成，参见[>]开始 7 "谁和谁在一起？"。

商定一个固定的信号（呼叫，仪器声）或固定一个时间，以便让所有参与者返回原来位置。

■ 同时，您也可以许诺声明当所有的参与者返回集合地点时给大家一个"引人注目"或者一个"惊喜"的东西，可以是一个狐狸的巢穴，或一次观赏野生动物的机会，等等。

■ 有可能的话，您也可以指定一个小组发言人，由小组发言人负责遵守纪律以及负责遵守时间的事情。

### 工作组的建立

■ 动机和信息

活动参与者将被鼓励共同实施活动（比如，引导者自己展示一个具有吸引力的在森林中寻找到的物件），并且他们得到了准确的活动说明（也有可能是书面的）。

■ 工作阶段

参与者将独立工作，或根据需要，引导者可以帮助（信息库）。

■ 评估阶段

参与者举行全体会议（大圈围坐，可能在鹰巢），然后展示他们的结果。引导者的任务是，组织所有参与者发言，并补充总结大家的发现结果。小组可以在大型团队中简要地展示他们的结果，这里提供有小标记的标志旗（例如，广告标志旗），用这些标志旗可以把这一小组标记出来。

■ 确保寻找对象/调查结果

如果参与者想要携带寻找对象，那么最好准备恰当的运输工具并给予"进一步处理"的提示。

### 实践建议

以下附件提供4种预先构建的小组工作内容（相应主副本的形式）：

■ 森林探究，参见[>]附件1

■ 森林搜寻活动，参见[>]附件2a, b, c, d

■ 想象寻找，参见[>]附件3

■ 四季幻灯片，参见[>]附件4

所有工作组的工作所需要的时间约20分钟，目标首先是解决小组的一个任务卡上的问题（谜语，订单等），以便让剩下的大型团队的参与者回答。

根据参与者的不同年龄和知识水平，引导者的介绍或小组的参与者介绍可以在该小组内来进行。森林探究的任务您可以用透明胶带粘贴在明信片或索引卡上，这样可以多次使用或复制。

### 注释：

[>]附件1和附件2由文化和环境中心（ZUK）班乃迪克班务恩（Benediktbeuern）协助编写。

## 附件1

### 森林探究

#### 森林探究 组 1

你们有3个带螺旋盖子的瓶子，以及放大镜和昆虫观察器。你们的任务是在松软的林地中寻找5种不同的小生物并捕获它们。

请小心动物！

如果你们发现别的有兴趣的东西，你们当然也可以把它们拿过来。

**思考：**

- 小动物在森林土壤中以什么食物为生？
- 它们在森林中完成什么样的任务？
- 你们能识别这些动物吗？
- 你们想象与其相匹配的名字吧！

#### 森林探究 组 2

你们的任务是，收集4种不同森林树木的树皮块，最好是已经倒地或者是死亡了的树木的树皮，这样的树皮也好取，但是绝对不能伤害活着的树木。

**思考：**

- 究竟为什么树木需要树皮？
- 所有树木的树皮都一样吗？
- 你们从什么树木上取下的树皮？

#### 森林探究 组 3

你们的任务是找到生长在森林大树下的5种不同的小型植物，找到植物生长的地方后，请不要拔起该植物，用标志旗做好标志即可。

**思考：**

- 你们找到了哪些植物？
- 分别为这些植物取个合适的名字！
- 植物能够长多大？
- 你们发现哪些植物是最美丽的？

#### 森林探究 组 4

你们的任务是找到在树林里居住的5种不同动物的踪迹，如果你们已经找到了痕迹，然后用你们得到的标志旗在你们各自所找到的地方做出标记。但是要注意，不要在自己身后留下你们自己的重大痕迹！

---

**提 示**

不同的动物会留下不同的痕迹：足印、粪便、在树叶和树枝上留下的食痕、啃食松果的痕迹、树洞……

---

**思考：**

▨ 谁喜欢动物痕迹？

## 附件2a　森林搜寻活动1

▨ 你应该寻找的植物，是一个典型的"森林居民"；

▨ 在"她"生命的第一年，只有2片叶子；

▨ "她"可以生长到高达30米，树叶多得人们根本数不清楚；

▨ "她"可以生长到300岁；

▨ 每一天，你们在学校坐在"她"提供的原材料而制成的椅子上学习；

▨ 松鼠、老鼠、鸽子、松鸦、鹿和其他森林动物以"她"的种子为食物；

▨ 树皮表面颜色呈灰色且相对平滑。

请把你所找的东西带来：

▨ 一段小小的树枝

▨ 一片叶子

▨ 种子

为了确认你所找到的植物是否正确，你可以解答以下填字游戏①。其答案可以告诉你所要寻找的树木名称。

1.Teil der Pflanze,der Sauerstoff ab–
gibt und Kohlendioxid aufnimmt:
植物吸收二氧化碳（$CO_2$），
释放氧气（$O_2$）的部分

2.Pflanzenteil im Boden
植物地下部分

3.Energiespender für alle Pflanzen
提供能量者

4.Rohstoff,den die Pflanze liefert:
植物生产的原材料

5.daran wachsen die Blätter
生长树叶的部分

答案：橡树

---

请在这里画图：

所寻找树木的形状和外观　　　　　　　　　树叶的形状和外观

---

① 译注：上表为一个德文的填字游戏，从 5 个谜底单词中提取的字母（黑框）组成最终答案。活动组织者可以根据中文的特点，建立一个中文组词游戏。

## 附件 2b　森林寻找活动 2

■　你应该寻找的植物，喜欢靠近水源生长；

■　这些植物生长很快，7年生长其高度就可与你现在的身高相当；

■　这些植物生命可达200年，树高可达40米；

■　植物叶子在冬季像羽毛一样脱落；

■　它们的叶芽和花芽在冬季是黑色的，所以从前人们把它们与恶魔联系在一起；

■　在冬季萧瑟的情况下，其果实能被人认出"雌性"和"雄性"。

请把你们寻找到的东西拿过来：

■　一段小树枝

■　一片树叶

■　一块树皮（从死亡树上剥下的）

这样你们就可以看出你们所找到的东西是否是应该找的植物，同时你们也可以破解以下词谜①。词谜谜底可以告诉你们正确的植物。

1.Pflanzenteil in Boden:
植物的地下部分

2.Seitenzweig der Pflanze
植物侧枝

3.Energiespender für alle Pflanzen:
植物能量提供者

4.Rohstoff,den die Pflanze liefert
植物所生产的原材料

5. "Kopf" des Baumes
树木的"头脑"

答案：白蜡树

请在这里画图：

　　　　所寻找树木的形状和外观　　　　　　　　树叶的形状和外观

---

① 译注：上表为一个德文的填字游戏，从 5 个谜底单词中提取的字母（黑框）组成最终答案。活动组织者可以根据中文的特点，建立一个中文组词游戏。

## 附件2c　森林搜寻活动3

■　你们要找的植物的家乡在深山老林，但是现在在中欧普遍可见；
■　这些植物在它们一年生时，只有5厘米高，但是当它们完全长成大树后，树高可达50米；
■　它们的"叶子"短，非常厚且绿。"叶子"有一层蜡质且当你触摸它时，稍带有刺感；
■　屋顶的梁架大多是用它们这种木材制成的。

请把你搜索到的东西带来：
■　一段小树枝
■　一片树叶
■　一块树皮（从死亡树上剥下的）

这样你们就可以看出你们所找到的东西是否是应该找的植物，同时你们也可以破解以下词谜①。词谜谜底可以告诉你们正确的植物。

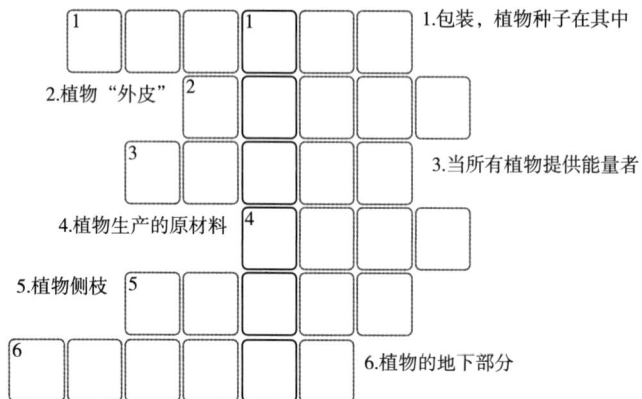

1.包装，植物种子在其中
2.植物"外皮"
3.当所有植物提供能量者
4.植物生产的原材料
5.植物侧枝
6.植物的地下部分

答案：云杉

请在这里画图：

　　　　　所寻找树木的形状和外观　　　　　　　　　　树叶的形状和外观

---

①　译注：上表为一个德文的填字游戏，从6个谜底单词中提取的字母（黑框）组成最终答案，活动组织者可以根据中文的特点，建立一个中文组词游戏。

## 附件2d　森林搜寻活动4

- ▨　你们要寻找的植物，在植物界中属于藤本植物；
- ▨　它可在树上爬20多米高；
- ▨　一年四季常青，并且生长形状漂亮；
- ▨　它喜欢生长在潮湿且气候温和的地方；
- ▨　它可以生活到450岁。

请把你们所找到的东西带来：

- ▨　一片树叶
- ▨　一段枝条

这样你们就可以看出你们所找到的东西是否是应该找的植物，同时你们也可以破解以下词谜[①]。词谜谜底可以告诉你们正确的植物。

1.对所有植物的生命很重要
2.由所有植物生产出来的
3.植物外皮
4.在土壤中的植物的地下部分

答案：常春藤

请在这里画图：

所寻找树木的形状和外观　　　　　　　　树叶的形状和外观

---

① 译注：上表为一个德文的填字游戏，从4个谜底单词中提取的字母（黑框）组成最终答案，活动组织者可以根据中文的特点，建立一个中文组词游戏。

## 附件3　幻想搜索

请共同搜索以下的东西，并给你所找到的东西找到一个匹配的想象的名字。带上你所找到的东西，并在你的小组中展示。

1）一种柔软，蓬松的东西
想象的名称：＿＿＿＿＿＿＿＿＿＿＿＿＿＿＿＿＿＿＿

2）使你印象最深刻的一种东西（注意：不能是动物！）
想象的名称：＿＿＿＿＿＿＿＿＿＿＿＿＿＿＿＿＿＿＿

3）一种天然水贮存器
想象的名称：＿＿＿＿＿＿＿＿＿＿＿＿＿＿＿＿＿＿＿

4）在这里住过人的一个证明
想象的名称：＿＿＿＿＿＿＿＿＿＿＿＿＿＿＿＿＿＿＿

5）一种真正带有森林气味的东西
想象的名称：＿＿＿＿＿＿＿＿＿＿＿＿＿＿＿＿＿＿＿

6）美好的东西
想象的名称：＿＿＿＿＿＿＿＿＿＿＿＿＿＿＿＿＿＿＿

7）沉重的东西
想象的名称：＿＿＿＿＿＿＿＿＿＿＿＿＿＿＿＿＿＿＿

8）轻飘的东西
想象的名称：＿＿＿＿＿＿＿＿＿＿＿＿＿＿＿＿＿＿＿

9）有用的东西
想象的名称：＿＿＿＿＿＿＿＿＿＿＿＿＿＿＿＿＿＿＿

10）坚硬的东西
想象的名称：＿＿＿＿＿＿＿＿＿＿＿＿＿＿＿＿＿＿＿

11）冰冷的东西
想象的名称：＿＿＿＿＿＿＿＿＿＿＿＿＿＿＿＿＿＿＿

12）长的东西
想象的名称：＿＿＿＿＿＿＿＿＿＿＿＿＿＿＿＿＿＿＿

13）短的东西
想象的名称：＿＿＿＿＿＿＿＿＿＿＿＿＿＿＿＿＿＿＿＿

14）隐藏的东西
想象的名称：＿＿＿＿＿＿＿＿＿＿＿＿＿＿＿＿＿＿＿＿

15）红色的东西
想象的名称：＿＿＿＿＿＿＿＿＿＿＿＿＿＿＿＿＿＿＿＿

16）绿色的东西
想象的名称：＿＿＿＿＿＿＿＿＿＿＿＿＿＿＿＿＿＿＿＿

17）潮湿的东西
想象的名称：＿＿＿＿＿＿＿＿＿＿＿＿＿＿＿＿＿＿＿＿

18）干燥的东西
想象的名称：＿＿＿＿＿＿＿＿＿＿＿＿＿＿＿＿＿＿＿＿

作为工作表的附件 3，每组复印一份！

## 附件 4　四季幻灯

### 针对主题的任务分配

- 春
- 夏
- 秋
- 冬

描述活动森林项目 1 "林相变迁"。
参与者的任务是展示一年四季不同的森林林相。

## C 森林活动日

### 青少年森林运动会

**内容** 用一个上午的时间与许多同学一起举办一个教学内容丰富、体验深刻的森林教育活动。

**目的**
◇通过具有竞争性的活动激发参与者对森林的兴趣

**活动类型**
◇活泼型、知识型

**参与者人数**
◇学生600（~650）人

**参与者年龄**
◇8~11岁

**时限**
◇3~3.5小时（从开始算起）

**材料**
◇各活动站描述的材料清单（参见[>]附件）

**准备工作**
◇准备

**室外条件**
◇尽量干燥。不要太冷（五、六月份最佳）

**可持续发展教育目标**

◆ 对待事物的方法与能力

◇我有能力把知识应用到实践中去。

这里：参与者把在学校学到的相应知识应用到各个活动站，比如，"谜语展板"或"动物基础知识展板"等。

◆ 社会能力

◇我可以与其他同学一起积极搞好班集体，我具有团队能力并考虑关注团队中其他人的长处和短处。

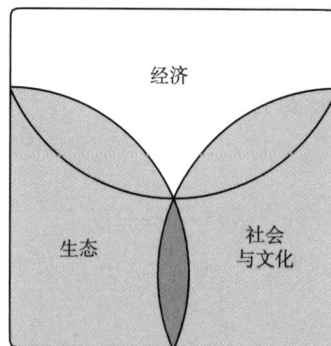

**准备**

◆ 隐藏在青少年森林运动会背后的思想是在举办的森林活动框架范围内要尽可能给参与者传授知识，并培养他们的知识再扩大能力。这个目标要在刺激、欢快和娱乐的活动中进行。通过竞争性的活动，以及所有参与班级积分排名，并赢得奖品的方法，额外地创建一个奖励机制。

◆ 以下所述的活动事件，您可以了解其进展程序和活动范围。

◆ 所有其他青少年森林运动会实施所需要的重要资料，可以查询以下文件：

[>]附件1 致青少年森林运动会的准备与实施："小手册"；

[>]附件2 报名："登记表"；

[>]附件3 给森林导师的信：列出青少年森林运动会所需要的材料和图像。

本次活动的目的是要在一个上午让25（~30）个班级能够同时进行活动。为了避免延误时间，建议提前计划建设青少年森林运动会活动赛场，以便于运动会能够及时开始。此外，现有每个活动和信息站原则上要多次设计建设。

## 第一阶段：寻找林地

◆ 针对已有的计划，寻找并选择出一块合适的林地，该林地应该是：

◇尽可能只属于一个森林业主（这里首选国有林或者集体林）；

◇在全县区中心地带的县城附近；

◇树种构成多样，树龄梯度众多；

◇交通便利；

◇提供足够的停车场（能够顺利停放并方便小轿车及大巴车的出入）；

◇适合的地形地貌，选择有一定面积的地方（尽可能是平坦之地）。

◆ 在森林面积区域内本身应该创建2~2.5千米的可以相向活动的赛道，以便于在召开青少年森林运动会时，参与者可以从两个方向开始使用。如果每个活动站或测试站点位于卡车道旁，那么它既方便于迅速建设，又方便于快速撤离，这确实是很理想的位置。然而，循环赛场的大部分赛道应该是向高低不平的森林纵深推进，因为一个纯粹的卡车道路会很快令人感到驾驶疲倦的。

◆ 为了能够让各个班级可以以相反的方向开始比赛，不一定非要两个不同的完全路线，在道路的中间部分能够相向对开就足够了。

◆ 如果您已经选择确定了一块合适的森林面积，那么为了方便起见，您可以为学校和所有的参与者勾画一幅道路交通运行草图，一般来说，要选择经常使用的林地，以便让所有的参与者迅速熟悉它的所在位置。

◆ 在活动开始前夕，就应该确保赛道两端双方开始的安全问题，必要的话可以采取交通管制措施，并进行相应的记录。在此过程中，砍伐了的树木可能被使用，不过，在青少年森林运动会之后必须把他们清除出去。

## 第二阶段：在几个月前的活动组织

◆ 请及时通知符合要求的学校关于计划好的青少年森林运动会，最好是在新学年开始就举办该活动。请使用带有反馈回执时间限制的方法询问这些班级是否愿意在五、六月份参加这一活动。这样，您的规划就有了保障！

◆ 收到报名的邮件后，您可以从容地考虑举办活动的天数，想启动活动路线上的哪些站点、必要的和恰当的森林导师（真正的林业专家、森林花草教育者、森林志愿者等专业人士），以及各活动站点上必要的管理人员从哪里来。在巴伐利亚州，森林教育中心多年来一直与德国森林保护组织共同举办实施青少年森林运动会，作为主办方承担许多其他相关的任务——负责采购奖品、纪念品以及集中采购标志旗和其他宣传品等，向潜在的森林导师提出资助，并向各参与班级征收一次性的参与费用（如每班25欧元）。一次性的参与费用的征收不能视为森林教育引导活动收费，而更应该视为是一些专项物资或服务的花费，比如，借用桌椅板凳，或寻找准备午餐的志愿者。

此外，必须有一个负责的组织团队，在举办青少年森林运动会的之前几个月，负责为每个活动站和组织准备所需的材料、医疗急救服务及必备的材料，或借用所必需的材料（如桌椅板凳），计算每天所需人员数量，并把森林导师和各活动站的帮助者分开。要尽早澄清人员配备情况——这将决定参加的班数和活动的天数。青少年森林运动会也可以看作是在官方范围内各森林利益相关者的团队项目［食品、农业和林业部（AELF），巴伐利亚州，林业协会，自由林业专业专家，适合的退休者……］

■ 在青少年森林运动会之前的几个月，请把所有那些在去年秋季初步调查表示感兴趣的招募文件发给所有的班级。在[>]附件2中可以看到针对学校的报名登记表以及相关的说明表　格，在这些附件材料中就活动如何准备，怎么运行已经给出了提示及相关的情况说明。如果不是所有班级都能参加，那么就用收到申请的日期决定，所有班级都将收到确认或拒绝的通知。没有得到参加运动会通知的班级将会有单独参加活动的机会。

■ 所有的活动参与者、森林导师和林业站管理者在青少年森林运动会召开之前会收到一份"森林导师信函"。在信件中要提及收信者所负责的活动站，以便让每个参与者事先了解活动的有关基本情况，甚至也可能就具体问题进行咨询提问。

■ 因为青少年森林运动会是公开性很强的社会活动，所以应该很好地利用这一机会邀请报社、公众人物参加。邀请函应该及时发出。

■ 为了成功举办青少年森林运动会，应该提前把相应的工作任务分配给组委小组。

### 第三阶段：青少年森林运动会开幕式

◆ 经过最后的道路安全检查之后，在活动开始之日的清晨所有的参与者应该在比赛开始之前会面，并进行至少1小时的预备会议。其中有对青少年森林运动会最后一个负责提示，概括比赛的全过程，并再次提及预防"突发事件"的行为技巧（例如，突如其来的风暴）。在此之际，重要的电话号码将被分发给与会者。

◆ 各活动站的管理者接收他们的文件，并且再仔细检查一下看看是否正确，以确保比赛在该活动站按计划准时顺利进行。

◆ 比赛跑道要尽可能提前一天建设好。零碎材料以及桌椅板凳应该只在活动当天部署，因为有些东西存在被偷窃的风险。您应该预估4~5个小时的组装施工时间。

◆ 当森林导师和活动站管理者在场之时，接收管理建设信息站、活动站以及悬挂所谓的搜寻动物展板的任务。

◆ 到达的班级将分派到各森林导师那里，然后森林导师要简短地给他们介绍圆形比赛跑道。根据偶数或奇数，各班级抽取"红色"及"黄色"跑道，以便他们各自能够在自己的赛道上比赛。跑道将用相应颜色的箭头标出。

◆ 森林导师的职责在"森林导师信函"中已经描述，在信函中比赛的过程将会再次被概述。对森林导师信函的建议详见[>]附件3。各站的比赛描述的例子详见[>]附件4~6。

◆ 在非常恶劣的天气里，赛事领导决定青少年森林运动会进展的情况。为此，这里有几种可能性展板，即"按计划进行"到"只简单地进行（例如，因为大雨），再到"在短时间内完全取消"（因为风暴）。

◆ 在青少年森林运动会中学生们要来完成以下任务：
◇发现隐藏的"寻找动物展板"中的6个展板（分别用格外简短的问题）；
◇用两个不同的活动共完成3个活动站的任务（"橡树""山毛榉""椴树"）；
◇用多项选择方法的形式回答评价手册中的简短问题。

◆ 对于所有这些任务，按照一定的评分标准给出分数。比赛期间上述三站活动中的每一站都可单独评分，每一站的单独活动中可以使用"青少年森林运动会王牌"得到额外的若干分数。

◆ 在比赛跑道中，还要建设一到两个专业信息活动站，在这里的森林教育活动引导者可以提供咨询。例如，通过直接比较的方法解释最重要的树种，或者他们也可以借助于海报或展品淋漓尽致地解释树皮甲虫的生活方式。

◆　此外，在比赛跑道上还要设置摄影活动站，以便于拍摄一些纪念照片。

◆　参与运动会的各个班级还要受到青少年森林运动会主办者的接待，并且获得纪念章以及一个教学用的信息包。

### 活动后期准备

◆　获胜班级的产生——是在青少年森林运动会比赛结束后，由各活动站打分评估分析出来的。这些班级将会及时收到有关他们的比赛成绩通知，获胜班级将被邀请到一个特殊的颁奖仪式上。请您强调在青少年森林运动会中没有"输家"，所有的参与者都获得了知识、趣味、运动、团队意识等。

---

### 提 示

■　建议民间举办的青少年森林运动会的筹建实施，应咨询具备丰富经验的主办单位。

■　活动负责人应该避免亲自作为森林导师参加活动，因为他们还必须接待新闻记者以及照顾客人，在出现问题等情况下还需及时解决排除。

---

## 附件1

## 青少年森林运动会的准备及实施

亲爱的老师：

在我们的"青少年森林运动会"开始举办之前，您会收到以下一些相关的活动提示：

1.所邀请的是所有小学三年级和某一特定相关范围的特殊学校的学生。一所学校同一年级各班级的学生出于比赛的原因，要尽可能在比赛日的同一天报到参加！但是他们开始比赛时要分开，并且比赛成绩也要单独评价。 如果一个特殊学校少于12名学生，那么一个平行班级或者一个低一级的班级也可以补充参加。

2.每个活动日的空缺位置以及预定的活动日期将按照时间分别给出，这就是说学校尽快向州食品、农业和林业部（AELF）或者其他组织寄送报名回执单（最好通过发送电子邮件或者通过邮件和传真的方式进行）！

3.一开始就处于时间压力的班级（比如由于班车晚点），会对活动失去兴趣。为此，如果不能够保证投入3～3.5小时的班级，应该考虑不参加此次比赛。这里，作为较好的补充，当地林业官员也提供常规的森林教育活动！

4.每个班级在活动地点将有一位"森林导师"，这个班级在进行森林活动时，该森林导师将扮演这个班级的陪同者、知识传授者及合作伙伴。

5.一开始参加活动的班级必须分成两个大概相同人数的小组（包括指定各小组的"组长"）。请将这项分组任务在学校完成！以便于管理青少年森林运动会以及在其框架范围内的谜语游戏活动站，比如：森林、自然或者环境问题谜语及技能比赛。所有的参与者都要充分发挥他们的想象力，通过巧妙地使用一张百搭牌（王牌），可以增加各班级已经在活动站积累的分值。在各活动站，森林导师将向参与者讲述森林生境、近自然林业的经营原则，当然首先要向学生提出有关这些内容的问题。此外，与森林导师合影也是在计划之中的！

6.建议参与者们每人带一个写着自己名字（只写名字）的，能够戴在自己衣服上的小牌子，这样有助于学生和森林导师之间交流互动。

7.请告知学生们，在活动场地买不上食品和饮料，所以应该自己准备并携带午餐！

8. a）在天气不好的情况下，活动仍将在原地按计划进行（只是可能会缩短），所以也请告知参与者注意穿上适合在森林活动的衣服，并携带相关装备，同时在预见有不好的天气的情况下要提醒大家带上雨具！

b）如果由于天气原因（比如：暴雨、大雨或强大的风暴），穿越森林被阻碍，那么当地的活动管理者即可决定暂时取消活动并通知学校。一般来说，这种活动取消通知须在活动的当天早上做出。作为取代活动的室内活动，如礼堂或体育馆，又由于人太多不方便！所以请您考虑在这种情况下的其他选择并请示青少年森林运动会负责人。

9.所有参与者在同一个地点集合（详细位置见行驶路线草图）。活动开始时间未定，即可能随时都会开始。请注意，从停车场到森林中的运动会开始地点仍然需要步行一段路。

10.所有参与者在活动结束之后都将得到一份小的纪念品。此外，在比赛规定范围内比赛获胜的班级还要在颁奖仪式上为每个参与者都颁发漂亮的个人奖以及满载荣誉的班级奖章。县级或市级最好的班级还要分别额外地得到森林徒步旅行奖。颁奖典礼及奖品发放仪式可稍后进行，但是须在一个学期内及时进行，一般来说颁奖典礼在获胜者的学校进行，州食品、农业和林业部将及时联系表彰这些获胜的班级。

11.从_____之日起，就可以向州食品、农业和林业部询问班级的名次。_____女士/先生，电话：_____

12.每届青少年森林运动会之后都会有同学遗失物品（衣服、钥匙、钱包等）的事情发生。如果您有类似的问题可向_____女士/先生询问，电话：_____

13.所有报名参加青少年森林运动会的重要材料（比如：报名表及活动位置图）以及每个活动日各个班级参与者清单（成功报名之后）或者青少年森林运动会人员照片都可在森林教育中心网页[①]中找到。

签名：

日期：

---

① 译注：天水市秦州森林体验教育中心网址：www.tsfepc.com。

**附件 2**

**报名**

可以通过电子邮件：_____

或是

传真：_____

或是信件邮寄：_____

青少年森林运动会（年）报名表

学校名称和学校类型：_____

城市：_____          电话：_____

我们为以下班级报名参加青少年森林运动会：

| 班级 | 学生人数 | 教师姓名 | 联系电话 |
|---|---|---|---|
|  |  |  |  |
|  |  |  |  |
|  |  |  |  |
|  |  |  |  |
|  |  |  |  |
|  |  |  |  |

我们想要参加在_____年_____月_____日举办的青少年森林运动会！

**提　示**

在报名参加青少年森林运动会被批准之后，每个班级包干交付报名费_____元/班。

## 附件3

### 给森林导师的信

_____（年、月）在_____（地方）

青少年森林运动会初步资料

请您在运动会举办之前一定要阅读哦！

除了众多的单独森林教育引导活动之外，青少年森林运动会是林业教育的一个重要方面。在运动会举办过程中，学生们可以了解林业工作者以及森林生境，同时利用这一机会也可以认识现代近自然林业的基本特征。部分学生对于这一天的到来已经做了长期的准备，翘首以待。学生们期待着一个活泼的森林导师能够带他们身临其境，实况引导！

在循环赛道的比赛过程中应该恰当地向学生传授知识。只要可能的话，在穿越森林时要让学生们积极参与知识传播活动，可以讲解一些林业专业知识，但是请您避免过长时间的独白！

集合点（地方）：_____     时间：_____

### 开始

习惯上，森林导师将会按照报到的顺序获得活动开始的号码，即谁到得早，谁就可以是首先开始的班级！因此，在得到开始号码之后要马上公布于众。您的号码当然也将决定您选择哪个赛道起点！得到偶数开始号码的森林导师将在黄色标志的赛道，相反，得到奇数开始号码的森林导师则使用红色标志赛道。

如果所有的森林导师都已经到达，在大约 时通过青少年森林运动会组织领导机构举行一个简要说明的会议，在这个会上所有有关运动会的重要事务（包括任何最新修改）将被再次简短重新叙述，凡有不清楚的地方均可提问并给予回答。

一旦涉及哪个班级，那么就会呼叫这个班级的开始号码，并且您将作为森林导师由活动负责人向该班级介绍。

常规的欢迎仪式之后，请您从开始启动桌子上拿取评分手册以及百搭牌（王牌）、两个带着号码的背心，和教师、孩子们一起走向活动启动现场边缘安静的地方。在这里您向参与者（一个接着一个地）讲解即将开始的活动内容。

### 活动开始记录

■    在参与的青少年及老师的帮助下，在森林运动会现场首先办理"开始通行证"，即交接登记任务。您可以获取该活动评分手册，在评分手册的第一个双页上找到有关内容。

■    如果事情还尚未确定，那么把这个班级分为大致相等的2个组，以便避免总是有学生们重复活动的现象。

■    每个组选出一名作为联系人的组长，并穿上标有号码的背心，这两个学生的名字要登记在运动评分手册的"开始通行证"上。

■    根据各活动站的要求比赛任务将由两个小组承担。每个小组在活动中轮流进入活动站（"橡树""山毛榉"或"椴树"活动站）活动，由各组组长以及来自对应组的另外两名组员来回答"有关森林和林业的种种问题"。

■    在比赛活动开始之前，也必须在班级中确定好，在哪些活动中使用百搭王牌，才有可能得到加分（最多50分！）的机会。这里在"椴树""山毛榉"和"橡树"活动站，可提供6个单独的活动评分手册（3个活动站的附件）。

经过简短的相互介绍，然后比赛开始！

## 在跑道上——概况

森林漫游(包括在各活动站的活动时间) 从开始到结束估计需要3～3.5小时，从我们的角度来看，不能低于这一时间的限制，但是也不会显著拖延（班车开动！）。请您一定要提前告诉学校老师活动结束后班车开动的时间，这样就可以推断出在树林里散步的实际可用时间！

在活动开始之后，森林教育引导者才会有时间与学生们熟悉并讨论实质性的问题；在此过程中肯定很快就会显现出学生们的知识水平。赛事的第一部分是展示有相同信息要素的2张桌子，即每张桌子上摆放5种最重要的乡土树种。在这里森林教育引导者可以选择讲解一些关于树皮结构、木材的颜色的知识和/或展示新鲜木材特有的气味并解释他们的主要区别（良好的比较性！）。

另一个信息点"树皮甲虫"（在赛场上总共可用2次！），在这个信息点可以认真仔细地观察树皮甲虫的情况（包括在放大镜下观看活着的树皮甲虫！）。

■　实际上，活动站都配备了自己的工作人员。在总共3个活动站中要求每一个活动站的时间预算约为12～15分钟（"橡树"活动站约12分钟，"山毛榉"活动站和"椴树"活动站各自需要约15分钟）。

■　在活动站，基本上没有在评分手册上登记的必要！

■　比赛活动站位置、救护车的停车位置，以及活动负责人的手机号码都要在地图上显示；这些信息将被印制在评分手册的背面。

■　百搭牌（王牌）可以在"橡树""山毛榉"及"椴树"共6个活动发挥作用，"凡是百搭被使用的地方，王牌板将会交给该站有关工作人员。

在路上（朝着终点的方向！），您应该总是给他们传授森林方面的知识，最有效的运作就是通过问答式的提问。当然，这里应该包括对我们的职业任务如近自然森林经营方面的基本讲解和说明。任何等待的环节，都可以通过与您所带班级谈话，或者通过小游戏（例如，寻找收集森林中的东西以及共同探讨所收集到的东西）来过渡。在遇到重大或突发事件（比如风暴），森林教育引导者必须独立负责并与学校教师约定撤出既定活动程序！所撤出的活动站分数按平均分计算！

## 寻找动物展板

沿着循环赛道挂出6个动物展板，参与活动的学生必须找出这六块展板中的动物来。为此，评分手册中提出了将让学生们回答的每一个简短问题。在评分手册上登记的可能是一名学生，但是出于时间压力也可能是森林导师。请在寻找动物展板前有意作一个短暂的停留，以免让下面班级觉得这是一个"轻松的活动"！请在出发前再告知学生们寻找动物展板的信息情况！

## 问题组合"森林及林业主题问题集合"

沿着循环赛道明显醒目地悬挂着五个字母卡片从A到E；在这些点上应由森林教育引导者针对每种要寻找的主题情况给出详细信息。将会出现以下主题的信息："甲虫""集材道""气候变化""森林和水源"以及"山毛榉"。

对森林教育引导者的提示：在活动引导开始之前请先彻底阅读相应的有关问题，并在您的引导过程中，利用每个字母卡片活动站做出正确的答案！在活动接近结束时，即在解释完五个字母卡片之后，再把所有所带班级的学生召集在一起；然后，两小组"代言人以及另外两个来自各半个小组的学生（由老师决定！）各自分别带上评分手册并相距几米远，以便分别独自回答问题

"森林及林业主题问题集合"（多项选择）（时间：约5分钟）。与此同时，森林教育引导者给其余的学生们及教师们分发纪念牌匾（当六个学生完成任务归队之后也是同样对待）。

## 摄像站点

在赛道中要建设容纳摄像的站点，在这里参与比赛班级（及他们的森林教育引导者）将会合影留念，这个照片按照参加比赛证书规格要求免费照，同时也是一个额外的纪念照片，他将会被寄送到个人手中。其他的副本可以半价便宜订购。

## 到达各站

■ "山毛榉"活动站

在"山毛榉"活动站提供这些任务，由事先计划好的小组和教师以及活动站负责人来完成，森林教育引导者带领其他学生们注意观看，但是不能分散他们的注意力！该站活动完成后，这个班级沿着封闭的赛道继续进行下一项活动。

■ "橡树"活动站

在"橡树"活动站，全班再次分组：负责完成本站任务的一组及其老师分别去找本站有关负责人员，该班其余的同学与其森林教育引导者还是注意观看。在"球果目标投掷"活动中，他们的老师和森林教育引导者也可以参加活动！

■ "椴树"活动站

在"椴树"活动站要求全班参与：首先一个组要完成谜语展板，然后，另一组完成"薪柴移垛"活动。来自其他组的学生，参加这两组的比赛是不合适的。

在这两个活动中允许（也有例外）大声喧哗，即学生们之间可以欢呼，快乐享受！

## 目标

在活动结束之前，森林教育引导者应再次把学生召集在周围，在这个场合对之前的活动进行总结，并得出一些可以简要记录的语句，同时借此机会重新收回两个带有号码标志的背心。

在完成活动之时，可以取一些计划分发的宣传册、明信片，及海报等交给老师（在目标桌子上可取！）。随后，森林导师与学生告别。

在森林导师交上评分手册及号码标志背心之后，现在还要填写一张"公平奖"表并把这张表马上上交。

## 结束语

参与活动的班级可以在7月初向食品、农业和林业部（AELF）（林业范畴）询问比赛得到的结果以及所取得的名次，所有班级将会在暑假前得到纠正后的评价簿以及带有班级照片的纪念证书，最成功的班级（与他们的森林教育引导者）在7月初还将接受食品、农业及林业部(AELF)邀请参加他们自己的颁奖仪式。

＿＿＿＿＿＿林业局和森林教育中心想提前感谢您的光临及您专注森林教育活动引导！

青少年森林运动会负责人签名：＿＿＿＿＿＿

## 附件4　山毛榉活动站

青少年森林运动会（_____年度）
在_____（地点）

"山毛榉"活动站
1. 垂钓树叶
2. 建造屋顶框架

时间：大约15分钟
积分：最多200（100＋100），加王牌最大分值50分

### 材料/准备工作

■　垂钓树叶：
◇9根垂钓竿（+1根预备）
◇1张活动草图(由摇晃的树叶、3株带钩的树木以及相互分开的树木组成)
◇100片树叶（每个树种的树叶33～34片——山毛榉、橡树、枫树）
◇3块树木名称牌子（山毛榉、橡树、枫树）
◇1块秒表
■　建造屋顶框架：
◇1座木制屋顶框架，由12个单个元件组成
◇1张建筑图纸（大比例尺）
◇1块秒表

### 活动流程

■　参与活动的班级跟随森林导师来到活动站。事先已经决定要在该活动站的半个班的同学以及随行教师前往本站负责人处去领取任务。本班的另一半同学注意观看他们的活动，但是不要分散他们的注意力。

■　该站负责人首先要阅读评分手册：
◇日期；
◇学校和班级的名称；
◇背心号码以及挂衣钩颜色。

■　然后，学生们会被询问是否想要在这场活动中使用设置的王牌，如果是这样，那么什么时候应该在哪个活动站中使用王牌，并在活动评分手册中给以注明。

■　现在学生们要被分为两组——9名学生首先解决"垂钓树叶"问题，然后8名同学要去建造屋顶框架。对于非常小的班级来说，在小组内半数学生分工对换几乎没有必要，学生们将共同完成同样的任务！

■　现在按照活动任务运行原来计划的活动详见[>]具体活动流程。

■　活动站工作人员一个接一个地填写评分手册并检查是否有重复的学生们参加活动及本站项目的完整性。

■　评分手册、秒表和圆珠笔要在最后活动完成后交回主办方。

**具体活动流程**

在欢迎学生们和简单介绍之后，开始给学生们介绍第一场比赛"垂钓树叶"。

■ "你们在这里看到之前仍然光秃秃的三棵树，一棵树是橡树，另一棵是山毛榉树，最后一棵是枫树。

■ 现在你们的任务将是，在3分钟之内，把目前摆在我们面前的地上的100片树叶尽可能多地挂在"正确"的树上。如果你喜欢，你现在可以"玩春天"的游戏并给树木"添加"绿色生命！

■ 这里我们共需要9名垂钓者：每3个人为1小组，分别要站在这个"叶池"的3个木框边，垂钓者的脚趾可以顶到"叶池"的木框边而不能越过木框，然后，每个人都将得到1根末端有一个钩子的钓竿。

■ 在听到命令"开始！"时，开始计算所用的时间。

■ 请注意你每次只能钓一片叶子，并且要把这片叶子挂在相应的树上空的挂钩上。就是说，橡树叶只能挂在橡树上！在错误的树上挂上错误的树叶或一个挂钩上挂了2片树叶，都将分别减分！

■ 请你们还要注意你们各自对此活动的兴趣，请不要互相影响，因为大家知道，计分是要看小组整体分数，而不是计算个人得分！

■ 如果你在更短的时间内完成垂钓的100片树叶，那么也不会得到任何奖励，因为做这个活动所得积分，不是由所需的时间计算的！

■ 3分钟之后，请您结束这一活动，并确定钓上来的叶片数量（最好通过计算仍在地上的叶子数量，然后从100中减去）。此外，还应注意叶片，可能还有树叶和树木不相符，是属于错误的垂钓或一个钩子上有2片叶子的现象，总之要按照实际情况记入到评分手册！然后帮助学生再把挂在树上的树叶拿下来放回原处（最好是再混合起来！）。

现在，我们把目光再集中到另外8个参与"建造屋顶框架"的学生们：

■ 你知道我们当地的许多树种是优秀的建筑用材。因此，许多世纪以来一直被广泛利用，例如，利用木材制作我们的房屋框架。

■ 现在你们的任务是，发扬你们真正的团队工作精神，尽快地利用摆在你们面前的12种单个元件，建造一个屋顶框架，并且你们所建的屋顶要与之前给你们介绍的一模一样，能够立即放在屋顶使用。你们必须在听到我的命令"各就各位—预备—开始"后，5分钟的时间必须完成它！

■ 我的建议：首先要详细观看说明，而不是盲目地开始建造，不乱跑乱跳，但要动动你们的小脑袋瓜儿且要团队合作地工作！

■ 一旦大功告成，你们要响亮地喊出"完成！"然后，我将停止计算时间或向你们指出任何错误；在这种情况下，必须立即纠正错误，继续建造！

■ 你们越快，得到的积分分数就会越多！你们看到，一个棘手的任务，首先需要头脑，然后还需要更快的速度！老师和同学应保持安静，以便利于他们小组集体专心工作！

一旦学生们完成活动，那么随后就是启动命令并且公布以前隐藏的建筑计划。所收集的评分手册在上一个班级完成目标活动后，必须提交给活动主办方。请注意，时间最多为15分钟（包括准备下一个班级的活动时间），尽量不要超过既定时间！

---

**提 示**

■ 请注意，不能让其他班级的学生看见，要与他们保持安全的距离！

■ 屋顶建筑所用时间计算转换将只能在办公室进行！期间，将会评价在何种程度低于目标时间。

## 活动站建设建议草图

垂钓树叶
比赛场地：

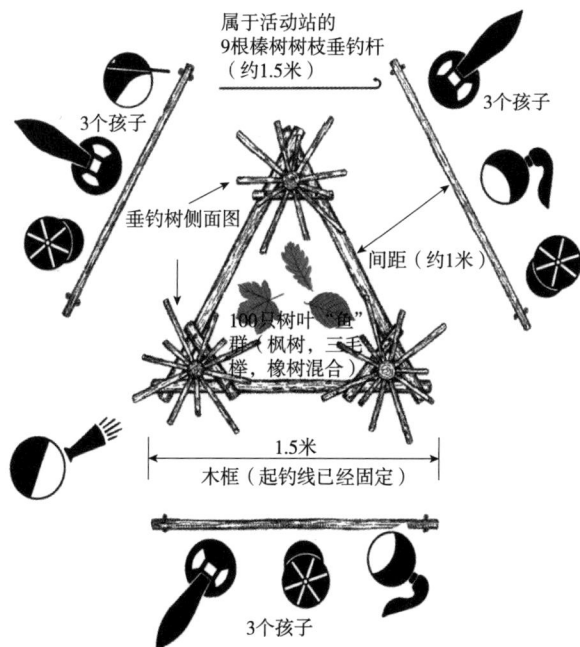

建造屋顶框架
比赛场地：

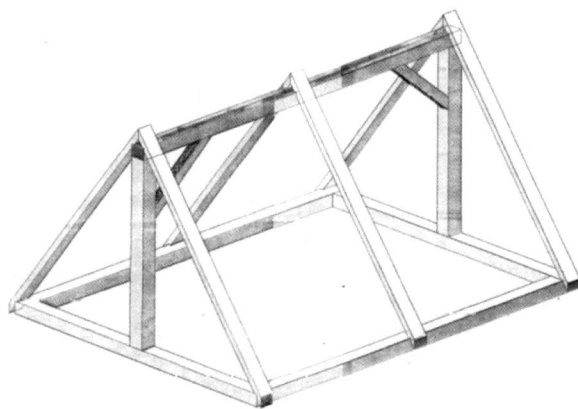

活动日期：＿＿＿＿＿＿＿＿　　背心号码或夹子颜色：＿＿＿＿＿＿＿＿

学校：＿＿＿＿＿＿＿　班级：＿＿＿＿＿＿＿

青少年森林运动会＿＿＿＿＿＿＿＿（年度）

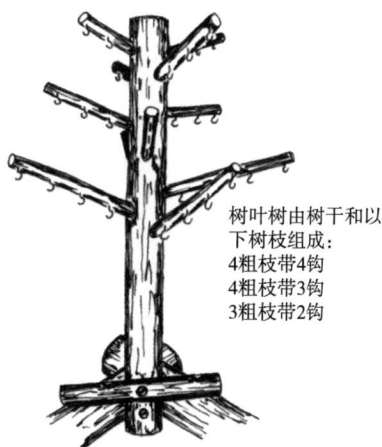

"山毛榉活动站"评分手册
垂钓树叶
建造屋顶框架

1.垂钓树叶：（最多100分）
王牌？　是：□　否：□

1 a）在比赛开始后的3分钟内最多能在树上挂多少片树叶（最多100片树叶）？

_____树叶 = _____积分（1片树叶=1分）

1 b）把树叶挂在错误的树上以及在同一挂钩上挂两片树叶？（如果没有，就不要登记!）如果有，是多少？_____

（1 "错误钓挂" 树叶/ "重复钓挂" 1片树叶=1分 减去分数）

积分 1 a）_____扣除可能 "积分" 1 b）_____ = 总分 "垂钓树叶" _____积分

2.建造屋顶框架：（最多100分）

王牌？　是：□　否：□

最大可能是100分（不考虑王牌分值）分布如下：

A）完成组件

满分60分，如果屋顶框架在5分钟的时限内完整无误地完工。

屋顶的12个元件组装是在规定的5分钟内正确和完整地完成的？

如果是：=> 给 60 分

如果不是：每一个正确组件得 5 分=> _____积分

A部分总分：_____

B）时间因素

最高的40分（相应的使用时间）

注意：如果在5分钟的规定时间内屋顶的12个元件设置正确、完整、屋顶能够自由站立，才能够被授予积分。

时间：_____分钟_____秒

=> 来自B分值（*）

总分 "建造屋顶框架"（A+B）：_____积分*

（* 分数是在事后由主办单位给定的，其中将会评估可以在一个什么样的尺度范围内不超过规定的时间限制。）

活动站管理者姓名：_____

在森林教育中心登记：_____　　　总积分：_____

垂钓树叶（最高 100分）：_____

建造屋顶框架（最高100分）：_____

可能的王牌分值*（最多50分）：_____

（*王牌在每个单独的活动中可以增加所取得的成绩分值的一半，因此最高得50分! ）例如：77分÷2=38.5分

"山毛榉活动站" 总积分：_____分

### 附件 5　橡树活动站

青少年森林运动会（_____年度）
在_____（地点）

橡树活动站
1.球果目标投掷
建造木塔

时间：约12分钟
积分：最多200（100+100），可能加最多50分王牌分值。

## 材料/准备工作

球果目标投掷：
- 1麻袋云杉球果（每个站最少50～60个）
- 1张目标圈定及场地分配布置图
- 分值显示牌（1，2，3，4，10）
- 锯末（圈定球果投掷线）

建造木塔：
- 4块"木质地板"，在木质地板上建筑木塔，塔的直径约35厘米。
- 原木切片20（块）×4（云杉、橡树、山毛榉、桦树；直径约15厘米；5厘米厚）放在一个中央容器中。
- 1块秒表

## 活动流程

- 参与的班级与森林教育引导者一起到达"橡树"活动站，在那里首先填写评分手册：

◇比赛日期；

◇学校和班级的名称；

◇背心号码以及挂衣钩颜色。

- 然后，学生们会被询问是否想要在这场活动中使用设置的王牌，如果想要的话，那么就要参与评分并纳入评分手册中。

- 之前已经决定要在本站解决这些活动问题的同学们，现在分别开始完成这些任务，剩下的同学们注意观看比赛。

- 在"投掷球果目标"的活动站，需要8位学生，包括老师和森林教育引导者。然后剩下的学生们开始下面的"建造木塔"活动，确切的流程描述随后将揭晓！对于非常小的班级来说，学生们共同完成任务，不用分组。

- 参与活动的学生们填写完评分手册之后，活动站工作人员将一步一步地填写评分手册并检查其填写的完整性。

- 在活动完成之后，评分手册必须上交。整个活动站以及"球果目标投掷"场地的建设结构草图如下所示。

## 具体活动流程

- "球果目标投掷"活动站按以下步骤开始：预先挑选的8个学生、老师和林业/森林教育引导者每人分发2个球果。随后得到比赛说明和指令。

■ 从设置好的投掷线到目标3米远（[>]草图）距离的地方，学生们一个接着一个地投掷出球果。学生们的投掷目标是分值越高的地方越好，其中，投掷在10分的篮子或水桶里分值是最高的，本活动的目的是尽可能积最多的分。

■ 凡是扔出界外的球果则不得分，重复投掷球果是不允许的。

■ 如果所有8个学生都纷纷抛出球果之后（请注意遵守正确的抛球果的标志线！），还要求森林教育引导者和学校教师抛出球果。他们最后投掷2×2次球果，当然，他们的投掷结果也要算在积分之内！

■ 投掷活动完毕后，须在评分手册上登记。如果在个别情况下，得分点数绝对大于100分，那么只能按照得分上限100分的规定，按100分计算！

■ 然后活动站负责人再继续转向这个组的另外8个学生，他们将参与"建造木塔"活动。他们的活动任务是，在总共3分钟的时间之内，把20（块）×4个原木切片或圆盘（分别为云杉、橡木（或松树）、榉木和桦木）尽可能完整地、快地建立四座独立的木塔，每一座塔只允许用同一种木材原料。在第一片切片落地建塔时，随后的木片都得与这一块木片是同一种木材原料。

■ 随着活动站命令"开始！"的发出，学生们立即从位于中央的圆盘集放地中寻找各自相应的圆盘（最好是2人一组寻找同一种树木材料），并且立即开始着手建造各自的塔。如果所有4个塔都是在不到3分钟的时间完成，那么安装好最后一块切片的时间就是该组建塔所用的时间。在这一时间点上，所有4个塔都是自由独立的，不能有任何人去扶持！完成了自己建塔任务的学生们，当然可以帮助别的学生们去建他们的塔。

■ 停止时间将被登记到评分手册中〔将只能在食品、农业和林业部（AELF）获得评分！〕。

■ 如果3分钟内建塔任务尚未完成，那么在此时间之后取消活动。在这种情况下在该评分手册B）中"时间因素"没有填写登记的必要！现在，从组建好的木塔中清点圆盘并登记。每个圆盘获得1分。

■ 如果出现圆盘搭建在"错误"的木塔上，那么也要登记在评分手册上，并且将被处罚，也就是说扣分（一个圆盘"错误"获得负1分）。

■ 在最后指出圆盘来自正确的树种之后（不打分），学生们帮助把所用过的圆盘再放回中央容器中并混合。然后，这个班级将告别本站，在招呼下一个班级进入本站之前，再检查一遍刚才填写的评分手册，看看是否完整或存在纰漏。

"橡树活动站"场地建设草图

球果目标投掷建设草图

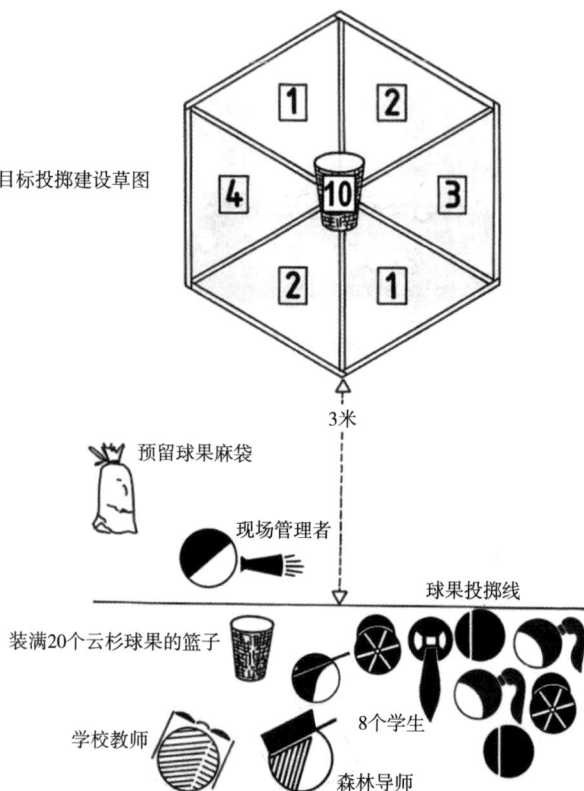

3米

预留球果麻袋

现场管理者

球果投掷线

装满20个云杉球果的篮子

学校教师

8个学生

森林导师

木塔建造草图：

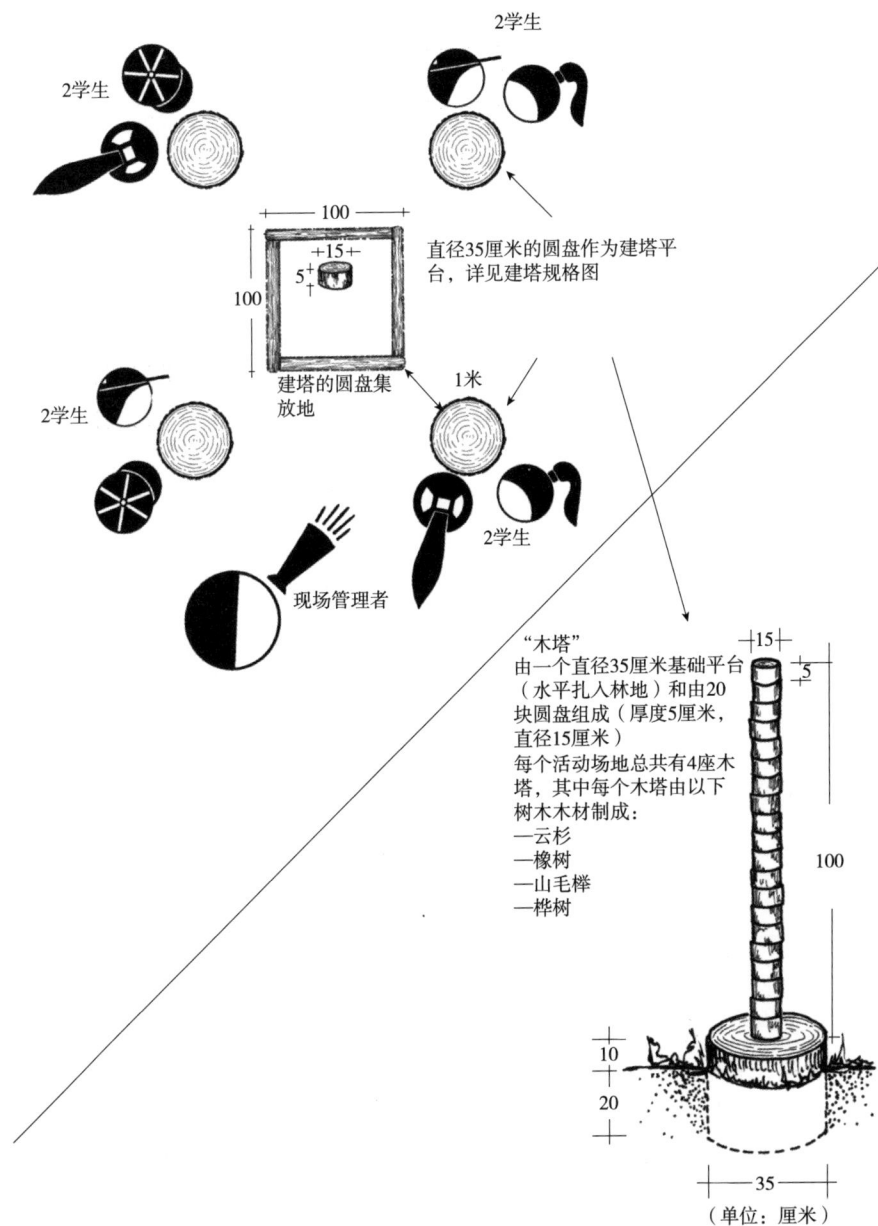

2学生

2学生

←——100——→

直径35厘米的圆盘作为建塔平台，详见建塔规格图

100

+15+

5+

建塔的圆盘集放地

2学生

1米

2学生

现场管理者

"木塔"
由一个直径35厘米基础平台（水平扎入林地）和由20块圆盘组成（厚度5厘米，直径15厘米）
每个活动场地总共有4座木塔，其中每个木塔由以下树木木材制成：
—云杉
—橡树
—山毛榉
—桦树

+15+

5

100

10

20

←——35——→

（单位：厘米）

活动日期：_____  背心号码或夹子颜色：_____

学校：_____  班级：_____

青少年森林运动会_____（年度）

"橡树活动站"评分手册
球果目标投掷
建造木塔

1.球果目标投掷（最多100分）

王牌？ 是：□ 否：□

| | 球果数量 | | 球果数量 |
|---|---|---|---|
| 第一区域 | | ×1分 = | |
| 第二区域 | | ×2分 = | |
| 第三区域 | | ×3分 = | |
| 第四区域 | | ×4分 = | |
| 第十篮子 | | ×10分 = | |
| 得分外区域 | | | |

球果总数：20

球果目标投掷总分：＿＿＿＿＿积分（＊）

（＊）在超过100分的情况下，将减到最多100分。

2.建造木塔（最多100分）

王牌？　是：□　否：□

最大可能100分（不考虑王牌分值）分布如下：

A）建塔因素

80分（20块×4的圆盘成功地完成搭建后即每块圆盘可获得一分。）

a）总共在3分钟的时间内＿＿＿＿＿把圆盘正确地安装建造在四个塔上，得＿＿＿＿＿分（1块圆盘=1分）。

b）木塔建造组装在了"错误"的塔上？是：□　否：□

如果是，有多少？＿＿＿＿＿树干圆盘 得＿＿＿＿＿负分（每"错"一块圆盘得负1分！）

分值A：A a）＿＿＿＿＿分减去 A,b）＿＿＿＿＿分= 来自 A）的分值＿＿＿＿＿分

B）时间因素

20分（相应的所用时间。注意：当在3分钟之内彻底完成建塔任务而且塔能够自由挺立，才可以得分！＊）

时间：＿＿＿＿＿分钟＿＿＿＿＿秒钟 =＿＿＿＿＿来自B）的分值（＊）

（＊通过主办方的赛后评分，其中将会评估可以少于最小规定时限的幅度范围。）

评分：

来自 A）的积分：＿＿＿＿＿分

来自 B）的积分：＿＿＿＿＿分

建塔积分：＿＿＿＿＿分

活动站管理者姓名：＿＿＿＿＿

在森林教育中心登记：总积分：

1. 球果目标投掷（最高100分）＿＿＿＿＿＿＿

2. 建塔（最高100分）：＿＿＿＿＿＿＿

3. 王牌增分*（最多50分）：＿＿＿＿＿＿＿

（*王牌在每个单独的活动中可以增加所取得的成绩分值的一半，因此最高得50分！）　例如：77分÷2＝38.5分

"橡树活动站"总积分：＿＿＿＿＿＿＿分

## 附件6　椴树活动站

青少年森林运动会（＿＿＿＿＿＿＿年度）

在＿＿＿＿＿＿＿＿＿（地点）

椴树活动站

1. 谜语接力赛

2. "薪材移垛"

时间：约15分钟

分值：最多200（100+100）加可能最多50分的王牌分值

## 材料/准备工作

谜语接力赛

■　用锯末或沙子来标出开始或结束的界限

■　2张桌子，1个板凳

■　20个木块或圆盘（15个用于活动，5个预留；直径15厘米，厚度4厘米；树种：山毛榉/桦木）

■　15个字母木块（B，U，N，T，S，P，E，C，H，T，H，O，H，E，S或W，A，L，D，S，P，A，Z，I，E，R，G，A，N，G）

■　胶带*用于固定字母木块（或者图钉）

■　不同的架子（用于提问部分，详见问题清单!）

■　1块秒表

■　评分手册

(*)在15个圆盘的每一个下面，都固定有一个字母，谜底可以通过翻开所有圆盘揭晓（详见以下所附程序图!）。

"薪材移垛"

■　2个柴垛（两个柴垛之间相距约5～6米）

■　50根任意树木的小圆柱（长0.5米，直径约10厘米；尽可能干燥）

■　8双工作手套

■　1块秒表

"薪材移垛"活动场地应该认真准备，即排除任何绊脚及其他任何可能不安全的情况（比如一段树枝或树根）！

## 活动流程

■ 森林教育引导者带着其班级一起来到"椴树"活动站。

■ 活动站负责人首先要填写评分手册上的日期\学校\班级名称以及背心号码或衣夹颜色。

■ 然后，学生们将会被提问，是否想要在这场活动中使用设置的王牌，并且如果是的话，在哪些活动中应该使用王牌策略；如果是，那么就把王牌抽出来并且把它粘贴在评分手册引人注意的地方。

■ 首先从该组学生中带出半组学生（15名同学），这15名同学曾经报名参与"谜语接力赛"活动；其他同学注意观看并助兴。如果半组学生人数不到15名，应由来自该组另一半的学生来补充，这个原则在以下的"薪材移垛"活动同样也适用！

■ "谜语接力赛"活动站结束后便是"薪材移垛"活动。两个活动及其相同的流程描述说明如下：

■ 活动站的工作人员要一步一步地填写评分手册，并在学生们完成活动离开活动站时再次检查其是否完整。

■ 评分手册及秒表在最后一组完成活动任务之后要交回主办单位。

■ 完整的"椴树"活动站建设可参照程序图。

## 具体活动流程

### 谜语接力赛

活动将以"谜语接力赛"的形式开始。为了这个目的（正如以往所述）需要15个接力者，其他学生观看，但不要干扰他们。选择学生之后，各自活动站负责人将发出如下简短的活动指令：

"你们现在的任务是：

■ 回答问题，

■ 迅速奔跑并且在最后共同想出一个解决的办法。

这一切都在一个最短的时间内以接力赛的形式发生，你们每个人都在这一行列！

### 子任务A

（见下面程序图）

■ 学生们在起跑线位置前后站成一队，一旦听到命令"开始！"，第一个学生就开始跑动，此时也就开始计算所用时间，第一个学生跑到桌子前去取树干圆盘。

■ 该站的工作人员给该学生分派第一个任务/提供第一个问题"椴树活动站"评分手册上的问题清单，如果这个学生回答正确，那么他就可以带走第一号树干圆盘，活动站工作人员就在评分手册上的第一个检查问题的"是"上勾画一道，以示确认。

■ 一旦第一个学生跑回到起点线，第二个学生就又开始跑去。

■ 第二个学生以及所有其他后来的学生的活动过程相类似。

■ 如果一个学生不能解决问题/完成任务（请只分派一个任务或提问一个问题！），那么这个树干圆盘及其号码就仍然留在本站并且在评分手册上"否"栏中相应的在"否"上打勾。

■ 如果所有的问题都提问完毕，最后一个学生已通过了终点线，秒表计时停止，并把该时间输入评分手册(以分和秒显示）。

### 子任务 B

■ 如果子任务A已经完成，那么所有小组成员就要到桌子前，要求把他们取到的圆盘放回桌子上。

■　学生取走圆盘之后，在原来有圆盘的地方就显露出字母，但是仍然有一部分还是被遮蔽的（因为其中未答复的问题依然存在）。如果他们能够猜出谜底概念及单词，学生们将获得10分的附加分值。学生们应互相协商，将结果低声告诉活动站管理者。

> ### 提示
>
> 因为在附近的其他班级也在等待做这一活动，所以您要尝试搜索字词不能大声喊出来！

■　如果学生回答出来的只有几个问题，那么猜测解词就是困难的，因为许多字母还是被木盘覆盖着的（[>]程序图）！请帮助他们，不要在经过两三次尝试之后就停止活动（一个分数扩展是学生们所期待的），其结果将登记到评分手册中。

■　现在要把树干圆盘字母朝下再放回到桌子上去，这样后续班级就不会看到谜底了！

"薪材移垛" 活动指令如下：

此项活动需要2×8名学生。现在要与其他之前已经报名参加"薪材移垛"活动站的半组同学一起进行这项活动，其余的学生们为他们喝彩！如果这半组同学人数不足，那么其他半组的学生们可以补充！引导介绍内容如下：

■　我们现在要按时并遵照以下规则进行"薪材移垛"活动：在你们面前，你们看到两个已经做好的薪材垛架子，一个已经垛满了薪材。你们现在的任务就是将这个堆满薪材垛架子的薪材圆木尽快地移动到对面的那个空薪材垛架子上去。

■　学生们只允许每次拿一根原木并且只能从前面拿取，然后通过外循环将拿到的这些原木运送并垛存到另一个薪材垛架子上。现场活动示意图展示了这个活动程序！也请注意，堆放原木要专业化（最好是同样宽，同样高，不能有太靠前或靠后的原木出现！）。对于每个草率的行为将会分别扣除分数！

■　请直接参与活动的学生们戴上工作手套。请其他同学为他们喝彩加油！

■　当"薪材移垛"活动（第一部分）成功完成后，另外8个学生将以相反的方向开始做同样的活动（第2部分）。

■　从开始搬动第一根木材时，就开始计时。

■　在放下最后一根圆木之后，即停止秒表并记录每个秒表的显示时间，在任一个回合马马虎虎的工作，可能要被惩罚并扣除分数（扣3分）（只有在特殊情况下才会发挥作用！）。

■　最后，两次时间相加，然后这个班级完成任务并告别本站，但是不要忘记在告别之前再仔细检查一下评分手册中项目的完整性。

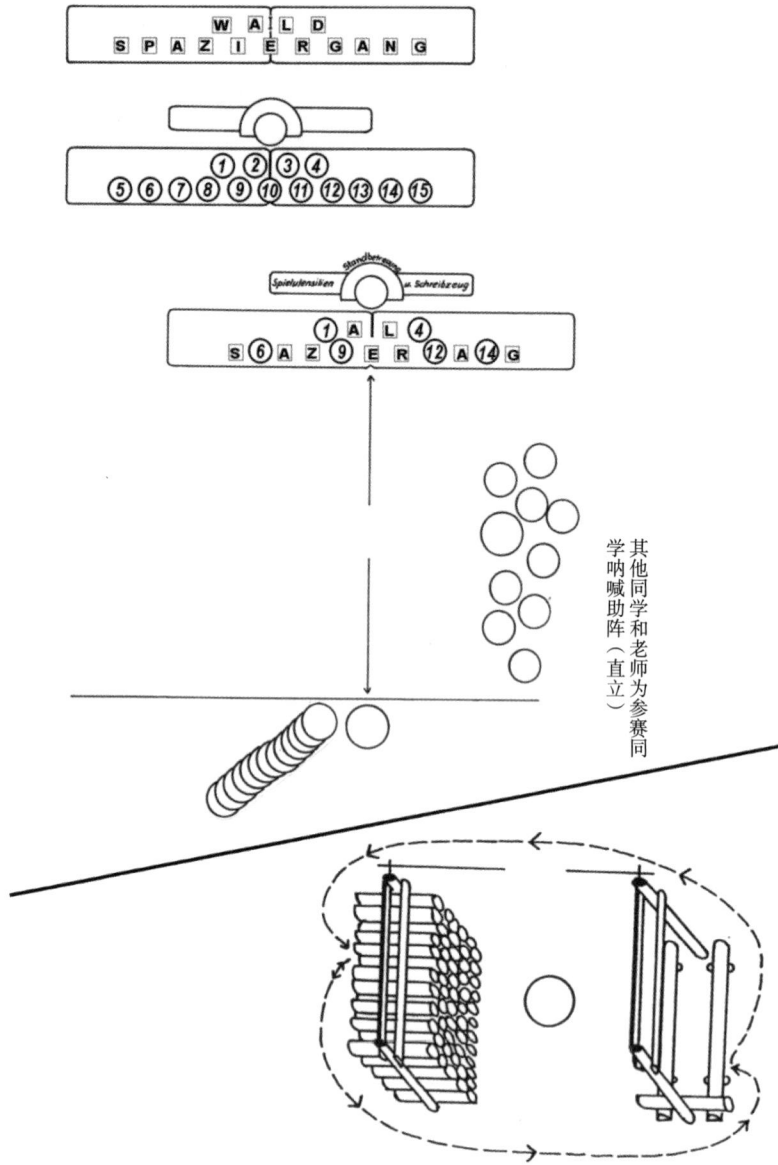

程序图

活动日期：_____背心号码或夹子颜色：_____
学校：_____班级：_____
青少年森林运动会_____（年度）

"椴树活动站"评分手册
1. 谜语接力赛
2. "薪材移垛"

1.谜语接力赛（最多100分）
王牌？　是：□　否：□

子任务A
Aa 问题表：回答正确？（最多60分；每回答对一个问题4分）

| 问　　题 | 正确答案 |
|---|---|
| ①这一树枝属于什么树木？（枫树） | 是　否 |
| ②这一树枝属于什么树木？（橡树） | 是　否 |
| ③这一树枝属于什么树木？（槐树） | 是　否 |
| ④这一树枝属于什么树木？（榆树） | 是　否 |
| ⑤这一树枝属于什么树木？（松树） | 是　否 |
| ⑥这一树枝属于什么树木？（侧柏） | 是　否 |
| ⑦这一球果属于什么树木？（松树） | 是　否 |
| ⑧这一球果属于什么树木？（侧柏） | 是　否 |
| ⑨哪一种树出现在德国的1分、2分，及5分的硬币上？（橡树） | 是　否 |
| ⑩"年度鸟"叫什么名字（描述特征）？答案： | 是　否 |
| ⑪橡树的果实叫什么？（橡子） | 是　否 |
| ⑫什么树木的树皮是白色的，但是已经被其他树木所更新？（桦木） | 是　否 |
| ⑬一棵古老的山毛榉是什么颜色？<br>a）巧克力色；b）银灰色（正确：b） | 是　否 |
| ⑭谁更大？<br>a）树皮甲虫；b）甲虫（正确：b） | 是　否 |

Ａa分值：＿＿＿＿＿＿

Ａb时间：＿＿＿＿＿分钟＿＿＿＿＿秒（最多30分）
（开始时间由组织方根据自己的时间计算方法给出）

Ａb分值：＿＿＿＿＿＿

子任务Ｂ（10分）

| 猜出谜底 | 是　否 |
|---|---|
|  |  |

Ｂ分值：＿＿＿＿＿＿

最高积分分值为100分（不考虑王牌加分），其分值分派如下：
Ａa）回答问题正确（15×4分）＝60分
Ａb）时间因素＝30分
Ｂ　猜出谜底＝10分

评分：

来自 A a）积分：_____分

来自 A b）积分：_____分

来自 B）积分：_____分

"谜语展板"总积分：_____分（A a + A b + B）

2."薪材移垛"（最多100分）

王牌？　是：□　否：□

时间（第一回合）：_____分钟_____秒

时间（第二回合）：_____分钟_____秒

这样就得出一个总时间数：_____分钟_____秒 = _____分值（＊）

（＊）在活动结束后分数将会根据主办方一个评分办法评定分数！

在任意一个回合马马虎虎地工作，可能要被扣除3分！

（由现场裁判决定，只有在非常明显的情况下才会扣分!）

| 第一回合 | 第二回合 |
| --- | --- |
|  |  |

"薪材移垛"活动分数：_____

活动站负责人姓名：_____

在森林教育中心登记：　　　　总分数：

1.谜语接力赛（最多100分）：_____

2."薪材移垛"（最多100分）：_____

3.也许使用王牌加分＊（最多50分）：_____

（＊王牌在每个单独的活动中可以增加所取得的成绩分值的一半，因此最高得50分！）

例如：77分÷2=38.5分

"椴树站"总积分：_____分

# C　森林活动日

## 森林探险活动

·················

内容　营造一个有许多教学班级能够同时参加的紧张的上午。

目的
　　◇通过比赛和活动，学生们的
兴趣将被激发
活动类型
　　◇知识型
参与者人数
　　◇800个学生
参与者年龄
　　◇8～11岁

时限
　　◇4小时
材料
　　◇材料清单（[>]附件5）
准备工作
　　◇参见[>]准备
室外条件
　　◇干燥，不太冷

### 可持续发展教育目标

◆　对待事物的方法与能力

◇我有能力把知识运用到实践中去。

这里：学生在学校所学的适合的知识都能在活动中应用，
比如，"带刺灌木丛"和"舍伍德森林的感觉"。

◆　社会能力

◇我可以与他人一起计划和行动。

◇我具有团队精神并关注其他人的长项和弱项。

这里：尤其是通过合作的活动如"宝贝"或"桥梁"锻炼
学生们的社会能力。

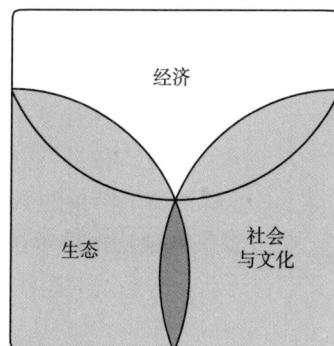

### 准备

在森林探险活动的后面蕴藏的是一种教育的基本思想，即在活动中给学生们传授许多知识并
培养他们扩展知识的能力。为此就少不了通过活动让他们紧张、有趣和娱乐，达到寓教于乐的目
的，学生将会把罗宾汉的故事与活动交织在一起，并慢慢适应。对以下所述事件的进展和各方面
的描述，期望大家能够理解。其他所有森林探险活动的实施所需要的重要文件，您会在以下文件
材料中看到：

[>]附件1：罗宾汉的故事梗概

[>]附件2：森林导师手稿

[>]附件3：班级接待及任务资料清单

[>]附件4：森林探险活动开始清单

[>]附件5：森林探险活动需要的材料清单

本次活动的目的是使多达30个班级的学生，可以在一个上午顺利通过2个赛道。

**第一阶段**

◆ 请您寻找一个或多个适合您计划活动的地点：应该有2条单独且互不干扰的循环赛道。每条赛道应该大约有2千米长并且能够通过小汽车。这将可以极大地促进各活动站的建设。情况是这样的，森林探险活动将采取平行的两条赛道同时进行比赛，在每条赛道上计划建设三个比赛场，"荆棘丛"活动站要建设四个，因为在本站的停留时间较长。这种活动方式可以避免各班级交通拥堵和等候时间过长的弊端，在开始或结束场地应该有足够的巴士停车场。请您询问森林所有者森林探险活动是否可以在此举行。

◆ 提前检查您是否有足够的潜在的帮助人员。您将需要：

◇1名化妆的罗宾汉；

◇4名化妆的警长；

◇1名开始和结束的助手；

◇2名摄影师；

◇每个班级1名摄像师；

◇4名装配和拆卸赛道的志愿者，每个人带1辆汽车和拖车。

**第二阶段**

◆ 请您书面邀请学校的学生班级，最好是给出一个预定时间，给出报名参加比赛的截止日期。

◆ 在此期间您可以联系潜在的赞助者，通过他们捐赠基金可以资助活动的奖品。一旦您已经知道有多少班来参加森林探险活动，您必须要力争为每个班级寻找一名具有专业资格的合适的森林教育引导者，这位森林教育引导者将全程陪同这个班级在森林里进行森林探险活动，在当天的活动开始前1小时与森林教育引导者会面，以便您有足够的时间来向他解释尚不清楚的事情。同理与警长也是一样。

◆ 请您也对其他帮手给予照顾。通知媒体并说明您的计划，请您邀请当地政界人士来参加活动。请您及时组织好所需要的材料（参见[>]附件5）。

**第三阶段**

◆ 出于安全的原因，请您提前1天或2天检查赛场，也就是说要清理赛场存在的下垂树枝、枯木等那些可能把人绊倒的东西，并与森林所有者协商排除风险的来源，对此您应该签订有关安全事项协议。

◆ 尽可能在实际活动举行的前一天建立2条赛道。小件物品您应该只在活动当天部署，因为这些东西会有被窃取的风险。您需要预计4~5小时的施工时间，选择不同颜色的界桩标清两条不同的路径，以确保没有人迷路。

**第一阶段流程**

◆ 在比赛当天早上检查一下两条赛道，看看是否一切正常，同时把工具和小件物品放置在活动站。

◆ 请您向志愿者说明情况，简单介绍一下这个活动大致情况：

◇学生们可以通过正确回答问题来"赚取""金块"（金黄色卵石），获得"金块"的数量相当于在得分评价中的分数。通过"金块"的使用又带来了活动的竞争性（每个班级都想打败其他班级），所有班级的共同努力目标就是尽可能多地获得"金块"，以便到时更多地交给"罗宾汉"。森林教育引导者从开始就获得了足够一路上所需的一小袋子"金块"，学生每完成一个任务后，他就支付他们一块"金块"。

◇森林教育引导者也得到一个和他的赛道颜色相同的开始编号（例如，所有奇数蓝色，所有偶数红色），出发前登记编码和班级名称。请您给森林教育引导者发放活动手稿[>]附件2，手稿的目的是保证在运作过程中不出任何差错。

◇取而代之能够增加比赛分数的是一种"魔法香草"。即在一个活动站根据您选择的"金块"翻倍数量，学生们可以用一个"魔法香草"袋，这个袋子可以给他们"双倍的力量"。在一个活动站开始活动之前学生们可以决定，他们是否要在这里使用"魔法香草"袋，这种神奇的香草袋只能使用一次。

◇森林教育引导者在每一活动站首先告诉或朗读框架故事的第一部分，这一部分就是为总结本站而写的，完成任务后，学生们将从森林教育引导者那里获得相应数量的"金块"。所有这一切都在森林手稿上有详细介绍。

◆ 让摄影师选择能够给全班照相的地方，并给他们分发拍照清单[>]附件3和附件4。

◆ 给"警长"们说明情况。当所有学生们还没有站在树木的背后时，"警长"们应该隐藏起来，当学生们都已经隐藏起来后，"警长"再出来，并寻找那些没有藏好的学生们。为此，您必须给他们准备一个清单，清单显示哪些树木上的照片形象描述是错误的。

◆ "警长"把站错了的学生们逮住，然后召集全班同学出来，他向全班要求为每个站错地方的学生上交一个"金块"。如果一个班级情况特别坏的话，"警长"可以自己决定全班应该如何补偿，例如，学生们一定要唱一首歌曲或朗诵一首诗来代替上交的几块"金块"。

### 第二阶段流程

◆ 要完成2千米长的所有活动站的活动，顺利的话您将需要大约2.5个小时。森林教育引导者还有足够的时间与同学们共同研究探讨森林等事情。

◆ 在进入第一站之前，在每条赛道上的摄影师手拿数码相机准备为各个班级、森林教育引导者以及老师共同摄影以备留念。在比赛成绩评定之后，主办方将会给参赛班级把比赛成绩、连同比赛证书和也许还有获得的奖品作为留念一并寄去。

◆ 为了给您提供信息，这里就各个活动站的情况简要介绍如下，确切的活动说明可以在[>]附件2找到。

◆ 第一站"魔桥"

没有工作人员，同一赛道3场比赛。

◇任务

分成2组[>]开始7"谁和谁在一起？"。在渠道的两边各站小组队员前后列队。学生们现在应该尝试两人同时从两侧相向过桥，双方都不要影响对方而掉下桥梁。

■ 第二站 "玛丽安木材"

没有工作人员，同一赛道3场比赛。

◇任务

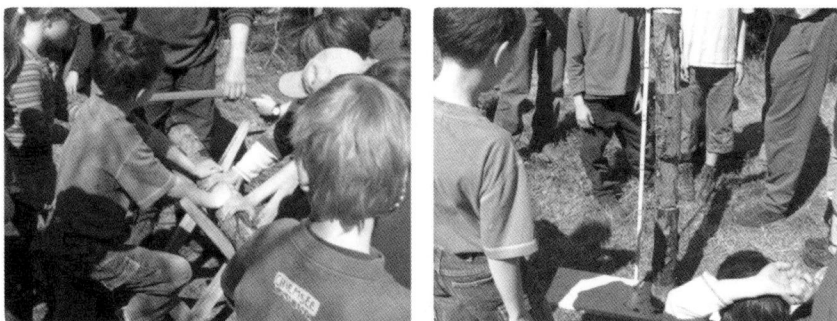

学生们的任务是从已经树立好的木桩上截锯下5段规格的烧火柴。为此，每组需要2名志愿者来组合成一组，这样共需要10名同学。然后，每组志愿者必须把截下木材再堆建成一座小塔。

这个班级的其他同学来解谜语。

■ 第三站 "森林宝贝"

没有工作人员，同一赛道3场比赛。

◇任务

学生们在沼泽地的一棵树脚下看见一个装有"金块"的小袋子，他们应该为"罗宾汉"从"危险的泥潭"中取这个"金袋子"。在此过程中，不允许取袋子的人与地面接触。但是，那里有一条与树木固定好的绳子，学生们可以借助于这条绳子前去取回"金袋子"。

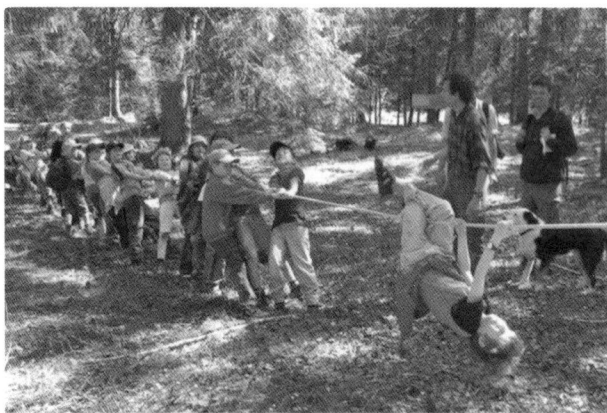

■ 第四站 "荆棘丛"

没有工作人员，同一赛道4场比赛。

◇任务

在林地上有一个前后排列成10行的矩阵，每行有5个区域，学生们的任务就是穿越这些区域。

每通过矩阵一个行列的路径，必须事先回答一个问题。在每一行列中都有一个区域是"不可逾越"（带刺的篱笆）的，一个区域的可行与不可行，学生事先并不知道。如果一个学生选择了一个不可逾越的区域，那么他就会被"荆棘截留"并因此而不能回答任何问题。另一位同

学就必须前往救援，并选择同一行列的不同区域，以便能够回答这个问题。用这种方法，学生们慢慢地冒险前进并最终通过矩阵（荆棘丛），每回答对一个问题，就允许他们翻开一个在活动场地边缘放置的木盘，这些木盘加起来作为整体要给出"罗宾汉"一个重要的信息。

■ 第五站"舍伍德森林的感觉"

每条跑道配备两名警长，每条跑道3场比赛。

◇任务

学生们陆续得到一些用鼻子闻气味的东西或用手能够感觉到的东西，但是不能让他们看到这些东西，你应该判断出它可能是什么东西，在森林中的树木上悬挂张贴了这些东西的照片，而这些照片的大部分是来自学生们刚才在触摸箱中触摸到的或者是闻到的东西，当然其中也有假象。现在学生们的任务是对照树木上的照片找到在触摸箱摸索到的东西或闻到气味的东西，然后，学生就在"警长"出现之前隐藏在这棵树木之后，然后"警长"就突然出现了。那些没有找到正确照片的学生将会成为他的俘虏。

■ 第六站"森林关系网"

没有工作人员，每条赛道3场比赛。

◇任务

11名学生每人手里拿着一张照片，学生们站成一个圆圈，每一个手拿照片的同学得到一名或两名顾问，这要视班级大小而定。手里拿着树木的照片的学生首先得到事先准备好的线绳，现在应该让学生在他们手持的图片之间寻找潜在的合作关系，注意不要忘掉任何一个同学。

第三阶段流程

如果该班级已经完成活动站所有的任务，那么他们将再次回到出发地相会，这时"罗宾汉"应该已经在那里出现并等待接受学生们的"金块"。另外，请您还要注意，要确保其他文件、"魔法香草"、开始编号等留下交回主办方，森林教育引导者已经完全填写了所有的文件。

**后续准备**

如果您已成功地完成了森林探险活动，那么就着手去评价它。对于分数相同的班级，通过随机抽签的办法决定胜负。然后，您可以以书信的形式通知有关的班级告诉他们的比赛成绩，随信寄去照片以及证书。第一名的班级颁奖要在获胜班级所在学校隆重公开举行，届时要邀请新闻媒体到学校现场报道。

## 附件1　罗宾汉的故事梗概

罗宾汉曾经是一个真正正直的人，他曾经在朗科斯里（Locksley）经营一个小农场，但是因为一个错误的盗猎罪名，受到教会方面的指控。朗科斯里的罗宾汉是他原来的名字，他释放了已经被捕的农场集体人员，并和他们一起进入格林伍德森林。

在那里，他创建了一个秘密的营地，从此他就与他的牧师朋友们潜伏下来，并款待接纳受国王迫害和被现任执政者追杀的人士，这些人在他们的营地才能受到公平待遇。虽然这些人曾经抢劫过，但他们仍然受到大家的尊重。罗宾汉把猎物分发给穷人和在王国中被压迫的其他人，随着时间的推移，发现越来越多的所谓罪犯都来追随罗宾汉并且变成了他的同伴，格林伍德森林和舍伍德森林变成了神秘的区域。

罗宾汉得知他的至爱玛丽安将违背自己的意愿答应与唐卡斯特罗杰爵士结婚，罗宾汉和他的人毫不犹豫地把她带进森林，从那时以后他们就在那里过得很幸福，并且她与他们在一起完成了许多重要的任务。

唐卡斯特罗杰恼羞成怒，他并不那么容易善罢甘休，他一生尝试绑架玛丽安，但是终归没有得逞。诺丁汉警长和他的人也总是试图逮捕罗宾汉，但是他也没有得逞。

介绍以上情节就够了，作为实施森林探险活动的背景资料，更多的信息是没有必要的。

## 附件2　森林导师手稿

| 森林导师姓名 | | 开始号码 | | |
| --- | --- | --- | --- | --- |
| 学校 | | 学生人数 | | 班级 | |
| 教师 | | 赛道颜色 | | | |
| 地点 | | 日期 | | | |

## 介绍

森林导师是一个值得罗宾汉信任的人，他的任务是与学生们一起尽可能多地获得"金块"。森林导师在活动结束之后要把所得到的"金块"交给"罗宾汉"，即那个能够为穷人分发金块的人。整个班级就是由"罗宾汉"派出的，大家的目标是相同的。为此，这就需要一个特殊的凝聚力，通过这种凝聚力扮演最为信任的"罗宾汉"：每个人都是为了其他所有人，其他所有人又是为了他一个，为此这可作为一种激励的口号：

"我为人人，人人为我！"

对所有的班级来说，这可能是所谓最艰巨的挑战。

"罗宾汉"及其部属在森林中是不会被人发现的，这主要取决于他们从来不在森林中留下任何痕迹。因此千万不要忘记——不要在森林中留下任何装备，也不要在森林中留下任何垃圾！

这些班级有一种可能性，即通过一种由玛丽安在道路上给予的神奇的草药，它可以帮助你在一个活动站自己选择机会索求"魔力"，这样你自己的实力就会倍增（掘金）。

# 就是现在：冲向活动站!

## 第一站"魔桥"

没有工作人员，每条赛道3个活动站。

### 故事背景

当罗宾汉与他最亲密的心腹小约翰第一次见面的情景是：两人在一座越过小溪的桥上见面，并且开始相互斗争，并打了起来。其实在此之前的几个世纪，这座桥梁连接着两个村庄，两村庄的村民与其他村民一样总是在桥头相撞，因为谁都不想先让谁。梅林，一位著名魔术师和亚瑟王的明智顾问，对这里的村民感到非常愤怒，以至于他在桥梁设置了一条魔咒："每当人们在桥上人为地相互往下挤对方时，他们会突然发现自己就又回到了他们开始企图越过桥梁的初始位置。"

你可以穿越这一条道路！

### 任务

你们分成2组，在沟槽的每一个侧面分别站立一个组。现在双方同时派出一个人要经过桥梁，但是不要把对方挤下桥梁，由于后边的人接踵而至，所剩下的时间不多了，赶快行动吧。

你们想使用"魔法香草"吗？

### 分值

10块"金块"，每着地一次即扣去一块"金块"。

| 活动站 | 金块 | 使用魔法香草 | 金块总数 |
|---|---|---|---|
| 1 | | 是　　否 | |

## 第二站"玛丽安的木材"

没有工作人员，每个赛道上3个活动站。

### 故事背景

罗宾汉的生活伴侣玛丽安常常独自生活在营中负责厨房一日三餐并照顾受伤的男子们。为了烹饪人们打回来的野味，她不断地需要柴火，这些柴火的长度必须够20厘米长，因为这样的柴火最适合她自己的柳条筐，也方便她把这些柴火带回宿营地。每一个篮子只能放得下5根柴火。

### 任务

现在你们的任务将是，从已经立在那里的木材上锯下所需要的5段木材来。为此，每组需要两个志愿者，共需要10名志愿者。然后，还需要2个志愿者把锯下来的木材堆放成一个小木塔，这样当"玛丽安"到来时，就使得她可以从远处看到这些木材。请注意，看护好这个小木塔，不能让它倒了。同时你们当中剩下的人来破解我在路上发给你们的"罗宾汉"之谜。

（请将谜语交给森林导师，参见附件2的最后——"玛丽安的木材"谜语）。

你们想使用"魔法香草"吗?

答案：蚂蚁、猫头鹰、蓝莓、死荨麻、雪崩、狐狸、植树、树莓、青蛙、獾子。解决方案：保护森林。

### 分值表

| 评分标准 | | 可达到的高度（厘米） | 可达到的金块 |
|---|---|---|---|
| 126 厘米以上 | 6 块金块 | | |
| 116–125 厘米 | 5 块金块 | | |
| 106–115 厘米 | 4 块金块 | | |
| 96–105 厘米 | 3 块金块 | | |
| 86–95 厘米 | 2 块金块 | | |
| 少于 86 厘米 | 1 块金块 | | |

一个正确的回答就是一块金块。

| 可达到的金块 | 回答问题正确数量 | 积累的金块 |
|---|---|---|
| | | |

| 活动站 | 金块 | 使用魔法香草 | 金块总数 |
|---|---|---|---|
| 2 | | 是 否 | |

请保持活动站整洁！请留下米尺、工作手套、锯子。谢谢！

## 第三站"森林宝贝"

没有工作人员，每个赛道3场比赛。

### 故事背景

最近罗宾汉受到来自诺丁汉警长的追捕，为了跑得更快，在情急之中他把装有金子的小口袋扔进了格林伍德森林魔法沼泽中。

### 任务

在这里你们看到一个"金袋"，你们应该帮助罗宾汉把这个"金袋"从"沼泽泥潭"中取出来。当然要记住：谁进入这个"泥潭"，甚至仅仅触动一下这些"沼泽"，谁就会"死亡"，但是有一条绳子，你们可以使用它，以便取回"珍宝"。在解决这个问题时请想想我们的战斗口号："人人为我，我为人人！"，他会提前给你们一个正确的解决方案！

你们想使用"魔法香草"吗?

（该班的同学必须把绳子展开并准备好取回宝贝。）

## 分值

在袋子中有10块"金块",在第一次尝试后,以后每次取宝费用为一块"金块"。

| 活动站 | 金块 | 使用魔法香草 | 金块总数 |
|---|---|---|---|
| 3 | | 是 否 | |

在离开活动站之前,请将绳子再次收紧,你们自己之前在开始时得到的10块"金块"的"金袋子"再放回到树下!谢谢!

### 第四站"荆棘丛"

没有工作人员,每个赛道4个活动站。

#### 故事背景

罗宾汉和他的人生活的舍伍德和格林伍德森林,是一个面积足够大充满秘密通道和荆棘密集的森林林地。罗宾汉和他手下的人生活在这片森林中已经很长时间了,熟悉所有与这块森林有关事项的规定。现在罗宾汉要通过坚不可摧的安全荆棘入口到达他的营地。想要归属他的任何人,都必须依靠其自己的力量从此荆棘丛中通过,今天来到这里的你们也要下决心破解这个神奇刺灌木丛代码,并穿透这片荆棘遍地的丛林。

#### 任务

你们看这一条带有10个连续行道的路径,每行有5个区域,但其中之一总是充满荆棘,一旦谁要是陷入这一区域,谁就会受到如此大的"伤害",以至于他不再可以说话。为了回答这个问题,另一个同学可能会来援助他。在一排中其余的区域也只有在回答有关问题之后才能穿越,如果有人说出了答案,但是没有进入这一区域,该班将被罚"金块"一块,如果答案是不正确的,那么仍在场外的同学可以帮助回答,如果他回答正确,那么他可以移动到之前问题的区域之中。

你们看那边在地面上的一行木盘,它们都倒放在地板上,每正确回答一个问题,你可以翻过来一个木盘。翻过来的木盘将给罗宾汉显示一个重要信息,如果你们解决了所有的问题,那么你们全班就必须通过林下新走过的路径并全班一起来大声朗读给罗宾汉的重要信息!

你想使用"魔法香草"吗?

现在祝大家好运,后面还有其他的冒险等待着我们。请不要给学生看计划图!(深色区域为荆棘树篱)。

#### 问题:

1.哪些动物生活在森林和灌木丛,而且也喜欢在公园和花园中,有黑色纽扣式的眼睛和尖尖的鼻子,喜欢吃蠕虫、蜗牛,也喜欢很大声地吃水果?刺猬。

2.哪些材料来自我们的森林,并且能够不断生长?木材。

3.这是什么花?报春花。

4.这是哪些树木的树枝?云杉。

5.这是哪些树木的树枝?冷杉。

6.这是什么果实?橡子。

| | | | | | |
|---|---|---|---|---|---|
| | | | ■ | | 10 |
| | | | | ■ | 9 |
| | | ■ | | | 8 |
| ■ | | | | | 7 |
| | ■ | | | | 6 |
| ■ | | | | | 5 |
| | | | ■ | | 4 |
| | | | | ■ | 3 |
| | | ■ | | | 2 |
| | ■ | | | | 1 |
| 1 | 2 | 3 | 4 | 5 | 1 |

7.这是什么动物？睡鼠。

8.哪些树种在秋季失去其针叶？落叶松。

9.在森林中养蜂，生产好吃的森林蜂蜜的人叫什么人？养蜂人。

10.这是什么菌？食用牛肝菌（Boletus edulus）。

每回答对一个问题，允许学生翻过来一块木盘。

答案："Ihr schafft es"（你们做得到）。

### 分值

10块"金块"，每回答错误或抢答一次扣一块"金块"。

| 活动站 | 金块 | 魔法香草 | 金块总数 |
|---|---|---|---|
| 4 | | 是　否 | |

请把带有字母的木盘再翻过去，在此过程中请不要改变字母的顺序！

## 第五站"舍伍德森林的感觉"

每条赛道派出2人为"警长"，每条赛道3场比赛。

### 故事背景

诺丁汉警长并不放弃！他总是紧追不舍，时时刻刻紧绷着弦。罗宾汉还是让你快速发送加密的邮件，告诉你可以在哪里隐藏，如果你找到合适的地方，那么你就可以在这里躲藏，你就不会被"警长"找到。但是行动要快速，他马上将会出现！

### 任务

请你们到桌前来，你们将得到一些要通过嗅觉闻得到的东西或者得到一些通过触觉感觉到的东西，两个东西你们都不能看到。你们必须通过气味或者通过感觉判断确认它们分别是什么东西。在对面森林那里，你们会发现在树木上挂有相应的图片说明！例如如果你已经猜到它是蓟树，那么你就拿上蓟树枝躲在树木后面。当心！树上也有虚假的图片。

如果"警长"来逮捕囚犯，那么那些没有为自己找到正确的躲藏树木的人就会就范。在这种情况下，你只好为这些被逮住的人给"警长"付出"金块"作为赎金，重要的是，自己要悄悄地躲藏在正确树木的后面，而不要乱跑，免得你被逮捕。

你想使用"魔法香草"吗？

森林教育引导者站在桌子背后让每个学生都能触摸到一种东西或闻到一种气味，最好是所有人都要经过。（闻气味的是：云杉，野蒜。触摸的是：林地土壤，脱落的鹿角，木材，皮毛，云杉树枝，云杉松果，黑莓叶，蜗牛外壳。）

该"警长"知道，他允许逮住哪些学生们，他也随时注意看着，什么时候他就可以出现了。

### 分值

10块"金块"，每躲藏错一个位置扣除一个"金块"。

| 活动站 | 金块 | 魔法香草 | 金块总数 |
|---|---|---|---|
| 5 | | 是　否 | |

### 第六站 "森林关系网"

没有工作人员，每条赛道3场比赛。

#### 故事背景

唐卡斯特罗杰爵士紧紧跟踪在你们的身后，因为他想把在你们那里居住的玛丽安——罗宾汉的妻子抢到他的城堡中去。但是，罗宾汉对此随时都有防备，他知道，你们早已熟悉在森林的生活并且现在已经在这里给你们准备了一个帮手。你们如何可以把罗杰爵士网住并擒住他，你还可以扩展你们的优势。

#### 任务

参加活动的11名学生，每人手拿一张照片，学生们站成一个圆圈。每一个手持照片的学生得到1~2名顾问，因班级学生多少而异。

手持"树木"图片的学生先获得线绳，你们现在的任务是要建立在森林中存在的关系。如果一个学生手中是一张"树叶图片"，那么他就有可能通过线绳与手拿"树木图片"的学生联系在一起，因为树木肯定是有树叶的。原来拿地图的那个顾问就可以帮助把线绳的一端递给下一个与之有关系者。请注意，你所链接的关系要正确，这样"唐卡斯特罗杰爵士"到达时，他也只好干坐下！每一个手拿图片的人必须最少有一次机会拿到线绳，否则这张网不能闭合。如果你们完成了十个链接，那么这张网就织成功了。

你们想用你们的"魔法香草"吗？

#### 分值

10块"金块"，每错误链接一次扣1块"金块"，每漏掉一个手持图片者扣掉2块"金块"。

| 活动站 | 金块 | 使用魔法香草 | 金块总数 |
|---|---|---|---|
| 6 | | 是 否 | |

请在离开本站之前再把图片收集起来并整齐地放好，线绳再缠绕起来，谢谢！

#### 总评分

森林教育引导者姓名_____开始号码_____

学校_____班级_____

教师_____赛道颜色_____

地点_____日期_____

| 站名 | 金块 | 公平积分（每条最多10分） | 积分 |
|---|---|---|---|
| 1 魔桥 | | 友好团结 | |
| 2 玛丽安的木材 | | 集中精力 | |
| 3 森林宝贝 | | 纪律 | |
| 4 荆棘丛 | | 清洁 | |
| 5 舍伍德森林的感觉 | | 公平 | |
| 6 森林关系网 | | | |
| 金块总数 | | 总积分 | |

**与班级可能做的活动**

### 您好，我的邻居先生

（不要在碎石上玩！）

学生们组成一个封闭的圆圈，一个志愿者将继续待在圆圈之外。这个圆圈是封闭的，志愿者在圈外绕了一圈，随机拍打任何一个学生的肩膀，然后他继续朝着他的方向往前跑，越快越好。而被他拍到的那个学生同样朝着与他相反的方向尽快地跑。当两人见面时，他们必须站住并握手说："你好，我的邻居朋友，你怎么样，你好吗？再见！"，然后继续跑。每个人都试图第一个进入缺口。那个没有成功地第一个进入缺口的人，将在圈外担当那个志愿者寻找下一个学生并去拍击他的肩旁。

### 前额上的石头

每个人都在自己前额上放一块石头，然后坐下来，并且在没有用手帮助的情况下再站起来。这个过程中要尽量保持石头不落在地上。

### 站立

两个学生背靠背坐着，然后同时站起来。

### 猫与鼠

（不要在碎石上玩！）

参与学生面对面站成2行，他们扮演"老鼠"，在中间的是"猫"。现在有2只"老鼠"必须要变化一下他们的地方，"猫"试图潜入腾出的空间。如果谁不能及时找到归属空间，谁就充当下一只"猫"。

### 快步

学生们每两个人站在一起，并互相抓住对方的肩膀，现在，他们试图轻轻地踩住对方的脚。

■ "玛丽安的木材"谜语 以下是一个德文的填字游戏

1.什么动物群居在森林里并且拥有皇后？

| | | | | 1 | |
|---|---|---|---|---|---|

2.哪些鸟类晚上捕捉老鼠？

| | | 9 | |
|---|---|---|---|

3.深蓝色的小水果，吃时会在舌头上留下紫色，这种水果叫什么名字？

| | | | 10 | | | | | | | |
|---|---|---|---|---|---|---|---|---|---|---|

4.什么荨麻有白色的花朵，而且不让人感到灼烧？

| 5 | | | | | | | | | |
|---|---|---|---|---|---|---|---|---|---|

5.大量的积雪向山谷中迅速滑去,并且能够造成巨大损失的自然现象,人们称为什么？

| | 7 | | | | |
|---|---|---|---|---|---|

6.在童话故事背后什么动物经常使用"哈因内克大师"（"Meister Reinecke"）这个名字？

| | 4 | | | |
|---|---|---|---|---|

7.如果受保护的森林没有幼树生长出来，林业工作者应怎么办？

| | | | | | 6 | | |
|---|---|---|---|---|---|---|---|

8.带刺藤本，橘红色果实，果实在夏天成熟，是什么植物？

| 3 | | | | | | | |
|---|---|---|---|---|---|---|---|

9.哪些动物生活在泥泞的池塘，产卵，小时在水里游，大了可上岸？

| | | | | 2 | |
|---|---|---|---|---|---|

10.生活在洞穴的一种动物，几乎能吃到所有他鼻子之前的东西，并且在灰色皮毛的底部长有黑白色条纹，它是什么动物？

| | 8 | | | |
|---|---|---|---|---|

最终答案：

| 1 | 2 | 3 | 4 | 5 | 6 | 7 | 8 | 9 | 10 |
|---|---|---|---|---|---|---|---|---|---|
| | | | | | | | | | |

## 附件3　班级接待及任务资料清单

### 森林导师的任务

■　按照入场的先后给出开始顺序号码，每一个森林导师，只要一到现场就会立即得到一个开始顺序号码（带有夹子和彩色数字的木制牌子），数字的颜色与跑道相对应。

■　森林导师将按照开始顺序号码整理资料，然后填入表中，列出清单，并提供给运动会主办者。参与活动的班级将会受到主办单位的欢迎，然后分派到各自的森林导师那里去。

■　森林导师来到活动站，宣布开始号码、班级及学校，然后得到以下活动用品：

◇森林导师手稿

◇铅笔

◇各个活动站位置图

◇小香袋

◇班级收集"金块"用的空黄麻小袋

◇放有60块"金块"的塑料袋

◇第三活动站带有3块"金块"的黄麻小袋，再次提醒大家必须把这个小袋子留在那里。

■　填写开始表

### 分发给摄影师

■　拍照清单

### 分发给"警长"

■　清单——在活动站　舍伍德森林的感觉，谁将允许被"逮捕"？

## 附件4　森林探险活动开始清单

| 开始编号 | 学生数量 | 学校 | 班级 | 引导者 | 开始编号 | 开始 | 结束 | 延续时间 |
| --- | --- | --- | --- | --- | --- | --- | --- | --- |
| 1 | | | | | | | | |
| 2 | | | | | | | | |
| 3 | | | | | | | | |
| 4 | | | | | | | | |
| 5 | | | | | | | | |
| 6 | | | | | | | | |
| 7 | | | | | | | | |
| 8 | | | | | | | | |
| 9 | | | | | | | | |
| 10 | | | | | | | | |

## 附件5 森林探险活动需要的材料清单

| 材料 | 负责人 | 使用场合 | 第一次使用时间 | 第二次使用时间 | 第三次使用时间 | 第四次使用时间 | 第五次使用时间 |
|---|---|---|---|---|---|---|---|
| 桌椅板凳 | | 开始 / 结束 | | | | | |
| "金块" | | 开始 / 结束 | | | | | |
| 垃圾袋 | | 开始 / 结束 | | | | | |
| 小空袋子 | | 开始 / 结束 | | | | | |
| "金块"袋 | | 开始 / 结束 | | | | | |
| 小香袋 | | 开始 / 结束 | | | | | |
| 带水的喷雾器 | | 开始 / 结束 | | | | | |
| 魔术袋用香油 | | 开始 / 结束 | | | | | |
| 开始人员用的表格 | | 开始 / 结束 | | | | | |
| 森林导师手稿 | | 开始 / 结束 | | | | | |
| 森林导师的开始编号表 | | 开始 / 结束 | | | | | |
| 包扎绷带箱 | | 开始 / 结束 | | | | | |
| 森林导师的圆珠笔 | | 开始 / 结束 | | | | | |
| 森林导师所需的黑板 | | 开始 / 结束 | | | | | |
| | | | | | | | |
| 2 个照相机 | | 照相活动站 | | | | | |
| 充满电的电池 | | 照相活动站 | | | | | |
| 空的相机内储存卡 | | 照相活动站 | | | | | |
| 2 张照相清单 | | 照相活动站 | | | | | |
| | | | | | | | |
| 塑胶桩子 蓝和红 | | 普遍 | | | | | |
| 2 根铁条 | | 普遍 | | | | | |
| 其他替代座椅板凳 | | 普遍 | | | | | |
| | | | | | | | |
| 6 块标志牌"魔桥" | | 第一站魔桥 | | | | | |
| 3 米长的 6 块板子 | | 第一站魔桥 | | | | | |
| | | | | | | | |
| 6 块站牌 | | 第二站玛丽安的木材 | | | | | |
| 6 根锯条 | | 第二站玛丽安的木材 | | | | | |
| 6 把手锯 | | 第二站玛丽安的木材 | | | | | |
| 6 把米尺 | | 第二站玛丽安的木材 | | | | | |
| 12 双手套 | | 第二站玛丽安的木材 | | | | | |
| 6 只手套袋 | | 第二站玛丽安的木材 | | | | | |
| 6 个圆木切片支撑垫 | | 第二站玛丽安的木材 | | | | | |

（续）

| 材料 | 负责人 | 使用场合 | 第一次使用时间 | 第二次使用时间 | 第三次使用时间 | 第四次使用时间 | 第五次使用时间 |
|---|---|---|---|---|---|---|---|
| 切割用的木材条 | | 第二站玛丽安的木材 | | | | | |
| | | | | | | | |
| 6 块站牌 | | 第三站森林宝贝 | | | | | |
| 6 条用桩界标出的开始路线 | | 第三站森林宝贝 | | | | | |
| 6 个带有 10 块"金块"的袋子 | | 第三站森林宝贝 | | | | | |
| | | | | | | | |
| 8 块站牌 | | 第四站荆棘丛 | | | | | |
| 8 张弹力网 | | 第四站荆棘丛 | | | | | |
| 承重桩 | | 第四站荆棘丛 | | | | | |
| 8 个箱子 | | 第四站荆棘丛 | | | | | |
| 8 朵塑胶报春花 | | 第四站荆棘丛 | | | | | |
| 8 枚塑胶橡树种子 | | 第四站荆棘丛 | | | | | |
| 8 只塑胶睡鼠 | | 第四站荆棘丛 | | | | | |
| 8 个塑胶蘑菇 | | 第四站荆棘丛 | | | | | |
| 8 根云杉树枝 | | 第四站荆棘丛 | | | | | |
| 8 根冷杉树枝 | | 第四站荆棘丛 | | | | | |
| 8 块木制标语牌"你们成功了……" | | 第四站荆棘丛 | | | | | |
| 24 根木制标尺 | | 第四站荆棘丛 | | | | | |
| | | | | | | | |
| 6 块活动站标志牌 | | 第五站舍伍德森林的感觉 | | | | | |
| 6 张啤酒桌 | | 第五站舍伍德森林的感觉 | | | | | |
| 6 个暗箱 | | 第五站舍伍德森林的感觉 | | | | | |
| 6 个摸索暗盒 | | 第五站舍伍德森林的感觉 | | | | | |
| 6 个胶卷盒，若干云杉油及药棉 | | 第五站舍伍德森林的感觉 | | | | | |
| 6 个塑胶野蒜 | | 第五站舍伍德森林的感觉 | | | | | |
| 6 个森林土壤袋 | | 第五站舍伍德森林的感觉 | | | | | |
| 6 只脱落鹿角的鹿 | | 第五站舍伍德森林的感觉 | | | | | |
| 6 块木块或石头 | | 第五站舍伍德森林的感觉 | | | | | |
| 6 张皮毛 | | 第五站舍伍德森林的感觉 | | | | | |
| 6 根云杉树枝 | | 第五站舍伍德森林的感觉 | | | | | |
| 6 个云杉球果 | | 第五站舍伍德森林的感觉 | | | | | |
| 6 片黑莓叶子 | | 第五站舍伍德森林的感觉 | | | | | |
| 6 只蜗牛壳 | | 第五站舍伍德森林的感觉 | | | | | |
| 6 根塑胶云杉树枝 | | 第五站舍伍德森林的感觉 | | | | | |

（续）

| 材料 | 负责人 | 使用场合 | 第一次使用时间 | 第二次使用时间 | 第三次使用时间 | 第四次使用时间 | 第五次使用时间 |
|---|---|---|---|---|---|---|---|
| 6 根塑胶山毛榉树枝 | | 第五站舍伍德森林的感觉 | | | | | |
| 6 个塑胶野蒜 | | 第五站舍伍德森林的感觉 | | | | | |
| 6 棵塑胶蒲公英 | | 第五站舍伍德森林的感觉 | | | | | |
| 6 袋塑胶森林土壤 | | 第五站舍伍德森林的感觉 | | | | | |
| 6 袋塑胶砾石 | | 第五站舍伍德森林的感觉 | | | | | |
| 6 只塑胶的脱落鹿角 | | 第五站舍伍德森林的感觉 | | | | | |
| 6 根塑胶树枝 | | 第五站舍伍德森林的感觉 | | | | | |
| 6 块塑胶木块 | | 第五站舍伍德森林的感觉 | | | | | |
| 6 个塑胶石头 | | 第五站舍伍德森林的感觉 | | | | | |
| 6 张塑胶皮毛 | | 第五站舍伍德森林的感觉 | | | | | |
| 6 块塑胶地衣 | | 第五站舍伍德森林的感觉 | | | | | |
| 6 个塑胶云杉球果 | | 第五站舍伍德森林的感觉 | | | | | |
| 6 根塑胶树枝 | | 第五站舍伍德森林的感觉 | | | | | |
| 6 片塑胶黑莓树叶 | | 第五站舍伍德森林的感觉 | | | | | |
| 6 片塑胶枫树叶 | | 第五站舍伍德森林的感觉 | | | | | |
| 6 只塑胶蜗牛 | | 第五站舍伍德森林的感觉 | | | | | |
| 6 块塑胶小石子 | | 第五站舍伍德森林的感觉 | | | | | |
| | | | | | | | |
| 6 块活动站标志牌 | | 第六站森林关系网 | | | | | |
| 6 个滑轮，50 米长绳索 | | 第六站森林关系网 | | | | | |
| 6 根大树枝 | | 第六站森林关系网 | | | | | |
| 6 枚塑胶橡树种子 | | 第六站森林关系网 | | | | | |
| 6 只塑胶猞猁 | | 第六站 森林关系网 | | | | | |
| 6 只塑胶狐狸 | | 第六站森林关系网 | | | | | |
| 6 棵塑胶幼树 | | 第六站森林关系网 | | | | | |
| 6 只塑胶空心鸽子 | | 第六站森林关系网 | | | | | |
| 6 棵塑胶死亡树木 | | 第六站森林关系网 | | | | | |
| 6 只塑胶小狍子 | | 第六站森林关系网 | | | | | |
| 6 只塑胶老鼠 | | 第六站森林关系网 | | | | | |
| 6 只塑胶啄木鸟 | | 第六站森林关系网 | | | | | |
| 6 棵塑胶树木 | | 第六站森林关系网 | | | | | |

# 第四节　引导残疾人

能够感受快乐，就是无上的幸福。

乔治·伯纳德·肖（George B. Shaw）

A 简明信息
B 活动

---

## A　简明信息

### 引导者之前的考虑

很少或者没有与残疾人接触过的人，难免会对这一主题感到不确切并且自问：我如何才能处理好这些事情呢？害怕在引导过程中出错是可以理解的，因为对大多数人来说，与残疾人打交道是新事物，还不习惯。

当我们询问那些习惯于引导残疾人的引导者的时候，引导者常常会回答：按照常规活动。但是这究竟是什么意思呢？对我们当中的大多数人来说，与残疾人一起工作，其实很不寻常。

我们没有特意对残疾形式和残疾程度进行区分，以表明对任何人来说不偏不倚是与残疾人一起工作最重要的前提。当然，监护人必须事先告知残疾参与者的有关信息。在此您会发现这里几乎没有适合的先例可照搬照抄，而是每个人都有其长处和短处。

重要的是，我们要如实面对并接受站在我们面前的人，要用对待"正常"人的那种人际交往原则，充满信任，相互支持地来对待他们。

我们应该开放对待他人及其具有的个性特征。同时应该放下自己的恐惧和不安全感。我们应该承认，特别是与残疾人士的工作方面，我们自己也并不完美。在实际工作中这意味着什么呢？我们应该如何处理这一任务呢？

### 请永远牢记

■　自己不要做得太多。让自己融入情境之中，不要让自己的恐惧和不确定性将参与者拒之门外。您自己的这种经验越多，您就越能娴熟地调整处理接待残疾人的工作。

■　引导残疾人时不要慌忙着急，不要赶时间，不要认为您必须讲述或者表现某些事情，而是要更多地关注眼前发生的事情，并接受之。

■ 请您注意，智障者只能在较短的时间内集中精力，他们的情绪变化非常迅速：刚才还只是安安静静并显得理智敏感，转眼间就变得活蹦乱跳并具有攻击性。因此，再次尝试创造宽松的环境，让参与小组处于"放松"状态。

■ 您自己了解，在引导残疾人体验时，您既不能训斥，也不能像讲座一样只讲解。以个人谈话的方式，与参与者共同探索发现"你们的"森林，共同行动重新体验"你们的"森林。通常情况下，残疾人的技能素质比"正常"的参与者要训练得更好，连您自己也会对这些人的特殊技能感到惊讶。

■ 在引导开始之前，您无论如何要就各种不同的残疾参与者与其监护人会谈以便于深入了解，然后制订出相应的引导计划。监护者了解这些参与者并且知道哪些活动能与他们一起做，哪些活动不能做。随着时间的推移，您将收集尽可能多的经验，并获得更多的信心，以至于您作为一位森林教育的专家，自己能更好地觉察到如何才能获得参与者的信任，这一方面也可以比参与者的监护人做得更多，因为他们本身对森林了解不多，也许他们自己对与大自然打交道感到很不习惯。在规划阶段确定参与者分组规模的大小；因为只有小组才可以被引导，确保每个小组要有一名参与者监护人。

■ 没有监护人不要执行任何活动。监护人应该一直都在场，以便对现场活动进行指导性的干预监控。既然您不认识参与者，那么您有的时候就无法评估或控制实际情况。监护人也可以在很短的时间内分开一些参与者，然后再把他们整合在一起，这不是什么方法上的错误，而是正确的和必要的，由于总是有几个人要站在群体的边缘，在人群当中这些人显得更加个性突出、更加引人注目。

■ 不要害怕，重复强调"重要"的东西。但是也不可忘记，这种森林教育成功的取得更加着重于体验领域，而不是科学领域。

■ 不仅要通过"头脑"，而且要尽可能用所有的感官去体验自然。普通人是这样，残障人士亦然。

■ 当与监护人在一起时要反复强调，看看还有什么可以值得鼓励去做的事情，否则，您可能会高估参与小组的能力。有时您也会惊讶于这些人的创造力，以及与自然的亲近和感激之情。

## B 活 动

# 引导残疾人

∙∙∙∙∙∙∙∙∙∙∙∙∙∙∙∙

## 示例

### 对示例的初步说明

该引导活动方式已经为精神残疾者在劳恩斯泰因青年森林之家多次地成功实施，这里将作为一个示例来举出，该报告特意以第一人称而写，以便于读者得到更好的直接印象。

### 个人称呼

您是以名字（如本例）来介绍，以便于与参与者建立合伙关系，还是介绍全名和职务，以便强调一个特殊的森林体验活动，这取决于您自己。重要的是个人的接触和感情交流，是否认真对待。让您在开始的时候计划充裕的时间并放慢进度，因为在第一阶段，利用这样的引导方法为这个活动的成功奠定良好的基础。

### 体验焦点

在操作阶段应该补充有益的安静和积极变化元素，不要过于强调学习，而主要是体验。当您想让参与者有不同的感觉时，残疾人却往往拥有他们自己不同的反应。例如，让他们带上眼罩，以便让他们更加小心和敏感。什么也看不见对于一些参与者来说，可能会是一件很害怕的事情，尽管其他人根本不介意。通常鼓励参与者闭上眼睛足矣。

一些参与者甚至不敢用手抓一些自己不熟悉的东西，比如，羊毛袜子。不要去强迫他们！先让勇敢的人去尝试，以便于鼓励胆小者，最后，大家也都会参与其中。

### 特殊技能考虑

您将会不断地注意到，很多残疾人士具有特殊的能力。例如，这是一个盲人夜行的体验，当您自己觉得对道路很了解，很熟悉，您必须蒙上眼睛来引导盲人，但是您将很快会发现：情况会相反，盲人很快会反过来引导看得见的人，因为他们非视觉感官得到了更好的训练。

### 需要实践活动

在森林行动中实践活动无论如何不可缺少。通常情况下，使用油锯有一定的困难，但参与者一般都喜欢参与这样的实践活动。

在您开始新活动之前，首先检查是否有必要重复某些活动，这可以一遍又一遍。通常情况下，残疾人要执行某些活动多次，目的是为了让他们记住。

### 情感

在引导残疾人的过程中情感的范围不可太小，不要害怕身体接触。有的参与者可能要全方位地与您联系在一起，在告别的时候有所表达，并希望您能拥抱他们。而有的参与者只是站在一旁，只是想通过握手告别，这种情况下，应该表达出对他们羞怯之情的理解，让对方感受到自己被接纳，从而在心理上产生一种归属感。

### 介绍和认识阶段

我只想介绍我的名字，并询问每个人的名字。我们在森林中穿行几分钟，但不刻意给他们先展示或解释什么，我们只是想留出足够的时间互相了解认识对方。渐渐地，我要把参与者的兴趣直接引导到大自然上：这儿有一只甲虫，那儿有一只毛毛虫在爬行，这里有一朵花正在开放，这时已有第一位参与者蹲下来，然后手里就拿上了东西。此时，我就可以给他们分发带有放大镜的昆虫观察器，大家都希望能够仔细地观看其收集到的东西。这里我必须清楚地告诉大家，不能弄死它们，也不能挤伤它们，观察完毕之后要释放它们！

如果说刚开始只有个别参与者对带有放大镜的昆虫观察器感兴趣的话，那么现在整个参与团队开始了用放大镜去探索的旅程。甲虫或植物究竟叫什么名字，大多数人对此索然无味，如果他们问我，我会给出一个确切的答案和信息，当然，很具体、简短。我提问：这只甲虫是大还是小，或邀请他们描述闻到的植物香味，提问一些对于参与者来说能够理解的实际问题。

我建议这阶段为20～30分钟。如果参与者还能够坚持更长时间的发现之旅——那就更好！

### 行动阶段

首先，让我们使用人的不同感官，为此，我提出不同的问题。

■　"我们可以在森林中听到的一切是什么？"听所有声音："当然是鸟"——让我们走进森林去搜索它们吧。

■　"它们住在哪里，上面或下面？它们在哪里叽叽喳喳？有多大呢？"——"给我展示一下！"

■　"它们睡在哪里？"——"寻找一个鸟穴或一个鸟巢！"很简单的（对于我们来说，甚至是平庸的）问题，尽量让参与者都能做出回答。

■　"在森林里你还能听到什么？你能听到木头吗？"在这些参与者中间，这是一个大猜谜的游戏，但肯定的是，所有的活动已经在树木 3 "树木电话"被描述确定，此时可以判断是否有人敲打、划动或摩擦。

在此期间，我手中有一只巨大的羊毛袜，袜子里有一个球果，里面究竟可能隐藏什么东西呢？我督促参与者把手伸进去以便于感觉，但是不能告诉其他人是什么东西——应该是一个秘密！"然后，让参与者在周围去搜索并收集他所摸到的这个东西，但不能让其他人看到它。"有的参与者在刚开始不敢去摸未知的东西，我不会强迫他们！勇敢的参与者先去摸，然后胆怯的参与者跟着去摸。

现在每个人都站在这里，充满了兴奋，我终于要展示"感觉"到的东西了。我闭上眼睛，数到第三个数字，然后他们所有人都要向我展示袜子里的奥秘，此时我看到——几乎所有的人都展示给我一个球果的问候，用球果去瞄准一个目标，让参与者把球果扔出去，然后结束这个活动。

这样，参与者们又开始安静下来。现在，我让他们在森林里寻找三叶草，我告诉并展示给他们三叶草的样子，然后让参与者到森林中设法找出此类植物并带给我。"谁愿意与我一起品尝三叶草吗？如果你吃了，那么它的味道就是他的名字。"有些参与者不敢相信这东西竟可以吃，他们用很怀疑的眼光看着我，然而，渐渐地他们还是尝试了一下，因为他们想知道它的味道。他们说："味道的确是酸的。"这样我们吃了酸酸的三叶草。

"你还想要一个惊喜吗？你们希望看到一个森林图片？""当然！""紧紧闭上你们的眼睛，我给你们一个惊喜。"我在森林里找出一块地面，然后用4个树枝围起来建设一个相框，但没有内容。"睁开你的眼睛！惊喜准备完毕！""哦，一个相框！但仍然没有画面。"

"如果让我给你们画上画的话，那么请再次把眼睛紧紧闭上。""现在我给你们塑造了苔藓，鲜花，球果，等等，框架内的森林形象设计完成了。""啊，那太好了！"我们看到自己的图画，同时我告诉参与者一些关于苔藓、花卉等的知识。

一些参与者喊道："我们也想作出这样美丽的图画——现在你紧紧地闭上眼睛。"大家都安静下来，参与者们现在以任何方式做出自己的森林景观，在创作过程中，他们要安静很长一段时间，进入创意设计钻研中。

在沉默安静的创意期间，我联系到实际行动：我会把他们带到准备好的锯子旁，在一块大木材上放置一段木头（小树干），我采用钢锯从放置好的那段木头（小树干）上锯一小块较薄的圆形木片。"你们当中有谁也想锯下这样一块木头？"每个人都想尝试一次，在提供各种适当支持的情况下，每个人都可以办到，所需的时间是微不足道的，但他们这样做是喜悦的，往往是难以形容的。作为增加的问题，我请问一个高年级学生："谁能够和我一样，锯下这样薄的一块圆形木片？"届时，参与者将讨论和估计，并且不断地比较，再有多长就差不多了，甚至当他们用钢锯"采伐"小树时，我看到这种"采伐"的体验给他们带来的喜悦，他们自己锯了这棵小树。我简单解释，在森林抚育时，为什么有些树木必须采伐掉，并对参与者们工作取得的成功感到高兴。

在这两者活动之间，我试图通过玩游戏来放松。其中一些游戏我想简要介绍如下。

■ 动物模仿

我将在参与者面前模仿动物，并让他们猜我模仿的是生活在森林中的哪种动物。我越多地在地上弹跳和滚动，我的参与者们就越兴奋。当然，他们也想和我一样模仿动物，然后让我猜测。最后，我们都是野猪大家庭的一员，我们在地上打滚，我们模仿野猪发出咕噜的叫声。

■ 扔球果

每人收集5个球果。看谁能够把球果扔到水桶里去，谁扔向树木或其他目标，或者谁至少抛出1.7米远。重要的不是谁投得最远，而是每人都超过预设限制，不能带有竞争性质。

■ 森林散步

再次去森林中去探索。

首先，攀登高座椅，独自爬上一座高座椅就算数。谁能克服困难爬上来，谁就有力量。

■ 森林机车

作为一个旅行团我们漫游在森林中，观看一些有趣的事情。我们爱触摸树木，闻蘑菇的气味，抓住一根树枝并去跳跃等。

■ 决赛阶段

经过最多2小时，这大概是与智力障碍参与者进行森林行动的时间极限，此时我会结束活动。我们再做一次散步，以便回到我们来参观的那一站。我们又经过我们第一次用放大镜观看甲虫和植物的地方。现在再次走向树干，在这里我们曾为木头的声调而如此困惑，如果参与者想再次听一下的话（通常情况下也是这样），那么我们为此还可花些时间。我再次出示"魔术袜子"，此时，常常是我自己去往里摸，然后告诉大家里面有什么。接着，我们继续走，并且安静地观看周围的艺术品。每个人都想表现出"自己的"作品。我们通过锯木场，每个人都可以携带一块木板，作为纪念品带回家，如果还有树木被采伐的话，我们也可再去看一下——这就是我们所做的一切。

最后，该告别了，人人都想得到拥抱和爱抚。我觉得今天是如此有趣，因为很长时间没有这样快乐了。

## 第五节　家庭引导

共同探索森林的奥秘。

A 简明信息
B 活动

## A 简明信息

　　一个特别有趣的森林教育目标群体是家庭，他们全家一起共同用所有的感官去体验发现森林，这不仅对于家长，而且对于孩子往往是一种难忘的体验。通常情况下，孩子们要比他们的父母更为成功，因为他们能够更为准确的观察和发现。

　　这种"引导示例"应作为对如何进行家庭引导起到示范指导作用。收集到一起的这些活动已经多次证明这一点。活动设计思路是基于康奈尔（J. B. Cornell）和辛格森（V. Singeisen-Schneider）的书籍，以及来自瑞士森林周活动的想法，许多其他活动来源于在巴伐利亚国家森林公园的森林教育引导活动，是由参与者的想象力和前实习生弗贝克（Jens Overbeck）共同合作互动产生的。

　　在第一章活动概要一览表中对所有的活动都做了概述，其中对每个活动，包括可能适合的目标群体都进行了总结。在这里，您也可以找到适合家庭目标群体的活动。在家庭森林教育引导中很重要的是，您要对准孩子去调整，也就是说解释的东西要让孩子们明白。一个家庭森林教育引导活动应该控制在2个半小时，不超过3个小时。因此，有必要从以下详细步骤中选择。

　　我们在活动概览中分为5个方面，详细的说明和进一步的内容您可以在B活动中找到。

**活动概览**

　　■ 适应和认识

　　森林——生命空间 1 "动物谜语"对年龄较小的儿童参与者是非常适合的，其次是[>]开始 3 "我是谁？"。

　　扮演动物的角色，孩子们会很感兴趣的。对于作为一个团队引导者的您来说，您应该能够叫出他们每个人的名字，并用名字与他们交谈。对于年长一点的的参与者应该使用[>]开始 1 "木棒—结网"，其次是[>]开始 3 "我是谁？"。

■ 感受和想象的旅程

您可以用2种方式进入这一主题：用[>]开始 4 "我的森林珍宝"，您可以切换到下一个话题。

如果想要加强对自然的感性知觉，那么[>]森林土壤 2 "赤脚毛毛虫"是适合的，然后紧跟着就是[>]树木 20 "邂逅树木"。

■ 成长和消逝

这里后续行动被描述为[>]家庭引导5"从幼苗到大树"或[>]树木 19 "我们是一棵树"，这项活动无论是大人还是小孩总会玩得很高兴，即使是专业团队也很有热情。您有许多种可能性去选择，以便于把这些活动变成令人兴奋的话题。

■ 森林生命群体

在这一领域的活动，可以加深对森林栖息地的专业知识和大大促进其准确性的观察。儿童和青少年往往都喜欢从事"科学家"的研究活动，如在[>]家庭引导 8 "观察蚂蚁"和[>]森林——生命空间 2 "动物踪迹"中所形容描述的那样。

■ 森林艺术欣赏

使用这两个活动之一[>]激发兴趣 2 "摄影师和照相机"或[>]结束 1 "调色画板" 可以完美地结束一个家庭森林教育引导活动。通过艺术性处理，促进参与者对自然的感觉和认识，并且给参与者一个机会去创造、制作一个永久性的"艺术品"，并可以带回家。

# B 活 动

## 家庭引导 1 啄木鸟谜语

### 适应和认识主题

每个引导的开始对其整个工作流程是很关键的。现在您开始调整参与者的活动气氛，以便使他们的心情紧张起来并集中精力投入活动之中。此外，也是您认识参与者，以及参与者本身互相认识的时候，在这方面您可以参考[>]第四章 森林教育引导的基本技巧和[>]第五章 活动的顺序：开始—激发兴趣—结束。

"来吧，我邀请你们参加森林之旅，森林中到处隐藏着惊喜。我们要共同进行游戏，开展研究并施展魔力。在开始之前，我想用一个谜语开始我们的森林之旅。"

目的
　　◇引起注意和兴奋，自己要明确主题红线，扩大参与者的知识

参与者年龄
　　◇5岁以上

时限
　　◇10～20分钟

材料
　　◇啄木鸟图像

### 活动流程

引导者扮演啄木鸟的角色，并讲述关于啄木鸟自己各种有趣的事情。详细说明可以在[>]森林——生命空间1 "动物谜语"中找到。

"仔细听。谁要是猜出我是谁，谁就把一根手指放在自己的鼻子上，但仍然要保持安静，等到最后我们大家都一起很大声地说，这个动物是什么。你们大家都知道它，在路上我们将会多次遇到它们。好了，开始……

■ 从人的角度来看，我每天都发高烧，我的身体温度高于40℃。

■ 我有2个前脚趾，2个后脚趾。

■ 当我飞行时，我的飞行轨迹就像波浪线。

■ 当我去捕捉食物时，我坚硬的尾巴羽毛会支持我的觅食行为。

■ 我主要以生活在木材中的甲虫为食，但是有时也享用蚂蚁和浆果。

■ 我的窝位于树干内的小洞穴中，这是我自己建造的。

■ 我的大大的、尖尖的喙作为一个凿子为我所用。

动物独特的特征您可以用手势来说明并且在结束时要再次总结要点。

当谜语被破解后，大声宣布说："啄木鸟！"

"嗯，我是一只啄木鸟。通过这张图片，大家可以看到啄木鸟真实的外观。谁要是想扮演它，谁就会马上了解它。但是事先我还想展示我的一些踪迹。"

孩子们找到栖息有啄木鸟的树后，您可以把这棵树作为许多关于啄木鸟有趣故事的起点来使用。例如，可以在营养树和繁殖树之间进行比较，并且引申到为什么啄木鸟不头疼的主题上来。为此，引导者可以扮演啄木鸟，现在您给孩子们展示森林吧！

# 家庭引导 2　我是谁？

适应和认识主题

目的

　　◇参与者学习、链接、扩大其生态基础知识及概念

参与者年龄

　　◇5岁以上

时限

　　◇20分钟

材料

　　◇晾衣夹

　　◇动物明信片

## 活动流程

　　这种识别动物的活动特别适合相互认识，详细描述可以在[>]开始 3 "我是谁？"中找到。在所有参与者背后都夹上动物卡片之后，他们的任务是，通过提出简单的问题来逐步推进活动——"我有毛吗？""我有四条腿吗？"这样，参与者就可以逐步了解判断到自己到底是什么动物。参与者只能提出一些用"是"与"不是"来回答的问题，鼓励每一个小组的参与者参加该活动。当两个新队员见面，首先要他们互相询问交换他们的名字，有谁猜出了背后动物的名称，就允许把回答正确动物的卡片挂在胸前。如果谁猜测不出他的动物名字，那么允许他求助。

　　在最后一轮，大家站在互相都能看见对方的位置上，然后把关于每种森林动物的知识和相应的问题收集到一起，这一阶段的活动目标必须是请参与者注意动物之间的关系网络：

　　"谁是猞猁的食物？谁需要啄木鸟？是你，你作为一个蝙蝠生活在我放弃的荒凉的洞穴中。"讨论不应该太长，最后所有的"森林居民"形成一个"编织"网和复杂的社会，从而反映森林中关系网的一部分。

　　有些物种可以在以后的"森林舞台"再次展现，然后再深入讨论。

# 家庭引导 3　我的森林珍宝

感受和想象主题

目的

　　◇参与者自己调整适应，仔细观察，对小珍宝感到惊奇，并刺激想象力

参与者年龄

　　◇5岁以上

时限

　　◇30分钟

## 活动流程

　　在这项活动中，每个人都独自穿行在树林里寻找着自己手中尚能拿住的小小的珍宝，详细说

明可以在[>]开始 4 "我的森林珍宝"中找到。在开始之前，要与参与者达成一致意见，不能收集动物或感觉恶心的物体，然后派遣参与者任务："寻找你自己认为最好的东西，珍惜时间，展示别人没有的森林珍宝。"

当参与者回来再次集合时，要求他们站成一圈，请他们闭着眼睛把他们所寻找到的森林珍宝按预定的方向逐一传递。参与者在传递过程中只能通过触摸和滑动来体验和猜测，当所有参与者的珍宝又转回自己手中时，珍宝传递结束。这要求每个参与者对自己的珍宝都很珍惜，很了解。现在，参与者睁开眼睛展示其珍宝，并交换寻宝经验和想象宝贝的名称。您作为森林教育引导者应该借此机会进一步探讨一些宝物或现象，如蘑菇、木耳是如何生活以及什么动物啃食松果等。

不要扔掉任何东西。因为如果需要，所有的森林珍宝材料最后可以收集到一块，然后让参与者共同设计塑造一个额外的艺术品！

## 家庭引导 4 赤脚毛毛虫

### 感受和想象主题

| | |
|---|---|
| 目的 | 时限 |
| ◇参与者获得信心，实践识别 | ◇大约15分钟 |
| 方向和感官知觉 | 材料 |
| 参与者年龄 | ◇眼罩 |
| ◇6岁以上 | 室外条件 |
| | ◇暖和干燥的天气 |

### 活动流程

请参与者脱下鞋子，这是不寻常的，所以您应该去调整适应并去感觉：

"您应赤脚走在土地上。脱掉您的鞋，鞋让您失明。您仍然可以用您的脚趾去'看'路。也可以'看'水、风……"[奥尔（M. AUER）]。

参与者蒙上眼睛后，由各个成员逐一先后排队并扶住前者的肩膀或腰部组成一只长长的行走的"毛毛虫"，详细说明可以在[>]森林土壤 2 "赤脚毛毛虫"中找到。

您承担"毛毛虫"的"头"，这是唯一一个可以看到的角色。从现在开始做起，做好准备并为后边负责地执行任务，带领"毛毛虫"慢慢地在森林中来回纵横盘行，选择的道路越曲折，越多样化，就越好。地毯似的苔藓，落地的树叶，裸露的土壤，甚至一条小溪——您的脚感到的一切都会不同，在一个特别有趣的地方，您应该停下来休息一下。

回到了出发点，拿掉参与者的眼罩，并一起尝试重新寻找刚才所走过相同的道路，他们仍然可以找回之前由此获得的感受，在这里又有新的发现。

# 家庭引导 5　从幼苗到大树

## 成长和消逝主题

**目的**
　　◇参与者将体验到生命周期的奇迹和克服对死树的偏见

**参与者年龄**
　　◇5岁以上

**时限**
　　◇30分钟

**材料**
　　◇图钉
　　◇树木种子

**室外条件**
　　◇带有老树和死亡树木的森林

## 活动流程

　　事实上，树木在年幼时与参天大树相比相形见绌，但是等到将来生长成熟之后，也能长成"巨人"。这就是这项活动的内容。一棵树的所有各个阶段及其生活的层面都应该让参与者进行体验，一开始就请大家搜索寻找幼小的树木。当树木的种子也被包括在观察当中时，这个奇迹是完美的。

　　"在这里，我的手中有一粒微小的种子，那儿有一棵巨大的树木，它是怎样从种子变成参天大树的呢？"

　　请要求参与者，自己一个人或与他们的同伴一起，在附近选择一棵大树，用胳膊去环抱它，并抬头观看其巨大的树冠，这棵大树有多高，有多古老呢？估计想法是多种多样且很令人困惑的。可以从树的树干开始，用迈步的方法去估计丈量其长度。用一个直径类似的树干切片，通过计算年轮的方法，估算树木树龄，在数树木年轮时，要用大头针标记树龄。方法参见[>]树木 8"探寻树木命运的痕迹"。

　　然后，死木的现象将作为人们关注的焦点，详细的说明可以在[>]森林——生命空间11 "失去生命的树木"中找到，参与者将了解到这样看似无生命的和无用的木材竟然具有如此重要的作用，因为在它腐烂后，将再次变作幼树自由吸收的营养元素而成为新树木的摇篮。特别好的是，参与者能够通过树木腐烂过程理解"消逝"。例如叶子，他们可以在经过不同的连续分解阶段，从全叶逐步分解为近腐殖质物质，现在树木的生长才算完成一个生命周期，因此死亡不是死的代名词，而是一种新生命生活的基础。

# 家庭引导6 我们是一棵树

目的
　　◇参与者设想进入树干中，了解树皮甲虫，并且扩大自己的知识面
参与者年龄
　　◇6岁以上

时限
◇30分钟
材料
◇甲虫
◇昆虫观察器
◇树干切片

**活动流程**

在此活动中，您连同所有参与者共同模拟一棵树木的生命活动，详细的说明可以在[>]树木 19 "我们是一棵树"中找到。它的结构可以展示如下：两个参与者背靠背站好，形成了中央支持树的支柱（心材），另两位参与者扮演两条树根，一个直接坐在"心材"旁作为主根，另一个平躺在地上，他的长头发寓意为树木的毛细根。围绕这个核心参与者组成两个圆圈，包括：首先是边材，它携带的水从根系到树冠，其次是韧皮层，把光合作用合成的产品，如糖，向树的其余部分运输，两个之间是生长层，也叫作形成层，只被提及，但不展示。

这样涉及树木的生活、声音和动作将被分配在不同的部分，而且应根据先后顺序连续发声。首先是根部开始全身心地"吸收"丰富的营养成分，然后边材接着"哇"的一声并同时张开双臂表示痛快，该双手象征在风中摆动的叶片，韧皮部用一个香甜的"唔嘛，唔嘛"声完成了此过程，并将他的手臂向根部降落。

参与小组的其余人员，作为树皮部分或树皮本身来保护"树木"，随着可怕的鬼脸和手臂无规则的动作来封锁树木的"敌人"，树是活的！在所有参与者各尽其责时，顿时树旁盘旋飞来一只"甲虫"（引导者），他的目标是把"树皮"刺破。"树皮"自然是挡住了"甲虫"的进攻，让其无法达到他的目的，富有生命力的健康的"树木"最终获胜。

最后，"树木"缓慢地溶解，现在大家逮住一只真正的甲虫，参与者会惊讶，很少有人预计，这种动物是如此之小，用放大镜，它被更准确地观察。参与者将了解关于它很多有趣的事情，例如，它和树木及啄木鸟一样属于森林，甚至它是啄木鸟最喜欢的食物。利用树干切片或树桩您可以再次解释树的结构。

# 家庭引导 7　邂逅树木

**成长和消逝主题**

| 目的 | 时限 |
|---|---|
| ◇ 家长和孩子交流自己的角色，他们用自己的感官去体验换位思考、信任和怀疑 | ◇30分钟 |
| **参与者年龄** | **材料** |
| ◇5岁以上 | ◇眼罩 |

**活动流程**

这可能是一项最令人紧张的，但是同时也是最困难的活动。您不应该把这一活动放在开始。在这一活动开始实施之前，需要一个充分的准备工作，详细说明可以在[>]树木 20 "邂逅树木"中找到。

首先，要求参与者分成2组。那些已经互相信任的伙伴可以走到一起。给每一对伙伴发一副眼罩。伙伴如何指导盲人效果最好，您应该做出示范。

给他们以提示，诸如"孩子，照顾你们的父母，他们的年纪比你们大"，以及"寻问'盲人'，他们是否感到安全"。此外，同样重要的是，您选择出一块好的森林，其中有许多独特形状的树木，因为在单调的森林里重新发现"自己"的树更困难。

刚才的伙伴从现在开始，仔细地、慢慢地引导"盲人"参与者到附近去寻找一棵树，现在通过用手摸索和用鼻子闻气味来认识了解"他的"树木及周围的环境，只有当"盲人"认为他肯定可以再找到这棵树后，"盲人"才可以被重新带回原来出发的地方。在这里，"盲人"仍然还要被转上两三圈，才可去掉眼罩。然后这个"盲人"尝试使用他自己内心得到的印象，再去寻找他所"看见"的树木。

寻找树木需要时间。谁的树木没有被找到，合作伙伴可以用"热/冷"来帮助。如果树被找到，你必须告诉对方你是如何找到的。然后，合作伙伴转换角色。

# 家庭引导 8 观察蚂蚁

## 森林生命群体主题

"森林是鸟类、昆虫、哺乳类动物、草类、树木的家庭和栖息地，它们不仅住在森林里，它们与森林在一起。"（瑞士森林周）

| 目的 | 时限 |
|---|---|
| ◇参与者仔细观察和扩大自己的知识面 | ◇45～90分钟 |
| | 材料 |
| 参与者年龄 | ◇放大镜 |
| ◇8岁以上 | ◇带有指导性问题的纸条并留有图画空间 |
| | ◇铅笔 |

## 活动流程

在观察"森林居民"的特殊任务中，蚂蚁是最容易被观察的。观察蚂蚁，根据观察强度不同会持续45～90分钟，这作为主要活动是合适的。划分成5～7人小组[>]开始7 "谁和谁在一起？"，并要求参与者观察蚁穴及其环境，当然，不能破坏蚁穴丘。

沿途给参与者提出以下几个问题：

■ 蚁穴是由什么建设的？蚁穴是在树荫下还是朝着太阳？它有多少个入口？

■ 是否有蚂蚁路径？如果有，它们的通道在什么地方？在这些路上它们运输什么？

■ 蚂蚁如何抵御敌人和障碍，以及它们如何互相交谈？

■ 是否有爬树的蚂蚁？如果有，它们在做什么呢？

■ 蚂蚁究竟长相如何？它们的个体之间存在差异吗？

最后结果要总结和交换，每个小组要向其他小组简短介绍他们所观察到的情况。作为一种特殊项目，参与者可以学习了解蚁酸的气味：将一张纸巾折叠后在蚁穴中放一会儿，然后取出，可以闻到一种刺鼻的酸味。

■ 森林居所——蚂蚁穴丘：那里有许多有趣的事物等待着我们去发现

## 家庭引导 9 动物踪迹

### 森林生命群体主题

目的
◇参与者扩大其知识范围，认识森林生态系统网络，详细观察森林生态系统

参与者年龄
◇5岁以上

时限
◇20~30分钟

材料
◇放大镜
◇盒子
◇镊子
◇动物鉴别书籍
◇也许还有几个动物踪迹，比如，扔掉的鹿角

### 活动流程

因为森林中的动物通常很害羞，许多动物白天不是很活跃，所以很不好观察。但是许多动物留下了踪迹，比如，食痕、粪便、毛发、脚印和居所，例如鸟巢。详细活动情况参见[>]森林——生命空间 2 "动物踪迹"。

关于这一主题准备会谈之后，动物在森林中的所有活动——如住所、饮食、狩猎、消化等等，举出几个示例，把参与者分成几个小组，让他们去寻找动物踪迹。发现的痕迹要尽可能收集到一起，互相交换观察并借助于鉴别书籍识别是何种动物。

这一活动提供了美好的链接点[>]开始 3 "我是谁？"。这里举个例子："刚才是否有一只鹿来过这里？瞧，这儿一棵树上留下了它啃食树皮的痕迹。"

## 家庭引导 10 摄像师和照相机

### 森林艺术欣赏主题

目的
◇参与者训练其感觉，证明感觉能力，视觉艺术化应用

参与者年龄
◇5岁以上

时限
◇30分钟

材料
◇画纸
◇画笔
◇也许包括绘画材料

### 活动流程

在这一活动中，应使用"相机拍摄的相片"艺术。详细展示见[>]激发兴趣 2 "摄影师和照相机"，[>]结束 2 "结束快照"。

分成2组[>]开始 7 "谁和谁在一起？"，然后接着开始角色扮演。在"摄像师"开始用其

"照相机"在森林中拍摄有价值的"照片"时，"摄像师"让"相机"拍3～7张"照片"。

　　"摄像"步骤如下：　"摄像师"小心翼翼地调整"相机"位置和方向，然后用手指"按动拍摄开始按钮"（小耳朵，头等），并且说"咔嚓"。"相机"在5分钟内只能睁开眼睛"拍摄"选定的景色，拍摄完毕，"相机"再次闭上眼睛，然后再到下一个目标景点。无论是近距离拍摄，还是远距离拍摄都可以。当"胶卷"（3～7张"照片"）用完之后，然后再换角色，也就是说，"照相机"和"摄像师"交换角色，最后一张照片将为了纪念意义而画出，即"冲洗"并送给对方。

## 家庭引导 11　调色画板

**森林艺术欣赏主题**

| | |
|---|---|
| 目的<br>◇参与者认识不同的颜色，发展想象力并感悟、赞美森林的美丽<br>参与者年龄<br>◇5岁以上 | 时限<br>◇20～30分钟<br>材料<br>◇调色板，木材雕刻而成，用双面胶粘贴<br>提示<br>◇好的结束活动<br>◇调色板作为"礼物" |

**活动流程**

　　在所谓调色板的帮助下，把自然材料粘贴在调色板上。这样参与者就开发了无穷的森林色彩资源。详细的描述可在[>]结束 1 "调色画板"中找到。

　　每个人或2人一起收集森林中不同的颜色。粘贴的东西比如花瓣越小，调色板上的颜色就越五彩斑斓。最后，所有小小艺术品都要展出。这样就产生了一张色彩艳丽的图画。

# 第六节　儿童生日

生命的意义在于活得充实，而不在于活得长久。
让·雅克·卢梭（Jean-Jacques Rousseau）

A 简明信息
B 活动

---

## A　简明信息

在本章您将会读到关于为儿童庆贺生日的不同方式，您可以了解长期以来这种活动在巴伐利亚州森林公园是如何成功地举行的。

生日对孩子们来说是一年中的重要日子，他们提前数周就迫不及待，期盼其到来。庆祝生日是他们一年之中难忘的事情。对孩子们最重要的是，允许他们有一次站在生日庆祝这一事件的中心位置的机会。

近年来的趋势是显而易见的，父母不再亲自为孩子举行生日庆典，而是依靠不同举办商在更加广泛的范围内为他们的孩子举办生日聚会。如果庆祝活动在国家森林公园举行，那么成功的生日派对很可能会让孩子接受森林，甚至产生对森林的热情，在森林里举办生日派对会让孩子们意识到自然的重要性。

所有这些间接的目标，只有通过快乐的庆祝活动才能得以实现，因为任何生日庆祝活动的主要目标是乐趣！以下所述孩子们的生日聚会是近年来举办的较为成功的示例，孩子们乐享其中，并且能够把一个在森林中度过的特别生日的美好回忆带回家。

**活动概览**

> ■ 儿童生日 1 "寻宝——瓶子中的秘密"
>
> 这一活动适合4~9岁的儿童活动。这是关于寻找被一个老海盗在很久以前隐藏在森林里的珍宝的故事。在一张藏宝图的帮助下，孩子们发现了通往珍宝的不同中间站，在这里他们可以进行活动！

■ 儿童生日 2 "森林侦探——拜访夏洛克·福尔林森"

孩子们可以集体化妆打扮并跟踪夏洛克·福尔林森侦探的脚步！这里非常欢迎拥有强烈探险兴趣的6～10岁的儿童！

■ 儿童生日 3 "啄木鸟生日——听！谁在敲击"

通过各种不同的活动，手工艺品制作等任务方式，9～13岁的孩子们学习关于啄木鸟的很多趣味无穷的、扣人心弦的故事和知识。

# 儿童生日 1　寻宝——瓶子中的秘密

**内容**　在森林中孩子们共同寻找、发现宝藏。

目的
　　◇孩子们畅想世界并且体会在大自然的乐趣。强烈地感受大家庭的感觉

活动类型
　　◇活泼型、调研型、创造性

参与者人数
　　◇最多14人

参与者年龄
　　◇4~9岁儿童

时限
　　◇约2小时

材料
　　◇用纸板制成瓶子并作为名称标签
　　◇用于固定名片的树干切盘
　　◇手写铅笔和化妆笔
　　◇单筒望远镜
　　◇皮制寻宝图及寻宝密函
　　◇食品筐子或背包（如需要）
　　◇拔河的绳子
　　◇各站点的任务清单（皮质）
　　◇辨别各站点的小标志旗
　　◇解密字母（纯自然材料制成）
　　◇带有香味和响声记忆的黑色胶卷盒及内容
　　◇用于制作标志旗的包装绳和剪刀
　　◇用于海盗旗帜的黑布
　　◇图画手指颜料
　　◇黏胶，寻宝卡
　　◇"隐藏—寻找"绳子
　　◇"隐藏—寻找"材料（土豆、蜡烛、手帕）
　　◇奖励品
　　◇急救包

准备时间
　　◇需要1小时

室外条件
　　◇雨天取消活动，推迟活动

**活动流程**

◆　请您热情欢迎参与者，为了进一步认识来客，请您为参与者发放用木材或纸板制成的名称标签。

◆　请您讲述雅各布（Jakob Wurzelrunzler）的故事[>]附件1。

◆　寻宝从"黑杰克（Black Jack）"的信开始[>]附件2。这里包含着寻宝卡，首先要找的就是藏宝图。

◆　然后，按照以下顺序活动。

◇"搜索图片"[>]附件3

◇"寻找任务"[>]参见附件3和附件6

◇拔河

◇噪声记忆

◇小吃时间

◇制作旗帜

◇发现动物追踪

◇化妆竞赛

◆ 孩子们找到藏宝图之后，教育中心工作人员与来访者告别；并祝愿参加生日聚会的客人之后仍然还有愉快的一天。

---

## 提 示

■ 因为在室外活动，所以防水服装是必要的！

■ 在现场用标志小旗标出相应的站点，在各个站点可以分别得到寻找任务。这些任务都写在皮革上，压在石头下，塞在树缝里等其他隐蔽的地方。有关文本可在附录中找到，它们都被做了标记。

■ 这些由木材制成的谜底字母将与任务信件一起隐藏。

■ 执行任务的人可以互相取代。

■ 请您尽可能把藏宝图隐藏到位于中央且覆盖的一个空间，例如，一间小屋。孩子们应该共同研究考虑地图，并共同找出寻宝路线。过生日的孩子携带藏宝图！

■ 除了森林教育引导者之外，还需要2个护理人员参加孩子的生日聚会，例如，准备生日晚宴烧烤。

■ 藏宝箱包含动物明信片、钢笔、画笔、特殊天然材料（松果、树叶、岩石）等。

■ 每个孩子允许从藏宝箱选择3件宝贝！

■ 小吃可要求父母或生日客人自备或由主办方统一安排，但是费用由客人承担。

■ 关于邀请和参与者名称标签可见附件4和附件5。

## 附件1　梗概

这是雅各布（Jakob Wurzelrunzler）的故事，人称黑杰克（Black Jack）。黑杰克出生并成长在巴伐利亚森林。他的父母都非常贫穷。他的父亲是一个樵夫，死得早，在砍柴的过程中，他被伐倒的一棵树木击中而不幸丧生。雅各布的母亲经营管理一个小农场并养育他们的10个孩子，她遇到了很大的困难，她常常因没有足够的食物而忍受饥饿的痛苦，在冬季寒冷季节，因为买不起御寒衣物而受冻。

尽管黑杰克非常喜欢森林，但是当他还是一个年轻的男孩时，就到了最近的海港汉堡，想成为一个水手。那是一段艰难痛苦的时光，他看到的唯一能够改善艰难处境的可能性就是摆脱极度的贫困。起初他当了一艘商船上的水手并前往世界各地旅行。但是他不是特别喜欢那里，因为船长是一个非常不友好的，性情暴躁的人，而且经常虐待他。因此，他从上岸休假后，就没有再返回到船上，不久就加入了海盗团伙。

由于他非常坚强和勇敢，经过一段时间，海盗任命他为船长。他航行了多个海域，经历了许多冒险，并袭击了其他许多船只，掠夺了丰富的战利品。作为一个老人，有一天他自己又返回巴伐利亚的森林故乡。有传言说，他在巴伐利亚州森林里度过了他的最后几个月，但准确的情况，没有人知道。

他所带回来的宝藏，绝对隐藏在了巴伐利亚州森林，到今天还未被发现。人们认为，他把宝藏隐藏在巴伐利亚州森林的某处，并且许多人已经在许多不同的地点找过，然而到目前为止，尚未被发现。从一个林业工作者那里我们了解到，黑杰克在斯皮格劳（Spiegelau）附近居住的地方，也就是他的宝藏隐藏的地方。具体确切的位置已经在藏宝图上标出。据说，这张藏宝图就隐藏在一个密封的瓶子里，让我们一起寻找藏宝图和宝藏！但首先我们要装扮成森林海盗——因为只有这样才算是真正寻找宝藏的猎人。

## 附件2　雅各布（"黑杰克"的信）

致寻宝者：

你想要我的宝藏吗？你们到这里来，不仅是一件非常困难的，而且是一件很危险的事情。如果你们是成年男子，那么就要警告你们：你们是找不到这个隐藏的瑰宝的，因为这些瑰宝是受魔力保护的，并且这种魔力保护只能由儿童来解除！

但需要孩子们注意，事情根本就没有你们想得那么简单。几个月来，我一直在森林里居住，我了解这里森林中每一个角落，并知道这里森林的秘密。你们必须首先证明你们已经赢得了资格，来寻找我的宝藏，因为我的宝藏，只有那些细心观察大自然的人才会找到。因此，只有你们所有人共同合作，才能完成任务，才能找到路径，最终才会找到宝藏。

那么你们现在就开始寻找吗？祝你们好运！

雅各布（黑杰克）

此外，在任务站我为你们放了密码字母，如果你们把它们排列正确，你们就可以猜出是什么宝藏。但只有在你完成了任务之后，方可随身携带它们。

## 附件3

■　搜索图片

解密字母：R

> 你们在搜索过程中，不要让你们自己误入歧途。森林海盗感觉灵敏，他马上就会知道，哪些沿途的东西是不属于森林的。

森林——生命空间3 "隐藏—发现"

■　寻找任务

解密字母：P

> 森林不仅是由树木组成。如果你仔细观察，还会发现细微的其他小东西。为了能够实现寻找秘密的任务，你们必须仔细观察。要用不同东西构建一幅森林图像。

■　每个孩子得到一张写有秘密任务的纸条[>]附件5。

■　当所有的孩子们完成了他们的搜索任务后，每个孩子要把他搜索到的东西展示在一块布上，其他人猜测搜索任务单上是如何写的。

■　最后，用这些材料设计制作一张森林图片[>]结束6 "森林图像"。

■　拔河

解密字母：R

> 为了抢夺财宝，海盗必须要强悍。究竟是有多么强悍，你们现在可以通过拔河来体验。

■　噪音记忆

解密字母：U

> 如果像我一样，谁在树林中居住过一段时间，那么谁就会对森林的声音有一个非常好的了解。用在森林中找到的那些东西，可以发出不同的声音，你能区分它们是什么发出的声音吗？

[>]激发兴趣 9 "声音记忆"。

■　制作旗帜

解密字母：U和N

> 这样，现在你们几乎就要达到目标，真正的海盗是有一个标志旗帜的，所以作为森林大盗你们也需要森林大盗的森林标志旗帜，那么就用你们在森林中找到的材料自己制作一面旗帜！

■　发现动物踪迹

解密字母：A

> 我是谁？你们在附近就可找到我的踪迹。

被猜测的动物：松鼠
跟踪被啃食的云杉球果
[>]森林——生命空间 1 "动物谜语"。

■　化妆竞赛

解密字母：T

> 好！现在你们有了足够的休息时间，又可以开始回到正轨，并很快找到宝藏，并且允许你们化妆起来测试你们奔跑的速度。

[>]开始 7 "谁和谁在一起？"。

■　黑杰克的信放在箱子里

> 好极了，你们达到目标了
> 宝藏就在你们手中（解密字母）。
> 你们只需要把字母按指定的顺序摆好。
> 宝藏的一部分你们可以带回家，只要看看在箱子里发现了什么。
>
> 你们的黑杰克

**附件4  瓶子**

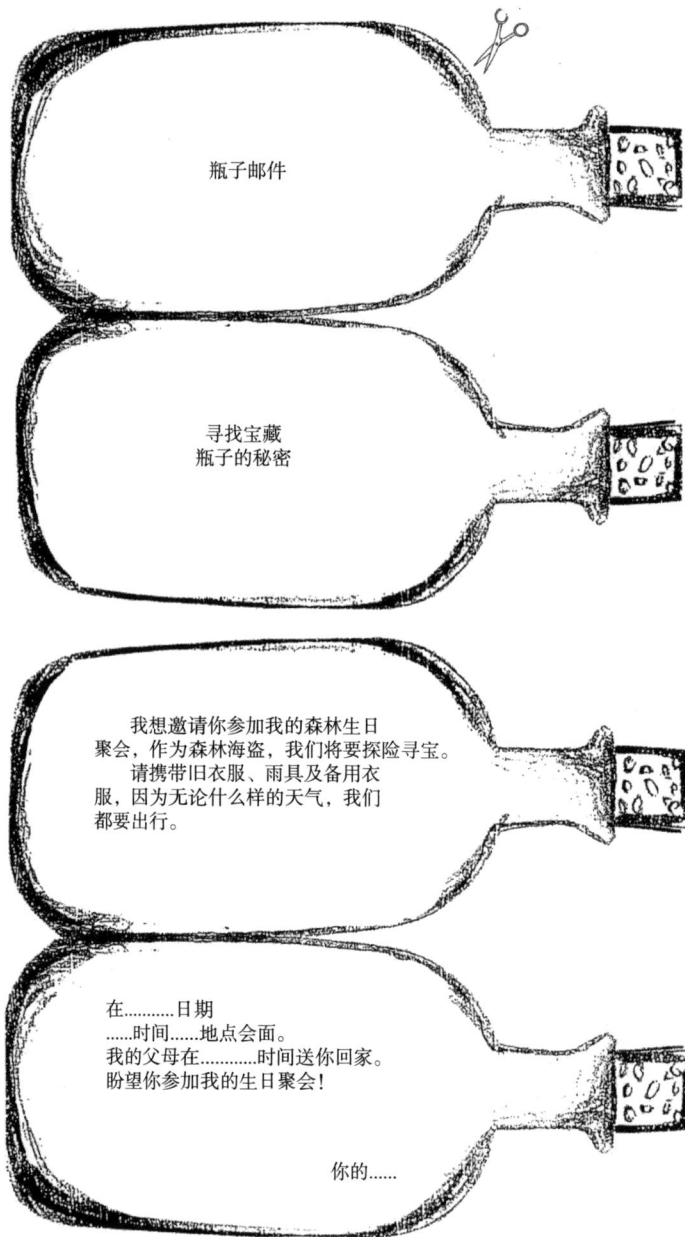

瓶子邮件

寻找宝藏
瓶子的秘密

我想邀请你参加我的森林生日
聚会，作为森林海盗，我们将要探险寻宝。
请携带旧衣服、雨具及备用衣
服，因为无论什么样的天气，我们
都要出行。

在...........日期
......时间......地点会面。
我的父母在...........时间送你回家。
盼望你参加我的生日聚会！

你的......

■ 剪切，
■ 沿中线折叠
■ 填写，
■ 分配。

**附件 5**

姓名标签

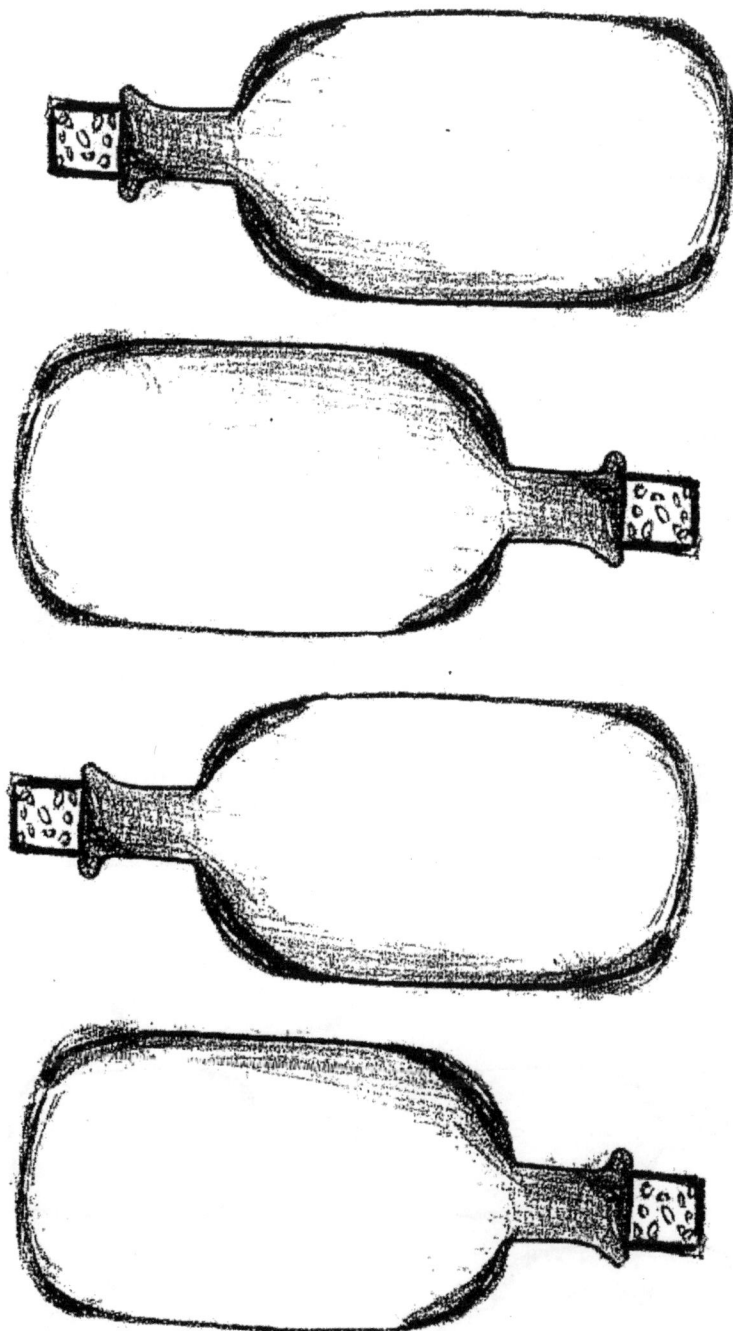

**附件6**

寻宝任务

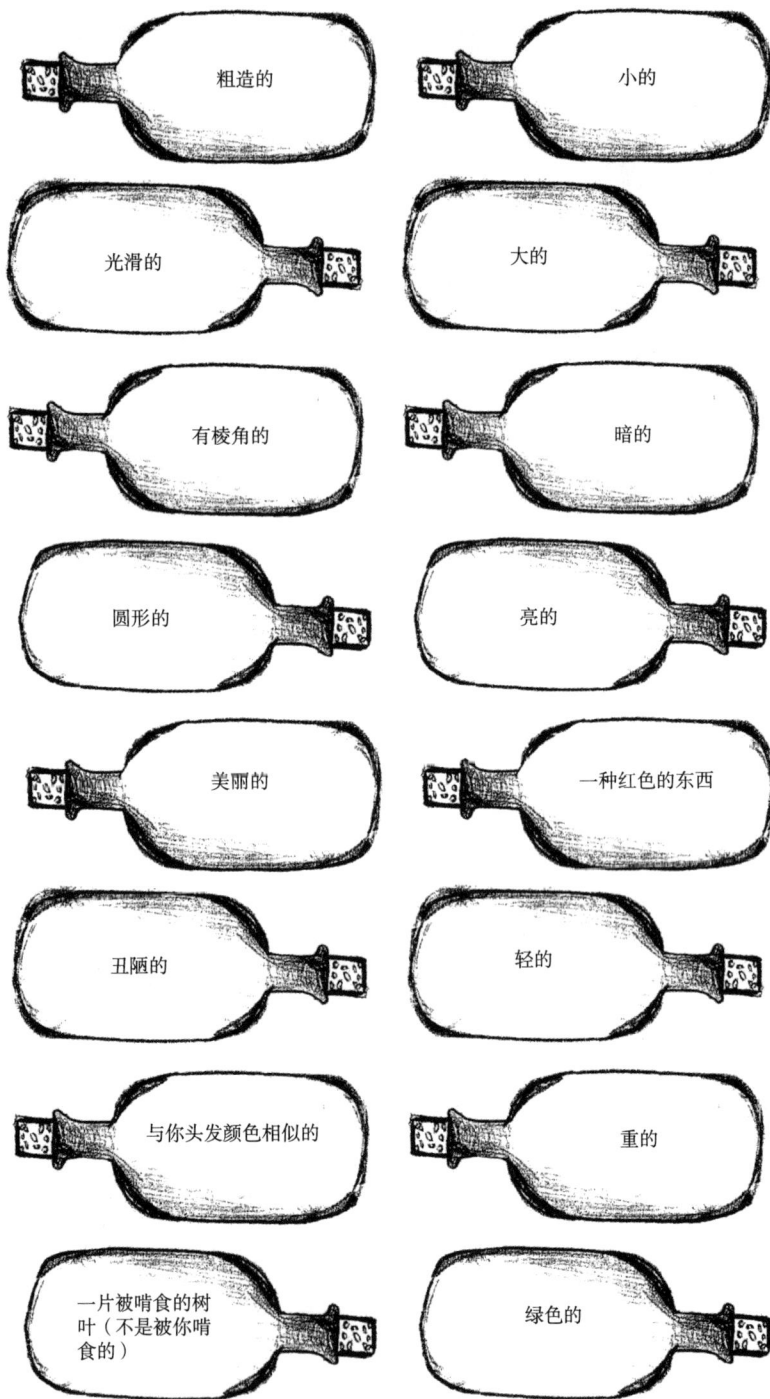

粗造的

小的

光滑的

大的

有棱角的

暗的

圆形的

亮的

美丽的

一种红色的东西

丑陋的

轻的

与你头发颜色相似的

重的

一片被啃食的树叶（不是被你啃食的）

绿色的

## 儿童生日 2　森林侦探——拜访夏洛克 · 福尔林森

**内容**　夏洛克 · 福尔林森将支持孩子们侦破刑事案件。

目的
　◇孩子们用所有的感官感知大自然，与朋友共同享受乐趣
活动类型
　◇活泼型、调研型
参与者人数
　◇最多14个孩子
参与者年龄
　◇6～10岁的孩子

时限
　◇大约2小时
材料
　◇纸制带柄放大镜作为姓名卡
　◇用来固定姓名标签的树干切盘
　◇写字笔
　◇放大镜
　◇站点任务清单（皮质）
　◇解密字母（松鼠）
　◇香味记忆胶卷盒（不同的香味）
　◇真实和虚假的关于"猫头鹰和乌鸦"游戏的陈述
　◇发音卡片
　◇"隐藏—寻找"游戏绳子
　◇"隐藏—寻找"游戏材料
　◇邂逅树木活动用来蒙眼睛的眼罩
　◇不同动物的痕迹，比如，啃食过的云杉球果
　◇帽子
　◇奖励
　◇急救包
　◇宝盒
准备时间
　◇约 1小时
室外条件
　◇雨天活动推后

**活动流程**

◆　热烈欢迎参与者的光临。为了更进一步了解来客，将给参与者佩戴用木材或纸板制成的名字卡片。

◆　请您讲述关于夏洛克 · 福尔林森的故事参见[>]附件1。

◆　刑事案件的解释将从夏洛克 · 福尔林森的信息开始讲述参见[>]附件1。

◆　活动顺序如下：

◇搜索图片参见[>]附件2；

◇邂逅树木（触摸树木）参见[>]附件2；

◇猫头鹰和乌鸦参见[>]附件2；

◇气味记忆参见[>]附件2；

◇小吃时间参见[>]附件2；

◇噪声卡片参见[>]附件2；

◇动物踪迹参见[>]附件2；

◇接力赛参见[>]附件2；

◆ 刑事案件得到解决之后，教育中心的工作人员与客人告别，并祝愿参加生日聚会的客人之后仍然有愉快的一天。

## 提 示

■ 室外活动要穿防水服装！

■ 在现场各个站点都用小旗帜做了标志，参与者的任务就在各个站点。任务在皮质面料上写得很清楚，然后隐藏在石头下、树干夹缝等处。详细内容见附录。

■ 用木材制作的密码字母与任务单独放在一起。

■ 任务可以被取代。

■ 藏宝图隐藏在船舱。孩子们应该共同考虑地图，找出路径和办法。过生日的孩子手持藏宝图！

■ 在藏宝箱里有动物明信片、钢笔、画笔、特殊天然材料如松果、树叶等。

■ 每个孩子允许从藏宝箱中选择3件东西！

■ 除了森林引导者外，还需要2个护理人员参加孩子的生日活动。例如，准备烧烤场地、准备食物等。

■ 小吃：既可以由过生日孩子的家长以及被邀请的客人自己来带，也可以由组织者来准备（花销由客人支付）。

■ 对于邀请和姓名标签，参见附件3。

## 附件1

### 故事梗概

夏洛克·福尔林森刚刚破获了一起案件，然后回到他的孤独小屋休息。当他要打开门的时候，他发现门是半掩着的。他清楚地记得，在他最后一次访问这里时，门是关闭的。因此，他马上明白，有人把门给破坏了！他小心地进入房子，但是屋内一个人也没有了。他检查了整幢房子，但没有发现什么东西被盗。当他在晚上要点燃壁炉时，他注意到他的松果被盗了。夏洛克·福尔林森惊讶地抬起了头，是谁偷了松果？这些东西森林里数以千计。这的确是一个不寻常的盗窃。他由于长途跋涉，实际上是相当疲惫了，但好奇心使得他不能休息。

因此，他提出了立即搜索盗窃松果的贼！太糟糕了，夏洛克·福尔林森已经离开了，但他肯定给你们留下了信息。请你们来看看此信息！

### 夏洛克·福尔林森的消息

嘿，孩子们，你们好！

你们来探望我，并乐意帮助解决我的困难，这非常好！我已经开始着手抓小偷了，快来帮我搜索他们。为了找到肇事者，你们必须完成各种任务，这样你们才会找到路线，我把地图给你们留到这里，有关详细信息，我也给你们留到了现场。

您们的夏洛克·福尔林森

**附言**

在任务信息站我给你们留了信件。如果你们能够正确排列它们，那么这些排列好的字母就可以告诉你们，谁是肇事者。玩得开心！

## 附件 2

搜索图片
解密字母：（S）

在搜索过程中不要让你们自己误入歧途，森林侦探的眼睛是雪亮的，他们马上就会知道，哪些沿途的东西不是属于森林的。

内容：参见[>]森林——生命空间 3 "隐藏—发现"

邂逅树木（触摸树木）
解密字母：H（Q）

森林侦探也必须能够适应在黑暗中很好地工作，这就需要你们良好的触觉能力，像"盲人"一样，触摸树木，你就可以有机会尝试这一点。

内容：参见[>]树木 20 "邂逅树木"

猫头鹰和乌鸦
解密字母：E，E（U）

为了破获一个案例，常常需要你迅速决定什么是正确的，什么是错误的。通过乌鸦和猫头鹰的活动，你们可以显示你们对森林的知识。

内容：参见[>]森林——生命空间 13 "猫头鹰和乌鸦"

气味记忆
解密字母：C，I（I）

由于在自然界中有许多不同的气味，森林侦探必须有良好敏感的鼻子。该气味记忆可以证明，你知道什么气味。

内容：参见[>]激发兴趣 9 "声音记忆"，你可以使用如甘菊或薄荷气味来代替噪音。

小吃时间
解密字母：R，H（R）

亲爱的森林侦探！现在你们允许加强气味！

内容：孩子们共进午餐。

噪声卡片
解密字母：N（R）

在森林中有大量的噪音，作为森林侦探应该能够分辨这些声音。你们现在可以练习，你们每个人都选择自己练习的地方。请你们安静地写出或画出你们所听到的一切。

内容：参见[>]激发兴趣1 "声音地图"

动物踪迹
解密字母：C，H（E）

作案者已经在现场留下了痕迹，不过，他是要带领你误入歧途，并且还设计假线索。你们可以发现多少跟踪线索？

内容：参见[>]森林——生命空间2 "动物踪迹"

接力赛
解密字母：N（L）

你们紧跟肇事者，为了能够赶上他，你们必须得更快。高速可以在接力赛跑——交换帽子游戏中训练。

内容：分成2组。一个小组的一名儿童行走一定距离，围绕一棵树或一个对象转一圈并跑回来。在下一个儿童起跑之前，与准备跑的孩子调换帽子。

来自夏洛克·福尔林森的消息：

亲爱的森林侦探！
　　您知道谁是肇事者吗？为了找到答案，你必须以正确的顺序重新排列字母。你们破解案件了吗？可惜我不能继续前进，因为我忙于下一个事件！
　　再见
　　　　　　　　　　　　　　　　　　　　　　　　　　　　　附言：看看宝箱！

内容：孩子们找到解密办法：EICHH RNCHEN［SQUIRREL（松鼠）］

## 附件3

姓名卡片

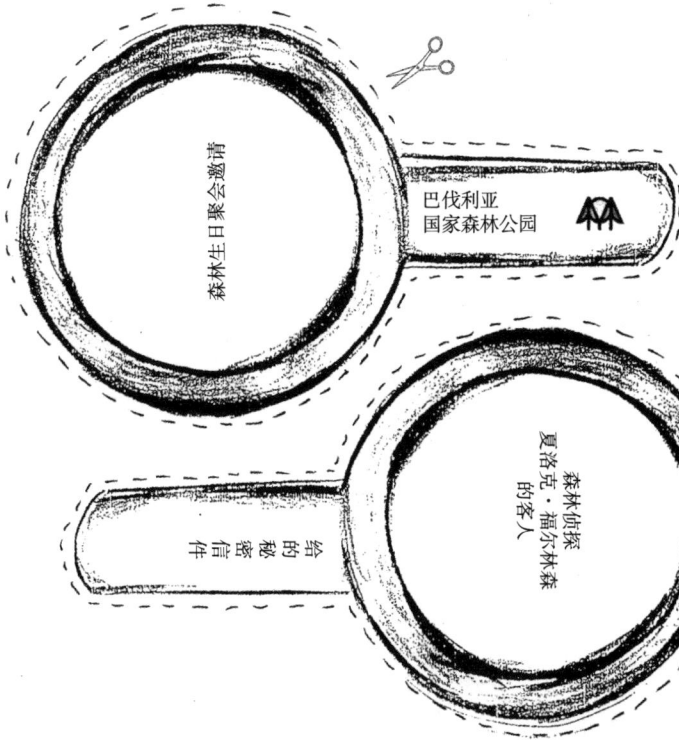

森林生日聚会邀请

巴伐利亚
国家森林公园

森林侦探
夏洛克·福尔林森
的客人

给
的秘
密信
件

邀请

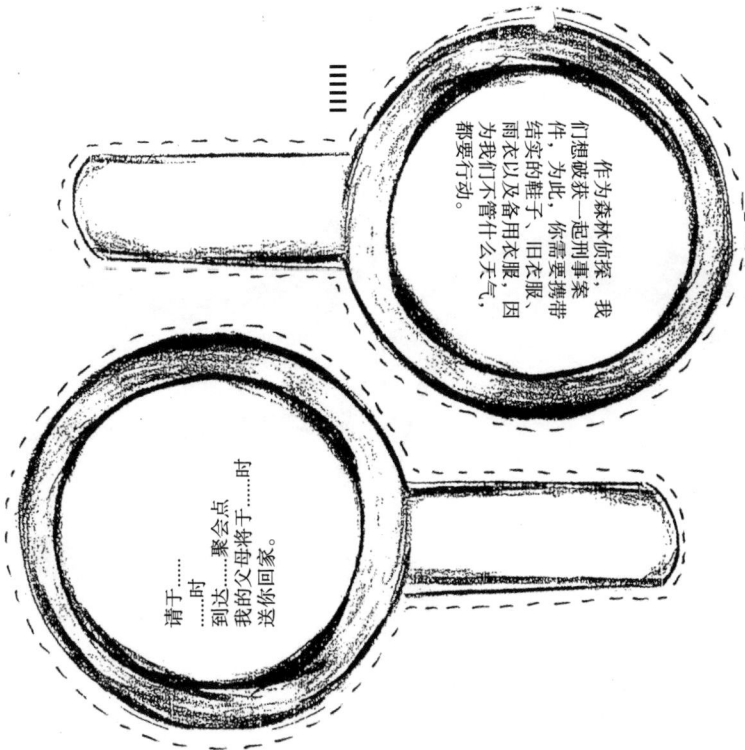

作为森林侦探，我
们想破获一起用事案
件，为此，你需要携带
结实的鞋子，旧衣服，
雨衣以及备用衣服，因
为我们不管什么天气，
都要行动。

请于……
……时……聚会点
到达……时将于……时
我的父母将来你回家。
送你回家。

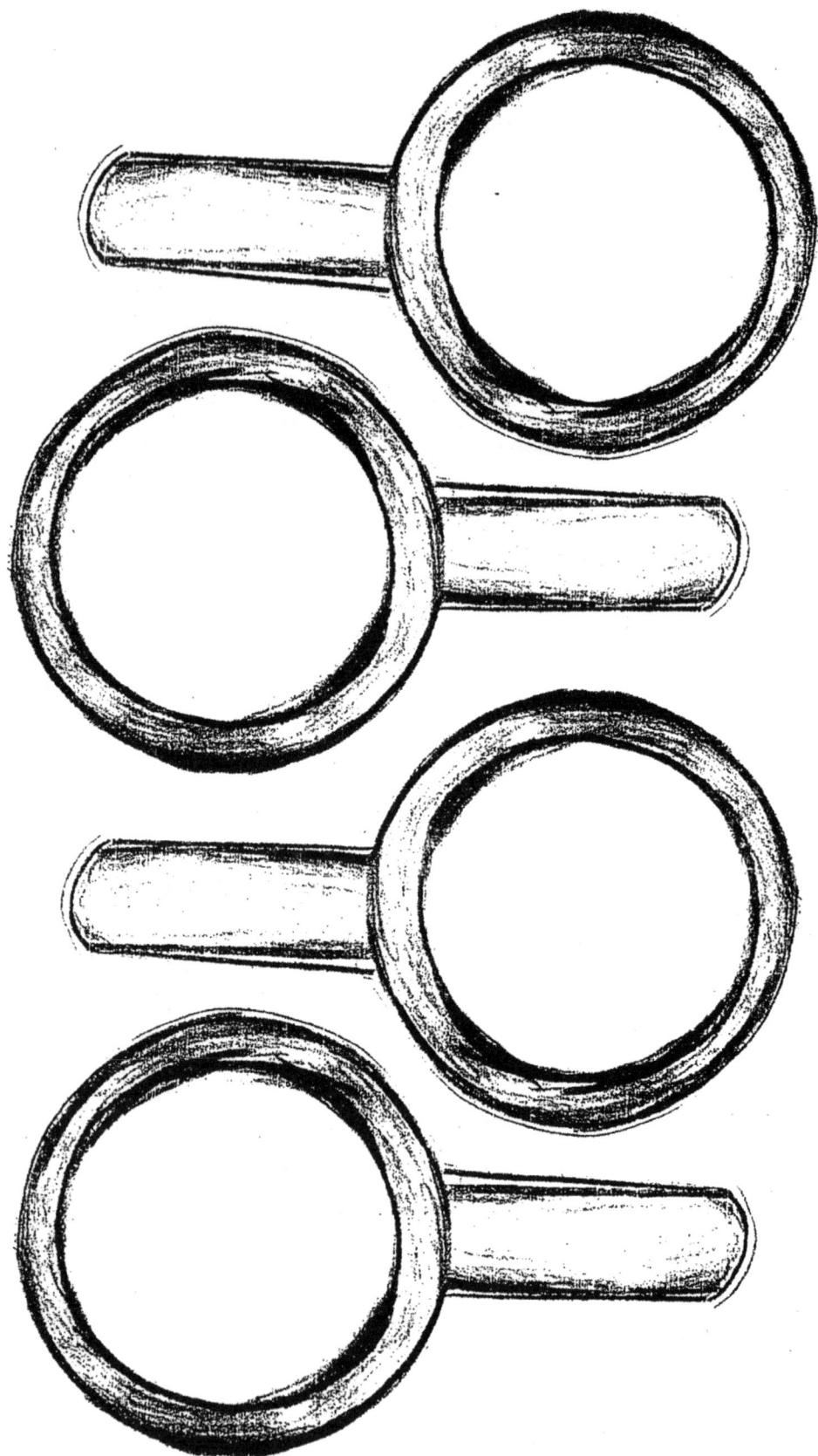

邀请

## 儿童生日 3　啄木鸟生日——听！谁在敲击

**内容** 孩子们了解令人兴奋和有趣的啄木鸟的事实。

目的

　◇孩子们玩得高兴，有乐趣，并能够把美好的记忆带回家。他们能够了解很多关于啄木鸟的知识

活动类型

　◇活泼型、知识型

参与者人数

　◇最多14个孩子

参与者年龄

　◇9～13岁的孩子

时限

　◇约2～2.5小时

材料

　◇用于书写姓名的树干切盘或纸板制作的姓名标签

　◇用于固定树干切盘或纸板制作的姓名标签的线绳

　◇书写笔

　◇眼罩

　◇听诊器

　◇用来图画啄木鸟木琴细管的颜料（普拉卡色）

　◇油刷

　◇用于在木棍上固定啄木鸟模型的钉子

　◇铁锤

　◇各种啄木鸟海报

　◇鸟类识别手册（啄木鸟）

　◇为生日说唱额外用的打击乐器

　◇拍手游戏用的绳子

　◇橡皮泥制作的约3米左右长的昆虫蛹蛆

准备时间

　◇约1小时

室外条件

　◇雨天活动取消，或推后

**活动流程**

◆ 向参加活动的来宾表示热烈欢迎，为了更加深入地认识客人，将给客人发放由木头或纸板制作的姓名标签，参见[>]附件1。

◆ 在一棵老松树上，孩子们找到了啄木鸟的痕迹（树皮孔），您可以问孩子们是否知道，树皮的洞孔是哪里来的，为什么有人要在其周围敲击？

◆ 孩子们制作啄木鸟模型并绘画，参见[>]创意制作 17 "制作'啄木鸟'木琴"，与孩子们一起共同就餐。

◆ 啄木鸟的敌人要更仔细审查。与儿童谈论其他掠杀啄木鸟的猎物，同时也要谈论人们以不同的方式对啄木鸟栖息地损伤，甚至破坏。采取什么防护措施可以保护啄木鸟？

◆ 以下活动可以按照任意顺序和位置进行：

◇啄木鸟和秃鹰，参见[>]冬季 2 "狐狸和兔子"

◇胶合昆虫幼虫游戏，参见[>]附件4

◇巨大毛毛虫，参见[>]附件3

◇啄木鸟和蚂蚁，参见[>]附件5

◇拍手游戏，参见[>]附件6

◆ 最后，认识不同种类的啄木鸟并可以正确分类（自定义模板）。通过对啄木鸟主题的调查问卷，可以共享啄木鸟的精彩信息。

---

### 提 示

■ 用小旗帜在现场标记您的任务站点。在每一站您将提问与儿童有关的问题"啄木鸟"。问卷是位于[>]附件2和附件3。

■ 任务/活动/游戏可以用其他活动代替。

■ 除了森林教育引导者外，还需要2个护理人员参加孩子的生日活动。例如，准备烧烤的生日晚宴。

■ 防雨服装是必备的，因为是室外活动！

■ 小吃：既可以由过生日孩子的家长以及被邀请客人自己来带，也可以由组织者来准备（花销由客人支付）。

■ 对于邀请函和姓名标签参见[>]附件1。在具体邀请过程中，邀请函必须由自己来书写。

---

## 附件1

邀请信

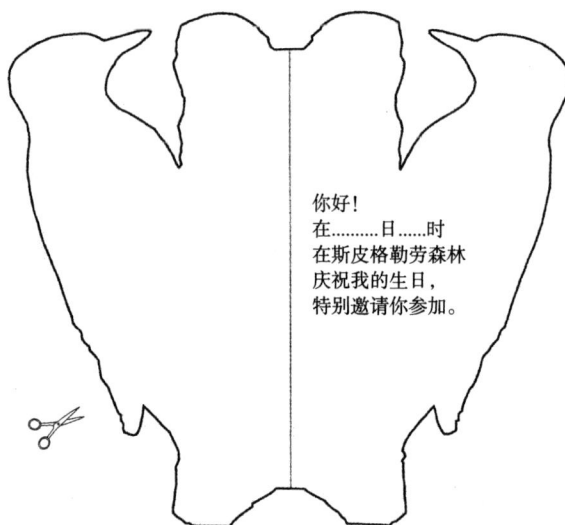

你好！
在.........日......时
在斯皮格勒劳森林
庆祝我的生日，
特别邀请你参加。

姓名卡片

## 附件 2

### 问卷

有标志的云杉树下的聚会点

- 云杉树上的洞穴从哪里来？
- 啄木鸟的主要特征是什么？（什么是啄木鸟典型的特征？）
- 关于啄木鸟，你们还知道些什么？

### 本地啄木鸟种类

- 在我们的森林里有哪些种类的啄木鸟？
- 您能够区分的啄木鸟个体的外部特征是什么？
- 你们是否知道某种啄木鸟行为特殊或者有其他"特殊性"？
- 你们认识蚁䴕（*Jynx torquilla torquilla*）吗？[①]

### 啄木鸟的敌人

- 你认为啄木鸟的天敌是什么？人类可以对啄木鸟造成多大程度上的威胁？
- 我们应该如何保护啄木鸟？

### 啄木鸟的巢穴

- 啄木鸟睡眠的巢穴与其孵卵的巢穴是同一个巢穴吗？
- 啄木鸟每年构建一个新的巢穴吗？
- 一对"鸳鸯"啄木鸟在一起能够生活多久呢？
- 不同啄木鸟种类的孵化期有多久？
- 为什么啄木鸟在敲击坚硬的树木时不会感到头痛？
- 不同种类的啄木鸟在树木上所建巢穴的位置相同吗？如果有区别，区别在哪里？

### 不同种类啄木鸟的饮食及觅食习惯如何？

- 啄木鸟一般吃什么？
- 在寻找食物的过程中有一个具体方法吗？
- 所有啄木鸟吃绝对相同的东西，还是某一种特定的啄木鸟也有其专门特定的食物？
- 你知道啄木鸟吃球果的技巧吗？（啄木鸟"铁匠"）

## 附件 3　问卷及回答

（如果带领孩子过生日的引导者能够提前做好准备，那么他就会不用问卷也会回答问题！）

### 云杉树下汇合点

- 云杉树树干上的洞穴从哪里来？

一群弓背蚁（*Camponotus herculeanus*）在树木根部寻找其居住场所并钻入树干去寻找食物。这种弓背蚁是黑啄木鸟的食物，黑啄木鸟用其坚硬的喙敲击云杉树皮，以便得到美味的蚂

---

① 译注：蚁䴕为啄木鸟科蚁䴕属的鸟类。在中国大陆分布于华北和华南等地。

蚁，同时震动摇晃树干上的洞穴。

■ 啄木鸟的特征是什么？

◇用"敲击"方式"凿出"巢穴的硬喙。

◇拥有长而黏的舌头，便于从缝隙中吸取食物。

◇僵硬的尾巴，当啄木鸟垂直于树干和在树枝上攀爬时起支撑的功能。

◇强大的脚（"爪形趾"），其中，两趾向前，两趾（第1和第4趾）向后，这保证了爬树时的稳定性。

◇大多数的种类起伏飞行，在地面上跳跃运动。

■ 关于啄木鸟你们还知道什么？

请您回应孩子们的知识！

## 本地啄木鸟

■ 在巴伐利亚国家森林公园生活着什么样的啄木鸟？

黑啄木鸟、绿啄木鸟、灰头绿啄木鸟、白背啄木鸟、大斑啄木鸟、三趾啄木鸟、小斑啄木鸟。

■ 区别啄木鸟种类的其他外表特征是什么？

◇黑啄木鸟：黑啄木鸟在欧洲中部是最大的啄木鸟（身长达45厘米），全身黑色，头顶红冠。雄鸟冠大于雌鸟冠。其冠不仅长在头的前部，而且长在头顶后部。最佳生存条件是落叶阔叶树及针叶树混交林。飞行线不是波浪形！

◇绿啄木鸟：绿啄木鸟在欧洲中部属于第二大啄木鸟（身长达32厘米）。羽毛呈绿色，以其巨大的黑色眼罩型"强盗面具"而著称。雄鸟胡子羽毛部分呈现红色，雌鸟则全部呈现黑色。主要分布在山地森林。它们不仅需要森林，而且也需要开阔的草地。同时，在人类居住活动的地方也可以被发现，因为它们喜欢在篱笆、花园和人类定居点生活。

◇灰头绿啄木鸟：极像绿色啄木鸟，羽毛介于灰色和绿色之间，更显灰色。身长最大可达28厘米。雄鸟前额有一片红块，雌鸟前额则一色。生存条件为古老森林与开阔地混合的地方，这也是为什么它们经常在与人类耕作区域有关的领域被发现。常常居住在山毛榉树或其他阔叶树洞穴之内。

◇白背啄木鸟：白背啄木鸟比大斑啄木鸟略大，背部无白色！然而，根据不同的情绪，改变其背部覆羽的位置，从而形成白色月牙状斑，其大小视其兴奋程度而变。雄鸟头部呈红色并带有黑边，雌鸟则为全黑色。其栖息地和筑巢的选择很大程度上与腐朽木相连，它们偏向于居住在拥有大量腐朽木的杉木，榉树的森林。

◇大斑啄木鸟：身长20～24厘米，黑色带状垂胡，从耳朵直到后颈也呈黑色条纹状。雄鸟颈背有红色斑点，背部羽毛呈黑色和白色条纹，腹部的羽毛灰白色，尾部下端呈橙色到红色。其生境主要分布在所有的落叶针叶树的森林，但在人们居住的附近，如公园、农田林网、花园、城市中心和周围的房子上也有分布。冬天，在喂食站也有可能出现。

◇三趾啄木鸟：三趾啄木鸟身长约有20厘米，呈黑白颜色。雄性鸟着亮黄色冠，雌性鸟有一个肮脏的白色或银灰色到黑色扁平头板。从眼睛到肩上黑色和白色的条纹非常显眼。三趾啄木鸟四趾中的第1趾退化。生活在针叶林中。

◇小斑啄木鸟：小斑啄木鸟身长约14厘米，属于最小的本地啄木鸟种类，最明显的特征就是横贯其脊背上的"斑马线"。雄鸟前额红色，喜欢在光线充足的阔叶林及混交林中生活。

■ 你们是否知道，某种啄木鸟个体有特定的行为或其他"特殊性"？

■ 你们认识蚁䴕吗？

身长大约16.5厘米，并且与黑色啄木鸟是近亲。它们拥有相同的爪子，可伸长的舌头。从外表上它更像一种麻雀鸟类，只不过尾巴更长一些，但是其尾巴不能像啄木鸟的尾巴一样具有支撑功能。蹦跳着，喜欢用尾巴在森林地面寻找食物（蚂蚁及蚂蚁幼虫）。在8月底或9月初飞往非洲越冬，在4月底或5月初又飞回到其繁殖区，往往还会回到上一年的同一个窝。

在遇到危险的时候，它会奇怪地扭曲伸长其头部和脖子，也因此而得名，它的尾部羽毛展开发出嘶嘶声，头部羽毛炸开。

## 啄木鸟的敌人

■ 你认为什么是啄木鸟的天敌呢？

在何种程度上人类可能对啄木鸟是危险的？

作为啄木鸟的天敌白天有鹰和雀鹰，夜间有猫头鹰和松貂。松鼠偶尔也可能把其巢穴洗劫一空。人类虽说不属于啄木鸟的天敌之一，但人类活动正在使啄木鸟栖息地不断减少。

■ 我们如何保护啄木鸟？

首先，我们要保护啄木鸟的生存环境，包括在我们整齐的商品林中，要有意给啄木鸟留下一些"疏忽"的栖息地，即留下一些腐朽枯木，以便给啄木鸟提供在这些腐朽死木上筑巢和觅食的机会。其次，必须控制林分的持续下降，并保持其稳定性。另一项措施是稳定蚂蚁群体，因为如果它们的种群继续下降，啄木鸟就失去了它们一位重要的食品供应商！

## 啄木鸟的巢穴

■ 啄木鸟睡觉休息和孵卵是在同一个巢穴里吗？

通常啄木鸟同时有许多所谓的鸟窝，在这些窝中它们也睡觉。如果在交配季节求爱成功，啄木鸟为了不混淆其巢穴，那么雄鸟就与雌鸟共同从雄鸟的巢穴之中挑选一个作为抚育的巢穴。啄木鸟往往在树干（云杉）较低处啄出食物穴坑以便引诱蚂蚁！

■ 啄木鸟每年构建一个新的巢穴吗？

对于黑啄木鸟来说，答案是否定的，它们经常多年使用同一巢穴繁殖。这是因为它们投资于巢穴的时间很多，它们选择非常坚硬的木质材料，因为它们本身也非常大（如果与小斑啄木鸟相比较的话），所以它们也要建筑大巢穴。由于"选择硬木材"，所以这些巢穴可能存在长达60年，为此其他啄木鸟也可使用。其他种类的啄木鸟通常在腐朽枯木上建筑巢穴，容易与之共同腐烂，所以是一年一建。

■ 一对啄木鸟"夫妇"在一起能待多久呢？

相对于其他种类的啄木鸟有固定的伴侣，黑啄木鸟会频繁更换配偶。求偶过程中雄黑啄木鸟对同类经常表现出攻击性，然后"逼迫"雌性"就范"。就这样每年更换一个新配偶。

■ 不同种类的啄木鸟孵化需要多久？

一般来说，啄木鸟的繁殖期是令人惊讶的短暂。

◇黑啄木鸟：孵化期12～14天；哺育期27～28天；

◇绿啄木鸟：孵化期14～15天；哺育期23～27天；

◇灰头绿啄木鸟：孵化期14～17天；哺育期23～25天；

◇白背啄木鸟：孵化期14～16天；哺育期27～28天；

◇大斑啄木鸟：孵化期10～12天；哺育期20～23天；

◇三趾啄木鸟：孵化期约11天；哺育期至少20天；

◇小斑啄木鸟：孵化期10～12天；哺育期19～21天。

■ 为什么啄木鸟在啄树的时候不会感到头痛？

啄木鸟的大脑是处在液体中，这些液体对锤击力有平衡的作用。此外，喙、头部和骨骼的构造非常稳定。因此，啄木鸟在锤击树木时不会伤害自己。最后，啄木鸟的肌肉减轻了其头部的震动，从而把头部震动转移到了更强大的身体中，这样啄木鸟的大脑就更具有抗震能力！

■　不同种类的啄木鸟其巢穴也在树木不同的地方。不同品种的啄木鸟个体之间筑巢有什么区别？

◇黑啄木鸟：在硬木上筑巢，如山毛榉树。喜欢在古老、高耸而通直的树木上部筑巢。

◇绿啄木鸟：在老的、病的树干空腔中，高可达10米处。

◇灰头绿啄木鸟：多筑巢于患病的树木上，高度不等。

◇白背啄木鸟：通常也在病树上筑巢。

◇大斑啄木鸟：其巢穴点构建在古树洞中，最多为0.5米深处，但通常还会在更高的地方。

◇三趾啄木鸟：其巢穴点构建在烂树干核心（通常在松树或云杉树中），往往只离地面约1米的高度。

◇小斑啄木鸟：洞穴通常在古树树冠或过老的果树上。

## 不同啄木鸟的食物及觅食

■　啄木鸟一般吃什么？

啄木鸟一般吃昆虫，这些昆虫主要在树皮下或烂木材中，或者在种子和水果中。

■　在寻找食物时有一个具体的方法吗？

一般情况下，啄木鸟通过跳跃式扫描，在最有前途和希望的地方寻找食物，如在树皮下或烂木头中寻找它们的食物。如果它们发现了一堆种子，比如，一个榛子的种子，那么它们的问题就是如何来获得硬壳中的种仁。在这种情况下，大斑啄木鸟首先是建立了一个所谓的"啄木鸟的洞"，把种子卡在树皮的缝隙中，或者在树桩上敲砸，直到硬壳开裂为止。

■　所有啄木鸟吃一样的食物，还是不同种类的啄木鸟有其特定的食物？

◇黑啄木鸟：食物包括红蚂蚁和木材蚂蚁、树皮甲虫、天牛、木蜂、昆虫幼虫。

◇绿啄木鸟：主要是在地面上寻觅食物。它搜索蚂蚁的巢穴，并且可以挖掘到8厘米的地下深处。在冬季，它甚至可以把积雪清除到两边。不过，它也捕食树枝和落叶上的蚂蚁。

◇灰头绿啄木鸟：主要在森林地面上、腐朽枯木等处寻找食物，其食物包括蚂蚁、蚂蚁蛹、其他昆虫、毛毛虫和蜘蛛、水果和浆果。

◇白背啄木鸟：它在干旱和腐烂的木头中捕食昆虫的幼虫。白背啄木鸟觅食时不留觅食洞！

◇大斑啄木鸟：食物包括昆虫，特别是甲虫和幼虫，但是也食用浆果和软水果、鸡蛋和其他物种的穴居幼鸟。在冬天，食用高脂肪的种子和坚果。

◇三趾啄木鸟：食物主要是树皮甲虫。此外，它还从活树木树液孔中吸收树液。

◇小斑啄木鸟：几乎以动物为食，如昆虫及其幼虫。

■　你们知道什么是啄木鸟"铁匠"吗？

## 附件 4　胶合昆虫幼虫游戏

**内容**　孩子们了解啄木鸟寻觅食物的习惯。

目的
　◇孩子们将经历啄木鸟有趣的
觅食问题
活动类型
　◇活泼型
参与者人数
　◇2～20人
参与者年龄
　◇4岁以上

时限
　◇大约10分钟
材料
　◇软陶制成的毛毛虫模型（软陶或塑料）
准备工作
　◇将毛毛虫模型藏在死亡木中
室外条件
　◇应有死亡树木

**活动流程**

请您解释，啄木鸟在腐烂树木中搜索毛毛虫。孩子们必须尽可能多地在腐朽枯木中找到预先放置的幼虫模型。

## 附件 5　啄木鸟和蚂蚁

**内容**　孩子们了解啄木鸟的饮食习惯。

目的
　◇孩子们了解蚂蚁和啄木鸟之
间的关系
活动类型
　◇活泼型
参与者人数
　◇最少8人
参与者年龄
　◇5岁以上

时限
　◇大约20分钟
材料
　◇喷壶
　◇啄木鸟的喙
　◇纸冠
准备工作
　◇—
室外条件
　◇干燥

**活动流程**

◆　分组："蚂蚁"（1个"蚁后"，许多"工蚁"，许多"守护者"），并有3～4个"啄木鸟"。

◆　"蚂蚁"在树林里行走，（在树枝，树根中）隐藏自己并构建"蚂蚁城堡"（结构参见下图）。

- "啄木鸟"寻找"城堡"3分钟时间并试图通过"警卫（守护者）"。如果他们被"蚁酸"（即从喷壶中喷出的水）击中，那么就意味着被捕获，就不能再继续捕获蚂蚁了。

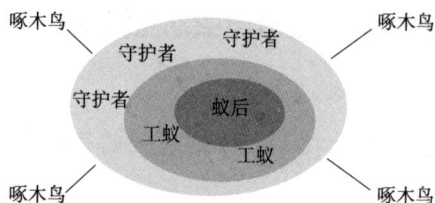

- 如果"啄木鸟"要穿越"城堡"，那么他们必须首先捕获所有的"工蚁"，最终才可以追逐赶上"蚁后"。

**提 示**

"蚁后"戴上"王冠"，"啄木鸟"手拿鸟喙，"守护者"手拿喷壶。

## 附件6 拍手游戏

**内容** 孩子们了解啄木鸟及其食物。

| 目的 | 时限 |
| --- | --- |
| ◇孩子们在娱乐中体验啄木鸟寻找食物的乐趣 | ◇大约15分钟 |
| 活动类型 | 材料 |
| ◇活泼型 | ◇长绳子 |
| 参与者人数 | 准备工作 |
| ◇3~20人 | ◇— |
| 参与者年龄 | 室外条件 |
| ◇6岁以上 | ◇— |

**活动流程**

- 请参与者围成一个圆圈，所有的参与者用手抓住绳索。
- 孩子们扮演树木中的"毛毛虫"，绳子是树皮。
- 视参与者人数而定，每次1~3个参与者进入圆圈中间，扮演正在试图抓"毛毛虫"的"啄木鸟"。"啄木鸟"试图抓住在绳子上"毛毛虫"的两只手，当然，"毛毛虫"试图尽快地把他们的手收回来，而不是被抓住。一旦被"啄木鸟"抓住了，就要互换角色，即"啄木鸟"要扮演"毛毛虫"，"毛毛虫"要到中间扮演"啄木鸟"。

**提 示**

孩子们的手不能离开绳子太久，绳子不应该接触地面，否则"啄木鸟"赢了。

## 第七节 雨中即景

老天一下雨，森林就高兴。

A 简明信息
B 实践提示
C 主题引导

## A 简明信息

活动已经准备得完美无缺。您已经和老师以及学生们说好了主题重点，并且您也制定好了精彩的活动安排。约好的活动日期不可撤销，但是天气预报两天前预报说活动的那一天有雨！怎么办？有时可以把约好的时间推后解决。

这次可不行，天空中的云朵依稀可数，天气看起来能够持续晴天，地平线上将依然明亮——但愿届时无雨。参与小组到了，他们兴高采烈地下了车，森林教育开始了……天下雨啦！此时，良好的建议非常珍贵，现在您的引导工作中应该注意什么，应该如何改变您的日程安排，对此我们有几个建议。总之，活动必须进行下去！

在B 实践提示之下，您可以发现一些建议，在雨天活动应该注意什么。在C 主题引导中，您能够阅读可以在雨天实施活动的说明。

当然您会发现一些提示，以便使自己亲身体验一下恶劣的天气。

# B 实践提示

如果瓢泼大雨击打路面，溅起"气泡"时，那么就不能开展活动了。寻找避雨之地并等待——这就是仅有的选择。除了期待良好的天气，也可以冷静地制定雨中引导计划，请您事先考虑好您的路线和您的活动，那么在开始下雨时，就不至于出现喧嚣慌乱的情况。然而，之前要准备足够的塑料斗篷及雨伞，当然这些可以从五金商店、超市等作为促销活动的礼品或低价格获得！

## 服装

在雨中引导开始之前，您应该检查参与者的衣服。俗语说"没有不好的天气，只有不合适的衣服"，这在目前比以往任何时候都更明确。但是经验表明，要经常告诉参与者进入森林必须带上适合的雨衣。活动中常会有出人意料的情况发生，越是年长的参与者，特别是成人，防雨衣服就越糟糕；而且越是准备不足，天气偏偏就越糟糕！

对于森林教育引导活动，每个人都需要一顶帽子。情况常常是这样的，参与者们的外套衣服上带有一顶帽子或戴了另外一顶帽子或携带雨伞。请多携带雨具或防水保护设备，请把多余的装备借给那些缺少雨具的参与者。顺便说一下，还有一个很出色的自然保护伞，即具有巨大叶片的蜂斗叶植物———一旦使用，将会把所有的参与者像森林精灵一样遮挡在其中。接下来，您应该看着自己的鞋，在路径选择过程中，他们起着至关重要的作用。

## 引导线路

在雨中考虑好准确的引导路线。在引导您的小组时，请不要让参与者穿越草地、天然更新林地、蓝莓植物丛、牧草地、蕨类植物以及泥泞采伐集材路径，即使是刈割过的草地也会很快弄湿脚的！请不要展示您的皮靴有多好的防水能力，请您绕过不同积水的进水区，并且始终记住：参与者的鞋子不如您的好！

是否选择森林道路或穿过森林作为活动路线，这取决于降雨类型。在细雨中，往往是经过森林为上，因为一部分雨水已经滞留在树冠上。在大雨或持续降雨时，从树上滴下来的雨滴很重，因此，走森林道路可能会更好一些。但是要记住：从树上掉下来的雨滴通过服装浸泡速度要比天然均匀降雨的速度快。还要注意风，特别是风向。选择避风的道路——当雨水从正面击打参与者的脸时，这会让事情变得很无趣。

## 变化方案

您不一定非要坚持计划的重点，但是首先要考虑您计划好的活动。"雨中即景"的森林引导活动，也可以是森林引导活动中的一个具有特色的插曲，这条路线应该这样设置，即要让参与者保持持续的运动，不停止，从而尽可能地忘记身在雨中。

## 活动

在雨中进行森林教育引导活动，您还应该计划一些安静的活动，您计划的活动应该在没有工具帮助的条件下，就可以很好地执行，因为参与者通常没为这样的天气情况而做任何准备。此外，这些工具也不应易于被雨水损坏或打湿。很激烈的活动防雨会没有保证：通过更快和激烈的活动衣服湿透的速度会更快。

在雨中进行森林教育引导活动还有很重要并需要注意的是，尽可能不要经常接触潮湿的物品，如树干、树枝、石块等。通过接触这些潮湿的材料，你的手指会迅速感到潮湿、寒冷、冰凉，这会对参与者的头脑和情绪产生负面影响。如果天气条件和温度允许的话，能够以自然为对象进行活动，那么以上的理由，在一定时间范围内，就不会影响太大。

## 结束

设法设置一种积极的结束场面。不要担心，由于下雨天，偏离了您原计划的主题和活动。要与参与者共同用大云杉树枝搭建一个帐篷，这仍然不能说是一种不力的引导。在阴雨天气，重要的是在外边共同度过了意料之外的两三个小时，经历一个陌生的情景也是一种很有趣的体验。如果您有这种感觉，参与者对森林教育引导活动也感兴趣，那么您就可以提问：今天有趣的是什么，你们觉得今天什么最有趣而令人愉快。为了强化这种积极的印象，您可以再提问参与者：在这样的阴雨天气，在家里能做什么？

让您的小组意识到：我们却在外面！

## C 主题引导

### 主题：水

在雨中进行森林教育引导活动，没有比"水"这一主题更为贴近的了。首先是观察自然、水情，其中森林地面应是观察的平台。也许您会有幸遇到雾天，因此参与者可以体验最美丽的森林意境。

令人印象深刻的是，降雨量和强度在森林中分布不均，这是一个可以观察研究的现象。我们让参与者找出，在什么地方将会收集最多或最少的水。在活动的开始，就分发给参与者一些容器，如酸奶杯等，并让他们把这些容器置放在森林各处：直接接触树干，在树冠面积范围之内，在树冠面积范围之外，在阔叶和针叶树，在幼龄林和老龄林，在森林林道，在森林空地之中等不同的地方。在活动结束之后，比较和讨论其结果。该参与小组从中学到不同树种以不同的方式影响一个地区的区域水文。

通常情况下，该活动要在云杉林分下进行，因为云杉树种滞留雨水量及损失降雨量要比山毛榉树滞留损失量高得多，这样就可以给参与者展示阔叶树林对水资源的重要性。在[>]水 2 "水的森林之路"中您可以阅读更多的建议。请您以各种苔藓为例展示森林的保水能力，您让参与者收集3~4种苔藓并在手中使劲挤压出水，通过这种方法可以清楚地知道，有多少水以不同的方式被储存。使用[>]水 4 "木材筏运"中您可以总结这个主题，并结束这一活动。

### 主题：森林土壤

"森林土壤"主题同样提供了一种可能性，在雨天展示有趣的东西：在森林里找一块尽管下雨但是干燥的地方，比如，茂密的云杉林下，在干草下面、岩石裂缝中。请您让小组在空地和茂密的云杉林地上挖坑，让大家看清楚，挖到多深才能看见潮湿的地方。对于参与者来说总是惊奇：即使大雨淋过大地之后，怎么还会是如此干燥。

请您再展示一下采伐之后的集材道上的压实土壤，这里的土壤结构被破坏，所以雨水依然停留在水坑里。当然，也不能缺少对森林开发利用的意义和目的作为基本解释。如果您有足够的时间准备，您可以使用[>]森林土壤 10 "森林土壤是记仇的！"做一个令人难忘的尝试。

[>]水 3 "森林里的饮用水"为您提供一个简单的方法来证明森林地面的过滤效果，但是，这个实验必须要有充分的准备。

请您选择森林土壤和迹地土壤，就水土流失潜在的侵蚀危险进行比较并结束这一主题。究竟您如何才能做到这一点，请参阅[>]森林土壤 11 "水土流失实验"。

### 主题：动物

在森林教育引导活动中，参与者往往表示希望观看动物，我们深知这个目标是遥不可及的，但是请您与参与者共同考虑，在这样的天气条件下，动物是如何表现的。请讨论，在森林中是否还有干燥些的地方或地点，并带领小组到树林里寻找发现这个猜想。

在这个问题上获取[>]森林——生命空间 1 "动物谜语"。请搜索或您让参与者搜索既定动物踪迹。每位参与者都可以积极参与搜索。记住：您得忘记降雨这回事！森林——生命空间 2 "动物踪迹"会给您一些有价值的提示，并使搜索成功。[>]森林——生命空间 5 "偷袭猎物"让每个参与者猜测，下雨影响狩猎的战略和成功率极大。

## 主题：森林的秀美

请您跟小组去搜索一个美丽的雨天。首先是[>]激发兴趣 2 "摄影师和照相机"及[>]激发兴趣 4 "不同寻常的视觉"激发想象力，以便看得清楚，您可以使用[>]森林——生命空间 3 "隐藏—发现"更清楚地看一看自然。针对此活动的准备可惜您不会得到幸免。

不要忘了，在雨中仔细观看一次树木，与参与者共同观察，雨水是如何从树木上跑下来的。请您指出树皮的纹理和枝节的形状，以及对根系的影响。进入森林或在林分边缘，寻找树木上的苔藓和地衣，它们将位于群落西侧，由于雨水通常是从这个方向来的。

如果外边不是太冷，可以使用[>]树木 20 "邂逅树木"，让参与者仍然觉得还能够找见
"自己的"树木。[>]可持续性利用 9 "木材是美好且环保的"以及[>]树木 18 "树枝—拼图游戏"是对需求知识的扩大。[>]树木 19 "我们是一棵树"提供了一个很好的结束形式，当然您不能用躺在地上的人代表树根，您得让这些人坐下，这个活动本身就有足够的乐趣。

## 主题：狩猎

请注意，不要经过大片的草地地面（小心湿鞋！）。

在野生动物观察活动中，如[>]动物 1 "我在哪里？"和[>]动物 2 "野生动物观察"以及[>]动物 3 "清点野生动物"等活动是适当的，当参与者不经过天然更新林地（小心弄湿衣服，尤其是裤子！）的时候，这三个活动的巨大优势是，他们可以在没有太多的准备和装备的情况下（除眼罩和口哨）实施执行。

如果在活动之前，您有时间准备，那么您就按照[>]动物 4 "潜行路径"或[>]动物 5 "解读动物踪迹"，在这些安静的活动中，参与者保持忙碌。在活动过程中，您可以提供[>]狩猎 6 "鹿与狼"，[>]动物 7 "野生动物啃食危害"和[>]森林——生命空间 6 "蝙蝠与夜蛾"来热身并调动积极性。

# 第八节　夜行森林

上帝安置月亮为定时令，日头自知沉落。
上帝造黑暗为夜，林中百兽就都爬出来。
《诗篇》104章19～20节

A 简明信息
B 引导示例

## A 简明信息

在晚上对孩子们进行森林教育引导确实是一种高度紧张的自然体验，而您作为引导者陪同也会很激动。为此，您无论如何一定要精确计划，完美准备！

补充[>]第四章 森林教育引导的基本技巧，这里还有几个特殊提示：

■　在夜行之前，您不仅要在白天，而且也一定要在晚上寻找观看地形。为了排除可能存在的危险如铁丝、水渠、水坑、沟壑等，请您用荧光棒把有危险的地方标出。在黑暗中岔路口容易被人忽视，所以应该用灯光标出。

■　请您告诉参与者父母，您的计划，您要去哪里，要去多长时间。请您无论如何带上第二个成人作为协助者，您在前边，协助者断后。

■　出于对意外的防备或某一活动的需要参见[>]"手电筒——画"，您应该带少量的手电筒，但是手电筒不宜在森林教育引导中出现，最好是放在背包中备用。

---
**提 示**

把活动调整到天暗下来之后的1个小时开始。手电筒的暗红色灯光对夜行的干扰不大。

---

■　但在晚上容易发生参与者走失的现象，所以在活动开始之前要针对这种情况准备统一的呼叫声。为应对参与者走远的情况，也应该规定好听得见的信号，也许可以带上哨子。

■　夜行森林的生命力在于森林在夜晚折射出来的静谧和神秘。为此，在夜行期间要严格规定注意"安静"，达成一致，所有的人在夜行期间只能耳语。

■　在伸手不见五指的晚上，最好带一根绳索，以便让参与者一只手拉住绳子前进。

■　夜行时，对前方即将出现的害怕感觉要敏感！但是不能通过恐怖的故事来煽动不必要的害怕情绪。当有的参与者害怕时，您作为夜行陪同者应与参与者讲话，以便排除其害怕的感觉。在夜行小组中进行思想交流，如果一个参与者看见他的一位朋友与他感觉一样，或者包括森林教育引导者也曾害怕过，那么有些害怕的情景就会减半。

按照提示做以下调整，根据[>]B 引导示例中5个议题的活动，我们提出了建议，并按照时间顺序排列，该活动大约延续4个小时。活动内容涉及[>]夜遇森林、[>]夜间动物、[>]夜间篝火、[>]结束、[>]其他。

在熟悉夜间森林并开始对其有了一定的信任感之后，您应该计划一些紧张的活动，参见夜间动物。

夜行高潮肯定是木材篝火或在森林中过夜。具体内容请看[>]夜间篝火、[>]结束、[>]其他，对这些活动请给一些组织上的提示或示例。

## **B** 引导示例

### 适应

在晚上我们的视觉能力改变了,眼睛需要一些时间来适应黑暗。

但是,耳朵可立即投入使用,并且细心倾听,甚至往往能够听到非常微妙的音调。

您还要冷静地告诉参与者,今天的人们听力早已不如从前或者不如原始民族。这是因为我们每天接触的声音不断地增加。您仅仅想一想街道噪音,现如今无论是白天还是夜晚无人能够逃脱这种噪音。耳朵渐渐适应了以上所述的噪音,所以只有在有条件的情况下才能听到细微的声音,尤其是在晚上夜行时您会确定,孩子们的听觉还会胜于成人,特别是当它涉及更高的音调时。

#### 鹰巢,参见[>]开始 2 "鹰巢"

老鹰巢穴是夜行的一个特别理想的聚会和会议地点,作为鹰巢它具有一定的安全氛围。您应该在黄昏时精心挑选一块空地来让参与者建造鹰巢。

##### 磨炼听觉

首先从时间上说,眼睛必须适应黑暗的环境,这样老鹰巢穴就给参与者提高听力的机会:大家都把双手放在耳朵上,以便扩大耳廓并在黑暗中倾听。您让参与者调整自己并闭目冥想5分钟,然后,大家交换都已经听到和感觉到了什么。

### 夜遇森林

#### 邂逅树木,参见[>]树木 12 "邂逅树木"

虽然在黑暗中再找回触摸过的树木是困难的,夜晚"邂逅树木"的变异活动另有魅力和情趣,这对定向能力要求更高,对亲身触摸体验的感知更加强烈。请您指出,树木不应该离得太远,并选择一块对眼睛没有危险的林分!

##### 独处森林

请您让参与者在黑暗中行走一段路程并寻找一块他们特别喜欢的地方,这可以是一个树桩,一个中空的树干或一个丘陵,谁发现了这样一个地方,那么谁就纹丝不动在那儿待一会儿,倾听深夜的声音。晚上步行者应在这样一个不寻常的沉默中保持倾听5~10分钟。对于许多儿童来说,这已经是一个相当勇敢的测试,如果他们通过了这个测试,那么他们都会再次见面(比如,在鹰 巢),并能够交流他们各自所听到、看到和感受到的想法。

也可以在明确的路径上测试参与者的勇气:您与其他小组成员停下等待,首先派出1名"侦察兵",也许是2名,一名事先规定好路径(比如100步),安排在固定的几分钟内,然后归队。

### 夜间动物

到了晚上,许多林区"居民"才露面,森林才真正热闹起来!猫头鹰、蝙蝠和夜蛾在夜晚或黄昏我们经常遇到,还有许多哺乳动物(鹿,马鹿)或夜间活跃的动物(例如,狐狸、獾、野猪、刺猬和老鼠)。

通常我们是看不到动物的,但是我们可以听到它们的声音:鹿的惊恐声音,蟋蟀的鸣叫声,青蛙的蛙鸣声,田鼠的沙沙声。请您低语解释参与者所听到的声音来自何方,以及是什么动物发出的声音。

### 夜间狩猎

每一个参与者扮演一种森林动物角色并且排练其夜间特有的一种叫声。参与者中的一个要变成夜间"战斗机"（如猫头鹰），在他数到50之前，所有参与者都必须寻找藏身之处，他们一直待在各自的藏身之处，直到夜间狩猎者发现他们。因为在黑暗中，隐藏没有那么难，所以"猎物们"不得不大约每60秒用其特有的声音鸣叫。如果"狩猎者"发现了一个"动物"，那么就可以互换角色，之前的"猎物"变成现在的一个"狩猎者"。至少每人都扮演过一次夜间猎人时，可以结束活动。如果周围很暗，或参与者害怕，那么在活动中应该两个人在一起充当猎人以及猎物。

### 蝙蝠和夜蛾，参见[>]森林——生命空间 6 "蝙蝠与夜蛾"

该活动的夜晚版本中不应该让参与者围成圈，而是用4个亮着的手电筒以4个亮点组成一个四边形，这样所有参与者即可共同活动。扮演蝙蝠的参与者应该把眼睛蒙上，因为通过手电筒灯光，夜蛾的身影清晰可见。要指出的是，多数在森林里的蛾是在夜间活动的。

### 偷袭猎物，参见[>]森林——生命空间 5 "偷袭猎物"

根据活动的具体情况可改用有闪烁功能的手电，而不用喷壶或手电筒。

## 夜间篝火

火对大多数参与者来说特别有吸引力：在篝火旁可以讲故事、唱歌，烤土豆、烤苹果，等等。但是火也是危险的，因此，人们应该总是小心地对待它。不用说，应该自己明白，您只会在允许的地方点火，并且是在可以迅速灭火的情况下点火。如果必要的话，您应带上水或沙子，直到您把火扑灭之后，蒸汽不再可见，您才能离开火堆。出于安全考虑，要在扑灭的火堆上填上泥土和石头。关于使用火的有关法律规定详见[>]全球森林 5 "用木柴煮东西"附件。

### 法式面包

配料
- ■ 400克面粉（细磨）
- ■ 1/2茶匙盐
- ■ 1毫升鲜酵母或发酵粉1包
- ■ 0.2升的温水或牛奶
- ■ 1茶匙糖
- ■ 3汤匙油

面粉和盐混合到一个桌面上或倒在一个大碗里，在中间做一个凹槽，在这个凹槽中放一些苏打粉或酵母，随后再放一些糖，然后加入温水或油和牛奶，混合均匀，从而使酵母或发酵粉充分溶解，放在一个温暖的地方。大约10分钟后，再把所有混合起来的配料，迅速揉成光滑而发硬的面团，这个面团还得被放置到一个温暖的地方。然后，把面团分成小份，并且要尽可能摊薄，以便能够围挂在一根烤杆上置于热火上烧烤。要谨慎，面包脆皮不能烤黑！如果确实烧黑了，那么参与者也只应该吃面包棒内没有烤焦的部分。相同的面团，也可以在石头上烤：您只需往火中扔一块大石头，并把石头加热。请注意这一石头的类型，根据经验，这种石头在火中不能破裂，要能够避免石头在火中遇热裂开变成碎片到处乱飞。然后，把面团摊薄于火石头上直到煎熟为止。岩石煎饼的味道几乎要比棍子面包还好吃，当然也需要更多的时间准备。

### 制作巨型蜡烛木火把

准备一个约1米长的原木段，最好用直径20厘米的松树并按照如下规格处理：用电锯把原木的上半部分切成星状形式，从而使原木上部变成6~8块"裂瓣形"部分。

在原木段的中间创建一个窄槽，在该窄槽中可以插入可燃烧的助燃油，这个原木段马上就会给我们提供一个舒适的照明器具。要特别小心，原木火把在点燃以前要稳固而巍然屹立。最后，应把火熄灭并挖坑埋掉。

以前的林业工人常用这些树木的枝材来烧饭，以便为自己提供温暖的午餐。

## 结束

在有关夜间篝火的章节已经介绍过火的活动，参见[>]"法式面包"，[>]"制作巨型蜡烛木火把"也可以为活动提供蛮有气氛的结束仪式。对于一个偏向沉思的结束，可以选择一个更合适的故事，参见[>]第九章附录中的第十一节"童话故事、诗歌、箴言、歌曲"。

作为一个特别的夜行高潮，就要数夜宿森林：

### 在森林里过夜

在一处小的林间空地或以星形围绕一棵老树铺设睡袋，注意无危险的死树枝！这可以激发儿童、青少年和成人的热情。这里您还可以上溯到以前所经历的故事，以便再次给予深化。

请您想象，即使是您自己在晚上的森林里估计也是无法入睡的，所以您的参与者肯定也是无法入睡的，因为他们的处境是全新的！该小组也不宜过大（最多每个老师带10名学生），参与者至少要在10岁以上。

家长书面同意，更好的是强烈建议父母亲自参与。请您注意，从五年级（10岁）开始，每一个男孩组和女孩组分别要有一个老师照顾。

## 其他

特别是在篝火周围或在住宿的地方，也必须满足非信息化的活动空间。

### 吸血鬼舞蹈

在此活动中，所有参与者都应该无畏地蒙住或闭上眼睛，小组组长任命一名队友为一个"吸血鬼"，但必须秘密指定而不被别人知道。

当他们都是在一个事先受到局限的场地环境运动时，刚才同样还在运动场上的"吸血鬼"试图抓住一个队友，如果他成功了，他就发出一个令人不寒而栗的尖叫，并抓起他的受害者（请不要咬！）。这样在运动场上就产生了2个"吸血鬼"。

然而，一旦一个"吸血鬼"遇到另一个"吸血鬼"，那么这两个"吸血鬼"就要恢复正常。经过约15分钟，比赛应该结束。

### 手电筒——画

中间快速游戏：玩家得到一个手电筒，远离小组其余成员20米，然后面向小组用手电筒光束在空中画一个东西或一种动物，谁猜测到这幅画，谁就可以成为下一个手电筒玩家。

### 晚上所有的猫都是灰色

您通过使用著名的谚语"晚上所有的猫都是灰色"为例，能够证明当人们出门旅游，穿着鲜艳是多么的重要。

为此，请让3个孩子沿路（一位着深色服装，一位着浅色服装，一位在其衣服上设计荧光反光带）首先走出50米的距离；然后100米。穿着深色服装的孩子走出只有50米之后，就很难被看见或根本看不见了。经过百米之后，通常穿着浅色衣服的孩子，也看见了。剩下的只有带有反光条者，方可识别（用手电照明！）。

当儿童在黑暗或能见度低的情况下旅行时，请您指出，其着装，如夹克、大衣、裤子、鞋、帽，或背包应用反光颜色或反光元素。

### 定向与星空

在黑暗中人们很难找到自己的路，但晴朗的夜晚，提供了一个特殊的方向指南——星座。这最好是可以用灯光模拟解释，例如，借用闪闪发光的星星，或在地上的灯（无风）。或者让参与者寻找天空中的星座。有些星座是非常有特色的（如仙后座、猎户座、昴星团和北斗七星），即便是小孩都可以找得到它们。

### 参考文献

哈恩，维兰德. 初学者的夜光星图. 斯图加特：法兰克宇宙出版社，2008.这幅德国工业标准（DIN）A4格式可旋转地图包含了整个夜空，甚至个别恒星和行星以荧光灯的方式自身发出光线。按照这张星座图就是外行（通过事先练习！）也可以识别天空中的星座了。

黑哥马斯特. 森林引导小天文学手册. 引自小册子系列《狩猎》，德国的森林狩猎第30/1987号（DWJ联邦协会e. V.，在海恩斯坦3, 58675 海梅尔)。在这个手册中，最突出的恒星和星座将被用简单的识别线索描述和介绍。另外，还参考古老的传说和神话，对有关星座进行比较。

#### Literaturhinweise

Hahn H.–M., Wieland G.; Nachtleuchtende Sternkarte für Einsteiger. Franckh–Kosmos Verlag; Stuttgart 2008. Diese drehbare Karte im DIN–A 4–Format enthält den gesamten Sternenhimmel, die einzelnen Sterne und Planeten geben nach vorausgegangener Beleuchtung selbst fluoreszierendes Licht ab. Die Sternenkarte ermöglicht auch dem Laien (nach vorheriger Übung!), das eine oder andere Sternbild am Himmel zu bestimmen.

Hegemeister, W.; Kleine Sternenkunde für Waldläufer. Broschürenreihe "Fang", Nr. 30/1987 der Deutschen Waldjugend (DWJ–Bundesverband e. V., Auf dem Hohenstein 3, 58675 Hemer). Die auffälligsten Sterne und Sterngruppen werden beschrieben und mit einfachen Erkennungshinweisen vorgestellt. Außerdem wird auf alte Legenden und Sagen Bezug genommen, die sich um die Sternbilder ranken.

# 第九节　森林教学及体验通道

相对于未知的世界，我们的知识只不过是沧海一粟。

艾萨克·牛顿（Isaac Newton）

A 简明信息

B 分类目录

C 通道范例

D 站点例举

## A　简明信息

巴伐利亚州森林管理部门——即巴伐利亚州林业部、乡镇及其他森林所有者在巴伐利亚州很多的森林中已经铺设了约200条森林教学及体验通道。在这样的通道上周游下来，森林访问者既可以学习到森林生态系统的知识，还能够通过信息板或有趣的宣传栏了解到我们的森林的多种功能、林业工作者的职责以及本地区森林的历史。

大约于1992年开始，教学通道主要是被作为森林体验通道来设计和命名的。通过它们使森林来访者不仅了解到相关知识，更能够主动地通过个人经历来对现场的景物和主题有更深的感知。

其中非常重要的是，森林访问者通过一个合适的"导向系统"，如问答开合板、宣传单或模拟知识板，能够直接对话及启发联想。

如果您对于如何计划建设一条森林教学及体验通道感兴趣或者想要参与其中，相关重要问题请参照下列B分类目录的提示，会给您如何开始项目以明确的解答。

最后我们在C通道范例下面给出关于森林教学及体验通道的不同的指导系统。

在D 站点例举——简单又美好中给您演示通道站点里被选出的和已试验过的可能的设施。设施这个元素理所当然应和场景相匹配，并且与野外体验通道的主题完美结合。

# B　分类目录

## 目标及目标群体

目标是多种多样的，我们在第二章 森林教育工作的目标中所描述过的，对于森林教学及体验通道亦适用。您在开始实施项目和给通道架设设施前仍需考虑的是，您通过这些想要达到的目标是什么。通过考虑计划区域的相关区域，以及您眼中相关的森林能够提供的各种可能（主题），在计划开始前给您自己提出以下问题：

◇关于此处的森林，我们能够讲述什么？

◇该处森林起源如何？

◇一般来说，主要是哪些范围的人群访问这片森林？

◇我们主要想和哪一些目标群体进行对话？

◇我们想以何种方式与目标群体进行对话？

## 合作伙伴

成功的森林教学及体验通道需要资金和时间。在您的计划初始就可以考虑有谁能够在资源方面给予帮助。例如：

◇协会（德国森林保护协会、联邦自然保护协会、联邦州鸟类保护协会等）；

◇当地联合会；

◇负责地区性的、社会性质的机构（如；：青年旅馆、学校、残疾人疗养院）的组织；

◇资助者（雄狮俱乐部、扶轮社、基金会等）。

## 站点位置

点应该尽量设在方便多数人们来访的地方，举例说明如下：

◇距城市近的森林（这样的森林访问者最多）；

◇靠近学校、敬老院，及残疾人疗养院；

◇靠近疗养院或者旅游场所；

◇起点位于公共交通能够达到的地方。

除此之外所选出的森林地带需景色宜人，典型场景如下例所举：

◇变化多端的林景；

◇诱人的森林外貌；

◇有景点；

◇自然或人文景观；

◇独特的自然景象（山崖、沼泽地、溪流）。

## 道路设施

### 道路导航

确保具有：

◇完整的环形路，使得驾驶私家车或者骑自行车游览的访问者能够回到出发点。

◇在坏天气或者访问者时间紧张的情况下提供捷径。

◇尽可能包含多的旧道路，使得这种经济的道路改变不会对风景造成影响。

◇在需要的地方建设新道路，新的道路应指向景点景观，并在森林交通中不属于被过多干扰的路径。

◇尽量避免交通繁忙的道路。

### 道路路况

◇来访者偏爱狭小的、弯弯曲曲的泥土道路。

◇短的荒野小道，例如，石阶、供穿过湿地的木板小桥。这些设施丰富了道路的内容。需要注意的是，应给童车和坐轮椅者另开辟可以绕行的道路。

◇在斜坡处的站点应能够保证安全。

◇根据访问者的接受度进行定期的保养。

### 道路长度

推荐的道路长度非常不同，2～3千米的道路长度在访问者问卷调查中得到很多正面反响。减少的道路长度或来访者花很多时间的道路都不被推荐。森林来访者中的大部分会在森林中停留1～2小时，这种时间性要求应在建设道路时给予重视。

### 林中标记

引人注目并准确传达信息的大尺寸的导游板应设在道路的起点，其他信息通过以下方法进一步说明：

◇所在地点；

◇教学路线（名称、路线、观察地点、道路长度、步行时间）；

◇周围环境；

◇标注地点（提供座位及休息地、庇护小屋、观景点、历史发现地）。

路线应按如下要求被清楚地标识出：

◇一个简单的、清楚的及容易被看到的标志；

◇作为标志所用的材料、颜色、大小及高度应在整个路线中一致；

◇与其他地区性的路线不易混淆（与林中散步者协会协商）；

◇标识物应独一无二（植物、树枝、花朵、动物），在所有的十字路口处及过路口短距离内标识出；

◇通过路线标志应能够使访问者检查自己是否在正确的道路上；

◇持久的、不被阻碍的、防盗的标志；

◇标准化的停留处、维修处；

◇标识及给出信息应设在与眼同高的位置。

### 教育设施

■ 主题

教育主题的选择是对森林中关联对象的最高要求。对物品的观察所消耗的时间不应超过读知识板所要求的时间。

应该注意的问题是：

◇道路应在被观察对象附近；

◇与道路相关的知识板不会被弄混；

◇介绍对于该地点典型的或只有在本处出现的观察物；

◇知识性的和有特点的观察对象给予突出介绍；

◇相近的主题尽可能在一起介绍；

◇描述值得了解的但经常被忽略的知识。

■　访问者的期望

森林教学及体验通道应是一个能与尽可能广泛的森林访问者人群进行对话的工具。切记，大部分的访问者并非专业人士。因此应选择主题，如：

◇广泛的人群感兴趣的；

◇同时适于成人与儿童的（家庭出游）；

◇无需背景知识亦可理解的；

◇与访问者个人相关的。

■　信息量

信息量应控制在访问者始终感兴趣的范围内。一段能够带入感情色彩的短文，提出问题，在下一站给出解答，并避免密集的信息量（站与站之间至少应有100米距离）也属于这里提到的一些建议。信息点应随着路线变化。

■　知识板的设立

如决定使用知识板，则应考虑如何引起来访者的注意。例如：通过

◇雕刻的大标题；

◇一个短暂的、紧扣主题的和大众化的文字说明；

◇一个漂亮的图文结合说明；

◇带有照片和说明的全景介绍（一幅图片比一千字更具有说服力）；

◇撒上幽默和快乐的"调味品"；

◇一种对读者的自主行为的鼓励，例如，开启心灵。

描述的文字应该在除了具有对专业领域的深度理解之外，能够深入浅出地给来访者进行解说。为避免业内人士的盲点，尝试让外行理解一下描述的文字。

■　材料

森林中的知识板应尽可能用原木材料，或者至少（例如，支撑部分）用与此处优美的景色相配的原材料制成。

木质木板是最好用的，它们最少遭受破坏，还可以通过打磨或者重新加工来改变内容，能拥有（如果加顶保护的话）大约15年的使用期，并与周围森林达到和谐一致。通过现代相对高质量的铣床，能够在椴木上进行刻蚀。木牌应垂直安放，加保护顶并设置高于预期的雪线高度之上。这样使得设牌区在冬季无碍。小的、带图解的开合板应与地面成一定斜角设立，并且板的高度应较低，使儿童亦能无困难阅读。这里唯一的缺点是，在冬季必须将这些木牌取下。木牌上的图文包含一层青色保护涂层，就像具有从"淡橡木色"到"柚木色"的不同色调的釉层，彩色色调范围宽广。

使用巴伐利亚州国家森林公园的自然体验通道上所用的材料，即安全玻璃板结合绿色底部丝印层，用作解释单个设备。21厘米宽和55厘米高的板放置在直径约58厘米的树桩的斜面上，玻璃板下面保留3厘米空隙以保证空气流通。至今为止还未有过因玻璃板破裂导致的损失，尽管从底部看起来足有80厘米高的树桩经常被蹬踏，这个与周围景致完美相配的知识板能够让儿童与成人舒适地进行阅读。在设立玻璃板时应注意尽量减少镜面反射。有很多文字的信息板不适用于此，详尽解释可参考课程小册子。

下面图表给出不同的知识板材料，伴随相应的优缺点。由于地区和供应商的不同，材料及制造费用有极大波动，因此此处建议设立价格对比表。

除材料成本之外，通常建议邀请专业图形设计公司参与，因此还要计入相关的对文字、版面及设计工作的使用权费用，这些成本的高低与图文说明的大小、篇幅及艺术性有很大关系，通常（德国）按小时工资计费（40～80欧元/小时）。建议尽量细化需求和任务，以将后期修改及设计更改消耗的时间降至最低！

| 材料 | 优点 | 缺点 |
| --- | --- | --- |
| 木头 | ■ 环保原材料<br>■ 耐用且耐脏<br>■ 易于修改 | ■ 价格昂贵<br>■ 容易划伤<br>■ 天气依赖特性明显<br>■ 单一化 |
| 安全玻璃<br>（丝印层） | ■ 耐用<br>■ 与木质支撑结构容易搭配<br>■ 可循环使用 | ■ 镜面反射（不利于观看） |
| 有机玻璃<br>（中间的纸板，两面封装） | ■ 价格便宜<br>■ 便捷、容易加工 | ■ 在极端天气情况和受损的情况下易被侵蚀<br>■ 耐晒性能一般 |
| 原木材料加涂层 | ■ 极便宜<br>■ 方便快捷易替换<br>■ 组合文字、照片和插图无困难 | ■ 使用期问题<br>■ 外观不吸引人 |
| 塑料<br>（压制，丝印层） | ■ 丝印层有较好的耐晒性<br>■ 供应商众多 | ■ 容易受损<br>■ 不利于环境<br>■ 使用期短暂 |
| 不锈钢板或薄铝板（压制、电镀或烧印） | ■ 价格便宜<br>■ 使用期长 | ■ 易划伤<br>■ 不利于环境 |
| 苏格兰（Scotch）印刷法（在任何类型支撑板上用胶粘薄膜） | ■ 优良的性价比<br>■ 良好的耐晒性和便于复制 | ■ 易划伤<br>■ 供应商少 |
| 搪瓷 | ■ 观赏性极强，与景观一致<br>■ 使用期极长，对天气依赖性低 | ■ 原材料较昂贵<br>■ 易受损、有失窃风险 |
| 剑桥能源协会印刷法（Cera）（玻璃陶瓷） | ■ 观赏性极强，与景观一致<br>■ 使用期极长，不易受损 | ■ 非常昂贵<br>■ 有失窃风险 |

■ 一致的形象表示设计

所有归属于通道的形式、颜色及材料部分，如总览图板，附带的站点都应统一设置，这样可使来访者在潜移默化中对知识进行重复确认。

## 赞助者

在时间和资金紧张的情况下，需要考虑的是通过经济资助的方式来降低对道路的资金投入。原则上来说这是个好主意，使得较难实现的、自相矛盾的解决办法在实际中可能得以实施。资助者可以通过维护一个有很多来访者的设施来进行资助，并借此宣传，例如，新开通的通道。

从资助者的角度考虑，假设他们把他们的专业领域结合进来，或在路上使用大尺寸的公司图标，就会将通道降级成为变相的广告媒体。对此，应有针对性地与当地的公司企业进行协商，例如银行或储蓄所、木材加工场、乡政府和俱乐部，等等。

## 维护

在计划书中经常被遗漏而应被包含在内的是通道的定期维护，问卷调查显示，无法设想来访者接受劣质维护的教学通道，对此就相当于本地负责人给出的一张差劲名片。

定期的监察和替换已坏的设施或不再使用的设施是绝对必要的。建议只有在已规划好并确保有通道维护（例如，通过当地乡政府）以后，再考虑铺设教学通道。

## 参考文献

埃伯斯 S，劳克斯 L，考赫安艾克 H. 森林教育通道到森林体验通道. 韦茨拉尔：NHZ出版社，1998.

艾德仑 R，恩特尔格A. 森林教育通道——自然与文化之旅. 维也纳: Böhlau Verlag出版社，2007.

## Literaturhinweise

Ebers, S., Laux, L., Kochanek, H.; Vom Lehrpfad zum Erlebnispfad. NHZ Verlag, Wetzlar 1998.

Eder, R, Arnberger, A.; Lehrpfade – Natur und Kultur auf dem Weg. Böhlau Verlag, Wien 2007.

## C 通道范例

以下将展现给您多种多样的设施，以给出森林教学及体验通道的不同导向系统的直观印象。

### 1.数字标记的通道

#### 范例：森林体验通道区域

英戈尔城(Ingolstadt)食品及农林部–埃希施塔特(Eichstätt)分局；可普芬(Kipfenberg)林业企业。通道途经10个站点，这片地区由于各种天然的森林特色（例如：老的榉树、近自然的森林边缘地、灰岩坑等）以及重要的森林示范项目（例如，榉树林建造区、防野生动物啃食的围栏区等）而被选中。在各个站点还附加建设森林体验设施（例如，树木电话，感知盒等）。

在站点能够发现的只是连续的、以数字标记的石灰岩（或木桩上带有数字的标记板），没有提供带有访问者信息的木板。在道路的起始点/终点设有一块较大的木板，上面有所有关于道路长度、花费时间、对儿童车和轮椅的适用性、路线及宣传单的必要信息。

提供一份关于每个站点必要介绍的宣传单（相关单位是：英戈尔城食品及农林部–埃希施塔特分局，电话：08421/6007840），上面有各种活动的介绍说明（例如，树木电话的说明书）、提问（例如，关于一棵大树的年龄，答案见宣传单底部），以及与项目相关的情况及相关背景信息。

#### 范例：通向鲁森（Lusen）的自我引导散步路线

巴伐利亚州国家森林公园

1995～1997年，巴伐利亚州的高地森林大面积死亡，其中主要是鲁森周边地区的森林。规划者的目标就是找出"森林死亡"的线索，并进行复壮更新。

访问者将通过导向图和信息板了解到提供的活动，在信息板上还放了一个小箱子，其中有一张可携带的带有文字的宣传单。在该地区共有6个点用醒目的木柱标出，上面标有数字，在附加文字说明中可阅读每个信息点的相关信息。

宣传单上有标题："古老的山地云杉林走到了尽头？"，也可在国家公园的信息中心得到。这种宣传方式一方面的好处是：信息文字就此可以被带回家，另一方面访问者会年年关注此处的新情况。

### 2.对话式通道

#### 范例：帕特灿乐(Paterzeller)的紫杉林体验通道

巴伐利亚外乐海姆(Weilheim in Oberbayern)食品、农业和林业部；利兹的兰兹贝格(Landsberg am Lech)林业企业。

沿着一条自然保留下来的，约1米见宽的树皮屑道，访问者学习了途经的10个站点所设的开合板上关于紫杉和帕特灿乐紫杉林值得了解的知识。在每个开合板上面都有一个问题；答案则在掀开开合板后的下一层可见。

一张宣传单（参见[>]附件1）提供了关于10个站点中几个站点的更深入的信息。

两个大信息板（60厘米×120厘米）只在教学通道的起始点/终点设立，它们提供了有关通道长度、所花时间和路线的基本信息。在访问者停车场和接待处也可以拿到宣传单。

## 3.互动式通道

### 范例：自然体验通道

巴伐利亚州国家森林公园

"自然领悟所有思想"，其中也包括巴伐利亚州国家森林公园所属的石笔格嵝的约2千米长的自然体验通道，它位于森林游乐区域。新的站点给森林的生活区域带来了非常多样性的、意料之外的方式，人们可以倾听森林声音，用自然材料奏乐，触摸并接触到植物，看树枝如何向天空伸展，在树的凉亭下休憩或在凉爽的杉树林中讲述童话故事。

站点"野生动物的足迹"是关于野生动物如何保持平衡、爬行、攀登及在跳远中进行测量，并发现哪些动物在塔果和植物上留下了自己的痕迹。

两米高的"落叶杉"激发了这样的问题，在森林每年秋天的落叶到哪里去了？一张大的"蜘蛛网"显示出森林生态系统多样性的相互关系。

所有这些，无论是鹿群还是小甲虫，蘑菇还是冷杉，幼崽还是死去的树木，都是自然的产物，在一个国家公园无论对于生存权利和特定的功能都具有平等的权利，在最后的站点得以突出强调的是："自然公园的理解"。因为自然公园的基本守则就是一定要遵循"把自然留在自然状态"，道路的终点伴随着这句在石头上凿刻出来的句子而结束。

关于通道的更多的细节请见随后的章节D 站点例举—简单又美好 。 免费的宣传单，给儿童、成人或导游的伴游手册和图书《从教学通道到野外体验通道——自然体验通道手册》，其中详尽地描述了有关通道，该手册在国家公园停车处可以找到，地址是94556诺伊施枚瑙（Neusch nau）。

### 范例：森林体验通道——绿森林(Grünwald)

爱波斯别格(Ebersberg)食品及农林部，慕尼黑(München)林业企业

10个通道站点的每一个都有吸引人的图表式的"模拟木板"，来激励森林访问者进行自主活动。此外，还有插图和相关的名诗箴言从而避免使信息板成为一个短小的"使用说明书"。例如，关于如何操作树木电话、估计老橡树的树龄、估测一棵云杉的木材蓄积量或者对死去的树木做考察。

信息板特意只包含了简短的信息文字，谁要想知道得更多，可以在通道的起始点处拿一个"背景知识——宣传单"（若需联系绿森林森林体验通道中心请拨打电话：089/6492099）。

在森林体验通道上来访者会碰见诸如此类的10个种类的树木之谜（老树，树木切片和一块略显粗糙的木板）。而开合板将会继续提出问题："我是谁？"，在掀开盖板后就能看到树种的名称（宣传单上有附加信息）。体验通道导向终点时会路过一个黑森林野生动物的圈养园，还带有一个喂食的棚子（每日下午4：00左右喂食）。

## 4.带有令人深思的文字体验通道

### 范例：精神升华

巴伐利亚州国家森林公园

人们经常受感情驱动做事而不是由理性引导。把这种认知引入到建设体验通道中。对原始状态的自然经历可能成为度假者的科学动力，也是巴伐利亚州森林地区所追求的，森林原生态要是没有了更多的感受也就平淡无奇了。

一个给人印象特别深刻的发展的原始森林地区，其间由于风灾、虫害造成的林间空地，一些高大的树木和一条流过的小溪，在1996年时通过一条1.3千米长的林间木质小路展示出来。来访者可通过这条环形路进入到森林原生态中，并经历自然的生命多样性和结构丰富性，而这些在人

们开始利用森林后就日渐消失。

　　简而言之，木板上写出的发人深思的文字邀请人们，将自然一起带入我们关于自身环境的思考中。在环形路下面的路线中，还有更多的文字说明，它们分别来自神圣的伯恩哈德·冯·克拉珐奥科斯(Bernhard von Clairvaux)到别特霍德·比爱西特(Berthold Brecht)。作为提高精神力量的附加材料还有一份免费的宣传单（摘自附件2），通道上的文字都印在里面了，在通道的起始点和国家公园中心可以拿到。

　　精神升华体验通道适于单独的行人和小团队。

# D 站点例举——简单又美好

所有以下文字介绍的范例均可在巴伐利亚州国家森林公园的自然体验通道上参观到。

### 1.摇摆绳

摇摇晃晃的开始：两根4米高垂直于地面的木柱与一根与地面水平的木梁搭在一起，中间拉一条钢索，在钢索上以1.5米的间距系挂两条带有木板座位的麻绳，在其上人能够自由摆动。通过一个地面上的小土堆人可以跑下来开始摆动。如果同时使用2根麻绳，游戏者可以反过来影响钢索产生的摆动。这个游戏很有趣，因为有可能碰撞，游戏者在摆来摆去的过程中要注意。

### 2.秋千

两个相向所系的秋千，是通过秋千的绳索系在一起，

一个秋千的摆动传到了另一个秋千上，而第二个秋千反过来作用回到第一个上，如此人可通过第一个秋千把第二个秋千摆动起来，不需要第二个秋千上的人有任何动作。这样即使残疾人也可以参与到荡秋千的活动中。只有相互确定好摆动节奏才可以达到最大的秋千摆动。给予和付出及相互之间互换可以导向经验交流。荡秋千的竞赛或者摆动节奏改变的尝试，可以给秋千系统带来平衡或者停止摆动。

### 3.听音树

在三棵由树皮做成的"大树"内部可让来访者与自然声音的世界发生共鸣。在第一棵"大树"可以清楚地听到小溪的潺潺流水声，为此目的一根直径在10厘米的塑料管道一直铺设到30米开外的小溪处。在第二棵"大树"里的人可以在飒飒作响的风和森林背景的窃窃私语中，体会到赫尔曼 海瑟（Hermann Hesse）的诗的含义："森林邀请你倾听……"一个带有1.2米直径的钢质喇叭把这些平时无法听到的声音放大出来。人类也属于大自然，因此在第三棵"大树"中来访者将会在意料之外听到人的声音，声音来源于一根在地下铺设的、从15米外的散步的路上到"大树"音响室的管道，在另一边，管子藏在一个约1.5米高的树墩中，在音响室可以随意听到散步者的声音或者例如猫头鹰的叫声，内容完全取决于另一边随意散步者在树墩旁的交谈。对于在"大树音响室"的来访者，声音最开始是无法辩听的，由于声音效果是混淆噪声的缘故。在建造"声音树"的时候，先将小的云杉树干用螺丝固定在一个大小相当于街头广告柱的铁支架上，铁支架直径大约1米，然后内外都用树皮覆盖起来。当人将门关闭时，里面将是漆黑一片。人们使用听觉这个感觉器官时，不会觉得很困难，在里面大约1米高的位置是一个有金属丝网保护的导音管道的终端，成年人可用一个树墩做板凳。

### 4.变音石

每一块石头都有自己的声音，根据不同的硬度、密度和同质性，将看来死气沉沉的石头敲得

叮当响，总是使没见过的人感到神奇。3块由不同颗粒组成的、本地区出产的石头（大约100厘米×60厘米×20厘米）分别单独放置在3根约30厘米长的突出地面的铁棒上，铁棒基座由混凝土浇注加固。最早用于敲击的橡胶锤由于磨损过快，已经被石锤替代了。在选择叮当石的时候应注意，不要趋向于巨大的石头，因为巨石会降低敲击的音效。该石头的地质构成则可以通过研磨一块10厘米×10厘米样本，这样很容易被分析出来。

### 5.树木电话

一根至少15米长、直径35厘米剥去了树皮的原木段，水平于地面放置在两个离地约1米的托架上，在树干的一端敲击和刻划的声音，通过树干的扩音和加强作用，可在另一端听到。

### 6.赤足路

在铺设有明亮的雕刻过的大理石感官圆形路径的入口处，脱掉鞋子，准备开始赤足行进。这

儿也可以让来访者成对进行活动，让每组的伙伴来进行导盲。

大约180米长，用云杉原木段做围栏，圈出1米宽的环形路，途经一片有光照的、多种类的混交林。有阳光的和有树荫的路段交互出现，从外部看环形路的大部分不可见，即使在起始点也只可以观察到路途的一小段。

不同的地表覆盖物是与该段道路相匹配的：在榉树下是阔叶；云杉下是针叶，掉落的树皮屑或球果，但也有大片的树皮；在冷杉下则是冷杉的小树枝，在干燥后会散发出一种所谓"圣诞香气"的气味。在充满阳光的区域用增加的矿物性质的材料如野外的石头、小石子或花岗岩来完成感知。生产浆果的灌木如覆盆子（又名树莓）、悬钩子或接骨木围绕着环形路。棉花般柔软的欧洲榛子树使每个"盲人"身心愉快。在矮木墩上坐着的人，还可以赤足感受苔藓地软垫般的感觉。

通过不同针叶树种的相邻栽种，使对针叶的不同有所掌握甚至更有体会。在背景处那些幼小的、沿道路边栽种的树木，总可以在它们附近发现一棵成年的、同种类的大树。通过被缠绕植物生长覆盖的石崖或长满青苔的老树桩使得道路更加富有变化。还要越过一棵巨大的、连根拔起的云杉。在道路过半时提供出一条另外开辟的环形小道以供交换角色使用。地表覆盖物在后面基本与前面类似。

通过一个可以睁开眼睛的第二通道可使五官感知进一步加强反应，并能够对自然的感知有一个全面的理解。一个在儿童笔记上印的探索游戏正在等待被解决。

识别树木及灌木可以通过开合板的帮助。带有枝叶果实的树木的侧面剪影被刻在封面上，只有在打开开合板后才可以看到植物的德文名称。对于外国旅游者或业余植物学家，只有在读者更靠近树桩站立时，才可在开合板的上半部分发现该物种的拉丁文名称。这么做的原则具有的优点是，只有在道路访问者真的希望知道的时候，才可以看到树木的名称。

### 7.树木编钟

树木也有它们自己独有的声音，根据不同的树种、长度和厚度选用的木头在用一个木槌敲击后，发出完全不同的声音。敲击树木编钟邀请大家一起奏乐。

在一根离地2.5米高被架起的云杉原木上，用钢索悬挂起用来敲击的木头，并用旋入到木头里的吊环固定好。最初使用的云杉木头在经过经常的敲击后很快就损坏了，之后就只好考虑用硬木了，例如，枫树。把木槌固定在设备上减少了失窃的风险。

### 8.森林木琴

在树木编钟上主要以敲击节奏为乐，木琴能够按照音阶的顺序排布敲击木头，使得整个歌曲都能够被演奏出来了。

在一个70～80厘米高，1.5米长的榉树原木支架上，将直径6～10厘米，长度60～100厘米的干燥的木段松弛地拧在以土工布做底的架面上，以使木头能够有一定的自由振动。整个设施通过螺栓紧固到混凝土浇铸的铁支架上。

还有一个比较简单易行的方案：在薪柴堆上寻找那些上面刚发芽或者有小侧枝的原木段，之后把两根原木段以间距60厘米平行地摆放在通道上。我们按照音阶高低把那些"奏乐木头"横铺并居中放在两根平行的原木上，每根木头不用固定，使它们能够良好地振动。用60厘米长、5厘米厚的击打木头就可以演奏这个森林乐器了。在音乐会结束后再把所有的原木重新收集起来，堆放到取木头的地方。

### 9.树往高处长

在调查中表明，森林访问者通常对树高没有什么概念。访问者提出想要估测一棵未砍伐的树木高度的要求，在他们经过学习步测后，树后面在地面上放置的米尺会帮助他们得到树高的准确值。

此外，通过开合板他们还能了解到，哪些兽类和植物能在树木的不同高度利用树木：黑啄木鸟在5米处作为食物树蚂蚁的储藏室，缠绕植物在10米处作为可缠绕物；野鸡在15米处作为睡觉的地方；苍鹰在20米处作为筑巢的地方；松鼠在25米处用作食物即松塔储藏室；鸫在30米处树冠上做歌唱台；最后蝙蝠在35米处的周围作为狩猎场。

### 10.年轮的故事

3个大约高出地面80厘米的树桩激发对树木年轮的重视。抛光的表面，经过硼酸盐防真菌处理，在距书写面5厘米高度用一层0.6厘米厚的有机玻璃覆盖上。第一个树干横截面就是对年轮的解释；第二个上刻着对当时本地区及跨地区的历史注解。例如：在1856年的年轮上刻着"最后一只熊被射杀于波西米亚山林"；或者在1970年的年轮上记载道："巴伐利亚州国家森林公园奠基"等。这些历史数据给观察者带来思考，像这样一棵树都经历过些什么。

在后面的树桩上则与来访者进行直接对话。在上面可以用箭头指出这棵树上来访者出生年份的年轮，还可以移向他父亲的或祖母的出生年轮。一方面可以看出这一年是否是好的生长年；另一方面极直观地显示出，一棵树可以经历多少代人。为了使每个人能够轻松地找到自己的出生年轮，在有机玻璃上把每一个单独的、不同颜色的年轮刻了出来，并且标出了年份。最好在有机玻璃的内部标记这个，否则在表面上的刻槽容易积水，在有机玻璃内用锌刻刀雕出的凹槽里可以移动箭头。

### 11.从幼苗到巨树

尽管我们知道，即使是参天大树也是源于微小的种子，但在每次讲给访问者时总会带来惊叹。一排18年的云杉是按照一个半圆形方式种植的。儿童和青少年们通过计数侧枝的轮数就可以判断其树龄。不同的云杉幼苗的行列始于一个在人造玻璃中被浇注储存的云杉种子。

### 12.野生动物的足迹

用一个直径1.5米、长5米的中空的树干做成爬行通道。在爬行的过程中，体验小型爬行动物的感受。

### 13.野生动物的远跳纪录

在一个9米长、2米宽的沙坑中可以让访问者与本地的野生动物在跳远上一决高低。下列动物标识刻在一旁设立的开合板上：野鼠跳远距离70厘米；松貂1.5米；兔子可以跳2米；狐狸3米；松鼠4米；小鹿6米；猞猁7米；红鹿可以跳9米。在掀起动物画像后可以看到动物们的跳跃痕迹和运动足迹。来访者也可以自己在沙坑里手脚并用向前行进，与现存的动物们的运动足迹进行比较，另一个访问者应该就所属动物的足迹进行猜测。

### 14.树根盘

提供一个自然的攀登机会。两棵倒下的树，根盘已经被挖出并踏实；另外两个根盘，已经按此处理过后，在地面上根朝上垂直放置。这样的站点极受儿童甚至成年人的喜爱。

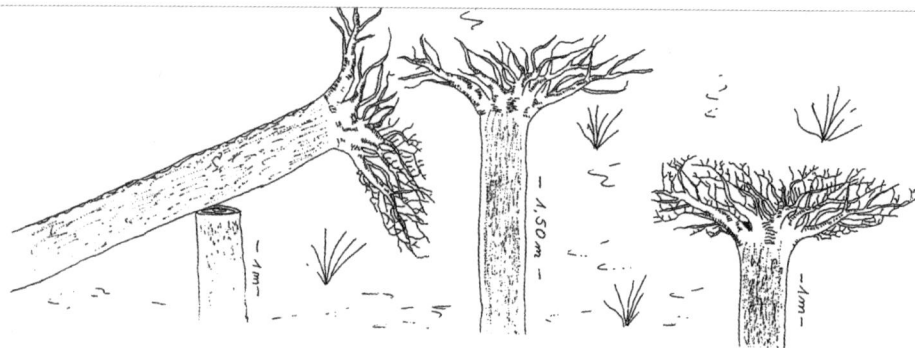

### 15.土壤过滤器

用一个泉水泵把水泵到一个填充有淤泥的石槽中，用量杯量出两升这样的浑水先浇入一个用有机玻璃制成的漏斗里（顶边40厘米×40厘米），这个漏斗里装满了石头，没有很大的损失浑水很快从底部流到了下面接水的水盆中。在另一个漏斗重复同样的实验，这个漏斗里装有植被茂盛的森林土壤，在经过很长时间后，清澈的水从底部慢慢渗出到接水的水盆里。

## 附件1

### 示例：帕特灿乐(Paterzeller)的紫杉林体验通道

巴伐利亚州林业
可持续发展经济

编者：巴伐利亚州林业
兰兹贝格(Landsberg am Lech)林业企业

关键词：紫杉
树龄：直到超过1000年花期：3~4月
果实：红色假浆果，8~10月成熟树高：15~20米
木材：边材非常狭窄而呈黄色，心材曾是漂亮的棕红色，无松油，年轮紧密，坚硬，耐久且有弹性。
其他：古老的家乡树种（在欧洲已有600000年历史）；耐阴；德国唯一
有毒针叶树种；"雌雄异株"，即，既有雄性植株（3~5月开黄色花朵），又有雌性植株（8~10月橘红色果）。

紫杉——一个神秘树种的追踪

亲爱的森林朋友：
在帕特灿乐紫杉林中的紫杉树木要比德国任何一个地方的紫杉树木数量多，在这个德国最古老的唯一的紫杉林自然保护区中有2000多株紫杉树木，我们邀请您漫步我们保护区环形步道，途中您将了解紫杉林中10个活动站。

您的巴伐利亚州林业
利兹兰兹贝格林业企业

### 1.紫杉林——近自然混交林

在"帕特灿乐紫杉林"中不仅有紫杉。在这一块近自然混交林中还有云杉、冷杉、山毛榉，以及其他树木，在这些树木之下或之中生长着紫杉。在这片森林中，紫杉仅仅沐浴着穿透密集的树冠透进来的几丝阳光缓慢地生长它们的耐阴能力，其他树木无法企及。

### 2.扭曲生长的紫杉树

### 3.紫杉——有毒，但是野生动物具有对其毒素的抗性

紫杉是德国唯一有毒针叶树种。除了红色的假浆果外，其他部分都含有毒素。然而，野狍还是特别亲睐紫杉树枝，只是它们自己清楚要适可而止。

相反，马匹只要吃一点紫杉针叶都会致死。为此，以前的马夫及牧羊人都必须能识别紫杉。人类要吃50～60枝像前文提及那么大的紫杉树枝，才会中毒。对人类来说紫杉也不是危险的。

相反，今天人类用紫杉中所含的物质来制造治疗癌症的药物。

### 4.凝灰石——紫杉林特别的基础

该紫杉林生长在有1米深的凝灰石地中。当含有石灰岩的水受冷凝固后，其中所含石灰岩便凝固形成固定形状的凝灰石。这一地质上的特别现象使得紫杉树能够成为混交林中的一部分。在没有腐殖质层的凝灰石立地条件下，紫杉树生长得比其他树木都好。

几个世纪以来，人们就在紫杉林中开采凝灰石。当地许多房子就是用从中开采的凝灰石建成的。如今只有在紫杉林中的个别地方，仍然开采凝灰石，因为许多紫杉林已改为饮用水和能源的采集地。

### 5.紫杉——巫师及魔鬼

这些古老的紫杉也是神秘莫测的。凯尔特人甚至尊紫杉为神树。日耳曼人把紫杉当作永恒的象征，并且用带有果实的紫杉树枝避巫师及魔鬼之嫌。在一篇文章中紫杉被作为治丧树木。

"梦中紫杉无语地斜插通往黑暗的地下道路并在那里生根。"

奥维德　2000年之前的罗马诗人。

### 6.紫杉木——稀缺而昂贵

700年之前，这块最大的紫杉林就已存在。在1997年之前还是不明智的牺牲品。400年前人类开始系统地利用紫杉，当时人们用它来制作弓和弩。

德文"Eeibe"来源于"iwa"，其意思是弓和弩。由于原来只用于制造战争和狩猎武器，所以在1600年左右在巴伐利亚就已经失传。

## 附件2

### 精神升华

#### 在瑞切尔（Rachel）森林漫步区的精神升华

1969年巴伐利亚国家森林公园成立之后，木材采伐、森林抚育逐渐减少直至停止。目前，允

许10000多公顷原先的商品林自由发展，不再采取控制、抚育或采伐等任何人工措施。生长、繁殖、死亡都遵循自然法则。经过几百年被开发利用的森林，现如今又回归变化成无穷的自然森林。

根据森林目的的划分，国家森林公园不仅肩负全面的保护自然生态系统以及生命群体的责任，而且也在不影响其保护作用的情况下，对那些想要接近、了解、体验大自然的游人开放。为了在几乎不能穿过的天然林里开辟通道，1995年夏季在一块早在25年前就已停止使用的典型的云杉—冷杉—山毛榉山地混交林里架设了一座1.3千米长的木板人行桥。

木板观赏走廊给人的印象是在森林中，树木风折和小蠹虫的危害深刻地改变了林相，在这里森林发展多样化的产生、树木的生长及消逝清晰可见。

豪尔斯特·斯丹恩（Horst Stern）信息站展板文章，通过文献箴言补充。

Nationalpark
Bayerischer Wald

**Der Seelensteig im Wandergebiet Rachel**

Buspendelverkehr vom 15.5.-31.10.
Rachel-Bus zum Gfäll, alle 30 Minuten
8.30   9.00  9.30          12.30
14.03  14.33 15.03         18.03

markierte
— Wanderwege
—— Radwege
——— beides

Unmittelbar nach der Gründung des Nationalparks Bayerischer Wald im Jahr 1969 wurde damit begonnen, Holznutzung und Waldpflege zu reduzieren und schließlich einzustellen. Heute dürfen sich auf über 10.000 Hektar die ehemaligen Wirtschaftswälder frei entwickeln, ohne daß der Mensch lenkend, pflegend oder nutzend eingreift. Wachsen, Leben, Sterben vollzieht sich nach den Gesetzen der Natur. Jahrhundertelang forstlich genutzte Wälder entwickeln sich zurück zu abwechslungsreichen Naturwäldern.

Nach ihrer Zweckbestimmung dienen Nationalparke nicht nur dem umfassenden Schutz natürlicher Ökosysteme und Lebensgemeinschaften, sondern sind auch Besuchern zu öffnen, die ursprünglicher Natur begegnen, sie erleben und sich daran erfreuen wollen – soweit es der Schutzzweck erlaubt. Um dieses Naturereignis auch im schwer zugänglichen Naturwald zu ermöglichen, wurde im Sommer 1995 ein typischer Fichten-Tannen-Buchen-Bergmischwald, in dem vor 25 Jahren die Nutzung eingestellt wurde, durch einen 1,3 km langen Holzsteg erschlossen.

Der Steg gibt Einblicke in einen Wald, den Windwurf und Borkenkäferbefall tiefgreifend verändert haben, in dem sichtbar wird, welch vielfältiges Entstehen, Wachsen und Vergehen sich dort vollzieht.
Von Horst Stern stammen die Texte auf den Informationstafeln, ergänzt durch Zitate aus der Literatur.

## 不仅人类需要森林

森林也需要保护它们的人类。

为此人与森林的关系得到了升华，
这种升华称之为
精神的升华。

愿所有步入森林的人
感受森林孕育生命的美好，
也感受森林容纳死亡的博大，
感受生命的繁衍生息

## 森林教育我们人类

森林本身告示世人，不仅健康的，而且病弱的，对森林群落这一生物有机体，皆有贡献。

不幸生病的树木，用它死去的肢体，树桩、枝桠、叶片，形成的生物量，融入土壤，供养着无数的生命体。

只要健康的，一心只想无限增加其物质享受的人类，应该放弃这种值得反思的思想。

只追求纯粹的健康会失去生物的多样性！

森林是与
可见或不可见
幼小和年长
在拥挤及开阔的空间
互相促进，相互依赖。
森林教育我们：
物种的单一性
抑郁着我们的精神，
威胁着我们的生命，

只有在紧密的空间
长幼结合的森林
才能够健康长久。
谁尚未丢失对天然林的感觉
谁就还会知道：
参天大树是优美的！

森林使我们人类明白：
人类需要健康的树木，
啄木鸟喜欢腐朽的树木。
如果人类不让森林存在，
那么森林子代幼林就不会让松鸡生活。

在经济上，
人类从阔叶树上得不到什么，
也只能赚到很少的钱，
但是啄木鸟却很钟情它。

人类总是强调"目标"冲突，
但是所谓"目标"也却只是人类的目标！

这不适合自然法则！

## 森林启示我们死亡的意义

一棵冷杉树
可在山毛榉枝繁叶茂的树冠阴影下
被迫生长两代人寿命之长的时光，
只有手臂那么粗，
个子也很矮，
生长的年轮紧了又紧，

只有"巨人"倒下后，
"小冷杉"才能享受到一缕阳光的恩泽，
开始生长，
森林就是如此更新。

森林中个体不断新旧更新，
森林集体却地久天长！

## 森林教育我们要有感恩的心

森林还要比木材更多，
森林远比给我们提供清新和洁净的用于
我们生命呼吸的空气还要多，
森林远比给我们提供过滤的
维系我们生命的清澈水源还要多，
森林远比给我们提供保障的宁静，
维持我们宁静生活还要多，
森林远比为我们保持水土，
保护我们家园还要多。

森林不仅是人类绿色的喜悦，
更是一个正在遗失的大自然的避难所。

# 第十节 冥想元素

倾听树木的人，不会随波逐流。

*海尔曼·黑塞（Hemann Hesse）*

A 简明信息
B 活动

## A 简明信息

尽量找到一种不同的方式接近森林。今天，许多人接近自然，但却没有去观察它，也没有去搜寻关于自然的科学知识。相反，他们与自然关系的特点总是以情感体验为纽带。如果下面的想法能够激发您把这方面的内容整合到您的工作中，您会被有那么多新鲜有趣的方法去做这些事情而感到惊奇。

下面的信息和想象练习会让参与者感到与森林有一种特殊的关系，并因此而更加了解他们自己。

■ 想象练习的基本信息

因为所有的情感和体验都是个人的，所以参与者的反应是不能预知的，有些反应还会令人感到意外。有些可能性是不能避免的，比如，参与者可能拒绝听从这类练习的建议，但是如果您坚持用心地继续这种练习，想象练习可能会成为令人难忘的经历。

想象练习就是为了证实人类经历的一切都具有主观自觉性，知晓这一点是非常重要的。当您尝试展开心灵深处的自然形象时，记住每个人的想象世界都是独一无二、与众不同的。在您对参与者的主张进行评价的时候，要时刻记住这一点，一定不要过早下结论。但是，即使您可能不是这种活动的专家，也不要拒绝他们。邀请各个方面的专家，比如，心理学家、神学者或教师，在这一行动上支持您。

以下是提供给您承担的和参与者一起进行想象之旅的一些总体建议：

■ 开始时，为参与者营造一种安静、放松的气氛。根据气候和温度情况，他们可以站着、坐着或躺下，开始想象。

■ 鼓励参与者对新事物开放自己，尽量产生新奇感，允许不感兴趣的人员退出活动。对于有兴趣的人员，可以以这种方式开始，比如，"我邀请你们体验一些新的东西。"

■ 指导参与者在内心集中注意力。建议他们闭上眼睛，但不要求一定这样做。

■ 用温柔的声音，缓慢地、平静地说话。最好是自然地说，而不是像读课文一样，更何况熟悉课文还需要花费时间。

■ 要有停顿，允许幻觉和想象自由飞翔。

■ 结束之前，把参与者慢慢地带回到现实中，并给他们足够的时间让他们回到清醒的状态。

■ 然后，询问是否有人愿意发表评论，让他们看出您已经准备好回答问题了。

■ 当参与者全部都保持沉默时，也不要着急；每个人都有自己的体验，但他们有权不与别人分享。

最后，这里有一些您自己创作文章的建议。如果您自己写文章，让故事生动起来，在您朗读的时候，投入您自己的感情，您会发现词汇就会自动涌出来。不要写那种充满技术名词的科技文章，不要使用消极的词汇，也不要写那些让人心惊肉跳的东西。时刻要记住在一个特定的环境里讲述这个故事，以便让参与者有一个愉快的记忆。

# B 活动

## 冥想元素 1　日光的想象

**内容**　参与者感觉到太阳照在皮肤上，吸收着热量。

| | |
|---|---|
| **目的**<br>◇感受太阳是热量的来源，感觉自己是从太阳到地球能源线路的一部分<br>**活动类型**<br>◇安静型、冥想型<br>**参与者人数**<br>◇最多30人<br>**参与者年龄**<br>◇6岁以上 | **时限**<br>◇约10分钟<br>**材料**<br>◇无要求<br>**准备工作**<br>◇准备文章<br>◇选择地点<br>**天气情况**<br>◇阳光明媚 |

**活动流程**

◆ 寻找暴露在太阳下的一块空旷地，确保团队不会受到别人的打搅。

◆ 参与者面向太阳，他们不能相距太远，必须能够听见您的声音。

◆ 用一种缓慢、清晰的声音，把参与者带入对日光的想象中："尽量找到一个最舒服的位置，让你的双腿舒适地站在地面上，两腿之间轮班承担你身体的重量。闭上眼睛，充分信任你的身体，感受你肌肉的感觉，收缩，然后放开。从你的脚底开始，肌肉绷紧，放松……然后是脚踝和小腿，绷紧，放松……肌肉，绷紧，放松……臀部，绷紧，放松……现在向上走，来到背部，绷紧，放松……感觉一下体内的胃，收缩，放松……现在是肩膀和脖子，绷紧，放松……头部和面部肌肉……现在把一切都放开。在这样一个安全、放松的位置上，向两边伸展双臂，不要太用力，伸展着、伸展着，张开手掌，朝向太阳，感受太阳照在手上的感觉……现在抬起头，朝向太阳，感受太阳的热量照在脸上……就这样挺一小会儿，让热量渗透到你的体内，一直渗入到你的脚底……感觉到你的身体紧紧地、稳固地在地面上……感受那种直接的感觉，让所有的形象扑面而来……记住这些形象，它们还会在你需要的时候回到你的记忆中，比如，每当你感到冷的时候。花费一定的时间，把握住这种温暖的、令人愉快的感觉和形象。现在慢慢地回到这个地方，就在此时此地，我要慢慢地从5数到1，当我数到1的时候，你伸展、深呼吸、睁开眼睛。"

◆ 应该给予参与者必要的时间，让他们从想象世界回到现实中。每个人应该能够体会一会儿他们的想象和情感，然后询问是否有人想说些什么，但不要坚持，也许参与者愿意私下里相互交流，或者不愿意说什么。

# 冥想元素 2  穿越森林的想象之旅（步行）

**内容** 通过各种感觉认识森林。

| | |
|---|---|
| **目的**<br>◇从纯粹理性的事物出发，鼓励参与者敞开心扉接受各种各样的感觉<br><br>**活动类型**<br>◇安静型、冥想型<br><br>**参与者人数**<br>◇最多15人，如果人数超过15人，则需要1名助手<br><br>**参与者年龄**<br>◇最好是成年人（如果是小学生，活动需要修改） | **时限**<br>◇约3个小时，包括步行时间<br><br>**材料**<br>◇绝缘的东西（特殊的垫子）<br><br>**准备工作**<br>◇可能的情况下，乘坐公共汽车出城2或3千米，然后步行返回<br><br>**天气情况**<br>◇没有雨的一天 |

### 介绍：森林和我们的潜意识

想一想大多数人对森林是怎样认识的，对自然向导是怎样认识的，对森林的这种认识不仅仅来自人们赋予森林用途的价值，而且有些来自一些不合理的东西。这种认识不是指对森林浪漫的、哲学的或感性的观察，而是指深刻的心理。当代的心理学认为我们都过高地估计了我们的理解力，我们知道怎样控制我们的潜意识。我们在自然中发现的是无限制的、未开发的、在我们每个人内心深处的荒野——那个没有受到现有文明条件限制的"我"。

在民俗学者乌拉·魏特曼（Ulla Wittmann）的书《我愚蠢地忘了带有魔力的东西》（Ansata出版社-固特拉肯，1985）中，他致力于诠释故事。他在对奥特多尔·施托姆（Theodor Storm）的一个童话故事"Regentrude"直接诠释道：

"森林代表潜在意识、人类内心的本性，传递着形象、指令和内心灵魂的烦恼。但是灵魂是沉默的。人类的良知已经失去了它的深度，它不能到达人类本性的深度，只有在那里，人们才能发现自己的原型，和通过故事传递的原始的智慧。"

森林反应潜在意识，这个事实反应在故事里，就是英雄的问题在森林深处变得更加尖锐，在某种程度上，被压制的开始反抗，在森林中变得很明显。

### 开始穿越森林的想象之旅（步行）

在森林中进行想象之旅的目的是撇开理性的思考，为感觉和想象打开大门。

### 对感觉有所察觉

旅行从对感觉的一个反应开始，我们应该尽量避免在不文明环境的背景下（噪音、废气、硬沥青、水泥建筑）进行。然后，邀请团队倾听下面的话：

"森林邀请我们敞开我们的意识，迎接各种令人愉快的感觉：

◇发自土壤的味道，

◇树上树脂的味道，

◇各种悦耳的鸟叫声，

◇树叶瑟瑟的响声，

◇风在我们颈项的爱抚，

◇温暖的阳光透过树冠的缝隙爱抚着我们，

◇柔软的土壤地毯或林道上碎石吱嘎作响的声音，

◇用我们的双手抚摸树干。"

为了让所有参与者体验这些感觉，要求他们在一片寂静中行走大约500米的路程。选择一条稍微倾斜的路，因为体能上的付出和更深度的呼吸能够帮助每个参与者更加有意识地感觉到他/她的身体。

步行开始之前，应该为参与者提出以下建议：

◇"很多时候，我们认为我们对此喜欢千百倍，但是我们其实并非在此。"一名禅师是这样描述这种现象的。

◇当你坐在那里的时候，你的思想已经去散步了，当你在走路的时候，你的思想已经到达目的地了。

◇因此，尽量专注于此刻正在等待你的所有美丽的感觉。

◇尽量不要去想1小时以前发生的事情，不要去想今天晚上要发生什么事情；尽量去想此时此地的事情。

◇沉着地控制你的思想；让它们来去自由，不要设法抓住它们。

◇为了能够获得整体的感觉，我们也必须感知我们自己。当我们爬山的时候，感觉一下我们腿部肌肉的运动。

◇多么令人愉快呀！那种力量的释放是多么美妙的感觉呀！

◇同样有意识地感觉一下你的内脏；感觉一下，在你爬山的时候，它是怎样移动的。呼吸纯净的森林空气，多么美呀！

◇我们会逐渐习惯地感知我们的身体是令人愉快的，不要效仿别人只有在感到疼痛的时候才意识到它们还活着。

当你走完这段路程的时候，你可以说出你感知到了什么。但是，首先问这样一个问题：

"你的注意力一直在这里吗？即使你不能排除所有思想的干扰也不要灰心丧气，把自己限制在此时此地不是一件容易的事，必须学会怎样才能做到。第一次尝试就能做到是不可能的。但是在自然中，我们可以让一些奇妙的印象占据我们，从而忘记我们的问题。"

而且，注意一下，走完之后，你双腿的感觉有多么好，我们都应该走更多的路，一个非常著名的心脏学家曾经说过：

"如果我们走路多一点，一切都会变得更好。"

## 感觉树木的存在

下面的段落主要讲述事物形式的存在。如果可能的话，应该选择一片树龄较大、长得茂盛高大的森林。该段落提到，通常外部的形式代表着一种态度，一棵树的本质有时候可以通过它的形状反应出来。

◇亚里士多德讲的形式的例子中指出，柏拉图号召的思想是：一个事物内在的本质是通过它外在的形式表现出来的。一个经常画树的艺术家这样说道："树木是天空和土地之间的桥梁。"

◇当我们观察这些大树中其中一棵的时候，我们经常会想到我们发现了一笔财富。正因为如此，我们应该尝试着做一棵树，感觉好像土地在支撑着我们，让我们感到安全和内心的坚强，感到根深蒂固，就是有安全感，就是内心的平静，而不是总在奔走、在逃脱，坚定地站在那里，去感觉坚实和恒定，去感觉椎骨的存在。坚定地站在那里，并不是立即就能感受到什么，首先我们必须找到我们的中心点。

◇老橡树告诉我们，我们必须敞开自己向上，敞开你的枝条、你的树冠，朝向天空，而我们呢，张开伸展的双臂，手朝上，这样来表达我们超越自然的愿望。我们也许还能回忆人类在东方教堂祈求的行为动作。我们也了解我们举起的手臂向上伸出时，我们的头也会跟随高举的手臂向上仰望。

"把自己想象成为一棵树，可以给我们带来知识，即证明在我们的内心深处，有一种可能性，也可以把我们自己变成天空和土地之间的一座桥梁。"

谁想把森林当作草地，那么他就不得不用身体直接去与树木接触。

◇不同团队的冥想练习也是通过拥抱树木进行的。但是，也许许多人认为这样还缺乏人与树木之间必要的关系。这也是基础行为的前提条件，在此前提条件下人类或多或少能够理解宇宙间所有其他势均力敌的生命体。鼓励所有参与者开阔他们的意识，思考并接受这样的意识，宇宙中所有生物都是平等的。为了让团队放松，这时建议每个参与者选择一棵树，并且背倚在树上。对此有关俾斯麦的传说就是，他经常背靠一棵古老橡树同时意念想象这棵老橡树会将其内在的功力传授给背靠它的人。

◇谁有兴趣，谁就可以选择一棵古老橡树并背靠在这棵树上。用我们的手指去接触树木并尝试着用我们所有的感触能力去感觉这一伟大的"创作"：

◇老橡树树皮虽粗糙，但是柔软而温暖；而山毛榉的树皮非常光滑；当你轻轻拍击它时它会发出清晰的鼓掌声音。

◇我们慢慢沿着树干往下，我们弯下腰，手指在树干的底部感觉着这个现有的生命。我们尽量把我们的注意力全部集中到手指上。我们清楚地感受到土壤的柔软和湿润，以及它给予我们的那种令人愉快的感觉。

◇我们回到我们自己，我们感觉到了我们的后背和肩胛。我们发觉在我们的身体和树干之间存在着联系，我们感受到它在支撑着我们，我们还感觉到来自它那厚厚的树干的热量。

◇我们感觉到我们有许多时间，我们就这样被树干支撑着，而不会有任何其他特别的地方，在那里呈现出所有的感觉。

◇当我们离开树木的时候，友好地轻拍一下，就像在和一个好朋友说再见一样。

森林内部发展的所有阶段可以在一片混交林中得到体现。您可以首先做出这样的概述：

◇"如果我们观看这片森林，我们看到了大龄树木枝叶茂盛的树冠形成了森林的屋顶；

◇但是，我们也看到了中龄的树木和幼龄树木，一些幼龄树木似乎在等待，等待着一棵大树让出空间，让它伸向天空和太阳。

◇在那里生长着齐胸高的灌木，生存着簇状伴生的小树苗。

◇在一块乱石滩上我们发现了一棵老山毛榉树；在它的树干上长满了蘑菇。最后，在我们脚下发现了一株去年秋天从山毛榉树种生长出来的但是现在已经干枯的小树苗。

◇在临近的森林中我们发现了不同树龄同生的林分，并在不停地变换之中。

◇我们意识到我们正在体验一个独特的时刻，由于时间飞逝，这样的时刻稍纵即逝，树木在死亡，蓓蕾在生长，那些在树荫下生长了多年的树木突然获得了阳光。

◇我们也意识到树木获得阳光，在它们生命终结的时候又释放出来，或者以火的形式，或者为分解木头的虫子或其他生物提供能量的形式。

◇我们开始有了这种想法，这种恒定的分解和重生的程序遵循同样的法则，也适用于宇宙的其他部分。"

对这个信息沉思一会儿之后，开始沿着这条小路至少行走500米。

## 倾听寂静

在这个练习里，鼓励参与者注意森林里轻柔的声音。在寂静中，斜靠在一棵树上，如果可能的话，闭上眼睛，把注意力集中在听到的声音上，很明显，这个地方必须与马路和其他噪声源有一定的距离。理想的情况是，这个地方最好有一些风，这样就很容易注意到风的增强和减弱。为了帮助参与者有意识地注意，要解释风的"起和落"。

## 体验捕猎活动 (害怕)

安排单列纵队走过一片茂密的森林，让参与者体验捕猎（害怕）和黑暗的感觉。沿路留下一些小树枝，让参与者必须自己开路，体验他们走出茂密森林时获得自由的感觉。如果参与者愿意沿路行走，那么在路上要求不能和团队其他成员有视觉和听觉上的联系，这样也可以让他们进行更深层次的体验。

## 用触觉和味觉感受树木

使用感觉的另外一种可能性是，闭上眼睛，通过触摸和闻气味，辨认来自不同树种的树枝。

## 弯下腰，哪怕只有一次

森林中间的一片草甸会提供数不胜数的感官体验和想象的可能性。参与者相互分开，席地而坐，如果条件允许，他们应该面部朝上躺下，或者弯下腰，尽可能贴近地面。"我们在这里试图以一只蚂蚁或一只老鼠的视角在森林里生活，我们必须抬起头来才能看到蕨类植物的小叶子，或者对我们人类来说像树木一样的一些植物的花朵，那么多的苍蝇、金龟子、蟋蟀、和蝴蝶！花和草的味道多么丰富和令人精神振奋呀！我们就躺在那里，或者弯着腰，我们充分地利用时间呼吸着这些气味。我们自己陷入沉思，我们观察风是怎样抚弄草的，我们观察花是怎样随风有节奏地跳舞的。"

不要错过森林边缘的景色："在森林的边缘，我们看见树叶像破浪一样运动。它们开始随着微风摆动，推动着更多的叶子推波助澜。我们观看树冠的平衡，我们想象我们在风中找到我们自己的平衡。我们再多待一会儿，我们享受着快乐，不去做任何其他的事情，就是坐下或躺下来，欣赏着自然。"

待在这个地方至少10分钟，要求不要说话，然后以一种温和的方式恢复意识。例如，说出下面这样的话："想象一下我们已经入睡，早晨醒来的时候，我们开始活动，慢慢地伸个懒腰，打个哈欠，我们会感觉到像早晨刚刚醒来一样精神。"

有些时候，有的团队成员不能把自己融入到活动中，他们经常成为别人注意的对象，大声说话或打搅别人。在这种情况下，您必须严厉，而且非常有耐心地让他们融入进来，或者为他们提供另外一些活动或游戏（离开团队）。

## 谨慎行事：永远记住你在做什么

在沿着一条舒适的小路行走的时候，你来到不好走的一段，比如，比较脏的一段充满岩石和干树枝的小路（约400米处），干树枝和岩石强迫参与者每走一步都要十分注意。那些不能或不敢走这段路的人可以沿着平行于这条路线的路接着走。"在这段路上你也许愿意光着脚走，但一定要小心，这样我们可以用我们的脚底了解森林土壤。"

一定要避免被划伤，在有细树枝的污垢路段赤脚走路。"你也许知道那种自然疗法，用手指按压足部，产生一种类似针刺疗法的脉冲，刺激身体的不同部位。当我们赤脚走路的时候，我们获得了同样的刺激，也激活了我们的整个身体。当我们踩上尖利的东西时，我们的身体会产生多种条件反射，而这些条件反射会给我们整个身体一个积极的影响。如果我们现在沿着一条不规则的小路行走，会对骨盆有一个积极的影响，自然设计了我们的身体就是让我们能够在不规则的小路上活动。平稳的小路和城市中平坦的地区影响了我们的活动。沿着不规则的小路行走，可以使我们的骨盆反应灵活，当我们到达路的尽头，我们会注意到整个骨盆的区域不再紧张，你感到温暖和放松。

不要害怕扭了脚踝，只要你听从这个建议，就不会有问题：一步一步有意识地前进，想着每一个动作。大家都知道大多数事故的发生是因为我们在想着别的事情。不要仓促地、不加思索就去做任何事情，永远都要专心致志，在有充分意识的情况下去做一切。敢于挑战最难走的路，如果你觉得不安全，可以和同伴肩并肩、手拉手。

在走完"难走"的路后，团队成员感觉非常放松，特别是年龄大的参与者，会对他们的成功感到高兴。选择进行这项活动的地方最好有一条小溪，让他们可以洗脚。通常情况下，参与者再次穿上袜子和鞋的时候会感到非常舒服。

### 放松和结束

我们继续放松地行走，选择森林里特别有吸引力的路线。

## 冥想元素 3　在"我的"森林里搜索"我的"树木

**内容** 根据"自己的"森林找到"自己的"树木。

| 目的 | 时限 |
| --- | --- |
| ◇意识到树木、森林和人类之间的关系 | ◇4~5小时 |
| 活动类型 | 材料 |
| ◇安静型、冥想型 | ◇森林风景画的复制品 |
| 参与者人数 | ◇纸、画笔、蜡笔 |
| ◇最多15人 | ◇笔记本、铅笔 |
| 参与者年龄 | ◇单人坐垫 |
| ◇13岁以上 | ◇绘画用的木炭 |
| | 准备工作 |
| | ◇找到各种森林风景 |
| | 室外条件 |
| | ◇干燥 |

### 介绍

森林一直是重要原材料的基本来源。

森林在人类的潜意识中扮演着重要的角色。一方面，对未知，即不熟悉的东西、不懂的东西、费解的东西有一种畏惧感。另一方面，对新的东西、不一样的东西、多变的东西、复杂和冒险的东西感到好奇。单独的一棵树不会对整个森林构成威胁，相反，还会有积极的意义。因此，通过一棵单独的树与森林的感情交流会更加容易。在每个人潜意识的深处，都会有源于儿童时代体验的"他/她的"树的形象以及"他/她的"森林的形象。下面的思考将帮助每个参与者在"他/她的"森林里找到"他/她的"树，并意识到与它们的联系。

## 发展阶段

因为这个练习要求很高，而且需要时间较长，应该首先把这个练习的总体概况给参与者作一个介绍，并提出完成这个练习的建议。花一点时间准备这次活动，个人"内心的"准备与选择风景花同等的时间。通过提前与团队交谈，或者至少与团队领导交谈，让参与者做好准备，让他们懂得活动中将发生什么。在旅行过程中，您应该认真观察，注意参与者的行为，不要对参与者描述的风景进行评价和解释，只是作为一名同伴。因此，为了能够与每个参与者建立联系，要求团队不能太大。

### 介绍主题

来到树林边上，营造一种愉快的氛围，围成一个圈。参与者坐在小垫子上，或者直接坐在地上。告诉团队您要给大家分配森林风景画的复制品。每个人都应该花时间欣赏，并对风景发表看法。给大家展示不同画家以及不同风格的风景画，让大家选择他们最喜欢的一幅。如果他们愿意的话，还可以向大家解释他们选择某幅风景画的原因。

### 在森林里找到各种形象

介绍之后，带领团队穿过各种类型的森林，让他们在笔记本上记下感想。走过的森林应该是非常不同的，比如，混交林，或者一棵孤立木，或者以某一种树为主的一片树林。

### 对树木的想象

找到一个有大树的地方，一棵令人印象深刻的树，对这棵树展开想象。使用附录中提供的文章，也可以树木 21 "时光飞逝，树木屹立"中的文章。参与者坐在大树脚下，当他们向后面伸手的时候能够拥抱或触摸它。这种姿势感觉不舒服的人可以面部朝上躺下。但是，与树木建立起联系是非常重要的。当所有人都找到自己舒适的姿势安定下来之后，让他们闭上眼睛，慢慢地深呼吸。做一个相当长的解说，因为这正是人们身体放松的时候。在做这个准备期间，参与者放松，准备好倾听文章。当想象结束的时候，参与者应该回忆在活动期间产生的主观意向。

### 找到属于"一个人自己的"树木

活动继续，参与者找到吸引他们注意力的另外一棵树。给他们半个小时的时间再回到集合地点或想象地点，参与者应该用热情的态度看着"他们的"树，与它建立联系，还可以像在想象期间那样与它建立联系。这些也应该能反映出他们在团队中体验的想象。

### 描绘"你的"森林里"你的"树

当参与者返回的时候，他们开始描绘在"他们的"森林里"他们的"树。另外还可以使用木炭，因为对一些人来说使用木炭来画也许更容易一些，如果参与者不愿意画画，他们也可以在笔记本上写出来。

### 结束

进行总结，所有人坐成一个圈，叙述在旅行期间他们的印象、体验和感觉，利用必要的时间，尽量使他们踊跃参与。结束的时候，每个人都回到"他/她的"树那里，或者找到另外一个距离较近的树，与之建立一种类似的联系。

## 基本知识

在整个人类历史中，森林对人类的重要性在某些方面有所改变，而在另外一些方面依然没有改变。对于土著居民来说，森林是他们重要的生存空间，他们要在森林里打猎、采集，在森林里度过他们生命中的大部分时间，森林为他们提供吃饭穿衣必需的资源，为他们提供建造房子和取暖用的木头。人类和森林之间有一种矛盾的关系，一方面，人们崇敬树神，而另一方面，人们认为森林是"未开化的""黑暗的""令人费解的"，因此对森林充满了恐惧。大量的伐木明显地改变了人类对森林的依附性。即使森林仍然是某些原材料的重要来源（木头、水果、苔藓、蜂蜡、干草等），但是人类不再住在森林里，而是在森林外开辟新空间来生活和耕种。森林不再是中央空间，但人们砍伐大量的原始森林的时候，他们不但获得了农田，而且也减少了对森林的恐惧。

今天，人类和森林的关系可以通过自然科技的棱柱进行观察。借助这些棱柱，我们可以建立起需要的距离，进行科学的研究。事实上，森林不仅承担着它的传统的功能，并且承担着各种保护功能，同时它已经转变成为一种重要的休闲空间。由于城市加大了人类与自然的距离，所以人类又回到了森林。然而，人类和森林之间有这么多令人兴奋的联系，虽然联系中仍然存在着矛盾，但是矛盾比以前少了很多。

## 附件 对树木的思考

我感到很舒适，
我感觉到了我的呼吸。我深深地吸气。
我稍作停顿，
接着又吸了一口气。

没有等到停顿我又慢慢地、有规律地吸了一口气。
我的呼吸，在没有多想的情况下，变得平静、自然。

我的身体放松下来，感到令人心怡的温暖。
我的手触摸着一棵非凡的大树，我感觉到它的能量，
我触摸着它的树皮，
我想象着我就是这棵树。
（停顿几秒）

我是这棵树，
我感觉我就像这棵树……

我的注意力集中在了根部，
用我的毛细根吸收着土壤中的营养，

能量在根系中的流动，
令我感觉到一股热流向上涌向树干，
涌向我的侧枝、树梢，
直到顶梢。
随着呼吸，
能量流动的感觉更加明快！
我用我的叶子获取雨水，
然后我把雨水输送到我的根部。
我用我的叶子把阳光转化成能量，我赖以生存的能量。

现在我也感觉到这种能量从我的叶子，
沿着我的枝条，来到我的树干。
我的体内流过一股热量、能量，并融合。

我感觉到了，就在我的体内。
这种能量的暖流渗透了整个的我。
现在，当我再向外面看的时候，
我看出来这种能量渗透了我周围的环境。
其他的一切都在流动，在生长。
看着这一切，真的太美了。

我完全能感受到我周围的环境。
森林包围着我，
每一棵树、
每一簇灌丛、
每一片草。
我听见、看见生活在森林里的动物。
我闻着森林里的许多气味，
树叶、苔藓、花朵。
没有什么能逃得过我，
所有这些印象都深深地印在我心里。
这片森林、我的森林将永远保留在我的心里。

太阳暖暖的，
用我那枝叶茂盛的树冠，
为所有想要在树林里面休息的人提供树荫。

平静和安宁侵袭着我整个身体，
我很强壮，
我是生活的一部分，
我享受这种生活的每一天。
我感觉到土地和我根部的热量。

我感觉着太阳、雨和风，
我感觉着整个自然的循环。

我享受着这个与自然完美和谐的时刻。
我再一次下意识地捕捉所有这些感官的印象，
我把它们全部珍藏在我的心里。
我要感谢树木，它让我学到了很多。
表达完谢意之后，带着愉快的感觉，
我回到了属于我的地方。
我伸展我的双臂，我深深地呼吸，
我睁开眼睛，
我回到了此时此地。

# 第十一节　童话故事、诗歌、箴言、歌曲

我曾听说过远古时代，动物、树木和石头能跟人类说话。我想如果他们在某个时候突然又开口说话，我会立刻明白他们想对我说什么。

罗瓦利斯（Rovalis）

A 简明信息
B 附件
C 参考文献
D 故事和名言（编译者）

## A　简明信息

在本章节中，您会发现这里收集的童话故事、诗歌、箴言、歌曲，都与森林有关，同时也与最基本的自然和我们周围的环境相关。

### 童话故事

完美的童话故事为森林教育引导带来良好的活动氛围，特别是对于较长时间的森林教育引导

活动，如半天或一整天的时间，或在天气恶劣的情况下，您可以改变您的计划安排，用适当的叙述方式放松和充实您的整个森林教育引导活动。在这种情况下，不应该照本宣科，而是要绘声绘色地讲故事。为了这个目的，我们想就工作方式给您提供一些一般性的建议（摘自赫尔梯E.童话的方式．瑞士：钟楼工具书，1988）。

"我用平静的语气和确信的态度给孩子们讲故事，也是在告知他们每个人都是安全的，以便使他们自己能够完全沉浸在我讲的故事情节当中。当孩子们由于同情故事中主人公的悲惨遭遇或者是由于害怕而哭泣时，我应该采取——以轻松的结尾来舒缓他们的情绪。

运用夸张的手势、面部表情和声音的变化，我向我的听众传达我个人对故事的解读。在这里，我利用他的空间和机会，设想自己的优先等级——这样我就可以客观、平静地讲述故事。

通过戏剧化的表演，我把我自己置身于情景当中，而不是让童话故事本身有优先权。在讲述时，我把自己作为这个童话故事的代言人，因为它要比我聪明得多！"

嘎也歌尔R.涉及同一主题：

"只有当故事讲述者成功地讲述事情的真相，童话故事才能使人相信。因此，他自己必须认真琢磨研究。他装成这样，好像是完全忘我，但不能使人陷入多愁善感或者充满激情的境界。伤感的弱化和言过其实的打扮都会摧毁童话故事。而应该利用每一次有利的机会，让幽默放

出火花。"（来自：嘎也歌尔 R．童话研究．乌尔阿亨豪斯出版社，1992）。

以下提到的例子在附录中也可以找到：

简·杰噢诺的短篇小说《人和树木》描述一个牧羊人，几十年来一直栽植树木。他把一片荒山变成丰硕的森林。"人与树木"向人们展示了，林业工作者和林业主必须怎样长期考虑林业的发展。他的工作成绩只有等到后代人才能看到。这个故事特别适合这些活动，参见[>]森林——工作场所 2 "采种与播种"和[>]森林——工作场所 3 "新的树木需要这块土地"。

"西雅图酋长的演讲"研究了由于人类的生存而引起自然的破坏，但同时也描绘了印第安人与他们的环境之间非常密切的关系。

"一棵老冷杉讲述着"的故事与西雅图酋长讲话的主要议题相一致，参见[>]"森林处于危险之中"。

卡瑞·虎琳编写的"贝琳达"故事反映了一棵椵树的生活，并提供了与这些章节的联系，[>]森林——工作场所 2 "采种与播种"；[>]家庭引导 5 "从幼苗到大树"。

格林兄弟的童话故事"蜜蜂王后"全面阐述了普遍的自然、森林和动物之间的关系研究。它特别适合重点主题[>]"森林——生命空间"。

### 诗歌、箴言与歌曲

一首诗歌、一句箴言或一首歌曲（[>]B 附件），可以在适当的时候强化体验感受和印象，会对参加森林教育引导活动的参与者留下持久记忆。

对森林引导者来说，通过阐述豪斯特·斯坦恩的"森林不仅仅是树木的总和"就可以恰当地进入主题。

通常一首诗歌或一首歌曲，会使参与团队变得安静和注意力集中。

特别是紧接着非常有意思的沉思的活动，可以强化我们的思想、感受和情感，甚至会更加有意识地去经历、感受。

一首诗或一首歌也是合适的，有时甚至可以成为郊外自然旅行的一个隆重的结束。

## B 附件

### 童话故事（故事名摘录）

- 人与树木 (简·杰噢诺)
- 西雅图酋长的演讲（杜娃米施部落西雅图酋长的演讲——印第安人在华盛顿州，1855。）
- 一棵老冷杉树讲述着
- 贝琳达
- 黑色的夜莺
- 椴树（菩提树）
- 蜜蜂王后（格林童话）：

有一次，两位王子出外冒险，过起放荡堕落的生活来，根本不想再回家了。名叫"小傻瓜"的最年幼的王子离开家，去寻找自己的两个哥哥，哪知找到后他们却奚落他说：你头脑这么简单，还想出来闯世界！我俩不是精明得多吗，可都不行哩！于是三兄弟一道往前走，来到一个蚁穴边。两位哥哥想掘开蚁穴，看一看小小的蚂蚁怎么惊慌失措，扛着它们的卵四处乱爬；小傻瓜却说："让这些小虫儿安安宁宁的吧，我不高兴你们捣它们的乱！"随后哥儿三个走到一片池塘前，池塘中游着许多鸭子。两位哥哥想抓几只烤着吃，小傻瓜却不同意，说："让这些动物安安宁宁的吧，我不高兴你们杀死它们！"哥儿仁终于走到一个蜂巢旁，巢中满是蜂蜜，正顺着树干往下淌呐。两位哥哥打算在树下生火熏死蜜蜂，好取走蜂蜜。小傻瓜呢又拦住他们，说："让蜂儿们安安宁宁的吧，我不高兴你们把它们烧死！"最后，哥儿仁到了一座王宫中，宫里的厩舍内尽站着些石马，也不见一个人影儿。他们穿过一间间厅堂，直到最里边的一扇门前，只见门上锁着三把锁；门的中央有一道小小的格子窗，透过它可以看到屋里。他们凑拢一瞅：屋里的一张桌子前，坐着一位头发灰白的小人儿。他们呼唤他，一次没听见，两次还没听见。他们唤第三次，他终于站起身，打开锁，走了出来，可是一言不发，却把他们领到一桌丰盛的酒席前。哥儿仁吃饱了，喝足了，他又领他们每人走进一间卧室。第二天早上，头发灰白的小人儿来到大哥那里，示意他跟着走，把他带向一块石碑，碑上写着解救这座宫殿必须做的三件事。第一件：森林里的苔藓底下埋着公主的珍珠，数量有一千颗，必须全部挖出来，日出前只要还少一颗，去挖的人就会变成石头。大哥进森林去挖了一整大，可一天完了才挖出一百颗，他果然像石碑上说的变成石头了。第二天，二哥冒险去了，可结果不比老大好多少，他挖出不到两百颗，也变成了石头。最后轮到了小傻瓜，他在苔藓里找啊，找啊，可要找到珍珠非常困难，非常慢。

没办法，他坐在一块石头上，哭了起来。

正哭着，他救过命的蚂蚁王来了，身后带着五千蚂蚁。不一会儿，这些小昆虫就找到所有珍珠，扛来堆成一堆。可第二件事，是从湖底把公主卧室的钥匙捞上来。小傻瓜一走到湖边，他搭救过的鸭子便游过来，潜下水去，从深深的湖底捞出了钥匙。第三件事才最困难喽，要从三位睡着了的公主中认出最小最可爱的一位。她们姊妹三个真是像极了，完全没有一点差别，只是在睡着以前吃的甜食不一样，老大吃了一块糖，老二喝了一点糖浆，老三吃了满满一勺蜂蜜。这时候，受小傻瓜保护才没被杀死的蜜蜂王后突然飞来，把三位公主的嘴唇检查了一番，最后停在吃过蜂蜜的嘴上，小傻瓜一认就认准了。这一来，魔法破除了，人和动物全从醋睡中救活过来，石头人都恢复了真人模样。小傻瓜和最小最可爱的公主结了婚，公主的父亲死后他接着当了国王。他的两个哥哥呢，也娶了另外两姊妹。

## 诗歌（诗歌名摘录）

- 森林医生
- 我希望是一个人
- 梦幻森林
- 森林沉默
- 森林
- 我的森林
- 罗伯维茨告别森林
- 夏日里一片树叶
- 种一棵树，我的朋友，让他们提醒你
- 三只麻雀
- 中午
- 现在你说
- 晚上
- 白雪皑皑
- 冬季里的树木
- 落叶
- 九月的早晨
- 安慰秋季
- 欧洲鹅耳枥
- 秋天里的山梨树
- 云杉
- 柳树
- 山毛榉林分
- 在椴树旁
- 椴树
- 山毛榉
- 杨树
- 杏树枝
- 黑色阴影下的板栗树
- 橡树下的野猪
- 一个相似的

- 田园诗：

爷爷栽的树，
父亲围着它跳舞，
我站在树荫下，
看我的儿子攀爬。

L. 魏奈肯（L. Wieneche）

■　砍掉一棵美丽的树木：

砍掉一棵美丽的树木

只需要半个小时的努力，

而它的生长，从小苗到参天大树，

　需要一个世纪时间。

欧根·罗斯（Eugen Roth）

■　摘自苏勒卡书籍《东—西诗集》

◇发现

◇桦木传奇

◇夜曲——在森林里唱歌

◇全面开花

◇古老的山毛榉

◇关于不孕不育

◇枯叶

◇冬季里的苹果树

## 箴言（摘录）

◇森林犹如是一个与可见或不可见、幼小和年长的动植物一起生长的最为拥挤的空间，同时也是一个相互依赖互相促进的巨大空间。即使在今天森林本身仍然还是，那里几乎所有的树木都不能寿终正寝，而是壮烈地死在油锯之下，那里最终就给我们留下一个巨大的近自然的生命运转系统。

霍斯特·斯特恩（Horst Stern）

（来源：STERN H.，拯救森林. 慕尼黑：Kindler出版社，1989年）

◇要保护森林，必须使用其产品。

康赫勘莫珀耳 M（M.Kochsk mper）

◇即使明天世界就要毁灭，我仍然要种下一棵小苹果树。

马丁·路德（Martin Luther）

## 歌曲（歌曲名摘录）

◇所有的鸟都已经在这里

◇树上有只杜鹃鸟

◇远足旅行是磨坊主的快乐

◇一个矮人站在森林中

◇鸟的婚礼

◇没有漂亮的土地

◇树木之歌

◇谁喜欢进入森林

◇对树木而言，什么是必须有的

1. 彩色的森林 ，黄色的麦

荏 ， 秋季开始了。

红色的落叶 ，波动的灰色

雾气，风一吹更冷。

■ 森林五颜六色

第一段歌词：
彩色的森林，
黄色的麦荏，
秋季开始了。
红色的落叶，
波动的灰色雾气，

第二段歌词：
葡萄藤叶中长出饱满的葡萄，
闪烁着紫色的光芒！
田野里桃子成熟了，
形成了红色和白色相间的图画。

第三段歌词：
灵巧的（葡萄）支架在舞蹈，
姑娘们在歌唱，
所有人都兴高采烈，欢呼雀跃！
在秸秆的庇护之下彩带飘浮
高大的藤蔓之间。风一吹更冷。

第四段歌词：
在日落晚霞和月光下，
伴随着小提琴、长笛优雅的声音，
年轻的酿酒师，
挥舞着，
开始跳起欢乐、丰收的舞蹈。

## C　参考资料

◇格林兄弟. 儿童与家庭故事.

本卷包含格林兄弟所有收集到的童话故事和当代艺术家的184个文字插图，1819年第一个完整版本。同样，也是格林童话故事的创作和出版的一个引证。

◇嘎也歌尔 R. 童话研究.

共两卷，对格林童话的观察分析和诠释。

◇赫尔梯 E.一只小眼睛、二只小眼睛、三只小眼睛—童话的方式. 钟楼工具书

在这本书中，给出一些建议。譬如，应该怎样讲述童话故事，怎样进行角色扮演。同时，也展示了一些格林童话的元素和故事结构。

◇巴伐利亚州自然保护和景观管理学院. 自然——决定的时机已成熟. 这是一本自然保护箴言集锦。

◇巴伐利亚州林业局，森林诗歌.

只有50页的袖珍版《森林诗歌》小册子。

◇《我的美丽多彩歌本》

收集了几个世纪以来最流行的儿童歌曲和民歌，并且配有多彩的插图。

◇熊纳特盖斯 J，福瑞秋·利德尔. 爱的歌曲.

收集了儿歌和来自不同国家的民歌，并附有丰富多彩的插图集锦, 这些外来的民歌都翻译成德语。注释信息是合适的音乐伴奏。

◇瓦也丁歌 G，科那也普豪森 S. 用于歌唱、跳舞和参与的最美丽、最流行的儿童歌曲集锦. 丰富多彩的歌曲本，备有手工制作的工艺和伴随运动的建议。

◇赫瑞琳W. 儿童运动歌曲.

这是一本儿童歌曲书，有舞步和手指游戏的基本介绍，特别适合学龄前儿童。

◇巴伐利亚州食品、农业和林业部. 林业培训工作动态，2003年森林周：森林和艺术——林下的创新. 一本建议小册子，如怎样把音乐和诗歌纳入森林教育之中。

### Literaturhinweise

◇Brüder Grimm; Kinder- und Hausmärchen. Artenus & Winkler Verlag, Düsseldorf/Zürch 1999. Dieser Band enthält alle von den Brüdern Grimm gesammelten Märchen sowie 184 Textillustrationen zeitgenössicher Künstler zur ersten Gesamtausgabe von 1819. Ebenso ist eine Entstehungs- und Veröffentlichungsgeschichte der Grimmschen Märchen angeführt.

◇Geiger, R.; Märchenkunde. Verlag Urachhaus, Stuttgart 1991 und 1998 Zwei Bände mit Betrachtungen und Interpretationen zu den Grimmschen Märchen

◇Hilty, E.; Einäuglein, Zweiäuglein, Dreiäuglein － Wege zum Märchen. Zytglogge Werkbuch, Zytglogge Verlag, Bern 1988. In diesem Buch werden Anregungen gegeben, wie Märchen erzählt werden sollen und in Rollenspielen umgesetzt werden können. Auch werden Elemente und Strukturen mancher Grimmscher Märchen aufgezeigt.

◇Bayerische Akademie für Naturschutz und Landschaftspflege; Natur － spruchreif. Pustet Druckservice, Tittmoning 1995. Eine Sammlung von Aphorismen zum Naturschutz.

◇Bayerische Staatsforstverwaltung; Waldgedichte. Forstamt Erlangen, Walderlebniszentrum

Tennenlohe, München 2002. Ein 50-seitiges Geheft in Taschenformat mit Gedichten zum Wald.

◇Mein schönes buntes Liederbuch. Lizenzausgabe für Gondrom Verlag, Bindlach 1997. Ein bunt illustriertes Liederbuch mit den bekanntesten Kinder- und Volksliedern aus mehreren Jahrhunderten.

◇Schöntges, J.; Freche Lieder – liebe Lieder. Beltz Verlag, Weinheim und Basel 1994. Eine bunt illustrierte Sammlung von Kinder- und Volksliedern aus verschiedenen Ländern, die in die deutsche Sprache übersetzt sind. Die Notenangaben eignen sich für musikalische Begleitung.

◇Weidinger, G., zu Knyphausen, S.; Die schönsten und beliebtesten Kinderlieder zum Singen, Tanzen und Mitmachen. Cormoran Verlag, Zwickau 1998. Ein buntes Liederbuch mit Anregungen zum Basteln und zu begleitenden Bewegungen.

◇Hering, W.; Bewegungslieder für Kinder. Rowohlt Taschenbuch Verlag, Hamburg 1994. Ein Buch mit Kinderliedern, das mit Anleitungen zu Tanzschritten und Fingerspielen vor allem für Kinder im Vorschulalter geeignet ist.

◇Bayerisches Staatsministerium für Ernährung, Landwirtschaft und Forsten; Forstliche Bildungsarbeit aktuell: Woche des Waldes 2003: Wald und Kunst – Kreativ sein unter Bäumen. München 2003 Ein Heft mit Anregungen, wie Musik und Gedichte in eine Waldführung eingebunden werden können.

# D　故事和名言（编译者）

## 天水民间故事

■　伏羲的传说

伏羲是传说中人类文明的始祖，被尊为"三皇"之首。

相传，他的母亲名叫华胥氏，是一个非常美丽的女子。有一天，她去雷泽郊游，在游玩途中发现了一个大大的脚印，出于好奇，她将自己的脚踏在大脚印上，当下就觉得有种被蛇缠身的感觉，于是就有了身孕。而令人奇怪的是，这一怀孕就怀了十二年，后来就生下了一个人首蛇身的孩子，这就是伏羲。当地的人为了纪念伏羲的诞生，特将地名改为成纪。因为在古代，人们把十二年作为一纪。据史学家考证，古成纪就是今天的天水。《汉书》中说道："成纪属汉阳郡，汉阳郡即天水郡也。古帝伏羲氏所生之地"。所以，天水历来被称为"羲皇故里"。

根据传说和史籍记载，作为人类文明始祖，伏羲的主要功绩是：一、教民织网用于渔猎，大大地提高了当时人类的生产能力。同时教民驯养野兽，这就是家畜的由来。二、变革婚姻习俗，倡导男聘女嫁的婚俗礼节，使血缘婚改为族外婚，结束了长期以来，子女只知其母不知其父的原始群婚状态。三、始造书契，用于记事，取代了以往结绳记事的落后形式。四、发明陶埙、琴瑟等乐器，创作乐曲歌谣，将音乐带入人们的生活，帮助人们"修身理性，反其天真"。五、将其统治地域分而治之，而且任命官员进行社会管理，为后代治理社会提供借鉴。六、创制古代历法。

但是，伏羲的最大功绩还是创立八卦。

在天水市麦积区渭南乡西部，有一卦台山，相传这里就是伏羲画八卦的地方。传说在伏羲生活的远古年代，人们对于大自然一无所知，下雨刮风、电闪雷鸣时，人们既害怕又困惑。天生聪慧的伏羲想把这一切都搞清楚，于是他经常站在卦台山上，仰观天上的日月星辰，俯察周围的地形方位，有时还研究飞禽走兽的脚印和身上的花纹。

有一天，他又来到了卦台山上，正在苦苦思索他长期以来观察的现象。突然，他听到一声奇怪的吼声，只见卦台山对面的山洞里跃出一匹龙马。说它是龙马，那是因为这个动物长着龙头马身，身上还有非常奇特的花纹。这匹龙马一跃就跃到了卦台山下渭水河中的一块大石上。这块石头形如太极，配合龙马身上的花纹，顿时让伏羲有所了悟，于是他画出了八卦。

后来，那个跃出龙马的山洞被人们称为龙马洞，渭水河中的那块大石就叫作分心石。现在去卦台山，你还能看到这些地方，而且龙马洞里还有石槽和石床的残迹。

至于八卦的功绩，在于它博大精深的文化内涵。而以它为特征的伏羲文化，到现在仍吸引着国内外无数学者在探索研究。而且，当代的许多学科也都深受其影响，并从中得到启示。据说，德国大数学家莱布尼茨发明二进制，也是受了八卦的启发。

■　羲皇故里——中华文明的发祥地

甘肃省天水市是人文始祖伏羲的诞生地，素有"羲皇故里"之称，是中华古文明的重要发祥地之一。据北魏郦道元《水经注·渭水》记载："故渎东经成纪县，故帝太皞庖牺所生之处也。"

天水是以伏羲为代表的中华先民长期生活的主要地域。境内及周围分布着众多与伏羲、女娲有关的人文遗址、遗迹。有距今8300至4800年的新石器时代早期文化遗存大地湾遗址、师赵村古遗址等一批先民生产生活的古遗址；有始建于明成化年间，专用于伏羲祭祀，现存全国最大的祭祀庙宇——伏羲庙；有伏羲画卦的卦台山；有女娲祠、羲皇故里的砖刻、牌坊、白蛇匾等古遗迹；有风沟、风谷、风台等与伏羲"风姓"有关的地名，这些都是十分珍贵的人文遗址和实物，充分佐证了伏羲画八卦、结网罟、取火种、兴嫁娶、制历法、创乐器、造书契等许多发明创造的可能性，进一步印证了唐司马贞《补史记·三皇本记》、南宋罗泌《路史》等古籍记载中有关伏羲生于成纪、长于成纪的论述，也进一步说明甘肃天水是中华古文明的重要发祥地之一。

### 伏羲文化的意义

从历史学的角度看，随着"夏商周断代工程"的完成和夏商周年表的正式公布，"三皇"文化的研究将日益突出，中华文明史的较为确切的年表将会从公元前2070年推向更早的年代。而20世纪50年代末在天水境内发现的大地湾文化遗址，与有关伏羲氏族的传说故事及史料记载有着种种吻合，成为最终揭开中华文明本源之谜的有利条件。可以说，通过对伏羲及伏羲文化的深入研究，将把中华文明史推向更早的年代，中华文明史可能是8000——10000年。从源流史的角度看，有利于进一步探究中华文明的源流发展过程，特别是龙文化的起源、传播和发展轨迹。

### 女娲的传说

这里讲的，不是我们已经熟知的，女娲造人和女娲补天的传说，而是流传在天水的，关于伏羲和女娲兄妹的故事。相传在远古时代，人们不是很恭敬天神，这让天神非常生气，决定要整治一下人类。他们先派雷公来给人类一个下马威。可雷公刚刚落到人们的屋顶上，就感到脚底一滑，一个趔趄就从屋顶上摔了下来，正好落入人们事先准备的大网中，被人们捆住手脚倒吊了起来。原来，聪明的人类预料到雷公要落在屋顶上，所以事先铺了一层滑滑的青苔。捉住雷公后，人们很高兴，正在商量由谁来看管他。这时，伏羲才十几岁，正和妹妹女娲在一边玩，听到后便主动要求看管雷公。人们一想，反正雷公被绑了个结实，只要不给他水喝，绝对跑不掉，就答应让伏羲和女娲来看管。因为只要没有水，雷公便不能做法。经过了大半天的折腾，人们也都累了，回家休息前，还再三嘱咐他俩，千万别给雷公水喝。狡猾的雷公见大人们一走，就开始装出一副可怜相，求伏羲给他点水喝。伏羲很坚决，一口就回绝了他。他看求哥哥没用，就转过来求女娲。开始女娲并不动心，可后来看到太阳的确很猛烈，雷公也是口干舌燥的，就动了恻隐之心。她对哥哥说"哥哥，我看雷公真的很渴。再说，今天的天气很热，万一把他给晒死了可怎么办？我们就给他几滴水，好不好？"伏羲想了想，说："那就用锅刷蘸几滴水给他喝好了。"没想到，雷公刚喝了一滴水之后，一下就有了威力。他将水往天空一喷，顿时风起云涌、乌云翻滚。而他自己的身体也迅速膨胀，两三下就把绳索挣开了。伏羲和女娲被眼前的一切吓坏了，呆呆地站在那里。雷公张开翅膀，刚要向天上飞去，但又转过身，拔下自己的一颗牙齿，交给伏羲说："谢谢你们救了我，快把这颗牙齿种在地里，它能保你们大难不死。"说完，他就飞上天了。伏羲和女娲按照雷公说的，将牙齿种在地里。一会儿工夫，就长出个小芽。接着，小芽很快长成藤蔓，结了一个大大的葫芦。这时候各路天神都出来了，他们为了报复人类，让天上下起了暴雨，地上涨起了洪水。暴雨一连下了七天七夜，洪水将地面上所有的东西都淹没了，而兄妹俩因为钻进这个大葫芦中，才得以幸免。灾难过后，整个人类只剩下他们兄妹二人。后来，为了繁衍人类，伏羲女娲结为了夫妇。现在，你要去天水市秦安县，还能见到一条名为葫芦河的河水。这个名字就是古时候的人为了纪念伏羲和女娲而起的。在今天，它更是进一步证明了伏羲、女娲这两位人类始祖，就是生长在天水。

### 天水名称的由来

天水在周朝时期一直是秦国的属地，春秋战国时被称作邽县，到了秦朝被命名为上邽。那么后来为什么又叫作天水呢，这背后还有一个神奇的传说。相传在东汉武帝元鼎三年的时候，上邽经历了一次史无前例的大旱灾。那个夏天，骄阳似火，气候炎热，却许久未下过一场雨。看着田里的庄稼一天天枯竭，喝着河里仅剩的一点浑浊苦涩的河水，人们都心急如焚，天天虔诚地祈求神灵降雨。可能是人们的诚心终于感动了上天，这天半夜，正当人们都沉入梦乡时，天上突然响起了震耳的雷声，这雷声夹杂着闪电像是从天边滚来，愈来愈强烈，一时间，大地狂风四起、飞沙走石。人们都被这种阵势吓坏了，以为老天爷发怒了。就在这时，地面上出现一片红光，接着，大地不断震动，仿佛要裂开了一般。突然，随着天空的一声炸雷，地面下传来了震耳欲聋的响声，大地真的裂开了，就像张开了嘴一般，裂口处飘散着白白的雾气，同时，只见天上倒下一股粗粗的河水，刚好注入裂开的地下，就好像天公知道大地干渴已久，用天河的水为他解渴似的。这样的场面十分壮观，人们都惊奇地睁大了双眼。天河的水就这样一直流了很长时间，直到风也停了，雷也息了，大地恢复一片安宁。人们好奇地跑到大地裂口处一瞧，这里竟出现了一个大大的湖泊，湖里的水清澈透明、甘甜可口。接下来的几天，天空一直下着绵绵细雨，把整个世界从干旱燥热中解救出来。有了水的滋润，到处都变得绿油油的，山野苍翠，溪流潺潺。经历了这样一个变化，人们都认为是神灵的威力，于是将"天河注水"传得神乎其神。其实按我们今天来看，这很可能只是一个自然现象，是一次大地震。但那时的人们还无法解释这些，所以他们把那片湖水称之为"天水井"，还传说这水"春不涸，夏不溢，四季滢然"。用这水灌溉，长出的禾苗茁壮、树木葱茏，就连养育的姑娘也格外俊俏。从此，上邽成为了名副其实的陇上绿洲，而"天河注水"的故事也一代代地流传了下来。当时，为了更好地进行管理，汉王朝决定将陇西郡（今天水地区）分为两郡。在听说了"天河注水"的传说后，汉武帝下旨在上邽湖边，筑起一座城池，把新郡设在这里，取名为"天水郡"。天水得名，由此而来。

■ 麦积烟雨的由来

游览麦积山，不像游览别处的景色，一定要挑一个风和日丽的天气。恰恰相反，越是阴晴不定，越是雨脚如麻，麦积山越会有更加醉人的景致。因为此时的麦积山周围，会漂浮着一层薄薄的云雾，将麦积山的所有景物都变得朦朦胧胧，似梦似幻。走在其中，仿佛进入仙境一般！这就是堪称一绝的"麦积烟雨"。关于它，还有一个动人的传说呢！相传有一年，西王母过生日，天宫里的所有神仙都去给她拜寿。在寿宴结束，回天宫的路上，众位神仙忽然看到下界有一座修建精美、胜似天宫的奇山。他们落下去一看，这山上千座洞窟，万尊佛像，洞外栈道凌空曲折，洞内壁画金碧辉煌。殿宇楼阁都被青山环抱，再加上这里树木成荫、环境清幽，真是修炼的好地方。他们一高兴，都不想再回到那个毫无生气的天宫，只想在这个清净之处好好修炼一番。第二天，玉皇大帝上早朝，登上大殿一看，居然冷冷清清，一个神仙都没有。他疑惑极了，心想：众仙难道都睡过头了？他招来手下，派他们打听到底是怎么一回事。结果汇报来说，是因为下界有个麦积山，修建得十分精美，众位天神昨个打那过，一见到那么漂亮的一个地方，都不愿意再回天宫了。玉皇大帝听后，十分生气，心想这还得了，于是下令将天神速速召回，违令者重重处罚。众仙正在麦积山快活，听到来使宣读的圣旨后，都快快不乐地返回了天庭。玉皇大帝害怕众仙再看见麦积山，又会不想留在天宫，就下令让麦积山终年云雾弥漫，看不清楚。谁知道，有了云雾的萦绕，麦积山越发妩媚动人，天上的神仙是看不清楚了，地上的老百姓却饱了眼福。于是，千百年来，"麦积烟雨"一直被冠为"秦州八景"之首。

■ 南郭寺"卧钟"的传说

杜甫在游南郭寺诗中这样写道："秋花危石底，晚景卧钟边。"寺院中的钟楼一般用来悬挂控制作息的金钟，故金钟平时就悬挂在钟鼓楼上。但当年杜甫看到的南郭寺钟却卧在地上，为什么呢？关于这一点，南郭寺至今还留传着一段美丽的传说。

相传唐贞观十七年（公元643年）秋天，唐王李世民领兵西征途经秦州。时逢秋雨连绵，大军前进、供给十分困难，因此，李世民当即决定暂驻师秦州。一时间州署官员、城中百姓冒雨跪拜，三呼万岁迎请唐王入城。李世民祖籍秦州，加之他的雄才大略，早就知道秦州城四周的地形风物。他听说秦州城南南郭寺为陇右最大的一处寺院，当年隋文帝曾在这里为他的母亲建起了一座七级浮图。故也很想到南郭寺一游，拜拜佛，保佑他这次西征顺利。

谁都知道魏征是李世民的一位忠臣，李世民把他当作治国的一面镜子。平日，在帮助唐王治理国家大事方面，魏征经常让李世民生气，但这次行军途中，他却一直赞叹秦州南郭寺的风景，惹得唐王一时兴起，便决定择日一定去南郭寺。

谁知道第二天习习秋风中下着雨，唐王十分不悦。吓得前来问安的大臣、州署官员垂首屏息，生怕龙颜不悦而降罪杀头。李世民坐也不是，站也不是。谁知霎时云散，雨止，风息，真谓"明君出行，众神开道"，老天似乎知道唐王李世民的心思。见天猛然放晴，李世民十分高兴，就急急忙忙领着徐茂公、魏征、秦琼、敬德等文武大臣到南郭寺巡游。

雨后的南郭寺景色分外明丽，说也奇怪，唐王李世民上的山来，这慧音山山上山下百鸟群集，秋花更加烂漫、鲜艳，到处呈现着一派美丽的气象。

他们一行骑着坐骑，沿着逶迤的山路，说笑着一路走来，却见半山路边一棵高大的树木上，有两只啄木鸟"嘣嘣"啄寻树干上的害虫。李世民看了看，似有所悟，便对身旁的大臣们说："啄木鸟给树除虫治病，是益鸟，而为官的应为江山社稷出谋划策，捉蛀虫，灭贪官，正身心，为朕分忧，为民造福，此为臣之道也！"大臣称是。

等他们来到南郭寺，便将马拴在寺门以东的一棵古柏树上，唐王上香拜佛完毕，然后就对寺院的隋塔、古柏等进行了观赏。到了中午时分，寺院住持特意为李世民置办了一顿斋饭，秦琼、敬德不离左右，而徐茂公、魏征借闲暇时间登上南山山顶。放眼望去，慧音山与太阳山相连，山势奇伟，胸中怀抱着南郭寺，好一派龙盘虎踞、金瓯蓄水的地理形势。看到这里，魏征暗喜，下山赶紧禀告李世民，秦州是神圣之地，南郭寺坐落的山脉是条活龙脉，如能将寺院内钟鼓楼上的大钟放在地上，将国运大通，百姓更加安居乐业。

唐王一听有理，就询问寺中住持，住持说我佛慈悲，只要有益于国家社稷之事，即为支持。因此，大伙就将悬挂在钟鼓楼上的大钟落了下来。谁知大钟刚落地，顿时地动山摇，雷声大作，祥云盖天。在场的官员无不神情肃然，对着大钟跪拜。见此祥瑞，李世民也十分高兴，便登上大佛殿，大声告曰："大钟落地,龙脉贯通；气运兴旺，国运亨通；风调雨顺，四周安宁； 百姓乐业、江山永存。"

全国各地寺院中的大钟是悬挂着的，惟独南郭寺的大钟从此以后一直卧在地上。难怪诗人杜甫在诗中唱道："晚景卧钟边。"

## 名言警句

关于水的名言警句

■ 自然界的一切事物中，唯有水最珍贵。

——平达

■ 如果不节约用水，地球上的最后一滴水，将是人类的眼泪！
■ 水是生命之源，请珍惜每一滴水。
■ 当你让水白白流掉时，我们离干旱又近了一步。
■ 别让我的眼泪陪我过夜（水房）。
■ 别再让它伤心流泪——请自觉关好水龙头。
■ 请用您的手，拭去我的泪。
■ 滴水即生命，请珍惜水资源。
■ 惜水、爱水、节水，从我做起。
■ 珍惜水就是珍惜您的生命。
■ 节约用水、保护水资源，是全社会共同责任。
■ 水是生命的源泉、工业的血液、城市的命脉。

关于树木的名言警句

- 木欣欣以向荣，泉涓涓而始流。

——［晋］陶渊明

- 红豆生南国，春来发几枝。愿君多采撷，此物最相思。

——［唐］王维

- 杉能遂其性，不扶而直，其生能傲冷雪，而死能利栋宇者，与竹柏同，而以直过。

——［宋］苏辙

- 碧玉妆成一树高，万条垂下绿丝绦。

——［唐］贺知章

- 千年铁树开了花。
- 有心栽花花不开，无心插柳柳成荫。
- 一叶落而知秋。
- 荷花开，秧正栽。菊花黄，种麦忙。
- 桐子树开花，霜雪不再落。
- 树木正在为净化空气而加班加点，请勿让绿色工厂倒闭。
- 多种一棵翠绿的小树，还我一片蔚蓝的天空。

关于动物的名言警句

- 没有任何动物比蚂蚁更勤奋，然而它却最沉默寡言。

——富兰克林

- 一个国家的道德是否伟大，可以从其对动物的态度看出。

——甘地

- 一个对动物残忍的人，也会变得对人类残忍。

——汤玛斯·艾奎纳

- 孩子在成长过程中，倘若未能学到以爱心对待动物的观念，将来可能造成其人格及行为发展的偏差。

——欧美研究报告

- 早起的鸟儿有虫吃。
- 兔子不吃窝边草。
- 井底之蛙，不知大海。
- 地球上没有动物，那是一个没有活力的世界。
- 是先有鸟还是先有蛋，你不知道，我不知道，只有鸟知道；
- 是鸟先消失还是蛋先消失，你知道，我知道，只有鸟不知道。
- 动物是人类亲密的朋友，人类是动物信赖的伙伴。
- 不要让我们的孩子只能在博物馆里才见到今天的动物。
- 野生动物不是人类的附属品，它们的王国是大自然。
- 我们应当倡导"天人合一"的生态社会，过一种返璞归真的绿色生活。
- 人与动物的关系就像多米诺骨牌。生态是一个完整的链条，人类仅仅只是这个链条中高智慧物种的一节。
- 正是由于野生动物的存在才使我们的地球生机勃勃，人们才可以听到鸟鸣深涧，才可以看到鱼游潭底。
- 摒弃滥吃野生动物陋习，采取文明健康饮食方式。捕杀、贩运野生动物就是犯罪。

■ 保护生物多样性就是保护人类自己。

■ 生物多样性是人类生存的基础。

■ 在自然界，任何打破平衡的行为都是极其危险的。

■ 大自然是一个完整的生态圈。一个物种的消失会引起相关联的20多个物种的消失，导致生态环境的恶化。

■ 过度掠夺自然的短期效果势必引发长远的灾难。人们不能不反思一句经典格言——"生存，还是毁灭？"

■ 人类只有保护全部生物，才能保护自己。

关于自然的名言警句

■ 只有顺从自然，才能驾驭自然。

——培根

■ 大自然从来不欺骗我们，欺骗我们的永远是我们自己。

——卢梭

■ 大自然的每一个领域都是美妙绝伦的。

——亚里士多德

■ 当人类欢呼对自然的胜利之时，也就是自然对人类惩罚的开始。

——黑格尔

■ 我们已经背弃了大自然，她曾经那样正确地为我们指路，而我们却想用她的教导来教训她。

——佚名

■ 自然不掺杂半丝人情。谁反抗它，谁就被一脚踢开；谁顺从它，谁就承受其恩典。

——佚名

■ 我们往往只欣赏自然，很少考虑与自然共生存。

——王尔德

■ 只有服从大自然，才能战胜大自然。

——达尔文

■ 大自然是善良的慈母，同时也是冷酷的屠夫。

——雨果

■ 人们常常将自己周围的环境当作一种免费的商品，任意地糟蹋而不知加以珍惜。

——甘哈曼

■ 大地给予所有的人是物质的精华，而最后，它从人们那里得到的回赠却是这些物质的垃圾。

——惠特曼

■ 我们违背大自然的结果是，我们破坏了自然景观的美、自然动态的美和天籁的美。

——诺曼·卡曾斯

■ 人生欲求安全,当有五要：一要清洁空气；二要澄清饮水；三要疏通沟渠；四要扫洒房屋；五要日光充足。

——南丁格尔

■ 天空是小鸟的家，河流是鱼儿的家，地球是我们的家。

■ 多一抹绿色，多一线生机，少一份绿色，少一丝希望。

■ 请爱护每一棵树，否则我们看到的将是泛滥的洪水和贫瘠的沙漠。

王文妮搜集整理

# 第十二节　教学计划

亲爱的朋友，一切的理论都是灰色的，而充满生机的生命之树是绿色的！

约翰·伍尔夫冈·冯·歌德

（Johann Wolfgang von Goethen）

A 简明信息

B 德国巴伐利亚州学校的课程摘录

C 中国学校的课程摘录（编译者）

## A　简明信息

巴伐利亚州的小学、普通中学、实用中学和高中的课程摘录（2009年1月）可以从本章的这一节中找到。每个课程主题的选择，是以和森林的关系为导向，即以最广泛意义上的森林的关系远近来选择。

列出的部分课程，其内容涉及教育领域的森林和水，或者至少与自然直接相关。

没有提到的年级，要么没有涉及森林主题的文章，要么这个年级没有相应的专业（例如，巴伐利亚州实用中学九年级没有生物学）。

对于实用中学和高中，相关的学习内容来自生物学。这类学校的大多数教师，会带领他们班上的学生参观森林，到森林中去教这些科目。

对于公立学校，相关的内容在小学部分是当地的历史和社会科学，初中部分是物理、化学、生物学。这两种类型的学校，都有手工劳动与纺织设计、艺术教育，尤其是小学部分，教授的课程有宗教（天主教和新教）和职业道德。

这绝不是说其他科目，例如，德语、宗教（高年级）、地理和"森林主题"没有关系，而是在这些课程中没有明确表示。

特别还要提到的是高中十一年级的"生物和化学"的实习。这种实习给年轻人提供了在森林中进行很长一段时间、令人鼓舞的森林实习工作。

此外，九年制中学最后三个年级提供了以学术及专业方向为导向的研讨会，让学生有长时间（大约1年的时间）持续对林业主题产生兴趣的机会。第六章第十二节"森林项目"为这些工作提供特别的材料。

所有课程可以在www.isb.bayern.de网页中找到。括号中的数字表示是各自课程的章节。所有"指南中活动"的信息，仅仅是建议，不是对所有合适的活动都做了介绍。

在本节中，您会发现从小学、中学到大学（2012年1月）课程的摘录。相关课程主题的选择，遵循了课程与森林的关系有多远，在最广泛的意义上描述森林。

# B 巴伐利亚州学校的课程摘录

## 小学

· · · · · ·

### 一、二年级

| 宗教 |  |
| --- | --- |
| (2.6.1) 把世界看作是一个大的社区 | |
| 课程摘录：<br>自然界"意识"感知练习 | 指南中可能的活动：<br>[>] 森林土壤 1 "体验森林土壤" |
| （2.6.3）尊重和保护神的创造 | |
| 课程摘录：<br>"认知活动：尊重自然界中不起眼的东西，共同思考，我们怎样关心一种植物、一种动物……" | 指南中可能的活动：<br>[>] 森林项目 6 "学校森林"<br>[>] 冥想元素 1 "日光的想象" |
| 新教的宗教教育<br>（1.5.1）创造的礼物 | |
| 课程摘录：<br>"感知周边环境的美丽、创建的多样性，由此而感到惊奇……" | 指南中可能的活动：<br>[>] 冥想元素，本主题的每个活动 |
| 道德<br>（1/2.5）学习惊讶和感受尊重 | |
| 课程摘录：<br>"尊重事物。例如：我们要为花香而感到喜悦，不要随意践踏植物或小动物……" | 指南中可能的活动：<br>[>] 冥想元素 3 "在'我的'森林里搜索'我的'树木" |
| 本地历史、地理及自然环境知识的乡土课程<br>（1.5）自然与生活 | |
| 课程摘录：<br>"了解草坪的多样性与美丽"<br>"尊重和责任，对动物和植物的发展"<br>"通过观察种子和果实，了解植物的繁殖" | 指南中可能的活动：<br>[>] 森林土壤 2 "赤脚毛毛虫"<br>[>] 森林项目 6 "学校森林"<br>[>] 森林项目 2 "飞行的种床" |
| （2.5）自然与生活 | |
| 课程摘录：<br>"观察灌木丛中一种动物的生活方式"<br>"根据外形区分灌木丛中不同的动物，并命名" | 指南中可能的活动：<br>[>] 动物 2 "野生动物观察"<br>[>] 动物 5 "解读动物踪迹" |
| 艺术教育（1.1）自然奇观 | |
| 课程摘录：<br>"通过寻找、收集与比较，根据形状、颜色与材质展示自然物体" | 指南中可能的活动：<br>[>] 创意制作，本主题的每个活动 |
| （2.1）环境中的动物 | |
| 课程摘录：<br>"感知、观察和交流动物的外形、运动、行为和栖息地" | 指南中可能的活动：<br>[>] 动物 2 "野生动物观察" |
| 工程 / 纺织设计<br>（1.1）自然 / 环境 | |
| 课程摘录：<br>以游戏、有意义的方式认知天然材料"<br>"利用天然材料设计"<br>"认识和保存材料的自然特性" | 指南中可能的活动：<br>[>] 创意制作，本主题的每个活动 |

## 三年级

| 本地历史、地理及自然环境知识的乡土课程<br>（3.5）生活与自然 ||
| --- | --- |
| 课程摘录：<br>"尊重和责任，对动物和植物的发展"<br>"根据叶和果实的不同，区别阔叶树、针叶树，并命名"<br>"了解森林对人类、动物和植物的重要性、功能与危险" | 指南中可能的活动：<br>[>] 森林项目 5 "我未来的森林"<br>[>] 树木 15 "树木简介"<br>[>] 树木 16 "树叶记忆"<br>[>] 森林项目 7 "森林中的野生动物" |
| 艺术教育<br>（3.1）变革和转型 ||
| 课程摘录：<br>"描述和记录自然物体和自然现象的变化，例如形状、颜色、大小和表面结构" | 指南中可能的活动：<br>[>] 创意制作 15 "树叶艺术"创意制作 16 "球果湿度计" |
| 工程 / 纺织设计<br>（3.1.1）了解天然材料的意义和用途 ||
| 课程摘录：<br>"描述木材或黏土的来源与起源" | 指南中可能的活动：<br>[>] 创意制作 1 "木雕" |

## 四年级

| 本地历史、地理及自然环境知识的乡土课程<br>（4.5）生活与自然 ||
| --- | --- |
| 课程摘录：<br>"描述雨水的路径" | 指南中可能的活动：<br>[>] 水 2 "水的森林之路"<br>[>] 水 11 "水循环—小水滴'滴答'" |
| 工程 / 纺织设计<br>（4.1.1）了解一种天然材料从原产地到最终产品的过程 ||
| 课程摘录：<br>"使用一种天然材料进行加工、创作" | 指南中可能的活动：<br>[>] 创意制作 1 "木雕"<br>[>] 创意制作 13 "用土质涂料进行绘画" |

# 普通初中

## 五年级

| 物理 / 化学 / 生物<br>（5.1.1）通过季节的性质 ||
| --- | --- |
| 课程摘录：<br>"对学校周边环境进行长期观察与记载，通常是对植物，例如一棵树，一种生境" | 指南中可能的活动：<br>[>] 森林项目 1 "林相变迁" |
| （5.3）我们环境中的动物和植物 ||
| 课程摘录：<br>"乔木、灌木和草本植物"<br>"花的结构和授粉，例如由昆虫或风传播；结实和种子生产；种子和果实的传播" | 指南中可能的活动：<br>[>] 树木 15 "树木简介"<br>[>] 森林项目 2 "飞行的种床" |

## 六年级

| 物理 / 化学 / 生物 | |
|---|---|
| （6.2）栖息地——水 | |
| 课程摘录：<br>"生活在水域中和周围的生物"<br>"生物体对栖息地水的适应性" | 指南中可能的活动：<br>[>] 水，本主题的每个活动 |

## 八年级

| 物理 / 化学 / 生物 | |
|---|---|
| （8.1）土壤——生活和栖息地 | |
| 课程摘录：<br>"土壤对人类、动物和植物的意义" | 指南中可能的活动：<br>[>] 森林土壤 10 "森林土壤是记仇的！"<br>[>] 森林土壤 11 "水土流失实验" |
| （8.2）社区森林 | |
| 课程摘录：<br>"森林中的植物与动物"<br>"摄食关系——物质循环"<br>"森林的功能" | 指南中可能的活动：<br>[>] 动物 2 "野生动物观察"<br>[>] 树木 8 "探寻树木命运的痕迹" |

# 5～9年级普通中学、7～10年级中学（中等–分支）

## 十年级

| 物理 / 化学 / 生物 | |
|---|---|
| （10.1）生计安全 | |
| 课程摘录：<br>"可持续发展作为未来的任务"<br>"以未来为导向的能源利用" | 指南中可能的活动：<br>[>] 森林与社会，本主题的每个活动<br>[>] 可持续性利用 |

# 实用中学

## 五年级

| 生物学 | |
|---|---|
| （B 5.4）身体构造和哺乳动物的生活 | |
| 课程摘录：<br>"识别野生的植物或食肉哺乳动物各一种" | 指南中可能的活动：<br>[>] 动物 2 "野生动物观察"<br>[>] 动物 6 "鹿与狼" |
| （B 5.5）开花植物的多样性和特殊性 | |
| 课程摘录：<br>"确定野生和栽培的植物、乔木和灌木" | 指南中可能的活动：<br>[>] 树木 15 "树木简介" |

## 六年级

| 生物学 | |
| --- | --- |
| （B 6.4）植物体内的代谢 | |
| 课程摘录：<br>"植物与水的运输""植物的光合作用" | 指南中可能的活动：<br>[>] 树木 5 "树木毛细管的吸力"<br>[>] 树木 7 "光合作用——接力赛" |
| （B 6.5）社区的森林或草场 | |
| 课程摘录：<br>"栖息地的表现形式"<br>"动物、植物种类特征，特别是对栖息地的适应性"<br>"意义、威胁和保护" | 指南中可能的活动：<br>[>] 森林项目 8 "植物标本"<br>[>] 动物 5 "解读动物踪迹"<br>[>] 树木 10 "鉴别树芽"<br>[>] 树木 16 "树叶记忆"<br>[>] 动物 7 "野生动物啃食危害" |

## 八年级

| 生物学 | |
| --- | --- |
| （B 8.4）生命共同体—水域 | |
| 课程摘录：<br>"探索学校附近的水体"<br>"生物和非生物的环境因素"<br>"栖息地和社区：生态系统" | 指南中可能的活动：<br>[>] 水，本主题的不同活动 |

# 德国九年制完全中学

## 五年级

| 自然与科技：重点是生物学 | |
| --- | --- |
| （NT 5.2.3）身体构成和哺乳动物的生活 | |
| 课程摘录：<br>"家畜动物（食肉）和牲畜（食草动物）的生活照片" | 指南中可能的活动：<br>[>] 动物 2 "野生动物观察"<br>[>] 动物 6 "鹿和狼" |

## 六年级

| 生物学 | |
| --- | --- |
| （NT 6.1.2）开花植物的构造和生命现象 | |
| 课程摘录：<br>"对人类的意义、威胁和保护" | 指南中可能的活动：<br>[>] 树木 8 "探寻树木命运的痕迹" |

## 十年级

| 生物学 | |
| --- | --- |
| （10.3）基本生物之间的相互作用 | |
| 课程摘录<br>"以一个具体的例子说明温带地区生态系统的结构和特征"<br>"生态系统的意义和威胁" | 指南中可能的活动：<br>[>] 森林与社会，本主题的每个活动可持续性利用 |

# 十一年级

| 生物和化学实习 |
| --- |
| 生物、化学实习，为所有教育背景的学生提供了机会，以实施行动为导向，深入了解生物学和化学的思维方式和工作方法。在生物学领域，让学生学习使用基本的显微技术，并熟悉与之相关的生物学结构，使他们自己能进行生态和生理的调查研究。 |
| 1．工作方法：生态调查<br>（1）熟悉处理鉴定文献资料：鉴定练习<br>（2）区位影响因子的分析记载、介绍和评价：光照、温度、pH、电导率和氧含量。2．主题领域；生态和环境保护<br>（1）描述不同生境的特征：分析立地区位影响因子<br>（2）指标生物的重要性<br>（3）空气：空气污染测量<br>（4）土壤：土壤缓冲和离子交换；农业土地的利用。 |

# 十二年级

| 以进一步深造（学术）和职业为导向的项目——研讨会 |
| --- |
| 以学术和职业为导向的项目——研讨会，支持学生在学业和事业上的选择，并显示上大学和职业工作方面有哪些具体的要求。此外，学生能在这个项目上工作一年多的时间，有机会接触课外项目的合作伙伴。<br>项目中的外部合作伙伴的作用和功能可以有很大的不同：如顾问和负责人、赞助商、客户、承包商、项目合作伙伴和雇主等。工作时间强度是可变的，合作方式可以是阶段性的，也可以是较长时期的。这在项目—研讨会开始的时候，由老师和项目合作伙伴之间商定好。 |
| 选择标准和项目课题的例子<br>一个合适的项目——研讨会的主题应满足下列条件：<br>（1）以行动和产出为导向<br>项目结束时提交一个共同的产出或结果，例如：演出、展览、报纸、网站、（学术上的）考察和服务。<br>（2）复杂性和团队合作的必要性<br>好的项目结果，应该只有通过研讨会所有成员之间的密切合作才能达到。<br>（3）现实性<br>与外部合作伙伴这种强制性的合作，让学生们至少对一种职业生涯有深入的了解和洞察。<br>（4）项目特征<br>这个问题可以有不同的解决方案，但需要以目标为导向的规划，和具有约束力的提交中期及末期业绩的时间期限。 |

## C 中国学校的课程摘录

## 小学、初中、高中课程和相关的森林教育活动

### 一年级

| 《品德与生活》上册 | |
|---|---|
| 课程摘录: | 指南中可能的活动: |
| 新朋友 新伙伴 | [>] 开始 1 "木棒—结网"<br>[>] 开始 3 "我是谁?" |

| 《品德与生活》下册 | |
|---|---|
| 课程摘录: | 指南中可能的活动: |
| 我和小伙伴 | [>] 开始 1 "木棒—结网"<br>[>] 开始 3 "我是谁?" |
| 春天来了 | [>] 结束 1 "调色画板" |
| 我们和太阳做游戏 | [>] 激发兴趣 12 "太阳冥想" 冥想元素 1 "日光的想象" |
| 小苗快快长 | [>] 家庭引导 5 "从幼苗到大树" |
| 我有一双明亮的眼睛 | [>] 树木 20 "邂逅树木" |

### 二年级

| 《品德与生活》上册 | |
|---|---|
| 课程摘录: | 指南中可能的活动: |
| 秋天到了 秋游的回味 巧手剪秋天 | [>] 结束 1 "调色画板"<br>[>] 创意制作 11 "森林的秋色"<br>[>] 创意制作 15 "树叶艺术"<br>[>] 森林——生命空间 23 "种子和果实传播" |
| 我们的大地妈妈 | [>] 森林与社会 8 "森林,我们社会的镜子?"<br>[>] 评估 第四组 "垃圾桶" |
| 花草树木点头笑 我和动物交朋友 | [>] 结束 1 "调色画板"<br>[>] 树木 1 "镜像森林"<br>[>] 树木 4 "听诊树木"<br>[>] 树木 13 "树皮—刮刮卡图片"<br>[>] 树木 19 "我们是一棵树"<br>[>] 树木 20 "邂逅树木"<br>[>] 森林土壤 2 "赤脚毛毛虫"<br>[>] 森林土壤 12 "蚯蚓展示箱"<br>[>] 森林——生命空间 1 "动物谜语"<br>[>] 森林——生命空间 8 "鸟语欣赏"<br>[>] 动物 2 "野生动物观察" |
| 美化家园 | [>] 评估 第四组 "垃圾桶" |

# 三年级

| 《科学》上册 | |
|---|---|
| 课程摘录： | 指南中可能的活动： |
| 我看到了什么 | [>] 开始 4 "我的森林珍宝"<br>[>] 开始 8 "我的森林笔记本"<br>[>] 激发兴趣 10 "找错"<br>[>] 树木 1 "镜像森林"<br>[>] 树木 4 "听诊树木"<br>[>] 树木 13 "树皮—刮刮卡图片"<br>[>] 树木 19 "我是一棵树"<br>[>] 树木 20 "邂逅树木" |
| 校园的树木 | [>] 开始 8 "我的森林笔记本"<br>[>] 树木 1 "镜像森林"<br>[>] 树木 4 "听诊树木"<br>[>] 树木 9 "认识树皮"<br>[>] 树木 13 "树皮—刮刮卡图片"<br>[>] 树木 14 "树木知识"<br>[>] 树木 19 "我们是一棵树" |
| 植物的叶 | [>] 开始 8 "我的森林笔记本"<br>[>] 结束 1 "调色画板"<br>[>] 树木 16 "树叶记忆"<br>[>] 创意制作 11 "森林的秋色" |
| 植物发生了什么变化 | [>] 创意制作 15 "树叶艺术"<br>[>] 冬季 8 "冬天的乔木和灌木" |
| 植物有哪些相同特点 | [>] 树木 21 "时光飞逝，树木屹立"<br>[>] 森林——生命空间 10 "死了的橡树还活着"<br>[>] 森林——生命空间 11 "失去生命的树木"<br>[>] 家庭引导 5 "从幼苗到大树" |
| 寻访小动物 | [>] 激发兴趣 5 "迷宫中的猫和老鼠"<br>[>] 激发兴趣 6 "跳蚤—小鸟—蜘蛛"<br>[>] 森林土壤 2 "赤脚毛毛虫"<br>[>] 森林土壤 4 "跟踪土壤动物"<br>[>] 森林土壤 12 "蚯蚓展示箱"<br>[>] 森林——生命空间 1 "动物谜语"<br>[>] 森林——生命空间 8 "鸟语欣赏"<br>[>] 森林——生命空间 13 "猫头鹰和乌鸦"<br>[>] 创意制作 7 "昆虫旅馆" |
| 蚯蚓 | [>] 森林土壤 12 "蚯蚓展示箱" |
| 我们周围的材料 | [>] 可持续性利用 10 "木材随处可见" |
| 水 | [>] 水 1 "雨滴游戏"<br>[>] 水 7 "洪水实验"<br>[>] 水 14 "水的竞争" |
| 《科学》下册 | |
| 课程摘录： | 指南中可能的活动： |
| 植物新生命的开始种植我们的植物 | [>] 森林——工作场所 2 "采种与播种"<br>[>] 家庭引导 5 "从幼苗到大树" |
| 我们先看到了根 | [>] 森林土壤 8 "构建树根"<br>[>] 树木 2 "山坡倒立"<br>[>] 树木 22 "树木根系" |

（续）

| 种子变成了幼苗 | [>] 家庭引导 5 "从幼苗到大树"<br>[>] 树木 6 "光合作用——小精灵"<br>[>] 树木 7 "光合作用——接力赛" |
|---|---|
| 开花了，结果了 | [>] 森林——生命空间 23 "种子和果实传播" |
| 我们的大丰收 | [>] 森林——生命空间 23 "种子和果实传播" |
| 其他动物的生命周期 | [>] 森林——工作场所 10 "洞穴是动物的栖息地"<br>[>] 森林——工作场所 16 "树皮甲虫（小蠹虫）"<br>[>] 动物 2 "野生动物观察" |
| 测量水的温度<br>水结冰了<br>冰融化了<br>水珠从哪里来<br>水和水蒸气<br>水的三态变化 | [>] 水 1 "雨滴游戏"<br>[>] 水 7 "洪水实验"<br>[>] 水 11 "水循环——小水滴'滴答'"<br>[>] 水 14 "水的竞争"<br>[>] 创意制作 16 "球果湿度计"<br>[>] 冬季 1 "开始于冬季" |

## 四年级

| 《科学》上册 | |
|---|---|
| 课程摘录： | 指南中可能的活动： |
| 空气占据空间吗<br>空气是会流动的吗 | [>] 森林与社会 15 "森林功能的表演" |
| 空气影响物体的运动 | [>] 森林——生命空间 23 "种子和果实传播" |
| 空气也是生命之源 | [>] 森林与社会 15 "森林功能的表演" |
| 水的变化 | [>] 水 1 "雨滴游戏"<br>[>] 水 7 "洪水实验"<br>[>] 水 10 "水的禁忌"<br>[>] 水 12 "词汇记忆"<br>[>] 水 14 "水的竞争" |
| 声音是怎样产生的<br>声音是通过什么传播的 | [>] 激发兴趣 1 "声音地图"<br>[>] 激发兴趣 9 "声音记忆"<br>[>] 树木 3 "树木电话"<br>[>] 森林与社会 3 "聆听森林的声音"<br>[>] 森林与社会 4 "森林音级测绘" |
| 快乐的小乐队 | [>] 创意制作 2 "五月春笛及圆号"<br>[>] 创意制作 9 "树皮甲虫（小蠹虫）"<br>[>] 创意制作 17 "制作'啄木鸟'木琴" |
| 假设<br>搜集证据<br>小小纸飞机 | [>] 儿童生日 1 "寻宝——瓶子中的秘密"<br>[>] 儿童生日 2 "森林侦探——拜访夏洛克·福尔林森"<br>[>] 儿童生日 3 "啄木鸟生日——听！谁在敲击" |
| 《科学》下册 | |
| 课程摘录： | 指南中可能的活动： |
| 油菜花开了<br>各种各样的花<br>花、果实和种子 | [>] 开始 8 "我的森林笔记本"<br>[>] 结束 1 "调色画板"<br>[>] 结束 6 "森林图像"<br>[>] 结束 9 "森林投影" |
| 把种子散播到远处 | [>] 森林——生命空间 23 "种子和果实传播" |
| 种子的萌发 | [>] 森林——工作场所 2 "采种与播种"<br>[>] 家庭引导 5 "从幼苗到大树" |
| 动物的卵<br>动物的繁殖活动 | [>] 森林——生命空间 2 "动物踪迹" |

## 五年级

| 《科学》上册 | |
|---|---|
| 课程摘录： | 指南中可能的活动： |
| 种子发芽实验（一）<br>种子发芽实验（二）<br>观察绿豆芽的生长 | [>] 森林——工作场所 2 "采种与播种"<br>[>] 家庭引导 5 "从幼苗到大树" |
| 蚯蚓的选择 | [>] 森林土壤 12 "蚯蚓展示箱" |
| 食物链和食物网<br>做一个生态瓶<br>改变生态瓶<br>维护生态平衡 | [>] 激发兴趣 6 "跳蚤—小鸟—蜘蛛"<br>[>] 森林——生命空间 4 "万物互相依赖"<br>[>] 森林处于危险之中 2 "森林中的微妙平衡" |
| 光与热 | [>] 激发兴趣 12 "太阳冥想" |
| 土壤中有什么 | [>] 森林土壤 1 "体验森林的土壤"<br>[>] 森林土壤 2 "赤脚毛毛虫"<br>[>] 森林土壤 4 "跟踪土壤动物"<br>[>] 森林土壤 6 "土壤阶梯" |
| 雨水对土地的侵蚀<br>探索土地被侵蚀的因素<br>河流对土地的作用<br>减少对土地的侵蚀 | [>] 森林土壤 11 "水土流失实验"<br>[>] 水 1 "雨滴游戏"<br>[>] 水 7 "洪水试验" |
| 《科学》下册 | |
| 课程摘录： | 指南中可能的活动： |
| 热起来了 | [>] 激发兴趣 12 "太阳冥想" |

## 六年级

| 《科学》上册 | |
|---|---|
| 课程摘录： | 指南中可能的活动： |
| 能量与太阳 | [>] 树木 6 "光合作用——小精灵"<br>[>] 树木 7 "光合作用——接力赛"<br>[>] 可持续性利用 2 "二氧化碳（$CO_2$）气球" |
| 校园生物大搜索<br>多种多样的植物<br>种类繁多的动物<br>原来是相互关联的<br>生物多样性的意义 | [>] 森林——生命空间 4 "万物互相依赖"<br>[>] 森林处于危险之中 2 "森林中的微妙平衡" |
| 《科学》下册 | |
| 课程摘录： | 指南中可能的活动： |
| 放大镜 | [>] 树木 10 "树芽的识别" |
| 放大镜下的昆虫世界 | [>] 森林土壤 4 "跟踪土壤动物" |
| 垃圾堆里有什么<br>垃圾的回收利用<br>分类其实很简单<br>世界面临的环境问题 | [>] 水 13 "各地区的水"<br>[>] 水 14 "水的竞争"<br>[>] 可持续性利用 2 "二氧化碳（$CO_2$）气球"<br>[>] 可持续性利用 9 "木材是美好且环保的"<br>[>] 森林与社会 8 "森林，我们社会的镜子？"<br>[>] 森林与社会 15 "森林功能的表演"<br>[>] 全球森林 7 "越来越多或者越来越少"<br>[>] 全球森林 8 "植被变化"<br>[>] 评估 第四组 "垃圾桶" |
| 考察家乡的环境 | [>] 水 5 "水质调查" |

# 七年级

| 《生物学》上册 | |
|---|---|
| 课程摘录： | 指南中可能的活动： |
| 认识生物 | [>] 森林土壤 4 "跟踪土壤动物"<br>[>] 树木 6 "光合作用——小精灵"<br>[>] 树木 7 "光合作用——接力赛"<br>[>] 可持续性利用 2 "二氧化碳（$CO_2$）气球"<br>[>] 森林——生命空间 20 "真菌，你吃什么呢？"<br>[>] 森林——工作场所 10 "洞穴是动物的栖息地"<br>[>] 森林——工作场所 16 "树皮甲虫（小蠹虫）"<br>[>] 动物 2 "野生动物观察" |
| 生物圈是所有生物的家 | [>] 森林——生命空间 4 "万物互相依赖"<br>[>] 森林处于危险之中 2 "森林中的微妙平衡" |
| 生物圈中有哪些绿色植物 | [>] 水 6 "苔藓的蓄水能力"<br>[>] 森林——生命空间 23 "种子和果实传播"<br>[>] 家庭引导 5 "从幼苗到大树" |
| 被子植物的一生 | [>] 森林——生命空间 23 "种子和果实传播"<br>[>] 森林——工作场所 2 "采种与播种"<br>[>] 家庭引导 5 "从幼苗到大树" |
| 绿色植物与生物圈的水循环 | [>] 树木 5 "树木毛细管的吸力"<br>[>] 树木 22 "树木根系"<br>[>] 森林土壤 8 "构建树根" |
| 绿色植物是生物圈中有机物的制造者 | [>] 树木 6 "光合作用——小精灵"<br>[>] 树木 7 "光合作用——接力赛"<br>[>] 森林——生命空间 20 "真菌，你吃什么呢？" |
| 绿色植物与生物圈中的碳—氧平衡 | [>] 树木 7 "光合作用——接力赛"<br>[>] 可持续性利用 2 "二氧化碳（$CO_2$）气球" |
| 爱护植被，绿化祖国 | [>] 可持续性利用 4 "以利用代替掠夺"<br>[>] 可持续性利用 6 "只收获再生木"<br>[>] 可持续性利用 9 "木材是美好且环保的"<br>[>] 可持续性利用 10 "木材随处可见"<br>[>] 森林与社会 8 "森林，我们社会的镜子？"<br>[>] 森林与社会 15 "森林功能的表演"<br>[>] 全球森林 7 "越来越多或者越来越少"<br>[>] 全球森林 8 "植被变化" |
| 《生物学》下册 | |
| 课程摘录： | 指南中可能的活动： |
| 人类活动对生物圈的影响 | [>] 全球森林 7 "越来越多或者越来越少"<br>[>] 森林与社会 8 "森林，我们社会的镜子？" |

# 八年级

| 《生物学》上册 | |
|---|---|
| 课程摘录： | 指南中可能的活动： |
| 各种环境中的动物<br>动物的运动和行为 | [>] 激发兴趣 6 "跳蚤—小鸟—蜘蛛"<br>[>] 森林土壤 4 "跟踪土壤动物"<br>[>] 动物 2 "野生动物观察"<br>[>] 森林——工作场所 16 "树皮甲虫（小蠹虫）"<br>[>] 森林——生命空间 1 "动物谜语"<br>[>] 森林——生命空间 8 "鸟语欣赏"<br>[>] 森林——生命空间 13 "猫头鹰和乌鸦" |
| 动物在生物圈中的作用 | [>] 森林——生命空间 4 "万物互相依赖"<br>[>] 森林处于危险之中 2 "森林中的微妙平衡" |
| 分布广泛的细菌和真菌<br>细菌和真菌在生物圈中的作用 | [>] 森林土壤 5 "落叶的分解"<br>[>] 森林土壤 6 "土壤阶梯"<br>[>] 森林土壤 7 "腐殖质对比"<br>[>] 森林——生命空间 20 "真菌，你吃什么呢？"<br>[>] 森林——生命空间 21 "我的蘑菇"<br>[>] 森林——生命空间 22 "孢子图像" |
| 根据生物电特征进行分类<br>认识生物的多样性<br>保护生物的多样性 | [>] 森林——生命空间 4 "万物互相依赖"<br>[>] 森林处于危险之中 2 "森林中的微妙平衡" |
| 《生物学》下册 | |
| 课程摘录： | 指南中可能的活动： |
| 生物的生殖和发育 | [>] 森林——生命空间 8 "鸟语欣赏"<br>[>] 家庭引导 5 "从幼苗到大树"<br>[>] 创意制作 7 "昆虫旅馆" |

# 高一

| 《生物学》第一册 | |
|---|---|
| 课程摘录： | 指南中可能的活动： |
| 光合作用 | [>] 树木 6 "光合作用——小精灵"<br>[>] 树木 7 "光合作用——接力赛"<br>[>] 森林——生命空间 20 "真菌，你吃什么呢？" |
| 生物的生殖<br>生物的个体发育 | [>] 森林——工作场所 2 "采种与播种"<br>[>] 家庭引导 5 "从幼苗到大树" |
| 《生物学》第二册 | |
| 课程摘录： | 指南中可能的活动： |
| 生态因子<br>种群与生物群落生态系统 | [>] 森林——生命空间 4 "万物互相依赖"<br>[>] 森林处于危险之中 2 "森林中的微妙平衡" |
| 生物圈的稳态<br>生物多样性及其保护 | 树木 7 "光合作用—接力赛"<br>[>] 全球森林 7 "越来越多或者越来越少"<br>[>] 全球森林 8 "植被变化"<br>[>] 森林与社会 8 "森林，我们社会的镜子？"<br>[>] 森林与社会 15 "森林功能的表演" |

# 高二

| 《生物》全一册 | |
| --- | --- |
| 课程摘录： | 指南中可能的活动： |
| 光合作用 | [>] 树木 7 "光合作用——接力赛"<br>[>] 可持续性利用 2 "二氧化碳（$CO_2$）气球" |
| 微生物的类群 | [>] 森林土壤 5 "落叶的分解"<br>[>] 森林土壤 6 "土壤阶梯"<br>[>] 森林土壤 7 "腐殖质对比" |

## 参考文献：

王嘉毅，等. 品德与生活（小学一、二年级）. 西安：未来出版社，2012.

郁波，等. 科学（小学三、四、五、六年级）. 北京：教育科学出版社，2012.

课程教材研究所生物课程教材研究开发中心. 生物学（初中一年级）. 北京：人民教育出版社，2009.

课程教材研究所生物课程教材研究开发中心. 生物学（初中二年级）. 北京：人民教育出版社，2010.

人民教育出版社生物室. 生物学（高一）. 北京：人民教育出版社，2010.

人民教育出版社生物室. 生物（高二）. 北京：人民教育出版社，2006.

王瑛搜集整理

# 第十三节　森林幼儿园

如果让孩子们接触大自然，那么他们就可以发挥其无限的想象力。

德国弗伦斯堡森林幼儿园
（Waldkindergarten Flensburg）

A 简明信息
B 森林幼儿园的定义
C 森林幼儿园的法律性基础
D 森林幼儿园的实践提示

## A　简明信息

森林幼儿园的想法源自斯堪的纳维亚国家，如今在德国日渐扩展开来。那么您肯定会问，"什么是森林幼儿园？"。在[>]B 森林幼儿园的定义中将给出答案。

在准备开设森林幼儿园之前，需要注意以下几点：
■　使用权问题；
■　排除责任风险；
■　森林的经营不应由于森林幼儿园的开办而受损；
■　要有专业人员陪同（与当地责任林业部门联系，如食品、农业和林业部）关于前三点可在[>]C 森林幼儿园的法律性基础中找到相关信息。

而关于如何运作森林幼儿园的具体提示，我们在[>]D 森林幼儿园的实践提示中总结出了实践性的提示。

# B　森林幼儿园的定义

在德国现在已有超过700家森林（自然）幼儿园，仅在巴伐利亚州就有近百家。

## 森林幼儿园的运作形式

森林幼儿园属于照管形式，3～6岁的适龄儿童，每天在各种气候条件下待在大自然中。

■　纯粹的森林幼儿园不具备任何固定设施，在极端气候条件下（雷雨/暴风雨/寒冷）的通常保护措施包括改造的可移动的房车，森林工作者的车，林中小屋或者其他可提供庇护的房屋。

■　综合性的森林幼儿园为全日制幼儿园，只有部分时间在森林中度过（通常是上午），在其余的时间里儿童们在幼儿园自己的活动室中活动。

除了森林幼儿园以外，传统的幼儿园还可以在森林项目周或在森林日（有规律的）去访问森林。

## 理论上的出发点

在自然中儿童们应该体验到，哪些是对于他们的生活必不可少的，哪些是对他们健康成长必要的。儿童们用他们的全部感知器官来学习：他们看、听、触摸、品味、嗅。他们必须运动，并且尝试，以便于用最真的感觉去"体会理解"自己及其周围的世界。对自然的第一感觉能够刺激各种感官的发展。对感知的刺激越多样化，在大脑中形成的神经线连接（神经键）就越多。与之相反的是传统的常规的知识传授方式只是在其边缘上，按照儿童的兴趣而进行。

## 日程表

森林幼儿园通常是在一块安全的森林区域内，上午活动3（冬天）～5个小时。而被称为自然幼儿园与森林幼儿园的区别在于，前者只在经过修整的、已经勘测好的区域活动。日程表应按照年度日历和自然变化节奏，通过连续性、可靠性、安全性的特征给儿童以生活导向。通常应该进行如下日程设计：

■　在早上的集体相互问候的欢迎中开始一天（通过唱歌，吟诗，讲话或静思的形式）。

■　然后，开始有时限的自由活动，幼教一起伴随儿童（视情景而定）活动并随时准备回答问题。在路上的部分时间要有意退避，让孩子们自己自由活动。

■　在洗手后共同开始午餐。

■　开始已选择好的、由专业人员引导进行的森林中的活动（玩游戏、讲故事、唱歌、画图画、搜寻和感知游戏、确认物种游戏、艺术及手工建造类游戏）。

■　共同告别：唱歌、静思、感谢今天的经历（还没有和父母在一起）。

■　返回与父母约定的地点。

# C 森林幼儿园的法律性基础

为了避免不愉快的意外发生，此处您可以看到关于森林幼儿园的几条重要的法律条文。尽管林业主和森林幼儿园运营者也可以自己获取相关法律条文——由巴伐利亚联邦州完成的范例。

但请特别注意——由于至今为止仍缺少有关此情况的法律法规，这里做出的总结既不完整，也不是最终确定的。

## 许可证

公开的、合法的许可证

在巴伐利亚州开办森林幼儿园无需出具国家的许可证或公告，甚至无需显示建筑设施。

个人合法许可证

巴伐利亚州宪法中第141章第3目第一条保证，把以休闲为目的的自由出入公共自然环境，并享受美丽的自然风景作为基本权利规定下来。巴伐利亚州自然保护法第21章的相近条款指出，此范畴内包括进入、散步、骑马及其他的体育项目。

基本上包括的所有自由进入权利也包含了森林幼儿园的儿童自由出入森林。通过该设施的运营者，一个企业性的森林使用权将受宪法和自然保护法的保护。当然，涉及私有地时，一般来说应与产权所有者协商。

在任何情况下，都推荐（也是由于交通安全义务的缘故）森林幼儿园的运营者与林业主缔结一份合同。在巴伐利亚州国有林，经营者有责任与巴伐利亚州林业部门下属的当地林业企业缔结合同。

## 责任

林业主承担主要的交通安全责任。即使是在林道的旁边(通常由森林幼儿园团体应承担的部分)也一般不做要求，但仍要由林业主来承担交通安全方面的风险。引申而来的是，没有得到国家认可的森林幼儿园无法给儿童们提供法定的意外伤害保险。因此推荐的是，运营方与林业主在个人权利下的合同里，应事先规定好所承担的相关责任。即便在有责任澄清书的情况下，产权所有者也不能完全被免除交通安全责任和可能引发事故后的责任。对交通安全责任通常也会有些限制，如避免极危险的地方或者加强安全措施。

因此强烈要求，凡是公共场所存在安全隐患的，例如森林中和散步的林道上堆放的干燥树枝要清理掉，建筑设施或者不稳固堆放的木堆也要清理干净，因此建议要有一年1~2次的常规周期性的完全清理。

## 国家补贴

在巴伐利亚，如果幼儿园（涉及森林幼儿园）满足一定的先决条件，则可获得相应补贴。

关于补贴是在巴伐利亚州儿童教育及照管法律（BayKiBiG）中第18章所规定，在第19章所说的补贴先决条件之一，即每周必须提供至少四天，总共不得低于20小时的托管工作。

补贴只限于儿童所在的居住区；根据人数、注册时间和儿童的年龄来分级补贴，有残疾或者非德国双亲的儿童另有补贴。

## D 森林幼儿园的实践提示

### 企业运行的先决条件

与"正常幼儿园"比较，在最初的兴奋期没有想到的问题，过后则需要更周详地思考和协商。关于本地的实际情况和社会环境的重要分析，应事先准备好，根据要点形式得到以下的着重点总结。

### 准备工作

- 进入森林的个人许可；
- 责任问题的解释；
- 固定的森林区域以及活动范围（与森林所有者协商）；
- 可供支配的庇护小屋或其他；
- 与林业部门或林业主保持经常性联系；
- 强烈建议就此缔结合同，或者更准确地说，这是巴伐利亚州国有森林的责任和义务。

### 团队组织

- 每个团队应至少有两名专业人员或教师；
- 每个团队儿童数目不应超过20人；
- 固定的教学方案，主要是学年计划，在极端恶劣气候条件下的替代课程。

### 家长们的配合

- 持续性的家长参与及合作；
- 明确儿童、教师及家长们要遵守的规定；
- 明确接送服务及特别情况服务；
- 经常性地与家长协商；
- 儿童的健康问题（注射防疫针，防治过敏）。

### 装备品

- 急救包，更精确些，如镊子（荆刺、碎木屑）、防冻霜（防冷）、防晒霜、防治蚊虫的药膏；
- 手机；
- 两侧有栅栏的小车、手推车，或其他可以用来运输所需设备的交通工具；
- 适应气候穿着（备应急需换衣物）。

### 与森林幼儿园的首次经验

每个儿童都喜欢出去玩，不论当时天气如何，是在下雨、下雪或者是阳光明媚。总可以在外面找到能玩的：踏小水坑、玩沙子、做个滑雪道、在灌木丛里藏猫猫。在外边玩的时候，他们既不怕冷也不怕湿，而且通常情况下，并不会感冒。因此森林幼儿园特别受儿童的喜爱，也就不足为奇了。但如何能让他们掌握那些在学校里学到的技能呢？家长们常常会有疑问，如果上的是森林幼儿园，那么等到他们上正式小学一年级的时候，会不会有问题？

此处我们举出迄今为止得到的少量科学调查的结果：瑞士兰特瑞（Lettieri）（2004）及科纳

（Kiener）的工作报告，以及一份在德国由汉弗纳（Häfner）2002年的考察结果。2份瑞士的研究报告表明，参加过森林幼儿园的学生的创造力明显具有优势；科纳发现在森林中度过的天数和以下特点具有极其明显的关联：

- 整个身体的灵活性和协调性；
- 很强的平衡感；
- 跳跃能力强。

另外一方面兰特瑞在二年级和三年级的学习成绩上没能够发现有很明显的区别。汉弗纳在经过8个联邦州的对103名男女教师进行广泛的问卷调查后，他得到的结论是，上过森林幼儿园类的学前教育机构的学生，比上普通幼儿园的学生的平均成绩要高，在按六个因素归类的总共42个问题中，得到以下图表结果。

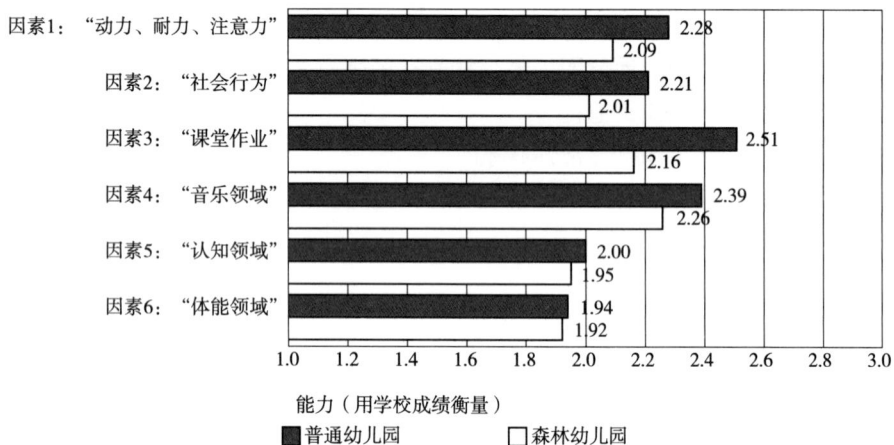

因素1："动力、耐力、注意力" 2.28 / 2.09
因素2："社会行为" 2.21 / 2.01
因素3："课堂作业" 2.51 / 2.16
因素4："音乐领域" 2.39 / 2.26
因素5："认知领域" 2.00 / 1.95
因素6："体能领域" 1.94 / 1.92

能力（用学校成绩衡量）
■ 普通幼儿园　□ 森林幼儿园

（注：德国学生成绩以1～5评分，1为最高分，5为不及格）

- 普通幼儿园与森林幼儿园的区别

其中，之前上过森林幼儿园的儿童，显示出明显的优越性。在所有被问及的教师中，他们均判定前者在所有六大类42个问题中39个以上要更优秀些。

在前三类因素的问题中双方的区别更显著些。在"动力、耐力、注意力"方面，"社会行为"和"课堂作业"方面，再次体现出上过森林幼儿园的儿童比其他儿童具有更大的优势，就是说，这些儿童在开始上一年级的时候，从老师们那里能得到更好的评价值（分数）。从森林幼儿园里出来的儿童在一天中不只是有更好的群体行为，而且在上学的动力上、耐力和对事物的坚持上，以及他们的技能和注意力都会被教师群体给予更高的评价。

两组平均成绩最显著的区别是在课堂的协作任务上（因素3）。在这里森林幼儿园出来的儿童以2.16分的成绩高出普通幼儿园的儿童（他们得了2.51分）近半分的样子。这两个平均分的成绩区别显著（p=0.0001）。

同样引人注目的是，在对"动力、耐力、注意力"区域（p=0.0348）和"社会行为"区域（p=0.0241）的评估中，后者仍处于劣势。

在统计上并不显著，但森林幼儿园的儿童在"音乐领域""认知领域"及"体能领域"等因素上的平均成绩，仍然比普通幼儿园的儿童有略高一筹的趋势。在音乐领域甚至显示出相对明显的差距（普通幼儿园得分 2.39，森林幼儿园得分 2.26）。而在表现"体能领域"的因素6中，倒没有显示出什么差异（普通幼儿园得分1.94，森林幼儿园得分1.92）。

在42个问题中的3个问题上普通幼儿园的儿童占了优势：

- 写作，

■　颜色、形状、大小区分，

■　剧烈的体育运动。

最后一点出人意料：本来按照预计，森林幼儿园的儿童们在这些剧烈的体育运动能力上本应该有明显的超前优势，那些标准的攀登、跑步和跳远本应该通过每日在森林里的活动更得到加强才对。

为什么这些普通幼儿园的儿童在这些项目上更超前的原因可能是，在普通幼儿园，这些剧烈的体育运动由于引导性发展而得到了更好的提高。

体育运动过程本来就是更具有节奏和同步性的，而训练过的运动效果比"自由式的"运动则更有持续性和耐久性。除此之外该运动体现出的一致性，学校在进行对剧烈的体育运动能力判定时的要素也在一定程度上类似于运动性游戏和舞蹈，而儿童在森林中的自然的、非引导性的运动过程则体会不到这些要素。

总结汉弗纳的研究结果可以确定，同时国际学生评估项目（PISA）研究也令人警惕地发现，在森林幼儿园长大的孩子将会成为比较有希望的学生团体表率。

汉弗纳写道："平均看来他们普遍具有很强的表达能力，并在音乐领域体现出高水准。不仅如此，在想象力和创造力及课堂协作、社会行为和行为动力方面，他们均高于从普通幼儿园出来的同龄人。值得期待的是，这些作为"研究项目"的儿童要比参与德国研究那次令人失望的表现好得多。在2001年12月4日一个联邦德国联邦州文化部长们的例行会议中，在记者发布会上已经确认，国际学生评估项目（PISA）的研究结论引导的一种清新的"从传统的远离生活的教育道路上到一种以实用为主的教育方式"。除了森林幼儿园之外，还有谁能更好地担当起如此的学前教育重任呢？"

必须看到的局限性是：

■　现在大部分森林幼儿园只提供半天的托管，不适合现代家庭双亲就业的增长趋势。

■　这样使教师人员给儿童的分配上又具有了优势，就是说，比普通幼儿园的教师有了更多单独照顾每一个儿童的时间。

迄今没有得到解答的问题是，从汉弗纳观察到的不同的先决条件下的社会性来源和语言能力的区别最终将何去何从。

尽管根据汉弗纳的结论，无论森林幼儿园或普通幼儿园都应在对方占优势的幼儿工作上进行改进。这可能意味着，例如，"纯"森林幼儿园将在体育运动上进行改进，而"纯"普通幼儿园则在儿童的社会行为的发展上加强提高。基于森林幼儿园在大部分成绩上的优异表现，普通幼儿园可以考虑，增加他们的儿童进行森林项目的活动或者更多的森林日。

儿童在今日的成长轨迹与他们的父母一代已经很难进行比较。儿童们参与户外活动或者公共场所游戏的机会越来越少；他们更多地被推入到封闭的室内活动中，也就是说房子里。在那儿他们的大部分时间花到了计算机或者电视机前。诸如超重或行为损伤的健康问题在以合乎逻辑但是极快的速度增长着，针对这些负面的变化，森林幼儿园提供了一个极为良好的补充措施。

目标是希望能够加强每一个单独的孩子的整体人格发展，使得不仅他们自己，还为周围社会中的人们构建成一个有责任感的人。而且一个幼儿园对儿童的整个发展过程的影响也应被注意到，这个敏感的生命期是整个生命的发展原"基础"或"基石"。在这个时期便与自然有了紧密的接触，并且了解了森林的可持续性使用，对于整个可持续性森林经营的延伸教育也有相当的益处。

同时有一点很清楚：任何在小时候就接触到森林，并了解到森林奇妙之处的人，成年后肯定会为森林的保护和维护作出贡献。

## 森林里特别危险的情况

即使人们已经进行了如此详尽的思考，不可否认的是，在野外大自然中仍存在着一定的危险。下面列出的要点需着重考虑，并给实际运行者必要的信息：

### 健康

- 壁虱（初夏脑炎，莱姆病）
- 绦虫
- 虫咬，过敏
- 狂犬病

### 气候

- 暴雨
- 雷暴天气
- 暴风雨
- 雪/冰（其他：雪崩隐患！）

对于上述情况，在活动地点附近应有可提供临时性庇护的建筑。

### 林业部门

- 伐木
- 木材运输（其他：木材堆放！）
- 使用的植物防虫剂（例如，堆放木材时防治蛀虫的药剂）
- 狩猎设施（高处狩猎小棚，木梯）
- 狩猎期

## 适应儿童的活动

当您作为林业工作者，在您的森林里又有了森林幼儿园之后，可以根据活动概况首先提供活动摘要内容——在该教科书"幼儿园"标识下的描述活动。

因为这些儿童将在一定时间内对同一块森林区域反复访问，还可以推荐进行较深入地和项目类的活动机会。可以在森林项目、创意制作部分开始激发活动。与相应的季节性和气候节奏相呼应的组织活动更应给予特别注意。可利用这些机会，给儿童们展示森林的独特性和实际的森林事物的运作，或者也可以让教师有机会与森林更加亲近，并借机实施森林教育学。

## 参考文献

社会教育学专科学校. 森林之窗——在学前及小学开展森林教育学的理论知识.

带有录像及相关文本,自发行2001（电子邮箱: hls-herrenberg@t-onlin.de）。(Videocasette mit Begleitheft), Selbstverlag 出版社2001 (E-Mail: hls-herrenberg@t-online.de)。

汉弗纳. 德国的自然和森林幼儿园——一种替代传统幼儿园的学前教育. 海德堡大学: 博士论文, 2003.（网址: www.ub.uni-heidelberg.de/archiv/3135）

胡波茨 N. 森林幼儿园手册. 弗莱堡：2004.

科纳. 关于森林幼儿园的研究情况. 瑞士森林学杂志, 155期, 2004, 3-4；71-76.

科勒那 S, 莱纳特 C. 森林幼儿园. 奥古斯堡: 1997.

巴伐利亚州鸟类保护联邦协会. 生命的学习——初级教育的新型教育行列.

兰特瑞 R. 瑞士的第一家公共森林幼儿园的评估报告；克格瑞里·道莱迪尔.如何让儿童动起来，幼儿园需要的认知和活动.来自：苏黎世教育专科学校，2004.（网址: www.waldkindergarten. ch/erkenntnisse）

梅克莉芝 I. 森林幼儿园. 万海姆和巴塞尔: Beltz出版社, 2005.

## Literaturhinweise

Fachschule für Sozialpädagogik; Waldfenster. Methodisch–didaktischer Beitrag zur Waldpädagogik im Vor– und Grundschulalter (Videocasette mit Begleitheft), Selbstverlag 2001 (E-Mail: hls–herrenberg@ t–online.de).

Häfner, P.; Natur– und Waldkindergärten in Deutschland – eine Alternative zum Regelkindergarten in der vorschulischen Erziehung. Dissertation Uni Heidelberg, 2003 (www.ub.uni–heidelberg.de/ archiv/3135).

Huppertz, N.; Handbuch Waldkindergärten. Oberried bei Freiburg, 2004

Kiener, S.;Zum Forschungsstand über Waldkindergärten. Schweizerische Zeitschrift für Forstwesen 155, 3–4: 71–76, 2004

Köllner, S.; Leinert, C.; Waldkindergärten. Augsburg, 1997

Landesbund für Vogelschutz in Bayern (o. J.): Lebengestaltenlernen – eine Fortbildungsreihe für den Elementarbereich.Hilpoltstein.

Lettieri, R.; Evaluationsbericht des ersten öffentlichen Waldkindergartens in der Schweiz. In: GUGERLI– DOLDER, B. et al.: Was Kinder beweglich macht. Wahrnehmungs– und Bewegungsf rderung im Kindergarten. S. 76–83. Pädagogische Hochschule Zürich, 2004. www.waldkindergarten.ch/erkenntnisse

Miklitz, I.; Der Waldkindergarten. Beltz Verlag, Weinheim und Basel 2005

## 联系地址：

德国自然和森林幼儿园联邦协会（Bundesverband der Natur– und Waldkinderg rten in Deutschland e.V.）

街道 Osterdamm 27

邮编：24983 城市：Handewitt

（电话）Tel. 04608/1755

（电传）Fax 04608/1553

电子邮箱 E–Mail: info@bundesverband–waldkinder.de 网址 Internet: www.bundesverband– waldkinder.de


巴登符腾堡州（Baden–Württemberg）

森林和自然幼儿园：巴登符腾堡州联邦协会（Wald–und Naturkindergärten: Landesverband Baden–Württemberg e. V.）

主管部门 Verwaltung:

主管人 Ingrid Miklitz 街道 Schulweg 13

邮编75365 城市 Calw–Hirsau

（电话）Tel. 07051/51313

（电传）Fax 07051/962466

电子邮箱 E-Mail: Ingrid.Miklitz@web.de

网址 Internet: www.LV−Waldkindergaerten.de

巴伐利亚州（Bayern）

巴伐利亚州联邦协会森林和自然幼儿园（Landesverband Wald− und Naturkindergärten in Bayern e.V.）

街道 K nigsberger Stra e 69 邮编 86167 城市 Augsburg

（电话）Tel. 0821/72989288

（电传）Fax 0821/72989388

电子邮箱 E-Mail: info@waldkindergarten.net

网址 Internet: www.LV−Waldkindergarten−bayern.de

# 第十四节　中国实践

A 简明信息
B 中国森林体验教育发展概况
C 活动

## A　简明信息

本节介绍的内容，分为两部分，"B 中国森林体验教育发展概况"和"C 活动"。

活动的一部分是由天水秦州森林体验教育中心引导教师在2013年自创的。这些引导教师经过德国森林教育专家玛瑞乌斯（Marius）先生和沃尔夫冈（Wolfgang）先生的5次培训，并赴德国考察培训1次，在近3年的60多场/次中小学生森林体验教育引导实践活动中积累了经验，对德国的森林教育思想和方法有较深刻的理解，编写的活动富有特色，对于帮助消化吸收德国《森林教育指南》的思想和方法，结合中国国情进行森林教育活动的创新，具有很好的启示作用。

更多的部分是由贵州省林业局组织省内外专家于2021年创编或整理的。中国森林体验教育经过近10年的的推广，融合了自然教育、环境教育、森林康养、森林旅游及科普宣传等多方面的实践经验，创编的活动具有中国特色，对于开展森林体验教育活动具有借鉴和指导意义。

本节自创活动从第一版的3个增加到了33个，我们归纳为森林——生命空间、树木、森林与社会、创意制作和岩石五大类。对于第一版创编的活动我们注明了2013年，以示区别。

本节活动按照第八章 森林教育机构、文献和工具箱 E 自己的建议中所要求的格式和规范编写。

## B 中国自然与森林体验教育发展概况

随着中国社会经济的发展，人们在基本物质生活条件得以满足后，对生活品质和精神文化领域有了更高追求，在"健康中国"理念的引领下，森林体验应需而生。森林是开展体验教育最主要的活动场所，森林体验教育是引导人们更好地进行森林体验的方式，是发挥森林多种功能的一种重要形式，体现了普通大众对人与自然关系认识的提高和亲近自然的渴望。人们通过融入森林、湿地等环境，增加对自然的了解，激发出尊重自然、顺应自然、保护自然的生态情怀。

中国森林体验教育理念最早于2009年由中德合作甘肃天水生态造林项目引入。在各地政府倡导多路径开展自然（森林体验）教育的政策引导下逐步发展壮大，至今，森林体验教育进一步拓展为以公园、自然保护地、湿地、荒漠、博物馆、科普馆等为载体，以森林体验为主要形式的全方位的自然教育。

### 一、中国自然（森林体验）教育的政策支持与发展形势

#### 1.自然（森林体验）教育的政策支持

中国是世界上人口最多的国家，也是生物多样性最丰富的国家之一，森林覆盖率为23.04%。改革开放以后，随着中国人口增加和聚集，城镇化加速，对森林等生态系统破坏加剧，我国生态环境不断恶化。为了遏制这种状况，尤其是解决中西部地区严重的水土流失问题，扭转长江、黄河流域水患灾害，1998年国家出台了停止天然林采伐的决定，2002年中国政府颁布《退耕还林条例》并于2003年正式实施，此后国家又相继出台相关政策法规，禁伐、限伐天然林和人工林，森林保护工作由此展开。

2005年，习近平总书记提出"绿水青山就是金山银山"的生态环保理念，这与国外森林可持续利用的理念不谋而合。自2012年中国开展生态文明建设以来，政府已将山水林田湖草整个生态系统的保护与利用进行了统筹、规划与管理，措施包括各地林业主管部门结合当地实际情况，编制天然林和人工林的采伐限额并按照下达的采伐限额和木材生产计划分别管理，从而在一定程度上解决经济发展与生态保护兼顾问题。

随着生态文明思想的广泛传播，人民群众环保意识的增强，森林的可持续利用从原有的以木材采伐为主的方式，逐渐转变为开发非木材林产品、开发森林文化产品以及开发森林生态服务功能的方式。森林食品、森林运动和森林休闲旅游逐渐成为人民群众喜爱的产品及生活方式，充分利用森林生态服务功能提升了人民亲近自然的幸福感；而山区、林区、贫困地区居民通过参与多种方式的森林可持续利用，获得就业机会和增加收入也收获了幸福感。自然（森林）体验教育作为森林文化的重要方面，充分发挥了生态服务功能，具有重要的教育意义和经济价值。近年来，围绕自然（森林）体验的教育活动、研学需求悄然兴起。

在生态文明思想的指引下，由于社会对自然（森林体验）教育的需求不断扩大，中国政府开启了"倡导型"为主的自然教育发展推动模式。2016年，国家林业局发布《关于大力推进森林体验和森林养生发展的通知》，2019年国家林草局发布《关于充分发挥各类自然保护地社会功能，大力开展自然教育工作的通知》等文件，为利用森林开展自然教育指明了方向。

在国家颁布的文件指导下，全国多个省市根据本地实际情况，出台了与自然（森林）教育相关的规划、标准、指导意见等。如北京市园林绿化局作为主管单位，出台了《北京森林体验与自然教育发展规划（2018—2030年）》《森林文化基地建设导则》《森林体验教育基地评定导则》《园林绿化科普标识设置规范》等指导性文件。此外，北京市教育委员会配合出台《北京市中小学生社会大课堂建设方案》，将自然教育纳入素质教育中，为切实提高北京地区中小学生素质提

供了政策支持。

2016年，四川省林业局出台《四川省森林自然教育基地评定办法（试行）》；2020年3月广东省林业局正式印发《关于推进自然教育规范发展的指导意见》，这是我国出台的首个省级自然教育工作指导意见。2020年10月，四川省林草局等8个省级部门印发《关于推进全民自然教育发展的指导意见》，2020年12月，《四川自然教育基地建设标准》正式发布，为构建地方自然教育发展格局奠定了良好基础。

2.自然（森林体验）教育的发展形势

在国家和地方政府颁布的政策指引下，自然教育事业发展方兴未艾，成为蒸蒸日上的新兴行业。2017年11月17日，由中国林业教育学会主办成立了中国林业教育学会自然教育分会；2018年9月，成立首都自然体验产业国家创新联盟；2019年4月，以中国林学会为依托，建立了中国自然教育总校，305家与自然教育相关的学校、公园、企业、社会团体等加入到自然教育倡议队伍中。2018年开始，广东省将深圳自然教育经验成功推广，率先成立了广东省林业局自然教育领导小组、粤港澳自然教育联盟、广东省林学会自然教育专业委员会。在多个政府部门支持下，四川省建立了大熊猫国家公园自然教育联盟、四川省自然教育联盟、四川省自然教育国际合作创新联盟等跨境合作平台及合作机制。2021年初，陕西省成立了关注森林活动组委会和执委会，在自然体验基地创建、自然教育活动推广、古树名木和天然林保护方面发挥积极作用。

与此同时，各省也在稳步推进自然教育基地建设。2013年8月，甘肃天水市秦州森林体验教育中心正式运行；2014年，广东率先在深圳华侨城国家湿地公园建立中国首个自然教育学校；2017年，深圳市首批13个自然教育中心建立。2020年出台的《广东省推进自然教育规范发展的指导意见》中提到，广东省计划2020年建立40个省级自然教育基地；到2023年力争建立100个自然教育基地，每个地级以上市至少建设1个自然教育基地，建设全国自然教育示范省。

此外，各类自然教育联盟、论坛、研讨会等在全国各地兴起，加速了自然教育行业的交流与发展。2014年，来自北京、上海、杭州、厦门、深圳、昆明、广州、成都等地的十几家机构成立了全国自然教育论坛筹备委员会，在厦门召开了第一届全国自然教育论坛及青年论坛。全国自然教育论坛由此起步，截至2019年年底，已经成功举办6届，成为引领我国自然教育行业发展最重要的非官方组织。同年，四川举办首届森林自然教育研讨会，发布《四川省森林自然教育行动宣言》。2016年四川创新举办首届森林自然教育大会，现已连续举办4届。2019年，全国自然教育网络主办了首届华北自然教育论坛；同年，在广东省林学会的指导下，第二届华南自然教育论坛在广州举办。

## 二、全国部分省份自然（森林体验）教育行业发展现状

1.甘肃森林体验教育的发展现状

甘肃是中国最早从德国引进森林教育体验的省，对全国自然教育蓬勃发展起到了重要的推动作用。天水市秦州森林体验教育中心由德国专家规划设计、提供技术培训，引进了德国森林体验教育教材，中德财政合作甘肃天水生态造林项目执行办公室与天水市秦州区人民政府共同出资1000万元于2011年开始规划建设。中心依托森林植物园的自然地势而建，建设了信息中心展厅、森林体验探险通道、原生态活动体验场地，借鉴了德国森林体验教育理念并充分结合当地资源条件，融入具有中国特色的文化元素，并以德国《森林教育指南》教材为指导，编制出具有天水特色的森林体验教育指南和教育规划。中心培训出森林体验教育引导员100多名，其中，具备承担国内森林体验教育培训任务水平的培训师16名，对当地公众树立环保意识、加深对森林的理解、促进青少年行为改变、培养学生科学素养、提高动手实践能力起到了积极的推动作用。

作为中国森林体验基地建设的开拓者和典范，甘肃省天水市秦州森林体验教育中心成为国家林业和草原局认定的"第一批全国森林体验基地试点"单位。中心接待了来自全国10多个省份以及国外的考察、调研、参观团队90多次、840人次。接待了5~80岁年龄段的来访群体累计约6万多人次，天水市中德合作造林项目办公室和秦州森林教育中心派出专家应邀赴陕西、四川、内蒙古、贵州、江西、北京、黑龙江7个省份开展森林体验教育工作者培训，在全国森林体验教育行业起到了良好的引领示范和辐射带动作用。2013年9月，"中国天水森林体验教育国际论坛"成功举办。

2.北京自然（森林体验）教育的发展现状

北京作为自然教育行业的先行者，将人文历史、自然资源和雄厚的教育优势集于一体。北京市园林绿化局作为主管部门，针对北京的自然教育状况做了前瞻性的调研，为北京市自然教育行业发展提供了数据支撑和方向指引。截止至2019年，北京市森林覆盖率为43.5%，全市范围内设置了27处科普教育基地。目前，北京主要由国有单位（主要包含城市公园、郊野公园、森林公园、林场、国有苗圃、风景名胜区、自然保护区7种不同类型绿地）和社会资本经营单位共同开展自然教育。

在适合开展自然教育活动的户外场地中，国有单位经营管理的户外场地占64%，共443家；社会资本经营的户外场地占36%，共248家场地。国有单位适合开展自然教育活动的户外场地单位或机构中，11%的户外场地已开展自然教育，并且接近50%的自然教育基地每年的自然教育教育服务覆盖人数在1000~5000人之间，15%的基地服务人数在10000以上，74%的自然教育基地平均每月开展1~2次活动。自2010年起，北京市园林绿化局支持北京林学会，开始探索北京自然教育创新发展模式，创建了森林音乐会、森林大篷车、森林阅读等多个品牌活动，至今已举办各类活动1000余场次，辐射受众累计200余万人次。通过活动，增进了人与自然的和谐共处，同时带动山区、林地的资源再利用。此外，北京林学会十分重视专业人才的培养，自2013年开始培训了4期自然解说员，累计受训人数超过300人，通过严格考核后合格人数达200余人。

根据调查结果，北京市城市以"大京郊、小城区"为空间特点，自然教育服务充分发挥京郊的自然资源优势，利用农村乡土特色，实行差异化布局，构建"城里城外"自然教育全龄服务体系，实现全域覆盖，助推北京地区文化的弘扬与传承。

3.广东自然（森林体验）教育的发展现状

广东作为经济社会水平发展程度较高的省，同时自然保护地资源位居全国前列，在推进自然教育事业发展上具有天时、地利、人和的得天独厚优势。2014年，广东省以深圳市华侨城湿地为起点，着力推广自然教育，初步搭建了广东省自然教育工作框架和平台。2018年至今，广东省开展自然教育活动的阵地达300多个，组织开展各类自然教育活动1.3万余场次，接受教育和参与活动人员累计达300万人次。广东省利用自己的区位优势，通过粤港澳自然教育工作交流合作，使广东省自然教育事业起点高、发展快。

此外，广东省政府注重顶层设计，从制度创新、方法创新、平台创新等各个方面进行了探索，公开提出将按照公益开放、因地制宜、生态优先、传承文化等原则，建立有规划、有标准、有平台、有效果的广东特色自然教育体系和粤港澳自然教育平台，打造一批具有岭南特色的自然教育品牌，为自然教育行业发展的科学性、前沿性、可持续性提供很好的政策支持。

4.四川自然（森林体验）教育的发展现状

四川省地处长江黄河上游，生态区位重要、生态资源丰富，林草面积占全省面积75%以上，森林覆盖率40%，开展自然教育尤其是森林教育体验和特有动植物物种认知方面极具优势。从2007年以来，四川省一直将自然教育作为生态文明建设抓手，积极探索，努力推进，近年来被誉为全国自然教育领跑者。截至2020年，四川省累计评定自然教育基地128处（其中，大熊猫国家公园内19处）。在推进自然教育过程中，四川因地制宜，充分利用各地的自然资源，努力推进本土特色的自然教育，孵化培育类型多样的自然教育产品。例如，四川荥经县走出了以全域自然教育为支撑的国家公园建设与地方经济社会协调发展之路。此外，四川都江堰、平武、北川、崇州、青川等多个县市积极利用当地丰富的森林资源拓展自然教育和森林体验活动。

2017年开始，四川一直致力于自然教育骨干人才培训，到目前已组织开展自然教育培训者培训、自然导师培训和技能培训等近300期（次），培训人才超10000人次。2020年10月，在省内评选出20位最受欢迎自然教育导师。

5.陕西自然（森林体验）教育发展现状

陕西省地形南北狭长，陕西北部是黄土高原，陕西南部位于秦岭主体区域。因此，陕西省注重植树造林、防沙治沙，退耕还林规模位于全国之首，全省森林覆盖率现已达到45%。尤其秦岭山脉为陕西省开展森林体验教育提供了得天独厚的自然资源，大熊猫野生种群密度全国之最。2013年，陕西启动中小学生森林体验活动。目前，已建成太白山蒿坪森林体验基地、牛背梁北沟森林体验基地、宁西朝阳沟森林体验基地、周至楼观台森林体验基地等14处森林体验基地和长青保护区等3条生态探秘路线，创建国家级和省级生态文明教育基地16处（其中，国家级3处），平均每个市达到2~3处。2013年9月，陕西省林业厅在牛背梁国家级自然保护区北沟森林体验基地启动了森林体验活动。截至2019年底，全省生态文明教育基地接待人数超过150万人次，森林体验基地每年接待中小学生达5000人次。森林体验活动辐射到西安、宝鸡、咸阳、延安、汉中、安康、商洛和杨凌等8个市（区）的200多所学校。2021年，陕西省启动了自然体验基地的评选和首届自然教育课程设计大赛。

经过近几年的发展，全国涌现了一批专注自然教育的机构，开展了类型丰富的面向社会大众特别是青少年等多种形式的自然教育，通过自然教育活动和研学活动，社会大众尤其是青少年的环保意识普遍增强，对森林、湿地生态系统的环境因子更加了解，对森林可持续利用的价值有了思考与探索，科学素养进一步提升，在提高自我能力的同时也产生了积极的社会影响，自然教育已成为公众和教育工作者广泛关注和重视的教育理念。

### 三、中国自然教育发展的主要问题与展望

#### 1.自然（森林体验）教育基地建设有待完善

目前，全国各地以城市（镇）为中心建设了一批的自然（森林体验）教育基地，博物馆、科普馆数量大，存在的问题包括自然（森林体验）教育基地建设没有统一标准、展示内容相对较为单一、活动课程不够丰富等。根据北京市园林绿化局的调研结果认为：中国的城市（镇）建设自然（森林体验）教育基地可以根据当地经济状况、自然资源情况，按照"六个一"的建设标准，即拥有一座自然教育访客中心、一条自然教育主题路径、一个自然教育户外课堂、一套自然教育科普解说牌示系统、一套自然教育活动课程、一支自然教育专职队伍开展建设。标准化的建设还需要政府和主管单位做好顶层设计，结合当地资源，突出区域特色，找准主题，发掘适合当地地域文化和认知能力的自然教育活动课程。

此外，自然教育不仅只满足城市人的需求，我们更应该利用广大的农村和农业资源，充分发挥农村的生态资源优势，就地取材，打造具有特色、简单、易操作的农村自然教育基地（场所）。通过自然教育，融合休闲农业、乡村旅游，实现以绿兴业、以绿惠民，在提高农村居民的经济收入同时，让他们真正成为做绿水青山的守护者、宜居环境的建设者，促进城乡共同发展。

### 2.自然教育相关人才培养有待加强

专业人才缺乏是限制各类自然教育机构发展的重要原因。例如，北京林学会至今已经举办了4期自然解说员培训，培养了近200名自然解说员，但这些人员远不足支持自然教育发展。

在专业人才队伍建设中，首先建立一支专业的自然教育引导师队伍。通过加大招募行业内从业人员力度、提供国内外培训机会、建立实习实践机制、建立信息管理网络等方式，培养一批专业素质高、业务能力强的自然教育导师。其次，建立一支志愿者队伍。搭建志愿者信息库，将志愿者信息收集入库待相关单位申请调用；优先安排服务意愿强的志愿者。最后，在自然教育基地成立专门的部门开展人才队伍招募、管理、宣传等工作。

### 3.自然教育公益性与商业化模式的融合度有待提高

目前，森林公园、湿地公园、风景名胜区、地质公园等自然公园以及自然保护区开展自然教育占比达到60%以上，它们主要为国家规定的公益I类单位，不具备盈利性经营的资质，如何调动这些单位的积极性，保障其开展内容丰富、可持续性地开展形式多样的自然教育，是当前自然教育行业面临的问题。社会资本经营的自然教育基地（机构）受限于盈利模式,盈利能力，常常由于资金短缺、专业规划建设指导匮乏，人才缺乏等因素，缺乏品牌发展力和影响力，难于做大做强。

根据当前自然教育行业发展现状，首先政府应加大与资金投入，用于专家引进、人员培训、课程研发，人才激励。其次，政府主导部门应出台落实细则，一方面指导自然教育标准化建设，凝聚共识，打造行业联盟，形成品牌合力；另一方面在政策中允许社会资本经营机构与国有管理单位在品牌、课程、营销等方面开展融合，指导其他自然教育利益相关者共同管理促进自然教育事业体系的完善与发展。

纵观全国自然（森林体验）教育的发展，各地正如火如荼地挖掘本地资源，抓住发展机遇，阔步前进，但整个行业在发展中仍然面临一些瓶颈，国有单位、社会资本经营机构在执行过程中面临了很多集中和突出问题。各级政府部门要整合资源，集中发力，形成合力，借鉴德国等国家先进的森林教育体验理念，充分利用国外成熟的自然教育成果，共同推进我国自然教育事业的可持续发展，让自然教育事业成为生态文明思想传播的主战场。

注：文中数据来源为甘肃天水市秦州森林体验中心提供的数据、2019年北京市《北京自然教育发展报告》、四川省林业和草原局在"第四届森林自然教育大会"上发布的《全国自然教育，四川奋勇领跑》文稿以及广东省人民政府、陕西省林业厅公布的数据。

资料提供：沈一岚、王清春

# C　活　动

## 森林-生命空间1　大树与小松鼠

**内容**　形象地表现人、森林、动物的关系，通过角色互换的游戏，锻炼参与者们的反应能力和团队协作能力。

| 目的 | 时限 |
|---|---|
| ◇理解森林是动物家园的理念，活跃团队的气氛 | ◇20~30分钟 |
| 活动类型 | 材料 |
| ◇活泼型 | ◇— |
| 参与者人数 | 准备工作 |
| ◇15人以上 | ◇选择较为平坦的地块，以便于开展活动 |
| 参与者年龄 | 室外条件 |
| ◇6岁以上 | ◇无雨 |

**活动流程**

◆ 将参与者3人一组，分成若干组，参见［>］开始7"和谁在一起？"。

◆ 每组二人扮演"大树"，面向大树站立，伸出双手搭成一个小屋；一人扮演"松鼠"，蹲在小屋中间。分组时如果多出一位参与者，可以让他担任一个特殊的角色——魔鬼；如果多出2位参与者，则仍然扮演"大树"，伸出双手搭成小屋；如果人数刚好，则由引导者担任"魔鬼"。

◆ "魔鬼"有3个口令。

◆ 第一个口令："猎人来了"。"大树"不动，扮演"松鼠"的参与者必须离开原来的"大树"，重新选择其他的"大树"；"魔鬼"改变角色，扮演成"松鼠"并跑到"大树"当中蹲下。落单的参与者则出列担任"魔鬼"发号施令。

◆ 第二个口令："樵夫来了"。"松鼠不动"，扮演"大树"的参与者必须离开原来的同伴重新组合"大树"，并圈住"松鼠"；"魔鬼"改变角色，与其他人组合扮演的"大树"，落单的参与者出列担任"魔鬼"发号施令。

◆ 第三个口令："大火来了"。"大树"和"松鼠"全部解散重新组合，所有的角色(包括"魔鬼")可进行互换，落单的参与者出列担任"魔鬼"发号施令。

**活动变化方案**

◆ "大树与小松鼠"游戏在落单部分如果采取表演节目的方式惩罚，那么参与者的其他能力也可以在游戏中得到体现，如唱歌、跳舞、讲故事、讲笑话等。引导者可以充当"魔鬼"，对大家进行发号施令，"魔鬼"的口令有3个。

◆ 第一个口令：引导者喊"猎人来了"，"大树"不动，扮演"松树"的人就必须离开原来的"大树",重新选择其他的"大树";"魔鬼"就扮演"松鼠"并插到大树当中,落单的人出列站到一边,不得参与游戏。

- 第二个口令引导者喊"樵夫来了","松鼠"不动,扮演"大树"的人就必须离开原先的同伴重新组合成"大树",并圈住"松鼠","魔鬼"同时快速扮演"大树",落单的人出列站到一边,不得参与游戏。

- 第三个口令引导者喊"大火来了",扮演"大树"和"松鼠"的人全部打散重新组合,扮演"大树"的人可以充当"松鼠","松鼠"也可以充当"大树","魔鬼"亦快快速插入队伍当中,落单的人出列站到一边,不得参与游戏。

---

**提 示**

扮演两棵"大树"和一只"松鼠"的参与者全部拆散并重新组合,更换位置时不能和相邻的小组进行换位。最后没有组合成两棵"大树"和一只"松鼠"的组合则接受惩罚。活动中参与者要注意力集中,迅速地变换自己扮演的角色,跑动时注意安全。

作者:龚家乐(2013年)

# 森林-生命空间 2　感知自然

**内容** 通过活动锻炼来访者的听觉、触觉及嗅觉的灵敏性,让他们用各种感官去体验大自然中丰富多样的景象。

| 目的 | 时限 |
| --- | --- |
| ◇运用多种感官去感知大自然中优美的景象,锻炼体验者的触觉、听觉及嗅觉的灵敏性 | ◇约45分钟 |
| | 材料 |
| | ◇录制好《大自然的声音》(鸟声、水流、雷雨声、瀑布、风声)、眼罩 |
| 活动类型 | |
| ◇讨论型、五官观察型 | 准备工作 |
| 参与者人数 | ◇提前把需要的图片摆放好 |
| ◇10~24人 | 室外条件 |
| 参与者年龄 | ◇平坦的草地 |
| ◇6~12岁 | |

**活动流程**

- 将体验者围成一个圆圈,播放音乐《大自然的声音》,让他们说出听到的声音。
- 蒙上眼睛,牵着体验者的手带他们到小步道、草地、石子路上走一走,让他们用脚体验不同的道路(10人以上分2组)。带他们有意识地去闻闻花香,让他们猜猜是什么花。
- 引导体验者到一棵小树旁,请他们抱一抱。猜猜是大树还是小树?摸一摸树皮,有什么感觉?知道是什么树吗?
- 引导体验者躺在草地上,用耳朵听一听小草有什么声音。静静地听周围的声音,你听到了什么？

整个过程结束后，睁眼仔细观察，验证自己刚才的各种感觉，根据不同的来访者提出不同的问题，大家互相交流活动中的发现。

### 活动变化方案

- 将体验者带到一个安静的合适区域听不同的森林声音（如鸟类声音、树叶发出的声音、昆虫声音等）。
- 要求体验者以尽可能舒适的方式席地而坐，不能发出任何声音，以便倾听森林环境中的各种声音。
- 体验者根据在森林里听到的声音特征，记住听到的不同声音。
- 整个活动结束后，体验者共同讨论所听到的森林环境中的声音都有哪些？在讨论时提出问题，人类在森林中活动时，如果噪音太大的话，对森林中的动物有哪些影响？

---

### 提　示

- ■　活动场地的选择（开展活动的场地要干净、平坦、避免玻璃碎片）。
- ■　提前做好户外安全防护措施（蚊虫叮咬），保证活动的顺利开展。

作者：马新玲

# 森林——生命空间 3  动物接龙

**内容**  让体验者了解动植物的知识。

| 目的 | 时限 |
|---|---|
| ◇激发体验者的热情，通过活动了解动植物方面的知识 | ◇约30分钟 |
| | 材料 |
| 活动类型 | ◇绳子、动物卡片、 |
| ◇活泼型、知识型、讨论型 | ◇铅笔、纸 |
| 参与者人数 | 准备工作 |
| ◇10~20人 | ◇提前把需要的图片摆放好 |
| 参与者年龄 | 室外条件 |
| ◇8岁以上 | ◇非下雨天 |

**活动流程**

◆ 让体验者围成一个大圆圈，直径大约10米，引导员设好边界，保证每组距中心等距离（大约6米）。

◆ 将体验者分成小组，每组3~5个人，分给每组一支笔、一张纸。为了增加乐趣，让每组给自己起个有趣的自然物的名字（比如，紫荆、梅花等）。现在让每个组在圈外找一个地方，要求他们自我介绍。

◆ 在圆圈的中心摆30张动物卡片，面朝上。告诉体验者每种动物有6张卡片，活动的目的是每组猜出5种动物（告诉体验者线索是概括性的，很难指示某种特别的动物；而另一些线索是特指的）。小组不必把每种动物的卡片都找齐，只要能确定是哪种动物就够了。记得告诉体验者5种动物区别很大、特点分明。比如，狼和狐狸不会出现在同一组。

◆ 活动开始，每组一次派1名队员拿1张卡片。跑过去的人可能直到返回小组才有机会看卡片上写的是什么，组员们读卡片上的内容，猜猜是什么动物。第二个队员把第一张卡片还回去，再取一张新的。每组一次只能有1张卡片。活动一直持续到他们把5种动物全部猜出为止。

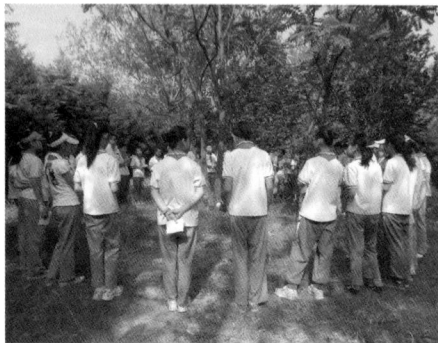

**活动变化方案**

◆ 可以将活动卡片换成植物或水生动物等。

◆ 可以用打分的方式鼓励每位体验者，猜对一个加1分，猜错一个扣2分。每猜一次每组有9分附加分，一共有5次机会。第一个完成的组加3分，第二个完成的加2分，所有完成的都加1分，然后再乘以2。他们总是很高兴自己的小组得高分。

◆ 给体验者介绍有关于植物或水生动物的知识。

### 提 示

■ 当小组已经拿了6张卡片，你要提醒队员，仔细看卡片上的文字，确保没读过这张卡片。到最后的时候，可以允许还没猜出来的组每次取2张卡片。

■ 当某个小组认为他们已经猜到5种动物了，他们要向引导员报告他们的答案（注意：一些小组会抢着回答，引导员要提醒每组要有充分的把握，合理地推断某种动物，这点很重要。通常最先抢着完成的小组得分会比较低）。

## 附加信息

＊海葵：是一种长在水中的食肉动物，属于刺胞动物。海葵没有中枢信息处理机构，也就是说它连最低级的大脑基础也不具备。虽然海葵看上去很像花朵，但其实是捕食性动物，它的几十条触手上都有一种特殊的刺细胞，能释放毒素。

＊乌贼：乌贼又称花枝、墨斗鱼或墨鱼。乌贼遇到强敌时会以"喷墨"作为逃生的方法并伺机离开，因而有"墨鱼"等名称。其皮肤中有色素小囊，会随"情绪"的变化而改变颜色和大小。乌贼会跃出海面，具有惊人的空中飞行能力。与鱿鱼和章鱼一样属于海洋软体动物，三者均不属于鱼类。

＊虾：是一种生活在水中的节肢动物，属于节肢动物甲壳类。种类很多，包括南极红虾、青虾、河虾、草虾、对虾、龙虾等。虾具有很高的食疗营养价值，也可以用作中药材。

## 参考文献

[美]约瑟夫·康奈尔. 与孩子共享自然. 郝冰编译. 北京：中国城市出版社，2013.

作者：马新玲

# 森林——生命空间4　红外相机监测

**内容** 参与者在实践中体验野生动物监测方法和原理。

| 目的 | 时限 |
|---|---|
| ◇让参与者了解野生动物监测的概念和意义，在体验中掌握红外相机监测的关键步骤 | ◇60分钟 |
| **活动类型** | **材料** |
| ◇调研型、安静型 | ◇红外相机 |
| **参与者人数** | ◇电池、SD卡 |
| ◇20人 | ◇记录夹、A4纸、野生动物图片及简介 |
| **参与者年龄** | **准备工作** |
| ◇12岁以上 | ◇通过踏查，初步确定红外相机布设的区域；根据天气情况提示体验者准备好户外衣物、鞋帽等 |
| | **室外条件** |
| | ◇无雨 |

**活动流程**

◆ 在活动开始之前准备好当地常见野生动物图片及简介，并把它们分成10份放置在记录夹里。

◆ 请您简单介绍这些野生动物的名字和主要特征，让体验者对其生活习性有一些初步的了解。

◆ 请您简单介绍红外相机的工作原理，以及红外相机在野生动物调查监测中的应用情况。

◆ 将体验者2~3人分为一组，每组分发1台红外相机，请您详细介绍红外相机的组装和初始设置。

◆ 选择身边的一棵树，具体演示组装设置完成相机的野外布设过程，重点介绍红外相机布设的高度、角度以及固定方法等。

◆ 带领体验者来到森林中，行进过程中介绍本次主要监测对象在林中的分布特征，提示大家注意观察森林中不同的栖息地环境，不同的野生动物喜欢的栖息环境存在差异。

◆ 让每组体验者自己选择监测目标野生动物，根据前面野生动物生活习性的介绍选择红外相机布设的最佳位点，开始布设相机。

◆ 布设完成后，现场准备试拍背景纸，A4白纸上面用记号笔写上时间，时间要精确到分。

◆ 启动红外相机，并试拍成功后完成本次体验。

◆ 引导体验者一起分享参与活动的收获和感受，指出自然界中每种野生动物都有自己的生活习性和生存空间。通过，监测能让我们对野生动物更加了解，以便我们更好地与它们和谐相处。

**活动变化方案**

◆ 可以让体验者一起到森林中事先布设好的红外相机前，现场讲解红外相机监测野生动物的原理和布设过程。

◆ 介绍红外相机野外监测数据采集和电池更换方法。

◆ 让体验者现场查看红外相机的监测数据，介绍数据处理方法。

◆ 让体验者现场组装调试准备好的新相机，并体验现场布设。

> **提 示**
>
> ■ 可以在外出布设红外相机之前，在室内让体验者观看红外相机拍摄到的照片和视频资料，以增加活动体验的兴趣。
>
> ■ 通过踏查，摸清活动区域潜在的安全风险，列出清单并提出规避方案，户外活动开始前，传达给体验者。

作者：王清春、沈一岚

# 森林——生命空间5 提灯看虫

**内容** 认识各类在夜晚出没的虫子。

| 目的 | 时限 |
|---|---|
| ◇认识各类在夜晚出现的虫子 | ◇1小时 |
| 活动类型 | 材料 |
| ◇安静型 | ◇吸引虫子的帐篷装置、照明灯、虫子网兜、头灯、昆虫图鉴 |
| 参与者人数 | 准备材料 |
| ◇10~30人 | ◇将帐篷装置搭建好，用照明灯持续照明，吸引虫子的到来 |
| 参与者年龄 | 室外条件 |
| ◇12岁以上 | ◇需要找到离树林较近的平地 |

**活动流程**

◆ 请您将体验者分为5人一组，在引导员的带领下以小组为单位开展对夜晚出没的虫子种类的学习。

◆ 活动开始前，请您引导体验者搭建好虫子吸引装置，并对装置的各部件功能进行讲解，培养体验者的动手与协作能力。

◆ 活动开始后，打开照明灯进行持续性照明，仔细观察依次被吸引过来的虫子，拍照、鉴定并记录下虫子名称，根据数量的多少，统计出活动地点哪一类虫子最多。

◆ 活动过程中，可开展趣味小游戏。根据不同种类的虫子，请您通过知识讲解让体验者了解这些虫子的习性、特点，分享虫子"背后的故事"。

◆ 如果因自然因素（如降雨等），未能吸引到足够的虫子，可以找一个合适的地方(无安全隐患)，使用提前准备好的有代表性的昆虫图鉴，向体验者展示并进行与虫子相关知识的讲解。

◆ 对照昆虫图鉴，能够简单鉴定出的昆虫，直接在编号后面注明种名。

◆ 请您和体验者一起探讨得出结论：昆虫和我们的生活息息相关，它们不仅可以保持生态平衡，也可以作为食物、药材等。

### 活动变化方案

◆ 可以通过便携式发电机提供电源，让体验者一起到远离居住区的纯自然环境开展灯诱。

◆ 选择灯诱昆虫中个体较大、较为常见的个体进行分类知识介绍，让体验者记住几种常见昆虫的名字。

◆ 让体验者分享昆虫灯诱的收获和感想。

### 附加信息

◆ 作为夜间活跃的"猎人"，蝙蝠使用声呐系统在空间定位并捕捉猎物，它们发出非常高频的声音，然后再由周围环境反射回来。从这种回声中，蝙蝠可以检测到是否有猎物，如果有，是什么类型的猎物以及所在的位置。例如，前面提到的的蛾子，有些种类的蛾子长有厚厚的毛，可以消减声音的反射。

◆ 仿生学是一门学科，随着"生物仿生学"的解码和技术的创新，有很多有趣的东西被发现或发明出来，例如，恐龙鹤、莲叶效应（超疏水和自洁特性）、鲨鱼等；一些肌肉机器和探头系统的机器人，是模仿昆虫开发的。

### 提 示

■ 在户外体验活动，提醒体验者注意安全。

■ 做好防护措施（如防蚊虫叮咬等）。

作者：冉景丞、王清春、沈一岚

# 森林——生命空间 6　昆虫也挑食

**内容**　参与者在体验中了解昆虫的口器和取食

**目的**
　　◇让参与者认识昆虫的口器类型，并了解昆虫的取食知识

**活动类型**
　　◇观察、体验

**参与者人数**
　　◇15人

**参与者年龄**
　　◇10岁以上

**时限**
　　◇大约50分钟

**材料**
　　◇昆虫（螳螂、蝴蝶、蚊子、苍蝇等）
　　◇放大镜、部分食物（叶子、昆虫、鲜肉）

**准备工作**
　　◇野外抓获昆虫或准备一部分昆虫食物

**活动场地**
　　◇自然教育中心、自然保护区

**活动流程**

◆　在活动开始之前准备好活体昆虫和昆虫的食物，并把它们放置于昆虫观察盒中。
◆　让体验者用放大镜观察几类昆虫的口器，记住并简单画出口器的形状。
◆　然后将昆虫分别放置在观察盒中，放置不同的食物。
◆　观察昆虫取食的食物种类和方式。
◆　引导员可以与体验者一起讨论昆虫的口器类型和取食偏好的关系。

**活动变化方案**

◆　准备好野外捕虫设备。
◆　进入贵州自然保护区森林科普廊道，找一个合适的地方(无安全隐患、较为平坦空旷等)，让体验者捕获不同种类的昆虫，用放大镜观察口器的形状。
◆　让体验者分享自己观察的昆虫口器，猜想它们的食物主要是什么类型。

**附加信息**

　　昆虫的口器：昆虫用来吃东西的器官称口器，也称取食器。因为昆虫的食性分化很复杂，所以有各种各样的取食方式，相应的口器在构造上也有不同类型。本活动主要介绍咀嚼式口器、刺吸式口器、舐吸式口器、刮吸式口器、虹吸式口器、嚼吸式口器等几种类型。

**昆虫口器的类型**

　　＊咀嚼式口器：具咀嚼式口器的昆虫取食时，上唇和下唇形成口器的上下盖，上唇和口器附肢（上颚、下颚）一起围成一个空腔称口前腔，唇基的基部与舌之间为真正的口，上、下颚在口前腔内活动，切碎并咀嚼食物。具有咀嚼式口器的昆虫种类很多，如直翅目、鞘翅目的成幼虫，脉翅目的成虫，膜翅目部分成虫，叶蜂类和鳞翅目幼虫等。例如，蝗虫能将禾本科植物咀食殆尽，蝼蛄咬断植株根部成丝状，鳞翅目幼虫如地老虎切断作物幼茎等。因此，咀嚼式口器的昆虫对作物的危害是很大的。

*刺吸式口器：是取食植物汁液或动物血液的昆虫所具有的既能刺入寄主体内又能吸食寄主体液的口器，为半翅目、蚤目及部分双翅目昆虫所具有，虱目昆虫的口器也基本上属于刺吸式。

*舐吸式口器：双翅目蝇类特有的口器。家蝇的口器是其典型代表。主要部分为头部和以下唇为主构成的吻，吻端是下唇形成的伪气管组成的唇瓣，用以收集物体表面的液汁。下唇包住了上唇和舌，上唇和舌构成食物道。舌中还有唾液管。

*刮吸式口器： 双翅目蝇类的幼虫口器为刮吸式口器，这类幼虫的口器十分退化，只见一对口钩，用来刮破食物，然后吸取汁液，所以，特称为刮吸式口器。

*虹吸式口器：虹吸式口器是鳞翅目昆虫所特有，在外观上是一条能卷曲和伸长的喙，喙由左右下颚的外颚叶凑合而成，每个外颚叶极度延长，内壁具有纵沟，两外颚叶合在一起形成管状的食物道，除去下唇须仍发达外，其余部分均退化。取食时，喙借血淋巴的压力而伸直，伸进花里吸收花蜜或其他液体，取食完毕，喙借肌肉的收缩作用，蜷曲于头下似钟表的发条状。

*嚼吸式口器：嚼吸式口器是高等膜翅目昆虫所具有，这类口器既能咀嚼固体食物，又能吸取液体食物，蜜蜂可作为这一口器类型的典型代表。

**注释：**

**昆虫对树木的危害**

昆虫在繁殖生长的过程中，取食植物的营养器官或吸食植物的汁液，使林木所生产的营养减少；或者林木的营养物质被林木害虫取食，造成林木生长不良，使得木材及林副产品的产量下降，甚至使整株林木死亡。

**活动深化的可能性**

◆ 尝试饲养自己喜欢的昆虫。
◆ 尝试根据昆虫的口器，结合其他特征对昆虫进行分类。

**提 示**

■ 体验者应在家长的陪同下开展户外活动，听从引导员的指挥，在指定的安全范围内进行活动；捕捉昆虫时注意安全，在发现体型较大或不认识的昆虫时，体验者应避免用手直接接触，若发现被蚊虫、昆虫叮咬，及时向引导员或指导老师汇报，在正确的指导下进行处理。

资料提供：贵州佛顶山自然教育中心。

作者：冉景丞

# 森林——生命空间 7  昆虫嗅觉

**内容** 昆虫觅食、求偶、选择产卵场所等多种行为都依赖于嗅觉。例如，同种昆虫雌雄虫之间通常利用雌虫释放的性信息素进行交流；雌性成虫通过辨别寄主植物挥发性物质，寻找适应的产卵场所。

| | |
|---|---|
| **目的**<br>◇认识昆虫的嗅觉系统，认识昆虫的嗅觉单元——嗅觉感受器。昆虫正是通过感受器来感知周围的环境中的各种刺激 | **时限**<br>◇大约30分钟<br>**材料**<br>◇蟑螂、饼干、塑料袋<br>**准备工作**<br>◇无 |
| **活动类型**<br>◇安静型 | **室外条件**<br>◇室内或室外 |
| **参与者人数**<br>◇10～30人 | |
| **参与者年龄**<br>◇12岁以上上 | |

**活动流程**

◆ 活动开始后，拿出预先准备好的蟑螂，把它们放在桌面或者地面上，在旁边放好食物，保持安静，尽量减少人为发出的声音对蟑螂产生干扰，仔细观察蟑螂是否会爬向食物并开始享用食物。

◆ 将食物取走，放到透明塑料袋内封口，让蟑螂能看到塑料袋内的食物，仔细观察蟑螂的状态，若发现蟑螂对袋内食物无动于衷，再将塑料袋与蟑螂的距离拉近，观察蟑螂面对食物会表现出怎样的行为现象。

◆ 活动结束后，让体验者总结并阐述活动过程中出现的现象，根据试验结果向体验者解答同样面对食物，为什么蟑螂所作出的反应不同。

◆ 答案解析：在正常状态下，食物会散发出气味，蟑螂闻到食物散发的气味会爬向食物，并且开始享用，这是蟑螂嗅觉器官的感知效应；而食物被塑料袋装起来后，会阻碍气味的散发，即便是袋子透明且食物可见，蟑螂也无法通过嗅觉感受器来感知和辨别食物的存在，因此，会表现对袋内食物出无动于衷的现象。

## 附加信息

\*蟑螂的小知识

蟑螂，属于节肢动物，蟑螂体扁平，黑褐色，通常中等大小。头小，能活动。触角长丝状，复眼发达。翅平，前翅为鞘翅，后翅为膜翅，前后翅基本等大，覆盖于腹部背面；有的种类无翅。不善飞，能疾走。蟑螂喜欢选择温暖、潮湿、食物丰富和多缝隙的场所栖居，这就是它们孳生所需的4个基本条件。喜暖爱潮、喜暗怕光、昼伏夜出是蟑螂的重要习性。蟑螂的嗅觉感器：在它三角形的头上，长有2只小单眼和1对大复眼。两个上颚呈扇形，交迭象把剪刀，齿间有瘤节突起，碾碎硬物时仿佛虎钳。嘴边有四条触须和许多短毛。触须是它采集食物的工具，短毛是味觉和嗅觉器官，上面有感觉神经，有觅食或避开毒饵的作用。蟑螂是杂食性昆虫，食物种类非常广泛，包括面包、米饭、糕点、荤素熟食品、瓜果以及饮料等。蟑螂有嗜食油脂的习性，在各种植物油中，香麻油对它们最有引诱力，所以有些地方称它们为"偷油婆"。它们大多数长相都差不多，但是仔细观察还是能看到有所不同。当前的分类学者将蟑螂分成6000种左右，其中，约有50种是害虫，例如，大家所常见的亚洲蟑螂。

＊大自然中，依赖嗅觉生存的昆虫有哪些？

蜜蜂、蝗虫、萤火虫、蚂蚁等都是依赖于嗅觉生存的。

---

**提 示**

开展活动的过程中，提前戴好一次性薄膜手套，避免双手与蟑螂直接接触。活动完成后，体验者应及时进行手部清洁，注意保持个人卫生。

资料提供：冉景丞

# 森林——生命空间8 谁被吃了

**内容** 认识食物链这一生物学概念，了解大自然保持生态平衡的秘密。

**目的**

◇认识食物链，理解大自然保持平衡的方式，不破坏自然，也不过度干预，更不要通过放生干预大自然的自由生长

**活动类型**

◇安静型

**参与者人数**

◇10～30人

**参与者年龄**

◇10岁以上

**时限**

◇30分钟

**材料**

◇纸、笔

**准备工作**

◇体验者应提前准备用于户外获得的护具，防蚊虫叮咬

**室外条件**

◇无安全隐患的室外自然环境

**活动流程**

◆ 按照参加活动的体验者人数，可分为5人/组，2~6组的组成方式，在引导员带领下以小组为单位开展活动。

◆ 活动开始后，指导老师采用提问的方式，引导体验者思考海洋、草原、高山、农田等生态系统中，不同种类的生物都具备怎样的生存方式。

◆ 根据体验者对不同动物的生存方式知识的掌握，由引导员向体验者讲解什么是食物链、为什么存在食物链，以及不同植物和动物在食物链中的关系等知识。同时，举例说明食物链的存在形式，如在草原上，青草—野兔—狐狸—狼；在湖泊中，藻类—甲壳类—小鱼—大鱼等。

◆ 体验者完成基础知识的学习后，由引导员带领体验者走进户外，引导体验者观察身边自然环境中存在的食物链、食物网，并记录下来。

◆ 课程总结：自然界有维持自身平衡之道，不要去破坏、干预大自然的"自由生长"。

## 附加信息

＊自然界中的食物链网络

食物链，又被称为"营养链"。生态系统中各种生物为维持其本身的生命活动，必须以其他生物为食物的这种由生物联结起来的链锁关系。简而言之，在生态系统内，各种生物之间由于食物而形成的一种联系，叫作食物链（food chain）。我们小时候听到的"大鱼吃小鱼，小鱼吃虾米、虾米吃紫泥"现象的描述，就是最早接触的食物链知识。食草动物称为第一级消费者，它们吞食植物而得到自己需要的食物和能量，这一类动物如一些昆虫、鼠类、野猪一直到象。食草动物又可被食肉动物所捕食，这些食肉动物称为第二级消费者，如瓢虫以蚜虫为食，黄鼠狼吃鼠类等，这样，瓢虫和黄鼠狼等又可称为第一级食肉者。又有一些捕食小型食肉动物的大型食肉动物如狐狸、狼、蛇等，称为第三级消费者或第二级食肉者。又有以第二级食肉动物为食物的如狮、虎、豹、鹰、鹫等猛兽猛禽，就是第四级消费者或第三级食肉者。对于自然界来讲，一个复杂的食物网是使生态系统保持稳定的重要条件，一般认为，食物网越复杂，生态系统抵抗外力干扰的能力就越强，食物网越简单，生态系统就越容易发生波动和毁灭。根据生物间的食物关系，将食物链分为4类。

＊捕食性食物链：它是以植物为基础，后者捕食前者。如青草—野兔—狐狸—狼。

＊碎食性食物链：指以碎食物为基础形成的食物链。如树叶碎片及小藻类—虾—鱼—食鱼的鸟类。

＊寄生性食物链：以大动物为基础，小动物寄生到大动物上形成的食物链。如哺乳类—跳蚤—原生动物—细菌过滤性病毒。

＊腐生性食物链：以腐烂的动植物尸体为基础，然后被微生物所利用。

---

**提示**

开展野外观察活动时，体验者应提前穿戴好护具、做好防蚊虫叮咬等防护措施。

---

资料提供：冉景丞

## 森林——生命空间 9　动植物的生存智慧

**内容**　人们总是认为，只有"万物之灵"的人类才有智慧，然而，大自然中也隐藏着众多大名鼎鼎的动植物智者，让我们走进大自然，一起了解和探寻它们的生存智慧。

**目的**
　◇通过户外观察学习，帮助体验者了解动植物是如何利用自身的智慧去适应生存环境的

**活动类型**
　◇知识型

**参与者人数**
　◇10～30人

**参与者年龄**
　◇8岁以上

**时限**
　◇约1小时

**材料**

**准备工作**
　◇体验者应提前准备好防虫喷雾、防滑鞋，能够起到防护功能的长袖衣裤、帽子等

**室外条件**
　◇环境安全

**活动流程**

◆　体验者穿戴好护具，在引导员的带领下徒步进山，通过观察去了解大自然中动植物的生存智慧。

◆　在徒步过程中，有意向的引导体验者去观看能捕捉到的动植物生存智慧场景，比如，翠云草变色，枯叶蝶伪装成树叶等。

◆　引导员根据体验者所观察到的现象，向他们讲解不同现象产生的原因。

◆　体验者共同讨论、分享各种动植物的生存法则和繁衍生息的规律，感受他们的智慧和生命力。

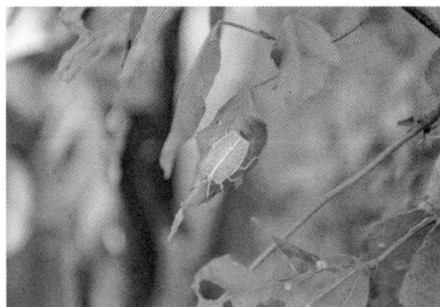

## 附加信息

### ＊变色的翠云草

植物的叶子呈现绿色，是因为植物在光合作用中，利用了阳光中的蓝光与红光，反射出绿光。但有一种植物的叶子在阳光下能变色，你知道吗？这种神奇的植物叫翠云草，它的叶片呈现蓝绿色金属光泽。那么，为什么会这样呢？这是因为翠云草一般生长在弱光的生境中，高大的乔木会优先利用阳光中的蓝光和红光从而进化出能够利用绿光进行光合作用的本领，其实这与翠云草为了更好地利用太阳光能来满足自身的生长有关。从生理方面来看，翠云草叶片中的叶绿体结构非常特殊，其膜片可形成周期重复的纳米结构，从而可以增强植物对绿光的吸收，反射回来部分蓝光，也使得我们在不同的角度看上去会出现蓝绿色与翠绿色的变化。

### ＊枯叶蝶的伪装术

自然界有很多将自身伪装成环境或另一种动物以方便捕食猎物、逃离天敌的现象，被称为拟态。在这些神奇的拟态大师中，枯叶蝶是具有代表性的一种。枯叶蝶的学名为枯叶蛱蝶，是世界著名拟态的种类。从外观上看，枯叶蛱蝶在飞行时，与其他的蝴蝶一样都非常的漂亮，有着蓝丝绒一样的翅膀（背面），在前翅的中间有一道黄色，使得它看起来格外的漂亮。但是，当枯叶蛱蝶停下来将翅膀并拢后，它华丽的翅膀就会消失不见，取而代之的是翅膀正面那与枯叶一样的形态。那么，枯叶蝶像枯叶是不是巧合现象呢？枯叶蝶之所以会像枯叶一样，是自己选择性进化的缘故，也是拟态的一种表现，而枯叶蛱蝶之所以选择了模拟枯叶，而没有选择其他的事物，是因为它生存的环境是树林，而树林中，最多的就是枯叶，所以，拟态成为树叶，无疑是对自己最有利的。也就是说，枯叶蝶变化成枯叶的模样并不是巧合，而是主动进化。自然界中具有伪装技能的动物有许多，例如，巨型蟾蜍、变色龙、鲅鳒等。这种被称为"拟态"的智慧，是物种在漫长的进化中为了更好地生存，也是主动进化的结果。

### ＊聪明的猪笼草

自然界中有一类奇特的植物，它拥有一幅独特的吸取营养的器官——捕虫囊。捕虫囊呈圆筒形，下半部稍膨大，因为形状像猪笼，故称猪笼草。大多数猪笼草笼盖的下表面具有大量的蜜腺，它们会分泌出蜜液吸引昆虫觅食。然而，这些蜜液有麻醉的作用，加之瓶口光滑，被麻痹的昆虫会滑落瓶内，被瓶底分泌的液体淹死，消化液分解虫体的营养物质，逐渐被猪笼草消化吸收。这也是猪笼草为了满足自身生存需要所具备的本领。由于猪笼草是依靠捕捉昆虫等小动物来补充营养的，故被称为食虫植物。

---

### 活动深化的可能性

动植物生存智慧，对人工智能时代的启发。

---

### 提 示

本次活动以户外形式举行，体验者走进山林后应听从引导员的指挥，不要随意乱跑，寻找动植物时应注意安全和做好蚊虫叮咬等防护措施。

资料提供：冉景丞

# 森林——生命空间 10　观察洞穴生物

**内容**　从形态学上，认识洞穴生物是怎样适应洞穴生活的。

**目的**
◇为了适应洞穴生活，洞穴生物做出了哪些堪称"智慧"的改变

**活动类型**
◇知识型

**参与者人数**
◇10~30人

**参与者年龄**
◇10岁以上

**时限**
约1小时

**材料**
◇用于洞穴生物观测的放大镜、测量尺子、记录洞穴生物特征的纸和笔

**准备工作**
◇开展活动前，体验者应提前准备好头灯、安全帽、防水外套、防滑鞋、绳索及口哨等勘探设备。
◇指导老师可提前准备洞穴动物的样本图片，方便体验者预先对常见的洞穴生物资料进行了解

**室外条件**
◇规划及确定洞穴生物资源较丰富的洞穴，选择春天进行活动

**活动流程**

◆ 在课程开始前，找到洞穴生物资源较丰富的洞穴。

◆ 按照参加活动的体验者人数，可分为5人/组，2~6组的组成方式，在引导员的带领下以小组为单位开展洞穴生物资源的寻找与发现。

◆ 当体验者发现洞穴生物时，要求体验者采用肉眼观察、放大镜观察、触须测量的方式进行识别，同时向体验者讲解所观察到的洞穴生物特征，使体验者能够详细记录下来。

◆ 在洞穴活动结束时，让体验者从形态学上，总结与阐述所观察到的洞穴生物特点，使他们充分掌握辨识洞穴生物的方法与物种类别。

◆ 如果在洞穴活动中未能寻找到这么多类型的洞穴生物时，可以使用提前准备好的代表性洞穴生物照片供体验者学习。

◆ 选择一个合适的地方(无安全隐患)，可以用提问的方式引导体验者观察洞穴生物在形态学上的特点。

**附加信息**

为了适应洞穴中的黑暗环境，洞穴生物经过长期演化已形成了一系列适应性特征，在形态学、生理学、生物学和行为等方面均有体现。在形态学上，洞穴生物的适应性特征主要表现为：

＊黑色素普遍消失，体色通常浅淡，多为透明或浅黄色、浅褐色；

＊由于长期在黑暗环境中生活，洞穴生物已丧失视觉功能，作为主要视觉器官的复眼消失，仅保留一些眼睛结构的痕迹，或复眼明显变小；

\*后翅退化，丧失飞翔能力；

\*体型（包括附肢）修长，如盲步甲；

\*为了能准确感应洞穴内气流和温湿度变化，洞穴生物都具有非常发达的感觉器官，帮助它们有效猎食和躲避敌害。例如，盲步甲的触角远长于洞穴外生活的步甲，有些斑灶马的触角长度可达体长的6~8倍。

此外，洞穴生物的昼夜活动节律消失，新陈代谢速率降低，与生活在洞外的同类有昼夜活动规律截然不同。洞穴生物没有特定的繁殖季节，繁殖力明显降低，但后代存活率较高，成虫寿命也更长；洞穴生物的数量没有明显的随时间变动而消长的规律，种群密度的多少取决于成虫寿命的长短和洞穴环境因素的变化情况。

---

**活动深化的可能性**

◆ 洞穴生物的猎物是什么？它们是如何寻找并捕捉猎物的？

◆ 洞穴生物在洞穴中如何完成生长、发育和繁殖？

◆ 除了各种地面生物之外，还有其他奇怪的动物生活在地下洞穴。

---

**提 示**

体验者在洞穴内要结伴同行，不可单独行动，要服从引导员的指挥；洞穴内部环境相对黑暗潮湿，体验者应戴好头盔护件并留意脚下道路，注意防滑；当发现不认识的动物时请不要随意用手触碰，要在指导老师的帮助下进行辨识与认知。

注：本案例为华南农业大学农学院《大自然》2015年第2期原创作品。

作者：冉景丞

## 树木 1  植物敲拓染

**内容** 参与者在手工创作中了解植物的叶片、花的特征。

目的
　◇让参与者认识植物叶片和花的特征，创造性地使用自然材料
活动类型
　◇注意力集中型、创造型
参与者人数
　◇最多10人
参与者年龄
　◇6岁以上

时限
　◇约30分钟
材料
　◇植物叶片、花瓣等
　◇20块400平方厘米的纯棉、亚麻布
　◇20把锤子或鹅暖石、40片厚塑料垫板
准备工作
　◇收集一些新鲜的落叶或花瓣

**活动流程**

◆ 请您简单介绍这些准备好的植物材料，让体验者对植物的叶片和花的特征有一些了解。

◆ 在活动开始之前准备好新鲜的植物叶片或花瓣，最好有针叶和阔叶，以及不同颜色的花，并把它们放置于桌子上。

◆ 每个体验者面前分发一套基础工具，1把锤子、2块塑料垫板、1块棉布。

◆ 请您强调创作过程中的规则，重点是工具的安全使用。

◆ 请您展示创作过程，提示体验者关于不同形状、不同颜色的叶片和花瓣的搭配。

◆ 参与者得到任务，自行选择植物材料搭配图案，摆放在布块上，覆盖上塑料垫板，用锤子敲打植物材料的位置，使其汁液溢出拓印在布块上，直至作品完成。

◆ 如果发现拓印的图案不完美，可以增补部分植物材料继续完善图案。

◆ 请体验者分享活动中的收获和感受。

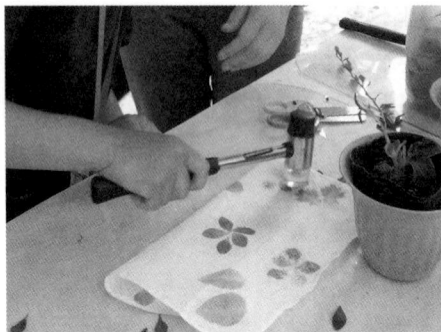

**活动变化方案**

◆ 可以让体验者一起到室外或者花园捡拾树叶和花瓣，并观察叶片的形状和植物的特征。

◆ 让体验者分享自己捡拾树叶和花瓣的形状、质地和特点。

◆ 选择叶片或者花比较有特点的植物进行分类知识介绍，让体验者记住几种植物的名字。

**提 示**

■ 可以选择鲜花市场的修剪剩余物作为植物敲拓染的材料来源。

■ 活动中注意锤子的使用规范，锤子不能离开桌面的范围。

**附加信息**

＊认识叶形

叶形就是叶片的形状，不同植物叶的形态多种多样、大小不同。叶形也是作为识别植物和分类的重要依据。常见的形状有鳞形，条形，刺形，针形，锥形，披针形，匙形，卵形，长圆形，菱形，心形，肾形，椭圆形，三角形，圆形，扇形，剑形等。

＊认识针叶树

针叶树叶片细长如针，多为常绿树，一般包括松针、柏科等数量众多的乔木和灌木。针叶树大约有550种，主要生长在世界上的温带地区。

＊认识阔叶树

阔叶树一般指双子叶植物类，具有扁平、较宽阔叶片，叶脉成网状，叶常绿或落叶，一般叶面宽阔，叶形随树种不同而有多种形状。其中，落叶类大多在秋冬季节叶从枝上脱落。

**活动深化的可能性**

◆ 用自己喜欢的树叶制作书签。

◆ 在有象征意义的树叶上写一段寄语。

**参考文献**

李先源，智丽.观赏植物学.重庆：西南师范大学出版社，2013.

资料提供：王清春、沈一岚

# 树木 2　野草也有春天

**内容**　参与者在自然观察中注意到身边野草的丰富和美好，了解野草顽强的生命力和独特的生存智慧。

| 目的 | 时限 |
| --- | --- |
| ◇让参与者认识身边的野草，并加深植物学知识 | ◇大约60分钟 |
| **活动类型** | **材料** |
| ◇调研型、安静型 | ◇4米绳，记录夹、白纸、签字笔 |
| **参与者人数** | **准备工作** |
| ◇最多15人 | ◇需要熟悉自然笔记的方法 |
| **参与者年龄** | **室外条件** |
| ◇9岁以上 | ◇可以选择体验者熟悉的环境 |

**活动流程**

◆ 找到一大片长满野草的空旷、平坦地带。

◆ 将体验者分为4~5人一组，每组分发一根4米绳，每人一个记录夹和一张记录纸。

◆ 让体验者在选好的地块上用4米绳围成1平方米的正方形，通过自己的观察，去感受并尽可能详细地记录正方形内植物的样子。

◆ 引导体验者从多个感官——看、闻、摸、品等层面出发记录。

◆ 请每个组分享自己在正方形区域内发现的野草的种类和特征，展示自己记录的自然笔记。

◆ 对这些默默地生活在自己身边但从没有被注意到的野草，让体验者分享他们的感受，明白自然界万物共生，每种生物都有自己的生存空间和存在价值，同时掌握一些简单的植物分类知识。

**活动变化方案**

◆ 找一个植物种类较多的平坦地带进行。

◆ 在一个合适的地方(无安全隐患、较为平坦空旷等），让体验者先观察几种提前准备好的特点突出的野草，可以用提问的方式引导他们观察不同野草的生存智慧。

◆ 请您和体验者一起讨论并总结这些野草的特性。

**提 示**

■ 重点引导体验者从多感官——看、闻、触、品等层面出发记录。

■ 户外活动注意避免毒蛇、蜜蜂、蚊虫等叮咬，同时注意有刺植物的扎伤。

作者：王清春、沈一岚

# 树木 3　植物过冬策略

**内容** 参与中观察并感受植物的生存智慧。

| 目的 | 时限 |
|---|---|
| ◇让参与者认识身边的野草，并加深植物学知识 | ◇约60分钟 |
| 活动类型 | 材料 |
| ◇调研型、安静型 | ◇任务卡 |
| 参与者人数 | ◇收集盒 |
| ◇最多15人 | ◇放大镜 |
| 参与者年龄 | 准备工作 |
| ◇9岁以上 | ◇设计好九宫格式任务卡，踏查明确室外场地几种常见种子的特征 |
| | 天气情况 |
| | ◇冬季 |

## 活动流程

◆ 找到一片地势平坦，草本植物种类较为丰富的森林。

◆ 请您通过问题的引导，让大家把注意力聚焦到周围环境的变化中：冬天植物怎么样了？

◆ 让体验者通过自己的观察，从多维度去感受植物冬天的样子，发现其与其他季节的不同之处。

◆ 将体验者分为2~3人一组，请您介绍任务规则后，以小组为单位，使用事先设计好的"自然寻宝九宫格任务卡"在树林中寻找不同种类的种子放入收集盒。

◆ 体验者一起分享彼此的发现。

◆ 请您总结，点出"大部分种子植物会依靠种子越冬"的主题。

◆ 请体验者将收集盒里的种子送回大自然。

**自然寻宝九宫格任务卡**

| 米粒大小的<br>种子圆的 | 有翅膀<br>的种子 | 黑色的<br>种子 |
|---|---|---|
| 一种花<br>的种子 | 一种草<br>的种子 | 一棵树<br>的种子 |
| 你最喜欢<br>的种子 | 最难发现<br>的种子 | 你认识<br>的种子 |

说明：（1）找到的种子如符合以上多重条件，可以重复。（2）九类种子不一定要找全，同一类种子可以各找几种。

## 活动变化方案

◆ 找一个草本植物种类丰富的林间空地开展活动。

◆ 若无合适的植物，可提前准备几种一年生草本植物的种子进行活动。

◆ 让体验者分享自己记录到的种子的类型，不同种子的形状、质地和特点。

---

**提 示**

冬季气温偏低，需要注意穿戴保暖透气的衣物鞋帽，预防感冒和冻伤，尽量利用保温杯等随身携带温开水。

---

## 附加信息

### 常见的植物过冬策略

\*落叶过冬

一些树木和灌丛植物则采取"舍末保本"的方法，丢掉"包袱"和"累赘"，以便安然越冬。例如，落叶树木和一些草本植物，一方面迅速产生冬眠素，抑制生长以防过分消耗养料；另一方面在叶柄下部组织内产生离层细胞，使叶很快脱落以减少养分的消耗。

\*种子过冬

一些根茎叶植物如蒲公英、狗尾草等则采取"两条战线"与严寒抗争：一方面结籽传宗；另一方面毫不留情地"丢叶图存"，第二年再发芽生长。

\*穿衣过冬

各种植物又有各自防寒御冻的特殊本领。常青绿树采取"穿甲戴盔"的方法傲雪抗严寒。例如，松树、柏树在其树皮和叶表面分泌出一层蜡质，既可御寒又可防止自身水分蒸发。其他如椿树、杏树等则分泌出胶质物以御寒防冻。

\*储糖过冬

有的植物通过体内糖化酶的作用，把蛋白质和淀粉转化为糖并溶于水，从而增加植物细胞液的浓度，使细胞组织不易结冰。这样就大大增强了植物抗寒御冻的能力，所以，它们能够安全越冬。

*作者：王清春、沈一岚*

# 树木 4　植物的花

**内容** 通过活动认识花的结构组成、名称及不同植物花的区别

| | |
|---|---|
| **目的**<br>◇认识花的结构；了解雄蕊和雌蕊的类型；了解子房的类型和结构 | **时限**<br>◇约30分钟 |
| **活动类型**<br>◇安静型 | **材料**<br>◇桃花（苹果花、李子花等身边能见到的花朵）、刀片、镊子、白纸 |
| **参与者人数**<br>◇最多10~30人 | **准备工作**<br>◇无 |
| **参与者年龄**<br>◇10岁以上 | **天气情况**<br>◇春夏 |

**活动流程**

◆ 按照体验人数，将体验者以5人一组，分成2~6组开展活动，由引导员带领大家学习和了解不同植物的花。

◆ 采集桃树的花朵，用镊子夹住桃花被撕部分的基部，按照由外到内的顺序进行解剖；不同部分按照顺序依次摆放在白纸上进行观察。

◆ （一）首先观察花的结构，由指导老师带领体验者进行辨识，并进行详细讲解。

◇花柄（花梗）：连接花与茎。

◇花被：花萼，由萼片组成，分为离生萼与合生萼；花冠，由花瓣组成，排列成一或者数轮，按生长方式分为离瓣花冠和合瓣花冠。

◇雄蕊：花药与花丝组成了花的雄蕊。

◇雌蕊：子房、花柱和柱头组成了花的雌蕊。

◆ （二）观察花的子房

◇在引导员的带领下，解剖桃花、苹果花、李子花等身边能采集到的花朵。

◇活动开展过程中，引导员向体验者讲述基础知识，例如，根据子房在花托上着生位置及花托的连合程度，子房分为以下几种。

\*子房上位：子房仅以底部与花托相连

\*子房半下位：又叫子房中位。子房的下半部陷于花托中，并与花托愈合，子房上半部分仍然露在外，花的其余部分着生在花托边缘。

＊子房下位：子房埋于下陷的花托中，并与花托愈合，其余部分着生在子房的上面花的边缘。

◇花朵解剖和学习活动完毕后，开展知识竞猜趣味小游戏，例如，以图片形式提问体验者活动中学习到的知识：看看解剖的花的子房属于哪一种？

### 活动变化方案

◆ 可多采集几种花朵，进行解剖观察。

◆ 可以用提问的方式引导体验者，观察花的内部结构的区别。

## 附加信息

＊花的基本结构

一朵完整的花包括了六个基本部分，即花梗、花托、花萼、花冠、雄蕊群和雌蕊群。其中，花梗与花托相当于枝的部分，其余四部分相当于枝上的变态叶，常合称为花部。一朵四部俱全的花称为完全花，缺少其中的任一部分则称为不完全花。花的各部分（如花萼、花冠、雄蕊群和雌蕊群等）及花序在长期的进化过程中，产生了各式各样的适应性变异，因而形成了各种各样的类型。花梗是支撑花朵的柄，因此亦称花柄。花梗顶端着生花萼、花冠、雄蕊、雌蕊的地方称花托。花的最外一轮叶状构造称花萼。花萼通常为绿色，可大可小，包在花蕾外面，起保护花蕾的作用。花冠位于花萼内侧，由若干片花瓣组成，排成一轮或多轮。通常，花冠具有鲜艳美丽的颜色。

＊花的方程式

为了简单说明一朵花的结构、花的各部分组成、排列位置和相互关系，可以用一个公式或图案把一朵花的各部分表示出来，前者称为花程式，后者称为花图式。花程式是由A. H. R. Grisebach（1854）引入植物学的，一般都遵从德国式，即以K表示花萼，C表示花瓣，P表示花被，A表示雄蕊群，G表示雌蕊群，阿拉伯数字表示花各部分的数目，如果表示花的某一部分互相连合，则在其数字外加上"（ ）"号如桃花：K5，C5，A$\infty$，G1：1

### 活动深化的可能性

◆ 尝试书写花程式。

作者：冉景丞

# 树木 5　蕨类植物

**内容**　发现身边常见的蕨类植物，并了解蕨类植物的繁殖方式。

| 目的 | 时限 |
|---|---|
| ◇认识蕨类植物，蕨类植物不会开花结果，如何进行繁殖 | ◇约20分钟 |
| 活动类型 | 材料 |
| ◇安静型 | ◇蕨类植物和其他开花植物（如兰草、李子花等） |
| 参与者人数 | 准备工作 |
| ◇10～30人 | ◇无 |
| 参与者年龄 | 室外条件 |
| ◇8岁以上 | ◇有蕨类植物生长的丛林 |

**活动流程**

◆　按照参加活动的体验者人数，可分为5人/组，2~6组的组成方式，在引导员带领下以小组为单位开展蕨类植物的学习。

◆　活动开展时，选取一种蕨类植物和其他开花植物，让体验者观看这两类植物的外形区别。

◆　可以通过提问的方式引导体验者，思考这两类植物的繁殖方式。

◆　通过知识点降解的方式传达给体验者，开花植物通过开花授粉结果，靠种子传播"下一代"，但蕨类植物不会开花不会结果，那么，它是如何进行繁殖和传播的呢？引导体验者思考。

◆　让体验者分享自己的思考与答案。

◆　揭晓答案：蕨类植物靠孢子进行繁殖。

◆　用画图的形式演示蕨类植物孢子的繁殖过程。

**活动变化方案**

◆　可多采集几种蕨类植物，进行观察。

## 附加信息

＊蕨类植物的有性繁殖

蕨类植物的叶子，通常兼有营养和生殖两种功能，即绿色的叶片在全部或部分羽片的下面一定部位，都可产生孢子囊，孢子囊群是蕨类植物的有性生殖器官。孢子囊中的孢子母细胞经减数分裂即形成具有单套染色体的孢子，孢子成熟后，借风力或水力散布出去，遇到适宜的环境，即开始萌发生长，最后形成如小指甲大小的配子体。配子体上生有雄性生殖器官（精子器）和雌性生殖器官(颈卵器)，精子器里的精子，借助水游入颈卵器与其中的卵细胞结合，形成具有双套染色体的受精卵，如此又进入孢子体世代，即受精卵发育成胚，由胚长成独立生活的孢子体。

＊兰草植物的特点

兰草一般是指春兰、墨兰、春兰、蕙兰等，兰草的叶片为线形、长椭圆形、披针形或是长椭圆披针形，叶片的正反面都十分的光滑，叶子的边缘有小锯齿。兰草的叶片为倒披针形，它是2列生长的，叶子的边缘上相对比较光滑；兰草的花多为总状花序或圆锥花序，少有头状花序或单花；花两性，两侧对称，花被片6枚，往往花形奇特，花色多样，艳丽多姿。

　　＊李子花植物的特点

　　李是蔷薇科、李属植物，是一种落叶乔木，高9~12米，树冠广圆形，树皮为灰褐色。李子花就是植物李的花朵，花通常3朵并生，萼筒钟状；萼片长圆卵形，边有疏齿，与萼筒近等长，萼筒和萼片外面均无毛；花瓣白色，长圆倒卵形，先端啮蚀状，基部楔形，有明显带紫色脉纹，着生在萼筒边缘；雄蕊多数，花丝长短不等，排成不规则2轮，比花瓣短；雌蕊1，柱头盘状，花柱比雄蕊稍长。花期4月，果期7~8月。通过种子传播下一代，其核果球形、卵球形或近圆锥形。

**活动深化的可能性**

◆　蕨类植物的价值。

**提 示**

　　活动选择在丛林中开展，体验者可穿着长袖衣物，携带防虫喷雾。活动开展过程中注意做好个人防护，避免蚊虫叮咬。

作者：冉景丞

# 树木6　苔藓——植物小矮人，却是生态巨人

**内容**　通过活动认识、观察苔藓。

| 目的 | 时限 |
|---|---|
| ◇通过讲座的形式，让体验者认识苔藓 | ◇半天 |
| ◇野外观察苔藓 | 材料 |
| ◇探究苔藓的生态功能 | ◇投影仪 |
| 活动类型 | ◇纸、笔 |
| ◇探讨型 | ◇放大镜 |
| 参与者人数 | 准备工作 |
| ◇20人 | ◇制作有关苔藓简介的PPT |
| 参与者年龄 | 活动地点 |
| ◇8岁以上 | ◇贵州佛顶山自然学校（贵州佛顶山国家级自然保护区） |

　　白日不到处，青春恰自来。苔花如米小，也学牡丹开。——《苔》

　　这首诗给我们讲述了春天的阳光照不到的背阴处，生命照常在萌动，苔藓仍长出绿意来。苔花虽如米粒般微小，却依然像高贵的牡丹一样热烈绽放。漫步于山上时，苔藓植物随处可见，树干上、岩壁处、溪流旁，当你俯身细看，会发现一个微小的世界，格外迷人。

　　经科研人员调查统计，保护区内分布有苔类植物24科37属130种，藓类植物38科105属278种及亚

种、变种。本次活动让大家走进佛顶山，认识苔藓植物，领略苔藓植物的"微美"。

### 活动流程

◆ 在指导老师的引导下，让体验者描绘出自己心中的苔藓植物，培养体验者的兴趣。

◆ 通过PPT形式的展示，让体验者学习并获得与苔藓相关的知识。

◆ 将体验者分组进行知识竞猜小游戏，巩固体验者所学习的苔藓知识。

◆ 完成室内学习后，开展户外学习活动，引导员带领体验者进入保护区森林科普廊道，引导体验者观察苔藓植物及其生长环境类型，同时进行相关知识讲解。

◆ 活动过程中采集苔藓标本，带领体验者学习并分辨苔藓标本有何不同，讲解各标本的特点。

◆ 以小组为单位，开展不同类型苔藓植物微拍摄活动，制作苔藓微观世界，增加体验者对苔藓植物学习的兴趣。

◆ 讨论与总结苔藓植物在大自然中的重要性，并进一步讲解苔藓具备怎样的生态功能。

### 活动变化方案

◆ 绘制苔藓生境图或自然笔记。

### 活动深化的可能性

◆ 通过对苔藓的感官体验进而赏析古诗中的美好意境。

> **提 示**
>
> 活动开展过程中，体验者在户外学习时应听从引导员与指导老师的指挥，发现生长苔藓的石头或台阶时应注意防滑，保证安全。

资料提供：贵州佛顶山自然教育中心

# 树木 7　树皮识树

**内容**　通过树皮辨识本土树种，亲近自然，成为大自然的朋友。

| 目的 | 时限 |
|---|---|
| ◇唤醒对植物的认知，把树木当作生命体对待 | ◇约30分钟 |
| 活动类型 | 材料 |
| ◇安静型 | ◇眼罩，彩色蜡笔，质地偏软、有韧性的纸张 |
| 参与者人数 | 准备工作 |
| ◇10～20人 | ◇拟学习树木树皮的图片及相关知识的梳理 |
| 参与者年龄 | 室外条件 |
| ◇6岁以上 | ◇树种较为丰富，尤其是本土树种较多的校园、社区绿地、城市公园及植物园 |

## 活动流程

- 按照参加活动的体验者人数，可分为2人/组，5~10组的组成方式，在引导员带领下以小组为单位开展树木辨识的活动。
- 活动开展前，引导员先通过植物图片及文字介绍本土树木的树皮，让体验者近距离观察树木的形态、树皮的区别。
- 采用"蒙眼信任练习"的方式开展活动，同组中的1个体验者选取自己喜欢的树木（从引导者介绍过的树木中选择），可以通过问答的方式引导自己的蒙眼伙伴找到自己，碰触感受不同树种树皮的特征。可建议参与者拥抱树木，尝试通过倾听、对话的方式和树木发生互动。蒙眼结束后可睁开眼睛重新触碰和拥抱刚才触碰的树木，体验不同的感受。
- 信任练习后，体验者通过手工纸拓印的方式，记录下不同树木或不同树龄的同一树种的树皮纹路、质地、构造、形态，深入了解它们的区别。
- 让体验者分享自己的感受、思考与答案。
- 总结：引导者根据体验者的手工拓印作品，总结树木辨识活动。
- 用拓印的形式记录树木的纹理和构造。

## 活动变化方案

- 可将主题改为树叶的辨识来设计活动。

## 活动深化的可能性

可深入设计与树皮的经济价值、药用价值、文化价值等相关的活动深入了解树皮的知识。

---

**提 示**

本活动一年四季均可开展。如在夏天开展，建议参与者可穿着长袖衣物，携带防虫喷雾，避免蚊虫叮咬。

作者：杨琛

# 树木8　喀斯特地貌及生态系统

**内容**　了解喀斯特地貌基本的形成方式，认识喀斯特地貌及其生态环境的独特性和脆弱性。

目的
　◇提升对喀斯特地貌的认知

活动类型
　◇活泼型

参与者人数
　◇10～20人

参与者年龄
　◇6岁以上

时限
　◇约60分钟

材料
　◇喀斯特岩石、植物、动物图片及文字介绍

准备工作
　◇岩石、动植物图片及相关知识的收集和梳理

室外条件
　◇喀斯特地貌公园、喀斯特地貌发育完好的石山区

**活动流程**

◆ 按照参加活动的体验者人数，可分为5人一组，2~4组的组成方式。在活动开展之前，引导员介绍有关喀斯特地形及相关动植物的知识。

◆ 寻宝环节：分别给每个小组发放喀斯特地形、植物和动物的图片，让体验者在公园或对应环境中观察及寻找与图片内容符合的物质或生物。可以通过提问的方式引导体验者，思考喀斯特公园中动植物生存的环境。引导员同时辅以对应知识点的讲解，让体验者寻找图片上的地形地貌、植物和动物，观看植物生长的形态、环境，动物的多样性和喀斯特地貌及岩石丰富的多样性。引导体验者思考这些喀斯特地貌及其生境中动植物之间的共生关系。

◆ 让体验者分享自己观察的结果，总结喀斯特这一独特地貌下岩石、水、土壤、植物、动物及相互之间共存共生的关系。

◆ 向参与者传递生态及环境保护的知识，引导其形成尊重生命、敬畏自然的价值观。

**活动变化方案**

◆ 可多准备物料图片，进行观察。

## 附加信息

### 喀斯特地貌

我国西南地区的云贵高原是我国喀斯特地貌的最典型分布区。大面积广泛分布的石灰岩岩层，以及云贵高原充足的降水量，为喀斯特地貌的发育提供了良好的条件。石灰岩形成于温暖的浅海坏境，通常呈现水平沉积，后来经历地壳运动，石灰岩岩层整体抬升露出水面，在外力特别是流水的作用下逐渐侵蚀，形成各种形态的喀斯特地貌。喀斯特地貌在独特的地质条件下所衍生的生态环境兼具脆弱性和极大韧性及复原力的特征。

### 蕨类植物生长环境

蕨类植物是喀斯特环境的常见植物，通常生长在山间阴暗潮湿的林地角落里，也就是背阴处。蕨类也可以生长在高海拔的山区、干燥的沙漠岩地、水里或原野等地区。蕨类植物的息地主要有4种特定的类型：湿暗的森林、岩石的裂缝（尤其是可以挡住全部阳光的地方）、泥塘和沼泽等酸性湿地以及树上，其中，许多物种为附生植物。许多蕨类植物和具有菌根的菌类有着关连性。许多蕨类植物只生长在特定酸碱值的环境中，如海金沙只生长在潮湿且强酸性的土地上，而球茎冷蕨则只生长在石灰岩上。

### 喀斯特地区动植物生存条件

树木的根系只能长在石沟石缝中，越往山顶林木越矮小纤细，很多树木还没有到达其生理寿命年龄就因缺水而死。

然而，正是树木的不断死亡和消失，悄悄改变着喀斯特石山的地质特征——年复一年积聚的枯枝落叶层积蓄着水源，倒塌的树干和腐殖质缓慢充填着地表的裂缝，根系和树叶减缓了大气降水的急剧下渗。更多森林滞留水出现在洼地，也出现在岩山的中层和上层。这是一个极其缓慢又很不稳定的过程，各样树木花草就在这个过程中，依靠祖辈用身体拦截下的水分，吸吮着腐败枝叶中的养分，逐渐占据了喀斯特石山的每一个角落。形形色色的动物就生活在这样的山林中。

### 活动深化的可能性

深入学习在喀斯特地貌环境中如何保护动植物的生存环境，以及人类活动对喀斯特地貌的影响及喀斯特地貌对人类生存发展提供的条件和产生的限制，学习科学利用喀斯特地貌脆弱生态环境的知识。

> **提 示**
>
> 活动选择在城市喀斯特主题公园或城郊、乡野中喀斯特地貌发育较好的地方开展，并提醒参与者在喀斯特脆弱生态环境中开展活动时应当注意的事项。

作者：杨琛

# 树木9  观察植物

**内容**  认识各种形状的叶片，了解观察叶片的形态特征。

**目的**
◇通过观察不同植物的形态特征，增强参与者保护植物与生态环境的意识

**活动类型**
◇观察型、知识型

**参与者人数**
◇10~30人

**参与者年龄**
◇8岁以上

**时限**
◇约40分钟

**材料**
◇白棉布、报纸、A4纸、笔、

**准备工作**
◇提前准备好各种形状的叶片

**室外条件**
◇无雨

**活动流程**

◆  在活动开始之前，引导员展示几种植物的叶片，介绍活动的要求。

◆  将参与者分成小组，每个小组成员领取自己的任务单，并找到任务单上相应的植物叶片，观察叶片的形态特征。

◆  每个小组成员将自己找到的叶片放置在提前准备好的白布或报纸上，挑选其中自己喜欢的一种植物，画下它的叶片形状和表面特征。

◆  通过参与者的集体讨论，引导员提出问题：在低温环境、热带雨林环境下植物叶片会发生什么样的变化？它的根、茎、花是否也对环境有很强的适应性呢？

◆  引导员组织参与者展示自己绘画的叶片，分享参与活动的感想和收获。

**活动变化方案**

◆  可以将每个小组成员找到的不同叶片粘贴成一幅艺术作品。

附加信息：

**热带雨林的植被特征**

热带雨林是陆地自然生态系统中生物生产力和生物总量最高的植被类型，拥有独特的外貌和结构特征：终年高温多雨，不存在季相变化，植物全年生长发育，群落外貌终年常绿，植物种类组成极端丰富。

**沙漠植物的特征**

沙漠地区环境恶劣，植物不易生长，短暂的雨季所带来的水分必须小心保存和使用，植物才能度过漫长的干季。为了减少水分的丧失，并避免被沙漠中的动物当作美食，沙漠中的植物就演化出特殊的形态，如仙人掌的叶片化成针状的小刺，而为了储存更多的水分，茎部则变得肥厚；同时，表皮形成很厚的角质层以减少水分挥发等。我们在沙漠中看到的植物主要有两大类，仙人掌科植物和多浆植物（多肉植物），最常见的就是芦荟。

---

**提 示**

- 提前勘察活动场地。
- 在户外开展活动，提醒参与者做好防护，注意安全。

---

**参考文献**

李光旺.青少年实践教学及科普活动读本.北京：北京师范大学出版社，2012.

作者：马新玲

# 森林与社会 1　请珍惜有限的资源

**内容**　通过活动，让体验者了解森林资源对人类的重要性。

| 目的 | 时限 |
| --- | --- |
| ◇让参与者了解到，共享有限的区域有多么困难 | ◇40分钟 |
| 活动类型 | 材料 |
| ◇思考型、讨论型 | ◇30米粗麻绳、秒表、地毯 |
| 参与者人数 | 准备工作 |
| ◇15人以上 | ◇选择一棵长势健康的大树 |
| 参与者年龄 | ◇地毯裁剪成35厘米×35厘米的方块。 |
| ◇15岁以上 | 室外条件 |
| | ◇平地，最好是草地或者其他柔软的地面 |

**可持续发展教育目标**

◆ 对待事物的方法与能力
◇我可以和他人一起讨论和行动。
◇我能调动他人的积极性。在最短的时间让每个人都找到自己的立足之地。
◆ 社会能力
◇我能够慎重的思考并处理问题。
◇每个人都要考虑，以团队合作的力量如何解决出现的问题。
◆ 个人能力
◇我知道我要做什么，并能顾及到其他人。

**活动流程**

◆ 选择一棵大树，在大树上面系好准备好的绳子。

◆ 将准备好的地毯摆放在标记线3米外的地方，摆放的地毯数量和体验者的人数相等。

◆ 活动开始时进行计时，这时所有的体验者要想办法在规定的时间内全部站在摆放好的地毯上（引导员告诉体验者必须是从绳子上跳荡过去）。

◆ 在规定的时间内所有人都要站到地毯上，如果有其中的一位体验者未站到地毯上，活动需要重新开始（要求每个人站在自己相应的地毯上）。

**活动变化方案**

◆ 减少地毯的数量，让每个人都站在在有限的位置上。

**活动深入的可能性**

◆ 引导员提出问题与体验者进行讨论。

◇我国森林资源主要面临的问题？

◇如何有效利用现有的森林资源？

**提 示**

■ 活动场地的选择（开展活动的场地要干净，避免玻璃碎片）。

■ 提前做好蚊虫叮咬防护措施，保证活动的顺利开展，由于在森林中使用明火，因此活动期间要特别注意森林防火。

■ 引导员要根据体验者的年龄、身体状况等确定合理的活动时间。

作者：马新玲

# 森林与社会 2 反思绳

**内容** 体验者共同探讨与"生态环境保护"相关联的主题。

| | |
|---|---|
| **目的**<br>◇让体验者参与讨论，发现新的观点 | **时限**<br>◇约30分钟 |
| **活动类型**<br>◇活跃型、讨论型 | **材料**<br>◇木夹子、绳子、图片 |
| **参与者人数**<br>◇10~24人 | **准备工作**<br>◇用A3或A4的纸张打印些有关环境保护的图片，然后把图片挂在绳子上 |
| **参与者年龄**<br>◇8岁以上 | **室外条件**<br>◇室内外不限 |

**可持续发展教育目标**

◆ 对待事物的方法与能力

◇我能调动他人的积极性。

◇这里，体验者和其他人讨论关于生态环境保护的合理分配和使用，并且尝试从必需品开始讨论，并说服别人。

◆ 个人能力

◇体验者思考和讨论人们不同的生活方式对环境和人类的影响。

◇体验者认识并思考人类的生活方式对环境的影响，以及自己在生活方式方面能改变什么？

**活动流程**

◆ 准备一些有关于生态环境保护方面的图片，用A3或A4纸张打印出来，把这些图片用夹子夹在森林里的树上或绳子上。

◆ 体验者在规定的时间内阅读完这些图片，请他们选一张特别感兴趣的图片，并给图片命名。

◆ 把所有体验者集合在一起，每个人都要介绍自己选的图片，并且解释为什么他喜欢这个，以及结合自己的日常生活，谈谈能对生态环境保护做些什么。

◆ 通过体验者的集体讨论把他们引导到"生态环境保护"的主题里。同时，引导体验者说出对其他图片的想法和看法，引导每个人都参与到生态环境保护的主题上。

**活动深入的可能性**

◆ 您还可以对参与者进一步提出以下问题：

◇为什么要保护生态环境？

◇当前生态环境保护面临着什么样的问题？

◇全球气温变暖、水资源缺乏、动植物品种和数量减少的原因是什么？

◇我们能为生态环境保护做些什么？

**提 示**

■ 体验者应该知道生态环境的概念是什么，在活动之前要了解这一方面的详细资料。

■ 要给体验者足够的时间去找自己特别感兴趣的图片。

## 附加信息

### 习近平谈保护生态环境的"暖心"话

"生态环境保护是功在当代、利在千秋的事业。"

——2013年5月24日，习近平总书记在十八届中央政治局第六次集体学习时的讲话

"希望北京乃至全中国都能够蓝天常在，青山常在，绿水常在，让孩子们都生活在良好的生态环境之中，这也是中国梦中很重要的内容。"

——2014年11月10日，习近平总书记在APEC欢迎宴会上的致辞

"生态环境没有替代品，用之不觉，失之难存。"

——2016年1月18日，习近平总书记在省部级主要领导干部学习贯彻党的十八届五中全会精神专题研讨班上的讲话

"环境就是民生，青山就是美丽，蓝天也是幸福。发展经济是为了民生，保护生态环境同样也是为了民生。"

——2018年5月18日，习近平总书记在全国生态环境保护大会上的讲话

"我们要像保护自己的眼睛一样保护生态环境。"

——2019年4月28日，习近平总书记在二〇一九年中国北京世界园艺博览会开幕式上的讲话

"经济发展不能以破坏生态为代价，生态本身就是经济，保护生态就是发展生产力。"

——2020年3月29日至4月1日，习近平总书记在浙江考察时强调

"人不负青山，青山定不负人。绿水青山既是自然财富，又是经济财富。"

——2020年4月20日23日，习近平总书记在陕西考察时强调

"继续打好蓝天、碧水、净土保卫战，把祖国北疆这道万里绿色长城构筑的更加牢固。"

——2020年5月22日，习近平总书记参加十三届全国人大三次会议内蒙古代表团审议

资料提供：马新玲

# 森林与社会3　制作森林图画

**内容**　体验者们用在森林中找到的物品制作一幅画作。

目的
　　◇体验者利用在森林中找到的物品，制作成一幅美丽的画作

活动类型
　　◇手工创作型、思考型

参与者人数
　　◇10~20人

参与者年龄
　　◇6岁以上

时限
　　◇约45分钟

材料
　　◇来自森林的物品
　　◇剪刀、线绳、修枝剪、胶棒
　　◇A3卡纸、棉花

室外条件
　　◇非下雨天气

**活动流程**

- ◆　将体验者分为3组，每5人为一组。
- ◆　请您要求每个小组去寻找合适的制作材料（树枝、果实、松塔等）。
- ◆　找回物品后，体验者们根据自己的构图，将找来的物品粘在卡纸上或用绳子固定。
- ◆　让体验者介绍自己的作品，分享活动感受。

**活动变化方案**

- ◆　将制作完成的作品用彩笔装饰，每位小组成员可以书写美好的诗句或签名留念。

---

**提 示**

■ 活动场地的选择(开展活动的场地要干净，避免玻璃碎片 ) 。

■ 提前做好蚊虫叮咬防护措施，保证活动的顺利开展。

■ 年龄小的体验者在使用工具时，需要引导人员协助完成。

---

作者：马新玲

# 森林与社会 4  渡河

**内容**  通过活动促进个人与他人协作解决问题的能力。

---

| 目的 | 时限 |
|---|---|
| ◇锻炼体验者相互信任、团结 协作的能力 | ◇约40分钟 |
| 活动类型 | 材料 |
| | ◇地毯 |
| ◇活泼型、知识型、讨论型 | ◇把地毯裁剪成35厘米×35厘米的方块 |
| 参与者人数 | 准备工作 |
| ◇10~24人 | ◇选择好活动场地 |
| 参与者年龄 | 室外条件 |
| ◇9岁以上 | ◇非下雨天气 |

---

**可持续发展教育目标**

◆ 社会能力

◇我有很好的团队合作精神，我会顾及到别人的优点和弱点。

◇能够和团队达到既定的目标。

---

**活动流程**

◆ 根据体验者的数量确定一个终点和起点，同时让体验者排成一排，体验者的年龄段和人数多少决定距离的大小。

◆ 排在第一位的体验者需边走边放置地毯。放置第一块地毯时，放置者需要把一只脚放在地毯上，继续放置第二块地毯，放置者的另一只脚也应该踩在上面。

◆ 当放置第3块地毯时，第一块地毯上需要第2名体验者放上自己的一只脚，放置者需挪动第1块地毯上的脚到第3块地毯上，同时第1块地毯上应该有第2名参与者的一只脚和第3名参与者的一只脚，依次进行，边放置地毯边前进，直到每位参与者都到达终点。

◆ 活动反馈，体验者谈活动的感受和经验。哪里存在问题？哪方面做得特别好？有不同意见时怎么协调？

**提示**

■ 每块地毯上只能有2只脚，如出现3只脚则此轮活动作废，活动重新开始。

■ 当地毯上没有脚时，引导员则需快速地去掉这块地毯，表示地毯被河水冲走，不存在了。

作者：马新玲

# 森林与社会5　迷宫森林

**内容**　让体验者克服恐惧，感受夜间森林的神秘。

| | |
|---|---|
| **目的**<br>◇锻炼体验者的信心，感受夜间森林的神秘<br>**活动类型**<br>◇思考型<br>**参与者人数**<br>◇10~15人<br>**参与者年龄**<br>◇10岁以上 | **时限**<br>◇45分钟<br>**材料**<br>◇50米长的绳子<br>◇眼罩、红领巾、荧光棒<br>**准备工作**<br>◇提前清理活动场地的杂物<br>◇设置好迷宫路线，路线两旁摆放好荧光棒<br>**室外条件**<br>◇树种丰富、较平坦、宽阔的场地 |

**活动流程**

◆ 提前在活动场地用绳子设置好迷宫路线，中间可以设置岔路（但出口只有1个）。

◆ 体验者排好队蒙上眼睛，第1位成员与后面的参与者保持5米的间距行走。

◆ 体验者利用手中的绳子摸索行走。

◆ 在活动过程中，体验者不能用手去揭开眼罩。

**活动变化方案**

◆ 体验者取下眼罩，可以带上手电筒，寻找听到叫声的动物。

◆ 体验者可以选择自己舒适的姿势（坐下、躺下），大家共同探讨、分享发生在森林里的趣事和感受。

◆ 由于体验者眼睛是蒙着的，森林迷宫也可以在白天进行。

---

**提 示**

■ 活动场地的选择(开展活动的场地要干净，避免玻璃碎片）。

■ 提前做好蚊虫叮咬防护措施，保证活动的顺利开展。

作者：马新玲

# 创意制作1　笔筒

**内容** 根据生活经验和材料，设计物品，进行手工制作，体验获得劳动成果的喜悦。

**目的**

◇体会制作过程，养成节约利用的习惯，激发参与者的想象力和动手制作能力

**活动类型**

◇创造型

**参与者人数**

◇10~30人

**参与者年龄**

◇6岁以上

**时限**

◇50分钟

**材料**

◇废旧筷子或竹棍、易拉罐、口香糖瓶子、胶枪、锯条、砂纸

**室外条件**

◇在室内进行

**制作流程**

◆ 筷子（竹棍）长度锯成超出易拉罐高度的1~2厘米。

◆ 胶枪加热后把锯好的筷子（竹棍）粘贴于易拉罐。

◆ 用剩余的边角料制作成小的水桶。
◆ 整个粘贴完毕，可以根据个人喜好加以装饰。

作者：马新玲

## 创意制作2　森林图画

内容　构思主题，设计图案，寻找选择合适的材料，通过手工制作，体验劳动成功带来的喜悦。

目的
　　◇了解大自然提供了千变万化的创造材料和保护森林的重要性，激发参与者的想象力与动手制作能力
活动类型
　　◇创造型、活泼型
参与者人数
　　◇10~30人
参与者年龄
　　◇5岁以上

时限
　　◇50分钟
材料
　　◇树叶、双面胶、绘画纸、剪刀
室外条件
　　◇在室内进行

**制作流程**

◆ 构想出自己要完成的粘贴图案；

◆ 采集各种形状的树叶；

◆ 用剪刀剪裁出粘贴图案的形状；

◆ 粘贴自己所喜欢的图案，粘贴完毕后用针叶树或阔叶树的树枝加以装饰（作品如下图所示）。

**保存方法**

◆ 把粘贴好的作品用保鲜膜包好封存；

◆ 将粘贴好的作品铺平压在玻璃板之下，以便更完整地保存与观赏；

◆ 如果有起皱的地方，可以用棉签棒蘸取少量的水在上面涂抹。

**提 示**

小朋友在制作时，需引导人员在旁监督，以免划伤或烫伤。

■ 作品：荷塘月色

■ 作品：森林一角

■ 作品：远航

作者：马新玲

# 创意制作3　变废为宝DIY花瓶

**内容**　通过创意手工制作，培养体验者对美的观察力、感知力、鉴别力。

目的
　　◇让体验者从中获得成功的体验，培养体验者的动手能力和创造力，提高环保意识
活动类型
　　◇手工创造型
参与者人数
　　◇10~20人
参与者年龄
　　◇6岁以上

时限
　　◇约40分钟
材料
　　◇废旧玻璃瓶、剪刀、胶枪、胶棒、麻绳
室外条件
　　◇在室内进行

**制作流程**

◆　准备好制作工具、材料。
◆　将麻绳缠绕在玻璃瓶底部外表面，并用胶棒固定。
◆　体验者根据自己的喜好，用饰品或森林环境中的自然物装饰麻绳缠绕的玻璃瓶。

**提示**

小朋友动手制作时，需引导员在旁监督，以免划伤或烫伤。

作者：马新玲

# 岩石1　石头彩绘

**内容**　参与者用自然界随处可见的石头创作艺术作品。

| 目的 | 时限 |
|---|---|
| ◇ 让参与者认识岩石的简单分类，活用色彩进行创作 | ◇ 约30分组 |
| 活动类型 | 材料 |
| ◇ 安静型、注意力集中的、创造型 | ◇ 扁鹅卵石等石材 |
|  | ◇ 可水洗彩色颜料 |
| 参与者人数 | ◇ 画笔、水彩笔 |
| ◇ 20人 | ◇ 调色盘、水桶 |
| 参与者年龄 | 准备工作 |
| ◇ 6岁以上 | ◇ 收集或购买鹅卵石等石头若干，彩色颜料、调色盘、水桶和画笔20套 |
|  | 室外条件 |
|  | ◇ 无雨 |

**活动流程**

◆ 在活动开始之前准备好鹅卵石，以及36色水彩颜料、画笔、调色盘、水桶。

◆ 请您简单介绍岩石的分类以及主要特征，介绍岩石在自然界的存在价值。

◆ 请您展示已经完成的石头彩绘作品，并介绍彩绘的一些基本要领。

◆ 每个体验者面前分发一套基础工具，彩色颜料、画笔、调色盘、水桶。

◆ 请您展示创作过程并提供一些参考图案，请体验者自己选择不同形状的石头，调配不同的色彩，创作不同的彩绘图案，直至作品完成。

◆ 体验者可以选择多块石头，完成系列作品或者组合作品。

**活动变化方案**

◆ 可以让体验者一起到室外，最好是河漫滩，现场捡拾不同形状、不同种类的石头，石头的大小以方便搬运为主。

◆ 让体验者分享自己捡拾到的石头的形状、质地和特点。

◆ 介绍岩石的分类知识，让体验者记住几种石头的名字。

◆ 在野外条件允许的情况下，可以在室外完成石头彩绘作品的创作。

**提　示**

■ 室外活动应特别注意安全风险控制，尤其是在河谷地带活动时注意突发洪水等气象灾害。

■ 请使用对他们安全的颜料（6岁以上的体验者）。

作者：王清春、沈一岚

# 岩石2 石头镶嵌画

**内容** 参与者利用岩石等自然物手工创作艺术作品。

| | |
|---|---|
| **目的** | **时限** |
| ◇让参与者认识不同种类的岩石，创造性地使用岩石创作 | ◇60分钟 |
| **活动类型** | **材料** |
| ◇指示型、调研型、创造型 | ◇岩石分类手册 |
| **参与者人数** | ◇容积5升左右篮子或者布袋 |
| ◇10人 | ◇橡皮锤或木槌 |
| **参与者年龄** | ◇塑封的示例图片 |
| ◇6岁以上 | **准备工作** |
| | ◇到一片30平米左右土壤比较松软的空地 |
| | **室外条件** |
| | ◇避免土壤石砾含量高或过于坚硬 |

**活动流程**

◆ 选择林间土壤较为松软的空地作为"画板"。
◆ 把体验者分成5组，2人一组。
◆ 每组体验者分发一套基础工具，1把锤子、1个容器、一张示例图片。
◆ 简单介绍岩石的分类和特征，向各小组展示创作石头镶嵌画的过程，提示大家工具使用方法。
◆ 让每个组在空地周边100米范围内寻找收集各种类型、各种形状、大小合适、便于携带的石头，提示安全风险注意事项。
◆ 体验者根据自己收集到的石头，自行选择搭配图案，摆放在地面上，图案摆放完成后，用锤子敲打石头，使其镶嵌在土壤表面，直至作品完成。
◆ 如果发现石头镶嵌的图案不完美，可以增补部分树枝、树叶等继续完善图案。

**活动变化方案**

◆ 如遇下雨或大风等恶劣天气，可以让体验者在室内开展石头镶嵌作品制作，需要事先准备好一定量的石砾和黏土。
◆ 让体验者自己动手将泥土制作成各种形状的泥质画板。
◆ 让体验者将选择好的石砾镶嵌在泥质画板组成自己设计的图案。

**提 示**

■ 可以选择橡皮泥作为背板。
■ 用相机或手机拍下完成的作品，可以在学校组织一个石头形状的摄影展。

作者：王清春、沈一岚

# 岩石3 叠石头

**内容** 发现岩石的种类和形状。

| 目的 | 时限 |
|---|---|
| ◇让参与者认识不同种类岩石的同时，初步了解岩石的分类特征 | ◇30~60分钟 |
| **活动类型** | **材料** |
| ◇注意力集中的、创造型 | ◇水桶 |
| **体验人数** | ◇硬毛刷 |
| ◇20人 | **准备工作** |
| **受众年龄** | ◇场地踏查，选择石头丰富的河谷、河漫滩 |
| ◇9岁以上 | **室外条件** |
| | ◇晴朗、无风 |

**活动流程**

◆ 在活动开始之前选择一处较为平坦的场地，最好周边有丰富的石头。

◆ 将体验者分为10组，2人一组，每组体验者分发一支水桶和硬毛刷。

◆ 请您简单介绍活动规则，强调活动安全。

◆ 请您示范叠石头的全过程，展示石头叠放的要点，提示体验者活动过程中注意观察石头的外形和重心。

◆ 参与者得到开始指令后，收集足够的石头并清理干净，两人配合在30分钟内完成比赛。

◆ 作品确定完成后，请带队老师计数石头数量，测量石柱高度，并拍照留念。

◆ 可以让体验者创作叠石作品，不以数量和高度为评价指标，最终以作品的艺术性和环境融合性评价作品的等级。

◆ 可以选择自然界中的其他材料作为辅助或装饰材料，并请体验者为自己的作品命名。

◆ 如果第一座作品完成较快，可以尝试进行第二根石柱的堆叠，最后可以选择其中最佳的作品。

◆ 让体验者分享自己创作过程中的思考和感悟。

**提示**

■ 如果是自己运营管理的基地，可以考虑长期保留一些创意独特的作品。

■ 关于岩石的分类、特征等信息请参考下面的案例"岩石5 认识岩石的三大种类"。

■ 活动结束后，引导老师和体验者分享、交流石头的形状是怎样形成的。

作者：王清春、沈一岚

# 岩石 4　石头密度测量

**内容**　参与者在体验中了解不同类型岩石的密度特。

目的
◇让参与者认识岩石的分类，初步了解不同岩石的密度差异

活动类型
◇注意力集中的、创造型

体验人数
◇20人

参与者年龄
◇6岁以上

时限
◇约30~60分钟

活动材料
◇不同种类的岩石，最大直径控制在5厘米以内
◇10升的量筒和1升的量杯
◇天平
◇计算器（可用手机代替）

准备工作
◇收集一些不同种类的岩石

室外条件
◇附近有鹅卵石丰富的河谷最佳

**活动流程**

◆ 在活动开始之前准备好岩石标本和简化版岩石分类手册，最好使用当地常见的岩石种类，或者一些明星类石头。

◆ 请您简单介绍岩石的分类和岩石圈的重要价值，让体验者初步了解一些岩石的种类和分类特征。

◆ 请您强调创作过程中的规则，重点是工具的安全使用。

◆ 将体验者分组，2~3人一组，每组体验者面前分发一套量筒和量杯，每3组共用一台天平、各种类型岩石若干。

◆ 每组体验者可以选择3~5种岩石，先称重，然后用记号笔编号后，用量筒或者量杯测量出体积。

◆ 通过简单计算即可得出不同岩石的密度值，仔细观察密度差距较大的岩石之间的视觉差距和触感差距。

◆ 讨论密度的差异是否可以作为岩石分类的重要依据。

**活动变化方案**

◆ 可以让体验者一起到室外捡拾不同类型的石头，代替室内准备好的石头。

◆ 让体验者查阅岩石分类手册，分享自己捡拾的石头的种类和特征。

◆ 请大家讨论是否可以先测量岩石的体积，再称量。

**提　示**

需要提前准备一些比较特殊的岩石种类，增加分类测量过程中的区分度。

作者：王清春、沈一岚

# 岩石5 认识岩石的三大种类

**内容** 参与者在学习中认识岩石的三大种类：岩浆岩、沉积岩、变质岩。

目的
　◇让参与者认识岩浆岩、沉积岩和变质岩，并通过实验分辨生活中常见的岩石

活动类型
　◇知识型

参与者人数
　◇10~30人

参与者年龄
　◇12岁以上

时限
　◇约60分钟

材料
　◇岩浆岩、沉积岩、变质岩的代表岩石
　◇放大镜、记录表、低浓度盐酸

准备工作
　◇体验者可提前了解不同的岩石种类，了解其背后的形成原因，在条件允许、安全的情况下可采集一些岩石标本。
　◇提前准备不同种类的岩石样本

室外条件
　◇需要找到布置以上岩石种类的空旷场所（地质条件安全且天然岩石种类丰富的地点最佳）

**活动流程**

◆ 在活动开始前，依次收集上述三大种类典型岩石的样本及图片，如果寻找不到这么多类型的岩石，可以在网上采购。

◆ 找一个合适的活动场地(无安全隐患)，将放大镜和记录表分发给体验者。

◆ 将体验者进行分组，用提问的方式引导体验者观察三大岩石种类的区别。让体验者使用肉眼观察、放大镜观察的方式，分别描述不同种类岩石的外形特点，并记录下来。

◆ 由引导员给每位体验者观察的石头滴上一滴低浓度盐酸，并指导体验者仔细观察是否有气泡产生。

◆ 体验者观察岩石的其他特征，并在记录表上记录自己的观察所得。

◆ 准备三大种类岩石特点的资料供体验者查阅，让体验者根据三大种类岩石的区别，现场辨别花岗岩、玄武岩、石灰岩、砂岩、页岩、大理岩、板岩、片麻岩、石英岩等分别属于哪一类岩石。

◆ 让体验者根据外观特点，分享自己观察到的岩石类型，并试着以此归类阐述三大种类岩石的形成原理。

◆ 将体验者提前采集好的岩石样本与已经鉴定好的岩石样本进行比对，确定样本岩石的种类。

◆ 所有体验者一起讨论，互相交流，简单介绍岩石形成的机理，以及岩石在我们地球家园中存在的重要意义。

**岩石观察记录表**

| 岩石种类 | | | | |
|---|---|---|---|---|
| 综合描述 | | | | |
| 岩石的显著特征 | 岩石构造 | 层理 | | |
| | | 气孔 | | |
| | | 斑点 | | |
| | | 条纹 | | |
| | | 生物痕迹 | | |
| | 岩石颗粒的形态 | 颗粒颜色 | | |
| | | 颗粒粗细 | 粗粒 | |
| | | | 中粒 | |
| | | | 细粒 | |
| | | 颗粒结构 | 松散 | |
| | | | 紧密 | |
| 化学方法 | 低浓度盐酸反应 | 冒气泡 | | |
| | | 不冒气泡 | | |

( 活动变化方案 )

◆ 准备好岩石材料，在室内观察。

◆ 可以通过观看纪录片等形式，向体验者介绍不同岩石的形成过程，以及岩石存在的意义。

◆ 体验者一起分享参与活动的感受和收获。

## 附加信息

＊岩浆岩特点

①构造特征：岩浆岩中有一些自己特有的结构和构造特征，比如喷出岩是在温度、压力骤然降低的条件下形成的，造成溶解在岩浆中的挥发份以气体形式大量逸出，形成气孔状构造。当气孔十分发育时，岩石会变得很轻，甚至可以漂在水面，形成浮岩等。

②冷凝特征：岩浆岩是由岩浆直接冷凝形成的岩石，因此，具有反映岩浆冷凝环境和形成过程所留下的特征和痕迹，与沉积岩和变质岩有明显的区别。

＊沉积岩特点

①层理构造显著，富含次生矿物、有机质。

②沉积岩中常含古代生物遗迹，经石化作用即成化石，即是生物化石。

③具有碎屑结构与非碎屑结构之分，有的具有干裂、孔隙、结核等。通常情况下沉积岩由岩石碎屑、矿物碎屑、火山碎屑及生物碎屑等构成，其中包括砾、砂、粉砂和泥等不同粒级的物质。各粒级沉积物使沉积岩具有砾状结构、砂状结构、粉状结构或泥状结构。

④沉积岩层面呈波状起伏，或残留波痕、雨痕、干裂、槽模、沟模等印模，或层内出现锯齿状缝合线或结核，均属沉积岩的原生构造特征。

＊变质岩特点

①有的具有片理（片状）构造，如片岩；

②有的呈片麻构造（未形成片状），岩石断面上看到各种矿物成带状或条状等，如花岗片麻岩；

③有的呈板状构造，颗粒极小，肉眼难辨，如板岩。

岩石与土壤层的关系

土壤是由于岩石一系列的变化而形成的。裸露的岩石经过风化作用变成成土母质，成土母质在微生物和低等植物的作用下变成原始土壤，后经草本植物和木本植物的作用变成成熟的土壤，土壤的侵蚀堆积又是岩石圈沉积岩的重要来源。岩石是古代火山爆发后所形成的物质，经过很多自然原因慢慢形成了土壤。

**活动深化的可能性**

三大岩石的转化过程

岩石按其成因可以分为岩浆岩、沉积岩和变质岩三大类，它们与地球内部物质（岩浆）在不断进行的物质循环运动中相互转化：地球内部的岩浆上升冷却凝固形成岩浆岩；出露地表的岩石（岩浆岩、沉积岩、变质岩）经外力的风化、侵蚀、搬运、堆积、固结成岩作用，形成沉积岩；已经形成的岩石在地壳中由于变质作用而形成变质岩；各类岩石由于地壳变动在地下深处被高温融化，又成为新的岩浆。

---

**提 示**

■ 在进行岩石辨别的过程中，由于不同岩石所含有的成分与结构不同，会存在不同方面的潜在危险，如花岗岩质地较重，在鉴别时应拿稳，避免造成砸伤；云母片岩含有大量的可以划伤皮肤的晶体，鉴别时也应注意。

■ 在户外活动时，提醒体验者注意人身安全。

■ 请准备好充足的水、食物。

■ 请准备好相应的应急物品（药品）。

---

**参考文献**

宋青春，邱维理，张振春.地质学基础.北京：高等教育出版社，2005.

陈世悦.矿物岩石学.青岛：中国石油大学出版社，2002.

吴泰然，何国琦.普通地质学.北京：北京大学出版社，2011.

黄定华.普通地质学.北京：高等教育出版社，2004.

作者：冉景丞、王清春、沈一岚

# 岩石6　石上森林

**内容**　参与者在学习中认识石上森林的表现形态，并从植物生长的三大必要条件阳光、水分、空气之中的水分（植物的根是否具有向水性），揭秘石上森林的形成机理。

目的
　◇问题驱动：漫山遍野都是坚硬的岩石，树木是怎样生存的？树木为什么能创造"托起巨石""石破天惊"的壮举

活动类型
　◇思考型

参与者人数
　◇10~15人

参与者年龄
　◇12岁以上

时限
　◇约40分钟

材料
　◇豆苗、花盆、水

准备工作
　◇准备若干棵已经生根的豆苗

室外条件
　◇室内或室外

**活动流程**

◆　在指导老师的引导下，体验者把3棵已经生根的豆苗栽入花盆中央，注意选择生根方向为垂直且生长基本一致的豆苗。

◆　设定试验方法，在指导老师带领下，体验者采用不同的土壤浸水处理，例如，第一盆将左侧土壤浸水，右侧土壤保持干燥；第二盆左侧土壤保持干燥，右侧土壤浸水；第三盆土壤全部浸水，分别在花盆上做好标记。

◆　试验结束后，按照不同处理标记的花盆将3棵豆苗取出，3颗豆苗取出后的摆放位置与花盆保持一致，让体验者观察其根的生长方向。

◆　指导老师根据体验者的观察结果，进行知识点的讲解。例如，会看到这样的实验现象：豆苗的根总会向着有水的方向生长，说明植物的根具有向水性。

◆　实验推导：在满足光照和空气两大条件的前提下，石头上能长出郁郁葱葱的森林，是否可以观察到这些森林植物的根系十分发达？同时该地的水资源十分丰富充沛，常常还是一些河流的出水口，通过实验推导进而揭秘石上森林的形成机理。

### 活动变化方案

◆ 试验过程中，为了防止豆苗坏死，可以多准备6棵豆苗，组成2组备用实验装置。

◆ 在指导老师的带领下，进行室外观察，例如，在石上森林发育的地带（无安全隐患）。可以用提问的方式引导体验者观察石上森林的特点，从植物生长三大必要条件引导参与者思考。

◆ 活动后期，在指导老师讲解下，让体验者根据豆苗向水性实验现象，以此推导石上森林的形成机理。

## 附加信息

＊茂兰石上森林

水在石上淌，树在石上长。在石上森林广泛发育的典型地区——茂兰国家级自然保护区，在贫瘠、脆弱的喀斯特环境中，锥峰、断崖、暗河、瀑布、溶洞、洼地、峡谷等遍布全区。最为奇特的莫过于山坡陡峭、基岩裸露、怪石嶙峋、土壤极少、岩石裸露率在80%以上的土地上，生长着的200平方千米郁郁葱葱的原生常绿落叶阔叶混交林，是名副其实"在石头上长出来的森林"。这里的大树依石而生、盘根错节、互相依赖，似乎用生命诠释着水中的秘密。

### 活动深化的可能性

◆ 在石上森林地区，选取多个树种幼苗作为标志物，通过1~5年，甚至更长的时间，观察记载它们的成长过程。

---

### 提 示

在进行豆苗根向水性试验时，体验者要根据不同的试验处理方式做好相对应的记录，避免操作不规范或记录有误导致试验结果出错。进行户外活动时，体验者应听从引导员指挥，并提前穿戴好护具、做好防蚊虫叮咬等措施。

---

## 参考文献

水墨黔乡：66个贵州生态地标.北京：科学出版社，2017.

作者：冉景丞